# 城市给水管网系统
## （第二版）

李树平　刘遂庆　编著

中国建筑工业出版社

图书在版编目（CIP）数据

城市给水管网系统/李树平，刘遂庆编著. —2版
. —北京：中国建筑工业出版社，2021.4
ISBN 978-7-112-25968-7

Ⅰ.①城… Ⅱ.①李…②刘… Ⅲ.①城市给水-给
水工程 Ⅳ.①TU991

中国版本图书馆 CIP 数据核字（2021）第 041047 号

　　本书是城市给水管网系统规划、设计、运行和管理方面的理论著作，内容
包括绪论、给水工程规划、用水量预测、有压管流、给水管网工程设计、水
泵、给水管网水力分析、技术经济计算、输水管渠、蓄水设施、水力瞬变、管
道材料和管网附件、供水计量、室外给水管道施工、给水管网水质、管道腐蚀
与防护、生物膜、计算机模型、给水管网模型校验、给水系统优化调度计算、
自动化仪表与控制、信息管理系统、维护和修复、漏损控制、供水系统安全与
可靠性共 25 章。本书阐述了城市给水管网系统理论和方法，反映了近年来国
内外有关的工程技术和研究进展。

　　本书可作为给排水科学与工程、环境工程等有关工程技术人员决策、科
研、规划设计与运行管理的参考用书，也可作为高等院校给排水科学与工程
（市政工程）专业、环境工程专业以及其他相关专业的研究生和本科生的教学
参考书。

＊　　　＊　　　＊

责任编辑：于　莉
责任校对：李欣慰

**城市给水管网系统**（第二版）
李树平　刘遂庆　编著
＊
中国建筑工业出版社出版、发行（北京海淀三里河路 9 号）
各地新华书店、建筑书店经销
北京科地亚盟排版公司制版
廊坊市海涛印刷有限公司印刷
＊
开本：787 毫米×1092 毫米　1/16　印张：40　字数：969 千字
2021 年 4 月第二版　　2021 年 4 月第二次印刷
定价：**150.00** 元
ISBN 978-7-112-25968-7
（37103）

# 第二版前言

随着对城市供水管网系统认识的提高和知识的积累,在第一版的基础上进行了内容的补充和完善,由原来 15 章扩充至 25 章。

主要修改包括:第 1 章绪论增加了区域供水的介绍;原第 2 章给水工程规划与设计分成第 2 章给水工程规划和第 5 章给水管网工程设计;新增第 3 章用水量预测;第 4 章有压管流增加了有压管流基本问题和计算内容;第 6 章水泵增加了运行控制部分;第 7 章给水管网水力分析增加了减压阀和稳压阀的处理;新增第 8 章技术经济分析、第 9 章输水管渠、第 13 章供水计量、第 14 章室外给水管道施工;将原第 8 章给水管网水质变化分为第 15 章给水管网水质、第 16 章管道腐蚀与防护和第 17 章生物膜;第 18 章计算机模型增加了延时模拟算例分析;第 19 章给水管网模型校验增加了管道粗糙系数测试与绘图内容;新增第 20 章给水系统优化调度计算和第 22 章信息管理系统;第 23 章维护和修复增加了水源切换与管道并网内容;第 24 章漏损控制增加了分区计量管理内容;第 25 章供水系统安全与可靠性增加了可靠性分析内容。

此外,在附录中列出了最小二乘法、求解非线性方程组的牛顿—拉夫森方法、非线性规划基本概念和动态规划等内容。

本书为给排水科学与工程领域的理论著作,可作为给排水科学与工程(给水排水工程)、环境工程等有关工程技术人员决策、科研、规划设计与运行管理的参考用书,也可作为高等院校给排水科学与工程(市政工程)专业、环境工程专业和相关专业研究生和本科生的教学参考书。

最近几年在给水管网科研中与同济大学市政工程系董秉直老师、高乃云老师、邓慧萍老师、夏圣骥老师等合作,以及上海三高计算机中心股份有限公司刘勇经理、苏州市水务局华建良处长、无锡市自来水公司陆纳新总工程师、宜兴市水务集团张正德经理、金坛自来水公司刘彩娥经理等合作;有幸与绍兴市自来水公司沈建鑫经理一起参与了《供水管网漏损控制》的编著工作;本书改版过程中得到新兴铸管股份有限公司李华成高级工程师、白占顺经理和王庆彬经理的关心和支持;本书也含有余薇著、刘先品、王绍伟、范鹏、黄璐、赵子威、周艳春、陈盛达、谢予婕等人在研究生阶段的科研成果,向他们表示衷心感谢。

本书以阐述城市给水管网系统规划、设计、运行和管理的基本知识和原理为目标,一直致力于理论方面的系统性研究,力求增加更多案例说明,增强工程实用性。限于水平、经验、能力有限,书中疏漏和错误之处,热忱欢迎同行专家、学者和读者批评指正。

# 第一版前言

城市给水管网系统是重要的城市基础设施,其任务是实时向各类保障城市发展和安全的用水个人和单位供应充足的水量、稳定的水压和安全的水质,满足居民家庭生活用水、工矿企业生产和生活用水、冷却用水、机关和学校生活用水、城市道路喷洒用水、绿化浇灌用水、消防以及水体景观用水等的要求。

近年来,随着城市化进程、工程技术和计算机技术的发展,城市给水管网的理论相应得到发展。由于对供水水质、瞬变流分析、计算机模型、监测与控制、维护管理等方面的关注,需要及时总结城市给水管网系统理论与技术方面的理论与应用成果。结合当前工程建设与管理需求,在多年从事给水管网教学、科研和工程实践的基础上,参考国内外最新的学术成果,完成了这部有关城市给水管网系统规划、设计、运行与管理方面的理论著作。

第 1 章 简要介绍了供水的重要性、给水系统分类、组成和布置、城市供水的历史和现代化内涵,给水管网组件和系统类型。

第 2 章 阐述了城市工程规划与设计、城市用水量预测和工程技术经济分析方法。

第 3 章 介绍了有压管流体力学基础,包括质量守恒和动量守恒、恒定流能量方程和准恒定流的计算。

第 4 章 叙述了给水管网水力分析与计算的方法,包括基本管道系统水力分析与管网水力分析,并简要讨论了各种优化设计计算方法。

第 5 章 从离心泵的工作原理、水泵水力学、比转数、汽蚀余量和泵组设计等方面,介绍了水泵系统的水力特性。

第 6 章 介绍了瞬变流分析模型、瞬变的程度和速度、水泵的水力特性和水锤防护措施等给水管网水力瞬变基础知识。

第 7 章 对市政给水管网的各种管道材料、阀门和消火栓进行了论述。

第 8 章 分水质感官问题、剩余消毒剂损耗、管道内腐蚀、生物膜、污染事件、水质检测等方面,讨论了给水管网水质相关问题。

第 9 章 介绍了蓄水设施的作用、位置选择、容积确定、水质问题等。

第 10 章 对给水管网计算机模型的内容、水质模型、计算机模型的使用步骤以及EPANETH 软件进行了阐述。

第 11 章 阐述了给水管网模型的应用、模型准确性影响因素、校验方法等。

第 12 章 介绍了配水系统监测和如何实施控制技术。

第 13 章 叙述了给水管网系统维护和修复技术,包括管道数据管理、输水能力维护、水质保证措施、信息系统维护等。

第 14 章 论述了漏水事故原因、数据收集与检漏、漏损评定标准和改善策略,并介绍了爆管因素及其危害。

第 15 章　简要介绍了供水系统脆弱性、水安全计划和应急供水技术措施等与供水系统安全相关的内容。

本书为水质科学与工程领域的理论著作，各章内容在总体上互相联系，构成了较为完整的城市给水管网系统理论体系。本书是《城市排水管渠系统》的姊妹篇，可作为给水排水工程（水质科学与工程）、环境工程等有关工程技术人员决策、科研、设计与运行管理的参考用书，也可作为高等院校给水排水工程专业、环境工程专业和有关专业研究生和本科生的教学参考书。

撰写本书过程中，同济大学陶涛副教授、信昆仑副教授，以及佛山市水业集团公司何芳高级工程师、郑州市自来水总公司侯煜堃高级工程师、豪迈水管理公司雷景峰经理、上海泓济环保工程有限公司张艳霞高级工程师、上海惠普有限公司袁青飞高级工程师、沙伯基础创新塑料企业管理上海有限公司鲁旭高级工程师等参与了基础资料收集和部分书稿撰写工作；其间也得到了同济大学李风亭教授、谢强副教授、董秉直教授的热情关心和大力支持；并得到了同济大学市政工程系师生们的帮助，家人的支持，在此一并表示感谢。

本书内容涉及面广，限于水平和经验有限，书中疏漏和错误之处，恳请同行专家、学者和广大读者提出宝贵意见。

# 目　　录

# 第1章 绪 论

## 1.1 给水系统

### 1.1.1 供水重要性

公众健康需要安全的饮用水。水是人体的重要组成部分,其在人体中的功能分别为:作为人体的基本组成,例如成人机体含有水分约占体重的三分之二;作为各种营养物质的溶剂,促进食物消化和吸收;作为新陈代谢的物质载体,维持正常循环作用及排泄作用;调节体温,维持身体的各种生理反应;滋润各组织的表面以减少器官间的摩擦;帮助维持体内电解质的平衡等。

工业企业为了生产上的需要以及改善劳动条件,水是必不可少的,缺水将会直接影响工业产值和国民经济发展的速度。水在工业上的作用是其他物质难以替代或根本无法替代的。在一些部门,水是作为工作动力而存在的。例如水力发电站,强劲的水流冲击水轮机,带动发电机发出电力;蒸汽机里,压力很大的水蒸气推动活塞,带动许多机器做功。在其他场合,人们利用水的流动性和巨大的热容量,为高速运转的机器、炙热的设备带走热量,进行降温冷却,使其保持连续工作的能力和较高的生产效率。在焦化厂、煤炭制品场、纺织厂、印染厂的车间里,水是不可或缺的冲洗材料或洗涤剂。许多地方用水作为调节空气温度和湿度的介质,或直接以水喷雾冷却,或利用冷水机组作间接冷却。例如,纺织厂的生产车间为了保持一定湿度,需要长年累月供给含有一定水分的空气。有些工业产品本身就是由水构成的,例如汽水、人造冰等冷饮,以及酱油、醋、啤酒、白酒等调料。为了给相关工业生产系统带来高水平的服务能力,并给予社会经济以活力,对供水设施的大量资金投入是必要的。

总之,由于水在人们生活和生产活动中占有的重要地位,使得给水工程成为城市和工业企业的重要基础设施,为保证足够的水量、合格的水质、充裕的水压供应生活、生产和其他用水,它不但要满足近期的需要,还需兼顾今后的发展。

### 1.1.2 给水系统分类

给水系统是为人们的生活、生产和消防提供用水设施的总称,其任务是向用水个人和单位供应充足的水量和安全的水质,包括居民家庭生活和卫生用水、工业企业生产和生活用水、冷却用水、机关和学校生活用水、城市道路喷洒用水、绿化浇灌用水、消防以及水体环境景观用水等。它具有提高公共卫生,改善生活环境的作用,是城市文明的重要体现。

根据系统的性质,可分类如下:

1)按水源种类,分为地表水和地下水给水系统。

2)按供水方式,分为自流系统(重力供水)、水泵供水系统(压力供水)和混合供水系统。

3）按使用目的，分为生活给水、生产给水和消防给水系统。

4）按服务对象，分为城市给水和工业给水系统；工业给水又可分为循环系统和复用系统。

### 1.1.3 给水系统组成和布置

给水系统将原水经过加工处理，按需要将制成水供应到各用户。给水系统通常由下列工程设施组成：

1）取水构筑物，用以从选定的水源（包括地表水和地下水）取水。

2）水处理构筑物，将取水构筑物的来水进行处理，以期符合用户对水质的要求。这些构筑物常集中布置在净水厂内。

3）泵站，用以将所需水量提升到要求的高度，可分抽取原水的一级泵站、输送清水的二级泵站和设于管网中的增压泵站等。

4）输水管渠和配水管网，输水管渠是将原水送到净水厂的管渠，或将清水从净水厂输送到相距较远的给水管网；配水管网则是将处理后的水送到各个给水区的全部管道。

5）调节构筑物，包括各种类型的蓄水构筑物，例如高地水池、水塔、清水池等，它用以贮存和调节水量。高地水池和水塔兼有保证水压的作用。根据城市地形等特点，水塔可设在管网起端、中间和末端，分别构成网前水塔、网中水塔和对置水塔的给水系统。

泵站、输水管渠、配水管网和调节构筑物等总称为给水管网系统（或输配水系统），从给水系统整体来说，它是投资最大的子系统。

图 1-1 表示以地表水为水源的给水系统，相应的工程设施为：取水构筑物 1 从江河取水，经一级泵站 2 送往水处理构筑物 3，处理后的水贮存在清水池 4 中。二级泵站 5 从清水池取水，经管网 7 供应用户。有时，为了调节水量和保持管网的水压，可根据需要建造水库泵站，高地水池或水塔 8。一般情况下，从取水构筑物到二级泵站属于净水厂的范围。当水源远离城市时，须由输水管渠将水源水引到净水厂。图 1-1 中水塔并非必须，视城市规模大小而定。

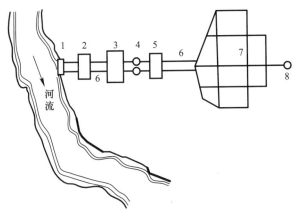

图 1-1　给水系统示意图

1-取水构筑物；2-一级泵站；3-水处理构筑物；

4-清水池；5-二级泵站；6-输水管；7-管网；8-水塔

以地下水为水源的给水系统，常凿井取水。因地下水水质良好，一般可省去水处理构筑物而只需加氯消毒，使给水系统大为简化，见图 1-2。

图 1-1 和图 1-2 所示的系统称为统一给水系统，即用同一系统供应生活、生产和消防等各种用水。绝大多数城市采用这一系统。在城市给水中，工业用水量往往占较大的比

例，可是工业用水的水质和水压要求却有其特殊性。在工业用水的水质和水压要求与生活用水不同的情况下，有时可根据具体条件，除考虑统一给水系统外，还可考虑分质、分压等给水系统。小城市因工业用水量在总供水量中所占比例一般较小，仍可按一种水质和水压统一给水。如果城市内工厂位置分散，用水量又少，即使水质要求和生活用水稍有差别，也可采用统一给水系统。

对城市中个别用水量大、水质要求较低的工业用水，可考虑按水质要求分系统（分质）给水。应将优质水供给居民，将水质较差但符合工业用水水质要求的水供给工业企业。分质给水系统，可以是同一水源经过不同的水处理过程和管网，将不同水质的水供给各类用户；也可以是不同水源，例如地表水经简单沉淀后，供应工业生产用水，如图 1-3 中虚线所示，地下水经消毒后供生活用水等。

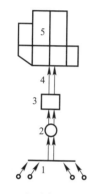

图 1-2  地下水源的给水系统

1-地下水取水构筑物；2-集水池；
3-泵站；4-输水管；5-管网

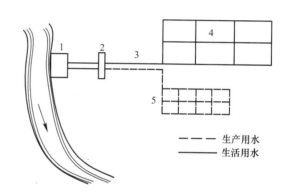

图 1-3  分质给水系统

1-分质净水厂；2-二级泵站；3-输水管；
4-居住区；5-工厂区

商业区和居民区也可以采用双管路给水系统。一个是饮用水系统，输送饮用、烹饪和洗浴等与人类健康密切相关的用水。另一个是低质水或循环水利用系统，输送室外浇花、景观喷泉和池塘用水，以及内部消防和冲厕用水，该系统减少了高品质水资源的非饮用用途。双管路给水系统应采用不同管道材料或颜色进行区分。该类系统已应用在北美洲、大洋洲和欧洲，但考虑双管路系统成本较高，而且需要完善的法规和防护措施，没有得到大范围推广。

也有因水压要求不同而分系统（分压）给水，如图 1-4 所示的管网，由同一泵站 2 内的不同水泵分别供水到水压要求高的高压管网 6 和水压要求低的低压管网 5，以节约能量消耗。

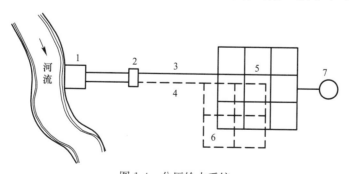

图 1-4  分压给水系统

1-净水厂；2-二级泵站；3-低压输水管；4-高压输水管；5-低压管网；6-高压管网；7-水塔

3

### 1.1.4 城市供水发展

在人类历史长河中，水始终扮演着极其重要的角色。直到今天，世界上几乎所有的著名城市都依河而建，傍水而生，从这个意义上说，水就是人类文明的血脉。

在人类社会早期，人们并不是把质量好的水输送到居住地或者改善现有水质，而是直接迁徙到水质较好的水源地居住。从较好的水源直接取水，对于原始狩猎族和游牧的牧民来说是可能的，但对早期城市里定居的商人和工匠而言变得很难了。于是随着文明的发展，古代埃及、巴比伦、美索布达米娅、波斯及腓尼基人都建造过公共的供水工程。埃及的金字塔时代（一般认为在公元前3000～前2000年）可能已经有过相当规模的渠道供水系统。古代的供水系统都是重力供水，但埃及可能用过一种类似桔槔的设备，把水从尼罗河或渠道中抽升至数英尺后再重力输送。罗马帝国在罗马城和帝国所属的省建造了约200条用于公共供水的重力输水道，规模之大，居当时世界首位（图1-5）。罗马城的供水工程尤其突出，从公元前约三世纪～公元二世纪的540年间，罗马

图1-5 古罗马渡槽

共建了11条输水道，总长530km。最先建的是阿皮亚输水道，约建于公元前312年，最后一条是亚历山大输水道，约建于公元226年。输水道中最长的约达99.8km，最大断面宽1.37～1.68m，高2.44～2.47m。阿皮亚输水道的水源是一泉水群，由贮水池收集泉水后，用16.6km长的地下渠道输送到距罗马城不远处，再经铅管流入城内的20个配水池。阿皮亚输水道开创了用暗渠输水的方法，并在100年内是罗马的唯一供水来源。其他输水道也大都是以井、泉作水源，先把水输送到许多贮水池，再用铅管分配到配水池、喷泉、浴池、公共建筑和少数个人用户。据估计，对罗马每天的最大供水量约达19万m³，按100万人计，每人每日用水量平均高达190L。罗马帝国衰亡后，公共给水工程也随之衰退。17～18世纪，在伦敦和巴黎发展了给水工程，并开始使用水泵和铸铁管。1619年，伦敦一家公司铺设了管道并向家庭用户供水。1804年在苏格兰两万人口的佩斯利城，首次用经过沉淀池和横向流的卵石滤池及砂滤池处理用水。1829年在伦敦用标准的慢滤池供水。1838年法国化学家J·达尔塞发明了用明矾进行混凝处理浑水的方法，并提出了水中投加明矾不影响卫生的见解。1852年，《伦敦水法》规定凡是从泰晤士河汲取的水，以及在伦敦圣保罗大教堂周围5英里范围内的供水，都要经过滤处理。1885年具有现代观点、与混凝沉淀相结合的快滤池，首次在美国新泽西州萨默威尔城被用于城市供水。1902年在比利时米德尔凯尔科出现了世界上第一个连续加氯消毒的净水厂。从此，城市供水的几个基本环节就齐全了。但关于水处理，特别是出现水消毒的历史原因，则归结为认识到水处理能够控制水媒传染病在城市中的传播。

19世纪前半叶，对城市而言，通过管道向建筑物提供复杂的供水服务是不常见的。一般每户居民都必须有简易厕所和处理生活污水的化粪池。相对于现在流行的生活方式，那时的用水活动非常少，但是当城市系统为满足人口增长的需要而开始扩展时，用水量就有了大幅度的增加。表1-1收集的数据资料证明了这种趋势。

4

| 年份 | 城市 | GPCD | 年份 | 城市 | GPCD |
|---|---|---|---|---|---|
| 97 | 罗马 | 38 | 1913 | 欧洲<br>维也纳<br>伦敦<br>巴黎 | 14<br>40<br>98 |
| 1550 | 巴黎 | 0.25 |  |  |  |
| 1885 | 费城 | 72 |  |  |  |
| 1890 | 巴黎 | 65 |  |  |  |
| 1895 | 费城<br>巴尔的摩 | 162<br>95 | 1940 | 美国观测平均量 | 127 |
|  |  |  | 1954 | 美国观测平均量 | 140 |
| 1900 | 美国总体水平<br>美国典型城市<br>美国主要工业城市 | 90<br>100<br>159 | 1965 | 美国观测平均量 | 156 |
|  |  |  | 1970 | 美国观测平均量 | 189 |
| 1913 | 美国<br>达拉斯<br>纽约<br>芝加哥 | 56<br>129<br>275 | 1981 | 美国观测（样本数为137）<br>最高量<br>平均量<br>最低量 | 493<br>176<br>86 |
|  |  |  | 1989~1992 | 美国观测平均量 | 180 |

注：GPCD 表示 gal/(人·d)，1gal=3.7841dm³。

中国很早就有有关掘井和凿井技术的记载。《吕氏春秋·勿躬篇》记有"伯益作井"（公元前约 2200 年），为世界上最早较可靠的掘井记载。公元一二世纪的西汉时期出现深井钻井机械。这些钻井机械在南北宋时代经过一次较大的改进后，一直沿用到明清，并在 11 世纪左右传入西方。在欧洲中世纪公共给水工程衰落的时期，我国唐朝的城市供水却得到了发展。坊州（今陕西黄陵县）、陕州（今陕西陕县）、虢州（今河南卢氏县）、太原府，特别是京城长安，由于城市规模大，人口众多，在城市供水方面，下了极大功夫。唐朝初期，在隋朝的基础上，整修了龙首渠、永安渠、清明渠等，把水从长安城外引入城内。长安城东西长 18 里 115 步（约 10.6km），南北长 15 里 175 步（约 8.9km），周长 67 里（约 38.6km）。这几条渠道穿过长安城，形成了完整的供水网，妥善解决了长安百万人口的供水问题。

1879 年我国用铸铁管从旅顺口的龙引泉引水供水师营驻军用水，这标志着引进西方供水技术的开始。1883 年英商建的杨树浦水厂在上海开始供水，净水设备为沉淀池、慢滤池。建成时供水仅 2270m³/d，不久达到设计能力 9090m³/d，供应人口为 16 万人。1902 年由我国商人筹设的上海内地自来水公司也开始供水。

我国大多数城市供水事业是近 80 年从无到有、从小到大发展起来的。据我国建设城市统计年鉴，到 1949 年全国只有 72 个城市约 900 万人用上自来水，日供水能力仅 240.6 万 m³，供水管道长度 6589km。到 2008 年底，全国城市供水综合生产能力为 2.66 亿 m³/d；供水管道总长度 48 万 km；城市年供水总量 500.08 亿 m³；城市用水人口 3.51 亿人，城市用水普及率达 94.73%。到 2016 年底，全国城市供水综合生产能力为 3.03 亿 m³/d；供水管道总长度 75 万 km；城市年供水总量 580.69 亿 m³；城市用水人口 4.70 亿人，城市用水普及率达 98.42%。

### 1.1.5　给水现代化内涵

给水工业是指为满足社会生产和人们生活需求而提供符合一定质量要求水量的各种生产、服务、管理部门的总称。在生产层次上，它包括取水、输水、净水、配水等环节；在服务层次上，它包括基础设施（如自来水厂、给水管网等）的建设和维护、水质水量的监测、水费的收取等；在管理层次上，它包括与给水行为相关的各种管理法规、制度的建设和执行，如水源取水管理办法、给水部门的资格认证制度、服务质量管理制度、用户投诉制度、价格管理制度等。一般而言，生产层次决定企业的内部效率和经济效益；服务决定消费者的利益或社会效益；而管理则决定企业的性质，同时也影响生产和服务的效率。

城市供水有别于其他行业，供水设施从水源、取水、净水、输配水到用户均具有多样性；原水水质及用水量具有不稳定性；产品具有连续性、公益性、不可替代性。要使城市供水的安全可靠、经济合理地连续运行，即实现供水的现代化并非易事。根据文献，供水现代化的内涵可包括以下几点：

（1）给水工业走可持续发展道路

根据可持续发展观的基本原则，给水工业需从三个方面考虑：①可持续利用水资源。水资源的可持续利用不能因为当代人满足其需求而过度地开发或污染水资源。给水企业不能以无限扩大给水量获得赢利，而应考虑水源在时间上的可持续性和地域分配上的公平性，走集约型而不是粗放型发展道路。②公平有效给水。要求给水企业的服务质量、给水价格、水质水量等方面符合社会用水需求，并保证相关利益在消费者之间、消费者与给水企业之间公平分配，实现社会整体福利水平的提高。③给水企业经济自立。在确保社会基本用水需求得到满足的基础上，应该实现给水部门的正当赢利，使其有能力根据社会需求的变化相应地提高自身的供水能力和服务质量。

（2）水源得到有效保护

水源是整个供水系统的起点，也是供水的关键点。在给水工程中，任何城市都会因水源种类、水源距给水区的远近、水质条件的不同，影响给水系统的构成、布局、投资、处理工艺及运行维护等的经济性和安全可靠性。如果水源水质良好，则净水厂只需对原水进行简单的处理，就可以达到饮用水水质标准；而如果水源受到污染，水质变差，则水处理过程比较复杂，增加了给水成本。为此通过对水源的连续自动监测，实施水源水质预警，发展以植物作用的生态工程技术、生物预处理技术、扬水曝气技术以及生态/生物/物理化学组合技术等，确保饮用水水源的良好水质；污水处理达标排放后分类利用，或进行深度再处理，实现污水资源化。

（3）与时俱进的法规标准

给水服务供应、公平性、环境保护、设备采购、公共健康和安全性，以及财务管理等方面应遵从相关的法律法规和技术标准。

给水安全性评价指标和方法的运用是一个动态过程，随着环境污染形势的变化、科学技术的发展、人们生活质量的不断提高，给水安全性评价指标及其限定值都随之不断变化。一些过去不被人们所认识，或检测手段暂时不完善的监测项目会得到重新认识。过去无法监测的微量有害物质（有机的和无机的），将不断补充进新的水质标准，列入监测项目，使饮用水水质标准更加符合人体健康的需要。例如《上海市生活饮用水水质标准》DB31/T 1091—2018中水质指标增加值111项（常规指标49项，非常规指标62项）。其中17项常规指标、23项非常规指标提高了标准要求。

（4）科学的给水处理技术

净水厂的处理工艺应以确保水质为前提，根据不同原水水质应采用不同的处理工艺。

例如对Ⅱ、Ⅲ类水源的净水厂应采用深度处理或生物预处理，对Ⅲ类以上的水源应同时采用生物预处理和深度处理；为防止化学物质对净化过程的"污染"，应加强絮凝、沉淀、澄清、过滤、消毒技术的研究和天然高分子混凝剂、助凝剂、消毒剂的研究与应用，以减少化学药剂的用量；水处理工艺重视和加强水质稳定处理，保持水中碳酸氢钙、碳酸钙和二氧化碳之间的平衡关系，保持水质一定的 pH 范围和饱和指数。这样，可有效降低管网水质的二次污染，保障供水水质安全。

（5）快速可靠的水质检测技术

在供水水质的检测中，新的数字化测试仪器得到普遍应用。可以同时检测多个水质项目的仪器得到迅速推广，系统检测结果更加精确和快速，为防止水污染和水处理过程的自动控制技术提供了技术保证。生物芯片技术的发展，将使水质的高效快速检测技术出现新的飞跃。生物芯片用于水生物指标的快速测定，可在数秒钟内检测出水中所含有害细菌和寄生虫类型。

新设备的开发使得分析技术取得了长足的进步。当大多数成分的质量浓度以毫克每升（mg/L）报告时，以微克每升（μg/L）和纳克每升（ng/L）计量目前也很普遍。由于检测方法变得更敏感，在供水中可以监视更广泛的化合物，更多影响人类健康和环境的污染物会被发现。许多痕量化合物和微生物，像贾第虫、隐孢子虫，已经证实有潜在的负面健康影响。

（6）便捷有效的现代化控制技术

随着计算机技术的发展，自动化和智能化控制将更加便捷可靠。新型水质在线仪表的不断涌现，也使控制系统更为成熟有效。短距离无线控制技术已经进入工业控制系统，在供水生产和调度控制中得到应用。智能化的运转系统除了实现常规的优化运行外，单体构筑物运行、全系统运行处理还应具备自学习、自调整的存储、分析功能，经过一段时间的运行后，系统在运行处理不断积累、分析、总结"经验"的基础上，求得最佳运行控制方案，使整个系统的可靠性、经济性得到大幅度提高。当处理水质发生突变时，系统具有应对突发事件进行快速、准确应变处理能力。数字信息传输加密、防入侵技术的日趋成熟，将使我们有可能充分利用城市的 Internet 网络和智能移动通信设施，为城市供水系统的远距离检测、调度、控制，以及各类信息的传递，提供更为快速、简便、经济、安全、可靠的手段。

（7）配套齐全的供水管网

管网运行参数的实时检测（包括水压、水质的监测和用水户的遥测），使管网运行管理智能化，实现管网运行优化调度。通过管网优化调度，根据实时数据的分析计算，能够精确有效地判断和预警管道漏水及爆裂，降低管网漏失率和事故的发生。GIS 和 GPS 技术在给水管网规划、设计、运行、维护、管理中得到广泛应用，为管道施工、管网维护、管道抢修提供准确的地理信息和坐标定位，也使管网基础档案资料管理提高到新的水平。新型管材（如安全卫生的塑料管材、球墨铸铁管、增强玻璃纤维管、薄壁钢筒预应力混凝土管）的推广应用，将会有效降低能耗，方便施工和维修。纳米防腐涂料的研究和应用将管道防腐、防垢、抗老化、抑制细菌生长的效果提高到一个新的水平，将会有效地控制管网及水箱的二次污染，保证可靠的水质并提高管道的输水能力。

## 1.2 给水管网系统

给水管网系统是给水工程设施的重要组成部分，承担着供水的输送、分配、压力和水量调节、维护水质等任务，起到保障用户用水的作用。给水管网运行中的目标可表现在以下三个方面：①供应足够的水量，不仅保证日常用户需求，还要考虑紧急状态（例如爆管或火灾）下的用水；②供应合适的水压，尽可能使水泵运行在高效工况下，以实现最小的能耗；③满足水质标准，尽量缩短配水管网和蓄水设施中水的停留时间，防止水质恶化。

### 1.2.1　给水管网组件

给水管网系统一般由输水管（渠）、配水管网、水压调节设施（泵站、减压阀）及水量调节设施（清水池、水塔、高位水池）等构成。给水管网系统具有一般网络的特点，即分散性（覆盖整个用水区域）、连通性（各部分之间的水量、水压和水质紧密关联且相互作用）、传输性（水量输送、能量传递）、扩展性（可以向内部或外部扩展，一般分期建成）等。同时给水管网系统又具有其独特之处，如使用年限长、隐蔽性强、外部干扰因素多、容易发生事故、基建投资费用高、运行管理复杂、检修和改造难度大、直接面向社会和用户等。

（1）管道

管道是管网中最常见组件，即使中等规模的城市，整个服务区域也具有数百至数千公里的管道。管道可分为输水管道和配水管道。输水管道常常在系统的主要设施之间长距离输送大量的水。例如，输水管道可能从处理设施开始，穿过几个城镇，向蓄水池输水。单个用户一般不直接从输水管道取水。

配水管道从输水管道供水到用户内部管道系统。一般根据整个城市的地形和布置，配水管道直径小于输水管道。弯头、三通、四通、异径管和许多配件，用于连接或改变管道的走向。消火栓、隔断阀、控制阀和其他维护和运行设施，常常直接连接到配水管道上。

住宅、商场和工业区等用户具有它们内部的管道系统，以输水到用水设施。一般输配水系统的讨论不含用户的内部管道系统。

（2）阀门

控制阀门用于调整配水系统的流量或者压力。给水管网中调节流量的阀门有闸阀和蝶阀，调节压力的有减压阀和稳压阀，其他还有控制水流方向的单向阀、安装在管线高处的排气阀和安全阀等。

（3）蓄水设施

配水系统的水量调节设施包括水塔和水池，主要作用是调节供水与用水的流量差，也称调节构筑物。水量调节设施也可用于贮存备用水量、缓解水力瞬变条件，以保证消防、检修、停电和事故等情况下的用水，提高系统的供水可靠性和运行灵活性。

（4）泵站

泵站是输配水系统中的加压设施，一般由多台水泵并联组成（图1-6）。当水不能靠重力流动时，必须使用水泵对水流增加压力，以使水流有足够的能量克服管道内壁的摩擦阻力，输配水系统还要求水输送到用户接水地点后，符合用水压力要求，以克服用水地点的高差及用户管道系统

图1-6　给水泵站

与设备的水流阻力。

（5）计量设备

供水管道上应配备有计量设备，如流量计、压力计、水质检测仪等。其中流量计包括电磁流量计、超声波流量计、螺旋或涡轮流量计、复合流量计等。电磁流量计通过围绕管道绝缘部分产生的磁场计量流量。超声波流量计利用管道两侧发射和接收声波的传感器计量流量。当物质通过管道流动时，涡轮流量计对涡轮叶片作用使其旋转，测量旋转的速率以确定流速（图1-7）。复合流量计由一大一小两只水表联合组成，在阀门上有特殊的组件。复合式流量计可以手持操作，以精确计量宽范围的流速，如图1-8所示。

图1-7　涡轮流量计

图1-8　复合流量计

（6）消火栓

消火栓是供水系统消防设施的主要部分。为了满足消防需求，需要适当设计和维护消火栓，保证充分的流量。除了用于消防，消火栓也用于管道冲洗、紧急放水、管网流量和压力测试等。

### 1.2.2　给水管网系统类型

1. 按水源数目分类

（1）单水源给水管网系统：即只有一座清水池（清水库），清水经过泵站加压后进入输水管和管网，所有用户的用水来源于一座净水厂清水池（清水库）。较小的给水管网系统，如企事业单位或小城镇给水管网系统，多为单水源给水管网系统，如图1-9所示。

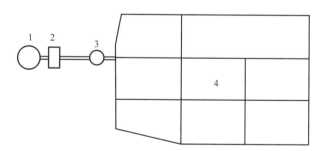

图1-9　单水源给水管网系统示意图

1-清水池；2-泵站；3-水塔；4-管网

（2）多水源给水管网系统：当单一水源供应管网的水量不充分时，需要由多座净水厂的清水池（清水库）作为水源，形成多水源给水管网系统。该系统中清水从不同地点经输水管进入管网，用户用水可以来源于不同的净水厂。较大的给水管网系统，如大中城市甚至跨城镇的给水管网系统，一般是多水源给水管网系统，如图1-10所示。

对于一定总供水量，给水管网系统水源数目增多时，各水源供水量与平均输水距离减小，管道输水流量也比较分散，因而可以降低系统造价与供水能耗，但多水源给水管网系统的管理复杂程度提高。多水源给水管网系统有助于事故时净水厂间水量的相互调配，提高供水可靠性。

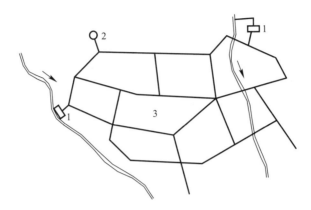

图1-10 多水源给水管网系统示意图
1-净水厂；2-水塔；3-管网

2. 按系统构成方式分类

（1）统一给水管网系统：系统中只有一个管网，即管网不分区，统一供应生产、生活和消防等各类用水，其供水具有统一的水质。

（2）分区给水管网系统：将给水管网系统划分为多个区域，各区域管网具有独立的供水泵站，满足不同的水压需求。分区给水管网系统可以降低平均供水压力，避免局部水压过高的现象，减少爆管概率和泵站能量的浪费。

管网分区的方法有两种：一种采用串联分区，设多级泵站加压；另一种是并联分区，不同压力要求的区域由不同泵站（或泵站中不同水泵）供水。大型管网系统可能既有串联分区又有并联分区，图1-11所示为并联分区给水管网系统，图1-12所示为串联分区给水管网系统。

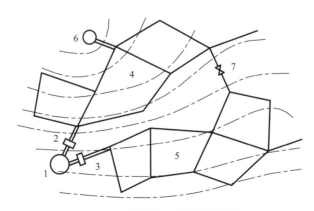

图1-11 并联分区给水管网系统
1-清水池；2-高压泵站；3-低压泵站；4-高压管网；5-低压管网；6-水塔；7-连通阀门

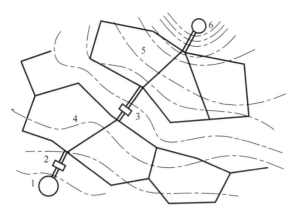

图 1-12　串联分区给水管网系统
1-清水池；2-供水泵站；3-加压泵站；4-低压管网；5-高压管网；6-水塔

3. 按输水方式分类

（1）重力输水管网系统：指水源处地势较高，清水池（清水库）中的水依靠自身重力，经重力输水管进入管网并供用户使用。重力输水管网系统无动力消耗，是一类运行经济的输水管网系统。系统供水压力平稳，不受下游用水量变化影响。图 1-13 所示为重力输水管网系统。

（2）压力输水管网系统：指清水池（清水库）的水由泵站加压送出，经输水管进入管网供用户使用，甚至要通过多级加压将水送至更远或更高处用户使用。压力给水管网系统需要消耗动力。如图 1-11 和图 1-12 所示均为压力输水管网系统。

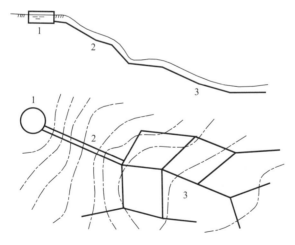

图 1-13　重力输水管网系统
1-清水池；2-输水管；3-配水管网

## 1.3　区域供水系统

按照水资源合理利用和管理相对集中的原则，给水区域不局限于某一城镇，而是包含若干城镇及周边的村镇和农村集居点，形成较大范围的给水区域，这样的给水系统称为区域给水系统。

区域供水常有两种情况：一种是当区域内无可靠的水源，需要从区域边缘或远距离取水，输水管沿途向各城镇供应原水或成品水；另一种是城镇群相对集中，区域内有合格的水源，为了提高供水效益和可靠性，将整个城市群给水系统连成一个整体，统筹管理。

对前一种情况，解决了水量水质问题，水量水质有保证，但输水管路长，投资大，建设周期长。因此可在统一规划的基础上分期实施，应规划好分期、分片区实施，逐渐联网。发展区域供水系统，还要协调各地区之间的关系，处理好投资费用分摊、效益分配、运行管理决策等问题，避免各自为政，充分发挥区域供水的优势。

例如，宜兴市位于江苏省南部，太湖西岸，地势南高北低，南部为丘陵山区，北部为平原区。2008 年以前，全市有二十余座乡镇净水厂，这些净水厂规模小，制水工艺落后，大部分原水水质较差，出厂水质得不到保障；管网质量差，漏损高，因此群众要求喝上合格的自来水呼声较高。从 2009 年开始，按照宜兴市委市政府"统一规划、统一运行、统一建设、统一监管、统一服务"的要求，由宜兴水务集团逐步收购乡镇净水厂，实施"同城、同网、同质、同价、同服务"的城乡一体化供水。到 2015 年完成了全市的所有净水厂收购整合任务，至此全市有三座中心净水厂（氿滨水厂、大贤岭水厂和湖㳇水厂），制水设计总规模 37 万 m³/d；13 座加压站，供水主干输水环网 DN300 以上管道总长 330km（不包括乡镇内部配水管网）。

对后一种情况，由于统筹规划了整个区域的总用水量、供水量、水源、取水点、净水厂等，解决了重复建设、不合理建设问题，节省了投资。通常每家供水企业都留有储备水量，以满足突发不确定性事件时的用水量。如果当地供水企业与相邻系统的供水企业有调水协议，那么它会有更多的储备水量。而且，在没有扩大水资源开发的前提下，区域供水将各个分系统连成大的系统，使供水公司的供水服务更有弹性。

例如，为保证苏州市供水安全，按照"原水互备、清水互通"原则，2007 年 7 月～2008 年年底，苏州市区陆续完成了区域供水互联互通工程，包括连接苏州市自来水公司、苏州新区自来水公司、苏州工业园区自来水公司和吴中区自来水公司供水服务区域之间清水转输通道 7 条，以及与吴江供水区域、昆山供水区域相连清水转输通道 2 条。

# 第2章 给水工程规划

## 2.1 引言

给水工程规划是基于当地现状供水条件，考虑社会、经济情况，进行的长期而全面的规划，作为将来实施供水系统扩建、改建、更新和维护的基本依据。

制定规划时，应考虑确保水量可靠、水质安全和适当的水质，具有灾害和事故、设施改进和更新对策，考虑环境和卫生等因素。

### 2.1.1 确保可靠供水量

为确保可靠的供水量，应使水源多元化，适当控制原水水库，拥有净水厂储备容量，适当布置配水池，形成管路环网等（图 2-1）；并通过在正常运行期间，而且在消防、干旱或地震等紧急情况下的供水系统模拟，确定必要的配水池容量、水泵能力和管道直径。

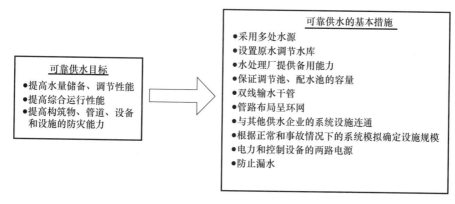

图 2-1 保证可靠供水量的途径

1. 水源和蓄水设施

水源和蓄水设施除了满足正常需水量外，还应从长期角度考虑，应对气候变化引起的降水不稳定性和水源设施老化等风险。

（1）水源开发

科学确定城市供水水源开发利用次序，做到先地表水、后地下水，先当地水、后过境水。对地下水已严重超采的城市，严禁新建区用地下水的设施。

由于地质条件和经济原因，水库新开发的水量通常确定为十年一遇的规划干旱规模。随着干旱目标规模的增加，供水稳定性也相应增加。但有必要考虑过去的干旱情况，调查和研究这种干旱规模。

以地表水为城市给水水源时，取水量应符合流域水资源开发利用规划规定，供水保证率宜达到 90%～97%。地下水为城市给水水源时，取水量不得大于允许开采量。

缺水地区要积极开发利用城市再生水、海水、苦咸水、雨水等非传统水资源。

（2）蓄水设施维护

由于泥沙沉积量随时间推移，蓄水设施的储存容量降低。当泥沙沉积超过规定容量时，蓄水功能降低，难以保证规划的需求。这种情况下，通过对水库等的泥沙调查，采取疏浚或抬高坝体等措施，尝试恢复储存容量。

（3）地下水保护

由于地下水是在适当抽水能力范围内的有限水源，需尽力维持抽水功能并管理水质。建议地下水仅作为备用的非常规水源。

（4）多处水源

为提高供水可靠性，建议使用多处水源，便于在干旱和事故期间分散风险、相互调配，以及供水设施的维护和更新。

2. 取水和引水设施

通常规划取水量标准为规划最高日供水量的110%，即包含了10%的安全系数。

（1）原水连通设施

当安装一处以上取水设施时，其间最好提供原水连通设施。

（2）原水调节池

原水调节池可以从水位和水质两方面调节原水，以便在正常情况和紧急情况下可靠供水。

3. 净水设施

（1）净水设施工艺线路系统化、分散化

考虑紧急情况和设施的维护，净水厂的设施应分为多条工艺线路，并建议由多座净水厂供水。

（2）规划净水量与设施处理能力

除保证规划的最高日供水量外，还需满足净水厂内部的自用水量。自用水量依据净水设备确定，常参考相同类型现有设备情况而定。除规划的净水能力外，还应具有一定的储备容量，通常按规划净水量的25%计。

4. 出厂水输送和分配设施

管网中有配水池的情况下，输水量为规划的最高日供水量。配水量为规划的最高日供水量，同时根据项目规模考虑消防用水量。

（1）输配水管路的维护

为保证在设施更新维护和紧急情况下可靠供水，输水和配水设施之间布局应灵活。

（2）配水区块化和控制系统

为确保适当供水，配水应进行分区，配水管道应成环布置。在适当位置安装阀门、压力表、流量计等，改进配水系统控制性能。

（3）配水池

配水池具有储存调节功能，应根据供水工程特点确定容量、位置和附属设施。配水池应具有安全储备水量，以便作为应急供水基础。例如日本规定，配水水池的有效容积以规划12h最大日供水量为标准。为了增加供水稳定性，其容积应尽可能大，在灾害发生时应有多条入流管线。

在蓄水容量大于配水容量或距离净水厂较远的情况下，需要进行适当的水质控制，例如监测和控制配水池中的余氯。

5. 其他

给水系统主要工程设施供电等级为一级负荷。在机械、电力和仪表设备方面，为防止停电和故障情况，应有两路电源接入，净水厂内可配备内部应急发电装置。各种遥测仪器和远程控制线路系统，应为双工方式，以提高可靠性。

### 2.1.2 维持水质安全

供水服务负责城市日常生活和生产用水，需要维护安全和优良水质。给水工程规划中的生活饮用水水质应符合现行国家标准《生活饮用水卫生标准》GB 5749 的规定，其他类别用水水质应符合相应水质标准规定。

另一方面，供水水质问题日趋复杂，包括水源水质污染、湖泊和水库富营养化引起的异嗅异味，化学物质释放，配水池管理不善等引起的水质恶化。为确保供水水质安全，需与卫生部门和环境管理部门合作，有效管理供水水质。

1. 水源对策

（1）与环境管理机构合作和协作

饮用水水源地必须依法设立水源保护区，定期或在线监测和评价水质。水源水质保护往往是环境管理部门、河流管理部门的责任，需要与之密切合作。

（2）水源水质维护对策

具体措施包括限制生活污水、工业废水、农业废水的排放，废弃物的适当处理等。特别对于湖泊和水库，应使水体循环，合理选择进水点，进行底泥疏浚、水生植物管理等改善水质，蓄水定期排放等。此外供水企业应拥有水源森林管理权并参与水源地绿化工程建设。

（3）取水点水质维护对策

选择取水点时，应考虑未来的环境变化，选择最适合水质的位置。为应对油类溢入等突发事故，布置水质监测仪器设备，设置拦油栅等。

2. 水处理对策

尽管期望能够通过常规水处理技术，充分处理优质原水，但是由于原水的恶化，需要引入先进的处理工艺。

（1）预处理技术

针对原水水质污染情况、湖泊/水库富营养化等条件，有必要采用预处理技术，例如化学氧化法、生物处理法。

（2）耐氯病原微生物、有机氯化物、霉味对策

如果原水中存在耐氯病原微生物（如隐孢子虫或贾第鞭毛虫），应安装能够去除它们的过滤装置或紫外线消毒设备。

为减少三卤甲烷等有机氯化物和霉味，除引入先进的水处理设备外，还需要减少氯注入量、改变注入点等。

（3）水质事故对策

为应对由石油和化学品流入引起的水质事故，使用除油设备和粉末活性炭等。影响水处理的原水 pH 波动，采用酸/碱剂注入设施。此外，为预防漂浮/沉降的有害物质影响水质，可对水处理构筑物加盖或加罩。

3. 输配水对策

（1）保持余氯

从卫生观点看，供水必须在出水龙头处维持规定的余氯。但当供水服务范围较大，用户距净水厂或配水池较远时，可能难以维持规定的余氯。这种情况下，应在配水系统适当位置监测余氯，必要时在输配水过程中补充加氯。

（2）输配水管道更新

为了解决红水和浑水等管道水质恶化问题，需修复或替换老化的管道，并制定相应的管道冲洗对策。从卫生管理角度看，认为可取消管网内 $10m^3$ 以下的小型贮水池，改为直接供水。

**2.1.3 确保水压适当**

适当水压的维护，有助于节省能耗、防止漏水和提供舒适的供水服务。

配水管道提供的最低水压和最高水压，常由各供水企业根据供水设施维护情况、城市化进程、当地地形条件等确定。当按直接供水的建筑层数确定给水管网水压时，用户接管处的最小服务水头，一层为 10m，二层为 12m，二层以上每增加一层，增加 4m。例如，当地房屋按 6 层楼考虑，则最小服务水头应为 28m。至于城市内个别高层建筑物或建筑群，或城市高地上的建筑物等所需的水压，不应作为管网水压控制的条件；为满足这类建筑物的用水，可单独设置局部加压装置。

**2.1.4 其他事项**

供水企业除应对暴雨、地震和水质污染等自然灾害外，即使在蓄意破坏等紧急情况下，也应确保安全供水。

为确保未来可靠供水，需要系统性改善和更新供水设施。常采用资产管理方法或寿命周期分析方法，建立中长期更新需求和财务平衡，便于优化和平衡工程规模和项目成本。

由于供水业务的维持需要消耗大量的能源，应进一步节约能源和引入新能源，例如水泵的变速控制、引入太阳能发电、利用管网余压进行小型水力发电等。

在资源化利用方面，包括提高水处理效率、有效利用脱水滤饼、积极采取防止漏水措施、循环利用建筑废弃物和减量化、减少药剂用量等。

地下配水池的上部空间可结合公园或游乐场使用，但应充分考虑卫生条件，不妨碍供水设施的维护。

供水设备、材料、涂料等，应选择卫生安全的材料，在与供水接触中不应浸出有毒物质，不会产生令人不快的气味或产生对水质的其他不利影响。应防止管道腐蚀，不应供应异色水质。

## 2.2 编制流程

每个供水系统具有不同的发展历程、设施规模、管理制度和财务支持方式。它们所处地形、地质、水源状况以及灾害发生的可能性等自然条件，土地利用、当地发展状况和用户认识等社会条件也不相同。因此在供水设施规划中，应考虑与本地区自身特点相适应的给水规划。通常采用的给水规划编制流程如图 2-2 所示。

1. 确定基本原则

基本原则是基于中长期更新需求和财务平衡预测，说明设施发展的总体目标，维持良好的业务管理。换句话说，每个供水系统应进行各种自然和社会条件的调查，包括需水量变化、水源的水量和水质变化、用户的用水和节水意识、现有设施的问题等。根据供水系统自然和社会条件的特点，设定设施维护的规划目标。

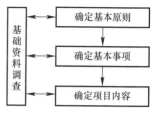

图 2-2　给水工程规划编制流程

有条件的情况下，期望使用供水设施性能指标（PI）值设置定量规划目标。

2. 基础资料调查

基础资料调查用于检查基本政策、基本项目和维护内容。规划工作开始及规划过程中，一般需要多次进行现场踏勘，核实和进一步了解情况，增强对规划区域的认识。给水工程规划的每个阶段，需要判断调查内容，并尝试改进。

3. 确定基本工程事项

基本工程事项包括设施更新、改建、扩建等。各种调查根据规划目标、规划年限、规划供水面积、规划供水人口、规划供水量等开展。

其中规划年限为中长期的年份，包括该年份内的所有设施开发内容。

4. 确定项目内容

项目内容将基于各种基本调查，包括确定基本规划对象的设施、规模、过程、近似项目成本，必要时应分为几个子项目并组织。

5. 反映和审查用户需求

制定给水工程规划时，应事先了解用户需求，反映用户的意见。当规划周围的环境发生变化时，有必要审查和适当调整规划的内容。

## 2.3　基本原则

（1）供水范围是每个供水系统的基础，它与业务扩张、收缩和整合密切相关。供水企业应掌握当前供水范围内外的用水需求、城市发展状况等。

（2）供水企业应充分关注地区和城市的总体规划，以制定给水工程规划决策。城市给水工程规划的阶段与期限应与城市规划的阶段和期限一致。

（3）供水企业的使命是通过水质处理，为用户提供充足和干净的水，改善公共健康和生活环境。因此不仅在正常情况下提供安全可靠的水量，而且也应在紧急情况下提供充分必要的水量。此外，应了解用户的需求，努力提供比用户需求更优质的服务。

（4）随着供水的普及和城市功能的提高，暂停或缺水将对城市生活生产带来更严重的影响，因此供水目标应为在紧急情况下，能最大限度地降低对用户的影响。

（5）通常设定的维护和管理目标有：1）正确评估目前的维护能力，掌握维护工作量和维护技术水平；2）基于目前的情况，建立反映未来维护和管理技术水平的维护管理系统；3）系统更新和维护应考虑寿命周期成本；4）设施维护中考虑水质管理的便利性。

（6）考虑能源的有效利用。

（7）由于扩大供水范围、整合企业、确保稳定可靠供水、加强应急管理、加强维护等原因，需要大量的资金投入，因此应利用资产管理方法，根据财务平衡，制定有效可行的发展规划。

## 2.4 基础资料调查

1. 收集和调查确定供水范围的基本资料

确定供水范围时，应掌握行政区域内的自然条件和社会条件，掌握相关的未来规划，调查需水量现状和未来前景，特别是用地和产业布局。同时调查维护和管理的难度水平、经济效益等。

2. 收集供水量计算的基本数据

（1）实际供水量

至少收集过去 10 年内，根据使用类型或服务规模确定的实际用水情况。考虑规划期内的未来发展趋势。研究特殊用途的需水量。例如收集和调查旅游区相关用水量变化。

（2）收集不同用途水量的波动因素数据

（3）地下水利用情况

调查并掌握地下水的实际使用情况，特别是调查大量消耗地下水的建筑物或企业，调查地下水抽水的限制性，并预测由地下水向地表供水的转换时间和水量。

（4）类似城市的用水量

调查城市特征和发展情况类似的城市各种用途用水量，每日用水量的变化情况。

3. 相关规划调查

包括调查城市发展总体规划、区域（流域）水资源规划、工业布局规划、水系规划、排水规划等，充分了解相关规划内容，确定长期水量供需前景。

4. 调查确定供水设施的位置和结构所需的自然和社会条件

供水设施应安装在安全、易于建造和受洪水或地震影响较小的地方。不应设置在易发生滑坡、泥石流、塌陷等不良地质地区，洪水淹没及低洼内涝地区。为此应调查与规划地点相关的自然和社会条件。

（1）调查相关自然条件

自然条件调查见表 2-1。

自然条件调查 表 2-1

| 类型 | 目的 | 调查事项 |
|---|---|---|
| 地形和地质调查 | 确定供水设施位置 | 道路、丘陵、湖泊、河流等的位置，地形高低，主要水准点等 |
| | 判断设施的布局和结构、建设难易程度和抗震措施 | 地基、土壤、地下水位、有无断层等 |
| 灾害记录调查 | 设施建设场地过去是否具有灾害 | 地震、海啸、暴雨、洪水等灾害程度、受灾情况等 |

（2）位置相关条件调查

位置相关条件调查见表 2-2。

位置条件调查 表 2-2

| 类型 | 目的 | 调查事项 |
|------|------|----------|
| 设施建设场地及周边环境调查 | 施工难易性 | 道路建设和完善状况、路面交通状况、当地发展状况、住宅类型、地块归属、周边居民的认识 |
| 现有设施调查 | 地域文化的保护 | 确定需要保护的历史文化建筑 |
| 稀有动植物调查 | 建议场地是否存在灾害情况 | 根据我国濒危生物保护条例，调查稀有动植物 |

（3）土地利用规划调查

土地利用规划调查见表 2-3。

土地利用规划调查 表 2-3

| 类型 | 目的 | 调查事项 |
|------|------|----------|
| 指定用地调查 | 用地规定 | 1. 城市用地（城市规划法：城市规划区域）；<br>2. 农业地域（农业法：农业用地）；<br>3. 森林地域（森林法：当地森林规划、保育林）；<br>4. 自然公园地域（国家公园法：专用区域、普通区域）；<br>5. 自然保护地域（环境保护法：自然保护地域） |
| 文化资产等调查 | 文化资产的保护 | 国宝、重要文化资产、历史景点、名胜景点、自然纪念物、地下文化资产（古墓、住宅遗址等）、世界文化遗产 |
| 发展规划调查 | 防止与其他规划的冲突 | 城市土地开发地块（地块重新定位项目、新住宅开发项目、工业区开发项目等）、街道道路规划、土地改良规划等 |

5. 收集和调查具有相似或相同规模的供水设施及其管理数据

调查尽可能多的现有类似供水的水源类型、水质、水处理方法、设施布局、管理水平和管理绩效等。这些调查将作为确定水处理方法与原水水质相容的合理方案。

扩建情况下，应重新评估现有设施的处理能力，便于新旧设施有机整合和运作。

6. 调查各种水源的水量和水质情况

城市水源一般指可被利用的淡水资源，包括地下水源和地表水源。有时把海水利用、再生水回用作为城市水源的补充。供水水源分类如图 2-3 所示。

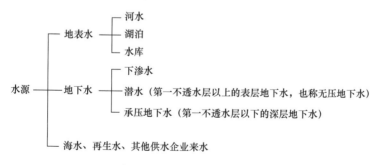

图 2-3 供水水源类型

地表水特别是河水，受到降雨的强烈影响，水量变化幅度大。地下水中，承压深层地下水是长期贮存在流域内的地下水，降雨量的季节性波动被吸收，在恒定抽水范围内是稳定的水源。

（1）水量

1）地表水

收集至少近 10 年的水文资料，调查全年的流量、水位等。特别要掌握干旱时段内的流量和水位，考虑降水的长期变化情况。

2）地下水、下渗水

收集现有水井的地层构造，地下水和下渗水的过去数据。根据需要进行电测和地震波勘探，以调查含水层、水脉和地质构造等。使用现有水井进行抽水实验。

（2）水质

调查原水水质在现在和将来是否符合饮用水源的标准，确定后续应采取什么样的水处理方法。

地面水源水质评价应对取水水域分为平水期、丰水期、枯水期三期水质检测；取样应设在取水区域上、下游不少于 3 个断面上；水样一般从水面以下 0.5m 至水底以上 1m 范围内采集。

7. 评估现有设施，确定改造/更新的范围和时间

为实现规划目标，应从水源到用水装置涉及的所有设施的水质安全性、水量可靠性、水压充分性、运行维护管理等方面评估，确定规划期内需要改进的内容。

应调查和检查的具体事项见表 2-4。

设施状况调查          表 2-4

| 类型 | 调查事项 |
| --- | --- |
| 水源和蓄水设施 | 水质富营养化，水库泥沙沉积引起有效容量减小，地下水质污染，水源设施老化，气候变化引起的供水能力下降 |
| 取水和引水设施 | 河床变化，管道内部滋生贝壳，使取水和引水能力下降 |
| 水处理设施 | 原水水质恶化，导致异嗅异味问题 |
| 输配水设施 | 管道内生锈，出现水质问题，过水能力下降，漏水量增加，沉降不均匀下柔性接口条件等 |
| 仪器仪表 | 仪器仪表故障，技术是否过时 |

8. 评估环境影响，防止环境污染和保护环境

取水设施、蓄水设施的建设，水处理厂的污水排放，水泵运行产生的噪声和振动等，可能会影响周围环境。因此为了防止环境污染，必要时保护环境，应执行环境影响评价。

## 2.5 确定基本规划事项

1. 规划年限

它是给水工程规划的目标期限，一般近期按 5~10 年，远期按 10~20 年。

2. 规划供水范围

这是在规划年限内配水管网铺设的区域。规划供水范围通常由编制的城镇总体规划确定。

3. 规划服务人口

这是规划供水范围内服务人口的预测值。

规划服务人口＝规划供水范围内人口×规划供水普及率

规划供水普及率将综合考虑现状和未来供水规划后确定。

4. 规划供水量

规划供水量由各种用水类型的需水量确定，它将反映社会经济、城市发展的未来特征。

## 2.6 城市用水量预测

城市最高日用水量常采用下列用水量指标预测后，经比较确定。

（1）城市综合用水量指标，可按式（2-1）计算：

$$Q = q_1 P \tag{2-1}$$

式中  $Q$——城市最高日用水量，万 $m^3/d$；

　　$P$——预测用水人口，万人；

　　$q_1$——城市综合用水量指标，指平均单位用水人口消耗的城市最高日用水量，万 $m^3/(万人 \cdot d)$。缺乏资料时，可按表 2-5 选用。

城市综合用水量指标［万 $m^3/(万人 \cdot d)$］　　　　表 2-5

| 区域 | 城市规模（万人） | | | | | | |
|---|---|---|---|---|---|---|---|
| | 超大城市（$P \geqslant 1000$） | 特大城市（$500 \leqslant P < 1000$） | 大城市 | | 中等城市（$50 \leqslant P < 100$） | 小城市 | |
| | | | I型（$300 \leqslant P < 500$） | II型（$100 \leqslant P < 300$） | | I型（$20 \leqslant P < 50$） | II型（$P < 20$） |
| 一区 | 0.50～0.80 | 0.50～0.75 | 0.45～0.75 | 0.40～0.70 | 0.35～0.65 | 0.30～0.60 | 0.25～0.55 |
| 二区 | 0.40～0.60 | 0.40～0.60 | 0.35～0.55 | 0.30～0.55 | 0.25～0.50 | 0.20～0.45 | 0.15～0.40 |
| 三区 | — | — | — | 0.30～0.50 | 0.25～0.45 | 0.20～0.40 | 0.15～0.35 |

注：1. 一区包括：湖北、湖南、江西、浙江、福建、广东、广西、海南、上海、江苏、安徽；

2. 二区包括：重庆、四川、贵州、云南、黑龙江、吉林、辽宁、北京、天津、河北、山西、河南、山东、宁夏、陕西、内蒙古河套以东和甘肃黄河以东地区；

3. 三区包括：新疆、青海、西藏、内蒙古河套以西和甘肃黄河以西地区。

2. 本指标已包括管网漏失水量。

（2）综合生活用水比例相关法，可按式（2-2）计算：

$$Q = 10^{-3} q_2 P(1+s)(1+m) \tag{2-2}$$

式中  $s$——工业用水量与综合生活用水量比值；

　　$m$——其他用水（市政用水及管网漏损）系数，缺乏资料时，可取 0.1～0.15；

　　$q_2$——综合生活用水量指标，指平均单位用水人口消耗的城市最高日生活用水量，L/(人 \cdot d)。缺乏资料时，可按表 2-6 选用。

综合生活用水量指标 $q_2$［L/(人 \cdot d)］　　　　表 2-6

| 区域 | 城市规模（万人） | | | | | | |
|---|---|---|---|---|---|---|---|
| | 超大城市（$P \geqslant 1000$） | 特大城市（$500 \leqslant P < 1000$） | 大城市 | | 中等城市（$50 \leqslant P < 100$） | 小城市 | |
| | | | I型（$300 \leqslant P < 500$） | II型（$100 \leqslant P < 300$） | | I型（$20 \leqslant P < 50$） | II型（$P < 20$） |
| 一区 | 250～480 | 240～450 | 230～420 | 220～400 | 200～380 | 190～350 | 180～320 |
| 二区 | 200～300 | 170～280 | 160～270 | 150～260 | 130～240 | 120～230 | 110～220 |
| 三区 | — | — | — | 150～250 | 130～230 | 120～220 | 110～210 |

注：综合生活用水为城市居民生活用水与公共设施用水之和，不包括市政用水和管网漏失水量。

（3）不同类别用地用水量指标法，可按式（2-3）计算：

$$Q = 10^{-4} \sum q_i a_i \qquad (2\text{-}3)$$

式中　$a_i$——不同类别用地规划规模，$hm^2$；

　　　　$q_i$——不同类别用地用水量指标，指平均单位不同类别建设用地消耗的城市最高日用水量，$m^3/(hm^2 \cdot d)$。缺乏资料时，可按表 2-7 选用。

不同类别用地用水量指标 $q_i$ [$m^3/(hm^2 \cdot d)$]　　　　　表 2-7

| 类别代码 | 类别名称 | | 用水量指标 |
|---|---|---|---|
| R | 居住用地 | | 50～130 |
| A | 公共管理与公共服务设施用地 | 行政办公用地 | 50～100 |
| | | 文化设施用地 | 50～100 |
| | | 教育科研用地 | 40～100 |
| | | 体育用地 | 30～50 |
| | | 医疗卫生用地 | 70～130 |
| B | 商业服务业设施用地 | 商业用地 | 50～200 |
| | | 商务用地 | 50～120 |
| M | 工业用地 | | 30～150 |
| W | 物流仓储用地 | | 20～50 |
| S | 道路与交通设施用地 | 道路用地 | 20～30 |
| | | 交通设施用地 | 50～80 |
| U | 公共设施用地 | | 25～50 |
| G | 绿地与广场用地 | | 10～30 |

注：1. 类别代码引自现行国家标准《城市用地分类与规划建设用地标准》GB 50137。
　　2. 本指标已包括管网漏失水量。
　　3. 超出本表的其他各类建设用地的用水量指标可根据所在城市具体情况确定。

当进行城市水资源供需平衡分析时，城市年用水量可按式（2-4）计算：

$$W = 365Q/k \qquad (2\text{-}4)$$

式中　$W$——城市年用水量，万 $m^3/a$；

　　　　$k$——日高峰系数，应根据城市性质和规模、产业结构、居民生活水平及气候等因素分析确定。缺乏资料时，宜采用 1.1～1.5。

【例 2-1】 江苏省某市 20 年后人口规模预测为 $P = 360$ 万人。当按方法（1）计算时，由表 2-6，取城市综合用水量指标 $q_1 = 0.60$ 万 $m^3/($万人 $\cdot d)$，则城市最高日用水量为 $Q_{(1)} = q_1 P = 0.60 \times 360 = 216.00$ 万 $m^3/d$。

当按方法（2）计算时，由表 2-7，取综合生活用水量指标 $q_2 = 350L/($人 $\cdot d)$。该市工业用水量与综合生活用水量比值预测为 $s = 0.95$，其他用水（市政用水及管网漏损）系数预测为 $m = 0.1$。于是城市最高日用水量 $Q_{(2)} = 10^{-3} q_2 P(1+s)(1+m) = 10^{-3} \times 350 \times 360 \times (1+0.95)(1+0.1) = 270.27$ 万 $m^3/d$。

当按方法（3）不同类别用地用数量指标法计算时，见表 2-8，得到城市最高日用水量为 $Q_{(3)} = 189.57$ 万 $m^3/d$。

常采用以上 3 种方法计算结果的代数平均值，作为规划的城市最高日用水量，即 $Q = (Q_{(1)} + Q_{(2)} + Q_{(3)})/3 = (216.00 + 270.27 + 189.57)/3 \approx 225$ 万 $m^3/d$。

不同类别用地用水量计算

表 2-8

| 序号 | 类别代号 | | 类别名称 | 面积（hm²） | 用水量指标<br>[m³/(hm²·d)] | 用水量（万 m³/d） |
|---|---|---|---|---|---|---|
| 1 | R | | 居住用地 | 10660.41 | | 73.74 |
| | | R1 | 一类居住用地 | 887.78 | 60 | 5.33 |
| | | R2 | 二类居住用地 | 9772.63 | 70 | 68.41 |
| 2 | A | | 公共管理与公共服务设施用地 | 5474.55 | | 27.04 |
| | | A1 | 行政办公用地 | 350.20 | 50 | 1.75 |
| | | A2 | 商业金融用地 | 2299.24 | 50 | 11.50 |
| | | A3 | 文化娱乐用地 | 567.18 | 50 | 2.84 |
| | | A4 | 体育用地 | 292.80 | 40 | 1.17 |
| | | A5 | 医疗卫生用地 | 249.70 | 50 | 1.25 |
| | | A6 | 教育科研用地 | 1686.28 | 50 | 8.43 |
| | | A7 | 文物古迹用地 | 15.90 | 25 | 0.04 |
| | | A8 | 其他公共设施用地 | 13.25 | 50 | 0.07 |
| 3 | M | | 工业用地 | 7660.80 | | 60.14 |
| | | M1 | 一类工业用地 | 6342.24 | 60 | 38.05 |
| | | M2 | 二类工业用地 | 871.40 | 100 | 8.71 |
| | | M3 | 三类工业用地 | 447.16 | 300 | 13.41 |
| 4 | W | | 物流仓储用地 | 351.85 | 25 | 0.88 |
| 5 | S | | 道路与交通设施用地 | 6702.67 | | 11.50 |
| | | S1 | 道路用地 | 1438.14 | 25 | 3.60 |
| | | S2 | 交通设施用地 | 5264.53 | 15 | 7.90 |
| 6 | U | | 公共设施用地 | 558.43 | 50 | 2.79 |
| 7 | G | | 绿地与广场用地 | 6591.86 | 20 | 13.18 |
| | | G1 | 公共绿地 | 5394.04 | | |
| | | G2 | 广场用地 | 1197.82 | | |
| 8 | D | | 特殊用地 | 52.71 | 50 | 0.26 |
| | | | 城市建设用地合计 | 38053.28 | | 189.57 |

## 2.7 项目内容确定

当确定项目内容时，应在设施之间平衡容积、能力等。根据设施的供应及其执行计划，检查是否存在资金困难。

项目内容大体上分为包含设施规模扩大的扩建规划，设施改善和替换的更新规划，以及企业非工程类型运行的其他规划。项目内容很广泛，期望它们通过相互协作，能够提高供水系统的可靠性和安全性。

（1）扩建规划

扩建规划包括开发新的水源、新建或强化水处理工艺、新建配水管道和配水池等。

（2）更新规划

更新规划包括对老化的或性能不良设施设备的修理、修复和替换。

（3）其他规划

该部分规划结合文档工作、人事管理、技术培训等，改善服务水平，增强企业的运行能力。也包括管理中引入的 IT 技术，例如从取水到配水的集成供水管理系统，水质数据监视系统，无人值守设施远程运行的遥测和遥控系统，自动抄表系统和绘图系统等。

## 2.8 规划成果与公示

规划成果包括规划文本、图件、规划说明书、基础资料汇编、展板（或挂图）和规划图纸等部分。

（1）规划文本。规划文本是对规划的各项目标和内容提出规定性要求的文件，文本是说明书的结论概要，语言要求精炼，是用作规划实施、监督的指导性文件，充分表达了规划设计的意图和目标。

（2）图件。图件包括城市净水厂、加压泵站、调节水池等给水设施，以及给水管网（管径、管长、走向）的布置现状图及规划图，还包括城市水系图、水量分布图、给水工程系统规划图等。供方案评审及提交最终规划成果的附图一般图幅为 A3。

（3）基础资料汇编。基础资料汇编是指对规划过程中搜集的相关资料汇总，包括城镇总体规划、交通规划、水利规划、排水规划等相关规划资料，从规划部门、水利部门、自来水公司、排水公司等部门收集的相关统计资料，当地建设材料和施工造价资料等。基础资料是城镇给水工程规划的重要依据。

（4）规划说明书。规划说明书是对规划文本的具体解释，要求内容翔实。规划说明应包括规划项目的性质、建议规模、方案的组成及优缺点、工程造价估算、所需主要设备材料以及能源消耗等内容。此外还应附有规划设计的基础资料集。

（5）展板（或挂图）。展板包括主要规划文件，一般以规划图纸为主，配以主要说明文字，对图纸解释和补充，供方案评审使用（图幅 A0 或 A1，可根据具体情况定）。目前逐渐被电子展板替代。

（6）规划图纸。规划图纸用于表达规划的基本意图和目标。图纸按一般按一定比例（1:500、1:1000、1:2000、1:5000、1:10000 等）绘制。一般情况下，给水工程规划图纸上应标明：1）水源及水源井、泵房、贮水池等位置，水源平均供水能力（单位：万 $m^3/d$）。2）分区的现状和规划的供水量（单位：千 $m^3/d$ 或万 $m^3/d$，分别标出市政供水量和自备水源水量）。3）现有的、需拆除的和规划的输水干管走向（用不同的图例区别，常分管径在 500mm 以上、300～500mm、300mm 以下三级），以及加压泵站位置。4）水闸、水坝、水库、河道的位置、名称和水流流向。

给水工程规划文本和图纸完成后，应由行业主管部门向社会公示，保证规划内容的准确性和透明性，便于听取公众意见和建议。公示内容包括文本、图纸、照片、数据集资料汇编，应明确项目的必要性、有效性、营利性等。

给水工程规划文本和图纸经当地政府批准后，将由当地政府公布。

## 2.9 日本供水管网布局启示

### 2.9.1 日本给水管网布局

1. 供水系统组成

为满足稳定水量、安全水质、适当水压、抗震、设施更新改造等要求，日本水道协会将供水系统的组成划分为以下六部分（见图2-4）：1）取水设施：获取适当水质原水的设施。2）引水设施：取水点到自来水厂的浑水输水管。引水设施为从原水取水设施到净水设施的设施。3）净水设施：净化到适合饮用水的设施。4）送水设施：水厂到配水池的输水设施。5）配水设施：经过配水池存储后，给水区域内将配水池水量分配到用户的设施。6）给水设施：进户管到用户龙头的管道。

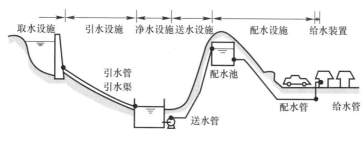

图 2-4　供水系统示意图

尽管引水、送水、配水和给水设施在水行业中作为专业术语，它们均具有输水功能，同时又具有不同的要求（见表2-9）。其中送水管道、配水池和配水管道共同构成了城市送配水系统。送水管道连接净水厂和配水池，送水设施在合适的压力下，以稳定的方式供水。配水池根据当地供水压力，满足水量变化要求。配水管道分布在整个城市，可再细分为配水干管和配水支道。

输水设施特征　　　　　　　　　　　　　　　　　表 2-9

|  | 引水 | 送水 | 配水 | 给水 |
|---|---|---|---|---|
| 水质 | 原水 | 出厂水 | 出厂水 | 出厂水 |
| 管渠形式 | 管道、明渠 | 管道 | 管道 | 管道 |
| 设计流量 | 规划年限内最高日取水量 | 规划年限内最高日给水量 | 规划年限内最高时配水量 | 依照建筑给水要求 |

2. 配水分区

通常整个给水区域划分为多个配水区。一个配水分区至少包含一座配水池；如有必要，可以设置多座配水池。通常情况下配水池和配水干管构成配水分区；进一步细化，配水支管构成了配水支管分区（见图2-5）。配水分区应考虑最大配水量、地形地貌、配水干管的分布状况和配水池的位置，尽可能合理、经济。配水支管分区的分布，根据相应标高设定增压和减压分区。为保证备用功能，连接管连接相邻配水干管，配水干管连接配水支管分区。设计中按照配水区的划分，进行配水管网的水力计算，保证高峰时间整个配水区域内的水压。

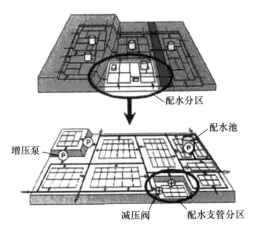

图 2-5　配水分区示意图

通过配水区域管理，具有以下优点：1）便于了解管网实时状况，方便布置流量、水压、水质信号监测系统，容易掌握管网状况（流量、水压、流向、水质等），可为管网模拟和监测调度提供准确、足够的信息；掌握不同用地类型下需水量的变动，便于需水量预测；合理化新建、改建、更新配水管的维护计划。2）提高日常配水管理和维护水平，合理设定减压、增压区域，便于水压管理，提高设备效率，节约能耗；便于配水量分析与管理，最小化漏水修理伴随的断水区域，容易确定漏水场所、漏水量，提高漏水调查效率；合理设置中途加氯站，节约药耗，减少消毒副产物的生成（见图 2-6）。3）通过掌握灾害、事故等影响范围，提高应急水平。

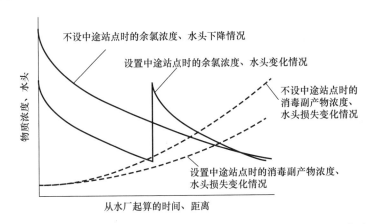

图 2-6　中途站点与余氯浓度、消毒副产物浓度、总水头变化和水头损失变化关系示意图

配水区域管理也存在一定的不利点，例如区块分界处滞留水伴随余氯浓度的降低，容易引起水质恶化；管网分隔、联络管及监视仪器设备等需要一定的工程投资。

3. 配水池

配水池是出厂水的临时贮水设施（有些配水池结合了水泵设施），可根据需水量扰动调整供水量。配水池的设置具有两个主要目的：1）一方面保持净水设施经济恒定地运行，另一方面适应居民生活用水需求变动；2）应对紧急用水情况，储备应对消防、灾害事故、检修停水所需水量。

配水池的容积，按照给水区域规划年限内最高日 12h 给水量为标准；同时考虑供水稳定性，计入消防流量。通常配水池有效水深为 3～6m，可设置水位计、取水设备，进行水质监视，也可设置中途加氯站。为增加供水可靠性，配水池应从不同处理厂进水（见图 2-7）。

4. 东京供水布局概况

以东京为例，简要说明给水管网布局理论的应用。东京是日本的政治经济中心，2018年人口为 1350 万人。东京都水道局供水至 23 个行政区以及多摩地区 26 个城镇。供水系统包含了 3 条河流的取水口，11 座主要净水厂和 41 座主要给水所（配水池），以及 27195km 的配水管网。水厂处理能力为 686 万 $m^3/d$，给水所（配水池）的蓄水能力大约为 321 万 $m^3$，约为处理能力的 46.8%。2018 年漏水率为 3.2%。规划送水管网为双环形式（见图 2-8）。有些给水所（配水池）针对进流压力过高情况，设置有小型水力发电装置，以取得节能效益（见图 2-9）。

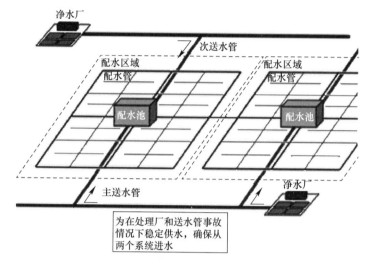

图 2-7 送配水系统示意图

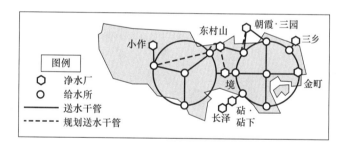

图 2-8 东京市送水管网示意图（2018 年）

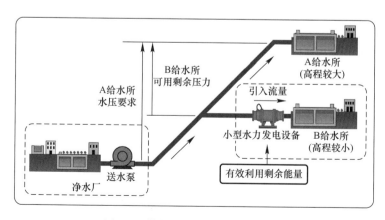

图 2-9 供水站的小型水力发电装置

### 2.9.2 启示

给水管网合理布局关系水量、水压和水质等供水服务功能的满足，同时也需要起到节能降耗的作用。通过对日本给水管网供水系统组成、配水分区和配水池三方面布局理论的讨论，认为具有以下借鉴意义。

（1）应在良好的布局下，明确给水管道的功能性。通常规划设计中，将管道分为输水管、配水管，配水管道又分为配水干管和配水支管。但运行管理过程中，管网中各管段之间的水量、水压和水质相互作用，除连接水厂、蓄水设施、泵站的几条管道功能性较明确外，管网中无论管径大小，都难以分辨其是输水管、配水干管还是配水支管。因此通过配水区域管理，可使管道的功能性明确；即使在出现故障时，也便于调查、分析与管理；同样可针对不同层次的管道，设定管材选择、管道接口、阀门附件设置等要求。

（2）管网区域化管理基础上，有助于实现管网的分层次模拟，解决复杂计算问题。根据给水系统生产运行调度要求，便于直接以清水输水管网为基础，结合净水厂的供水压力、供水流量，配水池的供水压力和流量数据，建立供水管网调度模型。供水管网调度模型避免了宏观给水管网模型对管网的"黑箱"（即避开给水系统内部结构的描述）处理，管网简化模型中对管道直径选取（例如选取直径300mm或500mm以上管道作为模拟对象）、管道合并与删除带来的模型误差问题。同时针对配水管网的设计、改扩建、故障诊断、管道冲洗等需求，可建立管网局部详细模型。

（3）可充分发挥蓄水设施的作用。蓄水设施具有水量平衡、维持水压、减小输水管道尺寸和提高运行灵活性和效率的作用。配水管网的水量波动在蓄水设施处得以缓解，便于使输水管道以较恒定速率供水，降低了管道尺寸。当管网中不设置蓄水设施时，能量、加氯均在净水厂完成，使得管网长距离输送过程中，造成水压和余氯的损耗。而当中途有蓄水设施时，可减少管网中水压和余氯的损耗，减少消毒副产物的生成。

## 2.10 伦敦供水环线与管网布局启示

### 2.10.1 供水环线建设起因

20世纪80年代初期，伦敦包含了9000英里（约合14500km）的供水干管和60个供水分区，各分区之间具有管道连通。伦敦的自然地形在供水管网布局中起到重要作用：伦敦北部处于主要服务区域，由专门的服务水库供水；伦敦南部低、中和高压力区，压力差可达70m。多数净水厂位于城市边缘，70%以上供水来自泰晤士河谷的六座净水厂，出厂水需要在较高压力、较长距离下输送至用户。随着管道老化，当时25%的干管服役超过了100年（见图2-10）。在高压力和管道老化双重因素下，增加了供水管网漏水和爆管的风险：一年中具有50次大型管道故障，基本为每周一次。管道修理过程也

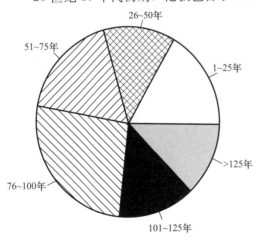

图2-10 1987年主干管线管龄分析

给用户和交通带来不便。

伦敦供水量的增长，从 20 世纪初开始，平均速率大约为每年 1％；到 1985 年达到了 200 万 m³/d（见图 2-11）。预计通过实施严格漏水控制措施后，在 1988 年和 2006 年之间，供应水量期望上升 15％。泰晤士河谷的几座净水厂大体从西向东的输水，高峰日水量期望在 1988 年和 2006 年之间上升 30％。

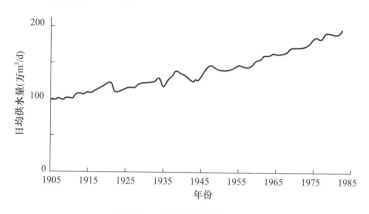

图 2-11　伦敦供水量的增长

为解决伦敦水量增长、管网老化、供水事故频繁等一系列问题，伦敦供水的发展最初考虑了两种备选策略：1）结合净水厂的扩建，扩建、更新和修复传统干管；2）建设伦敦供水环形干线，合理改造净水厂。通过论证，认为方案 1）具有技术经济可行性。于是提出的方案包括：泰晤士供水环形干线为 2.54m 内径隧道，从伦敦西南部的泰晤士河谷的净水厂输送饮用水，沿着伦敦形成了闭合环路（见图 2-12）。自地面算起管渠的平均深度在 45m，埋深最大部分超过 70m。供水环线中间设有竖井泵站，在此将水抽升至浅层地表干线。同时通过现代化和升级净水厂工艺，关闭较老、较不经济的净水厂，使伦敦净水厂布局合理化。项目由泰晤士水务公司承建，开始于 1986 年，于 1993 年竣工；并于 2008～2010 年进行了部分扩建。

## 2.10.2　供水环线建设主要内容

### 1. 环形干线

环形干线为近 80km 的 2.54m 内径隧道，包含了原有 19km 的南部隧道干线。预计输送能力为 130 万 m³/d 的出厂水，代表伦敦当时超过 50％的需水量。设计流速为 1.25m/s，允许在每一部分输送流量大约 55 万 m³/d。

环形干线概念的实质是，水在环形干线内重力流动，水的运动受净水厂出水水头的压力驱动。在位于靠近配水需求区域竖井处抽升。在出水竖井处，水将提升到浅层地表，进入当地配水系统。这将显著减少对来自泰晤士河谷供水高扬程提升的需求，节约能量和省去了高扬程泵站的建设，并缓解了现有干管的高压运行。环形中的任何出口竖井可以从两个方向供应。为提高供水保证率，当一座净水厂不能够输入管网，那么另一座可以供应；任何出水竖井均可以从两个方向进水；单个配水分区可以接受至少来自两个竖井源头的供应。图 2-12 比较了现有和建议系统的水力特征。

通常，环形干线将在完全能力下运行，输送管网所需基本流量。为了满足和调整每日的或者其他主要需水量扰动，因此需要保留和依赖浅层地表主干线系统。对于典型区域，图 2-13 说明了建议的水量供应机制（平均日和高峰日需求）。

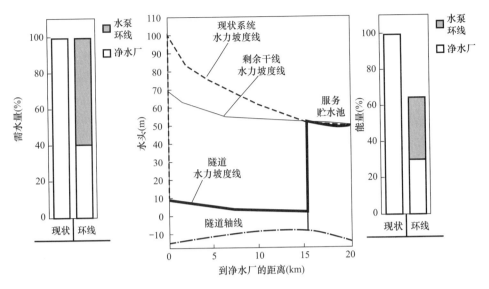

图 2-12 典型水力机制

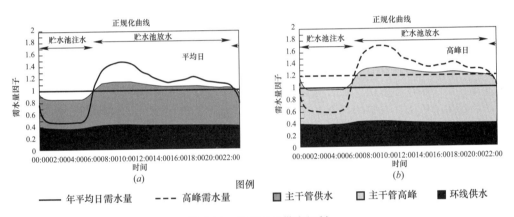

图例

—— 年平均日需水量　　---- 高峰需水量　　■ 主干管供水　　□ 主干管高峰　　■ 环线供水

图 2-13 典型水量供应机制

(a) 平均日；(b) 高峰日

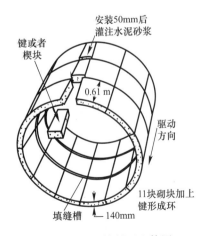

图 2-14 楔块衬里立体图

环形干线建设的关键是，80%沿着伦敦黏土，采用了楔块片断方法（见图 2-14）。它具有以下优点：①经济：2.54m 直径隧道的成本大约相当于 1200mm 直径常规供水干管的成本，而供水能力提高至四倍。②充分利用伦敦黏土的强度和不渗透性，防止了漏水和污染。③负荷的应力立即返回到土壤，减少了显著沉降的可能性。④维护需求较小，资产的安全性显著。⑤不需要螺栓或者泥浆，施工速度快，平均为每周 150m。

2. 竖井

2.54m 内径隧道通过每一竖井进水/出口时，管道内径缩至 1.8m。提升出水竖井内径设计为 13m，深度在 50m 左右，其中布置了竖向出入通道，且在每一隧道两侧设置了隔离阀（见图 2-15）。竖井内按照 6 台标准泵组设计。多级水泵装置通高标高处的电机长竖向轴驱动。为提高环形干线的水锤防护，在竖井中设有涌水柱。

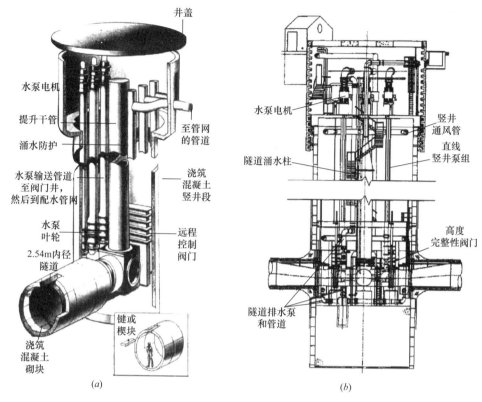

图 2-15　典型水泵竖井
（a）立体图；（b）剖面图

竖井位置的选择为以下因素的组合：①靠近主干管线；②具有土地所有权；③环境影响小；④靠近主干道路；⑤附属建筑建设的可能性等。以此为依据，最终竖井的八处位置选择在当时泰晤士水企业管理范围内；两处场地选择在主干道路中心保留/环岛处。

竖井建议的运行模式，根据保持水量恒定的局部供水机制。每一竖井将服务于多个配水分区，对应于地理上的大型面积。

3. 净水厂改造与升级

以往来自泰晤士河和利河的原水通过慢砂过滤工艺处理。研究表明较高速率的慢砂过滤是可行的，通过增加较大净水厂的产量，可以关闭较小、较不经济的净水厂。因此，联合对主干配水问题的解决，将进行伦敦净水厂合理化布局。当时服务于伦敦的九座净水厂中将关闭四座，同时通过处理厂的工艺改造和升级，满足增加的需水量要求。保留的五座净水厂分别为泰晤士河谷的 Hampton，Walton，Ashford Common 和 Kempton Park 净水厂，以及利河谷的 Coppermills 净水厂。五座净水厂均能够供水到环形系统，正常运行下由 Ashford Common，Hampton 和 Coppermills 净水厂保持常规输入。

**2.10.3　控制系统结构**

为随时匹配供水和需水状况，伦敦供水环线和主干配水系统运行的重点，放置在控制系统的开发。需水量和供水量之间的时间差范围要求在 15min～1h，因此必须提前一天预测第二天的需水量，将根据三层系统控制（见图 2-16）。

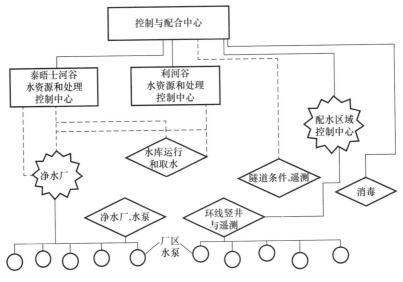

图 2-16　伦敦水处理和主干配水控制层次

控制的顶层将为控制与配合中心。该中心将确保需水量与供水量的平衡，维持最经济方式的供水。紧急情况下，所有控制活动将需要该中心授权。配合中心也将通过压力、流量、隧道条件和一般安全性，监视隧道系统。

区域性水泵的运行将从区域控制中心监视，形成第二层，它负责几个配水分区的供应。它在当地基础上的控制，执行配水管网中物理测试。响应于需水量，区域设施将调整来自环形干线和主干管线的水压，保证和维护区域供水服务。

控制的最后一层将在提升泵站内执行，根据从区域控制中心下载的预置日程，响应于系统状态内可检测的变化。

供水环线的基本监视控制与数据获取（SCADA）组件是大量 63mm 内径的管对，它从每一竖井向下进入，沿着隧道从另一竖井向上伸出，形成 U 形管的网络。它们包含了纤维光缆，将各种监测数据连接到控制与配合中心。监测数据将覆盖贮水池水位，分配终端的压力、流量，竖井气体检测、通风，水泵特征、电力消耗，净水厂浊度、余氯等。

### 2.10.4　启示

伦敦供水环线建设对管网布局合理化具有很好的借鉴作用，主要体现在：①注重安全供水保障，通过多水源联合供水、竖井双向供水、配水分区多方向受水等措施，提高供水可靠性。②注重节约运行成本，通过供水环线重力输水、竖井提升，降低了管网长距离输水的运行压力，减少了漏水和爆管的几率。③注重供水量灵活调度，运行中使环线提供基本需水量，依靠浅层地下管网和蓄水设施适应用户需水量的变化。④注重运行调度与控制系统建设，开发供水管网运行与调度系统，便于分层次进行日常供水的监视、调节和管理。

# 第3章　用水量预测

用水量是城市供水系统运行的基本驱动力。由于用水量具有随机性，因此在供水中需要了解用水量、用水类型及用水量随时间的变化。

## 3.1　用水定义与计量

### 3.1.1　用水定义

水文学中，用水定义为水文循环过程中由人类干涉的所有水流。更严格的用水定义是指用于特定目的的水。我国《城市用水分类标准》CJ/T 3070—1999 将城市用水分为三级，其中一级城市用水分为居民家庭用水、公共服务用水、生产运营用水、消防及其他特殊用水四大类，在此基础上的二级城市用水分为41类，见表3-1。三级以下的细分类别由各城市根据实际情况自行设置或不予设置。

城市用水分类

表 3-1

| 序号 | 类别名称 | 包括范围 |
|---|---|---|
| 1 | 居民家庭用水 | 城市范围内所有居民家庭的日常生活用水 |
| 1.1 | 城市居民家庭用水 | 城市范围内居住的非农民家庭日常生活用水 |
| 1.2 | 农民家庭用水 | 城市范围内居住的农民家庭日常生活用水 |
| 1.3 | 公共供水站用水 | 城市范围内由公共给水站出售的家庭日常生活用水 |
| 2 | 公共服务用水 | 为城市社会公共服务的用水 |
| 2.1 | 公共设施服务业用水 | 城市内的公共交通业、园林绿化业、环境卫生业、市政工程管理业和其他公共服务业的用水 |
| 2.2 | 社会服务业用水 | 理发美容业、沐浴业、洗染业、摄影扩印业、日用品修理业、殡葬业以及其他社会服务业的用水 |
| 2.3 | 批发和零售贸易业用水 | 各类批发、零售业和商业经纪等的用水 |
| 2.4 | 餐饮业、旅馆业用水 | 宾馆、酒家、饭店、旅馆、餐厅、饮食店、招待所等的用水 |
| 2.5 | 卫生事业用水 | 医院、疗养院、专科防治所、卫生防疫所、药品检查所以及其他卫生事业用水 |
| 2.6 | 文娱体育事业、文艺广电业用水 | 各类娱乐场所和体育事业单位、体育场（馆）、艺术、新闻、出版、广播、电视和影视拍摄等事业单位的用水 |
| 2.7 | 教育事业用水 | 所有教育事业单位的用水（不含其附属的生产、运营单位用水） |
| 2.8 | 社会福利保障业用水 | 社会福利、社会保险和救济业以及其他福利保障业的用水 |
| 2.9 | 科学研究和综合技术服务业用水 | 科学研究、气象、地震、测绘、环保、工程设计等单位的用水 |
| 2.10 | 金融、保险、房地产业用水 | 银行、信托、证券、典当、房地产开发、经营、管理等单位的用水 |
| 2.11 | 机关、企事业管理机构和社会团体用水 | 党政机关、军警部队、社会团体、基层群众自治组织、企事业管理机构和境外非经营单位的驻华办事机构、驻华外国使领馆等的用水 |
| 2.12 | 其他公共服务用水 | 除2.1～2.11以外的其他公共服务用水 |

| 序号 | 类别名称 | 包括范围 |
|---|---|---|
| 3 | 生产运营用水 | 在城市范围内生产、运营的农、林、牧、渔业、工业、建筑业、交通运输业等单位在生产、运营过程中的用水 |
| 3.1 | 农、林、牧、渔业用水 | 农业、林业、畜牧业、渔业的用水 |
| 3.2 | 采掘业用水 | 煤炭采选业、石油和天然气开采业，金属矿和非金属矿以及其他矿和木材、竹材采选业的用水 |
| 3.3 | 食品加工、饮料、酿酒、烟草加工业用水 | 粮食、饲料、植物油加工业、制糖业、屠宰及肉类禽蛋加工业、水产品加工业、盐加工业和糕点、糖果、乳制品、罐头食品等其他食品加工业、酒精及饮料酒制造业、软饮料制造业、制茶业和其他饮料制造业、烟草加工业的用水 |
| 3.4 | 纺织印染服装业用水 | 棉、毛、麻、丝绢纺织、针织品业、印染业、服装制造业、制帽业、制鞋业和其他纤维制品制造业的用水 |
| 3.5 | 皮、毛、羽绒制品业用水 | 皮革制品制造业、毛皮鞣制及制品业、羽毛（绒）制品加工业的用水 |
| 3.6 | 木材加工、家具制造业用水 | 木材加工业、木制品业和竹、藤、金属、塑料家具制造业的用水 |
| 3.7 | 造纸、印刷业用水 | 造纸业和纸制品业、印刷业的用水 |
| 3.8 | 文体用品制造业用水 | 文化用品制造业、体育健身用品制造业、乐器及其他文娱用品制造业、玩具制造业、游艺器材制造业和其他文教体育用品制造业的用水 |
| 3.9 | 石油加工业及炼焦业用水 | 原油加工业、石油制品业和炼焦业的用水 |
| 3.10 | 化学原料及化学制品业用水 | 基本化学原料、化学肥料、有机化学产品、合成材料、精细化工、专用化学产品和日用化学产品制造业的用水 |
| 3.11 | 医药制造业用水 | 化学药品原药、化学药剂制造业、中药材及中成药加工业、动物药品、化学农药制造业和生物制品业的用水 |
| 3.12 | 化学纤维制造业用水 | 纤维素纤维制造业、合成纤维制造业、渔具及渔具材料制造业的用水 |
| 3.13 | 橡胶制品业用水 | 轮胎、再生胶、橡胶制品业的用水 |
| 3.14 | 塑料制品业用水 | 塑料膜、板、管、棒、丝、绳及编织品、泡沫塑料以及合成革、塑料器具制造业和其他塑料制品业的用水 |
| 3.15 | 非金属矿物制品、建材业用水 | 水泥、砖瓦、石灰和轻质建筑材料制造业、玻璃及玻璃制品、陶瓷制品、耐火材料制品、石墨及碳素制品、矿物纤维及其制品和其他非金属矿物制品业的用水 |
| 3.16 | 金属冶炼制品业用水 | 黑色金属、有色金属冶炼、加工、制品业的用水 |
| 3.17 | 机电制造业用水 | 机械制造业、各类专用设备制造业、交通运输设备制造业、武器弹药制造业和电机、输配电控制设备、电工器材制造业以及有关修理业的用水 |
| 3.18 | 电子、仪表制造业用水 | 通信设备、广播电视设备、电子元器件制造业、仪器仪表、计量器具、钟表和其他仪器仪表制造业及其修理业的用水 |
| 3.19 | 其他制造业用水 | 除3.3～3.18外的工艺美术品、日用杂品和其他生产、生活用品等制造业的用水 |
| 3.20 | 电力、煤气和水生产供应业用水 | 电力、蒸汽、热水生产供应业、煤气、液化气生产供应业、水生产供应业的用水 |
| 3.21 | 地质勘查、建筑业用水 | 地质勘查、土木工程建筑业、线路管道和设备安装业等工程的用水 |
| 3.22 | 交通运输业、仓储、邮电通信业用水 | 除城市内公共交通以外的铁路、公路、水上、航空运输及其相应的辅助业、仓储、邮政、电信业等单位的用水 |
| 3.23 | 其他生产运营用水 | 除3.1～3.22以外的其他生产运营用水 |

| 序号 | 类别名称 | 包括范围 |
|------|----------|----------|
| 4 | 消防及其他特殊用水 | 城市灭火以及除居民家庭、公共服务、生产运营用水范围以外的各种特殊用水 |
| 4.1 | 消防用水 | 城市道路消火栓以及其他室内公共场所、企事业单位内部和各种建筑物的灭火用水 |
| 4.2 | 深井回灌用水 | 为防止地面沉降通过深井回灌到地下的用水 |
| 4.3 | 其他用水 | 除4.1～4.2以外的其他特殊用水 |

近年我国一级城市用水情况如图3-1所示。通常居民家庭用水和公共服务用水统一由城市供水公司供应；生产运营用水、消防及其他特殊用水除从城市供水公司供应外，可能由自备水源供水。

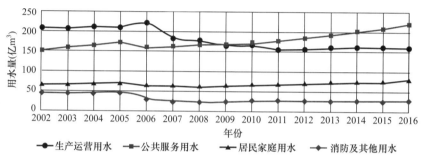

图 3-1　近年我国一级城市用水情况

### 3.1.2　用水计量

用水计量表达为单位时间内的体积。体积单位一般采用立方米（m³）和升（L）。有些情况下，也使用水深为单位（例如毫米降雨）。时间单位包括秒、分、时、日和年。由于年用水体积很大，常常用平均日用水量表示。例如 $1m^3/s = 3600m^3/h = 8.64$ 万 $m^3/d$，$1L/s = 3.6m^3/h = 86.4m^3/d$。

为了易于理解，便于各种用水的比较，对用水量的几种表达方式进行了区分，包括（见图3-2）：

（1）平均日用水量：一年内总用水量除以用水天数。该值一般作为水资源规划的依据。

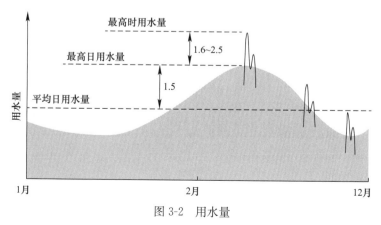

图 3-2　用水量

（2）最高日用水量：一年内用水最多一天的总用水量。该值一般作为给水取水与水处理工程规划和设计的依据。

（3）最高时用水量：一年内最大用水小时内的用水量。该值一般作为给水管网工程规划与设计的依据。

给水管网用水量可以根据管道水表（流量计）计量、蓄水设施的水位测量或者根据水泵日志估计用水。

## 3.2 用水量变化影响因素

### 3.2.1 中长期用水量变化影响因素

（1）可用水量。当缺乏可用水源时，将严重限制耗水量。

（2）工业总产值。工业生产、加工过程中常常要消耗大量的水，一般情况下，工业用水占整个城市用水量的绝大部分，一个城市的用水量通常与其工业规模、工业生产工艺设备和工业发展水平密切相关，有关资料统计表明，城市用水量随工业总产值的增大而增大。

（3）人均年收入水平。人均年收入水平不同的城市，其用水量变化特征是不同的；同一座城市，其用水量也会随人均收入水平的变化而呈现出不同的变化规律。伴随着人们生活水平的提高，人均用水量也在逐步提高。居民收入不断增加，人们有能力购买更多的家庭耗水器具及设备，比如淋浴器、抽水马桶、热水器、洗碗机、洗衣机、喷水装置、游泳池等。耗水器具的大量使用必然造成耗水量的提升。又如收入水平提高会导致人们生活方式改变，如洗澡、洗衣次数增加等，往往导致家庭洗澡水、洗衣机用水的大幅度增加。

（4）水重复利用率。节约用水最有效的途径之一，就是实施水的重复利用，城市用水量随着水的重复利用率的增大而减小。

（5）城市规模和人口数量。城市水量随人口的增加而增大（见图 3-3）。由于考虑工商业活动，较大城市的人均耗水量也较大。

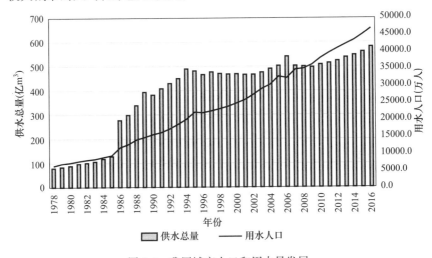

图 3-3 我国城市人口和用水量发展

（6）水价。合理提高水价有利于节约用水，用水量减少。根据资料分析，水费支出占家庭收入的比例不同，对居民心理的影响不同：水费占家庭收入的 1% 时，对心理影响不大；水费占家庭收入的 2% 时，有一定影响，并开始关心用水量；水费占家庭收入的 2.5% 时，重视并注意节水；水费占家庭收入的 5% 时，对心理影响较大，并认真节水；当水费占家庭收入的 10% 时，影响很大，并考虑水的重复利用。由此也可以看出，因为水费支出占家庭收入的比例不同，低收入家庭一般将比高收入家庭对水价的反应更敏感。在其他条件不变的情况下，水价政策在低收入的社区能够比在高收入的社区更大程度上削减用水量。

（7）管网运行和管理状况。管网漏失率、管网检修状况等因素对用水量有明显的影响，减小管网漏失率、增大管网检修力度可以减小城市用水量。

### 3.2.2 短期用水量变化影响因素

（1）天气。通常空气湿度小的日子比湿度大的日子用水量大，晴天较阴雨天用水量大，高温天气较低温天气用水量大。某市的每日最高气温与每日用水量之间的关系如图 3-4 所示。有专家指出，最高气温与日用水量存在临界温度 $T_g$：当温度 $T < T_g$ 时，日用水量将变得恒定；如果 $T > T_g$，用水量可近似为气温的线性函数。

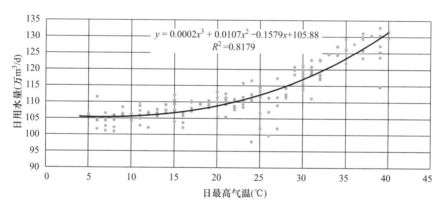

图 3-4　日最高气温与日用水量

（2）季节。随着季节变化，气温、湿度和人们的生产、生活习惯也随之变化，导致夏季用水比冬季高 10%～100%（见图 3-5）。

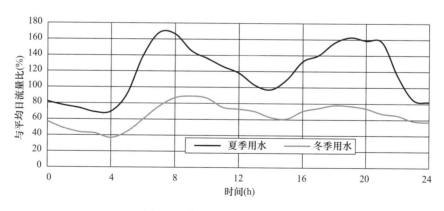

图 3-5　典型用水量日变化模式

（3）节假日。节假日居民生活用水量有所增加，但工业及其他用水量有所减少，通常引起总用水量降低（见图 3-6）。尤其高校聚集区和旅游性城市，用水量随节假日波动较大。

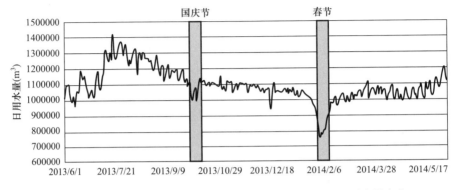

图 3-6　某市 2013 年 6 月 1 日～2014 年 5 月 31 日之间的日用水量变化

（4）工作日与周末交替。由于工作日和周末之间存在劳动强度、工作与生活热情、作息时间上的差异，导致一周内每天的用水量也是不同的。一般情况，周末用水量略低于工作日用水量。例如某市一年内从周一至周日的不同日平均用水量的统计分析，得到如图 3-7 所示的用水量变化：周一至周四递增，周四至周日递减；周一、周二、周三、周五、周六和周日用水量，与周四相比，各减少 0.62%、0.31%、0.27%、0.34%、0.88% 和 1.79%。

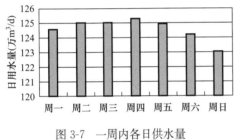

图 3-7　一周内各日供水量

（5）管网。由于管网检修或抢修等人为因素的影响，会使用水量明显下降，管道破裂造成管网中的水量流失，而且流失水量无法计算，都包括在总用水量中，会使总用水量增加。

（6）文体活动。电视播放吸引人的节目、文娱场所精彩表演的节目以及重要的体育赛事等，均能改变人们的用水习惯。图 3-8 为德国多特蒙德市在 1982 年 7 月 11 日足球世界杯决赛期间的用水量变化。

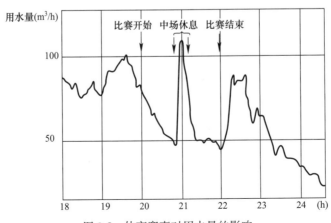

图 3-8　体育赛事对用水量的影响

（7）其他不定因素。诸如发生火灾、爆管、地震、洪涝、干旱、冰雪冻灾、水质污染以及大型社会活动等不确定事件时，城市用水量趋势会在短期内出现较大变化。

### 3.2.3 城市时用水量

城市一日内时用水量有着较强的趋势性、季节性（或周期性）和随机扰动性特征，这是由于人们的生活、生产习惯的规律性而产生的。图 3-9 为某市一周内每日 24h 变化规律曲线图。由图 3-9 可以看出，该市时用水量每日的变化特征基本一致。当城市以居民活动为主导时，时用水量在晚上出现低谷，白天出现高峰。在 4：00～5：00 左右，人们开始准备一天的活动，用水量开始上升；到 8：00 左右达到最高峰；9：00～14：00 之间用水量处于下降时段；14：00 之后用水量又逐渐上升；20：00 用水量再次达到高峰；之后用水量逐渐下降；其中凌晨 2：00～4：00 为一日内用水量最低时段，此时段的流量常称作夜间最小流量。

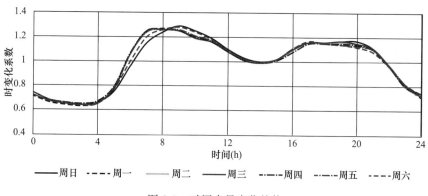

图 3-9 时用水量变化趋势

## 3.3 用水量预测分析

城市用水量预测是指采用一定的理论和方法，有条件地预计城市将来某一阶段的可能用水量。用水量预测一般以过去的资料为依据，以今后用水趋向、经济条件、人口变化、资源情况、政策导向等为条件。如果实际用水量没有达到预测要求，可能会导致资源的浪费。如果实际用水超过预期，则供水系统难以满足实际需求。

通过长期大量的观测、统计和分析发现，从短期（小时、日、周）看城市用水量的变化具有周期性和相对平稳性；从长期（月、年）看，城市用水量的变化则具有明显的趋势化。因此按照时间尺度，城市用水量预测一般可分为两大类：中长期预测和短期预测。

中长期预测是根据城市经济发展，人口增长，工业生产能力提高，旅游、教育、文化、卫生事业发展等多方面因素，对未来整个城市的需水量作出预测。中长期用水量预测将为水资源的合理开发、分配，水污染控制，给水管网系统的改扩建，城市整体规划和布局提供必要的信息。通过中长期用水量预测，可以了解城市的远期用水量规模以及用水量发展趋势。

中长期预测不应太频繁，通常是调整和修改以前的预测。预测一般集中在总水量，不只是特定用户的用水量。根据规划要求，预测用水量为年平均用水量或最高日用水量，一般不考虑用水的季节性变化。选择的预测方法常基于单位用水定额计算。

短期预测则是根据过去几天、几周的实际用水量记录并考虑影响用水量的各种因素，对未来几小时、一天或几天的用水量作出预测，以此作为净水厂运行和管网系统运行调度的基本依据。

城市用水量预测有多种方法，应根据具体情况，选择合理可行的方法，必要时可采用多种方法计算，然后比较确定。

### 3.3.1　预测过程

建立一个用水量预测模型的过程，如图 3-10 所示。

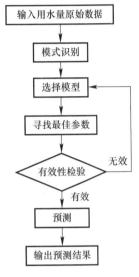

图 3-10　建立用水量
预测模型过程框图

**1. 数据收集及预处理**

收集数据资料，对数据作相应处理，尽可能完备地搜索历史用水量及其相关影响因素的信息资料，在调查研究的基础上，进行推理判断。

供水系统用水量数据序列中，由于随机性因素的影响，会出现不同于历史运行的异常点，这些异常点的存在，增加了预测的难度和精准度。因此在利用这些数据之前，必须剔除掉这些异常数据。根据获得数据的不同，利用插值补充缺失信息、归一消除数量级影响等，对数据进行预处理。

**2. 数据特性分析及模型选择**

首先利用定性或定量方法，研究城市需水量结构形式和变化趋势特性，包括平稳性、趋势、季节性和随机性等。然后选择合适的预测模型，模拟变化特性。

在实际中，要根据需要预测目标数据的频率和数据扰动水平，决定应用的时间序列频率。例如预测第二天的流量，那么直接应用时用水量就没有应用日用水量数据合理。时用水量含有许多随机扰动，应用时用水量预测第二天的流量将使模型的效能变低。

图形识别法是一种从实际时间序列的数据出发选择模型的方法。该方法将时间序列的数据绘制成以时间 $t$ 为横轴，时序观察值为纵轴的曲线图，观察其变化，并与各类函数曲线模型的图形比较，选择较为合适的模型。实际的观测对象往往无法通过图形直观确认为某种模型，所以一般初选几个模型，然后再通过模型分析确认合适的模型。

**3. 寻找模型的最佳参数**

依据不同模型需求，对模型参数进行定义、优化、识别等，筛选出最佳预测模型参数。选定某种用水量预测模型以后，常采用最小二乘法的原则估计最佳参数值，目的是使总的误差平方和最小，均方差 MSE 达到最小。

**4. 模型的有效性检验**

模型只有通过检验后才能用于预测。评价城市需水量预测模型优劣的基本原则是：1）理论上合理。参数估计值的符号、大小应和有关理论一致，模型能恰当地描述供水系统相关的现象，模型参数估计值应当通过必要的统计检验，以表达估计值的准确性和可靠性。2）对供水历史数据拟合性好，对未来预测能力强。3）自适应能力强，随着条件的变化，模型能动态调整和修改。

只有经过上述步骤后才可用模型进行实际预测。预测时应根据用水量模型的特点和用水量数据的特性，考虑预测的最远期限。每一预测方法都有一定的局限性，预测结果总是存在一定的偏差。除模型本身的局限性外，还和其他许多因素有关，如数据的性质、样本的含量、客观环境的变化等。

5. 预测结果评价

模型分析评价有两个方面：一是模型对历史数据的拟合；二是模型对未来趋势的表现。若所选的趋势模型对历史数据拟合较好，又符合其未来的发展趋势，则可以直接用于预测。预测时对未来的一种估计或推测，因而人们往往更偏爱那些虽然对历史数据拟合得不是很好，但与预测对象的未来发展更接近的模型。若模型只对历史数据拟合得较好，与时间序列的未来发展差距较大，则模型不能直接用于预测。这种情况下，可以调整原模型，也可以另选其他模型。

当然，并不是得到预测结果后预测过程就结束了。实际中，预测是一个不断进行的过程，预测的目的随时间会发生变化，数据也会随时间变化。因此需要时时跟踪、监测预测的精确度，据此调整预测方法以适应预测目标的变化或数据的变化。

### 3.3.2 数据预处理

通过数据探索性分析，可以发现可能的数据录入错误、缺失值、不相等的观测区间或者不相关的时间等问题。

1. 缺失值

时间序列的缺失值导致时间序列有遗漏。在有些预测方法中，例如平滑方法，不能应用于有缺失值的时间序列。因为该类方法对序列相邻时期的观测值之间的相关关系建模。有的预测方法可以直接应用于有缺失值的数据，不必进行缺失值的填补，例如线性回归、神经网络模型等。

存在多种填补缺失值的方法。例如，针对中间数据空缺，较简单的方法使用最近邻数据的平均值填补。针对开头或末尾数据项空缺，用已知的时间序列数据或外部数据预测出缺失值。

2. 极端值

极端值是序列中和大部分取值相比特别大或者特别小的取值。极端值在不同程度上会影响预测方法的选取。是否保留或剔除极端值取决于时间序列数据以外的其他信息。因此需要了解出现极端值的原因。可能导致极端值的原因有很多，例如数据输入导致的极端值，罕见事件导致的极端值等。

如果是数据输入错误导致的极端值，可以直接剔除极端值。常用的处理方法是：设用水量历史数据为 $q_1$，$q_2$，$\cdots$，$q_n$，令 $\bar{q}=\dfrac{1}{n}\sum_{i=1}^{n}q_i$；若 $q_i>\bar{q}(1+20\%)$，取 $q_i=\bar{q}(1+20\%)$；若 $q_i<\bar{q}(1-20\%)$，取 $q_i=\bar{q}(1-20\%)$，从而使历史用水量数据序列趋于平稳。

对于罕见事件导致的极端值，要分情况考虑：如果该事件不太可能再次发生，则可以剔除该极端值；如果该事件以后有可能发生，则不能直接剔除该极端值。

3. 用于预测序列的时段选择

在预测模型应用中，如果时间序列过短，该序列可能没有用于预测的充分信息；如果序列过长，太多的旧信息可能对预测没有帮助，或者导致扰动过大。随着时间的变化，由于时间序列所处的环境和背景会发生较大变化，考虑太多过去的数据可能导致预测精度变差。

关于所需资料的长度，有学者主张外推预测的时期数不能超过历史资料的时期数。如设 $h$ 为历史资料时期数，$p$ 为外推预测时期数，则应有 $h \geqslant p$。也有学者认为，这种要求低估了短期预测所需项数，高估了长期预测所需长度，主张用 $h = 4\sqrt{p}$ 计算。按照该式，如果向前预测 1 期，则 $p=1$，$h=4$，即需要 4 期历史数据；如果向前预测 4 期，则需 8 期历史数据；如果向前预测 100 期，则用 40 期历史数据即可。通常认为该公式照顾了城市短期用水量预测的需要，而不利于城市长期用水量预测。

4. 数据分隔

应用预测方法之前一般需要把时间序列数据分隔成两个不同的部分。通常以某个时间点为界，改时间点以前的数据作为一部分，称为训练集（Training Set）；该时间点以后的数据为另一部分，称为验证集（Validation Set）。训练集用于建立预测模型；得到预测模型之后，验证集用于衡量模型的预测精确度，评估模型的预测性能。

### 3.3.3 预测精度的测定

任何预测对象的实际观察值都可以由某种模型与某种随机影响确定，即

$$观察值 = 模型 + 随机项$$

事实上，任何社会经济现象都存在着不确定性，故随机性总是存在的。无论预测方法使用如何得当，预测模型对历史数据的拟合程度怎样高，观察值与预测值之间都会存在误差。将预测对象的第 $i$ 个实际观察值记作 $Y_i$，将由预测模型得到的相应估计值记作 $\hat{Y}_i$，则误差为：

$$e_i = Y_i - \hat{Y}_i$$

使误差减小到最低限度，即尽可能提高预测精度，是研究预测方法、实际设计预测方案的一项重要任务。

1. 标准统计度量

预测精度的高低，通常采用一些指标评定。若有 $n$ 个样本数据，则建立预测模型后，就会有 $n$ 个误差。标准统计度量有以下形式：

（1）平均误差（mean error，ME）

$$ME = \sum_{i=1}^{n} e_i / n \tag{3-1}$$

（2）平均绝对值误差（mean absolute error，MAE）

$$MAE = \sum_{i=1}^{n} |e_i| / n \tag{3-2}$$

（3）误差平方和（sum of squared error，SSE）

$$SSE = \sum_{i=1}^{n} e_i^2 \tag{3-3}$$

（4）均方误差（mean squared error，MSE）

$$MSE = \sum_{i=1}^{n} e_i^2 / n \tag{3-4}$$

（5）误差标准差（standard deviation of error，SDE）

$$SDE = \sqrt{\sum_{i=1}^{n} e_i^2 / (n-1)} \tag{3-5}$$

从这些指标的计算可知，它们的值越小，表明模型的预测精度越高。

表 3-2 中的数据为 20d 内的某市用水量观测值（$Y_i$）、估计值（$\hat{Y}_i$）和误差（$e_i$）。计算标准统计度量指标：

ME＝－0.41 万 $\text{m}^3/\text{d}$；MAE＝1.80 万 $\text{m}^3/\text{d}$；SSE＝102.89（万 $\text{m}^3/\text{d}$）$^2$；MSE＝5.14（万 $\text{m}^3/\text{d}$）$^2$；SDE＝2.33 万 $\text{m}^3/\text{d}$。

从计算结果看，平均误差 ME 数值最小，若按这个标准度量，则可以认为预测值与实际值之间无明显差别。而事实上，由表 3-2 提供的数据表明，$Y_i$ 与 $\hat{Y}_i$ 的差别较大，最大相差 5.29 万 $\text{m}^3/\text{d}$，最小相差 0.03 万 $\text{m}^3/\text{d}$。ME 数值较小，是求和过程中 $e_i$ 值正负抵消的结果，故用其作为度量指标，常常会低估误差。平均绝对误差 MAE 解决了这一问题，它能够较为真实地反映预测值与实际值之间的离差。要更好地观察不同预测模型误差的细微差别，使用均方误差 MSE 比较适宜，因为它采用 $e_i^2$ 的形式，放大了误差，使得它对误差的微小变动比 MAE 更敏感。实际应用中，总是希望 MSE 最小。究竟何为最小并没有通用标准，因而所建立的模型是否适用于预测，无法用此指标作出评价。

**日用水量观测值、估计值与误差**　　　　　　　　　　　　　　　　表 3-2

| 日期 | 实测值 $Y_i$（万 $\text{m}^3/\text{d}$） | 预测值 $\hat{Y}_i$（万 $\text{m}^3/\text{d}$） | 误差 $e_i$（万 $\text{m}^3/\text{d}$） | 相对误差 PE（%） | 相对误差绝对值 APE（%） |
|---|---|---|---|---|---|
| (1) | (2) | (3) | (4) | (5) | (6) |
| 1 | 107.71 | 108.74 | －1.03 | －0.96 | 0.96 |
| 2 | 107.53 | 108.45 | －0.92 | －0.86 | 0.86 |
| 3 | 109.37 | 108.24 | 1.13 | 1.04 | 1.04 |
| 4 | 108.15 | 109.08 | －0.93 | －0.86 | 0.86 |
| 5 | 107.42 | 108.30 | －0.88 | －0.82 | 0.82 |
| 6 | 105.97 | 108.08 | －2.11 | －1.99 | 1.99 |
| 7 | 105.74 | 106.47 | －0.73 | －0.69 | 0.69 |
| 8 | 107.18 | 106.77 | 0.41 | 0.39 | 0.39 |
| 9 | 104.26 | 107.39 | －3.13 | －3.00 | 3.00 |
| 10 | 106.42 | 104.83 | 1.58 | 1.49 | 1.49 |
| 11 | 106.36 | 106.89 | －0.53 | －0.49 | 0.49 |
| 12 | 106.37 | 105.50 | 0.87 | 0.82 | 0.82 |
| 13 | 107.33 | 106.42 | 0.91 | 0.85 | 0.85 |
| 14 | 106.71 | 106.68 | 0.03 | 0.03 | 0.03 |
| 15 | 102.19 | 106.17 | －3.98 | －3.89 | 3.89 |
| 16 | 100.99 | 103.09 | －2.10 | －2.08 | 2.08 |
| 17 | 101.19 | 103.34 | －2.15 | －2.12 | 2.12 |
| 18 | 105.97 | 102.38 | 3.59 | 3.39 | 3.39 |
| 19 | 111.56 | 106.27 | 5.29 | 4.74 | 4.74 |
| 20 | 104.89 | 108.49 | －3.60 | －3.43 | 3.43 |

2. 相对度量

从前面的分析可知，各种统计度量指标都有一定的局限性，对于预测模型预测精度的测定，变通的办法是采用相对度量。常用的相对度量指标有下面三种：

（1）百分误差（percentage error，PE）

$$\text{PE}_i = \left(\frac{Y_i - \hat{Y}_i}{Y_i}\right) \times 100 \qquad (3\text{-}6)$$

（2）平均百分误差（mean percentage error，MPE）

$$\text{MPE} = \sum PE_i / n \qquad (3\text{-}7)$$

（3）平均绝对百分误差（mean absolute percentage error，MAPE）

$$\text{MAPE} = \sum |PE_i| / n = \left(\sum \left|\frac{Y_i - \hat{Y}_i}{Y_i}\right| \middle/ n\right) \times 100 \qquad (3\text{-}8)$$

MAPE 是模型精度评价中最常用的指标之一。表 3-2 中第 5、6 列是计算的相对度量指标。表中，PE 是根据式（3-6）计算的相对误差，APE 是相对误差的绝对值。从表 3-2 的结果可以得到，平均百分误差为 -0.42%，比平均绝对百分误差 1.70 小得多。这是因为在求和过程中，百分误差数值正负抵消的结果，所以采用平均百分误差也会低估实际误差。在评价模型的预测精度时，常使用的是平均绝对百分误差（MAPE）。

例如对某市的年逐日用水量变化分析，当日用水量与前一日用水量相比，变化最大差值为 +17.56% 和 -14.84%，平均绝对差值为 4%。因此可认为该市日用水量预测模型中，若 MAPE 小于 4%，则模型预测精度较高；若 MAPE 小于 2%，则精度很高。

### 3.3.4 组合方法

选择好的预测方法并不意味着要在多种可选的预测方法中选出一种预测方法。实践中可以把多种预测方法结合在一起，获得较好的预测性能，这类方法称为组合方法。

一种常用的组合方法是通过两水平或者多水平方法得到的。两水平组合方法应用两种预测方法组合预测，它先用第一种预测方法预测原始的时间序列，得到对未来的预测值；然后第二种方法应用于第一种预测方法得到的预测误差，预测出未来的预测误差。最后，用第二种预测方法预测出未来的预测误差，对第一种预测方法的预测值进行修正。

另外一种组合方法是通过"合奏"方式，用一个时间序列同时应用多种不同的预测方法，每一种方法给出一个对未来的预测值。对这些预测值以某种方式平均，得到的均值作为最终的预测值。这种"合奏"方式，可以综合各种预测方法的优点，分别获取时间序列的不同特征。对不同预测方法预测值的平均可以给出较稳健和较高预测精度的预测值。

通常组合方法耗费更多资源，需要分析者同时熟悉不同的方法。

### 3.3.5 预测结果报告

当最终确定了预测模型，并用它得到了预测结果以后，下一个关键步骤就是把预测报告给管理人员或者相关人员。报告中应有数据资料、报告分析、数学模型、预测结果及必要的图表。

报告是否妥当取决于所对应的人员。如果是管理人员，那么报告中应尽量避免出现太多的细节。报告的重点应该是对未来的预测、相应的不确定情况和可能对未来预测产生影响的诸多因素。如果是侧重于技术的人员，报告中可以涉及预测方法的宏观介绍、预测应用的数据、性能评估的方法及结果等。

预测报告中，应用图形比应用表格具有更好的表现力，尤其在展现未来大致的发展方向上。单个时间序列中，可以绘制预测数据和原来数据的时序图，把它们绘制在同一个坐标系中，会比较直观地表明未来发展的方向。如果报告侧重于多种方法中选择一种最合适的方法（根据数据或软件的可获得性、解释性、应用的简洁性等），那么应该在同一张图表上展示这些可选方法的结果，以便比较。如果有几个预测点特别感兴趣，那么可以在图表上特别标注。

### 3.3.6 预测不确定性和监测

导致预测用水量的不确定性，一般至少有以下三个方面的原因：

（1）模型不规范。模型可能缺少重要的解释变量，也可能包含了不相关的（假的）变量，或可能没有表示出自变量和因变量之间已存在的函数关系。

（2）系数误差。由于现有数据中的误差和其他干扰因素、程序中的误差或各变量间的共线性，模型系数可能会被错误估计。

（3）假设误差。在任何一点的假设，包括那些关于解释变量未来值的假设，都可能产生误差。

预测应该使风险和不确定性最小化。通过选择能减少模型不规范误差或那些能够使客观分析最大化的预测方法，减少假设误差。

如果需要持续不断预测，那么对预测过程的监测并定期预测性能评估将是必要的。外推预测法假设预测时的条件和建模时的条件是一样的。实际中，条件会发生逐渐的变化或者发生突然的变化。所以，需要在新的条件下重新评估预测模型，也许视情况需要更新预测模型。如图 3-11 所示，说明了美国西雅图市在不同时期的用水量预测情况。

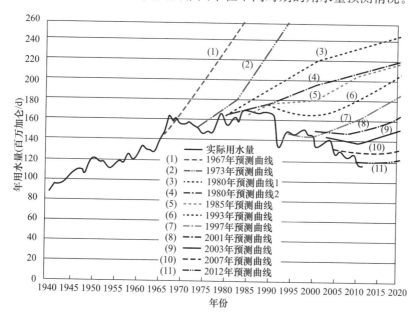

图 3-11　美国西雅图市用水量预测

可以通过绘制两幅图监控预测性能的变化：一个图表是实际时间序列和预测值时间序列的时序图，另外一个图表是预测误差的时序图。两幅图基于同样的信息，从不同侧面展现了信息。从预测误差时序图可以探测到预测精度的变化；实际时间序列和预测时间序列的时序图可以看出偏离的方向和幅度（见图 3-12）。

也可采用质量控制图监控预测误差。质量控制图是一种含有控制上限和控制下限的时序图，如图 3-13 所示。如果控制过程超出了控制上限或者控制下限，那么预测性能将

"失去控制"，它意味着影响时间序列的条件发生了变化。标准的质量控制图假设控制过程服从正态分布，且整个过程是平稳的。

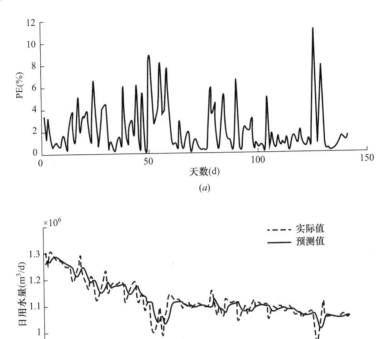

图 3-12  预测性能监测图

（a）预测模型误差曲线；（b）实际值与预测值曲线图

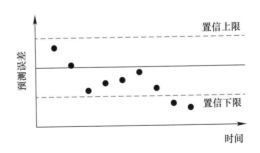

图 3-13  监测预测误差的控制图

### 3.3.7  保持预测记录

如果预测任务是一个持续进行的过程，那么必须要保留时间序列的实际值和预测值。或者等价地，保留预测值和预测误差。随着时间变化，这些保留的记录可用于评估预测方法，也可以根据需要调整模型，或者用于比较相应模型或者多个模型的预测性能。收集足够多的预测历史数据可以量化预测误差的分布，然后用预测误差的经验分布生成预测区间。

## 3.4 趋势模型

时间序列是按时间顺序记录下来的一系列数据。因为时间单位不同，在一年中记录的数据频次也不同。通常以年、季、月记录的数据，在一年的时间里出现的次数不多，称为低频数据；以周、日等记录的数据为高频数据；以日内单位记录的数据，如分钟或小时，为超高频数据。不同类型的数据，探讨其规律时，采用的方法和模型不尽相同。一般来说，时间序列可以写成：

$$数据＝模型＋误差$$

如果模型包括时间序列的三个部分：长期趋势、季节变动、循环变动，上式可写成：

$$数据＝f（长期趋势，季节变动，循环变动）＋误差$$

式中，长期趋势（secular trend）即事物在一段时间内表现出的一种变动倾向，按某种规律上升、下降或停留在某一水平上。季节变动（seasonal variation）即事物在季节性规律作用下产生的周期性变化。季节性规律可能是自然的，也可能是人为的。周期通常为一年（4个季度或12个月）。循环变动（cyclical variation）即事物周期长短不固定的一种变化，周期通常为数年。不规则变动（irregular variation）即无规律可循的一种变化，包括各种偶然事件引起的变动，也称为随即变动或残差变动。

若以 $T_t$，$S_t$，$C_t$，$I_t$ 分别表示时间序列 $t$ 时刻的趋势成分、季节成分、循环成分以及误差和无规则成分，以 $Y_t$ 表示 $t$ 时刻时间序列的数值，则上面的公式又可以写成

$$Y_t = f(T_t, S_t, C_t, I_t) \tag{3-9}$$

式中，$f$ 究竟为何种形式，取决于时间序列本身的变化规律和采用的预测方法。

传统的时间序列分析是在分析时序四种成分实际变化的基础上找到规律，并以此推测未来的预测方法。当有理由相信时序的循环成分不存在时，只需考虑其基本长期趋势和季节成分时，可以根据时序数据，找到长期趋势和季节变动（若有季节变动存在），建立可能的预测模型，再通过模型分析，确定合适的模型。

当时间序列呈现某种上升或下降并且无明显的季节波动时，可以用时间 $t$ 综合替代所有影响因素，即以时间 $t$ 为自变量，时序数值 $Y$ 为因变量，建立趋势模型 $Y = f(t)$。式中，$t$ 是时间顺序号，取自然数，比如时间从 2010 年开始，则 $t$ 以 2010 年为 1，2011 年为 2，按顺序依次取值。

如果趋势模型反映的规律能够延伸到未来，则赋予变量 $t$ 所需要的值，可以得到相应时刻的时间序列未来值。这就是趋势外推法。

模型是对研究对象的数学描述，能够反映时间序列变化规律的数学模型很多，通常使用的模型形式有以下几种：

（1）线性趋势模型

$$\hat{Y}_t = a + bt \tag{3-10}$$

（2）非线性趋势模型

1）二次曲线模型

$$\hat{Y}_t = b_0 + b_1 t + b_2 t^2 \tag{3-11}$$

2）三次曲线模型

$$\hat{Y}_t = b_0 + b_1 t + b_2 t^2 + b_3 t^3 \tag{3-12}$$

3）幂函数曲线模型

$$\hat{Y}_t = a t^b \tag{3-13}$$

4）对数曲线模型

$$\hat{Y}_t = a + b \ln t \tag{3-14}$$

5）双曲线模型

$$\hat{Y}_t = a + b \cdot \frac{1}{t} \tag{3-15a}$$

$$\frac{1}{\hat{Y}_t} = a + b \cdot \frac{1}{t} \tag{3-15b}$$

6）指数曲线模型

$$\hat{Y}_t = a e^{bt} \tag{3-16}$$

指数曲线模型也称作年递增率模型。该模型的优点是概念清晰，适合新兴的、迅速扩张的城市，或快速发展开发区的水量增长模式。缺点是若预测时限过长，会影响预测精度。导致该缺陷的原因是，年递增率法作为一种拟合指数曲线的外推型方法，将使预测水量呈几何级数增长，越到后来增长越快，这与城市发展进化的实际相矛盾。对于已经具备一定规模且经济结构稳定的城市和地区，社会循环水量往往成等差数列增长，或增长量递减，甚至出现负增长。

（3）有增长上限的曲线趋势模型

1）修正指数曲线模型

$$\hat{Y}_t = L + a e^{bt}, \quad a < 0, b < 0 \tag{3-17a}$$

或

$$\hat{Y}_t = L + a b^t, \quad a < 0, 0 < b < 1 \tag{3-17b}$$

修正指数曲线也称为变态指数曲线。其中，$L$，$a$，$b$ 是待定参数。当 $t \to \infty$ 时，$\hat{Y}_t \to L$，$L$ 是曲线的增长上限。

2）龚珀兹曲线模型。龚珀兹（Benjamin Gompertz，1779～1865）是英国统计学家、数学家，以其名字命名的龚珀兹曲线是一种有极限值的曲线，其模型为：

$$\hat{Y}_t = L a^{bt} \tag{3-18a}$$

$$\hat{Y}_t = L e^{-a e^{-bt}} \tag{3-18b}$$

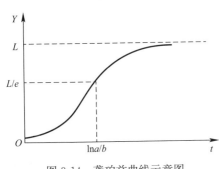

图 3-14　龚珀兹曲线示意图

式中，$L$，$a$，$b$ 为参数。式（3-18b）中，$a > 0$，$b > 0$；式（3-18a）中，$0 < a < 1$，$0 < b < 1$；式（3-18b）中，$a > 0$，$b > 0$。当 $t \to -\infty$ 时，$\hat{Y}_t \to 0$；当 $t \to +\infty$ 时，$\hat{Y}_t \to L$，$L$ 为曲线的上限。曲线存在拐点：$t = \ln a / b$，$\hat{Y}_t = L/e$，曲线由上凹变为下凹，曲线关于拐点不对称。图 3-14 是龚珀兹曲线示意图。

3）皮尔曲线模型。皮尔（Raymond Pearl，1870～1940）是美国生物学家、人口统计学家，以其名字命名的曲线较好地描述了生物生长的过程。其模型为：

$$\hat{Y}_t = \frac{L}{1 + ae^{-bt}} \tag{3-19}$$

式中，$L$，$a$，$b$是参数，$a>0$，$b>0$。当 $t \to -\infty$ 时，$\hat{Y}_t \to 0$；$t \to +\infty$ 时，$\hat{Y}_t \to L$，$L$ 是 $\hat{Y}_t$ 的增长上限。曲线在 $t = \ln a/b$，$\hat{Y}_t = L/2$ 处凹向发生变化。曲线的上半部和下半部绕拐点对称。图 3-15 是皮尔曲线示意图。皮尔曲线有时也称作逻辑斯蒂（logistic）曲线。

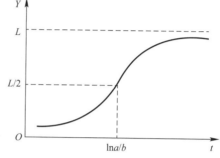

图 3-15 皮尔曲线示意图

龚珀兹曲线和皮尔曲线均形如狭长的"S"，故也通称为 S 形曲线。它们描述了类似的规律：曲线下部比较平缓，曲线斜率（$d\hat{Y}_t/dt$）较小，发展速度较慢；曲线中部斜率（$d\hat{Y}_t/dt$）最大，即增长速度最快；曲线上部，增长接近上限，增长速度明显变缓，以至于曲线斜率不变，即（$d\hat{Y}_t/dt=0$）。这类模型通常用于时间序列资料，以反映具有生命周期的现象，亦称为生命周期曲线。

## 3.5 时间序列平滑法

时间序列平滑法是利用时间序列资料进行短期预测的一种方法。其基本思想在于：除一些不规则变动外，过去的时序数据中存在着某种基本形态，假设这种形态在短期内不会改变，则其可以作为下一期预测的基础。平滑的主要目的在于消除时序数据的极端值，以某些比较平滑的中间值作为预测的依据。

### 3.5.1 概述

客观事物的发展是在时间上开展的，任一事物随时间的流逝，都可以得到一系列依赖于时间 $t$ 的数据：$Y_1$，$Y_2$，…，$Y_t$，其中 $t$ 代表时间，单位可以是年、季、月、周、日或小时。表 3-5 第 2 列是某市 60d 内的用水量数据。根据这组数据在时间坐标上绘制的曲线图为时序曲线图，如图 3-16 中实线所示，它可以形象地表现出事物随时间变化的状况。依赖于时间变化的变量 $Y_i$ 称为时间序列，简称时序列，记作

$$\{Y_t, t = t_0, t_1, \cdots\}$$

或

$$\{Y_t, t = 1, 2, \cdots\}$$

若事物的发展过程具有某种确定的形式，随时间变化的规律可以用时间 $t$ 的某种确定函数关系描述；则称为确定型时序，以时间 $t$ 为自变量建立的函数模型为确定型时序模型。若事物的发展过程是一个随机过程，无法用时间 $t$ 的确定函数关系描述，则称随机型时序，建立的与随机过程相适应的模型为随机型时序模型。时间序列平滑法、趋势外推法、季节变动预测法被视为确定型时间序列的预测方法；马尔可夫法、博克斯—詹金斯法为随机型时间序列的预测方法。

### 3.5.2 移动平均法

移动平均法也称为时间序列修匀，是根据时间序列资料逐项推移，计算包含一定项数的时序平均数，以反映长期趋势的方法。时间序列虽然或多或少地会受到不规则变动的影响，但若其未来的发展情况能与过去一段时间的平均状况大致相同，则可以采用历史数据的平均值进行预测。建立在平均基础上的预测方法适用于基本在水平方向波动而没有明显趋势的序列。

1. 简单平均法

给出时间序列 $n$ 期的资料 $Y_1$，$Y_2$，$Y_3$，…，$Y_{n-1}$，$Y_n$，选择前 $T$ 期作为试验数据，计算平均值用以测定 $T+1$ 期的数值，即

$$\bar{Y} = \sum\nolimits_{i=1}^{T} Y_i / T = F_{T+1} \tag{3-20a}$$

式中，$\bar{Y}$ 为前 $T$ 期的平均值；$F_{T+1}$ 为第 $T+1$ 期的估计值，也就是预测值。

简单平均法是利用式（3-20a）计算 $T$ 期的平均值作为下一期即 $T+1$ 期预测值的方法。期预测的误差为：

$$e_{T+1} = Y_{T+1} - F_{T+1} \tag{3-20b}$$

若预测第 $T+2$ 期，则

$$F_{T+2} = \bar{Y} = \frac{\sum_{i=1}^{T+1} Y_i}{T} + 1 \tag{3-21a}$$

若 $Y_{T+2}$ 为已知，则其预测误差为：

$$e_{T+2} = Y_{T+2} - F_{T+2} \tag{3-21b}$$

以此类推，便能得到以后各期的预测值。简单平均预测方法可以归纳起来，见表 3-3。

简单平均预测方法 表 3-3

| 时间 | 存储上期数据 | 本期输入数据 | 输出 |
|---|---|---|---|
| $T$ | | $Y_1$，$Y_2$，…，$Y_T$ | $F_{T+1} = \sum\limits_{i=1}^{T} Y_i / T$ |
| $T+1$ | $T$，$F_{T+1}$ | $Y_{T+1}$ | $F_{T+2} = \dfrac{T \times F_{T+1} + Y_{T+1}}{T+1}$ |
| $T+2$ | $T+1$，$F_{T+2}$ | $Y_{T+2}$ | $F_{T+3} = \dfrac{T \times F_{T+2} + Y_{T+2}}{T+2}$ |
| $\vdots$ | $\vdots$ | $\vdots$ | $\vdots$ |

可以看出，简单平均法需要存储全部历史数据。但在求出前 $T$ 期平均值后，由前一期的估计值和实际观察值，就能对下一期预测。实际上，它是利用最后一期的观察值对平均值进行修正的一种预测方法。这种方法虽然实用价值不大，但却是其他平滑法的基础。

2. 简单移动平均法

用简单平均法预测时，其平均期数随预测期的增加而增大。事实上，当加进一个数值时，远离现在的第一个数据作用已不大。移动平均法是对简单平均法加以改进的预测方

法。它保持平均的期数不变，总为 $T$ 期，而使所求的平均值随时间变化不断移动。其公式为：

$$F_{T+1} = \frac{Y_1 + Y_2 + \cdots + Y_T}{T} = \frac{1}{T} \sum_{i=1}^{T} Y_i \qquad (3\text{-}22a)$$

若预测 $T+2$ 期，则

$$F_{T+2} = \frac{Y_1 + Y_2 + \cdots + Y_{T+1}}{T} = \frac{1}{T} \sum_{i=1}^{T+1} Y_i \qquad (3\text{-}22b)$$

可以将简单移动平均预测方法归纳起来，见表 3-4。

简单移动平均预测方法 表 3-4

| 时间 | 移动平均公式 | 预测 |
|------|------------|------|
| $T$ | $\overline{Y} = \dfrac{Y_1 + Y_2 + \cdots + Y_T}{T}$ | $F_{T+1} = \overline{Y} = \dfrac{1}{T} \sum_{i=1}^{T} Y_i$ |
| $T+1$ | $\overline{Y} = \dfrac{Y_2 + Y_3 + \cdots + Y_{T+1}}{T}$ | $F_{T+2} = \overline{Y} = \dfrac{1}{T} \sum_{i=2}^{T+1} Y_i$ |
| $T+2$ | $\overline{Y} = \dfrac{Y_3 + Y_4 + \cdots + Y_{T+2}}{T}$ | $F_{T+3} = \overline{Y} = \dfrac{1}{T} \sum_{i=3}^{T+2} Y_i$ |
| $\vdots$ | $\vdots$ | $\vdots$ |

简单移动平均法是利用时序前 $T$ 期的平均值作为下一期预测值的方法。$T$ 是要进行平均操作的期数，亦即移动步长，其作用为平滑数据，数值大小决定了数据平滑的程度。$T$ 越小，平均期数少，得到的数据越容易保留原来的波动，数据相对不够平滑；$T$ 越大即移动步长越长，得到的数据越平滑。一般来说，若序列变动比较剧烈，则为反映序列的变化，$T$ 宜取比较小的数值；若序列变化较为平缓，则 $T$ 可以取较大的数值。简单移动平均法应用的关键在于平均期数或移动步长 $T$ 的选择，一般通过试验比较选定。

从式（3-22a）和式（3-22b）可以得到如下关系式：

$$F_{T+2} = \frac{Y_2 + Y_3 + \cdots + Y_{T+1}}{T} = F_{T+1} + \frac{1}{T}(Y_{T+1} - Y_1) \qquad (3\text{-}23)$$

上式的特点是在后续计算中必须利用 $Y_1$ 数值。为了简化计算，常用参与计算的平均值 $F_{T+1}$ 代替 $Y_1$ 数值，这样式（3-23）可改写为：

$$F_{T+2} = F_{T+1} + \frac{1}{T}(Y_{T+1} - F_{T+1}) \qquad (3\text{-}24)$$

式中，$(Y_{T+1} - F_{T+1})$ 就是 $T+1$ 时刻的实际值与预测值之差即误差。所以，简单移动平均预测实际上是通过当期预测误差修正当前预测值得到下一期的预测值。这是简单移动平均法的一个优点，通过误差不断修正得到新的预测值。其不足在于预测滞后，即实际序列已经发生大的波动，而预测结果却不能立即反映出来。

【例 3-1】 分析预测某市日用水量

【分析】 表 3-5 第 2 列为某市 60d 内的用水量数据，图 3-16 描绘了它的变化曲线。试用 $T=3$，$T=5$，$T=12$ 分别进行移动平均预测，结果见表 3-5 第 3、4、5 列。绘制的曲线见图 3-16 中 $T=3$、$T=5$ 和 $T=12$ 的预测值序列曲线。

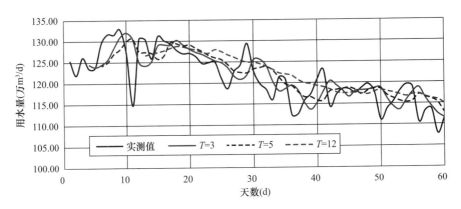

图 3-16 某市用水量预测

日用水量及预测值                                                    表 3-5

| 天数（d） | 实际用水量<br>（万 m³/d） | 预测用水量（万 m³/d） | | |
| --- | --- | --- | --- | --- |
| | | T＝3 | T＝5 | T＝12 |
| 1 | 125.4267 | | | |
| 2 | 121.9104 | | | |
| 3 | 126.1036 | | | |
| 4 | 123.5046 | 124.4802 | | |
| 5 | 123.7612 | 123.8395 | | |
| 6 | 129.5992 | 124.4565 | 124.1413 | |
| 7 | 131.6481 | 125.6217 | 124.9758 | |
| 8 | 131.5157 | 128.3362 | 126.9233 | |
| 9 | 132.8312 | 130.9210 | 128.0058 | |
| 10 | 127.2800 | 131.9983 | 129.8711 | |
| 11 | 114.7134 | 130.5423 | 130.5748 | |
| 12 | 130.4700 | 124.9415 | 127.5977 | |
| 13 | 130.4417 | 124.1545 | 127.3621 | 126.5637 |
| 14 | 125.8534 | 125.2084 | 127.1473 | 126.9816 |
| 15 | 131.1405 | 128.9217 | 125.7517 | 127.3102 |
| 16 | 130.1084 | 129.1452 | 126.5238 | 127.7299 |
| 17 | 129.3970 | 129.0341 | 129.6028 | 128.2802 |
| 18 | 127.8459 | 130.2153 | 129.3882 | 128.7499 |
| 19 | 127.0032 | 129.1171 | 128.8690 | 128.6038 |
| 20 | 127.0972 | 128.0820 | 129.0990 | 128.2167 |
| 21 | 126.2954 | 127.3154 | 128.2903 | 127.8485 |
| 22 | 124.6470 | 126.7986 | 127.5277 | 127.3038 |
| 23 | 124.8711 | 126.0132 | 126.5777 | 127.0844 |
| 24 | 124.9412 | 125.2712 | 125.9828 | 127.9309 |
| 25 | 121.1143 | 124.8198 | 125.5704 | 127.4702 |
| 26 | 118.7023 | 123.6422 | 124.3738 | 126.6929 |
| 27 | 122.7603 | 121.5859 | 122.8552 | 126.097 |
| 28 | 124.4166 | 120.8590 | 122.4778 | 125.3986 |

| 天数（d） | 实际用水量<br>（万 m³/d） | 预测用水量（万 m³/d） | | |
|---|---|---|---|---|
| | | $T=3$ | $T=5$ | $T=12$ |
| 29 | 129.3717 | 121.9597 | 122.3869 | 124.9243 |
| 30 | 122.8843 | 125.5162 | 123.2730 | 124.9222 |
| 31 | 119.8084 | 125.5575 | 123.6270 | 124.5087 |
| 32 | 118.4402 | 124.0215 | 123.8483 | 123.9092 |
| 33 | 116.0022 | 120.3776 | 122.9842 | 123.1877 |
| 34 | 121.3573 | 118.0836 | 121.3014 | 122.3300 |
| 35 | 120.8185 | 118.5999 | 119.6985 | 122.0558 |
| 36 | 112.3570 | 119.3927 | 119.2853 | 121.7181 |
| 37 | 112.5962 | 118.1776 | 117.7950 | 120.6694 |
| 38 | 115.8252 | 115.2572 | 116.6262 | 119.9596 |
| 39 | 117.3660 | 113.5928 | 116.5908 | 119.7198 |
| 40 | 120.8440 | 115.2625 | 115.7926 | 119.2703 |
| 41 | 123.0306 | 118.0117 | 115.7977 | 118.9726 |
| 42 | 114.3555 | 120.4135 | 117.9324 | 118.4442 |
| 43 | 117.0707 | 119.4100 | 118.2843 | 117.7334 |
| 44 | 118.4981 | 118.1523 | 118.5334 | 117.5053 |
| 45 | 118.4576 | 116.6414 | 118.7598 | 117.5101 |
| 46 | 117.5738 | 118.0088 | 118.2825 | 117.7147 |
| 47 | 118.7855 | 118.1765 | 117.1911 | 117.3994 |
| 48 | 119.6537 | 118.2723 | 118.0771 | 117.2300 |
| 49 | 117.8055 | 118.6710 | 118.5937 | 117.8381 |
| 50 | 111.1634 | 118.7482 | 118.4552 | 118.2722 |
| 51 | 113.7647 | 116.2075 | 116.9964 | 117.8837 |
| 52 | 115.5470 | 114.2445 | 116.2346 | 117.5836 |
| 53 | 118.0216 | 113.4917 | 115.5869 | 117.1422 |
| 54 | 119.5007 | 115.7778 | 115.2604 | 116.7248 |
| 55 | 118.8967 | 117.6898 | 115.5995 | 117.1535 |
| 56 | 110.6253 | 118.8063 | 117.1461 | 117.3057 |
| 57 | 113.2318 | 116.3409 | 116.5183 | 116.6496 |
| 58 | 113.6346 | 114.2513 | 116.0552 | 116.2141 |
| 59 | 107.7965 | 112.4972 | 115.1778 | 115.8859 |
| 60 | 111.3197 | 111.5543 | 112.8370 | 114.9701 |

由表 3-5 和图 3-16 可以看出，平均期数 $T$ 越大，各期估计值之间的差异越小，曲线越平滑。日用水量序列基本在水平方向上波动，但波动幅度较大，因此移动步长稍小的预测效果较好。计算从第 13～60 日移动步长 3、5、12 的 MAPE 分别为 2.53、2.49 和 2.71。还可以看出，简单移动平均法无论移动步长大小，都存在预测滞后问题。这对于其实际应用造成了一定影响。

移动平均模型简记为 MA（moving average）。移动步长为 $T$，模型记为 MA（$T$）。上例中的模型可分别记为 MA（3），MA（5）和 MA（12）。

### 3. 加权移动平均法

简单移动平均法同等看待被平均的各期数值对预测值的影响。实际上，近期的数值往往影响较大，远离预测期的数值影响会小些。加权移动平均法正是基于这一思想，对不同时期的数据赋予不同的权数预测。其公式为：

$$F_{T+1} = \frac{\alpha'_1 Y_1 + \alpha'_2 Y_2 + \cdots + \alpha'_T Y_T}{\sum_{i=1}^{T} \alpha'_i} \tag{3-25a}$$

式中，$\alpha'_1$，$\alpha'_2$，$\cdots$，$\alpha'_T$ 为权数，式（3-25a）可写为：

$$F_{T+1} = \alpha_1 Y_1 + \alpha_2 Y_2 + \cdots + \alpha_T Y_T \tag{3-25b}$$

式中　　$\alpha_1 \leqslant \alpha_2 \leqslant \cdots \leqslant \alpha_T$，$\alpha_1 + \alpha_2 + \cdots + \alpha_T = 1$。

采用加权移动平均法的关键是权数的选择和确定。当然，可以先选择不同组的权数，然后通过试预测比较分析，选择预测误差小者作为最终的权数。如果移动步长不是很大，由于平均期数不多，权重数目不多，则可以通过不同组合测试。如果移动步长很大，可选择的权重组合过多，则很难一一测试，这为实际应用带来了困难。

### 3.5.3　指数平滑法

当移动平均间隔中出现非线性趋势时，给近期观察值赋以较大权数，给远期观察值赋以较小权数，进行加权移动平均，预测效果较好。但要为各个时期分配适当的权数，是一件很麻烦的事，需要花费大量时间、精力寻找适宜的权数。指数平滑法通过对权数加以改进，使其在处理时提供良好的短期预测精度。因而，其实际应用较为广泛。目前的指数平滑法种类很多，以下仅介绍常用的几种。

#### 1. 一次指数平滑法

（1）预测模型

一次指数平滑也称作单指数平滑，简记为 SES（single exponential smoothing）。其公式可以由简单移动平均公式（3-23）推导得出，即

$$F_{t+1} = F_t + \frac{1}{N}(Y_t - Y_{t-N})$$

式中，$N$ 为移动步长 $T$；$t$ 为任意时刻。这是式（3-23）的一般情况，即简单移动平均的通式。如用水量预测，选 $T=3$，预测 $t=7$ 时的数值，则 $F_7 = F_6 + \frac{1}{3}(Y_6 - Y_{6-3}) = F_6 + \frac{1}{3}(Y_6 - Y_3)$，由于 $Y_3$ 是参与计算 $F_6$ 的一个数值，因此可以认为 $F_6$ 是 $Y_3$ 的一个比较好的估计值，以 $F_6$ 代替 $Y_3$，得 $F_7 = F_6 + \frac{1}{3}(Y_6 - F_6)$。将其写成一般式，为：

$$F_{t+1} = F_t + \frac{1}{N}(Y_t - F_t) \tag{3-26}$$

即　　　　　　　　$$F_{t+1} = \frac{1}{N} Y_t + \left(1 - \frac{1}{N}\right) F_t \tag{3-27}$$

令 $\alpha = \frac{1}{N}$，显然 $0 < \alpha < 1$，那么式（3-27）就成为：

$$F_{t+1} = \alpha Y_t + (1-\alpha) F_t \tag{3-28}$$

式（3-28）是一次指数平滑公式，也就是预测模型。式中，$\alpha$ 是平滑常数；$F_t$ 是 $t$ 时刻的一次指数平滑值。平滑值常记作 $S_t$，所以式（3-28）也写成 $S_{t+1} = \alpha Y_t + (1-\alpha) S_t$。

一次指数平滑法预测以第 $t+1$ 期的平滑值作为当期的预测值。

（2）平滑常数 $\alpha$ 的作用和选择

由于 $S_t = \alpha Y_{t-1} + (1-\alpha)S_{t-1}$，$S_{t-1} = \alpha Y_{t-2} + (1-\alpha)S_{t-2}$，…，所以式（3-28）能够展开为：

$$F_{t+1} = S_{t+1} = \alpha Y_t + (1-\alpha)S_t$$
$$= \alpha Y_t + \alpha(1-\alpha)Y_{t-1} + \alpha(1-\alpha)^2 Y_{t-2} + \alpha(1-\alpha)^3 Y_{t-3} + \cdots \qquad (3\text{-}29)$$
$$+ \alpha(1-\alpha)^{N-1}Y_{t-(N-1)} + (1-\alpha)^N Y_{t-N}$$

式（3-29）表明，无论平滑常数 $\alpha$（$0<\alpha<1$）的数值为多大，它随时间的变化呈现为一条衰减的指数函数曲线，即随着时间向过去推移，各期实际值对预测值的影响按指数规律递减。这就是此方法冠以"指数"之名的原因。

$\alpha$ 的大小直接影响过去各期数据对预测值的作用。将 $\alpha = 0.1$，$0.3$，$0.5$，$0.9$，分别代入式（3-29），得到的结果见表 3-6。

不同 $\alpha$ 值的作用      表 3-6

| | $\alpha=0.1$ | $\alpha=0.3$ | $\alpha=0.5$ | $\alpha=0.9$ |
|---|---|---|---|---|
| $Y_t$ | 0.1 | 0.3 | 0.5 | 0.9 |
| $Y_{t-1}$ | 0.09 | 0.21 | 0.25 | 0.09 |
| $Y_{t-2}$ | 0.081 | 0.147 | 0.125 | 0.009 |
| $Y_{t-3}$ | 0.0729 | 0.1029 | 0.0625 | 0.0009 |
| $Y_{t-4}$ | $(0.1)\times(0.9)^4$ | $(0.3)\times(0.7)^4$ | $(0.5)\times(0.5)^4$ | $(0.9)\times(0.1)^4$ |
| $\vdots$ | $\vdots$ | $\vdots$ | $\vdots$ | $\vdots$ |

这说明 $\alpha$ 的取值接近 1 时，各期历史数据的作用迅速衰减，近期数据作用加大。当时间序列变化剧烈时，宜选较大的 $\alpha$ 值，以很快跟上其变化。但要注意，$\alpha$ 的取值越大，风险越大。若 $\alpha$ 的取值接近 0，如 $\alpha = 0.01$，则各期数据的作用缓慢减弱，呈比较平稳的状态。当时序的变化较为平缓时，$\alpha$ 值可取得较小。实际应用中，$\alpha$ 的大小仍需要通过试验比较确定。

式（3-28）还可以写为：

$$S_{t+1} = S_t + \alpha(Y_t - S_t) \qquad (3\text{-}30)$$

即

$$S_{t+1} = S_t + \alpha e_t \qquad (3\text{-}31)$$

式中，$e_t$ 是时刻 $t$ 的预测误差。从式（3-30）可知，第 $t+1$ 期的指数平滑值实际是上一期预测误差对同期指数平滑修正的结果。若 $\alpha = 1$，意味着全部误差修正 $S_t$；若 $\alpha = 0$，意味着不同误差修正，$S_{t+1} = S_t$。若 $0<\alpha<1$，则是用一个适当比例的误差修正 $S_t$，使对下一期的预测得到比较令人满意的结果。实际预测时，通常初选几个 $\alpha$ 值，经过试预测，分析产生的误差，选取其中误差最小者。

【例 3-2】 分析某市的日用水量

【分析】 数据如表 3-7 所示。分别取 $\alpha$ 为 0.3、0.5 和 0.7，得到第 21～50 日的一次指数平滑值 $S_1$，$S_2$，$S_3$，见表 3-7。绘制第 21～50 日的 4 个序列的曲线图，如图 3-17 所示。计算 MAPE，在 $\alpha = 0.3$、0.5 和 0.7 时分别为 2.45%，2.49% 和 2.44%。可以看出，对于该序列，选取 $\alpha = 0.7$ 时预测误差最小。

表 3-7

| 天数（d） | 实测用水量（万 m³/d） | 预测用水量（万 m³/d） | | |
|---|---|---|---|---|
| | | $S_1$ | $S_2$ | $S_3$ |
| 1 | 125.4267 | 125.4267 | 125.4267 | 125.4267 |
| 2 | 121.9104 | 125.4267 | 125.4267 | 125.4267 |
| 3 | 126.1036 | 124.3718 | 123.6686 | 122.9653 |
| 4 | 123.5046 | 124.8913 | 124.8861 | 125.1621 |
| 5 | 123.7612 | 124.4753 | 124.1953 | 124.0019 |
| 6 | 129.5992 | 124.2611 | 123.9783 | 123.8334 |
| 7 | 131.6481 | 125.8625 | 126.7887 | 127.8695 |
| 8 | 131.5157 | 127.5982 | 129.2184 | 130.5145 |
| 9 | 132.8312 | 128.7734 | 130.3671 | 131.2153 |
| 10 | 127.2800 | 129.9908 | 131.5991 | 132.3464 |
| 11 | 114.7134 | 129.1775 | 129.4396 | 128.7999 |
| 12 | 130.4700 | 124.8383 | 122.0765 | 118.9394 |
| 13 | 130.4417 | 126.5278 | 126.2732 | 127.0108 |
| 14 | 125.8534 | 127.7020 | 128.3575 | 129.4124 |
| 15 | 131.1405 | 127.1474 | 127.1054 | 126.9211 |
| 16 | 130.1084 | 128.3453 | 129.1230 | 129.8747 |
| 17 | 129.3970 | 128.8743 | 129.6157 | 130.0383 |
| 18 | 127.8459 | 129.0311 | 129.5063 | 129.5894 |
| 19 | 127.0032 | 128.6755 | 128.6761 | 128.3689 |
| 20 | 127.1000 | 128.1738 | 127.8397 | 127.4129 |
| 21 | 126.3000 | 127.8508 | 127.4684 | 127.1919 |
| 22 | 124.6500 | 127.3842 | 126.8819 | 126.5644 |
| 23 | 124.8700 | 126.5630 | 125.7645 | 125.2222 |
| 24 | 124.9400 | 126.0555 | 125.3178 | 124.9764 |
| 25 | 121.1100 | 125.7212 | 125.1295 | 124.9518 |
| 26 | 118.7000 | 124.3391 | 123.1219 | 122.2655 |
| 27 | 122.7600 | 122.6481 | 120.9121 | 119.7713 |
| 28 | 124.4200 | 122.6817 | 121.8362 | 121.8636 |
| 29 | 129.3700 | 123.2022 | 123.1264 | 123.6507 |
| 30 | 122.8800 | 125.0530 | 126.2490 | 127.6554 |
| 31 | 119.8100 | 124.4024 | 124.5667 | 124.3156 |
| 32 | 118.4400 | 123.0242 | 122.1875 | 121.1606 |
| 33 | 116.0000 | 121.6490 | 120.3139 | 119.2563 |
| 34 | 121.3600 | 119.9550 | 118.1580 | 116.9784 |
| 35 | 120.8200 | 120.3757 | 119.7577 | 120.0436 |
| 36 | 112.3600 | 120.5085 | 120.2881 | 120.5860 |
| 37 | 112.6000 | 118.0631 | 116.3225 | 114.8257 |
| 38 | 115.8300 | 116.4230 | 114.4594 | 113.2651 |
| 39 | 117.3700 | 116.2437 | 115.1423 | 115.0572 |
| 40 | 120.8400 | 116.5804 | 116.2541 | 116.6733 |

| 天数（d） | 实测用水量<br>（万 m³/d） | 预测用水量（万 m³/d） | | |
|---|---|---|---|---|
| | | $S_1$ | $S_2$ | $S_3$ |
| 41 | 123.0300 | 117.8595 | 118.5491 | 119.5928 |
| 42 | 114.3600 | 119.4108 | 120.7898 | 121.9993 |
| 43 | 117.0700 | 117.8942 | 117.5727 | 116.6486 |
| 44 | 118.5000 | 117.6472 | 117.3217 | 116.9441 |
| 45 | 118.4600 | 117.9024 | 117.9099 | 118.0319 |
| 46 | 117.5700 | 118.0690 | 118.1837 | 118.3299 |
| 47 | 118.7900 | 117.9204 | 117.8788 | 117.8006 |
| 48 | 119.6500 | 118.1800 | 118.3321 | 118.490 |
| 49 | 117.8100 | 118.6221 | 118.9929 | 119.3046 |
| 50 | 111.1600 | 118.3771 | 118.3992 | 118.2552 |

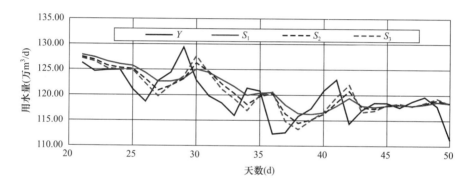

图 3-17　日用水量实测值与预测值

（3）初始值的选取

从式（3-29）可知，一次指数平滑预测模型是一个递推形式，因此需要有一个开始给定的值，这个值就是指数平滑的初始值。一般可以选取第一期的实际观测值或前几期观测值的平均值作为初始值。例如采用 $S_1 = Y_1$，或 $S_1 = \dfrac{Y_1 + Y_2 + Y_3}{3}$。

一次指数平滑法适用于较为平稳的序列，一般 $\alpha$ 的取值不大于 0.5。当序列变化较为剧烈时，可取 $0.3 < \alpha < 0.5$；当序列变化不是很剧烈时，取 $0.1 < \alpha < 0.3$；当序列变化较为平缓时，取 $0.05 < \alpha < 0.1$；当序列波动很小时，取 $\alpha < 0.05$。若 $\alpha$ 大于 0.5，平滑值才可与实际值接近，常表明序列有某种趋势，这时不宜用一次指数平滑法预测。一次指数平滑法也存在滞后性，从表 3-7 和图 3-17 都可以看出这一点。

2. 二次指数平滑法

二次指数平滑也称作双重指数平滑（double exponential smoothing），它是对一次指数平滑值再进行一次平滑的方法。一次指数平滑法是直接利用平滑值作为预测值的一种预测方法，二次指数平滑法则不同，它是用平滑值对时序的线性趋势进行修正，建立线性平滑模型进行预测。二次指数平滑也称为线性指数平滑。

（1）布朗单一参数线性指数平滑

当时间序列有趋势存在时，一次指数平滑值落后于实际值（图 3-17）。布朗（Brown）

单一参数线性指数平滑较好地解决了这一问题。其平滑公式为：

$$S_t^{(1)} = \alpha Y_t + (1-\alpha) S_{t-1}^{(1)}$$
$$S_t^{(2)} = \alpha S_t^{(1)} + (1-\alpha) S_{t-1}^{(2)}$$

$$(3-32)$$

式中，$S_t^{(1)}$ 为一次指数平滑值；$s_t^{(2)}$ 为二次指数平滑值。

有两个平滑值可以计算线性平滑模型的两个参数：

$$a_t = S_t^{(1)} + [S_t^{(1)} - S_t^{(2)}] = 2S_t^{(1)} - S_t^{(2)}$$

$$b_t = \frac{\alpha}{1-\alpha}[S_t^{(1)} - S_t^{(2)}]$$

$$(3-33)$$

得到线性平滑模型：

$$F_{t+m} = a_t + b_t m$$

$$(3-34)$$

式中，$m$ 为预测的超前期数。式（3-34）就是布朗单一参数线性指数平滑的预测模型，通常称为线性平滑模型。

式（3-32）中，当 $t=1$ 时，$S_{t-1}^{(1)}$ 和 $S_{t-1}^{(2)}$ 都是没有数值的，跟一次指数平滑一样，需要事先给定，它们是二次指数平滑的平滑初始值，分别记作 $S_1^{(1)}$ 和 $S_1^{(2)}$。$S_1^{(1)}$ 可以与 $S_1^{(2)}$ 相同，也可以不同。通常采用 $S_1^{(1)} = S_1^{(2)} = Y_1$ 或序列最初几期数据的平均值 $S_1^{(1)} = S_1^{(2)} = \frac{Y_1+Y_2+Y_3}{3}$。此时采用 $a_1 = Y_1$，$b_1 = \frac{(Y_2-Y_1) + (Y_4-Y_3)}{2}$。

布朗单一参数线性指数平滑法就是通常所说的二次指数平滑法。它适用于对具有线性变化趋势的时序进行短期预测。

**【例 3-3】** 日用水量序列分析预测。

**【分析】** 仍使用表 3-5 中的数据，取 $\alpha=0.3$，一次平滑和二次平滑的初始值均为序列第一期实际值，见表 3-8。表 3-8 中包括两种指数平滑的值：由式（3-33）计算的两个参数以及由式（3-34）计算的预测值。图 3-18 是第 21～60 日实际值和线性平滑预测值 YF 的变化曲线。计算这一时期的 MAPE 为 2.61%。从模型预测的结果看，序列呈下降的趋势。这是因为 $t=60$ 时，$b_t$ 为负值，即直线的斜率是负的，按这样的规律变化，自然呈下降趋势，而这一变化与实际序列的变化并不一致。二次指数平滑模型适用于有明显线性变化趋势的序列。

**日用水量与布朗单一参数线性指数平滑预测值**　　　　　　　　表 3-8

| 天数（d） | 用水量（万 m³/d） | 一次平滑值（万 m³/d） | 二次平滑值（万 m³/d） | $a_t$ | $b_t$ | 预测值（m=1）（万 m³/d） |
|---|---|---|---|---|---|---|
| 1 | 125.43 | 125.43 | 125.43 | | | |
| 2 | 121.91 | 124.37 | 125.11 | 123.63 | −0.31647 | |
| 3 | 126.10 | 124.89 | 125.04 | 124.74 | −0.06567 | 123.3169 |
| 4 | 123.50 | 124.48 | 124.87 | 124.08 | −0.17077 | 124.6725 |
| 5 | 123.76 | 124.26 | 124.69 | 123.838 | −0.18381 | 123.9061 |
| 6 | 129.60 | 125.86 | 125.04 | 126.688 | 0.351762 | 123.6484 |
| 7 | 131.65 | 127.60 | 125.81 | 129.39 | 0.766935 | 127.0351 |
| 8 | 131.52 | 128.77 | 126.70 | 130.85 | 0.889430 | 130.1546 |
| 9 | 132.83 | 129.99 | 127.69 | 132.30 | 0.987799 | 131.7382 |
| 10 | 127.28 | 129.18 | 128.13 | 130.22 | 0.44749 | 133.2834 |

| 天数（d） | 用水量<br>（万 m³/d） | 一次平滑值<br>（万 m³/d） | 二次平滑值<br>（万 m³/d） | $a_t$ | $b_t$ | 预测值（m=1）<br>（万 m³/d） |
|---|---|---|---|---|---|---|
| 11 | 114.71 | 124.84 | 127.14 | 122.53 | −0.98853 | 130.6692 |
| 12 | 130.47 | 126.53 | 126.96 | 126.10 | −0.18512 | 121.5432 |
| 13 | 130.44 | 127.70 | 127.18 | 128.22 | 0.222668 | 125.9107 |
| 14 | 125.85 | 127.15 | 127.17 | 127.12 | −0.01050 | 128.4442 |
| 15 | 131.14 | 128.35 | 127.52 | 129.17 | 0.352026 | 127.1124 |
| 16 | 130.11 | 128.87 | 127.93 | 129.82 | 0.405094 | 129.5188 |
| 17 | 129.40 | 129.03 | 128.26 | 129.80 | 0.330613 | 130.2246 |
| 18 | 127.85 | 128.68 | 128.38 | 128.97 | 0.124763 | 130.1331 |
| 19 | 127.00 | 128.17 | 128.32 | 128.03 | −0.06317 | 129.0914 |
| 20 | 127.10 | 127.85 | 128.18 | 127.52 | −0.14112 | 127.9632 |
| 21 | 126.30 | 127.38 | 127.94 | 126.83 | −0.23877 | 127.3804 |
| 22 | 124.65 | 126.56 | 127.53 | 125.60 | −0.41349 | 126.5883 |
| 23 | 124.87 | 126.06 | 127.09 | 125.02 | −0.44172 | 125.1847 |
| 24 | 124.94 | 125.72 | 126.68 | 124.77 | −0.40949 | 124.5831 |
| 25 | 121.11 | 124.34 | 125.98 | 122.70 | −0.70126 | 124.3562 |
| 26 | 118.70 | 122.65 | 124.98 | 120.32 | −0.99820 | 122.0016 |
| 27 | 122.76 | 122.68 | 124.29 | 121.07 | −0.68864 | 119.3208 |
| 28 | 124.42 | 123.20 | 123.96 | 122.44 | −0.32591 | 120.3863 |
| 29 | 129.37 | 125.05 | 124.29 | 125.82 | 0.327119 | 122.1158 |
| 30 | 122.88 | 124.40 | 124.32 | 124.48 | 0.033796 | 126.1434 |
| 31 | 119.81 | 123.02 | 123.93 | 122.11 | −0.38980 | 124.5151 |
| 32 | 118.44 | 121.65 | 123.25 | 120.05 | −0.68542 | 121.7249 |
| 33 | 116.00 | 119.95 | 122.26 | 117.65 | −0.98801 | 119.3643 |
| 34 | 121.36 | 120.38 | 121.69 | 119.06 | −0.56540 | 116.6616 |
| 35 | 120.82 | 120.51 | 121.34 | 119.68 | −0.35592 | 118.4910 |
| 36 | 112.36 | 118.06 | 120.36 | 115.77 | −0.98278 | 119.3221 |
| 37 | 112.60 | 116.42 | 119.18 | 113.67 | −1.17997 | 114.7871 |
| 38 | 115.83 | 116.24 | 118.30 | 114.19 | −0.87978 | 112.4898 |
| 39 | 117.37 | 116.58 | 117.78 | 115.38 | −0.51483 | 113.3111 |
| 40 | 120.84 | 117.86 | 117.80 | 117.91 | 0.023343 | 114.8642 |
| 41 | 123.03 | 119.41 | 118.29 | 120.53 | 0.481743 | 117.9373 |
| 42 | 114.36 | 117.89 | 118.17 | 117.62 | −0.11776 | 121.0166 |
| 43 | 117.07 | 117.65 | 118.01 | 117.28 | −0.15655 | 117.5017 |
| 44 | 118.50 | 117.90 | 117.98 | 117.83 | −0.03300 | 117.1253 |
| 45 | 118.46 | 118.07 | 118.01 | 118.13 | 0.026867 | 117.7924 |
| 46 | 117.57 | 117.92 | 117.98 | 117.86 | −0.02576 | 118.1585 |
| 47 | 118.79 | 118.18 | 118.04 | 118.32 | 0.059824 | 117.8346 |
| 48 | 119.65 | 118.62 | 118.21 | 119.03 | 0.174514 | 118.3794 |
| 49 | 117.81 | 118.38 | 118.26 | 118.49 | 0.048668 | 119.2038 |
| 50 | 111.16 | 116.21 | 117.65 | 114.78 | −0.61517 | 118.5393 |
| 51 | 113.76 | 115.48 | 117.00 | 113.96 | −0.65096 | 114.1624 |

| 天数（d） | 用水量（万 m³/d） | 一次平滑值（万 m³/d） | 二次平滑值（万 m³/d） | $a_t$ | $b_t$ | 预测值（$m=1$）（万 m³/d） |
|---|---|---|---|---|---|---|
| 52 | 115.55 | 115.50 | 116.55 | 114.45 | −0.44951 | 113.3086 |
| 53 | 118.02 | 116.26 | 116.46 | 116.05 | −0.08763 | 114.0007 |
| 54 | 119.50 | 117.23 | 116.69 | 117.77 | 0.230700 | 115.9637 |
| 55 | 118.90 | 117.73 | 117.00 | 118.46 | 0.311558 | 117.9983 |
| 56 | 110.63 | 115.60 | 116.58 | 114.62 | −0.42129 | 118.7680 |
| 57 | 113.23 | 114.89 | 116.07 | 113.70 | −0.50788 | 114.1940 |
| 58 | 113.63 | 114.51 | 115.61 | 113.42 | −0.46835 | 113.1954 |
| 59 | 107.80 | 112.50 | 114.67 | 110.32 | −0.93226 | 112.9510 |
| 60 | 111.32 | 112.14 | 113.91 | 110.37 | −0.75858 | 109.3900 |
| 61 |  |  |  |  |  | 109.6155（$m=1$） |
| 62 |  |  |  |  |  | 108.8570（$m=2$） |
| 63 |  |  |  |  |  | 108.0984（$m=3$） |
| 64 |  |  |  |  |  | 107.3398（$m=4$） |
| 65 |  |  |  |  |  | 106.5812（$m=5$） |
| 66 |  |  |  |  |  | 105.8226（$m=6$） |

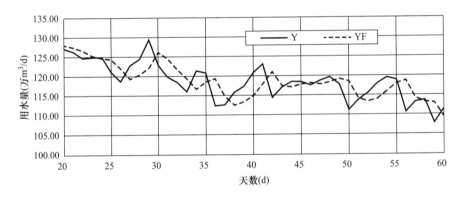

图 3-18　日用水量数值及预测值曲线

（2）霍特双参数指数平滑

霍特（Holt）双参数指数平滑法即 Holter-Winter 非季节模型（Holter-Winter non seasonal model），其原理与布朗单一参数线性指数平滑法相似，但它不直接应用二次指数平滑值建立线性模型，而是分别对原序列数据和序列的趋势进行平滑。它使用两个平滑参数（均在 0 与 1 之间取值）和三个方程式：

$$S_t = \alpha Y_t + (1-\alpha)(S_{t-1} + b_{t-1}) \tag{3-35}$$

$$b_t = \beta(S_t - S_{t-1}) + (1-\beta)b_{t-1} \tag{3-36}$$

$$F_{t+m} = a_t + b_t m \tag{3-37}$$

式（3-35）是修正 $S_t$，$S_t$ 称作数据的平滑值。这个公式是把上一期的趋势值 $b_{t-1}$ 加到 $S_{t-1}$ 上，以消除一个滞后，修正 $S_t$，时期与实际观察值 $Y_t$ 尽可能地接近。式（3-36）是修正 $b_t$。$b_t$ 是趋势的平滑值，它表示一个差值，即相邻两项平滑值之差。如果时序数据存在趋势，那么新的观察值总是高于或低于前一期数值，又由于还会有不规则变动的影响，

所以需用 $\beta$ 值平滑 $(S_t - S_{t-1})$ 的趋势，然后将这个值加到前一期趋势的估计值 $b_{t-1}$ 与 $(1-\beta)$ 的乘积上。式（3-36）类似于一次指数平滑中的式（3-28），但它应用于趋势的更新即修正倾向。式（3-37）用于预测，它是把修正的趋势值 $b_t$ 加到一个基础值 $S_t$ 上，$m$ 是预测的超前期数。

霍特线性平滑的时期过程需要两个估计值：一个是平滑值 $S_1$，一个是倾向值 $b_1$。通常取 $S_1 = Y_1$，$b_1 = Y_2 - Y_1$。$b_1$ 还可以取开始几期观察值两两差额的平均数，如

$$b_1 = \frac{(Y_2 - Y_1) + (Y_3 - Y_2) + (Y_4 - Y_3)}{3}$$

当数据处理得比较好时，$b_1$ 的初始值如何选取关系不大。

【例3-4】 日用水量的分析预测。

【分析】 仍使用表3-5中的数据。取 $\alpha = 0.29$，$\beta = 0.02$，初始值 $S_1 = Y_1$，$b_1 = Y_2 - Y_1$，运用霍特线性平滑的式（3-35）、式（3-36），得到各期数据的平滑值 $S_t$、趋势平滑值 $b_t$，根据式（3-37）得到 $m = 1$ 的各期预测值，见表3-9。图3-19是实际值与预测值的曲线图。从图3-19可以看出，模型对序列的拟合效果并不是很好，特别是初期。本例中 MAPE 为 3.99%。图3-19还说明该序列有一定的周期波动，而模型并没有反映这种变化。

用水量与平滑值、预测值

表3-9

| 天数（d） | 用水量 $Y$（万 m³/d） | 数据平滑 $S$ | 趋势平滑 $b$ | 预测值 $F$（$m=1$）（万 m³/d） |
|---|---|---|---|---|
| 1 | 125.43 | 125.43 | −3.52 | |
| 2 | 121.91 | 121.91 | −3.52 | |
| 3 | 126.10 | 120.63 | −3.47 | 118.39 |
| 4 | 123.50 | 122.89 | −3.36 | 117.16 |
| 5 | 123.76 | 121.20 | −3.32 | 119.53 |
| 6 | 129.60 | 123.09 | −3.22 | 117.87 |
| 7 | 131.65 | 127.91 | −3.06 | 119.88 |
| 8 | 131.52 | 129.44 | −2.97 | 124.85 |
| 9 | 132.83 | 129.79 | −2.90 | 126.47 |
| 10 | 127.28 | 129.16 | −2.85 | 126.89 |
| 11 | 114.71 | 121.61 | −2.95 | 126.31 |
| 12 | 130.47 | 117.19 | −2.98 | 118.66 |
| 13 | 130.44 | 128.35 | −2.70 | 114.21 |
| 14 | 125.85 | 127.20 | −2.66 | 125.65 |
| 15 | 131.14 | 125.49 | −2.65 | 124.53 |
| 16 | 130.11 | 128.96 | −2.52 | 122.85 |
| 17 | 129.40 | 128.11 | −2.49 | 126.44 |
| 18 | 127.85 | 127.18 | −2.46 | 125.62 |
| 19 | 127.00 | 125.86 | −2.44 | 124.72 |
| 20 | 127.10 | 125.30 | −2.40 | 123.42 |
| 21 | 126.30 | 125.16 | −2.35 | 122.90 |

| 天数（d） | 用水量 $Y$（万 $m^3/d$） | 数据平滑 $S$ | 趋势平滑 $b$ | 预测值 $F$（$m=1$）（万 $m^3/d$） |
|---|---|---|---|---|
| 22 | 124.65 | 124.15 | −2.33 | 122.81 |
| 23 | 124.87 | 123.06 | −2.30 | 121.82 |
| 24 | 124.94 | 123.26 | −2.25 | 120.76 |
| 25 | 121.11 | 122.23 | −2.23 | 121.01 |
| 26 | 118.70 | 118.83 | −2.25 | 120.01 |
| 27 | 122.76 | 118.28 | −2.22 | 116.58 |
| 28 | 124.42 | 121.67 | −2.10 | 116.06 |
| 29 | 129.37 | 124.36 | −2.01 | 119.56 |
| 30 | 122.88 | 126.06 | −1.93 | 122.35 |
| 31 | 119.81 | 120.62 | −2.00 | 124.13 |
| 32 | 118.44 | 117.99 | −2.02 | 118.61 |
| 33 | 116.00 | 116.30 | −2.01 | 115.97 |
| 34 | 121.36 | 116.13 | −1.97 | 114.29 |
| 35 | 120.82 | 119.80 | −1.86 | 114.15 |
| 36 | 112.36 | 117.04 | −1.88 | 117.94 |
| 37 | 112.60 | 111.09 | −1.96 | 115.16 |
| 38 | 115.83 | 112.14 | −1.90 | 109.13 |
| 39 | 117.37 | 114.92 | −1.81 | 110.24 |
| 40 | 120.84 | 117.09 | −1.73 | 113.12 |
| 41 | 123.03 | 120.25 | −1.63 | 115.37 |
| 42 | 114.36 | 119.36 | −1.61 | 118.62 |
| 43 | 117.07 | 114.00 | −1.69 | 117.74 |
| 44 | 118.50 | 116.29 | −1.61 | 112.31 |
| 45 | 118.46 | 117.34 | −1.56 | 114.68 |
| 46 | 117.57 | 117.10 | −1.53 | 115.79 |
| 47 | 118.79 | 116.84 | −1.50 | 115.57 |
| 48 | 119.65 | 117.97 | −1.45 | 115.33 |
| 49 | 117.81 | 118.09 | −1.42 | 116.52 |
| 50 | 111.16 | 114.87 | −1.46 | 116.67 |
| 51 | 113.76 | 110.88 | −1.51 | 113.41 |
| 52 | 115.55 | 113.21 | −1.43 | 109.38 |
| 53 | 118.02 | 115.25 | −1.36 | 111.78 |
| 54 | 119.50 | 117.48 | −1.29 | 113.89 |
| 55 | 118.90 | 118.41 | −1.24 | 116.19 |
| 56 | 110.63 | 115.61 | −1.28 | 117.17 |
| 57 | 113.23 | 110.48 | −1.35 | 114.34 |
| 58 | 113.63 | 112.39 | −1.29 | 109.12 |
| 59 | 107.80 | 111.03 | −1.29 | 111.10 |
| 60 | 111.32 | 107.90 | −1.33 | 109.74 |

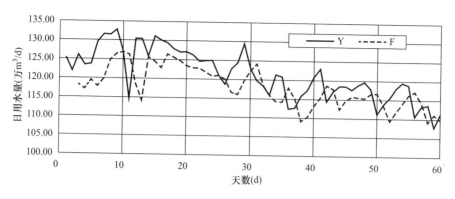

图 3-19　实际值与预测值曲线图

3. 三次指数平滑

三次指数平滑也称三重指数平滑，它与二次指数平滑一样，不是以平滑值直接作为预测值，而是建立预测模型。

（1）布朗三次指数平滑

布朗三次指数平滑是对二次平滑值再进行一次平滑，并用以估计二次多项式参数的一种方法，所建立的预测模型为：

$$F_{t+m} = a_t + b_t m + \frac{1}{2} c_t m^2 \tag{3-38}$$

这是一个非线性平滑模型，它类似于一个二次多项式，能表现时序的一种曲线变化趋势，故常用于非线性变化时序的短期预测。布朗三次指数平滑也称作布朗单一参数二次多项式指数平滑。式（3-38）中参数的计算公式为：

$$a_t = 3S_t^{(1)} - 3S_t^{(2)} + S_t^{(3)}$$

$$b_t = \frac{\alpha}{2(1-\alpha)^2} \big[ (6-5\alpha)S_t^{(1)} - (10-8\alpha)S_t^{(2)} + (4-3\alpha)S_t^{(3)} \big] \tag{3-39}$$

$$c_t = \frac{\alpha^2}{(1-\alpha)^2} \big[ S_t^{(1)} - 2S_t^{(2)} + S_t^{(3)} \big]$$

各次指数平滑值分别为：

$$S_t^{(1)} = \alpha Y_t + (1-\alpha)S_{t-1}^{(1)}$$

$$S_t^{(2)} = \alpha S_t^{(1)} + (1-\alpha)S_{t-1}^{(2)} \tag{3-40}$$

$$S_t^{(3)} = \alpha S_t^{(2)} + (1-\alpha)S_{t-1}^{(3)}$$

三次指数平滑比一次、二次指数平滑复杂得多，但三者的目的一样，即修正预测值，使其跟踪时序的变化，三次指数平滑跟踪时序的非线性变化趋势。

（2）温特线性和季节性指数平滑

温特线性和季节性指数平滑模型是描述既有线性趋势又有季节变化序列的模型，有两种形式：一种是线性趋势与季节相乘形式；另一种是线性趋势与季节相加形式。

1）Holter-Winter 季节乘积模型。Holter-Winter 季节乘积模型（Holter-Winter Multiplicative）用于对既有线性趋势又有季节变动的时间序列短期预测。其预测模型为：

$$F_{t+m} = (S_t + b_t m) I_{t-L+m} \tag{3-41}$$

式（3-41）包括时序的三种成分：平稳性（$S_t$）、趋势性（或称倾向性）、线性（$b_t$）、

63

季节性（$I_t$）。它与霍特法很相似，只是多一个季节性。建立在三个平滑值基础上的温特法，需要 $\alpha$，$\beta$，$\gamma$ 三个参数。它的基础方程式为：

总平滑：

$$S_t = \alpha \frac{Y_t}{I_{t-L}} + (1-\alpha)(S_{t-1} + b_{t-1}), \quad 0 < \alpha < 1 \tag{3-42}$$

倾向平滑：

$$b_t = \gamma(S_t - S_{t-1}) + (1-\gamma)b_{t-1}, \quad 0 < \gamma < 1 \tag{3-43}$$

季节平滑：

$$I_t = \beta \frac{Y_t}{S_t} + (1-\beta)I_{t-L}, \quad 0 < \beta < 1 \tag{3-44}$$

式中，$L$ 为季节长度（周、月或季），或称季节周期的长度；$I$ 为季节调整因子。

式（3-44）可与季节指数比较。季节指数是时序的第 $t$ 期值 $Y_t$ 与同期一次指数平滑值 $S_t$ 之比。显然，若 $Y_t > S_t$，则季节指数大于 1；反之，则小于 1。这里，$S_t$ 是一个序列的平滑值，也就是一个平均值，它不包括季节性，这一点对理解季节性指数及 $I_t$ 的作用很重要。时序值 $Y_t$ 既包括季节性又包括某些随机性，为平滑随机性变动。式（3-44）采用参数 $\beta$ 加权计算出的季节因子 $\left(\frac{Y_t}{S_t}\right)$，用 $(1-\beta)$ 加权前一个季节数据（$I_{t-L}$）。

式（3-43）用来修匀趋势值。用参数 $\gamma$ 加权趋势增量（$S_t - S_{t-1}$），用 $(1-\gamma)$ 加权前期趋势值 $b_{t-1}$。它与霍特法的式（3-36）形式一样。

式（3-42）是求已修匀的时序值 $S_t$。用季节调整因子 $I_{t-L}$ 去除观察值，目前是从观察值 $Y_t$ 中消除季节波动。当 $t-L$ 期的值高于季节平均值时，$I_{t-L}$ 大于 1，用大于 1 的数去除 $Y_t$，得到小于 $Y_t$ 的值，其减少的数值正好是 $t-L$ 期的 $I_t$ 高于季节平均值的差额。季节因子 $I_{t-L}$ 小于 1 时，情况相反。当式（3-42）中的 $S_t$ 已知时，才能计算出式（3-44）中的 $I_t$，因而式（3-42）中 $S_t$ 的计算用 $I_{t-L}$。

2）Holter-Winter 季节加法模型。Holter-Winter 季节加法模型（Holter-Winter Additive）用于对既有线性趋势又有季节变动的时间序列的短期预测。其预测模型为：

$$F_{t+m} = (S_t + b_t m) + I_{t-L+m} \tag{3-45}$$

式中各符号的意义及计算同 Holter-Winter 季节乘积模型，只是趋势与季节的变动是相加的关系。

使用温特法时，面临的一个重要问题是怎样确定 $\alpha$、$\beta$、$\gamma$ 的值。通常采用反复试验的方法，以使平均绝对百分误差（MAPE）最小。

温特线性和季节性指数平滑法的初值选择常采用：

$$S_{L+1} = Y_{L+1}$$

$$I_1 = Y_1/\overline{Y}$$

$$I_2 = Y_2/\overline{Y}$$

$$I_3 = Y_3/\overline{Y}$$

$$\vdots$$

$$I_L = Y_L/\overline{Y}$$

式中　　$\overline{Y} = \sum_{i=1}^{L} Y_i/L$

$$b_{L+1} = \frac{(Y_{L+1} - Y_1) + (Y_{L+2} - Y_2) + (Y_{L+3} - Y_3)}{3L}$$

【例 3-5】 日用水量分析预测。

【解】 采用表 3-5 的日用水量数据，季节周期长度取 7 日（一个星期），即 $L=7$，进行预测。其中前 9 日数据用于生成最初计算参数，预测从第 10 日开始。从图 3-20 曲线 $Y$ 的变化可以看出，序列有一定的线性趋势和季节变化。分别采用 Holter-Winter 季节加法模型和乘法模型预测，得到的结果见表 3-10，绘制的曲线图如图 3-20 所示。其中，YF 是加法模型的预测值序列，YF1 是乘法模型的预测值序列。可以看出，这两个模型的预测效果差别不大，乘法模型略好于加法模型。加法模型和乘法模型的 MAPE 分别为 2.70% 和 2.69%。一般来说，乘法模型适用于波动幅度变化的序列，加法模型适用于波动幅度基本不变的序列。

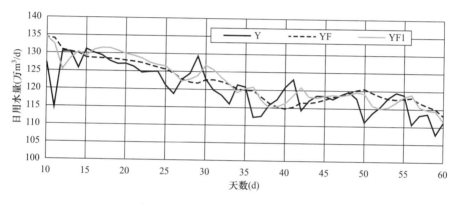

图 3-20 实测值与预测值序列曲线图

日用水量实际值与预测值　　　　　　　　表 3-10

| 天数（d） | 实测值（万 m³/d） | 温特法（万 m³/d） | |
|---|---|---|---|
| | | 加法 | 乘法 |
| 10 | 127.28 | 134.34 | 134.46 |
| 11 | 114.71 | 134.03 | 132.46 |
| 12 | 130.47 | 130.96 | 125.42 |
| 13 | 130.44 | 130.44 | 128.52 |
| 14 | 125.85 | 130.02 | 130.33 |
| 15 | 131.14 | 128.80 | 129.20 |
| 16 | 130.11 | 128.67 | 130.96 |
| 17 | 129.40 | 128.57 | 131.52 |
| 18 | 127.85 | 128.46 | 131.46 |
| 19 | 127.00 | 128.32 | 130.74 |
| 20 | 127.10 | 128.01 | 129.89 |
| 21 | 126.30 | 127.73 | 129.40 |
| 22 | 124.65 | 127.38 | 128.69 |
| 23 | 124.87 | 126.74 | 127.49 |
| 24 | 124.94 | 126.14 | 126.88 |
| 25 | 121.11 | 125.61 | 126.52 |

| 天数（d） | 实测值（万 m³/d） | 温特法（万 m³/d） | |
|---|---|---|---|
| | | 加法 | 乘法 |
| 26 | 118.70 | 124.46 | 124.56 |
| 27 | 122.76 | 122.83 | 122.28 |
| 28 | 124.42 | 121.99 | 122.79 |
| 29 | 129.37 | 121.70 | 123.86 |
| 30 | 122.88 | 122.66 | 126.80 |
| 31 | 119.81 | 122.72 | 125.55 |
| 32 | 118.44 | 122.22 | 123.36 |
| 33 | 116.00 | 121.45 | 121.45 |
| 34 | 121.36 | 120.20 | 119.21 |
| 35 | 120.82 | 119.94 | 120.35 |
| 36 | 112.36 | 119.79 | 120.79 |
| 37 | 112.60 | 118.08 | 117.14 |
| 38 | 115.83 | 116.35 | 115.10 |
| 39 | 117.37 | 115.30 | 115.39 |
| 40 | 120.84 | 114.80 | 116.32 |
| 41 | 123.03 | 115.31 | 118.53 |
| 42 | 114.36 | 116.56 | 120.86 |
| 43 | 117.07 | 116.40 | 118.23 |
| 44 | 118.50 | 116.76 | 117.93 |
| 45 | 118.46 | 117.45 | 118.43 |
| 46 | 117.57 | 118.16 | 118.72 |
| 47 | 118.79 | 118.70 | 118.50 |
| 48 | 119.65 | 119.41 | 118.96 |
| 49 | 117.81 | 120.15 | 119.60 |
| 50 | 111.16 | 120.51 | 119.15 |
| 51 | 113.76 | 119.42 | 115.81 |
| 52 | 115.55 | 118.52 | 115.04 |
| 53 | 118.02 | 117.84 | 115.42 |
| 54 | 119.50 | 117.66 | 116.82 |
| 55 | 118.90 | 117.88 | 118.35 |
| 56 | 110.63 | 118.08 | 118.98 |
| 57 | 113.23 | 116.76 | 115.53 |
| 58 | 113.63 | 115.83 | 114.69 |
| 59 | 107.80 | 115.00 | 114.40 |
| 60 | 111.32 | 113.12 | 111.54 |

## 3.6 神经网络模型预测

除了利用经典时间序列模型预测外，另一类时间序列预测方法是基于智能技术的自适应机器学习方法，包括神经网络、支持向量机、贝叶斯网络、遗传算法、粗糙集、决策树等。以下介绍使用神经网络对时间序列的预测。

神经网络算法是基于大脑的生理结构。大脑中有许多神经元相互连接，能从经验中学习。神经网络算法是高度数据驱动的，有时候计算量很大。神经网络用于获取预测变量和目标变量之间的复杂关系，它需要少量的用户输入。神经网络有时候认为是一种"黑盒子"，它获取的关系有时候很难给出解释。对于不需要描述性分析或做过多解释而只是关心结果的预测情况，可以应用神经网络，它具有计算机自动化分析的优点。

神经网络在高频率的时间序列数据中表现要优于较低频率的数据，例如在小时数据、日数据或者周数据的预测效果要好于月数据。此外，可以考虑应用神经网络方法和其他方法的组合。

### 3.6.1　神经网络模型

神经网络通过一系列的层，把预测变量和目标变量联系起来。每一层中，对输入信息执行某些操作，产生该层的输出变量（即创建衍生变量）；这一层的输出作为下一层的输入进入下一层的运算。神经网络包含三类"层"，如图 3-21 所示。

（1）输入层（Input Layer）：输入变量的取值。

（2）隐藏层（Hidden Layer）：可以为一个隐藏层或者多个隐藏层。隐藏层从上一层（输入层或者隐藏层）接收输入，然后对这些输入计算，生成输出。

（3）输出层（Output Layer）：从最后一层的隐藏层接收输入，产生预测值。

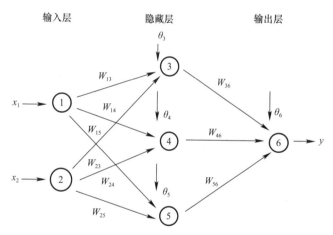

图 3-21　神经网络示意图

（两个预测变量 $x_1$ 和 $x_2$，一个隐藏层，一个输出变量 $y$）

每一层都包含一个或多个节点，在图中用圆圈表示。一个节点代表一个变量。输入层的节点即为原始输入变量（预测变量）。例如图 3-21 中的 1 号节点和 2 号节点分别以变量 $x_1$ 和变量 $x_2$ 的值为输入。隐藏层的节点为衍生变量。它们是输入变量的某个单调函数值，或者输入变量的加权和。常见的隐藏层函数有线性函数、指数函数或者 S 形函数（例如 Logit 函数、双曲正切函数）。

线性回归、逻辑回归、自回归等都可以看作是没有隐藏层的神经网络模型。注意到这一点，实际应用中最好的神经网络模型也往往是最简单的神经网络或者没有隐藏层的神经网络。图 3-22 是一个带有三个预测变量的线性模型的神经网络示意图，其中一个预测变量是线性趋势，另外两个是哑变量，用来获取周末及工作日的季节模式。

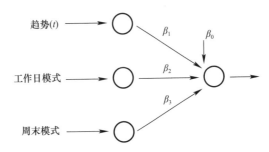

图 3-22　带有趋势和季节性（周末和工作日模式）的线性回归神经网络表示

图 3-23 是用于时间序列预测的神经网络的一般图形表示。这里神经网络可以含有多个输入节点，它可以产生不同期数的超前预测。图 3-23 中的神经网络是基于滚动预测的，即通过一次向前超前预测一期，例如先预测 $t+1$，基于此，预测 $t+2$，然后 $t+3$，等等。可以通过增加隐藏层，增加输入和输出之间关系的复杂性。也可以扩展该图，增加输入节点，以此包括外部信息。实际上，成功应用神经网络预测常常借助外部信息，而不仅通过时间序列的外推预测。

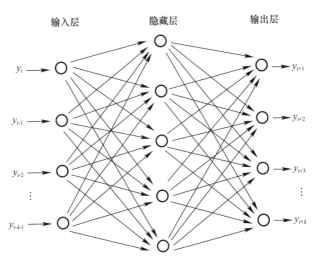

图 3-23　反映线性回归模型的神经网络视图

### 3.6.2　预处理

在应用神经网络前，需要进行相关的预处理工作。

（1）创建衍生预测变量

神经网络需要创建衍生变量作为输入，例如可以创建滞后期的时间序列、滞后期的外部信息预测变量、季节哑变量、获取趋势的时间指数。

（2）变量尺度变换

神经网络的输入变量范围在 ［0，1］ 或者 ［−1，1］ 之间时效果最好。所以，需要把预测变量和目标变量进行变量转换。在应用神经网络前，时间序列本身和作为预测变量的外部信息都要进行转换。

### 3.6.3 用户输入

为了运行神经网络，用户需要决定输入节点数、隐藏层数目、每个隐藏层的节点数和函数以及输出节点数等。

（1）输入层节点数

它等于预测变量的个数，因此输入层节点数取决于具体问题。一般而言，输入节点数越多，用于神经网络训练的时间序列期数越少。

（2）隐藏层数

隐藏层的数量会影响到输入和输出之间关系的复杂性。一般1～2层足够了。太多隐藏层会导致过度拟合，隐藏层太少可能拟合不够。

（3）每个隐藏层的节点数

每个隐藏层的节点数需要由试验确定。节点太少会拟合不足，节点太多会导致过度拟合。

（4）选择作用函数

最常见的作用函数是S形函数。

（5）输出节点数

取决于需要产生的预测个数。单个预测（如$F_{t+1}$）只需要单个输出节点。

### 3.6.4 时需水量预测案例

本案例摘自周艳春的硕士学位论文《城市供水系统调度技术研究》。为预测某日 $t$ 时的需水量，可将前两日在 $t$、$t-1$、$t-2$、$t-3$ 时刻和当日 $t-1$、$t-2$、$t-3$ 时刻的用水量作为输入数据，同时考虑天气和节假日对用水量的影响，将天气状况、日最高温度、日平均温度、日最低温度和节假日一起作为输入数据，共计16项。采用Matlab软件编写代码，训练样本模型，计算预测值。

用水量预测模型：

$$Q_t = f(Q_t^{d-1}, Q_{t-1}^{d-1}, Q_{t-2}^{d-1}, Q_{t-3}^{d-1}, Q_t^{d-2}, Q_{t-1}^{d-2}, Q_{t-2}^{d-2}, Q_{t-3}^{d-2}, Q_{t-1}, Q_{t-2}, Q_{t-3},$$
$$T_1, T_2, T_3, S, D) \tag{3-46}$$

式中　$Q_t$——$t$ 时用水量预测值；

$Q_t^{d-1}$，$Q_{t-1}^{d-1}$，$Q_{t-2}^{d-1}$，$Q_{t-3}^{d-1}$——分别为一天前 $t$，$t-1$，$t-2$，$t-3$ 时刻的时用水量；

$Q_t^{d-2}$，$Q_{t-1}^{d-2}$，$Q_{t-2}^{d-2}$，$Q_{t-3}^{d-2}$——分别为两天前 $t$，$t-1$，$t-2$，$t-3$ 时刻的时用水量；

$Q_{t-1}$，$Q_{t-2}$，$Q_{t-3}$——分别为当天 $t-1$，$t-2$，$t-3$ 时刻的时用水量；

$T_1$，$T_2$，$T_3$——分别为当日最高温度、平均温度和最低温度值；

$S$，$D$——分别为反映天气状况和节假日的特征数值。本例中天气状况和节假日数字化方式见表3-11。

天气状况及节假日数字化表　　　　　　　　　　　表3-11

| 天气（$S$） | | | | | | | 节假日（$D$） | | | |
|---|---|---|---|---|---|---|---|---|---|---|
| 大雪 | 大雨/大雨转中雨 | 多云转小雨/雷阵雨/多云转阵雨/小雨 | 多云转阴/阴 | 多云/多云转雷阵雨/多云转雾 | 多云转晴 | 晴 | 春节 | 普通节假日 | 周末 | 工作日 |
| 0 | 0.5 | 1 | 1.5 | 2 | 2.5 | 3 | 0.2 | 0.3 | 0.5 | 1 |

网络结构：构建网络含一个输入层、一个隐藏层和一个输出层。输入层变量为各影响因素及相关历史时用水量；输出变量为预测的 $t$ 时需水量。

隐含层神经元个数：针对 $m$ 个输入变量和 $n$ 个输出变量的情况，经验认为三层神经网络中，隐含层的神经元个数可取值为 $\sqrt{mn}$。本例中输入变量个数为 16，输出变量个数为 1，假定隐藏层神经元个数的基数为 5，将在此基础上用试算法，分别取 4、5、6、7 个神经元个数，经计算比较后确定最合适的数值。

训练样本：以 2013 年 8 月 10 日～2013 年 12 月 31 日各小时的时用水量作为训练样本。

测试样本：以 2014 年 1 月 1 日～2014 年 5 月 31 日各小时的时用水量作为测试样本。

数据处理：用 premnmx 函数进行变量尺度变换，使样本数据处于 [－1，1] 范围内。

网络作用函数：sigmoid 为隐藏层神经元的作用函数，purelin 为输出神经元作用函数；用于比较的网络训练函数为 trainbr，trainlm，traindm；网络学习函数为 learndm。

模型评价指标：采用平均绝对百分误差（MAPE）评估需水量预测误差。MAPE 数值越小，模型预测准确度越高。

网络训练结果比较：针对含有不同训练函数和隐藏层神经元个数的网络，各训练 50 次，然后根据预测评价指标比较所建网络模型，见表 3-12。对于本例，由表 3-12 可见，当隐藏层神经元个数为 4、训练函数采用 trainbr 时，使得预测模型的 MAPE 指标值最小，因此在测试中将采用该设置。

不同需水量预测网络模型结构下的 **MAPE 计算值（%）**　　表 3-12

| 网络训练函数 | 隐藏层神经元个数 | | | |
|---|---|---|---|---|
| | 4 | 5 | 6 | 7 |
| traindm | 3.9395 | 3.9491 | 4.5288 | 3.9918 |
| trainlm | 8.4295 | 5.8159 | 5.7492 | 5.5645 |
| trainbr | 1.5682 | 1.5853 | 1.6151 | 1.5297 |

利用测试样本测试后，以各日 4:00～5:00 为例，用水量预测值与实际值的变化曲线如图 3-24 所示。

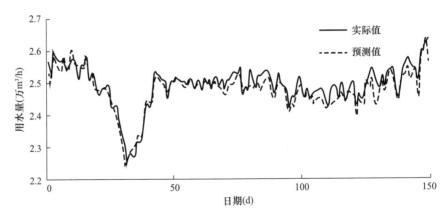

图 3-24　某市各日 4:00～5:00 用水量预测值与实际值

## 3.7 灰色预测方法

### 3.7.1 概述

在自然界和思维领域，不确定性问题普遍存在，大样本多数据的不确定性问题，可以用概率论和数理统计解决；认识不确定性问题，可以用模糊数学解决。然而，还有另外一类不确定性问题，即少数据、小样本、信息不完全和经验缺乏的不确定问题，少数据不确定性亦称灰性，即灰性问题，利用前述理论难以解决。按照系统与信息之间的关系，人们将系统分成三类，信息完全明确的叫做白色系统，信息完全不明确的叫做黑色系统，信息部分明确，部分不明确的系统叫做灰色系统。人体是灰色系统，因为尽管人体的部分外部参数，如身高、体重以及部分内部参数，如体温、血压是已知的，但有更多的参数是未知的。除人体之外，工业、农业、社会经济等领域，由于运行机制不清晰、环境变化、条件复杂、处理手段有限等，有许多的系统呈现灰性，需要创立一种新的理论对其研究解决。

灰色系统理论是用来处理灰色问题的理论。灰色系统理论认为，任何随机过程都可看作是在一定时空区域变化的灰色过程，无规则的离散时空序列是潜在的有规序列的一种表现，通过生成变换可将无规序列变成有规律序列。它蕴藏着参与系统动态过程的全部其他变量的痕迹。比如说，数据处理后呈现出指数规律，这是由于大多数系统都是广义的能量系统，而指数规律便是能量变化的一种规律。灰色系统不追求个别因素的作用效果，而力求体现各因素综合作用的效应，通过对原始数据的处理，生成灰色模块，建立微观方程的动态预测模型，进行灰色预测，它可以削弱随机因素的影响，使客观系统内在的规律体现出来。

应用灰色理论建立预测模型时，不是直接采用用水量原始时间序列，而是采用由原始时间序列数据处理后得到的生成序列建模。求解该模型得到生成序列预测值，再经过逆生成（还原）处理，获得原始序列的预测值。常用的生成方式是累加生成，逆生成方式是累减生成。

采用累加生成序列建模的优点是强化突出其趋势性因素，淡化削弱其随机因素，因而较适合于中长期预测。

（1）累加生成

累加生成是指通过数列间各时刻数据的依次累加以得到新的数据序列。如果一组原始数据，第 1 个维持不变，第 2 个数据是原始第一个加第二个数据，第 3 个数据是原始第 1 个、第 2 个与第 3 个数据相加，……，这样形成的累加后的数列称为生成数列。累加生成简记为 AGO（Accumulate Generating Operation），累加前的数列称为原始数列，记为 $x^{(0)}$：

$$x^{(0)} = \{x^{(0)}(1), x^{(0)}(2), \cdots, x^{(0)}(n)\} \tag{3-47}$$

作一次累加（1-AGO）所得数列记为 $x^{(1)}$：

$$x^{(1)}(k) = \sum_{m=1}^{k} x^{(0)}(m) \tag{3-48}$$

（2）累减生成

累减生成是指前后两个数据之差。累减是累加生成的逆运算，记为 IAGO（Inverse Accumulate Generating Operation）。

显然，对一次累加数列 $x^{(1)}$ 进行一次累减（1-IAGO）即得原始数列：

$$x^{(0)}(k) = x^{(1)}(k) - x^{(1)}(k-1) \tag{3-49}$$

如果必要的话，可以对一次累加数列重复进行累加生成多次累加数列，累加次数越多则趋势性因素越强。

根据表3-13画出某市年用水量变化曲线（见图3-25），将其进行一次累加生成的数列曲线（见图3-26）。可以看出后者具有明显地线性增长趋势，同时前者的随机因素被削弱淡化。从物理意义上看，年用水量的一次累加数列就是逐年累计用水量数列。

某市逐年用水量及一次累加结果（单位：亿 m³/a）　　　　　　　　　　表 3-13

| 序号（年） | 1 | 2 | 3 | 4 | 5 |
|---|---|---|---|---|---|
| 年用水量 $x^{(0)}$ | 4.53 | 4.30 | 4.07 | 4.25 | 4.38 |
| 一次累加 $x^{(1)}$ | 4.53 | 8.83 | 12.90 | 17.15 | 21.53 |

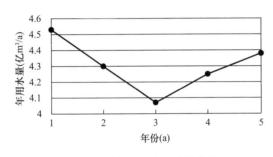

图 3-25　某市年用水量变化曲线　　　　图 3-26　某市年用水量一次累加数列曲线

一般意义的灰色模型是由 $m$ 个变量的 $n$ 阶微分方程描述的模型，称为 GM($n$, $m$) 模型。其中应用最广泛的模型是 GM(1, 1)，它是一个单变量预测的一阶微分方程模型，其离散时间响应函数近似呈指数规律。该模型是通过对原始数据的处理来寻找规律，建立预测模型，对数据值拟合，从而确定系统的预测值。

### 3.7.2　GM（1，1）模型

GM（1，1）模型建立过程及求解方法如下。

首先对原始数列 $x^{(0)}$ 进行一次累加（1-AGO），生成一次累加数列 $x^{(1)}$。然后对一次累加数列 $x^{(1)}$ 建立以下形式的一阶微分方程：

$$\frac{\mathrm{d}x^{(1)}}{\mathrm{d}t} + ax^{(1)} = u \tag{3-50}$$

式中　　$a$——系统的发展灰数；

　　　　$u$——系统的内生控制灰数。

$\frac{\mathrm{d}x^{(1)}}{\mathrm{d}t}$ 表示为差分形式，于是有：

$$\frac{\mathrm{d}x^{(1)}}{\mathrm{d}t} \approx \frac{\Delta x^{(1)}}{\Delta t} = \frac{x^{(1)}(k+1) - x^{(1)}(k)}{(k+1) - k} = x^{(1)}(k+1) - x^{(1)}(k) = x^{(0)}(k+1) \tag{3-51}$$

假设 $x^{(1)} = \frac{1}{2}[x^{(1)}(k+1) + x^{(1)}(k)]$，则式（3-51）可写为：

$$x^{(0)}(k+1) + \frac{1}{2}a[x^{(1)}(k+1) + x^{(1)}(k)] = u \tag{3-52}$$

写成矩阵形式为：

$$\begin{bmatrix} x^{(0)}(2) \\ x^{(0)}(3) \\ \vdots \\ x^{(0)}(n) \end{bmatrix} = \begin{bmatrix} -\dfrac{1}{2}\big[x^{(1)}(1)+x^{(1)}(2)\big] & 1 \\ -\dfrac{1}{2}\big[x^{(1)}(2)+x^{(1)}(3)\big] & 1 \\ \vdots & \vdots \\ -\dfrac{1}{2}\big[x^{(1)}(n-1)+x^{(1)}(n)\big] & 1 \end{bmatrix} \begin{bmatrix} a \\ u \end{bmatrix} \qquad (3\text{-}53)$$

令：$y_n = [x^{(0)}(2),\ x^{(0)}(3),\ \cdots,\ x^{(0)}(n)]^T$，$\dot{a} = \begin{bmatrix} a \\ u \end{bmatrix}$，$\boldsymbol{B} = \begin{bmatrix} -\dfrac{1}{2}\big[x^{(1)}(1)+x^{(1)}(2)\big] & 1 \\ -\dfrac{1}{2}\big[x^{(1)}(2)+x^{(1)}(3)\big] & 1 \\ \vdots & \vdots \\ -\dfrac{1}{2}\big[x^{(1)}(n-1)+x^{(1)}(n)\big] & 1 \end{bmatrix}$

则式（3-53）可表示为

$$y_N = B\dot{a}$$

考虑差分中的误差项后，

$$y_N = B\dot{a} + E$$

式中　　$E$——误差项。

为使：$\min \| y_N - B\dot{a} \|^2 = \min (y_N - B\dot{a})^T (y_N - B\dot{a})$

式（3-53）的最小二乘解为

$$\dot{a} = (B^T B)^{-1} B^T y_N = \begin{bmatrix} a \\ u \end{bmatrix}$$

考虑式（3-50）的解方程

$$\hat{x}^{(1)}(t) = \Big[x^{(1)}(0) - \frac{u}{a}\Big]e^{-at} + \frac{u}{a} \qquad (3\text{-}54)$$

或

$$\hat{x}^{(1)}(t+1) = \Big[x^{(1)}(1) - \frac{u}{a}\Big]e^{-at} + \frac{u}{a} \qquad (3\text{-}55)$$

式（3-55）为 GM（1，1）模型的时间响应函数。

式（3-55）经一次累减生成，可得 GM（1，1）的预测模型：

$$\hat{x}^{(0)}(k+1) = \hat{x}^{(1)}(k+1) - \hat{x}^{(1)}(k)$$

且在式（3-55）中有 $x^{(1)}(1) = x^{(0)}(1)$。

**【例 3-6】**　利用表 3-13 中的某市逐年用水量资料建立 GM（1，1）模型，并进行预测数据分析。

**【解】**　第一步，建立数据矩阵 $\boldsymbol{B}$，$y_N$：

$$\boldsymbol{B} = \begin{bmatrix} -\dfrac{1}{2}\big[x^{(1)}(1)+x^{(1)}(2)\big] & 1 \\ -\dfrac{1}{2}\big[x^{(1)}(2)+x^{(1)}(3)\big] & 1 \\ -\dfrac{1}{2}\big[x^{(1)}(3)+x^{(1)}(4)\big] & 1 \\ -\dfrac{1}{2}\big[x^{(1)}(4)+x^{(1)}(5)\big] & 1 \end{bmatrix}$$

上述 **B** 中有关数据为：

$$-\frac{1}{2}\left[x^{(1)}(1)+x^{(1)}(2)\right]=-\frac{1}{2}(4.53+8.83)=-6.68$$

$$-\frac{1}{2}\left[x^{(1)}(2)+x^{(1)}(3)\right]=-\frac{1}{2}(8.83+12.90)=-10.865$$

$$-\frac{1}{2}\left[x^{(1)}(3)+x^{(1)}(4)\right]=-\frac{1}{2}(12.90+17.15)=-15.325$$

$$-\frac{1}{2}\left[x^{(1)}(4)+x^{(1)}(5)\right]=-\frac{1}{2}(17.15+21.53)=-19.34$$

得：

$$\boldsymbol{B}=\begin{bmatrix}-6.68 & 1\\ -10.865 & 1\\ -15.325 & 1\\ -19.34 & 1\end{bmatrix}$$

$$y_n=\left[x^{(0)}(2),x^{(0)}(3),x^{(0)}(4),x^{(0)}(5)\right]^T=[4.30,4.07,4.25,4.38]^T$$

第二步，计算 $(\boldsymbol{B}^T\boldsymbol{B})^{-1}$：

$$(\boldsymbol{B}^T\boldsymbol{B})^{-1}=\left\{\begin{bmatrix}-6.68 & -10.865 & -15.325 & -19.34\\ 1 & 1 & 1 & 1\end{bmatrix}\begin{bmatrix}-6.68 & 1\\ -10.865 & 1\\ -15.325 & 1\\ -19.34 & 1\end{bmatrix}\right\}^{-1}$$

$$=\begin{bmatrix}771.5619 & -52.21\\ -52.21 & 4\end{bmatrix}^{-1}=\begin{bmatrix}0.0110999 & 0.1448815\\ 0.1448815 & 2.1410656\end{bmatrix}$$

第三步，计算 $\hat{a}$：

$$\hat{a}=(\boldsymbol{B}^T\boldsymbol{B})^{-1}\boldsymbol{B}^Ty_N$$

$$=\begin{bmatrix}0.0111 & 0.1449\\ 0.1449 & 2.1411\end{bmatrix}\begin{bmatrix}-6.68 & -10.865 & -15.325 & -19.34\\ 1 & 1 & 1 & 1\end{bmatrix}\begin{bmatrix}4.30\\ 4.07\\ 4.25\\ 4.38\end{bmatrix}$$

$$=\begin{bmatrix}-0.00960457\\ 4.11714864\end{bmatrix}=\begin{bmatrix}a\\ u\end{bmatrix}$$

即 $a=-0.00960457$，$u=4.11714864$

第四步，建立模型

微分方程 $\dfrac{\mathrm{d}x^{(1)}}{\mathrm{d}t}+ax^{(1)}=u$ 代入 $a$ 和 $u$ 值后，得

$$\frac{\mathrm{d}x^{(1)}}{\mathrm{d}t}-0.0096x^{(1)}=4.1171$$

时间响应函数（取 $x^{(1)}(1)=x^{(0)}(1)=4.53$）

$$\hat{x}^{(1)}(t+1)=\left[x^{(1)}(1)-\frac{u}{a}\right]e^{-at}+\frac{u}{a}$$

$$=\left(4.52-\frac{4.1171}{-0.0096}\right)e^{0.0096t}+\frac{4.1171}{-0.0096}=433.394583e^{0.0096t}-428.864583$$

第五步，生成数列误差（残差）检验：
$$t = 1, \dot{x}^{(1)}(2) = 433.39e^{0.0096 \times 1} - 428.86 = 8.71$$
$$t = 2, \dot{x}^{(1)}(3) = 433.39e^{0.0096 \times 2} - 428.86 = 12.93$$

余类推，有表 3-14：

表 3-14

| 模型计算值 | 实际值 |
|---|---|
| $\dot{x}^{(1)}(2) = 8.71$ | $x^{(1)}(2) = 8.83$ |
| $\dot{x}^{(1)}(3) = 12.93$ | $x^{(1)}(2) = 12.90$ |
| $\dot{x}^{(1)}(4) = 17.19$ | $x^{(1)}(2) = 17.15$ |
| $\dot{x}^{(1)}(5) = 21.50$ | $x^{(1)}(2) = 21.53$ |

第六步，还原数据检验：

根据 $x^{(0)}(k) = x^{(1)}(k) - x^{(1)}(k-1)$，可得下述数据（表 3-15）：

表 3-15

| 模型计算值 | 实际值 | 百分误差 |
|---|---|---|
| $x^{(0)}(2) = 4.18$ | $x^{(0)}(2) = 4.30$ | $PE_2 = 2.79\%$ |
| $x^{(0)}(3) = 4.22$ | $x^{(0)}(3) = 4.07$ | $PE_3 = -3.69\%$ |
| $x^{(0)}(4) = 4.26$ | $x^{(0)}(4) = 4.25$ | $PE_4 = -0.24\%$ |
| $x^{(0)}(5) = 4.31$ | $x^{(0)}(5) = 4.38$ | $PE_5 = 1.60\%$ |

# 第4章 有压管流

有压管道是指不存在自由表面的管道。与明渠系统相比，管道系统中的压力通常大于大气压；但是在虹吸条件下不存在自由表面，管道系统中的压力可能低于大气压。

利用管道系统输送介质的原因包括：1）从施工技术和生产工艺看，管道工程造价较低；2）与明渠输送系统相比，可减少蒸发和渗漏引起的水量损失；3）随着对流体性质理解的深入，管网系统的可靠性得到增强。因此输送能力大、距离长的管道系统建设已经很普遍。

## 4.1 水流流态

输配水系统是保证输水到给水区并且配水到所有用户的全部设施。管网系统中会遇到各种不同的水流条件，可从不同角度将其分为恒定流和非恒定流、紊流和层流、均匀流和非均匀流、可压缩流和不可压缩流、单相流和多相流。

（1）恒定流

以时间为标准，若各空间点上的运动要素（速度、压强、密度等）皆不随时间变化，这样的流动称为恒定流，否则为非恒定流。按照这个定义，所有的紊流（工程上有重要作用的水流）严格来说都是非恒定流。因此可采用一个较为宽松的定义：如果一定时间内，流体的瞬时平均流速不发生变化，可以认为是恒定流。尽管有时并未完全满足该条件，管道中的水流还是被看作恒定流；这样，水流的瞬变状态意味"反常"或是不平衡状态。除非另加说明，瞬变问题中的初始条件常常假设为恒定流。

管网系统在恒定流条件下，每一管段进流量等于出流量，作用于流体的外界力与动量的变化平衡，外界做的功可以和机械能的损失相抵消。结果，流体的能量坡度是下降的，流体将沿着能量坡度线下降的方向流动。

（2）准恒定流

孔口、管嘴或短管出流过程中，如果作用水头随时间变化（降低或升高），出流的流量也必随时间而变化，这就是孔口、管嘴或短管的非恒定流，例如水池放空、水塔注水等均属于非恒定流。这种非恒定流主要用于计算注水或放水所需要的时间。计算过程中如果容器中水位变化比较缓慢，这时可忽略惯性水头，把整个出流过程划分为许多微小时段，每一时段内认为水位不变，仍采用恒定出流的公式，可把非恒定流问题转化为恒定流处理。这样的流动称作准恒定流。

（3）可压缩流和不可压缩流

实际流体都是可压缩的，然而有许多流动，流体密度的变化很小，可以忽略，由此引出不可压缩流体的概念。不可压缩流体是指流体的每个质点在运动全过程中，密度不发生变化的流体。对于均质的不可压缩流体，密度时时处处都不会变化，即 $\rho=$ 常数。不可压缩流体是一种理想化的力学模型。一般的液体平衡和运动问题，在液体压缩系数很小时，可按不可压缩流体进行理论分析。

（4）水锤

有压管中，由于某种外界原因（如阀门突然关闭、水泵机组突然停机等），使得水流速度突然变化，从而引起压强急剧升高和降低的交替变化，水体、管壁压缩与膨胀的交替变化，并以波的形式在管道中往返传播的现象，称为水锤，或称水击（犹如用重锤捶击管路一样）。水锤引起的压强升高，可达管道正常工作压强的几十倍甚至几百倍。水锤发生的内因是水流具有的惯性和压缩性。水锤模型中，通常假设流体是可压缩的，并且管壁会随内部压力的变化发生变形。水锤波以有限的速度传播，该速度与管道内声音的传播速度有一定的关系。

## 4.2 水的物理性质

流体的物理性质是决定流动状态的内在因素，同流体运动有关的主要物理性质有惯性、黏性、压缩性等。在一个标准大气压下，水的物理特性见表 4-1。

水的物理特性（在一个标准大气压下） 表 4-1

| 温度<br>（℃） | 重力密度，$\gamma$<br>（kN/m³） | 密度，$\rho$<br>（kg/m³） | 动力黏度，<br>$\mu \times 10^3$<br>（N·s/m²） | 运动黏度，<br>$v \times 10^6$<br>（m²/s） | 表面张力，<br>$\sigma$（N/m） | 汽化压强，$p_v$<br>（kN/m²） | 体积模量，<br>$K \times 10^{-6}$<br>（kN/m²） |
|---|---|---|---|---|---|---|---|
| 0 | 9.805 | 999.8 | 1.781 | 1.785 | 0.0765 | 0.61 | 2.02 |
| 5 | 9.807 | 1000.0 | 1.518 | 1.519 | 0.0749 | 0.87 | 2.06 |
| 10 | 9.804 | 999.7 | 1.307 | 1.306 | 0.0742 | 1.23 | 2.10 |
| 15 | 9.798 | 999.1 | 1.139 | 1.139 | 0.0735 | 1.70 | 2.15 |
| 20 | 9.789 | 998.2 | 1.002 | 1.003 | 0.0728 | 2.34 | 2.18 |
| 25 | 9.777 | 997.0 | 0.890 | 0.893 | 0.0720 | 3.17 | 2.22 |
| 30 | 9.764 | 995.7 | 0.798 | 0.800 | 0.0712 | 4.24 | 2.25 |
| 40 | 9.730 | 992.2 | 0.653 | 0.658 | 0.0696 | 7.38 | 2.28 |
| 50 | 9.689 | 988.0 | 0.547 | 0.553 | 0.0679 | 12.33 | 2.29 |
| 60 | 9.642 | 983.2 | 0.466 | 0.474 | 0.0662 | 19.92 | 2.28 |
| 70 | 9.589 | 977.8 | 0.404 | 0.413 | 0.0644 | 31.16 | 2.25 |
| 80 | 9.530 | 971.8 | 0.354 | 0.364 | 0.0626 | 47.34 | 2.20 |
| 90 | 9.466 | 965.3 | 0.315 | 0.326 | 0.0608 | 70.10 | 2.14 |
| 100 | 9.399 | 958.4 | 0.282 | 0.294 | 0.0589 | 101.33 | 2.07 |

### 4.2.1 密度和重力密度

流体单位体积内具有的质量称密度，以 $\rho$ 表示，常用单位为 kg/m³。流体的密度随温度和压强的变化而变化。实验证明，流体的这些变化甚微，因此在解决工程流体力学绝大多数问题时，可认为流体的密度为一常数。在一个标准大气压下，不同温度的水的密度值见表 4-1。计算时，一般采用水的密度值为 1000kg/m³。

流体单位体积内具有的重量称重力密度，以 $\gamma$ 表示。由运动定律知，重量 $G = mg$，$g$ 为重力加速度（一般可视为常数，并采用 9.80m/s² 的数值）。因此可得

$$\gamma = \rho g \qquad (4-1)$$

水的重力密度值，见表 4-1。计算时，一般采用水的重力密度值为 $9.8 \times 10^3 \mathrm{N/m^3}$。

#### 4.2.2 黏性

流体运动时，具有抵抗剪切变形能力的性质，称为黏性。它是由于流体内部分子运动的动量输运引起。当某流层对其相邻层发生相对运动而引起体积变形时，在流体中产生的切力（也成内摩擦力）就是这一性质的表现。由于内摩擦力，流体的部分机械能转化为热能而消失。

黏性的表象可通过两块平行平板说明，见图 4-1。两平板距离为 $h$，其间充满静止流体。平板面积充分大，可忽略边缘效应。上平板在力 $F$ 作用下，以恒定速度 $U$ 相对于下平板运动。于是"黏附"与上平板表面的一层流体，遂平板以速度 $U$ 运动，并一层一层地向下影响，各层相继运动，直至黏附于下平板的流层，速度为零。在 $U$ 和 $h$ 都较小的情况，各流层的速度，沿垂直于平板呈直线分布。上平板带动黏附在板上的流层运动，而且能影响到内部各流层运动，表明内部各流层之间，存在着切向力即内摩擦力，这就是黏性的表象。

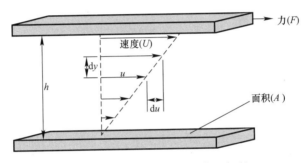

图 4-1　牛顿内摩擦定律的物理解释

1687 年牛顿在所著《自然哲学的数学原理》中提出，并经后人验证：流体的内摩擦力（切力）$T$ 与上平板受力 $F$ 方向相反，数值相等；与流速梯度 $\dfrac{U}{h} = \dfrac{\mathrm{d}u}{\mathrm{d}y}$ 成比例；与流层的接触面积 $A$ 成比例，与流体的性质有关；与接触面上的压力无关。于是有

$$T = \mu A \frac{\mathrm{d}u}{\mathrm{d}y} \qquad (4-2)$$

以应力表示

$$\tau = \mu \frac{\mathrm{d}u}{\mathrm{d}y} \qquad (4-3)$$

式（4-2）或式（4-3）称为牛顿内摩擦定律。式中 $\dfrac{\mathrm{d}u}{\mathrm{d}y}$ 为速度梯度，它表示速度沿垂直于速度方向 $y$ 轴的变化率，也称作流体微团的剪切变形（角速度）。

式中 $\mu$ 是比例系数，称为动力黏度，简称黏度，单位是 Pa・s。动力黏度是流体黏性大小的度量，$\mu$ 值越大，流体越黏，流动性越差。$\mu$ 的数值随流体的种类而不同，且随流体的压强和温度而变化。它随压强的变化不大，一般可忽略；但随温度的改变而变化较大。随着温度的升高，液体黏度值间小；对于气体来说，随着温度上升而增大。水的黏度值见表 4-1。

分析黏性流体运动规律时，黏度 $\mu$ 和密度 $\rho$ 经常以比值形式出现，将其定义为流体的运动黏度

$$v = \frac{\mu}{\rho} \quad (\text{m}^2/\text{s}) \tag{4-4}$$

牛顿内摩擦定律［式（4-3）］可以理解为切应力与剪切变形角速度成正比。显然流体静止时，没有切应力。牛顿内摩擦定律只适用于流体的层流运动，而且对某些特殊流体亦不适用。凡符合牛顿内摩擦定律的流体，称牛顿流体，如水、空气、汽油、煤油、乙醇等；凡不符合的流体，称非牛顿流体，如聚合物液体、泥浆、血浆等。牛顿流体和非牛顿流体的区别，如图 4-2 所示。

### 4.2.3 压缩性和膨胀性

当作用在流体上的压力增大时，体积减小；压力减小时，体积增大的性质称为流体的压缩性，实际上也可称为流体的弹性。当流体所受的温度升高时，体积膨胀；温度降低时，体积收缩的性质称为流体的膨胀性。

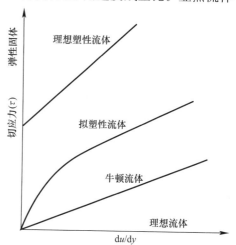

图 4-2　牛顿流体和塑性流体的切应力
与速度梯度的关系

流体的压缩性，一般以压缩系数 $\beta$ 和体积模量 $K$ 度量。设流体体积为 $V$，压强增加 $dp$ 后，体积减小 $dV$，则压缩系数 $\beta$ 为

$$\beta = -\frac{\dfrac{dV}{V}}{dp} \tag{4-5}$$

式中负号表示压强增大，体积减小，使 $\beta$ 为正值。$\beta$ 的单位为 $\text{m}^2/\text{N}$。

因为质量为密度与体积的乘积，流体压强增大，密度亦增大，所以 $\beta$ 也可视为密度的相对增大值与压强增大值之比，即

$$\beta = \frac{\dfrac{d\rho}{\rho}}{dp} \tag{4-6}$$

压缩系数的倒数称流体的体积模量 $K$，即

$$K = \frac{1}{\beta} = -V\frac{dp}{dV} = \rho\frac{dp}{d\rho} \tag{4-7}$$

$K$ 的单位为 $\text{N}/\text{m}^2$。

不同的流体具有不同的 $\beta$ 和 $K$ 值，同一种流体中它们亦随温度和压强而变化。在一个标准大气压下，水的体积模量 $K$ 值见表 4-1。在一定温度下水的体积模量与压强的关系见表 4-2。由表 4-1 和表 4-2 可见，水的 $K$ 值很大，即它的压缩性很小。通常在工程计算中近似地取水的 $K = 2.0 \times 10^9 \text{Pa}$。对于某些特殊流动，如有压管道中的水击，水中爆炸波的传播等，压缩性起着关键作用；在液压封闭系统或热水供暖系统中，工作温度变化较大时，需考虑体积膨胀对系统的影响。

| 温度（℃） | 压强（$10^6$Pa） | | | | |
|---|---|---|---|---|---|
| | 0.490 | 0.981 | 1.961 | 3.923 | 7.845 |
| 0 | 1.85 | 1.86 | 1.88 | 1.91 | 1.94 |
| 5 | 1.89 | 1.91 | 1.93 | 1.97 | 2.03 |
| 10 | 1.91 | 1.93 | 1.97 | 2.01 | 2.08 |
| 15 | 1.93 | 1.96 | 1.99 | 2.05 | 2.13 |
| 20 | 1.94 | 1.98 | 2.02 | 2.08 | 2.17 |

水的体积模量（$10^9$Pa）与压强的关系　　表 4-2

【例 4-1】 假设在环境温度下，水的容积为 1L（即 $1000cm^3$），承受压力近似为 $2 \times 10^6$Pa。这种情况下，容积近似减小了 $0.9cm^3$。计算水的体积模量。

【解】 $K = -V \dfrac{\mathrm{d}p}{\mathrm{d}V} = -1000 \times \dfrac{2 \times 10^6}{0.9} = 2.22 \times 10^9$Pa

### 4.2.4 汽化压强

液体分子逸出液面，向空间扩散的过程称汽化，液体汽化为蒸气。汽化的逆过程称凝结，蒸气凝结为液体。液体中汽化与凝结同时存在，当这两个过程达到动态平衡时，宏观的汽化现象停止，此时液面压强称饱和蒸汽压强或汽化压强。汽化压强的产生是由于蒸气分子运动的结果。液体的汽化压强与温度有关，水的汽化压强值见表 4-1。例如在一个标准大气压（1atm）下，从室温加热到 100℃时，水开始沸腾，由于该温度下水的汽化压强等于 1atm。类似地，水在温度 20℃时，将环境压力降低到 0.023atm，水也会沸腾。

当液体某处的压强低于汽化压强时，在该处发生汽化，形成空化现象，对液体运动和液体与固体的接触壁面均产生不良影响，在工程中应避免。另一个例子是高程较大的高原或山地，由于当地较低的大气压力，会使水在较低温度下沸腾（汽化）。

## 4.3 流体水力特性

给水管网分析中的水力特征包括压强、速度、流量、雷诺数等。

### 4.3.1 静压强

工程技术中，常用三种计量单位表示压强的数值。第一种单位是从压强的基本定义出发，用单位面积上的力表示，单位为 $N/m^2$（Pa）。第二种单位使用大气压的倍数表示。国际上规定一个标准大气压（温度为 0℃，维度为 45°时海平面上的压强，用 atm 表示）相当于 760mm 水银柱对柱底部产生的压强，即 1atm = $1.013 \times 10^5$Pa。工程技术中，常用工程大气压表示压强，一个工程大气压（相当于海拔 200m 处的正常大气压）相当于 736mm 水银柱对柱底部产生的压强，即 1at = $9.8 \times 10^4$Pa。第三种单位用液柱高度表示。常用水柱高度或水银柱高度表示，单位为 $mmH_2O$ 或 mmHg。

静止状态是指流体质点之间不存在相对运动，因而流体的黏性不显示出来。静止流体中不会有切应力，亦不会产生拉应力，而只有压应力。流体质点间或质点与边界之间的相互作用，只能以压应力的形式体现。因为这个压应力发生在静止流体中，所以称流体静压强，以区别于运动流体中的压应力（称动压强）。

不可压缩流体的静压强随深度的变化呈线性关系，该关系可绘制为流体静压强分布图，如图4-3所示。

流体静压强计算式为

$$p = \gamma h \qquad (4\text{-}8)$$

式中　　$p$——压强，Pa；

　　　　$h$——从自由表面开始竖直向下计量的流体深度，m；

　　　　$\gamma$——流体重力密度，$N/m^2$。

式（4-8）可改写为：

$$h = \frac{p}{\gamma} \qquad (4\text{-}9)$$

$p/\gamma$ 称作压强水头，物理意义是单位重量流体具有的压强势能，简称压能。

【例4-2】　压强计算。泵站的集水池示意如图4-4所示，其中水面高出池底1.5m，则池底的压强为

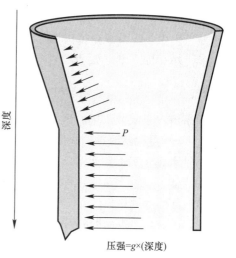

压强=g×(深度)

图4-3　直立水柱内静压强

$$p = \gamma h = 9.8 \times 10^3 \, N/m^3 \times 1.5m = 1.47 \times 10^4 \, N/m^2 = 1.47 \times 10^4 \, Pa$$

### 4.3.2　绝对压强和相对压强

压强的大小可从不同的基准算起，由于起算基准不同，压强可分为绝对压强和相对压强（见图4-5）。

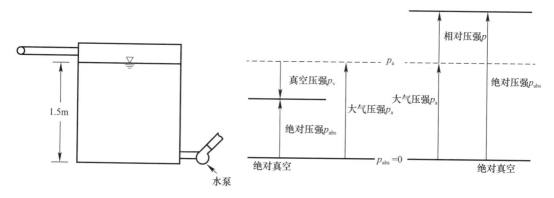

图4-4　【例4-2】集水池示意图　　　图4-5　绝对压强、相对压强和真空压强的关系

绝对压强是以无气体分子存在的完全真空为基准起算的压强，以符号 $p_{abs}$ 表示。相对压强是以当地大气压为基准起算的压强，以符号 $p$ 表示。绝对压强和相对压强之间相差一个当地大气压 $p_a$。

$$p = p_{abs} - p_a \qquad (4\text{-}10)$$

工业用的各种压力表，因测量元件处于大气压作用之下，测得的压强是该点的绝对压强超过当地大气压的值，即相对压强。故相对压强又称为表压强或计示压强。

绝对压强总是正值，与大气压比较，可以大于大气压，也可以小于大气压。而相对压强可正可负，通常把相对压强的正值称为正压（即压力表读数），负值称为负压。当流体

中某点的绝对压强值小于大气压时，流体中就出现真空。真空压强 $p_v$ 为

$$p_v = p_a - p'$$  (4-11)

由式（4-11）知，真空压强是指流体中某点的绝对压强小于大气压的部分，而不是该点的绝对压强本身，也就是说该点相对压强的绝对值就是真空压强。若用液柱高度表示真空压强的大小，即真空度 $h_v$ 为

$$h_v = \frac{p_v}{\gamma}$$  (4-12)

式中 $\gamma$ 可以是水或水银的重力密度。

### 4.3.3 流量和断面平均速度

给水排水工程专业术语中，流量是指单位时间内流经封闭管道或开口堰槽某一有效截面的流体量；总水量（也称累积流量）是指一段时间间隔内流经封闭管道或开口堰槽某一有效截面的水量总和。流量可以用体积流量、重量流量和质量流量表示，单位分别为 $m^3/s$，$kN/s$ 和 $kg/s$。涉及不可压缩流体时，通常使用体积流量；涉及可压缩流体时，使用重量流量或质量流量较方便。

流量是理解配水系统运行的重要因素。一些管道中的低流量，可能说明阀门受到限制或者部分关闭。管道内的高流量具有高的流速，将引起大的水头损失，甚至破坏管道。

典型流动中，速度沿着断面积变化，即存在速度分布。实际应用中常采用断面平均速度概念，它是一种设想的速度，即假设同一过流断面上各点的速度都相等，大小均为断面平均速度 $V$。假设通过过流断面积 $A$ 的流量为 $q$，则断面平均速度

$$V = \frac{q}{A}$$  (4-13)

考虑满流圆管的断面积为 $\pi D^2/4$（式中 $D$ 为管道直径），于是其断面平均速度可写为

$$V = \frac{4q}{\pi D^2}$$  (4-14)

**【例 4-3】** 由不同直径管道相连的管段，上游管道直径 250mm，下游管道直径 200mm，当流量为 50L/s 时，计算上游管道和下游管道中的流速。

**【解】** 由式（4-14），上游管道直径为 250mm，流速计算为

$$V = \frac{4q}{\pi D^2} = \frac{4 \times 0.05}{3.14 \times 0.25^2} = 1.02 \text{m/s}$$

下游管道直径为 200mm，流速计算为

$$V = \frac{4q}{\pi D^2} = \frac{4 \times 0.05}{3.14 \times 0.2^2} = 1.59 \text{m/s}$$

### 4.3.4 雷诺数与紊流

雷诺数定义为流体惯性力与黏性力的无量纲比值。它可将流态划分为层流、临界流和紊流。对于满流圆管，雷诺数为

$$Re = \frac{VD\rho}{\pi} = \frac{VD}{\nu} = \frac{4q}{\pi D \nu}$$  (4-15)

式中　　$Re$——雷诺数；

$D$——管道直径，m；

$\rho$——流体密度，$kg/m^3$；

$\mu$——动力黏度，Pa·s；

$\nu$——运动黏度，m²/s；

$V$——流体速度，m/s；

$q$——流量，m³/s。

雷诺数对三种流态的划分，见表 4-3。

各种流态的雷诺数范围 表 4-3

| 流态 | 雷诺数 |
|---|---|
| 层流 | <2000 |
| 临界流 | 2000~4000 |
| 紊流 | >4000 |

若令 $Re = 4000$，$D = 0.1\text{m}$，当水温为 5℃时，$\nu = 1.519 \times 10^{-6}\text{m}^2/\text{s}$，则

$$V = \frac{Re \cdot \nu}{D} = \frac{4000 \times 1.519 \times 10^{-6}}{0.1} = 0.06076\text{m/s}$$

由式（4-15）可以看出，雷诺数 $Re$ 随流速 $V$ 或管道直径 $D$ 的增大而增大，随运动黏度 $v$ 的增大而减小。在市政供水条件下，管径一般在 0.1m 以上，水温在 5~25℃之间，水的运动黏度在 $0.893 \times 10^{-6}$（对应 25℃）~$1.519 \times 10^{-6}$（对应 5℃）之间，且流速在 0.1m/s 以上，于是可知 $Re$ 通常远大于 4000，即给水管道中的流动几乎总是处于紊流流态。

紊流是在流速较高条件下，流体质点在流动过程中彼此互相混掺的运动。该流态有助于流体质量、动量和能量的有效传递，同时也会带来较大的水头损失、较大的噪声和振动等问题。

## 4.4 质量守恒和动量守恒

无论是水池水质还是管道中的水力瞬变状态，在自然状况下总是遵循一定的物理规律。确切地说，流体特性的定量描述需要以下三方面关系：①从控制体质量守恒定律得出动力学关系；②从牛顿第二定律和能量方程得出运动方程；③根据可压缩性的状态方程得出瞬变流的波速关系。本章主要讨论不可压缩的有压管流。

### 4.4.1 质量守恒

1. 物质质量守恒

"没有化学反应时，各种分子是守恒的；没有核反应时，原子是守恒的。"从本质上说：变化前分子或原子的数量与变化后分子或原子的数量是相等的。因为水力学和水文学都是关于地球上水的分布和运动过程的学科，仅仅考虑水的分子形式，经常用到质量守恒定律，即所谓的"水量平衡"。

平衡计算中需要用到收支平衡或连续性方程：每个过程末期的平衡等于初期的平衡加上存入并减去支出，可用以下方程表示：

$$（平衡）_{末} = （平衡）_{初} + \sum 存入 - \sum 支出$$

利用水量平衡方程之前，必须明确系统的定义。在水力学和水文学中，系统定义为一个控制体（CV）——空间上固定的区域，控制体被"控制界面"完全包围，物质可以自由通过该界面。

如果考虑水量平衡的变化或调整（$\Delta S$），可以表示为：

$$\Delta S = S_{末} - S_{初} = (平衡)_{末} - (平衡)_{初} = V_I - V_O \tag{4-16}$$

式中　　$V_I$——所有进入某一区域的水量；

　　　　$V_O$——所有流出同一区域的水量。

更普遍的是把式（4-16）写成速率的形式。将"平衡"方程除以 $\Delta t$，并求 $\Delta t$ 趋近于 0 时的极限，于是有

$$S' = \frac{\mathrm{d}S}{\mathrm{d}t} = I - O \tag{4-17}$$

式中　　$S'$——水量随时间的变化率；

　　　　$S$——控制体内蓄水量；

　　　　$I$——进入系统的流量（进流量）；

　　　　$O$——流出系统的流量（出流量）。

方程可以在任何容积单位一致的情况下使用（如 $\mathrm{m^3/s}$，$\mathrm{L/s}$）。

2. 恒定流情况

假定水流是恒定流，式（4-17）可以简化为"进流量=出流量"或"$I=O$"。当具有多个进流量和出流量时，可写成：

$$\sum_{进流} V_i A_i = \sum_{出流} V_i A_i \tag{4-18}$$

式（4-18）表示流入控制体的流量等于流出控制体的流量。如果控制体是多条管道的交汇点，该定律即基尔霍夫（Kirchhoff）定律——所有进入节点的流量总和等于所有流出节点的流量总和。

考虑图 4-6 中所示的节点 $J$，5 条管道在该节点相互连接，同时具有一个用户出流需水量。$q_1$，$q_2$ 和 $q_5$ 流入节点 $J$，同时 $q_3$，$q_4$ 和 $Q_6$ 流离节点 $J$。

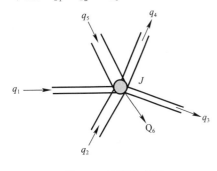

图 4-6　连续性方程

图 4-6 中，进入节点的总流量应等于离开节点的总流量，因为这既没有产生也没有存储任何流量，于是：

$$q_1 + q_2 + q_5 = q_3 + q_4 + Q_6$$

### 4.4.2　动量守恒

牛顿第二定律把流体或固体的运动变化与导致这种变化的力联系在一起，即作用于系统上的外力合力（包括质量力）等于系统动量的变化速率。数学表达式如下：

$$\sum F_{ext} = \frac{\mathrm{d}(mv)}{\mathrm{d}t} \tag{4-19}$$

式中　　$F_{ext}$——作用在质量 $m$、速度 $v$ 物体上的外力；

　　　　$t$——时间。

如果物体的质量为常量，则式（4-19）变成：

$$\sum F_{ext} = m\frac{\mathrm{d}v}{\mathrm{d}t} = ma \tag{4-20}$$

式中　　$a$——系统的加速度（速度与时间的比值）。

封闭管道中主要有水动压力、流体的重力和摩擦力。这些力作用于管道，产生了净加

速度。如果用数学模拟这些力和流体运动，就可用"动态方程"描述管道的瞬时状态。

对于一个控制体，如果给定位置的流体性质不随时间变化，动量方程的稳态形式可写成：

$$\sum F_{ext} = \int_{cs} \rho v(v \cdot n) dA \tag{4-21}$$

式（4-21）中左侧项是指作用于控制体外力的合力，右侧项为作用于控制体表面的净动量通量。积分项表示包含控制体的所有表面，被积表达式是离开控制体的动量增量之和。

控制体表面通常与流向垂直，如果假设流体是不可压缩流体，动量方程可进一步简化为：

$$\sum F_{ext} = (\rho A v v)_{out} - (\rho A v v)_{in} = \rho q \beta (v_{out} - v_{in}) \tag{4-22}$$

式中　　$q$——体积流量；

$v$——流体平均流速；

下标 out，in——分别表示进入或流出控制体的量；

$\beta$——动量修正系数。

【例 4-4】　一水平放置的渐缩弯管如图 4-7 所示，已知管内液流密度为 $\rho$，流量为 $q_v$，弯管进出口内径分别为 $d_1$、$d_2$，$d_1$ 处压强为 $p_1$，弯管弯转角度为 $\theta$。不计流动损失，求弯管所受液流作用力。

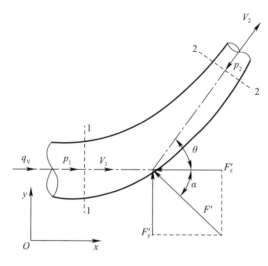

图 4-7　【例 4-4】计算用图

【解】　取断面 1-1、2-2 列伯努利方程（详见 4.5 节），并注意到，弯管水平放置，有 $z_1 = z_2$，不计流动损失，取 $\alpha_1 = \alpha = 1$，可得

$$\frac{p_1}{\rho g} + \frac{V_1^2}{2g} = \frac{p_2}{\rho g} + \frac{V_2^2}{2g} \tag{①}$$

断面 1-1、2-2 上的平均速度分别为

$$V_1 = \frac{q_v}{\frac{\pi}{4} d_1^2}; \quad V_2 = \frac{q_v}{\frac{\pi}{4} d_2^2} \tag{②}$$

将式②代入式①中，可解得 $p_2$ 为

$$p_2 = p_1 + \frac{8\rho q_v^2}{\pi^2} \left( \frac{1}{d_1^4} - \frac{1}{d_2^4} \right) \tag{③}$$

选取 1122 为控制体，设弯管壁对控制体液流的作用力为 $F'$。取 $\alpha_{01}=\alpha_{02}\approx1$，列 $x$ 方向的动量方程，可得

$$p_1\frac{\pi}{4}d_1^2-p_2\frac{\pi}{4}d_2^2\cos\theta-F'_x=\rho q_v(V_2\cos\theta-V_1)$$

$$F'_x=p_1\frac{\pi}{4}d_1^2-p_2\frac{\pi}{4}d_2^2\cos\theta-\rho q_v(V_2\cos\theta-V_1)$$

将式①、式②、式③代入上式，整理可得

$$F'_x=p_1\frac{\pi}{4}(d_1^2-d_2^2\cos\theta)-\frac{2\rho q_v^2}{\pi}\cos\theta\left(\frac{d_2^2}{d_1^4}-\frac{1}{d_2^2}\right)+\frac{4\rho q_v^2}{\pi}\frac{1}{d_1^2} \tag{④}$$

同理，由 $y$ 方向动量方程可得

$$F'_y-p_2\frac{\pi}{4}d_2^2\sin\theta=\rho q_v V_2\sin\theta$$

$$F'_y=\left(\rho q_v V_2+p_2\frac{\pi}{4}d_2^2\right)\sin\theta \tag{⑤}$$

$$=\left[\frac{\rho q_v^2}{\frac{\pi}{4}d_2^2}+\frac{\pi}{4}d_2^2 p_1+\frac{2\rho q_v^2}{\pi}\left(\frac{d_2^2}{d_1^4}-\frac{1}{d_2^2}\right)\right]\sin\theta$$

管壁对液流的总作用力 $F'$ 为

$$F'=\sqrt{(F'_x)^2+(F'_y)^2}$$

作用方向为

$$\tan\alpha=\frac{F'_y}{F'_x}$$

弯管受液流作用力 $F$ 与 $F'$ 大小相等，方向相反。

由式④、式⑤可以讨论任一弯角 $\theta$ 下的 $F'_x$ 和 $F'_y$，如当 $\theta=0$ 时，有

$$F'_x=p_1\frac{\pi}{4}(d_1^2-d_2^2)-\frac{2\rho q_v^2}{\pi}\left(\frac{d_2^2}{d_1^4}-\frac{1}{d_2^2}\right)+\frac{4\rho q_v^2}{\pi}\frac{1}{d_1^2}$$

$$F'_y=0$$

当 $\theta=\pi/2$ 时

$$F'_x=p_1\frac{\pi}{4}d_1^2+\frac{4\rho q_v^2}{\pi}\frac{1}{d_1^2}$$

$$F'_y=\frac{\rho q_v^2}{\frac{\pi}{4}d_2^2}+\frac{\pi}{4}d_2^2 p_1+\frac{2\rho q_v^2}{\pi}\left(\frac{d_2^2}{d_1^4}-\frac{1}{d_2^2}\right)$$

当 $\theta=\pi$ 时

$$F'_x=p_1\frac{\pi}{4}(d_1^2+d_2^2)+\frac{2\rho q_v^2}{\pi}\left(\frac{d_2^2}{d_1^4}-\frac{1}{d_2^2}\right)+\frac{4\rho q_v^2}{\pi}\frac{1}{d_1^2}$$

$$F'_y=0$$

## 4.5　恒定流能量方程—伯努利方程

水具有黏性，当在管道或明渠中流动时，流体内部流层间存在相对运动和流动阻力。流

动阻力通过做功，使流体的一部分机械能不可逆转地转化为热能而散发，引起能量损失。

流体内机械能的转换可以用伯努利（Bernoulli）方程表示。如果忽略由摩擦引起的能量损失，伯努利方程可写成式（4-23）：

$$\frac{p_1}{\gamma} + \frac{V_1^2}{2g} + z_1 = \frac{p_2}{\gamma} + \frac{V_2^2}{2g} + z_2 \qquad (4\text{-}23)$$

式中   $p_1$，$p_2$——分别为两断面的压强；

        $\gamma$——流体的相对密度；

    $V_1$，$V_2$——分别为两断面的平均流速；

    $z_1$，$z_2$——分别为以任意参考面为基准的两断面高程。

由于它们都与垂直距离有关，式（4-23）中各项可以直接用图形表示。水头表达式及其物理意义见表4-4。

水头表达式及其物理意义        表 4-4

| 水头 | 表达式 | 相关物理量 |
|---|---|---|
| 压强水头 | $p/\gamma$ | 压强势能 |
| 位置水头 | $z$ | 重力势能 |
| 流速水头 | $V^2/2g$ | 动能 |
| 测压管水头 | $p/\gamma + z$ | 压强势能+重力势能 |
| 总水头 | $p/\gamma + z + V^2/2g$ | 压强势能+重力势能+动能 |

严格意义上，为了考虑管渠断面上的速度变化，流速水头应乘以一个系数，该系数称作动能修正系数。动能修正系数的平均值，对于紊流为1.06，层流为2.0。

沿管线上各点测压管水头的连线称为水力坡度线；沿线各点的总水头连线称为能量坡度线。考虑给水管道中的流速很少超过 $1\sim2$m/s，因此速度水头通常都很小（$0.05\sim0.20$m）；与压力水头（$10\sim50$m）相比，数值较小，因此市政管网中管道可按水力长管计算，忽略流速水头，即认为水力坡度线和能量坡度线重合。

如果发生水头损失，伯努利方程变为式（4-24）：

$$\frac{p_1}{\gamma} + \frac{V_1^2}{2g} + z_1 = \frac{p_2}{\gamma} + \frac{V_2^2}{2g} + z_2 + h_w \qquad (4\text{-}24)$$

式中   $h_w$——水流从点1流向点2间的水头损失。

为了便于分析管道内两过流断面间的能量损失，一般将流动阻力和由于克服阻力而消耗的能量损失，按决定其分布性质的边界几何条件分为两类（图4-8）。一是沿程阻力和沿程损失。均匀分布在某一流段全部流程上的流动阻力称沿程阻力；克服沿程阻力而消耗的能量损失称沿程损失。单位重量流体沿程损失的平均值以 $h_f$ 表示。一般在均匀流、渐变流区域，沿程阻力和损失占主要部分。二是局部阻力和局部损失。集中（分布）在某一局部流段，由于边界几何条件的急剧改变而引起对流体运动的阻力称局部阻力；克服局部阻力而消耗的能量损失称局部损失。单位重量流体局部损失的平均值以 $h_l$ 表示。一般在急变流区域，局部阻力和损失占主要部分。上述两种阻力和损失不是截然分开和孤立存在的，这样的分类只是为了便于分析，而不应把这种分类绝对化。任何两过流断面间的能量损失 $h_w$，在假设各损失单独发生，且又互不干扰、影响的情况下，可视为各能量损失的简单总和，即能量损失的叠加原理为：

$$h_w = \sum h_f + \sum h_1$$

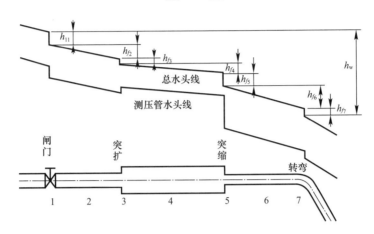

图 4-8　管路水头损失示意图

在按比例绘制总水头线和测压管水头线时，沿程损失则认为是均匀分布的，常画在两边界突变断面间；局部损失实际上是在一定长度内发生的，但常集中画在突变断面上。一般先绘总水头线，因为在没有能量输入的情况下，它一定是沿流程下降的。然后绘测压管水头线。已知的过流断面上的总水头端点和测压管水头端点可作为水头线的控制点（如始点和终点）。

【例 4-5】　从断面 A 到断面 B，管道直径从 200mm 变为 100mm。断面 A 的压力为 8.15m，断面 B 具有 2.5m 的负压。断面 A 的速度为 1.8m/s。如果断面 B 比断面 A 高 7m，试求：（1）流量；（2）断面 B 处的流速；（3）流向；（4）系统的水头损失。

【解】　（1）管道流量计算为

$$q = V_A A_A = \frac{\pi}{4}(0.2)^2 \times 1.8 = 0.057 \text{m}^3/\text{s}$$

（2）因为管道中流量恒定，断面 B 处的流速为

$$V_B = \frac{q}{A_B} = \frac{0.057}{(\pi/4)(0.1)^2} = 7.26 \text{m/s}$$

（3）为了确定流向，首先应计算断面 A 和 B 处的总水头。为此，假设基准线对应于断面 A。

断面 A 的总水头：

$$H_A = Z_A + \frac{P_A}{\gamma} + \frac{V_A^2}{2g} = 0 + 8.15 + \frac{1.8^2}{2 \times 9.81} = 8.32 \text{m}$$

断面 B 的总水头：

$$H_B = Z_B + \frac{P_B}{\gamma} + \frac{V_B^2}{2g} = 7 + (-2.5) + \frac{7.26^2}{2 \times 9.81} = 7.19 \text{m}$$

因为断面 A 的总水头高于断面 B，水流方向从断面 A 到断面 B。

（4）系统水头损失等于断面 A 和 B 处总水头之差，等于

$$h_w = 8.32 - 7.19 = 1.13 \text{m}$$

## 4.6 沿程水头损失

水力系统设计计算中用到的基本关系式是流量 $q$（$m^3/s$）与水头损失 $h_f$（m）之间的关系，$h_f$ 为流体和管壁之间产生的摩擦损失。

### 4.6.1 达西—维斯巴赫公式

达西—维斯巴赫（Darcy-Weisbach）公式利用管道流量计算水头损失，它是综合考虑了无量纲的管壁表面粗糙系数和水流流态。公式如下：

$$h_f = \lambda \frac{l}{D} \frac{v^2}{2g} = \lambda \frac{l}{D} \frac{8q^2}{\pi^2 gD^4} = 0.0826 \lambda \frac{lq^2}{D^5} \qquad (4\text{-}25)$$

式中　$h_f$——由摩擦引起的沿程水头损失，m；

$\lambda$——无量纲摩擦系数；

$l$——管道长度，m；

$D$——管道内径，m；

$g$——重力加速度，$9.81m/s^2$；

$v$——水流平均流速，$v=Q/A$（m/s）；

$q$——管道流量，$m^3/s$；

$A$——管道过水断面积，$m^2$。

对于非圆形压力管道，$D$ 用 $4R$ 代替，其中 $R$ 为水力半径。水力半径定义为过流断面面积 $A$ 与湿周 $P$ 的比值，即 $R=A/P$。

水头损失与管道长度和摩擦系数成正比。管道越粗糙，水流流经的距离越长，能量损失越大。当流量确定时，公式中水头损失与管径的 5 次方成反比。当管道直径增加时，管壁引起的切应力影响会减小，这意味着在不考虑开挖费用和施工费用时，增加管径是有利的。而不合适的小管径管段会极大地影响过水能力。

对层流而言，摩擦系数 $\lambda$ 与 $Re$ 呈线性关系。

$$\lambda = 64/Re \qquad (4\text{-}26)$$

对紊流而言，摩擦系数是 $Re$ 和管道相对粗糙度的函数。以尼古拉兹（Nikuradse）1933 年的实验为基础，相对粗糙度是均匀砂粒尺寸和管道直径的比值（$k_s/D$）（图 4-9）。尼古拉兹的实验是将经过筛选的均匀砂粒，紧密地贴在管壁表面，做成人工粗糙，然后分别测试水流阻力。尽

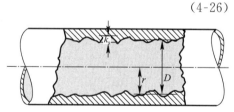

图 4-9　管道内壁示意图

管工业管道的粗糙度大小不同，但是它们产生的阻力与人工粗糙的阻力相同。因此如果已知流体的流速和 $Re$，相对粗糙度也就知道了。摩擦系数 $\lambda$ 可以通过穆迪（Moody）图，或柯列勃洛克—怀特（Colebrook-White）公式得到。

### 4.6.2 柯尔勃洛克—怀特公式

对于紊流过渡区，摩擦系数 $\lambda$ 是 $Re$ 值和相对粗糙度 $k_s/D$ 的函数，这时粗糙系数关系式一般采用柯尔勃洛克—怀特（Colebrook-White）公式：

$$\frac{1}{\sqrt{\lambda}} = -2\lg\left(\frac{k_s/D}{3.7} + \frac{2.51}{Re\sqrt{\lambda}}\right) = -0.8686\ln\left(\frac{k_s/D}{3.7} + \frac{2.51}{Re\sqrt{\lambda}}\right) \qquad (4\text{-}27a)$$

或

$$\frac{1}{\sqrt{\lambda}} = 1.14 - 2\lg\left(\frac{k_s}{D} + \frac{9.35}{Re\sqrt{\lambda}}\right) = 1.14 - 2\lg\left(\frac{k_s}{D} + \frac{7.34vD}{q\sqrt{\lambda}}\right) \qquad (4\text{-}27b)$$

在管道粗糙区，黏性层太薄以至于流动主要受管壁粗糙程度的影响，$\lambda$ 值只是相对粗糙度 $k_s/D$ 的函数，与 $Re$ 值无关。

$$\frac{1}{\sqrt{\lambda}} = -2\lg(k_s/3.7D) \qquad (4\text{-}28a)$$

或

$$\frac{1}{\sqrt{\lambda}} = 1.14 - 2\lg(k_s/D) \qquad (4\text{-}28b)$$

式（4-27）中 $\lambda$ 的隐含性质会给计算带来不便，可以在穆迪（Moody）图和许多近似方法下解决。Moody 图（图 4-10）把 $Re$ 作为横坐标，阻力系数 $\lambda$ 作为纵坐标（$k_s/D$ 为另一纵坐标）。如果 $k_s/D$ 已知，那么就可以在 Moody 图上沿相关粗糙度的一些类似曲线查找，直到截取到合适的 $Re$。在另一个坐标轴上与相应点对应的值就是要找的摩擦系数。对应于不同材料、不同管径的工业管道，它们的 $k_s/D$ 值由实验得出并由制造商提供。表 4-5 中列出了一些工业管道的绝对粗糙度 $k_s$ 值。

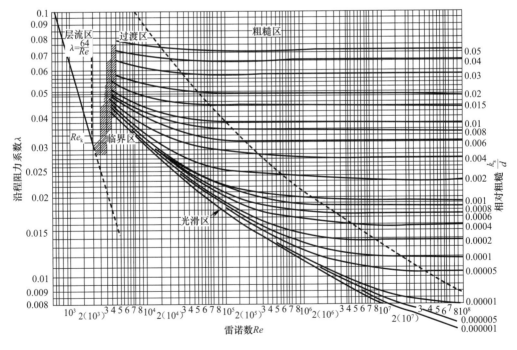

图 4-10　穆迪图

替代查图的方法是利用显式摩擦系数关系式近似计算 Colebrook-White 公式。现在流行的管网分析软件 EPANETH（由美国环境保护署开发，同济大学翻译）和其他计算机程序，采用了 Swamee-Jain（1976）公式，见式（4-29）：

| 管道类别 | 绝对粗糙度 $k_s$（mm） |
|---|---|
| 无缝黄铜管、铜管及铝管 | 0.01～0.05 |
| 新的无缝钢管或镀锌钢管 | 0.1～0.2 |
| 具有轻度腐蚀的无缝钢管 | 0.2～0.3 |
| 具有重度腐蚀的无缝钢管 | 0.5 以上 |
| 新的铸铁管 | 0.25～0.42 |
| 旧的铸铁管 | 0.85 以上 |
| 塑料管 | 0.0015～0.01 |
| 混凝土管 | 0.30～3.0 |

$$\lambda = \frac{0.25}{\left[\lg\left(\dfrac{k_s}{3.7D} + \dfrac{5.74}{Re^{0.9}}\right)\right]^2} = \frac{1.325}{\left[\ln\left(\dfrac{k_s}{3.7D} + \dfrac{5.74}{Re^{0.9}}\right)\right]^2} \tag{4-29}$$

$$(4 \times 10^3 \leqslant Re \leqslant 1 \times 10^8, 1 \times 10^{-6} \leqslant k_s/d \leqslant 1 \times 10^{-2})$$

应用中，给水管道的 λ 值一般在 0.016～0.020。

【例 4-6】 15℃的水流过一直径 $D=300mm$ 的铆接钢管，已知绝对粗糙度 $k_s=3mm$，在长 $l=300m$ 的管道上水头损失 $h_f=6m$。试求水的流量 $q$。

【解】 管道的相对粗糙度 $k_s/D=0.01$，由穆迪图试取 $\lambda=0.038$。将已知数据代入式（4-25），经整理，得

$$v = \sqrt{\frac{h_f D \times 2g}{\lambda l}} = \sqrt{\frac{6 \times 0.3 \times 2 \times 9.81}{0.038 \times 300}} = 1.76 m/s$$

15℃时水的运动黏度为 $v=1.139 \times 10^{-6} m^2/s$，于是有

$$Re = \frac{vD}{\nu} = \frac{1.76 \times 0.3}{1.139 \times 10^{-6}} = 464000$$

根据 $Re$ 与 $k_s/D$，由穆迪图（图 4-10），查得 $\lambda=0.038$，且流动处于水力粗糙区，$\lambda$ 不随 $Re$ 变化，故水的流量为

$$q = Av = \frac{\pi}{4} \times 0.3^2 \times 1.76 = 0.1245 m^3/s$$

【例 4-7】 计算直径 300mm，流量为 200L/s，长度为 1000m 铸铁管的摩擦损失，如图 4-11 所示。

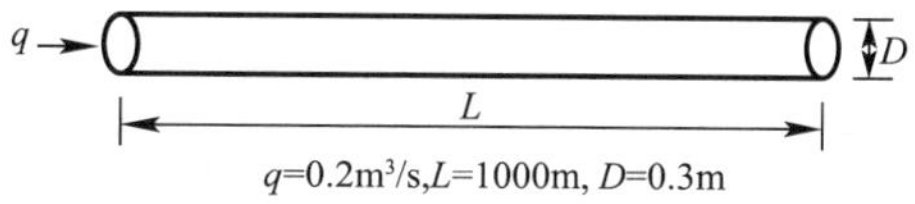

【解】 由式（4-15），雷诺数 $Re$ 为

$$Re = \frac{4q}{\pi D\nu}$$

$q=0.2m^3/s, L=1000m, D=0.3m$

图 4-11 【例 4-7】管道

假设水温为 20℃，由表 4-1，水的运动黏度为

$$\nu = 1.003 \times 10^{-6} m^2/s$$

代入 $q=0.2m^3/s$，$\nu=1.003 \times 10^{-6} m^2/s$，$D=0.3m$

$$Re = \frac{4 \times 0.2}{3.14159 \times 1.003 \times 10^{-6} \times 0.3} = 846288$$

由于 $Re$ 大于 4000，为紊流。由表 4-5，铸铁管道的粗糙高度取 $k_s=0.85mm$（$8.5 \times 10^{-4}m$）。将 $Re$ 和 $k_s$ 数值代入式（4-29），摩擦因子为

$$\lambda = 0.25\left[\lg\left(\frac{8.5\times 10^{-4}}{3.7\times 0.3}+\frac{5.74}{(8.463\times 10^5)^{0.9}}\right)\right]^{-2}=0.0260$$

由式（4-25），水头损失为

$$h_f = \frac{8\times 0.0260\times 1000\times 0.2^2}{3.14159^2\times 9.81\times 0.3^5}=35.363\text{m}$$

### 4.6.3 海曾—威廉公式

如果不考虑水头损失公式中对粗糙度和 $Re$ 值的依赖，也经常使用一些经验公式，例如海曾—威廉公式、曼宁公式、舍维列夫公式、池田公式等。该类公式的主要优点是它的简单性，易于求解和具有较大范围的可用粗糙度值。

其中海曾—威廉（Hazen-Williams）公式应用较广，见式（4-30）：

$$q = 0.27853\cdot C\cdot D^{2.63}\cdot S^{0.54} \tag{4-30}$$

式中　　$q$——管道中的流量，$\text{m}^3/\text{s}$；

　　　　$L$——管道长度，m；

　　　　$D$——管道内径，m；

　　　　$S$——能量线坡度，$h_f/L$；

　　　　$h_f$——水头损失，m；

　　　　$C$——海曾—威廉摩擦系数，假定与流量无关，取决于管材类型、流体类型（净水或污水）、内衬材料、管道或内衬材料的使用时间、管道直径等。通常 $C$ 值越大，说明管道越光滑。表4-6列出了不同管材的 $C$ 值范围。

海曾—威廉粗糙系数 表4-6

| 管道材料 | 输送水 $C$ 值 | 输送污水 $C$ 值 |
| --- | --- | --- |
| PVC | 135~150 | 130~145 |
| 钢管（砂浆内衬） | 120~145 | 120~140 |
| 钢管（无内衬） | 110~130 | 110~130 |
| 球墨铸铁管（砂浆内衬） | 100~140 | 100~130 |
| 球墨铸铁管（无内衬） | 80~120 | 80~110 |
| 石棉水泥管 | 120~140 | 110~135 |
| 混凝土压力管 | 130~140 | 120~130 |

美国水工业协会手册 M11《钢管——设计和安装指导》，提供了供水中的 $C$ 值和管道直径 $d$（以 mm 计）之间的关系：

$$C = 140 + 0.0066929d \quad \text{适用于新的水泥砂浆内衬钢管} \tag{4-31}$$

$$C = 130 + 0.0062992d \quad \text{适用于内衬恶化、腐蚀层增厚等长期使用的管道} \tag{4-32}$$

海曾—威廉公式也可以写成：

$$\begin{aligned}
v &= 0.35464\cdot C\cdot D^{0.63}\cdot S^{0.54}\\
D &= 1.6258\cdot C^{-0.38}\cdot q^{0.38}\cdot S^{-0.205}\\
S &= 10.654\cdot C^{-1.852}\cdot D^{-4.87}\cdot q^{1.852}\\
C &= 3.5903\cdot q\cdot D^{-2.63}\cdot S^{-0.54}
\end{aligned} \tag{4-33}$$

式中　　$v$——管道平均流速，m/s。

**【例4-8】** 蓄水池 A、B 之间距离 3km，高程差为 15m，用球墨铸铁管输水，流量为

$0.4\text{m}^3/\text{s}$，假设管道的 $C$ 值为110，利用海曾—威廉公式求需要的管道直径。

【解】 $\quad S=15\text{m}/3000\text{m}=0.005$

$$D=1.6258 \cdot C^{-0.38} \cdot q^{0.3} \cdot S^{0.205}$$

$$=1.6258 \times 110^{-0.38} \times 0.4^{0.38} \times 0.005^{-0.205}$$

$$=1.6258 \times 0.1676 \times 0.7060 \times 2.693=0.5699$$

为此，可采用管径600mm。

### 4.6.4 曼宁公式

有压管道系统中，计算沿程水头损失的曼宁公式为

$$h_\text{f}=\frac{10.29L(n_\text{M}q)^2}{D^{\frac{16}{3}}} \tag{4-34}$$

或

$$v=\frac{1}{n}(D/4)^{2/3}(h_\text{f}/L)^{1/2} \tag{4-35}$$

式中    $n_\text{M}$——曼宁粗糙系数；

       $h_\text{f}$——水头损失，m；

       $L$——管长，m；

       $D$——管道内径，m；

       $q$——流量，$\text{m}^3/\text{s}$。

表4-7提供了常用管材的一般曼宁粗糙系数。

曼宁粗糙系数值            表4-7

| 材料 | 曼宁系数 | 材料 | 曼宁系数 |
|---|---|---|---|
| 石棉水泥管 | 0.011 | 波形金属管 | 0.022 |
| 黄铜管 | 0.011 | 镀锌铁管 | 0.016 |
| 砖石管 | 0.015 | 铅管 | 0.011 |
| 铸铁管（新的） | 0.012 | 塑料管 | 0.009 |
| 混凝土管 | 0.011~0.015 | 钢管 | 0.010~0.019 |

【例4-9】 利用曼宁公式确定有压管道的水头损失。已知管道长度 $L=150\text{m}$，管道直径 $D=400\text{mm}$，管材为球墨铸铁管，$n_\text{M}=0.012$，流量 $q=180\text{L/s}$。

【解】 将已知条件代入式（4-34），得

$$h_\text{f}=\frac{10.29L(n_\text{M}q)^2}{D^{5.33}}=\frac{10.29 \times 150 \times (0.012 \times 0.18)^2}{0.4^{5.33}}=0.95\text{m}$$

### 4.6.5 摩擦损失公式的应用情况

计算摩擦损失时，应注意水头损失也是管道使用时间的函数。随着管道的老化，管道会遭到腐蚀，特别是如果它们是由含铁材料制造且管道内壁受到腐蚀，就会增加管道的相对粗糙度（图4-12）。流体中的化学药剂、固体颗粒会慢慢地降低管壁的光滑程度。如果水的硬度大，管壁上就会结垢。有时，生物的影响也会导致水头损失随时间变化。在水泵吸水管上生长的蚌和贻贝，会降低水泵吸水能力。

沿程水头损失计算中另一重要水力参数是管径。沿程水头损失公式中管径的幂较大，意味着它的取值变化敏感。因此工程技术和分析人员对获得的实际管径数据处理一定要慎重，通常是从厂家获取，不推荐采用管道的公称直径。对旧管道来说，可以采用不断增加

的管道阻力值，间接解决管道直径减小的问题。尽管这种方法在有些情况下是合理的，但不正确管道的应用将导致流速预测上的显著误差，因此在非恒定流条件下的计算是存在问题的；流速同样也是水质模拟中的主要因子，根据它对输送时间的影响以及对管壁需氯量的影响。只要有可能，建议在水力计算中采用准确的管径。

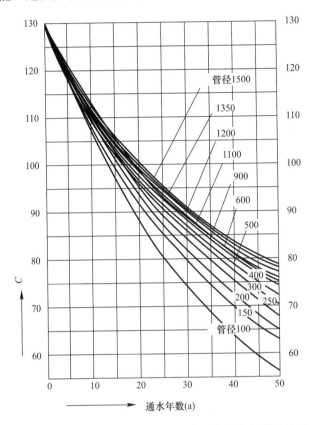

图 4-12　水泥砂浆内衬铸铁管中系数 $C$ 与通水年数的关系

沿程水头损失计算公式都是在一定试验基础上建立起来的，由于实验条件的差别，各公式的适用条件和计算精度有所不同。一般认为：

（1）达西—维斯巴赫公式为管渠水力计算的经典公式。

（2）科尔勃洛克—怀特公式适用的流态范围较大，具有较高的精确度。其缺点是计算过程比较烦琐和费时。

（3）曼宁公式简洁明了，应用方便。

（4）高雷诺数和粗糙管道中应谨慎使用海曾—威廉公式。

达西—维斯巴赫摩擦因子 $\lambda$ 可通过求解水力坡度线的坡度公式，与海曾—威廉公式中的 $C$ 值比较。通过变换，表示为

$$\lambda = \left(\frac{1}{C^{1.85}}\right)\left(\frac{134}{V^{0.15}D^{0.167}}\right) \tag{4-36}$$

式中　　$V$ 以 m/s 计，$D$ 以 m 计。

有压管流中 $C$ 和 $n$ 的关系为

$$n = 1.12D^{0.037}/CS^{0.04} \tag{4-37}$$

式中　　　$D$——管道内径，m。

多数水力模型根据问题的性质和用户的喜好，允许用户选择达西—维斯巴赫公式、海曾—威廉公式或曼宁公式计算管道的沿程水头损失。美国主要应用海曾—威廉公式，欧洲一般使用达西—维斯巴赫公式。曼宁公式在配水模拟中一般应用较少，偶尔在澳大利亚应用。

### 4.6.6　沿程水头损失计算通式

管道起点和终点之间的水头损失计算公式，可写成计算通式：

$$h_{f} = kl \frac{q^{n}}{D^{m}} \tag{4-38}$$

式中　　　$h_{f}$——沿程水头损失；

$q$——流量；

$l$——管道长度；

$D$——管道直径；

$k$，$n$，$m$——公式参数，见表 4-8。各公式采用的 $k$ 值，应通过试验确定。

有压管道沿程水头损失公式（水头损失以 m 计，流量以 m³/s 计）　　表 4-8

| 公式 | 系数 $k$ | 管径指数 $m$ | 流量指数 $n$ |
|---|---|---|---|
| 海曾—威廉 | $10.654C^{-1.852}$ | 4.87 | 1.852 |
| 达西—维斯巴赫 | $0.0826f(k_s, D, q)$ | 5 | 2 |
| 曼宁 | $10.29n_M^2$ | 5.33 | 2 |

式中　　　$C$——海曾—威廉粗糙系数；

$k_s$——达西—维斯巴赫粗糙系数，m；

$f$——摩擦因子（取决于 $k_s$，$d$ 和 $q$）；

$n_M$——曼宁粗糙系数；

$D$——管道直径，m；

$q$——流量，m³/s。

# 4.7　局部水头损失

在给水管道或渠道中，往往设有弯管、渐缩管、三通、四通、计量水表、控制阀门等部件和设备。流体流经这些部件时，均匀流特征受到破坏，流速的大小、方向或分布发生变化。由此产生的集中流动阻力就是局部阻力，所引起的能量损失称为局部水头损失，造成局部水头损失的部件和设备称为局部障碍（见图 4-13）。

流体流经突然扩大、突然缩小、转向、分岔等局部阻碍时，因惯性作用，主流与壁面脱离，其间形成漩涡区（图 4-13（a）～（d））。在渐扩管内沿程减速增压，紧靠壁面的低速质点，因受反向压差作用，速度不断减小至零，主流遂与边壁脱离，形成漩涡区（图 4-13（b））。局部水头损失同漩涡区的形成有关，这是因为在漩涡区内，质点漩涡运动集中耗能，同时漩涡运动的质点不断被主流带向下游，加剧下游一定范围内主流的紊动强度，从而加大能量损失。除此之外，局部阻碍附近，流速分布不断改变，也将造成能量损失。实验结果表明，局部阻碍处漩涡区越大，漩涡强度越大，局部水头损失越大。

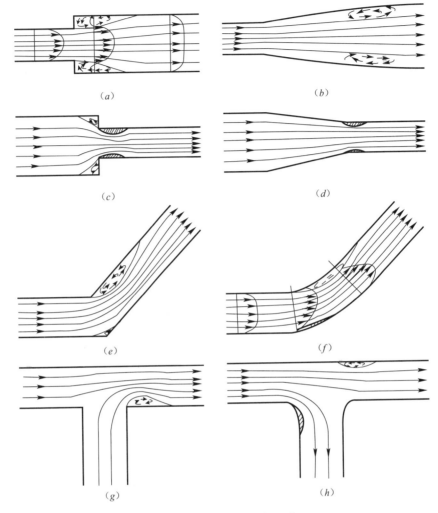

图 4-13 几种典型局部阻碍

(a) 突扩管；(b) 渐扩管；(c) 突缩管；(d) 渐缩管；

(e) 折弯管；(f) 圆弯管；(g) 锐角合流三通；(h) 圆角分流三通

局部水头损失计算一般有两种方式。第一种方式是认为局部水头损失正比于流速水头，表示为：

$$h_1 = \zeta \frac{v^2}{2g} = \zeta \frac{8Q^2}{\pi^2 g D^4} \qquad (4-39)$$

式中　　$h_1$——局部水头损失，m；

　　　　$\zeta$——阀门、变径管等处的水头损失系数，通常由生产厂家提供。该系数的一般取值见表 4-9。

　　　　$v$——水流平均流速，m/s；

　　　　$D$——阀门尺寸，m；

　　　　$g$——重力加速度常数，9.81m/s$^2$。

通过阀门的水头损失也可由式（4-40）表示：

$$q = 0.3807 \quad C_v \sqrt{\Delta p} \qquad (4-40)$$

式中　　$q$——通过阀门的流量，$m^3/s$；

$\quad\quad C_v$——阀门容量系数；

$\quad\quad \Delta p$——通过阀门压力损失，kPa。

系数 $C_v$ 随着阀门闸板、阀板等位置的改变而变化。$C_v$ 表示压力下降 1kPa 时通过阀门的流量。可从阀门制造商的目录或文献中得到 $C_v$ 与闸板或阀板开度（0~90°，0 为关闭状态）的关系曲线图。

$C_v$ 与 $\zeta$ 有式（4-41）的关系：

$$C_v = 819.37 \frac{D^2}{\sqrt{\zeta}} \tag{4-41}$$

因此，通过阀门制造商提供的数据得到 $C_v$ 值，就可以由式（4-41）计算出 $\zeta$ 值。$\zeta$ 值代入式（4-39）可计算出通过阀门的水头损失。

管道配件的局部损失系数　　　　　　表 4-9

| 配件 | $\zeta$ | 配件 | $\zeta$ |
|---|---|---|---|
| 管道进口 | | 90°圆角弯管 | |
| 喇叭形进口 | 0.03~0.05 | 弯头半径/$D$=4 | 0.16~0.18 |
| 圆角进口 | 0.12~0.25 | 弯头半径/$D$=2 | 0.19~0.25 |
| 锐圆进口 | 0.50 | 弯头半径/$D$=1 | 0.35~0.40 |
| 深入型进口 | 0.78 | 折角弯管 | |
| 突缩管 | | $\theta$=15° | 0.05 |
| $D_2/D_1$=0.80 | 0.18 | $\theta$=30° | 0.10 |
| $D_2/D_1$=0.50 | 0.37 | $\theta$=45° | 0.20 |
| $D_2/D_1$=0.20 | 0.49 | $\theta$=60° | 0.35 |
| 渐缩管 | | $\theta$=90° | 0.80 |
| $D_2/D_1$=0.80 | 0.05 | T形管 | |
| $D_2/D_1$=0.50 | 0.07 | 直通出口 | 0.30~0.40 |
| $D_2/D_1$=0.20 | 0.08 | 侧面出口 | 0.75~1.80 |
| 突扩管 | | T形接管 | |
| $D_2/D_1$=0.80 | 0.16 | $d$=接管孔径<br>$D$=主管直径 | $1.97/(d/D)^4$ |
| $D_2/D_1$=0.50 | 0.57 | 四通 | |
| $D_2/D_1$=0.20 | 0.92 | 直流流过 | 0.50 |
| 渐扩管 | | 支管流过 | 0.75 |
| $D_2/D_1$=0.80 | 0.03 | 45°三通 | |
| $D_2/D_1$=0.50 | 0.08 | 直行通过 | 0.30 |
| $D_2/D_1$=0.20 | 0.13 | 支管通过 | 0.50 |
| 闸阀-全开 | 0.39 | 常规止回阀 | 4.0 |
| 3/4 开度 | 1.10 | 净空止回阀 | 1.5 |
| 1/2 开度 | 4.8 | 球型止回阀 | 4.5 |
| 1/4 开度 | 27 | 直通脚阀 | 0.5 |
| 截止阀-全开 | 10 | 合页脚阀 | 2.2 |
| 角阀-全开 | 4.3 | 垫架脚阀 | 12.5 |
| 蝶阀-全开 | 1.2 | | |

除了直接包含局部损失系数，第二种是将局部障碍换算成具有相同水头损失的当量管道长度。如果给定了阀门或者配件的局部损失系数，相同水头损失的当量管道长度计算为：

$$L_e = \frac{\xi D}{\lambda} \tag{4-42}$$

式中　　$L_e$——当量管道长度，m；

　　　　$D$——当量管道直径，m；

　　　　$\lambda$——达西—维斯巴赫摩擦因子。

手工计算时，更常用当量管道长度处理，由于它节省了整个管线分析的时间。随着计算模拟技术的发展，不再广泛应用该项技术。由于现在水力模型更容易直接应用局部损失系数，计算当量长度的过程实际上效率并不大。此外，当量管道长度的应用会影响预测的流行时间，而预测的流行时间对于许多水质计算是很重要的。

为了便于计算，常按沿程能量损失和局部能量损失在总能量损失中所占比重，将有压管道分为长管和短管两类。长管是指该管流中能量损失以沿程损失为主，局部损失和流速水头所占比重很小，可以忽略不计的管道。短管是指局部损失和流速水头所占比重较大，计算时不能忽略的管道。

对于配水系统，局部损失常常远小于摩擦水头损失，因此常忽略管道的局部损失。如果认为当局部损失占总水头损失的5%以下时，可忽略不计，即

$$\frac{\sum \xi}{\lambda \frac{l}{D} + \sum \zeta} \leqslant 0.05$$

则

$$\lambda \geqslant \frac{19 D \sum \zeta}{l}$$

若将$\lambda = \frac{19 D \sum \zeta}{l}$代入柯尔勃洛克—怀特公式（4-27a），得

$$\frac{\sqrt{l}}{\sqrt{19 D \sum \xi}} = -2 \lg \left( \frac{k_s}{3.7 d} + \frac{2.51 \nu \sqrt{l}}{v d \sqrt{19 D \sum \zeta}} \right) \tag{4-43}$$

由此可求出误差为5%的管长$l$值。

有专家指出，当管道长度小于30m时，或者例如泵站、净水厂内的情况，由于具有较多配件和较高的流速，局部损失可能会对管道系统造成重要影响，这时应考虑局部损失。

与管道粗糙系数类似，局部水头损失系数也随流速发生变化。但多数实际管网问题分析中，局部损失系数处理为常数值。

## 4.8　准恒定流

通常准恒定流适用于蓄水设施，它将出流量与水池中的水量相关（例如总容积、水深等）。已知入流量是时间的函数，可以用数学方法求解。当制定泄洪道、水坝、涡轮和水池的运行规则时，其应用非常重要。

如图 4-14 所示，设液体由器壁孔口流出，出流流量为 $q$；同时，有流量 $Q$ 流入容器。如果出流量恰好等于入流量，则在容器内将有一个高出孔口的水头 $H_a$，满足式（4-44）：

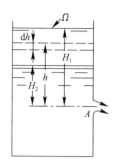

$$q = \mu A \sqrt{2gH_a} \tag{4-44}$$

从而得到

$$H_a = \frac{q^2}{(\mu A)^2 \cdot 2g} \tag{4-44a}$$

图 4-14 准恒定流
计算示意图

若在已知时刻容器中水头 $H_1 \neq H_a$，则：

（1）$H_1 < H_a$ 时，流过孔口的流量 $Q < q$，容器内液体体积逐渐增加（注水），水头相应升高并在达到 $H_a$ 时变为恒定出流 $Q = q$。

（2）$H_1 > H_a$ 时，实际出流流量 $Q > q$，因而液面逐渐下降（泄水），直至水头 $H_1$ 降至 $H_a$ 时出现恒定出流 $Q = q$。

现在推导不同水力条件下容器内水头变化所需时间的微分方程。为此，采用恒定流运动方程讨论微段 $dt$ 时间内在水头 $H$ 作用下的出流。

在 $dt$ 时间内，流入容器的液体体积为 $q \cdot dt$，由孔口出流的液体体积为 $d\omega = Q \cdot dt = \mu A \sqrt{2gH} \cdot dt$，因此，容器中液体体积的变化量为

$$q \cdot dt - \mu A \sqrt{2gH} \cdot dt = (q - \mu A \sqrt{2gH})dt$$

由于液体体积的改变，使容器中液面在时段 $dt$ 终了时上升或下降一个微小高度 $dH$。以 $\Omega$ 表示水位为 $H$ 时容器横断面面积，则有关系式

$$\Omega \cdot dH = (q - \mu A \sqrt{2gH})dt$$

即

$$dt = \frac{\Omega \cdot dH}{q - \mu A \sqrt{2gH}} \tag{4-45}$$

此即变水头下容器内水头变化与时间关系的一般微分方程，通过在不同水力条件下积分，可导出适合具体出流条件的计算式，例如有恒定入流时的自由出流；无入流的自由出流（泄空）；上游液面恒定、下游液位变动的出流；以及上、下游均为变水位时的出流情况等，见相关参考书籍。

## 4.9 虹吸

液体从较高液位一端经过高出水力坡度线的管段自动流向较低液位另一端的现象称为虹吸现象，所用的管道称为虹吸管。如图 4-15 所示，两水池之间的管线在 $e$ 点穿过山脊，在点 $b$ 和点 $c$ 处，水压为大气压；可是在点 $b$ 和点 $c$ 之间管段内的压强低于大气压；在最高点 $e$ 处，水压最低。充满液体的虹吸管之所以能够引流自流，是由于 $e$-$c$-$d$ 管段中的液体借重力往下流动时，会在 $e$ 截面处形成一定的真空，从而把 $a$-$b$-$e$ 管段中的液体吸上来。显然，$e$ 截面处的真空度越大，吸上高度也越大。但是 $e$ 截面处的压强最低不能低到液体在其所处温度下的饱和压强，否则液体将要汽化，破坏真空，从而破坏虹吸作用。为保险计，吸水的虹吸管吸水真空高度 $h$ 一般不超过 7m（虽然计算结果可以达到比这还要高一

些的数值）。

虹吸在我国古代称"渴乌"。《后汉书·宦者传·张让》："又作翻车渴乌，施于桥西，用洒南北郊路，以省百姓洒道之费。"李贤注解为："翻车，设机车以引水；渴乌，为曲筒，以气引水上也。"唐李白《天马歌》："尾如流星首渴乌，口喷红光汗沟珠。"唐杜佑《通典·兵十》："渴乌隔山取水，以大竹箭去节，雄雌相接，勿令漏洩，以麻漆封裹，推过山外，就水置筒，入水五尺。即于箭尾取松桦乾草，当箭放火，火气潜通水所，即应而上。"宋曾公亮《武经总要》："凡水泉有峻山阻隔者，取大节去节，雌雄香河，油灰黄蜡固缝，勿令气泄，推竹首插水中五尺，于竹末烧松桦薪或干草，使火气自竹内潜通水所，则水自（竹）中逆上。"这与唐代所述方法相似，用现在话说就是以大竹筒套接成弯管，以麻漆封裹，密不透气，跨过山峦。将临水一端入水 5 尺，然后在出口一端放入松桦枝叶和干草等易燃物。点燃后，稍冷，筒内形成相对真空，即可吸水而上。

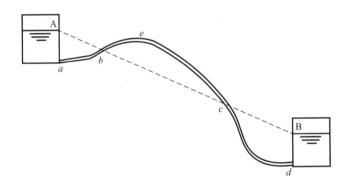

图 4-15 虹吸活动中的管道水流

假设管内流速为 $v$，截面 $e$ 处的压强为 $p_e$，其真空液柱高为 $\dfrac{p_a - p_2}{\rho g} = h_v$；虹吸管总长为 $l$，内径为 $d$，沿程损失系数为 $\lambda$，局部损失系数用 $\sum \zeta$ 表示；$a$-$b$-$e$ 管段的管长用 $l_1$ 表示，局部损失系数用 $\sum \zeta_1$ 表示。液面 A 和液面 B 的位置标高分别为 $H_A$ 和 $H_B$，截面 $e$ 的中心线标高为 $H_e$。

（1）自流流速（流量）计算

对上、下游液面 A 和 B 列伯努利方程（取 $\alpha = 1$），得

$$H_A = H_B + \left(\lambda \frac{l}{d} + \sum \zeta\right)\frac{v^2}{2g}$$

所以流速

$$v = \sqrt{\frac{2g(H_A - H_B)}{\lambda \dfrac{l}{d} + \sum \zeta}} \tag{4-46}$$

体积流量

$$q_v = \frac{\pi}{4}d^2 \sqrt{\frac{2g\,(H_A - H_B)}{\lambda \dfrac{l}{d} + \sum \zeta}} \tag{4-47}$$

（2）最高点真空度计算

利用绝对压力，对液面 A 和截面 $e$ 列伯努利方程（取 $\alpha = 1$），得

$$H_A + \frac{p_a}{\rho g} = H_e + \frac{p_2}{\rho g} + \frac{v^2}{2g} + \left( \lambda \frac{l_1}{d} + \sum \zeta_1 \right) \frac{v^2}{2g}$$

所以

$$\frac{p_a - p_2}{\rho g} = h_v = (H_e - H_A) + \left( 1 + \lambda \frac{l_1}{d} + \sum \zeta_1 \right) \frac{v^2}{2g}$$

$$= (H_e - H_A) + \frac{1 + \lambda \dfrac{l_1}{d} + \sum \zeta_1}{\lambda \dfrac{l}{d} + \sum \zeta} (H_A - H_B) \tag{4-48}$$

若已知液体在所处温度下的宝和压强 $p_s$，便可由式（4-48）求得允许的吸水高度：

$$(H_e - H_A) < \frac{p_a - p_2}{\rho g} - \left( 1 + \lambda \frac{l_1}{d} + \sum \zeta_1 \right) \frac{v^2}{2g}$$

$$= \frac{p_a - p_2}{\rho g} - \frac{1 + \lambda \dfrac{l_1}{d} + \sum \zeta_1}{\lambda \dfrac{l}{d} + \sum \zeta} (H_A - H_B) \tag{4-49}$$

【例 4-10】 利用图 4-16 所示虹吸管将水由Ⅰ池引向Ⅱ池。已知管径 $d = 100mm$，虹吸管总长 $l = 20m$，B点以前的管段长 $l_1 = 8m$，虹吸管的最高点 B 离上游水面的高度 $h = 4m$，两水面水位高差 $H = 5m$。设沿程损失系数 $\lambda = 0.04$，虹吸管进口局部损失系数 $\zeta_i = 0.8$，出口局部损失系数 $\zeta_e = 1$，弯头的局部损失系数 $\zeta_b = 0.9$。求引水流量 $q_v$ 和 B 点的真空液柱高 $h_v$。

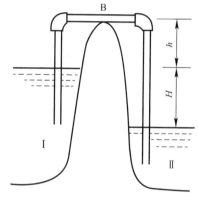

图 4-16 【例 4-10】虹吸管

【解】 将已知数据代入式（4-47），得引水流量为

$$q_v = \frac{\pi}{4} (0.1)^2 \sqrt{\frac{2 \times 9.81 \times 5}{0.04 \times \dfrac{20}{0.1} + (0.8 + 2 \times 0.9 + 1)}}$$

$$= 0.0228 m^3/s = 82 m^3/h$$

代入式（4-48）得 B 点的真空水柱高为

$$h_v = 4 + \frac{1 + 0.04 \times \dfrac{8}{0.1} + (0.8 + 0.9)}{0.04 \times \dfrac{20}{0.1} + (0.8 + 2 \times 0.9 + 1)} \times 5$$

$$= 6.54 m$$

这就是该虹吸管实际能够达到的吸水高度。

假设当地的大气压强 $p_a = 10 N/cm^2$，水温 $t = 20℃$，水的密度 $\rho = 998 kg/m^3$，水的饱和压强 $p_s = 0.242 N/cm^2$，试问吸水高度 $h$ 不能超过多少米？

将已知数据代入式（4-49）得

$$h < \frac{(10 - 0.242) \times 10^4}{998 \times 9.81} - \frac{1 + 0.04 \times \dfrac{8}{0.1} + (0.8 + 0.9)}{0.04 \times \dfrac{20}{0.1} + (0.8 + 2 \times 0.9 + 1)} \times 5 = 7.44 m$$

说明该虹吸管的吸水高度 6.54m，小于开始汽化的吸水高度，虹吸作用不会被破坏。

## 4.10 有压管流基本问题和计算

有压管流的计算，需根据水头损失计算公式中的一些已知变量，求解另一些未知变量的问题。它的基本问题有四种类型：1）计算管道末端节点水头；2）计算管段流量；3）计算管道直径；4）计算沿管各过流断面的水头。其中 1）和 2）属于水力分析问题，3）和 4）属设计计算问题。

### 4.10.1 节点水头计算

已知管道流量 $q$、管径 $D$、管长 $L$、管道材料 $k_s$ 及局部阻力系数 $\zeta$、总水头损失 $h_f$，求节点水头（见图 4-17）。计算公式为

$$h_2 = h_1 + z_1 - z_2 - \left(\zeta + \lambda\frac{L}{D}\right)\frac{8q^2}{\pi^2 gD^4} \tag{4-50}$$

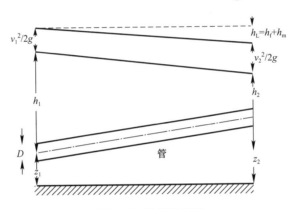

图 4-17 管线示意图

### 4.10.2 管段流量计算

当长管计算中忽略局部水头损失后，已知水头差 $h_f$、管径 $D$、管长 $L$、管道材料 $k_s$ 或 $C$ 值，求管段流量 $q$。由式（4-25）和式（4-26），可推得

$$q = -0.965 D^2\sqrt{gDh_f/L}\ln\left(\frac{k_s}{3.7D} + \frac{1.78\nu}{D\sqrt{gDh_f/L}}\right) \tag{4-51a}$$

当采用海曾—威廉公式时，由式（4-30），得紊流条件下的流量公式为

$$q = 0.27853 \cdot C \cdot D^{2.63}(h_f/L)^{0.54} \tag{4-51b}$$

由式（4-25）和式（4-26），可推得层流流量计算公式为

$$q = \frac{\pi gD^4 h_f}{128\nu L} \tag{4-51c}$$

式（4-51c）也称作哈根—泊肃叶（Hagen-Poiseuille）公式。

### 4.10.3 管段直径计算

已知流量 $q$、水头损失 $h_w$、管长 $L$、管道材料 $k_s$ 或 $C$ 值、局部损失 $h_1$ 时，求管径 $D$。这类问题直接联用达西—维斯巴赫公式和柯尔波洛克—怀特公式求解困难，因为公式中的流量系数和过流断面面积均包含欲求的管径，所以一般用试算法或图解法求解；求得管径后，按已有管径规格选择相接近的标准管径，然后作复核计算：在流量不变情况下复核水

头差，或在水头差不变情况下复核流量。

在实际工作中，通常是根据流量和管道经济流速值，先求出管径，然后按照管道的规格选择相应的标准管径，并按所选管径进行有关的计算。

为简化计算，对于长距离紊流管道，Swamee 和 Jain（1976 年）利用以下方式求管道直径：

$$D = 0.66 \left[ k_s^{1.25} \left( \frac{LQ^2}{gh_f} \right)^{4.75} + \nu q^{9.4} \left( \frac{L}{gh_f} \right)^{5.2} \right]^{0.04} \tag{4-52a}$$

对于层流，哈根—泊肃叶公式计算直径为

$$D = \left( \frac{128\nu qL}{\pi gh_f} \right)^{0.25} \tag{4-52b}$$

Swamee 和 Swamee（2008）给出了直径的以下公式，在层流、过渡流和紊流条件下是合理的

$$D = 0.66 \left[ \left( 214.75 \frac{\nu Lq}{gh_f} \right)^{0.25} + k_s^{1.25} \left( \frac{Lq^2}{gh_f} \right)^{4.75} + \nu q^{9.4} \left( \frac{L}{gh_f} \right)^{5.2} \right]^{0.04} \tag{4-52c}$$

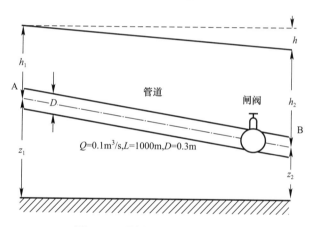

图 4-18　【例 4-11】管段示意图

【例 4-11】　如图 4-18 所示，某铸铁管段通过流量 $0.1\text{m}^3/\text{s}$，长度为 1000m，管径为 0.3m。闸阀尺寸为 0.3m，靠近点 B。点 A 和 B 的标高分别为 10m 和 5m。假设水温为 20℃。

（1）如果点 A 的压力水头 $h_1$ 为 25m，求点 B 的压力水头，以及管道的水头损失。

（2）如果水头损失为 10m，求管道流量。

（3）如果管道水头损失为 10m，流量为 $0.1\text{m}^3/\text{s}$，求管道直径。

【解】　（1）利用式（4-50）计算点 B 的压力水头 $h_2$。利用式（4-27a）计算摩擦因子 $\lambda$，从表 4-5 可知，铸铁管道的粗糙高度 $k_s = 0.25\text{mm}$。由表 4-9 知闸阀的局部损失系数为 0.39。20℃时水的运动黏度 $\nu = 1.003 \times 10^{-6}\text{m}^2/\text{s}$。表面阻力系数取决于水流的雷诺数 $Re$：

$$Re = \frac{4q}{\pi\nu D} = \frac{4 \times 0.1}{3.14 \times 1.003 \times 10^{-6} \times 0.3} = 42336$$

$k_s/D = 0.25 \times 10^{-3}/0.3 = 0.833 \times 10^{-3}$，可采用斯瓦米—贾因公式，

$$\lambda = \frac{0.25}{\left[ \lg\left( \frac{1}{3.7} \frac{k_s}{D} + \frac{5.74}{Re^{0.9}} \right) \right]^2} = \frac{0.25}{\left[ \lg\left( \frac{1}{3.7} \times 0.833 \times 10^{-3} + \frac{5.74}{(42336)^{0.9}} \right) \right]^2} = 0.0243$$

由式（4-50），点 B 的水头 $h_2$ 为

$$h_2 = h_1 + z_1 - z_2 - \left(\zeta + \lambda \frac{l}{D}\right)\frac{8Q^2}{\pi^2 g D^4}$$

$$= 25 + 10 - 5 - \left(0.39 + \frac{0.0243 \times 1000}{0.3}\right)\frac{8 \times 0.1^2}{3.14159^2 \times 9.81 \times 0.3^4}$$

$$= 30 - (0.39 + 81) \times 0.102 = 21.698\text{m}$$

（2）管道总水头损失预定为 10m，铸铁管道尺寸为 0.3m，由式（4-51a）计算流量：

$$q = -0.965 D^2 \sqrt{gDh_f/L}\ln\left(\frac{k_s}{3.7D} + \frac{1.78\nu}{D\sqrt{gDh_f/L}}\right)$$

$$= -0.965 \times 0.3^2 \times \sqrt{9.81 \times 0.3 \times \left(\frac{10}{1000}\right)}$$

$$\times \ln\left(\frac{0.25 \times 10^{-3}}{3.7 \times 0.3} + \frac{1.78 \times 1.003 \times 10^{-6}}{0.3 \times \sqrt{9.81 \times 0.3 \times \left(\frac{10}{1000}\right)}}\right)$$

$$= 0.123\text{m}^3/\text{s}$$

（3）已知管道水头损失 10m，流量 0.1m³，由式（4-52a），

$$D = 0.66\left[k_s^{1.25}\left(\frac{Lq^2}{gh_f}\right)^{4.75} + \nu q^{9.4}\left(\frac{L}{gh_f}\right)^{5.2}\right]^{0.04}$$

$$= 0.66 \times \left[\begin{array}{l} 0.00025^{1.25} \times \left(\dfrac{1000 \times 0.1^2}{9.81 \times 10}\right)^{4.75} \\ + 1.003 \times 10^{-6} \times 0.1^{9.4} \times \left(\dfrac{1000}{9.81 \times 10}\right)^{5.2} \end{array}\right]^{0.04}$$

$$= 0.284\text{m}$$

### 4.10.4　沿管各过流断面水头

对于位置固定的管道，绘出其测压管水头线，便可知道沿管各过流断面的水头。在诸如供水、消防等工程中，常需知沿管各处水头是否满足工作需要；还要了解是否会出现大的真空，产生气蚀现象，致使影响管道的正常工作，甚至遭到破坏。为了防止气蚀、汽化现象，有时需计算某些管道最高点的位置高度。

# 第5章　给水管网工程设计

## 5.1　给水工程设计步骤

项目规划完成后，即进入设计阶段。给水工程设计需要水力、结构、施工、勘察、机械等方面工程技术人员的相互配合，设计和规划必须考虑管网建设涉及的社会、环境和法律因素。

给水工程的设计步骤，可分为设计前期工作；扩大初步设计和施工图设计。

### 5.1.1　设计前期工作

设计前期工作主要有两项：预可行性研究（项目建议书）；可行性研究（设计任务书）。

设计前期工作要求设计人员充分掌握与设计有关的原始数据、资料，深入分析、归纳这些数据、资料，并从中得出切合实际的结论。

（1）预可行性研究

投资较大的工程项目应进行预可行性研究，作为建设单位向上级单位送审的《项目建议书》的技术附件。预可行性研究报告须经专家评审，并提出评审意见。

预可行性研究经上级机关审批后，就可以立项，然后进行下一步的可行性研究。

（2）可行性研究

可行性研究报告（设计任务书）是对本项工程有关方面深入调查，研究结果综合论证的重要文件，它为项目的建设提供科学依据，保证所建项目技术上先进可行，经济上合理，并具有良好的社会和环境效益。

可行性研究报告是控制投资决策的重要依据。

城市给水工程可行性研究报告的主要内容见表5-1。

给水工程可行性研究报告主要内容　表5-1

| 1 | 概述 |
| --- | --- |
| 1.1 | 编制依据、原则和范围 |
| 1.2 | 给水水量、水质 |
| 2 | 工程方案 |
| 2.1 | 城市给水管网系统 |
| 2.2 | 给水厂位置及用地 |
| 2.3 | 给水处理工艺选择及方案比较 |
| 2.4 | 人员编制、辅助建筑 |
| 3 | 工程投资估算及资金筹措 |
| 3.1 | 工程投资估算原则 |
| 3.2 | 工程投资估算表 |
| 3.3 | 资金筹措 |
| 4 | 工程远近期结合问题 |
| 5 | 工程效益分析 |
| 6 | 工程进度安排 |
| 7 | 存在问题及建议 |
| 8 | 附图及附件 |

### 5.1.2　扩大初步设计

扩大初步设计应当在可行性研究报告被批准后进行。扩大初步设计的目的在于确定方案。首先应根据自然条件和工程特点，考虑设计任务书的原则要求，使设计方案在处理近期与远期的关系、挖潜与新建的关系、工业与农业的关系以及工程标准、总体布局、应用新技术、自动化程度等方面，符合国家方针政策的要求。同时，应在总体布局、枢纽工程、工艺流程和主要单项工程，进行多方案技术经济比较，力求做到使用安全、经济合理、技术先进。待设计方案审定后，即可进行设计文件编制工作。包括各项设计计算，绘制设计图纸，编写设计说明书，编制概算，提出主要设备和材料明细表等。

编制初步设计的主要目的在于解决如下几个问题：①提供审批依据，即深化计划任务书内容；②投资控制，工程总概算值是控制投资的主要依据，预算和决算都不能超过此概算数；③为施工、运行（管理）部门提供准备工作，如动迁、征地、三通（水、电、路）一平（场地）及有关部门签订合同等，管理部门可根据工艺流程的要求安排技术人员的培训等；④主要设备材料订货，设备方面如水泵、电机、起重设备、闸阀、变压器、高低压开关、仪表自动化设备等，以及各种非标准件的订购加工，材料方面如钢材、木材、水泥、各种缆线、管材等的订购。

初步设计包括确定工程规模、建设目的、总体布置、工艺流程、设备选型、主要构筑物、建筑物；劳动定员、建设工期、投资效益、主要设备清单和材料用量。设计原则和标准、工程概算、拆迁及征地范围和数量以及施工图设计中可能涉及的问题、建议和注意事项。

提出的设计文件应包括：说明书、图纸、主要工程数量、主要材料设备及工程总概算。整个文件应能满足审批、控制工程投资和作为编制施工图设计、组织施工和生产（或使用）准备的要求。

在给水管网初步设计时，从技术上应考虑管道布置（平面图）、地下管线冲突、道路使用权等专业问题。

（1）平面布置

对管道进行合理的平面布置，应考虑道路使用权、可建设性、是否便于将来维护、与其他公共设施隔离等。给水干管一般按城市规划道路定线，但尽量避免在高级路面或重要道路下通过，以减小今后检修时的困难。管线在道路下的平面位置和标高，应符合城市或厂区地下管线综合设计的要求，给水管线和建筑物、铁路以及其他管道的水平净距，均应参照有关规定。

（2）地下冲突

设计管道平面图的关键点是对地下冲突的估计。为正确估计地下管线冲突，设计者必须确定所有铺设的其他公共设施型号、大小、精确位置。这些信息必须在设计中考虑，这样可以使承包商（或建设方）完全了解管线的潜在冲突。

彻底调查公用设施潜在冲突是一项行之有效的方法。例如，仅仅知道管线要穿过某条电缆沟是不够的，供水管线在设计之前还应确定电缆的具体位置和数量。在公共设施平面图上的一条电缆实际可能由好几条电缆封装在一起，或者图中表示的电话线可能是一条光缆。

（3）道路使用权

管线的最后位置选择和建设还需要获得道路使用权。对于一次成功的安装，足够的道路使用权对建设和以后的使用都是必要的。

### 5.1.3 施工图设计

施工图设计是以扩大初步设计的图纸和说明书为依据，并在扩大初步设计被批准后进行。施工图设计是根据建筑施工、设备安装和组件加工所需要的程度，将初步设计确定的设计原则和方案进一步具体化。施工图的设计深度，应能满足施工、安装、加工及施工预算编制的要求。设计文件应包括说明书、图纸、材料设备表、施工图预算等内容。

## 5.2 设计需求

给水工程应按远期规划、远近期结合、以近期为主的原则设计。当前设计实践中，考虑需水量变化、设计寿命和将来的折旧率，给水工程设计年限通常采用 20～30a。

在城乡规划区域范围内，市政消防给水应与市政给水管网同步规划、设计与实施。当市政给水管网连续供水时，消防给水系统可采用市政给水管网直接供水。

管网设计流量应考虑设计年限内的最高日最高时需水量。日本和美国在给水管网设计时，常将最高日最高时需水量，与最高日平均时需水量加消防需水量之和进行比较，取较大值作为管网设计流量。我国惯例是将消防流量加最高日最高时需水量，作为消防工况，用于校核管网设计的合理性。

给水系统应保证一定的水压，以供给足够的生活用水或生产用水。不同城市管网系统的服务水压是不同的，用户水压不宜过高或过低。

随着社会节水意识的增强，为降低给水管网漏损率，多数城市已在推行压力管理，希望能尽可能降低供水管网直接供水到用户的水压。同时应注意水压过低时，如果有多处同时用水，会导致流量降低。

供水水压过高会引起阀门启闭困难，水锤问题突出，长期运行导致水龙头漏水、管道破裂、阀门损坏。异常高压也将导致用水水量和水压的浪费。一般规定管道中的水压不应超过管道最大允许压力。为防止低流量时段（例如在夜间）和地势较低地区的局部水压过高，可采用分区供水或在适当地点安装减压阀。

日本《供水设施设计指针》中规定，配水系统的最小动水压力和最大静水压力由每家供水企业根据供水设施的维护情况、城市化进程、当地地形条件确定；最小动水压力应在 150kPa 以上（满足二层建筑要求），最大静水压力在 740kPa 以下；当消火栓用于消防时，应保持 100kPa 的最小动水压力。英国水务办公室（Ofwat）制定的水压和水量标准为：用户用水点最低水压为 10m 水头，法定最低水压为 7m 水头，流速为 9L/min。南非规定给水管网的最小水压为 24m 水头，最大允许水压为 90m 水头。表 5-2 列出了美国的一般水压服务标准。

美国一般水压服务标准

表 5-2

| 条件 | 服务压力范围（kPa） |
|---|---|
| 最大水压 | 448～517 |
| 最高日最低水压 | 207～276 |
| 最高时最低水压 | 172～241 |
| 消防条件下的最低水压 | 138 |

消防给水设计时，灭火点处按低压消防考虑，管道的压力应保证灭火时最不利消火栓的水压不小于 10m 水柱（从地面算起）。低压消防是指管网内平时水压较低，火场上水枪

需要的压力，由消防车或其他移动式消防泵加压形成。设火场上一辆消防车占用一个消火栓，一辆消防车出两只水枪，每只水枪平均流量为 5L/s，则两只水枪出水量约为 10L/s。直径 65mm 的麻质水带长度为 20m 时的水头损失约为 8.6m 水柱。消火栓与消防车水罐入口的高差约为 1.5m。两者合计为 10.0m。因此最不利点消火栓的压力不应小于 10m 水柱。

美国规定消防流量条件下的节点压力不应低于 14m 水柱（138kPa）；在爆管期间，当管网供水压力低于 14m 水柱时，为防止交叉连接引起供水系统污染的可能性，供水公司应建议用户在用水前将水烧开（煮沸）。

为防止管网水锤事故，最大设计流速不宜超过 2.5～3m/s（一般在 1.2m/s 以下）。为避免水管内悬浮物沉积、水质恶化，最低设计流速不宜低于 0.4m/s。

为满足消防需求，接市政消火栓的环状给水管网的管径不应小于 DN150，枝状管网的管径不宜小于 DN200。当城镇人口小于 2.5 万人时，接市政消火栓的给水管网管径可适当减小，环状管网时不应小于 DN100，枝状管网时不宜小于 DN150。

为确保管网在任何情况下均能保证居民和工业企业的用水要求，配水管网除按最高日最高时的水量及控制点的水压计算外，还应按最高日最高时水量加消防水量、最大转输流量、干管事故水量等三种情况校核；如校核结果不能满足要求，则需调整某些管段。例如小型给水工程，由于消防水量占计算流量的比例较大，故常需根据最高时水量加消防水量的计算结果，调整管径；又如当根据水力分析计算结果，在最高时和最大转输时水泵的扬程相差太大，则需考虑适当加大高地水池进水的管段或最不利管段的管径，以减少各种工况下水泵的扬程差，使水泵大部分时间处于高效率范围内运行。分析中也要避免管径过大，避免流速过低，影响供水水质。

## 5.3 配水管网定线

城市配水管网定线是指在地形平面图上确定管线的走向和位置。配水管网遍布整个给水区，根据管道的功能，可划分为干管和分配管。定线时一般只限于管网的干管以及干管之间的连接管，不包括从干管到用户的分配管和接到用户的进水管。图 5-1 中，实线表示干管，管径较大，用以输水到各地区。虚线表示分配管，它的作用是从干管取水供给用户和消火栓，管径较小。但是干管和分配管的管径并无明确的界限，需视管网规模而定。大管网中的分配管，在小型管网中可能是干管。大城市可略去不计的分配管，在小城市可能不允许略去。

城市配水管网定线取决于城市平面布置，供水区的地形，水源和调节构筑物位置，街区和用户特别是大用户的分布，河流、铁路、桥梁等的位置等，考虑的要点如下：

（1）定线时，干管延伸方向应和二级泵站输水到水池、水塔、大用户的水流方向基本一致，如图 5-1 中的箭头所示。循水流方向以最短的距离布置一条或数条干管，干管位置应从用水量较大的街区通过。干管的间距，可根据街区情况，采用 500～800m。

（2）干管和干管之间的连接管，作用在于局部管线损坏时，可以通过它重新分配流量，从而缩小断水范围，提高供水管网系统的可靠性。根据街区的大小考虑连接管的间距在 800～1000m。

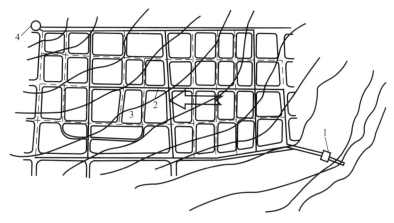

图 5-1  城市管网布置示意图
1-水厂；2-干管；3-分配管；4-高地水库

（3）干管一般按城市规划道路定线，便于管道的安装、修理和维护；但尽量避免在高级路面或重要道路下通过，以减小今后检修时的困难。管线在道路下的平面位置和标高，应符合城市或厂区地下管线综合设计的要求，给水管线和建筑物、铁路以及其他管道的水平净距，均应参照有关规定。给水管道与污水管道或输送有毒液体管道交叉时，给水管道应敷设在上面，且不应有接口重叠；当给水管道敷设在下面时，应采用钢管或钢套管，钢套管伸出交叉管的长度，每边不得小于 3m，钢套管的两端采用防水材料封闭。

考虑了上述要求，城市管网将是树状网和若干环组成的环状网相结合的形式，管线大致均匀地分布于整个给水区域。

给水管网中还须安排其他一些管线和附属设备，例如在供水范围内分配管常由城市消防流量决定所需最小的管径。中小城市最小分配管直径为 100mm，大城市采用 150～200mm，主要原因是通过消防流量时，分配管中的水头损失不致过大，以免火灾地区的水压过低。

城市内的工厂、学校、医院等用水均从分配管接出，再通过房屋进水管接到用户。一般建筑物用一条进水管；用水要求较高的建筑物或建筑物群，有时在不同部位接入两条或数条进水管，以增加供水的可靠性。

当配水系统中需设置加压泵站时，其位置选择在用水集中地区。泵站用地应按规划期给水规模确定，其用地控制指标应按表 5-3 采用。泵站周围应设置宽度不小于 10m 的绿化地带，并宜与城市绿化用地相结合。加压水泵一般不应从管网中直接抽水，以免影响周围地区水压，需通过水池或吸水井吸水。当从较大口径管道中提升较小水量而采用直接抽水时，应取得当地供水管理部门的同意。

泵站用地控制指标　　　　　　　　　　　　　　表 5-3

| 建设规模（万 m³/d） | 用地指标（m²·d/m³） | 建设规模（万 m³/d） | 用地指标（m²·d/m³） |
|---|---|---|---|
| 5～10 | 0.25～0.20 | 30～50 | 0.10～0.03 |
| 10～30 | 0.20～0.10 | | |

穿越河底的管道应避开锚地，管内流速应大于不淤流速。管道应有检修和防止冲刷破坏的保护设施。管道的埋设深度还应根据管道等级确定防洪标准和在其相应洪水的冲刷深

度以下，但至少应大于1m。管道埋设在通航河道时，应符合航运管理部门的技术规定，并应在河两岸设立标志，管道埋设深度应在航道底设计高程2m以下。给水管道与铁路交叉时，其设计应按铁路行业技术规定执行。

## 5.4 设计用水量

给水系统设计时，首先须确定系统在设计年限内达到的用水量，因为系统中的取水、水处理、泵站和管网等设施的规模都需参照设计用水量确定，它将直接影响建设投资和运行费用。

设计用水量由下列各项组成：1）综合生活用水（包括居民生活用水和公共建筑及设施用水）；2）工业企业用水；3）浇洒道路和绿地用水；4）管网漏损水量；5）未预见用水；6）消防用水。

### 5.4.1 用水量定额

用水量定额是指设计年限内达到的用水水平，需从城市规划、工业企业生产情况、居民生活条件和气象条件等方面，结合现状用水调查资料分析，进行远近期水量预测。城市生活用水和工业用水的增长速度，在一定程度上是有规律的，但如对生活用水采取节水措施，对工业用水采取计划用水、提高工业用水重复利用率等，可以影响用水量的增长速度，在确定用水量定额时应考虑这种变化。

（1）生活用水

居民生活用水是指居民家庭为了饮用、卫生、烹饪、冲洗餐具等消耗的水量。城市居民生活用水量由城市人口、每人每日平均生活用水量和城市给水普及率等因素确定。这些因素随城市规模的大小而变化。通常，住房条件好、给水排水设备较完善、居民生活水平较高的大城市，生活用水量额定也较高。

综合生活用水包括城市居民日常生活用水和公共建筑及设施用水两部分。公共建筑及设施用水包括娱乐场所、宾馆、浴室、商业、学校和机关办公楼等用水。

我国幅员辽阔，各城市的水资源和气候条件不同，生活习惯各异，所以人均用水量有较大的差别。即使用水人口相同的城市，因城市地理位置和水源等条件不同，用水量也可能相差很大。一般来说，我国东南地区、沿海经济开发特区和旅游城市，因水源丰富、气候较好、经济比较发达，用水量普遍高于水源短缺、气候寒冷的西北地区。

单位人口用水量可通过水表计量、当地调查、取样调查或将社区总供水量除以居民人数确定（估算）。设计时如果缺乏实际用水量资料，则居民生活用水定额和综合用水定额可按表5-4选用。

生活用水定额 [L/(人·d)]                                    表 5-4

| 分区 | 城市规模 | | | | | | |
|---|---|---|---|---|---|---|---|
| | 超大城市 | 特大城市 | Ⅰ型大城市 | Ⅱ型大城市 | 中等城市 | Ⅰ型小城市 | Ⅱ型小城市 |
| 最高日居民生活用水定额 | | | | | | | |
| 一 | 180～320 | 160～300 | 140～280 | 130～260 | 120～240 | 110～220 | 100～200 |
| 二 | 110～190 | 100～180 | 90～170 | 80～160 | 70～150 | 60～140 | 50～130 |
| 三 | | | | 80～150 | 70～140 | 60～130 | 50～120 |

| 分区 | 城市规模 | | | | | | |
|---|---|---|---|---|---|---|---|
| | 超大城市 | 特大城市 | Ⅰ型大城市 | Ⅱ型大城市 | 中等城市 | Ⅰ型小城市 | Ⅱ型小城市 |
| 平均日居民生活用水定额 | | | | | | | |
| 一 | 140～280 | 130～250 | 120～220 | 110～200 | 100～180 | 90～170 | 80～160 |
| 二 | 100～150 | 90～140 | 80～130 | 70～120 | 60～110 | 50～100 | 40～90 |
| 三 | — | — | — | 70～110 | 60～100 | 50～90 | 40～80 |
| 最高日综合生活用水定额 | | | | | | | |
| 一 | 250～480 | 240～450 | 230～420 | 220～400 | 200～380 | 190～350 | 180～320 |
| 二 | 200～300 | 170～280 | 160～270 | 150～260 | 130～240 | 120～230 | 110～220 |
| 三 | — | — | — | 150～250 | 130～230 | 120～220 | 110～210 |
| 平均日综合生活用水定额 | | | | | | | |
| 一 | 210～400 | 180～360 | 150～330 | 140～300 | 130～280 | 120～260 | 110～240 |
| 二 | 150～230 | 130～210 | 110～190 | 90～170 | 80～160 | 70～150 | 60～140 |
| 三 | — | — | — | 90～160 | 80～150 | 70～140 | 60～130 |

注：1. 超大城市指城区常住人口1000万人及以上的城市；特大城市指城区常住人口500万人以上1000万人以下的城市；Ⅰ型大城市指城区常住人口300万人以上500万人以下的城市；Ⅱ型大城市指城区常住人口100万人以上300万人以下的城市；中等城市指城区常住人口50万人以上100万人以下的城市；Ⅰ型小城市指城区常住人口20万人以上50万人以下的城市；Ⅱ型小城市指城区常住人口20万人以下的城市。

2. 一区包括：湖北、湖南、江西、浙江、福建、广东、广西、海南、上海、江苏、安徽；二区包括：重庆、四川、贵州、云南、黑龙江、吉林、辽宁、北京、天津、河北、山西、河南、山东、宁夏、陕西、内蒙古河套以东和甘肃黄河以东的地区；三区包括：新疆、青海、西藏、内蒙古河套以西和甘肃黄河以西的地区。

3. 经济开发区和特区城市，根据用水实际情况，用水定额可酌情增加。

4. 当采用海水或污水再生水等作为冲厕用水时，用水定额相应减少。

（2）工业企业生产用水和工作人员生活用水

工业生产用水一般指工业企业在生产过程中，用于冷却、空调、制造、加工、净化和洗涤方面的用水。在城市给水中，工业用水占很大比例。生产用水中，冷却用水是大量的，特别是火力发电、冶金和化工等工业。空调用水则以纺织、电子仪表和精密机床生产等工业用得较多。

设计年限内生产用水量的预测，可以根据工业用水的以往资料，按历年工业用水增长率以推算未来的水量，或根据单位工业产值的用水量、工业用水量增长率与工业产值的关系，或单位产值用水量与用水重复利用率的关系加以预测。

工业用水指标一般以万元产值用水量表示。不同类型的工业万元产值用水量不同。如果城市中用水单耗指标较大的工业多，则万元产值的用水量也高；即使同类工业部门，由于管理水平提高、工艺条件改革和产品结构的变化，尤其是工业产值的增长，单耗指标会逐年降低。提高工业用水重复利用率，重视节约用水等可以降低工业用水单耗。随着工业的发展，工业用水量也随之增长，但用水量增长速度比不上产值的增长速度。工业用水的单耗指标由于水的重复利用率提高而有逐年下降趋势。由于高产值、低单耗的工业发展迅速，因此万元产值的用水量指标在很多城市有较大幅度下降。

有些工业企业往往不是以产值为指标，而以工业产品的产量为指标，这时，工业企业的生产用水量标准，应根据生产工艺过程的要求确定或是按单位产品计算用水量，如每生产一吨钢要多少水，或按每台设备每天用水量计算。生产用水量通常由企业的工艺部门提供。在缺乏资料时，可参考同类型企业用水指标。在估计工业企业生产用水量时，应按当地水源条件、工业发展情况、工业生产水平，预估将来可能达到的重复利用率。

工业企业内工作人员生活用水量和淋浴用水量可按现行国家标准《工业企业设计卫生标准》GBZ1执行。工作人员生活用水量应根据车间性质决定，一般车间采用每人每班25L，高温车间采用每人每班35L。

工业企业内工作人员的淋浴用水量，可参照表5-5的规定，淋浴时间在下班后1h内进行。

**工业企业内工作人员淋浴用水量**　　　　　　表5-5

| 分级 | 车间卫生特征 | | | 用水量 [L/(人·班)] |
|---|---|---|---|---|
| | 有毒物质 | 生产性粉尘 | 其他 | |
| 1级 | 极易经皮肤吸收引起中毒的剧毒物质（如有机磷、三硝基甲苯、四乙基铅等） | | 处理传染性材料、动物原料（如皮、毛等） | 60 |
| 2级 | 易经皮肤吸收或有恶臭的物质或高毒物质（如丙烯腈、吡啶、苯酚等） | 严重污染全身或对皮肤有刺激的粉尘（如炭、玻璃棉等） | 高温作业，井下作业 | 60 |
| 3级 | 其他毒物 | 一般性粉尘（如棉尘） | 重作业 | 40 |
| 4级 | 不接触有毒物质及粉尘，不污染或轻度污染身体（如仪表、机械加工、金属冷加工等） | | | 40 |

（3）消防用水

市政消防给水设计流量，应根据当地火灾统计资料、火灾扑救用水量统计资料、灭火用水量保证率、建筑的组成和市政给水管网运行合理性等因素综合分析计算确定。城镇和居住区等市政消防给水设计流量，应按同一时间内的火灾起数和一起火灾灭火设计流量经计算确定。同一时间内的火灾起数和一起火灾灭火设计流量不应小于表5-6的规定。工业园区、商务区等消防给水设计流量，宜根据其规划区域的规模和同一时间的火灾起数，以及规划中的各类建筑室内外同时作用的水灭火系统设计流量之和经计算分析确定。

**城镇和居住区同一时间内的火灾起数和一起火灾灭火设计流量**　　　表5-6

| 人数 N（万人） | 同一时间内的火灾起数（起） | 一起火灾灭火设计流量（L/s） |
|---|---|---|
| N≤1.0 | 1 | 15 |
| 1.0<N≤2.5 | | 30 |
| 2.5<N≤5.0 | 2 | 30 |
| 5.0<N≤20.0 | | 45 |
| 20.0<N≤30.0 | | 60 |
| 30.0<N≤40.0 | | 75 |
| 40.0<N≤50.0 | 3 | 90 |
| 50.0<N≤70.0 | | 90 |
| N>70.0 | | 100 |

在消防工况校核中，一次灭火用水量应添加到控制点位置，多起灭火用水量除添加到控制点外，也应添加到离水源较远，或靠近大用户或工业企业的节点处。

日本《供水设施设计指针》中提出火灾时的流量计算方式为：①当规划供水人口超过10万人，规划最高时配水量足够时，可按该配水量进行管网流量分配；②当规划供水人

112

口在 10 万人以下时，管网流量分配最好采用规划最高日用水量和消防流量之和。

（4）其他用水

浇洒道路和绿化用水量应根据路面、绿化、气候和土壤等条件确定。浇洒道路用水可按浇洒面积以 2.0～3.0L/(m² · d) 计算；浇洒绿地用水可按浇洒面积以 1.0～3.0L/(m² · d) 计算。

城镇配水管网的漏损水量宜按居民生活用水量、工业企业生产用水量和工作人员生活用水量、浇洒道路和绿地用水量之和的 10％计算，当单位管长供水量小或供水压力高时可适当增加。未预见水量应根据水量预测时难以预见因素的程度确定，宜采用居民生活用水量、工业企业生产用水量和工作人员生活用水量、浇洒道路和绿地用水量与管网漏失水量之和的 8％～12％。

工业企业自备水厂的上述水量可根据工艺和设备情况确定。

### 5.4.2 用水量变化

无论生活用水还是生产用水，用水量在逐年、逐月、逐周、逐日、逐时动态变化（图 5-2）。生活用水量随着生活习惯和气候而变化，例如假期比平日高，夏季比冬季用水多；从我国大中城市的用水情况可以看出，在一天内早晨起床后和晚饭前后用水最多。又如工业企业的冷却用水量，随气温和水水温而变化，夏季多于冬季。

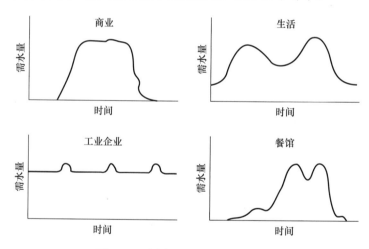

图 5-2 不同类型用水的日变化模式

用水的变化通常用它们与平均用水量的比值表示，这个比值即用水量变化系数。在一年中，最高日用水量与平均日用水量的比值，称作最高日系数。一天内，最高一小时用水量与平均时用水量的比值，称作最高时系数。城镇供水的最高时系数、最大日系数应根据城镇性质和规模、国民经济和社会发展、供水系统布局，结合现状供水曲线和日用水变化分析确定。例如管网内的蓄水设施可以缓解高峰时的供水量。缺乏实际用水资料情况下，最高日城市综合用水的最高时系数宜采用 1.2～1.6；最高日系数宜采用 1.1～1.5。通常较大服务区取较低值，较小服务区取高值。

### 5.4.3 用水量计算

设计用水量应先分项计算，然后汇总。消防用水量作为非常规用水，不累计在设计总用水量中，仅在设计校核中使用。

（1）城市最高日综合生活用水量

$$Q_1 = \sum \frac{q_{1i}N_{1i}}{1000} \qquad (\text{m}^3/\text{d}) \qquad (5\text{-}1)$$

式中　　$q_{1i}$——城市各用水分区的最高日综合生活用水量定额，L/（人·d），见表 5-4；

　　　　$N_{1i}$——设计年限内城市各用水分区的计划用水人口数，人。

　　一般地，城市应按房屋卫生设备类型差异，划分成不同的用水区域，以分别选定用水量定额，计算综合生活用水量。以往文献和国外某些不发达地区，认为城市计划人口数并不等于实际用水人数，应在综合生活用水量中考虑用水普及率的影响。目前国内新建给水管网，通常按用水普及率 100% 计。

（2）工业企业生产用水量

$$Q_2 = \sum q_{2i}N_{2i}(1-f_i) \qquad (\text{m}^3/\text{d}) \qquad (5\text{-}2)$$

式中　　$q_{2i}$——各工业企业最高日生产用水量定额，$\text{m}^3$/万元产值、$\text{m}^3$/产量单位或 $\text{m}^3$/（生产设备·d）；

　　　　$N_{2i}$——各工业企业产值，万元/d，产量，产品/d 或生产设备数量；

　　　　$f_i$——各工业企业生产用水重复利用率。

（3）工业企业职工生活用水和淋浴用水量

$$Q_3 = \sum \frac{q_{3ai}N_{3ai} + q_{3bi}N_{3bi}}{1000} \qquad (\text{m}^3/\text{d}) \qquad (5\text{-}3)$$

式中　　$q_{3ai}$——各工业企业车间职工生活用水量定额，L/（人·班）；

　　　　$q_{3bi}$——各工业企业车间职工淋浴用水量定额，L/（人·班）；

　　　　$N_{3ai}$——各工业企业车间最高日职工生活用水总人数，人；

　　　　$N_{3bi}$——各工业企业车间最高职工淋浴用水总人数，人。

　　注意 $N_{3ai}$ 和 $N_{3bi}$ 应计算全日各班人数之和；不同车间用水量定额不同时，应分别计算。

（4）浇洒道路和绿地用水量

$$Q_4 = \sum \frac{q_{4a}N_{4a} + q_{4b}N_{4b}}{1000} \qquad (\text{m}^3/\text{d}) \qquad (5\text{-}4)$$

式中　　$q_{4a}$——浇洒道路用水量定额，L/（$\text{m}^2$·d）；

　　　　$q_{4b}$——浇洒绿地用水量定额，L/（$\text{m}^2$·d）；

　　　　$N_{4a}$——最高日浇洒道路面积，$\text{m}^2$；

　　　　$N_{4b}$——最高日浇洒绿地面积，$\text{m}^2$。

（5）管网漏损水量

$$Q_5 = 0.1(Q_1 + Q_2 + Q_3 + Q_4) \qquad (\text{m}^3/\text{d}) \qquad (5\text{-}5)$$

（6）未预见水量

$$Q_6 = (0.08 \sim 0.12)(Q_1 + Q_2 + Q_3 + Q_4 + Q_5) \qquad (\text{m}^3/\text{d}) \qquad (5\text{-}6)$$

（7）消防用水量

$$Q_7 = q_7 f_7 \qquad (\text{L/s}) \qquad (5\text{-}7)$$

式中　　$q_7$——一起火灾灭火设计流量，L/s；

　　　　$f_7$——同一时间内的火灾起数。

（8）最高日设计用水量

$$Q_d = Q_1 + Q_2 + Q_3 + Q_4 + Q_5 + Q_6$$
$$= (1.19 \sim 1.23)(Q_1 + Q_2 + Q_3 + Q_4) \tag{5-8}$$

（9）最高时设计用水量

$$Q_h = \frac{K_h Q_d}{24} \quad (m^3/h) \tag{5-9}$$

式中　　$K_h$——最高时系数。

【例 5-1】 我国华东地区某城镇规划人口 80000 人，其中老城区人口 33000 人，新城区人口 47000 人，老城区房屋卫生设备较差，最高日综合生活用水量定额采用 260L/(人·d)。新城区房屋卫生设备比较齐全，最高日综合生活用水量定额采用 350L/(人·d)。主要工业企业及其用水资料见表 5-7。浇洒道路面积为 7.5hm²，用水量定额采用 2.5L/(m²·d)。浇洒绿地面积 13hm²，用水量采用 2.0L/(m²·d)。最高时系数取 $K_h = 1.42$。试计算该城镇最高日设计用水量和最高时设计用水量。

某城镇工业企业用水资料　　表 5-7

| 企业代号 | 工业产值（万元/d） | 生产用水 | | 生产班制 | 每班职工人数（人） | | 每班淋浴人数（人） | |
|---|---|---|---|---|---|---|---|---|
| | | 定额(m³/万元) | 复用率（%） | | 一般车间 | 高温车间 | 一般车间 | 污染车间 |
| F01 | 16.67 | 300 | 40 | 0：00～8：00,<br>8：00～16：00,<br>16：00～24：00 | 310 | 160 | 170 | 230 |
| F02 | 15.83 | 150 | 30 | 7：00～15：00,<br>15：00～23：00 | 155 | 0 | 70 | 0 |
| F03 | 8.20 | 40 | 0 | 8：00～16：00 | 20 | 220 | 20 | 220 |
| F04 | 28.24 | 70 | 55 | 1：00～9：00,<br>9：00～17：00,<br>17：00～1：00 | 570 | 0 | 0 | 310 |
| F05 | 2.79 | 120 | 0 | 8：00～16：00 | 110 | 0 | 110 | 0 |
| F06 | 60.60 | 200 | 60 | 23：00～7：00,<br>7：00～15：00,<br>15：00～23：00 | 820 | 0 | 350 | 140 |
| F07 | 3.38 | 80 | 0 | 8：00～16：00 | 95 | 0 | 95 | 0 |

【解】 城镇最高日综合生活用水量为：

$$Q_1 = \sum \frac{q_{1i} N_{1i}}{1000} = \frac{260 \times 33000 + 350 \times 47000}{1000} = 25030 m^3/d$$

工业企业生产用水量 $Q_2$ 计算见表 5-8，工业企业职工生活用水和淋浴用水量 $Q_3$ 计算见表 5-9。

工业企业生产用水量 $Q_2$ 计算　　表 5-8

| 企业代号 | 工业产值（万元/d） | 生产用水 | | 生产用水量（m³/d） | 企业代号 | 工业产值（万元/d） | 生产用水 | | 生产用水量（m³/d） |
|---|---|---|---|---|---|---|---|---|---|
| | | 定额(m³/万元) | 复用率（%） | | | | 定额(m³/万元) | 复用率（%） | |
| F01 | 16.67 | 300 | 40 | 3000.6 | F05 | 2.79 | 120 | 0 | 334.8 |
| F02 | 15.83 | 150 | 30 | 1662.2 | F06 | 60.60 | 200 | 60 | 4848.0 |

| 企业代号 | 工业产值（万元/d） | 生产用水 | | 生产用水量（m³/d） | 企业代号 | 工业产值（万元/d） | 生产用水 | | 生产用水量（m³/d） |
|---|---|---|---|---|---|---|---|---|---|
| | | 定额（m³/万元） | 复用率（%） | | | | 定额（m³/万元） | 复用率（%） | |
| F03 | 8.20 | 40 | 0 | 328.0 | F07 | 3.38 | 80 | 0 | 270.4 |
| F04 | 28.24 | 70 | 55 | 889.6 | 合计（$Q_2$） | | | | 11333.6 |

**工业企业职工的生活用水和淋浴用水量 $Q_3$ 计算**　　　　　　表 5-9

| 企业代号 | 生产班制 | 每班职工人数（人） | | 每班淋浴人数（人） | | 职工生活与淋浴用水量（m³/d） | | |
|---|---|---|---|---|---|---|---|---|
| | | 一般车间 | 高温车间 | 一般车间 | 污染车间 | 生活用水 | 淋浴用水 | 小计 |
| F01 | 0：00～8：00，8：00～16：00，16：00～24：00 | 310 | 160 | 170 | 230 | 40.1 | 61.8 | 101.9 |
| F02 | 7：00～15：00，15：00～23：00 | 155 | 0 | 70 | 0 | 7.8 | 5.6 | 13.4 |
| F03 | 8：00～16：00 | 20 | 220 | 20 | 220 | 8.2 | 14.0 | 22.2 |
| F04 | 1：00～9：00，9：00～17：00，17：00～1：00 | 570 | 0 | 0 | 310 | 42.8 | 55.8 | 98.6 |
| F05 | 8：00～16：00 | 110 | 0 | 110 | 0 | 2.8 | 4.4 | 7.2 |
| F06 | 23：00～7：00，7：00～15：00，15：00～23：00 | 820 | 0 | 350 | 140 | 61.5 | 67.2 | 128.7 |
| F07 | 8：00～16：00 | 95 | 0 | 95 | 0 | 2.4 | 3.8 | 6.2 |
| 合计（$Q_3$） | | | | | | | | 378.2 |

注：职工生活用水量定额为：一般车间 25L/（人·班），高温车间 35L/（人·班）；职工淋浴用水量定额为：一般车间 40L/（人·班），污染车间 60L/（人·班）。

浇洒道路和绿地用水量：

$$Q_4 = \frac{q_{4a}N_{4a} + q_{4b}N_{4b}}{1000} = \frac{2.5 \times 75000 + 2.0 \times 130000}{1000} = 447.5 \text{m}^3/\text{d}$$

管网漏损水量：

$$Q_5 = 0.1(Q_1 + Q_2 + Q_3 + Q_4)$$
$$= 0.1 \times (25030 + 11333.6 + 378.2 + 447.5) = 3718.9 \text{m}^3/\text{d}$$

未预见水量（取 10%）：

$$Q_6 = 0.1 \times (Q_1 + Q_2 + Q_3 + Q_4 + Q_5)$$
$$= 0.1 \times (25030 + 11333.6 + 378.2 + 447.5 + 3718.9) = 4090.8 \text{m}^3/\text{d}$$

该城镇规划人口 80000 人，查表 5-6，消防用水量定额为 45L/s，同时火灾次数为 2，则消防用水量为：

$$Q_7 = q_7 f_7 = 45 \times 2 = 90 \text{L/s}$$

最高日设计用水量：

$$Q_d = Q_1 + Q_2 + Q_3 + Q_4 + Q_5 + Q_6$$
$$= 25030 + 11333.6 + 378.2 + 447.5 + 3718.9 + 4090.8 = 44999 \text{m}^3/\text{d}$$

最高时设计用水量

$$Q_h = \frac{K_h Q_d}{24} = \frac{1.42 \times 44999}{24} = 2662 \text{m}^3/\text{h}$$

## 5.5 设计流量分配

为了给水管网的详细设计，需要将给水管网最高日最高时设计用水量 $Q_h$ 分配到管网图中的每条管段和每个节点。

### 5.5.1 沿线流量和集中流量

给水管网设计中，常将供水用户分为两类，一类称为集中用水户，另一类称为分散用水户。集中用水户是从管网中一点取水，用水流量较大的用户，其用水流量称为集中流量，例如工业企业、事业单位、大型公共建筑等用水，均可作为集中流量。分散用水户是从管段沿线取水，流量较小的用户，其用水量称为沿线流量，例如居民生活用水、浇洒道路或绿地用水等。一般在管网水力计算图中，集中流量直接从节点取水；沿线流量认为是从两节点之间管段取水，从管段的沿线均匀流出。

集中流量一般根据集中用水户在最高日的用水量及其最高时系数计算：

$$q_{ni} = \frac{K_{hi} Q_{di}}{86.4} \qquad (5\text{-}10)$$

式中　　$q_{ni}$——集中用水户 $i$ 的集中流量，L/s；

　　　　$Q_{di}$——集中用水户 $i$ 的最高日用水量，$\text{m}^3/\text{d}$；

　　　　$K_{hi}$——集中用水户 $i$ 的最高时系数。

考虑不同用户的用水高峰时间可能不同，各集中用水户按式（5-10）计算的集中流量相加后，数值可能偏大。如果已知集中用水户的用水高峰时间与管网总体用水高峰时间不同，则应适当调整计算的集中流量值。

沿线流量一般按配水管段的长度或服务面积计算：

$$q_{mi} = q_1 l_{mi} = \frac{Q_h - \sum q_{ni}}{\sum l_{mi}} l_{mi} \qquad (5\text{-}11)$$

或

$$q_{mi} = q_A A_i = \frac{Q_h - \sum q_{ni}}{\sum A_i} A_i \qquad (5\text{-}12)$$

式中　　$q_{mi}$——管段 $i$ 的沿线流量，L/s；

　　　　$l_{mi}$——管段 $i$ 的沿线配水长度，m；

$q_1 = \dfrac{Q_h - \sum q_{ni}}{\sum l_{mi}}$——按管段配水长度分配沿线流量的比流量，$\text{L}/(\text{s}\cdot\text{m})$；

　　　　$A_i$——管段 $i$ 的服务面积，$\text{m}^2$；

$q_A = \dfrac{Q_h - \sum q_{ni}}{\sum A_i}$——按管段服务面积分配沿线流量的比流量，$\text{L}/(\text{s}\cdot\text{m}^2)$。

注意式（5-11）中的管段配水长度不一定是管段的实际长度，它是指管段中具有接户管接入的那部分管道长度。例如两侧无用水的输水管，其配水长度为零；只有一侧配水的管段，其配水长度应按实际管段长度的一半计算。只有当管段两侧全部配水时，管段的配水长度才等于其实际长度。

式（5-12）表示任一管段的沿线流量，等于其服务面积和比流量 $q_A$ 的乘积。服务面积可用角平分线方法划分街区。对于常见矩形街区，经角平分线划分后，在街区长边上的管段，其两侧服务面积均为梯形；在街区短边上的管段，其两侧服务面积均为三角形（图 5-3）。这种方法比较准确，但计算较复杂。

所有集中流量和沿线流量计算出来后，应进行流量平衡核算，即：

$$Q_h = \sum q_{ni} + \sum q_{mi} \quad (L/s) \tag{5-13}$$

如果式（5-13）等号左侧与右侧之间的结果相差较大，应检查计算过程中的错误。如果式（5-13）等号左侧与右侧之间的结果相差不大，可能是计算精度误差（由小数舍入截尾）造成，可以直接调整某些集中流量或沿线流量数值，使式（5-13）成立。

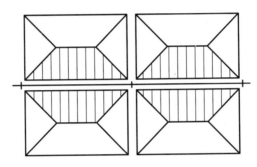

图 5-3　管段服务面积划分示意图

### 5.5.2　节点设计流量

管网中任意管段的流量，由两部分组成：一部分是沿该管段长度 $L$ 配水的沿线流量 $q_1$，另一部分是通过该管段输水到以后管段的转输流量 $q_t$。转输流量沿整个管段不变，而沿线流量由于管段沿线配水，管段中的流量顺水流方向逐渐减小，到管段末端只剩下转输流量。如图 5-4 所示，管段 1-2 起端 1 的流量等于转输流量 $q_t$ 加沿线流量 $q_1$，到末端 2 只有转输流量 $q_t$，因此从管段起点到终点的流量是变化的。

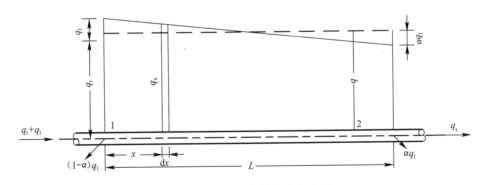

图 5-4　沿线流量折算成节点流量

按照用水量在全部干管上均匀分配的假定求出沿线流量，是一种近似的方法。如上所述，每一管段的沿线流量是沿管线分配的。对于流量变化的管段，难以确定管径和水头损失，有必要将沿线流量转化成从节点流出的流量。这样，沿管线不再有流量流出，即管段

118

中的流量不再沿管线变化，可根据该流量确定管径。

沿线流量化成节点流量的原理是求出一个沿线不变的折算流量 $q$，使它产生的水头损失等于实际沿管线变化的流量 $q_x$ 产生的水头损失。

从图 5-4 得出，通过管段 1-2 任一断面上的流量为：

$$q_x = q_t + q_1 \frac{L-x}{L} = q_1 \left( \gamma + \frac{L-x}{L} \right) \tag{5-14}$$

式中　　$\gamma = \dfrac{q_t}{q_1}$。

根据水力学知识，管段 $\mathrm{d}x$ 中的水头损失为：

$$\mathrm{d}h = aq_1^n \left( \gamma + \frac{L-x}{L} \right)^n \mathrm{d}x \tag{5-15}$$

式中　　$a$——管段的比阻。

流量变化的管段 $L$ 中水头损失可表示为：

$$h = \int_0^L \mathrm{d}h = \int_0^L aq_1^n \left( \gamma + \frac{L-x}{L} \right)^n \mathrm{d}x \tag{5-16}$$

经积分，得：

$$h = \frac{1}{n+1} aq_1^n \left[ (\gamma+1)^{n+1} - \gamma^{n+1} \right] L \tag{5-17}$$

图 5-4 中的水平虚线表示沿线不变的折算流量 $q$，为：

$$q = q_t + \alpha q_1 \tag{5-18}$$

式中　　$\alpha$——折算系数，即将沿线变化流量折算成管段两端节点流出流量的节点流量系数。

折算流量所产生的水头损失为：

$$h = aLq_1^n (\gamma + \alpha)^n \tag{5-19}$$

按照这两个流量数值在管段上产生的水头损失相等的条件，令式（5-17）等于式（5-19），得出折算系数：

$$\alpha = \sqrt[n]{\frac{(\gamma+1)^{n+1} - \gamma^{n+1}}{n+1}} - \gamma \tag{5-20}$$

取水头损失公式的指数为 $n=2$，代入并经简化，得：

$$\alpha = \sqrt{\gamma^2 + \gamma + \frac{1}{3}} - \gamma \tag{5-21}$$

从上式可见，折算系数 $\alpha$ 只与 $\gamma = q_t/q_1$ 的数值相关，管网末端的管段因转输量 $q_t$ 为零，则 $\gamma = 0$，得：

$$\alpha = \sqrt{\frac{1}{3}} = 0.577$$

如果转输流量远大于沿线流量的管段，即 $\gamma \to \infty$ 时，折算系数为：

$$\lim_{\gamma \to \infty} \alpha = 0.50$$

由此可见，因管段在管网中的位置不同，$\gamma$ 值不同，折算系数 $\alpha$ 也不相同（图 5-5）。在靠近管网起端的管段，因转输流量比沿线流量大很多，$\alpha$ 值接近于 0.5；而靠近管网末端的管段，$\alpha$ 值大于 0.5。为便于管网分析计算，通常统一采用 $\alpha = 0.50$，即将沿线流量折半作为管段两端的节点流量。

因此管网任一节点的节点流量为：

$$Q_i = \alpha \sum q_1 = 0.5 \sum q_1 \tag{5-22}$$

即任意节点 $i$ 的节点流量 $q_i$ 等于与该节点相连各管段的沿线流量 $q_1$ 总和的一半。

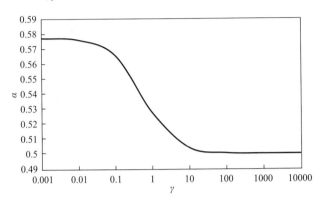

图 5-5　折算系数 $\alpha$ 随 $\gamma$ 的变化

城市管网中，工业企业等大用户所需流量，可直接作为接入大用户节点的节点流量。工业企业内的生产用水管网，水量大的车间用水量也可直接作为节点流量。

【例 5-2】　图 5-6 所示管网，给水区的范围如虚线所示，比流量为 $q_1$，求各节点的流量。

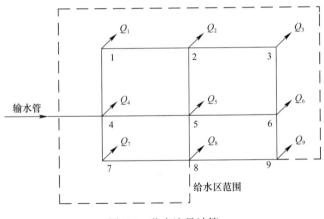

图 5-6　节点流量计算

【解】　以节点 3、5、8、9 为例，节点流量如下：

$$Q_3 = \frac{1}{2} q_1 (l_{2\sim3} + l_{3\sim6})$$

$$Q_5 = \frac{1}{2} q_1 (l_{4\sim5} + l_{2\sim5} + l_{5\sim6} + l_{5\sim8})$$

$$Q_8 = \frac{1}{2} q_1 (l_{7\sim8} + l_{5\sim8} + \frac{1}{2} l_{8\sim9})$$

$$Q_9 = \frac{1}{2} q_1 (l_{6\sim9} + \frac{1}{2} l_{8\sim9})$$

因管段 8-9 单侧供水，求节点流量时，比流量按一半计算，也可以将管段长度按一般计算。

【例 5-3】 某给水管网经过简化，如图 5-7 所示，管网中设置水塔；各管段长度和配水长度见表 5-10；最高时用水流量为 231.50L/s，其中集中用水流量见表 5-11。试进行设计用水量分配并计算节点设计流量。

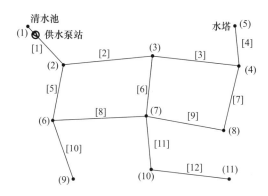

图 5-7 某给水管网图

**各管段长度与配水长度** 表 5-10

| 管段编号 | 1 | 2 | 3 | 4 | 5 | 6 | 7 | 8 | 9 | 10 | 11 | 12 | 总计 |
|---|---|---|---|---|---|---|---|---|---|---|---|---|---|
| 管段长度（m） | 320 | 650 | 550 | 270 | 330 | 350 | 360 | 590 | 490 | 340 | 290 | 520 | 5060 |
| 配水长度（m） | 0 | 650 | 550 | 0 | 165 | 350 | 180 | 590 | 490 | 150 | 290 | 360 | 3775 |

**最高时集中用水流量** 表 5-11

| 集中用水户名称 | 工厂 A | 火车站 | 宾馆 | 工厂 B | 学校 | 工厂 C | 工厂 D | 总计 |
|---|---|---|---|---|---|---|---|---|
| 集中用水流量（L/s） | 8.85 | 14.65 | 7.74 | 15.69 | 16.20 | 21.55 | 12.06 | 96.74 |
| 所处位置节点编号 | 3 | 3 | 4 | 8 | 9 | 10 | 11 | |

【解】 按管段配水长度分配沿线流量，则比流量为：

$$q_1 = \frac{Q_h - \sum q_{ni}}{\sum l_{mi}} = \frac{231.50 - 96.74}{3775} = 0.0357 \text{L/(s·m)}$$

各节点设计流量计算如下：

$$Q_2 = \frac{1}{2} q_1 (l_{m1} + l_{m2} + l_{m5}) = \frac{1}{2} \times 0.0357 \times (0 + 650 + 165) = 14.55 \text{L/s}$$

$$Q_3 = \frac{1}{2} q_1 (l_{m2} + l_{m3} + l_{m6}) + q_{n3}$$

$$= \frac{1}{2} \times 0.0357 \times (650 + 550 + 350) + (8.85 + 14.65) = 51.17 \text{L/s}$$

$$Q_4 = \frac{1}{2} q_1 (l_{m3} + l_{m4} + l_{m7}) + q_{n4} = \frac{1}{2} \times 0.0357 \times (550 + 0 + 180) + 7.74 = 20.77 \text{L/s}$$

$$Q_6 = \frac{1}{2} q_1 (l_{m5} + l_{m8} + l_{m10}) = \frac{1}{2} \times 0.0357 \times (165 + 590 + 150) = 16.15 \text{L/s}$$

$$Q_7 = \frac{1}{2} q_1 (l_{m6} + l_{m8} + l_{m9} + l_{m11}) = \frac{1}{2} \times 0.0357 \times (350 + 590 + 490 + 290) = 30.70 \text{L/s}$$

$$Q_8 = \frac{1}{2}q_1(l_{m7} + l_{m9}) + q_{n8} = \frac{1}{2} \times 0.0357 \times (180 + 490) + 15.69 = 27.65 \text{L/s}$$

$$Q_9 = \frac{1}{2}q_1 l_{m10} + q_{n9} = \frac{1}{2} \times 0.0357 \times 150 + 16.20 = 18.88 \text{L/s}$$

$$Q_{10} = \frac{1}{2}q_1(l_{m11} + l_{m12}) + q_{n10} = \frac{1}{2} \times 0.0357 \times (290 + 360) + 21.55 = 33.15 \text{L/s}$$

$$Q_{11} = \frac{1}{2}q_1 l_{m12} + q_{n11} = \frac{1}{2} \times 0.0357 \times 360 + 12.06 = 18.49 \text{L/s}$$

核算：$\sum q_{ni} + \sum q_{mi} = 14.55 + 51.17 + 20.77 + 16.15 + 30.70 + 27.65 + 18.88$
$\qquad\qquad + 33.15 + 18.49 = 231.51 \text{L/s}$

该数值略高于最高时用水量 231.50L/s。为此，可略修改其中一个节点流量值，例如将节点 11 的流量由 18.49L/s 改为 18.48L/s，则可使各节点流量之和与最高时用水量相等。

节点设计流量计算最终结果标于图 5-8 中。

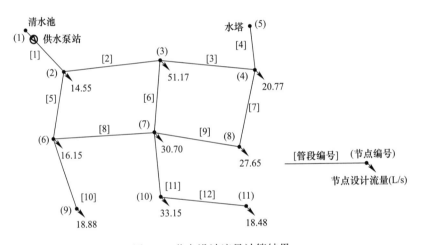

图 5-8　节点设计流量计算结果

# 5.6　管段直径设计

管网计算中，如果已知所有管段的直径、长度、粗糙系数，节点的需水量或水头，求节点的未知水头或未知需水量、管段流量，这类问题称为分析问题。当管段的直径未知，需要确定时，这类问题称为设计问题。在满足管网设计准则下，管段直径常采用迭代方法，逐步试算确定。管网中各管段直径计算中，水池和水塔应处于最低设计水位。

## 5.6.1　常用计算公式

紊流条件下，管道直径的计算常采用斯瓦米—贾因公式：

$$D = 0.66\left[k_s^{1.25}\left(\frac{LQ^2}{gh_f}\right)^{4.75} + \nu Q^{9.4}\left(\frac{L}{gh_f}\right)^{5.2}\right]^{0.04} \tag{5-23}$$

或海曾—威廉公式

$$D = 1.6258(Q/C)^{0.38} \cdot (h_f/L)^{-0.205} \tag{5-24}$$

式中　　$D$——直径，m；

　　　　$k_s$——绝对粗糙度，m；

　　　　$L$——长度，m；

　　　　$Q$——流量，$m^3/s$；

　　　　$g$——重力加速度，$9.81m/s^2$；

　　　　$h_f$——水头损失，m；

　　　　$\nu$——流体运动黏度，$m^2/s$；

　　　　$C$——海曾—威廉系数。

$C$ 值随管道内壁粗糙度、管道的曲直、管段上的外接头多少等而异。日本《供水设施设计指针》中建议：新管道设计中，当管段包括直管段和弯曲部分水头损失时，$C$ 值可取 110；如果仅为直管段部位（弯曲部分单独计算），$C$ 值可取 130。

通常计算的管道直径为非规格管径，需要结合所用管材，调整为规格管径。然后重新计算管段水头损失，这时可采用如下公式。

斯瓦米—贾因公式（紊流条件下）：

$$h_f = \frac{0.02065}{\left[\lg\left(\frac{k_s}{3.7D} + \frac{5.74}{Re^{0.9}}\right)\right]^2} \frac{LQ^2}{D^5} \tag{5-25}$$

式中雷诺数

$$Re = \frac{4Q}{\pi D\nu} \tag{5-26}$$

或海曾—威廉公式

$$h_f = 10.654 \cdot C^{1.852} \cdot D^{-4.87} \cdot Q^{1.852} \cdot L \tag{5-27}$$

### 5.6.2　单水源树状管网管段直径设计

节点设计流量确定后，可以利用节点流量连续性方程，解出单水源树状管网各管段应输送的设计流量。

然后采用两种方法之一，确定初始管段直径。第一种方法是事先假定管段内的水力坡度 $h_f/L$，利用式（5-23）或式（5-24）确定初始管段直径。作为经验，允许能量坡度在 0.001～0.002 之间。第二种方法是先假定管段流速 $v$，利用 $D = \sqrt{\frac{4Q}{\pi v}}$ 确定初始管段直径，并圆整为标准规格管径。

以上所求管段直径通常不是管道厂家生产的标准规格管径，需要适当调整，将初始管段直径圆整为相近的规格管径。计算管段水头损失并确定各节点的自由水头。如果节点水头与水头设计准则不符，则需要进一步调整管径，重新计算管段水头损失。该过程重复进行，直到满足设计准则为止。

【例 5-4】　某枝状管网如图 5-9 所示，已知各节点的需水量；所有管道采用球墨铸铁管，$k_s = 0.0002m$；初步假设各管段的水力坡度 $h_f/L$ 均为 0.002；供水最远点（8）处的自由水头为 16m，地面标高 110m；水的运动黏度取 $\nu = 1.31 \times 10^{-6} m^3/s$。（1）试确定各管段的直径；（2）如果当地电价为 0.5 元/kWh，泵站综合效率为 75%，试计算一个月（按 30d 计）的运行用电成本。

【解】　（1）首先利用节点连续性方程，从管网下游端开始，依次计算各管段的流量；

其次结合初始管段水力坡度 $h_f/L$，由式（5-23）计算管段初始直径，并调整为规格管径；最后结合调整后的管径，由式（5-25）和式（5-27），计算管段水头损失。管段直径和水头损失见表5-12。

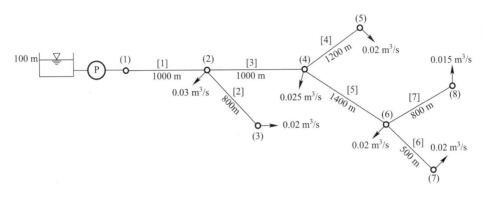

图 5-9　枝状管网示意图

（2）由管段能量方程，节点水头计算结果见表5-13。

由节点1处水头和水池水位，可求得泵站提升扬程为 $h_p=133.24-100=33.24$m。每月运行用电成本为电价乘以30d内的总用电量，即

运行电费=0.5×（30×24）×（0.150×9.81×33.24）/0.75=23478 元/月

**管段直径和水头损失计算**　　　　　　　　　　　　　　表 5-12

| 管段编号 | 流量（m³/s） | 初始 $h_f/L$ | 初始管径（m） | 调整后管径（m） | 调整后的水头损失（m） |
|---|---|---|---|---|---|
| 1 | 0.150 | 0.002 | 0.448 | 0.450 | 1.80 |
| 2 | 0.020 | 0.002 | 0.209 | 0.200 | 1.85 |
| 3 | 0.100 | 0.002 | 0.385 | 0.400 | 1.50 |
| 4 | 0.020 | 0.002 | 0.209 | 0.200 | 2.78 |
| 5 | 0.055 | 0.002 | 0.307 | 0.300 | 2.87 |
| 6 | 0.020 | 0.002 | 0.209 | 0.200 | 1.16 |
| 7 | 0.015 | 0.002 | 0.187 | 0.200 | 1.07 |

**节点水头**　　　　　　　　　　　　　　表 5-13

| 节点编号 | 水头（m） | 节点编号 | 水头（m） |
|---|---|---|---|
| 1 | 133.24 | 5 | 127.16 |
| 2 | 131.44 | 6 | 127.07 |
| 3 | 129.59 | 7 | 125.91 |
| 4 | 129.94 | 8 | 126.00 |

### 5.6.3　多水源树状管网和环状管网管段直径设计

与单水源树状管网管段流量计算不同，仅仅依靠流量连续性方程，难以求得各管段的设计流量。为此需要引入管段能量方程，而能量方程中存在未知管段水头损失和管段直

124

径。这样，方程组中包含了管段流量、管段水头损失和管段直径三种变量，求解是一个迭代过程，通常需要假定管段直径，常采用三种方法之一。

第一种方法是首先初分配各管段设计流量，然后假定管段内的水力坡度 $h_f/L$，利用式（5-23）或式（5-24）确定初始管段直径，并圆整为标准规格管径。

第二种方法也是首先初分配各管段设计流量，然后假定管段流速 $v$，利用 $D=\sqrt{\dfrac{4Q}{\pi v}}$ 确定初始管段直径，并圆整为标准规格管径。

第三种方法是直接假定初始管段直径。有经验的设计人员常根据管网规模，采用整个管网的近似平均管径作为初始管道直径。

确定了初始管段直径后，由给水管网恒定流基本方程组，求得管段流量和节点水头。当节点水头与水头设计要求不符时，则进一步调整管径，重新计算管段流量和节点水头。该过程重复，直到满足设计准则为止。

多水源树状管网和环状管网的管段设计流量初分配比较复杂，具有一定的随意性。通常遵循的原则如下：

1）确定管网内的控制点，初步拟定各管段的水流方向。控制点是给水管网用水压力最难满足的节点，一般选在远离水源（泵站、水池或水塔）、地形较高或有特殊供水需求的节点。控制点相邻管段均应向该节点供水；水源节点相邻管段均应流离该节点。在水力分析初期所选控制点和水流方向不一定是最终经水力计算后确定的控制点和水流方向。

2）从水源节点开始，依照节点流量连续性方程，沿水流方向依次向相邻管段分配流量。

3）从水源到控制点的较短路径所含管段，作为主要供水方向，可分配较大的流量。

4）当难以判断节点几条下游相邻管段是否处于主要供水方向时，可将该节点处的出流量（非离开系统的用水量）平均分配到各相邻管段。

某管网管段设计流量初分配如图 5-10 所示。

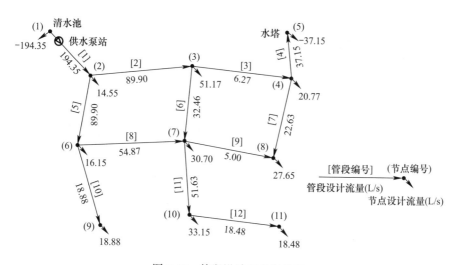

图 5-10　管段设计流量初分配

初始假定流速的选取，在文献中常称作经济流速。在数学上表现为一定年限（投资偿还期）内管网造价和管理费用之和为最小的流速，称为经济流速。由于实际管网的复杂性和经济指标（如管材价格、电费）的变化性，要从理论上计算管网造价和年管理费用具有一定的难度，初始假定流速常采用经验值，见表5-14。一般大口径管段可取较大的流速，小口径管段可取较小的流速。有文献也提出，各管段的初始假定流速可均取1.0m/s。

初始假定流速 表 5-14

| 管径（mm） | 流速（m/s） | 管径（mm） | 流速（m/s） |
| --- | --- | --- | --- |
| 100～400 | 0.6～1.0 | ≥400 | 1.0～1.4 |

## 5.7 敏感性分析

敏感性分析是指从定量分析的角度，研究有关因素发生某种变化，对某一个或一组关键指标影响程度的一种不确定分析技术。其实质是通过逐一改变相关变量数值的方法，解释关键指标受这些因素变动影响大小的规律。若某参数的小幅度变化能导致关键指标的较大变化，则称此参数为敏感性因素，反之则称其为非敏感性因素。

敏感性分析有助于设计人员、模拟人员和运行人员更深入理解给水管网的性能。通常将敏感性分析用于确定改变或替换关键的组件，克服当前管网设计性能的缺陷，例如改变一条或多条管段的直径，提高水泵扬程，增加蓄水设施标高，添加水泵或减压阀门等。为纠正不合适的设计性能，通常具有大量可能途径。

例如，数学上可将关键指标表示为变量 $x$，$y$，$z$ 的函数 $f(x, y, z)$，对 $x$ 求偏导，得

$$\frac{\partial f}{\partial x} = \lim_{h \to 0} \frac{f(x+h, y, z) - f(x, y, z)}{h} \tag{5-28}$$

设 $h = \Delta x$，则 $\partial f / \partial x \approx \Delta f / \Delta x$。如果偏导数较大，则说明关键指标 $f$ 受自变量 $x$ 的影响更强烈。在管线系统中，可以分析压力与管道直径的关系 $\partial p / \partial D$，管网压力与水泵扬程的关系 $\partial p / \partial h_p$，蓄水池流量与水泵功率的关系 $\partial Q_{res} / \partial P$，节点流量与水泵流量关系 $\partial Q_j / \partial Q_p$，等等。

以上所列关系间的敏感性程度通常不是常数，随待分析管网情况而定。

如图5-11所示给水管网，泵站性能见表5-15。如果节点7处的水头需要提高，则应提高三座泵站中哪座泵站的扬程？结合敏感性分析，以便更深入理解管网的性能。

使用 EPANETH 软件分析（见第18.5节介绍）。首先根据图5-11中所示数据，形成 EPANETH 的输入文件。其次计算现状管网情况（表5-16中的结果1）；其他条件不变，分别计算泵站 P1、泵站 P2 和泵站 P3 的扬程提高10m后的情况（分别见表5-16中的结果2、结果3和结果4）。由表5-16可以看出，为提高表中所列节点7，4，5和6处的水头，泵站 P3 的扬程增加后的效果最为明显，它的（$\Delta H / \Delta h_p$）大于其他两座泵站的数值。对于节点10的水头，在增加泵站 P1 扬程10m和增加泵站 P3 扬程10m情况下的效果相同。

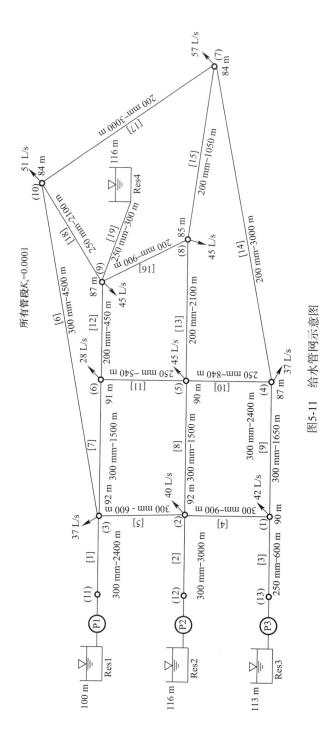

图5-11 给水管网示意图

| 泵站 P1 | | 泵站 P2 | | 泵站 P3 | |
|---|---|---|---|---|---|
| $Q_1$（L/s） | $h_{p1}$（m） | $Q_2$（L/s） | $h_{p2}$（m） | $Q_3$（L/s） | $h_{p3}$（m） |
| 85 | 24.0 | 85 | 24.0 | 85 | 24.9 |
| 142 | 23.0 | 142 | 23.0 | 142 | 23.4 |
| 226 | 19.5 | 226 | 19.5 | 226 | 20.4 |

节点计算结果 表 5-16

| 节点 | 结果 1 | 结果 2 泵站 P1，$\Delta h_{p1} = 10$m | | 结果 3 泵站 P2，$\Delta h_{p2} = 10$m | | 结果 4 泵站 P3，$\Delta h_{p3} = 10$m | |
|---|---|---|---|---|---|---|---|
| | 水头（m） | 水头（m） | $\Delta H/\Delta h_p$ | 水头（m） | $\Delta H/\Delta h_p$ | 水头（m） | $\Delta H/\Delta h_p$ |
| 7 | 110.67 | 111.57 | 0.090 | 111.45 | 0.078 | 111.75 | 0.108 |
| 10 | 114.68 | 115.45 | 0.077 | 115.30 | 0.062 | 115.45 | 0.077 |
| 4 | 118.77 | 120.22 | 0.145 | 120.11 | 0.134 | 120.82 | 0.205 |
| 5 | 118.63 | 120.10 | 0.147 | 119.96 | 0.133 | 120.47 | 0.184 |
| 6 | 118.59 | 120.04 | 0.145 | 119.85 | 0.126 | 120.29 | 0.170 |

同样可以分析其他组件的变化对管网的影响。例如，如果将泵站 P3 的出水管直径由 250mm 减至 200mm，重新考察三座泵站扬程变化对节点水头的影响。相应计算结果见表 5-17。

管道直径调整后的计算结果 表 5-17

| 节点 | 结果 1 | 结果 2 泵站 P1，$\Delta h_{p1} = 10$m | | 结果 3 泵站 P2，$\Delta h_{p2} = 10$m | | 结果 4 泵站 P3，$\Delta h_{p3} = 10$m | |
|---|---|---|---|---|---|---|---|
| | 水头（m） | 水头（m） | $\Delta H/\Delta h_p$ | 水头（m） | $\Delta H/\Delta h_p$ | 水头（m） | $\Delta H/\Delta h_p$ |
| 7 | 108.64 | 109.78 | 0.114 | 109.64 | 0.100 | 109.52 | 0.088 |
| 10 | 112.95 | 114.03 | 0.108 | 113.86 | 0.091 | 113.74 | 0.079 |
| 4 | 115.66 | 117.25 | 0.159 | 117.08 | 0.142 | 116.92 | 0.126 |
| 5 | 115.66 | 117.24 | 0.158 | 117.07 | 0.141 | 116.89 | 0.123 |
| 6 | 115.70 | 117.25 | 0.155 | 117.07 | 0.137 | 116.89 | 0.119 |

由表 5-17 可以看出，泵站 P3 出水管直径的变化，其影响很明显。泵站 P3 的出水管段 2 的直径变小，引起大的水头损失。当泵站 P3 的流量增加时，管段 3 的水头损失变得更大。因此在本组计算中，泵站 P1 的扬程增加，带来各节点水头的更显著增大。

可以分析为增加特定节点的水头，可在最低运行成本下增大哪座泵站的扬程。运行成本与泵站的功率有关，若功率增量为 $\Delta P_i$（$i$ 为泵站编号），则应考虑 $\Delta H/\Delta P_i$ 的数值情况。首先分析管段 3 直径为 250mm 的情况，计算结果见表 5-18 和表 5-19；其次分析管段 3 直径为 200mm 的情况，计算结果见表 5-20 和表 5-21。表 5-18 和表 5-20 中 $\Delta P$ 为负值，表示水泵产生的功率低于原来（相应结果 1）的数值。

管段 3 直径为 250mm 时的泵站功率（kW） 表 5-18

| 泵站 | 结果 1 | 结果 2 | | 结果 3 | | 结果 4 | |
|---|---|---|---|---|---|---|---|
| | $P$ | $P$ | $\Delta P$ | $P$ | $\Delta P$ | $P$ | $\Delta P$ |
| P1 | 36.87 | 63.70 | 26.83 | 35.21 | −1.66 | 34.58 | −2.02 |
| P2 | 34.69 | 32.99 | −1.70 | 59.86 | 25.17 | 32.63 | −2.06 |
| P3 | 46.17 | 44.48 | −1.69 | 44.47 | −1.70 | 76.16 | 29.99 |
| 总计 | | | 23.44 | | 21.81 | | 25.91 |

表 5-19

**管段 3 直径为 250mm 时的水头与功率变化关系**

| 节点 | 结果 2 | | | | 结果 3 | | | | 结果 4 | | | |
|---|---|---|---|---|---|---|---|---|---|---|---|---|
| | $\Delta H(m)$ | $\Delta H/\Delta P_1$ | $\Delta H/\Delta P_2$ | $\Delta H/\Delta P_3$ | $\Delta H(m)$ | $\Delta H/\Delta P_1$ | $\Delta H/\Delta P_2$ | $\Delta H/\Delta P_3$ | $\Delta H(m)$ | $\Delta H/\Delta P_1$ | $\Delta H/\Delta P_2$ | $\Delta H/\Delta P_3$ |
| 7 | 0.90 | 0.034 | $-0.529$ | $-0.533$ | 0.78 | $-0.470$ | 0.031 | $-0.459$ | 1.08 | $-0.535$ | $-0.524$ | 0.036 |
| 10 | 0.77 | 0.029 | $-0.453$ | $-0.456$ | 0.62 | $-0.373$ | 0.025 | $-0.365$ | 0.77 | $-0.381$ | $-0.374$ | 0.026 |
| 4 | 1.45 | 0.054 | $-0.853$ | $-0.858$ | 1.34 | $-0.807$ | 0.053 | $-0.788$ | 2.05 | $-1.015$ | $-0.995$ | 0.068 |
| 5 | 1.47 | 0.055 | $-0.865$ | $-0.870$ | 1.33 | $-0.801$ | 0.053 | $-0.782$ | 1.84 | $-0.911$ | $-0.893$ | 0.061 |
| 6 | 1.45 | 0.054 | $-0.853$ | $-0.858$ | 1.26 | $-0.759$ | 0.050 | $-0.741$ | 1.70 | $-0.842$ | $-0.825$ | 0.057 |

**管段 3 直径为 200mm 时的泵站功率（kW）** 表 5-20

| 泵站 | 结果 1 | 结果 2 | | 结果 3 | | 结果 4 | |
|---|---|---|---|---|---|---|---|
| | $P$ | $P$ | $\Delta P$ | $P$ | $\Delta P$ | $P$ | $\Delta P$ |
| P1 | 40.20 | 67.05 | 26.85 | 38.56 | $-1.64$ | 38.81 | $-1.39$ |
| P2 | 37.91 | 36.24 | $-1.67$ | 63.38 | 25.47 | 36.59 | $-1.32$ |
| P3 | 31.76 | 30.23 | $-1.53$ | 30.33 | $-1.43$ | 53.65 | 21.89 |
| 总计 | | | 23.65 | | 22.40 | | 19.18 |

**管段 3 直径为 200mm 时的水头与功率变化关系** 表 5-21

| 节点 | 结果 2 | | | | 结果 3 | | | | 结果 4 | | | |
|---|---|---|---|---|---|---|---|---|---|---|---|---|
| | $\Delta H(m)$ | $\Delta H/\Delta P_1$ | $\Delta H/\Delta P_2$ | $\Delta H/\Delta P_3$ | $\Delta H(m)$ | $\Delta H/\Delta P_1$ | $\Delta H/\Delta P_2$ | $\Delta H/\Delta P_3$ | $\Delta H(m)$ | $\Delta H/\Delta P_1$ | $\Delta H/\Delta P_2$ | $\Delta H/\Delta P_3$ |
| 7 | 1.14 | 0.042 | $-0.683$ | $-0.745$ | 1.00 | $-0.610$ | 0.039 | $-0.699$ | 0.88 | $-0.633$ | $-0.667$ | 0.040 |
| 10 | 1.08 | 0.040 | $-0.647$ | $-0.706$ | 0.91 | $-0.555$ | 0.036 | $-0.636$ | 0.79 | $-0.568$ | $-0.598$ | 0.036 |
| 4 | 1.59 | 0.059 | $-0.952$ | $-1.039$ | 1.42 | $-0.866$ | 0.056 | $-0.993$ | 1.26 | $-0.906$ | $-0.955$ | 0.058 |
| 5 | 1.58 | 0.059 | $-0.946$ | $-1.033$ | 1.41 | $-0.860$ | 0.055 | $-0.986$ | 1.23 | $-0.885$ | $-0.932$ | 0.056 |
| 6 | 1.55 | 0.058 | $-0.928$ | $-1.013$ | 1.37 | $-0.835$ | 0.054 | $-0.958$ | 1.19 | $-0.856$ | $-0.902$ | 0.054 |

在管段 3 直径为 250mm 时，由表 5-19 可以看出，为使节点 7、4、5、6 的水头增加，则增加泵站 P3 的扬程，引起的功率增量较小。因为结果 4 中 $\Delta H/\Delta P_3$ 的正值要大于结果 2 中 $\Delta H/\Delta P_1$ 和结果 3 中 $\Delta H/\Delta P_2$ 的相应数值。为使节点 10 的水头增加，则增加泵站 P1 的扬程，引起的功率增量较小，因为结果 2 中 $\Delta H/\Delta P_1$ 大于结果 3 中 $\Delta H/\Delta P_2$ 和结果 4 中 $\Delta H/\Delta P_3$ 的相应数值。

在管段 3 直径为 200mm 时，由表 5-21 可以看出，为使节点 7、10、4、5、6 的水头增加，则增加泵站 P1 的扬程，引起的功率增量较小，因为结果 2 中 $\Delta H/\Delta P_1$ 大于结果 3 中 $\Delta H/\Delta P_2$ 和结果 4 中 $\Delta H/\Delta P_3$ 的相应数值。

从表 5-18 中可以看出，在管段 3 直径为 250mm 时，当泵站 P1 的扬程增加 10m 时，泵站 P2 和泵站 P3 的功率分别下降 1.70kW 和 1.69kW。这些数值说明，当泵站 P1 的功率增加 26.83kW 时，泵站 P2 和泵站 P3 的功率在降低。结果 2 情况下增加的总功率为 $26.83-1.70-1.69=23.44$kW。若以增加总功率（$\Delta P_t$）作为分母，查看各方案下单位功率增量引起的节点水头增量 $\Delta H$ 情况，见表 5-22。

下一个分析目标是维护蓄水池 Res4 内的水量最大。为此应检验管段 19 中的流量变化与水泵功率增量之间的关系。这时不应寻求最大值，而应寻求最小敏感性的数值。其中敏感性计算值见表 5-23。

**总功率增量与节点水头增量（m/kW）** 表 5-22

| 节点 | 管段 3 直径为 250mm | | | 管段 3 直径为 200mm | | |
|---|---|---|---|---|---|---|
| | 结果 2 $\Delta H/\Delta P_t$ | 结果 3 $\Delta H/\Delta P_t$ | 结果 4 $\Delta H/\Delta P_t$ | 结果 2 $\Delta H/\Delta P_t$ | 结果 3 $\Delta H/\Delta P_t$ | 结果 4 $\Delta H/\Delta P_t$ |
| 7 | 0.038 | 0.036 | 0.042 | 0.048 | 0.045 | 0.046 |

| 节点 | 管段 3 直径为 250mm | | | 管段 3 直径为 200mm | | |
| --- | --- | --- | --- | --- | --- | --- |
| | 结果 2 $\Delta H/\Delta P_t$ | 结果 3 $\Delta H/\Delta P_t$ | 结果 4 $\Delta H/\Delta P_t$ | 结果 2 $\Delta H/\Delta P_t$ | 结果 3 $\Delta H/\Delta P_t$ | 结果 4 $\Delta H/\Delta P_t$ |
| 10 | 0.033 | 0.028 | 0.030 | 0.046 | 0.041 | 0.041 |
| 4 | 0.062 | 0.061 | 0.079 | 0.067 | 0.063 | 0.066 |
| 5 | 0.063 | 0.061 | 0.071 | 0.067 | 0.063 | 0.064 |
| 6 | 0.062 | 0.058 | 0.066 | 0.066 | 0.061 | 0.062 |

**蓄水池 Res4 的流量分析**　　　　　　　　　　　　　　表 5-23

| | 结果 1 | 结果 2 | | | 结果 3 | | | 结果 4 | | |
| --- | --- | --- | --- | --- | --- | --- | --- | --- | --- | --- |
| | $Q_{19}$ (L/s) | $Q_{19}$ (L/s) | $\Delta Q$ (L/s) | $\Delta Q/\Delta P_t$ | $Q_{19}$ (L/s) | $\Delta Q$ (L/s) | $\Delta Q/\Delta P_t$ | $Q_{19}$ (L/s) | $\Delta Q$ (L/s) | $\Delta Q/\Delta P_t$ |
| $D_3=250\text{mm}$ | 44.34 | 29.32 | $-15.02$ | $-0.64$ | 32.00 | $-12.34$ | **$-0.57$** | 27.90 | $-16.44$ | $-0.63$ |
| $D_3=200\text{mm}$ | 71.34 | 56.37 | $-14.97$ | $-0.63$ | 58.41 | $-12.93$ | **$-0.58$** | 60.10 | $-11.24$ | $-0.59$ |

## 5.8　管线图与节点详图

给水管网设计时，除编制设计说明书和概预算书外，应绘制计算成果图，给水管网平面图和纵剖面图。给水管网计算成果图包括最高日最高时工况、消防工况、最不利事故工况和最大转输工况图纸；表达的内容包括管段的长度、直径、流量、压降，节点的地面标高、自由水压和总水头等（见图 5-12），根据各节点的水压（或自由水压），可在图上用插值法按比例绘出等水压线（或等自由水压线）。给水管网平面图应标明管线、泵站、阀门、消火栓等的位置和尺寸；大中城市的给水管网可按每条街道为区域单位列卷归档，作为信息数据查询的索引目录。总剖面图应标明管线的直径、位置、埋深以及阀门、消火栓等的布置，用户接管的直径和位置等。

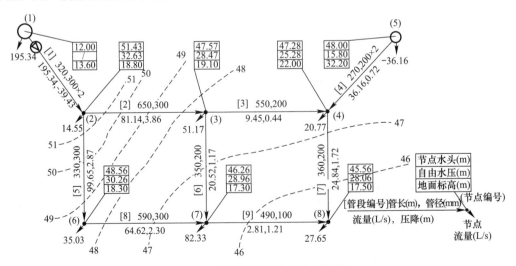

图 5-12　某给水管网水力分析结果

施工图中应绘制节点详图。图中用标准符号绘出节点上的配件和附件，如消火栓、弯管、渐缩管、阀门等。也应在图中注明特殊的配件，便于加工。应在图上表示阀门井内的阀门和地下室消火栓。阀门的大小和形状应尽量统一，形式不宜过多。

节点详图不必按比例绘制，但管线方向和相对位置须与管网总图一致，图的大小根据节点构造的复杂程度而定。

图 5-13 为给水管网中的节点详图示例，图上标明了消火栓位置，各节点详图上标明了所需的阀门和配件。管线旁注明的是管道直径（mm）和长度（m）。

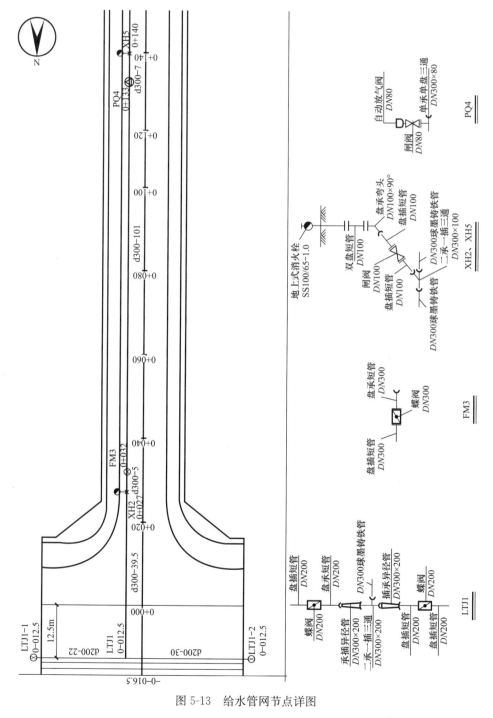

图 5-13　给水管网节点详图

# 第6章 水 泵

## 6.1 水泵的定义及分类

水泵是输送和提升液体的机器，它把原动机（如电动机、汽油机、柴油机等）的机械能转化为被输送液体的能量，使液体获得动能或势能。水泵广泛应用于工业给水、生活用水、电厂冷却水、锅炉给水、工业废水以及生活污水等方面。如果把城市给水排水管网比作人身上的血管系统，那么水泵就相当于输送血液的心脏。由于水泵是给水排水工程中的重要设备，它的运转需要消耗大量的动力，因此为了合理、经济地选择和使用水泵，保证正常供水和排水，必须了解水泵系统的工作原理、基本性能等。

水泵品种系列繁多，通常按其作用原理可分为以下三类：

（1）叶片式水泵：利用装有叶片的叶轮高速旋转完成液体压送的水泵（图6-1）。其中径向流的叶轮称为离心泵，液体质点在叶轮中流动时主要受到的是离心力作用。轴向流的叶轮成为轴流泵，液体质点在叶轮中流动时主要受到的是轴向升力的作用。斜向流的叶轮称为混流泵；它是上述两种叶轮的过渡形式，这种水泵液体质点在叶轮中流动时，既受离心力的作用，又有轴向升力的作用。

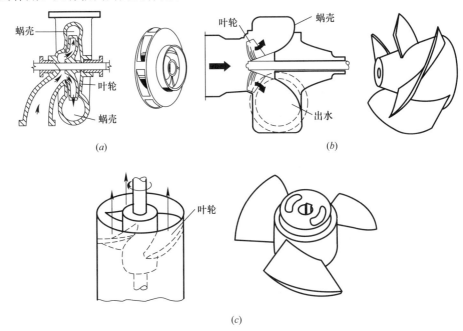

图6-1 不同类型叶片泵及其叶轮

(*a*) 离心泵；(*b*) 混流泵；(*c*) 轴流泵

（2）容积式水泵：依靠改变泵体工作室容积完成液体压送的水泵。工作室容积改变的方式通常有往复运动和旋转运动两种。属于往复运动这一类的有活塞式往复泵、柱塞式往复泵等。属于旋转运动这一类的如转子泵等。

（3）其他类型水泵：除叶片式水泵和容积式水泵以外的特殊泵。属于这一类的主要有螺旋泵、射流泵（又称水射器）、水锤泵、水轮泵以及气升泵（又称空气扬水机）等。其中，除螺旋泵是利用螺旋推进原理提高液体的位能外，上述其他水泵的特点都是利用高速液流或气流的动能或动量输送液体的。给水排水工程中，结合具体条件应用这类特殊水泵输送水或药剂（混凝剂、消毒剂等）时，常常能起到良好的效果。

上述各种类型水泵的适用范围是很不相同的。图 6-2 所示为几种常用类型泵的总型谱图。由图 6-2 可见，目前定型生产的各类叶片式水泵的适用范围相当广泛，其中离心泵、轴流泵、混流泵和往复泵等的适用范围各自具有不同的性能。往复泵的适用范围侧重于高扬程、小流量。轴流泵和混流泵的适用范围侧重于低扬程、大流量。而离心泵的适用范围则介于两者之间，工作区间最广，产品的品种、系列和规格也最多。

以城市给水工程来说，一般水厂的扬程在 $0.2\sim1$MPa（$20$m$\sim100$m）之间，单泵流量的适用范围一般在 $50\sim1000$m$^3$/h。要满足这样的工作区间，由总型谱图（图 6-2）可以看出，使用离心泵装置是合适的。即使某些大型净水厂，也可以在泵站中采取多台离心泵并联工作，满足供水量的要求。

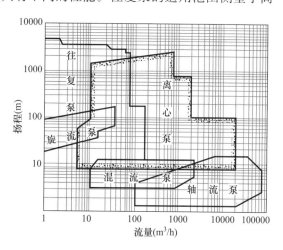

图 6-2　常用几种水泵的总型谱图

## 6.2　离心泵工作原理及其分类

离心泵叶轮的叶片装在轮盘盘面上，转动时泵内主流方向呈辐射状。离心泵在启动之前，应先用水灌满泵壳和吸水管道，然后驱动电机，使叶轮和水作高速旋转运动。此时水受到离心力作用被甩出叶轮，经蜗形泵壳中的流道流入压力管道，由压力管道输出。同时水泵叶轮中心处由于水被甩出而形成真空，吸水池中的水在大气压力作用下，沿吸水管源源不断地流入叶轮吸水口，又受到高速转动叶轮的作用，被甩出叶轮而输入压力管道。这样形成了离心泵的连续输水（图 6-3）。离心泵在结构上可以按照吸入方式、级数、泵轴方位、壳体形式等分类，见表 6-1。

**离心泵的结构类型**　　　　　　　　　　　　　　　　　　　　　　　　　表 6-1

| 分类方式 | 类型 | 特点 |
|---|---|---|
| 按吸入方式 | 单吸泵 | 液体从一侧流入叶轮，存在轴向力 |
|  | 双吸泵 | 液体从双侧流入叶轮，不存在轴向力，泵的流量几乎比单吸泵增加一倍 |
| 按级数 | 单级泵 | 进入泵的液体仅一次通过叶轮的结构 |
|  | 多级泵 | 进入泵的液体多次串联地通过叶轮的结构。按通过次数称为两级、三级…… |

| 分类方式 | 类型 | 特点 |
|---|---|---|
| 按泵轴方位 | 卧式泵 | 泵轴为水平方向的结构 |
| | 立式泵 | 泵轴为铅直方向的结构 |
| | 斜式泵 | 泵轴与水平面具有倾斜角度的结构 |
| 按壳体形式 | 分段式泵 | 壳体按与轴垂直的平面剖分，节段与节段之间用长螺栓连接 |
| | 中开式泵 | 壳体在通过轴心线的平面上剖分 |
| | 蜗壳泵 | 装有螺旋型压水室的离心泵，如常用的端吸式悬臂离心泵 |
| | 透平式泵 | 装有导叶式压水室的离心泵 |
| 特殊结构 | 潜水泵 | 泵和电动机制成一体，浸入水中 |
| | 液下泵 | 泵浸入液体中 |
| | 管道泵 | 泵作为管路一部分，安装时无需改变管路 |
| | 屏蔽泵 | 叶轮与电动机转子连为一体，并在同一个密封壳体内，无需采用密封结构，属于无泄漏泵 |
| | 磁力泵 | 除进、出口外，泵体全封闭，泵与电动机的连接采用磁钢互吸而驱动 |
| | 自吸式泵 | 泵本身能自动抽去吸入管路中空气，并使之充满液体，因而启动前不需人工灌水 |
| | 高速泵 | 由增速箱使泵轴转速增加，一般转速可达 10000r/min 以上，也称部分流泵或切线增压泵 |
| | 立式筒型泵 | 进出口接管在上部同一高度上，有内、外两层壳体，内壳体由转子、导叶等组成，外壳体为进口导流通道，液体从下部吸入 |

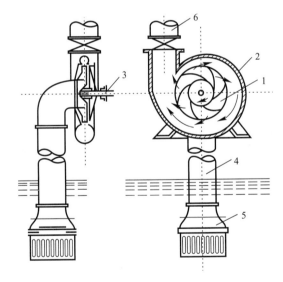

图 6-3　离心泵的工作原理图

1-叶轮；2-泵壳；3-泵轴；4-吸水管；5-吸水头部；6-压水管

# 6.3　水泵性能参数和基本术语

## 1. 流量

单位时间通过水泵的液体体积，一般用 $Q$ 表示，常用单位为 L/s、$m^3$/s 或 $m^3$/h 等。例如 $1m^3$/L＝1000L/s＝3600$m^3$/h。离心泵的流量与泵的结构、尺寸和转速有关。它假设运行条件下没有挟带空气。

2. 允许运行范围

在气蚀、发热、振动、噪声、转轴偏斜、疲劳以及其他相似准则限制条件下，叶轮特定转速下的流量范围。该范围由生产厂家确定。

3. 扬程

单位重量液体通过水泵后其能量的增值。它以"单位能量/单位重量液体"表示，扬程的计量单位为 m。

（1）总扬程（$H$）：这是泵赋予单位重量流体能量增长的量度。它是泵运行规定的正常扬程。

（2）静扬程（总静压头）：泵装置内出水液面和吸水液面之间总水头之差。等于几何高度加上出水液面和吸水水头之差。

4. 基准面

计算排出、吸入水头时确定位置水头基准的水平面（图6-4），它是通过叶轮叶片进口边的外端所描绘的圆的中心的水平面。多级泵以第一级叶轮为基准，立式双吸泵以上部叶片为基准。

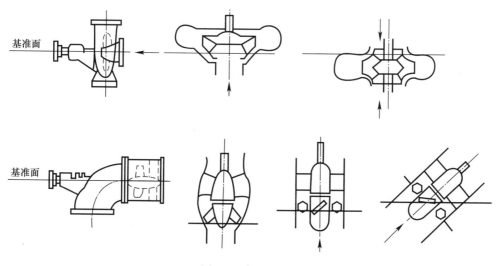

图 6-4　水泵基准面

5. 水头

（1）位置水头（$Z$）：水泵标高相对于基准面的位能，从压力计或者液面中心计量。

（2）摩擦水头：摩擦水头是克服管路系统沿程阻力消耗的能量，以 m 计。

（3）表压水头：由于压力产生的能量，由压力表或其他压力测量设备确定。

（4）流速水头（$h_v$）：流体在给定断面上的动能。流速水头用下式表示：

$$h_v = \frac{v^2}{2g} \tag{6-1}$$

式中流速 $v$ 根据与压力表连接断面上的流量计算。

6. 水泵压力

（1）最大吸水压力：这是水泵在运行中受到限制的最高吸水口压力。

（2）工作压力（$P_d$）：水泵在额定转速和给定吸水压力下运行，出现的最大出口压力。

（3）总出口水头（$h_d$）：总出口水头是出口压力表水头（$h_{gd}$）加上压力表所在点的流速水头（$h_{vd}$）与压力表中心到泵基准面的位置水头（$Z_d$）。

$$h_d = h_{gd} + h_{vd} + Z_d \tag{6-2}$$

（4）吸上真空度 $h_s$：是从泵基准面算起的泵吸水口真空度（以 m 水柱计）。

**7. 转速**

水泵叶轮的转动速度，通常以每分钟转动的次数表示。常用单位为 r/min。

**8. 功率**

单位时间传递的能量。

（1）输入功率（$P_{mot}$）：指电机的输入功率。

（2）轴功率（$P_p$）：它是在电机与水泵联合运行时，由传动器传递给水泵转轴的功率。也称制动马力。

（3）水泵输出功率（$P_w$）：它是水泵传给流体的功率。

$$P_w = Q \cdot H \cdot \gamma \tag{6-3}$$

式中　　$Q$——流量，$m^3/s$；

　　　　$H$——扬程，m；

　　　　$\gamma$——液体的重力密度，$N/m^3$；

　　　　$P_w$——功率，W。

例如，$1m^3/s$ 流量提升 1m 水头能耗为 9800W；$1m^3/h$ 流量提升 1m 水头能耗为 2.725kW；10kW 功率的水泵运行 8h，使用的总能量为 80kWh。

**9. 效率**

从一种能量形式向另一种转换时（电能到电机、电机到水泵、水泵到水），具有能量损失，而反映能量损失大小的参数称为效率，可以表示为百分比（最大效率为 100%）或者表示为小数形式（最大效率为 1.00）。

（1）总效率（$\eta_{OA}$）：水泵输出功率（$P_w$）与电机输入功率（$P_{mot}$）之比。

（2）电机效率（$\eta_{mot}$）：表示电机轴功率（输出功率，$P_p$）与电机输入功率（$P_{mot}$）之比。电动机能效等级分为 3 级，其中 1 级能效最高。各等级电动机在额定输出功率下得实测效率应不低于表 6-2 的规定。

**电动机能效等级**　　　　　　　　　　　　　　　　　　　　表 6-2

| 额定功率（kW） | 效率（%） | | | | | | | | |
| --- | --- | --- | --- | --- | --- | --- | --- | --- | --- |
| | 1 级 | | | 2 级 | | | 3 级 | | |
| | 2 极 | 4 极 | 6 极 | 2 极 | 4 极 | 6 极 | 2 极 | 4 极 | 6 极 |
| 18.5 | 93.8 | 94.3 | 93.1 | 92.4 | 92.6 | 91.7 | 90.9 | 91.2 | 90.4 |
| 30 | 94.5 | 95.0 | 94.3 | 93.3 | 93.6 | 92.9 | 92.3 | 92.3 | 91.7 |
| 75 | 95.6 | 96.0 | 95.4 | 94.7 | 95.0 | 94.6 | 94.0 | 94.0 | 93.7 |
| 110 | 96.0 | 96.4 | 95.6 | 95.2 | 95.4 | 95.1 | 94.5 | 94.5 | 94.3 |
| 160 | 96.2 | 96.5 | 96.0 | 95.6 | 95.8 | 95.6 | 94.9 | 94.9 | 94.8 |

（3）水泵效率（$\eta_p$）：表示输出功率（$P_w$）与轴功率（$P_p$）的比值。单级单吸和单级双吸离心水泵流量为 700~6000$m^3/h$ 时，最高效率点效率不低于表 6-3 中 A 栏的规定；多

级离心水泵最高效率点效率不低于表 6-4 中 A 栏的规定。单级单吸和单级双吸离心水泵流量为 $700\sim6000\mathrm{m^3/h}$ 时，最低效率点效率不低于表 6-3 中 B 栏的规定；多级离心水泵不低于表 6-4 中 B 栏的规定。比转速在 $20\sim120$ 范围内的效率值应按表 6-5 的规定修正；比转速在 $210\sim300$ 范围内的效率值应按表 6-6 的规定修正。

**单级离心水泵效率** 表 6-3

| $Q$（$\mathrm{m^3/h}$） | | 700 | 800 | 900 | 1000 | 1500 | 2000 | 3000 | 4000 | 5000 | 6000 |
|---|---|---|---|---|---|---|---|---|---|---|---|
| $\eta_\mathrm{p}$（%） | A | 84.7 | 85.0 | 85.3 | 85.7 | 86.6 | 87.2 | 88.0 | 88.6 | 89.0 | 89.2 |
| | B | 74.9 | 75.1 | 75.5 | 75.7 | 76.6 | 77.2 | 78.0 | 78.6 | 78.9 | 79.2 |

注：1. 表中的效率值是比转速 $n_\mathrm{s}=120\sim210$ 时的数值。
　　 2. 对于单级双吸泵，表中流量指泵的全流量。

**多级离心水泵效率** 表 6-4

| $Q$（$\mathrm{m^3/h}$） | | 400 | 500 | 600 | 700 | 800 | 900 | 1000 | 1500 | 2000 | 3000 |
|---|---|---|---|---|---|---|---|---|---|---|---|
| $\eta_\mathrm{p}$（%） | A | 80.6 | 81.5 | 82.2 | 82.8 | 83.1 | 83.5 | 83.9 | 84.8 | 85.1 | 85.5 |
| | B | 72.0 | 72.9 | 73.3 | 73.9 | 74.2 | 74.5 | 74.8 | 75.4 | 75.8 | 76.0 |

注：表中的效率值是比转速 $n_\mathrm{s}=120\sim210$ 时的数值。

**比转速 $n_\mathrm{s}=20\sim120$ 效率修正值** 表 6-5

| $n_\mathrm{s}$ | 20 | 30 | 40 | 50 | 60 | 70 | 80 | 90 | 100 | 110 | 120 |
|---|---|---|---|---|---|---|---|---|---|---|---|
| $\Delta\eta$（%） | 32 | 20.6 | 14.7 | 10.5 | 7.5 | 5.0 | 3.2 | 2.0 | 1.0 | 0.5 | 0 |

**比转速 $n_2=210\sim300$ 效率修正值** 表 6-6

| $n_\mathrm{s}$ | 210 | 220 | 230 | 240 | 250 | 260 | 270 | 280 | 290 | 300 |
|---|---|---|---|---|---|---|---|---|---|---|
| $\Delta\eta$（%） | 0 | 0.3 | 0.7 | 1.0 | 1.3 | 1.7 | 1.9 | 2.2 | 2.7 | 3.0 |

【例 6-1】 采用图 6-5 的实验装置测定离心泵的性能。泵的吸水管与出水管具有相同的直径，两测压口间垂直距离为 0.5m。泵的转速为 2900r/min。以 20℃清水为介质测得以下数据：流量为 $54\mathrm{m^3/h}$，泵出口处表压为 255kPa，入口处真空表读数为 26.7kPa，功率表测得消耗功率为 6.2kW，泵由电动机直接带动，电动机的效率为 93%，试求该泵在输送条件下的扬程、轴功率和效率。

【解】 （1）泵的扬程

在真空表和压力表所处位置的截面分别以 1-1′ 和 2-2′ 表示，列伯努利方程，即

$$z_1+\frac{p_1}{\rho g}+\frac{u_1^2}{2g}+H=z_2+\frac{p_2}{\rho g}+\frac{u_2^2}{2g}+\sum H_{\mathrm{fl}-2}$$

其中 $z_2-z_1=0.5\mathrm{m}$，$p_1=-26.7\mathrm{kPa}$（表压），$p_2=255\mathrm{kPa}$（表压），$u_1=u_2$

因两测压口的管路很短，其间流动阻力可忽略不计，即 $\sum H_{\mathrm{fl}-2}=0$，所以

$$H=0.5+\frac{255\times10^3+26.7\times10^3}{1000\times9.81}=29.2\mathrm{m}$$

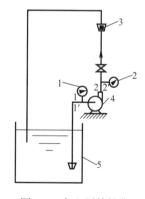

图 6-5 离心泵特性曲线的测定装置

1-压力表；2-真空表；3-流量计；4-泵；5-贮槽

（2）泵的轴功率

功率表测得的功率为电动机的消耗功率，由于泵由电动机直接带动，传动效率可视为100%，所以电动机的输出功率等于泵的轴功率。因电动机本身消耗部分功率，其效率为93%，于是电动机输出功率为

电动机消耗功率×电动机效率＝6.2×0.93＝5.77kW

泵的轴功率为 $P_p$＝5.77kW

（3）泵的效率

$$\eta = \frac{P_w}{P_p} \times 100\% = \frac{QH\rho g}{P_p} \times 100\% = \frac{54 \times 29.2 \times 1000 \times 9.81}{3600 \times 5.77 \times 1000} \times 100\% = 74.5\%$$

## 6.4 水泵水力学

### 6.4.1 水泵特性曲线

理论及实验均表明，离心泵的扬程、功率及效率等主要性能均与流量有关。为便于更好地了解和利用离心泵的性能，常把它们与流量之间的关系用图表示出来，就是离心泵的特性曲线。它反映泵的基本性能及其变化规律，可作为选泵和用泵的依据。离心泵的特性曲线一般由离心泵的生产厂家提供，标绘于泵的产品说明书中，其测定条件一般是20℃清水，转速固定。各种型号离心泵的特性曲线不同，但都有共同的变化趋势。水泵的典型特性曲线如图6-6所示，一般包括 $Q \sim H$ 曲线、$Q \sim P$ 曲线、$Q \sim \eta$ 曲线和 $Q \sim (NPSH)_R$ 曲线。

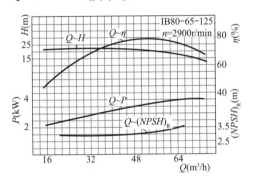

图 6-6 离心泵性能曲线示意图

（1）$Q$-$H$ 曲线 表示泵的扬程与流量的关系。离心泵的扬程随流量的增大而下降（流量极小时会出现异常）。

（2）$Q$-$P$ 曲线 表示泵的轴功率与流量的关系。离心泵的轴功率随流量的增大而上升，流量为零时轴功率最小。故离心泵启动时，应关闭泵的出口阀门，降低电机的启动电流，以保护电机。

（3）$Q$-$\eta$ 曲线 表示泵的效率与流量的关系。当 $Q=0$ 时，$\eta=0$；随着流量的增大，效率随之而上升达到一个最大值；而后随流量再增大时效率下降。说明离心泵在一定转速下有一最高效率点，称为设计点。泵在与最高效率相对应的流量及扬程下工作最为经济，所以与最高效率点对应的 $Q$、$H$、$N$ 值称为最佳工况参数。离心泵的铭牌上标出的性能参数就是指该泵在最高效率点运行时的工况参数。根据输送条件的要求，离心泵往往不可能正好在最佳工况下运转，因此一般只能规定一个工作范围，称为泵的高效率区，通常为最高效率的92%左右。高效区内水泵振动程度微弱，当离开高效区后，水泵的振动程度加剧。选用离心泵时，应尽可能使泵在此范围内工作。

（4）$Q$-$(NPSH)_R$ 曲线 表示水泵在相应流量下工作时，水泵允许的最大极限吸上真空高度值。它并不表示在某流量 $Q$、扬程 $H$ 点工作时的实际吸水真空高度值。水泵

的实际吸水真空高度值必须小于 $Q$-$(NPSH)_R$ 曲线上的相应值，否则水泵将会产生气蚀现象。

### 6.4.2 系统特性曲线

管网特性曲线也称系统特性曲线，指在管路情况一定，即管路吸入及排出液面的压力、输液高度、管路长度、管径、管件数目与尺寸，以及阀门开启度等都已给定的情况下，单位重量液体流经该装置时，须由外界给予的能量（即装置扬程 $H_z$）与流量 $Q$ 之间的关系曲线如图 6-7 所示。系统曲线的组成部分如下：

（1）系统静扬程：水泵抽吸液面和水泵出水到达液面（如水塔、密闭水箱）之间的测压管压力差。

（2）管路中的摩擦或水头损失，应考虑新管和老管摩擦因子的不同。

（3）流速水头：如果把水提升后需要达到特定出水流速，此时应包含流速水头。

随着流量的增加，静扬程与水头损失之和形成系统曲线。该曲线通常是一条抛物线，其初始点是静扬程。

对于两点之间的简单管线情况，系统扬程曲线可以描述为：

$$H_z = h_1 + \sum s_p Q^n + \sum \zeta_m Q^2 \qquad (6\text{-}4)$$

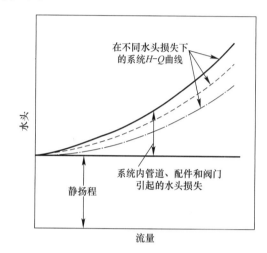

图 6-7　典型系统水头—流量曲线

式中　$H_z$——总水头，m；

$h_1$——静扬程，m；

$s_p$——管道阻力系数，$s^2/m^{3n-1}$；

$Q$——管道流量，$m^3/s$；

$n$——系数；

$\zeta_m$——局部损失阻力系数，$s^2/m^5$。

这样，每一管段相关的水头损失和局部损失沿管线总长度上加和，即为系统所需水头。当系统更复杂时，不可能利用简单的方程描述系统特性曲线点。这些情况下需要利用水力模型分析。

### 6.4.3 单台水泵运行工况点

将水泵特性曲线 $H = f(Q)$ 与管道系统特性曲线 $H_z = f(Q)$ 绘制在同一张图上，水泵特性曲线与装置特性曲线的交点就是水泵运转时的工况点（图 6-8）。它表示了该工况下水泵通过的流量和需要提升的扬程。运行工况点应位于水泵高效点（BEP）附近。如果运行工况点在 BEP 左侧太远（例如流量低于 60% 的 BEP 流量）或在 BEP 右侧太远（例如流量大于 130% 的 BEP 流量），水泵容易出现机械故障，影响水泵的使用寿命。随着管龄的增长，管道变得粗糙，管道特性曲线将变得陡峭，它与泵特性曲线的交点将向左移动。同样当叶轮耗损时，水泵的输出流量降低。因此，经过一段时间的运行，水泵的输出流量可能明显下降。这些影响的描述如图 6-9 所示。

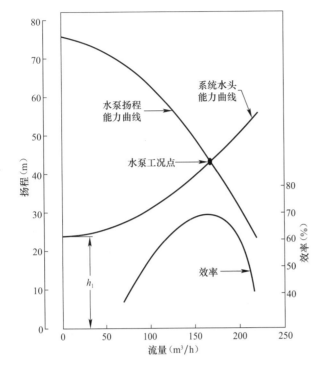
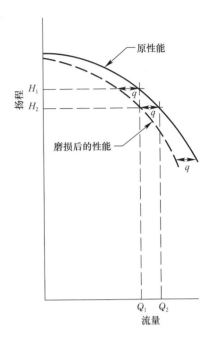

图 6-8 具有固定 $h_1$ 的单台恒速水泵工况分析　　图 6-9 叶轮磨损对水泵工况的影响

### 6.4.4 变速泵

水泵特性曲线与水泵电机运行的转速相关。对于定速水泵，电机保持常速，不考虑其他因素。而变速水泵具有一个电机或者设备，能够改变水泵转速和相应的系统条件。

变速水泵实际上不是一种特殊类型的水泵，而是一台水泵与一个变速驱动器或者控制器相连。最常见的变速驱动器控制了水泵电机的电流，因此控制了水泵运转的速度。反过来，水泵转速的差异，产生不同的扬程和流量特性。变速水泵可用于需要灵活运转的情况，例如当流量快速变化，而期望的压力保持恒定的情况。这种情况例如适合于具有很小或者没有可用蓄水池的管网。

在最大转速上水泵的特性曲线与以上描述相同。变速泵运行在系统—扬程曲线上的点也是由水泵特性曲线和管道特性曲线交点确定。相似原理用于计算减速时水泵的特性曲线：

$$\frac{Q_1}{Q_2} = \frac{n_1}{n_2} \tag{6-5}$$

$$\frac{H_1}{H_2} = \left(\frac{n_1}{n_2}\right)^2 \tag{6-6}$$

$$\frac{P_1}{P_2} = \left(\frac{n_1}{n_2}\right)^3 \tag{6-7}$$

式中　　$Q$——流量；

　　　　$H$——扬程；

　　　　$P$——功率；

　　　　$n$——转速。

140

下标 1 和 2 为相对应的点。这些关系用于确定随泵流量、水头和功率的改变效果。

应用这些关系式时，应注意它们是基于以下假设的：当一条曲线上的已知点与另一条曲线上的点相似时，效率保持不变。因为进口、出口和通过水泵的水力和压力特性随着流量而变化，尽管由式（6-5）和式（6-6）产生的误差较小，但由式（6-7）产生的误差可能较大。图 6-10 描述了不同转速下水泵的特性曲线。

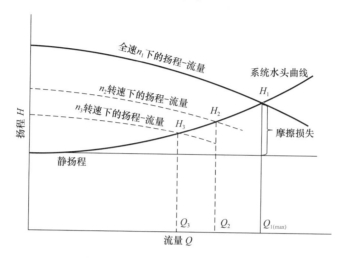

图 6-10　不同转速下水泵流量曲线

【例 6-2】　设想一台泵运行在正常最大转速 1800r/min，由表 6-7 描述的扬程流量曲线数据，得到运行转速在 1000～1600r/min，以 200r/min 递增的水泵曲线。

【解】　产生的流量（$Q$）和扬程（$H$）的新值见表 6-7。新值是将 1800r/min 速度的 $Q$ 值乘以转速比（$n_2/n_1$），以及将 1800r/min 速度的 $H$ 值乘以转速比（$n_1/n_2$）的平方。即

$$Q_2 = Q_1 \left( \frac{n_2}{n_1} \right) \qquad H_2 = H_1 \left( \frac{n_2}{n_1} \right)^2$$

示例计算　　　　　　　　　　　　　　　　　　　　　　　　表 6-7

| 转速<br>（r/min） | 转速比<br>$n_2/n_1$ | 比值<br>$(n_2/n_1)^2$ | 各点的扬程—流量 | | | | | | | |
|---|---|---|---|---|---|---|---|---|---|---|
| | | | 第1点 | | 第2点 | | 第3点 | | 第4点 | |
| | | | 流量<br>（m³/h） | 扬程<br>（m） | 流量<br>（m³/h） | 扬程<br>（m） | 流量<br>（m³/h） | 扬程<br>（m） | 流量<br>（m³/h） | 扬程<br>（m） |
| 1800 | 1.00 | 1.00 | 0 | 60 | 63 | 55 | 126 | 49 | 189 | 40 |
| 1600 | 0.889 | 0.790 | 0 | 47 | 56 | 44 | 112 | 39 | 168 | 32 |
| 1400 | 0.777 | 0.605 | 0 | 36 | 49 | 33 | 98 | 30 | 147 | 24 |
| 1200 | 0.667 | 0.444 | 0 | 27 | 42 | 24 | 84 | 22 | 126 | 18 |
| 1000 | 0.555 | 0.309 | 0 | 19 | 33 | 17 | 70 | 15 | 105 | 12 |

## 6.5　水泵扬程—流量关系式

通常认为水泵扬程和流量为非线性关系，总体趋势为水泵通过的流量越大，提升的扬程越小。当在水力模型中使用时，常根据水泵厂样本数据，将水泵的扬程和流量变化曲线

描绘为数学关系式。

（1）幂函数形式

$$H = H_0 - sQ^m \tag{6-8}$$

（2）抛物线形式

$$H = aQ^2 + bQ + c \tag{6-9}$$

式中　$H$——对应于流量 $Q$ 的水泵扬程，m；

　　　　$H_0$——水泵在 $Q=0$ 时的虚总扬程，m。这是在水泵下游关闭时，水泵提供的能量转化为压力，所获得的最大扬程。为防止水锤，水泵有时在关闭下游阀门时缓慢开启。注意水泵不应在阀门关闭下运行时间太长。

　　　　$s$——泵体内虚阻耗系数；

　　　　$Q$——水泵流量，$m^3/s$、$m^3/h$ 或 L/s；

　　　　$m$——指数。给水泵一般采用 $m=2$ 或 $m=1.852$；

　　$a$、$b$ 和 $c$——系数。

### 6.5.1 幂函数参数确定

当已知水泵扬程—流量幂函数关系式（6-8）中指数 $m$（$m=2$ 或 1.852）时，应确定的参数为 $H_0$ 和 $s$。为此需要根据水泵样本中两组数据 $(Q_1, H_1)$ 和 $(Q_2, H_2)$，将它们代入式（6-8），得

$$\begin{cases} H_1 = H_0 - sQ_1^m \\ H_2 = H_0 - sQ_2^m \end{cases} \tag{6-10}$$

这是求 $H_0$ 和 $s$ 的线性方程组。式（6-10）中的两式相减，可得

$$s = \frac{H_1 - H_2}{Q_2^m - Q_1^m} \tag{6-11}$$

将求得的 $s$ 值代入式（6-10）两式中的任一式，可以求出 $H_0$ 值。

### 6.5.2 抛物线函数参数确定

当水泵扬程—流量关系式表示为抛物线形式［式（6-9）］时，式中参数 $a$、$b$ 和 $c$ 可利用水泵样本中的三组数据 $(Q_1, H_1)$，$(Q_2, H_2)$ 和 $(Q_3, H_3)$ 确定。将这三组数据代入抛物线式后，获得三个方程

$$\begin{cases} aQ_1^2 + bQ_1 + c = H_1 \\ aQ_2^2 + bQ_2 + c = H_2 \\ aQ_3^2 + bQ_3 + c = H_3 \end{cases} \tag{6-12}$$

这是求 $a$、$b$ 和 $c$ 的线性方程组。

**【例 6-3】** 某水泵样本中三组数据为（180L/s，31m），（210L/s，29m）和（220L/s，27m），求水泵扬程—流量关系式。

**【解】** 将已知三组数据代入式（6-12），的线性方程组

$$\begin{cases} 32400a + 180b + c = 31 \\ 44100a + 210b + c = 29 \\ 48400a + 220b + c = 27 \end{cases}$$

解得 $a = -0.0033333$，$b = 1.2333$，$c = -82.995$，因此水泵扬程-流量关系式为

$$H = -0.0033333Q^2 + 1.2333Q - 82.995$$

### 6.5.3 变速泵扬程—流量关系式

当水泵扬程—流量关系式采用幂函数形式（6-8）时，结合式（6-5）和式（6-6），并设转速比 $\omega = n_2/n_1$，则可知当水泵转速调整后的水泵扬程—流量关系式为

$$H_2 = \omega^2 H_0 - s\omega^{(2-m)} Q_2^m \tag{6-13}$$

当 $m = 2$ 时，有

$$H_2 = \omega^2 H_0 - sQ_2^2 \tag{6-14}$$

## 6.6 效率—流量关系式

水泵效率 $\eta$ 与流量关系曲线常用抛物线公式描述为

$$\eta = aQ^2 + bQ + c \tag{6-15}$$

式中　$\eta$——水泵效率，%；

　　　$Q$——水泵流量，L/s；

$a$、$b$ 和 $c$——系数。

为求式（6-15）中的参数 $a$、$b$、$c$，至少应已知三组 $(Q, \eta)$ 值。

式（6-15）也可采用近似方式求解。当已知水泵最高效率 $(Q_0, \eta_0)$ 时，式（6-15）在该点处的导数 $d\eta/dQ$ 应为 0；结合效率曲线将通过原点 $(0, 0)$ 的事实，于是参数 $a$、$b$、$c$ 的近似值为

$$a = -\eta_0/Q_0^2, \quad b = 2\eta_0/Q_0, \quad c = 0 \tag{6-16}$$

式中　$\eta_0$——水泵最高效率值，%；

　　　$Q_0$——水泵最高效时的流量，L/s。

【例 6-4】 某水泵样本中三组数据为 $(125\text{L/s}, 55\%)$，$(250\text{L/s}, 85\%)$，$(375\text{L/s}, 60\%)$，求水泵效率—流量关系式。

【解】 （1）由式（6-15）可得

$$\begin{cases} 15625a + 125b + c = 55 \\ 62500a + 250b + c = 85 \\ 140625a + 375b + c = 60 \end{cases}$$

求解得 $a = -0.00176$，$b = 0.9$，$c = -30$。因此水泵效率—流量关系式为

$$\eta_1 = -0.00176Q^2 + 0.9Q - 30$$

（2）当采用高效点 $(250\text{L/s}, 85\%)$ 和原点 $(0, 0)$ 进行曲线近似时，由式（6-16）得：

$$a = -85/250^2 = -0.00136$$

$$b = 2 \times 85/250 = 0.68$$

$$c = 0$$

则水泵效率—流量关系式可近似为

$$\eta_2 = -0.00136Q^2 + 0.68Q$$

（3）曲线 $\eta_1$ 和 $\eta_2$ 见图 6-11。

当已知变速泵在转速 $n_1$ 时水泵效率—流量关系式的系数 $a$、$b$ 和 $c$ 时，转速为 $n_2$ 的水泵效率—流量关系式常近似为：

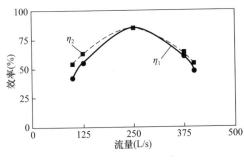

图6-11　水泵效率—流量曲线

$$\eta = a(Q/\omega)^2 + b(Q/\omega) + c \qquad (6\text{-}17)$$

式中　　$\omega$——转速比，即 $n_2/n_1$。

## 6.7　比 转 数

　　叶片泵的叶轮构造和水力性能多种多样，大小尺寸也各不相同，为了对叶片泵分类，将同类型的泵组成一个系列，需要形成一个能够反映叶片泵共性的综合特征数，作为水泵规格化的基础。这个特征数成为叶片泵的比转数（$n_s$）（又叫比速）。

　　比转数 $n_s$ 是从相似理论中引出的相似准数，它说明了相似泵的流量 $Q$，扬程 $H$，转速 $n$ 间的关系。相似工况下相似泵比转数相等，但同一台泵在不同工况下的比转数 $n_s$ 并不相等。通常只用最佳工况点的 $n_s$ 代表一系列几何相似泵。比转数 $n_s$ 的表达式如下：

$$n_s = \frac{3.65 n Q^{0.50}}{H^{0.75}} \qquad (6\text{-}18)$$

式中　　$n_s$——比转数，无单位；

　　　　$n$——水泵转速，r/min；

　　　　$Q$——水泵额定流量，$m^3/h$（双吸泵取 1/2 流量）；

　　　　$H$——水泵的额定扬程，m（多级泵取单级扬程，即扬程/$i$，$i$ 为级数）。

　　不同国家比转数的换算见表6-8。

比转数 $n_s$ 换算表　　　　　　　　　　　　　　　　　　　表6-8

| $n_s = \dfrac{3.65 n\sqrt{Q}}{H^{3/4}}$ | | | $n_s = \dfrac{n\sqrt{Q}}{H^{3/4}}$ | | |
|---|---|---|---|---|---|
| 中国 | 日本 | | 英国 | | 美国 |
| $Q$, $H$, $n$<br>($m^3/s$), (m),<br>(r/min) | $Q$, $H$, $n$<br>($m^3/min$), (m),<br>(r/min) | $Q$, $H$, $n$<br>(L/s), (m),<br>(r/min) | $Q$, $H$, $n$<br>($ft^3/s$), (ft),<br>(r/min) | $Q$, $H$, $n$<br>(gal/min), (ft),<br>(r/min) | $Q$, $H$, $n$<br>(gal/min), (ft),<br>(r/min) |
| 1 | 2.12 | 8.66 | 5.168 | 12.89 | 14.16 |
| 0.4709 | 1 | 4.083 | 2.438 | 6.079 | 6.68 |
| 0.1152 | 0.245 | 1 | 0.597 | 1.4871 | 1.634 |
| 0.1935 | 0.410 | 1.675 | 1 | 2.49 | 2.74 |
| 0.0706 | 0.150 | 0.611 | 0.365 | 0.912 | 1 |
| 0.0776 | 0.165 | 0.672 | 0.401 | 1 | 1.096 |

　　例如由某台 12sh 型离心泵的水泵铭牌可知，在最高效率时：$Q=684m^3/h$，$H=10m$，$n=1450r/min$。由于 sh 型是双吸式离心泵，故采用 $Q/2$ 代入式（6-18），得

$$n_s = \frac{3.65 \times 1450 \times \left(\dfrac{684}{2} \times \dfrac{1}{3600}\right)^{0.5}}{10^{0.75}} = 288$$

　　在水泵样本中一般表示为 12sh-28 型。

　　比转数的应用有以下几个方面：

（1）对泵分类。比转数是相似准数，不同的比转数代表了不同的叶轮构造和水力性能，故可用比转数分类水泵。由式（6-18）可知，一定转速下小流量、高扬程泵的 $n_s$ 值小；大流量、低扬程泵的 $n_s$ 值大。根据比转数的大小，将叶片泵分类，见表6-9。

比转数与叶轮形状的关系           表6-9

| 水泵类型 | | 比转数 | 叶片形状 | 叶轮简图 |
|---|---|---|---|---|
| 离心泵 | 低比转数 | 30~80 | 圆柱形叶片 | $d_2/d_1=3.5\sim2.0$ |
| | 中比转数 | 80~150 | 进口处扭曲，出口处圆柱形 | $d_2/d_1=2.0\sim1.5$ |
| | 高比转数 | 150~300 | 扭曲形叶片 | $d_2/d_1=1.5\sim1.3$ |
| 混流泵 | | 250~600 | 扭曲形叶片 | $d_2/d_1=1.2\sim1.1$ |
| 轴流泵 | | 500~2000 | 扭曲形叶片 | $d_1=d_2$ |

叶片形状随比转数而变。对低比转数泵，为了得到高扬程、小流量，必须增加叶轮外径 $d_2$，减小内径 $d_1$ 和叶槽出口宽度，故叶轮扁平，叶槽狭长，叶片形状呈圆柱形，水流径向流出。随着 $n_s$ 的增大，$d_2/d_1$ 由大到小，叶槽出口宽度由小到大，叶片形状由圆柱形过渡为扭曲形，叶槽由窄长变为粗短，水流方向由径向变为轴向。

（2）初选水泵。若所需流量 $Q$、扬程 $H$ 和转速 $n$ 确定后，求出 $n_s$ 值，根据表6-9可定出泵型，以便进一步使用水泵性能表，确定水泵的具体型号。

（3）比转数是编制泵系列的基础。通常将同类结构的泵组成一个系列。以比转数为基础编制系列，可大大减少水力模型数目，有利于组织水泵的设计和生产。

（4）比转数是泵设计的依据。相似设计中，可根据给定的设计参数计算出比转数值，然后以比转数选择优良的水力模型，在根据选定的模型和给定的参数，换算出设计泵的尺寸和特性。

**【例 6-5】** 某泵站在选择水泵时，考虑以下条件：水泵提升流量 $Q=0.3\text{m}^3/\text{s}$，提升扬程 $H=10\text{m}$，电机转速 $n=1800\text{r/min}$。试确定水泵的类型。

**【解】** 由式（6-18），比转数计算为

$$n_\text{s}=\frac{3.65\times1800\times0.3^{0.5}}{10^{0.75}}=640$$

由表 6-9 可知，该泵站选择轴流泵是合理的。

## 6.8　气蚀余量

### 6.8.1　气蚀及其危害

离心泵的吸液是靠吸入液面与吸入口间的压差完成的。吸入管路越高，吸上高度越大，则吸入口处的压力越小。当吸入口处压力小于操作条件下被输送液体的饱和蒸汽压时，液体将气化，产生气泡。含有气泡的液体进入泵体后，在旋转叶轮的作用下，进入高压区。气泡在高压作用下，又会凝结为液体。由于原气泡位置的空出造成局部真空，使周围液体在高压的作用下迅速填补原气泡所占空间，产生水力冲击。这种高速冲击频率很高，可以达到每秒几千次，冲击压强可以达到数百个大气压甚至更高。这种高强度高频率的冲击，轻则造成叶轮的疲劳，重则可以将叶轮与泵壳破坏，甚至把叶轮打成蜂窝状。这种由于被输送液体在泵体内汽化再凝结，对叶轮产生剥蚀的现象叫离心泵的气蚀现象。工程上规定，当泵的扬程下降 3% 时，即进入汽蚀状态。

气蚀可分为两个阶段：第一阶段表现在水泵外部的是轻微噪声、振动和水泵扬程、功率开始有些下降；第二阶段气穴区突然扩大，水泵的 $H$、$N$、$\eta$ 将到达临界值而急剧下降，最后停止出水。

湿式泵房中，水泵及管件淹没在电机间下面的集水池中，通常不存在气蚀问题。在干式泵房和自灌水泵中可能发生汽蚀。

### 6.8.2　叶片泵安装高度

工程上从根本上避免汽蚀现象的方法是限制泵的安装高度。避免离心泵汽蚀现象发生的最大安装高度，称为离心泵的允许安装高度，也叫允许吸上高度。如图 6-12 所示，它是指泵的吸入口 1-1′ 与吸入贮槽液面 0-0′ 间可允许达到的最大垂直距离，以符号 $H_\text{g}$ 表示。假定泵在可允许的最高位置上操作，以液面为基准面，列贮槽液面 0-0′ 与泵的吸入口 1-1′ 两截面间的伯努利方程，可得

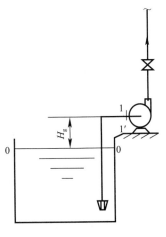

图 6-12　离心泵的允许
安装高度

$$H_\text{g}=\frac{p_0-p_1}{\rho g}-\frac{u_1^2}{2g}-\sum h_{\text{f},0-1} \qquad (6\text{-}19)$$

式中　　$H_\text{g}$——允许安装高度，m；

$p_0$——吸入液面压力，Pa，常为大气压（见表 6-10）；

$p_1$——吸入口允许的最低压力，Pa；

$u_1$——吸入口处的平均流速，m/s；

$\rho$——被输送液体的密度，kg/m³；

$\sum h_{\text{f},0-1}$——流体流经吸入管的阻力，m。

**不同海拔高度的大气压水头（$p_0/\rho g$）** 表 6-10

| 海拔高度（m） | 0 | 50 | 100 | 150 | 200 | 300 |
|---|---|---|---|---|---|---|
| $p_0/\rho g$（m） | 10.33 | 10.27 | 10.21 | 10.15 | 10.09 | 9.97 |

生产中，计算离心泵的允许安装高度常用必需气蚀余量法。离心泵的抗气蚀性能参数也用必需气蚀余量表示。必需气蚀余量〔$(NPSH)_R$〕是指离心泵在保证不发生气蚀的前提下，泵吸入口处动压头与静压头之和比被输送液体的饱和蒸汽压头高出的最小值，用 $\Delta h$ 表示，即

$$\Delta h = \frac{p_1}{\rho g} + \frac{u_1^2}{2g} - \frac{p_v}{\rho g} \tag{6-20}$$

将上式代入（6-19）得

$$H_g = \frac{p_0}{\rho g} - \frac{p_v}{\rho g} - \Delta h - \sum H_{f,0-1} \tag{6-21}$$

式中 $\Delta h$——必需气蚀余量，m，由泵的性能表查得；

$p_v$——饱和蒸汽压，Pa，它随液体温度的变化而变化（见表 6-11）。

**不同水温下的饱和蒸汽压（$p_v/\rho g$）** 表 6-11

| 水温（℃） | 5 | 10 | 15 | 20 | 25 | 30 |
|---|---|---|---|---|---|---|
| $p_v/\rho g$（m） | 0.089 | 0.125 | 0.174 | 0.238 | 0.323 | 0.432 |

$\Delta h$ 随流量增大而增大，因此，在确定允许安装高度时应取最大流量下的 $\Delta h$。当允许安装高度为负值时，离心泵的吸入口低于贮槽液面。降雨期间大气压最大可能下降 2%。为安全起见，泵的实际安装高度通常能比允许安装高度低 0.6～1m。

**【例 6-6】** 型号为 IS65-40-200 的离心泵，转速为 2900r/min，流量为 25m³/h，扬程为 50m，$(NPSH)_R$ 为 2.0m，此泵用来将敞口水池中 20℃的水送出。已知吸入管路的总阻力损失为 2m 水柱，当地大气压强为 100kPa，求泵的允许安装高度。

**【解】** 20℃水的饱和蒸气压为 2.34kPa，水的密度为 998.2kg/m³，已知 $p_0 = 100$kPa，$\Delta h = 2.0$m，$\sum h_{fl-2} = 2$m

$$H_g = \frac{p_0}{\rho g} - \frac{p_v}{\rho g} - \Delta h - \sum H_{f,0-1}$$

$$= \frac{100 \times 1000 - 2.34 \times 1000}{988.2 \times 9.81} - 2.0 - 2 = 6.08\text{m}$$

因此，泵的安装高度不应高于 6.08m。

## 6.8.3 减轻气蚀的措施

防止或减轻气蚀的措施，除了从设计、制造等方面改善外，对用户来说应从泵站规划设计和运行管理等方面考虑。

（1）正确确定水泵安装高度

在任何工况下，应使泵的实际安装高度小于允许安装高度。

（2）正确设计进水池

进水池内水流应平稳均匀，不产生漩涡和偏流，否则使泵的气蚀性能变坏。此外，要及时清除进水池的污物和淤泥，使水流畅通，流态均匀，还要保证进水喇叭口有足够的淹没深度。

（3）正确设计吸水管路

吸水管路应尽可能短，减少不必要的管路附件，适当加大管径，以减少进水管道的水头损失，提高装置汽蚀余量（图 6-13）。

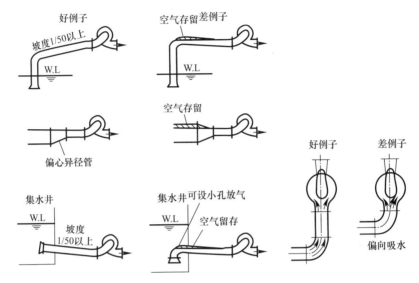

图 6-13　水泵吸水管设置的好例子差例子

对于卧式离心泵，为使水泵进口的水流速度和压力分布均匀，泵进口前吸水管到水平直段不能过短，通常不小于 4～5 倍进口直径的直管长度。大中型泵站进水流道的形式、结构和尺寸要设计得合理，保证有良好的水力条件，防止有害的偏流和漩涡发生。

（4）正确调节工况

调节水泵的运行工况可以减轻汽蚀，离心泵适当减小流量使工况点向左移动，可减小 $(NPSH)_R$；轴流泵可调节叶片安装角，使工况点移到 $(NPSH)_R$ 值较小的区域。

（5）提高泵进口的压力

给水泵进水管道增压，例如把离心泵出水管的水引入进水管，并用喷嘴增压，可以提高装置汽蚀余量，减轻气蚀危害。

（6）控制水源含沙量

从多沙河流取水的泵站，由于水中含沙量增大，加剧过流部件的磨损并使水泵气蚀性能恶化。因此，必须控制水源含沙量。

（7）提高叶面光洁度

叶面光洁度对抗气蚀性能有一定影响，叶片表面粗糙，会引起漩涡，导致气蚀。对粗糙叶面，用户可精细加工，提高其光洁度。

（8）及时进行涂敷与修复

如果水泵过流部件已出现剥蚀，可采用金属或非金属材料在剥蚀部位及时涂敷修复、非金属材料包括环氧材料、复合尼龙、53-A 涂料等。涂敷修复后的叶轮，抗剥蚀和磨损的能力均有提高。对剥蚀和抗磨损伤痕亦可进行补焊修复。

（9）降低水泵转速

气蚀性能参数与转速的平方成正比，降低水泵的转速，可以减轻气蚀的程度。

（10）在汽蚀区补气

在泵进水侧补进适量空气，可以缓和空泡破灭时的冲击力，并减小气蚀区的真空度，从而减轻气蚀的程度。但进气量要适量，否则会使水泵性能变差。

## 6.9 泵组设计

### 6.9.1 选泵步骤

（1）绘制出管道特性曲线，在管道中对静扬程范围和摩擦因子使用合理的标准。考虑所有可能的水力条件：①静扬程的变化；②管道摩擦因子（$C$ 值）的变化。静扬程的变化是由于水泵集水池内水位以及水泵抽水时出水池水位变化造成的。需要调查最小和最大静扬程条件：

1）最大静扬程。出水池中最高水位与集水池最低水位的高程差。

2）最小静扬程。出水池中最低水位与集水池最高水位的高程差。

（2）务必减去吸水和压水管路中局部水头损失，在水泵制造商提供的水泵曲线基础上建立校正后的水泵曲线或修正的水泵曲线。实际工况点将在修正后的水泵曲线与系统曲线的交点上。

（3）合理选择初始工况点（系统水头曲线与水泵特性曲线的交点）。当静扬程变化不大时，常选择初始工况点位于 BEP 右侧的水泵。当叶轮损耗时，水泵输出流量降低，而水泵效率增加，直到叶轮磨损使工况点达到 BEP 左侧的程度。

当静扬程变化较大时，最大静扬程条件下，可选择使初始工况点位于 BEP 左侧的水泵。但在多数时间里，水泵流量常运行在 BEP 处或 BEP 点的右侧（见图 6-14）。

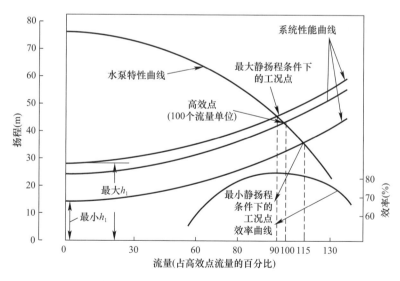

图 6-14　系统静扬程对水泵工况点的影响

（4）多台水泵运行时，检查每一种水泵组合的工况点。例如，两台水泵并联系统中，一台水泵单独运行产生的流量，要大于两台水泵运行时流量的 50%。这种情形的发生是由于管道特性曲线形状上升的缘故。水泵输出流量应在水泵制造商推荐的运行范围之内。

（5）对所有的水力因素，以及在第（1）步和第（3）步确定的工况点，检查泵的实际安装高度是否小于允许安装高度。

泵房应设置备用水泵，且应与所备用的所有工作泵能互为备用，备用水泵一般设置1～2台。当泵房设有不同规格水泵且规格差异不大时，备用水泵的规格宜与大泵一致；当水泵规格差异较大时，宜分别设置备用水泵。

### 6.9.2 管路

吸水管路和压水管路是泵站的重要组成部分，正确设计、合理布置与安装吸、压水管路，对于保证泵站的安全运行，节省投资，减少电耗有很大的关系。

（1）吸水管路中的设计流速，建议采用以下数值：

管径小于250mm时，为1.0～1.2m/s；管径在250～1000mm时，为1.2～1.6m/s；直径大于1000mm时，为1.5～2.0m/s。

在吸水管路不长且吸水高度不大的情况下，可采用比上述数值大些的流速，如1.6～20m/s。水泵为自灌式工作时，吸水管中流速可适当放大。

（2）压水管路的设计流速为：

管径小于250mm时，为1.5～2.0m/s；管径在250～1600mm时，为2.0～2.5m/s；直径大于1600mm时，为2.0～3.0m/s。

上述设计流速取值较给水管网设计中的平均流速要大，因为泵站内压水管路不长，流速取大一点，水头损失增加不多，但可减少管道和配件的直径。

## 6.10 运行控制

为了在运行期间控制水泵的出流量，方法有：①控制运行的水泵数量；②控制水泵的转速；③控制阀门开度；④改变水泵的叶片角度或切削叶轮；⑤以上方法的组合。其中方法①、②与③的比较见表6-12。

水泵控制方式比较 表6-12

| 控制方式 | 示意图 | 说明 | 适用条件 | 优点 | 缺点 |
|---|---|---|---|---|---|
| 水泵运行台数控制 | | 通过开启水泵台数控制：$Q<Q_1$时开启1台水泵；$Q_1<Q<Q_2$时开启2台水泵；$Q>Q_2$时开启3台水泵，等等 | • 允许出水压力变动很大；<br>• 与静扬程相比，管路水头损失较小，且有蓄水池的管路系统 | • 控制比较简单；<br>• 可通过水泵台数处置风险 | • 压力变化幅度较大；<br>• 只能分级变化 |
| 变速控制 | | 在压力情况下，通过叶轮转速从$N_1 \rightarrow N_2$，流量从$Q_1 \rightarrow Q_2$ | • 与静扬程相比，管路水头损失较大；<br>• 流量变化大的连续运行情况 | • 可以达到精细控制；<br>• 运转高效，节约成本 | • 设备费用高；<br>• 维护管理技术要求高 |

150

| 控制方式 | 示意图 | 说明 | 适用条件 | 优点 | 缺点 |
|---|---|---|---|---|---|
| 阀门控制 | 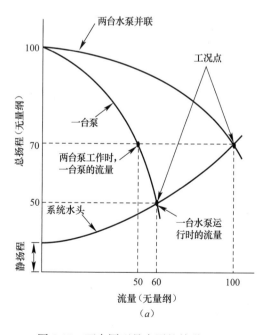 | 根据检测的压力、流量，控制阀门的开启度 | • 与静扬程，管路水头损失较小；<br>• 中小型水泵一般根据出流量控制的方法 | • 控制方式简单；<br>• 设备费用低 | • 效率低；<br>• 运行成本高；<br>• 噪声大；<br>• 阀门下游压力低的情况下，容易出现气蚀 |

## 6.10.1 台数控制

生产中当使用一台泵不能满足流量要求时，可以将两台或多台水泵并联使用。水泵并联运行时合成的水泵特性曲线，其总流量将等于某扬程下各台水泵流量之和（图 6-15 (a)）。同型号水泵或者不同型号水泵的并联，均可采取这种方式绘制水泵特性曲线。

评价并联水泵的最简单方式是对每种水泵组合运行系统模拟。对于每种组合，每一台水泵的工况点应靠近它的高效工况点。如果一台水泵的效率显著降低，那么就希望选择不同的水泵，或者避免该组合的运行。例如，图 6-15 (b) 说明了两台相同型号水泵并联的水泵曲线。如果具有充分的管路能力（也就是说，系统水头曲线相对平缓），当单独运行时，每台水泵的流量为 270m³/h，而并联运行时流量为 500m³/h。可是如果管路能力受到限制，每台水泵将单独产生 180m³/h 的流量，两台并联产生 220m³/h 的流量。当两台水泵运行时，流量增加较少的原因，是配水管路能力的缺乏，而不是水泵能力的缺乏。

图 6-15 两台同型号水泵的并联（一）

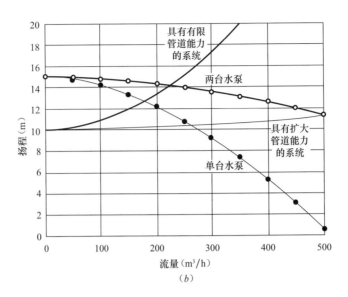

图 6-15　两台同型号水泵的并联（二）

不同型号水泵并联时问题变得更为复杂，如图 6-16 所示。这种情况下，水泵 A 需要在高流量下运行，水泵 B 在低流量条件阶段运行。当系统水头曲线平缓时，水泵 A 单独输送流量为 $270m^3/h$，水泵 B 单独输送为 $160m^3/h$，两台同时输送为 $380m^3/h$。可是对于较陡的系统水头曲线，水泵 A 单独输送 $180m^3/h$，水泵 B 单独输送 $120m^3/h$，但是两台同时运行仅产生 $180m^3/h$。并联后流量没有增加的原因是水泵 A 产生的扬程超过了水泵 B 的"虚总扬程"，因此水泵 B 不能够供水。应避免这样一种系统水头特性和水泵的组合。

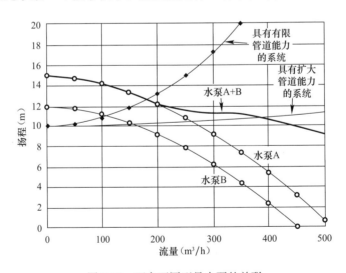

图 6-16　两台不同型号水泵的并联

另一例子是三台泵联合运行工况点为 a 点，各台水泵的工况点为 b 点，它们的扬程相同（见图 6-17）。在具有相同系统性能曲线的两台泵运行时，每台泵的工况点是 b′ 点；在 1 台运行的情况下，它是 b″ 点。从图 6-17 中可以看出，b″ 点超出了水泵高效区流量范围，可能会出现气蚀和过载，因此在水泵运行时要小心。特别当集水井的吸水水位发生变化，实际扬程低于（b″）时，应考虑出水阀门操作，使系统性能曲线变陡的措施。

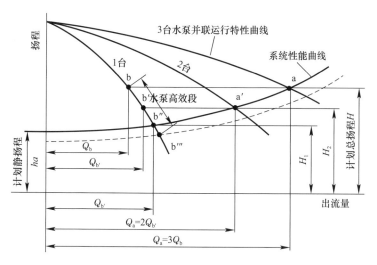

图 6-17　同型号水泵并联运行

### 6.10.2　阀门控制

如图 6-18 所示，阀门在开启度减小情况下，扬程曲线和系统性能曲线 $R_1$ 的交点 $A_1$，移动到由扬程曲线和系统性能曲线 $R_2$ 的交点 $A_2$。点 $A_2$ 的表观效率为 $\eta_2$，但它的实际效率是 $\eta_3$。因为点 $A_2$ 和点 $A_3$ 的功率是相同的。

已知

$$\eta_2 = \frac{\gamma Q_2 H_2}{P}$$

$$\eta_3 = \frac{\gamma Q_2 H_3}{P}$$

于是有

$$\frac{\eta_2}{\eta_3} = \frac{H_2}{H_3}$$

$$\eta_3 = \eta_2 \times \frac{H_3}{H_2}$$

图 6-18 中，由于 $H_3 < H_2$，$\eta_3 < \eta_2$ 成立，阀门开启度变小后，多余的能量靠加大阀门阻力消耗，整个系统的运行效率降低，一般不宜采用。现在随着变频调速技术的发展，已越来越多地采用离心泵变频调速方式。

### 6.10.3　变速控制

按压力控制点的设置位置，恒压给水控制系统可分为水泵出口恒压控制和用户最不利点处恒压控制两类。

（1）水泵出口恒定控制

当管网用户需水量减少时，通过操作水泵

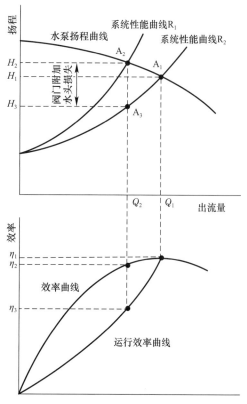

图 6-18　水泵开启度控制

153

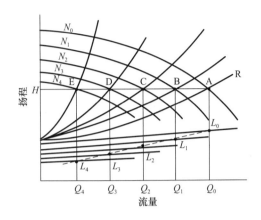

图 6-19　水泵出口恒压控制

出水阀门，加大管路系统的水头损失，使系统特性曲线 R 的斜率变陡。当转速恒定，水量从 $Q_0$ 减小时，工况点在曲线 $N_0$ 上从 A 向左侧移动。但在出水压力恒定情况下的变速控制中，水量按照 $Q_0$，$Q_1$，$Q_2$，$Q_3$ 依次减小时，转速分别为 $N_0$，$N_1$，$N_2$，$N_3$，工况点依次为 A，B，C，D，而总扬程 H 不变。同时，轴功率也从 $L_0$ 变为 $L_1$，$L_2$，$L_3$，达到节省能量目的（图 6-19）。

（2）管网最不利点恒压控制

管网最不利点恒压控制中，考虑即使水量发生变化，也能使管道最不利点水压保持恒定。如图 6-20 所示，随着用水量的变化，水泵的工况点在系统性能曲线上移动，以保持最终压力恒定。可以看出，此时的轴功率变化与水泵出口恒压控制相比，存在进一步的节能效益。

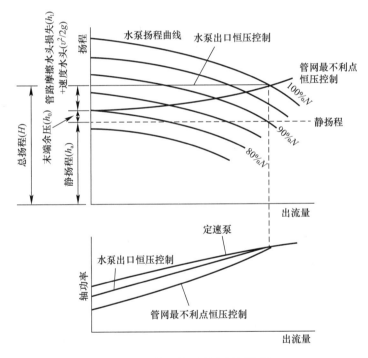

图 6-20　管网最不利点恒压控制

### 6.10.4　叶轮切削

大量实践证明，在切削量较小，切削前后叶轮出口面积保持不变的前提下，叶轮切削前后其性能参数满足下列关系式：

$$\frac{Q'}{Q} = \frac{D'_2}{D_2} \qquad (6\text{-}22)$$

$$\frac{H'}{H} = \left(\frac{D'_2}{D_2}\right)^2 \qquad (6\text{-}23)$$

$$\frac{N'}{N} = \left(\frac{D_2'}{D_2}\right)^3 \tag{6-24}$$

叶轮切削后效率会有少量下降。在切削量比较小时，影响程度可以忽略，大量试验得到不同比转速水泵的切削量与效率下降关系见表6-13。

叶轮切削限量表

表 6-13

| 比转速 $n_s$ | 60 | 120 | 200 | 300 | 350 | >350 |
|---|---|---|---|---|---|---|
| 最大允许切削量（%） | 20 | 15 | 11 | 9 | 7 | 0 |
| 效率降低值 | 每切削 10%，效率下降 1% | | | 每切削 4%，效率下降 1% | | |

水泵切削后的特性曲线与水泵转速降低后类似，因为切削定律与比例律公式形式相同，转速比相当于外径比，所以，若已知水泵切削前外径 $D_2$ 的特性曲线，就可用水泵调速计算方法获得水泵切削后 $D_2'$ 时的特性曲线。切削前后水泵特性曲线变化情况如图 6-21 所示。

叶轮切削以后可以使得水泵的应用范围扩大。如图 6-22 所示为 13Sh-18 型水泵的特性曲线，切削前（$D=290\text{mm}$）水泵的高效段为 AC 段，切削后（$D=265\text{mm}$）的高效段是 BD 线段，那么 ABCD 包含的区域称为水泵工作的高效区域，因此，切削改造使水泵高效区扩大。对于实际流量偏小的工况，切削改造简便易行，成本较低。

然而，水泵叶轮切削量在准确计算的前提下应留有一定余量；一旦切削过度，将无法满足供水要求，甚至有可能发生电机过载。

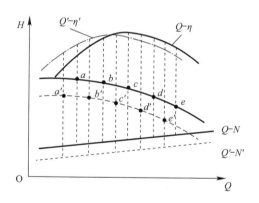

图 6-21 叶轮切削时特性曲线变化情况

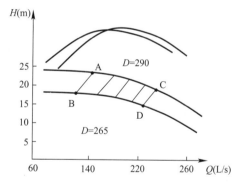

图 6-22 水泵高效率方框

# 第7章　给水管网水力分析

## 7.1　引言

### 7.1.1　给水管网模型

给水管网是一类庞大复杂的网络系统，为便于规划、设计和运行管理，应将其简化、抽象为可利用图形和数据表达、分析的系统，称为给水管网模型。给水管网模型描述了系统中各组成部分的拓扑关系和水力特性，将管网简化、抽象为管段和节点两类元素，并赋予工程属性，以便用水力学、图论和数学分析理论等表达和分析。

未经简化的城市供水管网模型拓扑结构复杂：管径从十几毫米到 1m 甚至 2m 以上；管道走向交错，管网间连接方式多种多样，管线长度长短不一。如果全部纳入模型，会造成：①参与模拟计算数据量庞大，导致计算速度缓慢；②建模基础数据准备工作量大、时间长；③错误数据量较多、纠错工作量大。

所谓给水管网模型抽象，就是忽略所分析和处理对象的一些具体特征，而将它们视为模型中的元素，只考虑它们的拓扑关系和水力特性。计算机模型需要将配水系统抽象为管段和节点。管段是管线、阀门和水泵等简化后的抽象形式，它只输送水量而不改变水量，即管段中间没有流量输入或输出；但管段中可以改变水的能量，如具有的水头损失、水泵加压或阀门降压等。节点是管线交汇点、端点或大流量出入点的抽象形式。节点只能传递能量，不能改变水的能量，即节点上水的能量（水头值）是唯一的；但节点可以有流量的输入或输出。水在管段内流动，在节点处流入系统或者离开系统。根据这些结构表示配水系统实际物理组件的方式，如图 7-1 所示。

图 7-1 中管段表示了管道、水泵或者控制阀门：管道从一个节点到另一个节点输水；水泵提高水的能量；控制阀维护特定的压力或流量。另一类阀门，例如隔断阀或者止回阀，也认为是管道的一项属性。节点包括管道连接节点、贮水池和水箱：连接节点为管道交汇点或有水量进/出的点；贮水池节点通常具有固定的水头，例如水库、水井、净水厂的清水池；水箱是在系统运行阶段发生水量和水位变化的蓄水设施。

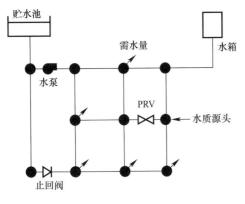

图 7-1　配水系统的节点—管段表示

在恒定流状态下，给水管网水力分析是在管道直径、蓄水设施尺寸、阀门等附件水力特性给定情况下求解恒定流方程组，确定节点压力和管段流量。给水管网水力分析是给水管网设计的依据，是给水管网系统模拟、各种动态工况分析和优化运行的基础。

### 7.1.2 给水管网布置形式

给水管网布置形式有三类：树状网、环状网以及树状网与环状网组合形式。

树状网也称枝状网，它将净水厂泵站或水塔到用户的管线布置成树枝状，供水单向流动到各节点，从水源到用水节点仅存在一条明确的水流路径。对于街坊内的管网，一般亦多布置成树状，即从临近的街道干管或分配管接入。管网布置呈树状向供水区延伸，管径随供给用水户的减少而逐渐变小。这种管网的管线总长度较短，构造简单，投资较省，在管网漏损控制中便于计量分区。但是，当管线某处发生事故（例如出现漏水、爆管或水质污染等），需停水检修时，其下游各管线均要断水，供水可靠性较差（见图7-2（b））。树状网的末梢管线由于用水量较小，管内水流较缓；用户不用水时甚至停流，致使水质容易变差。随着远离供水点，节点处的水压也越来越低。用水点为单条管道供应，管道直径较大。树状网也容易在水锤作用下受损。树状网一般用于用水安全可靠性要求不高的用户，小城市、小型工矿企业和农村地区较常见。

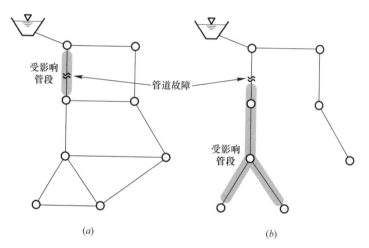

图 7-2　出现故障时的环状网和树状网
(a) 环状网；(b) 树状网

环状网中将管线连接成环，水流可从两个或多个方向输送到节点，管道直径较小。随需水量时空变化，某些管段内的流向将发生变化。当任一段管段损坏时，可以关闭该管段附近的阀门，与其余管线隔开，便于检修；水流可从另外管线供应用户，将断水区域缩小，受影响用户较少，从而增加供水可靠性（见图7-2（a））。水流可在环路中运动，减少了与滞水相关的水质问题，提高了消防供水能力。环状网可以减轻因水锤作用产生的危害。但是环状网由于存在冗余管段，造价明显高于树状网，管网漏损控制中不利于计量分区。

树状网和环状网的布置形式各有优缺点，总结见表7-1。一般城市建设初期可采用树状网，以后随着给水事业的发展逐步连成环状网。实际上现有城市的给水管网，多数是将树状网和环状网组合的形式。在城市中心地区布置成环状网，在郊区则以树状网形式向四周延伸。供水可靠性要求较高的工矿企业需采用环状网，并用树状网或双管输水至个别较远的车间。

| 树状网 | 环状网 |
|---|---|
| 优点：<br>　1. 建设成本较低；<br>　2. 运行管理较容易；<br>　3. 适合于较大地块的小型农村，人口密度较低住宅区 | 优点：<br>　1. 存在冗余管段，具有较高的可靠性；<br>　2. 系统出现故障或发生火灾时，保证水流从不同方向供应到用水点；<br>　3. 具有较大能力满足用户增加的需水量；<br>　4. 管网死水端较少，有助于维护良好的水质 |
| 缺点：<br>　1. 系统中无冗余管段；<br>　2. 水流单向流动—管道故障情况下受影响用户较多；<br>　3. 系统末端水质可能存在恶化风险—低用水量区域可能需要定期冲洗；<br>　4. 可靠性较差—尤其在消防情况下；<br>　5. 用户需水量增加受到限制 | 缺点：<br>　1. 建设成本较高；<br>　2. 运行和维护成本较高 |

（表题）树状网和环状网布置的优缺点　　表 7-1

绝大多数的供水管网可表示为平面图形，即平面上两条管段只在起点和终点相交，再没有其他公共点。若干管段顺序连接时称为管线，如图 7-3 所示的 (1)～(2)～(3)～(4)～(5)；起点与终点重合的管线如 (2)～(8)～(9)～(3)～(2) 构成环，如图 7-3 所示的环Ⅰ～Ⅳ。在一个环中，不包含其他环时，称为基环，例如Ⅰ、Ⅱ、Ⅲ、Ⅳ都是基环。几个基环合成一个大环后，大环不再算是基环，例如 (2)～(8)～(9)～(10)～(4)～(3)～(2) 形成的环不再是基环。由节点连成的树状管线称为树枝。

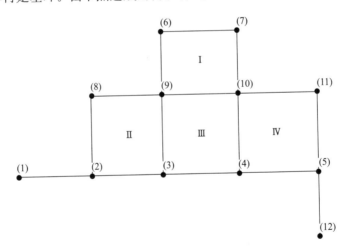

图 7-3　管线与环

树状网中任意两节点之间只有一条管线相连。环状网中，任意两节点之间至少有不同的两条路径相连。

管网平面图形中节点数 $J$、管段数 $P$ 和基环数 $L$ 之间的关系为：

$$P = J + L - 1 \tag{7-1}$$

树状网中，基环数 $L=0$，因此 $P=J-1$，即管段数等于节点数减一。

实际上城市给水管网在特殊情况下，表现为空间图形而非平面图形特征（见图 7-4）。例如不同搞成的管线通过同一平面坐标位置；或管线通过桥梁，而与桥梁下的管线构成空间关系。这时式 (7-1) 将不再适用，在分析中需要特殊处理。

### 7.1.3 恒定流基本方程组

在水力元素相互连接的管网中，每一种元素受到临近元素的影响，整个系统是内部相关的，一个元素的状态必须与其他元素状态相协调。给水管网的这种相关性可以通过由节点连续性方程和管段能量方程组成的恒定流基本方程组描述。

当一个节点连接 $n_p$ 个管段时，连续性方程为：

$$\sum_{j=1}^{n_p} q_{ij} - Q_i = 0 \qquad (7\text{-}2)$$

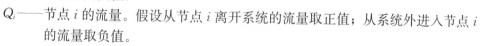

图 7-4　管线的空间交叉

式中　　$q_{ij}$——节点 $i$ 与节点 $j$ 相连管段 $ij$ 中的流量。假设流入节点 $i$ 的流量为正值，流出节点 $i$ 的流量为负值；

$Q_i$——节点 $i$ 的流量。假设从节点 $i$ 离开系统的流量取正值；从系统外进入节点 $i$ 的流量取负值。

管网中若有 $J$ 个节点，则有 $J-1$ 个独立连续性方程。

给水系统中任意两节点（如节点 1 和节点 2）之间的水头差，等于期间水泵获得水头与管段和配件引起的水头损失之和，于是管段能量方程为

$$H_1 - H_2 = \sum_{i \in I_p} h_{w,i} + \sum_{i \in J_p} h_{p,j} \qquad (7\text{-}3)$$

式中　　$H_1$、$H_2$——分别为节点 1 和节点 2 的水头；

$I_p$，$J_p$——分别为从节点 1 到节点 2 之间一条路径中的管段集合和水泵集合；

$h_{w,i}$——管段 $i$ 的水头损失。当流向与管段设定方向一致时，管段水头损失为正；当流向与管段设定方向相反时，管段水头损失为负。

$h_{p,j}$——管段 $j$ 的扬程。当流向与水泵设施方向一致时，扬程取负号；当流向雨水泵设定方向相反时，扬程取正号。

管网中若有 $P$ 条管段，如果式（7-3）中的 $H_1$、$H_2$ 分别表示管段起点和终点时，则有 $P$ 个独立能量方程。

如果节点 1 与节点 2 相同，则式（7-3）形成闭合环能量方程，即

$$\sum_{i \in I_p} h_{w,i} + \sum_{i \in J_p} h_{p,j} = 0 \qquad (7\text{-}4)$$

管网中若有 $L$ 个基环，则有 $L$ 个独立基环能量方程。

以上节点连续性方程［式（7-2）］和管段能量方程［式（7-3）］共同构成了给水管网恒定流基本方程组。

### 7.1.4 需水量驱动分析和水头驱动分析

需水量驱动分析是在节点流量或节点水头必须一个作为已知量，一个作为未知量，不考虑节点流量与水头函数关系情况下，求解给水管网恒定流基本方程组的方法。如果已知节点水头，则该节点流量作为未知量；如果已知节点流量，则该节点水头作为未知量。若节点流量和节点水头均已知，将导致与该节点相关方程关系不成立；若两者均未知，则导致方程组无解。

已知水头而未知流量的节点称为定压节点（FGN）。已知流量而未知水头的节点称为定流节点。若管网中节点总数为 $N$，定压节点总数为 $R$；则定流节点总数为 $N\text{-}R$。

以管网中水塔所在节点为例，当水塔高度未确定时，应给定水塔供水流量，即已知节点流量，该节点为定流节点。通过计算连接水塔的管段能量方程，可求解出管段水头损失，从而确定水塔高度。当已知水塔高度时，即已知该节点水头，该节点为定压节点，仍通过计算连接水塔的管段能量方程，可以求解出管段流量，从而确定水塔的注水量或出水量。

水头驱动分析是在节点流量和水头均未知，但节点流量与水头关系已知情况下，求解给水管网恒定流基本方程组。国内外学者已提出许多水头—流量方程，例如以下抛物线关系：

$$Q = \begin{cases} Q^{(d)} & H > H_{ser} \\ Q^{(d)} \left( \dfrac{H - H_{min}}{H_{ser} - H_{min}} \right)^{0.5} & H_{min} < H \leqslant H_{ser} \\ 0 & H \leqslant H_{min} \end{cases} \tag{7-5}$$

式中　　$Q$——节点实际出流量；

$Q^{(d)}$——节点需水量；

$H$——节点实际水头；

$H_{ser}$——满足最大供水量要求的最小服务水头；

$H_{min}$——保证有流量流出的最小水头。

水头驱动分析需要迭代求解，应首先假定节点的流量（或水头），然后按照需水量驱动分析方法，求出该节点的水头（或流量）；同时根据节点水头—流量方程，也可求出该节点的水头（或流量），判断这两个数值是否充分接近。通常求出的这两个节点水头（或流量）是不相等的。然后根据一定规则，调整节点流量（或水头）值，重新采用需水量驱动分析方法和节点水头—流量方程，分别求出两个新的节点水头（或流量）值，再次判断这两个数值是否充分接近。如果结果充分接近，认为求出了最终结果；否则继续调整节点流量（或水头），重复以上计算。

无论是需水量驱动分析还是水头驱动分析，要求分析前管网中应至少有一个定压节点。管网中无定压节点时，整个管网的节点水头将没有参照基准水头，管网各节点水头无确定解，因此定压节点数 $R = 0$ 是不允许的。

给水管网水力分析时，若定压节点数 $R = 1$，称单定压节点管网水力分析问题。若定压节点数 $R > 1$，称多定压节点管网水力分析问题。通常单水源管网水力分析属于单定压节点水力分析问题，多水源管网水力分析属多定压节点管网水力分析问题。

## 7.2　树状网水力分析

### 7.2.1　串联管道

由直径不同的管段顺序连接起来的管道，称为串联管道。串联管道常用于沿程向多处输水，经过一段距离便有流量分出，沿程随着流量减少，采用的管径相应减小。设管段 $i$ 末集中分出的流量为 $Q_i$，管段通过的流量为 $q_i$，由连续性方程可得

$$q_i = q_{i+1} + Q_i \tag{7-6}$$

如果沿管道没有流量分出，即 $Q_i = 0$，则各管段内的流量相等。

串联管道的总水头损失等于各管段水头损失之和。

$$h_w = \sum_{i \in I_p} h_{w,i} = \sum_{i \in I_p} K_i q_i^b \tag{7-7}$$

式中　　$I_p$——串联管段集。

【例 7-1】　从某水塔向三处用户供水，各用户用水量分别为 $Q_1 = 50\text{L/s}$，$Q_2 = 40\text{L/s}$，$Q_3 = 30\text{L/s}$。水平敷设的铸铁管管长及所用管径分别为 $l_1 = 500\text{m}$，$d_1 = 400\text{mm}$，$l_2 = 400\text{m}$，$d_2 = 300\text{mm}$，$l_3 = 300\text{m}$，$d_3 = 200\text{mm}$（见图 7-5）。用户所需自由水头（即剩余水头）$H_z$ 皆为 10m 水柱。因地势平坦，管道埋深较浅，不考虑地面高差，试求水塔水面距地面的高度 $H$。

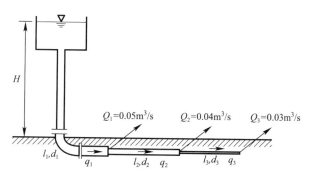

图 7-5　【例 7-1】计算用图

【解】　（1）计算各管段通过的流量，分别为：

$$q_3 = Q_3 = 30\text{L/s}$$
$$q_2 = Q_2 + q_3 = 40 + 30 = 70\text{L/s}$$
$$q_1 = Q_1 + q_2 = 50 + 70 = 120\text{L/s}。$$

（2）计算各管段的摩阻系数，若采用海曾—威廉公式，为

$$K_i = \frac{10.654 l_i}{C_i^{1.852} d_i^{4.87}} \tag{7-8}$$

铸铁管海曾—威廉系数取 $C = 100$，于是有

$$K_1 = \frac{10.654 \times 500}{100^{1.852} \times 0.4^{4.87}} = 91.30$$
$$K_1 = \frac{10.654 \times 400}{100^{1.852} \times 0.3^{4.87}} = 296.48$$
$$K_1 = \frac{10.654 \times 300}{100^{1.852} \times 0.2^{4.87}} = 1601.84$$

（3）由 $h_{fi} = K_i q_i^{1.852}$，计算各管段的水头损失

$$h_{f1} = K_1 q_1^{1.852} = 91.30 \times 0.12^{1.852} = 1.80\text{m}$$
$$h_{f2} = K_2 q_2^{1.852} = 296.48 \times 0.07^{1.852} = 2.16\text{m}$$
$$h_{f3} = K_3 q_3^{1.852} = 1601.84 \times 0.03^{1.852} = 2.43\text{m}$$

（4）求水塔水面距地面高度 $H$。除了应满足克服各管段沿程阻力之外，还需保证管道最远点所需自由水头 $H_z$。

$$H = h_{f1} + h_{f2} + h_{f3} + H_z = 1.80 + 2.16 + 2.43 + 10 = 16.39\text{m}$$

### 7.2.2 需水量驱动分析

单水源枝状管网需水量驱动水力分析比较简单，原因是管段流量可以由节点流量连续性方程直接解出。需水量驱动分析分两步，第一步用流量连续性条件计算管段流量，然后得出管段压降；第二步是根据管段能量方程和管段压降，从定压节点出发推求各节点水头。

求管段流量一般采用逆推法，即从管网末端节点开始，逆流向依次向上游计算。如果已知根节点（水源节点）水头，其他节点水头则沿流向依次向下游计算，称作顺推法；如果已知管网内部节点的水头（非水源节点），则根据管线连接情况，依次计算相邻节点的水头。

【例 7-2】 某树状给水管网如图 7-6 所示，节点（1）处为水厂清水池，水头 $H_1 = 7.80\text{m}$；管段［1］上设有泵站，其性能曲线公式为 $h_\text{p} = 42.6 - 311.1q^{1.852}$（式中 $h_\text{p}$ 以 m 计，$q$ 以 $\text{m}^3/\text{s}$ 计）。各节点流量、管段长度和直径如图 7-6 所示，各节点地面标高见表 7-2。试进行水力分析，计算各管段流量和流速、各节点水头和自由水头（自由水头＝节点水头－地面标高）。

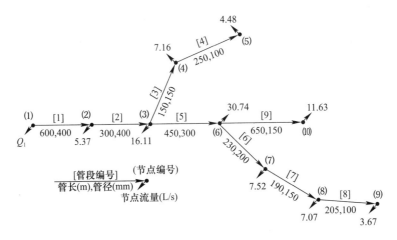

图 7-6 单定压节点树状管网

节点地面标高 表 7-2

| 节点编号 | (1) | (2) | (3) | (4) | (5) | (6) | (7) | (8) | (9) | (10) |
|---|---|---|---|---|---|---|---|---|---|---|
| 地面标高（m） | 9.80 | 11.50 | 11.80 | 15.20 | 17.40 | 13.30 | 12.80 | 13.70 | 12.50 | 15.00 |

【解】 第一步，逆推法求管段流量

以定压节点（1）为根节点，从离根节点较远的节点逆流向推算到离根节点较近节点的顺序是：（10）、（9）、（8）、（7）、（6）、（5）、（4）、（3）、（2），或（9）、（8）、（7）、（10）、（6）、（5）、（4）、（3）、（2），或（5）、（4）、（10）、（9）、（8）、（7）、（6）、（3）、（2）等，按此逆推顺序求解各管段流量的过程见表 7-3。

逆推法求解管段流量 表 7-3

| 步骤 | 节点号 | 节点流量连续性方程 | 管段流量求解 | 管段流量（L/s） |
|---|---|---|---|---|
| 1 | (10) | $-q_9 + Q_{10} = 0$ | $q_9 = Q_{10}$ | $q_9 = 11.63$ |
| 2 | (9) | $-q_8 + Q_9 = 0$ | $q_8 = Q_9$ | $q_8 = 3.67$ |
| 3 | (8) | $-q_7 + q_8 + Q_8 = 0$ | $q_7 = q_8 + Q_8$ | $q_7 = 10.74$ |

| 步骤 | 节点号 | 节点流量连续性方程 | 管段流量求解 | 管段流量（L/s） |
|---|---|---|---|---|
| 4 | (7) | $-q_6+q_7+Q_7=0$ | $q_6=q_7+Q_7$ | $q_6=18.26$ |
| 5 | (6) | $-q_5+q_6+q_9+Q_6=0$ | $q_5=q_6+q_9+Q_6$ | $q_5=60.63$ |
| 6 | (5) | $-q_4+Q_5=0$ | $q_4=Q_5$ | $q_4=4.48$ |
| 7 | (4) | $-q_3+q_4+Q_4=0$ | $q_3=q_4+Q_4$ | $q_3=11.64$ |
| 8 | (3) | $-q_2+q_3+q_5+Q_3=0$ | $q_2=q_3+q_5+Q_3$ | $q_2=88.38$ |
| 9 | (2) | $-q_1+q_2+Q_2=0$ | $q_1=q_2+Q_2$ | $q_1=93.75$ |

在求出管段流量后，利用定压节点的流量连续性方程，求出定压节点流量，即：

$$q_1+Q_1=0$$

$$Q_1=-q_1=-93.75\text{L/s}$$

根据管段流量计算结果，计算管段流速及压降见表 7-4。管段水头损失采用海曾—威廉公式计算，粗糙系数按旧铸铁管取 $C=100$，例如：

$$h_{f1}=\frac{10.654q_1^{1.852}l_1}{C^{1.852}D_1^{4.87}}=\frac{10.654\times(93.75/1000)^{1.852}\times600}{100^{1.852}\times(400/1000)^{4.87}}=1.37\text{m}$$

**管段流速与压降计算**　　　　　　　　　　　　　　　　表 7-4

| 管段编号 $i$ | [1] | [2] | [3] | [4] | [5] | [6] | [7] | [8] | [9] |
|---|---|---|---|---|---|---|---|---|---|
| 管段长度 $L_i$（m） | 600 | 300 | 150 | 250 | 450 | 230 | 190 | 205 | 650 |
| 管段直径 $D_i$（mm） | 400 | 400 | 150 | 100 | 300 | 200 | 150 | 100 | 150 |
| 管段流量 $q_i$（L/s） | 93.75 | 88.38 | 11.64 | 4.48 | 60.63 | 18.26 | 10.74 | 3.67 | 11.63 |
| 管段流速 $v_i$（m/s） | 0.75 | 0.70 | 0.66 | 0.57 | 0.86 | 0.58 | 0.61 | 0.47 | 0.66 |
| 水头损失 $h_{fi}$（m） | 1.37 | 0.61 | 0.85 | 1.74 | 1.86 | 0.74 | 0.93 | 0.99 | 3.68 |
| 泵站扬程 $h_{pi}$（m） | 38.72 | — | — | — | — | — | — | — | — |
| 管段压降 $h_i$（m） | −37.35 | 0.61 | 0.85 | 1.74 | 1.86 | 0.74 | 0.93 | 0.99 | 3.68 |

泵站扬程计算为：

$$h_p=42.6-311.1q_1^{1.852}=42.6-311.1\times(93.75/1000)^{1.852}=38.72\text{m}$$

第二步，顺推法求定流节点水头

以定压节点（1）为根节点，则从距离根节点较近的管段沿流向推算到离根节点较远的节点，顺序可采用：[1]、[2]、[3]、[4]、[5]、[6]、[7]、[8]、[9]，或 [1]、[2]、[3]、[4]、[5]、[9]、[6]、[7]、[8]，或 [1]、[2]、[5]、[6]、[7]、[8]、[9]、[3]、[4] 等，按顺序求解各定流节点水头的过程见表 7-5。

**顺推法求解节点水头**　　　　　　　　　　　　　　　　表 7-5

| 步骤 | 管段号 | 管段能量方程 | 节点水头求解 | 节点水头（m） |
|---|---|---|---|---|
| 1 | [1] | $H_1-H_2=h_1$ | $H_2=H_1-h_1$ | $H_2=45.15$ |
| 2 | [2] | $H_2-H_3=h_2$ | $H_3=H_2-h_2$ | $H_3=44.54$ |
| 3 | [3] | $H_3-H_4=h_3$ | $H_4=H_3-h_3$ | $H_4=43.69$ |
| 4 | [4] | $H_4-H_5=h_4$ | $H_5=H_4-h_4$ | $H_5=41.95$ |
| 5 | [5] | $H_3-H_6=h_5$ | $H_6=H_3-h_5$ | $H_6=42.68$ |
| 6 | [6] | $H_6-H_7=h_6$ | $H_7=H_6-h_6$ | $H_7=41.94$ |

| 步骤 | 管段号 | 管段能量方程 | 节点水头求解 | 节点水头（m） |
|---|---|---|---|---|
| 7 | [7] | $H_7-H_8=h_7$ | $H_8=H_7-h_7$ | $H_8=41.01$ |
| 8 | [8] | $H_8-H_9=h_8$ | $H_9=H_8-h_8$ | $H_9=40.02$ |
| 9 | [9] | $H_6-H_{10}=h_9$ | $H_{10}=H_6-h_9$ | $H_{10}=39.00$ |

最后计算各节点自由水压，见表7-6。

**节点自由水压计算**　　　　　　表7-6

| 节点编号 | 1 | 2 | 3 | 4 | 5 | 6 | 7 | 8 | 9 | 10 |
|---|---|---|---|---|---|---|---|---|---|---|
| 地面标高（m） | 9.80 | 11.50 | 11.80 | 15.20 | 17.40 | 13.30 | 12.80 | 13.70 | 12.50 | 15.00 |
| 节点水头（m） | 7.80 | 45.15 | 44.54 | 43.69 | 41.95 | 42.68 | 41.94 | 41.01 | 40.02 | 39.00 |
| 自由水压（m） | — | 33.65 | 32.74 | 28.48 | 24.55 | 29.38 | 29.14 | 27.31 | 27.52 | 24.00 |

为便于使用，水力分析结果应标示在管网图上，如图7-7所示。

上述计算过程也可直接在图上进行，其优点是更直观且便于检查。

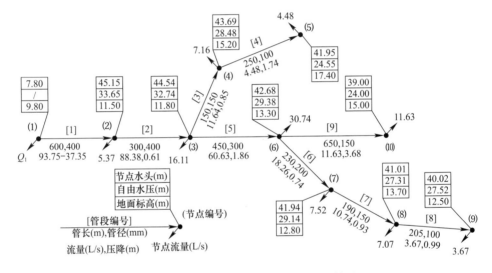

图7-7　单定压节点树状管网水力分析结果

### 7.2.3　水头驱动分析

当节点流量和水头均未知，但已知该节点的水头—流量方程时，需要采用水头驱动分析。水头驱动分析是一个迭代计算过程，以下用例子说明。

**【例7-3】**　一小型配水管网如图7-8所示。水源为水池节点a；b、c、d三个节点为连接节点，无用水量；$FTA_1$，$FTA_2$，$FTA_3$ 和 $FTA_4$ 为四个用水节点。管网中各管段长度（$L$）、直径（$D$）、海曾—威廉系数（$C$）和局部损失系数（$\zeta$），如图7-8所示。各节点标高如图7-8中的表格所示。

（1）求连接节点b的水头（$p$）与管段a-b的流量 $q_b$ 的关系，并绘制关系曲线图。

（2）假设每一用水节点 $FTA_i$（$i=1$，2，3，4）处，节点流量 $Q_i$（L/s）与节点自由水头 $P_i$（m）的关系为

$$Q_i=1.4P_i^{0.5} \tag{7-9a}$$

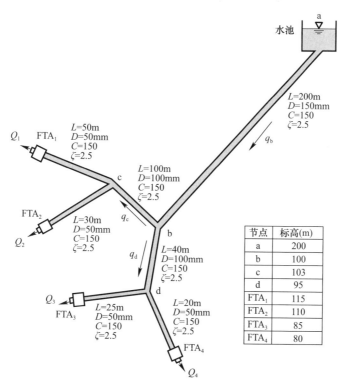

图 7-8  小型树状管网

FTA$_i$ 的出流局部水头损失 $h_{li}$（m）与节点流量 $Q_i$（m³/s）的关系为

$$h_{li} = 6610 Q_i^2 \tag{7-9b}$$

另外已知 FTA$_i$ 的额定流量为 12L/s。求在 FTA$_i$ 同时出水情况下的实际流量 $Q_i$。

**【解】** （1）由式（7-3），节点 a 和节点 b 之间的能量方程为

$$H_a - H_b = h_w$$

即
$$H_b = H_a - h_w$$

式中 $H_a=200$m，$h_w$ 为沿程水头损失 $h_f$ 和局部水头损失 $h_l$ 之和。

$$h_f = \frac{10.654 L}{C^{1.852} D^{4.87}} \times q_b^{1.852} = \frac{10.654 \times 200}{150^{1.852} \times 0.15^{4.87}} \times q_b^{1.852} = 2046 q_b^{1.852}$$

$$h_m = \frac{8\xi}{\pi^2 g D^4} \times q_b^2 = \frac{8 \times 2.5}{3.14^2 \times 9.81 \times 0.15^4} \times q_b^2 = 408 q_b^2$$

因此，连接节点 b 的水头 $H_b$（m）与进流量 $q_b$（m³/s）之间的关系为

$$H_b = 200 - 2046 q_b^{1.852} - 408 q_b^2$$

连接节点 b 的水头与进流量关系曲线如图 7-9 所示。

（2）为计算每一用水节点 FTA$_i$（$i=1$，2，3，4）的流量，需要试算求解。

第一步，将管网中每一管段的水头损失 $h_w$（沿程水头损失 $h_f$ ＋局部水头损失 $h_l$）表示为流量 $q$ 的函数。

1）管段 b-c

$$h_f(b-c) = \frac{10.654 \times 100}{150^{1.852} \times 0.1^{4.87}} \times q_c^{1.852} = 7369 q_c^{1.852}$$

$$h_1(\mathrm{b-c}) = \frac{8 \times 2.5}{3.14^2 \times 9.81 \times 0.1^4} \times q_\mathrm{c}^2 = 2068 q_\mathrm{c}^2$$

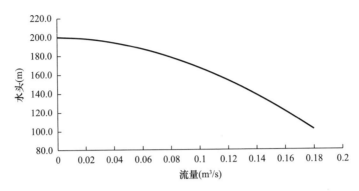

图 7-9 节点水头与进流量关系

由节点连续性方程知 $q_\mathrm{c} = Q_1 + Q_2$

所以 $h_\mathrm{w}(\mathrm{b-c}) = 7369(Q_1+Q_2)^{1.852} + 2068(Q_1+Q_2)^2$

2）管段 c-FTA$_1$

$$h_\mathrm{f}(\mathrm{c-FTA_1}) = \frac{10.654 \times 50}{150^{1.852} \times 0.05^{4.87}} \times Q_1^{1.852} = 107740 Q_1^{1.852}$$

$$h_1(\mathrm{c-FTA_1}) = \frac{8 \times 2.5}{3.14^2 \times 9.81 \times 0.05^4} \times Q_1^2 + 6610 Q_1^2 = 39694 Q_1^2$$

于是 $h_\mathrm{w}(\mathrm{c-FTA_1}) = 107740 Q_1^{1.852} + 39694 Q_1^2$

3）管段 c-FTA$_2$

$$h_\mathrm{f}(\mathrm{c-FTA_2}) = \frac{10.654 \times 30}{150^{1.852} \times 0.05^{4.87}} \times Q_2^{1.852} = 64644 Q_2^{1.852}$$

$$h_1(\mathrm{c-FTA_2}) = \frac{8 \times 2.5}{3.14^2 \times 9.81 \times 0.05^4} \times Q_2^2 + 6610 Q_2^2 = 39694 Q_2^2$$

于是 $h_\mathrm{w}(\mathrm{c-FTA_2}) = 64644 Q_2^{1.852} + 39694 Q_2^2$

4）管段 b-d

$$h_\mathrm{f}(\mathrm{b-d}) = \frac{10.654 \times 40}{150^{1.852} \times 0.1^{4.87}} \times q_\mathrm{d}^{1.852} = 2947 q_\mathrm{d}^{1.852}$$

$$h_1(\mathrm{b-d}) = \frac{8 \times 2.5}{3.14^2 \times 9.81 \times 0.1^4} \times q_\mathrm{d}^2 = 2068 q_\mathrm{d}^2$$

由 $q_\mathrm{d} = Q_3 + Q_4$

所以 $h_\mathrm{w}(\mathrm{b-d}) = 2947(Q_3+Q_4)^{1.852} + 2068(Q_3+Q_4)^2$

5）管段 d-FTA$_3$

$$h_\mathrm{f}(\mathrm{d-FTA_3}) = \frac{10.654 \times 25}{150^{1.852} \times 0.05^{4.87}} \times Q_3^{1.852} = 53870 Q_3^{1.852}$$

$$h_1(\mathrm{d-FTA_3}) = \frac{8 \times 2.5}{3.14^2 \times 9.81 \times 0.05^4} \times Q_3^2 + 6610 Q_3^2 = 39694 Q_3^2$$

于是 $h_\mathrm{w}(\mathrm{d-FTA_3}) = 53870 Q_3^{1.852} + 39694 Q_3^2$

166

6) 管段 d-FTA$_4$

$$h_f(d-FTA_4) = \frac{10.654 \times 20}{150^{1.852} \times 0.05^{4.87}} \times Q_4^{1.852} = 43096Q_4^{1.852}$$

$$h_1(d-FTA_4) = \frac{8 \times 2.5}{3.14^2 \times 9.81 \times 0.05^4} \times Q_4^2 + 6610Q_4^2 = 39694Q_4^2$$

于是 $h_w(d-FTA_4) = 43096Q_4^{1.852} + 39694Q_4^2$

第二步，将每一用水节点 FTA$_i$（$i=1，2，3，4$）的自由水头表示为流量的函数

$$P_1 = H_b - h_w(b-c) - h_w(c-FTA_1) - z_1$$
$$= (200 - 2046q_b^{1.852} - 408q_b^2) - [7369(Q_1+Q_2)^{1.852} + 2068(Q_1+Q_2)^2]$$
$$- (107740Q_1^{1.852} + 39694Q_1^2) - 115$$

$$P_2 = H_b - h_w(b-c) - h_w(c-FTA_2) - z_2$$
$$= (200 - 2046q_b^{1.852} - 408q_b^2) - [7369(Q_1+Q_2)^{1.852} + 2068(Q_1+Q_2)^2]$$
$$- (64644Q_2^{1.852} + 39694Q_2^2) - 110$$

$$P_3 = H_b - h_w(b-d) - h_w(d-FTA_3) - z_3$$
$$= (200 - 2046q_b^{1.852} - 408q_b^2) - [2947(Q_3+Q_4)^{1.852} + 2068(Q_3+Q_4)^2]$$
$$- (53870Q_3^{1.852} + 39694Q_3^2) - 85$$

$$P_4 = H_b - h_w(b-d) - h_w(d-FTA_4) - z_4$$
$$= (200 - 2046q_b^{1.852} - 408q_b^2) - [2947(Q_3+Q_4)^{1.852} + 2068(Q_3+Q_4)^2]$$
$$- (43096Q_4^{1.852} + 39694Q_4^2) - 80$$

以上四个式子中 $q_b = Q_1 + Q_2 + Q_3 + Q_4$

第三步，迭代求每一 FTA$_i$（$i=1，2，3，4$）的流量，见表 7-7。

【例 7-3】的迭代计算表 表 7-7

| 试算次数 | 假设流量 $Q_i^{(0)}$（L/s） | | | | | 计算自由水头（m） | | | | 计算流量 $Q_i^{(1)}$（L/s） | | | | 差值 | | | |
|---|---|---|---|---|---|---|---|---|---|---|---|---|---|---|---|---|---|
| | 1 | 2 | 3 | 4 | sumQ | 1 | 2 | 3 | 4 | 1 | 2 | 3 | 4 | 1 | 2 | 3 | 4 |
| 1 | 12.00 | 12.00 | 12.00 | 12.00 | 48.00 | 32.54 | 49.48 | 81.89 | 89.87 | 7.99 | 9.85 | 12.67 | 13.27 | 33.45% | 17.93% | -5.57% | -10.60% |
| 2 | 7.99 | 9.85 | 12.67 | 13.27 | 43.77 | 56.50 | 61.81 | 80.32 | 86.81 | 10.52 | 11.01 | 12.55 | 13.04 | -31.78% | -11.76% | 0.96% | 1.72% |
| 3 | 10.52 | 11.01 | 12.55 | 13.04 | 47.12 | 42.16 | 54.90 | 79.82 | 86.59 | 9.09 | 10.37 | 12.51 | 13.03 | 13.62% | 5.76% | 0.31% | 0.13% |
| 4 | 9.09 | 10.37 | 12.51 | 13.03 | 45.00 | 50.70 | 58.89 | 80.63 | 87.32 | 9.97 | 10.74 | 12.57 | 13.08 | -9.66% | -3.57% | -0.51% | -0.42% |
| 5 | 9.97 | 10.74 | 12.57 | 13.08 | 46.37 | 45.57 | 56.52 | 79.95 | 86.69 | 9.45 | 10.53 | 12.52 | 13.04 | 5.19% | 2.03% | 0.42% | 0.36% |
| 6 | 9.45 | 10.53 | 12.52 | 13.04 | 45.53 | 48.65 | 57.93 | 80.43 | 87.13 | 9.77 | 10.66 | 12.56 | 13.07 | -3.32% | -1.24% | -0.30% | -0.25% |
| 7 | 9.77 | 10.66 | 12.56 | 13.07 | 46.04 | 46.80 | 57.08 | 80.12 | 86.84 | 9.58 | 10.58 | 12.53 | 13.05 | 1.92% | 0.74% | 0.19% | 0.16% |

1) 假设各 FTA$_i$ 的初始流量 $Q_i^{(0)}$。如果 FTA$_i$ 具有"额定流量"，它可作为初始值。

2) 根据第二步推导的公式，计算每一用水节点 FTA$_i$ 的自由水头 $P_i$。

3) 将节点 FTA$_i$ 的自由水头 $P_i$ 代入 $Q_i = 1.4P^{0.5}$，求出新的流量 $Q_i^{(1)}$。

比较 $Q_i^{(0)}$ 与 $Q_i^{(1)}$ 之间的差异。例如手工计算认为当 $(Q_i^{(1)} - Q_i^{(0)})/Q_i^{(0)} < 2\%$ 时，即可终止计算；当不满足该条件时，将 $Q_i^{(1)}$ 作为新的 $Q_i^{(0)}$，返回以上第 2）步。由表 7-7 可以看出，经过 7 次迭代计算，获得计算流量和假设流量之间的差异均小于 2%，计算可终止。因此求得每一 FTA$_i$ 的自由水头和流量分别为：$P_1 = 46.80$m，$Q_1 = 9.58$L/s；$P_2 = 57.08$m，$Q_2 = 10.58$L/s；$P_3 = 80.12$m，$Q_3 = 12.53$L/s；$P_4 = 86.84$m，$Q_4 = 13.05$L/s。

由本例可以看出，水头驱动水力分析计算工作量要比需水量驱动分析大。当管网中存在大量未知流量或压力、已知流量与压力关系的用水节点时，手工计算是不切实际的，这时将需要利用计算机软件程序求解。

### 7.2.4 分支管道系统

如图 7-10 所示，为一个三条分支管道结构。在恒定流条件下该系统质量守恒，节点处有

$$Q_1 + Q_3 - Q_2 - q = 0 \tag{7-10}$$

各流量符号由管段流量方向或节点流量的流进流出确定。为保证连续性，节点总水头应唯一。

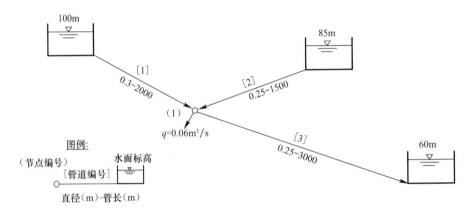

图 7-10　分支管道系统

图 7-10 给出了各管段特性，若节点流量 $q$ 已知，该系统具有 7 个可能的未知量，分别是三个水池的总水头、3 条管段的流量，以及节点水头。这些相关变量可构成 4 个方程：1 个质量守恒方程（式（7-10））和 3 个能量守恒方程。这样，7 个变量中必须已知 3 个。

（1）如果已知一个水源的水头或流量和另一个水源的流量或水头，那么可以很快求出所有其他未知量。

1）已知水源 1 的水头和管段 1 的流量，那么节点处水头 $H$ 可得：

$$H_{s1} - H = h_{L,1} = K_1 Q_1^b \tag{7-11}$$

2）如果另一水源的流量（如 $Q_2$）已知，那么可用式（7-10）计算 $Q_3$。其他水源水头可由管段 2 和管段 3 的管段流量方程和式（7-11）计算。

如果已知另一水源的水头，连接管段流量可由式（7-11）计算，然后确定第三管段流量和第三水源水头。

（2）已知三个水源水头，求各管段中的流量。

节点压力 $P$ 未知时，只有当计算出 $P$ 值后，才能求出所有其他未知量。根据水源水头，由式（7-10），计算 $P$ 值。

$$Q_1 = \text{sign}(H_{s1} - H)\left(\frac{|H_{s1} - H|}{K_1}\right)^{1/b} \tag{7-12}$$

设流入节点为正。将式（7-12）代入式（7-10）可得

$$F(P) = \text{sign}(H_{s1} - H)\left(\frac{|H_{s1} - H|}{K_1}\right)^{\frac{1}{b}} + \text{sign}(H_{s2} - H)\left(\frac{|H_{s2} - H|}{K_2}\right)^{\frac{1}{b}}$$

$$+ \text{sign}(H_{s3} - H)\left(\frac{|H_{s3} - H|}{K_3}\right)^{\frac{1}{b}} - q = 0 \tag{7-13}$$

如果已知管段流量，而水源水头未知，可将实际流量值代入式（7-13）。此方程唯一未知量是 $P$，可用试错法或非线性方程解法（例如牛顿—拉普森方法）求解。

求解方程 $F(x)$ 的牛顿—拉普森方法，设初始值 $x$，泰勒展开式为

$$0 = F(x) + \frac{\partial F}{\partial x}\Big|_x \Delta x + \frac{\partial^2 F}{\partial x^2}\Big|_x \Delta x^2 + \cdots \tag{7-14}$$

式中 $\Delta x$ 为 $x$ 向 $F(x)$ 满意解趋近的改变量。略去第二项后，得到关于 $\Delta x$ 的线性方程：

$$\Delta x = -\frac{F(x)}{\partial F/\partial x|_x} \tag{7-15}$$

预估值更新为 $x = x + \Delta x$。由于式（7-14）略去了高次项，这种数值更新不能得到 $F(x)$ 的精确值。所以需要多次反复迭代，以趋近精确值。于是认为，如果 $\Delta x$ 处于特定误差范围，则方程解出，迭代结束。反之，利用式（7-15）更新 $x$ 值，计算另一个 $\Delta x$。

在三处水源的情况下，令 $x = P$，其偏导 $\dfrac{\partial F}{\partial P}$ 为：

$$\frac{\partial F}{\partial P} = -\frac{1}{b}\left[\left(\frac{|H_{s1} - H|}{K_1}\right)^{(\frac{1}{b}-1)} + \left(\frac{|H_{s2} - H|}{K_2}\right)^{(\frac{1}{b}-1)} + \left(\frac{|H_{s3} - H|}{K_3}\right)^{(\frac{1}{b}-1)}\right]$$

$$= -\left(\frac{1}{bK_1|q_1|^{b-1}} + \frac{1}{bK_2|q_2|^{b-1}} + \frac{1}{bK_3|q_3|^{b-1}}\right) \tag{7-16}$$

利用当前估计值 $P$，由式（7-13）可计算出 $F(P)$。利用 $\Delta P = -F(P)/(\partial F/\partial P)$，计算 $\Delta P$，然后将原来的 $P$ 加上 $\Delta P$ 得到更新的 $P$。反复迭代，直到 $\Delta P$ 处于特定的很小误差范围之内。

牛顿—拉夫森方法也可用于方程组求解，例如节点方程组中每个方程［形式如式(7-13)］的导数组成矩阵，可根据该方法计算更新向量。

【例 7-4】 如图 7-10 所示，三座贮水池通过三条管道与一个需水节点相连。最高贮水池的水面标高为 100m；居中贮水池水面标高为 85m；最低贮水池水面标高为 60m。用户用水量为 $0.06\text{m}^3/\text{s}$。紊流条件下混凝土管摩阻系数按 $k_s = 0.0005\text{m}$。试确定每条管道中的流量。

【解】 （1）由柯尔勃洛克—怀特（Colebrook-White）公式，在管道粗糙区，摩擦系数 $\lambda$ 只是相对粗糙度 $k_s/D$ 的函数，可按以下公式计算，

$$\frac{1}{\sqrt{\lambda}} = 1.14 - 2\lg(k_s/D)$$

（2）由达西—维斯巴赫公式（$b=2$）计算系数 $K$

$$K = \frac{8\lambda L}{\pi^2 D^5 g} = 0.083795\frac{\lambda L}{D^5}$$

$\lambda$ 和 $K$ 的计算结果见表 7-8。

【例 7-4】 $\lambda$ 和 $K$ 的计算结果　　　　　　　　　　　表 7-8

| 管道编号 | 1 | 2 | 3 |
|---|---|---|---|
| $D$ (m) | 0.3 | 0.25 | 0.25 |
| $L$ (m) | 2000 | 1500 | 3000 |

| 管道编号 | 1 | 2 | 3 |
|---|---|---|---|
| $\lambda$ | 0.0223 | 0.0234 | 0.0234 |
| $K$ | 1519.6 | 2957.9 | 5951.7 |
| 贮水池水位（m） | 100 | 85 | 60 |

（3）由已知条件可以看出，本例中 3 条管段流量和节点水头 $P$ 未知。利用牛顿—拉普森方法，$P$ 预估值设为 85m。式（7-13）变为：

$$F(P=85\text{m}) = \left(\text{sign}(100-85)\left(\frac{|100-85|}{1519.6}\right)^{\frac{1}{2}}\right)_1 + \left(\text{sign}(85-85)\left(\frac{|85-85|}{2975.9}\right)^{\frac{1}{2}}\right)_2$$

$$+ \left(\text{sign}(60-85)\left(\frac{|60-85|}{5951.7}\right)^{1/2}\right)_3 - 0.06$$

$$= 0.0994 + 0 - 0.0648 - 0.06 = -0.0254\text{m}^3/\text{s}$$

这表明流入节点的流量达 $-0.254\text{m}^3/\text{s}$，为保持平衡，节点 [1] 的压力 $P$ 应降低。用式（7-16）计算 $\partial F/\partial P$，再根据式（7-15）校正：

$$\frac{\partial F}{\partial P} = -\left(\frac{1}{2\times 1519.6\times|0.0994|^{(2-1)}} + \frac{1}{2\times 5951.7\times|-0.0648|^{(2-1)}}\right)$$

$$= -(0.00331 + 0.00130) = -0.00461$$

于是校正量等于：

$$\Delta P = -\frac{F(P)}{\left.\dfrac{\partial F}{\partial P}\right|_P} = -\frac{-0.0254}{-0.00461} = -5.51\text{m}$$

第二次迭代时 $P = 85 - 5.51 = 79.49\text{m}$：

迭代 2：$F(P=79.49\text{m})=0.04199\text{m}^3/\text{s}$；$\left.\dfrac{\partial F}{\partial P}\right|_{P=79.49}=-0.008205$；$\Delta P=5.12\text{m},P=84.61\text{m}$

迭代 3：$F(P=84.61\text{m})=-0.01221\text{m}^3/\text{s}$；$\left.\dfrac{\partial F}{\partial P}\right|_{P=93.44}=-0.019246$；$\Delta P=-0.63\text{m}$，$P=83.98\text{m}$

迭代 4：$F(P=83.98\text{m})=-0.0023\text{m}^3/\text{s}$；$\left.\dfrac{\partial F}{\partial P}\right|_{P=93.24}=-0.01360$；$\Delta P=-0.17\text{m},P=83.81\text{m}$

迭代 5：$F(P=83.81\text{m})=-0.0001\text{m}^3/\text{s}$。

根据 $F(P)$ 值或者 $\Delta P$ 值，此时迭代结束，$P=83.81\text{m}$。三条管道内的流量分别为 $0.1032\text{m}^3/\text{s}$，$0.0200\text{m}^3/\text{s}$，$0.06325\text{m}^3/\text{s}$。

## 7.3 环状管网水力分析

### 7.3.1 并联管道

在两节点之间，并接 2 条以上管段的管道称为并联管道。并联管道可提高输水的可靠性。

虽然并联管段的直径、材料、长度和流速不一定相同，但是每一管段由于具有相同的起点和终点，所以水头损失相同。

$$h_A - h_B = h_{L,1} = h_{L,2} = h_{L,j} \tag{7-17}$$

根据流量守恒，上游流量和下游流量等于并联管道各管段流量之和。

$$q = q_1 + q_2 + \cdots = \sum_{m \in M_p} q_m \tag{7-18}$$

式中管道 $m$ 为并联管段集合 $M_p$ 中的某一条。如果单条管段流量写作：$q = (h_L/K)^{1/b}$，代入式（7-18）得：

$$q = \left(\frac{h_{L,1}}{K_1}\right)^{1/b_1} + \left(\frac{h_{L,2}}{K_2}\right)^{1/b_2} + \left(\frac{h_{L,3}}{K_3}\right)^{1/b_3} + \cdots \tag{7-19}$$

如式（7-17）所示，每条并联管段的水头损失是相同的。如果假定所有管道具有相同的 $b$ 值，式（7-19）可简化为：

$$q = h_L^{1/b}\left[\left(\frac{1}{K_1}\right)^{1/b} + \left(\frac{2}{K_2}\right)^{1/b} + \left(\frac{3}{K_3}\right)^{1/b} + \cdots\right] = h_L^{1/b} \sum_{m \in M_p}\left(\frac{1}{K_m}\right)^{1/b} = h_L^{1/b}\left(\frac{1}{K_e}\right)^{1/b}$$

$$\tag{7-20}$$

由此可得等价摩阻系数关系为：

$$\sum_{m \in M_p}\left(\frac{1}{K_m}\right)^{1/b} = \left(\frac{1}{K_e}\right)^{1/b} \tag{7-21}$$

每条管段根据其物理特性，已知 $K$ 值，因此可计算 $K_e$ 值，进而确定并联管道的水头损失及各管段的流量。

【例 7-5】 设并联铸铁管道的干管流量 $q = 230 \text{L/s}$，在 A 点无出流量（$Q_A = 0$），已知各并联管段的管长、管径分别为 $l_1 = 300\text{m}$，$d_1 = 300\text{mm}$；$l_2 = 100\text{m}$，$d_2 = 150\text{mm}$。试确定 A 点和 B 点之间水头损失，管段流量 $q_1$ 和 $q_2$。管道系统平面布置图如图 7-11 所示。

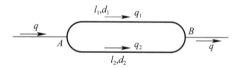

图 7-11 并联管道

【解】 （1）利用式（7-8），计算各管段摩阻系数 $K$，$C$ 取 100，于是有

$$K_1 = \frac{10.654 \times 300}{100^{1.852} \times 0.3^{4.87}} = 222.36$$

$$K_2 = \frac{10.654 \times 100}{100^{1.852} \times 0.15^{4.87}} = 2167.45$$

（2）由式（7-21）求管道系统摩阻 $s_e$。

$$\left(\frac{1}{K_1}\right)^{1/1.852} + \left(\frac{1}{K_2}\right)^{1/1.852} = \left(\frac{1}{K_e}\right)^{1/1.852}$$

$$\left(\frac{1}{222.36}\right)^{1/1.852} + \left(\frac{1}{2167.45}\right)^{1/1.852} = \left(\frac{1}{K_e}\right)^{1/1.852}$$

得 $K_e = 137.77$

（3）计算水头损失

$$h_L = K_e q^{1.852} = 137.77 \times 0.230^{1.852} = 9.085\text{m}$$

（4）计算管段流量 $q_1$ 和 $q_2$

$$q_1 = (h_L/K_1)^{1/1.852} = (9.085/222.36)^{0.54} = 0.178\text{m}^3/\text{s} = 178\text{L/s}$$

$$q_2 = (h_L/K_2)^{1/1.852} = (9.085/2167.45)^{0.54} = 0.052\text{m}^3/\text{s} = 52\text{L/s}$$

检验：根据质量守恒，$q_1 + q_2 = 178 + 52 = 230\text{L/s}$

### 7.3.2 哈代—克罗斯方法

计算机问世前，1936 年出现了哈代—克罗斯（Hardy Cross）方法。该方法作为牛顿方法在解环方程组中的应用，适用于简单给水管网系统的手工计算。

（1）环方程组

环方程组表示了管段流量的质量和能量守恒。其中节点必须满足质量守恒。对所有 $N_j$ 个连接节点，可表示为：

$$\sum_{i \in I_j} q_i = Q_{\text{ext}} \tag{7-22}$$

对于起点和终点为同一点的闭合环，由能量守恒（含管段和水泵）知：

$$\sum_{i \in I_L} K_i q_i^b - \sum_{ip \in I_p} (A_{ip} q_{ip}^2 + B_{ip} q_{ip} + C_{ip}) = 0 \tag{7-23a}$$

或

$$\sum_{i \in I_L} K_i q_i^b - \sum_{ip \in I_p} (h_{c_{ip}} - C_{ip} q_{ip}^m) = 0 \tag{7-23b}$$

该式对于 $N_1$ 个独立闭合环均成立。因为环可以相互嵌套，最小环为基环，每条管段将在各基环中最多出现两次。如图 7-1 所示为包含了 5 个基环的管网。

已知水头节点之间的管段，也必须保持能量守恒。如果管网中存在 $N_f$ 个已知压力节点，则有 $N_f - 1$ 个独立方程，表示如下：

$$\sum_{i \in I_L} K_i q_i^b - \sum_{ip \in I_p} (A_{ip} q_{ip}^2 + B_{ip} q_{ip} + C_{ip}) = \Delta E_{\text{FGN}} \tag{7-24a}$$

或

$$\sum_{i \in I_L} K_i q_i^b - \sum_{ip \in I_p} (h_{c_{ip}} - C_{ip} q_{ip}^m) = \Delta E_{\text{FGN}} \tag{7-24b}$$

式中，$\Delta E_{\text{FGN}}$——两个已知压力节点之间的能量差。

式（7-24）也称作虚环能量方程。该方程可用环流量不断校正的哈代—克罗斯方法求解，也可直接在线性理论方法上解出管段流量。

（2）计算方法

使用哈代—克罗斯方法之前，需初步分配管网中的管段流量，使每个节点保持质量守恒。处理过程的每一步，各环将施加校正值 $\Delta q_L$。由于初步分配流量时已经满足质量守恒，所以各管段加上校正流量之后仍保持质量守恒。

然后，考虑管段流量是否满足能量守恒。初始流量代入式（7-23）和式（7-24），方程的左面和右面通常并不平衡。为了使方程趋于平衡，每环的管段流量 $q_i$ 上增加校正流量 $\Delta q_L$。可得如下方程：

$$\sum_{i \in I_L} K_i (q_i + \Delta q_L)^b - \sum_{ip \in I_p} [A_{ip} (q_i + \Delta q_L)^2 + B_{ip} (q_i + \Delta q_L) + C_{ip}] = \Delta E \tag{7-25a}$$

或

$$\sum_{i \in I_L} K_i (q_i + \Delta q_L)^b - \sum_{ip \in I_p} [h_{c_{ip}} - C_{ip} (q_i + \Delta q_L)^m] = \Delta E \tag{7-25b}$$

注意环闭合差 $\Delta E$ 应等于零，每项符号按 7.1.3 节方式添加。展开式（7-25），假定 $\Delta q_L$ 足够小，略去高次项，得：

$$\sum_{i \in I_L} K_i q_i^b + b \sum_{ip \in I_L} |K_i q_i^{b-1} \Delta q_L| - \sum_{ip \in I_p} (A_{ip} q_{ip}^2 + B_{ip} q_{ip} + C_{ip})$$
$$+ \sum_{ip \in I_p} |2 A_{ip} q_{ip} \Delta q_L + B_{ip} \Delta q_{ip}| = \Delta E \tag{7-26a}$$

或

$$\sum_{i \in I_L} K_i q_i^b + b \sum_{ip \in I_L} |K_i q_i^{b-1} \Delta q_L| - \sum_{ip \in I_p} (h_{c_{ip}} - C_{ip} q_{ip}^m)$$
$$+ \sum_{ip \in I_p} |m C_{ip} q_{ip}^{m-1} \Delta q_L| = \Delta E \tag{7-26b}$$

环 L 在第 $k$ 次迭代时流量估计为 $q_{i,k}$，由式（7-26）解出校正值如下：

$$\Delta q_{\mathrm{L}} = \frac{-\left[\sum_{i\in I_{\mathrm{L}}} K_i q_{i,k}^b - \sum_{ip\in I_{\mathrm{p}}}(A_{ip}q_{ip,k}^2 + B_{ip}q_{ip,k} + C_{ip}) - \Delta E\right]}{b\sum_{i\in I_{\mathrm{L}}} |K_i q_{i,k}^{b-1}| + \sum_{ip\in I_{\mathrm{p}}} |2A_{ip}q_{ip,k} + B_{ip}|} \tag{7-27a}$$

或

$$\Delta q_{\mathrm{L}} = \frac{-\left[\sum_{i\in I_{\mathrm{L}}} K_i q_{i,k}^b - \sum_{ip\in I_{\mathrm{p}}}(h_{c_{ip}} - C_{ip}q_{ip,k}^m) - \Delta E\right]}{b\sum_{i\in I_{\mathrm{L}}} |K_i q_{i,k}^{b-1}| + \sum_{ip\in I_{\mathrm{p}}} |mC_{ip}q_{ip,k}^{m-1}|} \tag{7-27b}$$

上式中分子表示了环中多余的水头损失，根据能量守恒应为零。这些项应考虑流向和附件。分母是不考虑流向的算术值相加。

多数情况只考虑管网闭合环而不考虑水泵时，消去水泵项，设 $\Delta E$ 为零，则式（7-27）简化为：

$$\Delta q_{\mathrm{L}} = \frac{-\sum_{i\in I_{\mathrm{L}}} K_i q_{i,k}^b}{b\sum_{i\in I_{\mathrm{L}}} |K_i q_{i,k}^{b-1}|} = \frac{-\sum_{i\in I_{\mathrm{L}}} h_{\mathrm{L},i}}{b\sum_{i\in I_{\mathrm{L}}} |h_{\mathrm{L},i}/q_{i,k}|} = \frac{-F(q)}{\left.\dfrac{\partial F}{\partial q}\right|_{q_{i,k}}} \tag{7-28}$$

对于整个管网，依次计算每个环的校正流量 $\Delta q_{\mathrm{L}}$。一旦计算出每个环的校正值，可得下一次迭代中管段流量的估计值：

$$q_{i,k+1} = q_{i,k} + \Delta Q_{\mathrm{L}} \tag{7-29}$$

然后在下一次迭代中利用 $q_{i,k+1}$ 取代 $q_{i,k}$ 值。这种计算校正值和更新流量的过程将持续到每环的 $\Delta q_{\mathrm{L}}$ 小于某一固定值。流量计算出来后，就可以确定节点水头。

哈代—克罗斯法有助于增进对管网计算原理的理解，它是小型管网手工计算的重要工具。

【例 7-6】 如图 7-12 所示给水管网，节点 1 为清水池，节点水头 12.00m，节点 5 为水塔，节点水头为 48.00m；图 7-12 及表 7-9 表示了各管段长度、直径，各节点流量；管段 [1] 上设有泵站，其水力特性为 $h_{\mathrm{p}} = 48.96 - 138.5q^{1.852}$。水头损失采用海曾—威廉公式计算，$C_{\mathrm{H}}$ 取 110，考虑流量，列出给水管网环方程组；确定各管段流量，并计算节点 7 的总水头。

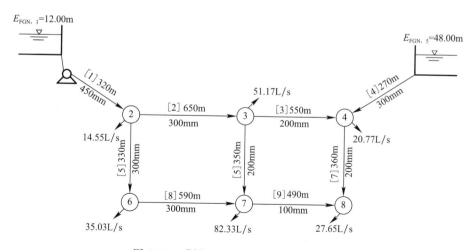

图 7-12 【例 7-6】给水管网分析示意图

| 管段 | 1 | 2 | 3 | 4 | 5 | 6 | 7 | 8 | 9 |
|---|---|---|---|---|---|---|---|---|---|
| $D$ (m) | 0.45 | 0.30 | 0.20 | 0.30 | 0.30 | 0.20 | 0.20 | 0.30 | 0.10 |
| $L$ (m) | 320 | 650 | 550 | 270 | 330 | 350 | 360 | 590 | 490 |
| $s$ | 25.596 | 403.809 | 2461.443 | 167.736 | 205.011 | 1566.373 | 1611.126 | 366.534 | 64126.746 |
| $q$ | 0.19808 | 0.08117 | 0.010 | 0.03342 | 0.10236 | 0.020 | 0.02265 | 0.06733 | 0.005 |

**【解】** 环方程组包含6个节点的连续性方程，2个基环和1个连接清水池和水塔的虚环能量方程。连续性方程中，假设流入节点为正，流出节点为负，流量单位以 $m^3/s$ 计。水头损失采用海曾—威廉公式计算，$n$ 取1.852。

连续性方程：

$$节点2 \quad q_1 - q_2 - q_5 = 0.01455$$
$$节点3 \quad q_2 - q_3 - q_6 = 0.05117$$
$$节点4 \quad q_3 + q_4 - q_7 = 0.02077$$
$$节点6 \quad q_5 - q_8 = 0.03503$$
$$节点7 \quad q_6 + q_8 - q_9 = 0.08233$$
$$节点8 \quad q_7 + q_9 = 0.02765$$

环方程：

环1 $\quad h_{L,2} + h_{L,6} - h_{L,8} - h_{L,5} = 0$

$$K_2 q_2^{1.852} + K_6 q_6^{1.852} - K_8 q_8^{1.852} - K_5 q_5^{1.852} = 0$$

环2 $\quad h_{L,3} + h_{L,7} - h_{L,9} - h_{L,6} = 0$

$$K_3 q_3^{1.852} + K_7 q_7^{1.852} - K_9 q_9^{1.852} - K_6 q_6^{1.852} = 0$$

虚环 $\quad h_{L,4} - h_{L,3} - h_{L,2} - h_{L,1} + h_p - E_{FGN,5} + E_{FGN,1} = 0$

$$K_4 q_4^{1.852} - K_3 q_3^{1.852} - K_2 q_2^{1.852} - K_1 q_1^{1.852} + (h_m - C_p q_1^{1.852}) - E_{FGN,5} + E_{FGN,1} = 0$$

上式中，环方程假定顺时针流向为正。环Ⅰ中管段5为逆时针流向，所以 $h_{L,5}$ 取负值。环1中管段6为顺时针流向，$h_{L,6}$ 取正值；而在环Ⅱ中为逆时针流向，$h_{L,6}$ 取负值。应注意虚环中流量逆时针流经水泵，$h_p$ 应采用正值，因为它给流量施加了能量。

为满足流量连续性，需事先假定管段流量初始值，$K$ 值由海曾—威廉公式计算，$C$ 取110，得：

$$K = 10.654 C^{-1.852} D^{-4.87} L = 10.654 \times 110^{-1.852} \cdot D^{-4.87} L$$
$$= 0.0017654 \cdot D^{-4.87} L \tag{7-30}$$

对于水泵，有 $h_m = 48.96$，$C_p = -138.5$。

第一次迭代：计算虚环校正值，方程（7-26b）的分子为：

$$K_4 q_4^{1.852} - K_3 q_3^{1.852} - K_2 q_2^{1.852} - K_1 q_1^{1.852} + (h_m - C_p q_1^{1.852}) - E_{FGN,5} + E_{FGN,1}$$
$$= 167.736 \times (0.03342)^{1.852} - 2461.443 \times (0.010)^{1.852} - 403.809 \times (0.08117)^{1.852}$$
$$- 25.596 \times (0.19808)^{1.852} + [48.96 - 138.5 \times (0.19808)^{1.852}] - 48.00 + 12.00$$
$$= 0.743$$

分母为：

$$1.852K_4q_4^{0.852}+1.852K_3q_3^{0.852}+1.852K_2q_2^{0.852}+1.852K_1q_1^{0.852}+1.852C_pq_1^{0.852}$$
$$=1.852\times[167.736\times(0.03342)^{0.852}+2461.443\times(0.010)^{0.852}$$
$$+403.809\times(0.08117)^{0.852}+25.596\times(0.19808)^{0.852}+138.5\times(0.19808)^{0.852}]$$
$$=271.815$$

所以虚环校正值 $\Delta q_{PL}$ 为：

$$\Delta q_{PL}=-0.743/271.815=-0.00273$$

计算环 I 校正值，分子为

$$K_2q_2^{1.852}+K_6q_6^{1.852}-K_8q_8^{1.852}-K_5q_5^{1.852}$$
$$=403.809\times(0.08117)^{1.852}+1566.373\times(0.020)^{1.852}-366.534\times(0.06733)^{1.852}$$
$$-305.022\times(0.10236)^{1.852}$$
$$=-0.511$$

分母为：

$$1.852K_2q_2^{0.852}+1.852K_6q_6^{0.852}+1.852K_8q_8^{0.852}+1.852K_5q_5^{0.852}$$
$$=1.852\times[403.809\times(0.08117)^{0.852}+1566.373\times(0.020)^{0.852}+366.534$$
$$\times(0.06733)^{0.852}-305.022\times(0.10236)^{0.852}]$$
$$=314.139$$

因此，环 I 校正值 $\Delta q_I$ 为：

$$\Delta q_I=-\frac{-0.511}{314.139}=0.00163$$

计算环 II 校正值，分子为：

$$K_3q_3^{1.852}+K_7q_7^{1.852}-K_9q_9^{1.852}-K_6q_6^{1.852}$$
$$=2461.443\times(0.010)^{1.852}+1611.126\times(0.02265)^{1.852}-64126.746\times(0.005)^{1.852}$$
$$-1566.373\times(0.020)^{1.852}$$
$$=-2.695$$

分母得：

$$1.852K_3q_3^{0.852}+1.852K_7q_7^{0.852}+1.852K_9q_9^{0.852}+1.852K_6q_6^{0.852}$$
$$=1.852\times[2461.443\times(0.010)^{0.852}+1611.126\times(0.02265)^{0.852}-64126.746$$
$$\times(0.005)^{0.852}-1566.373\times(0.020)^{0.852}]=1612.798$$

环 2 校正值 $\Delta q_{II}$ 为：

$$\Delta q_{II}=-\frac{-2.695}{1612.798}=0.00167$$

管段流量第二次迭代时，更新见表 7-10：

【例 7-6】管段流量更新　　　　　　　　　　　　　　表 7-10

| 管段 | 1 与水泵 | 2 | 3 | 4 | 5 | 6 | 7 | 8 | 9 |
|---|---|---|---|---|---|---|---|---|---|
| $\Delta q$ | 0.00273 | 0.00273+0.00163 | 0.00273+0.00167 | 0.00273 | −0.00163 | 0.00163−0.00167 | 0.00167 | −0.00163 | −0.00167 |
| $q$ | 0.20081 | 0.08553 | 0.0144 | 0.03069 | 0.10073 | 0.01996 | 0.02432 | 0.0657 | 0.00333 |

因为管段 1 流向，相对虚环是逆时针的，校正值加上负号。类似的，虚环中管段 2 也加负号；而对于环 I，管段 2 流向为顺时针，所以校正值加正号。管段 3 和 6 也出现在两环中，均应采用两个校正值校正。

迭代 2　虚环调整，分子为：

$$K_4 q_4^{1.852} - K_3 q_3^{1.852} - K_2 q_2^{1.852} - K_1 q_1^{1.852} + (h_m - C_p q_1^{1.852}) - E_{FGN,5} + E_{FGN,1}$$

$$= 167.736 \times (0.03069)^{1.852} - 2461.443 \times (0.0144)^{1.852} - 403.809 \times (0.08553)^{1.852}$$

$$- 25.596 \times (0.20081)^{1.852} + [48.96 - 138.5 \times (0.20081)^{1.852}] - 48.00 + 12.00$$

$$= -0.374$$

分母为：

$$1.852(K_4 q_4^{0.852} + K_3 q_3^{0.852} + K_2 q_2^{0.852} + K_1 q_1^{0.852} + C_p q_1^{0.852})$$

$$= 1.852 \times [167.736 \times (0.03069)^{0.852} + 2461.443 \times (0.0144)^{0.852}$$

$$+ 403.809 \times (0.08553)^{0.852} + 25.596 \times (0.20081)^{0.852} + 138.5 \times (0.20081)^{0.852}]$$

$$= 308.36$$

所以虚环校正值 $\Delta q_{PL}$ 为：

$$\Delta q_{PL} = -(-0.374)/308.36 = 0.00121$$

计算环 I 校正值，分子为

$$K_2 q_2^{1.852} + K_6 q_6^{1.852} - K_8 q_8^{1.852} - K_5 q_5^{1.852}$$

$$= 403.809 \times (0.08553)^{1.852} + 1566.373 \times (0.01996)^{1.852} - 366.534 \times (0.0657)^{1.852}$$

$$- 305.022 \times (0.10073)^{1.852} = 0.076$$

分母为：

$$1.852(K_2 q_2^{0.852} + K_6 q_6^{0.852} + K_8 q_8^{0.852} + K_5 q_5^{0.852})$$

$$= 1.852 \times [403.809 \times (0.08553)^{0.852} + 1566.373 \times (0.01996)^{0.852} - 366.534$$

$$\times (0.0657)^{0.852} - 305.022 \times (0.10073)^{0.852}] = 315.829$$

因此，环 I 校正值 $\Delta q_I$ 为：

$$\Delta q_I = -\frac{0.076}{315.829} = -0.00024$$

计算环 II 校正值，分子为：

$$K_3 q_3^{1.852} + K_7 q_7^{1.852} - K_9 q_9^{1.852} - K_6 q_6^{1.852}$$

$$= 2461.443 \times (0.0144)^{1.852} + 1611.126 \times (0.02432)^{1.852} - 64126.746 \times (0.00333)^{1.852}$$

$$- 1566.373 \times (0.01996)^{1.852} = -0.16$$

分母得：

$$1.852 \times (K_3 q_3^{1.852} + K_7 q_7^{1.852} - K_9 q_9^{1.852} - K_6 q_6^{1.852})$$

$$= 1.852 \times [2461.443 \times (0.0144)^{0.852} + 1611.126 \times (0.02432)^{0.852} + 64126.746$$

$$\times (0.00333)^{0.852} + 1566.373 \times (0.01996)^{0.852}]$$

$$= 1272.11$$

环 2 校正值 $\Delta q_{II}$ 为：

$$\Delta q_{II} = -\frac{-0.16}{1272.11} = 0.00013$$

用于第三次迭代时，管段流量见表 7-11：

第三次迭代时的管段流量 表 7-11

| 管段 | 1 与水泵 | 2 | 3 | 4 | 5 | 6 | 7 | 8 | 9 |
|---|---|---|---|---|---|---|---|---|---|
| $\Delta q$ | $-0.00121$ $-0.00024$ | $-0.00121$ | $-0.00121$ $+0.00013$ | 0.00121 | 0.00024 | $-0.00024$ $-0.00013$ | 0.00013 | 0.00024 | $-0.00013$ |
| $q$ | 0.1996 | 0.08408 | 0.01332 | 0.0319 | 0.10097 | 0.01959 | 0.02445 | 0.06594 | 0.0032 |

迭代 3 对虚环、环 I 和环 II 的校正值分别为 0，0.00040 和 0.00009。流量结果见表 7-12：

流量结果（一） 表 7-12

| 管段 | 1 与水泵 | 2 | 3 | 4 | 5 | 6 | 7 | 8 | 9 |
|---|---|---|---|---|---|---|---|---|---|
| $\Delta q$ | 0 | 0.00040 | 0.00009 | 0 | $-0.00040$ | 0.00040 $-0.00009$ | 0.00009 | $-0.00040$ | $-0.00009$ |
| $q$ | 0.1996 | 0.08448 | 0.01341 | 0.0319 | 0.10057 | 0.0199 | 0.02454 | 0.06554 | 0.00311 |

在其后两次迭代后，变化很小，流量结果见表 7-13（注意每次迭代要满足节点连续性方程）。

流量结果（二） 表 7-13

| 管段 | 1 与水泵 | 2 | 3 | 4 | 5 | 6 | 7 | 8 | 9 |
|---|---|---|---|---|---|---|---|---|---|
| $q$ | 0.19942 | 0.08438 | 0.01329 | 0.03208 | 0.10047 | 0.01992 | 0.02460 | 0.06546 | 0.00305 |

哈代—克罗斯方法进行给水管网水力分析，也可采用表格方式计算，其形式见表 7-14。

节点 7 的总水头可以从任意一个定压节点（FGN）开始计算。例如从 FGN1 开始，历经管段 1、5 和 8；或者从 FGN5 开始，流经管段 4、7 和 9。

含管段 1、5 和 8 的路径，计算为

$$12.00 + (48.96 - 138.5 q_1^{1.852}) - K_1 q_1^{1.852} - K_5 q_5^{1.852} - K_8 q_8^{1.852}$$
$$= 12.00 + [48.96 - 138.5 \times (0.19942)^{1.852}] - 25.596 \times (0.19942)^{1.852}$$
$$- 205.011 \times (0.10047)^{1.852} - 36.534 \times (0.06546)^{1.852} = 47.42\text{m}$$

对于含管段 4、7 和 9 的路径，结果为：

$$48.00 - K_4 q_4^{1.852} - K_7 q_7^{1.852} - K_9 q_9^{1.852}$$
$$= 48.00 - 167.736 \times (0.03208)^{1.852} - 1611.126 \times (0.0246)^{1.852}$$
$$- 64126.746 \times (0.00305)^{1.852} = 47.43\text{m}$$

以上计算结果（47.42mm 和 47.43mm）的微小差异来自迭代计算中引入的误差。

## 7.3.3 线性理论方法

（1）线性理论

可以利用线性理论（Linear Theory）求解环方程组或流量连续性方程组［式（7-22）～式（7-24）］ $N_p$ 个方程 $(N_j + N_1 + N_f - 1)$ 中含 $N_p$ 个未知管段流量。因为这些方程对应于流量项是非线性的，因此需要迭代计算。1972 年，Wood 和 Charles 提出的线性理论是，将前次迭代 $q_{i,k}$ 作为已知值，对 $q_{i,k+1}$ 线性化能量方程［式（7-23）和式（7-24）］。如果计算中只考虑管段流量，这些方程为：

哈代—克罗斯方法给水管网水力平差计算表

表 7-14

| 环号 | 管段 | 管长 L(m) | 管径 D(mm) | 比阻 s (或 $C_p$) | 初步分配流量 流量 q (m³/s) | 初步分配流量 水头损失 h (或 $h_p$ 值) | 初步分配流量 $1.852K|q|^{0.852}$ 或 $1.852C_p|q|^{0.852}$ | 第1次校正 流量 q (m³/s) | 第1次校正 水头损失 h (或 $h_p$ 值) | 第1次校正 $1.852K|q|^{0.852}$ 或 $1.852C_p|q|^{0.852}$ |
|---|---|---|---|---|---|---|---|---|---|---|
| 虚环 | 4 | 270 | 300 | 167.736 | 0.03342 | 0.310 | 17.168 | 0.03342−0.00273=0.03069 | 0.265 | 15.966 |
| | 3 | 550 | 200 | 2461.443 | −0.01000 | −0.487 | 90.122 | −0.010−0.00273−0.00167=−0.0144 | −0.956 | 122.958 |
| | 2 | 650 | 300 | 403.809 | −0.08117 | −3.858 | 88.028 | −0.08117−0.00273−0.00163=−0.08553 | −4.251 | 92.041 |
| | 1 | 320 | 450 | 25.596 | −0.19808 | −1.276 | 11.932 | −0.19808−0.00273=−0.20081 | −1.309 | 12.072 |
| | 水泵 | — | — | 138.5 | −0.19808 | 42.054 | 64.545 | −0.19808−0.00273=−0.20081 | 41.877 | 65.323 |
| | $-(E_{FGN.5}-E_{FGN.1})$ | — | — | — | — | −36.00 | — | — | −36.00 | — |
| | | | | | | 0.743 | 271.815 | | −0.374 | 308.36 |
| | | | | | $\Delta q_{PL}=-(0.743)/271.815=-0.00273$ | | | $\Delta q_{PL}=-(-0.374)/308.36=0.00121$ | | |
| 环 I | 2 | 650 | 300 | 403.809 | 0.08117 | 3.858 | 88.028 | 0.08117+0.00273+0.00163=0.08553 | 4.251 | 92.041 |
| | 6 | 350 | 200 | 1566.373 | 0.02000 | 1.118 | 103.517 | 0.0200+0.00163−0.00167=0.01996 | 1.114 | 103.341 |
| | 8 | 590 | 300 | 366.534 | −0.06733 | −2.477 | 68.138 | −0.06733+0.00163=−0.0657 | −2.367 | 66.730 |
| | 5 | 330 | 300 | 205.011 | −0.10236 | −3.010 | 54.456 | −0.10236+0.00163=−0.10073 | −2.922 | 53.717 |
| | | | | | | −0.511 | 314.139 | | 0.076 | 315.829 |
| | | | | | $\Delta q_{I}=-(-0.511)/314.139=0.00163$ | | | $\Delta q_{I}=-(0.076)/315.829=-0.00024$ | | |
| 环 II | 3 | 550 | 200 | 2461.443 | 0.010 | 0.487 | 90.122 | 0.010+0.00273+0.00167=0.0144 | 0.956 | 122.958 |
| | 7 | 360 | 200 | 1611.126 | 0.02265 | 1.448 | 118.383 | 0.02265+0.00167=0.02432 | 1.652 | 125.780 |
| | 9 | 490 | 100 | 64126.746 | −0.005 | −3.512 | 1300.776 | −0.005+0.00167=−0.00333 | −1.654 | 920.031 |
| | 6 | 350 | 200 | 1566.373 | −0.020 | −1.118 | 103.798 | −0.020−0.00163+0.00167=−0.01996 | −1.114 | 103.341 |
| | | | | | | −2.695 | 1612.798 | | −0.16 | 1272.11 |
| | | | | | $\Delta q_{II}=-(-2.695)/1612.798=0.00167$ | | | $\Delta q_{II}=-(-0.16)/1272.11=0.00013$ | | |

| 环号 | 管段 | 第2次校正 流量 q (m³/s) | 第2次校正 水头损失 h (或 $h_p$ 值) | 第2次校正 $1.852s\lvert q\rvert^{0.852}$ 或 $1.852C_p\lvert q\rvert^{0.852}$ | 第3次校正 流量 q (m³/s) | 第3次校正 水头损失 h (或 $h_p$ 值) | 第3次校正 $1.852s\lvert q\rvert^{0.852}$ 或 $1.852C_p\lvert q\rvert^{0.852}$ | 第4次校正 流量 q (m³/s) | 第4次校正 水头损失 h (或 $h_p$ 值) | 第4次校正 $1.852K\lvert q\rvert^{0.852}$ 或 $1.852C_p\lvert q\rvert^{0.852}$ |
|---|---|---|---|---|---|---|---|---|---|---|
| | 4 | 0.03069+0.00121=0.0319 | 0.284 | | 0.0319+0=0.0319 | 0.284 | 16.500 | 0.03206 | 0.287 | 16.571 |
| | 3 | −0.0144+0.00121−0.00013=−0.01332 | −0.828 | — | −0.01332−0.00009=−0.01341 | −0.838 | 115.718 | −0.01329 | −0.824 | 114.835 |
| | 2 | −0.08553+0.00121+0.00024=−0.08408 | −4.118 | — | −0.08408−0.00040=−0.08448 | −4.155 | 91.078 | −0.08434 | −4.142 | 90.949 |
| | 1 | −0.20081+0.00121=−0.1996 | −1.294 | — | −0.1996+0=−0.1996 | −1.294 | 12.010 | −0.19944 | −1.292 | 12.002 |
| | 水泵 | −0.20081+0.00121=−0.1996 | 41.956 | — | −0.1996+0=−0.1996 | 41.956 | 64.987 | −0.19944 | 41.966 | 64.943 |
| 虚环 | −($E_{FGN.5}$ −$E_{FGN.1}$) | | −36.00 | — | | −36.00 | — | | −36.00 | — |
| | | $\Delta q_{PL}=0.00$ | 0.00 | | | −0.047 | 300.293 | | −0.005 | 299.3 |
| | | | | | $\Delta q_{PL}=-(-0.047)/300.293=0.00016$ | | | $\Delta q_{PL}=-(-0.005)/299.3=0.00002$ | | |
| 环Ⅰ | 2 | 0.08553−0.00121−0.00024=0.08408 | 4.118 | 90.710 | 0.08408+0.00040=0.08448 | 4.155 | 91.078 | 0.08434 | 4.142 | 90.949 |
| | 6 | 0.01996−0.00024−0.00013=0.01959 | 1.076 | 101.707 | 0.01959+0.00040−0.00009=0.0199 | 1.108 | 103.076 | 0.01988 | 1.106 | 102.988 |
| | 8 | −0.0657−0.00024=−0.06594 | −2.383 | 66.938 | −0.06594+0.00040=−0.06554 | −2.357 | 66.591 | −0.06552 | −2.355 | 66.574 |
| | 5 | −0.10073−0.00024=−0.10097 | −2.935 | 53.826 | −0.10097+0.00040=−0.10057 | −2.913 | 53.644 | −0.10055 | −2.912 | 53.635 |
| | | | −0.124 | 313.181 | | −0.0007 | 314.398 | | −0.019 | 314.146 |
| | | $\Delta q_{I}=-(-0.124)/313.181=0.00040$ | | | $\Delta q_{I}=-(-0.007)/314.398=0.00002$ | | | $\Delta q_{I}=-(-0.019)/314.146=0.00006$ | | |
| 环Ⅱ | 3 | 0.0144−0.00121+0.00013=0.01332 | 0.828 | 115.056 | 0.01332+0.00009=0.01341 | 0.838 | 115.718 | 0.01329 | 0.824 | 114.835 |
| | 7 | 0.02432+0.00013=0.02445 | 1.668 | 126.353 | 0.02445+0.00009=0.02454 | 1.679 | 126.749 | 0.02458 | 1.685 | 126.925 |
| | 9 | −0.00333+0.00013=−0.0032 | −1.537 | 889.340 | −0.0032+0.00009=−0.00311 | −1.458 | 867.985 | −0.00307 | −1.423 | 858.464 |
| | 6 | −0.01996+0.00024+0.00013=−0.01959 | −1.076 | 101.707 | −0.01959−0.00040+0.00009=−0.0199 | −1.108 | 103.076 | −0.01988 | −1.106 | 103.076 |
| | | | −0.117 | 1232.456 | | −0.049 | 1213.528 | | −0.02 | 1203.300 |
| | | $\Delta q_{II}=-(-0.117)/1232.456=0.00009$ | | | $\Delta q_{II}=-(-0.049)/1213.528=0.00004$ | | | $\Delta q_{II}=-(-0.02)/1203.3=0.00002$ | | |

179

$$\sum_{i \in I_j} q_{i,k+1} = Q_{\text{ext}} \qquad 对应于所有 N_j 个节点 \tag{7-31}$$

$$\sum_{i \in I_L} K_i q_{i,k}^{b-1} q_{i,k} = 0 \qquad 对于所有 N_1 个闭合环 \tag{7-32}$$

$$\sum_{i \in I_L} K_i q_{i,k}^{b-1} q_{i,k} = \Delta E_{\text{FGN}} \qquad 对所有 N_f - 1 个独立虚环 \tag{7-33}$$

这些方程形成了求解 $q_{i,k+1}$ 的线性方程组。可计算流量预估值之差的绝对值，与收敛标准比较。如果差值较大，更新次数 $k$，重新迭代。由于流量在最终解附近摆动，Wood 和 Charles 推荐，取前两次迭代的流量平均值作为下次迭代的估计值。一旦管段流量确定，就可以沿路径从一个 FGN 到所有节点确定各节点测压水头。

（2）改进线性理论——牛顿法

Wood 等人（1980 年）在肯塔基大学开发了 KYPIPE 程序，将线性理论改进为牛顿方法。该方法不用解出流量变化值 $\Delta q$，就可以确定 $q_{k+1}$。

为了形成方程组，根据当前估计值 $q_k$，写出包括管段、配件损失和水泵的能量方程组 [式（7-34）]：

$$f(q_k) = \sum_{i \in I_L} K_i q_{i,k}^b + \sum_{im \in Im} \zeta_{im} q_k^2 + \sum_{ip \in I_p} (A_{i_p} q_k^2 + B_{ip} q_k + C_{ip}) - \Delta E \tag{7-34}$$

式中　　下标 $i$，$i_m$，$i_p$——分别表示管段、局部损失组件和水泵；

下标 $k$——迭代次数。

该式对于闭合实环和虚环均适用，但是，无论哪种情况，校正后 $f(q_k)$ 结果应为零。

为了趋于真实解，方程可线性化为泰勒级数形式（其中略去高阶量）：

$$f(q_{k+1}) = f(q_k) + \frac{\partial f}{\partial q}\bigg|_{q_k} (q_{k+1} - q_k) = f(q_k) + G_k(q_{k+1} - q_k) \tag{7-35}$$

注意 $f$ 和 $q$ 分别为能量方程组和管段流量矢量，$G_k$ 为对应于 $q_k$ 估计的梯度矩阵，假设式（7-35）等于零，求解 $q_{k+1}$，得：

$$0 = f(q_k) + G_k(q_{k+1} - q_k)$$

或

$$G_k q_{k+1} = G_k q_k + f(q_k) \tag{7-36}$$

它表示了（$N_1 + N_f - 1$）个方程，它与式（7-31）的 $N_j$ 个节点方程结合，形成 $N_p$ 个关于 $q_{k+1}$ 的方程。该线性方程组可以利用矩阵过程对 $N_p$ 个流量向量求解。解得的 $q_{k+1}$ 值与上次迭代值比较，如果最大差值的绝对值在某一范围内，计算停止；反之，将 $q_{k+1}$ 代入式（7-36），重新迭代计算。

### 7.3.4　牛顿—拉夫森方法和节点方程组

节点方程组是用未知节点测压水头表示的质量守恒关系式。一般管网中，$N_j$ 个节点方程可以用 $N_j$ 个节点测压水头表示。一旦水头已知，则管段流量可由水头损失公式计算。对于其他管网组件，例如阀门和水泵，可通过在组件的端点增加连接节点而处理为特殊的管段，然后用各组件的流量关系列出节点方程。

第 $k$ 次迭代中，将牛顿—拉夫森方法应用于节点方程组 $F(H_k)$，求解节点水头 $H_k$。方程展开后，略去高次项，结果为：

$$F(H_k) + \frac{\partial F}{\partial H}\bigg|_{H_k} \Delta H_k = 0 \tag{7-37}$$

式中　　$F$——$H_k$ 时节点方程组的估计；

　　　　$H_k$——第 $k$ 次迭代中的节点水头向量；

　　　　$\dfrac{\partial F}{\partial H}$——对应于节点水头的节点方程组梯度雅克比矩阵。该矩阵是一个稀疏对称矩

阵，因为每个节点水头只出现在两个节点平衡方程中。

未知校正量 $\Delta H_k$ 利用线性方程组求解方法计算：

$$F(H_k) = -\left.\frac{\partial F}{\partial H}\right|_{H_k} \Delta H_k \tag{7-38}$$

然后节点水头更新为：

$$H_{k+1} = H_k + \Delta H_k \tag{7-39}$$

同前述方法一样，需要检查节点水头的变化量，以确定计算是否可以停止。如果水头没有收敛，则式（7-38）重新由 $H_{k+1}$ 代入，计算下一个校正向量。如果找到最终结果，然后用各已知水头的关系式计算流量。

同所有计算公式一样，系统中至少应有一个已知压力节点。如果节点水头赋予较差初始值，则难收敛。在所有水力分析方法中，节点方程组计算方法中的未知量和方程数最少。

**【例 7-7】** 试写出如图 7-12 所示管网系统的节点方程组（注意，以下方程右侧为外部需水量）。

**【解】** 节点 2：

$$\text{sign}(H_{\text{pd}} - H_2)\left(\frac{|H_{\text{pd}} - H_2|}{K_1}\right)^{\frac{1}{b}} + \text{sign}(H_3 - H_2)\left(\frac{|H_3 - H_2|}{K_2}\right)^{\frac{1}{b}}$$
$$+ \text{sign}(H_6 - H_2)\left(\frac{|H_6 - H_2|}{K_5}\right)^{\frac{1}{b}} = 0.01455$$

节点 3：

$$\text{sign}(H_2 - H_3)\left(\frac{|H_2 - H_3|}{K_2}\right)^{\frac{1}{b}} + \text{sign}(H_4 - H_3)\left(\frac{|H_4 - H_3|}{K_3}\right)^{\frac{1}{b}}$$
$$+ \text{sign}(H_7 - H_3)\left(\frac{|H_7 - H_3|}{K_6}\right)^{\frac{1}{b}} = 0.05117$$

节点 4：

$$\text{sign}(H_3 - H_4)\left(\frac{|H_3 - H_4|}{K_3}\right)^{\frac{1}{b}} + \text{sign}(48 - H_4)\left(\frac{|48 - H_4|}{K_4}\right)^{\frac{1}{b}}$$
$$+ (\text{sign})(H_8 - H_4)\left(\frac{|H_8 - H_4|}{K_7}\right)^{\frac{1}{b}} = 0.02077$$

节点 6：

$$\text{sign}(H_2 - H_6)\left(\frac{|H_2 - H_6|}{K_5}\right)^{\frac{1}{b}} + \text{sign}(H_7 - H_6)\left(\frac{|H_7 - H_6|}{K_8}\right)^{\frac{1}{b}} = 0.03503$$

节点 7：

$$\text{sign}(H_3 - H_7)\left(\frac{|H_3 - H_7|}{K_6}\right)^{\frac{1}{b}} + \text{sign}(H_6 - H_7)\left(\frac{|H_6 - H_7|}{K_8}\right)^{\frac{1}{b}}$$
$$+ \text{sign}(H_8 - H_7)\left(\frac{|H_8 - H_7|}{K_9}\right)^{\frac{1}{b}} = 0.08233$$

节点 8：

$$\mathrm{sign}(H_4 - H_8)\left(\frac{|H_4 - H_8|}{K_7}\right)^{\frac{1}{b}} + \mathrm{sign}(H_7 - H_8)\left(\frac{|H_7 - H_8|}{K_9}\right)^{\frac{1}{b}} = 0.02765$$

水泵新节点：

$$\left(\frac{48.96 - (H_{pd} - 12.00)}{138.5}\right)^{\frac{1}{2}} + \mathrm{sign}(H_2 - H_{pd})\left(\frac{|H_2 - H_{pd}|}{K_1}\right)^{\frac{1}{b}} = 0$$

水泵节点方程的第一项为采用水泵出口总能量 $h_{pd}$ 表示的水泵流量关系，第二项为管段 1 中从水泵流向节点 2 的流量。

由于水泵关系式不同于管段 1，零需水量的新节点加在水泵的出水口（假设水泵进水口为水池）。为了将节点类型加在每个组件（阀门、管段或水泵）上，必须知道每种组件的精确位置。例如，如果管段内出现阀门，要确切表达系统，应在阀门的两侧加上新的节点，原管段由阀门分成上下两段。

总之，对于系统写出的 7 个方程，可以确定 7 个未知量（节点 2—4、5—8 和水泵节点的总水头）。利用哈代—克罗斯方法计算节点水头结果，将满足以上节点方程组（见表 7-15）：

**【例 7-7】节点水头** 表 7-15

| 节点 | 2 | 3 | 4 | 6 | 7 | 8 | 水泵 |
|---|---|---|---|---|---|---|---|
| 总水头（m） | 52.676 | 48.531 | 47.713 | 47.768 | 47.42 | 46.026 | 53.968 |

| 管段 | 1 | 2 | 3 | 4 | 5 | 6 | 7 | 8 | 9 | 水泵 |
|---|---|---|---|---|---|---|---|---|---|---|
| 流量（m³/s） | 0.19942 | 0.08438 | 0.01329 | 0.03208 | 0.10047 | 0.01992 | 0.02460 | 0.06546 | 0.00305 | 0.19942 |

### 7.3.5 梯度算法

（1）管段方程组

与节点方程组和环方程组不同，管段方程组将同时求解 $q$ 和 $H$。虽然它需要更多的方程，但 Todini 和 Pilati（1987）提出的梯度算法对其求解很有效，因此 Rossman 在 EPANET 软件（汉化版为 EPANETH）中采用了该方法。

要建立管段方程组，需将系统每一管网组件根据节点压力写成能量守恒方程。例如，管段方程：

$$H_a - H_b = Kq^b \tag{7-40}$$

水泵方程利用二次方程近似表达为：

$$H_a - H_b = Aq^2 + Bq + C \tag{7-41}$$

式中 $H_a$ 和 $H_b$——分别为组件上下游节点的水头。这些方程与节点守恒关系式[式（7-31）]联立，将形成含有 $N_j + N_p$ 个未知数（节点水头和管段流量）的 $N_j + N_p$ 个方程。

（2）计算方法

尽管节点流量连续性方程是线性的，然而各组件的能量方程是非线性的，因此需要迭代求解，该迭代方法称作梯度算法。它利用原先的流量估计值 $q_{(k)}$，线性化组件的流量方程。对于管段有

$$Kq_{(k)}^{b-1}q_{(k)} + (H_a - H_b) = 0 \tag{7-42}$$

线性化方程组的矩阵形式为：

$$A_{12}H + A_{11}q + A_{10}H_0 = 0 \tag{7-43}$$

$$A_{21}q - Q_{ext} = 0 \tag{7-44}$$

式（7-43）为管网每一组件的线性化流量方程，式（7-44）为节点流量平衡方程。$A_{12}$（$=A_{21}^T$）为由 0 和 1 组成的关联矩阵，表示节点是否与特定组件相关联，$A_{10}$ 表示了已知压力的节点。$A_{11}$ 为包含线性化系数（例如 $|Kq_{(k)}^{b-1}|$）的对角矩阵。

式（7-43）和式（7-44）的微分形式为：

$$\begin{bmatrix} NA_{11} & A_{12} \\ A_{21} & 0 \end{bmatrix} \begin{bmatrix} dq \\ dH \end{bmatrix} = \begin{bmatrix} dE \\ dq \end{bmatrix} \tag{7-45}$$

式中 $dE$ 和 $dq$ 分别为式（7-31）与式（7-40）[或式（7-41）]中当前解 $q_k$ 和 $H_k$ 的余项。$N$ 为管段方程（$n$）的对角矩阵。式（7-45）是关于 $dq$ 和 $dH$ 的线性方程组。求解完成后，$q_{(k)}$ 和 $H_{(k)}$ 更新为：

$$q_{(k+1)} = q_{(k)} + dq \tag{7-46}$$

$$H_{(k+1)} = H_{(k)} + dH \tag{7-47}$$

通过评价 $dE$ 和 $dq$ 的值判定收敛性，如果需要则再次迭代。

1987 年，Todini 和 Pilati 在求解 $q_{(k+1)}$ 和 $H_{(k+1)}$ 中应用了一种可选的有效递归方法，即：

$$H_{(k+1)} = -(A_{21}N^{-1}A_{11}^{-1}A_{12})^{-1}\{A_{12}N^{-1}(q_{(k)} + A_{11}^{-1}A_{10}H_0) + (Q_{ext} - A_{21}q_{(k)})\} \tag{7-48}$$

然后利用 $H_{(k+1)}$，可得 $q_{(k+1)}$

$$q_{(k+1)} = (1 - N^{-1})q_{(k)} - N^{-1}A_{11}^{-1}(A_{12}H_{(k+1)} + A_{10}H_0) \tag{7-49}$$

式中 $A_{11}$ 是在 $q_{(k)}$ 时的计算值。注意 $N$ 和 $A_{11}$ 均是对角矩阵，所以可以忽略它们的转置。然而，该方法必须进行一次完整的矩阵变换。

【例 7-8】 试写出如图 7-12 所示管网的管段方程组。

【解】 管段方程组包括系统中每个节点的流量连续性方程。管网包含 6 个节点和一个水泵下游的附加节点。水泵可看作一条管段，假设直接置于定压节点之后。

对每条管段写出能量方程。包括 9 个管段方程和一个水泵方程。方程总数为 17 个，其中含有 17 个未知量。

节点 2：$q_1 - q_2 - q_5 = 0.01455$

管段 1：$H_p - H_2 = K_1 q_1^b$

节点 3：$q_2 + q_3 - q_6 = 0.05117$

管段 2：$H_2 - H_3 = K_2 q_2^b$

节点 4：$q_3 + q_4 - q_7 = 0.02077$

管段 3：$H_3 - H_4 = K_3 q_3^b$

节点 6：$q_5 - q_8 = 0.03503$

管段 4：$48 - H_4 = K_4 q_4^b$

节点 7：$q_6 + q_8 - q_9 = 0.08233$

管段 5：$H_2 - H_6 = K_5 q_5^b$

节点 8：$q_7 + q_9 = 0.02765$

管段 6：$H_3 - H_7 = K_6 q_6^b$

水泵节点：$q_p - q_1 = 0$

管段 7：$H_4 - H_8 = K_7 q_7^b$

水泵管段：$H_p - 12.00 = 48.96 - 138.5 q_p^{1.852}$

管段 8：$H_6 - H_7 = K_8 q_8^b$

管段 9：$H_7 - H_8 = K_9 q_9^b$

## 7.3.6 四种计算方法的比较

表 7-16 对四种不同方法的一些特性进行了比较。哈代—克罗斯方法的环方程解法和其他方法相比，效率较低。管段流量方法含有的方程最多，环方程解法含有的方程最少；节点方法求解水头，管段流量和环方法求解流量。一旦已知水头或流量，就可以直接利用流量—水头损失关系求解其他未知参数。梯度（或节点—环方法）是以递归方式计算水头

和流量的方法，在牛顿—拉普森迭代中，每一个新的流量作为反馈信号，用于更新下一步计算中的水头。

不同水力求解方法的特性 表 7-16

| | 节点水头方法 | 管段流量方法 | 环方法 | 梯度/节点环方法 |
|---|---|---|---|---|
| 方程式数量 | NJ | NJ＋NL | NL－NJ | NJ |
| 求解的变量 | 水头 | 流量 | 流量调整 | 水头和流量 |
| 是否需要产生基环 | 否 | 是 | 是 | 否 |
| 是否需要初始流量分配 | 否 | 否 | 是 | 否 |
| 收敛特性 | 从差到好 | 好 | 好 | 好 |
| 系数矩阵的对称性 | 是 | 否 | 是 | 是 |
| 矩阵稀疏的相对程度 | 高 | 中等 | 低 | 高 |

注：NJ——节点总数；NP——管段总数；NL——基环总数。

管段流量方法和环方法均需要确定基环，环方法还需要管段流量的初始分配满足连续性方程。在一些管网中，当低阻力管段连接到高阻力管段，以及包含了陡峭的扬程—流量曲线水泵时，节点水头方法也存在收敛问题。节点、环和梯度/节点—环方法在牛顿—拉普森过程中，均生成系统的线性方程组对称系数矩阵。对称矩阵需要较少的计算机内存，可使用更有效的求解技术。与环方法相比，节点和梯度/节点—环方法更适应非管道元素的计算，特别是具有止回阀、调节阀以及管道关闭的情况。环方法需要特殊的技术处理管道关闭以及管道流量为零的状态。

## 7.4 减压阀和稳压阀

减压阀和稳压阀均属于管网内的压力调节阀门。

减压阀（PRV）通过阀瓣的节流，将进口压力降至某一需要的出口压力，并能在进口压力及流量变动时，利用介质本身能量保持出口压力基本不变的阀门。基本不变的出口压力称作减压阀的设定压力。正常条件下，当阀门上游压力高于设定压力时，减压阀通过控制开度，维持下游的压力。异常条件下，当阀门上游压力低于设定压力时，减压阀将处于全开状态；当阀门下游压力高于设定压力时，减压阀将关闭，正如止回阀那样，防止管线中的水流逆向流动。异常条件下减压阀并未起到相应的作用。

稳压阀（PSV）用于维持阀门上游侧的较高恒定压力。该恒定压力称作稳压阀的设定压力。正常条件下，当阀门上游侧压力高于设定压力时，稳压阀通过控制开度，维持上游的压力。异常条件下，当阀门上游压力低于设定压力时，稳压阀处于关阀状态；当阀门下游压力高于设定压力时，稳压阀开启，使水流从下游流向上游。异常条件下稳压阀并未起到相应的作用。

描述管网中包含 PRV/PSV 阀门的方程，应考虑这些阀门对整个管网流量和压力的影响。对具有这些设施的管网分析，还要确定 PRV/PSV 是否在正常条件下运行。通常管段流量和水头损失之间存在相应的函数关系，但由于 PRV/PSV 的运行忽略力量的多少，仅关心下游/上游的设定压力，因此它们不能出现在常规能量方程中。

在 PRV 正常运行条件下，PRV 的下游侧维持恒定水头，可利用贮水池表示；通过 PRV 的流量与离开该贮水池的流量相同（见图 7-13）。

在 PSV 正常运行条件下，PSV 的上游侧维持恒定水头，可利用贮水池表示；通过 PSV 的流量与进入该贮水池的流量相同（见图 7-14）。

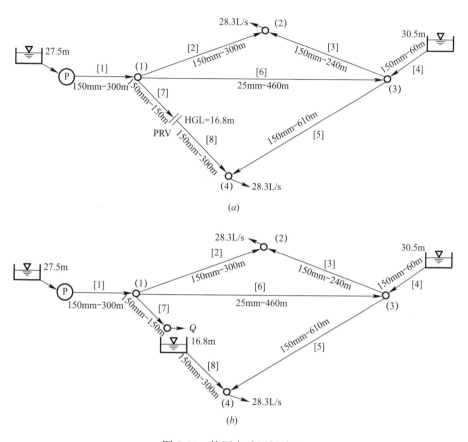

图 7-13 管网中减压阀处理

（a）含有减压阀 PRV 的管网；（b）将减压阀处理为一个出流量 Q 的节点和一个水面标高为 16.8m 的水池

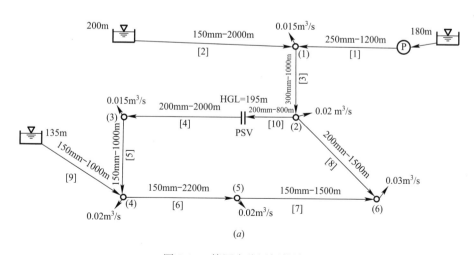

图 7-14 管网中稳压阀的处理

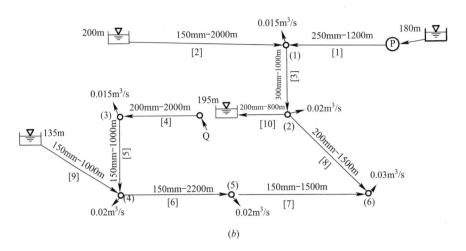

图 7-14　管网中稳压阀的处理（续）

(a) 含有稳压阀（PSV）的管网；

(b) 将稳压阀处理为一个进流量 Q 的节点和一个水面标高为 195m 的水池

# 第8章 技术经济计算

任何一项工程设计是否最佳，不能单凭设计方案在技术方面是否完善作为权衡取舍的唯一标准，而必须考察这项设计方案是否"满足需要"与"经济合理"，也即是否达到生产使用的要求、安全可靠；是否用较少的劳动、资源、费用、时间消耗，达到建设项目预期目的和取得最佳的经济、社会、环境效益。

在实际工作中，情况往往是错综复杂的，因为所有有利因素并不集中于一个方案。有时一个方案的运行维护费用低而基建投资较大，有时基建投资较省而运行维护费用则较高，有时方案的全部指标都较好但对环境资源的影响欠佳，有的则可能使服务的企业部门增加额外的负担等。

给水工程建设项目从最初的规划、可行性研究、设计到建成投产要经过几个阶段，项目的概预算和经济评价工作也要分阶段进行：

（1）可行性研究阶段进行方案投资估算和建设项目总体经济评价和环境评价；

（2）初步设计阶段编制设计概算和设计项目技术经济方案比较；

（3）施工图阶段编制设计预算和进行修改部分的技术经济比较；

（4）竣工投产以后编制工程决算和进行建设项目投产后经济评价和实际效果分析。

建设项目各阶段工程估价与经济评价关系如图 8-1 所示。

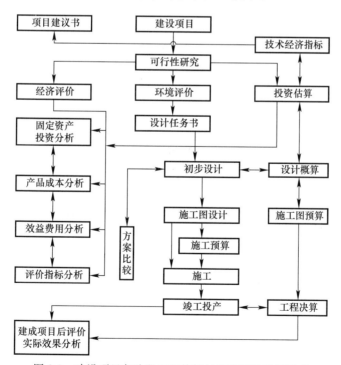

图 8-1 建设项目各阶段工程估算与经济评价关系示意

## 8.1 建设项目的投资及其来源

一个工程项目从兴建到投入生产需要的总投资,从性质上分为两部分:基本建设投资;投入生产后的流动资金。

### 8.1.1 基本建设投资

基本建设投资或称基本建设资金,是用于支付各项基本建设工作的费用。其中包括:①建设工程费,指新建、改建或扩建的各种建筑物或构筑物、管道等需要的工程费用;②设备购置费;③设备安装工程费;④工具、器具和生产用具购置费;⑤其他费用,如工地征用、勘察设计、生产人员培训、投产准备及试运行以及建设单位管理费等。项目建成之后,基本建设投资的大部分转为企业的固定资产。另有少量的基本建设投资,如生产人员培训费,不够固定资产标准的工具器具和生产用具的购置费、报费工程费等,虽然列入基本建设投资,但并不转入企业的固定资产。

基本建设投资的来源主要有两种渠道,即财政拨款和银行信贷。此外,当投资量较小时,企业也可自筹资金进行再投资。

(1) 财政拨款

财政拨款是由国家或地方政府运用行政手段所施行的无偿投资。它可最大限度地筹集资金,集中用于经济建设,保证重点项目的实施。

(2) 银行贷款

银行贷款是以银行为主体,根据信贷自愿的原则,按照经济合同施行的有偿有息投资(有些非盈利项目及公共工程项目的贷款可不计利息)。

(3) 国外贷款

利用国外贷款进行基本建设,是基本建设投资的一个补充性来源。目前外资来源主要有以下几种渠道:①官方贷款,利率较低,贷款期限较长,但数额很少;②出口信贷,利率低于市场利率,条件是必须购买贷款国的出口设备;③国际金融机构贷款,贷款期限较长,利率较低。

(4) 自筹资金

在国家预算安排之外,国家允许企业自筹资金(包括发行企业债券)进行基本建设。

### 8.1.2 流动资金

流动资金是一个企业为了组织生产需用的货币资金。它是用来在生产及流通两个领域支付职工工资、原料、燃料、在制品、制成品以及应收及预付的账款等。

## 8.2 费用函数

费用函数是通过数学关系式或图形图像方式,描述工程费用特征及其内在联系,是工程费用资料的概括或抽象。费用函数体现了工程费用与主要设计或运行因素之间的关系,易于看出费用变化规律,便于数学运算;能为设计系统优化、技术经济分析和计算机程序提供基本依据。

### 8.2.1 泵站建设费用

泵站建设费用 $C_p$ 可表示为水泵功率 $P$ 的函数，即

$$C_p = k_p P^{m_p} \tag{8-1}$$

式中      $P$——水泵功率，kW；

         $k_p$——系数；

         $m_p$——指数。

水泵功率表示为

$$P = \frac{\rho g q h}{1000\eta} \tag{8-2}$$

式中      $\rho$——流体密度，$kg/m^3$；

         $g$——重力加速度，$9.8m/s^2$；

         $q$——水泵流量，$m^3/s$；

         $h$——水泵扬程，m；

         $\eta$——水泵和发电机的总效率。

例如，当 $\eta = 100\%$ 时，$1m^3/s$ 流量提升 1m 水头，功率为 9.8kW；$1m^3/h$ 流量提升 1m 水头，功率为 2.72W；1L/s 流量提升 1m 水头，功率为 9.8W。

从可靠性出发，泵站的实际消耗功率应高于式（8-2）计算的功率，即

$$P = \frac{(1+s_b)\rho g q h}{1000\eta} \tag{8-3}$$

式中      $s_b$——安全系数。

由式（8-1）和式（8-3），得泵站建设费用式为

$$C_p = k_p \left[ \frac{(1+s_b)\rho g q h}{1000\eta} \right]^{m_p} \tag{8-4}$$

式（8-1）中的参数 $k_p$ 和 $m_p$ 随地理位置和时间变化；$k_p$ 受通货膨胀影响，$m_p$ 主要受施工材料和施工技术的影响。建议读者根据当地条件，构建泵站的建设费用函数。

参考附录 A1，对式（8-1）两侧取对数，得

$$\ln C_p = \ln k_p + m_p \ln P \tag{8-5}$$

这是 $\ln C_p$ 关于 $\ln P$ 的线性函数。当已知几组（$P$，$C_p$）值时，可利用最小二乘法，求得式（8-5）中的 $k_p$ 和 $m_p$ 值。

例如某城市的取水泵站费用见表 8-1，根据这些数据绘制的曲线图如图 8-2 所示，拟合后的表达式为

$$C_p = 133655 P^{0.3524} \tag{8-6}$$

泵站建设费用                                表 8-1

| 泵站总功率（kW） | 泵站建设费用（元） |
| --- | --- |
| 30 | 441360 |
| 37 | 492350 |
| 45 | 497110 |
| 55 | 549440 |
| 75 | 604740 |
| 110 | 708740 |

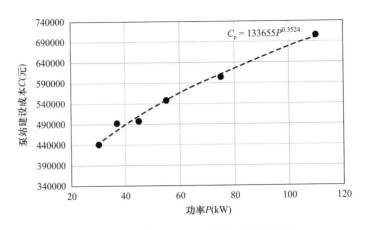

$$C_p = 133655P^{0.3524}$$

图 8-2 泵站建设费用随泵站总功率的变化

### 8.2.2 管线建设费用

通常管线埋设在地下，覆土厚度在 1m 左右，施工开槽宽度为管道直径外加 60cm。根据铺管采用的机械和当地的常规做法，以上数字可能具有差异。管线建设中，设备、特殊部件和配件的费用约占管线总费用的 10%～15%。单位长度管道建设费用包括水管价格和挖沟埋管、接头、试压、消毒等施工费用，常表示为管径 $D$ 的函数：

$$c = a + bD^\alpha \tag{8-7}$$

式中　　$c$——单位长度管道建设费用，元/m；

　　　　$D$——管道直径，m；

$a, b, \alpha$——统计参数，取决于管道材料、采用的货币单位等。

实际工作中，可根据当地情况，统计出给水管道中特定管材的各种直径 $D_i$ 的单位长度费用 $c_i$，得出 $n$ 个数据 $(D_1, c_1)$，$(D_2, c_2)$，…，$(D_n, c_n)$。可以用非线性最小二乘法求得统计参数 $a, b, \alpha$（非线性最小二乘法的介绍见附录 A）。计算步骤如下。

（1）由式（8-7）对 $a$、$b$、$\alpha$ 分别求偏导数，得

$$\frac{\partial c_i}{\partial a} = 1; \frac{\partial c_i}{\partial b} = D^\alpha; \frac{\partial c_i}{\partial \alpha} = bD^\alpha \ln D \tag{8-8}$$

（2）选择参数迭代初值。给水管道费用函数式（8-7）的参数初值选择方法如下。

从统计资料 $(D_i, c_i)$（$i=1, 2, …, n$）中任意选出三组数据，依次编号为 $(D_\mathrm{I}, c_\mathrm{I})$，$(D_\mathrm{II}, c_\mathrm{II})$，$(D_\mathrm{III}, c_\mathrm{III})$，代入式（8-7），得方程组

$$\begin{cases} c_\mathrm{I} = a + bD_\mathrm{I}^\alpha \\ c_\mathrm{II} = a + bD_\mathrm{II}^\alpha \\ c_\mathrm{III} = a + bD_\mathrm{III}^\alpha \end{cases} \tag{8-9}$$

由式（8-9）可得

$$\frac{D_\mathrm{I}^\alpha - D_\mathrm{II}^\alpha}{D_\mathrm{I}^\alpha - D_\mathrm{III}^\alpha} = \frac{c_\mathrm{I} - c_\mathrm{II}}{c_\mathrm{I} - c_\mathrm{III}} \tag{8-10}$$

由式（8-10）应用二分法或黄金分割法，可求出 $\alpha$ 值，继而由 $b = \dfrac{c_\mathrm{I} - c_\mathrm{II}}{D_\mathrm{I}^\alpha - D_\mathrm{II}^\alpha}$，$a = c_\mathrm{I} - bD_\mathrm{I}^\alpha$，解得 $a, b$ 值。于是迭代计算初值 $\boldsymbol{b}^{(0)} = (a, b, \alpha)$。

（3）由统计资料 $(D_i, C_i)$ $(i=1, 2, \cdots, n)$ 和 $\boldsymbol{b}^{(0)}$ 值，代入附录 A 中的式（A1-7），可计算出式（A1-6）中各系数值。给定初值 $d=d^{(0)}=0.01a_{11}$，由式（A1-6）解得（A1-7）的 $\boldsymbol{b}$ 值。将此解得的估计量代入原函数式（8-7），计算残差平方和

$$Q^{(0)} = \sum_{i=1}^{n} | c_i - (a+bD_i^{\alpha}) |^2 \tag{8-11}$$

显然，此值愈小愈好。

（4）第二次迭代，令 $\boldsymbol{b}^{(0)}=\boldsymbol{b}$，$d=10^{\beta}$，$\beta=-1, 0, 1, 2, \cdots$。先取 $\beta=-1$，即 $d=0.1d^{(0)}$，解得新的 $\boldsymbol{b}=(a^{(1)}, b^{(1)}, \alpha^{(1)})$，计算新的残差平方和

$$Q^{(1)} = \sum_{i=1}^{n} | c_i - (a^{(1)}+bD_i^{\alpha^{(1)}}) |^2 \tag{8-12}$$

若 $Q^{(1)}<Q^{(0)}$，则第二次迭代结束。若 $Q^{(1)}\geqslant Q^{(0)}$，取（$\beta$）=0，则 $d=d^{(0)}$，重解 $\boldsymbol{b}$，并重算残差平方和 $Q^{(1)}$。若 $Q^{(1)}<Q^{(0)}$，则第二次迭代结束，若 $Q^{(1)}\geqslant Q^{(0)}$，取 $\beta=1$，则 $d=10d^{(0)}$，再重算 $\boldsymbol{b}$ 及 $Q^{(1)}$；若此 $Q^{(1)}<Q^{(0)}$，则第二次迭代结束；若 $Q^{(1)}\geqslant Q^{(0)}$，取 $\beta=2$，则 $d=100d^{(0)}$，再重算 $\boldsymbol{b}$ 及 $Q^{(1)}$，$\cdots$，如此不断增加 $\beta$ 的值，直到 $Q^{(1)}<Q^{(0)}$ 为止，第（4）步结束。

（5）第三次迭代，以第二次迭代结束时的 $d$ 作为新的 $d^{(0)}$，$\boldsymbol{b}$ 作为新的 $\boldsymbol{b}^{(0)}$，$Q^{(1)}$ 作为新的 $Q^{(0)}$，重复第二次迭代的全过程，直到新的 $Q^{(1)}<Q^{(0)}$ 为止。

（6）按（4）、（5）过程反复迭代，直到 $a$、$b$ 和 $\alpha$ 计算数值与上一次计算值相比，在允许误差范围之内为止。

【例 8-1】 某地区在某一时期，不同材料单位长度给水管道的建设费用见表 8-2。经非线性最小二乘法计算后，得到相应的单位长度管道的建设费用函数为：

承插球墨铸铁管：$c=111.16+3136.47D^{1.50}$

预应力钢筋混凝土管：$c=-357.49+2319.88D^{0.88}$

式中单位管长建设费用 $c$ 以元/m 计；管道直径 $D$ 以 m 计。

**单位长度给水管道建设费用**（元/m） 表 8-2

| 管径（m） | 0.30 | 0.40 | 0.50 | 0.60 | 0.70 | 0.80 | 0.90 | 1.00 | 1.20 |
|---|---|---|---|---|---|---|---|---|---|
| 承插球墨铸铁管 | 644.0 | 940.3 | 1134.3 | 1577.6 | 1902.2 | 2459.0 | 2810.2 | 3198.2 | 4234.1 |
| 预应力钢筋混凝土管 | 423.7 | 686.9 | 949.6 | 1104.7 | 1331.6 | 1547.6 | 1755.2 | 1932.3 | 2388.2 |

已知单位长度管道建设费用后，管网建设费用可表示为：

$$C_{\mathrm{m}} = \sum_{i=1}^{M} c_i l_i = \sum_{i=1}^{M} (a+bD_i^{\alpha}) l_i \tag{8-13}$$

式中　$C_{\mathrm{m}}$——管网总建设费用，元；

　　　$D_i$——管段 $i$ 的直径，m；

　　　$c_i$——管段 $i$ 的单位长度建设费用，元/m；

　　　$l_i$——管段 $i$ 的长度，m；

　　　$M$——管网内总管段数。

## 8.2.3 蓄水设施建设费用

蓄水设施分水池和水塔两种类型。水池又分为地下式、半地下式、地面式和高位式水池，通常认为各类水池的建设费用 $C_{\mathrm{R}}$ 与水池的容积 $V_{\mathrm{R}}$ 有关，即

$$C_{\mathrm{R}} = f(V_{\mathrm{R}}) \tag{8-14a}$$

水塔是一种高耸的塔状构筑物，顶端为用于蓄水的水箱，通常认为水塔的建设费用 $C_T$ 与水塔高度 $h_T$ 和水池容积 $V_T$ 有关，即

$$C_T = f(h_T, V_T) \tag{8-14b}$$

例如图 8-3 和图 8-4 分别是根据某市在某年代的水池建设费用拟合曲线。表 8-3 为某市在某年代的钢筋混凝土水塔技术经济指标。

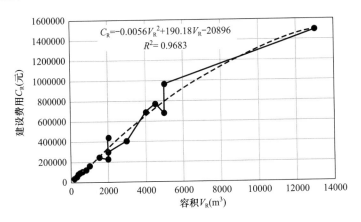

图 8-3　某市圆形水池建设费用与容积的关系

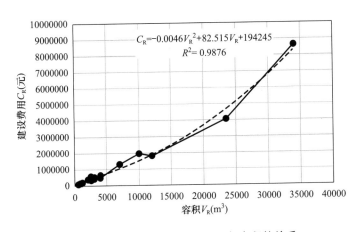

图 8-4　某市矩形水池建设费用与容积的关系

钢筋混凝土水塔技术经济指标　　　　　　表 8-3

| 容积（m³） | 塔高（m） | 估算费用（元/座） | | |
|---|---|---|---|---|
| | | 土建 | 管配件 | 合计 |
| 30 | 12 | 15660 | 4380 | 20040 |
| | 20 | 18700 | 4500 | 23200 |
| | 25 | 23760 | 5400 | 29160 |
| 50 | 15 | 18360 | 5490 | 23850 |
| | 20 | 21960 | 6090 | 28050 |
| | 25 | 28400 | 6300 | 34700 |

| 容积（m³） | 塔高（m） | 估算费用（元/座） | | |
|---|---|---|---|---|
| | | 土建 | 管配件 | 合计 |
| 100 | 15 | 27360 | 8250 | 35610 |
| | 20 | 30960 | 9090 | 40050 |
| | 25 | 37600 | 9390 | 46990 |
| | 30 | 55600 | 10020 | 65620 |
| 150 | 15 | 34380 | 8600 | 42980 |
| | 20 | 38160 | 10100 | 48260 |
| | 25 | 45500 | 11000 | 56500 |
| | 30 | 62600 | 12000 | 74600 |
| 200 | 15 | 45180 | 9040 | 54220 |
| | 20 | 48400 | 11000 | 59400 |
| | 25 | 55980 | 12500 | 68480 |
| | 30 | 73000 | 13000 | 86000 |
| 300 | 25 | 72000 | 13000 | 85000 |
| | 30 | 89400 | 14000 | 103400 |

### 8.2.4 水泵年动力费用

若一年内每日每小时水泵的平流量为 $q_t$，每小时的平均提升扬程为 $h_t$，平均效率为 $\eta_t$，则水泵在 $t$ 小时的平均功率 $P_t$ 为

$$P_t = \frac{\rho g q_t h_t}{\eta_t}(t = 1, 2, \cdots, 8760)$$

式中 8760 为一年内的小时数（24h/d×365d＝8760h）。

设每千瓦时电费为 $R_t$，它可以是常数，也可以是变量（例如分时电价情况）。于是可以得到水泵的年动力费用 $M_1$ 为

$$M_1 = \sum_{t=1}^{8760}\left(\frac{\rho g q_t h_t}{1000\eta_t} \cdot R_t\right) \tag{8-15}$$

式中　$M_1$——水泵年动力费用，元；

　　　$q_t$——第 $t$ 小时的平均流量，m³/s；

　　　$h_t$——第 $t$ 小时的平均扬程，m；

　　　$\rho$——水的密度，kg/m³；

　　　$g$——重力加速度，取 9.8m/s²；

　　　$\eta_t$——第 $t$ 小时的平均水泵效率；

　　　$R_t$——第 $t$ 小时的千瓦时电费，元/kWh。

表 8-4 为一台水泵在 3 种工况下运行的动力费计算例子。该泵一日内在高电价时工作 4h，低电价时工作 12h，日动力费为 224.51 元。于是年动力费计算为 224.51×365＝81946.15 元。

在设计中，常引入水泵动力费年均系数 $\gamma$，它可表示为：

$$\gamma = \frac{\sum_{t=1}^{8760}\left(\frac{\rho g q_t h_t}{1000\eta_t} \cdot R_t\right)}{8760\rho g q_p h_p R/(1000\eta)} \tag{8-16}$$

式中 $q_{\mathrm{p}}$，$h_{\mathrm{p}}$，$R$——一年内高峰供水时水泵的平均流量（m³/s）、平均扬程（m）和电价（元/kWh）。

水泵动力费用计算表  表 8-4

| 流量 $q_t$（m³/s） | 扬程 $h_t$（m） | 效率 $\eta_t$ | 电价 $R_t$（元/kWh） | 时数 $t$（h） | 电费（元） |
|---|---|---|---|---|---|
| 0.126 | 46 | 0.65 | 0.6 | 4 | 88.61 |
| 0.139 | 41 | 0.68 | 0.3 | 9 | 102.54 |
| 0.158 | 38 | 0.63 | 0.3 | 3 | 33.36 |
| 总　　计 | | | | 16 | 224.51 |

于是，设计条件下的水泵年动力费用可表示为

$$M_1 = 8.760 \rho g q_{\mathrm{p}} h_{\mathrm{p}} R \gamma / \eta \tag{8-17}$$

【例 8-2】 某水泵常年运行，设 $q_{\mathrm{p}}=10000 \mathrm{m}^3/\mathrm{d}=0.116 \mathrm{m}^3/\mathrm{s}$；$h_{\mathrm{p}}=10\mathrm{m}$；$R=0.5$ 元/kWh；$\gamma=0.4$；$\eta=0.7$，求水泵年动力费用。

【解】 $M_1 = 8.76 \rho g q h_{\mathrm{p}} R \gamma / \eta$
$= 8.76 \times 1000 \times 9.8 \times 0.116 \times 10 \times 0.4 \times 0.5 / 0.7$
$= 28452$ 元/年

## 8.3 经济动态分析

动态分析的特点是将工程或方案的投资和效益看作是一个动态过程。动态分析法的技术是货币的时间价值，即投资和效益的多少以及投入与收入的时间不同，其价值也是不同的。

### 8.3.1 经济效果计算基本参数

（1）$i$——利率。在经济分析中如不作其他说明，指年利率，其意义是在一年内投资所得的利息与原来投资额（本金）之比。

（2）$n$——期数（年）。利息计算中它是指计算利息的期数；经济分析中它一般代表工程项目的寿命。

（3）$P$——现值（元）。利息计算中它一般代表本金；经济分析中它一般代表现金流位于零点的一笔投资，或者是整个投资系统折算到零点的价值。

（4）$F$——未来值（元）。利息计算中，它一般指本金经过 $n$ 期计息以后的终值，终值也叫本利和，即本金与利息之和；经济分析中，它一般是指相对于现值在任何以后时间的价值。

（5）$A$——等额年金或年值（元）。即在 $n$ 年等额的支付中，每次支出或收入的金额。

### 8.3.2 经济效果计算基本公式

（1）复利现值公式——已知 $F$、$i$ 及 $n$，求现值 $P$

复利是将前一年的本利和总额，作为后一年的本金，即前期所生利息在后期计算中要计其利息。如欲以 $i$ 的利率，经 $n$ 年后累积得 $F$ 元，现在（第零年）的投资应为多少？由 $F=P(1+i)^n$ 可得

$$P = F\left[\frac{1}{(1+i)^n}\right] \tag{8-18}$$

式中 $\dfrac{1}{(1+i)^n}$ 称为"复利现值因子",也称为贴现系数(或折现系数,其中 $i$ 称为贴现率或折现率)。

【例 8-3】 欲在 5 年后由银行取出 1 万元,在利率 10% 的条件下,现在需存入多少钱?

【解】 已知 $F=10000$,$i=10\%$,$n=5$,由式(8-18)可求得

$$P = F\left[\dfrac{1}{(1+i)^n}\right] = 10000 \times \left[\dfrac{1}{(1+0.1)^5}\right] = 6209 \text{ 元}$$

即现在存入 6209 元,在利率 10% 的情况下,5 年后可由银行取回本利和 10000 元。

(2)偿债基金公式——已知 $F$、$i$ 及 $n$,求年金 $A$

若欲在第 $n$ 年末累积起 $F$ 元,在利率为 $i$ 的条件下,每年末应存入的年金 $A$ 为多少?由

$$F = A\left[(1+i)^n + (1+i)^{n-1} + \cdots + (1+i)\right] = A\left[\dfrac{(1+i)^n - 1}{i}\right]$$

求得
$$A = F\left[\dfrac{i}{(1+i)^n - 1}\right] \tag{8-19}$$

式中 $\dfrac{i}{(1+i)^n - 1}$ 称为"偿债基金因子"。

【例 8-4】 欲在 10 年后得到一笔 10 万元基金,用于水泵的更换。在利率 5% 的条件下,每年末应存入的基金为多少?

【解】 已知 $F=100000$,$i=5\%$,$n=10$,由式(8-19)得

$$A = F\left[\dfrac{i}{(1+i)^n - 1}\right] = 100000 \times \left[\dfrac{0.05}{(1+0.05)^{10} - 1}\right] = 7950 \text{ 元}$$

即每年末存入 7950 元,10 年后可得一笔 10 万元基金。

(3)资金回收公式——已知 $P$,$i$ 及 $n$,求年金 $A$

若以年利率 $i$ 投资 $P$ 元,在 $n$ 年内每年末等量地提取 $A$ 元,到第 $n$ 年末将投资连本带利全部提完,求 $A$ 值应为多少?

将 $F = P(1+i)^n$ 代入 $A = F\left[\dfrac{i}{(1+i)^n - 1}\right]$,得

$$A = P\left[\dfrac{i(1+i)^n}{(1+i)^n - 1}\right] \tag{8-20}$$

式中 $\dfrac{i(1+i)^n}{(1+i)^n - 1}$ 称为"资金回收因子",它乘以现值 $P$,可以按年利率 $i$,在 $n$ 年内每年年末收回 $A$ 元而使 $P$ 得到偿还。

【例 8-5】 某工程一次性投资 10 万元,设定利率为 10%,分 5 年每年年末等额收回,求每期回收值 $A$。

【解】 已知 $P=10$ 万元,$i=10\%$,$n=5$,由式(8-20)得

$$A = P\left[\dfrac{i(1+i)^n}{(1+i)^n - 1}\right] = 10 \times \left[\dfrac{0.1 \times (1+0.1)^5}{(1+0.1)^5 - 1}\right] = 2.638 \text{ 万元}$$

即每年年末收回 2.638 万元,5 年可将 10 万元投资连本带利全部收回。

(4)年金现值公式——已知 $A$、$i$ 及 $n$,求现值 $P$

当利率为 $i$ 时,为在 $n$ 年内每年末收回 $A$ 元,现在投资 $P$ 应为多少?由式(8-20)可得

$$P = A\left[\frac{(1+i)^n - 1}{i(1+i)^n}\right] \tag{8-21}$$

式中 $\dfrac{(1+i)^n - 1}{i(1+i)^n}$ 称为"年金现值因子"，它是"资金回收因子"的倒数。

**【例 8-6】** 若利率为 6%，为在未来的 20 年内，每年某水厂运行维护费为 15 万元，现在应投入运行维护资金预算应为多少?

**【解】** 已知 $A = 15$，$i = 6\%$，$n = 20$，由式（8-21）得

$$P = A\left[\frac{(1+i)^n - 1}{i(1+i)^n}\right] = 15 \times \frac{(1+0.06)^{20} - 1}{0.06 \times (1+0.06)^{20}} = 172.05 \text{ 万元}$$

即现在投入资金 172.05 万元，今后 20 年内每年末可安排 15 万元运行维护费。

### 8.3.3 经济效果动态评价

建设工程项目的经济效果评价，常采用现值法或年值法进行动态分析。

（1）现值法

现值法的基本思路是将整个寿命期的一切现金收入与支出均折算为现值。它一般是以寿命开始时间作为"基准时间"计算现值。现值法的优点是它的概念容易被接受。

设服务寿命为 $n$ 年。

初始建设投资为 $P_0$。

设年运行维护费用为 $A_1$，常表示为 $A_1 = \beta P_0$，式中 $\beta$ 为年运行维护因子。由式（8-21），年运行维护费用换算为现值 $P_1$：

$$P_1 = A_1\left[\frac{(1+i)^n - 1}{i(1+i)^n}\right] = \beta\left[\frac{(1+i)^n - 1}{i(1+i)^n}\right]P_0$$

设 $n$ 年后项目的回收残值为 $F_2$，常表示为 $F_2 = \alpha_1 P_0$，式中 $\alpha_1$ 为回收因子。由式（8-18），回收残值换算为现值 $P_2$：

$$P_2 = F_2\left[\frac{1}{(1+i)^n}\right] = \alpha_1\left[\frac{1}{(1+i)^n}\right]P_0$$

因此项目的现值 $P$ 为

$$P = P_0 + P_1 - P_2 = \left\{1 + \beta\left[\frac{(1+i)^n - 1}{i(1+i)^n}\right] - \alpha_1\left[\frac{1}{(1+i)^n}\right]\right\}P_0 \tag{8-22}$$

（2）年值法

年值法的基本思路是将一个投资系统整个寿命期内的现金流量，利用适当的因子换算为等额的年值。

设服务寿命为 $n$ 年。初始建设投资为 $P_0$。

由式（8-20），初始建设投资 $P_0$ 换算为年值 $A_0$ 为：

$$A_0 = \left[\frac{i(1+i)^n}{(1+i)^n - 1}\right]P_0$$

年运行维护费用为 $A_1 = \beta P_0$。

设 $n$ 年后项目的回收残值为 $F_2 = \alpha_1 P_0$，由式（8-19），换算为年值 $A_2$ 为：

$$A_2 = F_2\left[\frac{i}{(1+i)^n - 1}\right] = \alpha_1\left[\frac{i}{(1+i)^n - 1}\right]P_0$$

因此项目的年值 $A$ 为

$$A = A_0 + A_1 - A_2 = i\left[1 + \frac{(1-\alpha_1)}{(1+i)^n - 1} + \frac{\beta}{i}\right]P_0 \qquad (8\text{-}23)$$

式（8-22）和式（8-23）中系数 $\alpha_1$，$\beta$ 和 $n$ 的取值，应根据各地情况而定。国外专家 Swamee 和 Sharma 给出的数值，见表 8-5，可作为参考。

寿命周期费用分析参数 表 8-5

| 组件 | $\alpha_1$ | $\beta$ | $n$（年） |
|---|---|---|---|
| 管道 | | | |
| （1）球墨铸铁管 | 0.2 | 0.005 | 120 |
| （2）低碳钢管 | 0.2 | 0.005 | 120 |
| （3）聚氯乙烯管 | 0.0 | 0.005 | 60 |
| （4）钢筋混凝土管 | 0.0 | 0.005 | 60-100 |
| 泵站 | 0.2 | 0.030 | 12-15 |
| 蓄水设施 | 0.0 | 0.015 | 100-120 |

【例 8-7】 设年利率 $i=7\%$，$a=111.16$，$b=3136.47$，$\alpha=1.50$；$\alpha_1=0.2$，$\beta=0.005$，$n=60$ 年。求 5000m 长度，0.50m 直径的承插球墨铸铁管道全寿命周期下的现值费用。

【解】 管线建设成本

$$
\begin{aligned}
C_m &= (a + bD^\alpha)l \\
&= (111.16 + 3136.47 \times 0.5^{1.50}) \times 5000 \\
&= 6100348 \text{ 元}
\end{aligned}
$$

由式（8-22），全寿命周期下的现值费用为

$$
\begin{aligned}
P &= \left\{1 + \beta\left[\frac{(1+i)^n - 1}{i(1+i)^n}\right] - \alpha_1\left[\frac{1}{(1+i)^n}\right]\right\}C_m \\
&= \left[1 + 0.005 \times \frac{(1+0.07)^{60} - 1}{0.07 \times (1+0.07)^{60}} - \frac{0.2}{(1+0.07)^{60}}\right] \times 6100348 \\
&= 6507512 \text{ 元}
\end{aligned}
$$

【例 8-8】 某泵站经年输送流量 $0.12\text{m}^3/\text{s}$，提升扬程为 30m，水泵和电机的综合效率为 0.75；$k_p=133655$，$m_p=0.3524$，$s_b=0.5$；$R=0.6$ 元/kWh；$\alpha_1=0.2$，$\beta=0.003$，$n=15$ 年，$i=0.06$。试计算该泵站的全寿命周期下的年值费用。

【解】 泵站的初始建设费用为

$$
\begin{aligned}
C_p &= k_p\left[\frac{(1+s_b)\rho gqh}{1000\eta}\right]^{m_p} \\
&= 133655 \times \left[\frac{(1+0.5) \times 1000 \times 9.8 \times 0.12 \times 30}{1000 \times 0.75}\right]^{0.3524} \\
&= 598987 \text{ 元}
\end{aligned}
$$

泵站的年值费用为

$$
\begin{aligned}
A_1 &= i\left[1 + \frac{(1-\alpha_1)}{(1+i)^n - 1} + \frac{\beta}{i}\right]P_0 \\
&= 0.06 \times \left[1 + \frac{1 - 0.2}{(1+0.06)^{15} - 1} + \frac{0.03}{0.06}\right] \times 598987 \\
&= 74496 \text{ 元}
\end{aligned}
$$

年能量成本为
$$M_1 = 8.76\rho g q_p h_p R/\eta$$
$$= 8.76 \times 1000 \times 9.8 \times 0.12 \times 30 \times 0.6/0.75$$
$$= 247242 \ \text{元}$$

泵站系统寿命周期下的年值费用 $A = A_1 + M_1 = 74496 + 247242 = 321738$ 元

## 8.4 配水管线

配水管线是在起端有进水点，中间和末端有用水点的管线。配水管线内的水流运动可由自然水头重力或水泵提升压力驱动。

### 8.4.1 重力配水管线

重力配水管线起端进水点为水源点，其标高高于管线上任何一点的标高，如图 8-5 所示。当含有 $M$ 条管段时，重力配水管线的成本函数可表示为：

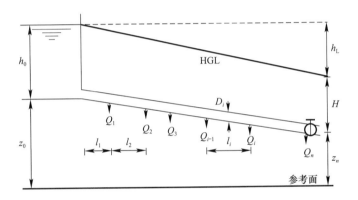

图 8-5　重力配水管线

$$C_m = \sum_{i=1}^{M}(a + bD_i^{\alpha})l_i \tag{8-24}$$

设计重力配水管线时，应满足配水管线的总水头损失等于可利用水头条件。当忽略局部损失时，管线能量关系可表示为

$$\left(\sum_{i=1}^{M}kl_i\frac{q_i^n}{D_i^m} + z_n + H\right) - (z_0 + h_0) = 0 \tag{8-25}$$

另外
$$D_i \geqslant 0 \quad (i = 1,\cdots,M) \tag{8-26}$$

式（8-24）～式（8-26）形成具有约束的非线性规划问题。为求成本函数式（8-24）的最小值，可利用拉格朗日极值法求解。引入拉格朗日乘子 $\lambda$，合并式（8-24）和式（8-25），得到以下拉格朗日函数

$$F_1 = \sum_{i=1}^{M}(a + bD_i^{\alpha})l_i + \lambda\left[\left(\sum_{i=1}^{M}kl_i\frac{q_i^n}{D_i^m} + z_n + H\right) - (z_0 + h_0)\right] \tag{8-27}$$

为求 $F_1$ 的极值，令 $\dfrac{\partial F_1}{\partial D_i} = 0$。假设 $k$ 为常数，与 $D_i$ 无关时，得

$$\frac{\partial F_1}{\partial D_i} = b\alpha D_i^{\alpha-1}l_i - mk\lambda l_i q_i^n D_i^{-(m+1)} = 0$$

于是

$$D_i^* = \left(\frac{mk\lambda q_i^n}{b\alpha}\right)^{\frac{1}{a+m}} \tag{8-28a}$$

当式（8-28a）中 $i=1$ 时，有

$$D_1^* = \left(\frac{mk\lambda q_1^n}{b\alpha}\right)^{\frac{1}{a+m}} \tag{8-28b}$$

式（8-28a）和式（8-28b）相除，整理得

$$D_i^* = D_1^* \left(\frac{q_i}{q_1}\right)^{\frac{n}{a+m}} \tag{8-28c}$$

将式（8-28c）中的 $D_i^*$ 替换式（8-25）中的 $D_i$，有

$$\left[\sum_{i=1}^M \frac{kl_i q_i^n}{(D_1^*)^m}\left(\frac{q_1}{q_i}\right)^{\frac{nm}{a+m}} + z_n + H\right] - (z_0 + h_0) = 0$$

得

$$D_1^* = q_1^{\frac{n}{a+m}} \cdot \left[\frac{k}{(z_0+h_0)-(z_n+H)}\sum_{i=1}^M l_i(q_i^n)^{\frac{a}{a+m}}\right]^{\frac{1}{m}} \tag{8-29}$$

将式（8-29）代入式（8-28a），得

$$D_i^* = q_i^{\frac{n}{a+m}} \cdot \left[\frac{k}{(z_0+h_0)-(z_n+H)}\sum_{i=1}^M l_i(q_i^n)^{\frac{a}{a+m}}\right]^{\frac{1}{m}} \tag{8-30a}$$

将式（8-30a）的 $D_i^*$ 替换式（8-24）中的 $D_i$，得到重力配水管线的最优建设成本 $C_m^*$ 为：

$$C_m^* = a\sum_{i=1}^M l_i + b\left[\frac{k}{(z_0+h_0)-(z_n+H)}\right]^{\frac{a}{m}} \cdot \left[\sum_{i=1}^M l_i(q_i^n)^{\frac{a}{a+m}}\right]^{\frac{m+a}{m}} \tag{8-30b}$$

式（8-30a）和式（8-30b）在假设 $k$ 为常数下，计算了最优管道直径。

当沿程水头损失公式采用海曾—威廉公式时，

$$D_i^* = q_i^{\frac{1.852}{a+4.87}} \cdot \left\{\frac{10.654}{C^{1.852}\cdot[(z_0+h_0)-(z_n+H)]}\sum_{i=1}^M l_i(q_i^{1.852})^{\frac{a}{a+4.87}}\right\}^{\frac{1}{4.87}} \tag{8-31a}$$

$$C_m^* = a\sum_{i=1}^M l_i + b\left\{\frac{10.654}{C^{1.852}\cdot[(z_0+h_0)-(z_n+H)]}\right\}^{\frac{a}{4.87}} \cdot \left[\sum_{i=1}^M l_i(q_i^{1.852})^{\frac{a}{a+4.87}}\right]^{\frac{4.87+a}{4.87}}$$
$$\tag{8-31b}$$

当沿程水头损失公式采用曼宁公式时，

$$D_i^* = q_i^{\frac{2}{a+5.33}} \cdot \left[\frac{10.29n_M^2}{(z_0+h_0)-(z_n+H)}\sum_{i=1}^M l_i(q_i^2)^{\frac{a}{a+5.33}}\right]^{\frac{1}{5.33}} \tag{8-32a}$$

$$C_m^* = a\sum_{i=1}^M l_i + b\left[\frac{k10.29n_M^2}{(z_0+h_0)-(z_n+H)}\right]^{\frac{a}{5.33}} \cdot \left[\sum_{i=1}^M l_i(q_i^2)^{\frac{a}{a+5.33}}\right]^{\frac{5.33+a}{5.33}} \tag{8-32b}$$

当沿程水头损失公式采用达西—维斯巴赫公式时，系统 $k$ 与摩擦系数 $\lambda_i$ 相关，而 $\lambda_i$ 值为粗糙系数 $k_s$、直径 $D$ 和流量 $q$ 的函数。这时最优管道直径和最优建设成本计算为

$$D_i^* = (\lambda_i q_i^2)^{\frac{1}{a+5}} \cdot \left[\frac{0.0826}{(z_0+h_0)-(z_n+H)}\sum_{i=1}^M l_i(\lambda_i q_i^2)^{\frac{a}{a+5}}\right]^{\frac{1}{5}} \tag{8-33a}$$

$$C_m^* = a\sum_{i=1}^M l_i + b\left[\frac{0.0826}{(z_0+h_0)-(z_n+H)}\right]^{\frac{a}{5}} \cdot \left[\sum_{i=1}^M l_i(\lambda_i q_i^2)^{\frac{a}{a+5}}\right]^{\frac{5+a}{5}} \tag{8-33b}$$

式（8-33a）和式（8-33b）中

$$\lambda_i = \frac{0.25}{\left\{ \lg\left[ \frac{k_{s_i}}{3.7D_i} + 5.618\left( \frac{\nu D_i}{q_i} \right)^{0.9} \right] \right\}^2} \qquad (8-34)$$

当采用达西—维斯巴赫公式计算时，需要迭代求解。先假定初始摩擦系数 $\lambda_i$ 值，然后获得近似 $D_i^*$；再估计式（8-34）中的 $\lambda_i$ 和式（8-33a）中新的 $D_i^*$，直到两次连续计算结果很接近时终止。

当然在计算中还要考虑压力需求和流速需求。当计算出的节点压力低于最小压力需求时，可能仍需要采用水泵提升方式。当节点压力高于最大压力需求时，需要安装减压设施（如减压阀或中途泄压水池）。当管道内流速高于最大设计流速时，应增大管道直径。当流速超出太多时，也需要安装减压设施。

【例 8-9】 重力配水管线含 5 条管段，布置方式与图 8-5 类似。节点标高和流量，管段长度和流量数据分别见表 8-6 和表 8-7。采用球墨铸铁管道，试确定各管段直径。管线上游水库深度 $h_0 = 10\text{m}$，下游节点 5 的自由水头 $H = 16\text{m}$。运动黏度 $\nu = 1.139 \times 10^{-6}\,\text{m}^2/\text{s}$。

**节点标高和流量** 表 8-6

| 节点编号 | 0 | 1 | 2 | 3 | 4 | 5 |
|---|---|---|---|---|---|---|
| 标高 $z_j$（m） | 100 | 92 | 94 | 88 | 85 | 87 |
| 流量 $Q_j$（m³/s） | — | 0.01 | 0.015 | 0.02 | 0.01 | 0.01 |

**管段长度和流量** 表 8-7

| 管段编号 | 1 | 2 | 3 | 4 | 5 |
|---|---|---|---|---|---|
| 长度 $l_i$（m） | 1500 | 200 | 1000 | 1500 | 500 |
| 流量 $q_i$（m³/s） | 0.065 | 0.055 | 0.04 | 0.02 | 0.01 |

【解】 管线采用球墨铸铁管时，假设按照【例 8-1】中的取值，$a = 111.16$，$b = 3136.47$，$\alpha = 1.50$。当采用达西—维斯巴赫公式计算时，由表 4-4，管道粗糙高度 $k_s$ 取 0.25mm。最初各管段摩擦系数 $\lambda_i$ 假设均为 0.01，由式（8-33a）和式（8-34），计算得到各管段直径及其相应的摩擦系数，见表 8-8。然后利用新的 $\lambda_i$ 值，修正管道直径和摩擦系数。过程重复，直到两次连续计算结果很接近时为止。各次迭代计算结果见表 8-8。根据式（8-33b），得到配水管线的建设成本为 2629781 元。注意表 8-8 所得管径为非规格管径，在最终方案确定中，各管段应采用与管径值相邻的规格管径。

**重力配水管线的直径计算** 表 8-8

| 管段 | 第 1 次迭代 | | 第 2 次迭代 | | 第 3 次迭代 | | 第 4 次迭代 | |
|---|---|---|---|---|---|---|---|---|
| | $\lambda_i$ | $D_i$ | $\lambda_i$ | $D_i$ | $\lambda_i$ | $D_i$ | $\lambda_i$ | $D_i$ |
| 1 | 0.01 | 0.282 | 0.0207 | 0.327 | 0.0204 | 0.326 | 0.0204 | 0.326 |
| 2 | 0.01 | 0.268 | 0.0210 | 0.311 | 0.0207 | 0.310 | 0.0207 | 0.310 |
| 3 | 0.01 | 0.243 | 0.0217 | 0.284 | 0.0214 | 0.283 | 0.0214 | 0.283 |
| 4 | 0.01 | 0.196 | 0.0234 | 0.232 | 0.0232 | 0.231 | 0.0232 | 0.231 |
| 5 | 0.01 | 0.158 | 0.0254 | 0.190 | 0.0252 | 0.189 | 0.0252 | 0.189 |

当采用海曾—威廉公式计算时，球墨铸铁管取 $C = 130$，计算的各管段直径 $D_1$，$D_2$，

$D_3$，$D_4$ 和 $D_5$ 分别为 0.326m，0.310m，0.283m，0.231m 和 0.189m，配水管线的建设成本为 2627752 元。在本例中，尽管这两种方法计算得到的管道直径相同，但建设成本略有差异。

### 8.4.2 非规格管径的处理方式

通常在配水管线技术经济算中将管段直径看作连续变量处理，而管道厂家是按照不同规格制作管道（见第 12 章中与各种管材相关的管径要求）。当计算出的管段直径与标准规格管径不相符时，可采用两种方法处理。

（1）直接采用与计算直径最相邻的规格管径。例如计算管径为 310mm，可取实际管径 300mm；计算管径为 189mm，可取实际管径 200mm。这种处理方法是较常用的一种。当利用最相邻规格管径替代后，为防止某些节点的水压不足，仍需管线水力校准，将管线内局部管段直径放大一级。例如当某计算管径 310mm 替换为 300mm 后，引起较大的水头损失；通过水力校准，认为不满足最低压力需求时，需将 300mm 直径放大至下一级较大管径，即 350mm。

（2）将管段长度 $l$ 分为两节 $l_1$ 和 $l_2$，分别采用计算管径较大和较小的相邻规格管径，使两节的水头损失之和等于该管段的总水头损失。这样处理的优点是不再需要水力校准，但管线的总成本将略有增加。

【例 8-10】 某管段长度为 $l = 1500$m，流量 $q = 0.065\text{m}^3/\text{s}$。经计算，管段直径为 0.326m，摩擦系数 $\lambda = 0.0204$；管段其他条件同例【例 8-9】。若将该管段分为两节 $l_1$ 和 $l_2$，管径分别为 $D_1 = 0.300$m 和 $D_2 = 0.350$m，试求 $l_1$ 和 $l_2$ 的长度。

【解】 由第二种方法，两节的水头损失之和应等于该管段的总水头损失

$$0.0826\lambda_1 l_1 \frac{q^2}{D_1^5} + 0.0826\lambda_2 l_2 \frac{q^2}{D_1^5} = 0.0826\lambda l \frac{q^2}{D_1^5}$$

经简化为

$$\frac{\lambda_1 l_1}{D_1^5} + \frac{\lambda_2 l_2}{D_1^5} = \frac{\lambda l}{D_1^5} \tag{8-35}$$

由式（8-34），摩擦系数 $\lambda_1$ 和 $\lambda_2$ 分别为

$$\lambda_1 = \frac{0.25}{\left\{ \lg\left[ \frac{0.00025}{3.7 \times 0.300} + 5.618 \times \left( \frac{1.139 \times 10^{-6} \times 0.300}{0.065} \right)^{0.9} \right] \right\}^2} = 0.0205$$

$$\lambda_2 = \frac{0.25}{\left\{ \lg\left[ \frac{0.00025}{3.7 \times 0.350} + 5.618 \times \left( \frac{1.139 \times 10^{-6} \times 0.350}{0.065} \right)^{0.9} \right] \right\}^2} = 0.0203$$

将 $\lambda_1$ 和 $\lambda_2$ 值代入，得

$$\frac{0.0205}{0.3^5} \times l_1 + \frac{0.0203}{0.35^5} \times l_2 = \frac{0.0204 \times 1500}{0.326^5}$$

即

$$8.436 \times l_1 + 3.865 \times l_2 = 8310.62 \tag{8-36}$$

另外已知

$$l_1 + l_2 = 1500 \tag{8-37}$$

将式（8-36）与式（8-37）联立，解得

$$l_1 = 549.80\text{m} \approx 550\text{m}; l_2 = 950.20\text{m} \approx 950\text{m}$$

以下检查成本增加量：

当直径为 0.326m 时，该管段成本为

$$C_m = (111.16 + 3136.47 \times 0.326^{1.50}) \times 1500 = 1042447 \text{ 元}$$

当分为 550m 直径为 0.300m 和 950m 直径为 0.350m 的两节后，管段成本为

$$C'_m = (111.16 + 3136.47 \times 0.300^{1.50}) \times 550 + (111.16 + 3136.47 \times 0.350^{1.50}) \times 950$$
$$= 1067170 \text{ 元}$$

$C'_m$ 比 $C_m$ 增加了 24723 元（合 2.37%）。

除以上将管段直径作为连续变量处理外，也可以将管段直径作为离散变量处理。

### 8.4.3 提升配水管线

如果配水管线起端和末端的标高差异很小，或者如果管线中间用水点或末端标高高于起端标高，为了维护管线内的流动，需要在管线起端利用水泵提升。图 8-6 说明了典型提升配水管线。由图 8-6 可以看出，提升配水管线是包含了起端泵站和多个用水点的配水管线。

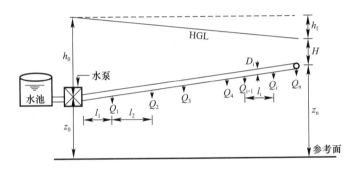

图 8-6 提升配水管线

提升配水管线的成本函数可表示为

$$F = C_m + C_p = \sum_{i=1}^{M} (a + bD_i^q)l_i + k_p (q_1 h_0)^{m_p} \tag{8-38}$$

系统的水头损失约束给出如下：

1) 当采用海曾—威廉公式时

$$\left[ \sum_{i=1}^{M} (10.654C^{-1.852})l_i \frac{q_i^{1.852}}{D_i^{4.87}} + z_n + H \right] - (z_0 + h_0) = 0 \tag{8-39a}$$

2) 当采用曼宁公式时

$$\left[ \sum_{i=1}^{M} (10.29n_M^2)l_i \frac{q_i^2}{D_i^{5.33}} + z_n + H \right] - (z_0 + h_0) = 0 \tag{8-39b}$$

3) 当采用达西—维斯巴赫公式时

$$\sum_{i=1}^{M} \frac{0.02065}{\left\{ \lg\left[ \frac{k_s}{3.7D_i} + 5.618\left(\frac{\nu D_i}{q_i}\right)^{0.9} \right] \right\}^2} \frac{q_i^2}{D_i^5} + (z_n + H) - (z_0 + h_0) = 0 \tag{8-39c}$$

当式（8-38）为了求最低成本时，分别与式（8-39a）、式（8-39b）或式（8-39c）构成具有等式约束的非线性规划问题，求解变量为 $D_1$, $D_2$, ..., $D_M$, $h_0$。

为简化求解，由式（8-39a）、式（8-39b）或式（8-39c）看出，$h_0$ 可以表示为 $D_1$，

$D_2$，…，$D_M$ 的函数，即

$$h_0 = h(D_1, D_2, \cdots, D_M) \tag{8-40}$$

将式（8-40）代入式（8-38），且取最小值时，得

$$\min F = \sum_{i=1}^{M} (a + bD_i^\alpha)l_i + k_p[q_1 \cdot h(D_1, D_2, \cdots, D_M)]^{m_p} \tag{8-41}$$

式（8-41）为求解变量 $D_1$，$D_2$，…，$D_M$ 的非线性规划问题。非线性规划问题有多种解法，考虑到涉及 $a$、$b$、$\alpha$、$l_i$、$k_p$、$q_i$、$m_p$ 等大量参数，当一般求解方法在求导和矩阵变换时通过四舍五入近似，容易引入误差，增加计算难度。这里采用遗传算法求解。

遗传算法（GA 算法）是模拟自然选择过程和种群基因机制的随机搜索方法。它们首先于 1975 年由 Holland 引入，随后于 1989 年由 Goldberg 通用化。GA 算法已广泛应用于不同的领域，从函数优化到求解大型组合优化问题。GA 的一般算法描述如图 8-7 所示。遗传算法操作以群体为对象，选择、交叉和变异是遗传算法的三个主要操作算子，它们构成了所谓的遗传操作，使遗传算法具备其他传统方法所没有的特性。遗传算法中包含了如下五个基本要素：①参数编码；②初始群体的设定；③适应度函数的设计；④遗传操作设计；⑤控制参数设定（主要是指群体大小和使用遗传操作的频率）。这五个要素构成了遗传算法的核心内容。

由于遗传算法不受搜索空间的限制性假设的约束，不必要求诸如连续性、导数存在和单峰等假设，它能从离散、多极值、含有噪声的多维问题中以很大的概率找到全局最优解。

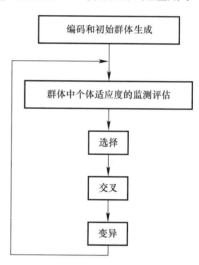

图 8-7　遗传算法基本流程

（1）数学模型

数学模型为式（8-41），求整个管线系统的最低成本。其中 $D_1$，$D_2$，…，$D_M$ 为待求变量。

（2）变量编码

遗传算法不是直接处理解空间的变量值，需将变量编码为遗传空间的基因串结构数据。根据变量的取值范围，使之用二进制数表示。如果参数 $D_i$ 的变化范围为 $[D_{\min}, D_{\max}]$，但作为连续变量处理时，用 $m'$ 位二进制数 $k'$ 表示，则二者满足

$$k' = \frac{(2^{m'} - 1)(D_i - D_{\min})}{D_{\max} - D_{\min}}$$

例如 $D_1$ 的取值范围为 $[0.100\text{m}, 0.500\text{m}]$，则 $D_1 = 0.235\text{m}$ 可以表示为 8 位二进制串 $k'$

$$k' = \frac{(2^8 - 1)(0.235 - 0.100)}{0.500 - 0.100} = 86.0625（十进制表示）= 01010110（二进制表示）$$

而 $D_1 = 0.100\text{m}$ 可表示为 00000000，$D_1 = 0.500\text{m}$ 可表示为 11111111。此时遗传算法中针对 $D_1$ 的寻优空间为 $[00000000, 11111111]$。

将所有表示变量的二进制数串连接起来，组成了一个长的二进制串。该字串的每一位只有 0 或 1 两种取值，称作染色体（基因型个体）。例如四条管段直径 $D_1$、$D_2$、$D_3$、$D_4$

均用 8 位二进制串表示，并依次连接起来，即

$$\underset{D_1}{\underline{10011011}}\ \underset{D_2}{\underline{10001100}}\ \underset{D_3}{\underline{01010011}}\ \underset{D_4}{\underline{11000001}}$$

该类型字串即为遗传算法操作的对象。

通过编码，把具有连续取值的变量离散化，便于遗传算法的操作。

另一种处理方法是将管段直径作为离散变量处理。例如取值范围为｛100mm，150mm，200mm，250mm，300mm，350mm，400mm，450mm｝共 8 种直径，则各种管径数值可编码为 3 位二进制串，见表 8-9。

离散管径的二进制编码示例　　　　　　　　　　　　　　　表 8-9

| 直径取值（mm） | 100 | 150 | 200 | 250 | 300 | 350 | 400 | 450 |
|---|---|---|---|---|---|---|---|---|
| 编码 | 000 | 001 | 010 | 011 | 100 | 101 | 110 | 111 |

当直径取值范围并非 2 的乘方个数时，可作适当处理，使之便于计算。

（3）初始群体生成

遗传算法群体型操作需要准备一个由若干初始解字串（个体）组成的初始群体，其中每个个体随机产生。初始群体是遗传进化的第一代。

（4）解码与适应度评估检测

遗传算法在搜索过程中一般不需要其他外部信息，仅用函数值评估个体或解的优劣，并作为后续遗传操作的依据。评估函数值又称作适应度。这里，根据

$$F(D_1, D_2, \cdots, D_M) = \sum_{i=1}^{M} (a + bD_i^a) l_i + k_p [q_1 \cdot h(D_1, D_2, \cdots, D_M)]^{m_p} \quad (8\text{-}42)$$

来评估群体中各个体。显然，为了利用式（8-42）这一评估函数（即适应度函数），要把基因型个体解码成表现型个体（即搜索空间中的变量值），此时当 $D_i$ 以连续量表示时，应用式

$$D_i = D_{\min} + \frac{k'}{2^m - 1}(D_{\max} - D_{\min})$$

计算。例如管段直径 $D_i$ 的取值范围为 [0.100m，0.500m]，基因型为 10001100（十进制为 140），则实际变量值（表现型）$D_i$ 为：

$$D_i = 0.100 + \frac{140}{2^8 - 1}(0.500 - 0.100) = 0.320$$

当 $D_i$ 以离散数值表示时，可取值见表 8-9，例如当基因型为 011 时，则实际变量值为 250mm。

（5）选择操作

选择操作的目的是从当前群体中选出优良的个体，使它们有机会作为父代繁殖下一代（子代）。判断个体优良与否的准则是各自的适应度值。选择操作借用了达尔文适者生存的进化原则，即个体适应度越高，则被选择的机会就越多。选择操作实现方式很多，例如常用的随机生成方式中，随机从群体中选择两个个体，将适应度值高的个体作为父本保留；重复进行这样操作，直到父本个体数等于群体个体数为止。

（6）交叉操作

交叉操作是遗传算法获得父本优良基因的最重要手段。在经过选择后得到的父本群

中，根据杂交概率 $P_c$ 确定其交叉位。比如，随机选择下列一对父本

$$D_{p1} = (100 \mid 01 \mid 10011 \mid 1 \mid 000 \mid 10 \mid 0 \mid 100 \mid 110 \mid 10 \mid 000 \mid 11 \mid 11)$$
$$D_{p2} = (111 \mid 01 \mid 11010 \mid 1 \mid 110 \mid 00 \mid 0 \mid 100 \mid 011 \mid 11 \mid 101 \mid 00 \mid 11)$$

交叉概率 $P_c = 0.4$，得出交叉位为 3、5、10、11、14、16、17、20、23、25、28、30 位，通过交叉运算后产生的后代分别为

$$D_{c1} = (100\ 01\ 10011\ 1\ 000\ 00\ 0\ 100\ 110\ 11\ 000\ 00\ 11)$$
$$D_{c2} = (111\ 01\ 11010\ 1\ 110\ 10\ 0\ 100\ 011\ 10\ 101\ 11\ 11)$$

由选择和交叉操作可以看出，优良度高的个体参与交叉的概率大，通过杂交把部分码串（遗传信息）传给了后代，从而使优良性状更容易继续下去。

（7）变异操作

变异运算是按位进行的，即把某一位的数字进行更改。对于二进制编码的个体，若某位原为 0，通过变异操作就变成了 1；反之亦然。变异操作同样也是随机进行的。一般而言，变异概率 $P_m$ 都取得很小。如果取 $P_m = 0.002$，群体中有 20 个个体，每个个体为 32 位字串，则共有 $20 \times 32 \times 0.002 = 1.28$ 位变异。变异操作目的是保持群体中个体的多样性，克服有可能限于局部解的弊病。

（8）功能增强

为避免迭代停止和过早收敛，可在算法中加入保留最优个体机制和遗忘机制。保留最优个体机制是把每代中适应度最高的个体（或称精英个体），不经交叉和变异运算，直接使其进入下一代群体。遗忘机制是检查子代群体中个体的相似性，如果相似程度达到一定水平时，即说明已收敛到一定程度，这时对群体中个体重新初始化，相当于重新构造群体。

综上所述，遗传算法的计算流程如图 8-8 所示。

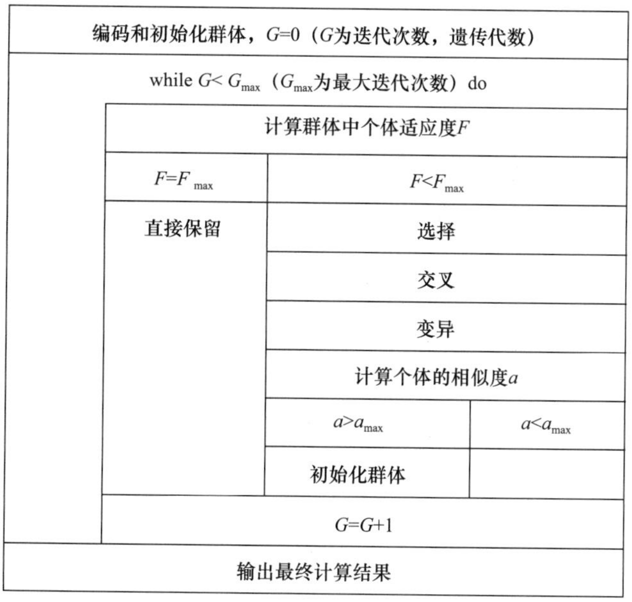

图 8-8　遗传算法计算流程图

**【例 8-11】** 提升配水管线布局类似于图 8-6，已知节点标高和流量数据见表 8-10，管段长度和流量数据见表 8-11。下游节点 5 的自由水头为 16m。采用球墨铸铁管道，试确定各管段直径。

节点标高和流量 表 8-10

| 节点编号 | 0 | 1 | 2 | 3 | 4 | 5 |
|---|---|---|---|---|---|---|
| 标高 $z_j$（m） | 100 | 102 | 105 | 103 | 106 | 109 |
| 流量 $Q_j$（m³/s） | — | 0.012 | 0.015 | 0.015 | 0.02 | 0.014 |

管段长度和流量 表 8-11

| 管段编号 | 1 | 2 | 3 | 4 | 5 |
|---|---|---|---|---|---|
| 长度 $l_i$（m） | 1200 | 500 | 1000 | 1500 | 700 |
| 流量 $q_i$（m³/s） | 0.076 | 0.064 | 0.049 | 0.034 | 0.014 |

**【解】** 球墨铸铁管成本函数中参数取 $a=111.16$，$b=3136.47$，$\alpha=1.50$。泵站成本函数中参数取 $k_p=2000000$，$m_p=0.3524$。当采用海曾—威廉公式计算时，摩阻系数取 $C=110$。

构造非线性规划问题

$$\min F = \sum_{i=1}^{M}(a+bD_i^{\alpha})l_i + k_p(q_1 h_0)^{m_p}$$

$$= a\sum_{i=1}^{M}l_i + b\sum_{i=1}^{M}D_i^{\alpha}l_i + k_p(q_1 h_0)^{m_p}$$

$$= 544684 + 376376D_1^{1.50} + 1568235D_2^{1.50} + 3136470D_3^{1.50}$$

$$+ 4704705D_4^{1.50} + 2195529D_5^{1.50} + 806545h_0^{0.3524}$$

式中

$$h_0 = \left[\sum_{i=1}^{M}(10.654C^{-1.852})l_i\frac{q_i^{1.852}}{D_i^{4.87}}\right] + (z_n + H - z_0)$$

$$= \frac{0.017918}{D_1^{4.87}} + \frac{0.0054307}{D_2^{4.87}} + \frac{0.0066235}{D_3^{4.87}} + \frac{0.0050493}{D_4^{4.87}} + \frac{0.00045559}{D_5^{4.87}} + 25$$

经合并，得到

$$\min F = 544684 + 376376D_1^{1.50} + 1568235D_2^{1.50}$$

$$+ 3136470D_3^{1.50} + 4704705D_4^{1.50} + 2195529D_5^{1.50} + 806545$$

$$\times \left(\frac{0.017918}{D_1^{4.87}} + \frac{0.0054307}{D_2^{4.87}} + \frac{0.0066235}{D_3^{4.87}} + \frac{0.0050493}{D_4^{4.87}} + \frac{0.00045559}{D_5^{4.87}} + 25\right)^{0.3524}$$

根据以上函数 $F$，利用遗传算法求解，得到管道直径 $D_1$、$D_2$、$D_3$、$D_4$、$D_5$ 分别为 0.286m、0.272m、0.252m、0.227m、0.175m。计算的最终系统成本为 5624239 元；其中管道成本为 2409148 元，泵站提升成本为 3215090 元。提升扬程 $h_0=50.61$m。

## 8.5 单水源树状系统

### 8.5.1 重力系统

重力配水系统适用于水源点和所有用水电具有充分标高差的情况，通过本身重力作用，使水流流动，获得期望的流量和压力。重力配水系统中水源水头应至少为最小指定节点水头与系统中到该节点的水头损失之和。设计中通过合理选择管道直径，确定系统水头损失，并使系统成本最小化。

典型树状网系统如图 8-9 所示。图 8-9 列出了节点编号、标高和流量，管段编号、长度和流量。

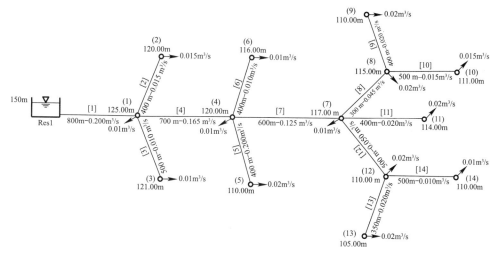

图 8-9　重力树状网系统

图 8-9 所示配水系统可根据水流路径，分解为不同的配水管线（见表 8-12），其中可分解的配水管线总条数等于系统中所含管段总数。当采用达西—维斯巴赫公式求解时，各条配水管线的最优管道直径计算为

$$D_j^* = (\lambda_j q_j^2)^{\frac{1}{a+5}} \left[ \frac{0.0826}{(z_0 + h_0) - (z_n + H)} \sum_{i=1}^{M(j)} l_i (\lambda_i q_i^2)^{\frac{\alpha}{a+5}} \right]^{\frac{1}{5}} \tag{8-43}$$

$$\lambda_i = \frac{0.25}{\left\{ \lg \left[ \frac{k_s}{3.7 D_i} + 5.618 \left( \frac{\nu D_i}{q_i} \right)^{0.9} \right] \right\}^2} \tag{8-44}$$

式中　　$M(j)$——节点 $j$ 作为末端节点的配水管线中管段总数。

计算过程与 8.4.1 节介绍的内容类似，需要假定初始 $\lambda_i$ 值，然后迭代求解 $D_i$ 值。

本例中假设管线均采用球墨铸铁管，$a=111.16$，$b=3136.47$，$\alpha=1.50$。运动黏度 $\nu=1.139\times10^{-6}\,\mathrm{m^2/s}$，管道粗糙高度 $k_s=0.25\mathrm{mm}$。各节点自由水头要求 $H=16\mathrm{m}$。于是有：

$$D_i^* = (\lambda_i q_i^2)^{0.1538} \left[ \frac{0.0826}{134 - z_n} \sum_{i=1}^{M(j)} l_i (\lambda_i q_i^2)^{0.2308} \right]^{0.2}$$

$$\lambda_i = \frac{0.25}{\left\{ \lg \left[ \frac{0.000067568}{D_i} + 0.000025145 \times \left( \frac{D_i}{q_i} \right)^{0.9} \right] \right\}^2}$$

通过迭代计算，各配水管线的管段直径见表 8-13。

**从水源点 Res1 到各节点的配水管线** 表 8-12

| 节点（$j$） | 管段 | | | | | $M$（$j$） |
|---|---|---|---|---|---|---|
| | $i=1$ | $i=2$ | $i=3$ | $i=4$ | $i=5$ | |
| 1 | 1 | | | | | 1 |
| 2 | 1 | 2 | | | | 2 |
| 3 | 1 | 3 | | | | 2 |
| 4 | 1 | 4 | | | | 2 |
| 5 | 1 | 4 | 5 | | | 3 |
| 6 | 1 | 4 | 6 | | | 3 |
| 7 | 1 | 4 | 7 | | | 3 |
| 8 | 1 | 4 | 7 | 8 | | 4 |
| 9 | 1 | 4 | 7 | 8 | 9 | 5 |
| 10 | 1 | 4 | 7 | 8 | 10 | 5 |
| 11 | 1 | 4 | 7 | 11 | | 4 |
| 12 | 1 | 4 | 7 | 12 | | 4 |
| 13 | 1 | 4 | 7 | 12 | 13 | 5 |
| 14 | 1 | 4 | 7 | 12 | 14 | 5 |

由表 8-13 可知，各节点作为末端节点的配水管线，获得的管段直径并不相同。为满足节点自由水压、维护期望的流量，最后方案中采用各配水管线中管段的最大计算直径，见表 8-13 的倒数第 2 列。最后将管段直径转换为最接近的规格管径，见表 8-13 的最后一列。由确定的管径计算各管段的水头损失和节点水头，如图 8-10 所示，发现节点（1）、（4）、（7）、（8）、（10）、（11）、（14）处的自由水头未能满足 16m 的要求。对管段直径作局部调整后，将使各节点自由水头满足 16m 的要求，分别见表 8-13 最后一列中的括号项和图 8-11。

**配水管线管道直径** 表 8-13

| 管段 | 各配水管线末端节点 | | | | | | | | | | | | | | 最大管径（m） | 确定的规格管径（m） |
|---|---|---|---|---|---|---|---|---|---|---|---|---|---|---|---|---|
| | 1 | 2 | 3 | 4 | 5 | 6 | 7 | 8 | 9 | 10 | 11 | 12 | 13 | 14 | | |
| 1 | 0.354 | 0.335 | 0.340 | 0.364 | 0.334 | 0.352 | 0.371 | 0.369 | 0.357 | 0.361 | 0.365 | 0.355 | 0.346 | 0.346 | 0.371 | 0.350(0.400) |
| 2 | | 0.157 | | | | | | | | | | | | | 0.157 | 0.150 |
| 3 | | | 0.141 | | | | | | | | | | | | 0.141 | 0.150 |
| 4 | | | | 0.344 | 0.316 | 0.332 | 0.351 | 0.349 | 0.338 | 0.341 | 0.345 | 0.335 | 0.327 | 0.327 | 0.351 | 0.350 |
| 5 | | | | | 0.170 | | | | | | | | | | 0.170 | 0.150 |
| 6 | | | | | | 0.147 | | | | | | | | | 0.147 | 0.150 |
| 7 | | | | | | | 0.323 | 0.321 | 0.311 | 0.314 | 0.318 | 0.309 | 0.301 | 0.301 | 0.323 | 0.300 |
| 8 | | | | | | | | 0.238 | 0.231 | 0.233 | | | | | 0.238 | 0.250 |
| 9 | | | | | | | | | 0.182 | | | | | | 0.182 | 0.200 |
| 10 | | | | | | | | | | 0.169 | | | | | 0.169 | 0.150 |
| 11 | | | | | | | | | | | 0.186 | | | | 0.186 | 0.200 |
| 12 | | | | | | | | | | | | 0.236 | 0.230 | 0.230 | 0.236 | 0.250 |
| 13 | | | | | | | | | | | | | 0.176 | | 0.176 | 0.200 (0.150) |
| 14 | | | | | | | | | | | | | | 0.144 | 0.144 | 0.150 |

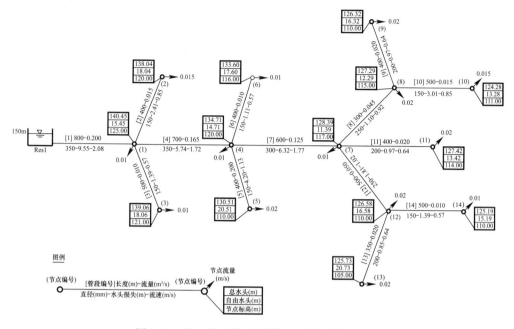

图 8-10  重力单水源树状管网示例计算结果（1）

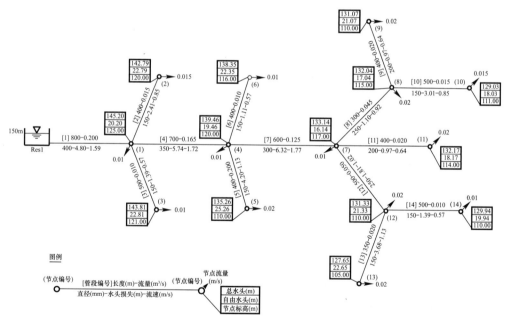

图 8-11  重力单水源树状管网示例计算结果（2）

## 8.5.2  提升系统

当重力情况下难以满足用户的流量和压力要求时，需要在配水系统内引入泵站，对水提升加压。提升树状网系统优化设计中，除考虑管道敷设成本外，还需要考虑泵站提升成本，以获得总成本最小。

典型提升树状网系统如图 8-12 所示。图 8-12 中列出了节点编号、标高和流量，管段编号、长度和流量，泵站集水井水位。

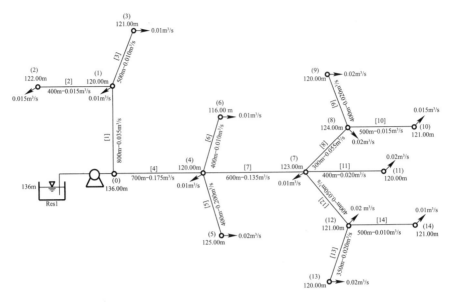

图 8-12　提升树状网系统

类似于重力树状网系统，提升树状网系统也可根据水流路径，分解为不同的提升配水管线。可分解的配水管线总条数等于系统中所含管段总数。由图 8-12 产生的配水管线见表 8-14。当采用海曾—威廉公式求解时，各条配水管线的非线性规划问题为

$$\min F_{M(j)} = \sum_{i=1}^{M(j)} (a + bD_i^{\alpha}) l_i + k_{\mathrm{p}} (q' \cdot h_0)^{m_{\mathrm{p}}} \qquad (8\text{-}45)$$

$$h_0 = \left[ \sum_{i=1}^{M(j)} (10.654 C^{-1.852}) l_i \frac{q_i^{1.852}}{D_i^{4.87}} \right] + (z_n + H - z_0) \qquad (8\text{-}46)$$

式中　　$M(j)$——节点 $j$ 作为供水末端节点的配水管线中管段总数；

$q'$——泵站供应到配水管线的流量。

计算过程与 8.4.3 节介绍的内容类似，可采用遗传算法求各管段的直径 $D_i$。

本例中假设管线均为球墨铸铁管，$a = 111.16$，$b = 3136.47$，$\alpha = 1.50$。泵站成本函数中参数取 $k_{\mathrm{p}} = 2000000$，$m_{\mathrm{p}} = 0.3524$。节点最小自由水头取 $H = 16\mathrm{m}$。当采用海曾—威廉公式计算时，摩阻系数取 $C = 110$。

**从节点 0 到各节点生成配水管线**　　　　　　　　　　　　　　　表 8-14

| 节点 （$j$） | 管段 | | | | $M(j)$ |
|---|---|---|---|---|---|
| | $i=1$ | $i=2$ | $i=3$ | $i=4$ | |
| 1 | 1 | | | | 1 |
| 2 | 1 | 2 | | | 2 |
| 3 | 1 | 3 | | | 2 |
| 4 | 4 | | | | 1 |
| 5 | 4 | 5 | | | 2 |
| 6 | 4 | 6 | | | 2 |
| 7 | 4 | 7 | | | 2 |

| 节点（$j$） | 管段 | | | | $M(j)$ |
|---|---|---|---|---|---|
| | $i=1$ | $i=2$ | $i=3$ | $i=4$ | |
| 8 | 4 | 7 | 8 | | 3 |
| 9 | 4 | 7 | 8 | 9 | 4 |
| 10 | 4 | 7 | 8 | 10 | 4 |
| 11 | 4 | 7 | 11 | | 3 |
| 12 | 4 | 7 | 12 | | 3 |
| 13 | 4 | 7 | 12 | 13 | 4 |
| 14 | 4 | 7 | 12 | 14 | 4 |

构造的各配水管线非线性规划问题为

$$\min F_{M(j)} = 111.16 \sum_{i=1}^{M(j)} l_i + 3136.47 \sum_{i=1}^{M(j)} D_i^{1.50} l_i + 2000000(q' \cdot h_0)^{0.3524}$$

$$h_0 = \left[ \sum_{i=1}^{M(j)} 0.0017654 l_i \frac{q_i^{1.852}}{D_i^{4.87}} \right] + (z_n - 120.00)$$

通过计算，各配水管线的管段直径见表 8-15。各管段实际直径将采用与计算直径最接近的标准规格管径，见表 8-15 中的最后一列。

然后求泵站提升扬程。第一步根据各管段的长度、流量和直径，得到各管段的水头损失。然后根据各配水管线末端节点标高和自由水头，加上配水管线水头损失，得到各配水管线起端需要的水头。取各配水管线起端最大水头作为水泵出水压力，将水泵出水压力减去蓄水池水位，获得泵站提升扬程。本例的具体计算见表 8-16。由表 8-16 可知，各配水管线总水头需求中最大值为 142.02m，蓄水池水位 136.00m，可得泵站提升扬程为 142.02 －136.00＝6.02m。因节点 5 的标高较高，将是管网中的最不利点。

**配水管线管道直径**　　　　　　　　　　表 8-15

| 管段 | 各配水管线末端节点 | | | | | | | | | | | | | | 最大管径（m） | 确定的规格管径（m） |
|---|---|---|---|---|---|---|---|---|---|---|---|---|---|---|---|---|
| | 1 | 2 | 3 | 4 | 5 | 6 | 7 | 8 | 9 | 10 | 11 | 12 | 13 | 14 | | |
| 1 | 0.456 | 0.397 | 0.411 | | | | | | | | | | | | 0.456 | 0.450 |
| 2 | | 0.216 | | | | | | | | | | | | | 0.216 | 0.200 |
| 3 | | | 0.199 | | | | | | | | | | | | 0.199 | 0.200 |
| 4 | | | | 0.601 | 0.464 | 0.498 | 0.472 | 0.458 | 0.510 | 0.486 | 0.524 | 0.491 | 0.509 | 0.486 | 0.601 | 0.600 |
| 5 | | | | | 0.247 | | | | | | | | | | 0.247 | 0.250 |
| 6 | | | | | | 0.217 | | | | | | | | | 0.217 | 0.200 |
| 7 | | | | | | | 0.437 | 0.425 | 0.437 | 0.451 | 0.486 | 0.456 | 0.472 | 0.450 | 0.486 | 0.500 |
| 8 | | | | | | | | 0.327 | 0.365 | 0.347 | | | | | 0.365 | 0.350 |
| 9 | | | | | | | | | 0.272 | | | | | | 0.272 | 0.250 |
| 10 | | | | | | | | | | 0.238 | | | | | 0.238 | 0.250 |
| 11 | | | | | | | | | | | 0.279 | | | | 0.279 | 0.250 |
| 12 | | | | | | | | | | | | 0.341 | 0.354 | 0.337 | 0.354 | 0.350 |
| 13 | | | | | | | | | | | | | 0.271 | | 0.271 | 0.250 |
| 14 | | | | | | | | | | | | | | 0.211 | 0.211 | 0.200 |

| 管段 | 各配水管线末端节点 | | | | | | | | | | | | | |
|---|---|---|---|---|---|---|---|---|---|---|---|---|---|---|
| | 1 | 2 | 3 | 4 | 5 | 6 | 7 | 8 | 9 | 10 | 11 | 12 | 13 | 14 |
| 节点标高（m） | 120.00 | 122.00 | 121.00 | 120.00 | 125.00 | 122.00 | 123.00 | 124.00 | 120.00 | 121.00 | 120.00 | 121.00 | 120.00 | 121.00 |
| 自由水头需求（m） | 16.00 | 16.00 | 16.00 | 16.00 | 16.00 | 16.00 | 16.00 | 16.00 | 16.00 | 16.00 | 16.00 | 16.00 | 16.00 | 16.00 |
| 管段 1 | 0.14 | 0.14 | 0.14 | | | | | | | | | | | |
| 管段 2 | | 0.75 | | | | | | | | | | | | |
| 管段 3 | | | 0.44 | | | | | | | | | | | |
| 管段 4 | | | | 0.59 | 0.59 | 0.59 | 0.59 | 0.59 | 0.59 | 0.59 | 0.59 | 0.59 | 0.59 | 0.59 |
| 管段 5 | | | | | 0.43 | | | | | | | | | |
| 管段 6 | | | | | | 0.35 | | | | | | | | |
| 管段 7 | | | | | | | 0.76 | 0.76 | 0.76 | 0.76 | 0.76 | 0.76 | 0.76 | 0.76 |
| 管段 8 | | | | | | | | 0.41 | 0.41 | 0.41 | | | | |
| 管段 9 | | | | | | | | | 0.43 | | | | | |
| 管段 10 | | | | | | | | | | 0.32 | | | | |
| 管段 11 | | | | | | | | | | | 0.43 | | | |
| 管段 12 | | | | | | | | | | | | 0.46 | 0.46 | 0.46 |
| 管段 13 | | | | | | | | | | | | | 0.38 | |
| 管段 14 | | | | | | | | | | | | | | 0.44 |
| 总水头需求（m） | 136.14 | 138.89 | 137.58 | 136.59 | 142.02 | 138.94 | 140.35 | 141.76 | 138.19 | 139.08 | 137.78 | 138.81 | 138.19 | 139.25 |
| 从 0 节点到各节点的水头损失（m） | 0.14 | 0.89 | 0.58 | 0.59 | 1.02 | 0.94 | 1.35 | 1.76 | 2.19 | 2.08 | 1.78 | 1.81 | 2.19 | 2.25 |
| 节点水头（m） | 141.88 | 141.13 | 141.44 | 141.43 | 141.00 | 141.08 | 140.67 | 140.26 | 139.83 | 139.94 | 140.24 | 140.21 | 139.83 | 139.77 |
| 节点自由水头（m） | 21.88 | 19.13 | 20.44 | 21.43 | 16.00 | 19.08 | 17.67 | 16.26 | 19.83 | 18.94 | 20.24 | 19.21 | 19.83 | 18.77 |

## 8.6 单水源环状系统

### 8.6.1 并联管道的成本分析

若管网系统中两节点之间有 $M$ 条管段并联，两节点之间的水头差为 $\Delta H$，则有能量方程

$$kl_i \frac{q_i^n}{D_i^m} = \Delta H$$

即

$$D_i = \left[\frac{kl_i q_i^n}{\Delta H}\right]^{\frac{1}{m}}$$

优化中该并联管道系统的成本函数为

$$\min C_m = \sum_{i=1}^{M}(a + bD_i^q)l_i = a\sum_{i=1}^{M}l_i + b\left(\frac{k}{\Delta H}\right)^{\frac{q}{m}}\sum_{i=1}^{M}(q_i^{\frac{nq}{m}}l_i^{\frac{q}{m}}) \tag{8-47}$$

约束条件为

$$\sum_{i=1}^{M}q_i = q \qquad 0 \leqslant q_i \leqslant q \tag{8-48}$$

式中　　$q$ 为两节点之间的通过的总流量。于是由式（8-47）和式（8-48）形成了具有约束的非线性规划问题。

为求极值，引入拉格朗日乘子 $\lambda$，由式（8-47）和式（8-48）构造以下拉格朗日函数：

$$F = a\sum\nolimits_{i=1}^{M} l_i + b\left(\frac{k}{\Delta H}\right)^{\frac{\alpha}{m}}\sum\nolimits_{i=1}^{M}(q_i^{\frac{n\alpha}{m}}l_i^{\frac{\alpha}{m}}) + \lambda(q - \sum\nolimits_{i=1}^{M} q_i) \tag{8-49}$$

为求 $F$ 的极值，令 $\dfrac{\partial F}{\partial q_i}=0$。假设 $k$ 为常数，与 $q_i$ 无关，得：

$$\frac{\partial F}{\partial q_i} = b\left(\frac{kl_i}{\Delta H}\right)^{\frac{\alpha}{m}} \cdot \frac{n\alpha}{m} \cdot q_i^{\frac{n\alpha-m}{m}} - \lambda = 0$$

于是

$$q_i^{\#} = \left(\frac{\lambda m}{n\alpha b}\right)^{\frac{m}{n\alpha-m}}\left(\frac{\Delta H}{kl_i}\right)^{\frac{\alpha}{n\alpha-m}} \tag{8-50}$$

当 $i=1$ 时，有 $q_1^* = \left(\dfrac{\lambda m}{n\alpha b}\right)^{\frac{m}{n\alpha-m}}\left(\dfrac{\Delta H}{kl_1}\right)^{\frac{\alpha}{n\alpha-m}}$ \qquad (8-51)

将式（8-50）和式（8-51）的等号两侧相除，得

$$\frac{q_i^*}{q_1^*} = \left(\frac{l_1}{l_i}\right)^{\frac{\alpha}{n\alpha-m}}$$

即

$$q_i^* = q_1^*\left(\frac{l_1}{l_i}\right)^{\frac{\alpha}{n\alpha-m}} \tag{8-52}$$

将式（8-52）代入式（8-48），得

$$q_1^*\sum\nolimits_{i=1}^{M}\left(\frac{l_1}{l_i}\right)^{\frac{\alpha}{n\alpha-m}} = q$$

于是有

$$q_1^* = q\Big/\sum\nolimits_{i=1}^{M}\left(\frac{l_1}{l_i}\right)^{\frac{\alpha}{n\alpha-m}} \tag{8-53}$$

将式（8-53）代入式（8-52），得

$$q_i^* = q\left(\frac{l_1}{l_i}\right)^{\frac{\alpha}{n\alpha-m}}\Big/\sum\nolimits_{i=1}^{M}\left(\frac{l_1}{l_i}\right)^{\frac{\alpha}{n\alpha-m}} \tag{8-54}$$

特例：当 $l_i = l_1 = l$ 时，即并联各管段长度相等时，有

$$q_i^* = q/M \tag{8-55}$$

当两条管段并联且长度相等时，有

$$q_1^* = q_2^* = q/2 \tag{8-56}$$

$$D_1^* = D_2^* = \left[\frac{kl}{\Delta H}\left(\frac{q}{2}\right)^n\right]^{\frac{1}{m}} \tag{8-57}$$

$$C_m^* = 2al + 2b\left(\frac{kl}{\Delta H}\right)^{\frac{\alpha}{m}}\left(\frac{q}{2}\right)^{\frac{n\alpha}{m}} \tag{8-58}$$

为判断所求 $F$（或 $C_m^*$）为极大值还是极小值，需要 $F$ 关于 $q_i$ 的二阶导数信息。

$$\frac{\partial^2 F}{\partial q_i^2} = \frac{n\alpha b}{m} \cdot \left(\frac{kl_i}{\Delta H}\right)^{\frac{\alpha}{m}} \cdot \frac{n\alpha-m}{m} \cdot q_i^{\frac{n\alpha-2m}{m}} \tag{8-59}$$

式中对所得二阶偏导数的正负取值起主要作用的是 $n\alpha-m$。若 $n\alpha-m>0$，则 $\dfrac{\partial^2 F}{\partial q_i^2}>0$，所求 $F$（或 $C_m^*$）为极小值；若 $n\alpha-m<0$，则 $\dfrac{\partial^2 F}{\partial q_i^2}<0$，所求 $F$（或 $C_m^*$）为极大值。

例如，根据【例8-1】中计算的 $\alpha=1.50$ 或 $0.88$；沿程水头损失公式中无论 $n=1.852$ 或 $2$；还是 $m=4.87$，$5$ 或 $5.33$；所有 $n\alpha-m$ 均小于零。因此可以认为，当并联两条管段

长度相同，流量相同（导致管径相同）时，建设成本较高。

当 $q_i$ 在（$0$，$q$）区间内存在极大值而非极小值时，则极小值应在区间边界处，$q_i=0$ 或 $q_i=q$。对于两条管道并联，可认为成本最低点是仅有一条管道通水的情况。这时总成本为

$$C_m^* = al + b\left(\frac{kl}{\Delta H}\right)^{\frac{a}{m}}(q)^{\frac{na}{m}} \tag{8-60}$$

【例 8-12】 设并联球墨铸铁管道的干管流量 $q=300$L/s，点 A 至点 B 间的可用水头损失 $\Delta H=1.25$m，在 A 点无出流量（$Q_A=0$）（见图 8-13）。管线成本计算中，取 $a=111.16$，$b=3136.47$，$\alpha=1.50$。水头损失计算采用海曾—威廉公式，$C$ 取 110。当管长 $l_1=300$m 时，试分析 $l_2=100$m，200m，300m，400m，500m，600m

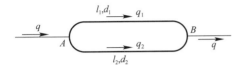

图 8-13　并联管道

时，管段流量 $q_1$ 从 0 增至 300L/s（即 $q_2$ 从 300L/s 降至 0）时管线总成本的变化，并确定最低成本下的管段直径。

【解】 水头损失计算采用海曾—威廉公式，$C$ 取 110 时，有

$$k = 10.654C^{-1.852} = 10.654 \times 110^{-1.852} = 0.0017654, m=4.87, n=1.852$$

$$C_m = 111.16 \times (300+l_2)$$
$$+ 3136.47 \times \left(\frac{0.0017654}{1.25}\right)^{\frac{1.50}{4.87}} \times \left(q_1^{\frac{1.852 \times 1.50}{4.87}} \times 300^{\frac{1.50}{4.87}} + q_2^{\frac{1.852 \times 1.50}{4.87}} \times l_2^{\frac{1.50}{4.87}}\right)$$
$$= 33348 + 111.16 l_2 + 415.52 \times (5.7939 q_1^{0.57} + l_2^{0.308} \cdot q_2^{0.57})$$

针对不同 $q_1$、$q_2$ 和 $l_2$，计算结果见表 8-17。

由表 8-17 中管段 1、2 在不同流量，管段 2 不同管长时的成本数据，可以看出：①随着并联中第二条管段长度的增加，管线总成本增加。②并联管道改为单条管道时，管线成本下降。因此常认为环状管网存在冗余管段，在提供供水可靠性的同时，也增加了管线总成本；当环状网在设计中考虑最小成本时，将转化为树状布局。③当并联管道改为单条管道时，管道长度越短，成本越低。因此常认为以较短距离输送到用户，则管线成本较低。④最高成本总是出现在两条并联管道同时输水时。⑤当两条并联管段长度相等时，最高成本出现在两条管道输送相同流量（即相同管径）时。⑥当两条并联管道长度不同时，最高成本出现在较长管道输送较大流量（即管径较大）时。

并联管道成本计算结果　　　　　　　　　　　　　　　　表 8-17

| 流量 $q_1$（m³/s） | | 0 | 0.03 | 0.06 | 0.09 | 0.12 | 0.15 | 0.18 | 0.21 | 0.24 | 0.27 | 0.30 |
| 流量 $q_2$（m³/s） | | 0.30 | 0.27 | 0.24 | 0.21 | 0.18 | 0.15 | 0.12 | 0.09 | 0.06 | 0.03 | 0 |
| | | 成本（元） | | | | | | | | | | |
| 管段长度 $l_2$（m） | 100 | 11980 | 45604 | 45709 | 45779 | 45829 | 45863 | 45882 | 45888 | 45877 | 45838 | 34560 |
| | 200 | 23302 | 56914 | 57006 | 57063 | 57098 | 57117 | 57120 | 57108 | 57075 | 57009 | 34560 |
| | 300 | 34560 | 68164 | 68248 | 68295 | 68321 | 68329 | 68321 | 68295 | 68248 | 68164 | 34560 |
| | 400 | 45788 | 79385 | 79462 | 79503 | 79521 | 79520.53 | 79503 | 79468 | 79408 | 79301 | 34560 |
| | 500 | 56999 | 905990 | 90661 | 90696 | 90707 | 90700 | 90675 | 90631 | 90562 | 90451 | 34560 |
| | 600 | 68196 | 101783 | 101850 | 101879 | 101884 | 101871 | 101840 | 101789 | 101711 | 101589 | 34560 |

本例中单条管道在长度为 100m、200m 和 300m 情况下的管道直径取值，由式（8-51），结果见表 8-18。

| 管道长度（m） | 100 | 200 | 300 |
|---|---|---|---|
| 管道直径（mm） | 423 | 488 | 530 |

## 8.6.2 重力系统

单水源重力环状系统布局示例如图 8-14 所示。图 8-14 表示了管段编号、长度；节点编号、标高和流量。节点最小自由水头要求 $H=16\mathrm{m}$。水的运动黏度 $\nu=1.00\times10^{-6}\mathrm{m^2/s}$，管道绝对粗糙度取 0.25mm。

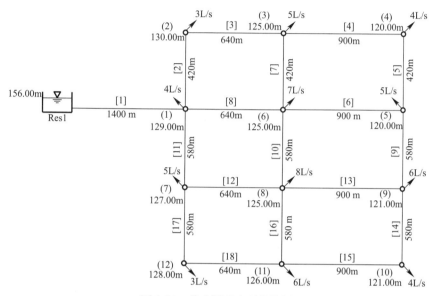

图 8-14 单水源重力环状管网

在不同管径取值下，环状配水管网的管段流量不是唯一值。为初步确定管网内水流方向，假设所有管段尺寸均为 0.2m。经水力计算，可求出各管段的初始流向和流量，如图 8-15 所示。

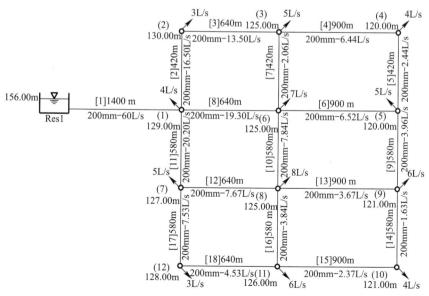

图 8-15 初步水力分析结果

然后采用 8.5.2 节描述的水流路径选择方法，计算各水流路径管线的最优管径。考虑到管网中节点不止有一条上游管段，即该节点到水源点不止有一条路径，这里将采用管段路径选择方法。管段路径选择方法针对某条管段，按照上游来水量较大相邻管段为原则，依次选择管段，直到水源节点为止，所选各管段形成一条水流路径。本例形成的不同配水管线见表 8-19。

当采用达西—维斯巴赫公式求解时，各条配水管线的最优管道直径计算为

$$D_i^* = (\lambda_i q_i^2)^{\frac{1}{\alpha+5}} \left[ \frac{0.0826}{(z_0+h_0)-(z_n+H)} \sum_{i=1}^{M(j)} l_i (\lambda_i q_i^2)^{\frac{\alpha}{\alpha+5}} \right]^{\frac{1}{5}} \tag{8-61}$$

$$\lambda_i = \frac{0.25}{\left\{ \lg\left[ \frac{k_s}{3.7D_i} + 5.618 \left(\frac{\nu D_i}{q_i}\right)^{0.9} \right] \right\}^{0.2}} \tag{8-62}$$

式中    $M(j)$——管段 $j$ 作为末端管段的配水管线中管段总数。

本例中假设管线均采用球墨铸铁管，$a=111.16$，$b=3136.47$，$\alpha=1.50$。于是有：

$$D_i^* = (\lambda_i q_i^2)^{0.1538} \left[ \frac{0.0826}{140-z_n} \sum_{i=1}^{M(j)} l_i (\lambda_i q_i^2)^{0.2308} \right]^{0.2}$$

从水源点到各管段的配水管线　　　　　　　　　　　表 8-19

| 节点（$j$） | 配水管线内所含管段 | | | | | $M(j)$ |
|---|---|---|---|---|---|---|
| | $i=1$ | $i=2$ | $i=3$ | $i=4$ | $i=5$ | |
| 1 | 1 | | | | | 1 |
| 2 | 1 | 2 | | | | 2 |
| 3 | 1 | 2 | 3 | | | 3 |
| 4 | 1 | 2 | 3 | 4 | | 4 |
| 5 | 1 | 2 | 3 | 4 | 5 | 5 |
| 6 | 1 | 8 | 6 | | | 3 |
| 7 | 1 | 2 | 3 | 7 | | 4 |
| 8 | 1 | 8 | | | | 1 |
| 9 | 1 | 8 | 6 | 9 | | 4 |
| 10 | 1 | 8 | 10 | | | 3 |
| 11 | 1 | 11 | | | | 2 |
| 12 | 1 | 11 | 12 | | | 3 |
| 13 | 1 | 8 | 10 | 13 | | 4 |
| 14 | 1 | 8 | 6 | 9 | 14 | 5 |
| 15 | 1 | 11 | 17 | 18 | 15 | 5 |
| 16 | 1 | 8 | 10 | 16 | | 4 |
| 17 | 1 | 11 | 17 | | | 3 |
| 18 | 1 | 11 | 17 | 18 | | 4 |

$$\lambda_i = \frac{0.25}{\left\{ \lg\left[ \frac{0.000067568}{D_i} + 0.000022366 \times \left(\frac{D_i}{q_i}\right)^{0.9} \right] \right\}^2}$$

通过迭代计算，各配水管线的管段直径见表 8-20。由表 8-19 和表 8-20 可以看出，大量管段被各配水管线共用，每一配水管线中计算出不同的管段尺寸。为满足节点自由水压和期望流量，各管段的直径将采用计算值中最大值，见表 8-20 的倒数第二列；将管段直径转换为最接近的规格管径，见表 8-20 的最后一列。

表 8-20

配水管线管道直径

| 管段 | 各配水管线末端管段 | | | | | | | | | | | | | | | | | | 最大管径(m) | 确定的规格管径(m) |
|---|---|---|---|---|---|---|---|---|---|---|---|---|---|---|---|---|---|---|---|---|
| | 1 | 2 | 3 | 4 | 5 | 6 | 7 | 8 | 9 | 10 | 11 | 12 | 13 | 14 | 15 | 16 | 17 | 18 | | |
| 1 | 0.240 | 0.252 | 0.242 | 0.236 | 0.238 | 0.232 | 0.244 | 0.237 | 0.238 | 0.243 | 0.243 | 0.243 | 0.238 | 0.240 | 0.240 | 0.250 | 0.253 | 0.250 | 0.253 | 0.250 |
| 2 | | 0.173 | 0.166 | 0.162 | 0.163 | | 0.167 | | | | | | | | | | | | 0.173 | 0.150 |
| 3 | | | 0.156 | 0.152 | 0.154 | | 0.158 | | | | | | | | | | | | 0.158 | 0.150 |
| 4 | | | | 0.123 | 0.124 | | | | | | | | | | | | | | 0.124 | 0.100 |
| 5 | | | | | 0.094 | | | | | | | | | | | | | | 0.094 | 0.100 |
| 6 | | | | | | 0.121 | | | 0.125 | | | | | 0.126 | | | | | 0.126 | 0.150 |
| 7 | | | | | | | 0.092 | | | | | | | | | | | | 0.092 | 0.100 |
| 8 | | | | | | 0.166 | | 0.170 | 0.171 | 0.174 | | | 0.171 | 0.172 | | 0.180 | | | 0.180 | 0.200 |
| 9 | | | | | | | | | 0.108 | | | | | 0.109 | | | | | 0.109 | 0.100 |
| 10 | | | | | | | | | | 0.134 | | | | | | 0.138 | | | 0.138 | 0.100 |
| 11 | | | | | | | | | | | 0.177 | 0.177 | | | 0.175 | | 0.184 | 0.182 | 0.184 | 0.200 |
| 12 | | | | | | | | | | | | 0.133 | 0.131 | | | | | | 0.133 | 0.150 |
| 13 | | | | | | | | | | | | | 0.105 | | | | | | 0.105 | 0.100 |
| 14 | | | | | | | | | | | | | | 0.084 | | | | | 0.084 | 0.100 |
| 15 | | | | | | | | | | | | | | | 0.094 | | | | 0.094 | 0.100 |
| 16 | | | | | | | | | | | | | | | | 0.113 | | | 0.113 | 0.100 |
| 17 | | | | | | | | | | | | | | | 0.131 | | 0.138 | 0.137 | 0.138 | 0.150 |
| 18 | | | | | | | | | | | | | | | 0.113 | | | 0.118 | 0.118 | 0.100 |

根据采用的管段直径，应再次进行管网水力分析，得出另一组管段流量。利用新的管段流量和流向，重新产生以各管段为末端管段的配水管线。新的配水管线组再次产生新的管段直径。该过程重复，直到前后两次结果很接近为止。

### 8.6.3 提升系统

单水源提升环状系统布局示例如图 8-16 所示，图中列出了节点编号、标高和流量，管段编号、长度、泵站集水井水位。类似于 8.6.2 节重力环状系统情况，环状配水管网的管段流量不是唯一值。

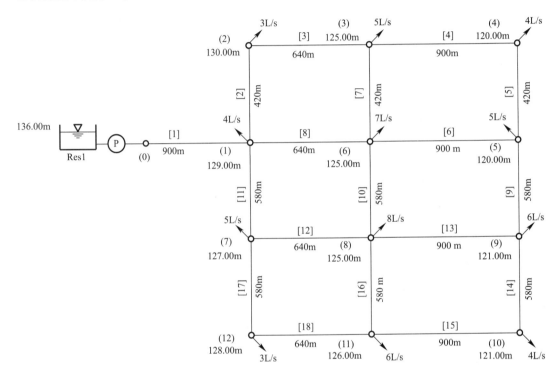

图 8-16 单水源提升环状管网

为初步确定管网内水流方向，假设所有管段直径均为 0.2m。采用海曾—威廉公式求解，取 $C_{HW}=110$，可求出各管段的初始流向和流量，见图 8-17。

然后采用水流路径选择方法，计算各水流路径管线的最优管径。针对某条管段，按照上游来水量较大相邻管段为原则，依次选择管段，直到水源节点为止，形成水流路径。对于本例，形成的不同配水管线路径见表 8-19。当采用海曾—威廉公式求解时，各条配水管线的非线性规划问题为

$$\min F_{M(j)} = \sum_{i=1}^{M(j)} (a + bD_i^a)l_i + k_p(q_1 \cdot h_0)^{m_p} \qquad (8-63)$$

$$h_0 = \left[ \sum_{i=1}^{M(j)} (10.654 C^{-1.852})l_i \frac{q_i^{1.852}}{D_i^{4.87}} \right] + (z_n + H - z_0) \qquad (8-64)$$

式中　　$M(j)$——管段 $j$ 作为供水末端管段时配水管线中的管段总数；

$q_1$——泵站供应到配水管线的流量。

计算过程与 8.4.3 节介绍的内容类似，可采用遗传算法求各管段新的直径 $D$。

本例中假设管线均为球墨铸铁管，$a=111.16$，$b=3136.47$，$\alpha=1.50$。泵站成本函数中参数取 $k_p=2000000$，$m_p=0.3524$。节点最小自由水头取 $H=16$m。构造的各配水管线非线性规划问题为

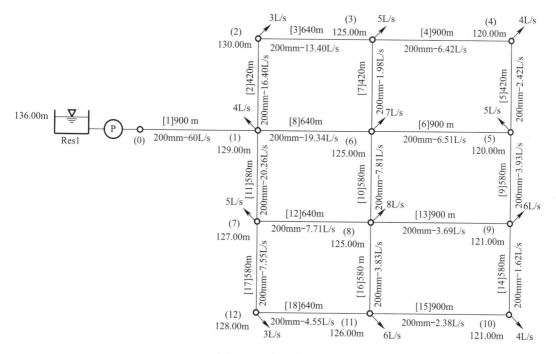

图 8-17　初步水力分析结果

$$\min F_{M(j)} = 111.16 \sum_{i=1}^{M(j)} l_i + 3136.47 \sum_{i=1}^{M(j)} D_i^{1.50} l_i + 742080 h_0^{0.3524}$$

$$h_0 = \left[ 0.0017654 \sum_{i=1}^{M(j)} l_i \frac{q_i^{1.852}}{D_i^{4.87}} \right] + (z_n - 120.00)$$

通过计算，各配水管线的管段直径见表 8-21。各管段实际直径将采用与计算直径最接近的规格管径，见表 8-21 中的最后一列。

表 8-21 中采用的规格管径是根据最初假设的管道直径，在获得估计的管段流量下确定的。下一步应利用该规格管径，获得新的管段流量，再次产生新的配水管线路径。重复确定管道尺寸和水力分析，直到两次结果很接近。

针对最终确定的管道直径和管段流量，在保证管网最不利点自由水头情况下，确定泵站总出水水头。例如，如果最终管道尺寸为表 8-21 中的情况，经水力计算，可知最不利点为节点 2（该节点处地形较高），在保证其自由水头 16.00m 下，泵站总出水水头为 147.47m。考虑集水井水位 136.00m，可得泵站提升扬程为 147.74－136.00＝11.74m。

表 8-21

**配水管管线管段直径**

| 管段 | 各配水管线末端管段 |  |  |  |  |  |  |  |  |  |  |  |  |  |  |  |  |  | 最大管径(m) | 确定的规格管径(m) |
|---|---|---|---|---|---|---|---|---|---|---|---|---|---|---|---|---|---|---|---|---|
|  | 1 | 2 | 3 | 4 | 5 | 6 | 7 | 8 | 9 | 10 | 11 | 12 | 13 | 14 | 15 | 16 | 17 | 18 |  |  |
| 1 | 0.306 | 0.301 | 0.315 | 0.355 | 0.352 | 0.363 | 0.313 | 0.317 | 0.338 | 0.314 | 0.309 | 0.314 | 0.338 | 0.334 | 0.335 | 0.308 | 0.303 | 0.308 | 0.363 | 0.350 |
| 2 |  | 0.206 | 0.216 | 0.244 | 0.241 |  | 0.215 |  |  |  |  |  |  |  |  |  |  |  | 0.244 | 0.250 |
| 3 |  |  | 0.203 | 0.230 | 0.227 |  | 0.203 |  |  |  |  |  |  |  |  |  |  |  | 0.230 | 0.250 |
| 4 |  |  |  | 0.185 | 0.183 |  |  |  |  |  |  |  |  |  |  |  |  |  | 0.185 | 0.200 |
| 5 |  |  |  |  | 0.138 |  |  |  |  |  |  |  |  |  |  |  |  |  | 0.138 | 0.150 |
| 6 |  |  |  |  |  | 0.190 |  |  | 0.177 |  |  |  |  | 0.175 |  |  |  |  | 0.190 | 0.200 |
| 7 |  |  |  |  |  |  | 0.116 |  |  |  |  |  |  |  |  |  |  |  | 0.116 | 0.100 |
| 8 |  |  |  |  |  | 0.261 |  | 0.228 | 0.243 | 0.226 |  |  | 0.243 | 0.241 |  | 0.222 |  |  | 0.261 | 0.250 |
| 9 |  |  |  |  |  |  |  |  | 0.153 |  |  |  |  | 0.151 |  |  |  |  | 0.153 | 0.150 |
| 10 |  |  |  |  |  |  |  |  |  | 0.174 |  |  | 0.187 |  |  | 0.170 |  |  | 0.187 | 0.200 |
| 11 |  |  |  |  |  |  |  |  |  |  | 0.225 | 0.229 |  |  | 0.244 |  | 0.221 | 0.224 | 0.244 | 0.250 |
| 12 |  |  |  |  |  |  |  |  |  |  |  | 0.173 |  |  |  |  |  |  | 0.173 | 0.150 |
| 13 |  |  |  |  |  |  |  |  |  |  |  |  | 0.150 |  |  |  |  |  | 0.150 | 0.150 |
| 14 |  |  |  |  |  |  |  |  |  |  |  |  |  | 0.117 |  |  |  |  | 0.117 | 0.100 |
| 15 |  |  |  |  |  |  |  |  |  |  |  |  |  |  | 0.131 |  |  |  | 0.131 | 0.150 |
| 16 |  |  |  |  |  |  |  |  |  |  |  |  |  |  |  | 0.138 |  |  | 0.138 | 0.150 |
| 17 |  |  |  |  |  |  |  |  |  |  |  |  |  |  | 0.184 |  | 0.166 | 0.168 | 0.184 | 0.200 |
| 18 |  |  |  |  |  |  |  |  |  |  |  |  |  |  | 0.158 |  |  | 0.146 | 0.158 | 0.150 |

## 8.7 多水源树状系统

### 8.7.1 重力系统

多水源树状重力系统示例如图 8-18 所示，图中表示了管段编号和长度，节点编号、标高和流量。管网的两个水源点 Res1 和 Res2 分别位于节点 1 和节点 17。节点最小自由水头要求 $H=16$m。水的运动黏度 $\nu=1.00\times10^{-6}\,\mathrm{m^2/s}$。管道绝对粗糙度取 0.25mm。

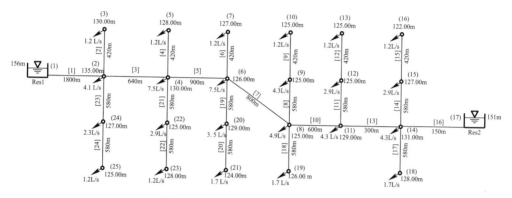

图 8-18　多水源树状重力管网示意图

在不同管径取值下，配水管网中部分管段流量不是唯一值。为初步确定管网内水流方向，假设所有管段直径均为 0.2m。经水力分析，可求出各管段的初始流向和流量，如图 8-19 所示。

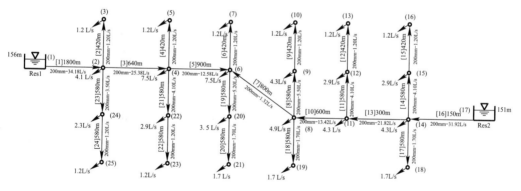

图 8-19　多水源树状重力系统初步水力分析结果

然后选择管线水流路径，即针对某条管段，按照上游来水方向，依次选择流量较大的管段，直到水源节点为止，形成流到某管段的水流路径。本例形成的配水管线见表 8-22。

本例中假设管线均采用球墨铸铁管，$a=111.16$，$b=3136.47$，$\alpha=1.50$。当采用达西—维斯巴赫公式求解时，各配水管线的最优管径计算为：

$$D_i^* = \begin{cases} (\lambda_i q_i^2)^{0.1538}\left[\dfrac{0.0826}{140-z_n}\displaystyle\sum_{i=1}^{M(j)} l_i(\lambda_i q_i^2)^{0.2308}\right]^{0.2} & \text{（当水源点为 Res1 时）} \\[4mm] (\lambda_i q_i^2)^{0.1538}\left[\dfrac{0.0826}{135-z_n}\displaystyle\sum_{i=1}^{M(j)} l_i(\lambda_i q_i^2)^{0.2308}\right]^{0.2} & \text{（当水源点为 Res2 时）} \end{cases}$$

$$\lambda_i = \frac{0.25}{\left\{ \lg\left[ \frac{0.000067568}{D_i} + 0.000022366 \times \left( \frac{D_i}{q_i} \right)^{0.9} \right] \right\}^2}$$

从水源点到各管段的配水管线      表8-22

| 管段（j） | 配水管线内所含管段 | | | | | M（j） |
|---|---|---|---|---|---|---|
| | i=1 | i=2 | i=3 | i=4 | i=5 | |
| 1 | 1 | | | | | 1 |
| 2 | 1 | 2 | | | | 2 |
| 3 | 1 | 3 | | | | 2 |
| 4 | 1 | 3 | 4 | | | 3 |
| 5 | 1 | 3 | 5 | | | 3 |
| 6 | 1 | 3 | 5 | 6 | | 4 |
| 7 | 16 | 13 | 10 | 7 | | 4 |
| 8 | 16 | 13 | 10 | 8 | | 4 |
| 9 | 16 | 13 | 10 | 8 | 9 | 5 |
| 10 | 16 | 13 | 10 | | | 3 |
| 11 | 16 | 13 | 11 | | | 3 |
| 12 | 16 | 13 | 11 | 12 | | 4 |
| 13 | 16 | 13 | | | | 2 |
| 14 | 16 | 14 | | | | 2 |
| 15 | 16 | 14 | 15 | | | 3 |
| 16 | 16 | | | | | 1 |
| 17 | 16 | 17 | | | | 2 |
| 18 | 16 | 13 | 10 | 18 | | 4 |
| 19 | 1 | 3 | 5 | 19 | | 4 |
| 20 | 1 | 3 | 5 | 19 | 20 | 5 |
| 21 | 1 | 3 | 21 | | | 3 |
| 22 | 1 | 3 | 21 | 22 | | 4 |
| 23 | 1 | 23 | | | | 2 |
| 24 | 1 | 23 | 24 | | | 3 |

  通过迭代计算，各配水管线的管段直径见表8-23。由表8-22和表8-23可以看出，大量管段被各配水管线共用。每一配水管线中计算出不同的管段尺寸。为满足节点自由水压和期望流量，各管段的直径将采用计算值中的最大值，见表8-23的倒数第二列；将管段直径转换为最接近的规格管径，见表8-23的最后一列。

  根据采用的管段直径，应再次进行管网水力分析，得出另一组管段流量。利用新的管段流量和流向，重新产生以各管段为末端管段的配水管线。新的配水管线组再次产生新的管段直径。该过程重复，直到前后两次结果很接近为止。

配水管线管道直径      表8-23

| 管段（j） | 配水管线内所含管段及其直径（m） | | | | | 最大管径（m） | 确定的规格管径（m） |
|---|---|---|---|---|---|---|---|
| | i=1 | i=2 | i=3 | i=4 | i=5 | | |
| 1 | 1：0.237 | | | | | 0.237 | 0.250 |
| 2 | 1：0.210 | 2：0.080 | | | | 0.080 | 0.100 |

| 管段（j） | 配水管线内所含管段及其直径（m） | | | | | 最大管径（m） | 确定的规格管径（m） |
|---|---|---|---|---|---|---|---|
| | $i=1$ | $i=2$ | $i=3$ | $i=4$ | $i=5$ | | |
| 3 | 1：0.219 | 3：0.200 | | | | 0.212 | 0.200 |
| 4 | 1：0.231 | 3：0.212 | 4：0.088 | | | 0.088 | 0.100 |
| 5 | 1：0.214 | 3：0.196 | 5：0.160 | | | 0.171 | 0.150 |
| 6 | 1：0.219 | 3：0.200 | 5：0.163 | 6：0.083 | | 0.083 | 0.100 |
| 7 | 16：0.218 | 13：0.195 | 10：0.169 | 7：0.087 | | 0.087 | 0.100 |
| 8 | 16：0.215 | 13：0.192 | 10：0.167 | 8：0.129 | | 0.130 | 0.150 |
| 9 | 16：0.216 | 13：0.194 | 10：0.168 | 8：0.130 | 9：0.084 | 0.084 | 0.100 |
| 10 | 16：0.210 | 13：0.188 | 10：0.163 | | | 0.169 | 0.150 |
| 11 | 16：0.206 | 13：0.185 | 11：0.114 | | | 0.115 | 0.100 |
| 12 | 16：0.208 | 13：0.186 | 11：0.115 | 12：0.081 | | 0.081 | 0.100 |
| 13 | 16：0.222 | 13：0.199 | | | | 0.199 | 0.200 |
| 14 | 16：0.210 | 14：0.116 | | | | 0.116 | 0.100 |
| 15 | 16：0.193 | 14：0.106 | 15：0.075 | | | 0.075 | 0.100 |
| 16 | 16：0.233 | | | | | 0.233 | 0.250 |
| 17 | 16：0.213 | 17：0.092 | | | | 0.092 | 0.100 |
| 18 | 16：0.217 | 13：0.194 | 10：0.169 | 18：0.093 | | 0.093 | 0.100 |
| 19 | 1：0.228 | 3：0.209 | 5：0.171 | 19：0.132 | | 0.132 | 0.150 |
| 20 | 1：0.214 | 3：0.196 | 5：0.160 | 19：0.124 | 20：0.090 | 0.090 | 0.100 |
| 21 | 1：0.223 | 3：0.204 | 21：0.120 | | | 0.120 | 0.100 |
| 22 | 1：0.217 | 3：0.199 | 21：0.118 | 22：0.083 | | 0.083 | 0.100 |
| 23 | 1：0.202 | 23：0.104 | | | | 0.112 | 0.100 |
| 24 | 1：0.217 | 23：0.112 | 24：0.083 | | | 0.083 | 0.100 |

## 8.7.2　提升系统

多水源树状提升系统布局示例如图 8-20 所示，图中列出了节点编号、标高和流量；管段编号和长度，泵站集水井水位。

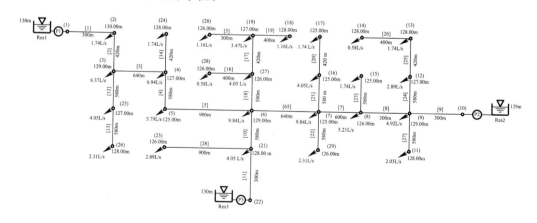

图 8-20　多水源树状提升配水系统

多水源树状提升系统在部分管段不同直径选择情况下，管段内流量也是不同的，因此需要执行管网水力分析。为初步确定管网内水流方向，假设所有管段直径为 0.2m。采用

223

海曾—威廉公式求解，取 $C_{HW}=110$，可求出各管段的初始流向和流量，如图 8-21 所示。

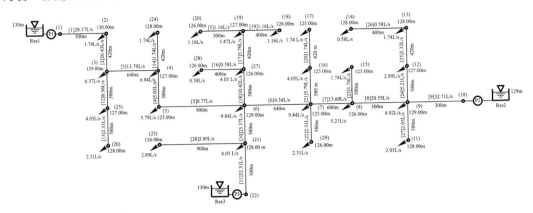

图 8-21 多水源树状提升系统初步水力分析结果

然后采用水流路径选择方法，计算各水流路径管线的最优管径。针对某条管段，按照上游来水量较大相邻管段为原则，依次选择管段，直到水源节点为止，形成水流路径。对于本例，形成的不同配水管线路径见表 8-24。

从水源点到各管段的配水管线 表 8-24

| 管段（j） | 配水管线内所含管段 | | | | | M（j） |
|---|---|---|---|---|---|---|
| | $i=1$ | $i=2$ | $i=3$ | $i=4$ | $i=5$ | |
| 1 | 1 | | | | | 1 |
| 2 | 1 | 2 | | | | 2 |
| 3 | 1 | 2 | 3 | | | 3 |
| 4 | 1 | 2 | 3 | 4 | | 4 |
| 5 | 11 | 10 | 5 | | | 3 |
| 6 | 11 | 10 | 6 | | | 3 |
| 7 | 9 | 8 | 7 | | | 3 |
| 8 | 9 | 8 | | | | 2 |
| 9 | 9 | | | | | 1 |
| 10 | 11 | 10 | | | | 2 |
| 11 | 11 | | | | | 1 |
| 12 | 1 | 2 | 12 | | | 3 |
| 13 | 1 | 2 | 12 | 13 | | 4 |
| 14 | 1 | 2 | 3 | | 14 | 4 |
| 15 | 11 | 10 | 18 | 17 | 15 | 5 |
| 16 | 11 | 10 | 18 | 16 | | 4 |
| 17 | 11 | 10 | 18 | 17 | | 4 |
| 18 | 11 | 10 | 18 | | | 3 |
| 19 | 11 | 10 | 18 | 17 | 19 | 5 |
| 20 | 9 | 10 | 7 | 21 | 20 | 5 |
| 21 | 9 | 8 | 7 | 21 | | 34 |
| 22 | 9 | 8 | 7 | 22 | | 4 |

| 管段（$j$） | 配水管线内所含管段 | | | | | $M$（$j$） |
|---|---|---|---|---|---|---|
| | $i=1$ | $i=2$ | $i=3$ | $i=4$ | $i=5$ | |
| 23 | 9 | 8 | 23 | | | 3 |
| 24 | 9 | 8 | | | | 2 |
| 25 | 9 | 24 | 25 | | | 3 |
| 26 | 9 | 24 | 25 | 26 | | 4 |
| 27 | 9 | 27 | | | | 2 |
| 28 | 11 | 28 | | | | 2 |

当采用海曾—威廉公式求解时，各条配水管线的非线性规划问题为

$$\min F_{M(j)} = \sum_{i=1}^{M(j)} (a + b D_i^{\alpha}) l_i + k_p (q_1 \cdot h_0)^{m_p} \tag{8-65}$$

$$h_0 = \left[ \sum_{i=1}^{M(j)} (10.654 C^{-1.852}) l_i \frac{q_i^{1.852}}{D_i^{4.87}} \right] + (z_n + H - z_0) \tag{8-66}$$

式中　　$M$（$j$）——管段 $j$ 作为供水末端管段时配水管线中的管段总数；

$q_1$——泵站供应到配水管线的流量。

计算过程与 8.4.3 节介绍的内容类似，可采用遗传算法求各管段新的直径 $D$。

本例中假设管线均为球墨铸铁管，$a=111.16$，$b=3136.47$，$\alpha=1.50$。泵站成本函数中参数取 $k_p=2000000$，$m_p=0.3524$。节点最小自由水头取 $H=16\text{m}$。构造的各配水管线非线性规划问题为

$$\min F_{M(j)} = 111.16 \sum_{i=1}^{M(j)} l_i + 3136.47 \sum_{i=1}^{M(j)} D_i^{1.50} l_i + 2000000 (q_1 \cdot h_0)^{0.3524}$$

$$h_0 = \left[ 0.0017654 \sum_{i=1}^{M(j)} l_i \frac{q_i^{1.852}}{D_i^{4.87}} \right] + (z_n + 16 - z_0)$$

式中 $q_1$ 和 $z_0$ 分别为配水管线起端的流量和水面标高。本例中有三个水源点，初步计算中各配水管线对应的 $q_1$ 和 $z_0$ 见表 8-25。

**不同配水管线采用的 $q_1$ 和 $z_0$ 值**　　　　表 8-25

| 配水管线末端管段编号 | 泵站供水量 $q_1$（L/s） | 泵站集水井水位 $z_0$（m） |
|---|---|---|
| 1、2、3、4、12、13、14 | 28.17 | 130.00 |
| 5、6、10、11、15、16、17、18、19、28 | 32.31 | 130.00 |
| 7、8、9、20、21、22、23、24、25、26、27 | 32.71 | 129.00 |

通过计算，各配水管线的管段直径见表 8-26。各管段实际直径将采用与计算直径最接近的规格管径，见表 8-26 中的最后一列。

**配水管线管道直径**　　　　表 8-26

| 管段（$j$） | 配水管线内所含管段及其直径（mm） | | | | | 最大管径（mm） | 所选规格管径（mm） |
|---|---|---|---|---|---|---|---|
| | $i=1$ | $i=2$ | $i=3$ | $i=4$ | $i=5$ | | |
| 1 | 1：227 | | | | | 229 | 250 |
| 2 | 1：226 | 2：222 | | | | 225 | 250 |
| 3 | 1：227 | 2：223 | 3：184 | | | 186 | 200 |
| 4 | 1：229 | 2：225 | 3：186 | 4：139 | | 139 | 150 |

| 管段（$j$） | 配水管线内所含管段及其直径（mm） | | | | | 最大管径<br>（mm） | 所选规格<br>管径（mm） |
| --- | --- | --- | --- | --- | --- | --- | --- |
| | $i=1$ | $i=2$ | $i=3$ | $i=4$ | $i=5$ | | |
| 5 | 11：243 | 10：221 | 5：82 | | | 82 | 100 |
| 6 | 11：242 | 10：220 | 6：135 | | | 135 | 150 |
| 7 | 9：242 | 8：211 | 7：187 | | | 187 | 200 |
| 8 | 9：242 | 8：212 | | | | 213 | 200 |
| 9 | 9：239 | | | | | 243 | 250 |
| 10 | 11：237 | 10：221 | | | | 223 | 200 |
| 11 | 11：241 | | | | | 243 | 250 |
| 12 | 1：228 | 2：224 | 12：148 | | | 148 | 150 |
| 13 | 1：225 | 2：221 | 12：146 | 13：109 | | 109 | 100 |
| 14 | 1：225 | 2：222 | 3：182 | 14：100 | | 100 | 100 |
| 15 | 11：238 | 10：222 | 18：167 | 17：145 | 15：91 | 91 | 100 |
| 16 | 11：239 | 10：223 | 18：167 | 16：74 | | 74 | 100 |
| 17 | 11：237 | 10：221 | 18：166 | 17：144 | | 145 | 150 |
| 18 | 11：240 | 10：223 | 18：167 | | | 167 | 150 |
| 19 | 11：235 | 10：219 | 18：164 | 17：143 | 19：89 | 89 | 100 |
| 20 | 9：240 | 8：210 | 7：186 | 21：145 | 20：102 | 102 | 100 |
| 21 | 9：240 | 8：210 | 7：186 | 21：145 | | 145 | 150 |
| 22 | 9：239 | 8：209 | 7：185 | 22：111 | | 111 | 100 |
| 23 | 9：243 | 8：213 | 23：104 | | | 104 | 100 |
| 24 | 9：241 | 24：141 | | | | 141 | 150 |
| 25 | 9：238 | 24：140 | 25：110 | | | 110 | 100 |
| 26 | 9：238 | 24：140 | 25：110 | 26：74 | | 74 | 100 |
| 27 | 9：240 | 27：107 | | | | 107 | 100 |
| 28 | 11：243 | 28：120 | | | | 120 | 100 |

表 8-26 中采用的规格管径是根据最初假设的管道直径，在获得估计的管段流量下确定的。下一步应利用该规格管径，获得新的管段流量，再次产生新的配水管线路径。重复确定管段尺寸和水力分析，直到两次结果很接近。

应根据最终确定的管段直径和流量，在保证管网最不利点自由水头情况下，确定各泵站总出水水头。例如，如果最终管段尺寸为表 8-26 中的情况，经水力计算，可知最不利点为节点 18，在保证其自由水头 16.00m 下，泵站 P1、P2 和 P3 的总出水水头分别为 149.71m、149.21m 和 150.71m。考虑集水井 Res1、Res2 和 Res3 的水位分别为 130.00m、129.00m 和 130.00m，可得泵站 P1、P2 和 P3 的提升扬程分别为 19.71m、20.21m 和 20.71m。

## 8.8 多水源环状系统

### 8.8.1 重力系统

多水源环状重力系统示例如图 8-22 所示，含有 36 条管段、22 个连接节点和 2 个水源节点，图中表示了管段编号和长度，节点编号、标高和流量。管网的两个水源点 Res1 和

Res2 分别位于节点 1 和节点 24。节点最小自由水头要求 $H=16\mathrm{m}$。水的运动黏度 $\nu=1.00 \times 10^{-6}\mathrm{m}^2/\mathrm{s}$。管道绝对粗糙度取 0.25mm。

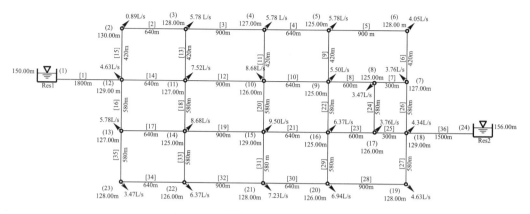

图 8-22　多水源环状重力管网示意图

在不同管径取值下，配水管网中管段流量不是唯一值。为初步确定管网内水流方向，假设所有管段直径均为 0.2m。经水力分析，可求出各管段的初始流向和流量，如图 8-23 所示。

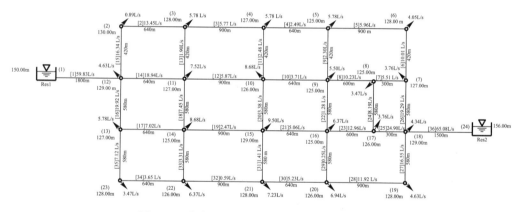

图 8-23　多水源环状重力系统初步水力分析结果

然后选择管线水流路径，即针对某条管段，按照上游来水方向，依次选择流量较大的管段，直到水源节点为止，形成流到某管段的水流路径。本例形成的配水管线见表 8-27。

从水源点到各管段的配水管线

表 8-27

| 管段（$j$） | 配水管线内所含管段 | | | | | $M$（$j$） |
|---|---|---|---|---|---|---|
| | $i=1$ | $i=2$ | $i=3$ | $i=4$ | $i=5$ | |
| 1 | 1 | | | | | 1 |
| 2 | 1 | 15 | 2 | | | 3 |
| 3 | 1 | 15 | 2 | 3 | | 4 |
| 4 | 36 | 26 | 6 | 5 | 4 | 5 |
| 5 | 36 | 26 | 6 | 5 | | 4 |
| 6 | 36 | 26 | 6 | | | 3 |

227

| 管段（j） | 配水管线内所含管段 | | | | | $M(j)$ |
|---|---|---|---|---|---|---|
| | $i=1$ | $i=2$ | $i=3$ | $i=4$ | $i=5$ | |
| 7 | 36 | 26 | 7 | | | 3 |
| 8 | 36 | 25 | 24 | 8 | | 4 |
| 9 | 36 | 25 | 24 | 8 | 9 | 5 |
| 10 | 36 | 25 | 24 | 8 | 10 | 5 |
| 11 | 1 | 15 | 2 | 3 | 11 | 5 |
| 12 | 1 | 14 | 12 | | | 3 |
| 13 | 1 | 15 | 2 | 13 | | 4 |
| 14 | 1 | 14 | | | | 2 |
| 15 | 1 | 15 | | | | 2 |
| 16 | 1 | 16 | | | | 2 |
| 17 | 1 | 16 | 17 | | | 3 |
| 18 | 1 | 14 | 18 | | | 3 |
| 19 | 1 | 14 | 18 | 19 | | 4 |
| 20 | 1 | 14 | 12 | 20 | | 4 |
| 21 | 36 | 25 | 23 | 21 | | 4 |
| 22 | 36 | 25 | 23 | 22 | | 4 |
| 23 | 36 | 25 | 23 | | | 3 |
| 24 | 36 | 25 | 24 | | | 3 |
| 25 | 36 | 25 | | | | 2 |
| 26 | 36 | 26 | | | | 2 |
| 27 | 36 | 27 | | | | 2 |
| 28 | 36 | 27 | 28 | | | 3 |
| 29 | 36 | 25 | 23 | 29 | | 4 |
| 30 | 36 | 27 | 28 | 30 | | 4 |
| 31 | 36 | 25 | 23 | 21 | 31 | 5 |
| 32 | 1 | 16 | 35 | 34 | 32 | 5 |
| 33 | 1 | 14 | 18 | 33 | | 4 |
| 34 | 1 | 16 | 35 | 34 | | 4 |
| 35 | 1 | 16 | 35 | | | 3 |
| 36 | 36 | | | | | 1 |

本例中假设管线均采用球墨铸铁管，$a=111.16$，$b=3136.47$，$\alpha=1.50$。当采用达西—维斯巴赫公式求解时，各配水管线的最优管径计算为：

$$D_i^* = \begin{cases} (\lambda_i q_i^2)^{0.1538}\left[\dfrac{0.0826}{134-z_n}\sum\limits_{i=1}^{M(j)} l_i(\lambda_i q_i^2)^{0.2308}\right]^{0.2} & \text{（当水源点为 Res1 时）} \\ (\lambda_i q_i^2)^{0.1538}\left[\dfrac{0.0826}{129-z_n}\sum\limits_{i=1}^{M(j)} l_i(\lambda_i q_i^2)^{0.2308}\right]^{0.2} & \text{（当水源点为 Res2 时）} \end{cases}$$

$$\lambda_i = \frac{0.25}{\left\{\lg\left[\dfrac{0.000067568}{D_i}+0.000022366\times\left(\dfrac{D_i}{q_i}\right)^{0.9}\right]\right\}^2}$$

通过迭代计算，各配水管线的管段直径见表 8-28。由表 8-22、表 8-27 和表 8-28 可以看出，大量管段被各配水管线共用。每一配水管线中计算出不同的管段尺寸。为满足节点自由水压和期望流量，各管段的直径将采用计算值中的最大值，见表 8-28 的倒数第二列；将管段直径转换为最接近的规格管径，见表 8-28 的最后一列。

根据采用的管段直径，应再次进行管网水力分析，得出另一组管段流量。利用新的管段流量和流向，重新产生以各管段为末端管段的配水管线。新的配水管线组再次产生新的管段直径。该过程重复，直到前后两次结果很接近为止。

**配水管线管道直径** 表 8-28

| 管段（$j$） | 配水管线内所含管段及其直径（m） | | | | | 最大管径（m） | 所选规格管径（m） |
|---|---|---|---|---|---|---|---|
| | $i=1$ | $i=2$ | $i=3$ | $i=4$ | $i=5$ | | |
| 1 | 1：0.296 | | | | | 0.368 | 0.350 |
| 2 | 1：0.325 | 15：0.223 | 2：0.211 | | | 0.211 | 0.200 |
| 3 | 1：0.297 | 15：0.204 | 2：0.193 | 3：0.151 | | 0.151 | 0.150 |
| 4 | 36：0.338 | 26：0.237 | 6：0.196 | 5：0.169 | 4：0.132 | 0.132 | 0.150 |
| 5 | 36：0.334 | 26：0.234 | 6：0.194 | 5：0.167 | | 0.169 | 0.150 |
| 6 | 36：0.426 | 26：0.300 | 6：0.248 | | | 0.248 | 0.250 |
| 7 | 36：0.322 | 26：0.226 | 7：0.158 | | | 0.158 | 0.150 |
| 8 | 36：0.330 | 25：0.249 | 24：0.181 | 8：0.193 | | 0.207 | 0.200 |
| 9 | 36：0.332 | 25：0.251 | 24：0.182 | 8：0.194 | 9：0.127 | 0.127 | 0.150 |
| 10 | 36：0.354 | 25：0.268 | 24：0.194 | 8：0.207 | 10：0.155 | 0.155 | 0.150 |
| 11 | 1：0.292 | 15：0.200 | 2：0.189 | 3：0.148 | 11：0.116 | 0.116 | 0.100 |
| 12 | 1：0.310 | 14：0.222 | 12：0.158 | | | 0.188 | 0.200 |
| 13 | 1：0.293 | 15：0.200 | 2：0.190 | 13：0.108 | | 0.108 | 0.100 |
| 14 | 1：0.285 | 14：0.204 | | | | 0.263 | 0.250 |
| 15 | 1：0.314 | 15：0.216 | | | | 0.223 | 0.200 |
| 16 | 1：0.282 | 16：0.205 | | | | 0.236 | 0.250 |
| 17 | 1：0.301 | 16：0.219 | 17：0.162 | | | 0.162 | 0.150 |
| 18 | 1：0.301 | 14：0.215 | 18：0.164 | | | 0.173 | 0.150 |
| 19 | 1：0.317 | 14：0.227 | 18：0.173 | 19：0.126 | | 0.126 | 0.150 |
| 20 | 1：0.368 | 14：0.263 | 12：0.188 | 20：0.161 | | 0.161 | 0.150 |
| 21 | 36：0.315 | 25：0.238 | 23：0.196 | 21：0.150 | | 0.213 | 0.200 |
| 22 | 36：0.327 | 25：0.247 | 23：0.204 | 22：0.105 | | 0.105 | 0.100 |
| 23 | 36：0.323 | 25：0.244 | 23：0.202 | | | 0.278 | 0.300 |
| 24 | 36：0.321 | 25：0.243 | 24：0.176 | | | 0.194 | 0.200 |
| 25 | 36：0.331 | 25：0.250 | | | | 0.336 | 0.350 |
| 26 | 36：0.365 | 26：0.256 | | | | 0.256 | 0.250 |
| 27 | 36：0.417 | 27：0.281 | | | | 0.298 | 0.300 |
| 28 | 36：0.350 | 27：0.235 | 28：0.214 | | | 0.272 | 0.250 |
| 29 | 36：0.344 | 25：0.260 | 23：0.215 | 29：0.070 | | 0.070 | 0.100 |
| 30 | 36：0.443 | 27：0.298 | 28：0.272 | 30：0.215 | | 0.215 | 0.200 |
| 31 | 36：0.443 | 25：0.336 | 23：0.278 | 21：0.213 | 31：0.148 | 0.148 | 0.150 |
| 32 | 1：0.290 | 16：0.211 | 35：0.156 | 34：0.129 | 32：0.077 | 0.077 | 0.100 |
| 33 | 1：0.287 | 14：0.206 | 18：0.157 | 33：0.124 | | 0.124 | 0.100 |

| 管段（$j$） | 配水管线内所含管段及其直径（m） | | | | | 最大管径（m） | 所选规格管径（m） |
|---|---|---|---|---|---|---|---|
| | $i=1$ | $i=2$ | $i=3$ | $i=4$ | $i=5$ | | |
| 34 | 1：0.287 | 16：0.209 | 35：0.155 | 34：0.128 | | 0.128 | 0.150 |
| 35 | 1：0.326 | 16：0.236 | 35：0.176 | | | 0.176 | 0.200 |
| 36 | 36：0.293 | | | | | 0.443 | 0.450 |

### 8.8.2 提升系统

多水源环状提升系统布局示例如图 8-24 所示，含有 37 条管段、26 个连接节点和 3 座泵站，图中列出了节点编号、标高和流量；管段编号和长度，泵站集水井水位。

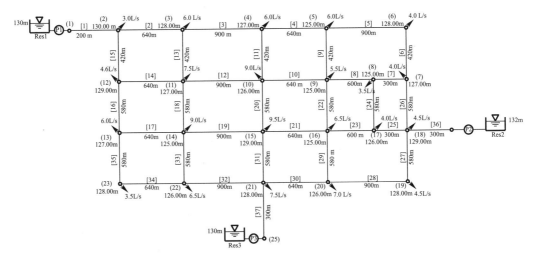

图 8-24 多水源环状提升配水系统

多水源环状提升系统在管段不同直径选择情况下，管段内流量也是不同的，因此需要执行管网水力分析。为初步确定管网内水流方向，假设所有管段直径为 0.2m。采用海曾－威廉公式求解，取 $C_{HW}=110$，可求出各管段的初始流向和流量，如图 8-25 所示。

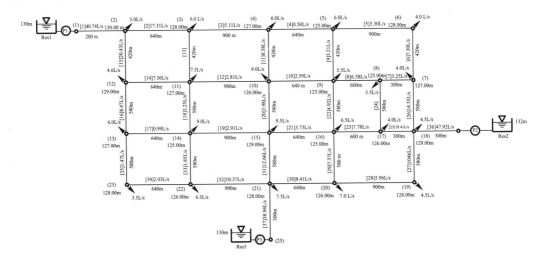

图 8-25 多水源环状提升系统初步水力分析结果

然后采用水流路径选择方法，计算各水流路径管线的最优管径。针对某条管段，按照上游来水量较大相邻管段为原则，依次选择管段，直到水源节点为止，形成水流路径。对于本例，形成的不同配水管线路径见表8-29。

**从水源点到各管段的配水管线**　　　　表 8-29

| 管段（$j$） | 配水管线内所含管段 | | | | | $M$（$j$） |
| --- | --- | --- | --- | --- | --- | --- |
| | $i=1$ | $i=2$ | $i=3$ | $i=4$ | $i=5$ | |
| 1 | 1 | | | | | 1 |
| 2 | 1 | 2 | | | | 2 |
| 3 | 1 | 2 | 3 | | | 3 |
| 4 | 36 | 26 | 6 | 5 | 4 | 5 |
| 5 | 36 | 26 | 6 | 5 | | 4 |
| 6 | 36 | 26 | 6 | | | 3 |
| 7 | 36 | 26 | 7 | | | 3 |
| 8 | 36 | 25 | 24 | 8 | | 4 |
| 9 | 36 | 25 | 24 | 8 | 9 | 5 |
| 10 | 36 | 25 | 24 | 8 | 10 | 5 |
| 11 | 37 | 31 | 20 | 11 | | 4 |
| 12 | 1 | 15 | 14 | 12 | | 4 |
| 13 | 1 | 2 | 13 | | | 3 |
| 14 | 1 | 15 | 14 | | | 3 |
| 15 | 1 | 15 | | | | 2 |
| 16 | 1 | 15 | 16 | | | 3 |
| 17 | 1 | 15 | 16 | 17 | | 4 |
| 18 | 1 | 15 | 14 | 18 | | 4 |
| 19 | 37 | 31 | 19 | | | 3 |
| 20 | 37 | 31 | 20 | | | 3 |
| 21 | 36 | 25 | 23 | 21 | | 4 |
| 22 | 36 | 25 | 23 | 22 | | 4 |
| 23 | 36 | 25 | 23 | | | 3 |
| 24 | 36 | 25 | 24 | | | 3 |
| 25 | 36 | 25 | | | | 2 |
| 26 | 36 | 26 | | | | 2 |
| 27 | 36 | 27 | | | | 2 |
| 28 | 36 | 27 | 28 | | | 3 |
| 29 | 37 | 30 | 29 | | | 3 |
| 30 | 37 | 30 | | | | 2 |
| 31 | 37 | 31 | | | | 2 |
| 32 | 37 | 32 | | | | 2 |
| 33 | 37 | 32 | 33 | | | 3 |
| 34 | 37 | 32 | 34 | | | 3 |
| 35 | 1 | 15 | 16 | 35 | | 4 |
| 36 | 36 | | | | | 1 |
| 37 | 37 | | | | | 1 |

当采用海曾—威廉公式求解时，各条配水管线的非线性规划问题为

$$\min F_{M(j)} = \sum_{i=1}^{M(j)} (a + bD_i^\alpha) l_i + k_p (q_1 \cdot h_0)^{m_p} \tag{8-67}$$

$$h_0 = \left[ \sum_{i=1}^{M(j)} (10.654 C^{-1.852}) l_i \frac{q_i^{1.852}}{D_i^{4.87}} \right] + (z_n + H - z_0) \tag{8-68}$$

式中　$M(j)$——管段 $j$ 作为供水末端管段时配水管线中的管段总数；

$q_1$——泵站供应到配水管线的流量。

计算过程与 8.4.3 节介绍的内容类似，可采用遗传算法求各管段新的直径。

本例中假设管线均为球墨铸铁管，$a = 111.16$，$b = 3136.47$，$\alpha = 1.50$。泵站成本函数中参数取 $k_p = 2000000$，$m_p = 0.3524$。节点最小自由水头取 $H = 16m$。构造的各配水管线非线性规划问题为

$$\min F_{M(j)} = 111.16 \sum_{i=1}^{M(j)} l_i + 3136.47 \sum_{i=1}^{M(j)} D_i^{1.50} l_i + 2000000 (q_1 \cdot h_0)^{0.3524}$$

$$h_0 = \left[ 0.0017654 \sum_{i=1}^{M(j)} l_i \frac{q_i^{1.852}}{D_i^{4.87}} \right] + (z_n + 16 - z_0)$$

式中 $q_1$ 和 $z_0$ 分别为配水管线起端的流量和水面标高。本例中有三个水源点，初步计算中各配水管线对应的 $q_1$ 和 $z_0$ 见表 8-30。

不同配水管线采用的 $q_1$ 和 $z_0$ 值　　　　　　　　　　　　　表 8-30

| 配水管线末端管段编号 | 泵站供水量 $q_1$（L/s） | 泵站集水井水位 $z_0$（m） |
|---|---|---|
| 1、2、3、12、13、14、15、16、17、18、35 | 40.74 | 130.00 |
| 4、5、6、7、8、9、10、21、22、23、24、25、26、27、28、36 | 47.92 | 132.00 |
| 11、19、20、29、30、31、32、33、34、37 | 38.94 | 130.00 |

通过计算，各配水管线的管段直径见表 8-31。各管段实际直径将采用与计算直径最接近的规格管径，见表 8-31 中的最后一列。

表 8-31 中采用的规格管径是根据最初假设的管道直径，在获得估计的管段流量下确定的。下一步应利用该规格管径，获得新的管段流量，再次产生新的配水管线路径。重复确定管道尺寸和水力分析，直到两次结果很接近。

应根据最终确定的管段直径和管段流量，在保证管网最不利点自由水头情况下，确定各泵站总出水水头。例如，如果最终管段尺寸为表 8-31 中的情况，经水力计算，可知最不利点为节点 32，在保证其自由水头 16.00m 下，泵站 P1、P2 和 P3 的总出水水头分别为 147.28m、149.28m 和 147.28m。考虑集水井 Res1、Res2 和 Res3 的水位分别为 130.00m、129.00m 和 130.00m，可得泵站 P1、P2 和 P3 的提升扬程均为 17.28m。

配水管线管道直径　　　　　　　　　　　　　　　　　　表 8-31

| 管段（$j$） | 配水管线内所含管段及其直径（mm） | | | | | 最大管径（mm） | 所选规格管径（mm） |
|---|---|---|---|---|---|---|---|
| | $i=1$ | $i=2$ | $i=3$ | $i=4$ | $i=5$ | | |
| 1 | 1：258 | | | | | 262 | 250 |
| 2 | 1：258 | 2：201 | | | | 202 | 200 |
| 3 | 1：258 | 2：201 | 3：141 | | | 141 | 150 |
| 4 | 36：276 | 26：195 | 6：160 | 5：127 | 4：73 | 73 | 100 |

| 管段（$j$） | 配水管线内所含管段及其直径（mm） | | | | | 最大管径（mm） | 所选规格管径（mm） |
|---|---|---|---|---|---|---|---|
| | $i=1$ | $i=2$ | $i=3$ | $i=4$ | $i=5$ | | |
| 5 | 36：282 | 26：199 | 6：163 | 5：129 | | 129 | 150 |
| 6 | 36：277 | 26：196 | 6：160 | | | 163 | 150 |
| 7 | 36：286 | 26：201 | 7：130 | | | 130 | 150 |
| 8 | 36：283 | 25：214 | 24：159 | 8：157 | | 157 | 150 |
| 9 | 36：281 | 25：213 | 24：158 | 8：156 | 9：128 | 128 | 150 |
| 10 | 36：278 | 25：211 | 24：157 | 8：155 | 10：119 | 119 | 100 |
| 11 | 37：264 | 31：190 | 20：136 | 11：68 | | 68 | 100 |
| 12 | 1：259 | 15：212 | 14：158 | 12：119 | | 119 | 100 |
| 13 | 1：259 | 2：202 | 13：150 | | | 150 | 150 |
| 14 | 1：259 | 15：212 | 14：158 | | | 159 | 150 |
| 15 | 1：258 | 15：211 | | | | 215 | 200 |
| 16 | 1：259 | 15：212 | 16：164 | | | 166 | 150 |
| 17 | 1：262 | 15：215 | 16：166 | 17：89 | | 89 | 100 |
| 18 | 1：262 | 15：214 | 14：159 | 18：125 | | 125 | 150 |
| 19 | 37：259 | 31：186 | 19：122 | | | 122 | 100 |
| 20 | 37：257 | 31：186 | 20：133 | | | 136 | 150 |
| 21 | 36：273 | 25：207 | 23：161 | 21：130 | | 130 | 150 |
| 22 | 36：282 | 25：214 | 23：166 | 22：146 | | 146 | 150 |
| 23 | 36：284 | 25：215 | 23：168 | | | 168 | 150 |
| 24 | 36：285 | 25：215 | 24：160 | | | 160 | 150 |
| 25 | 36：279 | 25：211 | | | | 215 | 200 |
| 26 | 36：280 | 26：198 | | | | 201 | 200 |
| 27 | 36：278 | 27：179 | | | | 180 | 200 |
| 28 | 36：280 | 27：180 | 28：153 | | | 153 | 150 |
| 29 | 37：259 | 30：166 | 29：160 | | | 160 | 150 |
| 30 | 37：259 | 30：166 | | | | 166 | 150 |
| 31 | 37：253 | 31：183 | | | | 190 | 200 |
| 32 | 37：258 | 32：175 | | | | 176 | 200 |
| 33 | 37：259 | 32：176 | 33：107 | | | 107 | 100 |
| 34 | 37：253 | 32：172 | 34：107 | | | 107 | 100 |
| 35 | 1：257 | 15：210 | 16：163 | 35：98 | | 98 | 100 |
| 36 | 36：278 | | | | | 286 | 300 |
| 37 | 37：257 | | | | | 264 | 250 |

# 第9章 输水管渠

## 9.1 输水方式

给水系统中，从水源输水到净水厂或从净水厂到给水区的管线称为输水管渠。从水源输水到净水厂的管线也称作浑水管渠或原水管渠；从净水厂到给水区的管线也称作清水管渠。输水管渠主要起输水、引水或送水作用，沿管线无配水功能，仅在少数位置处有集中流量流出。

根据水源和给水区的地形高差及地形变化，输水管渠可采用无压重力输水（明渠和暗渠）、有压重力输水、加压输水、重力和加压组合输水等（见图9-1）。

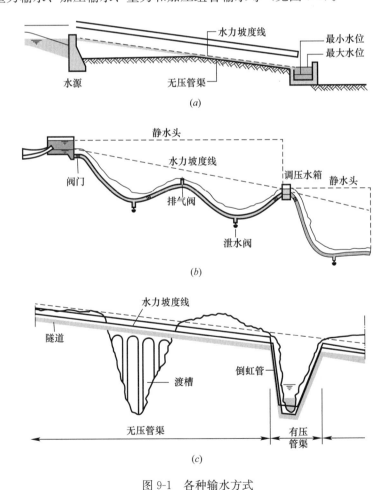

图9-1 各种输水方式

（a）无压重力输水；（b）有压重力输水；（c）无压重力与有压重力组合输水

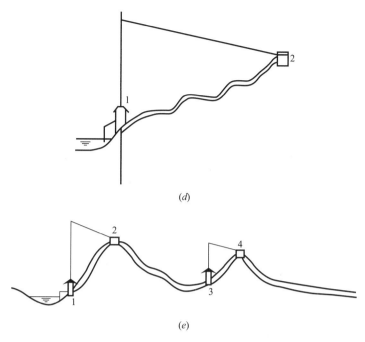

图 9-1　各种输水方式（续）

（d）水泵加压输水；（e）重力和加压组合输水

1、3-泵站；2、4-高位水池

输水方式的选择应考虑如下原则：①有良好的卫生防护条件，输水过程中保证水质不受污染；②输水量稳定可靠；③运行安全可靠、维护管理方便。

当高差足够、地形适宜时且输送原水水量较大时，可采用明渠输水。当输水量较小时或冬季有结冰地区，不宜采用明渠输水。输水明渠具有自由水面，需顺坡布置，渠底坡度和水面坡度近似等于水力坡度。当采用明渠输水时，输水线路的选择应尽量避免人类生活和生产活动造成的水质污染，且应有卫生防护措施，应计算输水过程中渗漏、蒸发等水量损失。为防止水质污染，明渠不宜输送出厂水。

当高差足够、距离较长，在地形适宜时可采用无压重力暗渠输水。采用无压暗渠输水时，应设置检查井、通气孔、跌水井、减压井或其他控制水位的设施。当采用直径小于700mm 的圆形断面时，检查井间距不宜大于 200m；当圆管直径大于 700mm 时，检查井间距不宜大于 400m。通气井或兼有通气作用的检查井，其井盖应考虑同期的可靠性，不宜采用普通不透气井盖。

明渠和无压暗渠输水方式的流量调节应通过管渠首端控制，宜根据流量调节响应时间和用水情况，合理设置相应的调节构筑物。流量调节响应时间计算为：

$$t = \sum_{i=1}^{n} L_i / V_i \qquad (9\text{-}1)$$

式中　　$t$——流量调节响应时间，即水流流达时间，s；

　　　　$L_i$——计算段 $i$ 管渠长度，m；

　　　　$V_i$——计算段 $i$ 管渠内水流平均速度，m/s；

　　　　$n$——计算管渠分段数。

当有足够的可利用输水地形高差时，宜优先选择有压重力输水方式。选择重力输水时，应充分利用地形高差，使输送设计流量时所采用的管径较小，以求得最佳经济效益。重力输水管道的最大流速不宜大于3m/s。当流速大于3m/s时，应经过水锤分析，设置减压消能装置和其他水锤防护措施。当重力输水管道进口端水位变化较大时，应加装减压消能装置。当重力输水管道在较低流量运行工况下产生较大富余水头时，也应加装减压消能装置。

当没有可利用的输水地形高差时，可选用水泵加压输水方式。

在可利用输水高差较小时，可选用重力和加压组合输水方式。当采用多级重力和加压组合输水方式时，应设置流量调节设施，避免造成管道发生断流水锤。对有压输水管道，应根据管径大小设置适当数量的检修人孔。

当采用承压山洞或涵洞输水方式时，应保证其排气的可靠性。

## 9.2 输水管渠定线及设计参数

1. 输水管渠定线

当水源、水厂和给水区的位置较近时，输水管渠定线不是突出问题。但是对于几十公里甚至几百公里外取水的远距离输水管渠，应根据输水方式、地形、工程地质、交通运输等条件，经多方案比较后选择线路走向。

输水管渠应少占农田或不占农田。线路应力求顺直，宜沿道路定线。应尽量避免经过地形起伏过大的地区，尽量减少泵站数量。应尽量避开滑坡、崩塌、沉陷、泥石流、沼泽、海滩、沙滩、河谷等工程地质不良地段；应尽量避开高地下水位地区、洪水淹没和冲刷地区、抗震设防烈度高于7度地区的活动断裂带以及人口稠密区；当受条件限制必须通过时，应采取可靠防护措施。

输水管线定线应与障碍物跨越工程结合，尽量减少与天然或人工障碍物交叉。当必须与河流、湖泊、公路、铁路等交叉时，应尽可能利用现有穿跨越设施。线路不宜通过厂矿企业地区。

2. 设计流量

原水输水管渠设计流量应按净水厂最高日平均时供水量加上输水管渠的漏失水量、净水厂自用水量确定。清水管渠设计流量应按最高日最高时用水条件下，净水厂的送水量确定。如果输水管渠不是全天24h运行，其设计流量应结合蓄水设施（水池或水塔）容积确定。

城镇供水的事故流量不应低于设计流量的70%；工业企业的事故流量应按有关工艺要求确定。

3. 输水管渠条数

输水管渠条数主要根据输水量、事故时需保证的用水量、输水管渠长度、当地有无其他水源和用水量增长情况而定。规划长距离输水管线或供水不允许间断时，输水管不宜少于两条。当其中一条发生事故时，另一条管线的事故给水量不应小于正常给水量的70%。当城市为多水源给水或具备应急水源、安全水池等条件时；或当输水量小、输水管长、有其他水源可以利用时，可考虑单管渠输水另加调节水池的方案。

为避免输水管渠局部损坏时，导致输水量降低过多，可在平行的2条或3条输水管渠之间设置连通管，并装置必要的阀门，以缩小事故检修时的断水范围。当输水管直径小于或等于 $DN400$ 时，阀门直接应与输水管直径相同；当管径大于 $DN500$ 时，可通过经济比较确定是否缩小阀门口径，但不得小于输水管直径的 $80\%$。连通管及阀门的布置一般可以参照图9-2所示的方式选用：$(a)$ 为常用布置形式；$(b)$ 布置的阀门较少，但管道需立体交叉、配件较多，故较少采用；当供水要求安全极高，包括检修任一阀门都不得中断供水时，可采用 $(c)$ 布置，在连通管上增设一只阀门。

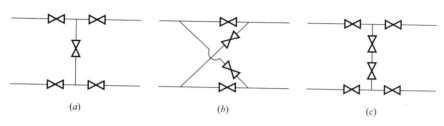

图9-2　阀门及连通管布置

$(a)$ 5阀布置；$(b)$ 4阀布置；$(c)$ 6阀布置

4. 设计压力

作为设计参数的压力仅与有压管道相关。因为输水管道很少向用户配水，水压应尽可能保持很低；但在各种设计工况下运行时，管道内任何位置不应出现负压。为防止污染物由破损处或故障处进入管道，管道中的运行压力应总是不低于 $4\sim5m$ 水柱高度。

作为长距离输水或特定地形的结果，管道内会出现高压。重力供水过程中不会出现最大压力运行条件。但当管线停止运行时，管线内局部位置在静压作用下，会出现高压现象（图9-3）。为防止这种情况发生，可在管渠中适当位置设置泄压水箱，限制管线内的静压。

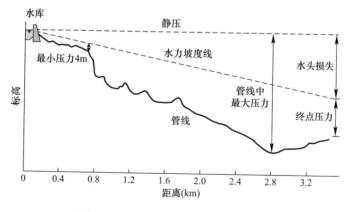

图9-3　有压重力输水管线中压力分布

如图9-4所示输水管线纵断面示意图。全线选用同一管径时，水力坡度为 $i$，在地形较高处水压线将在输水管以下，管中压力低于大气压。将管线分成三段，在 $a$ 和 $b$ 点设置水池后，$a$ 点的水压下降，$b$ 点不再出现负压，但附近管线中的压力增加不多。管线分段后，降低了输水管终端和中间各点的静水压力，各段的静水压力不大于 $H_1$、$H_2$ 和 $H_3$，远低于 $H$ 值。

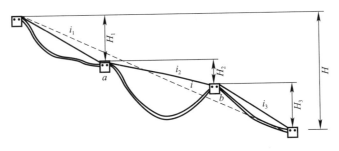

图 9-4　水池对输水管线压力分布的改善

如果向高处输水,则管线最大压力位置将在泵站附近(图 9-5)。为避免泵站处的压力过高,沿输水路径可采取多级水泵提升方式。《城镇供水长距离输水管(渠)道工程技术规程》ECS 193:2005 中规定,当水泵加压总扬程不大于 90m,且输水距离不大于 50km 时,宜采用单级加压方式。当水泵加压总扬程大于 90m 时,应通过技术经济比较,选择加压级数。

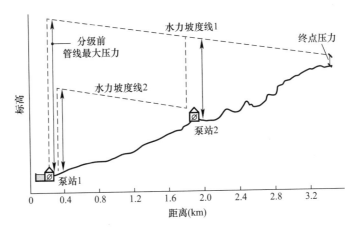

图 9-5　水泵加压输水管线压力分布

5. 设计流量范围

设计流速范围应考虑以下两个方面的因素:为防止管渠内沉淀和微生物生长,需要大于特定最小流速;为控制管渠水头损失不致过大、减少水锤影响,需要小于特定最大流速。

未加衬的运河、渡槽、隧道中的流速常取 0.4~1.0m/s;内衬明渠流速常取 0.4~2.0m/s。有压管道流速不宜大于 3.0m/s,不宜小于 0.6m/s;常取 1~2m/s。

6. 水池容积

当输水管道高差大或距离很长需要多级加压,或重力输水需要分段时,可设调节水池;调节水池容积应根据工艺要求通过工况分析和水力计算确定。当输水规模不大或要求不高时,重力输水管道中间的水池容积可按不小于 5min 的最大设计水量确定。压力流输水管道中间水泵吸水池的容积不应小于泵站内一台大水泵 15min 的设计出水量。重力输水管道与压力输水管道间的连接水池,应按下游输水管道要求设计水池调节容积。

7. 泄水阀和排气阀

输水管的最小坡度应大于 1:5D,D 为管径,以 mm 计。输水管线坡度小于 1:1000 时,宜每隔 0.5~1km 设置排气阀。即使在平坦地区,埋管时也应做成上升和下降的坡度，以便在管坡顶点设排气阀，管坡低处设泄水阀（图 9-6）。

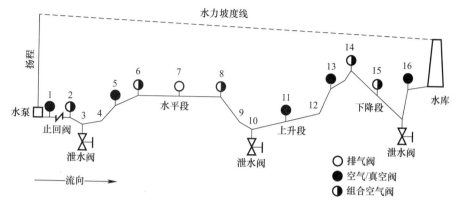

| 编号 | 描述 | 建议类型 | 编号 | 描述 | 建议类型 |
|---|---|---|---|---|---|
| 1 | 水泵出口 | 空气/真空阀 | 9 | 下坡坡度变缓点 | 不需要阀门 |
| 2 | 下坡段起点 | 组合空气阀 | 10 | 低点 | 泄水阀 |
| 3 | 低点 | 泄水阀 | 11 | 上坡 | 空气/真空阀或组合空气阀 |
| 4 | 上坡坡度变陡点 | 不需要阀门 | 12 | 上坡坡度变陡点 | 不需要阀门 |
| 5 | 上坡坡度变缓点 | 空气/真空阀 | 13 | 上坡坡度变缓点 | 空气/真空阀或组合空气阀 |
| 6 | 水平段起点 | 组合空气阀 | 14 | 高点 | 组合空气阀 |
| 7 | 水平 | 空气/真空阀或组合空气阀 | 15 | 下坡 | 排气阀或组合空气阀 |
| 8 | 水平段终点 | 组合空气阀 | 16 | 上坡坡度变缓点 | 空气/真空阀或组合空气阀 |

图 9-6　排气阀和泄水阀设置示意图

　　输水管道泄水阀直径应经水力计算确定，可取输水管道直径的 1/5～1/4。当管道内静水压力很高时，泄水阀直径应根据静压力和泄水时间，经水力计算确定。检修和泄水阀门应具有良好的密封性能；在工作压力范围内关闭状态下，泄漏量应为零，且有良好的可靠性。在运行或试运行时兼调节流量的泄水阀，宜采用闸板阀。

　　一般情况下，每隔 1.0km 左右设置进气排气阀。进气排气阀的设置位置，应根据管路纵断面高程情况确定或经水锤防护计算确定。在寒冷地区，应采取保温措施保护进气排气阀。选用的进气排气阀应符合下列规定：

　　1）进气排气阀的口径在仅需满足排气功能时宜取输水管道直径的 1/12～1/8。在进排气功能均需满足时，宜取输水管道直径的 1/8～1/5；或经计算确定。排气阀有效排气口径不得小于其公称通径的 70%。

　　2）进气排气阀必须具有在输水管道内多段水柱气柱相间或存在多个不连续气囊情况下，连续快速（或大量）排除管道内任何一段气体的功能。即在有压条件下，进气排气阀内充满气体时，大小排气口均开启排气；充满水时均关闭而不漏水；出现负压时可向输水管道注气。

　　3）安装前宜进行性能检测：在不小于 0.1mPa 的恒压条件下，交替向进气排气阀体

239

内充水充气，排气阀大小排气口均做到充气开启高速排气，充水关闭不漏水，反复动作 3 次以上合格为止。

4）当管道压力较大，或工况复杂对水锤防护要求较高时，应采用具有缓冲功能的排气阀或大小排气阀组合使用。

8. 水锤分析和防护设计

小口径（DN600 以下）简单输水管道的水锤分析和防护设计，可参考同类工程或根据一般理论和经验等进行。复杂和高压力输水管道应经过非恒定流分析计算，进行水锤防护设计。

中等口径（DN600～DN1200）输水管道的水锤分析和防护设计，应经专门的分析计算后，确定水锤防护措施。

大口径（DN1200 以上）和特长距离输水管道的水锤分析和防护设计，除专门分析计算外，还应进行适当的验证计算，确定水锤防护措施。在具备条件时，大口径输水管道水锤防护计算可结合数字模拟技术进行。

水锤防护措施设计应保证输水管道最大水锤压力不超过（1.3～1.5）倍最大工作压力。对加压输水管道，事故停泵后的水泵反转速度不应大于其额定转速的 1.2 倍，超过额定转速的持续时间不应超过 2min。

## 9.3 有压输水管道技术经济计算

有压输水管道技术经济计算是在考虑各种设计目标前提下，求出投资偿还期内管道建设费用和运行管理费用之和为最小的管段直径或水头损失，也就是求出经济管径或经济水头损失（图 9-7）。

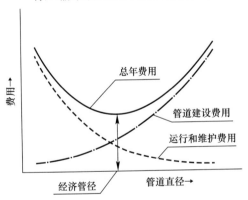

图 9-7 流量一定时的经济管径确定

### 9.3.1 管道年费用折算值

管道年费用折算值是指管道建设投资偿还期内管网建设费用和运行管理费用之和的年平均值，可用下式表示

$$W = C\left[\frac{i(1+i)^T}{(1+i)^T-1}\right] + Y_1 + Y_2 \quad (9\text{-}2)$$

式中 　$W$——年费用折算值，元/a；

　　　　$C$——管道系统建设费用，元；主要考虑管网造价；通常认为泵站、水塔和水池所占费用很小，可忽略不计。$C$ 值可表示为

$$C = \sum_{i=1}^{M} c_i l_i = \sum_{i=1}^{M} (a + b D_i^\alpha) l_i \quad (9\text{-}3)$$

式中 　$D_i$——管段 $i$ 的直径，m；

　　　　$c_i$——管段 $i$ 的单位长度造价，元/m；

　　　　$l_i$——管段 $i$ 的长度，m；

　　　　$M$——输水管道管段总数；

240

$a$、$b$、$\alpha$——管道单位长度造价统计参数；

$T$——管道系统建设投资偿还期，a；

$i$——年利率；

$Y_1$——管道系统每年折旧和大修费用，元/a；该项费用一般按管道系统建设投资费用的固定比率计，表示为

$$Y_1 = \frac{p}{100}C \tag{9-4}$$

式中　$p$——管道系统年折旧和大修费率，一般取 $p=2.5\sim3.0$。

$Y_2$——管道系统年运行费用，元/a；主要考虑泵站的年运行总电费；管网的技术管理和检修费用较小，可忽略不计。

泵站年运行费用按全年个小时运行电费累计计算，表示为：

$$Y_2 = \sum_{t=1}^{24\times365} \frac{\rho g q_{\mathrm{p}t} h_{\mathrm{p}t} E_t}{\eta_t} = \frac{86000\gamma E}{\eta} \cdot q_{\mathrm{p}} h_{\mathrm{p}} = P q_{\mathrm{p}} h_{\mathrm{p}} \tag{9-5}$$

式中　$E_t$——全年各小时电价，元/kWh。一般用电高峰、低谷和正常时间电价有所不同；

$\rho$——水的密度，近似取 1000kg/m³；

$g$——重力加速度，近似取 9.81m/s²；

$q_{\mathrm{p}t}$——泵站全年内小时 $t$ 的提升流量，m³/s；

$h_{\mathrm{p}t}$——泵站全年内小时 $t$ 的扬程，m；

$\eta_t$——泵站全年内小时 $t$ 的能量综合效率，为变压器效率、电机效率和机械传动效率之积；

$E$——泵站最大时用电电价，元/kWh；

$q_{\mathrm{p}}$——泵站最大时提升流量，m³/s；

$h_{\mathrm{p}}$——泵站最大时扬程，m，为水泵静扬程与管道水头损失之和，表示为

$$h_{\mathrm{p}} = H_{\mathrm{df}} + \sum_{i=1}^{M} \frac{kq_i^n}{D_i^m} l_i \tag{9-6}$$

式中　$H_{\mathrm{df}}$——水泵静扬程；

$k$，$m$，$n$——管段水头损失公式参数；

$\eta$——泵站最大时综合效率；

$P$——管道动力费用系数，元/(m³/s·m·a)，定义为

$$P = \frac{86000\gamma E}{\eta} \tag{9-7}$$

$\gamma$——泵站电费变化系数，即泵站全年平均时电费与最大时电费的比值，即

$$\gamma = \frac{\sum_{t=1}^{24\times365} \frac{\rho g q_{\mathrm{p}t} h_{\mathrm{p}t} E_t}{\eta_t}}{8760\rho g q_{\mathrm{p}} h_{\mathrm{p}} E/\eta} \tag{9-8}$$

将式（9-3）～式（9-6）代入式（9-2），得到有压输水管道系统年费用折算值为

$$W = \left[ \frac{i(1+i)^T}{(1+i)^T-1} + \frac{p}{100} \right] \sum_{i=1}^{M} (a+bD_i^{\alpha}) l_i + P q_{\mathrm{p}} \left( H_{\mathrm{df}} + \sum_{i=1}^{M} \frac{kq_i^n}{D_i^m} l_i \right) \tag{9-9}$$

### 9.3.2　压力输水管

当经水泵提升，由压力输水管送至水池或水塔等蓄水设施时，为求每一管段年费用折

算值为最小的经济管径，将式（9-9）对单条管段直径求导，并令 $\dfrac{\partial W}{\partial D_i}=0$，得

$$\frac{\partial W}{\partial D_i}=b\alpha\left[\frac{i(1+i)^T}{(1+i)^T-1}+\frac{p}{100}\right]l_iD_i^{a-1}-mPq_p kq_i^n l_iD_i^{-(m+1)}=0 \qquad (9\text{-}10)$$

整理后的压力输水管道的经济直径公式为

$$D_i=\left\{\frac{mk}{b\alpha\left[\dfrac{i(1+i)^T}{(1+i)^T-1}+\dfrac{p}{100}\right]}(Pq_p q_i^n)\right\}^{\frac{1}{a+m}}=(fPq_p q_i^n)^{\frac{1}{a+m}} \quad (i=1,2,\cdots,M) \quad (9\text{-}11)$$

式中　　$f$——综合经济因子，为多种经济指标的组合参数。

$$f=\frac{mk}{b\alpha\left[\dfrac{i(1+i)^T}{(1+i)^T-1}+\dfrac{p}{100}\right]} \qquad (9\text{-}12)$$

当输水管道系统全线流量不变时，式（9-11）变为

$$D_i=(fPq_p^{n+1})^{\frac{1}{a+m}} \quad (i=1,2,\cdots,M) \qquad (9\text{-}13)$$

**【例 9-1】**　某压力输水管由 3 段组成，经泵站向水池输水，各管段流量和节点流量如图 9-8 所示。有关经济指标为：$i=0.06$，$T=15$，$b=2105$，$\alpha=1.52$，$p=2.5$，$E=0.6$，$\gamma=0.55$，$\eta=0.7$，$n=1.852$，$k=0.00177$，$m=4.87$。管段长度分别为：$l_1=1660\text{m}$，$l_2=2120\text{m}$，$l_3=1350\text{m}$。泵站前的吸水井水位 $H_1=20\text{m}$，水池设计水面标高为 $H_4=48\text{m}$。计算：（1）各管段经济直径；（2）泵站总扬程 $H_p$。

图 9-8　压力输水管道系统示意图

**【解】**　（1）计算各管段经济直径

管道动力费用系数 $P=\dfrac{86000\gamma E}{\eta}=\dfrac{86000\times0.55\times0.6}{0.7}=40543$

综合经济因子 $f=\dfrac{mk}{b\alpha\left[\dfrac{i(1+i)^T}{(1+i)^T-1}+\dfrac{p}{100}\right]}$

$$=\frac{4.87\times0.00177}{2105\times1.52\times\left[\dfrac{0.06\times(1+0.06)^{15}}{(1+0.06)^{15}-1}+\dfrac{2.5}{100}\right]}$$

$$=0.000021053$$

指数 $\dfrac{1}{a+m}=\dfrac{1}{1.52+4.87}=0.15649$

系数 $fPq_p=0.000021053\times40543\times0.16=0.13657$

代入式（9-11），得

$D_1=(fPq_p q_1^n)^{\frac{1}{a+m}}=(0.13657\times0.16^{1.852})^{0.15649}=0.431\text{mm}$，选用 450mm 管径

$D_2=(fPq_p q_2^n)^{\frac{1}{a+m}}=(0.13657\times0.14^{1.852})^{0.15649}=0.414\text{mm}$，选用 400mm 管径

$D_3=(fPq_p q_3^n)^{\frac{1}{a+m}}=(0.13657\times0.05^{1.852})^{0.15649}=0.307\text{mm}$，选用 300mm 管径

（2）计算泵站总扬程

当管道摩阻系数 $k=0.00177$，$n=1.852$，$m=4.87$ 时，各管段水头损失计算为：

$$h_1 = \frac{kq_1^n l_1}{D_1^m} = 0.00177 \times 0.16^{1.852} \times 1660/0.45^{4.87} = 4.82\text{m}$$

$$h_2 = \frac{kq_2^n l_2}{D_2^m} = 0.00177 \times 0.14^{1.852} \times 2120/0.40^{4.87} = 6.68\text{m}$$

$$h_3 = \frac{kq_3^n l_3}{D_3^m} = 0.00177 \times 0.05^{1.852} \times 1350/0.30^{4.87} = 3.28\text{m}$$

泵站总扬程

$$h_p = H_{df} + \sum_{i=1}^{M} \frac{kq_i^n}{D_i^m} l_i = (48-20) + (4.82+6.68+3.28) = 42.78\text{m}$$

### 9.3.3 有压重力输水管

有压重力输水管是指依靠输水管两端的地形高差，在水的重力作用下克服管线水头损失的有压输水管线。因此有压重力输水管技术经济计算问题是求出利用现有水压（位置水头）并使管线建设费用为最低的管径。

由管道沿程水头损失通式 $h_i = \frac{kq_i^n l_i}{D_i^m}$，得

$$D_i = \left( \frac{kl_i q_i^n}{h_i} \right)^{\frac{1}{m}} \qquad (i=1,2,\cdots,M) \tag{9-14}$$

略去式（9-9）中泵站年运行费用 $Pq_p \left( H_{df} + \sum_{i=1}^{M} \frac{kq_i^n}{D_i^m} l_i \right)$，并代入式（9-14），得有压重力输水管年费用折算值

$$W = \left[ \frac{i(1+i)^T}{(1+i)^T-1} + \frac{p}{100} \right] \sum_{i=1}^{M} \left[ a + b\left( \frac{kl_i q_i^n}{h_i} \right)^{\frac{\alpha}{m}} \right] l_i \tag{9-15}$$

同时考虑水头约束条件

$$\sum_{i=1}^{M} h_i - \Delta H = 0 \tag{9-16}$$

式中 　　$\Delta H$——输水管线两端点可利用水头差，m。

应用拉格朗日条件极值法，由式（9-15）和式（9-16）构成拉格朗日函数

$$F(h_i) = \left[ \frac{i(1+i)^T}{(1+i)^T-1} + \frac{p}{100} \right] \sum_{i=1}^{M} \left[ a + b\left( \frac{kl_i q_i^n}{h_i} \right)^{\frac{\alpha}{m}} \right] l_i + \lambda \left( \sum_{i=1}^{M} h_i - \Delta H \right) \tag{9-17}$$

式中 　　$\lambda$——拉格朗日乘子。

求函数 $F(h_i)$ 关于 $h_i$ 的一阶偏导数，并令其等于 0，得：

$$\frac{\partial F(h_i)}{\partial h_i} = \left[ \frac{i(1+i)^T}{(1+i)^T-1} + \frac{p}{100} \right] \left( -\frac{\alpha}{m} \right) bk^{\frac{\alpha}{m}} l_i^{\frac{m+\alpha}{m}} q_i^{\frac{n\alpha}{m}} h_i^{-\frac{m+\alpha}{m}} + \lambda$$

$$= 0 \quad (i=1,2,\cdots,M) \tag{9-18}$$

令 $A = \left[ \frac{i(1+i)^T}{(1+i)^T-1} + \frac{p}{100} \right] \left( -\frac{\alpha}{m} \right) bk^{\frac{\alpha}{m}}$，可得

$$q_i^{\frac{n\alpha}{m}} \frac{l_i^{\frac{m+\alpha}{m}}}{h_i^{\frac{m+\alpha}{m}}} = \frac{\lambda}{A} = \text{常数} \quad (i=1,2,\cdots,M) \tag{9-19}$$

由管段水力坡度 $S_i = h_i/l_i$，式（9-19）可改写为

$$q_i^{\frac{n\alpha}{m+\alpha}}/S_i = 常数 \quad (i = 1, 2, \cdots, M) \tag{9-20}$$

即

$$\frac{q_1^{\frac{n\alpha}{m+\alpha}}}{S_1} = \frac{q_2^{\frac{n\alpha}{m+\alpha}}}{S_2} = \cdots = \frac{q_M^{\frac{n\alpha}{m+\alpha}}}{S_M} \tag{9-21}$$

将式（9-21）和式（9-16）组成联立方程组

$$\begin{cases} \dfrac{q_1^{\frac{n\alpha}{m+\alpha}}}{S_1} = \dfrac{q_2^{\frac{n\alpha}{m+\alpha}}}{S_2} = \cdots = \dfrac{q_M^{\frac{n\alpha}{m+\alpha}}}{S_M} \\ \sum_{i=1}^{M} h_i - \Delta H = 0 \end{cases} \tag{9-22}$$

即为有压重力输水管的经济水力坡度方程组，可以求解出各管段经济水力坡度 $S_i$。然后应用 $D_i = \left(\dfrac{kq_i^n}{S_i}\right)^{\frac{1}{m}}$，可以得到各管段的经济直径 $D_i$。

【例 9-2】 某有压重力输水管由 3 段组成，管段设计流量为 $q_1 = 0.16\text{m}^3/\text{s}$，$q_2 = 0.14\text{m}^3/\text{s}$，$q_3 = 0.05\text{m}^3/\text{s}$；管段长度分别为 $l_1 = 1660\text{m}$，$l_2 = 2120\text{m}$，$l_3 = 1350\text{m}$；有关经济指标为：$a = 1.51$，$n = 1.852$，$m = 4.87$，$k = 0.00177$（见图 9-9）。输水管上下游两水池间可利用水头差为 18.5m 水柱。试确定各管段经济直径。

图 9-9 有压重力输水管道系统示意图

【解】 指数 $\dfrac{n\alpha}{m+\alpha} = \dfrac{1.852 \times 1.52}{4.87 + 1.52} = 0.44$

$$\frac{q_1^{\frac{n\alpha}{m+\alpha}}}{S_1} = \frac{0.16^{0.44}}{S_1} = \frac{0.45}{S_1}, \frac{q_2^{\frac{n\alpha}{m+\alpha}}}{S_2} = \frac{0.14^{0.44}}{S_2} = \frac{0.42}{S_2}, \frac{q_3^{\frac{n\alpha}{m+\alpha}}}{S_3} = \frac{0.05^{0.44}}{S_3} = \frac{0.27}{S_3}$$

由式（9-22）得

$$\begin{cases} \dfrac{0.45}{S_1} = \dfrac{0.27}{S_3} \\ \dfrac{0.42}{S_2} = \dfrac{0.27}{S_3} \\ 1660S_1 + 2120S_2 + 1350S_3 - 18.5 = 0 \end{cases}$$

解得 $S_1 = 0.0042$，$S_2 = 0.0039$，$S_3 = 0.0025$

管段经济直径为

$$D_1 = \left(\frac{kq_1^n}{S_1}\right)^{\frac{1}{m}} = \left(\frac{0.00177 \times 0.16^{1.852}}{0.0042}\right)^{\frac{1}{4.87}} = 0.417\text{m，可选用 } D_1 = 400\text{mm}；$$

$$D_2 = \left(\frac{kq_2^n}{S_2}\right)^{\frac{1}{m}} = \left(\frac{0.00177 \times 0.14^{1.852}}{0.0039}\right)^{\frac{1}{4.87}} = 0.403\text{m，可选用 } D_2 = 400\text{mm}；$$

$$D_3 = \left(\frac{kq_3^n}{S_3}\right)^{\frac{1}{m}} = \left(\frac{0.00177 \times 0.05^{1.852}}{0.0025}\right)^{\frac{1}{4.87}} = 0.298\text{m，可选用 } D_3 = 300\text{mm}。$$

## 9.4 压力输水能量分析

长距离输水时，往往需安装扬程很高的水泵才能克服管道的水头损失和管线起端和末端的标高差。因此输水能量利用程度分析具有实际意义。输水能量通常不能充分利用，因为水泵扬程按输水管末端的最小允许自由水压确定，管线大部分位置处的压力往往高于要求的自由水压。

以图 9-10 的压力输水管为例，各管段流量 $q_{ij}$ 和管径 $D_{ij}$ 随着与泵站（设在节点 5 处）距离的增加而减小。泵站供水能量为

$$E = \rho g q_{4-5} H = \rho g q_{4-5} (Z_1 + H_1 + \sum h_{ij}) \tag{9-23}$$

式中　　$q_{4-5}$——泵站总供水量，$\text{m}^3/\text{s}$；

　　　　$Z_1$——输水管道末端地面高出泵站吸水井水面的高度，m；

　　　　$H_1$——输水管道末端所需自由水头，m；

　　$\sum h_{ij}$——从泵站 5 到节点 1 的管线水头损失，m；

　　　　$\rho$——水的密度，近似取 $\rho = 1000\text{kg/m}^3$；

　　　　$g$——重力加速度，近似取 $g = 9.81\text{m/s}^2$。

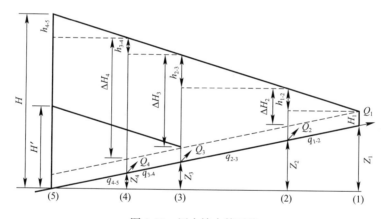

图 9-10　压力输水管系统

泵站供水能量 $E$ 由以下三部分组成：

1）保证最小服务水头所需的能量 $E_1$

$$\begin{aligned} E_1 &= \sum_{i=1}^{4} \rho g (Z_i + H_i) Q_i \\ &= \rho g (Z_1 + H_1) Q_1 + \rho g (Z_2 + H_2) Q_2 + \rho g (Z_3 + H_3) Q_3 + \rho g (Z_4 + H_4) Q_4 \end{aligned} \tag{9-24}$$

式中　　$Q_i$——节点 $i$ 的流量。

2）克服管道摩阻所需的能量 $E_2$

$$E_2 = \sum_{i=1}^{4} \rho g q_i h_i = \rho g q_{1-2} h_{1-2} + \rho g q_{2-3} h_{2-3} + \rho g q_{3-4} h_{3-4} + \rho g q_{4-5} h_{4-5} \tag{9-25}$$

式中　　$q_i$，$h_i$——分别为管段 $i$ 的流量和水头损失。

3）未利用的能量 $E_3$，它是因各用水点的水压过剩而浪费的能量

$$E_3 = \sum_{i=2}^{4} \rho g Q_i \Delta H_i$$

$$= \rho g Q_2 (H_1 + Z_1 + h_{1-2} - H_2 - Z_2) \qquad (9\text{-}26)$$
$$+ \rho g Q_3 (H_1 + Z_1 + h_{1-2} + h_{2-3} - H_3 - Z_3)$$
$$+ \rho g Q_4 (H_1 + Z_1 + h_{1-2} + h_{2-3} + h_{3-4} - H_4 - Z_4)$$

式中    $\Delta H_i$——节点 $i$ 处过剩水压。

单位时间内水泵的总能量 $E$ 等于上述三部分能量之和：

$$E = E_1 + E_2 + E_3 \qquad (9\text{-}27)$$

实际上，总能量中只有保证最小服务水头的能量 $E_1$ 和输水过程中克服管道摩阻的能量 $E_2$ 得到有效利用，属于必须消耗的能量。而第三部分能量 $E_3$ 适当泵站将全部流量按最远或位置最高处用户所需水压输送而未能有效利用的能量。该部分能量较大时，可用于其他用途（例如水力发电）。

为了评价输水管的能量利用情况，可用能量利用率 $\varphi$ 表示：

$$\varphi = \frac{E_1 + E_2}{E} = 1 - \frac{E_3}{E} \qquad (9\text{-}28)$$

由式（9-28）看出，为了提高输水能量利用率，应设法降低 $E_3$ 值。

压力输水管供水能量的分配也可用图解表示，如图 9-11 所示。方法如下：将节点流量 $Q_1$、$Q_2$、$Q_3$、$Q_4$ 依次按比例绘在横坐标上。各管段流量可从节点流量求出，例如管段 3～4 的流量 $q_{3-4}$ 等于 $Q_1 + Q_2 + Q_3$；泵站的供水量即管段 4～5 的流量 $q_{4-5}$，等于 $Q_1 + Q_2 + Q_3 + Q_4$。

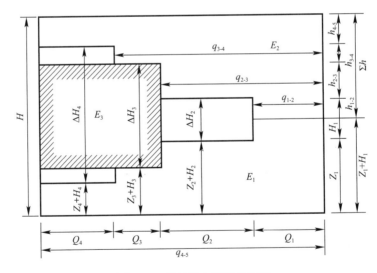

图 9-11  泵站供水能量分配图

在图 9-11 的纵坐标上按比例绘出各节点的地面标高 $Z_i$ 和所需最小服务水头 $H_i$，得到若干以 $Q_i$ 为底，$H_i + Z_i$ 为高的矩形面积，这些面积的总和等于保证最小服务水头所需的能量，即式（9-28）中的 $E_1$。

为了供水到最远点 1，泵站的扬程应为：

$$H = H_1 + Z_1 + \sum h_{ij} \qquad (9\text{-}29)$$

在纵坐标上再绘出各管段的水头损失 $h_{1-2}$，$h_{2-3}$，$h_{3-4}$，$h_{4-5}$ 等，纵坐标总高度为 $H$。

因此每一管段流量 $q_{ij}$ 和相应水头损失 $h_{ij}$ 形成的矩形面积总和，等于克服水管摩阻所需的能量，即式（9-25）中的 $E_2$。

由于泵站总能量为 $q_{4-5}H$，除了 $E_1$ 和 $E_2$ 外，其余部分面积就是无法利用而浪费的能量。它等于以 $Q_i$ 为底，过剩水压 $\Delta H_i$ 为高的矩形面积之和，即式（9-26）中的 $E_3$。

假定在图 9-10 节点 3 处设增压泵站，则原泵站的扬程只需满足节点 3 处的最小服务水头，因此可从原泵站能量 $H$ 降低到 $H'$。从图 9-11 看出，此时过剩水压 $\Delta H_3$ 消失，$\Delta H_4$ 减小，因而减少了一部分未利用的能量。减小值如图 9-11 中阴影部分面积所示，它等于：

$$(Z_1 + H_1 + h_{1-2} + h_{2-3} - H_3 - Z_3)(Q_3 + Q_4) = \Delta H_3(Q_3 + Q_4)$$

如果增压泵站位于节点 2，所能减少的未利用能量可能不及泵站设在节点 3 处。

另一例子为位于平坦地面的输水管线能量分配图（图 9-12）。因沿线各点（0～13）的配水流量不均匀，从能量分配图上可以找出最大可能节约的能量为 OAB3 矩形面积。因此增加泵站可考虑设在节点 3 处。

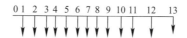

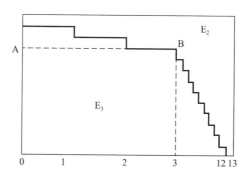

图 9-12 增压泵站位置确定

当然长距离压力输水管的沿线情况复杂，泵站数量及位置的选择应通过方案的技术经济比较确定，充分利用能量概念将有助于方案的选择。

应该说明的是，当压力输水管线不接用户，即整条管线的流量不变时，设置中途泵站并不能降低能量费用，甚至会增加建设费用和设备费用，并使管理趋于复杂。这时，增设泵站是为了考虑管道所能承受的压力和水泵可能达到的扬程。

# 第 10 章 蓄 水 设 施

配水系统内蓄水设施包括清水池、水塔、水泵吸水池等,其作用为提高供水可靠性、保证水压、平衡供水量与用水量(处理水量与供水量)之间的流量差、减小管道尺寸、提高运行的灵活性和效率等。设计蓄水设施时需要多方面决策,便于确定水池的类型、尺寸、位置和运行方式,一般设计要求如下:

(1)管网供水区域较大,配水距离较长,且供水区域有合适的位置和适宜的地形,可考虑在净水厂外建高位水池、水塔或调节水池泵站。其调节容积应根据用水区域供需情况、消防储备水量等确定。

(2)生活饮用水的清水池和调节水池、水塔,应具有保证水的流动、避免死角、防止污染、便于清洗和通气的措施。

(3)生活饮用水的清水池和调节水池 10m 以内不得有化粪池、污水处理构筑物、渗水井、垃圾堆放场等污染源;周围 2m 以内不得有污水管道和污染物。当达不到上述要求时,应采取防污染措施。

## 10.1 蓄水设施的作用

1. 水量平衡

调节水量是蓄水设施的一项重要功能。净水厂基本属于均匀供水,如果水泵供水也是均匀的,水泵工作状态将是最佳的。然而,一日内用户用水量变化显著(见图 10-1)。为了满足用水变化需求,就要不断改变供水量、调整水泵运行速率或者利用水池调节。一定量的贮存水量可以调节用水的波动,缓解蓄水设施上游水量的变化。

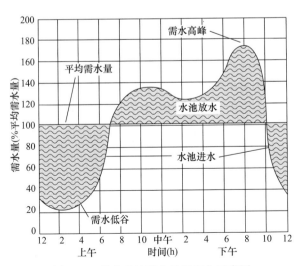

图 10-1 供水系统需水量日变化示意图

如果出厂水没有足够的蓄水能力，为了满足高时需水量，水井或者水处理工艺必须具有充分的能力，这种能力通常是不实际或者不经济的。图10-1中高峰时需水量大约为一日内平均需水量的175%，意味着如果没有蓄水，与满足平均需水量相比，净水厂规模将不得不几乎加倍。

利用充分的蓄水，水以可在24h时段以相当平均的速率处理或者供应到系统。当需水量增加时，过大的需水量可以从蓄水设施补充供应。图10-1说明从晚上22时到次日上午7时，系统的需水量低于平均需水量。该时段蓄水池进水。从上午7时到晚22时，需水量大于供应量，蓄水池向系统放水。

2. 保持足够的压力

在不设减压阀和水泵的情况下，水池水位决定了直接与其相连的下游管段压力。忽略局部水头损失，压强可以表示为

$$p = (H - z)\gamma \qquad (10\text{-}1)$$

式中　　$p$——标高 $z$ 处的压强，Pa；

　　　　$H$——水池水位标高，m；

　　　　$z$——配水系统标高，m；

　　　　$\gamma$——水的重度，N/m³。

一般水池容积越大，配水系统的压力越稳定。

3. 消防储备

消防储水量是防止火灾发生时的特殊供水。如果管网里不设水池调节，消防用水需要较大输水管道和较大规模的水处理设施供应。一般清水池消防储备水量按照2h火灾延续时间计算，水塔消防储备水量按10min室内消防用水量计算。

4. 事故应急储备

安全储备水量用于紧急情况下满足用水需要，例如，水源供给不足、管道破裂、水泵损坏、突然断电或自然灾害等。如果水池没有储备足够的水量，供水就会中断。管网的事故储存用水根据风险评估和系统可靠度分析确定。

5. 节约能耗和成本

某种程度上讲，管网的水头（能量）要高于水处理构筑物中的水头（能量）。设置水池为供水储存能量和保证水量提供了方便。首先，水池对水量的调节，在一定程度上降低了管道中水流速度，可以减少水泵加压消耗的能量。其次，多数供水企业依据能量消耗向电力部门支付费用。对能量的储存在一定程度上缓解了高峰期的能耗。当城市采用分时电价时，蓄水设施就可以在用电低峰时储存水量，用电高峰期释放水量。

6. 其他作用

蓄水设施（尤其是水塔）可以缓冲由水锤引起的过高或过低压力变化。

通过蓄水设施布局，可将供水管网服务区域分解为较小的子区域。蓄水设施作为子区域的供水水源，方便子区域内的水量、水压和水质管理。

作为加氯的理想位置，可以将含氯消毒剂投加到水池进水口、出水口或其内部。当将消毒剂投加到水池进水口或其内部时，水池提供了消毒剂与水的充分接触时间。

蓄水设施也有助于将来自不同水处理工艺的水量混合。

## 10.2 蓄水设施位置选择和水压线

蓄水容积能否被最大限度地利用，受蓄水设施位置影响显著。当城市或工业区靠山或有高地时，可根据地形建造高位水池。如果城市附近缺乏高地，或因高地离给水区很远，以致建造高位水池不经济时，可建造水塔。水塔在管网中的位置，可靠近净水厂、位于管网中间或靠近管网末端。应尽量使水池（水塔）与周围的建筑物相协调，减少视觉上的不良影响。图 10-2 说明了各种蓄水设施的形式。蓄水设施的一般设置方式及其适用条件见表 10-1。

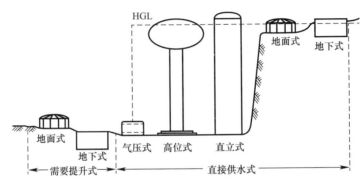

图 10-2　蓄水设施类型

**各种蓄水调节设施的适用条件**　　　　　　　　　　　　　　　　　　表 10-1

| 序号 | 调节方式 | 适用条件 |
|---|---|---|
| 1 | 净水厂设置清水池 | （1）一般供水范围不很大的中小型净水厂，经技术经济比较，不必在管网内设置调节水池；<br>（2）需昼夜连续供水，并可用水泵调节负荷的小型净水厂 |
| 2 | 配水管网前设调节水池泵站 | （1）净水厂与配水管网相距较远的大中型净水厂；<br>（2）无合适地形或不适宜设置高位水池 |
| 3 | 设置水塔 | （1）供水规模和供水范围较小的净水厂或工业企业；<br>（2）间歇生产的小型净水厂；<br>（3）无合适地形建造高位水池，而且调节容积较小 |
| 4 | 设置高位水池 | （1）有合适的地形条件；<br>（2）调节容量较大的净水厂；<br>（3）供水区的要求压力和范围变化不大 |
| 5 | 配水管网中设置调节水池泵站 | （1）供水范围较大的净水厂，经技术经济比较适宜建造调节水池泵站；<br>（2）部分地区用水压力较高，采用分区供水的管网；<br>（3）解决管网末端或低压区的用水 |
| 6 | 局部地区（或用户）设调节构筑物 | （1）由城市供水的工业企业，当水压不能满足要求时；<br>（2）局部地区地形较高，供水压力不能满足要求；<br>（3）利用夜间进水以满足要求压力的居住建筑 |

### 10.2.1　水池

许多情况下，水存储水位接近地面标高的蓄水池中，具有较低的初始建设投资，较低的维护费用，水质易于测试，具有较高的安全性和较大的美学价值。地面水池总是结合水泵提升设施，将水压入管网。当水池位于配水管网内时，水量进入水池时总是具有部分能量损失。

在离开净水厂进入配水系统之前，处理后的地表水常入清水池。清水池在水处理中有三方面作用：首先，它提供了消毒剂的接触时间；其次，清水池提供了蓄水空间，作为净水厂和配水系统之间的缓冲。第三，清水池也作为反冲洗水的水源。

清水池一般是地面式或地下式。因为清水池中的水必须用水泵加压，需要配有备用电源（特别当配水管网的水量调节能力有限时）。通常，清水池的个数或分格数不得少于2个，并能单独工作并分别泄空；如有特殊措施能保证供水要求时，亦可修建1个。

高位水池为设在一定高程位置上的水池，水池水位即为作用水头。多数情况下，建造高位水池系统需要较大成本，但其运行费用较低。高位水池不需要水泵的连续运行。因为压力通过重力维护，进水泵的短期关闭不会影响配水系统中的水压。

### 10.2.2　水塔

1. 网前（前置）水塔

对于网前（前置）水塔，当泵站供水量大于管网中用户用水量时，多余的水量通过输水管送至水塔中贮存；而在高用水时段，由泵站和水塔联合向管网中用户供水以满足水量的需求。网前（前置）水塔的水压线如图 10-3 所示，由图中的水压关系，最高用水时的水压平衡关系为：

$$Z_t + H_t = Z_c + H_c + h_n \tag{10-2}$$

式中　$Z_t$——设置水塔处的地形标高，m；

$\quad\quad H_t$——水塔高度，m；

$\quad\quad Z_c$——控制点处的地形标高，m；

$\quad\quad H_c$——控制点要求的自由水压，m；

$\quad\quad h_n$——根据最高时用水量计算的从水塔至控制点之间管路的水头损失，m。

故水塔高度计算公式为：

$$H_t = H_c + h_n - (Z_t - Z_c) \tag{10-3}$$

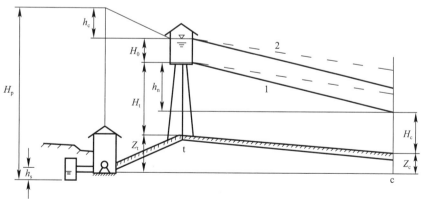

图 10-3　网前水塔管网的水压线

1-最高用水时；2-最小用水时

从式（10-3）可以看出，建造水塔处的地面标高 $Z_t$ 越高，则水塔高度 $H_t$ 越低，造价越低，当 $H_t = 0$ 时，即变为高位水池，这就是水塔建在高地的原因。

水塔水柜中的水位变动和用水量的变化，都会引起管网的水压波动。当水柜为低水位而用水量最大时，管网的水压最低；当水柜的水位上升而用水量减小时，管网的水压增大。

网前水塔的缺点是：水塔高度需按设计年限内最高时用水量确定；在未达到设计流量之前，管网水压总是高于要求值，从而浪费了能量；并且当用水量超过设计值时，随着管网内水头损失的增大，造成边远地区的水压不足。因而，网前水塔对流量变动的适应性较差。

2. 网后（对置）水塔

由于城市地形和保证供水区水压的需要，水塔可能布置在管网末端的高地上，或者布置在最大需水用户的下游方向，这样就形成对置水塔的给水系统。这种设置方法的优点在于，如果供水水源附近的管段破裂，将不会影响用户与水塔之间的联系。第二个优点是可从多个方向向需水量中心输水，各方向管道的输水量降低，管径较小，这样也就降低了成本。当然在用水低谷期，应保证管道有足够的能力把水送入水塔。图 10-4 说明了对置水塔的水力坡度线。

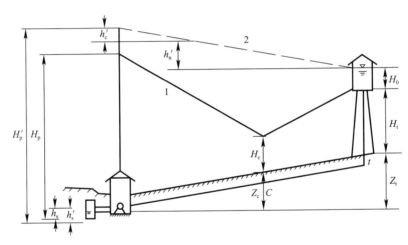

图 10-4 对置水塔管网的水压线

1-最高用水时；2-最大转输时

1）高用水量时，管网用水由泵站和水塔同时供给，两者存在各自的给水区，在给水区分界线上，水压最低。水泵扬程可按无水塔管网的公式计算，水塔高度可按网前水塔公式［式（10-3）］计算。

2）一天内有若干小时因二级泵站供水量大于用水量，多余的水通过管网转输入水塔贮存，一般取最大一小时的转输流量作为管网设计校核的依据。例如某系统最大转输时出现在 21～22 时，该小时内二级泵站供水量为日需水量的 4.97%，用水量为 3.62%，供水量与用水量的差值 4.97%～−3.65%=1.32%，即为最大转输时流量。

最大转输时的水泵扬程为：

$$H'_p = Z_t + H_t + H_0 + h'_s + h'_c + h'_n \tag{10-4}$$

式中　　$H'_p$——最大转输时水泵扬程，m；

　　$h'_s$，$h'_c$，$h'_n$——分别为最大转输时吸水管、输水管和管网中的水头损失，m。

在最大转输时，虽然用水量较小，但因转输流量通过整个管网进入水塔，水泵扬程往往大于最高用水时。

在最高用水时和最大转输时两种情况下，水泵的流量和扬程有所不同，为便于管理，所选用水泵的台数和型号不宜多，在难以两者兼顾而选出合适水泵的情况下，可酌情放大管网中个别管段的直径。

3. 网中水塔

当城镇中心的地形较高或为了靠近大用户，水塔可放在管网中间，成为网中水塔的给水系统（见图 10-5）。根据水塔在管网中的位置，可有两种工作情况：如果水塔靠近二级泵站，并且泵站供水量大于泵站和水塔间用户的用水量时，情况类似于网前水塔；但当水塔离泵站较远，以致泵站供水量不够泵站和水塔间的用户使用时，必须由水塔供给一部分水量，这时情况类似于对置水塔，会出现供水分界线。因此网中水塔给水系统的水泵扬程和水塔高度，应根据工作情况，参照网前水塔和对置水塔的公式计算。

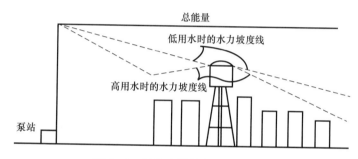

图 10-5　网中水塔给水系统示意图

### 10.2.3　气压系统

当不便设置水塔或地面水池时，常采用气压水箱系统提供充分的供水服务。如图 10-6 所示，钢制水箱内保持部分水量，部分为压缩空气。有些水箱在空气和水的界面处设有隔膜。气压系统利用密闭水箱内压缩空气的压力变化，调节和压送水量。当用水超过水泵提升能力时，压缩空气维持了出水水压，使密闭水箱的作用等同于高位水池。水箱的存在也减少了水泵启闭频率。密闭水箱比无压水池价格高得多，它们一般规模较小、调节能力有限，常作为水锤防护设施和建筑给水设施。

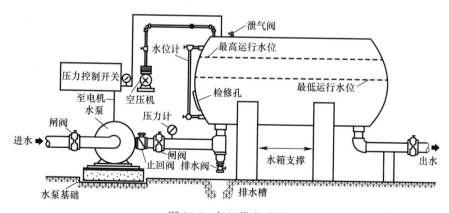

图 10-6　气压供水系统

## 10.3　水池容积

### 10.3.1　容积计算

选择最佳的水池容积，不仅是水池建造的经济问题（水池容积加倍，造价增加约 $60\%\sim70\%$），而且是改善供水可靠性与剩余消毒剂损失之间的权衡问题。对高位水池而言，只有供水区域管网水力坡度线低于水池水位时，水池才出流。当水池内的水位降至很低时，供水区地面高程较高的用户可能会出现小于要求的水压。在一定高程上能满足用户水压要求的容积部分称为"调节容积"。处于最小水力坡度线下的那部分容积，尽管属于总容积的一部分，但不是调节容积。调节容积以下的容积仍然可以提供一定的压力，有时可作为应急储备水量，供水企业在紧急情况下允许供水水压低于最小压力需求。

通常清水池中除了贮存调节用水以外，还存放消防用水和水厂生产用水。因此净水厂清水池的有效容积，应根据产水曲线、送水曲线、自用水量及消防储备水量等确定，并满足消毒接触时间的要求。清水池有效容积可表达为：

$$W = W_1 + W_2 + W_3 + W_4 (\mathrm{m}^3) \tag{10-5}$$

式中　　$W_1$——调节容积，$\mathrm{m}^3$；

　　　　$W_2$——消防贮水量，$\mathrm{m}^3$，常按 2h 火灾延续时间计算；

　　　　$W_3$——水厂冲洗滤池和沉淀池排泥等生产用水，等于最高日用水量的 $5\%\sim10\%$；

　　　　$W_4$——安全贮水量。

水塔中需贮存消防用水，总容积等于

$$W = W_1 + W_2 (\mathrm{m}^3) \tag{10-6}$$

式中　　$W_1$——调节容积，$\mathrm{m}^3$；

　　　　$W_2$——消防贮水量，$\mathrm{m}^3$，常按 10min 室内消防用水量计算。

建造标准尺寸的水池（水塔）比较经济，根据以上方法计算后，可取近似的标准尺寸。

### 10.3.2　调节容积

调节容积用以保证水源和水泵按供水企业要求运行。关于水泵运行的一些要求如下：

1）为简化运行和降低费用，水泵应均匀供水；

2）泵站各级供水线应尽量接近用水线，以减少水池的调节容积；

3）尽量根据电费按时计价情况，使水泵在用电低峰期（电价较低）工作；

4）利用变频水泵使水泵供水量与用户需水量相符；

5）使一定时段内气压水池有合理的启动次数。

图 10-7 说明了以上几种情况下的水泵供水曲线和用户用水曲线。如果已知城市 24h 的用水量变化规律，在此基础上可拟定泵站的供水曲线，则水池调节容积的总量 $W$ 可表达为式（10-7）（见图 10-8）。

$$W = \max\sum(Q_1 - Q_2) - \min\sum(Q_1 - Q_2) \quad (\mathrm{m}^3) \tag{10-7}$$

式中　　$Q_1$，$Q_2$——分别表示泵站小时供水量（水池进水量）累计值和管网小时用水量（水池出水量）累计值，$\mathrm{m}^3/\mathrm{h}$。

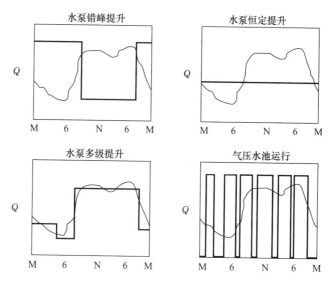

图 10-7　水泵供水曲线（粗实线）与需水曲线（细实线）之间的比较

（M：0：00时；N：12：00时；Q：流量）

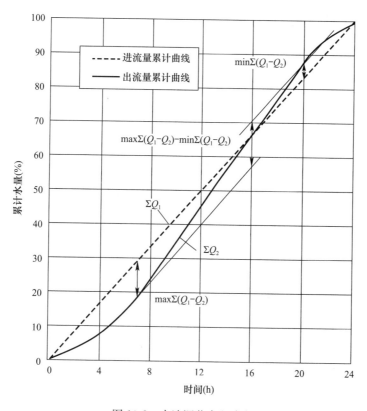

图 10-8　水池调节容积确定

缺乏用水量变化规律的资料时，城市水厂的清水池调节容积，可凭运转经验，按最高日用水量的10%～20%估算。供水量大的城市，因24h的用水量变化较小，可取较低百分数，以免清水池过大。至于生产用水的清水池调节容积，应按工业生产的调度、事故和消防等要求确定。南非设计指南指出，清水池调节容积应为48h的年平均日需水量，该容积显著大于需要的容积，但提供了更高的供水可靠性。日本给水设施设计指针规定，配水池的有效容积按照12h最高日用水量确定。

缺乏资料时，水塔调节容积也可凭运转经验确定，当泵站分级工作时，可按最高日用水量的 $(2.5\% \sim 3\%) \sim (5\% \sim 6\%)$ 计算，城市用水量大时取低值。工业用水可按生产上的要求（调度、事故和消防）确定水塔调节容积。日本供水设施设计指针规定，水塔的有效容积为30min规划最高时配水量。

美国《配水系统手册》（Mays编著）认为贮存量取决于用水与供水情况之间的关系，一般值见表10-2。

水池调节容积一般取值 表10-2

| 运行方式 | 调节容积占最高日用水量的比例 |
|---|---|
| 水泵均匀供水 | 0.10～0.25 |
| 水泵分级供水（定速） | 0.05～0.15 |
| 水泵错峰供水 | 0.25～0.50 |
| 水泵变速供水 | 0 |

### 10.3.3 清水池消防储量

消防储备容积是对净水厂供水能力之外的补充。如果净水厂的供水能力在满足最大日用水量的同时还可以提供消防用水量，就无需储备消防容积。这种情况一般出现在大型系统里，消防用水量仅占最大日用水量的很小一部分。

消防储量通过消防流量与消防历时的乘积计算。《给水排水设计手册》推荐下式计算消防储备水量：

$$W_2 = T(Q_x + Q_T - Q_1) \quad (\mathrm{m}^3) \tag{10-8}$$

式中　　$T$——消防历时，h。一般为3h，也有采用2h的，可是具体情况而定；

　　　　$Q_x$——消防用水量，$\mathrm{m}^3/\mathrm{h}$；

　　　　$Q_T$——最高日平均时生活与生产用水量之和，$\mathrm{m}^3/\mathrm{h}$；

　　　　$Q_1$——消防时一级泵房供水量，$\mathrm{m}^3/\mathrm{h}$。如消防时允许净水厂强制提高制水量，则 $Q_1 > Q_T$。

美国《配水系统手册》（Mays编著）中提出的消防储备水量计算公式为：

$$W_2 = T(NFF + MDC - PC - ES - SS - FDS) \tag{10-9}$$

式中　　$MDC$——最大日用水量；

　　　　$PC$——产水量，以水厂供水能力、地下井水供水能力或水泵供水能力为依据计算；

　　　　$ES$——应急供水量，可以从另一管网系统输送到本管网系统的流量；

　　　　$SS$——吸水量，指在火灾发生期间，可从附近湖泊或渠道中抽取的水量，它不得大于消防流量；

　　　　$FDS$——消防部门供水量，指可由消防车送至火灾现场的水量。

　　　　$NFF$——需要的消防流量，根据建筑物的大小和占地面积，在最大消防用水情况下的计算数值；除了很大的系统，通常假定在同一时间发生一次火灾。对中等级的火灾持续时间见表10-3。

中等级火灾持续时间 表 10-3

| 消防流量需求（L/s） | 持续时间（h） |
|---|---|
| <157 | 2 |
| 189~220 | 3 |
| 251~755 | 4 |

尽管上面的计算看起来较为简单，但它可以得出若干不同的结论。例如，最大日用水量是变化的，与最大日用水量相对应年份的选择对容积的确定影响很大。

#### 10.3.4 安全储量

安全储量是在一定时段内发生干旱、水质事故、设施故障、地震等灾害时的应急水量。安全贮量的确定没有相应的公式，只能依据供水企业应对故障的可能性确定。如果供水企业有若干处水源和具有备用供电设施的净水厂，那么事故储备水量可以较小。部分事故容积可以用来减小重大爆管事故带来的影响。如果供水企业只有一处水源，没有备用供电设施，并且配水系统可靠性较差，则需要考虑较大的水库安全储备容积。

【例 10-1】 蓄水设施调节容积计算示例。

按图 10-9 所示用水曲线和泵站供水曲线，分别计算管网中设水塔和不设水塔时的清水池调节容积，以及水塔调节容积。

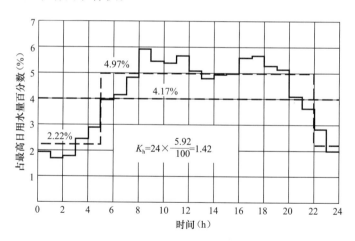

图 10-9 某城市最高日用水量变化曲线

注：实折线表示用水量；虚折线表示泵站供水量；虚直线表示日平均水量。

【解】 本例可根据逐时用水和供水情况，列表计算（见表 10-4）。当管网中设置水塔时，清水池调节容积计算见表 10-3 中第（5）、（6）列。为第（2）列为给水处理小时供水量（最高日平均时流量）$Q_1$，第（3）列为泵站小时供水流量 $Q_2$，第（5）列为调节流量 $Q_1 - Q_2$。第（6）列为调节流量累计值 $\sum (Q_1 - Q_2)$，其最大值为 9.74，最小值为 $-3.89$，则由式（10-7），调节容积为：$9.74 - (-3.89) = 13.63\%$。

| 时段 | 给水处理供水量（%） | 供水泵站供水量（%） | | 清水池调节容积计算（%） | | | | 水塔调节容积计算（%） | |
|---|---|---|---|---|---|---|---|---|---|
| | | 设置水塔 | 不设水塔 | 设置水塔 | | 不设水塔 | | | |
| (1) | (2) | (3) | (4) | (5) | (6) | (7) | (8) | (9) | (10) |
| | | | | (2)−(3) | $\sum$ | (2)−(4) | $\sum$ | (3)−(4) | $\sum$ |
| 0~1 | 4.17 | 2.22 | 1.92 | 1.95 | 1.95 | 2.25 | 2.25 | 0.30 | 0.30 |
| 1~2 | 4.17 | 2.22 | 1.70 | 1.95 | 3.90 | 2.47 | 4.72 | 0.52 | 0.82 |
| 2~3 | 4.16 | 2.22 | 1.77 | 1.94 | 5.84 | 2.39 | 7.11 | 0.45 | 1.27 |
| 3~4 | 4.17 | 2.22 | 2.45 | 1.95 | 7.79 | 1.72 | 8.83 | −0.23 | 1.04 |
| 4~5 | 4.17 | 2.22 | 2.87 | 1.95 | **9.74** | 1.30 | 10.13 | −0.65 | 0.39 |
| 5~6 | 4.16 | 4.97 | 3.95 | −0.81 | 8.93 | 0.21 | **10.34** | 1.02 | 1.41 |
| 6~7 | 4.17 | 4.97 | 4.11 | −0.80 | 8.13 | 0.06 | 10.40 | 0.86 | **2.27** |
| 7~8 | 4.17 | 4.97 | 4.81 | −0.80 | 7.33 | −0.64 | 9.76 | 0.16 | 2.43 |
| 8~9 | 4.16 | 4.97 | 5.92 | −0.81 | 6.52 | −1.76 | 8.00 | −0.95 | 1.48 |
| 9~10 | 4.17 | 4.96 | 5.47 | −0.79 | 5.73 | −1.30 | 6.70 | −0.51 | 0.97 |
| 10~11 | 4.17 | 4.97 | 5.40 | −0.80 | 4.93 | −1.23 | 5.47 | −0.43 | 0.54 |
| 11~12 | 4.16 | 4.97 | 5.66 | −0.81 | 4.12 | −1.50 | 3.97 | −0.69 | −0.15 |
| 12~13 | 4.17 | 4.97 | 5.08 | −0.80 | 3.32 | −0.91 | 3.06 | −0.11 | −0.26 |
| 13~14 | 4.17 | 4.97 | 4.81 | −0.80 | 2.52 | −0.64 | 2.42 | 0.16 | −0.10 |
| 14~15 | 4.16 | 4.96 | 4.62 | −0.80 | 1.72 | −0.46 | 1.96 | 0.34 | 0.24 |
| 15~16 | 4.17 | 4.97 | 5.24 | −0.80 | 0.92 | −1.07 | 0.89 | −0.27 | −0.03 |
| 16~17 | 4.17 | 4.97 | 5.57 | −0.80 | 0.12 | −1.40 | −0.51 | −0.60 | −0.63 |
| 17~18 | 4.16 | 4.97 | 5.63 | −0.81 | −0.69 | −1.47 | −1.98 | −0.66 | −1.29 |
| 18~19 | 4.17 | 4.96 | 5.28 | −0.79 | −1.48 | −1.11 | −3.09 | −0.32 | −1.61 |
| 19~20 | 4.17 | 4.97 | 5.14 | −0.80 | −2.28 | −0.97 | **−4.06** | −0.17 | **−1.78** |
| 20~21 | 4.16 | 4.97 | 4.11 | −0.81 | −3.09 | 0.05 | −4.01 | 0.86 | −0.92 |
| 21~22 | 4.17 | 4.97 | 3.65 | −0.80 | **−3.89** | 0.52 | −3.49 | 1.32 | 0.40 |
| 22~23 | 4.17 | 2.22 | 2.83 | 1.95 | −1.94 | 1.34 | −2.15 | −0.61 | −0.21 |
| 23~24 | 4.16 | 2.22 | 2.01 | 1.94 | 0.00 | 2.15 | 0.00 | 0.21 | 0.00 |
| 累计 | 100.00 | 100.00 | 100.00 | 调节容积=13.63 | | 调节容积=14.46 | | 调节容积=4.21 | |

当管网中不设水塔时，清水池调节容积计算见表 10-4 中第（7）、（8）列，第（2）列为 $Q_1$，第（4）列为泵站小时供水量（即用户需水量）$Q_2$，第（7）列为调节流量 $Q_1 - Q_2$。第（8）列为调节流量累计值 $\sum (Q_1 - Q_2)$，其最大值为 10.40，最小值为 −4.06，则由式（10-7），清水池调节容积为：10.40−（−4.06）=14.46%。

水塔调节容积计算见表 10-4 中第（9）、（10）列，第（3）列为泵站小时供水量 $Q_1$，第（4）列为用户需水量 $Q_2$，第（9）列为调节流量 $Q_1 - Q_2$。第（10）列为调节流量累计值 $\sum (Q_1 - Q_2)$，其最大值为 2.43，最小值为 −1.78，则水塔调节容积为：2.43−（−1.78）=4.21%。

## 10.4 水塔和水池构造

### 10.4.1 水塔

水塔是贮水和配水系统中的高耸建筑物。多数水塔采用钢筋混凝土、砖石、钢材等建造，钢筋混凝土水塔或钢筋混凝土水柜、砖支座的水塔用得较多。

钢筋混凝土水塔的构造如图 10-10 所示，主要由水柜（或水箱）、塔架、管道和基础组成。进、出水管可以合用，也可分别设置。进水管应设在水柜中心并伸到水柜的高水位附近。出水管可靠近柜底，以保证水柜内的水流循环。为防止水柜溢水且便于柜内存水放空，需设置溢水管和排水管，其管径可与进、出水管相同。溢水管上不应设阀门。排水管从水柜底接出，管上设阀门，并接到溢水管上。

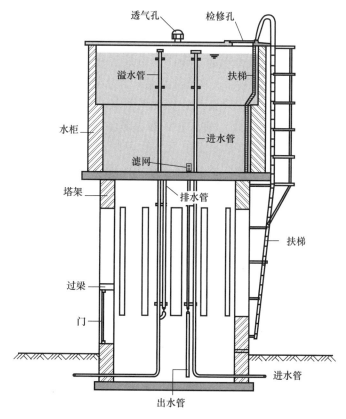

图 10-10　水塔

和水柜连接的水管上应安装伸缩接头，以便温度变化或水塔下沉时有适当的伸缩余地。为观察水柜内的水位变化，应设浮标水位尺或电传水位计。

水塔应设避雷装置。水塔避雷针的安装应符合下列规定：①避雷针安装应垂直，安装牢固。②接地体和接地线的安装，应焊接牢固，并应检验接地体的接地电阻。③利用塔身钢筋作导线时，应作标志，接头必须焊接牢固，并应检验接地电阻。

水塔外露于大气中，应注意保温问题。因为钢筋混凝土水柜经过长期使用后，会出现细微裂缝，进水后再加冰冻，裂缝会扩大，可能因此引起漏水。根据当地气候条件，可采取不同的水柜保温措施；或在水柜壁上贴砌8～10cm的泡沫混凝土、膨胀珍珠岩等保温材料，或在水柜外贴一砖厚的空斗墙，或在水柜外再加保温外壳，外壳与水柜壁的净距不应小于0.7m，内填保温材料。

水柜通常做成圆柱形或球形。圆柱形水柜的高度和直径之比约为0.5～1.0。水柜不宜过高，因为水位变化幅度大会增加水泵的扬程，多耗动力，且影响水泵效率。有些工业企业，由于各车间要求的水压不同，而在同一水塔的不同高度放置水柜；或将水柜分成两格，以供应不同水质的水。

塔体用以支承水柜，常用钢筋混凝土、砖石或钢材建造。近年来也采用装配式和预应力钢筋混凝土水塔。装配式水塔可以节约模板用量。塔体形状有圆筒形和支柱式。

水塔基础可采用单独基础、条形基础和整体基础。

砖石水塔的造价比较低，但施工费时，自重较大，宜建于地质条件较好地区。从就地取材的角度，砖石结构可和钢筋混凝土结合使用，即水柜用钢筋混凝土，塔体用砖石结构。

**10.4.2　水池**

给水工程中，常用钢筋混凝土水池、预应力钢筋混凝土水池、玻璃钢（强化塑料）、钢制、砖石水池等，其中以钢筋混凝土水池使用最广。水池的平面形状常有圆形和矩形两种。当水池容量相同时，圆形池壁周长比矩形池壁周长小，因而圆形水池材料消耗较少（图10-11）。矩形水池对场地地形适应性较强，布置紧凑，占地面积较少，可较灵活的划分区间，设置隔墙和分层分格。

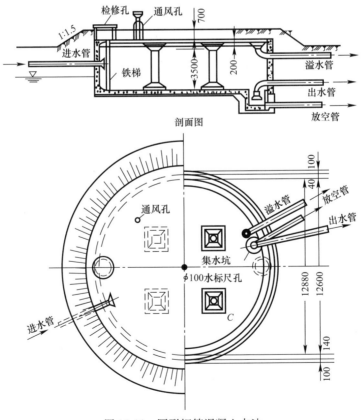

图 10-11　圆形钢筋混凝土水池

根据设计经验：①当容量为 $50\sim200\text{m}^3$ 时，采用矩形或圆形水池均可；池壁高一般在 3.5m 以下。②当容量为 $200\sim3000\text{m}^3$ 时，常采用圆形水池，池壁高常为 $4.0\sim4.5\text{m}$。③当容量为 $3000\text{m}^3$ 以上时，圆形水池应采用预应力池壁，如采用普通钢筋混凝土圆形水池，则因直径较大，池壁承受的环向拉力很大。为了保证池壁的抗烈度，池壁将相当厚。如采用矩形水池可能比较经济，因为矩形水池壁厚取决于水深，当水深一定时，水池平面尺寸的扩大不会影响壁厚。

日本供水设施设计指针中建议水池高度为 $3\sim6\text{m}$。

水池应有单独的进水管和出水管，保证池内水流的循环。出水管的顶端为水池运行的最低水位，应至少高出池底两倍的出水管直径，防止空气或沉积物吸入出水管。此外应有溢水管，管径和进水管相同，管端有喇叭口，管上不设阀门。水池的排水管接到集水坑内，管径一般按 2h 内将池水放空计算。容积在 $1000\text{m}^3$ 以上的水池，至少应设两个检修孔。为使池内自然通风，应设若干通风孔，高出水池覆土面 0.7m 以上。

水池按建造位置可分为地下式、半地下式及地上式。采用地下式水池可以缩小温度变化的幅度，减少温度变形的影响。对于有顶盖的水池，顶盖以上应覆土保温。覆土厚度一般为 $0.3\sim1.0\text{m}$，视当地最低气温而定。气温低则覆土应厚些。当地下水位较高，水池埋深较大时，覆土厚度需按抗浮要求确定。

为便于观测池内水位，可装置浮标水位尺或水位传示仪。

## 10.5 水质问题

蓄水设施作为配水系统的组成部分，目的是满足供水管网的水力需求，提供紧急贮存、调节压力和平衡用水量。然而蓄水设施可能在水质上出现负面影响。通常蓄水设施以两种途径影响水池水质：①随着停留时间的增加，水质会发生一定的化学、物理和生物变化；②受外来污染物污染。

### 10.5.1 化学问题

与蓄水设施有关的许多问题由化学反应引起，或者作为化学反应的结果，包括：剩余消毒剂的损失、消毒副产物的形成、出现异嗅和异味问题、pH 升高、腐蚀问题、铁和锰的累积、硫化氢的形成以及内衬的浸蚀等。其中剩余消毒剂的损失以及消毒副产物的形成是常见的化学问题。

（1）剩余消毒剂损失

剩余消毒剂的损失是导致二次消毒效果（通常是游离氯或总氯）下降的化学过程，它是时间和消毒剂衰减（损失）速率的函数。损失速率受到以下因素的影响：微生物的活动、温度、硝化作用、紫外线（光照）作用、消毒剂的类型和数量等。由于蓄水设施中水的体积与容器暴露的面积相比大得多，因此水池壁面对于消毒剂的衰减影响认为不是很大，即蓄水池内消毒剂的衰减通常受到水体而不是壁面的影响。蓄水设施也可能因为水流停留时间增加而损失消毒剂。

蓄水池内水的更换速率很慢，有时可达几周或数月之久，因此水的实际停留时间可能很长。长的停留时间会导致剩余消毒剂的完全消除，这样难以防止微生物在蓄水设施下游配水系统中的生长。

（2）消毒副产物形成

当消毒剂与水中有机物发生发应时，会形成消毒副产物（DBP）。DBP随消毒剂的类型不同而异。一般而言，由于自然有机物的存在，地表水作为原水与地下水作为原水相比，将产生更高的DBP。有机物可以直接进入敞开的蓄水设施，或者由于藻类的生长而在蓄水池内增加。与化合氯相比，游离氯可产生更多的三卤甲烷（THM）。因此，在其他条件相同的情况下，使用氯胺作为二级消毒剂，可产生较少的THM和卤代乙酸（HAA）。

据研究，影响DBP形成的主要因素包括：接触时间、氯的剂量和余量、温度、pH、前体物和溴离子的浓度等。蓄水设施中主要影响因素是其中的四个：①接触时间（停留时间）的加长会引起DBP的增加；②蓄水设施内重新加氯系统会增加余氯量，同时也增加了DBP生成的可能；③夏季钢制水箱中水的温度较高，也会加速DBP的生成；④在某些混凝土蓄水设施内，由于氢氧化物和碳酸盐的析出，使pH升高，增加了THM的生成可能。

（3）嗅和味变化

据研究，配水系统中嗅和味问题的来源包括建筑材料、外部的污染物、微生物、消毒剂余量和DBP。蓄水设施使用的建筑材料能引起嗅和味问题。蓄水设施死水区厌氧生物的活动，会产生硫化物（如硫化氢气体），底部的沉积物也有助于厌氧活动。余氯的损失以及微生物的生长在理论上也会导致气味。特别是当存在溴或者碘，以及在藻类生长的情况下，DBP（如THM）能产生药物味道。

交叉连接是引起嗅和味问题的另一个外部污染源。与蓄水设施的排水管或与溢流管的连接都可能导致类似的污染问题。

（4）pH升高

配水系统中pH的不稳定性会导致水质的恶化。如果原水中的$CO_2$浓度很高，$CO_2$会在蓄水设施里进行转化，使pH升高。混凝土蓄水设施（特别是新建的）能提高与池壁接触水的pH。如果长期和墙壁接触，比如在蓄水设施里具有很长的停留时间，将会极大提高水体的pH。减少停留时间有助于该问题的解决。

（5）腐蚀

如果与水接触的金属表面，或者蓄水设施内出现与铁相关的问题，水就会出现微红色。红水取决于多种因素，包括pH、水的碱度和温度、是否具有阴极保护、内衬的完整性、水的流态等。蓄水设施内表面的腐蚀保护需有正确安装、校准和维护的阴极保护系统，并应正确维护和检测内衬。

（6）铁和锰累积

进水中溶解性铁和锰在蓄水设施里能沉积下来，特别当停留时间很长或有氧化剂（如氯或者氧）存在时。如果使用了不恰当的药剂或者停留时间很长，那么铁锰就会在蓄水设施或者配水管道内沉积下来。水流速度增加时，管道内的沉积物被搅起，这些沉积物进入蓄水设施，会再次沉积下来。要防止这些沉积物污染水质，须对蓄水设施沉积物进行周期性清扫。

（7）硫化氢生成

硫化氢气体作为备受关注的感官问题，因为其难闻的臭鸡蛋味。地下水中由于缺氧，它会自然发生。以下情况中，配水系统可能产生硫化氢：高浓度的硫酸根离子、硫化菌、

262

较低的溶解氧等。在配水和蓄水系统中硫化氢的停留时间也是一个影响因素。蓄水设施的通风系统有助于改善这种情况。

（8）内衬析出物

保护性内衬所包含的化学物质随着时间的增长，可能析入水中，主要取决于化学成分、迁移速率以及水温。蓄水设施安装衬里后，如果没有足够的时间，挥发性有机合成物就会进入水中。有机油漆和涂层内通常含有可供微生物生长的营养物质。

### 10.5.2 微生物问题

微生物可能存在多种途径进入蓄水设施：配水管道的生物膜，没有充分消毒的新铺或者修理过的管道或蓄水设施、未经充分处理的水、渗透到蓄水设施里的地表水或地下水、交叉连接等。

微生物也能从外部进入，如：敞开的蓄水池；建筑质量差或者没有足够维护的蓄水设施盖子、池顶或者边墙接缝；不完整的通风口、出入口，或者其他部位的渗透。

（1）细菌繁殖

细菌繁殖和生物膜认为是管网的典型问题而不是蓄水设施的典型问题，因为前者具有更大的表面积与水量比。然而经过蓄水系统后，水中的消毒剂余量将更少，水温也将升高，这两个因素都将增加管网系统中细菌繁殖和生物膜的机会。研究认为以下因素为微生物的生长提供了有利环境：水温的季节性变化、营养物质和矿物质的可利用性、配水系统中发生的腐蚀、配水系统中的消毒以及水动力因素（流量和流速）。

在水池的表面及死水区，细菌的繁衍是正常的。微生物的存在会导致需氯量的增加、"红水"问题、溶解氧浓度的降低、嗅和味问题以及硝化作用。长的停留时间、充分的营养水平以及较高的温度，都会为微生物的繁衍提供良好的条件。生物膜会给蓄水池的检查以及清理带来安全问题。有机油漆和涂层中经常含有可供细菌生长的营养物质，导致蓄水池结构的生物腐蚀；墙壁上的小孔为细菌提供了生存空间。

（2）硝化作用

硝化作用是由细菌引起、具有两个步骤的过程。第一步是把氨转化为亚硝酸盐，第二步是把亚硝酸盐转化为硝酸盐。当饮用水系统中有自然存在的氨，或者有作为氯氨消毒的一部分进入的氨时，就可能发生硝化作用。当余氯被消耗或者氯－氨转化率太低时，可能存在多余的游离氨。

引起硝化作用的水质因素包括 pH、温度、余氯、氨的浓度、氯－氨氮比、有机物的浓度等，系统因素包括系统停留时间、蓄水池的形状、管道的沉积和结节、生物膜等。

配水系统或蓄水设施里的硝化作用对水质的影响包括：降低余氯、消耗溶解氧、降低pH、增加异养细菌的数量、增加亚硝酸盐和硝酸盐的水平、增加有机氮的浓度以及降低配水系统中氨的浓度等。

从蓄水设施角度看，减少硝化作用的方法是增加流通性，从而减少总停留时间。另一种方法是采用折点加氯。

（3）蠕虫和昆虫

蠕虫或者昆虫可能通过蓄水设施、交叉连接、死水区或者配水管道底部激起的沉积物进入配水系统。如果在出入口或者开口处没有防虫装置，蚊子的幼虫可进入蓄水设施。蠕虫或昆虫可在死水区生长，那里累积的有机物可作为它们的食物来源。

### 10.5.3　物理问题

水质问题可能与一些物理现象有关，如沉淀物的累积或直接进入蓄水设施的污染物。如果没有配套的维护程序或者原水处理系统，这些物理问题会导致一些其他化学或微生物问题。

（1）沉积物形成

蓄水设施里，除了铁锰由于化学沉降而形成沉积物外，其他悬浮物质也可能沉积下来。如果水处理设施出现异常，颗粒物质可能在配水管网系统中发生沉积。蓄水池内水流流速很小时，经常发生沉积。沉积物也会由于流速的增大再次成为悬浮物，从而加大水的需氯量。在水箱中放置的监测设施也会聚集沉积物。

改变进水一出水的结构和水流模式，避免水箱底部的沉积物激起是防止它们重新进入配水系统的重要方法。清扫蓄水设施使其沉积最小化也很重要。

（2）污染物进入

通过风吹的灰尘、碎片和藻类、微生物也有可能进入敞口蓄水池中。由于有充足的阳光和养分，藻类很容易在蓄水池中滋生。同样对于敞口蓄水池，像树叶、花粉等有机物质也应予以关注。给这些敞口蓄水设施加盖子或采用封闭蓄水设施，可以减少甚至根除污染物直接进入的机会。

封口的蓄水设施通常比敞口的保护得好，然而它们也容易受空气传播的微生物影响，它们一般通过池顶、裂缝或者其他缝隙进入。维护很好的屏蔽装置，所有出入口应上锁，并修补盖子上的孔洞以及经常检查，都有助于封口蓄水设施最小化污染物的进入。

（3）温度

蓄水设施内水温会随着设施的结构和运行方式的不同而上下波动，从而导致温度分层现象。

## 10.6　蓄水设施内水质的混合和停留

水池里水质受混合程度和停留时间影响很大，而进水、出水以及设施内的流动情况决定了混合程度和停留时间。

### 10.6.1　理想流态

理论上水流以两种方式流过水池：非混合状态和完全混合状态，这两种理想流动状态即为混合流和柱塞流，如图 10-12 所示。柱塞流中，水流过蓄水设施时，不与蓄水设施里的水流混合，这样就形成了先进一先出的顺序。混合流状态下，进入蓄水设施的水流立即与原有水流混合，任何时候它们都处于同样的混合状态；出水的组成成分也和蓄水设施内的组成成分一样。

蓄水池的实际混合过程具有许多影响因素，导致水流流动既不是完全混合流也不是柱塞流。这些非理想化流动的因素包括：热效应、进水口与出水口之间的短流现象、不流动的死水区以及小规模的漩涡等。

狭长水池容易形成柱塞流模式，利用扩散器或者其他一些减少水的动量装置也可以做到。许多蓄水设施通过射流混合（而不需专门的装置或者混合设备）获得接近于完全的混合流模式。

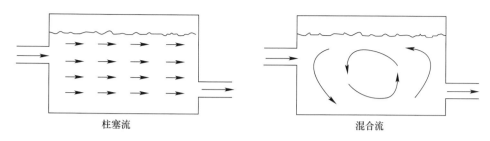

图 10-12 理想水流机制

## 10.6.2 分层现象

水池中的水流可与池壁及其上方的空气进行热交换，而池壁及水池上部的空气又跟周围的环境进行热交换。因此会在池水以及进水之间产生温度差异。进水水温的变化也会导致出现温度差异。进水与池水的温差会产生相应的密度差，影响进水期间的浮力变化。当进水温度较低、密度较大时，就会发生负的浮力。反之会产生正的浮力。带有额外浮力的进水射流会降低混合设备的有效性，导致池内某些部位发生稳定的分层现象。

当射流进入无约束或者半约束的水体时（如湖泊和河流），可用弗劳德数（$Fr$）衡量射流稳定性。$Fr$ 是惯性力与浮力的比值：

$$Fr = \frac{u}{(g'd)^{1/2}} \tag{10-10}$$

式中    $u$——进水流速；

$d$——进水管的直径；

$$g' = g(\rho_f - \rho_a)/\rho_a \tag{10-11}$$

式中    $g$——重力加速度；

$\rho_f$——进水的密度；

$\rho_a$——周围水体的密度。

试验表明，在负的浮力射流排向一个无界水体时，终端的抬升高度与 $d$ 和 $Fr$ 的乘积成比例，比例常数在 $0.5\sim0.7$ 之间。对于竖直正的浮力射流排向一个水平方向无界的水体时，如果 $Fr > 4.6H/d$（$H$ 为水的深度，$d$ 为进口的直径）时，可以避免分层现象。

## 10.6.3 停留时间

剩余消毒剂的损失、消毒副产物的产生以及微生物的繁殖等水质恶化现象，通常与停留时间相关。因此，配水系统蓄水设施设计和运行过程中，一个目标就是最小化停留时间，避免部分水体在蓄水设施里长时间停留。运行中的停留时间取决于水质、反应活性、消毒剂的类型、进入蓄水设施之前经过的时间以及以后要经过的时间等。

水池中的平均停留时间取决于进流、出流模式以及水池容积。对于同时进流－出流模式运行的蓄水设施，停留时间通过对平均进流－出流周期的分解估计。平均停留时间可以用下式表示：

$$平均停留时间 = [0.5 + (V/\Delta V)](\tau_d + \tau_f) \tag{10-12}$$

式中    $\tau_f$——进流时间；

$\tau_d$——出流时间；

$V$——开始进流时水池水量；

$\Delta V$——进流期间水池水量的变化。

该公式可用图 10-13 说明。作为一个例子，水池每日以进流－出流周期模式运行，每天交换大约 20% 的水，则其平均停留时间为 5.5 天。

美国环境保护署（USEPA）建议每日水池周转容积为 20%～30%，平均停留时间为 3～5d。

预计停留时间长而使余氯浓度显著降低时，应在蓄水池或配水管中补充加氯消毒，为减少药剂危险和易于处理，常采用次氯酸盐溶液。

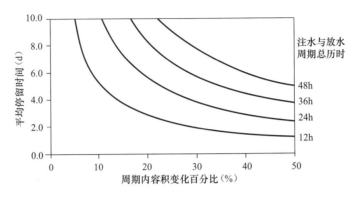

图 10-13　进流和出流时蓄水池的平均停留时间

**【例 10-2】**　蓄水池水流的流动模拟问题。

某蓄水池存有 $2000m^3$ 的水量，其中含盐 2kg。以每分钟 $6m^3$ 速率向蓄水池注入含盐量为 0.5mg/L 的水，同时又以每分钟 $4m^3$ 速率，从蓄水池留出经搅拌而保持均匀的水，试模拟该水池的动态变化过程，并计算 30min 后，贮水池中含盐量是多少？

**【解】**　如果用 $S(t)$ 表示时刻 $t$ 整个蓄水池的含盐量（kg），而用 $V(t)$ 表示时刻 $t$ 整个蓄水池中水的容积（$m^3$），则时刻 $t$ 蓄水池中含盐百分比为 $S(t)/V(t)\times 10^{-3}$。

对于任意时刻 $t \geq 0$ 及增量 $\Delta t > 0$，考虑经过时间区间 $[t, t+\Delta t]$ 后，$S(t)$ 与 $V(t)$ 的变化。当 $\Delta t$ 很小时，显然可以近似认为，在该时间区间 $[t, t+\Delta t]$ 内，水的含盐百分比不变，于是有

$$S(t+\Delta t) = S(t) + 6\times 10^3 \times 0.5 \times 10^{-6}\Delta t - 4\times 10^{-3}\frac{S(t)}{V(t)}\Delta t$$

$$V(t+\Delta t) = V(t) + (6-4)\Delta t$$

可得微分方程组

$$\begin{cases} \dfrac{dS}{dt} = 6\times 0.5\times 10^{-3} - 4\times 10^{-3}\dfrac{S(t)}{V(t)} \\[2mm] \dfrac{dV(t)}{dt} = 2 \\[2mm] S(0) = 2 \\[1mm] V(0) = 2000 \end{cases}$$

求解该非齐次线性微分方程组，可得蓄水池中含盐量和容积变化为

$$\begin{cases} S(t) = 2.994\times 10^{-3}(1000+t) - \dfrac{1.0}{(1000+t)^{0.002}} \\[2mm] V(t) = 2000 + 2t \end{cases}$$

故有 $S(30) = 2.097kg$。

#### 10.6.4 蓄水设施模拟

为分析水在水池内怎样混合，是否会出现分层现象，以及进水和出水模式对水龄和余氯的影响等，需要应用蓄水设施模型。通常蓄水设施具有两种模型，即物理相似模型和数学模型。物理相似模型通常利用木料或者塑料制作，利用染色剂或者化学试剂跟踪模型中水的运动。数学模型中，利用方程式模拟水池或者水库内水的运动情况，范围从详细表示设施内水力混合现象的计算流体动力学（CFD）模型，到简单表示水力混合行为的概念性系统模型。监测阶段收集到的信息可用于验证这两种模型。

计算流体动力学（CFD）模型利用非线性偏微分方程，如质量守恒、动量守恒和能量守恒，模拟蓄水设施内流体运动的物理特性。CFD 模型可用于模拟蓄水设施内温度变化、非恒定水力和水质条件、成分的衰减影响。

系统模型中的物理过程（例如水池或者水库的混合现象）利用高度概化、经验化的关系式表示。这类模型也常常被称作黑箱模型或者输入—输出模型，它不能够利用详细的数学方程描述水池内水流的运动，对控制模型参数的定义主要依赖现场数据和过去的经验，可根据进流水质和假设的水池宏观行为，确定水池出流的水质（或者水龄）。系统模型又可分为完全混合模型、柱塞流模型、后进/先出（LIFO）模型、多室模型等。

## 10.7 检测和维护事项

为了延长蓄水设施的使用寿命以及维持清洁、免于水质降低，应对蓄水设施定期检测和维护。为了归档和解决问题，每一种设施应建立标准的运行程序和维护良好的记录系统。

#### 10.7.1 检测

检测具有多种形式，包括常规性、周期性以及深度检测过程。内部和外部检测均需要保证物理结构的一致性、安全性和维护较高的水质。检测的类型和频率由蓄水设施的性质确定，看它是否易于受到攻击、使用时间和状况、最后一次清洁或维护后的时间、水质、当地标准等。常规检测常常作为每周的任务。周期性检测更加严格，需要攀爬水池，一般每 3~4 个月一次。深度检测主要任务是对设施进行清理。

检测的方法包括目测、漂浮和润湿。最常用的方法是放空、清洗和目测设施状况。水下或者润湿检测需要潜水员或者远程操作工具，目前逐渐在增加。润湿检测的明显优点是不必放空蓄水池。水下检测应由特别训练的小组操作，包括持有资质证书的潜水员。

由检测人员发现的常见问题是：缺乏通风口和溢流口的防虫格栅，舱口没有上锁，存在内部或者外部的含铅油漆以及不符合卫生标准的油漆，设施内沉积物的累积等。

应充分重视检测的记录和归档。一致性的表格有助于保证每次相同点被检测和评价。对于记录油漆和涂层的状况以及设施的结构完整性，定量措施也很重要。适当的现场照片也是很有价值，可利用录像带对各种问题进行解释。对于蓄水池的外部检查，辨别潜在的卫生缺陷，表 10-5 提供了典型的检查表。

蓄水设施内部调查和清洗的频率取决于固体沉淀速率，固体对水质的影响以及建设、年代和池壁特征。许多系统中，需要详细的观测和清洗计划，为了最小化对供水的破坏并避免污染。对于蓄水设施结构的内部检验，为了辨别潜在卫生缺陷，表 10-6 提供了典型的检查表。

蓄水设施外部检查表 表 10-5

| 检查项 | 检查内容 |
|---|---|
| 地面和池边 | 靠近蓄水池的树木、灌木；杂草的局部茂盛（可能说明漏水）；润湿面积；动物破坏；地面破裂或沉降信号 |
| 池顶覆盖 | 破裂、动物损坏或者积水 |
| 池顶 | 检查损坏、分离和损裂（尤其在接口和边缘处） |
| 舱口 | 盖子的损坏、锁头、内部通风器和密封 |
| 通风设施 | 腐蚀、凹痕、碎裂、破坏、格网的完整性和合适性、过分数量的通风设施 |
| 溢流或者冲刷 | 拍门的可操作性或者存在性，拍门和管道的腐蚀，排放点的状况，回流防护和外物入侵 |
| 阀门箱 | 安全性、蓄水池的漏水、阀门的可操作性、阀门的腐蚀、阀门的漏水、标签 |
| 阀动装置、遥测、流量计 | 所有点的电缆 |
| 消毒系统 | 房屋的安全性和设备的运行 |

蓄水设施内部检查表 表 10-6

| 检查项 | 检查内容 |
|---|---|
| 阀门 | 腐蚀和可操作性，堵塞 |
| 管路 | 腐蚀、出口筛网和出口堵塞 |
| 池顶、壁面和地板 | 池顶与墙壁的接口、舱口、漏水的潜在性，树根的入侵和碎裂 |
| 沉积物 | 深度和位置 |

### 10.7.2 维护

维护活动分为计划性维护（包括预防性活动和预测性活动）和紧急维护。预防性活动根据常规安排执行，以延长设施的寿命，防止结构和设施的故障、排除水质问题。预测性活动包括利用技术和其他方法收集和分析数据，判断当前的条件、预测故障以及在需要修理之前采取措施。紧急维护为非计划性、作为自然或者人为灾害的结果以及性质上被破坏而必须采取的措施。

蓄水设施的维护建立在特定系统基础之上，维护活动包括清洗、刷漆以及结构性修理。

多数供水企业具有常规的清洗程序，每 2～5 年清洗一次。取决的因素，例如水质措施、水处理在去除沉淀形成物中的效率，动物的存在以及来自前次检查的信息。有学者建议，覆盖的设施至少每 3～5 年清洗 1 次；如果基于检测和水质监视的需要，可能更频繁一些；非覆盖蓄水设施应每年清洗 1～2 次。

清洗程序分为中断服务和运行状态下的方法。传统的中断服务方法包括放空和利用高压龙头、扫帚、铁铲等的清理。运行状态下的清洗越来越广泛，其明显优点是快速和不需关闭设施。在清洗时应对各种方法的优缺点进行权衡。

涂层和衬里是蓄水设施为了保护结构的寿命以及水质的重要组成部分。

### 10.7.3 蓄水设施消毒

蓄水池设施在检修、清洁、修理、重新涂刷以及排空后，重新使用之前，必须进行消毒。蓄水设施常采用以下三种方法消毒：

（1）水池的进水管中加注液氯或次氯酸钠，或水池进水前将次氯酸钙放入水池池底，水流在池中滞留一段时间后，氯的浓度至少应为 10mg/L。当含氯水流均匀注入水池时，滞留时间为 6h；当次氯酸盐在池中与池水搅拌混合时，滞留时间应为 24h。

（2）用有效浓度为 200mg/L 的含氯溶液喷洒或涂抹水池。凡是与所存饮用水接触的水池表面，都要涂抹或喷洒药剂溶液。与方法（1）类似，放空时池中氯浓度应为 10mg/L。高浓度含氯溶液留在水池内至少 30min。

（3）加氯工序与方法（1）类似，不同的是当注水至总水池体积的 5% 时，水中的氯浓度应达到 50mg/L。水流须在池中持续 6h，然后缓慢注水至最高水位，水流继续在池中停留 24h。

出水管道通过高含氯溶液的清洗，且余氯至少为 2mg/L 时，经细菌检测合格后，水池就可以投入使用。

# 第11章　水力瞬变

## 11.1　引言

两个恒定状态（稳态）之间的过渡态流动称为瞬变流。这种流动也称为水锤、水击、涌波、压力波等，是由有计划的或者事故中的控制设备（或其他装置）的工况改变造成的。给水管线中流量（速度）的突变通常由以下原因造成：

1）阀门开启度的变化（人工或自动）；

2）水泵的启闭；

3）需水量的变化（包括消防流量的使用）；

4）水池水位的变化；

5）水泵、阀门等设备的不稳定性能；

6）管道输水条件的变化，如管道爆裂或堵塞；

7）热力学条件的变化（例如管道水流结冰或温度变化，造成流体性质的变化）；

8）空气的释放、累积或排除，造成水体的剧烈扰动；

9）明渠流向压力流的过渡（例如压力管道的注水过程）。

对于大口径关键管路，尤其泵站中的管道和长距离输水系统，应执行瞬变分析。瞬变的发展如图 11-1 所示，该图表示了在阀门的上游位置（$x$）处的瞬变情况。图 11-1 中，压强（$p$）表示为时间（$t$）的函数；$p_1$ 为瞬变事件开始前的初始压力；$p_2$ 为事件的终端压力；$p_{min}$ 为最小瞬变压力；$p_{max}$ 为最大瞬变压力；$T_M$ 为阀门关闭时段；$T_T$ 表示从最初稳态到最终稳态条件之间的水力瞬变时段。

水力瞬变常用波表达。波是瞬变通过介质在某一点到另一点之间能量和动量转换中的扰动，而不是具有两点之间质量的移动。当压力波动很快时，即成为水锤的情况，压迫管路和管路附件（弯头），导致漏水或者破裂。事实上，水锤下常见的气穴将释放能量，发出的声音好像锤子击打管道一样。水锤引起的压强升高，可达管道正常工作压强的几倍，甚至几十倍。这种大幅度的压强波动，造成的危害有：

1）阀门松动；

2）管道和水泵外壳的破裂或变形；

3）振动和噪声；

4）管道或接口过度移位；

5）管道配件或支撑变形甚至失灵；

6）爆管事故。

造成初始压力增加的一些流量控制操作，可能导致波反射时的压力显著降低。过分的负压能够造成管路的破坏或者地下水渗入。同时有研究指出，配水系统内的瞬变压力波可能在管网中传输数公里，直到能量被耗散，因此增加了大范围区域内通过漏水点的潜在污染性。

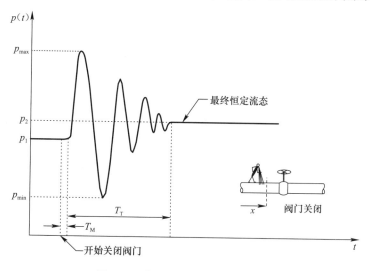

图 11-1　管线位置 $x$ 处的水力瞬变

如果管路中的压力降低到液体的饱和蒸汽压力之下，由压力瞬变引起的进出管道流量偏差会造成水柱分离（突然的气穴）（见图 11-2）。水柱分离可以产生两种不同的作用，首先，在管道上形成小的气囊，这些气囊会缓慢溶解于水中；如果它们充分大，将破坏水流的连续性，对瞬变的影响起到阻尼作用。其次，当由于更多的流量进入该区域而不是离开该区域导致管路压力增加时，气穴的破坏会造成剧烈的高压瞬变；如果水柱重新快速结合，它反过来会造成管路的破裂。气穴也能够造成管道的弯曲，破坏管道衬里。

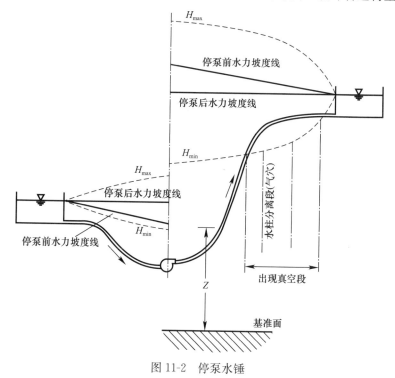

图 11-2　停泵水锤

检测配水系统压力瞬变的频率和程度需要高速数据记录仪，因为这种瞬态可能仅持续几秒钟，传统压力检测仪器无法观测到。高速压力数据记录仪可以高达每秒 20 次取样的速率测试压力。

## 11.2 水流流速变化引起压力变化

图 11-3 表示管道下游阀门瞬时关闭后管道中的流动状态。假定不考虑管道摩阻，管中弱可压缩流体的流速为 $V_0$，阀门处上游侧的初始稳定水头是 $H_0$。在 $t=0$ 时刻，流速从 $V_0$ 变化到 $V_0+\Delta V$。假设流速增加时 $\Delta V$ 为正值，压力增加时 $\Delta H$ 为正值；它们减小时为负值。这个流速的变化导致压力水头 $H_0$ 变化为 $H_0+\Delta H$，流体密度 $\rho_0$ 变为 $\rho_0+\Delta\rho$，一个幅值为 $\Delta H$ 的压力波朝上游方向传播。用 $a$ 表示压力波波速（通常称为波速）。为简化推导，假定管道是刚性的，即管道面积 $A$ 不随压力变化而改变。

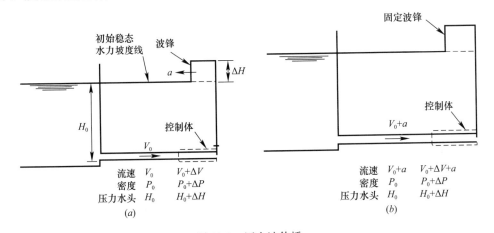

图 11-3 压力波传播
(a) 非恒定流条件；(b) 将非恒定流条件转化为恒定流条件

图 11-3 (a) 所示的非恒定流，通过叠加一个向下游方向的流速 $a$，可转换成了恒定流条件。这等于以速度 $a$ 向上游移动的一个观察者，看到向上游移动的波是静止的 [图 11-3 (b)]，进出控制体的流速分别为 $(V_0+a)$ 和 $(V_0+\Delta V+a)$。

以指向下游方向的距离 $x$ 和流速 $V$ 为正 [图 11.3 (b)]，则正 $x$ 方向上的动量变化率为

$$\rho_0(V_0+a)A[(V_0+\Delta V+a)-(V_0+a)]=\rho_0(V_0+a)A\Delta V \tag{11-1}$$

略去阻力后，作用在控制体正 $x$ 方向上的合理 $F$ 为

$$F=\rho_0 gH_0 A-\rho_0 g(H_0+\Delta H)A=-\rho_0 g\Delta HA \tag{11-2}$$

根据牛顿第二运动定律，控制体的动量变化率等于外力合力。因此，由式（11-1）和式（11-2）可得

$$\Delta H=-\frac{1}{g}(V_0+a)\Delta V \tag{11-3}$$

管道中水的波速 $a$ 在 1000m/s 以上，而管道中水的流速一般低于 10m/s。因此 $V_0$ 远小于 $a$，可略去。于是，式（11-3）变为

$$\Delta H = -\frac{a}{g}\Delta V \tag{11-4}$$

式（11-4）右侧的负号表示流速减小（即 $\Delta V$ 为负），压力水头则增加（即 $\Delta H$ 则为正），反之亦然。

式（11-4）是在管道下游端流速发生改变，波朝上游传播的情况下推导出来的。通常可以证明当管道上游端流速改变后，波朝下游方向传播时的压力变化为

$$\Delta H = \frac{a}{g}\Delta V \tag{11-5}$$

注意，式（11-5）右侧无负号，表示在这种情况下，压力水头随流速增大而增加，随流速减小而减小。

当不考虑波的反射影响时，式（11-4）和式（11-5）可用于管道沿程上的任一断面。假设 $a$ 大约为 $g$ 的 100 倍，水流流速变化为 1.0m/s，则会引起 100m 的水头变化。当水泵、消火栓或阀门关闭时，因为会发生每秒数米的速度变化，给水管网内很容易看到快速发生的急剧水力瞬变现象。

## 11.3 波速

### 11.3.1 刚性管中弱可压缩流体波速公式

若流体密度因压力改变 $\Delta p$ 而改变了 $\Delta \rho$，如图 11-3（b）所示控制体

进流质量流量：$\rho_0 A(V_0 + a)$                                                         (11-6)

出流质量流量：$(\rho_0 + \Delta \rho)A(V_0 + \Delta V + a)$                  (11-7)

若流体弱可压，由于密度变化而增加的控制体质量很小且可忽略。因此，进流质量流量等于出流质量流量。故有

$$\rho_0 A(V_0 + a) = (\rho_0 + \Delta \rho)A(V_0 + \Delta V + a) \tag{11-8}$$

上式经化简，得

$$\Delta V = -\frac{\Delta \rho}{\rho_0}(V_0 + \Delta V + a) \tag{11-9}$$

由于 $V_0 + \Delta V \ll a$，式（11-9）可写成

$$\Delta V = -\frac{\Delta \rho}{\rho_0}a \tag{11-10}$$

流体的体积弹性模量 $K$ 定义为

$$K = \frac{\Delta p}{\Delta \rho / \rho} \tag{11-11}$$

故由式（11-10）和式（11-11）可得

$$a = -K\frac{\Delta V}{\Delta p} \tag{11-12}$$

由式（11-4），且有 $\Delta p = \rho_0 g \Delta H$，将上式写为

$$a = \frac{K}{a\rho_0} \tag{11-13}$$

即

$$a = \sqrt{\frac{K}{\rho_0}} \qquad\qquad (11\text{-}14)$$

式（11-14）即为刚性管中弱可压缩流体的波速公式。

流体的体积弹性模量取决于它的温度、压力。表 11-1 为 1 个标准大气压下在不同温度时，水的密度、体积弹性模量和刚性管道波速。

一个标准大气压下水的密度、体积弹性模量和刚性管道波速      表 11-1

| 温度（℃） | 0 | 5 | 10 | 15 | 20 | 25 | 30 |
|---|---|---|---|---|---|---|---|
| 密度（kg/m³） | 999.8 | 1000.0 | 999.7 | 999.1 | 998.2 | 997.0 | 995.7 |
| 体积弹性模量（10⁹Pa） | 2.02 | 2.06 | 2.10 | 2.15 | 2.18 | 2.22 | 2.25 |
| 波速（m/s） | 1421 | 1435 | 1449 | 1467 | 1477 | 1492 | 1503 |
| 温度（℃） | 40 | 50 | 60 | 70 | 80 | 90 | 100 |
| 密度（kg/m³） | 992.2 | 988.0 | 983.2 | 977.8 | 971.8 | 965.3 | 958.4 |
| 体积弹性模量（10⁶kN/m²） | 2.28 | 2.29 | 2.28 | 2.25 | 2.20 | 2.14 | 2.07 |
| 波速（m/s） | 1516 | 1522 | 1523 | 1517 | 1505 | 1489 | 1470 |

**【例 11-1】** 假设管壁为刚性条件下，水的密度 $\rho = 1000 \text{kg/m}^3$，体积弹性模量 $K = 2.1 \times 10^9 \text{Pa}$。计算：（1）直径为 0.3m 的给水管道内压力波速；（2）流量为 70L/s 恒定流动，在下游端阀门瞬间关闭时的压强升高值。

**【解】** （1）$a = \sqrt{\dfrac{K}{\rho}} = \sqrt{\dfrac{2.1 \times 10^9}{1000}} = 1449 \text{m/s}$

（2）$A = \dfrac{\pi D^2}{4} = \dfrac{3.14 \times (0.3)^2}{4} = 0.07065 \text{m}^2$

$\quad V = \dfrac{Q}{A} = \dfrac{0.07}{0.07065} = 0.99 \text{m/s}$

由于流动完全停止，$\Delta V = 0 - 0.99 = -0.99 \text{m/s}$。因此

$$\Delta H = -\frac{a}{g} \Delta V$$

$$= -\frac{1449}{9.81} \times (-0.99) = 146.2 \text{m}$$

$\Delta H$ 为正，表示压强随流速减小而升高。

### 11.3.2 弹性管道中波速

式（11-14）表示了刚性管道中弱可压缩流体的波速。但是除了流体的体积弹性模量和质量密度之外，波速还决定于管道弹性和外部约束。管道特性包括管道尺寸、管壁厚度和管壁材料。外部约束包括支撑结构类型和管道在纵向移动的自由度。

1963 年哈利维尔（Holliwell）给出了如下波速的一般表达式：

$$a = \sqrt{\frac{K}{\rho} \cdot \frac{1}{1 + (K/E)\psi}} \qquad\qquad (11\text{-}15)$$

式中     $\psi$——依赖于管道弹性的无量纲参数；

         $E$——管壁材料的弹性模量，Pa（表 11-2）；

         $K$ 和 $\rho$——分别为液体的体积弹性模量（Pa）和密度（kg/m³）。

常见管材的弹性模量和泊松比 表 11-2

| 材料 | 弹性模量（$10^9$Pa） | 泊松比 | 材料 | 弹性模量（$10^9$Pa） | 泊松比 |
|---|---|---|---|---|---|
| 石棉水泥 | 23～24 | 0.30 | 球墨铸铁 | 172 | 0.28～0.30 |
| 铸铁 | 80～170 | 0.25～0.27 | 聚乙烯 | 0.7～0.8 | 0.46 |
| 混凝土 | 14～30 | 0.10～0.15 | 聚氯乙烯 | 2.4～3.5 | 0.45～0.46 |
| 钢筋混凝土 | 30～60 | 0.25 | 钢 | 200～207 | 0.30 |

各种情况下 $\psi$ 的表达如下：

（1）刚性管道

$$\psi = 0 \tag{11-16}$$

（2）厚壁弹性管道（$D/e < 40$）

1）管道全线固定，沿管轴线无位移

$$\psi = 2(1 + \mu)\left(\frac{R_o^2 + R_i^2}{R_o^2 - R_i^2} - \frac{2\mu R_i^2}{R_o^2 - R_i^2}\right) \tag{11-17}$$

式中    $\mu$——泊松比；

$R_o$，$R_i$——分别为管道外径和内径。

2）管道上游端固定，上游端不能沿轴线位移

$$\psi = 2\left[\frac{R_o^2 + 1.5R_i^2}{R_o^2 - R_i^2} - \frac{\mu(R_o^2 - 3R_i^2)}{R_o^2 - R_i^2}\right] \tag{11-18}$$

3）管道有伸缩节，全线能沿轴线位移

$$\psi = 2\left(\frac{R_o^2 + 1.5R_i^2}{R_o^2 - R_i^2} + \mu\right) \tag{11-19}$$

（3）薄壁弹性管道（$D/e > 40$）

1）管道全线固定，沿管轴线无位移

$$\psi = \frac{D}{e}(1 - \mu^2) \tag{11-20}$$

式中    $D$——管道直径；

$e$——管壁厚度。

2）管道上游端固定，上游端不能沿轴线位移

$$\psi = \frac{D}{e}(1 - 0.5\mu) \tag{11-21}$$

3）管道有伸缩节，全线能沿管轴线位移

$$\psi = \frac{D}{e} \tag{11-22}$$

### 11.3.3 水中含气量影响

水中含有气体时，会使波速降低。有报道指出，水的波速值近似等于 1438m/s，空气波速近似等于 340m/s。对于具有 1% 容积空气的水，波速近似为 125m/s。另有报道，含气体积为 1/10000 的水，波速减小大约为 50%。另外，实验室研究和原型测试表明，当压力减小时液体中的溶解气体会逐渐离析出来（即使压力高于汽化压强也是如此），导致波速显著减小。因此，正压波的波速可能高于负压波的波速。

## 11.4  压力波传播

如图 11-4 所示的管道系统,管道上游端的水池水位恒定,下游端设一阀门。当考虑管壁的弹性时,管内压力增大时管道膨胀,管内压力下降时管道收缩。

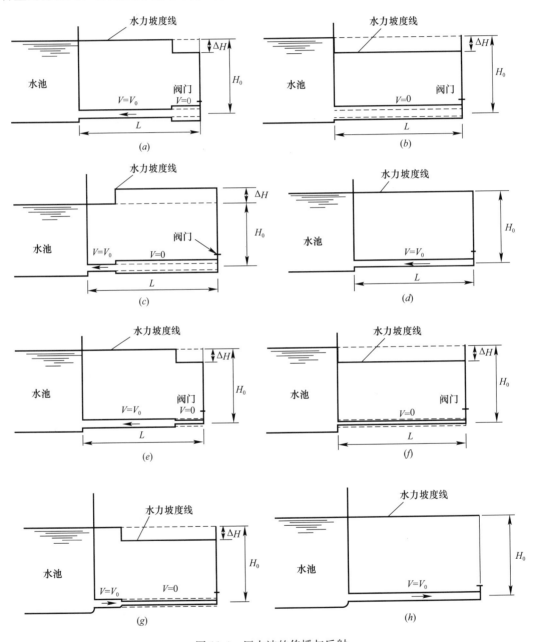

图 11-4  压力波的传播与反射

(a) $t=\varepsilon$; (b) $t=L/a$; (c) $t=L/a+\varepsilon$; (d) $t=2L/a$;

(e) $t=2L/a+\varepsilon$; (f) $t=3L/a$; (g) $t=3L/a+\varepsilon$; (h) $t=4L/a$

设在下游阀门瞬时关闭前（$t=0$），管道系统中的流态是恒定的。如果不考虑系统的摩阻，则沿管线的初始稳态压力水头均为 $H_0$。假定距离 $x$ 和流速 $V$ 以指向下游为正（上、下游方向是基于初始恒定流方向定义的）。

阀门关闭后的压力波动过程可分为如下四个阶段（见图 11-4）。

（1）时段 $0<t\leqslant L/a$

阀门一经关闭，阀门处的流速就降至零。由此引起阀门处压强升高 $\Delta H=(a/g)\,V_0$。压强升高使得管道的管壁膨胀（图 11-4 中，管壁膨胀或收缩中，初始稳态下的管道直径用虚线表示），流体被压缩，从而流体密度增加，正压力波向水池方向传播（称增压逆波）。在波锋之后的流体速度变为零，动能转换成弹性势能［图 11-4（a）］。若压力波速为 $a$，管道长度为 $L$，则波锋在 $t=L/a$ 时刻到达上游水池。此时整个管线中管壁膨胀，流速为零，而压力水头变为 $H_0+\Delta H$［图 11-4 （b）］。

（2）时段 $L/a<t\leqslant 2L/a$

假设管道上游水池水位不变，当压力波到达水池端时，在水池侧面压强是 $H_0$，而在水池端紧靠管道断面上的压强为 $H_0+\Delta H$，在压差 $\Delta H$ 的作用下，水开始以 $-V_0$ 的速度从管道流向水池。因此管道入口的流速从零降到 $-V_0$，这使得压强从 $H_0+\Delta H$ 降到 $H_0$，形成了一个向阀门方向传播的负波（称降压顺波）［图 11-4（c）］。在这个负波的波锋之后（一直到水池端），管道压强变为 $H_0$，水的流速为 $-V_0$。在 $t=2L/a$ 时刻，波运动到关闭的阀门处，整条管道中的压强水头为 $H_0$，流速为 $-V_0$［图 11-4 （d）］。

（3）时段 $2L/a<t\leqslant 3L/a$

由于阀门完全关闭，阀门处不能维持负流速。因而，阀门处的流速立即由 $-V_0$ 变为零，压力下降为 $H_0-\Delta H$，形成向上游水池传播的负压力波（称降压逆波）［图 11-4（e）］。在此波锋后的压强变为 $H-\Delta H$，水流速度变为零。当 $t=3L/a$ 时，波锋到达上游水池，整条管道的压强水头为 $H_0-\Delta H$，流速为零［图 11-4 （f）］。

（4）时段 $3L/a<t\leqslant 4L/a$

当负波传到水池后，在上游水池端又出现压力不平衡情况。现在水池侧压强高于临近水池的管道断面压强。这时水流从水池以速度 $V_0$ 流向管道，压力水头增至 $H_0$（称增压顺波）［图 11-4（g）］。在 $t=4L/a$ 时，波锋到达下游阀门处，整个管线的管道压强水头为 $H_0$，水的流速为 $V_0$。此时的状态与初始恒定状态相同，但此时阀门是关闭的［图 11-4（h）］。

由于阀门完全关闭，在 $t=4L/a$ 时，全管恢复到初始状态，但水击现象不会停止，而是重复上述过程，周而复始地循环发展下去。如果不考虑水流阻力，根据上述不难得出管道各断面压强和流速随时间变化的图形，从而可知：①阀门处压强最先增高和降低，持续时间长；管道进口处的压强增高和降低都只是发生在瞬间（见图 11-5）。②管道进口处的流速在 $+V_0$ 和 $-V_0$ 之间交替变化，持续时间长；阀门处的流速 $+V_0$ 和 $-V_0$ 都只是瞬间发生（见图 11-6）。③管道中任一断面处的压强和流速变化的持续时间介于阀门处和管道进口处的情况之间。由于未考虑摩阻，图 11-5 中压强（水头）和图 11-6 中流速均以 $4L/a$ 的时间间隔重复进行。该重复的时间间隔 $4L/a$ 称为管道的理论（固有）周期。

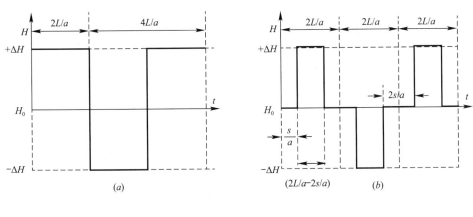

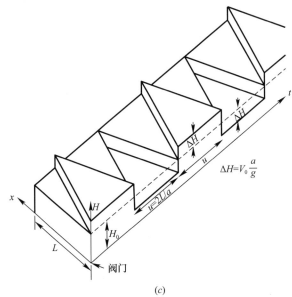

图 11-5  下游阀门关闭后管道水头变化

(a) 管道阀门端；(b) $x = L - s$ 处；

(c) $x - t - H$ 三维示意图

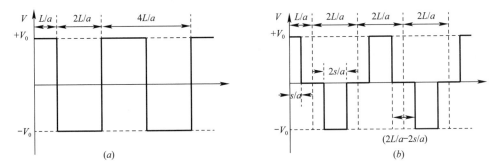

图 11-6  下游阀门关闭后管道流速变化

(a) 管道水池端；(b) $x = L - s$ 处

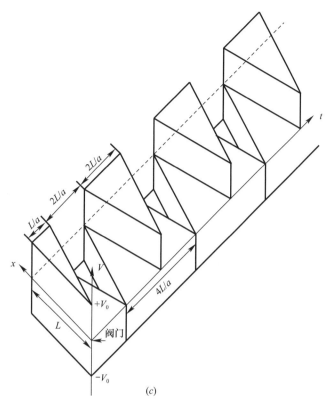

图 11-6 下游阀门关闭后管道流速变化（续）

(c) $x-t-V$ 三维示意图

实际系统中，由于压力波在管道中的来回传播存在能量损失，压力波会逐渐衰减，经过数秒或数分钟后，压力波消失，例如变成静止状态（见图 11-7）。

上文讨论的是阀门突然关闭的情况，实际上阀门的关闭总需要一定的时间，设阀门关闭的时间为 $T_s$。在 $T_s$ 时段内，阀门是逐渐关闭的，压强的增高或降低也是逐渐完成的。如果阀门关闭的时间 $T_s < 2L/a$ 或 $L > aT_s/2$，也就是最早由阀门处产生的增压逆波到达水库再以降压顺波的形式反射回来，还没有到达阀门处，阀门就以完全关闭。这样阀门处将产生最大的压强，与阀门在瞬时关闭情况相同，这种水力瞬变称为直接水击。

如果 $T_s > 2L/a$ 或 $L < aT_s/2$，这时反射回来的降压顺波已回到阀门处并与阀门继续关闭产生的增压逆波相遇，就会抵消一部分水击增压，致使阀门处的压强达不到直接水击那样大的增压值。这种情况下的水力瞬变称为间接水击。

间接水击压强较直接水击小，对管道安全有利。所以在工程实践中，总是设法避免直接水击。

【例 11-2】 设钢管全线能沿管轴线位移，弹性模量 $E = 200 \times 10^9$ Pa，管径 $D = 500$mm，管壁厚度 $e = 10$mm。水温 20℃ 时，水的体积弹性模量 $K = 2.18 \times 10^9$ Pa，密度 $\rho = 998.2$kg/m$^3$。求：（1）钢管内的波速；（2）当管长 $L = 2000$m 时，管内流速为 1m/s，3s 内阀门完全关闭时的水击压强。

【解】 （1）$D/e = 500/10 = 50 > 40$

将式（11-15）和式（11-22）联立，得

$$a = \sqrt{\frac{K}{\rho} \cdot \frac{1}{1 + \left(\frac{K}{E}\right)\left(\frac{D}{e}\right)}}$$

$$= \sqrt{\frac{2.18 \times 10^9}{998.2} \times \frac{1}{1 + (2.18 \times 10^9/200 \times 10^9) \times 50}} = 1189 \text{m/s}$$

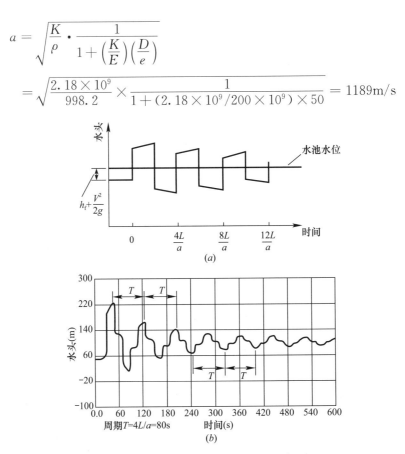

图 11-7　压力波衰减示例

(a) 靠近阀门端的水头变化；(b) 管线内部某点处的水头变化

（2）因 $\frac{2L}{a} = \frac{2 \times 2000}{1189} = 3.36\text{s} > 3\text{s}$，水击为直接水击。

水击压强为 $\Delta H = \frac{a}{g} V_0 = \frac{1189}{9.81} \times 1 = 121.2 \text{m}$

## 11.5　压力波反射和透射

当波由压力脉冲 $\Delta H_0$（入射波）定义，在初始管道内传播到达一个节点，它本身将水头值 $\Delta H_0$ 传送到其他连接管道（透射），并在具有水头值 $\Delta H_0$ 的初始管道中反射。发生在节点处的反射和透射改变了与节点相连的每一条管道内的水头和流速状态。

图 11-8 说明了具有 4 条连接管道的节点。图 11-8（a）说明了靠近节点的入射波；图 111-8（b）说明了压力波经过节点之后形成的反射波和透射波。假设管道之间的连接节点空间很小，忽略通过节点时的水头损失，则所有与该节点相连管道，在该节点端的水头假设是相同的，于是引入反射系数 $r$ 和透射系数 $s$ 的概念：

$$S = \frac{\Delta H_s}{\Delta H_0} = \frac{\dfrac{2A_0}{a_0}}{\displaystyle\sum_{i=0}^{n} \dfrac{A_i}{a_i}} \tag{11-23}$$

$$r = \frac{\Delta H_R}{\Delta H_0} = S - 1 \qquad (11\text{-}24)$$

式中    $S$——透射系数，无量纲；

　　　　$r$——反射系数，无量纲；

　　$\Delta H_s$——透射波水头，m；

　　$\Delta H_0$——入射波水头，m；

　　$\Delta H_R$——反射波水头，m；

　　$A_0$——入射波所在管道断面积，$m^2$；

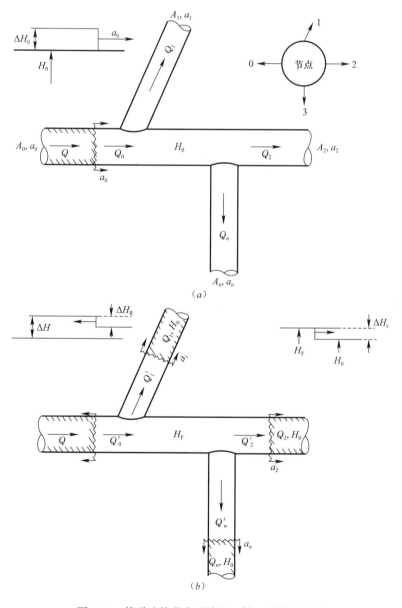

图 11-8　管道连接节点处波的入射、反射和透射

($a$) 靠近节点的入射波；($b$) 离开节点的反射波和透射波

$a_0$——入射波速，m/s；

$A_i$——管道 $i$ 的断面积，$m^2$；

$a_i$——管道 $i$ 的波速，m/s；

$n$——节点直接相连管道总数；

$i$——管道编号。

（1）恒定水池水位处

对于水池等蓄水设施，如果与之连接的管道中流量变化时，不会使其水位发生变化，则这种蓄水设施的水位，可视为恒定水位。这种情况下，已知 $n=1$，$A_1 \rightarrow \infty$，由式（11-23）和式（11-24）可得 $s=0$，$r=-1$。即到达水池的波将以相反符号反射，且无透射，即 $\Delta H_R = -\Delta H_0$。于是在反射时 $H_f = H_0 + \Delta H_0 + \Delta H_R$，即 $H_f = H_0$（$H_f$ 表示入射波经水池等蓄水设施反射后的水头）。这种现象如图 11-9（$a$）所示。

（2）封闭端处

在封闭端（堵头）或完全关闭的阀门处，已知 $n=1$，由式（11-23）和式（11-24）可得 $s=2$，$r=1$。不考虑投射情况，说明反射波与入射波等值同号。图 11-9（$b$）说明在封闭端，反射波将在原水头基础上，增加了 2 倍的入射波水头。例如，当初始压力值为 30m 水头的管道上，有一个 10m 水头的压力波向封闭端传播，在到达封闭端时，封闭端压强增至 40m 水头；当波经这个封闭端反射后，压强增至 40m＋10m＝50m 水头，即经反射后，靠近封闭端的管道内水头增大。同理，如果流量控制操作引起的负压力波，经过封闭阀门反射，则会引起靠近阀门处管道内的压强进一步下降，该条件在一定情况下会造成液柱分离，可能会引起低水头系统下的管线故障。

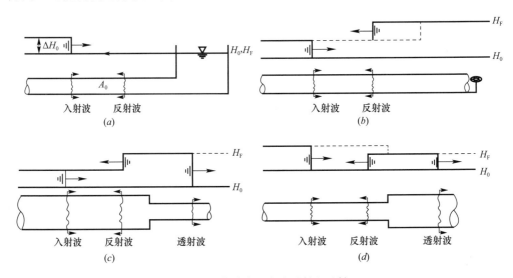

图 11-9　管道内压力波反射和透射

（$a$）水池处；（$b$）阀门关闭处；（$c$）管道收缩连接处；（$d$）管道扩大连接处

（3）串联节点处

两段不同直径、管壁厚度、材质或摩阻系数的管道相连称为串联。

管道直径缩小时（流速增加），$A_1 < A_0$，由式（11-23）可知 $s>1$，说明下游管道内透射波的水头增加。例如，如果 $A_1 = A_0/4$（即 $D_1 = D_0/2$），计算得 $s=1.6$，$r=0.6$，说明传播进入较小直径管道的透射波水头比大直径管道的入射波水头高出 60%。入射波经节点反射后，在直径较大管道内的反射波也受到透射波水头的影响［见图 10-9（$c$）］。

管道直径扩大时（流速降低），$A_1 > A_0$，由式（11-23）可知 $s < 1$，说明下游管道内透射波的水头减小，同时经反射回较小口径管道内的反射波水头也变小［见图 10-9（$d$）］。

（4）分叉节点处

在管道分叉连接节点处，管道 0 分别连接管道 1 和管道 2。管道 0 中的入射波 $\Delta H_0$ 经过节点后以 $\Delta H_R$ 折回管道 0，透射波 $\Delta H_{S1}$ 进入管道 1 和管道 2。这种情况下，分叉节点的反射系数和透射系数为

$$S = \frac{\Delta H_s}{\Delta H_R} = \frac{\dfrac{A_0}{a_0} - \dfrac{A_1}{a_1} - \dfrac{A_2}{a_2}}{\dfrac{A_0}{a_0} + \dfrac{A_1}{a_1} + \dfrac{A_2}{a_2}} \tag{11-25}$$

$$r = \frac{\Delta H_R}{\Delta H_0} = S - 1 = \frac{2\dfrac{A_0}{a_0}}{\dfrac{A_0}{a_0} + \dfrac{A_1}{a_1} + \dfrac{A_2}{a_2}} \tag{11-26}$$

由式（11-25）可知，入射波经节点处分叉后形成的透射波，$0 < s < 1$，即透射波的水头绝对值总是低于入射波的水头。

# 11.6 有压管道瞬变流基本微分方程组

有压管道中的瞬变流动可按可压缩流体的非恒定流动考虑，其基本微分方程组包括连续性方程和运动方程，推导过程满足以下假设：

1）管流按均质流体一维流动处理；

2）在任何时刻管道中均充满液体，不考虑由低压引起的沸腾现象和水柱分离现象；

3）管道和流体发生弹性、线性变形；

4）非稳态下的摩擦阻力损失与稳态下相同。

## 11.6.1 连续性方程

设过流断面 A 和液体密度 $\rho$ 都是坐标与时间的函数，即 $A = A（s, t）$、$\rho = \rho（s, t）$。取 1、2 断面间的微小控制体（见图 11-10）进行分析。

液体从断面 1—1 流入，从断面 2—2 流出，两断面间距 $ds$。设断面 1—1 的面积为 $A$，平均流速为 $V$，液体密度为 $\rho$，则在时段 $dt$ 内流入的质量为：

$$m_1 = \rho V A \, dt \tag{11-27}$$

而 2—2 断面在同一时段内流出的质量为：

$$m_2 = \rho V A \, dt + \frac{\partial}{\partial s}(\rho V A \, dt) ds \tag{11-28}$$

流出和流入的质量差为：

$$dm_s = m_2 - m_1 = \frac{\partial}{\partial s}(\rho V A \, dt) ds \tag{11-29}$$

在同一时段内，控制体内的液体质量从原有的 $\rho A ds$ 变为 $\rho A ds + \dfrac{\partial}{\partial t}(\rho A ds) dt$，故质量

变化为：

$$dm_s = \frac{\partial}{\partial t}(\rho A\,ds)dt \tag{11-30}$$

根据质量守恒原理，在 $dt$ 时段内，流出和流入该控制体的质量差，应等于同一时段内该体积内的质量减少，即

$$\frac{\partial}{\partial s}(\rho V A\,dt)ds = -\frac{\partial}{\partial t}(\rho A\,ds)dt \tag{11-31}$$

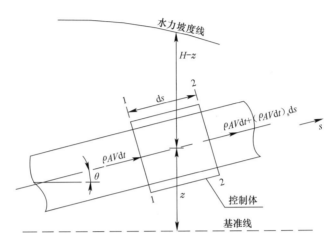

图 11-10　连续性方程控制体

将式（11-31）简化为：

$$\frac{\partial}{\partial s}(\rho V A) + \frac{\partial}{\partial t}(\rho A) = 0 \tag{11-32}$$

展开式（11-32），并同除以 $\rho A$：

$$\frac{1}{A}\left(\frac{\partial A}{\partial t} + V\frac{\partial A}{\partial s}\right) + \frac{1}{\rho}\left(\frac{\partial \rho}{\partial t} + V\frac{\partial \rho}{\partial s}\right) + \frac{\partial V}{\partial s} = 0 \tag{11-33}$$

$$\frac{1}{A}\frac{dA}{dt} + \frac{1}{\rho}\frac{d\rho}{dt} + \frac{\partial V}{\partial s} = 0 \tag{11-34}$$

而液体的体积模量：

$$K = \frac{dp}{d\rho/\rho} \tag{11-35}$$

整理式（11-35），得：

$$\frac{1}{\rho}\frac{d\rho}{dt} = \frac{1}{K}\frac{dp}{dt} \tag{11-36}$$

对于管径为 $D$，管壁厚度为 $\delta$ 的均质圆形管路，考虑液体的可压缩性及管壁的弹性，根据管壁应力—应变的关系，可得出管道截面与压力变化规律，即

$$\frac{1}{A}\frac{dA}{dt} = \frac{D}{E\delta}\frac{dp}{dt} \tag{11-37}$$

式中　　$E$——弹性模量，$N/m^2$。

将式（11-36）、式（11-37）代入式（11-34），得：

$$\frac{1}{K}\frac{\mathrm{d}p}{\mathrm{d}t}\left(1+\frac{K}{E}\frac{D}{\delta}\right)+\frac{\partial V}{\partial s}=0 \tag{11-38}$$

将水锤波的传播速度 $a^2=\dfrac{K/\rho}{1+(K/E)(D/e)}$ 代入式（11-38），得：

$$\frac{1}{\rho}\frac{\mathrm{d}p}{\mathrm{d}t}+a^2\frac{\partial V}{\partial s}=0 \tag{11-39}$$

由于压力可写为：

$$p=\rho g(H-z) \tag{11-40}$$

式中　　$H$——测压管水头，m；

　　　　$z$——控制体的地面标高，m。

这里 $\rho$ 随 $s$ 或 $t$ 的变化远小于 $H$ 随 $s$ 或 $t$ 的变化，因此认为 $\rho$ 为常数，则得：

$$\frac{\mathrm{d}p}{\mathrm{d}t}=\frac{\partial p}{\partial t}+V\frac{\partial p}{\partial s}=\rho g\left(\frac{\partial H}{\partial t}-\frac{\partial z}{\partial t}\right)+V\rho g\left(\frac{\partial H}{\partial s}-\frac{\partial z}{\partial s}\right) \tag{11-41}$$

由于 $\dfrac{\partial z}{\partial t}=0$，因此 $\dfrac{\partial z}{\partial s}$ 可写为 $\dfrac{\mathrm{d}z}{\mathrm{d}s}$，代入式（11-41）得：

$$\frac{1}{\rho}\frac{\mathrm{d}p}{\mathrm{d}t}=g\frac{\partial H}{\partial t}+Vg\left(\frac{\partial H}{\partial s}-\frac{\mathrm{d}z}{\mathrm{d}s}\right) \tag{11-42}$$

将式（11-42）代入式（11-39）得：

$$\frac{\partial H}{\partial t}+V\frac{\partial H}{\partial s}-V\frac{\mathrm{d}z}{\mathrm{d}s}+\frac{a^2}{g}\frac{\partial V}{\partial s}=0 \tag{11-43}$$

式（11-43）即为有压管道可压缩流体非恒定流动的连续性方程。

### 11.6.2　运动方程

取如图 11-11 所示的流体隔离体作为研究对象，长为 $\mathrm{d}s$，流动方向与水平线之间的夹角为 $\theta$。作用在隔离体上 $s$ 方向的力有：横截面上的表面正压力及管壁面上的切应力 $\tau_0$，重力在 $s$ 方向上的分量及由于截面积变化引起的压力分量。根据牛顿第二定律：$\sum F_s=ma_s$，即作用在微小流体上的合力等于该微小流体的质量与加速度的乘积；加速度的方向与合外力的方向相同，得：

$$pA-\left[pA+\frac{\partial(pA)}{\partial s}\mathrm{d}s\right]+\left(p+\frac{\partial p}{\partial s}\frac{\mathrm{d}s}{2}\right)A_s\mathrm{d}s-\tau_0\pi D\mathrm{d}s-\gamma A\mathrm{d}s\sin\theta=\rho A\mathrm{d}s\frac{\mathrm{d}V}{\mathrm{d}t} \tag{11-44}$$

而 $\dfrac{\mathrm{d}V}{\mathrm{d}t}=\dfrac{\partial V}{\partial t}+V\dfrac{\partial V}{\partial s}$，并略去高阶小量，整理后式（11-44）简化为：

$$\frac{\partial p}{\partial s}A+\tau_0\pi D+\rho gA\sin\theta+\rho A\left(\frac{\partial V}{\partial t}+V\frac{\partial V}{\partial s}\right)=0 \tag{11-45}$$

瞬变流中，管壁的切应力 $\tau_0$ 近似按稳态时计算，即可用达西—维斯巴赫摩擦阻力系数 $\lambda$ 求得，并考虑流向，则

$$\tau_0=\frac{\rho\lambda V|V|}{8} \tag{11-46}$$

将式（11-46）代入（11-45），并同除以 $\rho A$ 得：

$$\frac{1}{\rho}\frac{\partial p}{\partial s}+V\frac{\partial V}{\partial s}+\frac{\partial V}{\partial t}+g\sin\theta+\frac{\lambda}{2D}V|V|=0 \tag{11-47}$$

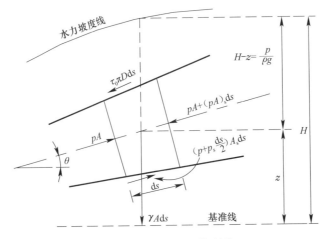

图 11-11　运动方程控制体

由式（11-40）得 $\dfrac{\partial p}{\partial s}=\rho g\left(\dfrac{\partial H}{\partial s}-\dfrac{\partial z}{\partial s}\right)$，代入式（11-47）并整理：

$$g\,\frac{\partial H}{\partial s}+V\,\frac{\partial V}{\partial s}+\frac{\partial V}{\partial t}+\frac{\lambda}{2D}V|V|=0 \tag{11-48}$$

式（11-48）为有压管道可压缩流体非恒定流动的运动方程。

式（11-48）对恒定流动也适用，当 $\dfrac{\partial V}{\partial s}=\dfrac{\partial V}{\partial t}=0$，则式（11-48）变为：

$$\Delta H=-\frac{\lambda V|V|}{2gD} \tag{11-49}$$

有压管道瞬变流的基本微分方程组［式（11-43）和式（11-48）］是有两个因变量（$V$ 和 $H$）和两个自变量（$s$，$t$）的一阶拟线性双曲型偏微分方程组，求该方程组的精确解极为困难，只能求其数值解，其中特征线法是求得数值解有效方法之一。

## 11.7　水泵的水力特性

管道系统的瞬变分析涉及离心泵、混流泵以及轴流泵，需要描述这些电动机械的详细信息。本节将定义所有可能运行区域水泵的恒定流特性。首先讨论几何和动态相似的重要性，包括：①恒定流的一致性关系；②瞬变分析相似性假设的重要性。然后提出 4 个象限 8 个运行区的重要性。对于水泵，其驱动力的损失常常是关键的瞬间情况，由于较低的管线压力可能会导致：①由于收缩造成管道破裂；②形成气囊，其后果也是破裂。由于止回阀的冲击，或者来自泄水阀关闭太快（水柱分离）或太慢（逆向水击波），也会产生其他水锤问题。

### 11.7.1　水泵特性的定义

定义水泵水力特性的重要参数为：

（1）叶轮直径：水泵转子的出口直径 $D_1$。

（2）转速：角速度（rad/s）为 $\omega$；同时 $N=2\pi\omega/60$，以 r/min 计。

（3）流量：工况点的过流能力 $Q$。

（4）总动扬程（TDH）。水泵获得（或损失）的总能量 $H$，定义为

$$H = \left(\frac{P_{\mathrm{d}}}{\gamma} + z_{\mathrm{d}}\right) - \left(\frac{P_{\mathrm{s}}}{\gamma} + z_{\mathrm{s}}\right) + \frac{V_{\mathrm{d}}^2}{2g} - \frac{V_{\mathrm{s}}^2}{2g} \tag{11-50}$$

式（11-50）中下标 $s$ 和 $d$ 分别表示水泵的吸水口侧和出水口侧。

### 11.7.2 量纲和谐（一致性）原理

水力相似原理无论在恒速泵机组工况分析，还是由于水泵动力事故而引起的水击分析，都有着重要的应用。利用相似原理，能够在很宽的速度变化范围内估算出水泵的压头、流量和转矩，而所用的资料只是在某一确定转速下的几个基本数据。

根据叶轮直径 $D_1$ 和角速度 $\omega$，流量系数表示为：

$$C_{\mathrm{Q}} = \frac{Q}{\omega D_1^3} \tag{11-51}$$

欧拉数的倒数（压力与惯性力之比）称为水头系数 $C_{\mathrm{H}}$，定义为：

$$C_{\mathrm{H}} = \frac{gH}{\omega^2 D_1^2} \tag{11-52}$$

能量系数 $C_{\mathrm{P}}$ 定义为：

$$C_{\mathrm{P}} = \frac{P}{\rho \omega^3 D_1^5} \tag{11-53}$$

对于瞬变分析，水泵转速的连续预测期望参数为非平衡扭矩 $T$。由于 $T = P/\omega$，于是扭矩系数 $C_{\mathrm{T}}$ 为：

$$C_{\mathrm{T}} = \frac{T}{\rho \omega^2 D_1^5} \tag{11-54}$$

水力瞬变分析中，常将水泵特性称作特性状态—应被优化或者处于高效点（BEP），有时定义为工况点、铭牌或者设计点。根据特性条件，使用下标 R，定义如下比值：

$$\text{流量}: v = \frac{Q}{Q_{\mathrm{R}}} \quad \text{速度}: \alpha = \frac{\omega}{\omega_{\mathrm{R}}} = \frac{N}{N_{\mathrm{R}}} \quad \text{水头}: h = \frac{H}{H_{\mathrm{R}}} \quad \text{扭矩}: \beta = \frac{T}{T_{\mathrm{R}}}$$

其次，对于出现瞬变的已知水泵，$D_1$ 为常数，式（11-51）~式（11-54）根据以上比值改写为：

$$\frac{v}{\alpha} = \frac{C_{\mathrm{Q}}}{C_{\mathrm{QR}}} = \frac{Q_{\mathrm{R}}}{Q} \frac{\omega}{\omega_{\mathrm{R}}} \quad \frac{h}{\alpha^2} = \frac{C_{\mathrm{H}}}{C_{\mathrm{HR}}} = \frac{H}{H_{\mathrm{R}}} \frac{\omega_{\mathrm{R}}^2}{\omega^2} \quad \frac{\beta}{\alpha^2} = \frac{C_{\mathrm{T}}}{C_{\mathrm{TR}}} = \frac{T}{T_{\mathrm{R}}} \frac{\omega_{\mathrm{R}}^2}{\omega^2}$$

### 11.7.3 异常水泵（四象限）特性

叶片式水力机械一般是可逆机械，它可以把原动机的机械能传给液体，也能将液体的液能转换为机械能并由转轴传送出去。这种机械被称为水泵—水轮机（简称泵—轮机）。

水泵的全面性能特性曲线是在流量 $Q$ 和转速 $N$ 的坐标系统中，表示所有工况下各工作参数的关系曲线，这时总扬程 $H$ 和力矩 $T$ 均以等值线的方式绘出；四象限特性曲线是指在流量 $Q$ 和总扬程 $H$（或力矩 $T$）的坐标系统上表示所有工况下，总扬程 $H$（或力矩 $T$）与流量 $Q$ 的关系曲线，由于 $H$、$Q$、$T$、$N$ 等参数将出现负值，故这些曲线会超出第一象限而扩展到第二、三、四象限。概括地讲，这两种曲线都是从定量的角度说明同一物理现象——叶片式水力机械的可逆性与多样性，因此泵—水轮机根据其工作参数（总扬程 $H$、流量 $Q$、转速 $N$、功率 $W$ 等）的特点，可有 8 种工况：2 个水泵工况，2 个水轮机工况和 4 个制动工况。对叶片式水泵而言，除正常工况外，其他 7 种工况简称为叶片泵的异

常工况，参考图 11-12。而在停泵瞬变的计算中，常用的是正常水泵工况、正常水轮机工况及两者间的过渡工况—制动工况。在图 11-12 中水头 $H$ 为两个水库的高程差。假设管道很短，且具有较大的直径，忽略管道摩擦的影响。图 11-12 中的区域称作区域和象限，后者的定义来源于常数水头线的绘制以及流量—速度平面上的常数扭矩（$v$-$\alpha$ 轴）。通常定义的象限 I（$v>0$，$\alpha>0$）以及 III（$v<0$，$\alpha<0$），分别作为水泵或者水轮运行区。可以看出，异常运行（无论是水泵还是水轮机模式）可能出现在这两个象限之一。将按照顺序介绍 8 个区域的每一个。应注意，图 11-12 所有适宜条件可以通过试验测试设计：利用附加的（或者 2 台）水泵作为主水泵，测试水泵作为副水泵。

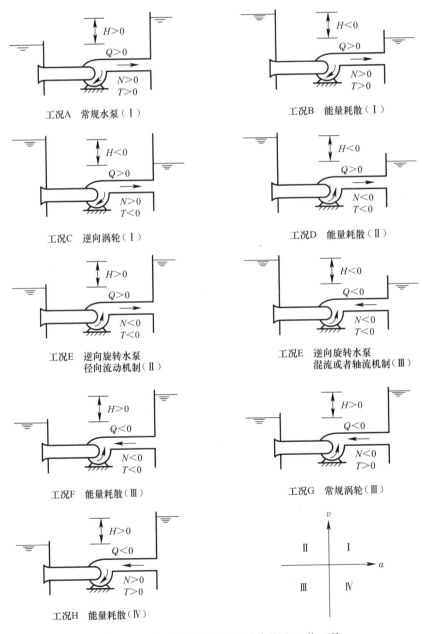

图 11-12　水泵可能运行的 4 个象限和 8 种工况

（1）象限Ⅰ

图 11-12 中的工况 A（常规抽吸）说明水泵常规运行，所有 4 个量—$Q$，$N$，$H$ 和 $T$ 均为正。其中 $Q>0$，说明能量的正常应用。工况 B（能量耗散）是一种正向流条件、正向旋转以及正向扭矩，但是负向水头——这是一种异常状况。当水泵运行于工况 B，通过①另一台水泵或者水库在超负荷稳定运行中，或者②由电力故障造成的瞬间水头损失。这种情况是可能的，但不是期望的。工况 C（逆向水轮），由负向水头造成，具有正的效率和负的扭矩。由于不良进流条件和反常出流速度三角情况，最大效率很低。

（2）象限Ⅳ

工况 $H$ 表明能量耗散，常常在水泵的电源短期故障内遇到，如图 11-12 所示。在这种状态下，所有旋转元素合成的惯性力（电机、水泵及其携带的流体，泵轴）维护水泵正向运转，但由于正的水头，使水流反向。这是纯粹的耗散模式，导致负的或者零效率。应注意水头和流体扭矩在工况 $H$ 均为正，这是象限Ⅳ的唯一情况。

（3）象限Ⅲ

在水泵电源故障期间通过工况 $H$，然后进入工况 G（常规水轮）。尽管水泵可自由旋转，但不产生电力，工况 G 为水轮机的运行模式。该工况下水头和扭矩为正，水泵流量和速度均为负，与常规水泵（工况 A）相反。

（4）象限Ⅱ

两种剩余的工况（D 和 E）在运行中很少见，除非水泵/水轮在瞬时运行中进入工况 E。此时水泵处于测试回路，或者事实上机械出现故障。工况 D 为纯粹耗散模式，一般不会发生，从高到低水库的设计中增加流量，旋转反向，但是没有反向流（工况 E，混流或者轴流），导致当 $H<0$ 时 $Q>0$，$N<0$，$T<0$。

## 11.8 水锤防护措施

为了克服系统潜在的水锤，必须具有完整设计和运行策略。瞬变事件可能在水泵电源故障时，初始化低压力事件（下向水击），或者由下游阀门关闭造成高压事件（上向水击）。下向水击会造成水柱分离，导致严重的压力升高，破坏气穴。一些系统会引起可能的管道损坏，或者水（或空气）从外部进入。

各种控制瞬变方式的应用，取决于事件导致的是上向水击波还是下向水击波。对于泵站，瞬变常常是由于电源故障造成的水泵超载。泵站的主要瞬变问题与潜在的水柱分离、气穴破坏相关，它是由一台或数台水泵的停机造成。水泵压水阀门，如果激发速度太快，会出现下向水击问题。为了克服下向水击，许多选项涉及水击防护设施的安装和设计。

缓解水锤具有三个基本设计策略，分别是：①改变管线特性，例如采取管路合理布局、扩管减速等措施；②改善阀门和水泵的控制过程；③设计和安装水击波控制设施。

### 11.8.1 水锤防护设备和方法

通常，在管线系统内出现明显的压力变化是由于液流速度的变更。而迫使系统内液流速度变化的原因有阀门的动作、泵机组动力事故、液柱分离等。因为压力的变化与流速的变化成正比，故常用避免突然改变流速的办法防止产生过高的水击压力。多数控制设备和控制方法所涉及的功能是满足特定应用条件下的这种要求。

（1）水泵压力阀操作

优化阀门启闭能够解决由水泵电源故障造成的水锤问题。阀门关闭太快，加剧了下向水击，造成水柱分离；关闭太慢，允许反向流通过水泵。应注意，单个水泵电源故障的优化控制方式不能够优化多台水泵故障。使用具有反馈系统的微处理器和自控装置，总体上能够解决阀门、水泵与管道系统的优化控制。

（2）止回阀和缓闭止回阀

与缓闭止回阀在一起，旋启式止回阀常用在水泵出水线路上。止回阀应易于打开，对于常规正向流具有较小的水头损失，它的行动不会造成瞬变。对于管路较短的系统，具有缓冲器的弹簧或者配重阀能够给出初始快速响应，然后缓慢关闭，缓解瞬变。

（3）水锤消除器

水锤消除器一般安装在水泵出水管止回阀附近，用于防止低压水锤的消除器安装在止回阀的上游；用于防止高压水锤的水锤消除器安装在止回阀的下游。水锤消除器有多种形式，如图 11-13 所示为一种下开式水锤消除器。当水泵突然断电，在管路中出现低压的短促时段内，消除器阀门迅速动作，呈开启状态，直到回冲水流到达时，阀门关闭。

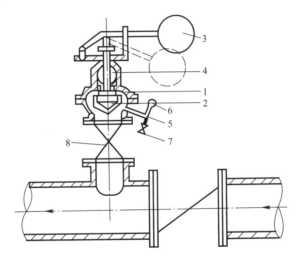

图 11-13　下开式水锤消除器

1-阀板；2-分水锥；3-重锤；4-排水口；5-三通管；6-压力表；7-放气门；8-闸阀

（4）水泵旁路

较短距离的低扬程系统中，电力故障和下向水击之后，为了使水抽进水泵的压水线路，可以采用水泵旁路（图 11-14）。通常具有两种可能的旁路配置。第一种是在出水管路上设置控制阀，在水泵吸水口处或者湿井和主管线之间的旁路上设置止回阀。设计的控制阀在下向水击之后打开，缓解主管线的水柱分离。第二种在旁路上有控制阀，在水泵下游主管线上设置止回阀。控制阀门在电源故障时打开，重新允许水从水泵旁路流到主管线。

（5）双向调压塔

双向调压塔能够有效解决上向水击波和下向水击波问题，其构造为开口的水池，装设于管路易发生水柱分离的高点，而且水头线高出地面较少的地段。发生突然停泵事故时，管道中压力降低，它能向管路中补充水，防止水柱分离，可有效消减断流弥合水锤压力。由于调压塔中水流进出双向都是自由的，因而当管路中水锤压力升高时，允许高压水流进

290

入调压塔中，起到缓冲水锤升压的作用。

双向调压塔一般用于大流量、低扬程的长管路系统，也可结合地形应用于压水管垂直上升的取水泵房。这种方式消锤功能良好，工作安全可靠，维护容易，但在多数情况下由于高度大、造价高而难以采用。

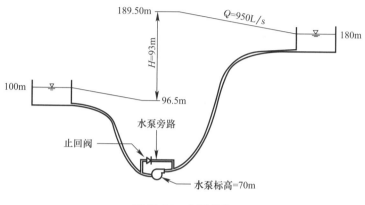

图 11-14　水泵旁路

双向调压塔在泵站附近或管道的适当位置，其水面高度应高于输水管道终点接收水池的水面高度并考虑沿管道的水头损失。调压塔将随着管路中的压力变化向管道补水或泄掉管路中的过高压力，从而有效避免或降低水锤压力。这种方式工作安全可靠，但其应用受到泵站压力和周边地形的限制。

（6）单向调压塔

设置单向调压塔的目的是防止由于管线内下向水击波造成的初始低压以及潜在的水柱分离。它由水箱、补水管、止回阀及浮球阀等组成。其工作原理与双向调压塔类似，当管路中发生局部负压或水柱分离时，止回阀在水箱静水位作用下迅速开启，自动向管路中注水，从而避免断流弥合水锤引起的巨大升压。单向调压塔又称为低压调压塔。其箱中初始水位不需要达到水泵正常工作时的水力坡度线。其设置的最有效地点和箱中最佳水位高度，一般取决于管路的纵断面走向。在图 11-15 中可明显地看出，当水泵正常工作时，塔的止回阀关闭，防止水向调压塔中倒流。现场实践表明，单向调压塔安装在管路中地点较高处，用以消除因突然停泵而引起水柱分离的有害影响。它的缺点是，仅仅能够克服初始下向水击波，而不能克服初始上向水击波。

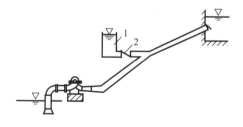

图 11-15　单向调压塔
1-水箱；2-单向止回阀

设计中应考虑：①管道的高位置；②止回阀和支管线的冗余；③浮球控制阀和其他设施。为了确保止回阀和水池的运行，其维护也很关键。在水泵正常运行期间，箱中水处于静止状态，所以在北方要注意防冻问题，在南方要注意水质变坏问题。

（7）空气罐

空气罐是一种内部充有一定量压缩空气的金属水管装置。它直接安装在水泵出口附近的管路上（见图 11-16）。它利用气体体积与压力成反比的原理，当发生水锤，管内压力升高时，原压缩的空气被再度压缩，起到气垫消能作用；而当管内由于突然停泵压力骤降，甚至发生水柱分离时，又可利用压缩空气膨胀向管内注水，因而有效消减了停泵水锤的危害。

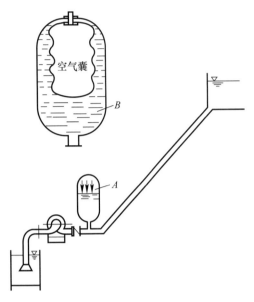

图 11-16　空气罐布置
A-没有气囊；B-有气囊

在设计中应考虑压缩空气的供给、水位感应、观测孔、排水管、压力调节器以及可能的防冻设施。止回阀经常安装在水泵和气室之间。由于水泵和气室之间的线路长度很短，止回阀可能发生冲击，应考虑止回阀的缓冲器。

应保证水池中空气的维护——占水池容积的 50%，否则气室效率不高。

（8）真空阀和泄气阀

进气阀安装在管线系统的较高点，以避免真空状态和潜在的水柱分离。在低压瞬变之后，空气进入管路将被缓慢挤压，避免在水泵重新开启之前造成另一种瞬变条件。应具有允许空气挤压的充分时间。多种阀门可用于允许空气进入和离开管道系统，这些阀门包括进气阀、泄气阀、真空泄气阀、真空阀、真空制动阀等。

（9）惯性飞轮

装设惯性飞轮是为了加大水泵机组的转动惯量（$WR^2$），以减小停泵后水泵机组转速的下降率，延缓机组开始倒转的时间。这样可以防止停泵后管路中流速的急剧降低。这种方法设备比较简单，效果也较好。但是，在长输水管路及管路沿地形起伏大的场合，可能需要尺寸很大的飞轮；另外，飞轮也将增加电动机的启动负荷，这对一般适宜于轻载启动的异步电动机而言是不利的。

（10）不间断供电（UPS）

不间断供电的应用规避了水泵抽升系统中水锤的基本来源。对于多台水泵并联的泵站，UPS 系统能够维护一台或者多台电机在故障时仍旧工作，具有充分的能力使水泵运转。由于费用较高，应用较少。

### 11.8.2　水锤防护措施的选择

选择水锤防护措施时要注意以下几点：

（1）所选用的防护措施，应与所处泵站及管路系统的规模、作用、对安全性的要求及技术（管理）水平等相适应；并尽可能选用技术安全可靠、经济合理、管理维护方便的防护措施。各种水锤防护装置的典型位置如图 11-17 所示。

（2）在有可能产生水锤危害的情况下，应早期防治。如在设计泵站及管路系统，选定输水管走向，选用水泵机组和管材，以及确定管内流速等方面，都应考虑采取消除或减轻水锤危害的措施。

（3）根据具体情况，尽可能采用综合性防护措施（同时采用几种措施），以提高防护功能的安全可靠性。

（4）对防护措施的管理维护及操作等方面的要求，应给予足够的重视，国内不少重大泵站水锤事故，都是由于对防护设备维修不善或失误操作而引发的。

（5）防护措施（方法）的选择，必须与水锤精确计算及分析互相配合，同时进行。

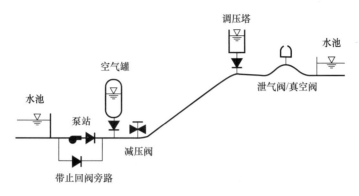

图 11-17　各种水锤防护装置的典型位置

在选择水锤防护措施前，需要掌握下述各方面的原始资料：

（1）水泵机组方面。水泵型号及规格、各设计参数（或额定参数，即额定流量 $Q_n$、额定扬程 $H_n$、额定转数 $N_n$、额定轴功率及总效率 $\eta_n$ 等）、水泵全面性能曲线或四象限特性曲线、水泵运行情况及台数、驱动方式、原动机种类、电动机型号及规格、级数及转数、额定功率及电压、电流频率、水泵与电动机的生产厂及出厂日期、水泵机组以前的运行及管理维修简况等。

（2）阀门方面。各主要阀门的种类、口径及布置情况、操纵方式、启闭程序及历时、水力特性及局部阻力系数（对应于不同开启度）、使用时间及以往简况、止回阀种类及规格和其经常使用情况等。

（3）管路方面。整个系统内管路的总平面布置图和纵断面图、水管（材质、内径、壁厚、外径、允许应力）、管线上的附属设备（进气阀、排气阀、安全阀、排泥阀及支墩等）、管线上有无支管及变径或变材质等情况、管线上是否出现过事故（发生的地点、时间及原因）。

（4）水池方面。吸水池及高位水池的构造、容积、池中水位（正常水位、最低及最高水位）、进水及出水方式等。

（5）正常工作时运行的机组台数、方式及输水管条数。每天水泵的供水量 $Q_0$（不一定是额定流量 $Q_n$）及总扬程 $H_0$（不一定是额定总扬程 $H_n$）；各管路中的流速 $V_0$；有否发生过水锤事故，水锤产生的时间、原因及后果；管线中水锤波的传播速度等。

# 第 12 章　管道材料和管网附件

城市的给水管网，管道总长度少则数百公里，多则数千公里。给水管网有不同年代、不同规格、不同材料的管道和附件构成。管道附件有调节流量和水压的阀门、供应灭火用水的消火栓、控制流向的止回阀、安装在管线高处的排气阀和安全阀等。管道和附件成为保证管网运行畅通、安全供水、避免污染的前提。

给水管道工程的管道、设备和附件以及防护材料（如涂料、内衬等），均不得污染水质，按规定进行浸泡试验，浸泡水检测合格后方可投入生产、应用。生产与饮用水相关的设备和防护材料均应使用食品级的。

## 12.1　管道材料

市政给水管道的布置特点为种类多，数量大；地域空间跨越大；现场安装工作量大，埋设条件复杂。在城市供水工程中，供水管线的造价约占整个供水工程总造价的 50%～70%。因此，选择合适的管材及良好的施工质量，是保证城市供水管网安全运行的根本保证。

目前国内外常用的输配水管道有球墨铸铁管（DIP）、钢管（SP）、聚氯乙烯管（PVC）、聚乙烯管（PE）、不锈钢管（SS）、玻璃钢管（FRPM）、预应力钢混凝土管（PCP）、预应力钢筒混凝土管（PCCP），以及各种复合管（钢塑复合管、不锈钢复合管等），各种管材均有其特点。

### 12.1.1　球墨铸铁管

1. 材料

铸铁是铁（Fe）和碳的合金，碳在铸铁中的质量分数要高于 2.11%；若含碳量低于这个比例，就是低碳钢。钢管的使用寿命为 20～30 年，铸铁管的寿命可达 80～100 年。

铸铁管是在砂或金属模子中用铁合金离心浇注而成。根据铸铁管制造过程中采用的材料和工艺不同，可分为灰口铸铁管和球墨铸铁管。灰口铸铁管具有更好的耐腐蚀性，通常不需要内衬和涂层，以往使用最广。但由于连续铸管工艺的缺陷，质地较脆，抗冲击和抗震能力较差，重量较大，且经常发生接口漏水、水管断裂和爆管事故，给生产带来很大的损失。所以目前灰口铸铁管逐渐在淘汰，推广使用球墨铸铁管。

球墨铸铁管（球铁管）是把镁添加进熔化、含低硫的铁中，使自由态的石墨变成球状，含碳量 3.5%～4.0%。DN1000 以下多采用水冷金属型离心法生产，DN1100 以上多采用热模离心法生产。根据 ISO2531 标准，其延伸率、抗拉强度和水压试验等指标，均与钢管相当，而其耐腐蚀性优于钢管。同时球墨铸铁管机械加工性能好，可焊接，可切割，可钻孔，很少发生爆管、渗水和漏水现象，可以减少管网漏损率和管网维修费用。

2. 可用尺寸和厚度

球墨铸铁管道长度在 500～9000mm 之间，其中承插直管长度应符合表 12-1 的规定，法兰管长度应符合表 12-2 的规定。

按管的公称通径（mm）可分为 DN40、DN50、DN60、DN65、DN80、DN100、DN125、DN150、DN200、DN250、DN300、DN350、DN400、DN450、DN500、DN600、DN700、DN800、DN900、DN1000、DN1100、DN1200、DN1400、DN1500、DN1600、DN1800、DN2000、DN2200、DN2400 及 DN2600 共 30 种。

承插直管长度（mm）                                             表 12-1

| 公称直径 DN | 标准长度 |
|---|---|
| 40 和 50 | 3000 |
| 60～600 | 4000 或 5000 或 5500 或 6000 或 9000 |
| 700 和 800 | 4000 或 5500 或 5000 或 7000 或 9000 |
| 900～2600 | 4000 或 5000 或 5500 或 6000 或 7000 或 8150 或 9000 |

法兰管长度（mm）                                             表 12-2

| 管子类型 | 公称直径 DN | 标准长度 |
|---|---|---|
| 整体铸造法兰直管 | 40～2600 | 500 或 1000 或 2000 或 3000 |
| 螺纹连接或焊接法兰直管 | 40～600<br>700～1000<br>1100～2600 | 2000 或 3000 或 4000 或 5000 或 6000<br>2000 或 3000 或 4000 或 5000 或 6000<br>4000 或 5000 或 6000 或 7000 |

球墨铸铁管与管件的公称壁厚按公称直径 DN 的函数关系计算，公式如下：

$$e = K(0.5 + 0.001DN) \tag{12-1}$$

式中　　$e$——公称壁厚，mm；

　　　　$DN$——公称直径，mm；

　　　　$K$——壁厚级别系数，取……9、10、11、12……

离心球铁管的最小公称壁厚为 6mm，非离心球铁管和管件的最小公称壁厚为 7mm。

3. 接口

球墨铸铁管采用柔性接口，且管材本身具有较大的延伸率（＞10％），使管道的柔性较好，在埋地管道中能与管道附近的土体共同作用，改善管道的受力状态，从而增强了管网运行的可靠性。按管的接口型式可分为滑入式（T 型）、机械式（K 型、N₁ 型、S 型）和法兰式三类接口形式（见图 12-1）。一般情况下，直径在 DNm1400 以下采用 T 型接口，DN1600 以上采用 K 型接口。此外还有各种自锚式和防滑脱式接口。

4. 管件

管件系指管道系统中的零部件，主要作用有：①直管的连接；②改变管道的走向（流体方向）；③流体的分流或汇集；④不同直径管子的连接；⑤管段的封堵；⑥仪表、阀门等的安装制作；⑦缓解管路的膨胀、收缩等；⑧管子的铰接或旋转。按管件的用途或使用目的分类见表 12-3。球铁管件可分为承插管件和盘接管件，其示意图和图示符号见表 12-4。

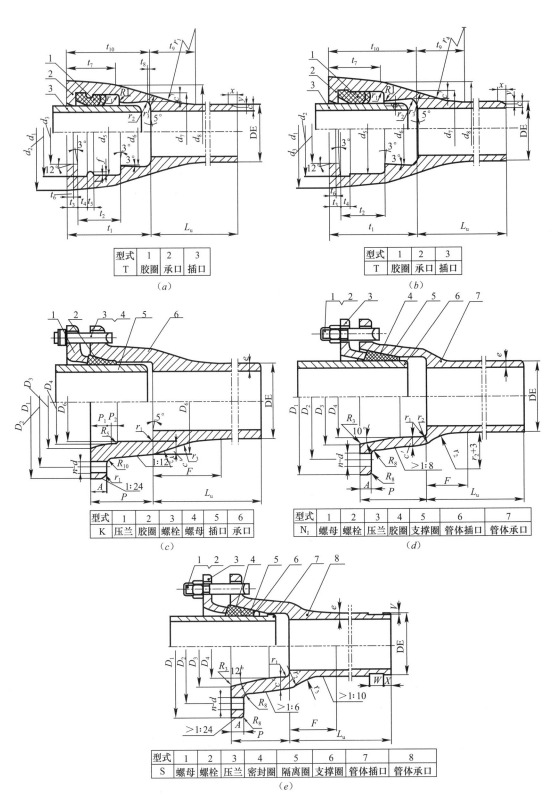

| 型式 | 1 | 2 | 3 |
|---|---|---|---|
| T | 胶圈 | 承口 | 插口 |

(a)

| 型式 | 1 | 2 | 3 |
|---|---|---|---|
| T | 胶圈 | 承口 | 插口 |

(b)

| 型式 | 1 | 2 | 3 | 4 | 5 | 6 |
|---|---|---|---|---|---|---|
| K | 压兰 | 胶圈 | 螺栓 | 螺母 | 插口 | 承口 |

(c)

| 型式 | 1 | 2 | 3 | 4 | 5 | 6 | 7 |
|---|---|---|---|---|---|---|---|
| $N_I$ | 螺母 | 螺栓 | 压兰 | 胶圈 | 支撑圈 | 管体插口 | 管体承口 |

(d)

| 型式 | 1 | 2 | 3 | 4 | 5 | 6 | 7 | 8 |
|---|---|---|---|---|---|---|---|---|
| S | 螺母 | 螺栓 | 压兰 | 密封圈 | 隔离圈 | 支撑圈 | 管体插口 | 管体承口 |

(e)

图 12-1　铸铁管连接方式

(a) DN40～DN1200T 型接口；(b) DN1400T 型接口；(c) K 型接口；(d) $N_I$ 型接口；(e) S 型接口

管件按用途分类

表 12-3

| 用途 | 管件名称 |
|---|---|
| 直管连接 | 活接头、管接头 |
| 管道弯曲 | 90°弯头、45°弯头、180°弯头、弯管 |
| 管道分支 | 三通、四通、斜三通、半管接头、支管台 |
| 异径管连接 | 异径（大小）接头、异径短节、异径管接头 |
| 管端封闭 | 管帽、盲板、管塞、封头 |
| 其他 | 短管、螺纹短节、加强管接头等 |

管件示意图和图示符号

表 12-4

| 序号 | 名称 | | 示意图 | 图示符号 |
|---|---|---|---|---|
| 1 | 承插管件 | 承插 |  |  |
| 2 | | 盘承 |  |  |
| 3 | | 盘插 |  | 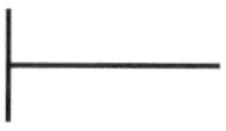 |
| 4 | | 双承 |  | 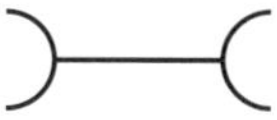 |
| 5 | | 双插 |  |  |
| 6 | | 双承 90°（1/4）弯管 |  |  |
| 7 | | 双承 45°（1/8）弯管 | 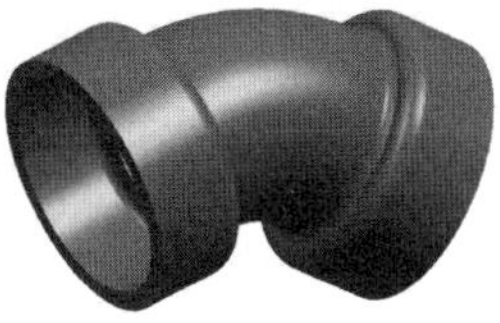 | |

| 序号 | | 名称 | 示意图 | 图示符号 |
|---|---|---|---|---|
| 8 | 承插管件 | 双承 22°30′（1/16）弯管 |  | |
| 9 | | 双承 11°15′（1/32）弯管 |  | |
| 10 | | 双承 90°（1/4）弯管 |  |  |
| 11 | | 承插 45°（1/8）弯管 | 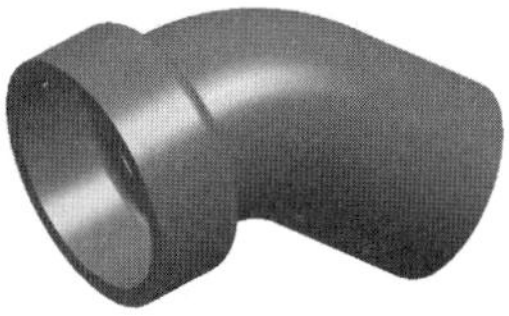 | |
| 12 | | 承插 22°30′（1/16）弯管 |  | |
| 13 | | 承插 11°15′（1/32）弯管 |  | |
| 14 | | 双承 90°（1/4）鸭掌弯管 | 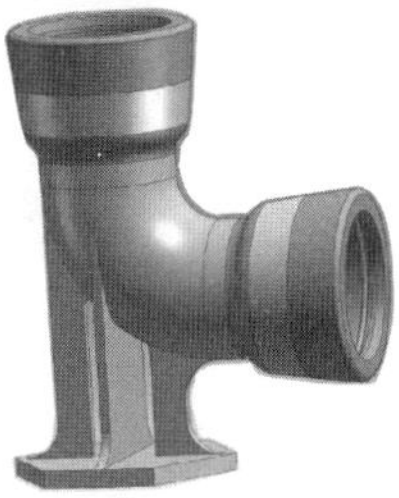 |  |

续表

| 序号 | 名称 | | 示意图 | 图示符号 |
|---|---|---|---|---|
| 15 | 承插管件 | 全承三通 | 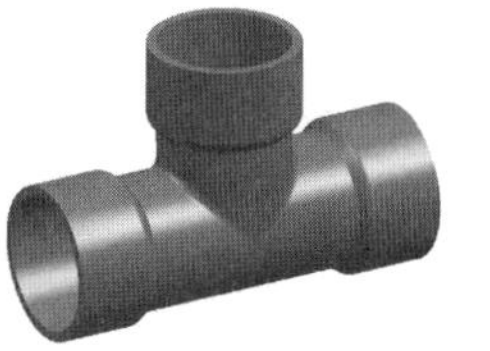 | 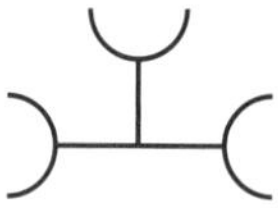 |
| 16 | 承插管件 | 双承单支盘丁字管 | 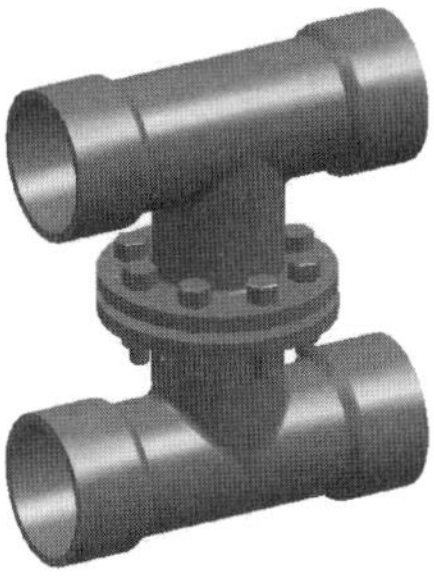 | 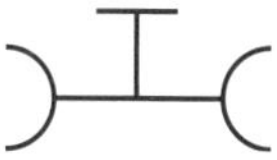 |
| 17 | 承插管件 | 承插单支盘丁字管 | 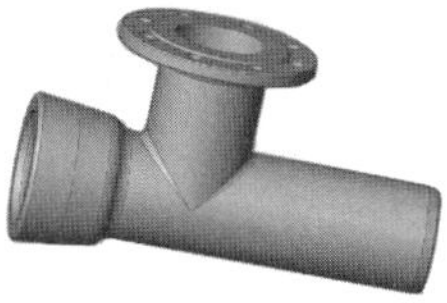 | 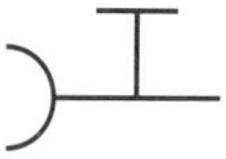 |
| 18 | 承插管件 | 双承渐缩管 | 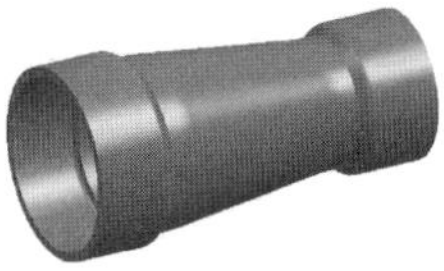 | 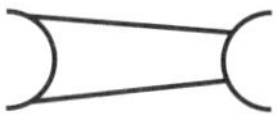 |
| 19 | 承插管件 | 双承乙字管 | 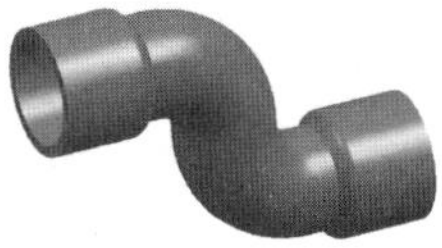 | 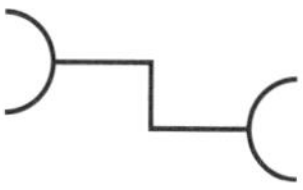 |
| 20 | 承插管件 | 承插乙字管 | 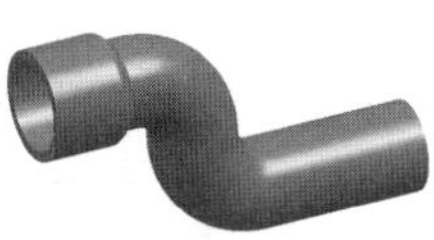 | 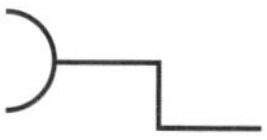 |
| 21 | 承插管件 | 双承丁字管 | 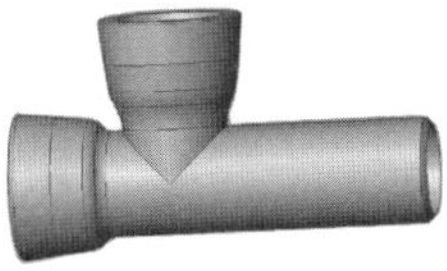 | 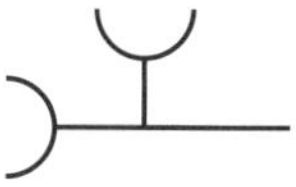 |
| 22 | 承插管件 | 全承四通 | 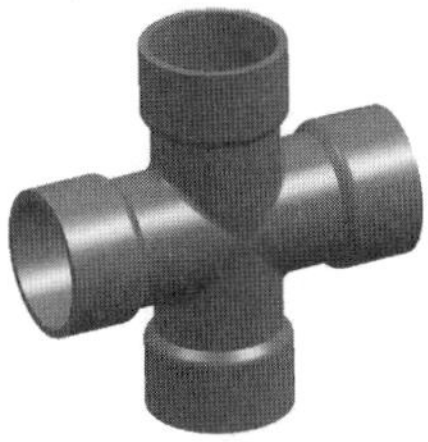 | 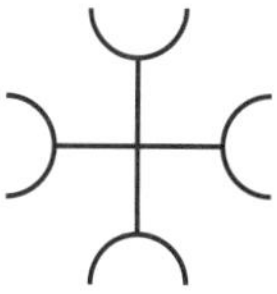 |

| 序号 | 名称 | | 示意图 | 图示符号 |
|------|------|------|--------|----------|
| 23 | | 双盘 |  |  |
| 24 | | 双盘 90°（1/4）弯管 |  |  |
| 25 | 盘接管件 | 双盘 90°（1/4）鸭掌弯管 |  |  |
| 26 | | 双盘 45°（1/8）弯管 | 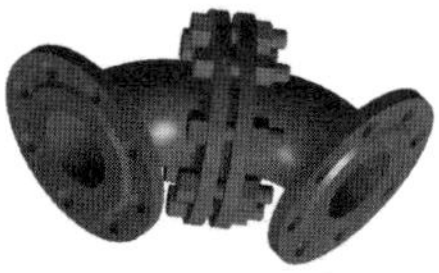 |  |
| 27 | | 全盘三通 |  |  |
| 28 | | 双盘渐缩管 | 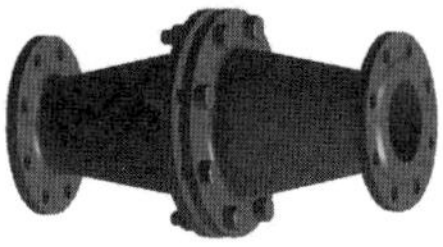 |  |
| 29 | | 全盘四通 |  | 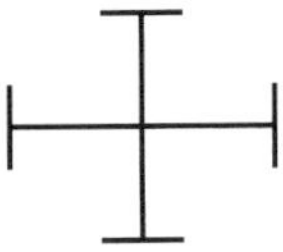 |
| 30 | | PN10 盲板法兰 | 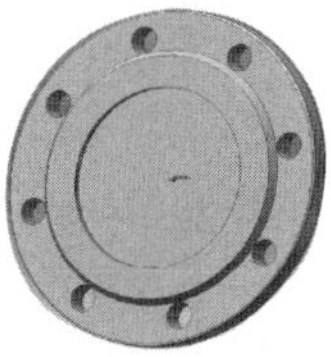 |  |
| 31 | | PN16 盲板法兰 | | |
| 32 | | PN25 盲板法兰 | | |
| 33 | | PN40 盲板法兰 | | |

5. 内衬

要求管道内衬材料不会对水质造成不良影响，有优越的防腐蚀性能，附着力强，长时间通水也不会使附着力下降，内衬层不易受到损伤，即使局部受损，也不会因此引起周围内衬层的劣化。

根据使用时的内部条件，球墨铸铁管可使用下列内涂层：普通硅酸盐水泥砂浆，硅酸盐水泥砂浆，抗硫酸盐水泥砂浆，高铝（矾土）水泥砂浆，矿渣水泥砂浆，带有封面层的水泥砂浆；聚氨酯，聚乙烯，环氧树脂，环氧陶瓷，沥青漆等。水泥砂浆内衬应符合 ISO 4179 的规定，内衬水泥砂浆在养护 28d 后的抗压强度应不小于 50MPa。内涂刷沥青漆应符合现行国家标准《球墨铸铁管 沥青涂层》GB/T 17459 的规定，其他涂层要求应符合供需双方的协议。

6. 外涂层

根据使用时的外部条件，可使用下列涂层：外表面喷涂金属锌，外表面涂刷富锌涂料，外表面喷涂加厚金属锌层，聚乙烯管套，聚氨酯，聚乙烯，纤维水泥砂浆，胶带，沥青漆，环氧树脂等。外表面喷锌涂层应符合 ISO 8179-1 的规定，外表面涂刷富锌涂料应符合 ISO 8179-2 的规定，外表面涂刷沥青漆应符合现行国家标准《球墨铸铁管 沥青涂层》GB/T 17459 的规定，外表面用聚乙烯管套应符合 ISO 8180 的规定，其他涂层要求应符合供需双方的协议。

### 12.1.2 高密度聚乙烯管

1. 材料

以高密度聚乙烯树脂为主要原料，经挤出成形的给水用高密度聚乙烯，适用于建筑物内外（架空或埋地）给水用，不适用于输送温度超过 45℃水的管材。埋地聚乙烯管道系统应选用最小要求强度不小于 8.0MPa 的聚乙烯混配料生产的管材和管件。市政饮用水管材的颜色为蓝色或黑色管，黑色管上应有蓝色色条。暴露在阳光下的敷设（如地上管道）必须是黑色。聚乙烯管道具有优良的耐低温冲击性、柔韧性、耐腐蚀性和易加工性，输送生活饮用水流体阻力小、输水能耗低、水质稳定，管道施工方便、连接可靠，小口径管道可卷绕运输堆放，可大长度供应，接口较少。聚乙烯管道的缺点是材料具有半渗透性，石油类物质容易穿透管壁。因此在受石油类物质污染的土壤中，不宜采用 PE 管。

2. 管道尺寸

直管长度一般为 6m、9m、12m，也可由供需双方商定。公称外径（mm）可分为 $dn16$、$dn20$、$dn25$、$dn32$、$dn40$、$dn50$、$dn63$、$dn75$、$dn90$、$dn110$、$dn125$、$dn140$、$dn160$、$dn180$、$dn200$、$dn225$、$dn250$、$dn280$、$dn315$、$dn355$、$dn400$、$dn450$、$dn500$、$dn560$、$dn630$、$dn710$、$dn800$、$dn900$、$dn1000$ 等。壁厚随公称外径和公称压力而异，范围为 2.3～59.3mm。

盘管管架直径应不小于管材外径的 18 倍。盘管展开长度由供需双方商定。

3. 管道连接

管材、管件以及管道附件的连接可采用热熔连接（热熔对接、热熔承插连接、热熔鞍形连接）或电熔连接（电熔承插连接、电熔鞍形连接）及机械连接（锁紧型和非锁紧型承插式连接、法兰连接、钢塑过渡连接）（见图 12-2）。公称外径大于或等于 63mm 的管道不得采用手工热熔承插连接，聚乙烯管材、管件不得采用螺纹连接和粘接。连接时严禁明火加热。

埋地聚乙烯管各种连接方式的适用场合见表12-5。

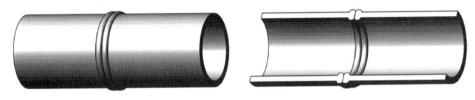

图 12-2  高密度聚乙烯管道热熔对接

高密度聚乙烯管道连接方式 表 12-5

| 序号 | 连接方式 | 适用管径范围 | 适用的环境 |
|---|---|---|---|
| 1 | 热熔连接 | | |
| 1.1 | 热熔对接 | $dn \geqslant 63$ | 管路单一，管件少，障碍少，应有温度补偿措施，适宜非开挖工程，工程集中且量大，需电源、昂贵的热熔设备，环境条件要求严格，施工速度慢，异形管受力方向的部位需筑支墩 |
| 1.2 | 热熔承插连接 | $dn32 \sim dn110$ | 入户支管，水表节点，室内管道，应有温度补偿措施，需电源、热熔设备，异形管受力方向的部位需固定 |
| 1.3 | 热熔鞍型连接 | $dn63 \sim dn315$ | 热熔对接工程中，引接小口径分支管的方式之一，需电源、热熔设备 |
| 2 | 电熔连接 | | |
| 2.1 | 电熔承插连接 | $dn32 \sim dn315$ | 配水管道，室内管道，应有温度补偿措施，需电源、电熔设备，相对工程造价高 |
| 2.2 | 电熔鞍型连接 | $dn63 \sim dn315$ | 配水管道停水，不停水引接分支管，组装质量可靠，需电源、电熔设备 |
| 3 | 机械连接 | | |
| 3.1 | 承插柔性连接 | | |
| 3.1.1 | 非锁紧型 | $dn90 \sim dn315$ | 配水管道，小区配水支管，适应不同环境条件，施工速度快，不存在温度补偿问题，异形管受力方向应筑支墩，工程综合造价低 |
| 3.1.2 | 锁紧型 | $dn32 \sim dn315$ | 配水管道，小区配水支管的管件连接口，室内管路，适应不同环境条件，施工速度快，不存在温度补偿问题，穿越障碍容易，异形管受力方向砌筑支墩小，工程综合造价低 |
| 3.2 | 法兰连接 | $dn \geqslant 63$ | 管道中控制阀门，伸缩节等设施的连接方式 |
| 3.3 | 钢塑过渡连接 | $dn \geqslant 32$ | 聚乙烯管与金属管，金属阀门、金属水嘴等的连接方式 |

### 12.1.3 钢管

钢管是一种在各行业广泛应用的管材，具有长久的应用历史。给水管网中钢管可用于 200~3600mm 的管径，但由于价格因素，400mm 以下小口径管道难与其他管材竞争，较少使用。钢管的特点是机械强度高、单位管长重量轻、单管长度大和接口方便，管材及管件易加工，在抗弯、抗拉、韧性、耐高压、耐震动、抗冲击等方面具有很大优势。但承受外荷载和稳定性差，耐腐蚀性差，管壁内外都需有防腐措施，并且造价较高。通常只在管径大和水压高处，以及因地质、地形条件限制，过河倒虹管和架空管、通过地震断裂带的管道、穿越铁路或其他主要交通干线以及位于地基土壤为可液化土地段的管道，河谷和地震地区时，采用钢管。

1. 材料

钢管具有两种：无缝钢管和焊接钢管。无缝钢管按规范适于任何直径，它是无缝的。主要采用熔化焊接或电阻焊接。一般无缝钢管生产时，外径确定而内径是可变的，这取决于所需壁厚。

焊接钢管由钢板卷制而成，用直线型或螺旋型缝熔化焊接，可对内径或外径分别作规定。直缝焊管的焊缝长度较短，外防腐层制作较方便，可多台焊机流水作业，是通常使用的钢管成形工艺。螺旋焊管需专用设备，焊管效率高，管材长度可任意选定，螺旋焊管刚度较好，可连续超声波探伤提高焊接质量，钢材损耗小。

钢管可由不同分量和拉伸强度的合金制成。内部工作压力由合金、直径、壁厚决定，范围在 690～17000kPa。

2. 大小和厚度

钢管的规格有两种表示方式，通常是以钢管的外径表示，如《普通流体输送管道用埋弧焊钢管》SY/T 5037—2018 中所列为中、大口径钢管公称外径的规格；另一种以公称通径表示，公称通径通常与钢管实际内径一致，这样有利于和水泥压力管、球铁管连接时内径趋于相同，见表12-6。

**钢管直径（mm）** 表 12-6

| 公称通径 | 200 | 250 | 300 | 350 | 400 | 450 | 500 | 600 | 700 | 800 | 900 | 1000 | 1200 |
|---|---|---|---|---|---|---|---|---|---|---|---|---|---|
| 公称外径 | 219.1 | 273 | 323.9 | 355.6 | 406.4 | 457 | 508 | 610 | 711 | 813 | 914 | 1016 | 1219 |
| 公称通径 | 1300 | 1400 | 1500 | 1600 | 1700 | 1800 | 1900 | 2000 | 2100 | 2200 | 2300 | 2400 | 2500 |
| 公称外径 | 1321 | 1422 | 1524 | 1626 | 1727 | 1829 | 1930 | 2032 | 2134 | 2235 | 2337 | 2438 | 2540 |

钢管壁厚是钢管规格的第二个重要参数，对于工程量较大的钢制管道，应根据内压力、覆土厚度、内衬材质、外防腐材质等因素计算确定，在工程量零星的中、大口径钢管亦可参考表12-7选用。钢管通常长度为 6～12m。经购方和制造厂协议，可加长或缩短钢管长度。

**钢管参考壁厚（mm）** 表 12-7

| 公称通径 | 600 | 800 | 1000 | 1200 | 1400 | 1600 | 1800 | 2000 | 2200 | 2400 |
|---|---|---|---|---|---|---|---|---|---|---|
| 参考壁厚 | 6～12.5 | 6.3～14.2 | 8～16 | 8.8～20 | 10～20 | 10～20 | 12.5～20 | 14.2～20 | 16～20 | 16～20 |

3. 接口

普遍采用橡胶垫圈柔性承插连接或机械连接。在 600mm 以上的管道中焊接连接也很普遍。

4. 内衬和涂层

钢管内衬材料有水泥砂浆或环氧树脂。水泥砂浆内防腐层的材料质量应符合下列规定：①不得使用对钢管及饮用水水质造成腐蚀或污染的材料；使用外加剂时，其掺量应经实验确定。②砂应采用坚硬、洁净、级配良好的天然砂。

钢管外防腐涂层常用石油沥青涂料、环氧煤沥青涂料和环氧树脂玻璃钢。为防止外腐蚀，钢管在铺设中需要使用阴极保护技术。

## 12.1.4 聚氯乙烯管道

20 世纪 60 年代以来，由于其抗腐蚀、重量轻、易安装和光滑的内壁表面，聚氯乙烯

（PVC）塑料管已在给水管网系统中得到广泛应用。当生产过程进行严格控制，管材质量良好且稳定时，PVC管道将具有很强的市场竞争力。据文献报道，荷兰饮用水管道长度的一半，采用了PVC管。

1. 材料

聚氯乙烯塑料属热塑性材料，是以聚氯乙烯树脂为主要成分，加入辅助添加剂，经过捏合、混炼和加工成型等而制得。按增塑剂加入量不同，聚氯乙烯塑料分为软质和硬质两类。若在100份树脂中加入30～70份（质量比）增塑剂时，塑料质地柔软，称为软聚氯乙烯（软PVC）；加入5份（质量比）以下增塑剂时，塑料质地硬度和刚度都较大，称为硬聚氯乙烯（硬PVC）。硬PVC的主要优点是价格低、机械强度和刚度都较大，耐化学腐蚀性优良，缺点是耐热性较差。硬聚氯乙烯管材用于45℃以下建筑物内外（架空或埋地）的一般用途和饮水用输送。

聚氯乙烯在大多数酸、碱、燃料等腐蚀情况下呈惰性，但在含酮（和其他溶剂）工业废水中会腐蚀。一般PVC不能在阳光下长时间直晒，否则强度会受到影响，所以PVC不宜用作铺设在地面上的管道。

PVC管在23℃的受压强度是额定强度。PVC管的受压强度直接与操作温度相关。温度低于23℃时，例如正常的地下管道，其受压强度将比该管道受压等级高。操作温度高于23℃时，其受压强度将比该受压等级低。如果PVC用于高温条件，需要使用热降系数。例如，PVC受压管在27℃时需要乘以热降系数0.88，PVC受压管在60℃时需要乘以热降系数0.22。

2. 管道尺寸

聚氯乙烯管道长度一般为4m、6m，也可由供需双方协商确定。公称外径（mm）可分为$dn20$、$dn25$、$dn32$、$dn40$、$dn50$、$dn63$、$dn75$、$dn90$、$dn110$、$dn125$、$dn140$、$dn160$、$dn180$、$dn200$、$dn225$、$dn250$、$dn280$、$dn315$、$dn355$、$dn400$、$dn450$、$dn500$、$dn560$、$dn630$、$dn710$、$dn800$、$dn900$、$dn1000$等。壁厚随公称外径和公称压力而异，范围为2.0～36.8mm。

3. 管道连接

产品按连接方式不同分为弹性密封圈式（见图12-3）和溶剂粘接式（见图12-4）。

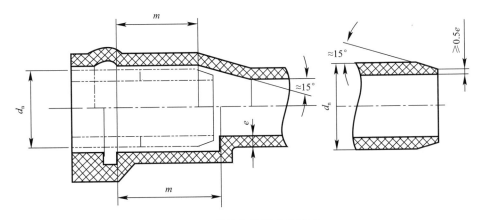

图 12-3  弹性密封圈式承插口

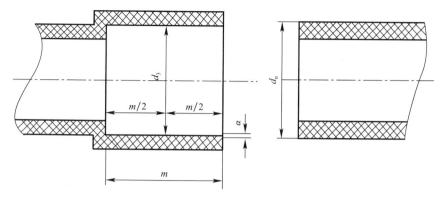

图 12-4 溶剂粘接式承插口

### 12.1.5 预应力混凝土管

预应力混凝土管分预应力钢筋混凝土管和预应力钢筒混凝土管两种。

(1) 预应力钢筋混凝土管 (PCP)

PCP 由纵向、环向预应力钢丝（钢筋）和混凝土制成，管壁较厚。它的机械强度虽不如钢管，但仍能抗受较大的内压，目前常用的工作内压在 1.0MPa 以下。PCP 耐腐蚀性能好，无需内外防腐，价格较便宜。常用于管径小于或等于 $dn1000$，管道工作压力小于 0.5MPa 的情况。一方面由于其本身存在较多的缺陷，另一方面，由于其他管材的发展和广泛使用，PCP 近一二十年来在我国大型城市供水工程中已很少使用。

(2) 预应力钢筒混凝土管 (PCCP)

预应力钢筒混凝土管指在带有钢筒的混凝土管芯外侧缠绕环向预应力钢丝并制作水泥砂浆保护层而制成的管子，包括内衬式预应力钢筒混凝土管和埋置式预应力钢筒混凝土管。其中内衬式预应力钢筒混凝土管是指由钢筒和混凝土内衬组成管芯并在钢筒外侧缠绕环向预应力钢丝，然后制作水泥砂浆保护层而制成的管子。埋置式预应力钢筒混凝土管指由钢筒和钢筒内、外两侧混凝土层组成管芯并在管芯混凝土外侧缠绕环向预应力钢丝，然后制作水泥砂浆保护层而制成的管子。

PCCP 多为大口径管道，如 $dn1400 \sim dn4000$。一般壁厚较大，如 $dn1400$ 和 $dn4000$ 的壁厚分别为 100mm 和 270mm。PCCP 管的特点有：

1) 承受内外压较高。由于 PCCP 有内衬钢筒，抗渗能力强，工作压力 0.4~2.0MPa；其预应力钢丝可根据管顶覆土厚度进行设计，抗外荷能力较强，一般可达 8m 以上，由于管材本身独特的复合结构，不易出现管身漏水、接头漏水以及爆管现象。

2) 大口径 PCCP 采用承插口连接，双 O 型橡胶圈密封性能高，接口带有试压孔，安装后可每个接头逐一试压。

3) 具有较好的防腐蚀性能。

4) 单位管长重量大（为几种管材中最重的），需修筑较高等级的施工运输临时便道，运输成本较高。对软土地基，管道基础需作处理。

配件是以钢板为主要结构材料，并在钢板的内外侧包覆钢筋（丝）网水泥砂浆（混凝土）而制成的管件。常见的配件有弯管、T 型管、Y 型管、十字型管、变径管、合拢管、开孔管等。

预应力钢筒混凝土管道应采用钢制承插口橡胶密封圈接头。钢制承插口必须与管身钢筒焊接，并应留有设置橡胶密封圈的凹槽。橡胶密封圈应采用滑入式安装。预应力钢筒混凝土管道与其他管道连接时，应采用一侧带有钢制承插口，另一侧带有与被连接管道相匹配的接口的钢制管件进行转换。

管道防腐涂层根据涂覆位置不同，分为外表面防腐涂层、承插口钢环防腐涂层和内表面涂层。应根据埋设环境土壤的腐蚀程度，确定外表面防腐涂层的设计厚度。承插口钢环防腐涂层为普通级防腐，其涂层总厚度不宜超过 $200\mu m$。输送原水和饮用水的管道，内表面涂层涂料应满足食品级卫生要求。

### 12.1.6 玻璃纤维增强塑料夹砂管

#### 1. 材料

玻璃纤维增强塑料夹砂管（简称玻璃钢管，FRPM）是以玻璃纤维及其制品为增强材料，以不饱和聚酯树脂等为基体材料，以石英砂及碳酸钙等无机非金属颗粒材料为填料，采用定长缠扰工艺、离心浇注工艺、连续缠绕工艺方法制成的管道。内衬层树脂采用间苯型不饱和聚酯树脂、双酚 A 型不饱和聚酯树脂或乙烯基酯树脂，必须满足《食品安全国家标准　食品接触用塑料树脂》GB4806.6—2016。FRPM 具有单位管长重量轻，摩擦阻力小、高度抗腐蚀性；缺点是易受冲击破坏，现场修理难度大。

#### 2. 管道尺寸

FRPM 管的有效长度为 3m、4m、5m、6m、9m、10m、12m、18m。如果需要特殊长度的管子，在订货时由供需双方商定。公称直径（mm）可分为 DN200、DN250、DN300、DN350、DN400、DN500、DN600、DN700、DN800、DN900、DN1000、DN1200、DN1400、DN1600、DN1800、DN2000、DN2200、DN2400、DN2600、DN2800、DN3000、DN3200、DN3400、DN3600、DN3800、DN4000 等。

#### 3. 接头类型

FRPM 管的接头分为柔性接头和刚性接头两种类型，这两种接头又可按能否承受端部荷载分为两种：能承受端部荷载和不能承受端部荷载。

柔性接头是指在相连接的部件之间允许发生位移的接头。这类接头的形式有承插型接头和锁件承插型接头。承受端部荷载的柔性接头形式有带高弹性密封材料的承插型接头，带高弹性密封材料的锁件承插型接头和机械夹压型接头。

刚性接头是指在相连接的部件之间不允许发生位移的接头。这类接头的形式有法兰型接头和粘接固定接头。承压端部荷载的刚性接头形式有安装盲板等的法兰接头和安装盲板等的粘接固定接头。

### 12.1.7 管材选择

对于每种管道材料，各类性能不可能都是最好的，因此给水工程管材的研究和比较对节省投资、方便施工、安全运行意义很大。选用材料时，需要从管材的生产费用、安全可靠性、施工的难易程度、运行的维护管理等方面进行技术经济分析，以合理选用管材及其配件。表 12-8 列出了不同给水管道材料的性能比较。对于给水管材应有以下几点要求：

（1）管道特性

1）化学稳定性。材质应具有较高的安全可靠性，符合卫生和环保要求，管道具有抗内外腐蚀性的能力，又不能向水中析出有害物质。

2) 强度。埋地管材长年累月承受输送液体内压、土壤及地面荷载的外压、高温变化引起的拉伸应力以及地基不均匀沉降等产生的综合应力，还要承受水锤冲击力，因此管材需要足够的强度。

3) 不透水性。供水管网是承压的管网，管道只有在长期承内、外压的状况下具有良好的不透水性，才是连续供水的基本保证。

4) 管道摩擦阻力。供水管道的内壁不结垢，光滑、水头损失小。

（2）埋管条件

1) 管道结构的永久作用，包括结构自重、土压力（竖向和侧向）、预加应力、管道内的水重、地基的不均匀沉降。

2) 管道结构的可变作用，包括地面人群荷载、地面堆积荷载、地面车辆荷载、温度变化、压力管道内的静水压（运行工作压力或设计内水压力）、管道运行时可能出现的真空压力、地表水或地下水的作用。

3) 土壤的侵蚀性。塑料管不得用于具有汽油、燃料油或工业溶剂污染的土壤。

4) 水质的潜在腐蚀性。

由于新建住宅和工业的发展，越来越多的管道铺设在已被使用过的土壤中，在用于重工业、加油站和其他受污染的地下铺设管道时，应铺设防渗保护层。

主要市政给水管材特性 表 12-8

| 管材类型 | 优点 | 缺点 | 适用条件 |
|---|---|---|---|
| 球墨铸铁管（DIP） | 1. 强度高，耐久性好；<br>2. 富有弹性，抗冲击性能好；<br>3. 接头具有伸缩可挠性，管道可根据地形铺设；<br>4. 施工性能优良；<br>5. 良好的抗腐蚀性；<br>6. 配件和接头种类多 | 1. 重量较大，运输费用高；<br>2. 接口种类不良的地方，需要防护；<br>3. 内外壁防腐面损伤后，容易腐蚀；<br>4. 大口径管件铸造难度大，价格较高；<br>5. 难以焊接 | 适用于高压力处；有腐蚀的土壤和存在地下水情况下不适用 |
| 钢管 | 1. 强度大，耐久性好；<br>2. 富有弹性，抗冲击性能好；<br>3. 焊接接头，管道整体性能好，管道可根据地形铺设；<br>4. 加工性能好；<br>5. 内衬种类多；<br>6. 配件和接头种类多，可定制弯头和焊接接头 | 1. 焊接接口需要熟练工和特殊工具；<br>2. 必须考虑电腐蚀防护；<br>3. 内外壁防腐面损伤后，容易腐蚀；<br>4. 小管径的造价较高 | 适用于振动条件下的泵站总管、隐蔽工程和过路管道、承压要求高的路段 |
| 硬质聚氯乙烯管 | 1. 优越的耐腐蚀性；<br>2. 单位管长重量轻，施工性能良好；<br>3. 加工性能良好；<br>4. 内壁粗糙系数小；<br>5. 橡胶环形接口，具有伸缩可挠性，管道可根据地形铺设；<br>6. 不需内衬或涂层；<br>7. 能够使用球墨铸铁配件 | 1. 低温时耐冲击性较低；<br>2. 抗特定的有机溶剂、热和紫外线的能力弱；<br>3. 表面损伤后，强度降低；<br>4. 接口不良的地方，需要防护 | 主要用于工业厂房生产供水管，适用于室外埋地供水管道和室内给水管道 |

| 管材类型 | 优点 | 缺点 | 适用条件 |
|---|---|---|---|
| 聚乙烯管 | 1. 耐腐蚀性好；<br>2. 单位管长重量轻，施工性能好；<br>3. 热熔接口，管道整体性能好，管道可根据地形铺设；<br>4. 加工性能好；<br>5. 内壁粗糙系数小 | 1. 抗热和紫外线能力弱；<br>2. 应注意有机溶剂的浸透；<br>3. 热熔接口在雨天和涌水地带施工困难；<br>4. 热熔接口需要特殊的工具，并对质量控制要求严格 | 适用于中小口径的管道，非开挖铺设，以及各种衬入方法修复损坏的管道 |
| 不锈钢管 | 1. 强度高，耐久性好；<br>2. 耐腐蚀性能好；<br>3. 富有弹性，抗冲击性能好；<br>4. 不需要内衬和涂层；<br>5. 表面光滑，内壁粗糙系数小 | 1. 焊接接口费时；<br>2. 需要对其他金属作绝缘处理 | |
| 预应力混凝土管 | 1. 具有适合于不同条件的类型，具有高的强度；<br>2. 维修费用少，使用年限长；<br>3. 价格较低 | 1. 容易受到软水、酸、氟化物、硫酸盐和氯化物的攻击，常常需要保护涂层；<br>2. 水锤会造成外部破裂，易腐蚀；<br>3. 单位长度的重量较大，会增加运输费和安装费；<br>4. 接口相对刚性，抵抗地面移动或沉陷的能力差 | 过路管支撑，大水量输水管材 |
| 玻璃钢管 | 1. 耐腐蚀，不需要内外防腐涂层；<br>2. 重量轻，运输和施工方便；<br>3. 每节水管较长，可减少接口；<br>4. 内壁粗糙系数小 | 1. 易因振动而损坏；<br>2. 在低 pH 的土壤或地下水中可能产生应变腐蚀 | |

（3）供应情况

1）当地可使用的条件以及有经验的安装人员；

2）尺寸和厚度（压力性能和等级）；

3）可用配件兼容性。各种管配件规格齐全，抢修时便于更换，同时可与其他不同管材连接。

（4）经济指标

1）造价。管材应尽可能降低运输、安装、养护成本。

2）使用寿命和维修量。给水管道敷设后，能满足较长年限的使用要求，无需经常更换、改造或维修。管材应便于维护和保养。

通常冷镀锌钢管、灰口铸铁管、石棉水泥管、自应力水泥管不得用于城市供水市政管道系统。一般条件下，DN200 及以下，选用聚乙烯管（PE）、聚氯乙烯管（PVC）、不锈钢管或不锈钢复合管；DN300~DN1200 选用球墨铸铁管；≥DN1400 选用预应力钢套筒钢筋混凝土管（PCCP）。

## 12.2 阀门

阀门是控制管道中流体的元件，起到导流、截流、调节、防止倒流和分流等作用。给水系统使用的阀门种类多、数量大。阀门按用途和作用分类，主要有截断阀类（用于截断或连通介质，如闸阀、截止阀、蝶阀、球阀和旋塞阀），调节阀类（用于调节介质的流量和压力等，如调节阀、节流阀和减压阀），止回阀类（用于阻止介质倒流，如各种结构的止回阀）和排气阀类（用于自动排出管道内空气，如单口排气阀和双口排气阀）。

按驱动方式，可分为自动（自驱动）阀门和驱动阀门。自动（自驱动）阀门是依靠介质（液体、气体）自身的能力而动作（启、闭开度）的阀门，如安全阀、止回阀、减压阀。驱动阀门是借助（外力）手动、电动、液力或气力驱动（操纵）的阀门，如闸阀、截止阀、节流阀、蝶阀、球阀、旋塞阀。

阀门用于饮用水管道时需进行卫生安全性评价，按现行国家标准《生活饮用水输配水设备及防护材料的安全性评价标准》GB/T 17219 规定，未做过浸泡试验的，需有省级以上卫生检疫部门的卫生证明，否则不可在饮用水管道上使用。

阀门选择要密闭性能好，操作力矩小，传动机构精度高、结构合理、故障少，防腐、易于安装和维修。

阀门的口径一般和水管的直径相同，但当管径较大、阀门价格较高时，为了降低造价，可安装口径为 0.8 倍水管直径的阀门。

阀门现状图纸应长期保存，其位置和登记卡必须一致。每年要对图、物、卡检查一次。工作人员要在图、卡上标明阀门所在位置、控制范围、启闭转数、启闭所用的工具等。对阀门应按规定的巡视计划周期巡视，每次巡视时，对阀门的维护、部件的更换、油漆等均应做好记录。启闭阀门要有专人负责，其他人员不得启闭阀门。管网上的控制阀门启闭，应在夜间进行，以防影响用户供水。应经常检查通气阀的运行状况，以免产生负压和水锤现象。

阀门启闭完好率应为 100%。每季度应巡回检查一次所有的阀门。主要的输水管道上阀门每季度应检修、启闭一次。配水干管上的阀门每年应检修、启闭一次。

### 12.2.1 截断阀

给水管网中，截断阀用以隔离部分管道，多数阀门由钢、球墨铸铁或铸铁制作。良好设计的给水系统在整个管网内具有许多隔离阀门，这样在维护和紧急状态下，尽可能少影响用户用水。一些系统中，隔离阀门常处于关闭状态，例如压力区边界处的阀门。

给水管网中的阀门布置，应能满足事故管段的切断需要。其位置可结合连接管以及重要供水支管的节点设置。给水管网上阀门间距，不应超过 5 个消火栓布置长度。南非规定不长于 600m 的管段隔离，需要关闭的阀门不应超过 4 个。一般情况下干管上的阀门可设在连接管的下游，以使阀门关闭时，尽可能少影响支管的供水。支管与干管相接处，一般在支管上设置阀门，以使支管的检修不影响干管供水。干管上的阀门应根据给水管网分段、分区检修的需要设置（见图 12-5）。阀门两侧管道上应设置柔性接口。不符合要求时，应增设。承接消火栓的水管上要安装阀门。

在市政给水管网中，常见截断阀是闸阀、蝶阀和截止阀。中小口径管道（DN600 以下）选择软密封闸阀，大口径管道（DN1200 以上）宜选用蝶阀。

#### 1. 闸阀

闸阀是一种流体流动的通道为直通的阀门。阀门两端的轴线在同一直线上，关闭件（楔形、平行式闸板）由阀杆带动，沿阀座密封面作升降运动。阀杆轴线通常与阀体两端的轴线垂直，并在同一平面上（见图 12-6）。

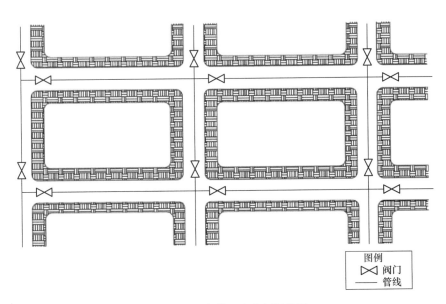

图 12-5　给水管网中的阀门位置

　　闸阀一般采用手动操作或应用电动闸阀启闭。直径较大时可设置齿轮传动装置，并在闸板两侧接以旁通阀，平衡阀门两侧的水压影响，开启闸阀时先开旁通阀，关闭闸阀时则后关旁通阀。

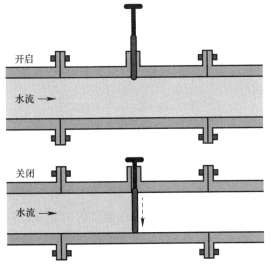

图 12-6　闸阀（剖视图）

　　闸阀使用中的优点有：①闸阀全开状态下，水头损失较小；②启闭所需外力较小；③介质的流向不受限制；④全开时密封面受工作介质的冲蚀较小；⑤体型较简单，铸造工艺性较好。

　　闸阀使用中的缺点有：①外形尺寸和开启高度较大，安装所需空间较大，启闭时间较长；②启闭过程中，密封面间有相对摩擦，容易擦伤，因此很少用于调压或节流；③闸阀密封面的加工和维护较复杂。

　　按阀杆的传动螺纹位置和结构分为下螺纹式和上螺纹式。下螺纹式的阀杆传动螺纹设在体腔内部；上螺纹式的阀杆传动螺纹设在阀盖的外部。

　　按闸板的构造闸阀可分为平行式闸阀和楔式闸阀两类（见图 12-7 和图 12-8）。

　　（1）平行式闸阀：密封面与垂直中心线平行，即两个密封面互相平行的闸阀（见图 12-7）。

　　平行式闸阀中，常见为带推力楔块的结构，即在两闸板中间有双面推力楔块，这种闸阀适用于低压中小口径（$DN40 \sim DN300$）闸阀；也有两闸板间带有弹簧的，弹簧能产生预紧力，有利于闸板的密封。

　　（2）楔式闸阀：密封面与垂直中心线成某种角度，即两个密封面成楔形的闸阀（见图 12-8）。

310

密封面的倾斜角度一般有 2°52′，3°30′，5°，8°，10°等，角度的大小取决于介质温度的高低。一般工作温度越高，所取角度应越大，以减小温度变化时发生楔住的可能性。

在楔式闸阀中，又有单闸板、双闸板和弹性闸板之分。单闸板楔式闸阀结构简单，使用可靠，但对密封面角度的精度要求较高，加工和维修较困难，温度变化时楔住的可能性很大。双闸板楔式闸阀在水和蒸气介质管路中使用较多，它的优点是：对密封面角度的精度要求较低，温度变化不易引起楔住；密封面磨损时，可以加垫片补偿。但这种结构零件较多，在黏性介质中易粘结，影响密封。上、下挡板长期使用易产生锈蚀，闸板容易脱落。弹性闸板楔式闸阀，具有单闸板楔式闸阀结构简单、使用可靠的优点，又能产生微量的弹性变形，弥补密封面角度加工过程中产生的偏差。

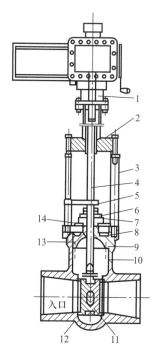 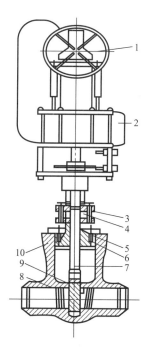

图 12-7　平行式闸阀

1-驱动机构；2-托架板；3-托架杆；
4-阀杆；5-限位夹板；6-支顶螺栓；
7-吊紧圈；8-四合环；9-顶紧装置；
10-阀体；11-阀瓣；12-弹簧；
13-胀圈、胀圈压环；14-腔室盖板

图 12-8　楔式闸阀

1-手轮；2-驱动机构；3-填料压盖；
4-填料；5-胀圈压盖；6-顶紧装置；
7-阀杆；8-阀体；9-阀瓣；10-胀圈

2. 蝶阀

阀板在阀体内绕固定轴旋转的阀门，称作蝶阀。蝶阀（见图 12-9）结构简单，开启方便，旋转 90°就可全开或全关。在开启位置，阀板平行于水流。与闸阀相比，水流阻力较大。蝶阀宽度较一般阀门为小。在长体型中，当闸板处于完全打开时，闸板被阀体完全包含。在短体型中，闸板圈开始将占据上下游管道的位置，因此不能紧贴楔式和平形式阀门旁安装。在使用短体型蝶阀时，设计人员必须确定管道内衬足够安装闸板。

蝶阀可较快速操作，操作时阀板两侧的水压较平衡。因阀板总是在水流路径中，对管道清通不利。

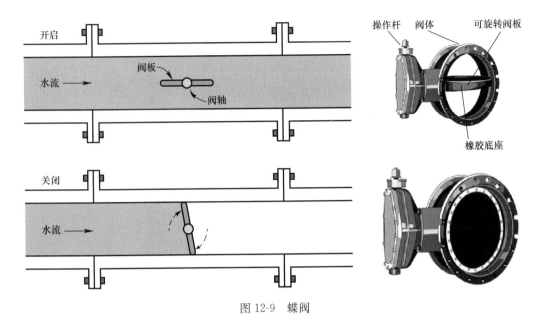

图 12-9 蝶阀

根据蝶板的安装结构，蝶阀可分为杠杆式、垂直板式与斜板式。按碟板结构不同，蝶阀又可分为中线蝶阀、单偏心蝶阀、双偏心蝶阀、三偏心蝶阀等。

3. 截止阀

截止阀是由阀杆带动关闭件（盘型、针形阀瓣）作升降运动，达到与阀座密封，阀杆垂直于阀体密封面（见图 12-10）。截止阀的特点是结构简单、密封性好，制造维修方便。缺点是水流阻力、水头损失大，开启和关闭力较大。

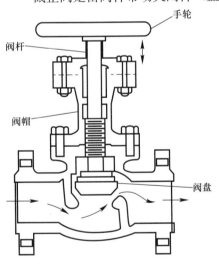

图 12-10　法兰接口截止阀

截止阀在结构上一般采用直通式、角式和直流式三种，阀杆也有明杆、暗杆之分。密封面有两种形式，即平面和锥面。密封平面具有擦伤小、易研磨的特点，密封锥面易擦伤、但结构紧凑。截止阀的传动方式与闸阀基本相同，连接形式有内螺纹、外螺纹、法兰、焊接等。

### 12.2.2　调节阀

调节阀响应于系统条件的变化，通过改变阀门的开启度，调节介质的流量、压力或液位。调节阀可由人工操作或者自动操作。

1. 减压阀

减压阀（PRV）是将压力管道中介质压力降到规定的压力，并在进口压力和出口流量变化的情况下，仍能使出口压力维持在一定范围内的阀门。它通过减小流道面积、增加流速造成压力损失达到降压目的。例如，图 12-11 说明了在压力分区之间的连接。如果没有 PRV，上游区域的水力坡度会造成下游区域压力较高。按结构形式可分为弹簧薄膜式、活塞式、薄膜式、波纹式和杠杆式（见图 12-12）。丘陵地区依靠重力供水的管网广泛使用减压阀，以满足供水压力管理要求。

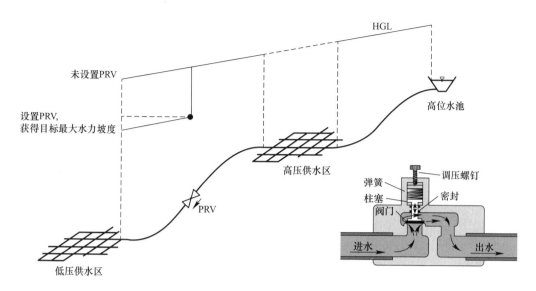

图 12-11 给水管网中减压阀设置示意图

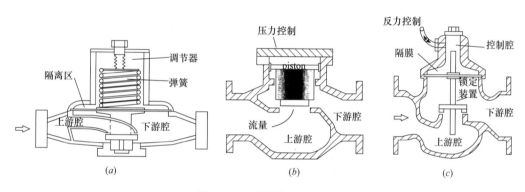

图 12-12 不同类型减压阀

(a) 弹簧式；(b) 活塞式；(c) 隔膜式

2. 稳压阀

稳压阀与减压阀不同，它通过控制水流，用于维护上游最低压力，防止上游压力低于特定数值。上游压力下降，稳压阀进一步关闭；上游压力上升，稳压阀进一步开启（见图12-13）。稳压阀的典型应用是安装在配水池入口处，防止水流进入配水池，供水干管压力下降过大。

3. 流量调节阀

流量调节阀类似于减压阀，调节并保持下游流量特性。但是与减压阀不同的是，它将保持预定的流量。水力阀门可由管道中的孔板（厂家根据设计流量定制）控制，或由流量计的电子感应器操作控制。当上游压力不同时，流量控制阀打开或关闭以控制预定流量。

4. 水位控制阀

水位控制阀用于控制贮水池和水箱的水流情况。例如在管线进入水池位置（见图12-14）利用了水位控制阀装置。当水池水位上升到特定高度时，阀门关闭；当水流回落时，阀门重新开启，允许水池向系统放水。

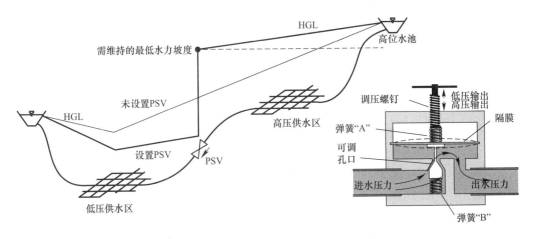

图 12-13　给水管网中稳压阀设置示意图

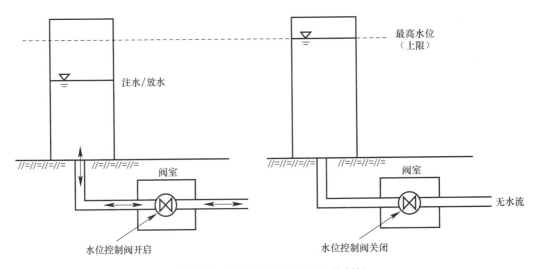

图 12-14　控制水池最高水位的控制阀

5. 安全阀

安全阀是防止介质压力超过规定数值起安全作用的阀门。当管路中介质工作压力超过规定数值时,安全阀便自动开启,排放多余介质;而当工作压力恢复到规定值时,又自动关闭。为了正常工作,安全阀必须置于合适位置,避免释放时影响周围环境。

### 12.2.3　泄水阀

给水管网一般在水流不畅通的盲管、给水管网低洼处及阀门间管段较低处安装泄水阀。泄水阀和排水管连接,以排除水管中的沉积物,或者在检修时放空管内的存水(见图 12-15)。泄(排)水阀的直径,根据放空管道中泄(排)水所需的时间计算确定,直径一般为 50～100mm。

一般将管道内的水流排入附近的干渠、河道内,不宜将泄水通向污水渠,以免污水倒灌污染管网水质。泄水阀的出口应明确可见,以防事故性开启。除泄水阀外,多数情况下利用消火栓放水。

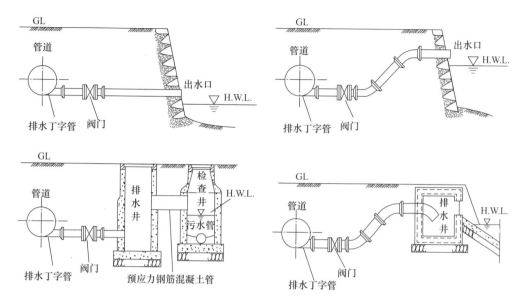

图 12-15　排水设施布置示例

### 12.2.4　空气阀

输配水干管高程变化时，应在两个控制阀门间的高点设置空气阀，在水平管线上也应按一定距离设置空气阀，一般间距以 0.5~1.0km 为宜，空气阀的形式与规格应经计算确定。

安装在管道上的空气阀，用于进气或排气。正常运行条件下管线应完全充满水，需要释放进入系统的空气。空气阀不是配水系统任何地方都需要的，空气能够通过用户龙头和阀门逸出。

空气阀基本分两种类型：排气阀和真空释放阀。

排气阀安装在管线的隆起部位，使管线投产或检修后通水时，管内空气可经此阀排出；平时用以排除水中释放出的气体，以免空气积在管中减小过水断面积和增加管线的水头损失（见图 12-16）。管线竖向布置平缓时，宜间隔 1000m 左右设一处通气设施。一般采用的单口排气阀，垂直安装在管线上（见图 12-17）。排气阀口径与管线直径之比一般采用 1：8~1：12。排气阀放在单独的阀门井内，也可和其他配件合用一个阀门井。

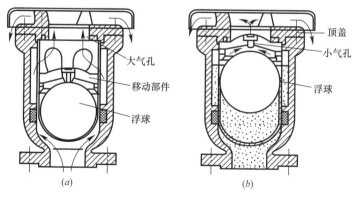

图 12-16　排气阀作用原理

（a）大量排气；（b）少量排气

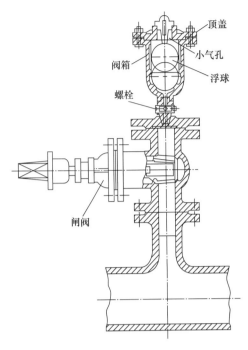

图 12-17 供水用单口排气阀结构示例

真空释放阀用于进气,避免产生负压。当管道排空时(例如为了修理漏点)或者当压力降至低于大气压力时(例如由于突然水泵停止之后负的瞬变波),应允许空气进入管道。负压一般由阀门操作使管道排水过快等引起。真空释放阀在管道充满水时也可进行排气。一个真空释放阀含一个密室,当水位在密室下降,空气可进入;当水面上升,空气被放出。真空释放阀常用作控制水击装置,在有压状态下不能排气。

### 12.2.5 止回阀

止回阀(见图 12-18)又称逆止阀、单向阀,是限制压力管道中的水流朝一个方向流动的阀门。阀门的闸板可绕轴旋转。水流方向反转时,闸板因自重和水压作用而自动关闭。止回阀一般安装在水压大于 196kPa 的泵站出水管上,防止因突然断电或其他事故时水流倒流而损坏水泵设备。在直径较大的管线上,例如工业企业的冷却水系统中,常用多瓣阀门的单向阀,由于几个阀瓣并不同时闭合,能有效减轻水锤产生的危害。止回阀也常安装在大用户接管处和水塔进水管上。从结构分类,有升降式、旋启式、弹簧式和蝶式等止回阀(见图 12-19)。

脚阀是一种特殊类型的止回阀,安装在水泵吸水管的进口处。当电源关闭时,止回阀同时关闭,以防水泵失去自灌能力。

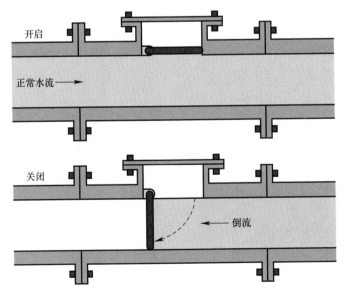

图 12-18 旋翼式止回阀示意图

止回阀安装和使用时应注意以下几点：

（1）升降式止回阀应安装在水平方向的管道上，旋启式止回阀既可安装在水平管道上，又可安装在竖向管道上。

（2）安装止回阀要使阀体上标注的箭头与水流方向一致，不可倒装。

（3）大口径水管上应采用多瓣止回阀或缓闭止回阀，使各瓣的关闭时间错开或缓慢关闭，以减轻水锤的破坏作用。

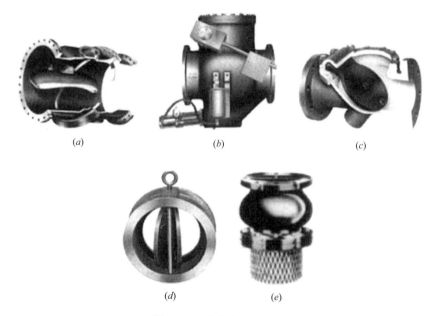

图 12-19　各种类型止回阀

（a）斜盘式；（b）缓冲旋启式；（c）橡胶挡板旋启式；（d）双门式；（e）脚阀

## 12.2.6　阀门井

管网中的附件一般应安装在阀门井内。为了降低造价，配件和附件应布置紧凑。阀门井的平面尺寸，取决于水管直径以及附件的种类和数量。但应满足阀门操作以及安装、拆卸各种附件所需的最小尺寸。井的深度由水管埋设深度确定。但是，井底到水管承口或法兰盘底的距离至少为 0.1m，法兰盘和井壁的距离宜大于 0.15m，从承口外缘到井壁的距离，应在 0.3m 以上，以便接口施工。

阀门井一般用砖砌，也可用石砌或钢筋混凝土建造。阀门井的形式根据附件安装类型、大小和路面材料而定。例如直径较小、位于人行道上或简易路面以下的阀门，可采用阀门套筒（图 12-20（a）），但在寒冷地区，因阀杆易被渗漏的水冻住，因而影响开启，一般不采用阀门套筒。安装在道路下的大阀门，可采用图 12-20（b）所示的阀门井。位于地下水位较高处的阀门井，井底和井壁应不透水，在水管穿越井壁处应保持足够的水密性。阀门井应有抗浮稳定性。

阀门井是地下构筑物，处于长期封闭状态，空气不能流通，造成氧气不足。所以井盖打开后，维修人员不可立即下井工作，以免发生窒息或中毒事故。应首先通风半小时以上，待井内有害气体散发后再行下井。阀门井设施要保持清洁、完好。

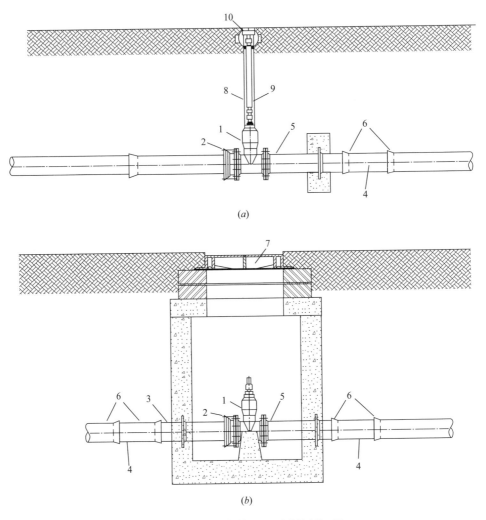

图 12-20 阀门套筒 (*a*) 和阀门井 (*b*)

1-闸阀；2-法兰接口；3-插盘短管；4-承插管；5-双法兰短管；
6-接口；7-井盖和井口框；8-延长旋柄；9-套筒；10-筒盖

## 12.3 室外消火栓

室外消火栓是给水管网内少数裸露出来的附件之一，其作用是为了提供消防灭火水源，确保城市消防安全。其次在给水管网维护管理中也常用到消火栓，例如为了冲洗管道、释放管道内空气和安装临时压力计记录管网压力。消火栓按其安装场合，可分地上式、地下式和折叠式。

地上消火栓是与供水管路连接，由阀、出水口和栓体等组成，且阀、出水口以及部分壳体露出地面的消防供水装置（见图 12-21）。地上式消火栓一般布置在交叉路口消防车可以驶近的地方。

地下消火栓是与供水管路连接，由阀、出水口和栓体等组成，且安装在地下的消防供水装置（见图 12-22）。地下式消火栓安装在阀门井内。地下式消火栓井的直径不宜小于

1.5m，且当地下式消火栓的取水口在冰冻线以上时，应采取保温措施。

折叠式消火栓是一种平时以折叠或升缩形式安装于地面以下，使用时能移升至地面以上的消火栓。

连接消火栓到干管的管道称为消火栓支管。为了确保供水企业隔离消火栓，每一支管应包含有阀门。室外消火栓、阀门、消防水泵接合器等设置地点应有相应的永久性固定标识。应尽可能防止消火栓受到蓄意、交通和建设活动的破坏。寒冷地区设置室外消火栓确有困难的，可设置水鹤等为消防车加水的设施，其保护范围可根据需要确定。

（1）室外消防给水管道的布置

1）室外消防给水管网应布置成环状，当室外消防用水量小于或等于 15L/s 时，可布置成枝状；

2）向环状管网输水的进水管不应少于两条，当其中一条发生故障时，其余的进水管应能满足消防用水总量的供给要求；

3）环状管道应采用阀门分成若干独立段，每段内室外消火栓的数量不宜超过 5 个；

4）室外消防给水管道的直径不应小于 DN100；

5）室外消防给水管道设置的其他要求应符合现行国家标准《室外给水设计规范》GB 50013 的有关规定。

当市政给水管网设有室外消火栓时，其平时运行工作压力不应小于 0.14MPa，火灾时水力最不利室外消火栓的出流量不应小于 15L/s，且供水压力从地面算起不应小于 0.10MPa。

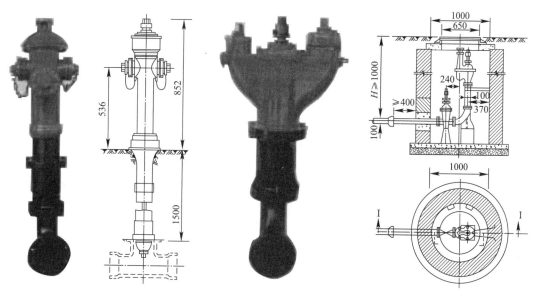

图 12-21　地上式消火栓　　　　　　　　图 12-22　地下式消火栓

（2）室外消火栓布置

1）室外消火栓宜在道路的一侧设置，并宜靠近十字路口，但当市政道路宽度超过 60m 时，应在道路的两侧交叉错落设置市政消火栓。桥头和隧道出入口等市政公用设施处，应设置市政消火栓。

2）甲、乙、丙类液体储罐区和液化石油气储罐区的消火栓应设置在防火堤或防护墙外。距罐壁 15m 范围内的消火栓，不应计算在该罐可使用的数量内。

3）室外消火栓的间距不应大于 120.0m。

4）室外消火栓的保护半径不应大于 150.0m；在市政消火栓保护半径 150.0m 以内，当室外消防用水量小于或等于 15L/s 时，可不设置室外消火栓。

5）室外消火栓的数量应按其保护半径和室外消防用水量等综合计算确定，每个室外消火栓的用水量应按 10～15L/s 计算；与保护对象的距离在 5～40m 范围内的市政消火栓，可计入室外消火栓的数量内。

6）室外消火栓宜采用地上式消火栓。地上式消火栓应有 1 个 DN150 或 DN100 和 2 个 DN65 的栓口。采用室外地下式消火栓时，应有 DN100 和 DN65 的栓口各 1 个。寒冷地区设置的室外消火栓应有防冻措施。

7）室外消火栓距路边不宜小于 0.5m，以防车辆撞击；并不应大于 2m，以便消防车的接入；市政消火栓距建筑外墙或外墙边缘不宜小于 5m。

8）室外消火栓应避免设置在机械易撞击的地点，确有困难时，应采取防撞措施。

9）工艺装置区内的消火栓应设置在工艺装置的周围，其间距不宜大于 60.0m。当工艺装置区宽度大于 120.0m 时，宜在该装置区内的道路边设置消火栓。

10）严寒地区在城市主要干道上布置消防水鹤的布置间距宜为 1000m；连接消防水鹤的市政给水管道的管径不宜小于 DN200。

11）火灾时消防水鹤的出流量不宜低于 30L/s，且供水压力从地面算起不应小于 0.10MPa。

12）地下式消火栓应有明显的永久性标志。

（3）城市交通隧道消防给水

在进行城市交通隧道的规划与设计时，应同时设计消防给水系统。四类隧道和行人或通行非机动车辆的三类隧道，可不设置消防给水系统。除四类隧道外，隧道内应设置排水设施。排水设施除应考虑排除渗水、雨水、隧道清洗等水量外，还应考虑灭火时的消防用水量，并应采取防止事故时可燃液体或有害液体沿隧道漫流的措施。

消防给水系统的设置应符合下列规定：

1）消防用水量应按其火灾延续时间和隧道全线同一时间内发生一次火灾，经计算确定。二类隧道的火灾延续时间不应小于 3.0h；三类隧道不应小于 2.0h。

2）隧道内宜设置独立的消防给水系统。严寒和寒冷地区的消防给水管道及室外消火栓应采取防冻措施；当采用干管系统时，应在管网最高部位设置自动排气阀，管道充水时间不应大于 90s。

3）隧道内的消火栓用水量不应小于 20L/s，隧道洞口外的消火栓用水量不应小于 30L/s。长度小于 1000m 的三类隧道，隧道内和隧道洞口外的消火栓用水量可分别为 10L/s 和 20L/s。

4）管道内的消防供水压力应保证用水量达到最大时，最不利点水枪充实水柱不应小于 10.0m。消火栓栓口处的出水压力超过 0.5MPa 时，应设置减压设施。

5）在隧道出入口处应设置消防水泵接合器及室外消火栓。

6）消火栓的间距不应大于 50.0m。消火栓的栓口距地面高度宜为 1.1m。

7）设置有消防水泵供水设施的隧道，应在消火栓箱内设置消防水泵启动按钮。

8）应在隧道单侧设置室内消火栓，消火栓箱内应配置 1 支喷嘴口径 19mm 的水枪、1 盘长 25m、直径 65mm 的水带，宜附设消防软管卷盘。

# 第 13 章　供水计量

流量仪表是供水企业必不可少的控制、测量仪表。供水企业对流量仪表的使用,是统计计算原水、出厂水、产销差、管网漏耗、能源单耗、制水成本等主要生产运行指标的依据,同时也承担着向用户供水的贸易阶段水量计量。它既涉及供水企业的产品质量(如水处理过程中流量控制的药剂投加),又涉及供水企业的经济效益和广大用水消费者的切身利益。

给水排水工程专业术语中,流量是指单位时间内流经封闭管道或开口堰槽某一有效截面的流体量;流体总量(也称累积流量)是指一段时间内流经封闭管道或开口堰槽某一有效截面的流量总和。与之相对应,流量仪表包括流量计和流量积算仪(水表);前者用于测量流体的流量,常用于反映从水源到用户之间供水系统的输水情况;后者用于测量流体的总量,常用于反映用户用水情况(见图 13-1)。随着流量仪表的发展,多数流量仪表同时具有测量流量和总量的功能。

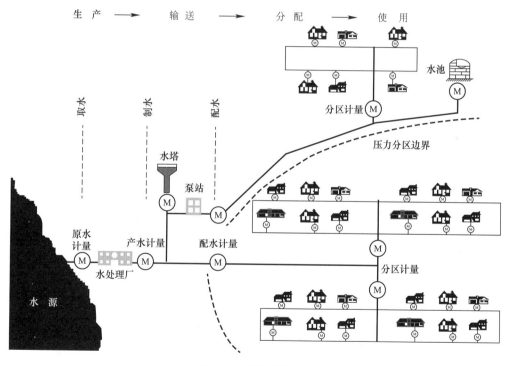

图 13-1　供水系统计量

## 13.1　流量计

流量计提供了瞬时流量和累积水量的组合,它为供水系统分析和运行提供了有价值的数据,也在分区计量中起重要作用。

供水系统常用流量计有电磁流量计、超声波流量计、插入式流量计、文丘里流量计等。这些流量计的工作原理虽然各不相同，但它们基本上都由变送器（传感元件）和转换器（放大器）两部分组成。传感元件在管流中产生的微电信号或非电信号，通过变送、转换放大为电信号在液晶显示仪上显示或记录。

### 13.1.1 供水计量

通常供水计量包括原水计量、产水计量和配水计量（见图13-1）。

原水计量测试取水点处的取水量。流量计安装在泵站或水井泵房出口处。为了确定水量损失，长距离输水管路在进入处理设施前也进行流量计量。

产水计量记录了净水厂生产和输入到配水系统的水量。

配水计量用于反映配水系统内水流运动情况，提供改善系统运行的信息，例如水泵提升和蓄水设施的水量管理。配水系统内的最小夜间流量分析，有助于确定管网漏损情况。配水流量计的安装位置有：①服务区界处——用于计量服务区域内的水量输入和输出；②配水设施处——包括泵站、减压设施和蓄水设施处，确定用水量变化、蓄水平衡等；③内部管理分区边界——计量分区间的水量输入和输出，有助于管网漏损管理。

### 13.1.2 电磁流量计

电磁流量计的工作原理是电磁感应定律。当被测的导电液体在导管内以平均速度 $v$ 切割磁力线时，便产生感应电势。感应电势的大小与磁力线的密度和导体运动速度成正比，即

$$E = BvD \times 10^{-8} \tag{13-1}$$

导电液体的流量

$$Q = \frac{\pi}{4} D^2 v \tag{13-2}$$

由式（13-1）和式（13-2）得到

$$Q = \frac{\pi}{4} \frac{E}{B} D \times 10^8 \tag{13-3}$$

式中　　$E$——感应电势，V；

　　　　$B$——磁力线密度，gs；

　　　　$Q$——导电液体流量，$cm^3/s$；

　　　　$D$——管径，cm；

　　　　$v$——导电液体平均流速，cm/s。

所以当磁力线密度一定时，流量将与感应电势成正比。测出感应电势，即可算出导电液体的流量。

感应电势通过两个电极测试，位于磁场的合适角度。例如，如果磁场在管道顶部和底部之间创建，电极将位于导管的两侧。图13-2说明了电磁流量计的组件。

电磁流量计测量范围宽，满量程值的流速可在 $0.5 \sim 10 \text{m/s}$ 内选定；准确率较高（一般可以做到 0.5%），口径的选择范围大；测量通道无活动部件和阻流件，不形成压损，对流场要求不是很高。有些电磁流量计还可测正反向流量、脉动流量。电磁流量计的缺点是不能测电导率很低的液体、含较多较大气泡的液体、气体、蒸汽，也不适用于温度过高或过低的场合，但这些缺点在管道水的计量时一般不成问题。

### 13.1.3 超声波流量计

超声波流量计是利用超声波在流体中传播速度随着流体的速度变化原理设计的：当超声波传输方向与水流方向一致时，声波速度增加；当与水流方向相反时，声波速度减小。

一般情况超声波流量计利用两个陶瓷压电传感器，它们既作为声波发射器，又作为声波接收器。当作为发射器时，它们通过系列电脉冲激发，转换为声信号。当作为接收器时，过程相反，将压力波转换为电脉冲。

传感器可分为与流体接触的湿式传感器和紧夹在管道外壁上的干式传感器。第一种计量准确性较高，可类似电磁流量计，做成管片

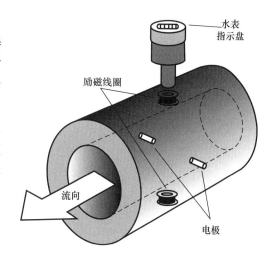

图 13-2　电磁流量计示意图

式，永久安装在管道；第二种作为便携式流量计，可随时安装和拆卸，常用于临时测试流量。

根据测试的物理参数差异，超声波流量计可分为时差超声波流量计和频差超声波流量计。

（1）时差超声波流量计

传感器通常在管道直径的相对两侧放置，距离为 $L$。上游传感器发射声波信号，在时间 $t_1$ 后由下游传感器接收。然后过程逆转，下游传感器发射声波信号，将在时间 $t_2$ 后由上游传感器接收（见图 13-3）。

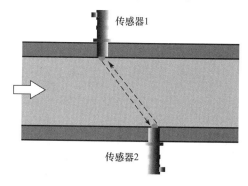

图 13-3　时差超声波流量计运行原理

如果管道中流速为零，那么时间 $t_1$ 和 $t_2$ 是相同的。可是当流体具有速度时，声波的传输速度改变（即沿水流方向增加，逆水流方向减小）。设介质中声速为 $c$，两个传感器连线与管道轴向夹角为 $\alpha$，介质平均流速为 $V$，于是有：

$$t_1 = \frac{L}{c + V \cdot \cos\alpha} \tag{13-4}$$

$$t_2 = \frac{L}{c - V \cdot \cos\alpha} \tag{13-5}$$

于是时间差：

$$\Delta t = t_2 - t_1 = \frac{2L \cdot V \cdot \cos\alpha}{c^2 - V^2 \cdot \cos^2\alpha} \tag{13-6}$$

考虑介质中声速 $c$ 远高于平均流速 $V$，$\cos^2\alpha$ 总是小于 1，可以忽略式（13-6）中的 $V^2 \cdot \cos^2\alpha$ 项，式（13-6）简化为：

$$\Delta t = \frac{2L \cdot V \cdot \cos\alpha}{c^2} \tag{13-7}$$

传感器之间流体的平均速度于是为：

$$V = \frac{\Delta t \cdot c^2}{2L \cdot \cos\alpha} \tag{13-8}$$

传感器之间的距离 $L$ 与直径相关，

$$L = \frac{D}{\sin\alpha} \tag{13-9}$$

将式（13-9）代入式（13-8），得：

$$V = \frac{\Delta t \cdot c^2 \cdot \sin\alpha}{2D \cdot \cos\alpha} = \frac{\Delta t \cdot c^2 \cdot \tan\alpha}{2D} \tag{13-10}$$

介质中声速 $c$ 可以由传输总时间计算为：

$$c = \frac{2 \cdot L}{t_1 + t_2} = \frac{2D}{\sin\alpha \cdot (t_1 + t_2)} \tag{13-11}$$

式（13-10）与式（13-11）合并，得介质流速：

$$V = \frac{\Delta t \cdot D}{\sin(2\alpha) \cdot (t_1 \cdot t_2)} \tag{13-12}$$

于是管道内介质流量 $Q$ 为：

$$Q = A \cdot V = \frac{\pi \cdot D^2}{4} \frac{\Delta t \cdot D}{\sin(2\alpha) \cdot (t_1 \cdot t_2)} = \frac{\Delta t \cdot D^3 \cdot \pi}{4 \cdot \sin(2\alpha) \cdot (t_1 \cdot t_2)} \tag{13-13}$$

只要流体的物理参数（温度、压力、内部成分）保持恒定，则声速恒定，就可以利用传输时间差和已知的传感器布置方式，获得流体平均速度和流量。

（2）频差超声波流量计

频差超声波流量也称作多普勒流量计，其理论依据是多普勒效应。当运动流体中的声波遇到随流体运动的固体颗粒或气泡后，声波反射；反射声波将由接收器检测（见图 13-4）。由于声波在流体中传播速度受介质流速影响，出现声波发生频率与接收频率间的差异，用公式表示为：

$$\Delta f = 2 \cdot f_1 \frac{V}{c} \tag{13-14}$$

式中　　$\Delta f$——频率差；

　　　　$f_1$——发射声波频率；

　　　　$V$——流体中颗粒或气泡运动速度；

　　　　$c$——介质中声速。

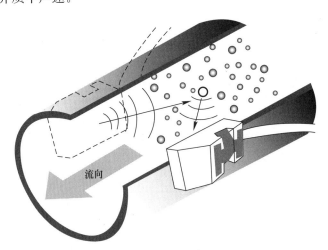

图 13-4　频差超声波流量计运行原理

当已知管道断面形状时，就可以获得流量值。需要注意的是，频差超声波流量计没有直接测试介质速度，而是测试了随介质迁移的颗粒或气泡速度。

### 13.1.4　插入式流量计

插入式流量计是一类以结构形式划分的流量计，其测量头实际上就是一台流量计，工作原理与相应的流量计相同。插入式流量计常用的测量头有电磁探头、涡轮探头和差压探头（皮托管）。

插入式流量一般用于大口径管道的流量计量。相对于管道式流量计，插入式流量计的制造成本低、重量轻、安装方便，校验较容易。但插入式流量计受流体流动特性影响大，现场需要有较大的直管段长度，测量准确度较低。

### 13.1.5　文丘里流量计

文丘里流量计包括管线中尺寸收缩的构造，称作文丘里管（见图 13-5）。通过喉管段增加的流速，引起该点压力的降低（与喉管之前相比）。压力变化与流速平方成正比。因此通过比较喉管处和喉管上游点的压力，可以确定通过流量计的流量。电子或者机械设施用于比较压力、确定流量和维护总流量。文丘里流量计在特定流量范围内很准确，具有很小摩擦损失，几乎不需要维护，具有计量大型管线流量的很长历史。

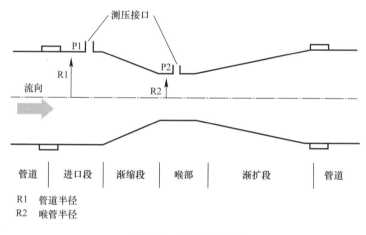

R1　管道半径
R2　喉管半径

图 13-5　文丘里流量计

## 13.2　用户水表

用户水表除用于计量用水量外，也是用户支付水费的依据。

### 13.2.1　容积式水表

容积式水表是常见的用户水表。该类水表包括已知尺寸的计量室，由移动活塞或转盘计量流过的水量。两类容积式水表为活塞水表和转盘水表。

当水流通过活塞水表时，活塞来回旋转（见图 13-6）。每一次旋转，计量已知的容积，运动通过电磁驱动连接或系列齿轮转换到注册器。

转盘水表利用包含了平盘的计量室，当水流过该室时，平盘旋转，在每个周期内"清除"特定的水量（见图 13-7）。盘的旋转运动于是传输给注册器，记录流过水表的水量。

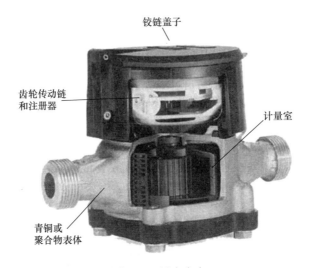

铰链盖子

齿轮传动链和注册器

计量室

青铜或聚合物表体

图 13-6　活塞水表

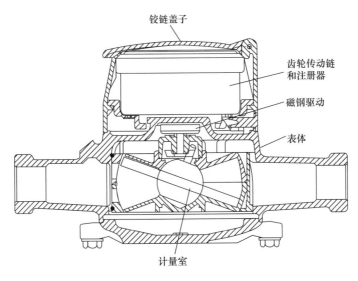

铰链盖子

齿轮传动链和注册器

磁钢驱动

表体

计量室

图 13-7　转盘水表

容积式水表常用于住宅和小型商业用户，尺寸为 15～50mm，它们对低流量敏感，且在大范围流量下具有高准确性。

### 13.2.2　大用户水表

用水量较大的公共建筑、医院、学校、工厂等用户，常用水表有旋翼式水表、螺翼式水表和复式水表。

1. 旋翼式水表

单流束旋翼式水表包含具有旋翼的叶轮（见图 13-8）。运行原理根据水表体内侧径向叶片式叶轮的单流束切向入射。叶轮的旋转速度正比于水的响应速度，或者流过的流量。流过的流量和叶轮的旋转速度之间现有关系的任何修改，将改变误差曲线，导致计量误差。

多流束旋翼式水表当水流通过表体时，由多束（股）水流从叶轮盒四周流入，驱动叶

326

轮旋转（见图 13-9）。与单流束水表相比，意味着施加到叶轮上的力具有较好的平衡，减少了运动部件的磨损，提供了较显著的耐久性，通常具有长的工作寿命。此外，多流束水表在低流量下工作更好；且具有较低的启动流量。水流从叶轮盒进水孔流入后，一方面驱动叶轮旋转，另一方面水流本身呈螺旋形上升，并从叶轮盒出水孔排出。

图 13-8　单流束旋翼式水表剖视图　　　　图 13-9　多流束旋翼式水表剖视图

2. 螺翼式水表

螺翼式水表又称伏特曼（Valtmann）水表，当水流入表腔后，沿轴线方向冲击水表螺翼型叶轮旋转后流出，叶轮的转速与水流速度成正比，经过减速齿轮传动后，在指示装置上显示通过水表的总水量。水平螺翼式水表的螺翼轴线平行于水流（见图 13-10）。垂直螺翼式水表将水流方向转换 90°，通过叶轮后返回原来的方向（见图 13-11）。螺翼式水表对小流量具有较低敏感性，准确性降低。

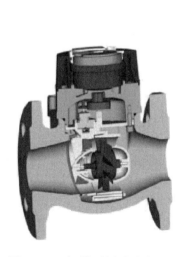 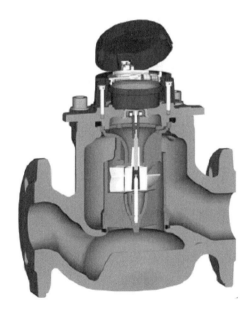

图 13-10　水平螺翼式水表剖视图　　　　图 13-11　垂直螺翼式水表剖视图

3. 复式水表

复式水表又称组合式水表，由大水表（母表、主表）、小水表（子表、次表）和转换装置组成（见图 13-12）。水流根据流量大小自动流过大水表或小水表，或同时流过两块水表。水表的读数由两个独立的计量器给出，或者由一个计量器将两块水表上的数值相加后给出。大水表常采用螺翼式水表，用于计量高流量下的用水量。小水表常采用容积式水表，用于计量低流量下的水量。

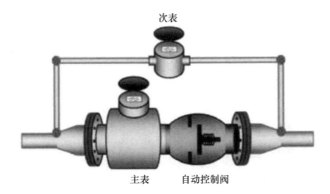

图 13-12 组合水表示意图

### 13.2.3 水表选择

理想测量结果的获得，除了仪表本身性能因素外，还与所选择的测量方法、口径范围、流量范围、安装是否妥当、维护使用是否正确等有关。因此根据使用目的、价格因素的考虑，选用合适的水表。

对水表的选型，一要从技术角度了解各种水表的技术特点和不足，二要从经济方面了解产品的价格及性能比的情况，三要结合国家对水表管理政策和当地供水部门对抄表收费方法的规定进行综合考虑。

水表尺寸不必与管道尺寸相同。多数情况下水表安装尺寸小于管线尺寸。如果管道允许将来用水量的增加，则应安装较大尺寸水表，但在最初应采用较小尺寸水表。

通常居民用户采用口径在 25mm 以下的水表，工商业用户采用 25mm 以上的大口径水表。水表使用压力不得大于水表耐压等级。

## 13.3 计量特征

### 13.3.1 流量

（1）灵敏度（或称起步流量，$Q_a$）：指低流量通过水表时，使水表开始启动并连续记录的流量。常将误差为 $-100\%$ 时的流量数值定为起步流量。水表起步流量越小，则该表灵敏度越高。

（2）最小流量（$Q_1$）：当水表在起步流量时，虽然连续记录，但误差极大。在额定流量范围内，随着流量逐渐增大，误差逐渐减小，当水表误差达到 $-5\%$ 以内时，此时的流量规定为最小流量。各类型水表都有最小流量规定，当在此规定流量下，其误差不能达到 $\pm5\%$ 以内，则该型号水表为不合格。

（3）转换流量（$Q_2$）：为水表高区误差和低区误差流量之间的分区流量值，该值处于最小流量和额定流量之间。

（4）额定流量（或称安全流量，$Q_3$）：是指水表在正常工作条件下的最大流量。

（5）最大流量（$Q_4$）：指水表在短时间内使用，计量误差处于允许范围内，且当返回正常使用状态时可恢复完整运行性能的最大流量。各类水表的最大流量一般取为2倍的额定流量。在最大流量时，水表内部的主动件极易磨损，因此不易长时间在最大流量下使用。

（6）量程比：额定流量 $Q_3$ 与最小流量 $Q_1$ 的比值。量程比常用字母 $R$ 加数字表示，如 $R100$ 表示 $Q_3/Q_1=100$。通常规定：$DN15\sim DN40$ 水表应选用 $R80$ 量程比；有条件的宜选择数字大于160的量程比（如 $R180$，$R200$ 等）。$DN\leqslant 50$ 水表应选用 $R50$ 量程比；有条件的宜选用 $R160$ 量程比。

### 13.3.2 误差

预定义时间内通过水表的容积称作实际容积（$V_a$）。实际流量于是定义为实际容积与预定义时间之比。

可是没有水表具有100%的准确性，水表将不会记录所有通过的水量，显示了不准确的读数，该读数称作显示容积（$V_i$）。显示容积通常略高于或略低于实际容积。

水表显示容积与实际容积之差（$V_i-V_a$）称作显示误差。显示误差可能为正值，也可能为负值。

水表显示误差与实际容积之比称作相对误差，通常以百分数表示。同样，水表相对误差可能为正值，也可能为负值。

新表必须在高度精确的实验室控制条件下测试。以这种方式确定的水表误差称作固有误差。因为现场安装条件不同于实验室条件，且准确性随着表龄下降，实际水表误差将不同于固有误差。

【例 13-1】 测试中的水表初始读数为 123.456m³。在 5min 内通过 200L 水量后，水表读数变为 123.654m³。试确定通过水表的流量以及在该流量下的水表相对误差。

【解】 已知实际容积 $V_a=200L$。

实际流量＝实际容积/流行时间＝200L/5min＝40L/min＝2400L/h

显示容积 $V_i=123.654m^3-123.456m^3=0.198m^3=198L$

显示误差＝$V_i-V_a=198L-200L=-2L$，即水表少记录了2L水量

相对误差＝显示误差/实际容积＝$-2L/200L\times100\%=-1\%$，即在流量 2400L/h 时相对误差为 $-1\%$。

### 13.3.3 水表误差曲线

水表相对误差不是恒定的，随着流量变化而变化。例如机械水表在较低流量下显示容积略小于实际容积，较高流量下显示容积高于实际容积。此外随着表龄增大，水表准确度降低，通常显示容积会越来越低于实际容积。为表达水表相对误差随流量的变化，常绘制水表的相对误差曲线，如图 13-13 所示。

为了更好地理解水表误差曲线，考虑某供水管道中安装有机械式水表，当出水阀门关闭时，没有流量通过水表。当阀门略微开启，管道中出现很小的流量。该流量将由水表感应器感应，但由于感应器受力较小，其感应状态保持静止，即水表难以显示该很小的流量。

阀门开启度加大，水流逐渐增加，当刚好达到感应器移动点时，水表开始指示流量，此流量即为起步流量 $Q_a$。由图 13-13 可以看出，起步流量处水表相对误差绝对值很大，在此流量之前的小流量一直未被水表识别、显示。

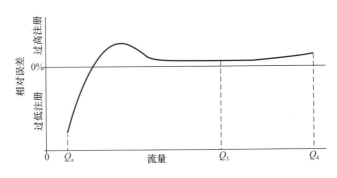

图 13-13  典型水表误差曲线

　　阀门开启度继续逐渐增大，随着流量增加，水表相对误差逐渐由负值变为正值，说明水表显示容积高于实际容积。该正值误差增加一段后，将降低下来并趋于稳定，误差值更接近零误差线。该稳定误差线一直持续到额定流量 $Q_3$，它代表了水表理想流量，使水表的相对误差较小。

　　水表的设计是为了持续在额定流量 $Q_3$ 运行。当较高的流量短时间内出现时，不会使水表状况恶化。水表运行应不超过最大流量 $Q_4$。当通过水表的流量大于 $Q_4$ 时，即使在很短时间，也可能引起水表的永久性损坏。

　　一般而言，根据流量，任何水表的误差曲线有三个区域。第一个为误差为 $-100\%$ 之前的流量，这时尽管有流量通过，但是水表难以反映出该流量。第二个区域表示水表感应到流量，但存在显著误差。第三个区域具有较低的恒定误差，且该误差随流量变化不大。

### 13.3.4　最大允许误差包络线

　　水表精度标准的制定，必须考虑水表的最大允许误差包络线。最大允许误差是指允许的最大相对误差绝对值，忽略误差为正值还是负值。

　　最大允许误差包络线分为两个区：低区和高区。与高区相比，允许水表在低区具有较大的误差绝对值。国际惯例指定低区最大允许相对误差为 $\pm5\%$，高区最大允许相对误差为 $\pm2\%$，如图 13-14 所示。

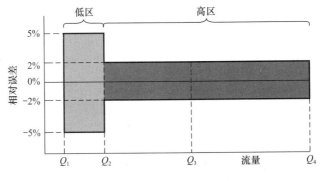

图 13-14　水表最大允许误差包络线

　　低区的最小流量 $Q_1$，相对误差应在 $\pm5\%$。低区与高区的转换流量为 $Q_2$。高区流量一直延伸到指定的最大流量 $Q_4$。

　　水表误差曲线应总是落在最大允许误差包络线的内侧。如果误差曲线有任何部分落在最大允许误差包络线的外侧，则认为水表是不合格的。图 13-15 说明了 4 条水表误差曲线。其中水表误差曲线 a 和 b 全部落在最大允许误差包络线内，则是符合要求的水表。水表误差曲线 c 和 d 有一部分落在包络线之外，则认为它们是不合格的。

## 13.4 水表安装

水表正确安装是保证水表计量准确的必要保障。水表安装应遵从供水企业和厂家的要求，考虑安全性、便利性和正确可靠性，一般原则如下：

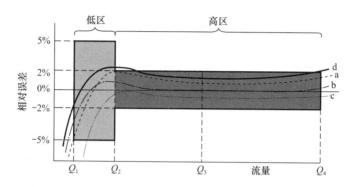

图 13-15    满足最大允许误差包络线要求（曲线 a、b）与不满足要求（曲线 c、d）的水表例子

1）水表安装方向应与管道水流方向保持一致，通常水表上的箭头表示了正确流向。

2）满足水表上下游管段的最小长直距离要求。水表和长直管段的直径应相同。

3）水表进水处应安装滤网。

4）水表上游侧和下游侧均应安装隔离阀。

5）需要供电的水表，应有接地、刚干扰和防雷击等装置。

6）确保提供充分的水表安装维护空间。

7）水表安装在不易受污染和损坏的地方，应避免受腐蚀气体的侵蚀，避开非饮用水积水位置，避开可能带来机械损坏的位置。

8）工业用水表如果安装在锅炉附近，表后应加装止回阀，防止热水倒流，损坏水表零部件。

9）为优化性能，水表应水平安装，安装后的水表不得倾斜。

10）存在冰冻环境的地区应采取保温措施。

11）水表安装位置不应成为用户或公共安全的障碍。

大型水表具有额外的安装需求，例如：

1）允许水表现场测试。

2）具有灵活的连接，便于水表拆卸和安装。

3）具有专门的支撑和伸缩器，防止管道移动、振动和水锤。

4）应具有旁通管辂或旁通水表，以便在水表替换或修理过程中不会中断供水服务。

通常 25mm 口径以下的水表为螺纹连接（见图 13-16），较大型号水表采用法兰连接（见图 13-17）。

水表安装完成后，缓慢开启阀门，使水流缓慢增大，保证空气缓慢排除。空气流动过快，可能损坏水表零部件。安装后应进行压力测试，保证不会漏水，水表可正常运转。使用记录器或电子流量读数和传输装置的水表，应进行数据记录的校准。应利用新的水表数据更新水表卡片和数据库数据。

用于贸易结算的水表必须遵照现行国家标准，定期更换和检定，周期应符合下列要求：①DN15～DN25 的水表，使用期限不得超过 6 年；②DN40～DN50 的水表，使用期限不得超过 4 年；③DN＞50 或常用流量超过 $16m^3/h$ 的水表，检定周期为 2 年。

图 13-16　带有螺纹端口的
20mm 口径水表

图 13-17　带有法兰端口的
65mm 口径水表

## 13.5　水表抄读

### 13.5.1　抄表台账

台账是抄表工作中的原始资料记录，是对用户的用水性质、供水核准、水表运行、抄表水量、水费缴纳等情况的记录。台账由供水营销员依据供用水合同执行单建立，根据抄表、收费及水表换修等变化情况及时更新。台账在用户申请开户后当月建立，每户每表建一张登记卡（也叫表卡）。表卡应包括下列记录项：用户编号、用户类型、用户名称、水表位置、水表数、用水地址、送票地址、水表口径、装换表日期、常用表或消防表、总用水指标、分类用水指标、抄表日期、抄表行度、用水量、水费金额及水费收缴情况等。除上述记录项外，水表运行的异常情况，如水量波动较大水表的故障、更换、维修、报停、拆除，用水计划的改变、水表口径的改变等情况，也应记录在台账内。

台账管理反映了抄表工作的细化程度，规范填写台账内容、字体工整、清楚，不得随意涂改。台账中表卡的排列顺序应以抄表和查找方便为原则，一般按小区或街道编号顺序排列。

现在供水企业已将抄表台账输入到计算机中，这些台账信息可以与地理信息系统（GIS）集成。

### 13.5.2　水表抄读

（1）读表方法。多数国家水表计取水量的基本计量单位是立方米，凡小于 $1m^3$ 的尾数均不计算。所以在抄读水表时，凡分度值小于 $1m^3$ 的指示值可不必抄录。为便于抄读水表，一般水表在度量上标有基本计量单位"$m^3$"。度盘上的数字符号、分度线及指针均以不同颜色标识：黑色用于表示立方米及其倍数，红色用于不到 $1m^3$ 的小数部分。

（2）水表抄读要点：①抄读时，应面对水表装置方向，不能斜看、倒看；②抄读时从左到右，按顺序抄读；③新装水表在第一次抄读时应注意水表是否倒装。

（3）抄读水量高低的判定。抄读水量高低是指用水户本月的用水量与上月的用水量相比有较大幅度的增减，超出正常的用水范围。当用户用水量超出正常幅度的±30％时，可以认定出现了水量过高或过低情况，应进行相应处理。

出现水量过高或过低情况的原因有：①用水天数。用水天数指上月抄表日至本月抄表日的天数，用水天数的增减会造成水量的增减；②用水性质。用水性质的变化会引起用水量的增减，如生活用水改为商业用水；③气候变化。气温和季节的变化，会造成水量的增减；④多表用水。有些用户采用两表连通或多表连通用水，由于各表进水压力的差异会引起水表用量偏高或偏低的现象；⑤地区水压变化。地区管网的水压增高或降低会影响用户用水量的增减；⑥水表走率。表快、表慢或失灵等水表问题，会引起用水量的变化；⑦水量抄算。检查是否有抄错水表行度或水量计算错误问题；⑧用水户管路或用水器具出现漏水情况。

### 13.5.3　抄表器抄表

手持式抄表器（见图13-18）是一种经过专门配置的掌上型电脑，它由液晶显示屏、数据存储单元、运算单元、操作键盘、标准串口和红外线接口及充电设备组成。抄表器一般配有操作系统、通信软件和编程接口。

### 13.5.4　自动化抄表系统

1. 带电子装置水表

带电子装置水表包括配备了电子装置的机械式水表、基于电磁或电子远离工作的水表。电子装置包括流量信号转换和处理单元，并可附加贮存记忆装置、预置装置、价格显示装置等。带电子装置水表所有的机械式水表一般称为基表。

2. 远传水表有线联网自动抄表系统

远传有线联网抄表系统有分线制集中抄表和总线制集中抄表两种组网方式。

分线式集中抄表首先在普通水表上加装传感器件，把机械信号转换成电信号。采集数据时将水表电子计量后的

图13-18　手持式抄表器

水量信息，通过信号线传送到数据集中器上。数据集中器定时顺序采集来自多路分线连接的水表信号，进行数据处理、存储、故障记录等。若干个数据集中器相互连接，组成局域网。抄表数据的采集方式，一种是用手持式抄表器到现场接驳入网采集数据；另一种是用调制解调器通过电话线连接到自来水公司收费中心的电脑系统，进行远程抄表，或利用高速宽带网络远程抄表。

总线制集中抄表，是将采集、存储、传输电路集成于一体，各个用户的水表通过总线连接。智能水表能进行采集、存储、传输等，计算机直接与智能水表进行数据通信。

3. 无线自动抄表系统

每块水表经过电子计量后的水量信息，通过装在水表上的无线电发送装置发送到经过附近的无线电接收车辆或专门的接收站，完成一次抄表。无线抄表系统适用于距离远、条

件差且较偏僻的用水地域。

4. 智能 IC 卡水表管理系统

智能 IC 卡水表管理系统由水表基表、电磁阀、微电脑、射频 IC 卡单元、信号采集单元、显示单元和相应的 IC 卡管理机组成。工作原理是：首先通过管理机将用户及水表的有关资料记录在一张 IC 卡上。用水时，由智能 IC 卡水表的数据存储单元读取 IC 卡上的资料进行核对，如果读取资料正确，就打开电动阀门供水。水费的计收，通过信号采集单元将用水行度采集进来，由微电脑自动计算用水量、水费和购水余额，通过显示单元显示。当用户的购水余额少于电脑设置的余额时，则给出报警提示，然后通过电动阀门自动停水。

通常远传水表和预付费水表的选用宜从经济成本、技术性能和管理模式等多方面综合考虑后确定。

# 第14章 室外给水管道施工

为减少将来的维护问题,保护公共健康,必须按规范要求安装给水管道。给水管道工程所用的原材料、半成品、成品等产品的品种、规格、性能,必须符合国家有关标准的规定和设计要求;接触饮用水的产品必须符合有关卫生要求。严禁使用国家明令淘汰、禁用的产品。忽略采用的管材,多数给水管道的施工方式基本是相同的。室外给水管道的施工顺序是:测量→定位→放线→沟槽开挖→沟基处理→下管→管口清理→对口连接→固定管道→水压试验→管沟回填。特定管材的施工方式可参考生产厂家的建议。

## 14.1 管道运输

给水管道通常在工厂制作,然后通过汽车、轮船或火车成批量运输到施工场地(见图14-1)。管材长距离运输,宜采用支撑架,成排排列、整管运输。采用的运输方式,取决于运送的距离、管道尺寸和重量、施工需要的管道总长度,以及各类运输交通工具的可用性。运送时应将管道垫稳、绑牢,不得相互撞击。运输车厢内必须清扫干净,不得有异物。铸铁管装车运输时,伸出车体外部分不应超过管子长度的1/4。阀门搬运、装卸、运输时,球阀旋塞应处在开启位置,截止阀、闸阀、蝶阀等阀门应处在关闭位置。阀门两端应用盲板保护法兰密封面、焊接端及阀门内腔。用绳索捆绑阀门时,绳索应绑托在阀体上,严禁绑扎在手轮、阀杆上。

图14-1 铁路货车运送的大口径管道

## 14.2 管道处理

管道处理一般步骤为:检查、卸载、堆放和沿线排管。

### 14.2.1 管道和配件检查

尽管给水管道在运输前均接受了出厂检查,但在运送过程中可能损坏。因此在施工现场卸载时应检查管道、配件、垫圈等,包括它们的尺寸、类型、数量和完好情况。任何丢失的、破损的或不合格的材料,应由运动人员记录下来,并报给生产厂家和运送公司,以确定后续解决方案。

### 14.2.2 卸载

需要利用合适的机械设备卸载管道,以防碰伤、变形和损坏。无论采用什么样的卸载方法，管道都不应跌落、在地上拖拉或撞击到其他管道。必须确保管道的内衬和外涂情况未受损。

可采用垫木和缆绳卸载小口径管道；也可采用迅速安全的起重机或其他动力设施卸载。大口径管道应利用重型机械卸载（见图14-2）。

管道配件应存放在安全、清洁位置，防止有人故意破坏。它们只有在需要时才带进施工现场。垫圈应防止灰尘、油脂、过热或阳光直晒，并远离电机或其他电力设备。

### 14.2.3 堆放

管道应按照产品技术要求标准或生产厂家要求堆放。一般情况如下：

1）对方地面应平整、坚实，不会受到污染。

2）底层管道应由枕木均匀支撑，避免管道直接接触地面。为防止滚动，管道两端应采用木块（或砖块）固定。

3）管架上每层管道应将承插口相间平放，并用木块垫好，上下两层管道方向垂直（见图14-3）。

图 14-2 利用动力机械卸载管道

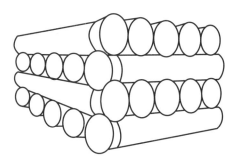

图 14-3 管道堆放

4）不同类型和规格管道应分开放置。

5）塑料管材、管件在工地短期露天堆放时，严禁在阳光下曝晒，应利用防水油布或者黑暗颜色材料覆盖；覆盖材料下应使空气畅通，不应采用塑料薄膜覆盖。

6）塑料管道堆放场地或库房应设灭火器和消火栓。

如无其他规定时堆放层高应符合表14-1的规定，使用管节时必须自上而下依次搬运。管道堆放位置要与沟槽保持一定距离，以免影响沟槽稳定性。

管节堆放层数与层高 表 14-1

| 管材种类 | 管外径 $D_0$（mm） | | | | | | | |
| --- | --- | --- | --- | --- | --- | --- | --- | --- |
| | 100～150 | 200～250 | 300～400 | 400～500 | 500～600 | 600～700 | 800～1200 | ≥1400 |
| 自应力混凝土管 | 7层 | 5层 | 4层 | 3层 | — | — | — | — |
| 预应力混凝土管 | | | | | 4层 | 3层 | 2层 | 1层 |
| 钢管、球墨铸铁管 | 层高≤3m | | | | | | | |
| 预应力钢筒混凝土管 | — | — | — | — | | 3层 | 2层 | 1层或立放 |
| 硬聚氯乙烯管、聚乙烯管 | 8层 | 5层 | 4层 | 4层 | 3层 | 3层 | — | — |
| 玻璃钢管 | — | 7层 | 5层 | 4层 | — | 3层 | 2层 | 1层 |

#### 14.2.4 沿线排管

安装之前沿着沟槽放置管道时，应注意以下事项：

1）尽可能靠近沟槽放置管道（见图 14-4）。

2）如果沟槽已经开挖，则管道应放置在无堆土的一侧，便于管道移入沟槽。

3）如果沟槽还未开挖，管道放置时应让出开挖设备操作空间。

4）管道放置位置应让出车辆或行人穿行通道。

5）管道承口端应朝向施工前进的方向。

6）应采取防止管道滚落沟槽的固定措施。

7）如果存在蓄意破坏的风险，则现场只能摆放一天内可以铺设的管道。

图 14-4 沿施工现场排放的管道

8）如果在居民住宅区施工，应具有防止儿童在管道附近玩耍的措施，以免伤害到他们；也要有防止管道滚动到街道上的固定措施。

9）管道两端应封堵，以防雨水、污水或垃圾进入。

## 14.3 开挖

### 14.3.1 开挖准备

1. 调查

（1）充分了解挖槽段的土质、地下水位。生活饮用水管道应避免穿过毒物污染及腐蚀性地段；无法避开时，应采取保护措施。

（2）查清施工沟槽埋设的电缆、其他管道及地下构筑物、沟槽附近地上建筑物等情况。

（3）合理确定挖槽断面和堆土位置，应考虑回填取土方便，充分利用原有土砂。

（4）查明有无地下水。需要排水时，应编制排水方案，包括：排水量计算，排水方法选定、排水系统布置、抽水机械选型、排放区设计等。

（5）选用施工机械，根据需要制定必要的安全措施，以确保施工质量及安全。给水管道沟槽多采用易于操作和控制的机械开挖（见图 14-5）。在工作量不大、地面狭窄、地下有障碍物或无机械施工条件情况下，应采用人工开挖。

图 14-5 给水管道机械安装

2. 协调和批准

（1）在已有地下管道的位置挖槽时，应事先与有关管理单位联系，得到批准，采取措施，防止损坏管道。

（2）对已有地下电缆，应得到批准；并邀请电缆管理单位的代表来现场，方可开挖。

（3）当原有道路被挖断，又不宜断绝交通或绕行时，应事先与有关管理单位联系，得到批准；根据道路的通行交通量及最大荷载，架设施工临时便桥（道）。

### 14.3.2 开槽

沟槽开挖的深度和宽度与以下因素有关：冰冻条件、地下水条件、管道覆土上的地面交通荷载、土壤类型、管道尺寸、附近其他管线条件等。

**1. 管道埋深**

非冰冻地区管道的管顶覆土主要由外部荷载、管材强度、管道交叉以及土壤地基等因素决定。金属管道的覆土厚度一般不小于0.7m；当管道强度足够或者采取相应措施时，也可小于0.7m。为保证非金属管体不因动荷载的冲击而降低强度，应根据选用管材材质适当加大覆土厚度。对于大型管道应根据地下水位情况进行管道放空时的抗浮计算，以确定其覆土厚度，确保管道的整体稳定性。

日本《水道设施设计指针》中规定，给水管道标准覆土层为1.2m；由于水管桥安装，与其他埋设物交叉等原因，无法满足覆土标准时，覆土厚度可减小至0.6m。

开挖沟槽应低于管底标高，以便设置集水坑，尽可能使沟槽保持干燥，防止水进入管道或配件。露天管道应有调节管道伸缩设施，并设置保证管道整体稳定的措施，还应根据需要采取防冻保温措施。

冰冻地区管道得管顶覆土除决定于上述因素外，还需考虑土壤的冰冻深度，应通过热力学计算确定。当无实际资料时，可参照表14-2采用。如通过管道热力计算，能满足各种条件时（如停水时的冻结时间等），可适当减少管道埋深。当难以铺设在冰冻线以下时，给水管道将需要采取保温措施。

管底在冰冻线以下的距离（mm）                      表14-2

| 管径 | $DN \leqslant 300$ | $300 < DN \leqslant 600$ | $DN > 600$ |
|---|---|---|---|
| 管底埋深 | $DN + 200$ | $0.75DN$ | $0.50DN$ |

**2. 沟槽宽度**

管道安装的沟槽宽度，通常考虑以下因素：管道衔接和压实土壤所需的最小宽度，安全性，经济性，以及如何最小化管道外部荷载的影响。由于管道开挖成本较高，在安全性和土壤条件许可时，沟槽应尽可能窄。

沟槽底部的开挖宽度，应符合设计要求；设计无要求时，可按下式计算确定：

$$B = D_0 + 2(b_1 + b_2 + b_3) \tag{14-1}$$

式中　　$B$——管道沟槽底部的开挖宽度，mm；

　　　　$D_0$——管外径，mm；

　　　　$b_1$——管道一侧的工作面宽度，mm。可按表14-3选取；

　　　　$b_2$——有支撑要求时，管道一侧的支撑厚度，可取150~200mm；

　　　　$b_3$——现场浇筑混凝土或钢筋混凝土管渠一侧模板的厚度，mm。

管道一侧的工作面宽度                      表14-3

| 管道的外径 $D_0$（mm） | 管道一侧的工作面宽度 $b_1$（mm） | | |
|---|---|---|---|
| | 混凝土类管道 | | 金属类管道、化学建材管道 |
| $D_0 \leqslant 500$ | 刚性接口 | 400 | 300 |
| | 柔性接口 | 300 | |

| 管道的外径 $D_0$（mm） | 管道一侧的工作面宽度 $b_1$（mm） | | |
|---|---|---|---|
| | 混凝土类管道 | | 金属类管道、化学建材管道 |
| $500<D_0\leqslant1000$ | 刚性接口 | 500 | 400 |
| | 柔性接口 | 400 | |
| $1000<D_0\leqslant1500$ | 刚性接口 | 600 | 500 |
| | 柔性接口 | 500 | |
| $1500<D_0\leqslant3000$ | 刚性接口 | 800~1000 | 700 |
| | 柔性接口 | 600 | |

注：1. 槽底需设排水沟时，$b_1$ 应适当增加；

2. 管道有现场施工的外防水层时，$b_1$ 宜取 800mm；

3. 采用机械回填管道侧面时，$b_1$ 需满足机械作业的宽度要求。

3. 开槽操作

应按指定深度和坡度开挖沟槽。开挖的土壤应堆放在沟槽的一侧，且堆放位置到沟槽有一定距离，以防掉落到槽内并不会过多增加对沟槽壁的影响（以防塌陷），该距离也为工作人员走动留出了空间。

沟槽每侧临时堆土或施加其他荷载时，应符合下列规定：

1）不得影响建（构）筑物、各种管线和其他设施的安全；

2）不得掩埋消火栓、管道闸阀、雨水口、测量标志以及各种地下管道的井盖，且不得妨碍其正常使用；

3）堆土距沟槽边缘不小于 0.8m，且高度不应超过 1.5m；沟槽边堆置土方不得超过涉及堆置高度。

沟槽挖深较大时，应确定分层开挖的深度，并符合下列规定：

1）人工开挖沟槽的槽深超过 3m 时应分层开挖，每层的深度不超过 2m；

2）人工开挖多层沟槽的层间留台宽度：放坡开槽时不应小于 0.8m，直槽时不应小于 0.5m，安装井点设备时不应小于 1.5m；

3）采用机械挖槽时，沟槽分层的深度按机械性能确定。

开槽对于工作人员、交通车辆、行车和儿童均构成了潜在危险。沟槽开挖宜分段快速施工，敞沟时间不宜过长，以防沟槽塌陷或在雨天积水。管道安装完毕后应及时试验，合格后应立即回填。

### 14.3.3 特殊开挖问题

开挖过程中遇到的可能问题包括岩石层、不良土壤和地下水。

（1）岩石开挖

岩石通常指固体岩石、暗礁岩石，或直径超过 200mm 的漂石。岩石应开挖到管底以下 150~200mm，然后在其上填充合适的基础材料。开挖的岩石应外运，不再作为回填材料。

一些岩石需由专业公司进行爆破，爆破前应调查周围资产状况，爆破应作详细记录，爆破后应检查任何损害细节。

（2）不良土壤

存在不良土壤的条件（例如煤矿石、矿渣、含硫化物黏土、尾矿、工业废物或垃圾），应将土壤挖到管底位置以下，将不良土壤运走并适当处理。然后管道下的地基利用合适的材料回填。

（3）地下水

当沟槽底部低于地下水位时，地下水将进入沟槽。不应在地下水中铺设或连接管道。有些地区，地下水位在一年内呈规律变化，一年内特定时段地下水位可能低于管底敷设高程。如果可能，应将管道施工期安排在一年内的地下水位较低时段。

当必须在地下水位以下安装管道时，沟槽排水显著增加了安装成本。饱和土壤也会引起沟槽坍塌风险。为了在开挖之前排除地下水，需制定施工降排水方案。方案应包括以下主要内容：①降排水量计算；②降排水方法的选定；③排水系统的平面和竖向布置，观测系统的平面布置以及抽水机械的选型和数量；④降水井的构造，井点系统的组合与构造，排放管渠的构造、断面和坡度；⑤电渗排水所采用的设施及电极；⑥沿线地下和地上管线、周边构（建）筑物的保护和施工安全措施。

井点降水将地下水稳定至槽底以下 0.5m 时方可开挖，以免挖土速度过快，因土层含水量过大，支撑困难，贻误支护时机导致塌方。

### 14.3.4 沟槽支护

应根据现场条件，对沟槽采取支护措施。当采用挖掘机挖土时，挖掘机不得进入未设支撑的区域。塌陷防护的基本方式有坡面、防护、支撑等。

按照一定坡度开挖沟槽，意味着土壤的下向力不允许超过土壤的黏性强度。周围土壤不会滑动或塌陷到沟槽的最大角度，称为静止角。静止角对土壤的类型、含水量和环境条件（尤其机械振动）而异。

地质条件良好、土质均匀、地下水位低于沟槽底面高程，且开挖深度在 5m 以内、沟槽不设支撑时，沟槽边坡最陡坡度应符合表 14-4 的规定。

深度在 5m 以内的沟槽边坡的最陡坡度　　　　　　　　表 14-4

| 土的类别 | 边坡坡度（高：宽） | | |
|---|---|---|---|
| | 坡顶无荷载 | 坡顶有静载 | 坡顶有动载 |
| 中密的砂土 | 1：1.00 | 1：1.25 | 1：1.50 |
| 中密的碎石类土（充填物为砂土） | 1：0.75 | 1：1.00 | 1：1.25 |
| 硬塑的粉土 | 1：0.67 | 1：0.75 | 1：1.00 |
| 中密的碎石类土（充填物为黏性土） | 1：0.50 | 1：0.67 | 1：0.75 |
| 硬塑的粉质黏土、黏土 | 1：0.33 | 1：0.50 | 1：0.67 |
| 老黄土 | 1：0.10 | 1：0.25 | 1：0.33 |
| 软土（经井点降水后） | 1：1.25 | — | — |

防护钢箱的顶部、底部和两端是敞开的，工作人员可以在防护箱内操作（见图 14-6）。随着施工前进，防护箱沿着沟槽移动。

支撑是防止沟槽坍塌的一种临时性挡土结构。一般情况下，沟槽土质较差，深度较大而又挖成直槽时，或高地下水位砂性土质并采用表面排水措施时，均应支设支撑。支设支撑的直壁沟槽，可以减少土方量，缩小施工面积，减少拆迁。在有地下水时，支设板状支撑，由于板桩下端深入槽底，延长了地下水的渗水路径，起到一定的阻水作用。但支撑增加材料消耗，也给后续作业带来不便。因此，沟槽支护应根据沟槽的土质、地下水位、沟槽断面、荷载条件等因素进行设计；施工单位应按设计要求进行支护。直槽土壁常用木板或钢板组成的挡土结构支撑。当槽底低于地下水位时，直槽必须加撑。支撑有横撑、竖撑和板桩撑等。

横撑和竖撑由撑板、立柱和撑杠组成。支撑依靠各杆件的压力和摩擦力连接起来，横撑分疏撑和密撑两种。疏撑是撑板之间有间距，分单板撑、井字撑和稀撑等。密撑是各撑板间密集铺设。根据土压力和土的密实程度选用支撑的形式，有时可在沟槽的上部设疏撑，下部设密撑。

横撑〔图14-7（a）〕用于土质较好、地下水量较小的沟槽。随着沟槽的逐渐挖深而分层铺设。因此支设容易，但在拆除时首先拆除最下层的撑板和撑杠，因此施工不安全。

竖撑〔图14-7（b）〕用于土质较差、地下

图14-6　利用防护箱安装管道

水量较多或有流砂的情况下，竖撑的特点是撑板可以在开槽过程中先于挖土插入土中，在回填以后再拔出，因此支撑和拆撑都较安全。

板桩撑是将板桩垂直打入槽底下一定深度。目前常用的板桩撑由槽钢或工字钢组成〔图14-7（c）〕，桩板与桩板之间通常采用啮口连接，以提高板桩撑的整体性和水密性。一般在弱饱和土层中，经常采用板桩撑。

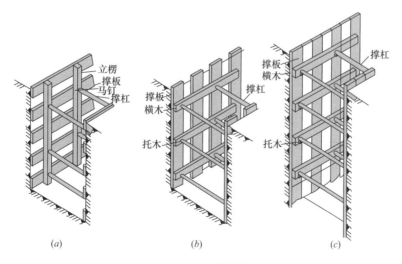

图 14-7　沟槽支撑
（a）横撑（采用疏撑）；（b）竖撑（采用疏撑）；（c）板桩撑

支撑应经常检查，发现支撑构件有弯曲、松动、移动或劈裂等迹象时，应及时处理；雨季及春季解冻时期应加强检查。

总的来说，支撑结构应满足：①牢固可靠，进行强度和稳定性计算和校核。支撑材料要求质地和尺寸合格；②在保证安全的前提下，节约用料，采用工具式钢支撑；③便于支设和拆除，并便于后续工序的操作。

排水沟槽的施工与地下水水位密切相关。在沟槽的底部低于地下水水位的场合，施工排水往往成为重要的技术问题。常采用井点排水法降低地下水水位，特别在土质条件差、有流砂时。

对有地下水影响的土方施工，应根据工程规模、工程地质、水文地质、周围环境等要求，制定施工降排水方案。

### 14.3.5 避让其他公共管线

给水管道应合理避让其他公共管线。例如重力流排水管线的坡度通常是固定的，因此当穿越时，可能需要调整给水管线敷设坡度或位置。而当遇到燃气、电力、电话或原有供水管线时，应尽可能临时迁移，并及时与有关单位联系，会同处理。如不可能，应采用人工挖掘的方法使其外露，并采取吊托等加固措施，同时对挖掘机司机作详细的技术交底。

在其他公共管线附近施工时，应小心操作机械。供水管先不能触碰或依靠其他管线，或者支撑其他构（建）筑物。燃气管道的触碰可能导致严重的火灾。埋地电缆看上去像树根一样，如果用铁铲破坏了绝缘层，可能引起潮湿沟槽内工作人员触电的危险。切割通信光缆的修理费用昂贵。每一次发生其他公共管线事故，都要暂停施工，直到修理完成才重新开始施工。

给水管道与污水管道或输送有毒液体管道交叉时，给水管道应敷设在上面，且不应有接口重叠；当给水管道敷设在下面时，应采用钢管或钢套管，钢套管伸出交叉管的长度，每端不得小于3m，钢套管的两端应采用防水材料封闭。

污水管道距离给水管道太近，可能带来供水污染问题。当污水管道、合流管道与生活给水管道相交时，应敷设在生活给水管道的下面。再生水管道与生活给水管道、合流管道和污水管道相交时，应敷设在生活给水管道下面，宜敷设在合流管道和污水管道的上面。

城镇给水管道与建（构）筑物、铁路以及和其他工程管道的最小水平净距，应根据建（构）筑物基础、路面种类、卫生安全、管道埋深、管径、管材、施工方法、管道设计压力、管道附属构筑物的大小等按表14-5的规定确定。

给水管道与其他管道交叉时的最小垂直净距，可按表14-6规定确定。

**给水管与其他管线及建（构）筑物之间的最小水平净距（m）**　　　　表14-5

| 序号 | 建（构）筑物或管线名称 | | 与给水管线的最小水平净距（m） | |
|---|---|---|---|---|
| | | | $D \leqslant 200mm$ | $D > 200mm$ |
| 1 | 建筑物 | | 1.0 | 3.0 |
| 2 | 污水、雨水排水管 | | 1.0 | 1.5 |
| 3 | 燃气管 | 中低压 $P \leqslant 0.4MPa$ | 0.5 | |
| | | 高压 $0.4MPa < P \leqslant 0.8MPa$ | 1.0 | |
| | | $0.8MPa < P \leqslant 1.6MPa$ | 1.5 | |
| 4 | 热力管 | | 1.5 | |

| 序号 | 建（构）筑物或管线名称 | | 与给水管线的最小水平净距（m） | |
|---|---|---|---|---|
| | | | $D \leqslant 200mm$ | $D > 200mm$ |
| 5 | 电力电缆 | | 0.5 | |
| 6 | 电信电缆 | | 1.0 | |
| 7 | 乔木（中心） | | 1.5 | |
| 8 | 灌木 | | | |
| 9 | 地上杆柱 | 通信照明及<10kV | 0.5 | |
| | | 高压铁塔基础边 | 3.0 | |
| 10 | 道路侧石边缘 | | 1.5 | |
| 11 | 铁路钢轨（或坡脚） | | 5.0 | |

**给水管与其他管线最小垂直净距（m）**　　　　表 14-6

| 序号 | 管线名称 | | 与给水管线的最小垂直净距（m） |
|---|---|---|---|
| 1 | 给水管线 | | 0.15 |
| 2 | 污、雨水排水管线 | | 0.40 |
| 3 | 热力管线 | | 0.15 |
| 4 | 燃气管线 | | 0.15 |
| 5 | 电信管线 | 直埋 | 0.50 |
| | | 管沟 | 0.15 |
| 6 | 电力管线 | | 0.15 |
| 7 | 沟渠（基础底） | | 0.50 |
| 8 | 涵洞（基础底） | | 0.15 |
| 9 | 电车（轨底） | | 1.00 |
| 10 | 铁路（轨底） | | 1.00 |

美国 AWWA 规定，给水管道和污水管道不应敷设在同一沟槽内，给水管道穿过排水管道时，给水管道应至少高于或低于排水管道 0.45m。在穿越的每一侧 3m 内，排水管道应满足：①机械接口或承插接口的球墨铸铁管；②机械接口耦合的 PVC 管。如果给水管道和排水管道平行，两者之间应至少有 3m 的间距。

设置在市政综合管廊（沟）内的给水管道，其位置与其他管线的距离应满足最小维护检修要求，净距应不小于 0.5m；并应有监控、防火、排水、通风和照明等设施。供水管道宜与热力管道分舱设置。

### 14.3.6　基础

给水管道沟槽底部必须适当平整和压实，以便管道沿着长度方向具有连续固定的支撑。平整后的两侧应确保没有孔洞或凸起处，纵向坡度应正确。凸起处应削平，孔洞应用夯实的土壤填实。

当沟槽底部较柔软或不稳定时，可采用干净、具有良好级配的材料铺垫。垫层中不应含有结块或冰冻土壤。

对于底部非常软的沟槽，挖深应超过 300～600mm，然后用良好混合的粗颗粒材料铺垫。管道敷设之前，应使沟槽底部稳定。极端情况下，需要在底部打桩。

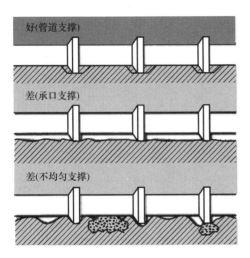

好(管道支撑)

差(承口支撑)

差(不均匀支撑)

图 14-8　良好管道基础与不良管道基础

为防止管道承口处应力集中，可在沟槽中构造"承口坑"，保证管道平直及满足安装操作需要（见图 14-8）。

## 14.4　管道敷设

管道敷设应采用专用设备和工具，明确标识与供水接触的设备和材料，保护它们不受污水和污泥的污染。

### 14.4.1　检查和定位

1. 检查

在放入沟槽之前，管道应检查是否有破损情况，管道及管件工作面不得有沟槽、凸脊缺陷；不得使用有裂纹的接口即管件。阀门安装前应检查阀体、零件应无裂缝、重皮、砂眼、锈蚀及凹陷；检查阀杆有无歪斜，转动是否灵活，有无卡涩现象。一经发现，应及时更换。

2. 清理

检查管道内部是否有灰尘、油污、小动物或其他异物，在安装之前应清理干净。如果管道内部发现泥浆或脏水，应利用次氯酸溶液刷洗，以节约管道消毒环节的时间和成本。

3. 下管

管道从地面下放到沟槽内的过程称作下管。下管应以施工安全、操作方便、经济合理为原则，考虑管材种类、单节管重量和长度、现场情况、机械设备等选择下管方法。下管作业要特别注意安全问题，应有专人指挥，认真检查下管用的绳、钩、杆、铁环桩等工具是否牢靠。在混凝土基础上下管时，混凝土强度必须达到设计强度的 50% 才可下管。下管方法通常分机械下管和人工下管两类。机械下管是采用汽车式起重机、履带式起重机、下管或其他机械进行下管。起重机下管时，起重机架设的位置不得影响沟槽边坡的稳定；起重机在架空高压输电线路附近作业时，与线路间的安全距离应符合电业管理部门的规定。当缺乏机械或施工现场狭窄，机械不能到达沟边或不能沿沟槽开行时，可采用人工下管。严禁将管道抛下或滚落到沟槽内。

采用起重机下管时应符合下列规定：①正式作业前应试吊，吊离地面 10cm 左右时，检查重物捆扎情况和制动性能，确认安全后方可起吊；②下管时工作坑内严禁站人，当管节距导轨小于 50cm 时，操作人员方可近前工作；③严禁超负荷吊装。

金属管、化学建材管及管件吊装时，应采用柔韧的绳索、兜身吊带或专用工具；采用钢丝绳或铁链时不得直接接触管节。

管道承口通常朝向施工前进方向。当管道敷设坡度大于 6% 时，承口通常向上坡方向。

管道在敷设过程中应随时清楚管道内的杂物。当敷设作业暂停时，应将管道开口端封堵，防止动物、灰尘和沟槽内的水进入，也应防止有人蓄意破坏（例如向管道内投掷石块）。

管节下入沟槽时，不得与槽壁支撑及槽下的管道相互碰撞；沟内运管不得扰动原状地基。

### 14.4.2 衔接

管道衔接方式取决于管材类型和接口类型。应仔细处理管道承口处的砂、石、灰尘、油脂和其他物质，插口应平滑，没有糙边。

（1）承插式接口

承插式接口安装如图 14-9 所示。

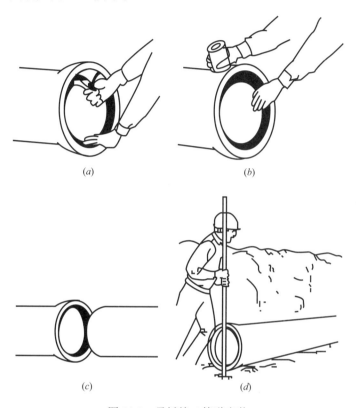

图 14-9 承插接口管道安装
（*a*）将密封圈装入承口；（*b*）涂抹润滑油；（*c*）管道对齐；（*d*）撬棍连接

管道的插口端常画有喷涂线，说明管道应在什么样的位置"固定"（见图 14-10）。如果管道进行了切割，应在新的插口端画上类似的标记。

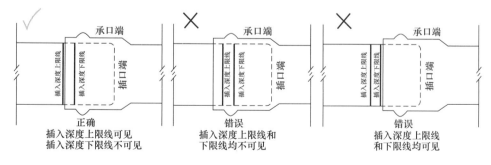

图 14-10 插口插入深度示意图

小口径管道可由人工通过撬棍衔接。为避免承口损坏，应在撬棍和管道承口间塞入保护性硬木块。较大口径管道衔接常采用链条吊装插入。

（2）机械接口

机械接口安装如图 14-11 所示。机械接口安装时间较长，但密封性好，且允许接口处有一定程度偏斜。

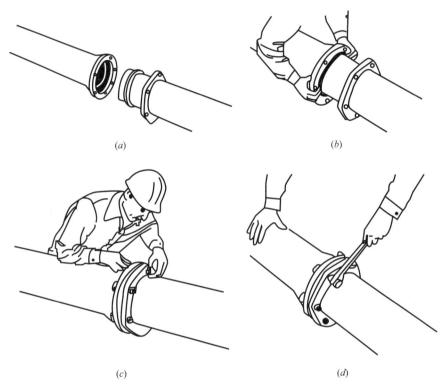

图 14-11　机械接口管道安装
(*a*) 安装垫圈并将管道对齐；(*b*) 管道插入；
(*c*) 法兰对齐并手工拧上螺丝；(*d*) 拧紧螺丝

### 14.4.3　套管

当管道穿越高等级路面、高速公路、铁路和主要市政管线设施时，应注意：①当出现爆管或漏水等事件时，应将出水引向铁路、重要道路的两侧，否则将会加剧事故的严重性；②给水管道修理或替换时，不应开挖这些设施；③管道不应承受铁路、重要道路引起的过大荷载。

这些条件下安装管道的常用方法是安装套管，将给水管道放入其中。套管通常为钢管、球墨铸铁管或钢筋混凝土管。套管内部应光滑平整，防止穿越时划伤管材表面。套管放置后，应利用垫木保护管道承口，将给水管道推入或拉入套管。套管与被套管间应填充柔性防火材料。套管直径根据施工方法而定，大开挖施工时应比给水管大 300mm，顶管法施工时应较给水管的直径大 600mm。穿越铁路或公路时，水管管顶应在铁路路轨底或公路路面以下 1.2m 左右。管道穿越铁路时，两端应设检查井，井内设阀门或排水管等。

### 14.4.4　支墩

水在受压或运动条件下，会对阻止水流或改变水流方向的弯管处、三通处、水管尽端的盖板上、管径变化处、阀门、消火栓等处施加巨大的顶推力，接口可能因此松动脱节而使管线漏水。因此在这些部位需要设置支墩，保持管道或管件固定，将不平衡管道受力转移到构筑物或未受扰动的土壤，防止发生事故（见图14-12）。

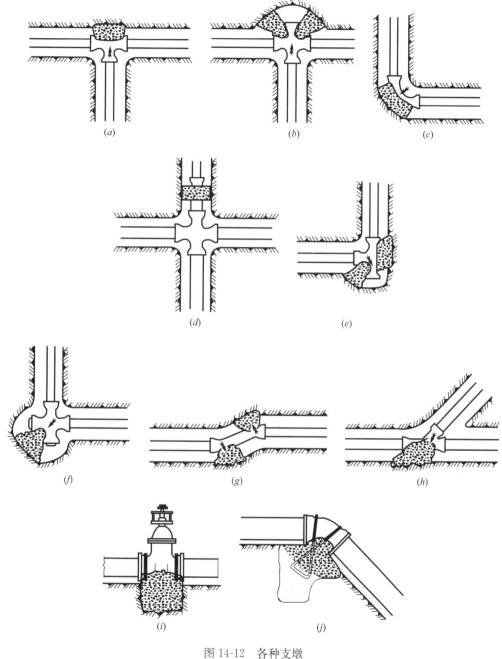

图 14-12　各种支墩

（a）三条管道三通连接；（b）三条管道四通连接；（c）弯管；
（d）一条管道直径较小的四条管道连接；（e）转弯处三通连接；（f）转弯处四通连接；
（g）短管弯曲连接；（h）斜三通连接；（i）阀门支撑；（j）竖向转弯锚固

支墩是位于管槽侧壁或底部，浇筑在受保护管道或管件与未受扰动土壤之间的混凝土块。为分散受力，支墩常制作成鞍形。在尺寸设计上应避开管道或管件接口。

根据管网中布置位置，支墩有以下几种常用类型：①水平支墩：又分为弯头处支墩；堵头处支墩；三通处支墩；②上弯支墩：管中线由水平方向转入垂直向上方向的弯头支墩；③下支墩：管中线由水平方向转入垂直向下方向的弯头支墩；④空间两相扭曲支墩：管中线既有水平转向又会有垂直转向的异形管支墩。

支墩的设计原则包括：①当管道转弯角度<10°时，可以不设置支墩；②管径>600mm管线上，水平敷设时应尽量避免选用90°弯头，垂直敷设时应尽量避免使用45°以上的弯头；③支墩后背必须为原形土，支墩与土体应紧密接触，倘若空隙需用与支墩相同材料填实；④支撑水平支墩后背的土壤，最小厚度应大于墩底在设计地面以下深度的3倍。

在具有障碍或没有原形土防止顶推力时，也可采用钢箍限值，钢箍两端固定在混凝土块上（见图14-12（j））。

当土壤没有腐蚀性时，小口径管道也可采用防脱离金属配件固定管道，如图14-13所示。

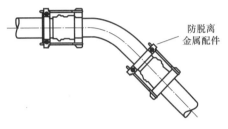

图14-13　防脱离金属配件

从安全角度出发，管道顶推力计算中采用的水压应为最大水静压力加上水锤引起的压力变化。

### 14.4.5　泄气

给水管道铺设在高低不平的地形条件下，当管道内注水时，将在每一高点积聚空气。如果空气停留在这些位置，将会形成额外的局部阻力，限制水流。

对于小口径管道，当开启一处或多处消火栓，通常在充分流速下，可以将高点处的空气排掉。但对于大口径管道，不是这种情况，通常需要在高点安装消火栓或泄气阀。消火栓需要手动操作，以排泄积存的空气。为确保消火栓或泄气阀的正常工作条件，它们必须经周期性检查。

### 14.4.6　穿过河道

管道穿过河道时，可采用管桥或河底穿越等方式。给水管架设在现有桥梁下跨河较经济，施工和检修较方便。过桥水管或水管桥的最高点应安装排气阀，在桥管两端设置伸缩接头。在冰冻地区应有适当的防冻措施。钢管过河时，本身也可作为承重结构，称为拱管。拱管在两岸有支座，以承受拱管上的各种作用力。穿越河底的管道应避开锚地，管内流速应大于不淤流速。管道应有检修和防止冲刷破坏的保护设施。管道的埋设深度还应在其相应防洪标准（根据管道等级确定）的洪水冲刷深度以下，且至少应大于1m。管道埋设在通航河道时，应符合航运管理部门的技术规定，并应在河两岸设立标志，管道埋深深度应在航道底设计高程2m以下。倒虹管设置一条或两条，在两岸应设阀门井。

### 14.4.7　不断水施工

当从现有管道上开孔接出管道时，常采用不断水施工方法。不断水施工方法中应选择具有足够强度、耐久性和水密性的管件结构和材料。在安装前应通过挖掘，检查现有管道的材料类型、外径、钻机安装空间等。开孔阀是特殊设计的闸阀，用于在压力下，将新的供水干管连接到现有干管（见图14-14）。阀门一端为法兰设计，连接开孔箍，另一端通常为常规机械接口管道承口。开孔阀具有略大的内径，允许钻孔机械穿入。

在现有管道中安装开孔阀后，应执行液压测试，确认没有漏水后，执行钻孔操作。钻孔完成后，关闭阀门，即可在开孔阀上连接新的管道。切割下的管片应注明安装日期和位置，可用于分析原有管道的管壁状况。

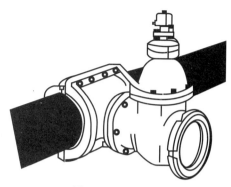

图 14-14　开孔阀

## 14.5　沟槽回填

沟槽回填应在管道隐蔽工程验收合格后进行。凡具备回填条件，均应及时回填，防止管道暴露时间过长造成不应有的损失。压力管道水压试验前，除接口外，管道两侧及管顶以上回填高度不应小于 0.5m；水压试验合格后，及时回填剩余部分。管径大于 900mm 的钢管道，必要时可采取措施控制管顶的竖向变形。回填前必须将沟槽底的杂物（草包、模板及支撑设备等）清理干净。严禁带水回填，沟槽内有积水时，必须全部排尽后，再行回填。

### 14.5.1　回填土料要求

（1）槽底至管顶以上 0.5m 范围内，不得含有机物、冻土以及直径大于 50mm 的碎石、砖块、垃圾等硬块；在抹带接口处、防腐绝缘层或电缆周围，应采用细粒土回填。

（2）采用砂、石灰土或其他非素土回填时，质量要求按施工设计规定执行。

（3）回填土的含水量宜按土类和采用的压实工具，控制在最佳含水量附近。

### 14.5.2　回填施工

沟槽回填施工包括还土、摊平和夯实等施工过程。

还土时应按基底排水方向由高至低分层进行，管腔两侧应同时进行。沟槽底至管顶以上 500mm 的范围内均应采用人工还土，超过管顶 500mm 以上时可采用机械还土。还土时按分层铺设夯实的需求，每一层采用人工摊平。沟槽回填土的夯实通常采用人工夯实和机械夯实两种方法。

回填土压实的每层虚铺厚度，与采用的压实工具和要求有关，采用土夯、铁夯夯实时，每层虚铺厚度不大于 200mm。采用蛙式夯、火力夯夯实时，每层虚铺厚度为 200～250mm。采用压路机夯实时，虚铺厚度为 200～300mm。采用振动压路机夯实时，虚铺厚度不应大于 400mm。

回填压实应逐层进行。管道两侧和管顶以上 500mm 范围内的压实，应采用薄夯、轻夯夯实。管道两侧夯实面的高差不应超过 300mm。管顶 500mm 以上回填时，应分层整平和夯实，若使用重型压实机械或较重车辆在回填土上行驶时，管道顶部 700mm 的压实回填土。

### 14.5.3　回填施工注意事项

（1）管道两侧和管顶以上 500mm 范围内还土，应由沟槽两侧对称进行，不得直接扔在管道上。

（2）需要拌合的回填材料，应在运入槽前拌合均匀，不得在槽内拌合。

（3）管道基础为弧土基础时，管道与基础之间的三角区应填实。夯实时，管道两侧应对称进行，且不得使管道位移或损伤。

（4）采用木夯、蛙式夯等压实工具时，应夯夯相连。采用压路机时，碾压的重叠宽度不得小于 200mm。

（5）管道覆土较浅，管道承载能力较低，压实工具荷载较大，或原土回填达不到要求的压实度时，应采用石灰土、砂、砂砾等具有结构强度或容易压实的材料回填，也可采取加固管道的措施。

（6）井室周围的回填，应符合下列要求：①现场浇筑混凝土或砌体水泥砂浆强度应达到设计要求；②路面范围的井室周围，应采用石灰土、砂、砂砾等材料回填，宽度不宜小于 400mm；③井室周围的回填，应与管道沟槽的回填同时进行；当不便同时进行时，应留台阶形接茬；④井室周围回填压实时应沿井室中心对称进行，且不得漏夯；回填材料压实后应紧贴井壁。

（7）非金属管道敷设后宜沿管道走向埋设金属示踪线，距管顶不小于 0.30m 处宜埋设警示带，警示带上应标出醒目的提示字样。

### 14.5.4 拆撑

沟槽内的施工过程完成后，应拆除支撑。

（1）拆撑时应边回填便拆除，拆除时必须注意安全，继续排除地下水。

（2）竖撑拆除时，一般先填土至下层撑木底面，再拆除下撑。然后还土至半槽，再除上撑，拔出木板或板桩。竖撑板或板桩一般采用倒链或吊车拔出。

（3）水平拆撑时，先松动最下一层的横撑，抽出最下一层撑板。然后回填土，回填至较上一层的支撑时，再拆一次撑板。依次将撑板全部拆除，最后将立木拔出。如果一次拆撑有危险，必须倒撑时，即用撑木将上半槽撑好后，再拆除原有支撑。

（4）拆撑时应仔细检查沟槽两边的建筑物、电杆及其他外露管道等是否安全，必要时进行加固。

（5）采用排水井排水的沟槽，可由两座排水井的分水岭向两端延伸拆除。

## 14.6　给水管道试压

管道试压是管道质量检查的重要措施，其目的是衡量施工质量，检查接口质量，暴露管材及管件强度、缺陷、砂眼、裂纹等弊病，以达到设计质量要求。

### 14.6.1　准备工作

1. 分段

试压管道不宜过长，否则很难排尽管内空气，影响试压的准确性。管道是在部分回填土条件下试压；管线太长，查漏困难。在地形起伏大的地段铺管，须按各管段实际工作压力分段试压。管线分段试压有利于对管线分段投入运行，可及早产生效益。

试压分段长度一段采用 500～1000m。管线转弯多时可采用 300～500m。湿陷性黄土地区的分段长度应取 200m。管线通过河流、铁路等障碍物的地段须单独试压。

试压管段不得包括水锤消除器、室外消火栓等管道附件，试压系统的各类阀门应处在全启状态。

2. 排气

试压前必须排气，否则试压管段发生少量漏水时，压力表上难以显示变化。

排气孔通常设置在起伏的顶点处。长距离水平管道上应进行多点开孔排气。灌水排气需保证出水流中无气泡，水流速度不变。

3. 泡管

实验管段注水应从低处开始，以排除管内空气。试验管段注满水后，宜在不大于工作压力条件下充分浸泡后再进行水压试验。浸泡时间应符合表 14-7 的规定。

压力管道水压试验前浸泡时间　　　　　　　　　　　　表 14-7

| 管材种类 | 管道内径 $D_i$（mm） | 浸泡时间（h） |
|---|---|---|
| 球墨铸铁管（有水泥砂浆内衬） | $D_i$ | ≥24 |
| 钢管（有水泥砂浆内衬） | $D_i$ | ≥24 |
| 化学建材管 | $D_i$ | ≥24 |
| 现浇钢筋混凝土管渠 | $D_i \leqslant 1000$ | ≥48 |
| | $D_i > 1000$ | ≥72 |
| 预（自）应力混凝土管、预应力钢筒混凝土管 | $D_i \leqslant 1000$ | ≥48 |
| | $D_i > 1000$ | ≥72 |

4. 加压设备

为了观察管内压力升降情况，须在试压管段两端分别装设压力表。为此须在管端的法兰堵板上开设小孔，以便连接。

加压设备可视试压管段管径大小选用（见图 14-15）。一般当试压管段管径小于 300mm 时，采用手摇泵加压。当试压管大于或等于 300mm 时，采用电泵加压。

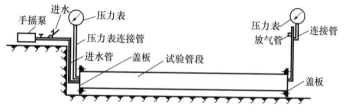

图 14-15　加压实验设备布置示意

5. 支设后背

试压时，管子堵板与转弯处会产生很大压力，试压前必须设置后背（见图 14-16）。后背支设的要点如下：

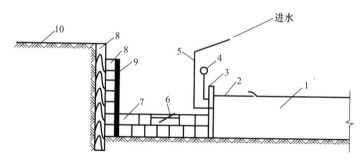

图 14-16　给水管道试压后背

1-试验管段；2-短管；3-法兰堵盖；4-压力表；5-进水管；6-千斤顶；7-顶铁；8-方木；9-钢板；10-后座墙

（1）采用原有管沟土挡作后座墙时，其墙厚不得小于 5m。后座墙支撑面积可视土质与试验压力值而定。一般土质可按承压 0.15MPa 予以考虑。

（2）后座墙应与管道轴线垂直，以管径1000mm管道为例，紧贴墙壁应横放5～7根30cm×30cm×40cm方木一排、立放4根20cm×25cm×220cm方木一排，立木外竖放2cm×100cm×100cm钢板一块。

（3）后背采用千斤顶支设时，管径为400mm管道时，可采用1个30t螺旋千斤顶；管径为600mm管道，采用1个50t炮弹式千斤顶；管径为1000mm管道，采用1个100t油压千斤顶或3个30t螺旋千斤顶。

（4）水压试验应在管件支墩安置妥当且达到要求强度之后进行。对那些尚未作支墩的管件应作临时后背。沿线弯头、三通、渐缩管等应力集中处管件的支墩应加固牢靠。

### 14.6.2 水压试验

（1）预实验阶段：将管道内水压缓缓地升至试验压力并稳压30min。期间如有压力下降可注水补压，但不得高于试验压力；检查管道接口、配件等处有无漏水、损坏现象；有漏水、损坏现象时应及时停止试压，查明原因并采取相应措施后重新试压。

试验压力应按表14-8选择确定。

**压力管道水压试验压力及允许压力降（MPa）**　　表14-8

| 管材种类 | 工作压力 $P$ | 试验压力 | 允许压力降 |
|---|---|---|---|
| 钢管 | $P$ | $P+0.5$，且不小于0.9 | 0 |
| 球墨铸铁管 | $\leqslant 0.5$ | $2P$ | |
| | $>0.5$ | $P+0.5$ | |
| 预（自）应力混凝土管、预应力钢筒混凝土管 | $\leqslant 0.6$ | $1.5P$ | 0.03 |
| | $>0.6$ | $P+0.3$ | |
| 现浇钢筋混凝土管渠 | $\geqslant 0.1$ | $1.5P$ | |
| 化学建材管 | $\geqslant 0.1$ | $1.5P$，且不小于0.8 | 0.02 |

（2）主试验阶段：停止注水补压，稳定15min；当15min后压力下降不超过表14-8中所列允许压力降数值时，将试验压力降至工作压力并保持恒压30min，进行外观检查，若无漏水现象，则水压试验合格。

（3）管道升压时，应排除管道中的气体。升压过程中发现弹簧压力计表针摆动、不稳，且升压较慢时，应重新排气后再升压。管道应分级升压，每升一级应检查后背、支墩、管道、管身及接口，无异常现象时再继续升压。

（4）水压试验过程中，后背顶撑、管道两端严禁站人。水压试验时，严禁修补缺陷；遇到有缺陷时，应作出标记，卸压后修补。

（5）压力管道采用允许渗水量作为最终合格判定依据时，实际渗水量应小于或等于表14-9的规定及以下公式规定的允许渗水量。

**压力管道水压试验的允许渗水量**　　表14-9

| 管道内径 $D_i$（mm） | 允许渗水量 [L/(min·km)] | | |
|---|---|---|---|
| | 焊接接口钢管 | 球墨铸铁管、玻璃钢管 | 预（自）应力混凝土管、预应力钢筒混凝土管 |
| 100 | 0.28 | 0.70 | 1.40 |
| 150 | 0.42 | 1.05 | 1.72 |

| 管道内径 $D_i$ (mm) | 允许渗水量 [L/(min·km)] | | |
|---|---|---|---|
| | 焊接接口钢管 | 球墨铸铁管、玻璃钢管 | 预（自）应力混凝土管、预应力钢筒混凝土管 |
| 200 | 0.56 | 1.40 | 1.98 |
| 300 | 0.85 | 1.70 | 2.42 |
| 400 | 1.00 | 1.95 | 2.80 |
| 600 | 1.20 | 2.40 | 3.14 |
| 800 | 1.35 | 2.70 | 3.96 |
| 900 | 1.45 | 2.90 | 4.20 |
| 1000 | 1.50 | 3.00 | 4.42 |
| 1200 | 1.65 | 3.30 | 4.70 |
| 1400 | 1.75 | — | 5.00 |

1）当管道内径大于表 14-9 的规定时，实测渗水量应小于或等于按下列公式计算的允许渗水量：

$$钢管：q = 0.05 \sqrt{D_i} \tag{14-2}$$

$$球墨铸铁管（玻璃钢管）：q = 0.1 \sqrt{D_i} \tag{14-3}$$

$$预（自）应力混凝土管、预应力钢筒混凝土管：q = 0.14 \sqrt{D_i} \tag{14-4}$$

2）现浇钢筋混凝土管渠实测渗水量应小于或等于按下式计算的允许渗水量：

$$q = 0.014 D_i \tag{14-5}$$

3）硬聚氯乙烯管实测渗水量应小于或等于按下式计算的允许渗水量：

$$q = 3 \cdot \frac{D_i}{25} \cdot \frac{P}{0.3\alpha} \cdot \frac{1}{1440} \tag{14-6}$$

式中　　$q$——允许渗水量，L/(min·km)；

　　　　$D_i$——管道内径，mm；

　　　　$P$——压力管道的工作压力，MPa；

　　　　$\alpha$——温度—压力折减系数；当试验水温 0～25℃时，$\alpha$ 取 1；25～35℃时，$\alpha$ 取 0.8；35～45℃时，$\alpha$ 取 0.63。

## 14.7　冲洗和消毒

任何经新建或修理的给水管道，在使用之前均应彻底冲洗和消毒。如果部分配水系统在一段时间内没有用于服务，它将成为新的潜在污染源，应与新管一样，须遵从冲洗、消毒和微生物采样过程。

### 14.7.1　管道冲洗

（1）冲洗目的与合格要求

1）冲洗管内的污泥、脏水与杂物，使排出水与冲洗水色度和透明度相同。

2）将管内投加的高浓度含氯水冲洗掉，使排出水符合《生活饮用水卫生标准》GB 5749—2006。

（2）冲洗注意事项

1）冲洗管内污泥、脏水及杂物应在施工后进行，冲洗水流速不小于 1.0m/s，连续冲洗。冲洗时应避开用水高峰，一般在夜间作业。若排水口设于管道中间，应自两端冲洗。

2）冲洗含氯水应在管道液氯消毒的同时进行。将管内含氯水放掉，注入冲洗水，水流速度可稍低些，分析与化验冲洗出水水质。

### 14.7.2 消毒

理想情况是将经过消毒的管道送到施工地点，并在管道安装过程中保持管道不受到污染。但是根本无法做到管道在运输、存放和安装过程中始终保持清洁状态。管道在安装前，可能会放置在户外数月甚至数年，各种动植物和微生物可能进入管道。施工前或施工过程中，管道也可能接触到各种水质的水。管道接口使用的填充或密封材料也可能污染管道。因此管道投入使用前，消毒的目的是杀灭新铺管道内的细菌，使管道通水后不致污染水质。

1. 化学消毒剂

以下三种消毒剂常用于新铺管道消毒：

（1）液氯（$Cl_2$）：液氯通常充装在 50kg 或 100kg 的气瓶中，价格低廉但毒性较强，属于高度危害物质。即使有经验的工作人员也不得单独工作，应有人监护。

（2）次氯酸钠（NaOCl）溶液：呈浅黄色，采用最大容量为 450L 的塑料桶、最大容量为 60L 的塑料罐和最大净重为 60kg 的由塑料瓶和纤维板箱（包括瓦楞纸箱）组成的组合包装存放。它比液氯价格高，体积也较液氯大，但操作较安全。它通常含有 5%～10% 的氯，并具有一定的保质期。次氯酸钠为强腐蚀性产品，接触人员应带防护眼镜、橡胶手套等防护用品。

（3）次氯酸钙（Ca（OCl）$_2$）：次氯酸钙俗称漂白粉，为白色或为灰色固体，有效氯达 65%。不论是块状还是粉状，次氯酸钙使用都很方便。但是价格较高，易受光、热和潮气作用分解而使有效氯降低，故必须放在阴凉干燥和通风良好的地方。

2. 消毒方法

选择消毒方法时须考虑的因素包括管道长度和直径、接口类型、消毒设备及所需材料、人员技能等。消毒要求有足够量的消毒剂，并应与管道有足够的接触时间。

（1）药粉投加法

施工过程中管道比较干净且干燥时可采用该方法。各种消毒剂的投加量应按管内水中含游离氯浓度不低于 20mg/L 的标准计算。对于漂白粉而言，计算公式为：

$$W = [(D/2)^2 \pi La]/(1000bb') \tag{14-7}$$

式中　$W$——漂白粉耗用量，kg；

　　　$D$——管道直径，m；

　　　$L$——需消毒管道长度，m；

　　　$a$——管道水中氯离子浓度，mg/L；

　　　$b$——漂白粉的含氯量，%；

　　　$b'$——漂白粉的容积率，%。

例如，设管道水中氯离子浓度为 20mg/L，漂白粉的平均含氯量 20%，漂白粉平均溶解率为 75%，则可求出 500mm 直径管道漂白粉投加量为 0.026kg/m，1000mm 直径管道为 0.104kg/m。

消毒液由试验管段进口注入。灌注时可少许开启来水闸阀和出水闸阀，使清水带着消毒液流经全部管段，当从放水口检验出规定浓度的氯为止，然后关闭进出水闸阀，将含氯水浸泡 24h 后（消毒剂浓度与接触时间乘积 $CT=28800\text{mg}\cdot\text{min/L}$）再次用清水冲洗，直到水质管理部门取样化验合格为止。一般投药时间控制在 0.5～4h，管内流速控制在 0.25～0.5m/s。

（2）连续注入法

该方法应首先冲洗管道，水流流速至少为 0.75m/s，以带走管道中沉积物并消除气穴。对于冲洗效果较差的大口径管道，可以采用清扫和擦洗的方法。接下来 24h 内将氯注入管道。为保持氯浓度达到 25mg/L，应注意控制注入速度。注入完成后，管道中各点的余氯应大于 10mg/L（$CT=14400\text{mg}\cdot\text{min/L}$）。

（3）柱塞法

该方法开始与药粉投加法类似，在管道内放置次氯酸盐颗粒；然后与连续注入法类似，进行管道冲洗。接着让浓度至少为 100mg/L 的氯水穿过管道，使含氯水至少和管道接触 3h，并且柱塞的氯浓度最终不能低于 50mg/L（$CT=9000\text{mg}\cdot\text{min/L}$）。柱塞法多用于大型管道，因为大型管道所需水的体积大，使用连续注入法不切实际。

3. 新管道的检测

管道消毒和冲洗完毕后，使饮用水充满管道，进行取样检验。如果样品没有通过检测，则新管道需要重新冲洗并取样检测。如果冲洗后仍不能通过检测，新管道再次进行消毒。

4. 高浓度含氯水处置

高浓度含氯水对所有生物都具有毒害作用。对高浓度含氯水的处置，必须采用不损害环境安全的方式，要符合所有现行的水质规范规定。理想情况是，只要污水系统具有处理能力，并且给水处理部门已经获得排水管理部门的排放许可，就可把这些水排入附近的污水收集系统或者合流污水收集系统。如果未经处理的高浓度含氯水不允许排放，那么必须在排放之前，有必要使用诸如亚硫酸钠等化学药剂，对水中的氯中和，通过添加还原剂与氯反应完成。

## 14.8 竣工检查和场地恢复

新的给水管道进入服务之前，应进行竣工检查。

应对管线上的所有阀门进行操作，记录关闭和开启每一阀门需要的转数，开启方向。

参考施工前的现场道路、树木等条件，使现场恢复到原样。包括回填沟槽、路面修理、草坪替换、沟渠修复、树木移植、其他管线回填、人行道砌筑、施工棚的拆卸、路面清洁、交通恢复等。

如果部分配水系统被遗弃，确保与现役系统的所有边界，利用安全且具有标识的阀门有效隔离，并记录下遗弃部分的具体位置。

竣工检查完成后，将工程材料汇总和归档。

# 第 15 章　给水管网水质

## 15.1　引言

　　为满足人们对饮用水的要求，供水企业都在努力采取各种措施提高出厂水水质，例如采用强化常规水处理，增加预处理、深度处理及特殊处理等工艺。一些供水企业的出厂水水质已经达到了相当高的水质标准，但是自来水在从净水厂输送至用户的过程中，流行数小时乃至数天，由于给水管网内的物理、化学和生物作用，一些水质指标将发生明显变化（见图 15-1、表 15-1）。因此注重管网水质分析是提高供水水质的重要环节，在保证安全饮用水供应方面，与原水资源和水处理设施同等重要。例如美国 1974 年《安全饮用水法案》中规定，供水企业必须对用户的龙头出水负责，防止饮用水在输送过程中的污染。

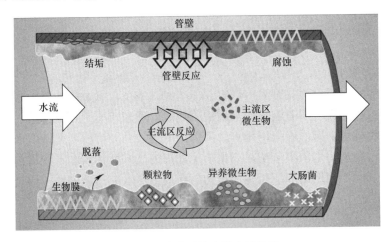

图 15-1　配水系统内的水质作用

**南方某沿海城市出厂水、管网水水质**　　　　　表 15-1

| 项目 | 《生活饮用水卫生标准》GB 5749—2006 | 出厂水 | | 管网水 | |
|---|---|---|---|---|---|
| | | 平均值 | 波动范围 | 平均值 | 波动范围 |
| 色度（度） | 15 | 6 | 5～9 | 11 | 6～15 |
| 浑浊度（NTU） | 1.0 | 0.50 | 0.21～0.75 | 0.95 | 0.50～1.75 |
| pH | 6.5～8.5 | 7.16 | 7.12～7.35 | 7.19 | 7.10～7.55 |
| 铁（mg/L） | 0.3 | 0.07 | 0.06～0.12 | 0.16 | 0.10～0.21 |
| 锰（mg/L） | 0.1 | <0.01 | 0～0.01 | 0.04 | 0.01～0.06 |
| 氨氮（mg/L） | 0.5 | 0.24 | 0.07～0.41 | 0.13 | 0.03～0.29 |
| 硝酸盐（mg/L） | 10 | 1.09 | 0.69～1.49 | 1.23 | 0.73～1.91 |
| 亚硝酸盐（mg/L） | 1 | 0.006 | 0.002～0.022 | 0.033 | 0.011～0.060 |

| 项目 | 《生活饮用水卫生标准》GB 5749—2006 | 出厂水 | | 管网水 | |
|---|---|---|---|---|---|
| | | 平均值 | 波动范围 | 平均值 | 波动范围 |
| COD$_{Mn}$（mg/L） | 3 | 0.80 | 0.50～2.00 | 1.80 | 0.60～2.30 |
| 余氯（mg/L） | — | 0.70 | 0.60～0.85 | 0.19 | 0.10～0.50 |
| 三氯甲烷（μg/L） | 60 | 0.81 | 0.04～2.67 | 0.86 | 0.04～3.59 |
| 四氯化碳（μg/L） | 2 | 0.08 | <0.01～0.65 | 0.09 | 0.01～0.44 |
| 菌落总数（CFU/mL） | 100 | 2.42 | 0～15 | 66 | 0～1400 |

水质在配水系统内的变化取决于多种因素，例如出厂水水质（尤其悬浮颗粒、铁、锰、铝和有机物含量），管道、阀门和蓄水设施的材料及其状况，管网内的水力停留时间、温度等（见图 15-2、表 15-2）。引起配水系统水质恶化的因素有：间断性供水和用水；阀门、水表、管件损坏，交叉连接、接口渗漏等引起的污染；管壁上铅或铜的析出；蓄水设施中水的停留时间过长，引起余氯损失；消毒剂与水中有机物（或无机物）反应，导致嗅和味问题；细菌的重新繁殖和机会病原体的寄生；颗粒物质悬浮，引起浊度增加（见图 15-3）；生成消毒副产物，有些为疑似致癌物质，等等。

管网滞水管段是指该管段中的水流停滞，水质发生恶化的管段，一旦管网水压波动，滞水管段的水就会渗入到管网其他管段，导致用户端放出的水浑浊、带黄色或黑色、有异味。因此管网改造过程中，应消除滞水管段，个别留存的滞水管段，也应在末端设排水设施，如增设消火栓，定期进行人工排水，减轻滞水管段带来的水质恶化。

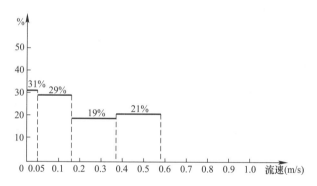

图 15-2　某市供水管道内流速分布图（平均日平均时情况）

**10km 长度管线在不同流速下的水力停留时间**　　　　表 15-2

| 流速（m/s） | 0.1 | 0.2 | 0.3 | 0.4 | 0.5 | 0.6 | 0.7 | 0.8 | 0.9 | 1.0 |
|---|---|---|---|---|---|---|---|---|---|---|
| 水力停留时间（h） | 27.78 | 13.89 | 9.26 | 6.94 | 5.56 | 4.63 | 3.97 | 3.47 | 3.09 | 2.78 |

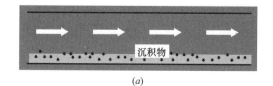
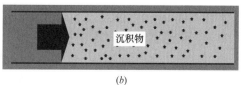

　　　　　（a）　　　　　　　　　　　　　　　　　　（b）

图 15-3　沉积物悬浮示意图

（a）流速 $V<0.4$m/s 时；（b）流速 $V\geqslant0.4$m/s 时

**【例 15-1】** 管网中平均停留时间（平均水龄）的计算。某市区管道总长度约 81km，管道直径为 100~1600mm（表 15-3），管网总蓄水容积计算为 117416m³。2018 年全年供水量为 2.336 亿 m³，平均时供水量为：

$$2.336 \times 10^8 \div 365 \div 24 = 26667 \text{m}^3/\text{h}$$

于是水在管网中的平均停留时间为：

$$117416 \div 26667 = 4.4 \text{h}$$

某市区管网数据统计情况　　　　　　　　　　　　表 15-3

| 序号 | 管径（mm） | 管长（m） | 容积（m³） |
|---|---|---|---|
| 1 | 100 | 159061 | 1249 |
| 2 | 150 | 140691 | 2486 |
| 3 | 200 | 174036 | 5468 |
| 4 | 250 | 3702 | 182 |
| 5 | 300 | 102513 | 7246 |
| 6 | 400 | 61816 | 7768 |
| 7 | 500 | 46280 | 9087 |
| 8 | 600 | 37522 | 10609 |
| 9 | 800 | 38110 | 19156 |
| 10 | 1000 | 22055 | 17322 |
| 11 | 1200 | 10463 | 11833 |
| 12 | 1400 | 10437 | 16067 |
| 13 | 1600 | 4448 | 8943 |
| 合计 | — | 811134 | 117416 |

运行中应尽可能避免间歇供水。间歇供水导致的后果有：①供水中断期间管网内水压过低，管道外部环境中的不洁水或土壤可能通过接口或漏点进入管道，引起水质污染；②导致水量分配不均，管网内特定部分用户的供水量充沛，而另一部分可能供水不足；③增加管道故障速率。与完全压力状态管网相比，间歇供水系统的爆管速率和漏水量均较大；④水量损失增加，由于在无水状态下水嘴可能处于开启状态，再结合故障速率的增大，供水时段将需要更多的供水量；⑤计量误差加大。由于管网中存在空气或悬浮颗粒的流动，引起水表计量不准；⑥季节性断水将迫使用户从次等水源或远距离水源取水，除导致水量和水质下降外，取水也消耗了大量时间；⑦供水服务中断期间若发生火灾，则由于无充足消防用水供应，将会加剧损失。

## 15.2 水质感官问题

水在物理特征上表现为无色、无臭、无味、透明的液体。评估饮用水质量时，用户主要依靠他们的感官。水中微生物、化学和物理成分可能会影响水的外观、气味或味道，用户将通过这些指标评价水的质量和可接受性。尽管某些成分可能并不产生直接的健康影响，那些高度浑浊、有明显颜色或者具有令人讨厌味道或气味的水，用户可能认为是不安全的。

正常外观、味道或气味的改变可能说明饮用水水质已出现变化，因此供水企业应调查用户投诉并解决投诉事项。当获得投诉时，供水企业应首先确定水质问题发生在用户管道，还是由于不良源水水质或者处理和/或配水系统中的变化（见表15-4）。

某市 2018 年用户投诉数据统计       表 15-4

| 事项 | 占投诉百分比（%） |
|---|---|
| 黄水 | 71 |
| 异味 | 14 |
| 水压过低 | 12 |
| 泥沙 | 3 |

### 15.2.1 色度问题

水的外观颜色是由水中带色物质及悬浮颗粒形成。水处理可去除带色物质及悬浮颗粒，使水色明显变浅。给水管网中铁和铜的溶解、微生物生长（如铁细菌将二价铁氧化成三价铁而使水变红），可影响水的颜色。当一杯水中色度大于 15 度时，多数人能察觉。大于 30 度时所有人都能察觉并感到厌恶。我国《生活饮用水卫生标准》GB 5749—2006 规定：色度不应超过 15 度，并不得呈现其他异色。

（1）红色、橙色、褐色或绿色水

由于镀锌钢管、钢管或铸铁管道的腐蚀，可能使水呈现红色、橙色、褐色或绿色（水的颜色变红过程示意图见图 15-4）。铸铁管道的锈蚀会提高水中溶解性铁的浓度，同时提高铁的摄入量。铁是人体必需的营养元素，一般不会引起健康问题。然而对一些已患遗传性疾病的人，过多的铁可在身体中累积，使胰腺和心脏的功能紊乱，长期高剂量暴露还会导致器官失去功能。当水中含铁量超过 0.3mg/L 时，会使衣服和器皿着色，在 0.5mg/L 时色度可大于 30 度。铁能促进管网中细菌的生长，在管道内壁形成黏性膜。为避免衣服、器皿着色和形成令人反感的沉淀或异味，《生活饮用水卫生标准》GB 5749—2006 规定：含铁量不应超过 0.3mg/L。

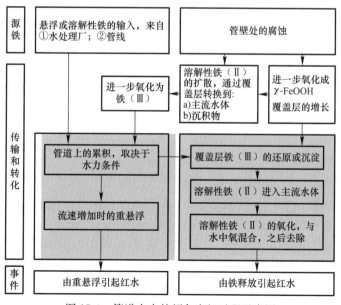

图 15-4 管道中水的颜色变红过程示意图

（2）黑色或深褐色水

锰及其沉淀会使水呈现黑色或深褐色。由于余氯作用，锰在配水管中缓慢氧化，生成二氧化锰。当出厂水锰含量高时（质量浓度超过 0.02mg/L），就会在水管内形成一层被覆物，一旦流向或流速突变，剥离下来形成黑水，其后随水流流出。当锰的质量浓度超过 0.1mg/L 时，会使器皿或洗涤的衣服着色。锰是一种必需的营养元素，在不同的细胞酶中起催化作用。由于感观原因，一般锰含量低于 0.1mg/L 时，认为水质是满意的。

（3）乳白色

由于水压升降及负压的影响，空气由排气阀等处侵入管内，使水嘴放水时的水流带气，暂时变成白浊。此外，含锌管道和配件腐蚀、铝盐的残留也会使水呈现乳白色。实验表明，饮用水中锌含量高于 3.0mg/L 时，会呈现乳白色，并在煮沸时出现油脂状的薄膜。锌是所有生物体必需的一种元素。但长期饮用锌浓度约为 40mg/L 的水，会引起肌肉萎缩、疼痛、易怒、恶心等。我国《生活饮用水卫生标准》GB 5749—2006 中规定，饮用水含锌量不应超过 1.0mg/L。

水处理过程中，常用铝盐作为混凝剂，去除水中矿物质及有机物，混凝过程不可避免地有铝残留于水中。输水过程中，一部分铝可能沉积在管网中（尤其水流缓慢时），也可与水中铁、锰、二氧化硅、有机物和微生物等结合形成沉淀，水中铝降低。但如果水流突然变化，沉淀会再次进入水中，使水不能饮用。铝与老年痴呆症有关，主要积蓄于人体脑组织中，集中于神经元细胞内，导致神经纤维缠结的病变。此外摄铝过多，可抑制胃液和胃酸的分泌，是胃蛋白酶活性下降，可导致甲状旁腺的亢进等。我国《生活饮用水卫生标准》GB 5749—2006 规定，含铝量不得超过 0.2mg/L，这是根据使用铝盐作混凝剂是所能达到的水平。

（4）绿色或蓝色水

溶解在水中的铜会呈现绿色或蓝色。水中铜的主要来源是锈蚀的含铜管道装置，以及在水处理中加入的控藻铜盐。当水中铜的含量超过 1mg/L 时，洗涤的衣服和器皿会出现污点。水通过铜管时会受硬度、pH、阴离子浓度、含氧量、温度和管道系统技术条件的影响，而含有几微克每升的铜。在关闭水嘴 12h 后，可检出水中含铜量最高可达 22mg/L。

铜是人体必须元素之一，膳食平衡研究结果建议成人每天最好摄入 1～5mg/L 铜，相应的摄入量按体重计在 20～80μg/(kg·d) 之间。超过营养需求量的铜可以排泄到体外；但在高剂量下，铜也会引起急性效应，如胃肠道紊乱、肝脏及肾脏系统损害和贫血。

考虑到含铜量超过 1.0mg/L 可使衣服和白瓷器染色，因此按感官性状要求，我国《生活饮用水卫生标准》GB 5749—2006 中将铜的含量限制在不得超过 1.0mg/L。美国对铜的规定处于特殊的铅和铜规则监管之下，如果有超过 10% 的住宅水嘴水样中铜的水平超过 1.3mg/L，供水企业必须采取措施，使腐蚀最小化。

### 15.2.2 嗅和味问题

天然水是无嗅无味的，水的嗅味来源于还原性硫和氮的化合物、挥发性有机物和氯等污染物质。水中的不同盐分也会给水带来不同的异味，如氯化钠带咸味，硫酸镁带苦味，铁盐带涩味等。饮用水中的味可分为酸、甜、苦及咸四种。嗅味不像人类对颜色的描述那样直观和统一，只能以"借物喻物"的办法描述嗅味品质，通常种类可分为八类，即土霉味、氯味、草味、沼气味、芳香味、鱼腥味、医药味、化学品味等。味是指舌头味蕾引起的感觉，嗅是指鼻腔内接受的化学信息。配合口、鼻共通的感觉，可以用嗅味轮图表示饮用水中异嗅、异味问题（见图15-5）。嗅味轮中分内、中、外三圈，分别表示嗅味的类别、描述及参考举例。

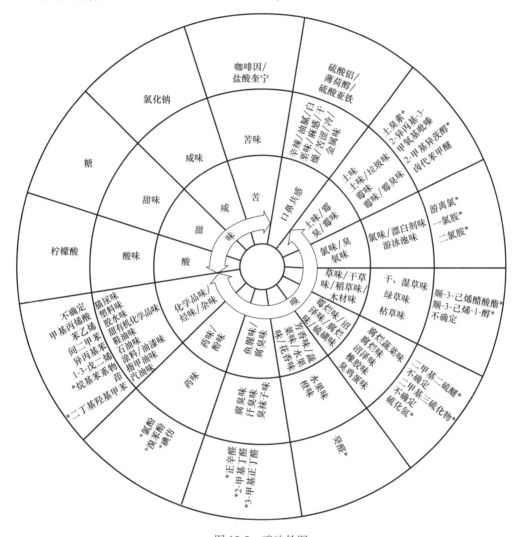

图 15-5　嗅味轮图

注：1. 虚文表示该化合物的确切来源不在供水管网内；

　　2. *表示已确认水中存在该化合物。

饮用水中嗅和味的评价及致嗅物质的检测方法一般包括感官分析法和仪器分析法。其中感官分析法是指用水的嗅觉、味觉直接对水中嗅味进行测定的方法，该法快速、方便且成本较低。仪器分析法主要采用气—质联用技术（GC-MS）定性或定量检测水中的嗅味物质，其检测速度快，选择性高，灵敏度高，使用范围广。

饮用水中的异嗅、异味是由原水、水处理或输水过程中微生物污染和化学污染引起。水的异嗅、异味表明水中可能受到某些污染物或水处理、水的输送不当。给水管网中异嗅和异味问题的常见原因见表15-5。人们对于水中的嗅和味的耐受范围较宽，但饮用水中应无令人不快的或令人厌恶的嗅和味，即绝大多数人饮用时不应感到有异嗅或异味。因而，我国《生活饮用水卫生标准》GB 5749—2006 规定：饮用水中不得有异嗅、异味。

### 15.2.3　异物

自来水中异物可能是由于管道安装或维修施工时带入的砂粒等物，也可能是管道内防腐内衬剥离物，或是管道接口橡胶制品老化的残渣。蓄水箱也可能由于防护不严进入微小生物或其他杂物。应急处理中使用的活性炭漏到管网中，也可能出现黑色的悬浮物。

自来水中的小型无脊椎动物包括红线虫、扁虫、水虱以及摇蚊等昆虫幼虫。红线虫又称水蚯蚓、丝蚯蚓，全身呈红色，细长，长的有 4cm 左右，终身生活在微流水、多腐烂有机物的水底淤泥中。红线虫的繁殖能力很强，一年四季都可繁殖，卵茧产于水体的泥中，7~10d 后就能孵出幼虫，如果得不到清理，会大量滋生。

给水管网中异嗅和异味问题的常见原因　　　　表 15-5

| 异嗅和异味问题类型 | 可能原因 |
| --- | --- |
| 石油、汽油或松油气味 | 石油、汽油或松油储罐泄漏，污染地下水或土壤，进而污染井水或穿透塑料管材 |
| 硫磺或臭鸡蛋味 | 家用热水器长时间没有使用，或滞水管道内生长微生物引起；被硫污染过的水因生成硫化氢而散发臭鸡蛋味 |
| 霉味、土嗅味、青草味或鱼腥味 | 水槽或滞水管道内，由于微生物生长、藻类繁殖引起；放线菌或蓝绿藻代谢产物常引起土嗅味 |
| 氯味、化学品味 | 水中氯含量过高引起 |
| 盐味 | 高水平总溶解性固体引起 |
| 金属味 | 含铝、锌、铁、铜或锰的管材或配件腐蚀，或来自混凝剂、腐蚀抑制剂的残余进入管道 |

### 15.2.4　浑浊度

水的浑浊度是表达水中不同大小、密度、形状的悬浮物、胶体物质、浮游生物和微生物等杂质，对光产生效应的表达参数，是水的感官性状指标。我国《生活饮用水卫生标准》GB 5749—2006 规定：饮用水浊度不超过 1NTU，在水源与净水条件受限制时为 3NTU。

某市给水管网浊度检测统计结果见表 15-6。从表 15-6 中可以看出，出厂水浊度值合格率为 100%，但在进入管网后出现不同程度变化，尤其死水端处，合格率仅为 70.83%。浊度上升的原因认为是管壁上的锈垢、沉积物、生物膜在水流冲刷下，进入水中引起。

浊度检测统计结果　　　　表 15-6

| 项目 | 出厂水 | 管网水 | 某小区 | 二次供水用户 | 死水端 |
| --- | --- | --- | --- | --- | --- |
| 统计次数 | 95 | 812 | 24 | 24 | 24 |
| 平均值（NTU） | 0.24 | 0.88 | 1.46 | 1.18 | 9.40 |
| 合格率（%） | 100 | 96.31 | 91.67 | 95.83 | 70.83 |

### 15.2.5　感官问题确定方法

当用户发现水嘴出水中异味、异嗅、颜色、异物或者浑浊等感官问题时，通常采取以下步骤初步确定问题来源：①检查问题是否来自水嘴或者贮水池，如水嘴是否清洁卫生，贮水池是否长时间未清洗消毒，是否有异物掉入贮水池中等；②当判定感官问题来自水嘴或者贮水池时，对水嘴及贮水池进行清洗并消毒；当排除感官问题来自水嘴或者贮水池时，需进行③步骤；③打开水嘴慢速放水一段时间；④取水，轻旋并判断水中是否有感官问题，当水中没有问题且强度明显降低时，则初步判断水中嗅味可能来自用户管道，可通过放水一段时间解决这个问题；当水中仍有感官问题且程度没有减轻，则水中嗅味可能来自输水管网，水厂或者原水，应报自来水公司（用户水质投诉表样例见图 15-6）；⑤自来水公司应对管网水、出厂水以及原水进行检测，确定感官问题的来源，然后根据问题的来源采取不同的措施，保证用水水质。

**用户供水水质投诉表样**

日期：____________时间：____________

投诉者：姓名：____________电话：____________

地址：____________

投诉问题（口感、气味、异物、颜色、浑浊）：____________

____________

____________

____________

问题：

1.什么时候开始出现水质问题（日期）：____________

2.问题管道?冷水管：____________ 热水管：____________都有：____________

3.水中有气泡吗?是：____________否：____________

4.水管上安装了硬水软化器、过滤器、热水器吗?是：________否：________

5.问题还在发生吗?是：________否：________

如果已经不发生，它是在什么时候停止的：____________

6.您的邻居也出现这种问题了吗？是：________否：________不清楚：________

7.您所在区域最近有建筑或道路施工活动吗？是：________否：________

8.您的房屋内最近进行过排水管道施工吗？是：________否：________

如果有，请描述一下：

____________

____________

____________

图 15-6　用户供水水质投诉表样例

## 15.3　消毒剂损耗

为防止饮用水传播疾病，在生活饮用水处理中消毒是必不可少的。消毒并非把水中所有微生物杀灭，而是在达到生活饮用水微生物质量标准下，将水致疾病的风险降低到可接受的极低值。致病微生物包括细菌、病毒及原生动物胞囊等。为了抑制水中残余病原微生物的再度繁殖，管网中需维持少量消毒剂。剩余消毒剂的损耗会减弱水流抗微生物污染的能力。这些污染来自于管线破裂、交叉连接或其他不可预见事件，可能会促进一些令人反感的病原菌和生物膜生长。管网末梢水中消毒剂残余量仍具有消毒能力，尽管对再次污染的消毒尚嫌不够，但可作为预示再次受到污染的信号。我国《生活饮用水卫生标准》GB 5749—2006 规定的消毒剂常规指标及要求见表 15-7。

饮用水中消毒剂常规指标及要求 表 15-7

| 消毒剂名称 | 与水接触时间 (min) | 出厂水中限值 (mg/L) | 出厂水中余量 (mg/L) | 管网末梢水中余量 (mg/L) |
|---|---|---|---|---|
| 氯气及游离氯制剂（游离氯） | ≥30 | 4 | ≥0.3 | ≥0.05 |
| 一氯胺（总氯） | ≥120 | 3 | ≥0.5 | ≥0.05 |
| 臭氧（O₃） | ≥12 | 0.3 | — | ≥0.02 如加氯，总氯≥0.05 |
| 二氧化氯（ClO₂） | ≥30 | 0.8 | ≥0.1 | ≥0.02 |

### 15.3.1 消毒方法

初次消毒是水处理过程的一个环节，通常在进厂处投加消毒剂，用来破坏和抑制水处理构筑物中的细菌。许多化学药剂可用于消毒，最常用的有：氯、氯胺、臭氧和二氧化氯（见表 15-8）。二次消毒或后消毒是指在已处理过的水中再次投加消毒剂，以保证水中的剩余消毒能力。化学消毒剂的性质活泼，不能长时间存于水中。如果氯或氯胺用于初次消毒，就不需要二次消毒。用臭氧初次消毒后需采用二次消毒。为保持管网中的剩余消毒剂，氯、氯胺和二氧化氯是最常用的消毒剂。补充消毒是指在原水处理时投加消毒剂外，也在管网中设置投加点，投加消毒剂。典型情况是将投加点设在加压泵站或蓄水池泵站内，或者设在供水系统中剩余消毒剂含量较少的偏远区。

常用消毒方式的比较 表 15-8

| 消毒方式 | 优点 | 缺点 | 适用条件 |
|---|---|---|---|
| 氯 | 具有余氯的持续消毒作用，药剂易得；成本较低；不需要庞大的设备，操作简单，投量准确，技术成熟 | 原水有机物高时会产生有机氯化物，有致癌致畸害作用；原水含酚时产生氯酚味；氯气有毒，运行管理有一定危险性 | 液氯供应方便的地点 |
| 氯胺 | 能减少三卤甲烷和氯酚的生成，延长管网中余氯的持续时间，抑制细菌生成 | 消毒作用较为缓慢，需较长接触时间，需增加加氨设备，操作管理麻烦 | 原水中有机物多，管线长 |
| 二氧化氯 | 具有较强的氧化能力，可除臭、去色、氧化有机物；不会生成有机氯化物；投加量少，接触时间短，消毒效果好；持续消毒保持时间长 | 一般需现场随时制取使用；制取设备较复杂，操作管理要求高；成本较高；会产生氯酸盐和亚氯酸盐等副产物 | 有机污染严重时 |
| 臭氧 | 常用消毒剂中氧化消毒能力最强，可除臭、去色、氧化有机物；不会生成有机氯化物；消毒效果佳，接触时间短，能增加水中溶解氧 | 在水中不稳定，易分解，持续消毒作用差；投资大，设备复杂，操作要求高，管理麻烦，电耗大，运行成本高；会产生甲醛等副产物 | 有机污染严重时，可结合氧化作用与活性炭联用 |
| 紫外线 | 不改变水的物理化学性质；不会生成有机氯化物；杀菌效率高；操作安全、简单；易实现自动化 | 无持续杀菌作用；处理水量少；对处理水的水质要求较高；电耗大；紫外线灯管需定时更换，灯管寿命有待提高 | 供水较集中，管路较短 |

美国采用 $CT$ 值评价消毒效力，即表示剩余消毒剂的浓度与接触时间的乘积。接触时间指消毒剂投加点和残留消毒剂计量点之间的时间。$CT$ 值应保证达到灭活目标微生物的百分比要求，并控制初次消毒的消毒剂投加量。许多供水部门发现，为保证管网处处都可检测到剩余消毒剂，不得不在饮用水离开净水厂前投加大量的消毒剂，以保证在供水管网的最远点具有剩余消毒剂，特别在天气温暖的季节，这种情况更为显著。另一方面，对进入管网水流中的剩余消毒剂含量也有最大值限制。过量的消毒剂会产生嗅和味问题，还可加速管道腐蚀、加速消毒副产物的生成，并带来卫生问题。

### 15.3.2　消毒剂损耗速率

进行初次消毒时，投加的消毒剂往往很快被消耗。数小时接触后消毒剂损耗达 50% 以上都是常见的情况。初次消毒结束后，由于氯与有机物反应，氯的损耗速度显著降低。氯的半衰期从数天到数周不等，取决于水的温度、有机碳的总量和活性。

水中的氯会与管壁材料或管壁附近的物质反应，引起消毒剂的损耗。特别在旧的铸铁管和钢管中，反应速率远大于水体中的反应速率。由于大型管壁耗氯量很大，氯的半衰期可以减小到仅仅数小时。目前还没有简便的办法计算管壁反应对氯的需求量。由不同管材组成且管材新旧程度不同的系统中，耗氯量可能更大。对某位置的管壁耗氯量计算的唯一方法，就是测量无入流的管段进口处和出口处的含氯量。氯胺表现出来的衰减速率要小于游离氯，而且氯胺造成的消毒副产物产量较少。其缺点是在一定 pH 和某种氯—氨比的条件下，氯胺分解可能产生氮，导致管网中生成含氮化合物。到目前为止，还没有研究报告表明氯胺与管壁反应产生了氯胺的损耗。

### 15.3.3　消毒剂损耗缓解

为解决给水管网系统剩余消毒剂衰减过快的问题，需采取的措施包括：①采用更稳定的消毒剂进行二次消毒（例如氯胺）；②对某些管段进行替换、冲洗或换衬；③考虑改变运行方式，减少水在系统中的停留时间，例如减少水的贮存量、经常使用水池内的存水、使死水区的水流循环等；④在剩余消毒剂含量低的位置补充消毒；⑤考虑改进水处理工艺，减少水中有机碳的含量；⑥设置管网内的消毒剂监测点，实时了解消毒剂含量，等等。显然缓解衰减措施的优化选择应视具体情况而定，有可能是上述方法的各种组合。

### 15.3.4　中途补充消毒

消毒通常作为净水厂净化工艺的最后一道程序，考虑到输配水中消毒剂的损耗，势必加大水厂内的消毒剂投加量。当出厂水中消毒剂含量过高时，会引起靠近净水厂的用水中产生刺鼻的消毒剂味道；消毒剂含量高时，会加剧管材的腐蚀，因此在净水厂中消毒剂的投加存在上限值；此外水中投加过多消毒剂，也增加了药剂消耗成本。为此，对于输水距离长、管网中水力停留时间长的管网，中途补充消毒将是一种可行方案。

给水管网内水质采样，可以识别哪里的剩余消毒剂损耗量较大；但在给水管网内布置充分密度的水质采样点，投资成本将很高。为了评价整个管网内的剩余消毒剂分布，水质模型可以发挥其价值。

中途补充投加的消毒剂一般选择为次氯酸钠或氯胺。中途投加点的选择通常考虑：①所选位置应适合于大量下游用水的消毒；②所选位置处的管网水流应为单向流动；③所选位置处水中余氯含量很低，但尚未达到零值；④可以将氯均匀投加到水中；⑤附近应有方便药剂运输、堆放和投加的条件；⑥有充分的电力供应；⑦可以解决安全性问题。

中途补充投加消毒剂的理想位置是蓄水池的进口或出口，在这些位置容易安装加药设备。由于给水管网来水量中剩余消毒剂浓度随时变化，因此需要密切监视其浓度，以确定合适的中途消毒剂补充量。中途补充消毒点常与中途加压泵站合建。

## 15.4　消毒副产物

饮用水处理中，消毒对多种病原体（尤其细菌）作用显著。但是越来越多的研究表明，在杀灭细菌、保证微生物安全的同时，消毒带来新的问题，那就是消毒过程中产生的副产物影响问题。

### 15.4.1　消毒副产物的生成

消毒剂因其强氧化性，使水中的微量有机物质（如腐殖酸、富里酸和藻类等）氧化分解为小分子化合物，并与它们生成一系列消毒副产物（DBP）（见表15-9）。由于各地的水质和污染物种类各异，消毒副产物的种类和浓度也存在地区性差异。

不同消毒剂可能形成的消毒副产物　　　　　　　　　　　　　　　　表 15-9

| 消毒剂 | 有机卤代产物 | 无机产物 | 非卤代产物 |
|---|---|---|---|
| 游离氯/次氯酸（次氯酸盐） | 三卤甲烷类、卤乙酸类、卤乙腈类、水合氯醛、三氯硝基甲烷、氯酚类、N—氯氨类、卤代呋喃酮类、溴醇类 | 氯酸盐（使用次氯酸盐消毒时多见） | 醛类、氰基烷酸类、链烷酸类、苯、羧酸类、N—亚硝基二甲胺（NDMA） |
| 二氧化氯 | | 亚氯酸盐、氯酸盐 | |
| 氯胺 | 卤乙腈类、有机氯氨类、氯代氨基酸类、水合氯醛、卤代酮类 | 硝酸盐、亚硝酸盐、氯酸盐、肼 | 醛类、酮类、NDMA |
| 臭氧 | 三溴甲烷、一溴乙酸、二溴乙酸、二溴丙酮、溴化氰 | 氯酸盐、碘酸盐、溴酸盐、过氧化氢、次溴酸、环氧化物、臭氧化物 | 醛类、酮酸类、酮类、羧酸类 |

水在不同给水系统中的 DBP 生成潜力，是几项化学和物理特性的函数，包括有机物质的种类和水平、无机物质的类型和水平、pH、温度、剩余消毒剂的类型和水平，以及接触时间等。水龄对 DBP 的形成具有较大影响。夏季较高的水温，能够增加 DBP，因为随着水温的升高，化学反应加快。此外，较高的水温常常造成较高的需氯量，增加的消毒剂剂量导致较高的 DBP 生成潜力。

目前在加氯消毒的饮用水中已经监测到 300 多种消毒副产物。现有的资料表明，其中 THM（三卤甲烷）约占总有机卤化物一半以上，氯仿浓度最高，其他多数消毒副产物以痕量形式存在。因此氯仿常作为消毒副产物检测的代表：世界卫生组织（WHO）推荐氯仿在饮用水中的建议值为 $30\mu g/L$；美国规定饮用水中氯仿浓度 $<100\mu g/L$；我国现行国家标准《生活饮用水卫生标准》GB 5749 中规定为 $60\mu g/L$。

已经发现，由氯化作用导致 THM 产生的数量取决于 pH、温度、水中氯剂量、前体有机物数量、溴化物浓度和反应时间等。例如 pH9 与 pH7 相比，形成大约多 $10\%\sim20\%$

的 THM；在最初 $2\sim20h$，THM 形成速率较大；低于 $10℃$ 时，THM 的浓度不会显著增加；如果水嘴维护了游离氯，输送时间为 $2\sim3d$，TOC 的数值超过 $4mg/L$，将难以防止 THM 超过 $100\mu g/L$。净水厂初次加氯消毒，产生 THM 的速率很高。同样配水系统中只要存在剩余氯和可以发生反应的前体物质，就会不断生成 THM。但是配水系统中超过总量 THM 的 $50\%$ 情况并不常见。

除了 THM 和卤乙酸，水的氯化消毒还会产生其他一些副产物，如卤乙腈、卤化氰、卤代酮、水合三氯乙醛等。

投加一氯胺时可引起管网系统的硝化现象，如美国有 $30\%$ 的氯胺消毒的净水厂出现过硝化事件。硝化菌利用 $NH_3$ 作为能源，产生亚硝酸盐，从而加速化合氨的损失，同时增加了异养菌数量，增大了水的嗅味。

其他替代氯的消毒剂（如二氧化氯和臭氧）也会与原水中有机物反应，生成有机副产物，只是这些副产物的浓度低一些。二氧化氯消毒的主要副产物是无机氯酸盐和次氯酸盐。臭氧只能用作初次消毒剂，它会产生乙醛、各种有机酸、溴仿和溴酸盐。乙醛和有机酸是可以被生物降解的物质，能促进管网中生物膜的形成。当以游离氯作为二次消毒剂时，臭氧同样会增加某些氯的副产物生成，例如水合三氯乙醛。

### 15.4.2　消毒副产物的防治措施

为降低 DBP 浓度可采纳的方法有：改变处理工艺条件（包括在处理前预先去除前体物）；使用与水源水反应，较少生成消毒副产物的其他化学消毒剂；使用非化学消毒方式；以及在供水前去除消毒副产物。

（1）改变处理工艺条件

通过在与氯接触之前去除前体物的方式——例如设置混凝装置或强化混凝（通常采用加大混凝剂投量或降低混凝时水的 pH 方式），可有效控制氯化过程中生成的 THM。在不影响消毒效率的前提下，减少加氯量也可以减少消毒副产物的生成。

加氯接触过程中水的 pH 影响氯化消毒副产物的分布情况。降低 pH 会降低 THM 的浓度，但会增加卤乙酸的生成。反之，升高 pH 可减少卤乙酸的生成但将增加 THM 的生成。

臭氧氧化过程中形成的溴酸盐与水中溴化物的浓度、臭氧的浓度以及 pH 等一些因素有关。从原水中除去溴化物是不切实际的。同时想要去除已经形成的溴酸盐也比较困难，尽管某些文献指出在特定情况下颗粒活性炭滤池可有效去除溴酸盐。采用降低臭氧投量，降低接触时间以及降低残余臭氧浓度等方式尽可能地减少溴酸盐的形成。在较低 pH 下（如 pH 为 6.5）进行臭氧接触，并在接触后提高 pH 并加氨，也可有效降低溴酸盐的形成。臭氧过程中投加过氧化氢既可能增加又可能减少溴酸盐的形成，这取决于投加的实际情况以及当地的处理工艺条件。

其他去除消毒副产物前体物质的方法有生物预处理法、膜过滤法等。

（2）更换消毒剂

可能有效的方式是用氯胺取代氯。氯胺可以在管网系统中提供有效的余氯量，减少 THM 的生成以及抑制管网系统中消毒剂和有机物的进一步作用。尽管氯胺可以保证管网系统中有稳定的余氯残留，但氯胺消毒能力较弱，不应作为主要的消毒剂使用。

二氧化氯不能如游离氯一样产生余氯，仍可考虑作为游离氯以及臭氧消毒的潜在替代品。二氧化氯消毒的主要问题在于较低的二氧化氯剩余浓度以及亚氯酸盐、氯酸盐消毒副产物问题。控制加入处理设备中的二氧化氯剂量可解决这些问题。

(3) 非化学消毒方式

紫外照射（UV）以及膜处理工艺是可替代化学消毒的工艺。UV 可以良好地灭活对自由氯消毒有较强抵抗能力的隐孢子虫。

尽管水处理过程中化学消毒剂常常导致化学副产物，但是与消毒不充分引起的风险相比，这些副产物带来的健康风险很小。因此重要的是不能为了控制消毒副产物而舍弃消毒效果。

## 15.5 水质检测

鉴定自来水水质的好坏决不能仅仅以出厂时的监测数据作为最终衡量，还必须每天对管网各点水质取样分析，检测出具体的数据；结合卫生防疫部门的抽检监测结果及用户反馈的信息，进行综合评价，使饮用水安全得到保障。

给水管网中的水质检测分常规采样检测和连续在线监测。常规采样检测是指在现场取样并在现场或实验室进行分析；连续取样是借助传感器和远程记录站进行。简单取样是劳动密集型方法，只能在取样时间获得相关数据。连续监测要求有监控设备及其维护的资金投入，可以提供连续时间序列的水质变化数据。一项全面的监测计划应该同时使用这两种方法。此外检测也可分为常规监测和专项研究：常规检测用于满足规范的要求，并作为评价整个配水系统水质的工具；专项研究通常是针对配水系统的具体水质问题进行更深入的研究。

目前有少量正在开发和测试的商业在线监测设备，它们可以测试多达 12 种物理化学指标，包括余氯、浑浊度、压力、温度、电导率、色度等，如果将这些设备与数据管理和控制系统结合，可用于辅助管网的在线管理。

### 15.5.1 常规检测

常规检测程序应符合规范要求，并尽可能收集更多可用于管网运行管理的水质信息。我国现行行业标准《城市供水水质标准》GJ/T 206 中管网水检测的参数有浑浊度、色度、嗅和味、余氯、细菌总数、总大肠菌群、$COD_{Mn}$（管网末梢点）7 项，检验频率为每月不少于两次（见表 15-10），合格率应达到 95%。当检验结果超出水质指标限制时，应立即重复测定，并增加检测频率。水质检验结果连续超标时，应查明原因，采取有效措施，防止对人体健康造成危害。管网的水质采样点数，一般应按供水人口每两万人设一个采样点计算。供水人口在 20 万人以下，100 万人以上时，可酌量增减。

$$单项指标合格率 = \frac{单项检验合格次数}{单项检验总次数} \times 100\%$$

### 15.5.2 抽样监测

抽样监测用于解决配水系统中某些具体的水质问题，包括：①整个管网剩余消毒剂情况的监测，以计算剩余消毒剂衰减量，并找出管网中剩余消毒剂含量低的区域；②通过跟踪研究，区分不同水源的服务区域并协助管网水力模型的校验；③找出配水系统水质污染源。

抽样研究通常是短期的，它致力于解决全部或部分管网水质在时间和空间上分布的问题。抽样研究分为三个阶段：准备阶段、采样阶段和数据处理阶段。在准备阶段应制定出详细的实验计划，通常利用管网模型测试运行条件下的取样位置和取样频率。

城市供水水质检验项目和检验频率 表 15-10

| 水质类别 | 检验项目 | 检验频率 |
|---|---|---|
| 出厂水 | 浑浊度、色度、嗅和味、余氯、细菌总数、总大肠菌群、耗氧量、肉眼可见物、耐热大肠菌 | 每日测定一次 |
| 管网水 | 浑浊度、色度、嗅和味、余氯、细菌总数、总大肠菌群、COD$_{Mn}$（管网末梢点） | 每月不少于两次 |
| 管网末梢水 | 《城市供水水质标准》CJ/T 206—2005 中表 1 全部常规检验项目，表 2 非常规检验项目中可能含有的有害物质 | 每月不少于一次 |

注：当检验结果超出《城市供水水质标准》CJ/T 206—2005 中水质指标限值时，应立即重复测定，并增加检测频率。水质检验结果连续超标时，应查明原因，采取有效措施，防止对人体健康造成危害。

（1）取样点

取样点的选择应能反映水质随空间位置变化的信息。实践中选择管网监测位置，一般应考虑：

1）管网水质监测点应尽量设置在接近管网节点的管段上，取样龙头应尽可能靠近管道。

2）管网监测点尽量直接设置在主干管或由主干管供水的管段上。水质仪表对取水量和水压有一定的要求，且必须连续采样，因此取样点至监测仪表间的取样管上不应接其他用户，以免用户用水造成水压的变化，引起测量误差。

3）加大蓄水设施中的采样点数量。

4）应覆盖例如没有涂衬的干管、管网末梢以及距离净水厂较远的管网节点等敏感点。净水厂供水区的分界处由于水流方向经常改变，又往往处在管网末梢，是水质波动较大、水质较差的地方，可以称为水质最不利点。

5）连续监测管网系统的流入口及流出口。管网系统的入口常常是净水厂的出口，此处设立监测点，可衡量出厂水的质量好坏。

6）选择取样方便的地点，如专门的取样龙头或消火栓。泵站和阀门井也是很好的位置，这里可以直接在管道上采样。

7）在各净水厂的主要供水干管上选择大的住宅小区或主要用水单位附近设置水质点，实时监测用户水质的变化情况。

8）应安装方便，便于维护。由于取样管从管线上开孔，仪表必须有电源和排水设施，仪表也要求定期校正维护。

9）尽量均衡地分布在管网中。

10）如果利用自动采样器，地点需要安全（自动取样设备成本较高）。

（2）取样频率

对于自动采样器，例如氯监视器、pH 计和压力计，取样频率通常为几分钟内执行一次。对于人工采样，采样人员必须遵从预定义的路线。取样人员在一个地点取样、分析它们，然后转向下一个地点。

（3）系统运行

配水系统的运行方式对水流运动状态有极大的影响。取样研究时，系统运行状态应控制在正常状态或研究所要求的状态。

（4）示踪剂研究

如果执行示踪剂研究，应讨论示踪剂研究的详细情况，包括使用的示踪剂类型、需要的示踪剂总量、示踪剂购买地点、示踪剂注射方式和速率、示踪剂在现场怎样测试以及设备情况。

（5）取样点的准备工作

实际取样前，在取样点应做好足够的准备工作。这些准备工作包括测试和冲洗消火栓、安装取样设施、确定需要的冲洗时间，通知取样地点相关的部门和人员。在实际取样以前的几日内，应彻底测试安装的自动监视设备。

（6）取样过程

取样应按照规定方法进行，这些方法包括需要的冲洗时间、样品注入方法和标记取样容器的方法、样本的保护和需要的试剂、数据记录、样本的运送。细菌学检测的样品必须由消毒的容器收集并加入适量的脱氯药剂。

（7）分析过程

应确定特定的分析程序，描述现场执行的任一分析工作。现场采集的样品可以在采样点或现场设置的实验室分析，或者拿到试验中心检测分析。抽样研究计划中必须体现分析步骤。

（8）人员组织和时间安排

专项研究的人员安排应该写入抽样研究计划中。深入的取样调查涉及大量的人员，几日内需要连续换班。应确定调查小组每一位成员的工作计划。

（9）安全问题

许多安全问题与抽样研究的内容相关。由于测试不分昼夜，事故的潜在性很大（坏的天气、不寻常的环境、取样位置靠近交通以及其他因素）。应在抽样研究计划中体现的安全事项有：通知交通警察或其他一些政府机构、通知公共媒体（报纸、电视台）、通知直接受到影响的用户、配备安全装备（如手电筒、防护衣等）、使用有标志的交通工具和制服（便于识别）、配置正式的身份卡片等。

（10）数据记录

必须有组织地记录。除观测数据外，记录内容也包括取样位置、取样时间、取样人员姓名、现场测试设备、需要实验室分析的样本以及注释。原始数据应用钢笔或圆珠笔记录。

（11）设备要求

设备包括现场取样设备（例如测氯仪）、安全设备（防护衣、雨衣、闪光灯）、试验设备等。耗材包括取样容器、试剂、记号笔等。研究计划中应该列入指定设备和耗材的要求。因为存在设备故障或丢失的可能性，在设备计划方面要考虑一些备用。

（12）分析仪器的校验和检查

在执行研究以前应被校验和彻底检查所有设备。

（13）培训要求

调查开始以前，所有调查人员应察看取样场地，接受使用设备和协议的训练。

（14）应急计划

防患于未然应作为应急计划的基础。在数日的调查过程中，一些调查有可能与计划不符。应急计划的目的是为了准备应付这些事件，包括对设备事故的考虑、工作人员生病的可能、通信问题、气候问题、系统操作失误和用户的投诉等。

（15）通信

取样调查阶段，取样人员、运行中心的人员、整个研究的管理人员应及时通信，以免出现问题和变化情况。研究期间的工作配合和对意外情况的反应都需要良好的通信手段。通信手段包括便携式电话、无线电话和专门的通信工具。

# 第 16 章　管道腐蚀与防护

腐蚀是材料和周围环境发生作用而被破坏的现象，它是一种自发进行的过程。管道腐蚀作为供水工业中重要的问题之一，影响了公众健康、公众对供水的接受度以及安全饮用水供给的成本。

虽然使用的管道材料不能直接溶解于水中，但用于水管中的材料在水中通常是不稳定的，因此发生氧化或腐蚀。针对金属，了解控制潜在的氧化速率以及氧化产物溶解度的现象是非常重要的。

附着在管道表面以及沉积在输配水系统中的腐蚀产物对微生物起到保护作用，免于受到消毒剂的伤害。这些微生物能够繁殖并且带来诸如异嗅异味、粘附和腐蚀问题。

腐蚀也常用于表达水泥材料的分解以及石灰成分的浸出。这种问题最常见的现象是pH升高。pH升高对消毒剂和水的感官指标都是有害的，它会减弱磷酸盐缓蚀剂对金属腐蚀控制的效率。

在严重情况下，水体中化学物质对管道的侵蚀会导致管道结构的整体性破坏，最终管道完全损坏。

腐蚀带来的问题主要包括以下几个方面：

1）由于结节和水力摩擦系数提高，影响输水能力，引起水泵提升费用的增加。

2）由于渗漏引起水量损失和水压下降。

3）对供水设施的损害，引起管道和设备过早达到使用寿命而需要及时更新。

4）增加用户对水的颜色、水锈、异味的投诉，影响供水企业与用户的关系。

5）增大维持配水系统余氯的用量。

在供水中变质的"物质"可能是金属管材、管线内衬水泥砂浆或混凝土管材。内部腐蚀环境指的是水；外部腐蚀环境指的是土壤、水和空气。

## 16.1　腐蚀机理

### 16.1.1　电化学反应

金属成分通过水垢的溶解或电化学腐蚀导致的溶解而释放到水中。

具有电化学反应元素的腐蚀，包括阴极、阳极，阳极和阴极之间的电子传输（导体），以及用于引起阴阳两极之间离子迁移的电解液。阴阳两极是具有不同电位的金属。

金属在阳极发生氧化和溶解。阳极反应产生的电子将在内部回路转移到阴极，然后释放到合适的电子受体，例如氧。在电解液中，阳极产生的正离子将趋向于迁移到阴极，阴极产生的负离子将趋向于迁移到阳极。

电解液中金属相上，电解液和金属接触界面存在电位差。这个电位差体现了金属与电解液达到化学平衡的趋势。表示金属失去电子的氧化反应，可写作：

$$Me \rightleftharpoons Me^{z+} + ze^-  \qquad (16\text{-}1)$$

式（16-1）表明金属腐蚀或溶解，反应向右进行。该反应持续进行到金属与电解液中的金属离子达到平衡。

金属氧化产生的电流叫阳极电流。在逆反应中，金属离子通过与电子结合而减少，离子减少产生的电流叫阴极电流。反应达到平衡后，正向和逆向的反应速率相等，阳极电流等于阴极电流。因此，在平衡时不会发生腐蚀。电化学反应的速率与一般的化学反应不同，它受到其电位的巨大影响。

腐蚀由金属表面阴阳电极之间的电流产生。这些反应区域可能是微观的，一般导致均匀腐蚀。或者这些区域面积较大且相隔较远，导致带有结节或没有结节的点蚀。电极区域可能由不同的环境条件形成，一些是因为金属的特性，另一些是因为界面水质特性，特别是接触界面上不同点的金属和水质成分的变化。金属纯度低、沉淀物质的积聚、黏液细菌的粘附以及腐蚀产物的积聚，都与腐蚀回路电极区域的形成有关。

图 16-1 为金属表面腐蚀电池示意图。几乎所有类型的管道腐蚀中，金属都会在阳极区域溶解。随着金属的溶解，电子发生迁移，金属形成一定电位。从阳极区域释放的电子沿金属流动到阴极，在阴极参与另一种化学反应，阴极金属形成新的电位。

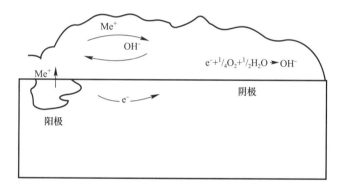

图 16-1　腐蚀电池示意图

## 16.1.2　能斯特方程

能斯特方程是根据腐蚀电池各组分间自由能差异，计算反应动力学的关系式。自由能差异取决于电化学电位，电化学电位是金属类型以及固相和液相反应产物的函数。电子会从金属的某些表面迁移到其他区域。金属会以离子形态溶解到溶液中，或者在水中与其他元素或分子反应，形成复合物、离子对或非溶性复合物。

反应中单一电极的平衡电位［式（16-1）］可以通过以下能斯特方程计算：

$$E_{Me/Me^{z+}} = E^0_{Me/Me^{z+}} - \frac{RT}{zF}\ln\{Me^{z+}\}  \qquad (16\text{-}2)$$

式中　　$E_{Me/Me^{z+}}$——电位；

$E^0_{Me/Me^{z+}}$——标准电位，可从标准还原电位的表格中获得；

$\{Me^{z+}\}$——$Me^{z+}$ 的活度；

$R$——理想气体常量，大约 $0.001987 kcal/(deg \cdot mol^{-1})$；

$T$——绝对温度，K；

$F$——法拉第常数，$23.060 kcal/V$；

$z$——反应中迁移电子的数量。

下标 $Me/Me^{z+}$ 表示该反应为还原反应。能斯特方程见式（16-2）的形式，对应于单一电极，并假定该电极与普通的氢电极为一对，氢电极上发生如下反应，反应物和产物根据热力学法则，可认为等于 1。对于整个反应，由能斯特方程计算得出的反应动力通过下面的关系式，与吉布斯自由能直接相关：

$$2H^+ + 2e^- \rightarrow H_2(g) \qquad E^0 = 0.00 \tag{16-3}$$

$\Delta G_r^0 = -zFE$，其中 $\Delta G_r^0$ 是完整反应的自由能变量，标准半电池电位通过还原反应计算获得。

通常用能斯特方程表示两个半电池的平衡反应。每个反应表示为：

$$ox + ze^- \rightleftharpoons red \tag{16-4}$$

式中 "ox" 和 "red" 分别表示氧化剂和还原剂：

$$E_{red/ox} = E_{red/ox}^0 - \frac{RT}{zF} \ln \frac{\{red\}}{\{ox\}} \tag{16-5}$$

下标 "red/ox" 表示整个平衡反应的总原电池电位。

在 25℃ 情况下，为计算方便，将式（16-5）用以 10 为底的对数形式表示，式（16-5）可写为：

$$E_{red/ox} = E_{red/ox}^0 - \frac{0.0591}{z} \lg Q \tag{16-6}$$

式中 $Q$ 为反应商（$\{red\}$ / $\{ox\}$）。反映平衡时，不再产生电化学电流，氧化剂和还原剂处于平衡状态。因此，反应商 $Q$ 将与总反映平衡常量 $K$ 相等。

给水系统中，金属的氧化还原半电池，如铁、锌、铜或铅与一些氧化剂还原构成一对，如溶解氧或氯。如下所示半电池反应：

$$O_2 + 2H_2O + 4e^- \rightleftharpoons 4OH^- \tag{16-7}$$

$$HOCl + H^+ + e^- \rightleftharpoons (1/2)Cl_2(aq) + H_2O \tag{16-8}$$

$$(1/2)Cl_2(aq) + e^- \rightleftharpoons Cl^- \tag{16-9}$$

式（16-8）和式（16-9）联立，可写作：

$$HOCl + H^+ + 2e^- \rightleftharpoons Cl^- + H_2O \tag{16-10}$$

该反应式（16-10）代表了饮用水中典型的金属半电池氧化反应。

如果式（16-7）写成能斯特方程（式（16-5）），水的离子浓度假定低至（$\{H_2O\} = 1$），则：

$$E_{O_2/OH} = E_{O_2/OH}^0 - \frac{0.0591}{4} \lg \frac{\{OH^-\}}{\{O_2\}} \tag{16-11}$$

由于氢氧根离子的浓度为分子中四次方的数量级，该氧化反应的氧化电位取决于 pH。同样的，由于 $\{H^+\}$ 做分母，次氯酸反应的氧化电位与 pH 也有直接的关系：

$$E_{HOCl/Cl^-} = E_{HOCl/Cl^-}^0 - \frac{0.0591}{2} \lg \frac{\{Cl^-\}}{\{HOCl\}\{H^+\}} \tag{16-12}$$

根据热力学定义，仅当总的原电池电位超过平衡电池电位时，才发生腐蚀。

类似式（16-7）和式（16-10）的反应，可通过与金属氧化半电池反应 [式（16-1）]，描述供水中可能发生的腐蚀反应。例如：

$$2Pb(metal) + O_2 + 2H_2O \rightleftharpoons 2Pb^{2+} + 4OH^- \tag{16-13}$$

$$2Fe(metal) + O_2 + 2H_2O \rightleftharpoons 2Fe^{2+} + 4OH^- \tag{16-14}$$

$$Pb(metal) + HOCl + H^+ \rightleftharpoons Pb^{2+} + Cl^- + H_2O \tag{16-15}$$

$$Fe(metal) + OCl^- + 2H^+ \rightleftharpoons Fe^{2+} + Cl^- + H_2O \tag{16-16}$$

作为例子，在25℃下，式（16-16）的能斯特方程可表示为

$$E_{Fe^{2+}/OCl^-} = E^0_{Fe^{2+}/OCl^-} - \frac{0.0591}{2} \lg \frac{\{Fe^{2+}\}\{Cl^-\}}{\{OCl^-\}\{H^+\}^2} \tag{16-17}$$

式（16-17）中，活化能表示了自由水合态而不是总浓度。反应总电位将取决于一些因素：离子浓度、温度；金属氢氧化物的复合程度；金属络合物的使用；配位体与其他物质的反应；由溶解度引起的金属离子的限度（例如腐蚀固体产物的形成），等等。在可能氧化的材料表面，氧化物扩散形成的屏障可以限制腐蚀速率和发生的可能性。

标准电极电位指在298.15K时，以水为溶剂，当氧化态和还原态的活度等于1时的电极电位。表16-1列出了某些物质的标准电极电位。

标准氧化—还原电位 表 16-1

| 氧化还原反应正电位 | | | |
| --- | --- | --- | --- |
| 反应贵金属 | $E^0$ (mV) | 氧化剂 | $E^0$ (mV) |
| $Au^{3+} + 3e^- \rightleftharpoons Au(s)$ | +1500 | $HO \cdot + e^- \rightleftharpoons OH^-$ | +2590 |
| $Pt^{2+} + 2e^- \rightleftharpoons Pt(s)$ | +1200 | $O_3(g) + 2H^+ + 2e^- \rightleftharpoons O_2 + H_2O$ | +2080 |
| $Pd^{2+} + 2e^- \rightleftharpoons Pd$ | +920 | $ClO_2 + 5e^- + 2H_2O \rightleftharpoons Cl^- + 4OH^-$ | +1910 |
| $Hg^{2+} + 2e^- \rightleftharpoons Hg$ | +851 | $H_2O_2 + 2H^+ + 2e^- \rightleftharpoons 2H_2O$ | +1780 |
| $Ag^+ + e^- \rightleftharpoons Ag(s)$ | +800 | $2HOCl + 2H^+ + 2e^- \rightleftharpoons Cl_2(eq) + 2H_2O$ | +1610 |
| $Cu^{2+} + 2e^- \rightleftharpoons Cu(s)$ | +340 | $HOCl + H^+ + 2e^- \rightleftharpoons H_2O + Cl^-$ | +1500 |
| | | $Cl_2(g) + 2e^- \rightleftharpoons 2Cl^-$ | +1390 |
| | | $\cdot O_2(g) + 4H^+ + 4e^- \rightleftharpoons 2H_2O$ | +1230 |
| | | $NH_2Cl + H_2O + 2e^- \rightleftharpoons NH_3 + Cl^- + OH^-$ | +1200 |
| | | $Fe(OH)_3(s) + 3H^+ + e^- \rightleftharpoons Fe^{3+} + 3H_2O$ | +1060 |
| | | $ClO_2(eq) + e^- \rightleftharpoons ClO_2^-$ | +950 |
| | | $NO_3^- + 2H^+ + 2e^- \rightleftharpoons NO_2^- + H_2O$ | +840 |
| | | $Fe^{3+} + e^- \rightleftharpoons Fe^{2+}$ | +770 |
| | | $O_2 + 2H_2O + 4e^- \rightleftharpoons 4OH^-$ | +410 |
| | | $S(s) + 2H^+ + 2e^- \rightleftharpoons H_2S(g)$ | +170 |
| | | $Cu^{2+} + e^- \rightleftharpoons Cu^+$ | +160 |
| 氧化还原参考电位 $2H^+ + 2e^- \rightleftharpoons H_2(g)$ 　 0.00mV | | | |
| 氧化还原反应负电位 | | | |
| 活泼金属 | $E^0$ (mV) | 还原剂 | $E^0$ (mV) |
| $Pb^{2+} + 2e^- \rightleftharpoons Pb(s)$ | -126 | $SO_4^{2-} + 2H^+ + 2e^- \rightleftharpoons SO_3^{2-} + H_2O$ | -40 |
| $Sn^{2+} + 2e^- \rightleftharpoons Sn(s)$ | -140 | $SO_4^{2-} + 3H_2O + 4e^- \rightleftharpoons S + 6OH^-$ | -660 |
| $Ni^{2+} + 2e^- \rightleftharpoons Ni(s)$ | -250 | $SO_4^{2-} + H_2O + 2e^- \rightleftharpoons SO_3^{2-} + 2OH^-$ | -90 |
| $Fe^{2+} + 2e^- \rightleftharpoons Fe(s)$ | -440 | | |
| $Cr^{3+} + 3e^- \rightleftharpoons Cr(s)$ | -740 | | |
| $Zn^{2+} + 2e^- \rightleftharpoons Zn(s)$ | -763 | | |
| $Mn^{2+} + 2e^- \rightleftharpoons Mn(s)$ | -1180 | | |
| $Ti^{2+} + 2e^- \rightleftharpoons Ti(s)$ | -1630 | | |
| $Al^{3+} + 3e^- \rightleftharpoons Al(s)$ | -1660 | | |
| $Mg^{2+} + 2e^- \rightleftharpoons Mg(s)$ | -2370 | | |
| $Na^+ + e^- \rightleftharpoons Na(s)$ | -2710 | | |

### 16.1.3 表面薄膜和表面氧化层

没有内衬的金属管道输水时，水直接与金属接触。当金属接触水后，所有的金属表面

会形成一层薄膜，这些薄膜（或结垢）对金属和水的作用有重要影响。锌是解释这种作用的很好例子。由热力学知，锌的还原电位是−763mV，在水中会很快氧化，尤其当存在溶解氧（+1230mV）时。实际上很多镀锌管的表面镀锌是很稳定的。锌的稳定性可归因于锌形成稳定的氧化结垢，干扰了腐蚀过程。

19世纪中期，法拉第进行了一项实验，说明了这些表面薄层的重要性。法拉第观察到铁浸在稀硝酸中会很快反应，氢离子还原为氢气，而铁快速被氧化。而如果铁浸在浓硝酸中，则不会发生这样的反应。此外，即使浓硝酸迅速替换为稀硝酸，铁还是在很长一段时间内保持钝化状态。另一方面，在稀硝酸溶液中，如果铁被划痕，那么将产生强烈的反应。法拉第提出这些特性是由于铁一旦暴露在浓硝酸中，就立刻形成肉眼看不到的表面氧化膜。事实证明，当金属浸在水中时会在表面形成一层薄膜，这个在表面形成的薄膜在腐蚀过程中起重要作用，尤其是氧化薄膜。

### 16.1.4 管道表面的腐蚀产物

金属表面可以通过钝化膜而得到保护。保护通常是不完全的，取决于钝化膜是否有效阻隔了金属与溶液的接触。

表面发生的不同化学反应使腐蚀问题的分析变得复杂。例如在钢铁表面，水中溶解氧作为氧化剂。阳极发生的基本反应是：

$$Fe(s) \rightarrow Fe^{2+} + 2e^- \qquad (16-18)$$

亚铁离子扩散到水中，可能进行一系列的二级反应。

$$Fe^{2+} + CO_3^{2-} \Longrightarrow FeCO_3(s)（菱铁矿） \qquad (16-19)$$

$$Fe^{2+} + 2OH^- \Longrightarrow Fe(OH)_2(s) \qquad (16-20)$$

$$2Fe^{2+} + \frac{1}{2}O_2 + 4OH^- \Longrightarrow FeOOH(s) + H_2O \qquad (16-21)$$

化学反应中形成的水合氧化铁同式（16-21）类似，为红色的。在某些情况下可能迁移到用户龙头。

表面也可能发生三级反应，如下：

$$FeCO_3(s) + \frac{1}{2}O_2 + H_2O \Longrightarrow 2FeOOH(s) + 2CO_2 \qquad (16-22)$$

$$3FeCO_3(s) + \frac{1}{2}O_2 \Longrightarrow Fe_3O_4(s)（磁铁矿） + 3CO_2 \qquad (16-23)$$

式（16-21）~式（16-23）中的反应能减缓溶解氧扩散到阳极的速度，因而形成氧浓度差电池。

在阳极反应的同时，也可能发生不同的阴极反应。在输配水系统中常发生的阴极反应是氧对电子的吸收。

$$O_2 + 2H_2O + 4e^- \Longrightarrow 4OH^- \qquad (16-24)$$

该反应引起阴极附近pH升高，并引发下列反应：

$$OH^- + HCO_3^- \Longrightarrow CO_3^{2-} + H_2O \qquad (16-25)$$

$$Ca^{2+} + CO_3^{2-} \Longrightarrow CaCO_3(s) \qquad (16-26)$$

这些反应能引起水中碳酸钙沉淀，此时溶液处于非饱和状态。阴极附近pH升高，可提供足够的碳酸根离子，引起碳酸钙的过饱和。

因此，几项研究表明，管道表面形成的沉淀可能是：①腐蚀产物的混合物，该混合物取决于可腐蚀金属的类型和水溶液的组成（例如 $FeCO_3(s)$，$Fe_3O_4(s)$，$FeOOH(s)$，$Pb_3(CO_3)_2(OH)_2(s)$，$Zn_5(CO_3)_2(OH)_6(s)$）；②腐蚀引起 pH 变化后形成的沉淀（例如 $CaCO_3(s)$）；③由于水中过饱和形成的沉淀（例如 $CaCO_3(s)$，$SiO_2(s)$，$Al(OH)_3(s)$，$MnO_2(s)$）；④缓蚀剂各组分反应形成的沉淀或覆层，如硅酸盐或磷酸盐的反应（如铅或铁）。

金属表面形成的水垢或沉淀的性质非常重要，它们将影响腐蚀的速率。水垢的结构一般较厚，空隙较多，致密性低，例如钢铁腐蚀表面的 $CaCO_3(s)$ 和碳酸亚铁。沉积物和水垢不会像实际的氧化膜一样，能有效降低腐蚀速率；不会产生与钝化膜相同的腐蚀电流—电位关系。

水垢的复杂特性可能使钢铁的腐蚀速率稳定，需要很长的时间（多月或多年）；对于其他金属可能时间很短。如果某种水垢降低了腐蚀速率，就称为保护性水垢；反之称为非保护性水垢。图 16-2 给出了铸铁管道表面水垢的复杂结构。

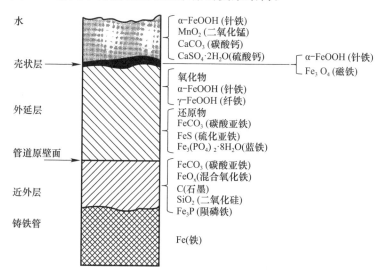

图 16-2　铸铁管道表面水垢简图

管道表面形成的水垢除了能防止快速腐蚀或限制溶解中有毒金属（如铅）含量，也可能产生负面影响。对于水质控制而言，水垢是保护性的，越薄越好。如果形成了大量水垢，将会削弱管道的输水能力。形成的不均匀沉积物如结节，增加了管道表面的粗糙性，削弱了管道的输水能力，为微生物生长提供了场所。

## 16.1.5　腐蚀动力学

控制管道中腐蚀速率的三个过程为：一、溶解的反应物传输到金属表面；二、表面电子迁移；三、反应点溶解产物的传输。当两种传输的速率有一种或者均达到最慢或受到限制时，腐蚀反应称为受到了传输控制。当金属表面的电子迁移速率受到限制，则反应称为受到了活性控制。在传输控制中，抑制传输的固体保护性水垢的形成，是一个非常重要的因素。

腐蚀通常用可腐蚀金属表面的众多微小的原电池描述。局部的阳极和阴极未必固定于金属表面上，而是在空间和时间上统计学分布于暴露的金属上。表面电化学势取决于以下因素的综合：阳极反应势、阴极反应势以及它们的时间平均值与在表面的空间平均值。单独的阳极和阴极半反应都是可逆的，并且两个方向的反应同时发生。当电极达到它的平衡时，阳极和阴极的半电池反应速率是相等的。

影响管道和装置腐蚀速率的水质特征包括：①溶解氧的浓度；②pH；③温度；④流速；⑤余氯浓度和类型；⑥氯离子和硫酸根离子的浓度；⑦溶解性无机碳和钙的浓度。这些特性相互关联，它们的影响取决于管材和总体水质。

### 16.1.6 电位－pH图

利用能斯特方程描述适合的电化学半反应，对于构造电位－pH图是可行的。这种图也称作Eh－pH图或Pourbaix曲线图。

电位－pH图能够反映金属溶解过程中产生各种不可溶腐蚀产物，它们降低了金属离子的浓度。图中给出了这些热力学稳定产物在不同电化学电位条件下的信息。每一个区域的边界位置也是那些参与到半电池反应中离子浓度的函数。

电位－pH图对于研究体系中物种的形成特别有用，该体系中通常包含有供水系统中正常氧化还原电位范围之内的几种可能价态物质，例如锰、铁、砷和铜。准确估计供水中氧化还原电位值是使用电位－pH图的一个重要限制。这种因素对于评估电化学腐蚀测定技术也十分有用。对管道表面的测定方法依赖于施加的管道表面电位，这种方法可以在自由腐蚀时，在管道的表面形成一种稳定的特殊固体物质。管道表面施加的电位可能改变管道表面的性质，从而导致在表面化合物分析中错误识别主导的腐蚀反应或钝化反应。

图16-3是以水中铁离子为例的电位－pH图，这个图特指$Fe_2O_3$和$Fe_3O_4$以固体形式存在，能够控制Fe的溶解度。由图16-3可以看出在热动力学上铁与水不可能同时很稳定地存在。因为当金属浓度降到一定程度时，则水中$H_2$还原出来。在低的电极电势下，铁原子将不会发生腐蚀反应。通过阴极保护，可以降低铁的电势，使其不再发生反应。为此，铁必须与其他更易腐蚀的材料耦合，如镁元素。在低pH（<5）和具有高电势的媒介物质（大约$-0.5 \sim 1.3V$）下，该图显示Fe元素以$Fe^{2+}$和$Fe^{3+}$形式稳定存在。这种条件

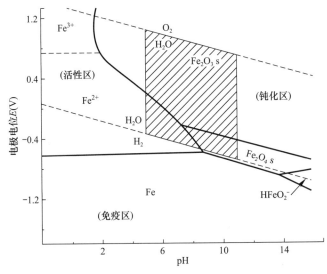

图16-3　25℃时铁－水系统电位－pH图

（考虑Fe，$Fe_3O_4$和$Fe_2O_3$作为固体物质且［$Fe^{2+}$］或［$Fe^{3+}$］$=10^{-6}$M；
阴影区域为有利于饮用水输送的区域）

下，腐蚀将会以较高的速率发生（即活性金属）。在高电势和高 pH 范围内，将会产生固体产物 $Fe_2O_3$ 和 $Fe_3O_4$，并沉积于金属铁表面。图 16-3 也说明 $H_2$－$H_2O$－$O_2$ 稳定的电位－pH 范围。在很低电势时，水还原成 $H_2$；高电势时，水氧化成 $O_2$。因此水的稳定性限制了与水接触的金属电势改变范围。

图 16-4 说明水中氯化物消毒剂的氧化能力（和不稳定性）。以 $Cl_2$、$HOCl$ 和 $OCl^-$ 形式存在的氯元素将促使水的氧化态升到稳定极限（线 A）。这种反应将会影响很多金属或金属与水接触表面的腐蚀或物质生成。

图 16-5 说明非结晶氢氧化铁在铸铁管外侧沉淀，胶质铁存在于含氯水和经曝气的水中。当水中有较高的碱度时（高碳酸盐浓度），腐蚀反应过程中菱铁（$FeCO_3$ 固体）将沉淀到钢铁管壁上。

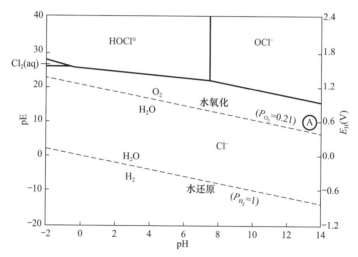

图 16-4　$Cl^-$ 电位－pH 图（25℃，$C_{T,Cl}=1\times10^{-4}M$）

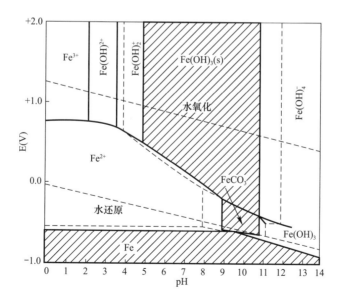

图 16-5　碳酸盐系统中铁的电位－pH 图

（25℃，溶解碳酸盐物质浓度为 4.8mgC/L）

典型保护性水垢可以包括多种固体形态。而将这些合并在一起的电位－pH 图，即使可以获得其中必要的热力学数据，仍然非常复杂。当管道表面附近的电位和 pH 条件与水体有较大的差别时，该图表最适合于管道表面附近的电位－pH 条件。因此，如果只知道水体中的沉淀物质种类，还不能预测管道表面水垢的种类。尽管如此，电位－pH 图仍能够对很多不同水质和水系统的腐蚀钝化膜形成过程进行预测和描述，特别适用可能含有混合价态的金属铜、镁和铁的水质。

总而言之，电位－pH 图的使用特点是：

1）可以判断服饰过程在热动力学上是否可行。

2）为电子转移、质子转移和电子—质子转移的反应提供简单的图形信息。当金属浸入某特定溶液时，这些反应在热动力学上都是可行的。

3）当某一金属不受腐蚀影响时，电位－pH 图可以表明该金属接触面附近的 pH。

4）即使电位－pH 图说明某一腐蚀反应可自发发生，并不意味可以观察到明显的腐蚀过程。腐蚀速率难以通过热力学估计出来。

## 16.2 腐蚀类型

腐蚀的类型取决于材料、系统结构、沉淀、形成的氧化膜和水力条件。腐蚀形式从均匀到密集、局部腐蚀。腐蚀的不同形式主要受阳极阴极区在可腐蚀材料上的分布影响。如果这些区域是细微的，且相互靠近，整个表面的腐蚀会较均匀。如果这些区域是分散的，再加上电位差很大，可能形成小坑；有时会伴随不规则或大量的结节沉淀，严重影响水流。

（1）均匀腐蚀

均匀腐蚀的一种模型认为单一金属发生均匀腐蚀时，金属表面上某点可能在某一瞬间是阳极而在下一时刻为阴极。阳极在金属表面上缓慢移动，使表面金属的减少速率变得较均匀。

均匀腐蚀的另一种模型是金属表面的氧化，伴随着黏着膜中的电子转移、膜表面发生氧的还原作用，以及氧化膜表面的离子流入或流出。腐蚀总速率由膜的现状和特性，或反应产物的传输，特别是远离膜溶液界面的氢氧根离子控制。这种模型已经用于不同种类的金属腐蚀。

金属上腐蚀原电池的形成原因是多种多样的。单种金属本身可能是异构的，由于晶体结构不同或金属的缺陷，不同区域之间可能存在电位差。此外，溶液中氧化剂和还原剂的浓度不同，也可引起短时间内的电位差。

（2）电偶腐蚀（电蚀）

当两种不同类型的金属或合金互相接触时，存在腐蚀原电池的元素就会发生电蚀。其中耐腐蚀较差的金属（电位较低）作为阳极，逐渐消逝；而耐腐蚀较高的金属（电位较高）作为阴极，腐蚀较轻甚至没有腐蚀。可利用的金属或合金可按它们变为正电位的趋势顺序排列，这个顺序称为电位序。电位序取决于温度与溶液化学条件（影响原电池组成的热力学活性），氧化、还原半电池或离子/金属氧化还原反应耦合标准电极电位的相对顺序。水中金属或合金的经验电位序见表 16-2。

如果表 16-2 中不同的两种金属放在一种水溶液环境中，上一种金属趋向于作阳极，下一种作阴极。一般来说，表 16-2 中互相离得越远的金属，越可能出限腐蚀，因为它们之间的电位差更大。

土壤作为事实上的电解质，在一条金属管线与另外一块埋地金属之间，甚至在一条管线的两节管段之间，皆可建立原电池系统。当一段新的管道连接一节老管道时，这两节金属管道间也可能形成原电池，导致电偶腐蚀。

（3）斑点腐蚀

斑点腐蚀（简称点蚀）会在管道表面形成坑洞，是一种危害性的局部非均匀腐蚀。

| 水中金属或合金的经验电位序 表 16-2 |
| --- |
| 阳极（腐蚀端） |
| 镁 |
| 锌 |
| 铝 |
| 镉 |
| 钢或铁 |
| 铸铁 |
| 铅—锡焊料 |
| 铅 |
| 锡 |
| 镍 |
| 黄铜 |
| 红铜 |
| 青铜 |
| 铜—镍合金 |
| 银焊料 |
| 阴极（保护端） |

点蚀的情况是，管道表面的一小部分变成恒定的阳极，周围部分表面为阴极的情况。在能提供部分而非完全防护的环境下，通常会导致材料在某一位置处更进一步的腐蚀，如表面不平处、刮擦处或表面沉淀处。斑点腐蚀通过金属损失而在管壁上形成凹坑，逐渐导致管道穿孔泄漏。

点蚀过程的因素有：溶液的氧化电位；存在侵蚀性离子（尤其是氯离子）；金属表面的情况（薄膜、氧化层等）。在钝化表面上，Jones（1996）假设如下：

1）不存在氯离子的情况下，钝化膜（以 $FeOOH$ 形式存在）逐渐溶解，释放铁离子：

$$FeOOH + H_2O \longrightarrow Fe^{3+} + 3OH^- \tag{16-27}$$

2）存在氯离子的情况下，它可以代替钝化膜中的 $OH^-$，在钝化膜外层产生"盐岛"（以下以 $FeOCl$ 表示）：

$$FeOOH + Cl^- \longrightarrow FeOCl + OH^- \tag{16-28}$$

3）这些"盐岛"可能离解，从而释放 $Fe^{3+}$：

$$FeOCl + H_2O \longrightarrow Fe^{3+} + Cl^- + 2OH^- \tag{16-29}$$

点蚀过程本质上是自催化过程。一旦点蚀开始，在电蚀内产生过量正电荷的位置金属快速溶解。正电荷吸引带负电荷的氯离子。因为盐酸高度电离，点蚀凹坑的存在使二价铁离子水解，导致 pH 降到很低，酸性增加，腐蚀速率加速。点蚀凹坑通常随着重力方向扩展，因为密度有很重要的作用。含高浓度的氯溶液在点蚀过程中起重要作用，在点蚀凹坑表面附近发生氧的化学反应。然而，溶液的高盐度阻碍了凹坑中氧的还原，高浓度的氯加速了凹坑的腐蚀，更多地与凹坑的形成联系在一起。

（4）浓差原电池腐蚀

若环境中存在不同的矿化作用，就会发生这种腐蚀。腐蚀电池往往是反应方程式中涉及的水溶液物质浓度和金属特性的函数。酸度、金属离子浓度、阴离子浓度或溶解氧的不同，引起同种金属溶液电位差异。不同温度也可导致同种金属溶液电位的差异。

当浓差原电池由溶解氧引起时，可称作特殊氧化腐蚀。特殊氧化腐蚀常发生在两种金属表面之间，例如铆钉下面、垫圈下或裂缝中。

在暴露于空气中的金属—水界面处形成氧浓差原电池，像在注满水的水池中，距离表面很近的地方会加速腐蚀。溶解氧浓度通过空气扩散而变化，在表面及其附近保持较高的浓度，而在比较低的浓度处补充得较慢。因此，腐蚀发生在稍低于表面的地方而不是在表面发生。

不同土壤具有不同的离子浓度、氧含量、潮湿度，亦可能在管线表面建立阳极与阴极区域，形成"浓差原电池"。

（5）结节

当临近斑点的阳极上形成点蚀产物时发生结节。在铸铁或钢管中，结节由不同的含铁氧化物和羟基物组成。这些结节通常为红褐色的，外部较软，靠近内部变得坚硬而颜色较深（见图 16-6）。厌氧环境下，结节物与铁分层出现，例如附着在铁表面的硫化物。当铜管出现点蚀时，形成的结节较小，颜色为绿色到蓝绿色，表现为碱式硫酸铜、硫酸铜、氯化铜或它们的混合物。大量结节物将减小管道内径、增加粗糙度、促进生物膜的生长。

图 16-6　结节管道

（6）缝隙腐蚀

缝隙腐蚀是在金属之间、金属与非金属之间，由于各种原因而形成缝隙，当酸度改变、氧的损耗、溶解离子以及抑制剂的缺乏时，限制了与腐蚀有关的物质转移，建立了以缝隙为阳极的（氧）浓差电池，导致缝隙内的局部腐蚀。这种腐蚀常发生于水流停滞的地方，例如衬垫、搭接的接头以及表面沉积物处。

（7）侵蚀

侵蚀是在某些运动物质的磨损或冲刷作用下，引起管壁材质的脱落。输送水的高流速、磨损颗粒是常见的影响因素。譬如像弯头以及阀门等部位是敏感的侵蚀点。

侵蚀能机械式地去除保护膜，像金属氧化物、羟基碳酸盐以及碳酸盐，它们都是抗腐蚀攻击的保护性屏障。侵蚀的特点是在管壁上形成沟、波、圆洞以及凹槽。

（8）脱合金成分腐蚀以及选择性析出

脱合金成分腐蚀以及选择性析出是在腐蚀环境下一种或多种金属从合金中脱去，如从铜中脱去锌和散布的铅。这种腐蚀类型使金属的强度减弱，严重情况下会导致管道损失。

选择性析出也应用于混凝土管道或铸铁管道的水泥砂浆。溶解性较高的组分，像生石灰·碳酸钙以及各种碳酸盐和铝硒酸盐，可能被侵蚀性水质溶解。

（9）石墨化

石墨化是在矿化程度较高的水中或低 pH 的水中铸铁腐蚀的一种形式，它可以导致铁硅金属合金的去除，而该合金组成了铸铁管的微观结构。侵蚀后形成黑色、多空状结构，但是保留了硬质的石墨。

（10）微生物腐蚀

已经在配水系统中发现了许多不同微生物，一些是随水进入管网的；另一些可能是系统内生长的。微生物在加速管道材料的腐蚀中有重要作用。某些情况下细菌可以：

1）形成高酸度或高浓度腐蚀物种的微区；

2）增加表面点位的电解液浓度；

3）促进电子转移；

4）调节还原化学物种的氧化；

5）破坏表面薄膜的保护作用；

6）促进腐蚀反应产物的去除，增加腐蚀动力学；

7）利用氧化还原电位中局部梯度，获取足够的新陈代谢能量。

因此，细菌可以通过加速氧化还原反应速率，促进腐蚀动力学。即使厌氧菌也可以在有氧水体中成长，这是由于在管道表面生物膜上形成微生物菌胶团，尤其当管道表面存在点蚀或其他微观凹凸不规则异质表面时。涉及调节腐蚀反应的细菌有硫酸盐还原菌、产甲烷菌、硝酸盐还原菌、硫细菌和铁细菌。

可能发生点蚀部位在厌氧环境下，硫酸盐还原菌（例如脱硫弧菌）通过将硫酸盐还原成亚硫酸盐、单质硫或其他还原形式的硫，从而得到所需能量。

$$SO_4^+ + 8H^+ + 8e^- \Longrightarrow S^{2-} + 4H_2O \tag{16-30}$$

硫酸盐还原菌需要二价铁和氢离子基质。对铁金属腐蚀反应产物 $Fe^{2+}$、$H^+$ 的摄取，导致微区域中 $Fe^{2+}$、$H^+$ 浓度的降低，从而提高腐蚀反应向正向进行。硝化微生物黏菌生长可能产菌并耗氧，如式（16-31）和式（16-32）所示。

$$NH_4^+ + \frac{3}{2}O_2 \Longrightarrow NO_2^- + 2H^+ + H_2O \tag{16-31}$$

$$NH_4^+ + 2O_2 \Longrightarrow NO_3^- + 2H^+ + H_2O \tag{16-32}$$

这些反应可能降低 pH，产生局部腐蚀和点蚀的氧浓差原电池。

铁细菌［例如伽利翁氏菌（Gallionella）和纤发球衣菌（Sphaerotilus lepothrix）］是好氧微生物，可以促进 $Fe^{2+}$ 氧化成 $Fe^{3+}$，减少阳极表面的 $Fe^{2+}$，并抑制极化反应。铁细菌还可以引起 FeOOH（针铁）的产生，导致伽利翁氏菌的矿化和结节形成。

目前关于微生物和电化学反应关系的知识，并不能对微生物在提高腐蚀反应中的促进作用进行定量预测。复杂的生态系统中涉及多种菌属，可以出现在管道表面的微区域，发生腐蚀。经验表明，在一些系统中微生物反应起主要作用。例如，井水的氯化可以降低腐蚀速率，说明了消毒抑制细菌的作用。关于铸铁腐蚀的实验研究表明，未经消毒的水比经过消毒的水引起更快的腐蚀。类似的，对厌氧或缺氧的水曝气，可以降低厌氧菌的活性。

微生物在促进腐蚀方面影响的实际结果是消毒与腐蚀之间的关系。在配水系统水发生停滞的部位，水设施会发生相对严重的腐蚀。余氯的降低以及在配水系统末端缺乏水流的冲刷，会导致管道表面微生物的生长。尤其是发生点蚀的部位或有机物含量高的部位。因此，腐蚀产生的故障以及主要的破坏更容易在这些地方出现。水设施常用的做法是对这些死角部位定期冲洗，以减少细菌的生长，降低氯化水的停留时间。

（11）杂散电流腐蚀

与地下管线有关的杂散电流可以是直流电，也可以是交流电，当聚集在金属管线或结构上时，能够引起金属或合金的电解腐蚀。杂散电流的来源包括阴极保护系统、直流电源或路面电车、电弧焊接设备、直流电传输系统以及电接地系统。杂散电流腐蚀通常发生在管道外壁。

例如，直流电气铁路的轨道用作列车电流的回流线，通过轨道返回变电站的部分电流流经地面，如果给水管、煤气管道、通信管道、电力管等铺设在这样的地面中，电流就会使这些电阻较小的金属管道导通，返回变电站。在管体中电流流出部分将发生电化学腐蚀（见图 16-7）。

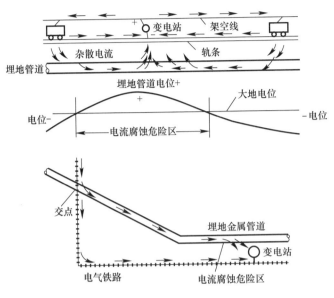

图 16-7　杂散电流危险区

载入当管道受到交流电传输产生的电场或磁场的影响时，会发生感应现象，在管道上产生电流或电位梯度（见图 16-8）。

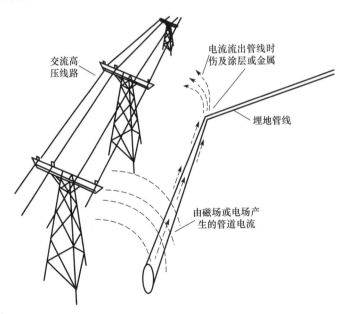

图 16-8　管道上的交流电流

（12）应力腐蚀

在管道与腐蚀性应力发生某种程度结合的情况下可能出现应力腐蚀裂纹（SCC）。其特征是在管壁的高应力区形成腐蚀，加速管道开裂。腐蚀性物质的存在又恶化了这一情况。一般而言，含碳较高的钢铁更易于出现应力腐蚀裂纹。由于焊接或其他后加工过程带来的那些钢铁特性，也可能使其更易于受到损害。应力腐蚀裂纹具有很强的局部性。

## 16.3 影响腐蚀和金属释放的物理因素

影响腐蚀发生及其速率的水质特性可分为：物理因素、化学因素和生物因素。物理因素和化学因素见表16-3。多数情况下，腐蚀是由不同因素的综合作用引起。

（1）流速

给水管网内水的流速会影响溶解氧和余氯的扩散速度，也会影响溶解氧和余氯的扩散层厚度，从而间接影响管壁的腐蚀速率。高流速有时能促进防腐性成分向管壁的转移而协助形成表面保护壳。但是高的流速也可能侵蚀或冲刷管壁，造成管道中保护性管膜或管材本身的损失。高速水流与其他引起腐蚀的水质成分一起，能使管材迅速解体并伴随着稀释而有少量金属释放到水中。例如，低 pH 和高 DIC 浓度的高流速水对铜管有相当大的侵蚀性。高流速也可以增加氧化剂与管壁接触的速度，加强腐蚀。

低流速可能使铸铁或钢发生初始或缓慢腐蚀，并伴随着色度升高。

（2）温度

电极电位（任何腐蚀原电池的驱动力）与绝对温度是成比例的。因此理论上腐蚀速率将随温度升高而加快。该关系在一些可以控制客观条件的试验中可以观察到，但实际上并不明显，除非温度变化非常大（如热水系统与冷水系统的比较）。温度较高时，碳酸钙也会参与到反应，在管壁上沉积后形成保护层。给水管网中，短时间内温度波动有限。

（3）制作过程

一些管材的制造工艺常常决定了腐蚀类型，管道及设备的使用寿命。

**影响腐蚀的因素**　　　　　　　　　　　　　表 16-3

| 化学因素 | 物理因素 |
| --- | --- |
| 1. pH<br>　（1）酸溶液金属的氧化物在 pH 低时更易溶解，故腐蚀加重两性金属的氧化物在低和高 pH 溶解，故在中间 pH 便于保护；<br>　（2）贵金属不腐蚀，不受 pH 影响<br>2. 溶解盐类<br>　（1）$Cl^-$、$SO_4^{2-}$ 能穿透钝化金属的氧化物保护膜，促进局部腐蚀；<br>　（2）$Ca^{2+}$、$Mg^{2+}$ 和碱度可沉淀产生保护层<br>3. 溶解气体<br>　（1）$CO_2$ 降低 pH，促进腐蚀；$O_2$ 起阴极去极化作用，缺 $O_2$ 处形成阳极区；$N_2$ 加重空蚀<br>　（2）$H_2S$ 促进酸性侵害，形成沉积物；<br>　（3）$Cl_2$ 促进酸性侵蚀，剥离缓蚀剂形成的保护膜<br>4. 悬浮固体<br>　形成沉积物，促进氧浓差电池腐蚀<br>5. 微生物<br>　促进酸侵蚀、氧浓差电池腐蚀、阴极去极化、原电池腐蚀 | 1. 相对面积<br>　在原电池偶中，阴极与阳极面积比增加时，腐蚀也随之加重<br>2. 温度<br>　温度增加有利于氧的去极化，降低释放氢的极化作用，故促进腐蚀；高温部位相对其他部位，成为阳极区，较高温度能使金属电位改变，导致原电池电极倒转<br>3. 速度<br>　（1）高流速促进磨损腐蚀，冲走起钝化作用的腐蚀产物；<br>　（2）低流速增加沉积物，增加氧浓差腐蚀，降低缓蚀剂到达金属表面，起保护膜作用<br>4. 传热<br>　溶解氧在高温表面部位释放出来，促进形成浓差电池<br>5. 冶金<br>　（1）表面缺陷部位易形成阳极；<br>　（2）内部应力促进形成阳极部位；<br>　（3）金属夹杂物、晶粒边界沉积物、不同晶粒相邻处等都能促进形成阳极 |

## 16.4　影响腐蚀的化学因素

表 16-4 列出了一些对腐蚀及腐蚀控制都很重要的化学因素。其中一些因素是紧密相关的，一个因素随着另一个变化。典型例子是 pH、二氧化碳、DIC 浓度及碱度之间的关系。

（1）pH

pH 是用以描述水中氢离子活度的量，反映了水中各种溶解性物质的酸碱平衡状态。因为氢离子是腐蚀时接受金属释放电子的主要物质，pH 是测试的一个重要因素。pH 低时腐蚀速率升高，当 pH 低于 5 时，铸铁和钢快速且均匀腐蚀。pH 高时有利于管壁形成含钙保护层，起到化学抑制作用，当 pH 大于 9 时，铸铁和钢受到保护，通常不发生腐蚀。当 pH 介于 5 和 9 之间时，如果没有保护膜，会发生点蚀。

（2）碱度/溶解无机碳（DIC）

碱度是水中酸碱中和能力的量度。水中总碱度表示为以下关系式。

$$TALK = 2[CO_3^{2-}] + [HCO_3^-] + [OH^-] - [H^+] \qquad (16\text{-}33)$$

其中浓度以 mol/L 计，总碱度以当量/升（eq/L）计。实际操作中，它由碱度滴定碳酸当量定义。碳酸氢根和碳酸根离子与水中 pH 和碳酸离解过程中的 DIC 浓度直接相关。

溶解无机碳定义为所有含碳物质的总称。当离子对和络合体的浓度可以忽略时，如 $CaHCO_3^+$，$MgCO_3$ 等，则 DIC 可以写成：

**影响腐蚀和腐蚀控制的化学因素**　　　　　　　　　　　　　　表 16-4

| 因素 | 影响 |
|---|---|
| pH | 低 pH 可能增加腐蚀速率和氧化剂浓度；高 pH 可能有利于钝化膜保护管道，降低腐蚀速率，可能引起或增加铜的脱锌 |
| 碱度 | 有助于形成保护性碳酸盐或羟基碳酸盐膜；通过加强缓冲，有助于控制 pH 变化。低碱度可减少大多数材料的腐蚀，高碱度增加铜的腐蚀（所有 pH 范围）以及高 pH 范围内铅的腐蚀 |
| DO | 若金属不受缺氧条件的影响，增加许多腐蚀反应的速率 |
| 余氯 | 一些材料（如铸铁），有助于形成更好的钝化氧化膜；增加金属腐蚀，尤其对于铜、铁和钢；降低微生物腐蚀 |
| TDS | TDS 代表离子浓度，如果没有钝化膜形成而弥补，则会增加传导性以及腐蚀速率 |
| 钙硬度 | 钙以碳酸钙形式沉淀，然后提供保护，从而减小腐蚀速率。与碱度和 pH 联合也能增加缓冲效应 |
| 氯、硫 | 增加铁、铜、镀锌钢以及铅的腐蚀 |
| 硫化氢 | 增加腐蚀速率；可能引起铜的剧烈点蚀 |
| 氨 | 增加一些金属（如铜和铅）的溶解度 |
| 聚磷酸盐 | 减少铁和钢的结节，并且提供光滑的管道内壁；少剂量时可增加铁和钢的均匀腐蚀；侵袭和软化混凝土管；增加铅和铜的溶解度；防止碳酸钙形成并沉淀；螯合亚铁离子并且减少红水现象 |
| 硅酸盐 | 在许多材料上形成保护膜，尤其是铸铁和混凝土管。螯合亚铁离子，高 pH 时形成最有效的膜。硅酸盐材料在低碱度的水中有利于提高 pH |
| 正磷酸盐 | 在铁、镀锌管及铅管上形成保护膜。在 pH 中性时可减缓铜的氧化；在 pH 大于 8 时易于形成胶体铅及其他金属类物质；阻碍碳酸钙成核现象及其生长 |
| 天然有机物质 | 可能通过形成长期的管道表面膜而减少腐蚀；一些有机物可以络合金属并且加速腐蚀或金属的吸取；特别是在新的表面 |

| 因素 | 影响 |
|---|---|
| 锰 | 可能抑制了管壁碳酸钙中钙的沉淀，有助于更易溶的霰石形式的碳酸钙沉淀 |
| 铝 | 可能在铁、铅以及其他管材如氢氧化铝或铅硒酸盐沉淀上形成扩散屏障。如果存在的铝浓度较高，则减少正磷酸盐的影响 |

$$DIC = [H_2CO_3] + [HCO_3^-] + [CO_3^{2-}] \tag{16-34}$$

式中 $[H_2CO_3]$ 表示二氧化碳分子和碳酸分子的总量。DIC 浓度可以由直接分析得出；亦可通过合适的离子强度和一些含氢物质（如 $HPO_4$，$H_3SO_4^-$，$NH_3$ 等），由总碱度滴定或 pH 计算得出。如果碱度由式（16-33）定义，则 DIC 可由总碱度和 pH 计算值得出。

$$DIC = \left[1 + \frac{K_2'}{[H^+]} + \frac{[H^+]}{K_1'}\right] \left[\frac{TALK - \frac{K_w'}{[H^+]} + [H^+]}{1 + \frac{2 \cdot K_2'}{[H^+]}}\right] \cdot 12011 \tag{16-35}$$

式中　　TALK——总碱度，eq/L；

$[H^+]$——氢离子浓度，mol/L；

$K_w'$——水的离解常数；

$K_1'$ 和 $K_2'$——分别为碳酸的一阶和二阶离解常数。

总碱度的常用单位是 mg $CaCO_3$/L；除以 50044.5 后可转换为 eq/L（50045.5 是从碳酸钙当量将克转换为毫克而来）。将式（16-35）代入式（16-33），发现总碱度与 DIC 的相互关系可由图 16-9 表示。以上计算均假定温度为 25℃，离子强度为 0.005M。如果使用其他假设值，图 16-9 中的直线斜率会发生变化。

当存在大量碳酸盐（碳酸氢根离子和碳酸根离子）之外的碱式盐，且 $OH^-$ 占绝大多数时，则这些碱式盐在碱度滴定碳酸当量时会消耗氢离子。因此碱度定义必须扩大，使之与它们相应。例如，含有正磷酸盐、次氯酸盐、氨、二氧化硅和一些带单电荷的有机酸类的水质，碱度将会是：

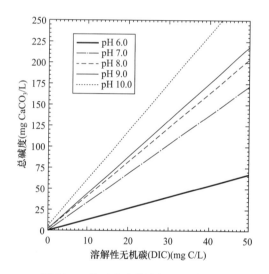

图 16-9　总碱度和总溶解无机碳浓度之间的关系

（温度 25℃，离子强度 0.005M）

$$
\begin{aligned}
总碱度 = & [HCO_3^-] + 2[CO_3^{2-}] + [HPO_3^{2-}] \\
& + [OA] + [NH_3] + [H_3SiO_4^-] + [OH^-] \\
& - [H^+]
\end{aligned}
\tag{16-36}
$$

式（16-36）假定可忽略 $PO_4^{3-}$ 和 $H_2SiO_4^{2-}$，因为它们的离解常量很小，要使它们在水中浓度较高，则所需 pH 会很高。同时注意在碳酸当量点，$HPO_4^{2-}$ 没有完全转变成 $H_2PO_4^-$，因此化学计量的乘子可近似取值 1，而不是通常使用的系数 2。

一些耗氧的化合物，如 $CaHCO_3^-$、$Fe(OH)_2$，$Al(OH)_3$，$MgCO_3$，$Pb(CO_3)_2^{2-}$ 对碱

度也有贡献，但它们的浓度通常很小，作用可以忽略。如果一种化合物在碱滴定中与酸缓慢反应，那么它不会产生溶解性无机碳及滴定碱度。碳酸及碳酸盐常对化学腐蚀反应起着重要的影响，其中包括与水形成的保护性金属碳酸盐水垢或保护膜，像碳酸钙、碳酸亚铁、碱式碳酸铜、碱式碳酸锌或碱式碳酸铅。它们也影响钙离子的浓度，转而影响从混凝土管中的离解。

如果有合适的 pH/DIC、pH/碱式环境，金属易溶络合物的形成，能加剧腐蚀或引起大量的金属释放，如金属铅、铜、锌。

（3）缓冲强度（$\beta$）、缓冲能力、缓冲指标

水的缓冲能力是指它能缓冲由腐蚀反应或水处理化学引起的 pH 增加或减少的能力，它与水的碱度、DIC 浓度和 pH 密切相关。水的缓冲强度定义为 $\beta_c = (\partial A/\partial pH)_{DIC}$，本质为碱度滴定曲线斜率的倒数。根据碱度得出的缓冲强度的基本公式如下，该式适用于仅含碳酸的弱酸系统。

$$\beta_{tot,Alk} = 2.303 \left\{ \left[ \frac{[H^+]TALK}{[H^+] + K_2'} \right] \cdot \left[ \frac{[H^+]}{[H^+] + K_1'} + \frac{K_2'}{[H^+] + K_2'} \right] + [H^+] - \frac{K_w'}{[H^+]} \right\} \quad (16-37)$$

式中  TALK——碱度，eq/L；

    $[H^+]$——氢离子浓度，mol/L；

    $K_w'$——水的电离常数；

 $K_1'$ 和 $K_2'$——分别是碳酸的一级和二级电离常数，它们都随温度和离子浓度而变化。

同样，也可以根据 DIC（mol/L）写出缓冲强度，则上式变为：

$$\beta_{tot,DIC} = 2.303 \cdot DIC \cdot K_1'[H^+] \left[ \frac{K_1'K_2' + [H^+]^2}{(K_1'K_2' + K_1'[H^+] + [H^+]^2)^2} \right]$$
$$+ 2.303 \cdot \left[ \frac{K_w'}{[H^+]} + [H^+] \right] \quad (16-38)$$

$\beta$ 的单位通常是 mol/L 每单位 pH；若存在其他的弱酸或弱碱，如正磷酸盐或硅酸盐；或者如果氨的浓度很高，则式（16-37）或式（16-38）必须还有附加项。以上所述的系统通常叫做均匀缓冲系统，该系统中所有缓冲组分均为液体类。

图 16-10 说明了温度对 48mg/L 浓度 DIC 的影响。图 16-11 说明了不同浓度 DIC 的缓冲强度。值得注意的是，缓冲强度在 pH 为 8 附近达到最小值，对应于 pH 为碳酸的 $\frac{1}{2}\left[ (-\lg K_1') + (-\lg K_2') \right]$ 的点。pH 极值处的缓冲来源于低 pH 下的氢离子或高 pH 下的氢氧根离子。图 16-12 说明了 20mgSiO$_2$/L 硅酸盐，5mg/L 正磷酸盐和 DIC 浓度为 4.8mgC/L 的水质对缓冲强度的影响。明显地，碳酸盐系统具有几乎所有的缓冲作用，除了当 pH 大于 9 且硅酸盐阴离

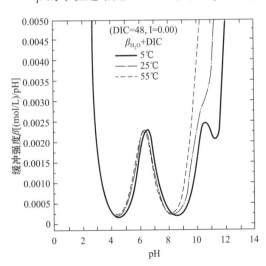

图 16-10　温度对缓冲强度的影响
（缓冲系统的 DIC=48mgC/L，I=0，离子强度对曲线的正值几乎没有影响）

子的浓度过高，则二氧化硅总浓度较高。当水体暴露于空气中时，二氧化碳气体的转换会影响 DIC 浓度、缓冲强度和缓冲能力。

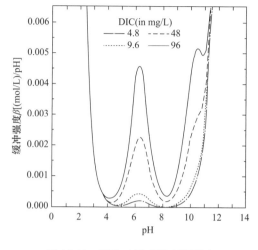

图 16-11　DIC 对缓冲强度的影响
（温度 25℃，I＝0）

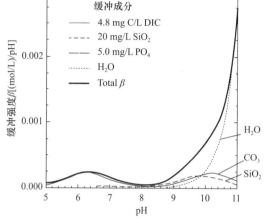

图 16-12　在 DIC、硅酸盐与正磷酸盐组合
水质下的缓冲强度（温度 25℃，I＝0.005）

表 16-5 说明了碱度和缓冲强度的区别。给出的四种水样有着相同的碱度，但 pH 不同。这样水样也有不同的 DIC，且 DIC 浓度显示了跟缓冲强度一样的趋势。表 16-5 中的缓冲强度趋势与图 16-11 和图 16-12 表达的一致，图 16-11 和图 16-12 中的最低值在 pH＝8 附近。因此，水厂在 pH＝8～8.5 输配水时，比含有同样 DIC 浓度且在 pH＝7 或 9 输配水时的 pH 稳定性要差。通过增加缓冲而防止局部（如在原电池的阴极区）出现高的 pH，可以改进腐蚀水垢以及局部点蚀形成的均匀性，特别对于铸铁材料。

能够直接或间接生成［H⁺］或［OH⁻］的固体材料亦具有缓冲作用。由此定义了一个多项非均质缓冲系统。

总碱度相同的水在不同 pH 下的缓冲强度比较　　　　　　　表 16-5

| 碱度（mg CaCO$_3$/L） | pH | DIC（mgC/L） | $\beta$（mmol/L）/pH |
|---|---|---|---|
| 20 | 6.0 | 14.83 | 6.26 |
| 20 | 7.0 | 5.80 | 1.60 |
| 20 | 8.0 | 4.86 | 0.27 |
| 20 | 9.0 | 4.43 | 0.72 |

（4）溶解氧

溶解氧是腐蚀中重要的因素，它接受腐蚀金属释放的电子。例如，氧与二价亚铁离子反应生成三价铁离子。在水中，二价亚铁离子比三价铁离子易溶得多。当溶解的二价亚铁离子遇到氧或氯，反应生成氢氧化铁橙红色的絮状胶体。腐蚀时三价铁离子沉积物形成结节，或停在管内某处而妨碍水流。同样，氧与金属铜反应可形成一价铜或二价铜，这取决于存在的氧量。氢氧化亚铜或氧化亚铜比氢氧化铜和氧化铜难溶得多。

若水中存在氧，可能出现结节或点蚀。如果可溶的亚铁离子暴露于很高浓度的氧中，管道会受点蚀、结节以及沉淀的影响。许多情况下，铁的任何腐蚀首先呈现给用户的是

"红水"。水中携带有可溶的亚铁离子，一旦从水龙头中释放即被空气中的氧转换为三价铁离子。

在一些环境下高溶解氧水平也可能有益于腐蚀的防护。与有限的溶解氧相比，即使水中的氧化还原电位一致，大量溶解氧的存在也可以形成不同的、更具保护性的氧化物或氢氧化物固体腐蚀物。因此，加强了腐蚀的防护。

（5）余氯

气态氯与水反应形成次氯酸、氢氧根离子和氯离子而降低水的 pH。反应趋于使水变得更具腐蚀性。而次氯酸钠这种强碱性化学物质会提高 pH。在低碱度水中，氯影响 pH 的趋势更大，因为这种水质对 pH 改变的缓冲有限。实验表明游离氯浓度超过 0.4mg/L 时，铁的腐蚀速度会增加。

（6）总溶解性固体

高浓度总溶解性固体（TDS）与提高水的电导率的高浓度离子通常是结合在一起的。水中离子浓度越高，电导率越大。增加的电导率也增加了水完成电化学回路并形成腐蚀电流的能力，促进电化学腐蚀。溶解固体也可能会影响保护膜的形成。如果硫酸盐和氯化物为导致 TDS 的主因，铸铁材料的腐蚀性可能增加。如果高浓度的 TDS 主要由碳酸氢盐和硬度离子组成，水可能对铸铁和水泥材料不显腐蚀性，但对铜却有很大的腐蚀性。

（7）硬度

硬度有时可以降低对多种管道设备材料的腐蚀性。硬度主要指水中含有的钙离子和镁离子，常用当量碳酸钙描述。硬水的腐蚀性要低于软水。如果在给定 pH 下存在足够的钙离子和碱度，硬水能形成具有保护性的碳酸钙内衬，或在管壁上形成铁/钙碳酸盐膜。大量的钙也可以帮助水泥砂浆，促进碳酸钙的形成，阻止氢氧化钙的释放。一般认为，铅、镀锌管、铜冷水管中不会形成碳酸钙膜。

（8）氯化物和硫酸盐

氯离子和硫酸根离子通过与溶液中金属反应并使它们保持可溶性，或阻碍普通氧化物、氢氧化物或碳酸盐膜的形成而引起金属管腐蚀的增加。它们可以增加水的电导率。对于铸铁材料，氯化物的活性是硫酸盐的 3 倍。铜的点蚀通常与氯离子和硫酸根离子相对于碳酸氢根离子的浓度紧密相关，其中大量的盐可以导致斑点的酸化并增加水的电导率。

（9）硫化氢

硫化氢与金属离子反应形成不溶性、无保护的硫化物而加速腐蚀。即使不存在氧，它都能侵袭铁、钢、铜和镀锌管而形成"黑水"。

（10）氨

氨与很多金属形成极易溶解的配合物，尤其是铜和铅。因此，氨可能阻碍钝化膜的形成或增加腐蚀速率。

（11）硅酸盐

硅酸盐提供水和管壁之间的屏障，形成保护膜从而减少或抑制腐蚀。一些研究表面硅酸盐有助于减少铁、铜和铅腐蚀。在一些情况下，硅酸盐在发生反应时，可使 pH 升高，所以还需同时投加硅酸盐处理剂。也有一些证据表明硅酸盐对减少水泥管的降解是有益的。

（12）正磷酸盐

正磷酸盐通常在管壁上形成不溶性钝化膜，在严格的 pH 下和剂量范围内，与金属管道本身反应（尤其铅、铁和镀锌钢管）。含有锌的正磷酸盐能降低铜脱锌的速率。合适化学条件下，水泥管壁也可以沉淀一层保护性锌壳。正磷酸盐可以减慢铜氧化的速率，尤其在 pH 为中性附近，也可以阻碍高的 pH 下保护性氧化物膜的形成。

（13）天然色度和有机质

天然存在的有机物质（有时表现为色度）可能以多种方式影响腐蚀。一部分天然有机物与金属表面反应，形成保护膜而减少腐蚀，尤其在很长一段时间后。另一部分与腐蚀产物（如铅）反应而增加腐蚀。有机物也可能络合钙离子而阻止它们形成碳酸钙沉淀。在一些情况下，有机物可能成为输配水系统中或管壁微生物的食物。通常不推荐使用天然色度和有机质作为腐蚀控制的方法。

（14）聚磷酸盐

聚磷酸盐通常用于控制结节腐蚀和恢复输水干管的水力效率。它有时候引起腐蚀类型从点蚀或浓差原电池腐蚀转变为均匀腐蚀。聚磷酸盐用来控制管道中溶解的亚铁离子的氧化，以及"红水"的形成。另一方面，它可以阻止含钙保护膜的沉淀剂增加金属（如铅和铜）的溶解性，阻止钝化膜的形成。

# 16.5　土壤腐蚀性

土壤是固态、液态、气态三相物质组成的混合物，由土壤颗粒组成的固体骨架中充满着空气、水和不同的盐类。土壤作为原电池系统活动中的重要因素尚未取得广泛的、一致的认同。历来习惯用测试土壤阻抗判断土壤在电化学腐蚀中的作用。与原电池系统中任何组成部分一样，其电阻是维系电路运转的一个组成部分。土壤电阻率取决于：湿度、孔隙率、温度及土壤种类等各种可变因素。其中一些因素受控于时间或随季节而变，且还随降雨量或大气温度变化而变化。

微生物活动可加速腐蚀过程。厌氧细菌中的硫酸盐还原菌，可能造成临近外管壁的氢气层损失殆尽，而该氢气层一般可提供一定程度的防腐功效。当清除此层后，实际上可能加速管道的腐蚀反应。含有硫酸盐或是可溶性盐的土壤环境对于厌氧性硫酸盐还原菌来说，是极有利生长繁殖的。

虽然微生物并没有直接侵蚀金属，但因其活动而形成的环境状况却有着加速金属腐蚀的趋势。一般在与金属发生接触的滞留水域或是在水浸土壤中发现有硫酸盐还原菌。挖掘出管道后，有时候会看见细菌活动过的迹象——管壁上一层黑色的硫化铁。

不同的管材易受到不同的土壤状况侵蚀：土壤中的硫酸盐或者酸可使混凝土失效退化；聚乙烯管道则易遭受烃类化合物的侵蚀。

土壤中含有水分和能进行离子导电的盐类，使土壤具有电解质溶液的特征，因而金属在土壤中将发生电化学腐蚀。土壤中的离子浓度可能会明显影响腐蚀潜能，一般用 pH 来度量。当 pH 小于 4 或大于 8 时，皆可能增进腐蚀（和中性 4～8 范围比较）。对于金属来说，酸性大（pH 较低）的土壤比碱性大（pH 较高）的更具腐蚀性。

此外，不同土质和不同含水率会引起金属管道的腐蚀（见图 16-13 和图 16-14）。

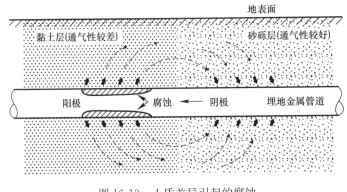

图 16-13　土质差异引起的腐蚀

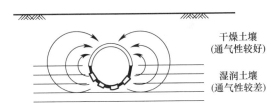

图 16-14　土壤不同含水率引起的腐蚀

## 16.6　特定材料的腐蚀

输配水系统中腐蚀的机理通常很复杂，它是物理、化学、生物过程相互作用的结合体，很大程度上取决于材料本身和水的化学特性。表 16-6 说明了配水系统中常用材料的腐蚀特性。

### 16.6.1　铸铁和钢

钢铁是配水系统中最常用的金属。与铸铁和球墨铸铁相比，钢具有更低的碳含量和硅含量。对软化水进行长期腐蚀试验表明，腐蚀速率随着 pH 的升高而增大。Stumm 认为，腐蚀表面性质的改变部分与腐蚀过程中由于 pH 对氢氧化铁胶粒带电的影响有关。氢氧化铁的等电点略高于中性 pH。因此，在低 pH 范围，胶粒带正电，将向阴极迁移。电荷的改变降低了其他离子迁移至阴极表面的传质速率，改变了阳极和阴极面积的分布。在更偏碱性的 pH 范围，氢氧化铁胶粒会带更多的负电荷，让它们继续留在阳极，导致阴极和阳极的电位差增加，增加腐蚀速率，并且增加腐蚀表面的不均匀性。另一种观点认为，高 pH 时，铁腐蚀产物更容易产生沉淀，留在阳极；而在低 pH 时，它们更倾向于溶解和分散。

**配水系统中常用材料的腐蚀特性**　　　　　　　　　　　　　　　表 16-6

| 管道材料 | 抗腐蚀性 | 管材析出的主要污染物 |
| --- | --- | --- |
| （无衬）铸铁<br>或球墨铸铁 | 易受侵蚀性水质（软水）腐蚀，在不良缓冲水体中易结节 | 铁，常引起浑浊和红水投诉 |
| 低碳钢 | 易出现均匀腐蚀；主要受高溶解氧、氯浓度和不良缓冲水质的影响 | 铁，常引起浑浊和红水投诉 |
| 混凝土、水泥内衬 | 良好的抗腐蚀性；不受电解影响；受侵蚀性水质（软水）影响，从水泥中析出钙；聚磷酸盐螯合剂可消耗钙，随后使管道软化 | pH 升高，铝和该浓度的增加 |

| 管道材料 | 抗腐蚀性 | 管材析出的主要污染物 |
|---|---|---|
| 塑料 | 抗腐蚀性强 | 部分塑料管道中罕有的金属成分（尤其铅） |
| 铜 | 良好的抗腐蚀性；易受高的流速、软水、氯、溶解氧、低 pH 和高有机碳浓度（碱度）的水质腐蚀；可能会出现"点蚀"故障 | 铜，锌、铅等 |

溶解氧对钢铁腐蚀速率的增加或抑制，取决于水的矿物成分和溶解氧的浓度。氯既可以提高电解液的氧化还原电位而促进铁转化为亚铁离子，也可以在化学反应中生成氢离子、次氯酸、次氯酸根离子和氯化物，以加剧铁的侵蚀速率。氯的影响与氧一样，当腐蚀表面被腐蚀副产物钝化，影响将变小。氯的第二效应是对微生物腐蚀现象的缓冲。好氧条件向缺氧条件的转变有助于亚铁离子的生成，它比三价铁离子易溶得多。氧化条件的重现或水与空气的直接接触，将导致"红水"。

氯化物和硫酸盐强烈影响亚铁物质的活性。腐蚀速率和铁的释放由溶液中氯化钠和硫酸钠浓度的增加而急剧增加。"Larson 比"的研究表明，氯化物加硫酸盐与碳酸氢盐的质量比低于约 0.2～0.3 时，它们才能阻止无内衬铸铁管的腐蚀。

如果水中含有少量的钙，在一定 pH 和碳酸氢盐浓度下，将瞬间形成碳酸钙沉淀，从而缓冲了腐蚀反应中 pH 的升高。

天然硅土可以降低钢的腐蚀速率，尤其是已经形成一层水垢的情况下。研究表明硅酸盐可减缓亚铁离子的氧化、减少三价铁离子的水解。

### 16.6.2　高分子材料的腐蚀类型

高分子材料由于环境因素的物理作用、化学作用或生物作用，导致其物理化学性能和机械性能逐渐退化，以至最终丧失其使用功能的现象称为高分子材料的腐蚀，俗称老化。

高分子材料的腐蚀受材料自身因素（化学结构、聚集态结构和配方条件）和环境因素共同影响，环境因素包括物理因素（如光、热、高能辐射、机械应力等）、化学因素（如有机溶剂、氧、水及碱、酸等介质）及生物因素（微生物、海洋生物）等。高分子材料的腐蚀过程实质上就是高分子的降解、交联及物理过程引起的次价键的破坏过程。

根据高分子材料与环境介质的反应过程及反应机理，可将高分子材料的腐蚀分为溶解腐蚀、化学侵蚀、降解、环境应力开裂（或应力腐蚀）及生物腐蚀等。图 16-15 是高分子聚合物材料与环境介质作用的示意图。表 16-7 总结了高分子材料在大气及水介质环境中的主要腐蚀破坏形式。

腐蚀破坏的结果表现为：①表面形态和色泽的改变，如出现污渍、斑点、银纹、粉化、失泽和变色等；②物理性能的改变，如溶解性、溶胀性、流变性、耐温性及渗透性的变化；③力学性能的改变，包括拉伸、弯曲、冲击强度的变化；④电学性能的改变，如介电常数、绝缘性能的变化等。

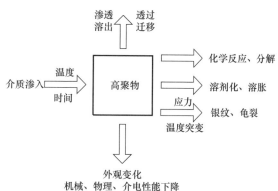

图 16-15　高分子聚合物与环境介质的作用示意图

| 化学环境 | 氧 | 氧 | 氧 | 水及水溶液 | 大气中氧/水汽 | 水及水溶液 | 水及水汽 | | |
|---|---|---|---|---|---|---|---|---|---|
| 其他条件 | 中等温度 | 高温 | 紫外线 | | 室温 | 应力 | 微生物 | 热 | 辐射 |
| 腐蚀形式 | 化学氧化 | 燃烧 | 光氧化 | 水解 | 风化 | 应力腐蚀 | 生物腐蚀 | 热解 | 辐射分解 |

### 16.6.3 混凝土腐蚀

混凝土是一种复杂的建筑材料，它是砾石、卵石、碎石或炉渣在水泥或其他胶结材料中的凝聚体，是一种特殊的复合材料。工程中使用最为广泛的是钢筋混凝土，它是以钢筋作为混凝土的增强材料。在混凝土中用量最大的胶结材料是水泥。

水泥熟料系由硅酸三钙（$3CaO \cdot SiO_2$）、硅酸二钙（$2CaO \cdot SiO_2$）、铝酸三钙（$3CaO \cdot Al_2O_3$）和铁铝酸四钙（$4CaO \cdot Al_2O_3 \cdot Fe_2O_3$）等组成。这些熟料与水作用（水合作用）凝固后即成为水泥石。水合作用的产物取决于水泥中的组元组成。通常水泥石的构成包括水化硅酸钙 $2CaO \cdot SiO_2 \cdot nH_2O$，氢氧化钙 $Ca(OH)_2$，以及含水铝酸三钙 $3CaO \cdot Al_2O_3 \cdot 6H_2O$，铁铝酸钙 $4CaO \cdot Al_2O_3 \cdot Fe_2O_3 \cdot nH_2O$ 等。其中硅酸钙使混凝土具有强度，故可用作建筑结构材料。氢氧化钙呈碱性，使水泥石的 pH 高达 12 以上，由于这些碱性使钢筋处于钝化状态，故钢筋本身通常情况下不易遭受腐蚀。但当钝化膜遭到破坏时，则钢筋将会腐蚀，并进而破坏混凝土结构。

混凝土构筑物在服役过程中，由于受到周围环境的物理、化学、生物的作用，造成混凝土内部某些成分发生反应、溶解、膨胀，从而导致混凝土构筑物的破坏，这种现象即为混凝土的腐蚀。室温下混凝土结构的腐蚀主要是水和水溶液引起的腐蚀。

混凝土中的硅酸盐水泥组分的腐蚀有两种分类方法：①按腐蚀的形态分类，可分为溶出型腐蚀（溶解侵蚀）、分解型腐蚀、膨胀型腐蚀（或称结晶型腐蚀），见表 16-8。溶出型腐蚀为物理作用；分解型腐蚀为化学作用；膨胀型腐蚀既可能是物理作用引起，也可能是由于化学反应造成；②按环境分类，可分为硫酸盐腐蚀、酸性介质腐蚀、海水腐蚀、土壤腐蚀、生物腐蚀等。在实际工程中，有时是单一类型腐蚀，但是大多数情况下是多种类型的复合腐蚀。

| 腐蚀类型 | 腐蚀作用来源 | 腐蚀过程 |
|---|---|---|
| 溶出型腐蚀 | 软水的作用 | 硬化水泥石中的 $Ca(OH)_2$ 受软水作用，产生物理性溶解并从硬化水泥石中溶出 |
| 分解型腐蚀 | 1. pH<7 的溶液（酸性溶液和碳酸）；<br>2. 镁盐溶液 | 硬化水泥石中的 $Ca(OH)_2$ 与酸性溶液作用或与镁离子的交替作用，生成可溶性化合物，或生成无胶结性能的产物，导致 $Ca(OH)_2$ 丧失，使硬化水泥石分解 |
| 膨胀型腐蚀<br>（结晶型腐蚀） | 1. 硫酸盐溶液；<br>2. 结晶型盐类溶液 | 硫酸盐溶液与 $Ca(OH)_2$ 作用，产生硫酸钙型、硫铝酸钙型的腐蚀，体积膨胀，结晶型盐类溶液在水泥孔隙中脱水、结晶，体积膨胀 |

老化的水泥砂浆管可引起水质的明显恶化。水泥中生石灰的析出导致水的 pH 大幅上升，特别在较长的管线和低流速区域，在缓冲能力较差的水中。pH 上升会削弱消毒剂和磷酸腐蚀抑制剂的作用，形成不同的金属沉淀（导致浑水），且具有难闻的气味。加入管

道遭到高活性水的侵袭，则会导致管道强度的下降以及管壁变得粗糙，进而增大水头损失。

## 16.7 金属管材腐蚀评价方法

金属管材腐蚀的评价方法包括基于管材本身的直接评价方法和基于水质腐蚀性的间接评价方法。

### 16.7.1 用户投诉

对用于投诉进行详细记录和归纳是及时有效监测管道腐蚀的有效手段。表 16-9 列出了用户投诉的问题以及可能的原因，用户投诉的问题不是都要归咎于腐蚀问题。例如，水的红色问题可能因为水处理时铁含量不满足要求所致。因此，某种情况下，断定是否为腐蚀问题之前应作进一步调查。

### 16.7.2 基于管材本身的腐蚀评价方法

（1）目测法。目测法是一种简单有效且费用较低的评价方法，且易于纳入供水企业的常规监测体系。管道内壁腐蚀层的观察可判断腐蚀类型及程度。例如可以判断是均匀腐蚀还是点蚀，观察表面结节情形或裂缝。长期多部位及不同水质条件下的管道内壁观察记录，可以分析腐蚀速率及钝化情况。

用户投诉的内容和常见原因　　　　　　　　　　表 16-9

| 用户投诉 | 可能原因 |
| --- | --- |
| 1. 红水、红色或黑色颗粒、器具或所洗衣服出现红褐色的污点 | 铁管腐蚀、老的镀锌钢管或原水中含有铁离子 |
| 2. 洗涤槽、浴盆有蓝色污点 | 铜管的腐蚀 |
| 3. 黑色水线 | 铜或铁的硫化物腐蚀 |
| 4. 臭味或带气味，细小悬浮的蓝色颗粒、橙色、浅绿或黑色凝胶沉淀物 | 微生物活动产生的副产物 |
| 5. 水压不足 | 过度结垢、结节物、系统中各种类型的腐蚀、裂痕泄漏 |
| 6. 冰块状的白色颗粒 | 硬水 |

（2）腐蚀速率的测定。腐蚀速率通常表示为每年金属管壁的腐蚀厚度或金属的重量损失。腐蚀速率与金属的释放过程不一定具有良好的相关性，因为金属释放受金属基体的腐蚀过程和腐蚀产物的溶解过程等多方面影响。测定腐蚀速率的方法通常包括重量损失法和电化学法。重量损失法可选用有代表性的金属样品进行静态或动态浸泡实验完成，也可以截取一段管材连接到循环装置系统中进行。电化学腐蚀速率的测试是基于金属腐蚀的电化学特性，通过测定金属样品的电阻率、线性极化、腐蚀电流等指标，进行相关计算得出。

（3）金属浸泡实验。浸泡实验是将金属样品浸入烧杯中并按照标准方法评判抑制剂种类及其剂量、pH 等因素对腐蚀的影响。此方法简单有效；缺点是不能模拟实际情况下水的流动及水质变化条件。该方法可用作最初的筛选手段。

（4）化学分析。对管壁上的腐蚀产物进行化学成分分析，可以获得腐蚀产生原因、腐蚀抑制剂作用机理等有用信息。选用的分析方法应能够测定常见的阴离子（如碳酸根、磷酸根、硫酸根、氯离子、硅酸根等）、阳离子及其他成分。含有有机物的一些复杂腐蚀产物层还需要采用适当的消解技术和分析方法，以鉴定其中的成分。需要测定的成分应根据实际管材和腐蚀产物的表观现象确定。例如，对于呈现绿色的腐蚀沉积物，应分析铜的含量；对于黑色的沉积物则应同时测定铁和铜的含量。

（5）显微分析技术。光学显微技术和扫描电镜是表征管道表面和腐蚀产物结构形貌的有力工具。借助表面显微分析技术甚至可以直接确定管壁表面的组成成分和结构。

（6）X射线分析技术。X射线荧光光谱（XRF）和X射线能谱（EDXA）可以对管道表面物质进行元素组成和相对含量定量分析。这类方法样品前处理过程简单，分析快速省时；但在选取样品时必须注意样品的代表性，对同一管材可以进行多部位的测定。X射线衍射（XRD）技术广泛应用于腐蚀产物中晶型化合物的鉴别。XRD谱图可以给出样品中所有晶体物质的信息。

（7）红外光谱。红外光谱（IR）谱图可以揭示腐蚀产物不同化学键的转动和振动等分子信息，特别对于可能存在的有机物是有力的鉴定手段。

### 16.7.3 腐蚀指数

由于管材的腐蚀是由管材与水直接接触造成的，管材腐蚀与水质特征密切相关。影响管材腐蚀的水质参数常常有多种，可将其中有显著效应的参数构造成表征水质腐蚀性的指数。

1. 基于碳酸钙饱和程度的指数

基于碳酸钙饱和程度的指数有三种：Langelier饱和指数（LSI）、碳酸钙沉淀潜力（CCPP）和Ryznar指数。

（1）Langelier饱和指数（LIS）

Langelier饱和指数应用较早且较为广泛，它是基于pH对碳酸钙溶解性的影响得出的。如果用pHs表示饱和pH或稳定pH，LSI指数定义为体系实际pH与pHs之差，即

$$LSI = pH - pHs \tag{16-39}$$

当LSI>0时，水是过饱和的，具有析出碳酸钙沉淀的趋势；当LSI=0时，水处于碳酸钙饱和平衡状态，碳酸钙既不沉淀也不溶解；当LSI<0时，水处于碳酸钙不饱和状态，并有碳酸钙固体溶解的趋势。计算LSI指数时需要测定水的总碱度、钙离子浓度、水的离子强度、实际pH、水温等参数。

LSI指数作为腐蚀参数应注意以下问题：①对于硬度或溶解性碳酸盐较高的水质，必须在计算中校正$Ca^{2+}$与$HCO_3^-$的络合离子对效应；②当体系存在聚磷酸盐时，LSI指数会过高估计碳酸钙的饱和程度，应适当校正计算的pHs；③浓度较高的硫酸盐、正磷酸盐、镁离子、有机物等对碳酸钙晶体的形成及其结构形态有较大影响，使LSI指数的应用受到限制；④如果碳酸钙在管道内表面的沉积不均匀，或者不能有效阻止氧化剂的扩散，则可能不会对腐蚀起到保护作用；⑤即使水的LSI值小于0，也可能在某些位置因局部pH较高而出现碳酸钙沉积，这种现象常出现在水的较低缓冲能力情况下。

（2）碳酸钙沉淀潜力（CCPP）

LSI指数只能表明水中碳酸钙倾向于沉淀还是溶解，以及这种倾向的程度，并不能预测生成沉淀的量和形成沉淀的结构形态。而CCPP能给出碳酸钙的理论生成量，它的计算式为

$$CCPP = 50045 (TALK_i - TALK_{eq}) \tag{16-40}$$

式中　　　TALK$_i$——水的初始碱度，mg CaCO$_3$/L；

　　　　　TALK$_{eq}$——达到平衡状态时的碱度，mg CaCO$_3$/L。

该计算方法是根据碳酸钙沉淀的生成量与水中碱度消耗量之间的对应关系。当 CCPP 为正值时，表明水是过饱和的，其数值表示碳酸钙的生成量；反之，当 CCPP 为负值时，表明水处于不饱和状态，其数值表示可溶解的碳酸钙量。

（3）Ryznar 饱和指数（RSI）

Ryznar 饱和指数（RSI）是在实验观察基础上建立的，其值由式（16-41）给出：

$$RSI = 2pHs - pH \tag{16-41}$$

当 RSI 值在 6.5～7.0 之间时，认为水相对于碳酸钙，几乎处于平衡状态；当 RSI 大于 7.0 时，水处于不饱和状态，倾向于溶解碳酸钙固体；RSI 小于 6.5 时，水处于过饱和状态，倾向于沉积碳酸钙固体。由于在 pHs 前乘有系数 2，这一指数更适合于在高硬度和高碱度水质条件下使用。

2. 基于水的缓冲能力的指数

基于水的缓冲能力的指数有两个：饱和指数（SI）和 Larson 指数。

（1）饱和指数（SI）

对于任何固相物质的溶解反应，饱和指数定义为

$$SI_x = \lg\left(\frac{IAP_x}{K_x}\right) \tag{16-42}$$

式中　　IAP$_x$ 和 K$_x$——分别表示固相物质 $x$ 的离子活度积和浓度积常数。

例如，对于碳酸钙溶解关系式

$$CaCO_3 \Longrightarrow Ca^{2+} + CO_3^{2-} \tag{16-43}$$

SI 指数表示为

$$SI_{CaCO_3} = \lg\left(\frac{\{Ca^{2+}\}\{CO_3^{2-}\}}{K_s}\right) \tag{16-44}$$

式中 {} 表示离子的活度而不是浓度。SI 等于 0 时表示该物质处于饱和平衡状态；大于 0 时表示过饱和；小于 0 时表示不饱和。

（2）Larson 指数（LR）

Larson 指数（LR）是在研究铁的腐蚀速率基础上建立起来的，其表达式为

$$LR = \frac{\{Cl^-\} + 2[SO_4^{2-}]}{[HCO_3^-]} \tag{16-45}$$

式中离子浓度以 mol/L 计。为有效控制铁的腐蚀速率，应使 LR 值小于 0.2～0.3。

# 16.8　腐蚀控制方法

完全消除腐蚀是很困难的，现有技术通常从经济或风险权衡出发，减少或抑制腐蚀。在系统中，要同时具备特定的水质和管材两个条件才会发生腐蚀。某些方法在一种装置下行得通，而不适合别的装置；甚至在同一输配水系统的不同部位，效果也是不同的。常用腐蚀控制的方法如下。

（1）水质调节

水质调节是在分析管材腐蚀机理的基础上，通过调节对腐蚀有显著影响的水质参数，

从而降低水对管材的腐蚀能力。常用的化学调节方法有：调节出厂水 pH、调整碱度（或溶解性无机碳酸盐浓度），添加化学抑制剂等。

配水系统中，pH 调节是降低腐蚀的常用方法。氢离子充当电子受体，很容易参与到电化学腐蚀反应。酸性水通常含有较高的 $[H^+]$，所以它一般具有腐蚀性。水的 pH 是决定管材的腐蚀度和腐蚀副产物中膜形成的主要因素。输配水系统使用的很多材料（铜、锌、铁、铅和水泥）在低 pH 时会更快地溶解。当碳酸盐碱度存在时，增加 pH 也会增加溶液中的碳酸盐离子总量。而当碳酸盐的量增加过多时，水会大量结垢，很难调节 pH。

pH 与其他水质参数的关系，如 DIC、碱度、$CO_2$，都影响着 $CaCO_3$ 的溶解性。一般 $CaCO_3$ 形成保护层，覆盖于管道内壁。为了促进保护层的形成，水中的 pH 应略高于 $CaCO_3$ 饱和状态下的 pH。增加的 pH 是限制水泥胶粘剂溶解的主要因素，从而可以控制这类管道的腐蚀。

控制输配水系统 pH 稳定性的同时，应检查余氯消耗及浊度水平，防止缓冲问题（例如 pH 升高到 8~8.5）和红水情况的出现。正磷酸盐和其他腐蚀抑制剂通常要求较小的 pH，以达到最好的效果。

应在过滤工艺之后调整 pH，因为最佳混凝需要的 pH 比最佳腐蚀控制要的 pH 低一些。

（2）使用化学抑制剂

腐蚀可以通过向水中加入化学试剂，在管壁形成保护性膜，以提供管道和水之间的屏障而得以控制，这些化学试剂称作抑制剂。饮用水中常用的四类化学抑制剂为：正磷酸盐、聚磷酸盐、"混合"磷酸盐（正磷酸盐和聚磷酸盐混合物）和硅酸盐。磷酸盐或硅酸盐等腐蚀抑制剂有助于在管道内壁形成致密保护层，从而阻止氧化剂对金属材料的攻击。

（3）管材选择和管网设计

1）选用适当管材和优化设计管网

在改建旧管道、修建新管道或修复现有管道（比如混凝土管）时，选用抗腐蚀能力较强的管材，如具有各种内衬的管材、塑料管材和复合管材。将刚清洗过的铸铁管或换了内衬的混凝土管重新服务于软水或缓冲能力低的水中，会产生严重的水质问题。整个系统应使用相容的材料。两种金属管道各有不同的活性，如铜管和镀锌钢管，两者直接接触会形成原电池而引起腐蚀。

在新建管网或替换旧管网时，也应优化设计管网，尽可能避免水在管网中长时间停留，避免死角和滞流区域；设计足够的泄水口，便于冲洗和放水；选择适当的流速和壁厚；采用便于检查和维护的结构形式。

2）改善管道的内壁结构

在易于产生腐蚀的管道内壁，涂以惰性内衬层，隔绝水与金属管材的直接接触。内衬可在管道制作过程中敷加，也可在管道施工时涂敷，对使用中的旧管道也可进行涂层处理。常用管材内衬涂料包括环氧树脂、水泥砂浆和聚乙烯，管材外部涂料也可采用煤焦油。使用涂层或内衬时不应引起水质污染，如产生异味、异嗅或溶出有毒有害物质。此外也应避免涂衬层成为微生物的营养源或栖息场所。

3）阴极保护

阴极保护有两种方法，常用于金属管道外防腐。一种是使用消耗性的阳极材料，如铝、铜、镁等，隔一定距离用导线连接到管线（阴极）上，在土壤中形成电路，结果是阳极腐蚀，管线得到保护（图 16-16（a））。这种方法常在缺少电源、土壤电阻率低和水管保护涂层良好的情况下使用。

　　另一种是通入直流电的阴极保护法（图 16-16（b）），埋在管线附近的废铁和直流电源的阳极连接；电源的阴极接到管线上，在土壤电阻率高（约 $2500\Omega \cdot cm$）或金属管外露时使用较宜。

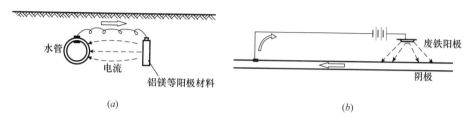

图 16-16　金属管道阴极保护

（a）不用外加电流的阴极保护法；（b）应用外加电流的阴极保护法

# 第17章 生 物 膜

## 17.1 引言

饮用水处理中的消毒工艺是以符合饮用水微生物质量标准为目标，是将绝大部分微生物、病原体灭活，而不是100%地消灭。因而仍有少数活菌及未被灭活的细菌随水流进入给水管道水中，在流动过程中得到修复、生长繁殖。此外，由于事故原因，如管道破裂、误接、倒虹吸等，也会引起供水系统内微生物增殖。微生物在水流过程中逐渐附着于固体表面，形成生物膜。

生物膜是水中微生物及其胞外聚合物与内、外部有机、无机粒子相互粘合的聚合物质，它附着于管道或蓄水设施内壁，形成一层黏稠状薄膜。

胞外聚合物（EPS）是微生物生长繁殖排出的多糖、蛋白质、核酸、脂类等的有机聚合体，占生物膜中有机物总量50%以上。水中微生物通过自身细胞伸出的吸附器或通过胞外聚合物粘于固体表面。

给水管网中生物膜的形成可分为5个连续的阶段（见图17-1）。

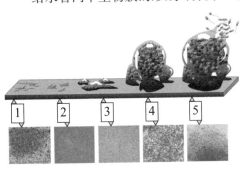

图 17-1 生物膜形成阶段

1）微生物在管网中生长包括在水中的悬浮生长和在管壁上的附着生长。多数微生物引起分泌的胞外多糖在水中水解而使其相对亲水，故给水管道内的紊流效应对微生物悬浮生长不利；而在管壁的黏滞层中水流速度很小，营养物质浓度梯度以及布朗运动都可使微生物与营养基质从水中迁移到管壁表面。在这个阶段，生物膜容易在水流作用下脱附。

2）随后微生物数量成倍增加，微生物分泌的粘附管壁的有机物质与管壁表面作用，出现不可逆附着。微生物群落形成自己的表面，其他微生物可以附着在上面。这个阶段通常在数分钟或数小时内完成。

3）生物膜逐渐成熟，通过排泄一层黏性和黏腻的 EPS 膜，保护微生物免受氯、溴等化学物质的影响。

4）生物膜变得越来越大，生物膜表面死亡的细胞与 EPS 黏液结合，形成保护下面菌落的坚硬层。

5）随着生物膜菌落的增大，变得不稳定并开始脱落。脱落部分随后随水流伺机附着在其他适宜表面上。

生物膜主体是微生物，还含有无机、有机粒子。无机粒子为吸附的粉砂、无机盐类沉积物以及腐蚀生成物。有机粒子为腐殖质、动植物残体微粒和微生物残骸。

管道内壁表面和沉积物中生长的生物膜，对供水的影响包括：①作为病原菌的聚集地；②增加需氯量，干扰整个给水管网维持剩余消毒剂的能力；③加剧腐蚀，降低管材使用寿命；④引起水的感官问题，异嗅、异味、色度或浊度增高等。

## 17.2 生物膜上的微生物

微生物是所有形体微小，用肉眼无法看到，需借助显微镜才能看见的单细胞、个体结构简单的多细胞或无细胞结构的低等生物的统称。生物膜上包含的微生物种类繁多，有多种细菌、真菌、原生动物、线虫类和甲壳类，往往构成一个小型生态系统。

### 17.2.1 细菌

细菌是没有明确细胞核、以二元裂变方式复制的单细胞微生物。细菌形态各异，有球形、杆形或螺旋形。一些水生细菌是异养型的，利用有机碳源生长和获取能量；另一些细菌是自养型的，利用二氧化碳或碳酸氢根离子生长和获取能量。自养细菌包括硝化细菌（如亚硝化单胞菌、硝化杆菌）、铁细菌和硫细菌。细菌也可分类为需氧菌（利用氧）、厌氧菌（不能利用氧）和兼性菌（有无氧均能生长）。

细菌是生物膜的主要组成部分。这些细菌是消毒过程中存活下来的，或者是在管道安装、维修、事故情况下进入的。

（1）总大肠菌群和粪大肠菌群

总大肠菌群系指一群需氧及兼性厌氧在 $37℃$ 培养 $24h$，能分解乳糖产酸、产气的革兰阴性无芽孢杆菌。大肠菌通常存在于被人或动物粪便污染的水中，也有可能在无粪便污染的环境中生存，如水、土壤、植物。尽管它们通常不会引起疾病，但它们总是与肠道病原体同时存在。所以大肠菌群是衡量饮用水水质的重要指标。

凡在 $44.5℃$ 仍可继续生长的大肠菌群细菌称为粪大肠菌群（也称耐温大肠菌），代表性粪大肠菌为大肠杆菌（大肠埃希菌）。大肠杆菌与温血动物的肠道关系密切。由于大肠杆菌在水中的存活时间不长，如果饮用水中发现大肠杆菌，说明水刚刚被粪便污染。考虑到人的病原体通常适合粪大肠菌同时存在，由此可认为人的健康很可能受到威胁。

给水管网中大肠菌的种类随着存在位置的不同和水样分析程序的不同而分为不同种类。一般将大肠菌分为阴沟肠杆菌、克雷伯菌属、弗劳地枸橼酸杆菌和聚团肠杆菌。

（2）条件致病菌

条件致病菌由不同种类细菌组成，这些细菌很少能使健康人致病，但是对于新生婴儿、老人、艾滋病患者及其他免疫系统有缺陷的人，条件致病菌可能造成严重的疾病。条件致病菌在环境中普遍存在，在出厂水和管壁生物膜中也常见。条件致病菌包括铜绿假单胞菌、嗜水气单胞菌、鸟型分枝杆菌、产黄杆菌、克雷伯菌、沙雷菌、变形菌等。

（3）耐抗菌素细菌

一些细菌如果接触过抗生素（如使用过药物的农场牲畜）、重金属、基因转移等驯化，可能产生或获得对抗生素的抵抗能力。如果这些具有抵抗性的细菌又是病原体，则会损害人体健康。水处理过程通常会增加这类细菌在净化水中的数量，进而在给水管网生物膜上生长繁殖。

（4）耐消毒剂细菌

当细菌吸附或粘合于浑浊粒子、无脊椎动物、藻类、活性炭颗粒、管内壁表面时，能够逃避消毒剂对它们的杀灭作用，且不会失去活性。

（5）发色细菌和放射细菌

生长在生物膜上的某些异养菌可能引起一些感官问题，包括异味、异嗅和色度问题。生物膜上这些令人感觉不悦的微生物包括：放线菌、链霉菌、诺卡氏菌属、节杆菌属。

### 17.2.2 真菌类

真菌分单细胞和多细胞两类。单细胞真菌呈圆形或卵圆形，称酵母菌。多细胞真菌大多长出菌子和孢子，交织成团，称丝状菌或霉菌。处理后的水中可能出现真菌类，转移到给水管壁上时，会在此生长繁殖。酵母对消毒剂的抵抗能力大于细菌，可能是由于它们具有较厚的细胞壁。

### 17.2.3 原生动物和后生动物

给水管网的生物膜上可能存在非致病原生动物和后生动物，包括变形虫、线虫类、片脚类动物、桡脚类动物、两翼昆虫的幼虫。

## 17.3 生物膜生长因素

生物膜的生长取决于材料特性、水力条件和水的物理化学特性，如图 17-2 所示。管道、蓄水设施、接头、消火栓、阀门和仪表装置处，都有可能成为微生物的栖息场所。当时间足够时，腐蚀性水或微生物活动开始侵蚀金属管道表面；水的特性可能会改变管道内壁结构；微生物活动可使塑料管材表面形成坑洼。但也存在多年使用的管段并未变坏的情况，这是因为水的特性和高的流速有助于防止腐蚀和微生物的生长。

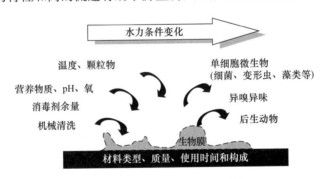

图 17-2　给水管网生物膜生长的影响因素

### 17.3.1 营养基质

微生物生长，需要从环境中吸收营养基质以合成细胞物质并产生能量。异养菌的主要养分有氮、磷、有机碳和微量元素。

（1）有机碳

异养菌利用有机碳合成新的细胞物质（同化作用）并作为能量来源（异化作用）。水中的有机碳化合物常来自腐烂的植物体，包括腐殖酸、富里酸、聚合碳水化合物、蛋白质、羧酸等。

饮用水中有机物种类繁多，目前不可能也没有必要测定每种有机物。与生物膜生长相关的代表参数有生物可降解溶解有机碳（BDOC）和可同化有机碳（AOC）。

BDOC 是指水中有机物可被细菌分解成二氧化碳和水，或合成细胞体的部分。它是细菌生长的物质和能量来源（见图 17-3）。BDOC 测定方法有悬浮培养法和循环培养法。

AOC 是指有机物中容易被微生物吸收、直接同化成菌体的部分，是支持异养细菌生长繁殖的营养基质。AOC 的测定方法有荧光假单胞菌 P17 法和螺旋菌 NOX 法。

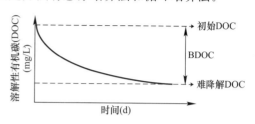

图 17-3 溶解性有机碳生物降解曲线

AOC 是 BDOC 的一部分。不同水源水、出厂水和管网水中 AOC 和 BDOC 的比值变化较大。从平均值看，AOC 浓度约为 BDOC 的 1/3。当管网水中 AOC＜50μgC（乙酸碳）/L，BDOC＜0.2mg/L 时，细菌生长会受到限制。

臭氧氧化有助于将难降解有机碳转化为生物可降解有机碳，造成 AOC 和 BDOC 值升高，因此在水进入管网前，不推荐采用臭氧消毒。

（2）氮和磷

氮常被微生物用来合成氨基酸和遗传物质。在管网中使用氯胺作为消毒剂时，细菌利用氨生长的同时，仅需要二氧化碳作为碳源（自养硝化细菌）。因为自养细菌生长缓慢，停留时间长、水温适宜有助于它们生长。氮氧化细菌的繁殖既消耗了余氯，又增加了亚硝酸盐浓度，促进了异养菌生长。

有研究者认为，水中溶解性正磷酸盐浓度低于 10μg/L 时，水中微生物生长可能受到磷的限制。有时控制管道腐蚀而增加水中的磷含量，可能有助于细菌的生长。

## 17.3.2 环境因素

水温是影响微生物生长因素之一。水温在 15℃ 以上时，微生物表现出较高的生物活性。例如恶臭假单胞菌在 7.5℃ 时滞后期（即从细菌进入系统到细胞分裂的时间）为 3d，而在 17.5℃ 时仅为 10h。

管壁表面可能影响了生物膜的构成和活性。研究表明，空隙小、粗糙度小的管材，固定细菌密度小；铸铁管道表面生物膜的形成比塑料 PVC 管道更迅速，微生物多样性同样更丰富。

## 17.3.3 水力因素

管道内水流速度对生物膜生长具有正、反两方面影响。高流速能快速传递溶解氧和微生物必需的营养物质，促进有机物分解和微生物生长；但也会快速输送消毒剂，加大对生物膜的剪切力，削弱了生物膜的生长。

由突发事件如爆管、管线渗漏、冲洗，阀门、水泵启闭引起的水击，管网供水分界线水流逆向等，都能造成管线水力状况的改变，引起生物膜剥离，使供水中悬浮微生物增加。

管路中水力滞留能引起游离氯减少，管道沉积物增多，促进微生物生长。管网末梢形成的死水区，微生物大量繁殖，引起水质恶化。

## 17.3.4 沉积物

存在于饮用水处理中的颗粒，包括混凝沉淀来的絮凝体、控制腐蚀用的碳酸钙，以及活性炭的穿透，能够吸附微生物，然后固定为生物膜。如果颗粒包含了二氧化亚铁或有机物等还原性物质，将受到保护，防止被消毒剂氧化。如果受紫外光（UV）照射，颗粒物质形成阴影，限制了消毒的有效性。因此规定当给水管网中浊度小于 1.0NTU 时，将显著减少致病微生物暴发的风险。

沉淀在管网中的颗粒，最终形成蓄水设施和管道中粘附性沉积物和淤泥。带来的次生问题是，如果流向或流速发生变化，这些沉积物及其相关微生物将剥离、悬浮，污染供水。

## 17.4 病原微生物

正常情况下，寄生在人类消化道中的微生物是无害的，且有的尚能抵抗病原微生物。再则，定植在肠道中的大肠埃希菌等还能向宿主提供必需的硫胺素、核黄素、烟酸、维生素 $B_{12}$、维生素 K 和多种氨基酸等营养物质。

有少数微生物能引起人类和动物、植物的病害，这些具有致病性的微生物称为致病微生物或病原微生物。饮用水中的病原微生物即使很少，进入人体也会使人感染患病。各国对这一问题都十分重视。我国国家标准《生活饮用水卫生标准》GB 5749—2006 中常规指标限值有总大肠菌群、耐热大肠菌群、大肠埃希菌、菌落总数 4 项，前 3 项限值为 100mL水样中不得检出，菌落总数小于 100CFU/mL。非常规指标有贾第鞭毛虫、隐孢子虫 2 项，限值均小于 1 个/10L。

通过饮用水传播的病原微生物主要分为细菌、病毒、寄生原虫和蠕虫（见表 17-1～表 17-4）。生物膜中，病原微生物受到保护，免于生物、物理、化学和环境作用，包括受天敌、干燥、流动的影响。

经口传播的水传性致病细菌及对供水的影响 表 17-1

| 细菌 | 对健康的影响程度① | 主要暴露途径② | 在供水中的存活力③ | 对氯的耐受性④ | 相对感染剂量⑤ | 有无重要动物宿主 |
|---|---|---|---|---|---|---|
| 空肠弯曲杆菌 | 大 | O | 中等 | 低 | 中等 | 有 |
| 致病性大肠杆菌 | 大 | O | 中等 | 低 | 高 | 有 |
| 伤寒杆菌 | 大 | O | 中等 | 低 | 高 | 无 |
| 志贺菌属 | 大 | O | 短 | 低 | 中等 | 无 |
| 霍乱弧菌 | 大 | O | 短 | 低 | 高 | 无 |
| 小肠结肠炎耶尔森菌 | 大 | O | 长 | 低 | 高 | 有 |
| 军团杆菌 | 中等 | I | 多样化 | 中等 | 高 | 无 |
| 绿脓杆菌 | 中等 | C, IN | 多样化 | 中等 | 高 | 无 |
| 气单胞菌属 | 中等 | O, C | 多样化 | 低 | 高 | 无 |
| 非典型分枝杆菌 | 中等 | I, C | 多样化 | 高 | — | 无 |

① 对健康影响大的致病微生物为在全世界范围内均被发现对健康有较大影响的微生物，有些只在部分地区引起公共健康问题，如麦地那龙线虫，只在一些亚洲和非洲国家流行。

② O 为经口摄入；I 为气溶胶吸入；C 为皮肤接触；IN 为免疫低下病人摄入。

③ 指水温 20℃时，在供水中的存活力；短=存活期 1 星期以内；中等=存活期 1 星期之 1 个月；长=存活期大于1 个月。

④ 对氯的耐受性，高是指对常规氯消毒有较强的抵抗力；中等是指常用的剂量和接触时间不能完全杀灭病原体；低是指常用的剂量和接触时间可完全杀灭病原体。

⑤ 相对感染剂量：引起 50% 健康成年志愿者发病所需剂量。

| 病毒 | 对健康的影响 | 主要暴露途径 | 在供水中的存活力 | 对氯的耐受性 | 相对感染剂量 | 有无重要动物宿主 |
|---|---|---|---|---|---|---|
| 腺病毒 | 大 | O，I，C | — | 中等 | 低 | 无 |
| 肠道病毒属 | 大 | O | 长 | 中等 | 低 | 无 |
| 甲型肝炎病毒 | 大 | O | 长 | 中等 | 低 | 无 |
| 戊型肝炎病毒 | 大 | O | — | — | 低 | 可能有 |
| 诺沃克病毒 | 大 | O | — | — | 低 | 无 |
| 轮状病毒 | 大 | O | — | — | 中等 | 无 |

水传性致病原虫及对供水的影响                    表 17-3

| 原虫 | 对健康的影响 | 主要暴露途径 | 在供水中的存活力 | 对氯的耐受性 | 相对感染剂量 | 有无重要动物宿主 |
|---|---|---|---|---|---|---|
| 痢疾阿米巴 | 大 | O | 中等 | 高 | 低 | 无 |
| 蓝氏贾第鞭毛虫 | 大 | O | 中等 | 高 | 低 | 有 |
| 隐孢子虫属 | 大 | O | 长 | 高 | 低 | 有 |
| 棘阿米巴属 | 中等 | C，I | 多样性 | 高 | — | 无 |
| 福氏耐格里原虫 | 中等 | C | 多样性 | 中等 | 低 | 无 |

水传性致病蠕虫及对供水的影响                    表 17-4

| 蠕虫 | 对健康的影响 | 主要暴露途径 | 在供水中的存活力 | 对氯的耐受性 | 相对感染剂量 | 有无重要动物宿主 |
|---|---|---|---|---|---|---|
| 麦地那龙线虫 | 大 | O | 中等 | 中等 | 低 | 有 |
| 血吸虫 | 中等 | C | 短 | 低 | 低 | 有 |

### 17.4.1 细菌类

通过饮用水传播疾病的病原细菌较多，例如伤寒—沙门菌属，霍乱—霍乱弧菌；痢疾—志贺菌属。

（1）病原性大肠埃希菌

大肠埃希菌俗称大肠杆菌，是人体肠道中的组成菌属，大小（0.4～0.7）×（0.1～0.3）（μm），多数菌株有周身鞭毛，革兰氏阴性。大肠埃希菌在婴儿出生后数小时就进入肠道，并终生伴随。并非所有大肠埃希菌都是危险的，只有病原性大肠埃希菌才对人体造成威胁，主要有肠出血型大肠埃希菌（EHEC）、肠致病型大肠埃希菌（EPEC）、肠侵袭型大肠埃希菌（EIEC）和肠产毒型大肠埃希菌（ETEC）（见表 17-5）。

致病性大肠埃希菌的感染特性                    表 17-5

| 类型 | ETEC | EPEC | EIEC | EHEC |
|---|---|---|---|---|
| 感染部位 | 小肠 | 小肠 | 大肠 | 大肠 |
| 腹泻类型 | 水泻 | 水泻 | 痢疾样 | 血性腹泻 |
| 易感人群 | 婴儿、成人 | 婴儿 | 成人、儿童 | 各种年龄 |
| 分布 | 发展中国家（热带） | 世界各地 | 世界各地 | 北美、日本 |
| 流行病学 | 散发或暴发婴儿腹泻及旅游人员腹泻 | 散发或暴发婴儿腹泻 | 散发或暴发，常见于年龄较大儿童 | — |

肠出血性大肠埃希菌亦称为 Vero 毒素大肠埃希菌。1982 年首先在美国发现，其血清型为 O157：H7。之后世界各地有散发或地方小流行。1996 年日本大阪地区发生流行，患

者逾万，死亡 11 人。5 岁以下儿童易感染，感染菌量可低于 100 个。症状轻重不一，可为轻度水泻至伴剧烈腹痛的血便。约 10% 低于 10 岁患儿可并发急性肾衰竭、血小板减少、溶血性贫血的溶血性尿毒综合征，死亡率达 10% 左右。该菌的致病因子主要是菌毛和毒素。病菌进入消化道后，由紧密粘附素介导与宿主末端回肠、盲肠和结肠上皮细胞结合，然后释放毒素，引起血性腹泻。

肠侵袭型大肠埃希菌较少见，主要侵犯较大儿童和成人。所致疾病很像菌痢，腹泻呈脓血便。肠侵袭型大肠埃希菌不产生肠毒素，能侵袭结肠黏膜上皮细胞并在其中生长繁殖。菌死亡崩解后释出内毒素，破坏细胞形成炎症和溃疡，导致腹泻。

肠产毒型大肠埃希菌是婴幼儿和旅游者腹泻的重要病原菌。临床症状可从轻度腹泻至严重的霍乱样腹泻。致病物质主要是肠毒素和定植因子。

肠致病型大肠埃希菌是婴幼儿腹泻的主要病原菌，严重者可致死；成人少见。不产生肠毒素。病菌在十二指肠、空肠和回肠上段黏膜表面大量繁殖，粘附于微绒毛，导致刷状缘破坏、微绒毛萎缩、上皮组织排列紊乱和功能受损，造成严重腹泻。

（2）军团菌

军团菌是大小为 $0.5\sim2\mu m$ 的好氧杆菌，生有 $1\sim2$ 根鞭毛，河水和土壤中普遍存在，给水管网中军团菌能够在温水中显著增殖，在热水器、浴盆、淋浴喷头、冷却塔、蒸发冷凝器处检出率较高。军团菌感染爆发的首次是在 1976 年。当时在美国费城举行的退伍军人协会年会期间，有大约 7% 的会议代表染上了原因不明、伴有严重胃肠炎症状的急性肺炎，导致 34 人死亡。直到 6 个月以后，美国疾病预防控制中心才从尸体的肺组织中成功分离出这一新型病原菌，将之命名为军团菌，所引起的疾病称之为军团病。

军团病的症状分为肺炎型和感冒症状的非肺炎型。非肺炎型的潜伏期为 $1\sim2d$，呈现以发烧为主的感冒症状。肺炎型的潜伏期为 $2\sim10d$，早期症状为高烧，有头痛、呕吐、呼吸困难及意识和步行障碍等症状；对于重症病人如不及时治疗，有数日内死亡的可能性。军团菌对消毒敏感，已证明一氯胺对杀灭该菌特别有效。

（3）沙门菌属

沙门菌属是一群寄生在人类和动物肠道中，生化反应和抗原结构相关的革兰阴性杆菌。沙门菌大小 $(0.6\sim1.0)\times(2\sim4)(\mu m)$，一般有周身鞭毛，无荚膜，无芽孢。沙门菌属对氯的抵抗力弱，氯及含氯化合物可有效杀灭水中病原菌。

人类沙门菌感染有以下四种类型：

1）肠热症

肠热症包括伤寒沙门菌引起的伤寒，甲型副伤寒沙门菌、肖氏沙门菌、希氏沙门菌引起的副伤寒。伤寒和副伤寒的致病机制和临床症状基本相似，只是副伤寒的病情较轻，病程较短。沙门菌是胞内寄生菌。被巨噬细胞吞噬后，由耐酸应答基因介导，使菌能在吞噬体的酸性环境中生存和繁殖，同时菌产生过氧化氢酶和超氧化物歧化酶等，保护菌勿受胞内杀菌机制的杀伤。部分菌通过淋巴液到达肠系膜淋巴结大量繁殖后，经胸导管进入血流引起第一次菌血症。病人出现发热、不适、全身疼痛等前驱症状。菌随血流进入肝、脾、肾、胆囊等器官并在其中繁殖后，再次入血造成第二次菌血症。该时症状明显，持续高热，出现相对缓脉，肝脾肿大，全身中毒症状显著，皮肤出现玫瑰疹，外周血白细胞明显下降。胆囊中菌通过胆汁进入肠道，一部分随粪便排出体外，另一部分再次侵入肠壁淋巴组织，使已致敏的组织发生超敏反应，导致局部坏死和溃疡，严重的有出血或肠穿孔并发症。肾脏中的病菌可随尿排出。以上病变在疾病的第2～3周出现。若无并发症，自第2～3周后病情开始好转。

2）胃肠炎（食物中毒）

胃肠炎是最常见的沙门菌感染，约占70%。潜伏期6～24h。起病急，主要症状为发热、恶心、呕吐、腹泻、水样泻，偶有黏液或脓性腹泻。严重者伴迅速脱水，可导致休克、肾功能衰竭而死亡，此大多发生在婴儿、老人和身体衰弱者。一般沙门菌胃肠炎多在2～3d自愈。

3）败血症

败血症多见于儿童和免疫力低下的成人。症状严重，有高热、寒战、厌食和贫血等。败血症因病菌侵入血循环引起，因而菌可随血流导致脑膜炎、骨髓炎、胆囊炎、心内膜炎等。

4）无症状带菌者

有1%～5%伤寒或副伤寒患者，在症状消失后1年仍可在其粪便中检出有相应沙门菌。这些菌留在胆囊中，成为人类伤寒和副伤寒病原菌的储存场所。

（4）霍乱弧菌

霍乱弧菌是引起烈性传染病霍乱的病原体。霍乱弧菌菌体大小为（0.5～0.8）×（1.5～3）（μm）。从病人新分离出的细菌形态，典型呈弧形或逗号形状。革兰染色阴性，特殊结构有菌毛，无芽孢，有些菌株有荚膜，在菌体一端有一根单鞭毛。

引起烈性肠道传染病霍乱，曾在世界上引起多次大流行。联合国儿童基金会表示，2017年6月至2018年7月间，也门全国疑似感染霍乱病例将近112万例，2311人死于霍乱。霍乱在我国列为甲类法定传染病。在自然情况下，人类是霍乱弧菌的唯一易感者。在地方性流行区，除病人外，无症状感染者也是重要传染源。传播途径主要是通过污染的水源或食物经口摄入，人与人之间的直接传播不常见。在正常胃酸条件下，需要进入大量的细菌（$10^8$）方能引起感染；但当胃酸低时，感染剂量可减少到$10^3$～$10^5$个细菌。病菌到达小肠后，粘附于肠黏膜表面并迅速繁殖，不侵入肠上皮细胞和肠腺，细菌在繁殖过程中产生肠毒素而致病。O1群霍乱弧菌感染可从无症状或轻型腹泻到严重的致死性腹泻。典型病例一般在吞食细菌后2～3d突然出现剧烈腹泻和呕吐，在疾病最严重时，每小时失水量可高达1L，排出如米泔水样腹泻物。由于大量水分和电解质丧失而导致失水，代谢性酸中毒，低碱血症和低容量性休克及心力不齐和肾衰竭，如未经治疗处理，病人死亡率高达60%；但若即使给病人补充液体及电解质，死亡率可小于1%。O139群霍乱弧菌感染比O1群严重，表现为严重脱水和高死亡率，又成人病例所占比例较高（70%）；而O1群霍乱弧菌流行高峰期，儿童病例约占60%。

病愈后一些患者可短期带菌，一般不超过2周，个别病例可带菌长达数月或数年之久。病菌主要存在于胆囊中。霍乱弧菌对消毒剂高度敏感。

（5）志贺菌属

志贺菌属是人类细菌性痢疾最为常见的病原菌，俗称痢疾杆菌。志贺菌为大小在（0.5～0.7）×（2～3）（μm）的短小杆菌，无芽孢，无鞭毛，有菌毛，革兰氏阴性。人类对志贺菌较易感，少至200个菌就可发病。

志贺菌感染有急性和慢性两种类型,病程在两个月以上者属慢性。急性细菌性痢疾常有发热、腹痛、里急后重等症状,并脓血黏液便。若及时治疗,预后良好。如治疗不彻底,可转为慢性。症状不典型者,易被误诊,影响治疗而造成慢性和带菌。急性感染中有一种中毒性痢疾,以小儿为多见。无明显的消化道症状,主要表现为全身中毒症状。此因其内毒素致使微血管痉挛、缺血和缺氧,导致多器官功能衰竭、脑水肿,死亡率高。

志贺菌感染呈常年散发,夏秋多见,是我国多发病之一。志贺菌在水中的传播,一般有固定的传播源,例如未经很好消毒的井水。志贺菌在水环境以及水处理过程中的存活及行为类似于大肠杆菌。因此能够有效控制大肠细菌的处理系统,也能很好地控制志贺菌。

### 17.4.2 原生动物类

原生动物是单细胞微生物,没有细胞壁,具有柔韧的胶质。原生动物通常比细菌细胞大。肠道寄生原生动物可产生孢囊和卵囊,用以在水中不利环境下进行物质补给,对水消毒处理有极强的抗性。

(1) 贾第鞭毛虫

贾第鞭毛虫的原虫由相当于细胞芽孢的孢囊 $(8 \sim 12) \times (7 \sim 10)(\mu m)$ 形成,其生活世代分为营养性世代和孢囊世代。

贾第鞭毛虫感染时通过含孢囊的水和食物引起。发病时呈现腹痛、食欲不振等症状,婴幼儿将导致营养吸收障碍,并引发维生素缺乏的视力障碍。当水处理过程发生事故时,有可能使贾第鞭毛虫进入饮用水中。

贾第鞭毛虫多次引发传染病的爆发,是美国爆发水传染病最多的肠道寄生虫。在我国北京、甘肃和辽宁部分地区也有流行,儿童感染尤为多见。

贾第鞭毛虫对氧化消毒剂如氯的抵抗力强于肠道细菌,但弱于隐孢子虫卵囊。1mg/L 游离氯条件下,杀灭 90% 孢囊需耗时 25~30min。紫外线照射时可有效灭活贾第鞭毛虫。

(2) 隐孢子虫

隐孢子虫是寄生在动物体内和细胞内的孢子虫类原虫,是一种可人畜共同感染的病原体,其生活世代为卵囊(配子体)→孢子虫→营养体(种虫)→卵囊,卵囊在环境中可以稳定存在,经口腔进入人体肠道后,脱卵囊为营养体,进入肠道上皮细胞,引起剧烈的腹泻、腹痛、发热、呕吐、低烧等疑似感染的症状,对于一般患者病症可自我控制,通常 3~20d(平均 6d)可痊愈,而对免疫机能不全者(如艾滋病患者)可能是致命性的。

隐孢子虫的卵囊很小 $(3 \sim 5 \mu m)$,用常规过滤技术难以去除,且对加氯消毒具有很强的抗药性。紫外线照射可有效灭活隐孢子虫。

隐孢子虫对人的致病性在 1985 年受到关注。1993 年美国威斯康辛州密尔沃基市爆发了由隐孢子虫引起的水传染疾病,全市有 40 万人患病,4000 余人住院治疗,至少 50 人死亡。

(3) 环孢子虫

环孢子虫大小为 8~10μm。原虫的孢囊有自发荧光的特性,可利用这一性质对其检测。环孢子虫感染发病时呈现腹痛、下痢、呕吐、体重减少等症状,病情可持续数周,并有很高的复发率。环孢子虫卵囊能抵抗消毒剂,饮用水中常用的加氯消毒不能使其灭活。

(4) 赤痢阿米巴

赤痢阿米巴原虫是阿米巴赤痢的病原体,孢囊为 10~20μm 的球形体,有 4 个核,对

408

药物和环境抵抗力很强。

赤痢阿米巴的感染是由于含有赤痢阿米巴原虫的粪便排泄，污染了水和食品造成的。发病时，皮肤溃疡；由于激烈的下痢而出血量多，脱水。可引发其他的并发症，死亡率高。

赤痢阿米巴是流行性很广的世界性水传染病，尤其以热带和亚热带为甚。我国近年人群感染率在 0.7% ～ 2.17% 之间，大多见于经济条件、卫生状况、生活环境较差地区。

### 17.4.3 病毒

病毒是超微小的微生物，必须用电子显微镜放大几万倍至几十万倍方可观察；病毒无完整的细胞结构，仅有一种核酸（RNA 或 DNA）作为其遗传物质。为保护其核酸不被核酸酶等破坏，外围有蛋白衣壳或更复杂的包膜。病毒必须在活细胞内方可显示其生命活性。与其他专性细胞内寄生的微生物不同点是，病毒进入活细胞后，不是进行类似细菌等的二分裂繁殖，而是根据病毒核酸指令，使细胞改变其一系列的生命活动，结果大量地复制出病毒的子代，并且导致细胞发生多种改变。

根据不同的专性宿主，可把病毒分为动物病毒、植物病毒、细菌病毒（噬菌体）、放线菌病毒、藻类病毒及真菌病毒。水是肠道病毒传染病的重要媒介，通过水体传染爆发的主要病毒有肝炎病毒、肠病毒、脊髓灰质炎病毒、柯克斯萨奇病毒、艾柯病毒等。

（1）甲肝

甲肝是最常见的通过水传播的感染症。甲肝病毒为直径 27nm 的病毒，呈球形，无包膜。甲肝病毒经口侵入人体，在口咽部或唾液腺中早期增殖，然后在肠黏膜与局部淋巴结中大量增殖，并侵入血液形成病毒血症，最终侵犯靶器官肝脏。由于病毒在细胞培养中增殖缓慢并不直接造成明显的细胞伤害，故其致病机制除病毒的直接作用外，机体的免疫应答在引起肝组织损坏中起一定作用。甲型肝炎的症状包括发热、虚弱、恶心、呕吐、腹泻，有时会并发黄疸。在甲型肝炎的显性感染或隐性感染中，机体可产生甲肝抗体，并可维持多年，对病毒的再感染有免疫力。

甲肝病毒对一般化学消毒剂抵抗力强，在干燥或冰冻环境中能生存数月或数年。以紫外线照射 1h 或蒸煮 30min 以上可灭活。加氯消毒有一定的灭活作用。

（2）脊髓灰质炎病毒

脊髓灰质炎病毒是一种球形病毒，直径 8～30nm。脊髓灰质炎是一种急性传染病。染病后常发热和肢体疼痛，主要病变在神经系统，故部分病人可引发麻痹，严重者可留有瘫痪后遗症。此病多见于小儿，所以又名小儿麻痹症。

感染者的鼻咽分泌物及粪便内均可排出此病毒。食物和水可能被粪便感染，所以经口摄入是主要的传播途径。

此病毒在人体外生活力很强，可在水中和粪便中存活数月，低温下可长期保存，但对高温及干燥较敏感。加热至 60℃ 及紫外线照射均可在 0.5～1h 内灭活。各种氯化剂都有一定的消毒作用。用 0.3～0.5mg/L 的余氯消毒时，接触 1h，可灭活此病毒。

## 17.5 生物膜控制

预防给水管网沉积物和生物膜是水安全计划的重要组成部分。由于给水管网中过分的生物活动带来各种问题，而微生物的识别和计数需要花费很长时间。当微生物污染被检测到时，很多人可能已经被感染。因此不能仅依赖于末端检测来确保饮用水的微生物安全，常需要采用适当措施控制给水管网水质。

（1）施工或维修质量控制

选择无空隙、贫营养的管道连接材料。因为微生物常能够在垫圈附近生长，吸取密封润滑剂中的养分。

储存、堆放、运输管道、管件和阀门时，要防止动物污染，避免受到土壤、降雨及污水的进入。

（2）减少营养可用性

总有机碳（TOC）是给水管网中生物膜生长的营养源，为降低水中 TOC 水平，应考虑原水保护、强化混凝、活性炭过滤、膜过滤等。在一些系统中使用除氨、除硝酸盐或亚硝酸盐技术，降低可用氮。

（3）优化消毒剂用量

消毒剂可以降低给水管网中生物膜的生长。许多情况中，出厂水中的消毒，对维护整个管网的剩余消毒剂不太实际，可采用分布式中途加氯方式。管网中途加氯一般设在加压泵站或蓄水池泵站内。

（4）腐蚀控制

腐蚀沉积物和管道结节部位可能成为微生物躲避消毒剂的场所。在中等到严重腐蚀的铸铁管道中，暴露的表面可能吸收了大量可用消毒剂。主动性腐蚀控制，可控制生物膜的生长。给水管道修复和替换有利于改善管网输水条件。

（5）冲洗

大于 0.6m/s 的冲洗速度，可以冲刷去除一部分生物膜，也冲刷了管网中的沉积物和腐蚀产物。通常冲洗仅是临时措施，冲洗之后存在生物膜重新再生现象。

# 第18章 计算机模型

## 18.1 引言

除非是小型管网，给水系统的数值算法难以用手工完成，需要采用计算机模型求解。给水管网水力分析程序作为20世纪60年代出现的土木工程应用程序之一，早期是在大型计算机上求解计算的。随着分析技术和计算能力的进步，目前在台式计算机上求解数万条管道的系统仅需要数分钟的时间。

给水管网系统是一个拓扑结构复杂、各种组件性能状况不一、规模庞大、用水变化随机性强、改扩建频繁、运行控制为多目标的网络系统。以往对埋在地下的给水管网多属经验性管理，难以直接试验和进行大量的测试，实现科学化现代化管理非常困难。20世纪70年代末，在计算机技术发展的带动下，国内外在管网建模与应用方面做了大量工作。目前为止，管网建模已成为给水管网系统动态工况仿真的有效方法，它所提供的信息有助于给水管网的科学化决策和现代化管理。

### 18.1.1 给水管网模型特点

设计人员在设计给水管道系统时面临着各种各样的问题，例如多大口径的管道才能输送给定的流量？多大强度的管道才能避免破裂？是否需要设置水库、泵站或其他必要的设施？如果设置这些设施，尺寸和位置又该如何确定？

一般采取两种方法解决这些问题。第一种是按以往给水管网的运行经验建设管道系统。如果最初建造的管道系统不能满足要求，然后进行调整，直到令人满意为止。历史上，许多大型管道系统或多或少采用了这种方法。例如：古罗马人几乎在对现代流体力学理论一无所知的情况下，建造了许多令人惊叹的给水管道系统。即使到现在，一些小型管网系统仍然可以利用这种方法建设。通常这种方法可以设计出既灵活又可靠的管网系统。

第二种方法无须建设真实的管网系统，而是利用实验模拟。它首先建立一个系统的替代物，即模型，可以是原型缩小的实物模型或是一系列数学公式。实际上，现在常用的方法是建立可以表示原型的、抽象的数学模型，并以代码形式存入计算机。一旦这个模型认为是"可行的"，就可利用它进行实验，预测实际管网或假定系统的工作状况。如果设计模型在某些预测方法上不够完善，随即改变模型的参数，对整个系统不断地测试，直到取得令人满意的结果。然后进行实际管网系统的建设。

许多现代给水管网在建造以前均采用了数学模型，其原因之一是模型实验要优于实际原型上的实验。通常，给水管网系统特性模拟具有以下优点：

1) 造价低：模型的构造和试验费用常常低于实体模型的试验费用。

2) 时间短：管网模型对各种状况的响应要比实体模型迅速方便。例如，利用计算机程序在不到1s内就可完成对管道系统几十年用水量增长曲线的预测。

3）偏于安全：真实管网的实验具有很大的风险，而利用模型常常不具有风险或者风险很小。

4）易于修改：仅仅通过输入文件的简单编辑，就可以在模型上实现对设计和运行规则的完善、调整和修改。

5）便于交流：模型便于个人与团队之间的交流，因此可以辨别相互之间的相同点、不同点、误解和需要澄清的问题。即便是一些简单的草图，都可进行深入讨论。

随着对管网系统认识的深入，模拟方法的潜在优点也在逐渐增加。它使某些事件在发生以前就可以预测到，例如一些在实际中是无法做到的控制方式（如气候特征、利率、未来需水量、控制系统故障）。模型有助于增强对事件因果关系的认识，并能分离出一些重要特征进行研究，或者作为预测的主要工具。

尽管模型具有明显的优点，但必须牢记模型毕竟不是真实。模型的用途在于它的简化性——它不像原型那么复杂和昂贵。而且模型必须具有足够的精度才能达到预期目的。

对于有经验的工程师或者技术员，尽管管网模拟解决问题的能力很强，它总归是采用的工具之一。根据合理的工程判断，对实际给水管网和模型表达的理解，仍旧是模型用户的责任。

### 18.1.2　计算机模型发展历程

配水系统计算机模型的基础工作源于 20 世纪 30 年代哈代·克罗斯（Hardy Cross）开发的数值方法，用于分析环状管网。管网分析的第一个大型计算机程序出现于 20 世纪 60 年代，它是基于 Hardy Cross 方法，但很快被更有效的牛顿—拉弗森（Newton-Raphson）方法取代。

20 世纪 70 年代，模拟能力扩展到包括延时模拟（EPS）模型，能够采用随时间变化的需水量，开发出模拟非管道元素（例如水泵和阀门）的更加有效的求解算法。20 世纪 80 年代的标志是从大型计算机编码转移到了桌面式微机，在管网软件包中注意到了水质问题。20 世纪 90 年代重点为图形用户界面以及与 CAD 程序和供水企业数据库的集成，也在配水系统模型中体现了水锤的瞬变模拟和水池混合/水龄模型。随着公共领域 EPANET 模型（1993 年）的引入，以及其他基于 Windows 的商业配水系统模型，模型的可用性在 20 世纪 90 年代得到显著改善。表 18-1 说明了给水管网模型的发展简史。

给水管网模型发展简史

表 18-1

| 时间 | 特征 |
| --- | --- |
| 20 世纪 30 年代 | Hardy—Cross 手工求解方法 |
| 20 世纪 40 年代 | Mcllroy 电子分析器 |
| 20 世纪 50 年代 | 室内模型，电子管计算机 |
| 20 世纪 60 年代 | 院校内开发的程序系统，晶体管计算机 |
| 20 世纪 70 年代 | 模型广泛应用阶段，微机系统 |
| 20 世纪 80 年代 | 用户界面、软件包及准稳态模拟系统，大规模集成电路微机 |
| 20 世纪 90 年代至今 | 与其他软件接口、软件集成设计及水质模拟系统，大规模集成电路微机 |

早期的计算机模型没有交互式图形界面，限制了模型的开发研究能力。用户界面的不成熟，时常导致事后需要补记；输入采用打孔卡片，或者采用文本编辑器编写 ASCII 文件，经常会发生错误；要获得一个数据文件，不用数月时间，也要花费数日的努力。当然

这些均取决于管网模型的规模和复杂程度。主要数据的输出也构成了非常庞大的列表，对结果的注释说明也很耗时，并需要在管网图上手工绘制等水压线。

通过发展，应用交互式图形界面使编辑管网数据、代码着色、管网图和属性表达、结果分析变得简单易行。工程技术人员可方便地设计、校验和使用模型，现在可以将主要精力放在现状系统分析或系统改造上，减少了翻动大量输出页面的时间，提高了模型应用水平。当前给水管网计算机模型提供了以下使用上的优点：

1）模型输入数据的系统性组织、编辑和错误检查能力；

2）各种模型输出的表达能力，清楚、形象、准确地显示计算结果，包括利用彩色条形图、等值线图、立体图，显示管网整体及其各部分的节点水压、管段流量分布情况；查询每个节点的压力，每条管段的流量、流速、水头损失的准确数值；以图形、数值相结合的方式显示计算结果；分析管网各部分的负荷情况、各水源的供水区域、各节点的供水主路线、各管段的水流方向等。

3）与其他软件的连接能力，例如与数据库、电子表格、计算机辅助设计（CAD）程序以及地理信息系统（GIS）的连接。

4）执行其他类型网络分析能力，例如管道尺寸优化、水泵调度优化、自动校准、水质模拟等。

市场上出现的很多管网模拟软件，一些是免费的或费用较低，另一些则价格比较昂贵。不同软件的价格也不同，主要由其功能和特性决定。表 18-2 列出了一些给水管网模拟软件的简要信息。

**给水管网模拟软件包（2020 年统计）** 表 18-2

| 模拟软件名称 | 软件开发方 | 网址 |
|---|---|---|
| EPANET | 美国环境保护署 | http://www.epa.gov/water—research/epanet.html |
| EPANETH（EPANET 汉化版） | 同济大学 | http://sese.tongji.edu.cn/Jingpinkecheng/geipaishui/epaneth.htm |
| InfoWater H2ONET/H2OMAP/InforWorks WS | Innovyze | http://www.innovyze.com/ |
| Mike Urban | DHI | http://www.dhigroup.com/ |
| KYPipe | 肯塔基大学 | http://www.kypipe.com/ |
| WaterCAD/WaterGEMS | Bentley Systems | http://www.bentley.com/ |
| NetSimu | 上海三高计算机中心股份有限公司 | http://www.shanghai3h.com/ |

### 18.1.3 计算机模型应用

专业角度上，给水管网的计算机模型可分为规划模型和运行模型两类：规划模型用来评价管网系统的性能、供水量和经济影响，运行过程的变更，各种设备、控制阀门、水箱的作用等。其重点是对设备的选择，包括设备规格的确定或修正。运行模型用来在短期（数小时、数日或数月）内预测管网运行状况、调节压力和流量、调整水位和培训操作人员等，目标是辅助运行决策。具体而言，给水管网计算机模型的应用包括：

1）掌握和分析管网运行工况。通常管理人员只能通过监测数据了解管网的个别特征参数，而模拟计算可求得每个节点的压力，每条管段的流量、流速、水头损失等，并以图形、表格等形象地显示计算结果。它不仅可以帮助管理人员详细了解管网各部分的运行工况，而且可从中找出许多平时难以发现的问题，例如"瓶颈式"管段，供水压力过低区域等。

2）给水管网系统规划设计。针对规划设计新的水源、输水干管、泵站和蓄水设施，评估给水管网系统的供水能力，合理布置测流、测压和水质监测位置，确定新建管网设施的尺寸和位置、投资及其效益；通过模拟计算，比较、评估各种方案的经济性能，从而寻求最优的规划设计方案。

3）给水管网系统运行调度、紧急响应和故障处理。模型能够用于解决正在发生的问题，分析可能的运行变化，以及准备应对异常事件。通过比较模拟结果与现场运行情况，操作人员能够确定系统内问题的原因，第一时间明确表达工作的方案，而不是求助于实际系统的试算变化；或者针对低压区域的连续模拟，能够指出该区域可能的阀门关闭情况。除基础设施维护和修理费用外，水泵的能量消耗也是许多供水企业的主要运行费用。水力模拟可用于研究水泵的运行特性和能量消耗，通过建立和测试不同的水泵调度方案，评价能量消耗的影响。

4）给水设施修复决策。配水系统的磨损和消耗最终会带来对系统的部分修复，例如管道、水泵、阀门和蓄水池。管道，尤其是老的、无衬里的金属管道，由于金属淤积和与水的化学反应，经受了内部沉积物的增长。这种增长能够造成输送能力的损失、降低压力和出现更差的水质。为了抵抗这种随时间的影响，供水企业需要采取冲洗管道和管道重新加衬等措施。另一种方法，利用新管道（可能更大）替换或者铺设平行的管道。水力模拟用于评价这种修复的影响，并确定最经济的改善。

5）给水管网系统水质分析与控制。利用水质模型，用户能够模拟整个管网内水的停留时间、水源跟踪和成分浓度分析，便于研究和计划余氯浓度、分析管网内消毒副产物（DBP）的形成或者评价不同净水厂来水混合对水质的影响。水质模型也可用于研究为了改善水质的水力运行变更。

6）操作人员培训。操作人员如果仅通过给水管网运行性能获得经验和信息，将需要很长的时间，有时最关键的经验只有在极端条件下才能获得。水力模拟为训练系统操作人员提供了绝好机会，以便模拟系统怎样在不同负荷状况运行方面，以及在紧急条件下，采取不同的控制策略。

## 18.2　计算机建模内容

求解管网模型的计算机代码一般具有以下功能：输入数据处理，拓扑结构处理，水力求解算法，线性方程计算器，延时算法，水质算法和输出数据处理。

（1）输入数据处理

输入处理器读取管网模型的描述内容，将它转换成计算机使用的内部表示方式。管网的描述内容一般以格式化的文本文件存储。计算机模型的输入处理器分隔和编译该文件内容。较好的计算机编码遵从尽量减少用户提供的信息以及自动确定原则，例如不需要用户指定管网包含了多少节点或者管段，计算机具有统计每一对象数据的功能。

（2）拓扑结构处理

计算机需要模拟节点和管段之间特定的关联关系，通过创造每一节点的邻接表确定。

邻接表就是数据结构的管段表，表中每一个元素包含了三个数据项：管段一个端点的索引、管段另一端点的索引以及指向表中下一数据项的指针。另外每一节点需要一个数组，存贮表中第一个元素的地址。

（3）水力求解算法

管网中求解流量和水头的基本方程组为

$$每一节点 j \qquad \sum_i q_{ij} - \sum_k q_{jk} = Q_j \tag{18-1}$$

$$连接节点 i 和 j 的管段 \qquad H_i - H_j = a q_{ij} | q_{ij}^{n-1} | \tag{18-2}$$

式中     $q_{ij}$——节点 $i$ 和 $j$ 之间管段的流量（设从 $i$ 流向 $j$ 取正值，否则为负）；

         $H_j$——节点 $j$ 的水头；

         $Q_j$——节点 $j$ 的需水量。

式（18-1）是节点连续性方程，式（18-2）为流量—水头损失方程（能量方程），式中 $a$ 和 $n$ 为系数。对于海曾—威廉公式，有

$$a = \frac{10.654L}{C^{1.852} D^{4.87}} \tag{18-3}$$

$$n = 1.852 \tag{18-4}$$

式中     $L$——管道长度，m；

         $D$——管径，m；

         $C$——海曾—威廉粗糙系数。

计算机模型能够将这些方程组变换为较简单的方式，以四种方式求解：节点水头方法（$H$ 方程组），管段流量方法（$Q$ 方程组），环方法（$\Delta Q$ 方程组），以及梯度或者节点—环方法（$H$-$Q$ 方程组）。每一种方法均可使用牛顿—拉夫森迭代技术，即通过线性方程组系统的迭代，求解非线性方程组。一般在 4～6 次迭代后便会收敛。尽管最初使用的 Hardy Cross 方法在效率上不能与这些方法相提并论，但它仍出现在许多教材中，作为管道流量分析的计算机示例程序。

（4）线性方程组计算器

多数管网水力计算涉及求解 Newton-Raphson 迭代中产生的线性方程组问题。与各种水力求解方法相关的是系数稀疏矩阵，它意味矩阵中多数元素为零。例如，由节点或者梯度/节点—环方法导出的矩阵，每行中非零系数的数量表示连接到特定节点管段的数量。由于管网中一个节点连接管段很少超过 5 条，所以具有 1000 个节点的系统，在系数矩阵的 1000000 个元素之中，最多只有 5000 个非零元素。处理过程中对所有零值元素的存取造成了巨大的计算压力。

求解线性方程组的方法是进行一系列矩阵元素的运算（例如加法和乘法），将系数矩阵转化为三角矩阵，便于通过简单的置换方法求解，该过程称作因式分解。在转换系数矩阵中增加的额外非零元素，也会增加计算压力。对于节点和梯度/节点—环方法，这样一种转换等价于对管网中节点重新排序（或者重新编码）。

（5）延时计算器

模拟配水管网在一段时间内的运行特性称作延时模拟（EPS），以获得用户需水量和水池水位变化对系统性能的影响。EPS 也是执行水质分析的必备条件。EPS 的分析方法是对蓄水池水头随时间变化的微分方程进行积分，然后利用稳态管网分析方法计算水池水位

函数。对于每个蓄水池 s 的求解，方程表示为

$$\frac{dV_s}{dt} = Q_s \tag{18-5}$$

$$H_s = E_s + h(V_s) \tag{18-6}$$

式中　　$V_s$——蓄水池 s 内水量；

　　　$t$——时间；

　　　$Q_s$——水池 s 的进（＋）或出（－）净流量；

　　　$H_s$——水池 s 的水头（水面高程）；

　　　$E_s$——水池 s 的底部高程；

　　$h(s)$——水位，通常为水池 s 容积的函数。

上式积分具有多种方法，最简单的方法称作欧拉法，它将式（18-5）中的 $dV_s/dt$ 项用直接差分近似，表示为

$$V_s(t+\Delta t) = V_s(t) + Q_s(t)\Delta t \tag{18-7}$$

$$H_s(t+\Delta t) = E_s + h(V_s(t+\Delta t)) \tag{18-8}$$

式中 $V_s(t)$ 和 $(Q)_s(t)$ 表示时刻 $t$ 的数值。根据式（18-7）和式（18-8），时刻 $t$ 的水池水位 $H_s(t)$ 和节点需水量可用于管网的流量分析，产生一组净流量 $Q_s(t)$，代进时刻 $t$ 的水池。式（18-7）和（18-8）用于计算时间 $\Delta t$ 后新的水池水位。在时刻 $t+\Delta t$，利用新的水池水位、新的蓄水量以及运行条件，进行新的稳态分析。这种方式的模拟过程依次从一个时间段到另一个时间段。

多数情况下，欧拉法具有可接受的结果，由于经过典型的时间段（例如 1h）水池水位不会急剧变化。其他积分方法（例如预测—修正法）更适合于水池水位快速变化的情况。在瞬时这些方法需要计算附加的流量。但是由于 EPS 在利用一系列稳态流量计算时，并没有考虑管道水流的惯性或者可压缩性影响，因此它不是真正的动态模拟方法。

（6）水质算法

采用跟踪配水系统中水质成分轨迹的数值方法，在延时水力分析的各个时段需要输入管段计算流量。用在水质分析中的时间步长通常比延时水力分析短得多（例如采用 5min 而不是 1h）。由于所有管段进行了离散化，水质分析需要大量的计算机内存。多数水质模型计算是在水力分析之后执行，而不是将两个过程同时执行。

（7）输出数据处理

输出数据处理是将模型的计算结果转化为用户需要的信息格式。在以数十甚至以数百计的时段内，模型产生的信息总量为数以千计的节点和管段流量、压力、水头和水质参数。如此大的数据量需要利用输出报表或者归档的磁盘文件。在设计输出处理时应注意如下几个问题：

1）时间步长

延时水力模拟需要一些固定的时间步长，需要的决策是考虑这样的瞬间结果是否需要存储、是否对用户有用。当瞬间解发生时，折中的策略是保存系统状态的独立变化记录，以及什么样的系统组件改变了状态，而不提供这种解的完整报告给用户。

2）报告选项

输出选项应允许用户表达节点和管段在各时段的信息，不需要存储模拟的瞬时结果。

另外可设置报表选项，当遇到特定状态时允许用户发出请求，例如节点的压力低于设置压力，或者管道内水头损失超过特定水平。

3）二进制输出文件

为了存储管网模型产生的大量输出数据，需应用二进制文件。与格式化文本文件相比，它们能够提供更快的数据访问和更密实的数据存储。作为简化二进制文件的一种选择方式，输出结果可利用商业电子表格和数据库程序，它们也常常是二进制形式。

4）错误报告

输出过程应能够报告管网输入数据和运行分析过程中遇到的所有错误和警告情况。

## 18.3 水质模型

庞大复杂的城市给水管网系统，靠有限的水质监测点的监测数据，很难实现全面实时掌握、整个管网水质状况，因此配水系统的水质模拟成为备受关注的监测辅助手段。水质模型运用计算机技术，在水力分析的基础上研究水质参数和水中物质随空间和时间的变化规律，包括：

1）特定水源的供水比例；

2）系统中的水龄；

3）不参与反应的物质进入和离开系统时的浓度（例如氟化物或者钠离子）；

4）二次消毒剂（例如氯）的衰减速率；

5）消毒副产物（如 THMs）的生成速率；

6）系统中吸附细菌或游离细菌的数量和质量。

模型可以帮助管理者进行许多水质方面的研究，例如：

1）利用化学示踪剂校验和测试系统的水力模型；

2）确定蓄水设施的位置、大小，以及改变系统运行方式以减小水龄；

3）修改系统设计和运行方案，调节各供水水源的供水量；

4）寻找最佳的管道更新、换衬和冲洗方案；减少蓄水时间；确定中途加氯站的位置和投加量，以保证整个系统的余氯水平等；

5）评估配水系统的安全性，降低管网水质恶化的风险。例如评估消毒副产物对用户的影响，并使之降低到最小；对管网事故诊断，评估系统对外来污染物的敏感程度；

6）设计经济有效的水质监测程序，辨别管网内水质变化和确定潜在问题。

### 18.3.1 控制方程组

给水管网水质模型是以质量守恒和反应动力学为基础，描述配水系统中迁移、混合、衰减或增长的水质变化现象的模型。

（1）管道中移流传输

水中的溶解物以与流体相同的平均流速沿管道流动，同时以某种速率发生着反应（增多或者减少）。多数情况下，纵向扩散不是主要的传输机理，这意味着在水流方向上邻近水流之间没有质量的混合。移流传输可以由下式描述：

$$\frac{\partial C_i}{\partial t} = -u_i \frac{\partial C_i}{\partial x} + r(C_i) \tag{18-9}$$

式中　　$C_i$——管道 $i$ 中物质的浓度，它是距离 $x$ 和时间 $t$ 的函数；

$\qquad$ $u_i$——管道 $i$ 中的流速；

$\qquad$ $r(C_i)$——反应速率，它是浓度的函数。

（2）节点处混合

在节点处可以接受来自两条管道甚至多条管道的来流量。假定瞬间完全混合，那么离开节点水流中的物质浓度应是流入节点物质浓度的加权之和。对于节点 $k$，可以表示为

$$C_{i|x=0} = \frac{\sum_{j \in l_k} Q_j C_{j|x=L_j} + Q_{k,\text{ext}} C_{k,\text{ext}}}{\sum_{j \in l_k} Q_j + Q_{k,\text{ext}}} \tag{18-10}$$

式中　　$i$——流离节点 $k$ 的管段；

$\qquad$ $l_k$——流入节点 $k$ 的管段集合；

$\qquad$ $L_j$——管段 $k$ 的长度；

$\qquad$ $Q_j$——管段 $j$ 的流量；

$\qquad$ $Q_{k,\text{ext}}$——由节点 $k$ 进入管网的外部流量；

$\qquad$ $C_{k,\text{ext}}$——由节点 $k$ 进入管网的外部流量中的物质浓度；

$\qquad$ $C_{i|x=0}$——管段 $i$ 起点的物质浓度；

$\qquad$ $C_{j|x=L_j}$——管段 $j$ 末端的物质浓度。

（3）蓄水设施中混合

多数水质模型假定蓄水设施里的物质是完全混合的，因此整个蓄水设施内物质浓度应是新流入物质与原有物质浓度的混合。同时因为存在反应，水池的物质浓度也会发生变化。式（18-11）表达了这一情况：

$$\frac{\partial (V_s C_s)}{\partial t} = \sum_{i \in l_s} Q_i C_{i|x=L_i} - \sum_{j \in O_s} Q_j C_s - r(C_s) \tag{18-11}$$

式中　　$V_s$——蓄水池在时刻 $t$ 的容积；

$\qquad$ $C_s$——蓄水设施中的物质浓度；

$\qquad$ $Q_i$——进流管段的流量；

$\qquad$ $Q_j$——出流管段的流量；

$\qquad$ $l_s$——设施的进流管段集合；

$\qquad$ $O_s$——设施的出流管段集合。

（4）水体内反应

当某物质沿管道流入水池时，它可以和水流中的各种成分发生反应。反应的速率通常描述为浓度的指数形式：

$$r = kC^n \tag{18-12}$$

式中　　$k$——反应常数；

$\qquad$ $n$——反应阶数。

通常认为，氯是一阶衰减反应，$r = -kC$；THM 的生成为一阶增长反应，$r = k(C^* - C)$（式中 $C^*$——可能生成 THM 的最大浓度）；水龄为零阶反应 $r = 1$；保守物质（例如氟化物）$r = 0$。

（5）管壁反应

水流经管壁时，水中溶解物质会向管壁运动并与管材相互作用，例如管壁附近的腐蚀

产物和生物膜。整个反应速率与管壁面积、流体与管壁之间的物质传输速率相关。

（6）总方程组

当用于整个配水系统时，式（18-9）～式（18-11）表示了一系列带有时间变量、相互关联的代数方程式，需要求解不同管段 $i$ 的 $C_i$ 和不同蓄水设施 $s$ 的 $C_s$。方程组的求解要满足下列外部条件：

1）初始条件：时刻 0 各管段 $i$ 所有 $x$ 处的 $C_i$ 和每个蓄水设备 $s$ 的 $C_s$。

2）边界条件：所有时刻 $t$ 每一具有外部质量输入节点 $k$ 的 $C_{k,ext}$ 和 $Q_{k,ext}$ 值。

3）水力条件：所有时刻 $t$ 每座蓄水设备 $s$ 的体积 $V_s$ 和每条管段 $i$ 的流量 $Q_i$ 值。

### 18.3.2 求解方法

按照模拟管网的水力工况划分，管网水质模型有稳态和动态两种求解方法。

（1）稳态水质模型

管网稳态水质模型是在稳态水力条件下利用质量守恒原理确定溶解物质（污染物或消毒剂）浓度的空间分布，跟踪管网中溶解物的传输、流经路径和流经管道的传输时间，用线性代数方程组描述某种组分在管网节点处的质量平衡。可以利用组分节点方程的迭代法解析数据矩阵，或者用图论分析方法获得节点浓度。

管网稳态水质模型为管网研究和敏感性分析提供了有效手段。稳态水质模型一般用在管网系统水质分析阶段。目前认识到，即使管网运行状态接近恒定时，在用户水量变化之前，管网中的物质没有足够时间传输并达到某种均衡分布，因此稳态水质模型仅能够提供周期性的评估能力，对管网水质预测缺乏灵活性。

（2）动态水质模型

动态水质模型是在配水系统水力工况变化条件下，动态模拟管网中物质的迁移和转化。变化因素包括水量变化、蓄水池水位变化、阀门设置、水泵开启和停止，以及应急需水量的变化等。动态模型的求解方法，在空间上分为欧拉法和拉格朗日法，时间上分为时间驱动和事件驱动。

给水管网拉格朗日法在分析时段内跟踪一系列物质微粒，了解这些物质微粒在不同水力情况下的运动规律。它的优点在于得到的分析结果较多，算法较容易实现，特别在分析节点水龄时比较简单直接。缺点是流速偏低管段的计算较费时，需要经过一段时间的运算才能达到稳定状态。拉格朗日法分拉格朗日时间驱动法（TDM）和拉格朗日事件驱动法（EDM）。

欧拉法是基于给水管网的整个空间拓扑结构，将管网划分成互相连接的小单元，了解物质在单元中的分布。它的优点在于能迅速达到流场的稳定状态；缺点在于管网规模较大时，划分单元较多，耗时较长。欧拉法分欧拉有限差分法（FDM）和欧拉有限体积法（DVM）。

上述方法都假定水力模型可以计算出具体时段管段的水流方向和水流速度。这些时段称为水力时间步长，一般采用 1h。一个水力时间步长里，假定每条管段水流的速度为常数。水质输送和反应进行的时间间隔较短，称为水质时间步长。四种动态方程的求解方法简要描述如下：

1）有限差分法（FDM）

FDM 是一种欧拉方法，将式（18-9）的微分近似为它们的有限差分格式，沿着时间和空间点的固定方格计算。

2）离散体积法（DVM）

离散体积法也是一种欧拉法，它把每条管道分成一系列相等尺寸、完全混合的体积元。在每个连续的水质时间步长里，每一体积元内物质首先发生反应，然后传输到下游的体积元。当附近的体积元是连接节点时，把进入该节点的质量和流量，与从其他管段流到该点的流量和质量相加。对所有的管道都重复这些反应/输送步骤，直到计算出来每个节点的物质混合浓度，进入节点各出流管段第一个体积元里。

3）时间驱动法（TDM）

它是一种拉格朗日法，它对管道中充满的水流分成一系列不重叠的小块，并标记它们的浓度和尺寸。随着时间推进，管道中上游水流小块在水流流入管道时尺寸会增加，与此同时，下游的水流小块在流离管段时尺寸会减小相同的大小。在上游水流小块和下游水流小块之间的水流尺寸保持不变。在新的水力条件发生变化之前，水流不断地依次重复这些步骤。接下来对管网水流重新分隔，反映随管道运行时间变化而发生的变化，质量也将重新分配，从一种旧的分隔变化到一种新的分隔，计算继续进行。

4）事件驱动法（EDM）

与时间驱动法相似，事件驱动法也是一种拉格朗日法。区别在于整个管网条件的更新不是依据固定的时间段，而是在第一小块水流完全流出其下游节点时，管段和节点的条件才发生改变。

通常认为，拉格朗日时间驱动法（TDM）是求解动态水质方程模型最有效和最通用的方法。

### 18.3.3 氯衰减模拟

管道中氯的衰减具有两种机制。第一种机制认为是主流衰减，它是氯与水中其他物质的反应。第二种机制为氯与管壁物质的反应，称作管壁衰减。当存在显著腐蚀性时，配水管网中的管壁衰减是主要机制。

1. 主流衰减

主流衰减常假设为以下一级动力学，公式为

$$\frac{\mathrm{d}C}{\mathrm{d}t} = -k_\mathrm{b}C \tag{18-13}$$

或

$$C_t = C_0 e^{-k_\mathrm{b}t} \tag{18-14}$$

式中　$C_t$——时刻 $t$ 后的浓度；

　　　$C_0$——初始氯浓度；

　　　$k_\mathrm{b}$——主流衰减系数。

主流衰减速率通过在特定时间间隔，观测注满取样水的玻璃瓶内氯浓度计量。然后通过最小平方曲线拟合方法确定主流衰减系数。主流衰减是初始氯浓度、水温和总有机物含量（TOC）的函数。

2. 管壁衰减

氯的管壁衰减多数是因为与腐蚀副产物的反应。假设管壁反应速率相对于管壁浓度，为一级反应，公式为

$$N = k_f(C - C_w) = k_w C_w \qquad (18-15)$$

式中　　$N$——管壁的氯通量，$g/m^2/s$；

　　　　$k_f$——质量转换速率系数，$m/s$；

　　$C$和$C_w$——分别为主流和管壁处的氯浓度；

　　　　$k_w$——管壁反应的一级速率系数。

利用$C$表达$C_w$和$N$，式（18-15）可改写为：

$$C_w = \frac{k_f}{(k_w + k_f)}C \qquad (18-16)$$

$$N = \frac{k_w k_f}{(k_w + k_f)}C \qquad (18-17)$$

质量转换速率系数$k_f$估计为：

$$k_f = Sh\left(\frac{D_m}{d}\right) \qquad (18-18)$$

$$
\begin{aligned}
&\text{如果 } Re > 2300 \quad Sh = 0.023 Re^{0.83} Sc^{0.33} \\
&\text{如果 } Re < 2300 \quad Sh = 3.65 + \frac{0.0668(d/L)ReSc}{1 + 0.04[(d/L)ReSc]^{2/3}}
\end{aligned} \qquad (18-19)
$$

式中　　$Sh$——Sherwood 数；

　　　　$Re$——雷诺数；

　　　　$Sc$——Schmidt 数（$=\nu/D_m$）；

　　　　$D_m$——水中氯的分子扩散系数；

　　　　$\nu$——水的运动黏度；

　　　　$L$——管道长度；

　　　　$d$——管道直径。

**3. 总体衰减速率**

确定总体衰减速率的简单方法，是将它表示为主流和管壁衰减速率常数之和。于是，

$$k = k_b + k_w \qquad (18-20)$$

式中　　$k$——总体衰减速率常数。

式（18-20）没有考虑氯从主流到管壁的质量转换速率。同时考虑管段内主流和管壁反应的总体速率表达式，得到

$$\left(\frac{\pi}{4}d^2 L\right)\frac{\partial C}{\partial t} = -\left(\frac{\pi}{4}d^2 L\right)k_b C - N(\pi d L) \qquad (18-21)$$

式中　　$L$和$d$——分别为管道长度和直径。

将式（18-21）除以（$\pi/4$）$d^2 L$，代入式（18-17）中的$N$值，得

$$\frac{\partial C}{\partial t} = -\left[k_b + \frac{k_w k_f}{(d/4)(k_w + k_f)}\right]C = \left[k_b + \frac{k_w k_f}{R(k_w + k_f)}\right]C \qquad (18-22)$$

式中　　$R$——水力半径。

式（18-22）描述了氯沿着单条管道的时间变化。于是，整体衰减速率常数给出为

$$k = \left[k_b + \frac{k_w k_f}{R(k_w + k_f)}\right] \qquad (18-23)$$

**421**

【例 18-1】 图 18-1 所示的水泵出流管道为 1500m 长，直径 300mm。提升速率为常数，等于 0.028m³/s。氯在水泵中完全混合，水泵中的氯浓度保持为 1.5mg/L。氯的总体衰减速率为 $6.417\times10^{-6}\text{s}^{-1}$。试求：（1）确定节点 1 处的稳态氯浓度；（2）确定不同时间步长下，在达到稳态条件之前子节点 150m 间距处的浓度。

【解】 （1）首先计算管道的流速如下：

$$V = Q/(\pi d^2/4) = 4\times0.028/(\pi\times0.3^2) = 0.396\text{m/s}$$

然后水泵到节点 1 的输送时间，计算为 $t = L/V = 1500/0.396 = 3788\text{s}$。从开始到 3788s，节点 1 处的氯浓度将为零，之后氯浓度将为常数，等于

$$C(1500,3788) = C(0,0)e^{-6.417\times10^{-6}\times3788} = 1.5\times0.976 = 1.464\text{mg/L}$$

图 18-1 【例 18-1】的配水系统示意图

（2）子节点处需要的氯浓度。因为子节点之间的距离等于 150m，两个连续子节点之间的输送时间为 378.8s。对于时段 3788s，确定每 378.8s 子节点处的氯浓度，见表 18-3。氯在 378.8s 之后达到节点 2，这里浓度为 1.496mg/L；它在 757.6s 之后到达节点 3，浓度为 1.493mg/L；等等。正如前面看到的，氯在 3788s 之后达到节点 1，其浓度降低至 1.464mg/L。

不同时间步长处，图 18-1 中各子节点的氯浓度　　　　表 18-3

| 时间 | 子节点处的氯浓度（mg/L） | | | | | | | | | | |
|---|---|---|---|---|---|---|---|---|---|---|---|
| T（s） | S | 2 | 3 | 4 | 5 | 6 | 7 | 8 | 9 | 10 | 1 |
| 0 | 0 | 0 | 0 | 0 | 0 | 0 | 0 | 0 | 0 | 0 | 0 |
| 378.8 | 1.5 | 1.496 | 0 | 0 | 0 | 0 | 0 | 0 | 0 | 0 | 0 |
| 757.6 | 1.5 | 1.496 | 1.493 | 0 | 0 | 0 | 0 | 0 | 0 | 0 | 0 |
| 1136.4 | 1.5 | 1.496 | 1.493 | 1.489 | 0 | 0 | 0 | 0 | 0 | 0 | 0 |
| 1515.2 | 1.5 | 1.496 | 1.493 | 1.489 | 1.485 | 0 | 0 | 0 | 0 | 0 | 0 |
| 1894 | 1.5 | 1.496 | 1.493 | 1.489 | 1.485 | 1.482 | 0 | 0 | 0 | 0 | 0 |
| 1.485 | 1.5 | 1.496 | 1.493 | 1.489 | 1.485 | 1.482 | 1.478 | 0 | 0 | 0 | 0 |
| 2651.6 | 1.5 | 1.496 | 1.493 | 1.489 | 1.485 | 1.482 | 1.478 | 1.475 | 0 | 0 | 0 |
| 3030.4 | 1.5 | 1.496 | 1.493 | 1.489 | 1.485 | 1.482 | 1.478 | 1.475 | 1.471 | 0 | 0 |
| 3409.2 | 1.5 | 1.496 | 1.493 | 1.489 | 1.485 | 1.482 | 1.478 | 1.475 | 1.471 | 1.468 | 0 |
| 3788 | 1.5 | 1.496 | 1.493 | 1.489 | 1.485 | 1.482 | 1.478 | 1.475 | 1.471 | 1.468 | 1.464 |

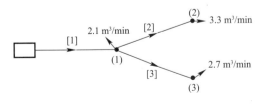

图 18-2 【例 18-2】的枝状管网

【例 18-2】 图 18-2 的枝状管网，具有一个水源节点和三个需水量节点(节点 1，2 和 3)。管道特征见表 18-4。假设水源节点 1 处的氯浓度稳定为 0.8mg/L，获得不同节点处的稳态浓度。假设所有管段的总体衰减速率常数为 $6.417\times10^{-6}\text{s}^{-1}$。

【解】 对于所有管段，管段断面积、流速和管段输送时间的计算见表 18-4 的 5～7 列。管段 [1] 上游的氯浓度 $C_{1u}$，与水源节点相同，即为 0.8mg/L。因为氯在管段 [1] 中的输送时间为 5.938min，5.938min 之后，管段 [1] 的下游氯浓度保持常数。于是，管段 [1] 下游端的氯浓度给出为

$$C_{1d} = C_{1u}e^{-6.417 \times 10^{-6} \times 5.938 \times 60} = 0.8 \times 0.9977 = 0.7982 \text{mg/L}$$

**【例 18-2】枝状管网的管道细节**　　　　　　　　　　　　　　　　表 18-4

| 管段编号 | 长度 L (m) | 直径 D (m) | 流量 Q (m³/s) | 断面积 A (m²) | 流速 V (m/min) | 输送时间 t (min) |
|---|---|---|---|---|---|---|
| (1) | (2) | (3) | (4) | (5) | (6) | (7) |
| 1 | 500 | 0.350 | 8.1 | 0.0962 | 84.20 | 5.938 |
| 2 | 350 | 0.200 | 3.3 | 0.0314 | 105.10 | 3.330 |
| 3 | 400 | 0.150 | 2.7 | 0.0177 | 152.54 | 2.622 |

考虑节点 1 处的混合，可以获得节点 1 处的氯浓度（$C_1$）、管段 [2] 的上游浓度（$C_{2u}$）和管段 [3] 的上游浓度（$C_{3u}$）。因为仅仅一处供水管道，节点 1 处没有加氯，管段 [2] 和 [3] 的上游氯浓度将与管段 [1] 的下游端相同。于是，$C_1 = C_{2u} = C_{3u} = 0.7982 \text{mg/L}$。

现在，管段 [2] 和 [3] 的流行时间分别为 3.330min 和 2.622min。因此，可以获得管段 [2] 下游处稳态氯浓度（$C_{2d}$）和管段 [3] 的（$C_{3d}$），分别在 3.330min 和 2.622min 之后将为

$$C_{2d} = C_{2u}e^{-6.417 \times 10^{-6} \times 3.330 \times 60} = 0.7982 \times 0.9987 = 0.7972 \text{mg/L}$$

以及

$$C_{3d} = C_{3u}e^{-6.417 \times 10^{-6} \times 2.622 \times 60} = 0.7982 \times 0.9990 = 0.7974 \text{mg/L}$$

于是，节点 2 和 3 的稳态氯浓度 $C_2$、$C_3$ 将分别为 0.7972mg/L、0.7974mg/L。到达节点 2 和 3 处的稳态氯浓度条件的总时间，分别为 9.268min 和 8.560min。

### 18.3.4 数据需求

水质模型的基础数据分为水力数据、水质数据、反应速率数据和现场数据。

（1）水力数据

水质模型以水力模型的结果作为部分输入数据。稳态模型要求每个管段单一的静态流量值；动态模型需要每一管段所有时间的流量值和每个蓄水设施体积的变化值。这些值可以从系统延时水力分析中得到。多数模拟软件包通过简单的操作，可以将水力模型和水质模型结合，极大地减轻了管网分析者负担。管网水力特性的全面了解，对获得准确的水质结果是十分重要的。一个校验效果不好的水力模型，将不可避免地得到效果同样差的水质模拟结果。

（2）水质数据

动态水质模型需要一组初始的水质条件参数，便于模拟计算。有两种方法建立初始条件：一种是利用现场的监测数据。这种方法通常用在模型校验时，把现场监测点的监测值作为相应模型在该点的初始值。其他位置的初始值可以根据已知值用插值方法估算。如果采用这种方法，获得准确的蓄水设施水质条件初值很重要，模型对这些值很敏感。水池中水流的变化速率慢，这些值在模拟时对变化的反应也慢。但是这种方法不能用于模拟水

龄，因为没有可以直接检测该参数的方法。

另一种方法是在开始模拟时采用任意起始数据值，并且重复使用水力模型，长时间运行，直到系统的水质状态变成周期模式为止。注意该模式的周期长度可能与水力模式不同。从最后时段得到的结果将会反映所代入的水力数据准确性。如果蓄水设施初始水力条件估计值准确的话，将可以减少系统达到动态平衡的时间。

除了初始条件，水质模型还需要知道所有外部水流流入系统的水质情况。当对现有系统模拟时，这些数据可以从已知的水源模拟数据得到。当管网运行变化时，可以将这些数据看作为指定值。

（3）反应速率数据

水质模拟所需的反应速率数据取决于水质的组成成分。研究表明反应速率随不同水源、处理工艺和管网条件而具有差异，因此这些数据取决于管网的具体布置。

水中余氯衰减一阶速率常数可以通过实验室的瓶试获得。水样放置在几个棕色瓶子里并保持不变的温度条件。不同时段选择不同的瓶子，分析水中的游离氯。绘制所测氯含量的自然对数和对应时间曲线图。速率常数就是经过这些点的直线斜率。目前没有直接测试方法估计管壁反应的速率常数，必须依靠现场检测数据对模型校验。

类似的测试也可估计 THM 的一阶增长速率。但测试的时间要足够长，直到 THM 的浓度达到稳定为止。该值就是 THM 的可能最大估计值。然后绘制测试的 THM 水平与时间的自然对数图，其中连线斜率就是 THM 的生成速率常数。

## 18.3.5 模型校准

模型校准是一个调整模型参数的过程，使模型结果在可接受的水平上符合现场实际监测数据。如果数学模型确实可以表达实际的物理过程，而且对模型所需的参数具有深入的了解，则不必进行校准。然而通常以上两条均不成立，所以在研究过程中校验是必须考虑的。

因为水质模型需要水力模型提供管道流量和水流方向的数据，所以在水质模型校验之前须对水力模型校验。通常，水力校验应使压力符合现场压力值。但仅仅依靠压力校验，并不能保证流量和水流方向的准确预测，所以在对水质模型校验时，也应对更多的水力模型参数进行校验。

（1）保守物质校准

在保守物质和水龄的水质模型中，水质成分随水流不发生变化。连接节点处水质成分的浓度或水龄是以流入节点流量的线性和为基础计算的。因此精确的校验是不需要的，也是不可能的。通常可以改变入流物质的浓度和系统中控制流量的参数，使试验结果和模拟结果相符。

（2）非保守物质校准

因为非保守物质与水中其他成分反应，或者与管壁和管道附属物反应，其浓度在流动过程中发生改变。建立反应方程和确定反应系数时，需要实验室和现场提供的数据。对于发生在水体中的水质变化，可以用瓶试确定水质变化特性。而对于包括与配水系统自身反应发生的变化，可应用的信息有限。最常见的例子是管壁对余氯的需求量计算。管道材料、管龄、管道水力条件都是影响这一需氯量的因素，进行现场校验时通常需要估计该需氯量。

（3）水力校准

水质模型能够用于与现场示踪剂相关的研究，可作为管网水力模型校验的可选方法或补充方法。因为管网水质模型依赖于水力模型提供的水流大小、速度、方向等数据，这些数据的不准确性将导致水质模型预测的不准确。

尽管多数水质模型可以表达保守物质或非保守物质的状态，但保守物质模型的运用对水力模型的校验更为合适。因为模拟保守物质时，不需要调整水质参数。换句话说，如果水力参数是准确的，并且已知初始数据和输入条件也是正确的，水质模型就可以为管网提供一个对物质浓度预测较好的水质模型。作为水力模型校验方法的水质模型，和利用保守示踪剂的研究就是以这一关系为基础的。

### 18.3.6 模型假设和局限性

正如前文所述，建立的给水管网模型，是根据如下假设，例如：

1）连接节点处的完全混合；

2）断面均匀并忽略轴向扩散；

3）拉格朗日（事件驱动）方法忽略了纵向扩散；

4）基于潜在水力模型的假设，尤其考虑节点处指定和估计需水量的方式。

另外，这些模型的局限性来自确定性特征。它们试图描述详细的化学和微生物过程，但直到目前也没有完全理解或者刻画。同时试图考虑所有以确定方式进行的反应，这样的公式也常常受到过多参数化所阻止，导致模型实际上不可能被纠正和校验。为了提供水中组分的迁移和混合基础，水质模型依赖于合理的水力模拟。即使最好的现有水力模型，在水质模型的需求水平上也是不可靠的。例如水质模型中浓度和输送时间的计算是根据时间和空间的积分，因此流量和速度中的任何误差将随时间而累积。

## 18.4 计算机模型使用步骤

建立、校验和应用配水系统模型仍然是一项艰巨任务，需要面对模拟程序和现实系统的许多数据和地图。作为大型任务，需要将它分成各个组成部分，逐步解决。一些任务可以并行进行，而另一些需要串行。开发和应用配水模拟模型，具有非常重要的五个步骤（见图18-3）。

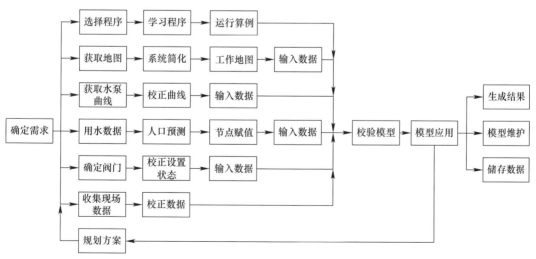

图 18-3　给水管网模拟过程流程图

（1）模型选择

针对应用需求，选择合适的模型。水力或水质模型选择中，了解模型的用途是很重要的，因为模型的必要精度和详细水平将因用途不同而不同。

（2）管网表示

确定怎样在数值模型中表示系统的组件。其中包括管道系统的简化，即在模型中忽略一些管道；包含管道参数值的假设，例如假定某种类型的所有管段具有相同的粗糙度值。模型的简化程度也取决于待解决的问题。

（3）校准

收集现场测试数据，根据这些测试数据校准模型，调整不可测试的模型参数。这个步骤也将检验管网的简化效果。

（4）验证

将建立在校准之上的模型计算结果与第二组现场数据集比较，证实管网的表示和参数估计是否合适。

（5）模型应用与维护

通过对问题状况的模拟，用图表形式表达模拟结果，分析结果的合理性。如果问题未完全解决，返回第（2）步重新进行。

给水管网模型建立后，经过一段时间使用，在各种条件变化下，例如需水量变化和管网改扩建等原因，模型将会与实际情况不符。因此为适应实际给水管网的发展，需要对模型维护和管理，内容包括拓扑结构更新、节点流量更新、水泵特性曲线更新、供水系统现场测试以及模型重新校验等。

### 18.4.1 地图和记录

配水模型的数据有多种来源，不同供水企业之间数据来源具有显著差异。最常用的资源包括系统布局图、竣工图纸和电子数据文档。

（1）系统布局图

系统布局图可能包括以下信息：

1）管道的布局、连通特性、长度、材料、直径等；

2）其他系统组件（例如水池和阀门）的位置；

3）压力分区边界；

4）标高；

5）背景信息，例如道路、河流、规划区域等的位置；

6）其他市政设施。

（2）地形图

将地球表面的地形地物，经过测量按一定的比例尺缩小后，用不同的符号、线条综合后表现在图纸上，形成与地面相似的图形，称为地形图。对于供水系统的规划和设计，管网模型图与地形图结合，可以在系统中插入连接节点和其他设施位置的地表标高。等高线的间隔越小，待估计的高程越准确。如果可用的地形图达不到需要的精度水平，需要考虑其他高程数据源。

（3）竣工图

工程施工图从设计单位生产完成后，交付施工单位实施。施工过程中难免会遇到因原材料、工期、气候、使用功能、施工技术等各种因素制约，施工图发生变更或修改。工程竣工后，由各专业设计和施工技术人员，按有关设计变更文件或工程洽商记录，遵循规定的法则进行改绘，使竣工后的建筑实体图和物相符，这样修改后的图纸称竣工图。竣工图有助于确定管道长度、配件类型和位置、标高等。

（4）电子地图和记录

供水企业现在越来越多地利用电子文档表达供水系统信息，包括非图形数据库、计算机辅助绘图（CAD）和地理信息系统（GIS）。

1）非图形数据

非图形数据例如管网设施普查数据库、阀门记录卡、消火栓记录卡等。

2）计算机辅助绘图

计算机技术的发展在配水设施管理的所有方面均有很多改进，地图也不例外。计算机辅助绘图（CAD）利用计算机及其图形设备，帮助设计人员担负计算、信息存储和制图等项工作。与以前相比，计算机辅助设计系统使得图形的绘制、编辑、放大、缩小、平移和旋转等有关图形数据的加工工作变得更加容易，维护和更新地图变得更快和更加可靠。即使系统只有纸张地图，许多供水企业通过数字化，已将它们转换成了电子绘图格式。

3）地理信息系统

地理信息系统（GIS）是在计算机软硬件支持下，把各种地理信息按照空间分布及属性，以一定的格式输入、存储、检索、更新、显示、制图、综合分析和应用的技术系统。当水力模型集成GIS后，将具有以下效益：构造模型上节省时间；利用GIS分析工具，能够集成完全不同的土地使用、人口统计以及监视数据，或者更精确地预测将来系统需水量；可视化生成基于地图质量控制的模型输入。

### 18.4.2 管网简化

由于计算机存储容量的制约，早期给水管网模型软件包限制了包含的管道数量，于是提出了管网简化的概念。此外，当从CAD或GIS系统中导入时，将包含成千上万个节点和管段数据，其中大量数据与水力计算不相关，这种情况下也需要对管网进行简化。所谓简化，就是从实际系统中去掉一些次要的给水设施，保留重要的积水设施，使分析和计算集中于主要对象。模型简化的程度与其应用目的有关。例如，高度简化的模型可用于给水管网规划或者水泵调度及能耗研究，但可能不适用于水质或者消防流量分析、冲洗程序设计等。目前管网建模的趋势是首先建立全管线模型，然后根据需要简化模型。

尽管没有通用标准，2003年美国环境保护署建议，给水管网模型在简化中应满足：

1）至少包含配水系统中管道总长度的50%。

2）至少包含配水系统中管道总容积的75%。

3）包含所有300mm（12英寸）以上直径的管道。

4）包含连接了压力分区、不同水源、蓄水设施、水泵和控制阀门的所有200mm（8英寸）以上直径管道。

5）包含连接了远距离配水系统的所有150mm（6英寸）以上直径管道。

6）所有正常运行的蓄水设施。

7）所有正常运行的泵站。

8）所有显著影响配水系统中水流的控制阀门或者其他系统特征（例如与其他系统的连接，压力分区间的阀门）。

模型简化的优点是可以减少数据处理需求，便于模型的输出；缺点为需要判断管道是否应包含在模型内，并难以计算单个用户的需水量。包含全部管道的模型具有更详细的描述性数据，但产生的输出量很大。多数现代软件包支持无限数量的管道，可是为了减少模拟工作，仍经常进行简化。但是管网简化不应与数据的省略相混淆，管网简化过程中没有模拟的部分系统不能够被丢弃，应考虑在模型中它们的影响。表 18-5 说明了给水管网模型简化的方式。管网简化程度取决于模型的应用，并在很大程度上受到模拟人员判断力的影响。

给水管网简化示例          表 18-5

| 简化类型 | 简化示例 | 备注 |
|---|---|---|
| 包含所有进户连接管的管网 | 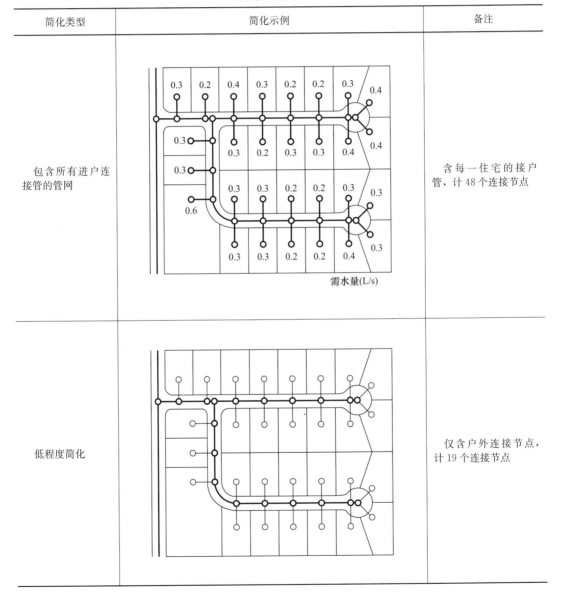 | 含每一住宅的接户管，计 48 个连接节点 |
| 低程度简化 | | 仅含户外连接节点，计 19 个连接节点 |

428

| 简化类型 | 简化示例 | 备注 |
|---|---|---|
| 中等程度简化 | 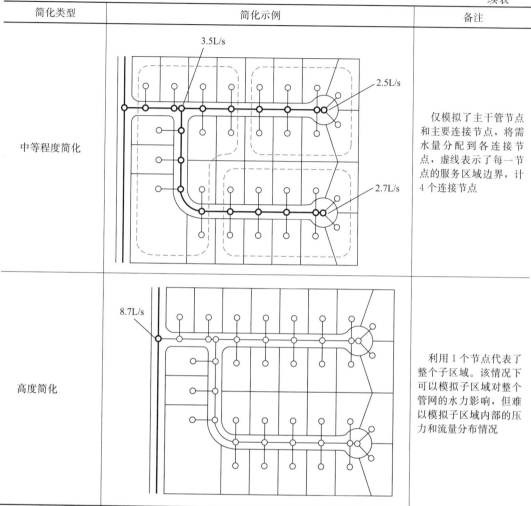 | 仅模拟了主干管节点和主要连接节点，将需水量分配到各连接节点，虚线表示了每一节点的服务区域边界，计4个连接节点 |
| 高度简化 | | 利用1个节点代表了整个子区域。该情况下可以模拟子区域对整个管网的水力影响，但难以模拟子区域内部的压力和流量分布情况 |

（1）简化原则

要保证最终应用具有科学性和准确性，简化必须满足下列原则：

1）宏观等效原则。即给水管网局部简化后，要保持其功能及各元素之间的关系不变。宏观等效的原则应根据使用的要求与目的掌握。例如，当目标是确定水塔高度或泵站扬程时，两条并联的输水管可以简化为一条管道，但当目标是设计输水管的直径时，就不能将其简化为一条管道了。

2）小误差原则。简化必然带来模型与实际系统的误差，将误差控制在一定范围内是允许的，它以满足工程需求为出发点。

（2）管线简化的一般方法

1）保留对系统重要且潜在影响系统特性的元素，例如大用户，流量、水压和水质监测点，大尺寸管道，水泵、阀门、水池等控制元素。

2）删除不影响全局水力特性的设施，如小口径支管、配水管和出户管。

3）将同一处的多个相同设施合并。如果同一处的多个水量调节设施（清水池、水塔等）合并；并联或串联工作的水泵或泵站合并；如果管线包含不同的管材和规格，可采用水力等效原则将其等效为单一管材和规格；并联的管线可以简化为单管线。

4）相互靠近且有管道相连的节点，可以合并为同一节点，以减少节点和管段的数目。

5）去掉全开阀门，将管线从全闭阀门处切断。这样都不必在简化的系统中出现全开和全闭的阀门。但保留调节阀、减压阀等。

6）节点下游的支状管网省去后，所服务的需水量将由该节点承担。

### 18.4.3　给水管网模型数据需求

表18-6列出了包含在管网模型中的各种组件及其集合。其中 ID 号为需要赋予组件的唯一编号。与数字符号相比，字符编号提供了更大的灵活性，它可包含易于使用的信息，例如体现压力分区或者相对位置情况（见图18-4）。

管网模型中与每一管段相关的数据包括管道标识符（ID 号）、长度、直径和粗糙度。与每一连接节点相关的数据包括节点标识符（ID 号）、高程以及需水量。所有蓄水池和水箱的物理数据常常包括水池几何尺寸以及初始水位，水泵的物理数据常常包括水泵流量/扬程特性曲线、平均功率值。一旦获得管网模型的必要数据，它们将以与计算机模型相匹配的格式输入到计算机。

管网模型运行时需要的附加信息包括所有阀门和水泵的状态、蓄水池的初始水位；水质分析中需要所有节点的初始水质；延时分析时需要模拟阶段水泵和阀门的控制方式。

当模拟配水系统内物质变化时，必须能够表示出它们的反应速率。主流区、管壁处和蓄水池内的反应系数可能是不同的。

给水管网模拟元素　　　　　　　　　　　　　　　　表18-6

| 组件 | 模拟目的 | 基本属性 |
|---|---|---|
| 连接节点 | 相互连接的管段交点，水从这里流入或者流出管网 | ID号、位置、标高、需水量、需水量模式 |
| 蓄水池 | 给水管网的外部输入源点或者输出汇点，其水头和水质不受管网影响 | ID号、位置、标高 |
| 水箱 | 具有蓄水能力并在高低水位之间运行的点 | ID号、位置、池底标高、初始水位、水位—水量曲线 |
| 管道 | 从一个节点向另一节点输水的管段 | ID号、起始节点标号、终止节点标号、直径、长度、粗糙系数 |
| 水泵 | 为流体提供能量，以克服高程差和摩擦损失的管段 | ID号、起始节点标号、终止节点标号、扬程—流量曲线 |
| 阀门 | 限制特定位置流量和压力的管段 | ID号、起始节点标号、终止节点标号、类型（减压阀 PRV，稳压阀 PSV，流量控制阀 FCV 等）、压力/流量设置 |

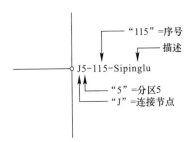

图18-4　具有命名惯例的节点示意图

#### 18.4.4　节点流量分配

供水管网水力模型节点流量的确定是管网建模过程中另一关键步骤，也是管网建模项目实施过程中耗时最长且不确定因素最多的一个环节。用水量包含内容如下：

1) 基线需水量：基线需水量常常对应于用户需水量和管网漏损水量。管道漏损水量约占总需水量的 10%～20%，常常平均分配到管网各节点上。常用节点基线需水量的分配方法有三种。

①按管长分配。这是一种简单的节点流量分配方式。按管长分配即根据每条管道长度占管网总长度的比例及管道的供水方式，计算出每条管道两端节点分配流量。

②按用水区块分配。根据供水管网用水性质的不同，把供水管网划分成大小不同、互不重叠的区块，根据不同区块用水情况，分配相应流量。在同一区块内按管长分配流量。

③按水表位置分配。有选择地选取营业收费数据库中的大用户水表，将这些大用户水表编号对应到模型相应位置的节点上。根据营业收费数据库中的水量数据、用水性质计算节点流量。

2) 季节性变化：用水一般随着每年的过程在变化，较炎热月份出现较高需水量。当建立稳态模型时，基线（平均日）需水量能够通过乘子修正，以反映其他条件下的需水量，例如最大日需水量、高峰小时需水量和最小日需水量。

3) 消防需水量：消防用水是给水管网设计标准中重要的用水考虑因素。通常，模拟的系统对应于最大用水条件，此时在单一节点加入需要的消防流量。

4) 日变化：因为用户用水连续变化的需求，所有供水系统是不稳定的。重要的是考虑这些变化，以达到充分的水力模拟。每一主要用户类型或者服务区域内的地形分区应建立每日需水量变化曲线。例如，可为工业开发区、商业区和居民区建立日需水量曲线。大用户例如制造工厂，可能具有单一用水模式。

## 18.5　EPANETH 软件

### 18.5.1　软件特征

EPANET 软件是美国环境保护署供水与水资源分局开发研制的软件包，最初开发于 1993 年，目的是研究给水管网系统水力特性和水质变化规律。该软件可在美国 EPA 网站上免费下载，由同济大学环境科学与工程学院汉化后，定名为 EPANETH，也可从网络上免费下载，该软件的出现极大地促进了计算模型在给水管网中的应用。

EPANETH 利用物理对象模拟配水系统。这些对象包括：

1) 连接节点（管道连接点和耗水量发生处）；
2) 蓄水池（具有稳定水头的边界点）；
3) 水箱（具有变化容积的蓄水设施）；
4) 管道（可能包含隔断阀或止回阀）；
5) 水泵（包括定速、变速和稳定功率的水泵）；
6) 控制阀（包括减压阀、稳压阀、流量调节阀和节流阀）。

除了这些物理对象，也包含表示配水系统的下列信息对象：

1) 时间模式（用于模拟每日用水量的变化模式）；

2）曲线（用于表示水泵水头—流量曲线和水池水位—容积曲线的数据）；

3）运行控制（根据水池水位、节点压力和时间状态改变管段状态的规则）；

4）水力分析选项（水头损失公式、流量单位、黏度和重度的选择和设置）；

5）水质选项（水质分析类型、反应机制以及全局反应速率系数的选择）；

6）时间参数（模拟时段、水质和水力分析时间步长、形成输出结果报表的时间间隔）。

除了稳态或延时水力分析，EPANETH 的水质分析包含以下类型：①跟踪非反应物质的运动轨迹，例如示踪剂研究或者重新构造污染事件；②计算管网某一点的特定水源来水百分比；③估计管网不同位置的水龄；④模拟氯和氯胺随时间的衰减；⑤模拟消毒副产物（例如三卤甲烷）的增长。

EPANETH 包含了两个模块：执行水力和水质模拟的管网计算器，以及用于前后端处理的图形用户界面。常规运行模式下，用户直接与图形界面交互。也能够单独运行计算器，从文本文件接收输入数据，输出包括文本输出结果（报告文件）和非结构的二进制输出文件。计算器还具有第三方开发者可以按照定制方式应用的函数库（DLL）。

## 18.5.2 图形用户界面

EPANETH 的图形用户界面利用 Delphi 语言（面向对象 Pascal 语言）编制，用于构造待模拟管网的布局、编辑管网组件的属性、设置模拟选项、调用计算器模块，并以不同形式将计算结果显示给用户。

图 18-5 说明了编辑管网时可能显示的用户界面。管网地图提供了配水系统的示意图，给用户可视化感觉，从中可以观测到组件的位置及其连接方式。根据特定属性数值（例如压力或者流量），可以用不同的颜色表示节点和管段。地图右侧和上部的工具栏允许利用鼠标点击方式，可视化添加组件。也可以选择、移动、缩放、编辑或删除地图上已有对象。

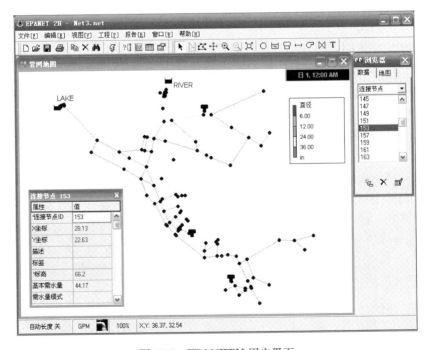

图 18-5　EPANETH 用户界面

浏览器窗口是 EPANETH 的中心控制面板。它用于选择特定的管网对象；增加、删除或者编辑对象，包括非可视对象（例如时间模式、运行规则和模拟选项）；通过地图上的彩色显示，选择要查看的变量；选择延时模拟时段的地图显示。

图 18-5 中左下角较小的窗口是属性编辑器，用于改变当前管网地图和浏览器窗口中选择的组件项属性。更加专业化的编辑器可编辑管网非可视化数据对象，例如时间模式、曲线和运行规则。

视觉上管网地图、浏览器和属性编辑器是相互关联的，其中一种表达方式作出的选择和变化，总能体现到其他表达方式上。例如，如果用户点击地图上特定的节点，节点将在浏览器和属性编辑器中成为当前的选择对象。如果用户改变了属性编辑器中管道的直径以及浏览器中当前选择变量的直径，将会在地图中重新绘制管道。EPANETH 用户界面利用面向对象内部数据库，保存描述管网的所有数据。当用户执行程序分析时，程序将这些数据写进文本文件，然后传送到计算器内处理。计算器进行计算并将结果写成非格式化的二进制文件。用户界面然后访问该文件，将选择的结果反馈给用户。

图 18-6 说明在一系列模拟计算完成后，能够产生的几类 EPANETH 用户界面输出例子。左上部窗口显示了管网地图查询压力小于 50psi（磅每平方英寸，压强单位）的所有节点结果。右上部窗口列表显示了第 6 小时的管段模拟结果，其中过滤器用于查找每 1000ft（英尺）水头损失大于 1.0ft 的管段。左下部窗口表示了管网中两个不同位置处压力的时间序列图。最后，右下部窗口显示了整个管网在第 6 小时的等水压线图。

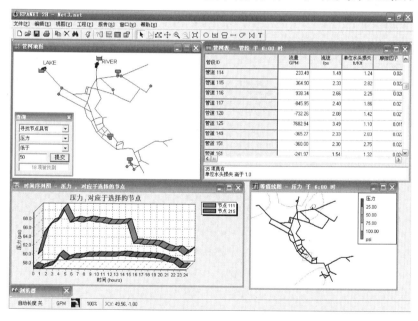

图 18-6　EPANETH 输出界面示例

EPANETH 也提供了管网校验工具，见图 18-7。它是在特定管网 54h 内含氟示踪剂的研究状况。左上部窗口显示特定节点处，氟化物的模拟值与测试值的时间序列比较。右上部窗口为校验报表，比较了所有测试位置观测值和计算值之间的误差。下部的两个窗口是相同数据的不同显示，一个是每一位置所有样本测试值和计算值的比较；另一个是每一位置计算值和观测样本平均值的比较。

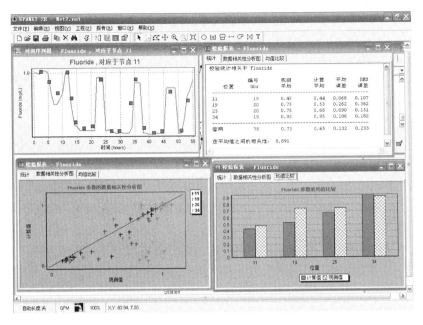

图 18-7 EPANETH 校验报告示例

### 18.5.3 计算器模块

EPANETH 计算程序使用美国国家标准研究所的标准 C 语言编制，完成了输入数据处理、水力分析、水质分析、稀疏矩阵/线性方程分析以及产生报表的功能。计算器的数据流程图如图 18-8 所示。该图描述的步骤总结如下：

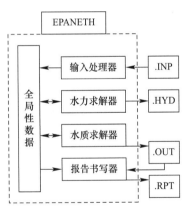

图 18-8 EPANETH 计算器的数据流程图

1）计算器的输入处理器模块从外部输入文件（.INP）接收管网模拟的描述。它利用易于理解的问题描述语言编写。

2）水力求解器模块执行完整的延时水力模拟，每一时间步长获得的结果写进一个外部非格式化（二进制）水力文件（.HYD）。其中一些时间步长可能表示时间的瞬时点，例如当系统状态改变时，由于水池充满或者排空、水泵的开关、水位控制或者按时间运行等。

3）如果需要模拟水质，水质求解器模块可以访问水力文件的流量数据，计算物质在整个管网每一水力时间步长的输送和反应。按照预先设置的报告间隔时间，将正式的水力计算结果和水质结果，写到一个非格式化（二进制）输出文件（.OUT）。如果没有调用水质分析，那么水力结果以统一的报告间隔存入 .HYD 文件。

4）报表书写器模块从二进制输出文件（.OUT）读取模拟结果，根据用户的指令形成格式化的报告文件（.RPT）。运行过程中产生的错误或者警告信息也写入该文件。

当调用 Windows 用户界面时，由于界面本身用于产生输出报告，计算机浏览以上步骤 4）。利用问题描述语言（PDL）编写送给计算器的输入文件（文件内容通常很长，摘录其中一部分内容如图 18-9 所示）。每一类输入数据利用分隔符隔开，关键词为中括号内的

**434**

文字。注释行以分号开始，能够在整个文件内任意位置设置。管网中相同类型对象的属性，例如节点和管段，以行格式输入，以节省空间和增强可读性。当利用 Windows 用户界面时，PDL 输入文件对于用户是不可见的，尽管用户能够产生这样的文件。

[TITLE]
EPANETH入门示例管网

[JUNCTIONS]
;ID        Elev       Demand
;————————————————————————————
2          13.6       0
3          18.8       14.6
4          18.3       35.1
5          19.1       51.2
6          17.3       82.3
7          22.0       40.8


[RESERVOIRS]
;ID        Head
;————————————————————————————
1          13.6


[TANKS]
;ID  Elevation  InitLevel  MinLevel   MaxLevel   Diameter   MinVol  VolCurve
;————————————————————————————————————————————————————————————————————————————
8    32.2       0.5        0          20         12         0


[PIPES]
;ID   Node1   Node2   Length   Diameter   Roughness   MinorLoss   Status
;————————————————————————————————————————————————————————————————————————————
1     2       3       320      400        100         0           Open
2     3       5       650      300        100         0           Open
3     3       4       330      300        100         0           Open
4     4       6       590      300        100         0           Open
5     5       6       350      200        100         0           Open
6     5       7       550      200        100         0           Open
7     7       8       270      300        100         0           Open
8     6       7       660      200        100         0           Open;


[PUMPS]
;————————————————————————————————————————————————
;ID           Node1        Node2        Parameters
9             1            2            HEAD 1   ;

图 18-9　EPANETH 输入数据文件（非文件全部内容）

计算器利用改进梯度方法求解管网水力方程组，方程组存储为稀疏矩阵。在水力时间步长之间，利用简单欧拉积分更新蓄水池的水位。

计算器利用时间驱动拉格朗日输送机制执行水质分析，求解模拟水体内具有有限生长或者衰变指数的化学或生物反应。蓄水池能够按照完全混合、柱塞流或者双室流反应器模拟。

### 18.5.4　程序员工具箱

EPANETH 管网计算器的函数被编译成例程库，能够被其他应用程序调用。工具箱函数用于：①打开 EPANETH 输入文件，读取它的内容，以及初始化所有必要的数据结构；②修改所选管网对象的值，例如节点需水量、管道直径和粗糙度系数；③利用修正的参数重复执行水力和水质模拟；④反馈模拟结果值；⑤生成模拟结果报表。

工具箱允许管网模拟人员在自己定制的应用程序内，使用水力和水质分析流程而不需要担心程序能力的细节。工具箱已证明对建立特殊的应用程序是有用的（例如优化模型或者参数估计模型），它也能与 CAD、GIS 以及数据库包的管网模拟环境集成。

## 18.6　延时模拟

稳态模拟表示了某时刻的给水管网运行状态，它常用于确定设计方案或者分析特定条件（消防流量或缺水情况）下管网的短期效应。延时模拟（EPS）用于评价给水管网随时间的变化性能，它响应于不同的用户需水量条件，或者供水企业制定的自动控制策略，允许模拟水池的注水和放水、阀门开启度的调整，以及整个系统的压力和流量变化。

当有压管道瞬变流基本微分方程组中忽略弹性和惯性效应后，形成一系列恒定流方程组，这时进行的模拟称作延时模拟。延时模拟的结果具有时间依赖性，其中过去的计算结果响应于时间依赖参数的变化，更新以后成为新时刻的结果。延时模拟常采用 1h 作为时间步长。延时模拟中的时间依赖参数如下：

1) 节点需水量。节点需水量变化常利用变化模式表示。变化模式由各时间步长的变化因子构成。时间步长的变化因子为该时间步长内的需水量与基准需水量（常采用平均时或最高时需水量）的比值。

2) 蓄水容积与水深、时间关系。一些蓄水设施认为在模拟时段内具有恒定的水深，但多数蓄水设施的水深是随时间变化的。有些蓄水设施在不同水深具有恒定的截面积，例如圆形水箱、矩形水箱；但有些蓄水设施在不同水深的截面积是变化的。随着蓄水设施的进水和出水，需构造蓄水容积与水深、时间的关系函数。例如时间步长内水深变化近似等于水量容积的变化除以时间步长开始时的水池截面积：

$$\Delta H_T \approx \frac{\Delta V_T}{A_T} = \frac{Q_T \Delta T}{A_T} \tag{18-24}$$

式中　　$Q_T$——时间步长 $T$ 内进入水池的流量；

$\Delta V_T$——时间步长 $T$ 内水池内容积变化；

$A_T$——时间步长 $T$ 开始时刻的水池截面积；

$\Delta H_T$——时间步长 $T$ 内水位变化量。

3) 水泵调度。模拟不同时刻水泵运行台数（即水泵启闭状态）。如果是变速水泵，也可模拟水泵转速随流量的变化。

4) 不同组件之间的控制规则。例如水泵的启闭根据蓄水池水位控制，阀门开度根据上下游管段流量、压力控制。

【例 18-3】 30 条管段，18 个节点给水管网如图 18-10 所示。各管段长度和直径见表 18-7，所有管段绝对粗糙度 $k_s$＝0.1mm。由管段［30］连接的水塔 Res3 为圆形，直径为 35m，底部标高为 180m，模拟开始时水面标高为 184m。各节点基准需水量和标高见表 18-8。图 18-11 描述了两种不同需水量模式，模式 DF1 用于管网北部节点 1，2，5，6，9，10，13 和 14；模式 DF2 用于节点 3，4，7，8，11，12，15 和 16。每一泵站中三台同型号水泵并联，表 18-9 给出了水泵的运行特性。表 18-10 给出了一日内的水泵调度方案。

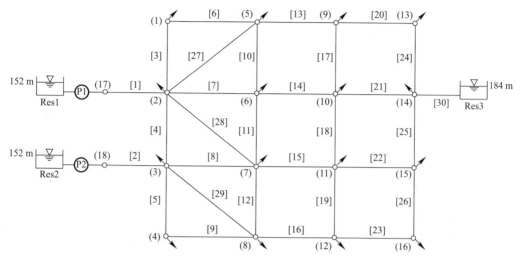

图 18-10　【例 18-3】示例管网

**管段长度和直径**　表 18-7

| 编号 | 长度（m） | 直径（mm） | 编号 | 长度（m） | 直径（mm） | 编号 | 长度（m） | 直径（mm） |
|---|---|---|---|---|---|---|---|---|
| 1 | 150 | 450 | 11 | 245 | 150 | 21 | 490 | 200 |
| 2 | 150 | 400 | 12 | 245 | 150 | 22 | 490 | 250 |
| 3 | 245 | 300 | 13 | 490 | 300 | 23 | 490 | 150 |
| 4 | 245 | 150 | 14 | 490 | 300 | 24 | 245 | 150 |
| 5 | 245 | 300 | 15 | 490 | 300 | 25 | 245 | 150 |
| 6 | 550 | 300 | 16 | 490 | 300 | 26 | 245 | 150 |
| 7 | 550 | 300 | 17 | 245 | 150 | 27 | 760 | 150 |
| 8 | 550 | 300 | 18 | 245 | 150 | 28 | 760 | 150 |
| 9 | 550 | 250 | 19 | 245 | 150 | 29 | 760 | 150 |
| 10 | 245 | 150 | 20 | 490 | 300 | 30 | 305 | 250 |

**节点基准需水量和标高**　表 18-8

| 编号 | 基准需水量（L/s） | 标高（m） | 编号 | 基准需水量（L/s） | 标高（m） | 编号 | 基准需水量（L/s） | 标高（m） |
|---|---|---|---|---|---|---|---|---|
| 1 | 34 | 150 | 7 | 28 | 149 | 13 | 113 | 146 |
| 2 | 34 | 149 | 8 | 23 | 147 | 14 | 57 | 146 |
| 3 | 23 | 148 | 9 | 57 | 150 | 15 | 51 | 145 |
| 4 | 45 | 146 | 10 | 57 | 150 | 16 | 57 | 143 |
| 5 | 40 | 151 | 11 | 102 | 149 | 17 | 0 | 152 |
| 6 | 34 | 151 | 12 | 79 | 148 | 18 | 0 | 152 |

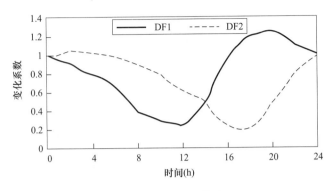

图 18-11　需水量模式

水泵特性　　　　　　　　　　　　　　　　表 18-9

| | 泵站 P1 中各台水泵 | | | 泵站 P2 中各台水泵 | | |
|---|---|---|---|---|---|---|
| 流量 $Q(L/s)$ | 76 | 142 | 208 | 57 | 113 | 170 |
| 扬程 $h_p(m)$ | 48 | 47 | 44 | 46 | 45 | 42 |

水泵调度方案 1　　　　　　　　　　　　　　表 18-10

| | 泵站 P1 | | | 泵站 P2 | | | | |
|---|---|---|---|---|---|---|---|---|
| 时间（h） | 0 | 8 | 17 | 0 | 5 | 13 | 15 | 20 |
| 运行台数 | 3 | 2 | 3 | 3 | 2 | 1 | 2 | 3 |

假设延时模拟中采用时间步长为 1h。由图 18-11 读取需水量变化模式数据见表 18-11。

需水量变化模式　　　　　　　　　　　　　表 18-11

| 时间(h) | 0 | 1 | 2 | 3 | 4 | 5 | 6 | 7 | 8 | 9 | 10 | 11 |
|---|---|---|---|---|---|---|---|---|---|---|---|---|
| DF1 | 1.0 | 0.95 | 0.92 | 0.85 | 0.80 | 0.76 | 0.68 | 0.55 | 0.40 | 0.35 | 0.30 | 0.28 |
| DF2 | 1.0 | 1.01 | 1.05 | 1.04 | 1.03 | 1.02 | 1.0 | 0.95 | 0.90 | 0.85 | 0.80 | 0.70 |
| 时间(h) | 12 | 13 | 14 | 15 | 16 | 17 | 18 | 19 | 20 | 21 | 22 | 23 |
| DF1 | 0.25 | 0.35 | 0.50 | 0.75 | 0.95 | 1.10 | 1.20 | 1.23 | 1.25 | 1.20 | 1.10 | 1.05 |
| DF2 | 0.62 | 0.57 | 0.50 | 0.35 | 0.25 | 0.20 | 0.23 | 0.30 | 0.50 | 0.65 | 0.82 | 0.90 |

利用 EPANETH 软件模拟后，节点自由水头见表 18-12，管段流量见表 18-13。管段
1、2、4、18、25 和 30 的流量变化如图 18-12 所示。节点 1、2 和 16 处的自由水头变化如
图 18-13 所示。水塔 Res3 的水面标高如图 18-14 所示。根据模拟，注意到水塔 Res3 最初
水面标高为 184m，24h 运行后水面标高为 183.51m；即水塔在第二天开始时没有进水到
原水面标高；因此应增加一台水泵或两台水泵的能力，或者延长水泵运行时段。在 24h 内
有几条管道的流向逆转，包括连接水塔的管段［30］。管段［30］在前 7h，流向从水塔供
水到管网；然后水塔进水，一直到 17h；之后水塔再次向管网供水。

水泵调度方案更改为表 18-14 所示情况后，重新模拟。结果表明在模拟结束时，水塔
Res3 的水面标高为 183.70m，更接近模拟开始时的水面标高 184m（见图 18-15）。

| 时间(h) | 节点编号 | | | | | | | | |
|---|---|---|---|---|---|---|---|---|---|
| | 1 | 2 | 3 | 4 | 5 | 6 | 7 | 8 | 9 |
| 0 | 42.85 | 47.81 | 47.16 | 46.59 | 36.07 | 36.84 | 38.63 | 38.84 | 32.21 |
| 1 | 43.22 | 47.99 | 47.19 | 46.61 | 36.65 | 37.21 | 38.79 | 38.9 | 32.99 |
| 2 | 43.31 | 48.01 | 47.07 | 46.36 | 36.79 | 37.19 | 38.45 | 38.37 | 33.2 |
| 3 | 43.83 | 48.27 | 47.19 | 46.55 | 37.61 | 37.87 | 38.89 | 38.8 | 34.27 |
| 4 | 44.12 | 48.39 | 47.28 | 46.7 | 38.08 | 38.29 | 39.18 | 39.1 | 34.84 |
| 5 | 44.33 | 48.48 | 47.34 | 46.81 | 38.41 | 38.59 | 39.41 | 39.36 | 35.22 |
| 6 | 44.61 | 48.53 | 45.83 | 45.5 | 38.91 | 38.93 | 38.82 | 38.72 | 35.96 |
| 7 | 45.45 | 48.92 | 46.36 | 46.25 | 40.31 | 40.29 | 39.94 | 39.96 | 37.85 |
| 8 | 46.49 | 49.4 | 46.99 | 47.09 | 42.11 | 41.99 | 41.22 | 41.37 | 40.25 |
| 9 | 46.08 | 48.7 | 47.23 | 47.49 | 42.16 | 42.05 | 41.75 | 42.09 | 40.67 |
| 10 | 46.74 | 49.17 | 47.71 | 48.14 | 43.13 | 42.96 | 42.66 | 43.12 | 41.88 |
| 11 | 47.1 | 49.39 | 48.24 | 48.94 | 43.74 | 43.62 | 43.78 | 44.52 | 42.69 |
| 12 | 47.1 | 49.31 | 45.87 | 46.92 | 43.84 | 43.59 | 42.7 | 43.54 | 42.92 |
| 13 | 46.51 | 48.98 | 46.06 | 47.18 | 42.92 | 42.85 | 42.89 | 43.89 | 41.71 |
| 14 | 45.52 | 48.33 | 46.16 | 47.38 | 41.54 | 41.63 | 42.9 | 44.19 | 39.86 |
| 15 | 44.18 | 47.6 | 46.51 | 47.91 | 39.6 | 40.73 | 43.07 | 44.96 | 37.21 |
| 16 | 43.66 | 47.67 | 48.85 | 50.31 | 38.46 | 40.62 | 45.13 | 47.28 | 35.53 |
| 17 | 42.46 | 47.08 | 48.86 | 50.39 | 36.55 | 39.53 | 45.2 | 47.51 | 33 |
| 18 | 43.09 | 48.37 | 49.03 | 50.5 | 36.3 | 39.68 | 45.19 | 47.43 | 31.97 |
| 19 | 42.71 | 48.2 | 48.72 | 50.04 | 35.66 | 39.11 | 44.35 | 46.49 | 31.12 |
| 20 | 41.97 | 47.68 | 47.78 | 48.61 | 34.58 | 37.78 | 41.82 | 43.78 | 29.82 |
| 21 | 42.19 | 47.74 | 48.02 | 48.42 | 34.94 | 37.57 | 40.84 | 42.52 | 30.36 |
| 22 | 42.59 | 47.81 | 47.62 | 47.58 | 35.63 | 37.34 | 39.77 | 40.85 | 31.42 |
| 23 | 42.74 | 47.82 | 47.42 | 47.15 | 35.89 | 37.16 | 39.25 | 39.98 | 31.83 |
| 24 | 42.79 | 47.78 | 47.14 | 46.56 | 35.97 | 36.73 | 38.54 | 38.75 | 32.05 |

| 时间(h) | 节点编号 | | | | | | | 水塔 Res3 标高（m） |
|---|---|---|---|---|---|---|---|---|
| | 10 | 11 | 12 | 13 | 14 | 15 | 16 | |
| 0 | 33.84 | 33.24 | 34.41 | 33.76 | 35.85 | 34.56 | 31.86 | 184 |
| 1 | 34.29 | 33.36 | 34.47 | 34.64 | 36.05 | 34.64 | 31.82 | 183.74 |
| 2 | 34.26 | 32.74 | 33.79 | 34.9 | 35.93 | 33.95 | 30.68 | 183.51 |
| 3 | 35.07 | 33.3 | 34.32 | 36.03 | 36.35 | 34.52 | 31.35 | 183.29 |
| 4 | 35.57 | 33.69 | 34.71 | 36.58 | 36.58 | 34.92 | 31.86 | 183.13 |
| 5 | 35.93 | 34.01 | 35.03 | 36.89 | 36.73 | 35.25 | 32.3 | 183 |
| 6 | 36.4 | 33.72 | 34.7 | 37.71 | 36.85 | 35.17 | 32.35 | 182.91 |
| 7 | 37.99 | 35.19 | 36.18 | 39.8 | 37.09 | 36.54 | 34.3 | 182.88 |
| 8 | 40.18 | 36.89 | 37.87 | 42.63 | 37.99 | 38.19 | 36.48 | 182.95 |
| 9 | 40.55 | 37.76 | 38.76 | 43.26 | 38.47 | 39.1 | 37.86 | 183.13 |
| 10 | 41.66 | 38.97 | 39.98 | 44.61 | 39.27 | 40.22 | 39.48 | 183.33 |
| 11 | 42.5 | 40.58 | 41.67 | 45.51 | 40.23 | 41.68 | 41.83 | 183.57 |
| 12 | 42.6 | 40.21 | 41.21 | 45.86 | 40.53 | 41.89 | 42.41 | 183.86 |

439

| 时间（h） | 节点编号 | | | | | | | 水塔 Res3 标高（m） |
|---|---|---|---|---|---|---|---|---|
| | 10 | 11 | 12 | 13 | 14 | 15 | 16 | |
| 13 | 41.7 | 40.55 | 41.61 | 44.38 | 40.31 | 42.21 | 43.07 | 184.15 |
| 14 | 40.29 | 40.7 | 42 | 42.14 | 39.77 | 42.49 | 43.77 | 184.41 |
| 15 | 39.28 | 41.12 | 43.03 | 39.05 | 39 | 43.42 | 45.31 | 184.61 |
| 16 | 38.96 | 43.27 | 45.52 | 37.21 | 38.74 | 45.73 | 47.75 | 184.72 |
| 17 | 37.75 | 43.5 | 45.85 | 34.4 | 38.56 | 46.16 | 48.26 | 184.74 |
| 18 | 37.47 | 43.27 | 45.67 | 32.97 | 38.28 | 45.78 | 47.85 | 184.67 |
| 19 | 36.78 | 42.04 | 44.52 | 32.03 | 37.92 | 44.33 | 46.33 | 184.56 |
| 20 | 35.21 | 38.5 | 41.1 | 30.67 | 37.01 | 40.28 | 41.85 | 184.43 |
| 21 | 34.86 | 36.77 | 39.24 | 31.35 | 36.61 | 38.25 | 39.03 | 184.22 |
| 22 | 34.36 | 35.3 | 37.04 | 32.68 | 36.11 | 36.83 | 36.06 | 184 |
| 23 | 34.09 | 34.47 | 35.91 | 33.22 | 35.85 | 35.9 | 34.3 | 183.76 |
| 24 | 33.67 | 33.12 | 34.3 | 33.57 | 35.52 | 34.38 | 31.71 | 183.51 |

**管段流量（L/s）**　　　　　　　　　　　　　　　　　　　　表 18-13

| 时间（h） | 管段编号 | | | | | | | | | |
|---|---|---|---|---|---|---|---|---|---|---|
| | 1 | 2 | 3 | 4 | 5 | 6 | 7 | 8 | 9 | 10 |
| 0 | 441.98 | 323.17 | 170.82 | 17.44 | 136.85 | 136.82 | 171.6 | 156.88 | 91.85 | −11.64 |
| 1 | 434.42 | 321.4 | 166.56 | 18.24 | 137.05 | 134.26 | 169.69 | 155.52 | 91.6 | −9.87 |
| 2 | 433.38 | 328.16 | 165 | 19 | 140.75 | 133.72 | 170.15 | 157.87 | 93.5 | −8.27 |
| 3 | 420.09 | 321.36 | 158.77 | 19.66 | 138.68 | 129.87 | 165.83 | 154.44 | 91.88 | −6.54 |
| 4 | 410.86 | 316.71 | 154.74 | 19.86 | 137.06 | 127.54 | 162.84 | 152.14 | 90.71 | −5.76 |
| 5 | 403.91 | 312.86 | 151.8 | 19.98 | 135.64 | 125.96 | 160.62 | 150.3 | 89.74 | −5.35 |
| 6 | 399.5 | 288.02 | 146.2 | 26.64 | 129.81 | 123.08 | 157.62 | 139.65 | 84.81 | −1.91 |
| 7 | 368.97 | 273.24 | 133.92 | 26.06 | 123.72 | 115.22 | 146.9 | 132.55 | 80.97 | 1.66 |
| 8 | 328.73 | 255.91 | 117.29 | 25.5 | 116.86 | 103.69 | 132.27 | 123.88 | 76.36 | 4.34 |
| 9 | 300.69 | 249.09 | 107.91 | 21.57 | 111.85 | 96.01 | 122.43 | 120.04 | 73.6 | 4.28 |
| 10 | 284.18 | 235.33 | 101.01 | 21.51 | 106.2 | 90.81 | 116.22 | 113.95 | 70.2 | 5.08 |
| 11 | 267.85 | 213.96 | 95.57 | 20.04 | 96.11 | 86.05 | 109.8 | 105.04 | 64.61 | 4.44 |
| 12 | 273.72 | 162.78 | 92.67 | 29.25 | 81.43 | 84.17 | 109.09 | 82.42 | 53.53 | 6.42 |
| 13 | 291.07 | 159.6 | 102.21 | 27.42 | 78.08 | 90.31 | 114.99 | 82.27 | 52.43 | 3.23 |
| 14 | 313.59 | 157.81 | 114.13 | 24.55 | 73.65 | 97.13 | 123.05 | 84.12 | 51.15 | −3.63 |
| 15 | 338.54 | 151.88 | 132.51 | 19.79 | 63.93 | 107.01 | 125.37 | 87.6 | 48.18 | −14.32 |
| 16 | 336.15 | 176.25 | 148.42 | −5.3 | 60.45 | 116.12 | 127.77 | 92.62 | 49.2 | −20.09 |
| 17 | 356.13 | 175.68 | 163.24 | −11.73 | 56.21 | 125.84 | 134.12 | 91.58 | 47.21 | −23.78 |
| 18 | 412.25 | 164.63 | 177.82 | 7.59 | 60.02 | 137.02 | 147.6 | 94.7 | 49.67 | −25.4 |
| 19 | 425.33 | 184.23 | 182.02 | 8.99 | 68.88 | 140.2 | 152.01 | 103.73 | 55.38 | −25.67 |
| 20 | 447.54 | 233.47 | 186.68 | 12.69 | 90.97 | 144.18 | 160.79 | 126.45 | 68.47 | −24.67 |
| 21 | 445.08 | 272.11 | 183.35 | 11.26 | 107.03 | 142.55 | 163.5 | 141.61 | 77.78 | −22.31 |
| 22 | 442.14 | 296.58 | 176.41 | 14.68 | 121.29 | 139.01 | 166.54 | 149.4 | 84.39 | −17.79 |
| 23 | 441.34 | 308.45 | 173.46 | 16.05 | 128.18 | 137.76 | 168.57 | 152.95 | 87.68 | −15.21 |
| 24 | 443.38 | 324.38 | 171.42 | 17.37 | 137.2 | 137.42 | 172.31 | 157.59 | 92.2 | −11.67 |

440

| 时间(h) | 管段编号 | | | | | | | | | |
|---|---|---|---|---|---|---|---|---|---|---|
| | 11 | 12 | 13 | 14 | 15 | 16 | 17 | 18 | 19 | 20 |
| 0 | 5.8 | 18.24 | 132.89 | 120.15 | 140.13 | 110.98 | −17.34 | 17.17 | −5.1 | 93.23 |
| 1 | 8.51 | 18.75 | 130.04 | 119.01 | 140.72 | 110.97 | −15.38 | 18.96 | −4.12 | 91.27 |
| 2 | 11.46 | 19.73 | 128.94 | 119.14 | 144.4 | 113.47 | −13.79 | 21.79 | −2.62 | 90.3 |
| 3 | 13.31 | 19.76 | 125.38 | 117.08 | 142.82 | 111.7 | −11.92 | 22.9 | −1.89 | 88.85 |
| 4 | 14.16 | 19.69 | 123.79 | 115.72 | 141.5 | 110.39 | −11.31 | 23.36 | −1.6 | 89.5 |
| 5 | 14.63 | 19.59 | 123.06 | 114.79 | 140.33 | 109.3 | −11.17 | 23.53 | −1.51 | 90.91 |
| 6 | 19.89 | 19.81 | 119.3 | 112.71 | 136.13 | 103.82 | −8.65 | 26.51 | 1.69 | 89.2 |
| 7 | 21.03 | 19.19 | 111.53 | 108.83 | 131.21 | 99.49 | −4.64 | 26.95 | 1.17 | 84.82 |
| 8 | 22.87 | 18.57 | 101.11 | 100.15 | 125.28 | 94.2 | 3.18 | 28.72 | 1.56 | 75.12 |
| 9 | 20.76 | 17.52 | 94.12 | 94.05 | 119.99 | 90.78 | 4.21 | 26.95 | 0.02 | 69.96 |
| 10 | 20.78 | 16.84 | 89.16 | 90.33 | 115.28 | 86.94 | 5.98 | 26.55 | −0.93 | 66.08 |
| 11 | 18.47 | 15.16 | 85.02 | 86.25 | 107.07 | 80.42 | 5.43 | 23.55 | −3.76 | 63.62 |
| 12 | 23.4 | 14.5 | 82 | 83.6 | 93.92 | 67.7 | 7.36 | 25.42 | 0.09 | 60.39 |
| 13 | 19.11 | 13.42 | 88.52 | 87.2 | 91.12 | 66.3 | 1.04 | 20.06 | −3.15 | 67.54 |
| 14 | 11.33 | 11.18 | 97.61 | 91.09 | 88.27 | 63.93 | −8.48 | 10.14 | −7.16 | 77.6 |
| 15 | −7.52 | 3.98 | 110.31 | 93.07 | 82.69 | 56.19 | −19.71 | −12.19 | −12.77 | 87.27 |
| 16 | −21.77 | −4.86 | 119.11 | 97.15 | 80.78 | 50.72 | −25.61 | −25.11 | −15.06 | 90.56 |
| 17 | −26.5 | −7.25 | 128.43 | 99.44 | 77.03 | 46.92 | −30.3 | −30.27 | −15.74 | 96.03 |
| 18 | −25.9 | −6.25 | 139.28 | 107.29 | 82.19 | 50.34 | −32.65 | −30.45 | −16.07 | 103.53 |
| 19 | −24.81 | −4.81 | 142.12 | 109.33 | 90.36 | 57.38 | −33.15 | −28.62 | −16.53 | 105.16 |
| 20 | −19.55 | 2.42 | 145.01 | 113.16 | 109.22 | 76.63 | −32.35 | −20.7 | −17.2 | 106.11 |
| 21 | −15.23 | 7.31 | 142.63 | 115.62 | 121.27 | 89.92 | −29.45 | −12.79 | −16.4 | 103.68 |
| 22 | −8.52 | 12.82 | 137.8 | 119.87 | 127.21 | 100.06 | −23.63 | 2.92 | −11.45 | 98.73 |
| 23 | −3.65 | 15.2 | 135.66 | 121.31 | 131.77 | 104.85 | −20.56 | 10.42 | −8.67 | 96.36 |
| 24 | 5.53 | 18.22 | 133.61 | 121.11 | 140.66 | 111.39 | −17.3 | 16.94 | −5.42 | 93.91 |

| 时间(h) | 管段编号 | | | | | | | | | |
|---|---|---|---|---|---|---|---|---|---|---|
| | 21 | 22 | 23 | 24 | 25 | 26 | 27 | 28 | 29 | 30 |
| 0 | 28.65 | 60.39 | 26.88 | −19.77 | 20.73 | 30.12 | 24.43 | 23.69 | 23.89 | −68.85 |
| 1 | 30.52 | 60.78 | 27.06 | −16.08 | 21.25 | 30.51 | 23.9 | 23.72 | 23.85 | −60.96 |
| 2 | 31.12 | 61.7 | 27.9 | −13.66 | 23.8 | 31.95 | 23.75 | 24.2 | 24.39 | −58.78 |
| 3 | 33.81 | 61.54 | 27.65 | −7.2 | 23.13 | 31.63 | 22.97 | 23.95 | 23.98 | −44.97 |
| 4 | 35.45 | 61.4 | 27.42 | −0.9 | 22.42 | 31.29 | 22.49 | 23.73 | 23.68 | −33.46 |
| 5 | 36.77 | 61.33 | 27.21 | 5.03 | 21.62 | 30.93 | 22.15 | 23.54 | 23.43 | −23.15 |
| 6 | 38.78 | 58.95 | 26.51 | 12.36 | 22.54 | 30.49 | 21.51 | 24.4 | 22.21 | −10.16 |
| 7 | 45.89 | 60.09 | 25.61 | 22.67 | 16.89 | 28.54 | 19.96 | 23.43 | 21.18 | 20.31 |
| 8 | 51.81 | 60.65 | 24.66 | 29.92 | 11.9 | 26.64 | 17.76 | 22.3 | 19.98 | 47.04 |
| 9 | 51.35 | 60.23 | 23.65 | 30.41 | 7.93 | 24.8 | 16.39 | 20.5 | 19.21 | 53.88 |
| 10 | 52.66 | 61.17 | 22.81 | 32.18 | 2.43 | 22.79 | 15.43 | 19.8 | 18.29 | 65.31 |
| 11 | 52.17 | 62.98 | 21.35 | 31.98 | −8.73 | 18.55 | 14.6 | 18.32 | 16.74 | 76.93 |
| 12 | 51.29 | 56.01 | 18.81 | 32.14 | −7.86 | 16.53 | 14.24 | 19.97 | 13.93 | 77.04 |

441

| 时间<br>(h) | 管段编号 | | | | | | | | | |
|---|---|---|---|---|---|---|---|---|---|---|
| | 21 | 22 | 23 | 24 | 25 | 26 | 27 | 28 | 29 | 30 |
| 13 | 48.23 | 56.19 | 18.12 | 27.99 | −12.75 | 14.37 | 15.44 | 19.12 | 13.56 | 69.02 |
| 14 | 43.97 | 54.57 | 17.26 | 21.1 | −17.83 | 11.24 | 16.86 | 18.01 | 13.1 | 54.4 |
| 15 | 42.8 | 47.57 | 15.78 | 2.52 | −25.55 | 4.17 | 18.99 | 16.39 | 12.08 | 28.12 |
| 16 | 42.5 | 45.23 | 15.91 | −16.79 | −34.14 | −1.66 | 20.9 | 12.07 | 12.13 | 5.7 |
| 17 | 36.72 | 42.09 | 15.38 | −28.27 | −35.87 | −3.98 | 22.81 | 10.3 | 11.56 | −18.39 |
| 18 | 36.69 | 44.35 | 16.11 | −32.07 | −35.62 | −3 | 24.86 | 13.59 | 12.21 | −28.16 |
| 19 | 34.7 | 47.66 | 17.16 | −33.83 | −32.42 | −0.06 | 25.45 | 15.03 | 13.71 | −36.82 |
| 20 | 30.26 | 54.71 | 19.93 | −35.14 | −20.65 | 8.57 | 26.15 | 18.74 | 17.24 | −55.49 |
| 21 | 30.56 | 58.58 | 22.17 | −31.92 | −10.54 | 14.88 | 25.78 | 20.4 | 19.78 | −59.21 |
| 22 | 30.61 | 57.94 | 23.83 | −25.57 | 6.78 | 22.91 | 24.99 | 22.11 | 21.72 | −64.44 |
| 23 | 30.48 | 59.06 | 25.08 | −22.29 | 13.06 | 26.22 | 24.68 | 22.87 | 22.67 | −64.72 |
| 24 | 29.87 | 61.02 | 26.96 | −19.09 | 20.01 | 30.04 | 24.52 | 23.76 | 23.97 | −66.23 |

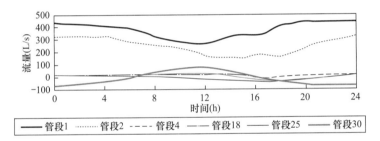

图 18-12　管段流量

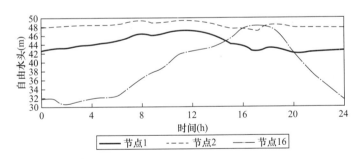

图 18-13　节点自由水头

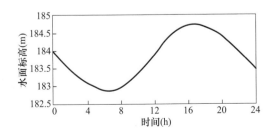

图 18-14　水塔水面标高（原调度方案）

表 18-14

| 水泵调度方案 2 | | | | | | |
|---|---|---|---|---|---|---|
| | 泵站 P1 | | | 泵站 P2 | | |
| 时间（h） | 0 | 8 | 15 | 0 | 5 | 17 |
| 运行台数 | 3 | 2 | 3 | 3 | 2 | 3 |

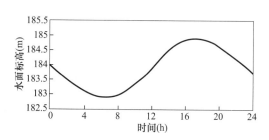

图 18-15　水塔水面标高（水泵调度方案 2）

# 第 19 章　给水管网模型校验

模拟的基本目标是以特定方式演示系统随时间变化的动态特性，重现真实系统的行为。为了达到给定目标，提供的数据应能表达系统物理特性、系统负荷以及系统作用的边界条件。初步建立的管网模型不可能完全符合实际情况，必须进行修正使其逐渐接近实际，这个过程即为管网模型校验。校验中将模型结果与现场观测数据比较，必要情况下调整描述系统的数据，使模型的预测性能与各种运行条件下系统测试性能尽可能一致。给水管网模型校验包括调整系统需水量、管道粗糙系数、水泵运行特性以及调整影响模拟结果的其他模型属性；该过程涉及大量现场数据监测、收集和处理工作，为了跟踪线索，调查现场和模拟结果之间的误差。

校验过程作为必要的过程，常基于以下原因：

1）信心：计算模型提供的结果常常用于协助水力系统运行或者决策。校验说明了模型重新产生现有状态的能力，因此增强了工程技术人员利用模型预测系统行为的信心。

2）理解：校验模型的过程提供了对给水管网系统的行为和性能的更深层次理解。特别地，它能够说明模拟结果对哪些输入数据最为敏感，这样模拟人员能够更深了解应确定哪些数值。根据对系统和模型的更好理解，模拟人员将具有建设完善或者适应运行变化的正确观点。

3）故障排除：校验常常针对受到忽视的情况，例如不正确的管道直径、误删除的管道或者关闭的阀门，校准是有助于确认模型建立过程中出现的错误。

## 19.1　影响模型准确程度的因素

1. 管网基础资料完备程度和准确性

管网基础资料包括管网竣工图纸，管道（管长、管径、管材、敷设年代等）、阀门（阀门类型、尺寸、开启度、埋设位置等）、水库/水池（容积、池底标高、溢流水位等）等数据记录。这些资料是建立管网拓扑关系、准确输入管网模型数据的基础。此外，完善的管网水力模型还包括对水泵开启、关闭时不同工况的水力模拟。一些泵站由于建造时间较早，无法得到水泵的特性曲线样本，或者由于水泵的切削或磨损，水泵水力特性曲线已经改变，这些都影响了管网水力模型的正确性。

竣工图纸是真实地记录各种地下管线的技术文件，是对各类排管工程交工验收、维护、更新、改接的依据。在实际操作中，竣工图的完整性、准确性和规范性与实际往往存在差距，原因大致为：①竣工图纸来源多，可能难以收集完整；②原有图纸管理不规范；③更新不及时，不能实时动态反映管网状态。

2. 建模过程中管网的不适当简化

出于管网模型水力计算的需要，管网中的流量集中在连接管段的节点上，这种简化对于水力计算是合理和必要的。但是一定程度上，它也带来管网模型节点流量分配上的主观性和不确定性。例如如果某个大用户流量分配到错误的节点上，将使管网模型对管网压力分布的错误估计。

为降低管网的复杂程度，城市供水管网模型往往限制在某一确定管径（如 $DN300$ 或 $DN500$）以上的规模。小于该管径的管道，在管网模型中采取了合并或者删减处理。但当某个小口径管道对于下游压力分布存在重要影响时，例如当该管段上的水力压降很大时，对该管段的不合理简化，同样会造成模型对管网内水压分布的错误估计；也可能对模型的过分简化，删除了系统中的关键线路。

3. 管网运行中未发现的问题

由于给水管道深埋于地下，管网运行过程中，管道问题不能及时发现，例如管网中某一段管道由于常年腐蚀破损，造成水量漏失；或者由于施工、维护人员的疏漏，造成某一管道上的阀门常年处于关闭或者近乎关闭状态，这些问题都将在一定程度上改变了整个管网水力运行状态和压力分布。由于这些问题难以反映在给水管网模型中，同样会影响管网水力模型的正确性。

4. 管网中不确定参数的估计

由于城市给水管网规模庞大，管道摩阻系数等参数全部通过实际测量是不可能的，只能通过管径、管材、敷设年代等信息估算。有些年代较为久远的管道，管道内部结垢严重，使得管道的计算内径与实际内径有较大的差异，影响到水力计算的准确性。

5. 瞬时条件的变化

时间的效应对校验可能具有显著影响，由于描述供水系统的许多参数，例如需水量和边界条件，均与时间相关。尤其管网中的大用户，由于工作班次和工作性质的不同，每天的用水量时变化模式并不相同，因此不宜笼统地赋予管网模型用水量节点相同的用水量时变化系数。只有通过深入调查、切实掌握这些对管网运行状况有较大影响的大用户用水量变化模式，才能在连续模拟情况下，反映管网的动态水力变化特性。

6. 检验管网模型实测数据的正确性

管网模型的正确与否，要通过管网模型的水力计算成果与相应的管网实测数据（包括管道测压、测流等）的吻合程度检验。而实际情况下，在测压、测流装置的安装，测试和数据传输等环节，都可能出现数据误差，从而使管网模型的准确性失去了参照。如果测压、测流装置的设置位置不合理，管网中流量或者压力的较大变化并不足以使实测数据产生相应的变化，或者实测数据的绝对值过小，以至于同数据误差过于接近，造成实测数据不足以反映管网运行状况的变化，从而也无法正确检验管网模型。

7. 校核参数之间的误差补偿

影响管网模型准确性的不确定因素通常不止一个，有时看似与实际吻合的管网参数模型，可能出现不确定因素之间误差的相互抵消。例如可能出现节点流量与粗糙系数造成的误差相互补偿，使得管网模型的模拟结果与实际情况相吻合。随着管网复杂程度的增加，这种补偿效果也越难确定。增加参数的现场测试，能够减少引起误差补偿的可能性。

【例 19-1】 误差补偿示例。

如图 19-1 所示并联管道系统，并联两管段的内部粗糙系数值均未知。假设管道两端节点进行了压力测试，已知通过系统的总流量为 85L/s，管道两端节点的标高相同，通过

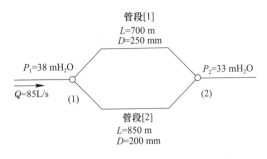

管段[1]
L=700 m
D=250 mm

$P_1$=38 mH$_2$O

Q=85L/s

(1)

(2)

$P_2$=33 mH$_2$O

管段[2]
L=850 m
D=200 mm

图 19-1  【例 19-1】简单并联管道系统

管段 1 和管段 2 的水头损失相同。于是根据能量守恒方程，管段 1 和 2 的水头损失可表达为：

$$10.654 \frac{L_1}{D_1^{4.87}} \left( \frac{q_1}{C_1} \right)^{1.852} = 10.654 \frac{L_2}{D_2^{4.87}} \left( \frac{q_2}{C_2} \right)^{1.852}$$

式中　$L$，$D$，$q$，$C$——分别为管段的长度（m）、直径（m）、流量（m$^3$/s）和海曾—威廉粗糙系数。

表 19-1 说明了该系统执行简单分析的结果。第（1）列为管段 1 假设的 $C$ 数值。已知管段 1 的水头损失、长度和直径，计算出管段 1 的流量，见第（2）列。第（3）列为管段 2 的流量。再根据管段 2 的长度、直径，得出管段 2 的 $C$ 数值，见第（4）列。

并联管道系统流量与粗糙系数的关系　　　　表 19-1

| 管段 1 系数 C | 管段 1 流量（L/s） | 管段 2 流量（L/s） | 管段 2 系数 C |
|---|---|---|---|
| (1) | (2) | (3) | (4) |
| 80 | 40 | 45 | 177 |
| 90 | 45 | 40 | 157 |
| 100 | 50 | 35 | 137 |
| 110 | 56 | 29 | 117 |
| 120 | 61 | 24 | 97 |
| 130 | 66 | 19 | 77 |
| 140 | 71 | 14 | 57 |

　　显然，对于管段 1 和管段 2 具有多组 $C$—因子，将在系统内产生相同的水头损失。尽管特定情况下仅有一组 $C$ 系数是正确的，但对于其他情况的选择将在模型中引入误差，即存在误差补偿。如果在点 1～2 之间加入更多的并联路径，问题将变得更为复杂。这样很难判断哪一组是正确的 $C$ 系数。因此必须测试管道之一的流量，以回答这个问题并确定合适的 $C$ 系数。

## 19.2　给水管网模型校验分类

　　与给水管网分析相关的模型校验类型，可以分为几种方式：水力和水质模型校验；稳态（静态）或者动态（延时模拟）校验；手工或者自动校验。

　　水力校验是指调整模型水力特征控制参数的过程。类似的，水质校验调整部分模型水质参数的过程。静态或稳态校验，相对于没有随时间变化的校验，或者采用代表时间点收集的数据。动态或 EPS 校验在校验过程中采用时变数据。手工校验依赖于调查大范围可能参数值的影响。自动校验利用优化技术寻找参数集，达到测试和模拟结果之间的"最好"匹配。应注意的是，这些技术中的应用将随着模拟使用的软件、可用的管网模型信息而变化。

　　（1）水力模型校验

　　给水管网水力特征是指管道、阀门或水泵的流量（流速），节点和水池中的压力（水头）。通常水力模型校验设置和调整的参数包括管道粗糙因子、局部损失、节点需水量、隔离阀状态（开启或者关闭）、控制阀设置、水泵曲线以及需水量模式等。建立和调整这些参数，应注意保持参数值在合理范围内。例如，如果当地经验说明，对于 20 年的旧球墨铸铁管粗糙系数 $C$ 一般落在 100～130 范围内，将不能采用该范围之外的数值。不合理的数值尽管可能带来测试与模拟数据的较好匹配，但是通常不能够提供用于其他状况的牢靠参数集。

（2）水质模型校验

水力模型合适校验之后，需要校验水质模型中的额外参数。水质模型中可能需要校验的参数如下：

1）初始条件：模拟开始时配水系统所有点的水质参数（浓度）；

2）反应系数：描述配水系统中发生的化学、生物或者物理反应，水质怎样随时间变化；

3）源头水质：定义模拟时段内水质源头的特性。

校验的细节取决于水质模型的类型和应用（见表 19-2）。水质模拟对系统的水力表示很敏感。当用作水质模拟的基础时，水力模型可能需要额外的校验。

水质模型校验/输入数据需求　　　　　　　　　　　　　表 19-2

| 模型应用目的 | 初始条件 | 反应系数 | 水源水质 |
|---|---|---|---|
| 水龄 | 需要 | 不需要 | 通常不需要 |
| 特定水源来水跟踪 | 需要 | 不需要 | 通常不需要 |
| 非反应性成分 | 需要 | 不需要 | 需要 |
| 反应性成分 | 需要 | 需要 | 需要 |

（3）稳态校验方法

校验稳态水力模型的两种最常用方法是粗糙系数 $C$ 测试和消防流量测试，而氯/氯胺水质模型需要利用水体和管壁水质需求的测试过程，这些情况均需在控制条件下收集现场数据，然后用于确定模拟与现场数据最佳拟合的模型参数。

（4）动态校验方法

动态校验方法与延时模拟（EPS）模型的应用相关。动态校验方法包括：随时间变化的模拟结果与现场测试结果比较，或者执行示踪剂研究。两种情况下调整模型参数，以便模型适合于重新产生现场的观测行为。动态校验中需要调整的模型参数有：需水量模式，水泵工作情况和水泵曲线，控制阀门设置和隔离阀状态等。

示踪剂研究中常用的示踪剂可以是注射到水中的化学药剂，例如氟化物或氯化物；水源中所含成分，例如硬度或电导率；还可以跟踪物质的转化，例如从氯向氯胺的转变。示踪剂的采用，必须满足安全饮用水水质指标要求。

（5）手工校验方法

试算或者人工过程通常涉及模拟人员应用估计的管道粗糙度值和节点需水量执行模拟，比较预测性能和观测性能。如果一致性难以接受，那么需要解释问题的原因并纠正模型，过程重复进行，直到在模拟和观测值之间获得满意的匹配。首先模型可以利用稳态模拟校验，校验达到的稳态模拟越多，模型越接近于表达真实系统的性能。其次为了进一步改善结果，利用延时模拟时变状态下的情况。

（6）自动校验方法

由于存在各种各样校验参数的组合，寻找最好的参数组合是对工程技术人员的一种挑战。因此，模拟人员可利用基于计算机数值优化技术更有效地校核系统，辨认校验参数中最优化的或者接近优化的组合，使其匹配于现场数据。自动校验方法可分为三类：迭代过程模型、显式模型和隐式模型。

## 19.3  给水管网模型校验步骤

通常给水管网模型校验包含以下 7 个基本步骤。

1) 明确模型使用意图；
2) 初步估计模型参数；
3) 收集验证数据；
4) 根据模型参数的初始估计，评价模拟结果；
5) 执行粗调或者宏观校验分析；
6) 执行灵敏度分析；
7) 执行微调或者微观校验分析。

### 19.3.1  明确模型使用意图

校验管网水力模型之前，首先要确定它的使用意图（例如确定总体规划、运行调度、项目设计、修复研究、水质研究等）以及相关类型的水力分析（稳态与延时分析），它有助于设计人员建立模型需要的详细水平、数据收集的特性，以及在测试和模拟结果之间误差的可接受水平。例如，水质和运行调度研究需要延时分析，预测延时阶段的系统压力和流量（一般为 24h）；而一些规划或者项目设计，可利用静态分析模型，预测特定运行条件和需水量下（例如，平均日或最大日需水量）瞬时的系统压力和流量。

### 19.3.2  模型参数的初步估计

校验管网模型的第二步是初步估计模型的基本参数。尽管多数模型参数均具有一定程度的不确定性，其中两个参数常常具有最大程度的不确定性，它们是管道粗糙系数和节点需水量。

（1）管道粗糙系数

可利用文献中推荐的数据或者直接利用现场测试数据，初步估计管道粗糙系数。以往研究人员和管道生产厂家分别建立有管道粗糙系数表，作为不同管道特性的函数（例如管道材料、直径以及使用年代），见表 19-3。尽管这些表格对于新铺管道是准确的，但由于管道铺设年代作为重要影响因素（由于管道结节、水的化学性质变化等），它们用于老旧管道时，效果显著降低。因此，管道粗糙系数的初始评价最好直接取自于现场测试数据。

（2）节点需水量分配

校验中第二个主要参数是确定各节点的平均需水量（稳态分析中）或者瞬时需水量（延时分析中）。节点需水量的初始值通常根据该节点影响区域计算，确认服务范围内的用水设施类型，将相关需水量因子叠加到每一种类型；或是根据服务范围内土地利用情况，将相关需水量因子叠加到每一类型土地利用面积上。

### 19.3.3 收集验证数据

模型参数确定之后，利用估计参数值和观测到的边界条件，进行计算机模拟，将模拟结果与实际现场观测结果比较，确定估计参数的准确性。最常用的测试数据来源于消防测试、泵站流量计读数和水池远程计量。

收集模型验证数据时，应注意测量数据的误差。例如，校验管道粗糙系数中的 $C$ 因子可表示为：

$$C = k(V + 误差)/(h + 误差)^{0.54} \tag{19-1}$$

给水管道一般海曾—威廉粗糙因子          表 19-3

| 管道材料 | 铺设时间（年） | 直径 | C 因子 |
|---|---|---|---|
| 普通铸铁管 | 新铺管道 | 所有管径 | 130 |
| | 5 | ＞380mm | 120 |
| | | ＞100mm | 118 |
| | 10 | ＞600mm | 113 |
| | | ＞300mm | 111 |
| | | ＞100mm | 107 |
| | 20 | ＞600mm | 100 |
| | | ＞300mm | 96 |
| | | ＞100mm | 89 |
| | 30 | ＞760mm | 90 |
| | | ＞400mm | 87 |
| | | ＞100mm | 75 |
| | 40 | ＞760mm | 83 |
| | | ＞400mm | 80 |
| | | ＞100mm | 64 |
| 球墨铸铁管 | 新铺管道 | | 140 |
| 聚氯乙烯管 | 平均值 | | 140 |
| 石棉水泥管 | 平均值 | | 140 |
| 木制管道 | 平均值 | | 120 |

### 19.3.4 模拟结果评价

模拟结果评价方式包括：利用消防数据时，模型将消火栓流量作为节点需水量，将模型预测流量和压力与相应的观测值比较；利用遥测数据时，模拟一日内的运行条件，计算水池水位及系统压力，然后比较预测水池水位与观测值；应用水质数据校验时，流行时间（或者成分浓度）与模型预测值比较，由此评价模型准确性。

模型校验所付出的努力和希望取得的校验精度取决于模型使用目的。模型校验检验标准是计算结果用户（例如设计人员或调度人员）对使用模型辅助决策的满意度。目前模型评价准确性还没有统一的标准。以下为国内外给水管网模型校验提出的几种评价方法：

（1）根据美国 Ormsbee 等人的观点，规划应用中，状态变量（即，水力坡度、水位、流量）的最大偏差应低于 10%；设计、运行或者水质应用种，最大偏差应小于 5%。

（2）英国水务协会（1989 年）提出的"执行标准"：

1）稳态模型规定：①当管段流量超过总流量的 10% 时（主要指输水管道），流量误差应低于测试流量的 5%；当管段流量小于总流量的 10% 时（主要指配水管道），允许误差应低于测试流量的 10%。②对于 85% 的测试值，应低于 0.5m 压力误差或者低于 5% 相对误差；对于 95% 的测试值，应低于 0.75m 压力误差或者低于 7.5% 相对误差；对于 100% 的测试值，应低于 2m 压力误差或者低于 15% 相对误差。

2）延时模拟中，连续时段测试和预测贮水池容积的平均差值应在 5% 之内。

（3）美国 AWWA 工程计算机应用委员会于 1999 年公布的准则见表 19-4。

给水管网模拟的校验准则　　　　　　　　　　　　　　　　　　　　　　表 19-4

| 用途 | 详细水平 | 模拟类型 | 压力读数需求① | 压力读数精度② | 流量读数需求 | 流量读数精度 |
|---|---|---|---|---|---|---|
| 长期规划 | 低 | 稳态或 EPS | 10% 的节点总数 | 100% 的读数在 ±5psi | 1% 的管段总数 | ±10% |
| 设计计算 | 中到高 | 稳态或 EPS | 5%~2% 的节点总数 | 90% 的读数在 ±2psi | 3% 的管段总数 | ±5% |
| 运行模拟 | 低到高 | 稳态或 EPS | 10%~2% 的节点总数 | 90% 的读数在 ±2psi | 2% 的管段总数 | ±5% |
| 水质分析 | 高 | EPS | 2% 的节点总数 | 70% 的读数在 ±3psi | 5% 的管段总数 | ±2% |

①压力读数的需求与下表所述的详细水平相关。
②1psi＝6.8948kPa。

| 详细水平 | 压力读数需求 |
|---|---|
| 低 | 10% 的节点总数 |
| 中 | 5% 的节点总数 |
| 高 | 2% 的节点总数 |

（4）美国 Walski 等人认为，较大的精度数字通常对应于大型复杂的系统；较小数值对应于小型简单的系统。应用中可以下面的准则为参考：

1）小型系统（600mm 口径以下的管道）规划：消防流量测试中校验数据点，常规需水量阶段标高和压力数据的精度，模型应准确预测水头（HGL）处于 1.5~3m 范围内（取决于系统的尺寸）；EPS 运行中水池水位波动在 1~2m 之内，净水厂/泵站/水井流量在 10%~20% 范围内。

2）大型系统（600mm 口径以上的管道）规划：高峰流速阶段，常规需水量阶段的标高和压力数据的精度，模型应精确预测水头在 1.5~3m 范围内。水池水位的波动在 1~2m 之内（对于 EPS 运行），净水厂/水井/泵站流量在 10%~20% 范围内。

3）管线尺寸计算：消防流量条件的关键管段，达到常规需水量下标高数据的精度，模型应精确预测水头达到 1.5~3m。如果新的管道影响了水池的运行，模型也应重新产生水池的波动在 3~6ft（1~2m）范围内。

4）消防流量分析：消防流量条件下每一压力分区，常规需水量下标高数据的精度，模型应精确预测静态和剩余水头在 1.5~3m 范围内。如果消防流量接近最大值，蓄水池的尺寸很重要，模型应预测水池水位波动达到 1~2m。

5）分区设计：分区的相关点流量测试阶段，达到常规需水量下高程数据的精度，模型应生成水头处于 1.5~3m 范围内。

6）农村供水系统（无消防）：系统的最远点在峰值需水量条件阶段，以及常规需水量阶段标高数据的精度，模型应产生水头在 3~6m。

7）配水系统修复研究：消火栓流量测试并达到常规需水量阶段标高数据的精度，模型应生成的静态和剩余水头，在研究区域内达到 1.5~3m 的范围。

8）冲洗：模型应从消火栓或者配水能力重新产生实际流量（例如消防流量输送在138kPa的剩余压力），达到观测流量的10%~20%范围。

9）能量分析：模型产生的总能量消耗，在24h阶段达到5%~10%的范围；小时基础上能量消耗达到10%~20%范围；高峰能量消耗达到5%~10%范围。

10）运行问题分析：模型应能够重新生成系统中发生的问题，例如模型可以用于特定问题的决策。

11）应急计划：响应于紧急的状态（例如消防流量、电源故障或者管道故障），模型应能够生成水头在3~6m范围内。

12）消毒剂模拟：在取样时段，模型应重新生成观测的消毒剂浓度模式，达到平均误差约为0.1~0.2mg/L，取决于系统的复杂性。

（5）我国赵洪宾教授（2008年）在英国所提标准的基础上，认为评价管网模型是否符合实际，可从以下几方面分析：

1）水源（或水厂的供水干管）的供水压力、供水流量误差在±（2~3）%以内；

2）计算出的各测压点水压与实测记录吻合程度，全部测压点水压的实测记录值与计算值之差≤±4m；80%测压点水压的实测记录值与计算值之差≤±2m；50%测压点水压的实测记录值与计算值之差≤±1m；

3）各测流点计算的流量与实测记录吻合程度，管段流量占管网总供水量10%以上的管段，误差＜±5%；否则误差取测量值的±10%。

（6）现行行业标准《城镇供水管网运行、维护及安全技术规程》CJJ 207—2013中规定：

1）管网节点压力模拟计算结果与管网压力监测点数据误差：90%压力监测点误差＜20kPa；

2）管网管段流量模拟计算结果与管网管段流量监测点数据误差：90%流量监测点误差＜10%。

总之，当模型能充满信心地为设计、运行和配水管网维护服务时，就认为模型校验好了，进一步改进模型所造成费用的增加是不必要的。

### 19.3.5 模型宏观校验

模型校验时，必须首先找出模型计算结果和现场实测值的明显差异，通过查找原因，对模型合理修正，不断提高模拟的精度。修改可从差异比较明显的地方开始，可能需要反复修改，才能达到满意。这个过程称作宏观校验。

宏观校验常用的方法是试错法：首先估计管道粗糙系数 $C$ 和节点流量，进行模拟运算，比较计算结果与实测值。如果两者不吻合，通过更多的现场调查，确认模型与真实管网之间的差异（例如设置了不合适的模型参数，管道的连接未被记录），或给出一个假设的原因，修正模型。不断重复这个过程，直到模型计算结果与实测值吻合或者达到校验准则。

当模型计算结果与现场实测值差别较大时，首先检查：

1）个别管段的流速和水头损失太大，可能出现管径错误，集中大用户位置错误，或者存在的不合理现象（即"瓶颈"管段）；

2）补充遗漏的管段，包括输图时遗漏的，或原图纸中遗漏的管段；

3）修改补充管段间的连接关系。特别对于简化模型，可能将直径较小但水力上重要的管段简化掉了，应增补进去；

4）检查节点地面高程和测压表轴心高程。

可能需要调整的参数包括：

1）管道阻力系数；

2）用户用水量变化曲线或节点流量；

3）水泵特性曲线；

4）管段上控制阀门的开启度。

宏观校验的一些准则如下：

1）平均流量和低流量：对大多数配水系统而言，整个系统在平均日用水量时绝对水压下降比较缓慢，水头损失较小。原因在于设计时，大多数系统要求满足最大日用水量同时满足消防流量。结果，管径通常偏大而平均日水头损失偏小。因此，平均日流量下的校验通常不能提供粗糙系数和节点流量更多的信息。然而，它对边界条件和节点高程的改变比较敏感。

2）高流量时：在系统高流量的时段，例如消防流量或高峰供水时，水头损失较大，管道粗糙系数和节点流量对确定整个系统压力起重要作用。因此，应在高流量时调整管道粗糙系数。

3）如果模型的绝对压力比现场实测值高，模型难以计算出足够的水头损失。为了产生大的水头损失，可在测量区域内尝试减小海曾—威廉的 $C$ 值，或增加节点流量，或两者同时进行。

4）如果模型的绝对压力比现场实测值低，那么模型可能计算了过多的水头损失。为了产生较少的水头损失，可在测量区域内尝试增加海曾—威廉的 $C$ 值或减小节点流量。

有时候，模型中除了一个节点，其他节点的水压均吻合。这种情况下，应怀疑和校验这一点的高程。高流量时，系统水头损失的增加可能掩盖由于不准确高程数据造成的压力差异。因此，在低流量下，当系统水头损失较小的时候，更易发现不准确的高程。

宏观校验主要依靠大量的、细致的调查和现场测试，是一项复杂、烦琐的工作，它的成功很大程度上取决于供水企业资料的完备程度、技术水平、管理水平和投入的人力和物力。

### 19.3.6 灵敏度分析

进行微观校验之前，灵敏度分析可判断参数调整对模型的影响。例如，如果管道粗糙度值总体调整了 10%，模拟人员可能注意到压力在系统中没有太大变化，这表明系统对该需水量模式下的粗糙系数不敏感。另外，节点需水量可以对同一个系统变化 15%，造成压力和流量显著变化。如果管道粗糙系数和节点流量都没有对水头产生大的影响，那么可能是系统中的流速太低，以至于用于校验的数据不起作用。

【例 19-2】 在管段水头损失计算中，采用公式

$$H_2 = H_1 - 0.0826 \frac{\lambda L q^2}{D^5}$$

计算。如果 $H_2$ 为未知量，试分析已知量 $H_1$、$L$、$\lambda$、$q$、$D$ 分别在 ±10% 误差情况下，对 $H_2$ 的影响。

**【解】** (1) 当 $H_1$ 数值误差为 $\pm 10\%$ 时

$$1.1H_1 - 0.0826\frac{\lambda L q^2}{D^5} = H_1 - 0.0826\frac{\lambda L q^2}{D^5} + 0.1H_1 = H_2 + 0.1H_1$$

$$0.9H_1 - 0.0826\frac{\lambda L q^2}{D^5} = H_1 - 0.0826\frac{\lambda L q^2}{D^5} - 0.1H_1 = H_2 - 0.1H_1$$

说明 $H_1$ 中 $\pm 10\%$ 的误差，将引起 $H_2$ 中具有 $\pm 10\% H_1$ 的相同绝对误差。

(2) 当 $L$ 数值误差为 $\pm 10\%$ 时

$$H_1 - 0.0826\frac{\lambda(1.1L)q^2}{D^5} = H_1 - 0.0826\frac{\lambda L q^2}{D^5} - 0.1 \times 0.0826\frac{\lambda L q^2}{D^5}$$

$$= H_2 - 0.1(H_1 - H_2)$$

$$H_1 - 0.0826\frac{\lambda(0.9L)q^2}{D^5} = H_1 - 0.0826\frac{\lambda L q^2}{D^5} + 0.1 \times 0.0826\frac{\lambda L q^2}{D^5}$$

$$= H_2 + 0.1(H_1 - H_2)$$

说明 $L$ 中 $\pm 10\%$ 的误差，将引起 $H_2$ 中具有 $\pm 10\%$ （$H_1 - H_2$）的绝对误差。

同理，$\lambda$ 中 $\pm 10\%$ 的误差，也将引起 $H_2$ 中具有 $\pm 10\%$ （$H_1 - H_2$）的绝对误差。

(3) 当 $D$ 数值误差为 $\pm 10\%$ 时

$$H_1 - 0.0826\frac{\lambda L q^2}{(1.1D)^5} = H_1 - \frac{1}{1.1^5} \times 0.0826\frac{\lambda L q^2}{D^5} = H_2 + 0.48(H_1 - H_2)$$

$$H_1 - 0.0826\frac{\lambda L q^2}{(0.9D)^5} = H_1 - \frac{1}{0.9^5} \times 0.0826\frac{\lambda L q^2}{D^5} = H_2 - 0.69(H_1 - H_2)$$

说明 $D$ 中 $\pm 10\%$ 的误差，将引起 $H_2$ 中具有 $+48\%$ （$H_1 - H_2$）和 $-69\%$ （$H_1 - H_2$）的绝对误差。

(4) 当 $q$ 数值误差为 $\pm 10\%$ 时

$$H_1 - 0.0826\frac{\lambda L(1.1q)^2}{D^5} = H_1 - (1.1)^2 \times 0.0826\frac{\lambda L q^2}{D^5} = H_2 - 0.21(H_1 - H_2)$$

$$H_1 - 0.0826\frac{\lambda L(0.9q)^2}{D^5} = H_1 - (0.9)^2 \times 0.0826\frac{\lambda L q^2}{D^5} = H_2 + 0.19(H_1 - H_2)$$

说明 $q$ 中 $\pm 10\%$ 的误差，将引起 $H_2$ 中具有 $-21\%$ （$H_1 - H_2$）和 $+19\%$ （$H_1 - H_2$）的绝对误差。

从以上分析可以看出，除 $H_1$ 外，对 $H_2$ 的计算结果影响程度从高到低依次为 $D$、$q$、$L$（$\lambda$）。在使用年限较长的管道中，管道内结节对直径影响较大。

### 19.3.7 模型微观校验

在较大的差异纠正之后，就要注重于微调或者微观校验，它是校验过程的最后一步。例如水力模型最终校验阶段调整的两个参数为管道粗糙系数和节点需水量。一些情况下，把微观校验分成两个独立的步骤：稳态校验和延时校验。稳态校验中模型参数经调整，以匹配稳态压力和流量的观测值。延时模拟校验中，模型参数经调整，以匹配时变压力、流量和水池水位值。多数情况下稳态校验对管道粗糙系数的变化更加敏感，而延时校验对需水量的分配更加敏感。因此，潜在的校验策略是利用消防流量测试结果微调管道粗糙系数参数值，然后利用流量—压力—水位遥测数据微调需水量。

当微观校验目标是最小化压力和流量的观测值与模拟值之差的平方形式时，数学上可

表示为

$$\max f(X) = a \sum_{j=1}^{J} (OP_j - PP_j)^2 + b \sum_{p=1}^{P} (OQ_p - PQ_p)^2 \qquad (19\text{-}2)$$

式中　　$X$——决策变量，例如管道粗糙系数、节点需水量；

$OP_j$和$PP_j$——分别为节点 $j$ 压力的观测值和模拟值；

$OQ_p$和$PQ_p$——分别为管段 $p$ 流量的观测值和模拟值；

　　$J$、$P$——分别为管网中测压节点总数和测流节点总数；

　　$a$、$b$——标准化权数，凭经验确定。

## 19.4　管道粗糙系数测试与绘图

### 19.4.1　现场测试

　　管道粗糙系数通常在管网中选择含有 3 个消火栓的长直管道进行测试。测试方法有并联管道法和双压力计法（见图 19-2）。它们的共同点是，首先确定待测管道的长度和直径；然后将测试管隔离，利用差压计或两个独立的压力计，测试管段流量和压降；最后利用海曾—威廉公式或达西—维斯巴赫公式，估计管道粗糙系数。通常并联管道法用于短距离管道，或测试阀门或配件的局部水头损失。较长管道常采用双压力计法。

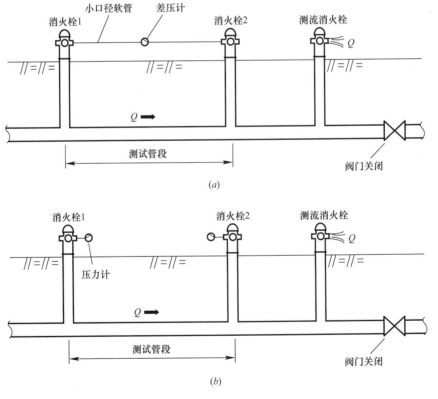

图 19-2　管道粗糙系数的现场测试

（a）并联管道法；（b）双压力计法

（1）并联管道法

并联管道法的应用步骤如下：

1）测量两个上游消火栓之间的管道长度 $L_p$（m）。

2）根据管网图，确定管道直径 $D_p$（mm）。

3）利用配备差压计的软管连接上游两个消火栓。

4）关闭管道下游阀门，打开下游消火栓放水，检查所有连接点，保证不会发生渗漏。

5）控制下游消火栓的放水流量，并测试该流量。当采用毕托管测试消火栓喷嘴处的水压 $P_d$（kPa）时，则流量 $Q_p$（L/s）计算为

$$Q_p = \frac{C_d D_n^2 P_d^{0.5}}{900.3} \tag{19-3}$$

式中　　$D_n$——喷嘴直径，mm；

　　　　$C_d$——喷嘴流量系数，与喷嘴类型有关（见图19-3）。

6）计算管道内流速 $V_p$（m/s）：

$$V_p = \frac{4Q_p}{\pi D_p^2} \tag{19-4}$$

7）读取并联软管差压计测试的压差 $H_p$（m），将它除以管道长度 $L_p$，求得管道水力坡度 $S_p$：

$$S_p = H_p / L_p \tag{19-5}$$

8）计算海曾—威廉粗糙系数 $C_p$：

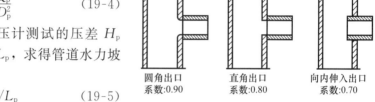

圆角出口　　直角出口　　向内伸入出口
系数:0.90　　系数:0.80　　系数:0.70

图19-3　消火栓喷嘴流量系数

$$C_p = \frac{218 V_p}{D_p^{0.63} S_p^{0.34}} \tag{19-6}$$

或达西—维斯巴赫公式中的摩擦因子 $\lambda$：

$$\lambda = \frac{g S_p D_p}{500 V_p^2} \tag{19-7}$$

式中　　$g$——重力加速度（9.81m/s²）。

摩擦因子 $\lambda$ 确定后，假设标准水温为20℃，计算雷诺数 $Re$：

$$Re = 993 V_p D_p \tag{19-8}$$

由科尔勃洛克—怀特公式，得到管道绝对粗糙度 $e$（mm）：

$$e = 3.7 D_p \left[ \exp(-1.16\sqrt{\lambda}) - \frac{2.51}{Re\sqrt{\lambda}} \right] \tag{19-9}$$

（2）双压力计方法

双压力计方法除管道压降采用一对压力计测试外，基本与并联管道方法相同。这种情况下，测试水头为压力计测试水头值（m）与压力计安装高度之和。管道的总水头损失是上游两个消火栓上测试的水头差，即

$$H_p = \frac{(P_2 - P_1)}{9.81} + (Z_2 - Z_1) \tag{19-10}$$

式中　　$P_1$，$Z_1$——分别为上游压力计读数（kPa）和标高（m）；

　　　　$P_2$，$Z_2$——分别为下游压力计读数（kPa）和标高（m）。

两只压力计间的高程差（$Z_2 - Z_1$）常采用经纬仪或水准仪测试，另一种方法是当管道

内水流静止时，读取压力计读数，得 $Z_1 - Z_2 = (P_2 - P_1)/9.81$。

现场测试时应保证消火栓的排水出路，以防影响交通。另外应注意设置交通信号、路障等安全防护措施，工作人员穿上防护服，佩戴对讲机等。

现场消火栓测试适用于管径小于 400mm 的管道。对于较大口径管道，打开消火栓难以产生充分的流量，这时应利用净水厂或泵站流量计，改变水塔水位等方法，计算管道内的流量。

如果现场测试计算出的 $C$ 系数很低，有可能由于管道内结节，管径变小所致。这种情况下应采取测试管道直径的措施。

### 19.4.2　绘制管道粗糙系数图

特定给水管网中管道粗糙系数图可按照图 19-4(a)～(c) 的过程建立。在管道粗糙系数现场测试时，首先根据管道埋设年代和使用材料划分区域 ［图 19-4(a)］。第二步是在每一区域内测试不同直径管道的粗糙系数 ［图 19-4(b)］。最后是对不同埋设年代、不同材料、不同直径管道的粗糙系数绘图，作为给水管网模型中管道粗糙系数初步估算的基础。

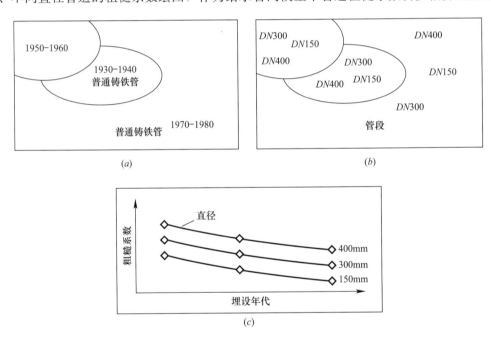

图 19-4　管道粗糙系数图绘制步骤

(a) 根据埋设年代和材料划分区域；(b) 在每一区域内选择代表性直径管段；

(c) 绘制管道粗糙系数图

# 第20章 给水系统优化调度计算

## 20.1 引言

### 20.1.1 城市给水系统调度

城市供水系统一般由取水设施、净水厂、送水泵站（配水泵站）和输配水管网构成。供水系统从水源地取水，送入净水厂进行净化处理，经泵站加压，将符合水质标准的清洁水由配水管网送至用户。当由若干座净水厂向配水管网供水时，每座净水厂的送（配）水泵站设有数台水泵（包括调速水泵），根据需水量进行调配。此外，某些给水区域内的地形和地势对配水压力影响较大时，在配水管网上可设有增压泵站、调蓄泵站或高位水池等调压设施，以保证位用户稳定、安全、可靠和低成本供水。

城市供水系统的调度工作主要是掌握各水源取水量、各净水厂送水量、配水管网控制点水压状况，根据预定配水需求计划方案进行生产调度，包括供水需求趋势分析、管网压力分布预期估算与调控，以及净水厂运行宏观调控等。调度工作起着供水企业生产与供应的统帅作用，它直接影响企业信誉与生产成本。具体而言，供水系统调度内容如下：

1）原水运行计划：考虑蓄水条件、流量条件、天气条件、需求趋势、水质等，指定每日、每月原水供应计划。

2）净水处理计划：考虑原水条件和净水能力，准备净水厂的原水分配计划和净化处理计划。

3）配水计划：考虑供水区域需求特征、区域地形、管网压力分布等，指定每日、每月配水计划。

4）水泵调度计划：考虑供水区域需求特征、管道供水能力、水泵能力、电力供应、阀门状态、水池水位，结合原水运行、净水处理和配水计划，确定每时、每日和每周计划。

5）监视工作：监视给水系统按照计划运行情况：①通过微调，纠正计划与实际操作间的差异；②关注给水系统事故、异常；③调度中心与现场人员的信息交流；④收集、统计分析给水系统运行数据，创建给水系统运行日报、月报、年报等。

### 20.1.2 给水管网优化调度计算

给水系统经验管理状态下，调度人员根据以往运行资料和设备情况，按日、按时段制定供水计划，确定各泵站在各时段投入运行的水泵型号和台数。这种经验型管理大体能满足供水需要，但凭经验确定的调度方案只能是若干可行方案中的一种，通常不是最优方案。

城市给水系统优化调度计算是指根据管网监测系统反馈的运行状态数据，采用科学预测手段确定用水量及其分布情况，运行数学最优化技术，从各种可能的调度方案中确定一种使系统总运行费用较低、可靠性较高的优化方案。

综合优化调度模型考虑整个给水系统内的各项成本，直接寻求水泵的优化组合方案，在保证管网所需流量和水压的条件下，使运行费用为最小。这类模型以各泵站内同型号泵的开启台数和单泵流量为决策变量，求解难度较大。因此提出了将给水系统分成管网和泵站两个子系统，在此基础上建立两级优化调度模型。两级调度模型中，第一级以各泵站在不同时段的流量和供水压力为决策变量，进行优化计算。第二级是寻求各泵站的水泵优化组合方案，使各泵站在安全运行和费用最小的条件下达到管网所需的流量和水压。

给水管网优化调度计算的一般步骤为：①构造并校验给水管网延时水力模型；②输入能量价格表和水泵效率曲线；③建立水池水位和系统压力约束；④估计日需水量及变化模式；⑤执行优化调度计算；⑥与调度人员沟通，检查结果合理性，形成最终调度方案。

调度计算中应考虑分时电价政策。许多城市已实行分时电价政策，鼓励夜间用电，此时段电价较低，而白天较高；当用电量超过某一限度时可能还要增加收费。利用这种电价特点，调度时可使水泵在夜间多抽水到蓄水池中贮存起来，白天由蓄水池向管网供水，以减少开泵次数并节约运行成本。

管网中的水压与水量具有非常强的相关性。如果管网水压符合要求，则相应水量也得到满足。因此在管网中设置相当的水压监测点作为调度的依据，是确保服务质量最简便的方法。用于调度的水质监测点用于判断全管网压力是否达到服务水平，常设置在距离提升泵站较远点、高程较高点、管网末梢、多水源供水水压线交界面以及具有特殊供水要求的用户用水点。

## 20.2 水库供水优化问题

水资源模拟和优化过程中，需要关注系统的动态性，于是动态规划成为最受欢迎工具之一。考虑从多座水库向城市地区供水的优化问题：

$$\min z = \sum_{t=1}^{T} Loss \left( \sum_{s=1}^{X} R_{s,t} \right) \tag{20-1}$$

式中　$T$——时间尺度；

　　　$X$——系统中含水库总数；

　　　$R_{s,t}$——第 $t$ 月来自水库 $s$ 的放水量；

　　　$Loss$——与供水量和需水量相关的运行成本。

模型中应包含水库连续性或质量守恒方程，即从本月初到下月初之间的调节和非调节（溢流）放水量：

$$S_{s,t+1} - S_{s,t} + R_{s,t} = I_{s,t} \tag{20-2}$$

$$R_{s,t} = R_{s,t}^{R} + R_{s,t}^{U} \tag{20-3}$$

式中　$S_{s,t}$——第 $t$ 月初水库 $s$ 的蓄水量；

　　　$I_{s,t}$——第 $t$ 月水库 $s$ 的进流容积；

　$R_{s,t}^{R}$ 和 $R_{s,t}^{U}$——分别为水库调节和非调节放水量。

同时在任何季节应满足最大和最小允许放水量和蓄水量约束条件，即

$$R_{s,t}^{\max} \geqslant R_{s,t} \geqslant R_{s,t}^{\min} \tag{20-4}$$

$$S_{s,t}^{\max} \geqslant S_{s,t} \geqslant S_{s,t}^{\min} \tag{20-5}$$

$$|S_{s,t+1} - S_{s,t}| \leqslant SC_s \tag{20-6}$$

式中 $SC_s$——每月水库 $s$ 中蓄水量变化的最大允许量,它考虑了水坝坝体稳定性和安全性。

式(20-1)~式(20-6)形成了水库供水问题的数学模型,它的直接求解是困难的。如果采用动态规划过程,优化求解问题可形成求解许多叫小尺寸问题的递归形式。

$$f_{t+1}(S_{1,t+1},\cdots,S_{X,t+1}) = \min\left[Loss\left(\sum_{s=1}^{X} R_{s,t}\right) + f_t(S_{1,t},\cdots,S_{X,t})\right] \tag{20-7}$$

$$S_{1,t} \in \Omega_{1,t}, \qquad S_{2,t} \in \Omega_{2,t}, \qquad \cdots, \qquad S_{X,t} \in \Omega_{X,t}$$

初始条件为 $f_1(S_{1,t},\cdots,S_{X,t}) = 0$, $S_{1,1} \in \Omega_{1,1}$, $S_{2,1} \in \Omega_{2,1}$, $\cdots$, $S_{X,1} \in \Omega_{X,1}$

式中 $f_t(S_{1,t},\cdots,S_{X,t})$——在 $t$ 月初,水库 1 的蓄水容积为 $S_{1,t}$,水库 2 的蓄水容积为 $S_{2,t}$,……,水库 $X$ 蓄水容积为 $S_{X,t}$ 时,从第 1 月到第 $t$ 月初的总最小运行成本。

$\Omega_{s,t}$——水库 $s$ 在 $t$ 月初的离散蓄水容积集。

【例 20-1】 假设一座水库向城市地区供水,该市月需水量($D_t$)为 1000 万 m³。水库总能力为 3000 万 m³。令 $S_t$(第 $t$ 月初的水库蓄水量)采用离散数值 0,1000 万 m³,2000 万 m³ 和 3000 万 m³。运行成本(Loss)估计为放水量($R_t$)和需水量($D_t$)之差的函数:

$$Loss_t = \begin{cases} 0 & R_t = D_t \\ (R_t - D_t)^2 & R_t \neq D_t \end{cases}$$

试求:(1)形成顺序定期动态规划模型;(2)形成逆序定期动态规划模型;(3)求解(1)建立的动态规划模型,假设当前月之后三个月的水库进流量($t$=1,2,3)分别为 1000 万 m³,5000 万 m³ 和 2000 万 m³。当前月的水库蓄水量为 2000 万 m³。

【解】 (1)顺序定期动态规划模型形式为:

目标函数:$f_{t+1}(S_{t+1}) = \min Loss(R_t) + f_t(S_t)$

约束条件:

$$S_t \in \Omega_t$$
$$S_t \leqslant S_{\max}$$
$$f_1(S_1) = 0$$
$$Loss(R_t) = \begin{cases} 0 & R_t = 1000 \\ (R_t - 1000)^2 & R_t \neq 1000 \end{cases}$$
$$R_t = S_t + I_t - S_{t+1}$$
$$S_{\max} = 3000$$

式中 $\Omega_t$——离散化后水库 $t$ 的蓄水容积;

$S_{t+1}$——第 $t$+1 月初的蓄水量。

(2)逆序定期动态规划模型形式为

目标函数:$f_t(S_t) = \min Loss(R_t) + f_{t+1}(S_{t+1})$

约束条件如(1)部分。

(3)利用顺序形式计算当前月之后三个月的最优放水量,见表 20-1。

| 月 | 进流量 $I_t$ （万 m³） | 本月初蓄水量 $S_t$ （万 m³） | 下月初蓄水量 $S_{t+1}$ （万 m³） | 放水量 $R_t$ （万 m³） | Loss（$R_t$） | 每月最优放水量 $R_t^*$ （万 m³） |
|---|---|---|---|---|---|---|
| 1 | 1000 | 2000 | 0 | 3000 | 4000000 | 1000 |
|   |      |      | 1000 | 2000 | 1000000 |   |
|   |      |      | 2000 | 1000 | 0 |   |
|   |      |      | 3000 | 0 | 1000000 |   |
| 2 | 5000 | 2000 | 0 | 7000 | 36000000 | 4000 |
|   |      |      | 1000 | 6000 | 25000000 |   |
|   |      |      | 2000 | 5000 | 16000000 |   |
|   |      |      | 3000 | 4000 | 9000000 |   |
| 3 | 2000 | 3000 | 0 | 5000 | 16000000 | 2000 |
|   |      |      | 1000 | 4000 | 9000000 |   |
|   |      |      | 2000 | 3000 | 4000000 |   |
|   |      |      | 3000 | 2000 | 1000000 |   |

动态规划是解决许多复杂问题，特别是离散性优化问题的非常有用工具。对于某些连续性优化问题，可将状态变量（如上例中的 $S_t$）和决策变量（如上例总的 $R_t$）离散化处理，使用离散动态规划（DDP）求解。使用该方法的主要问题称作"维数障碍"，即随着离散化水平提高（例中对蓄水量仅划分为 0，1000，2000，3000 四种情况），变量个数（维数）太大时，计算工作量急剧增加。通常认为 DDP 仅适用于多至四五个决策或状态变量的计算。此外，为克服维数障碍问题，开发了不同的连续近似算法如差分动态规划（DIFF），离散差分动态规划（DDDP），状态增量动态规划（IDP）等。

## 20.3 多厂供水优化调度计算

大中型城市常采用多水源给水系统，即由多处水源、多座净水厂向城市管网供水。由于各水源的取水和输水成本、各净水厂的制水成本和二级泵站的提升成本各不相同，存在多厂供水的优化调度问题，即尽可能以较低成本合理分配各水源的取水量、各净水厂的制水量和配水量，同时满足用户对水量和水压的要求。

### 20.3.1 目标函数

目标函数是运行指标的数学表示，在运行调度中可表示为总运行成本。当不包含人力成本、维修保养成本时，多厂供水总运行成本可分解为取水和输水成本、水厂制水成本和二级泵房提升成本。

$$C_{总} = \sum_{i=1}^{N} (C_{i1} + C_{i2} + C_{i3}) \tag{20-8}$$

式中　$C_{总}$——多厂供水系统运行总成本，元；

$\quad\quad C_{i1}$——水厂 $i$ 的取水和输水成本，元；

$\quad\quad C_{i2}$——水厂 $i$ 的制水成本，元；

$\quad\quad C_{i3}$——水厂 $i$ 的二级泵房提升成本，元；

$\quad\quad N$——净水厂总数。

（1）取水和输水成本

净水厂的取水和输水成本由水资源费、原水预处理费和泵站运行费组成。不同的水源类型或水质，取水口到净水厂的距离、地质和地形复杂性等影响了取水和输水成本。该部分运行成本常认为与净水厂的供水量相关：

$$C_{i1} = f_{i1}(Q_i) \qquad (20\text{-}9)$$

式中　　$Q_i$——水厂 $i$ 的供水量，$m^3/h$。

（2）净水厂制水成本

净水厂制水成本包括水处理中消耗的药剂费和机械设备运行能源费。净水厂采用的处理工艺不同，制水成本也不相同。同样可认为净水厂制水成本与净水厂的供水量相关：

$$C_{i2} = f_{i2}(Q_i) \qquad (20\text{-}10)$$

（3）二级泵房提升成本

二级泵房的提升成本主要为泵站内水泵运行消耗的能量费用。泵站供水量、提升扬程、水泵效率等不同，提升成本也是不同的。该部分运行成本费用常表示为：

$$C_{i3} = f_{i3}(Q_i, H_i, \eta_i) \qquad (20\text{-}11)$$

式中　　$H_i$——水厂 $i$ 的二级泵站供水扬程，$m$；

　　　　$\eta_i$——水厂 $i$ 的二级泵站运行效率。

## 20.3.2　约束条件

约束条件是指控制或制约系统运行的数学表达式，包括管网水力平衡、净水厂供水量、二级泵站供水压力和用户水压要求等。

（1）管网水力平衡

净水厂供水量由管网中的用户使用。为计算不同净水厂的供水量，需要使供水管网模型中各节点满足连续性方程，各管段满足能量方程。

对于管网中每个节点 $j$：

$$\sum_{k \in S_j} (\pm q_k) + Q_j = 0 \qquad (j = 1, 2, \cdots, J) \qquad (20\text{-}12)$$

对于管网中每条管段 $l$：

$$H_{Fl} - H_{Tl} = h_l \qquad (l = 1, 2, \cdots, L) \qquad (20\text{-}13)$$

式中　　$S_j$——节点 $j$ 的衔接管段集，即所有流入或流出节点的管段集合；

　　　　$q_k$——管段 $k$ 的流量，$m^3/s$。惯例为当管段 $k$ 中水流流离节点 $j$ 时，取＋号；当管段 $k$ 中水流流向节点 $j$ 时，取－号；

　　$H_{Fl}$，$H_{Tl}$——分别为管段 $l$ 的上游节点和下游节点的总水头，$m$；

　　　　$h_l$——管段 $l$ 的水头损失，$m$；

　　　　$Q_j$——节点 $j$ 的用水量，$m^3/s$；

　　　　$J$、$L$——分别为管网中节点总数和管段总数。

（2）净水厂供水量

实际城市供水系统中，各净水厂的最大供水能力受到它的处理能力和原水供应能力的限制。考虑到净水厂不得停产、连续运行的特点，各净水厂也具有最小供水能力。

$$Q_{i\min} \leqslant Q_i \leqslant Q_{i\max} \qquad (20\text{-}14)$$

式中　　$Q_{i\min}$、$Q_{i\max}$——分别为水厂 $i$ 的允许最小供水量和最大供水量，$m^3/h$。

此外各水厂供水量之和应与总用水量平衡，即

$$\sum_{i=1}^{N} Q_i = Q_总 \qquad (20\text{-}15)$$

式中　　$Q_总$——总用水量，$m^3/h$。

（3）二级泵站供水压力

二级泵站出水压力是在一定范围内波动。若出水压力过低，无法满足用户用水需求；若出水压力过高，则会增加电耗，增大漏失水量甚至爆管的风险。

$$H_{imin} \leqslant H_i \leqslant H_{imax} \tag{20-16}$$

式中　　$H_{imin}$、$H_{imax}$——分别为水厂 $i$ 的二级泵站的允许最小供水压力（扬程）和最大供水压力（扬程），m。

（4）用户水压

用户水压常以节点自由水头表示。若用户水压过低，则难以满足用水需求；若用户水压过高，同样存在增加电耗、增大漏失水量甚至爆管的风险。

$$H_{jmin} < H_j < H_{jmax} \tag{20-17}$$

式中　　$H_j$——节点 $j$ 处水压，m；

$H_{jmin}$、$H_{jmax}$——分别为节点 $j$ 允许的最小水头和最大水头，m。

### 20.3.3　求解说明

（1）以上构建的多厂供水优化调度数学模型待求变量为各净水厂（或二级泵站）的流量和供水压力后，各二级泵站可根据计算出的流量和供水压力，考虑水泵的合理搭配，进行二级调度。

（2）各时段（通常取 1h）的总用水量为用水量预测值，它作为已知条件输入到计算模型。各净水厂（或二级泵站）供水量将在此值基础上进行分配，各净水厂不同的供水量组合形成不同的供水方案，然后利用供水管网水力计算模型执行水力计算。为保证计算稳定性，$N$ 座净水厂在假设 $N-1$ 座净水厂的供水量和另外 1 座净水厂的供水压力值条件下计算。获得的计算结果应满足二级泵站和管网的流量和水压约束。

（3）各净水厂不同流量的分配形成不同的供水方案，这些方案是否最优，将由目标函数最小运行成本判定。如果不是最优，则重新进行泵站流量分配计算。该优化调度模型的求解具有多种方法，常采用遗传算法求解。

（4）一日内不同时段将具有不同的总时用水量，对于每一时段采用（2）～（3）相同的计算方式求解，并考虑二级泵站流量在各时段之间变化的平滑性，即两个时段之间流量或水压值不要跳跃过大，最终形成一日的调度方案。

（5）以上步骤（3）针对不同流量形成的最优调度方案，可以汇总成表格，供调度人员参考。

### 20.3.4　案例分析

#### 1. 已知数据整理

我国华东地区某大型城市，供水范围 1600km²，供水服务人口 300 万人，有 A、B、C、D 四座水厂向管网供水。管网内直径在 500mm 以上的管道总长度 1462km。近年最高日用水量 133.7 万 m³/d（最高时用水量 74758m³/h），平均日用水量 100.6 万 m³/d（平均时用水量 74758m³/h），最低日用水量 74.8 万 m³/d（最小时用水量 22817m³/h）。优化调度分析之前，建有经过校准后的供水管网水力计算模型和用水量预测模型。经整理后的目标函数和约束条件数据如下：

（1）取水和输水成本（拟合公式）

$$C_{A1} = -905 + 0.1371Q_A$$

$$C_{B1} = -25 + 0.0911Q_B$$
$$C_{C1} = -25 + 0.0911Q_C$$
$$C_{D1} = -28 + 0.0434Q_D$$

式中  $C_{A1}$、$C_{B1}$、$C_{C1}$、$C_{D1}$——分别为 A、B、C、D 四座净水厂的取水和输水成本，元/h；

$Q_A$、$Q_B$、$Q_C$、$Q_D$——分别为 A、B、C、D 四座净水厂的供水量，$m^3/h$。

（2）水处理成本（拟合公式）

$$C_{A2} = 0.0602Q_A$$
$$C_{B2} = 0.0454Q_B$$
$$C_{C2} = 0.0435Q_C$$
$$C_{D2} = 0.0452Q_D$$

式中  $C_{A2}$、$C_{B2}$、$C_{C2}$、$C_{D2}$——分别为 A、B、C、D 四座净水厂的水处理成本，元/h。

（3）二级泵房提升成本（拟合公式，忽略效率影响）

$$C_{i3} = 0.002722Q_iH_i \quad i = A、B、C、D$$

式中  $Q_i$——净水厂 $i$ 的供水量，$m^3/h$；

$H_i$——净水厂 $i$ 的二级泵房供水压力，m；

$C_{i3}$——净水厂 $i$ 的二级泵房提升成本，元/h。

（4）净水厂供水能力

根据四座净水厂的历史流量和二级泵站供水压力数据，确定各座净水厂流量和压力取值范围见表 20-2。

四座净水厂流量和供水压力取值范围　　　　　　　　　　　　表 20-2

| 水厂 $i$ | 最小流量 $Q_{imin}$<br>（$m^3/h$） | 最大流量 $Q_{imax}$<br>（$m^3/h$） | 最低供水压力 $H_{imin}$<br>（m） | 最高供水压力 $H_{imax}$<br>（m） |
|---|---|---|---|---|
| A | 3330 | 49500 | 33.2 | 40.0 |
| B | 4180 | 26800 | 28.9 | 33.0 |
| C | 1440 | 12600 | 26.4 | 32.0 |
| D | 3480 | 30000 | 28.4 | 32.0 |

（5）用户水压

根据该市的最低自由水压要求，取 16m；最高水压取 45m。

2. 计算分析

（1）目标函数

由已知各净水厂的取水和输水成本、水处理成本和二级泵房提升成本计算公式，可得各水厂的运行成本为：

$$C_A = C_{A1} + C_{A2} + C_{A3} = -905 + (0.1973 + 0.002722H_A)Q_A$$
$$C_B = C_{B1} + C_{B2} + C_{B3} = -25 + (0.1365 + 0.002722H_B)Q_B$$
$$C_C = C_{C1} + C_{C2} + C_{C3} = -25 + (0.1346 + 0.002722H_C)Q_C$$
$$C_D = C_{D1} + C_{D2} + C_{D3} = -28 + (0.0886 + 0.002722H_D)Q_D$$

式中  $C_A$、$C_B$、$C_C$、$C_D$——分别为 A、B、C、D 四座净水厂的运行成本，元/h。

以上四座净水厂的运行成本公式均是关于流量 $Q_i$（$i$=A、B、C、D）的线性关系。图 20-1 中 $H_A$ 范围 33.2～40.0 下，与其他三座净水厂的供水压力相比取值较高，因此 A

水厂运行成本曲线关于 $Q_A$ 的斜率（0.1973＋0.002722$H_A$）较高，但在 $Q_A$＝0 时的截距（－905）比其他三座净水厂均小，该曲线将与其他三座净水厂的运行成本曲线有交点（见图 20-1）。当流量 $Q_A$ 大于与其他净水厂运行成本曲线的交点后，在相同流量情况下，A 水厂的运行成本较高；这时为降低运行成本，应取较低的供水压力 $H_A$，即 $H_A$＝33.2m。

B 水厂和 C 水厂成本曲线在相同流量、相同供水压力下斜率近似，即（0.1365＋0.002722$H_B$ 和 0.1346＋0.002722$H_C$），且当 $Q_B$＝$Q_C$＝0 时的截距均为－25，因此在相同供水压力下为两条平行线且数值非常接近（见图 20-1）。

D 水厂成本曲线关于流量 $Q_D$ 的斜率（0.0886$Q_D$＋0.002722$H_D$）较小，且在 $Q_A$＝0 时的截距（－28）略小于 B 水厂和 C 水厂的数值（－25）。因此当取相同供水压力时，D 水厂在流量取值范围（3480～3000m³/h）内，D 水厂的成本最低（见图 20-1）。因此在优化中为降低其他三座净水厂的运行成本，可适当提高 D 水厂的供水压力，即取 $H_D$＝32.0m。

图 20-1 说明了当 A 水厂供水压力取 33.2m，B 水厂和 C 水厂供水压力取 30m，D 水厂供水压力取 32.0m 时，各水厂运行成本随供水量的变化情况。

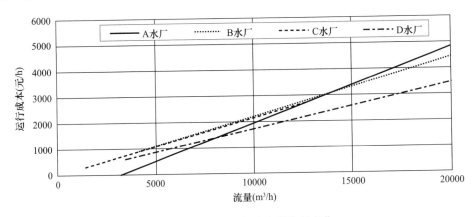

图 20-1　各水厂运行成本随流量变化

（2）遗传算法寻优过程

由遗传算法进行各净水厂流量分配，并调用管网水力模型，以水量为 12m³/s（43200m³/h）为例，在优化求解 100 次迭代计算过程中，给水系统运行费用最小值的变化如图 20-2 所示。

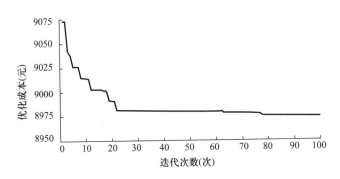

图 20-2　目标函数随迭代次数变化曲线

（3）日用水量优化结果

以 2019 年 1 月 22 日用水量（该日用水量 1005840m³/d，接近平均日用水量）为例，将实际运行数据与优化计算结果比较，见表 20-3、表 20-4 和图 20-3。

由表 20-3、表 20-4 和图 20-3 可以看出：经优化计算后，A 水厂的水量显著减少，由原来总供水量的 50.3％降至 38.9％；供水压力维持在最低允许值 33.2m；B 水厂的水量略有减少，由原来总供水量的 21.0％降至 18.1％，供水压力范围基本与优化前相似；C 水厂的水量显著减少，由原来总供水量的 11.9％降至 5.3％，供水压力范围基本与优化前相似；D 水厂的水量显著增加，由原来总供水量的 16.7％增至 37.7％，供水压力维持在最高值 32.0m。总体而言，2019 年 1 月 22 日实际运行成本为 224219 元，优化计算后运行成本 206631 元，优化方案比原运行方案节约成本 7.84％。

**2019 年 1 月 22 日各水厂实际运行情况** 表 20-3

| 小时 (h) | 总水量 (m³) | A 水厂 | | B 水厂 | | C 水厂 | | D 水厂 | | 运行成本 (元) |
|---|---|---|---|---|---|---|---|---|---|---|
| | | 水量 (m³) | 供水压力 (m) | 水量 (m³) | 供水压力 (m) | 水量 (m³) | 供水压力 (m) | 水量 (m³) | 供水压力 (m) | |
| 1 | 30337 | 12946 | 33.5 | 7654 | 29.6 | 4579 | 27.8 | 5159 | 28.7 | 6208 |
| 2 | 29023 | 11848 | 33.4 | 7582 | 29.6 | 4514 | 28 | 5080 | 28.9 | 5859 |
| 3 | 27670 | 10728 | 33.3 | 7506 | 29.8 | 4442 | 28.2 | 4993 | 29.1 | 5508 |
| 4 | 27392 | 10703 | 33.2 | 7394 | 29.9 | 4367 | 28.4 | 4928 | 29.4 | 5463 |
| 5 | 27562 | 10858 | 33.2 | 7373 | 29.9 | 4381 | 28.4 | 4950 | 29.3 | 5509 |
| 6 | 28854 | 11466 | 33.2 | 7636 | 29.6 | 4583 | 27.8 | 5170 | 28.7 | 5783 |
| 7 | 36619 | 18972 | 33.2 | 7765 | 29.4 | 4640 | 27.5 | 5242 | 28.4 | 7998 |
| 8 | 48974 | 27709 | 35.0 | 7600 | 29.4 | 4561 | 27.6 | 9104 | 28.8 | 11246 |
| 9 | 52643 | 30017 | 35.9 | 8050 | 29.9 | 4835 | 28.4 | 9742 | 29.5 | 12296 |
| 10 | 54814 | 29794 | 35.8 | 9590 | 30.2 | 5731 | 28.6 | 9698 | 29.6 | 12754 |
| 11 | 52297 | 29200 | 36.3 | 9425 | 30.6 | 5692 | 29.1 | 7981 | 27.0 | 12245 |
| 12 | 51131 | 27194 | 35.2 | 9630 | 30.4 | 5371 | 28.5 | 8935 | 29.5 | 11748 |
| 13 | 47912 | 25794 | 35.5 | 9504 | 30.6 | 5285 | 28.7 | 7330 | 29.6 | 11052 |
| 14 | 44928 | 22414 | 34.7 | 9457 | 30.7 | 5897 | 28.8 | 7160 | 29.7 | 10107 |
| 15 | 44309 | 22165 | 34.5 | 9590 | 30.5 | 5324 | 28.5 | 7229 | 29.4 | 9926 |
| 16 | 44377 | 22244 | 34.4 | 9551 | 30.4 | 5332 | 28.5 | 7250 | 29.4 | 9937 |
| 17 | 46930 | 24919 | 35.1 | 9490 | 30.5 | 5296 | 28.6 | 7225 | 29.5 | 10743 |
| 18 | 48557 | 25603 | 35.5 | 9454 | 30.6 | 5242 | 28.8 | 8258 | 29.8 | 11138 |
| 19 | 47628 | 24595 | 35.4 | 9454 | 30.8 | 5206 | 29.0 | 8374 | 30.0 | 10860 |
| 20 | 47354 | 23864 | 34.6 | 9659 | 30.5 | 5357 | 28.4 | 8474 | 29.4 | 10657 |
| 21 | 46951 | 23666 | 34.9 | 9619 | 30.5 | 5267 | 28.6 | 8399 | 29.6 | 10586 |
| 22 | 45425 | 22961 | 35.1 | 9482 | 30.7 | 5166 | 28.9 | 7816 | 29.9 | 10258 |
| 23 | 40014 | 20761 | 34.7 | 9554 | 30.6 | 4478 | 28.5 | 5220 | 29.4 | 9005 |
| 24 | 34139 | 15998 | 33.6 | 9133 | 30.3 | 4302 | 28.1 | 4705 | 29.0 | 7333 |
| 合计 | 1005840 | 506419 | | 211151 | | 119848 | | 168422 | | 224219 |

| 小时 (h) | 总水量 (m³) | A 水厂 | | B 水厂 | | C 水厂 | | D 水厂 | | 运行成本 (元) |
|---|---|---|---|---|---|---|---|---|---|---|
| | | 水量 (m³) | 供水压力 (m) | 水量 (m³) | 供水压力 (m) | 水量 (m³) | 供水压力 (m) | 水量 (m³) | 供水压力 (m) | |
| 1 | 30337 | 11872 | 33.2 | 5562 | 30.0 | 1775 | 28.4 | 11128 | 32.0 | 5977 |
| 2 | 29023 | 11428 | 33.2 | 5049 | 29.9 | 1728 | 28.4 | 10818 | 32.0 | 5672 |
| 3 | 27670 | 10863 | 33.2 | 4895 | 29.9 | 1669 | 28.4 | 10243 | 32.0 | 5362 |
| 4 | 27392 | 10741 | 33.2 | 4879 | 29.9 | 1655 | 28.4 | 10117 | 32.0 | 5299 |
| 5 | 27562 | 10815 | 33.2 | 4889 | 29.9 | 1664 | 28.4 | 10194 | 32.0 | 5338 |
| 6 | 28854 | 11370 | 33.2 | 4984 | 29.9 | 1721 | 28.4 | 10779 | 32.0 | 5632 |
| 7 | 36619 | 14361 | 33.2 | 6731 | 30.1 | 2021 | 28.2 | 13506 | 32.0 | 7418 |
| 8 | 48974 | 18795 | 33.2 | 8813 | 29.9 | 2559 | 27.9 | 18807 | 32.0 | 10188 |
| 9 | 52643 | 19687 | 33.2 | 9181 | 30.6 | 3088 | 28.4 | 20687 | 32.0 | 10989 |
| 10 | 54814 | 20730 | 33.2 | 9305 | 30.8 | 3311 | 28.5 | 21468 | 32.0 | 11505 |
| 11 | 52297 | 19575 | 33.2 | 9164 | 30.5 | 3048 | 28.3 | 20510 | 32.0 | 10910 |
| 12 | 51131 | 19205 | 33.2 | 9109 | 30.1 | 2921 | 28.1 | 19896 | 32.0 | 10645 |
| 13 | 47912 | 18663 | 33.2 | 8618 | 30.0 | 2351 | 27.9 | 18280 | 32.0 | 9972 |
| 14 | 44928 | 17963 | 33.2 | 8345 | 29.8 | 2106 | 27.8 | 16514 | 32.0 | 9345 |
| 15 | 44309 | 17778 | 33.2 | 8323 | 29.7 | 2097 | 27.8 | 16111 | 32.0 | 9212 |
| 16 | 44377 | 17798 | 33.2 | 8325 | 29.7 | 2097 | 27.8 | 16157 | 32.0 | 9227 |
| 17 | 46930 | 18537 | 33.2 | 8438 | 30.0 | 2155 | 27.9 | 17800 | 32.0 | 9772 |
| 18 | 48557 | 18743 | 33.2 | 8736 | 30.0 | 2478 | 27.9 | 18600 | 32.0 | 10103 |
| 19 | 47628 | 18627 | 33.2 | 8566 | 30.0 | 2295 | 27.9 | 18140 | 32.0 | 9914 |
| 20 | 47354 | 18592 | 33.2 | 8516 | 30.0 | 2241 | 27.9 | 18005 | 32.0 | 9858 |
| 21 | 46951 | 18542 | 33.2 | 8442 | 30.0 | 2161 | 27.9 | 17806 | 32.0 | 9776 |
| 22 | 45425 | 18111 | 33.2 | 8364 | 29.8 | 2112 | 27.8 | 16838 | 32.0 | 9451 |
| 23 | 40014 | 15521 | 33.2 | 8258 | 30.3 | 2056 | 28.1 | 14179 | 32.0 | 8216 |
| 24 | 34139 | 13346 | 33.2 | 6390 | 30.1 | 1930 | 28.3 | 12473 | 32.0 | 6851 |
| 总计 | 1005840 | 391663 | | 181882 | | 53239 | | 379056 | | 206631 |

（4）优化供水方案参考表

根据各座水厂设定的压力、流量范围，可得出不同的时用水量条件下最优的水厂供水量和供水压力方案，形成优化供水调度方案参考表，见表 20-5。

由表 20-5 可以看出，优化计算后在不同小时用水量下，A 水厂供水量占总水量的37.2%～40.4%，供水压力保持为 33.2m；B 水厂供水量占总水量的 15.5%～20.8%，供水压力在 29.3～31.3m；C 水厂供水量占总水量的 4.6%～8.9%，供水压力在 27.6～28.7m；D 水厂供水量占总水量的 34.4%～39.6%，供水压力保持为 32.0m。

由于 A 水厂始终保持在最低允许压力 33.2m，D 水厂总是保持在供水压力 32.0m，说明如果进行净水厂改造，即 A 水厂降低供水量和供水压力，D 水厂增加供水量和供水压力，运行成本具有进一步下降的潜在性。

由表 20-5 也可看出，随着供水量增加，在本案例成本函数的基础上，单位供水成本也在增加。应注意到本运行成本只包含了能耗和药耗成本，未包含人力和维护保养等成本。

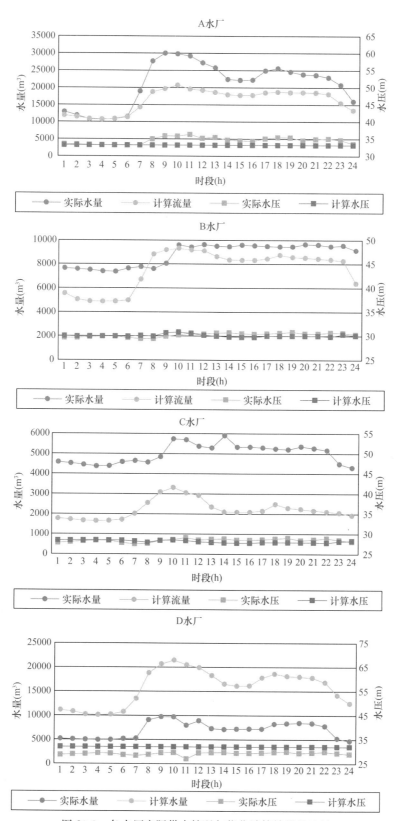

图 20-3　各水厂实际供水情况与优化计算结果的比较

表 20-5

## 供水系统优化调度方案参考表

| 总水量 | | A水厂 | | | B水厂 | | | C水厂 | | | D水厂 | | | 成本 | 单位成本 |
|---|---|---|---|---|---|---|---|---|---|---|---|---|---|---|---|
| | | 流量 | 压力 | 水量百分比 | 流量 | 压力 | 水量百分比 | 流量 | 压力 | 水量百分比 | 流量 | 压力 | 水量百分比 | | |
| m³/s | m³/h | m³/h | m | % | m³/h | m | % | m³/h | m | % | m³/h | m | % | 元/h | 元/m³ |
| 6 | 21600 | 8267 | 33.2 | 38.3 | 4414 | 30.1 | 20.4 | 1483 | 28.6 | 6.9 | 7436 | 32.0 | 34.4 | 3981 | 0.184 |
| 7 | 25200 | 9792 | 33.2 | 38.9 | 4748 | 30.0 | 18.8 | 1558 | 28.5 | 6.2 | 9102 | 32.0 | 36.1 | 4800 | 0.190 |
| 8 | 28800 | 11352 | 33.2 | 39.4 | 4962 | 29.9 | 17.2 | 1719 | 28.4 | 6.0 | 10767 | 32.0 | 37.4 | 5620 | 0.195 |
| 9 | 32400 | 12572 | 33.2 | 38.8 | 6368 | 30.1 | 19.7 | 1851 | 28.4 | 5.7 | 11609 | 32.0 | 35.8 | 6457 | 0.199 |
| 10 | 36000 | 14172 | 33.2 | 39.4 | 6414 | 30 | 17.8 | 2014 | 28.2 | 5.6 | 13400 | 32.0 | 37.2 | 7273 | 0.202 |
| 11 | 39600 | 15270 | 33.2 | 38.6 | 8256 | 30.4 | 20.8 | 2052 | 28.2 | 5.2 | 14022 | 32.0 | 35.4 | 8117 | 0.205 |
| 12 | 43200 | 17447 | 33.2 | 40.4 | 8281 | 29.6 | 19.2 | 2082 | 27.7 | 4.8 | 15390 | 32.0 | 35.6 | 8975 | 0.208 |
| 13 | 46800 | 18522 | 33.2 | 39.6 | 8415 | 30.0 | 18.0 | 2132 | 27.9 | 4.6 | 17731 | 32.0 | 37.9 | 9745 | 0.208 |
| 14 | 50400 | 18973 | 33.2 | 37.6 | 9074 | 29.9 | 18.0 | 2840 | 27.9 | 5.6 | 19513 | 32.0 | 38.7 | 10479 | 0.208 |
| 15 | 54000 | 20114 | 33.2 | 37.2 | 9245 | 31.1 | 17.1 | 3235 | 28.7 | 6.0 | 21406 | 32.0 | 39.6 | 11297 | 0.209 |
| 16 | 57600 | 22836 | 33.2 | 39.6 | 9509 | 29.8 | 16.5 | 3572 | 27.7 | 6.2 | 21683 | 32.0 | 37.6 | 12215 | 0.212 |
| 17 | 61200 | 24263 | 33.2 | 39.6 | 10199 | 29.8 | 16.7 | 3669 | 27.6 | 6.0 | 23069 | 32.0 | 37.7 | 13039 | 0.213 |
| 18 | 64800 | 25458 | 33.2 | 39.3 | 10412 | 29.8 | 16.1 | 5449 | 28.1 | 8.4 | 23481 | 32.0 | 36.2 | 13882 | 0.214 |
| 19 | 68400 | 26818 | 33.2 | 39.2 | 10897 | 29.8 | 15.9 | 6063 | 28.2 | 8.9 | 24622 | 32.0 | 36.0 | 14711 | 0.215 |
| 20 | 72000 | 29020 | 33.2 | 40.3 | 11143 | 29.3 | 15.5 | 6060 | 27.6 | 8.4 | 25777 | 32.0 | 35.8 | 15575 | 0.216 |
| 21 | 75600 | 29725 | 33.2 | 39.3 | 12235 | 29.8 | 16.2 | 6072 | 27.8 | 8.0 | 27568 | 32.0 | 36.5 | 16351 | 0.216 |

# 第 21 章　自动化仪表与控制

仪器仪表是用以检出、测量、观察、计算各种物理量、物质成分、物性参数等的器具或设备。而自动化仪表是在连续生产自动化过程中必需的一类专门的仪器仪表。其中包括对工艺参数进行测量的检测仪表，根据测量值对给定值的偏差按一定的调节规律发出指令的调节仪表，以及根据调节仪表的命令对进出生产装置的物料或能量进行控制的执行器等。这些仪表代替人们对生产过程进行测量、控制、监督和保护，是实现生产过程自动化必不可少的技术工具。

给水系统操作人员主要责任是监视和控制（见图 21-1）。监视意味着检查系统性能信息，确定参数值是否可以接受。如果参数值不可接受，那么改变系统运行元素，使性能返回到可接收状态。操作人员连续评价性能的控制方式，称为开放回路控制。控制设备允许操作人员改变阀门设置状态，启动和关闭水泵等。

当提供的仪器仪表，在给水系统运行中不需要操作人员干预，可实现系统的自动改变或纠正时，这种控制方式称作闭合回路控制。可是，无论开放回路控制还是闭合回路控制，当在异常或紧急状态下，均应具有操作人员人工干预的方式方法。

图 21-1　自来水公司中控室

## 21.1　检测技术

在人类各项生产活动和科学实验中，为了解和掌握整个过程的进展及其最后结果，经常需要对各种基本参数或物理量进行检查和测量，从而获得必要的信息，作为分析判断和决策的依据。可以认为检测技术就是人们为了定性或定量了解掌握被测对象而采取的一系列技术措施。

配水系统检测具有如下目的:

1) 保证可靠的水量、水压和水质供应;

2) 掌握设施运行状况,确保系统运行的稳定性和安全性;

3) 异常情况下进行快速、适当反应;

4) 改善工作条件,减少人工参与,维护安全和健康;

5) 优化药剂、动力用量,提高生产力,达到节能降耗效果;

6) 通过信息管理,改善供水设施运营管理环境。

### 21.1.1 检测仪表组成

检测仪表是将被检测参数与其单位进行比较,得出其量值大小的实验设备或仪器。检测仪表可以由许多单独的部件组成,也可以是一个整体;前者多用于复杂的仪表或实验室中,后者多为工业用的简单仪表。检测仪表通常由传感器、变换器、显示器以及连接它们的传输通道组成。检测仪表框图如图 21-2 所示。

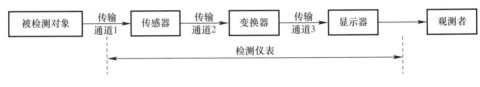

图 21-2　检测仪表框图

(1) 传感器

传感器是检测仪表与被测对象直接联系的部分。它的作用是感受被检测参数的变化,直接从对象中提取被检测参数的信息,并转换成相应的输出信号。输出信号可以为简单的物理运动,或者为电流、液压或气压传输。例如,体温计端部的感温泡可认为是传感器,它直接感受体温的变化,将其转换成水银柱高度而输出位移信号。

传感器的好坏,直接影响到检测仪表的质量,对传感器的要求如下:

1) 准确性。传感器的输出信号必须准确地反映其输入量,即被检测参数变化。因此,传感器的输出与输入关系必须是严格的单值函数关系,且最好是线性关系。即只有被检测参数的变化对传感器有作用,非被检测参数则没有作用。真正做到这点是困难的,一般要求非被测参数对传感器的影响很小,可以忽略不计。

2) 稳定性。传感器的输入、输出的单值函数关系是不随时间和温度而变化的,且受外界其他因素的干扰影响很小,工艺上还能准确地复现。

3) 灵敏性。即要求较小的输入量便可得到较大的输出信号。

4) 其他。如经济性、耐腐蚀性、低能耗、运行和维护方便等。

(2) 变换器

变换器的作用是将传感器的输出信号进行远距离传送、放大、线性化或转变成统一的信号,供给显示器等。例如,压力表中的杠杆齿轮机构将弹性敏感元件的小变形转换并放大为指针在标尺上的转动。又如,在单元组合仪表中,将各种传感器的输出信号转换成具有统一数值范围的标准电信号,是一种显示仪表能够适用于不同的被测参数。

对变换器的要求是:能准确稳定地传输、放大和转换信号、受外接其他因素的干扰和影响要小,即所造成的误差应尽量小。

（3）显示器

显示器的作用是向观察者显示被检测数值的大小。它可以是瞬时量的显示，累积量的显示、越限和极限警报等，也可以是相应的记录显示；有的甚至有调节功能，可以控制生产过程。

显示器是观察者和仪表联系的主要环节，它分指示式、数字式和屏幕式三种。

1）指示式显示，又称模拟式显示。被检测参数值大小由指示器或指针在标尺上的相对位置表示（见图21-3）。有形的指针位移或转角用于模拟无形的被检测参数是较方便的。指示式仪表结构简单、价格低廉、显示直观，一直被大量应用。有的还带记录机构，以曲线形式给出被检测参数随时间变化的数据。但这种仪表的精度和灵敏度受标尺最小分度的限制，读数容易导入主观误差。

2）数字式显示。直接以数字形式给出被检测参数的数值大小，也可附加打印设备，打印出数据（见图21-4）。数字式显示减少了读数的主观误差，提高了读数的精度，还能方便地与计算机连用，这种仪表正越来越多地被采用。

图21-3　模拟指示器显示

图21-4　电子数字式显示器

3）屏幕显示。实际上是一种电视显示方式（见图21-5）。它结合了上述两种显示方式的优点，具有形象性和易于读数的优点，可同时在电视屏幕上显示一个被检测参数或多个被检测参数的大量数据，有利于数据的分析比较。

图21-5　屏幕显示仪表

（4）传输通道

传输通道的作用是联系仪表的各个环节，给各环节的输入、输出信号提供通路。它可以是导线、管路（如光导纤维）以及信号所通过的空间等。信号传输通道比较简单，易被忽视。如果不按照规定的要求布局及选择，则易造成信号的损失、失真及引入干扰等。

### 21.1.2 仪表性能指标

仪表的性能指标是评价仪表性能好坏、质量优劣的主要依据；它也是正确选择和使用仪表必须具备和了解的知识。仪表的性能指标很多，可分为技术、经济和使用方面的指标。

仪表技术指标有：基本误差、精度等级、变差、灵敏度、量程、响应时间、漂移等。

仪表经济指标有：功耗、价格、使用寿命等。性能好的仪表总是希望它的功耗低、价格便宜、使用寿命长等。

仪表使用指标有：操作维修是否方便，能否可靠安全运行，以及抗干扰与防护能力强弱、质量体积大小、自动化程度高低等。

（1）检测范围与量程

在正常工作条件下，仪表可以检测被测参数值的范围叫做检测范围，其最小值和最大值分别叫做检测范围的下限和上限。检测范围的表示法是用下限值至上限值表示。例如，某台秤的检测范围是 $0\sim100\text{kg}$，某温度计的检测范围是 $-20\sim+200\text{℃}$。

检测的量程是检测范围的上限值（$l_\text{上}$）与下限值（$l_\text{下}$）的代数差，记为 $L=l_\text{上}-l_\text{下}$。如上述秤的量程为 $L=100\text{kg}$，温度计的量程为 $L=220\text{℃}$。

（2）仪表误差

仪表指示装置所显示的被测值称为示值，它是被测真值的反映。严格地说，被测真值只是一个理论值，因为无论采用何种仪表测到的值都有误差。实际中常将用适当精度的仪表测出的或用特定的方法确定的约定真值代替真值。例如使用国家标准计量机构标定过的标准仪表进行测量，其测量值即可作为约定真值。

1）绝对误差。仪表的示值 $x$ 与被检测参数 $x_0$ 之间的代数差值称作仪表示值的绝对误差，符号为 $\delta$，表示为

$$\delta = x - x_0 \tag{21-1}$$

式中，真值 $x_0$ 可谓被检测参数公认的约定真值，也可是由标准仪表所测得的检测值。绝对误差 $\delta$ 说明了仪表指示值偏离真值的大小。它能够说明仪表检测的精确度。

2）相对误差。仪表示值的绝对误差 $\delta$ 与被检测参数真值 $x_0$ 的比值，称作仪表示值的相对误差 $r$。$r$ 常用百分数表示

$$r = \frac{\delta}{x_0} \times 100\% = \frac{x - x_0}{x_0} \times 100\% \tag{21-2}$$

指示值的相对误差比其绝对误差能更好地说明检测的精确程度。如有两组检测值，第一组 $x_0=1000\text{℃}$，$x=1005\text{℃}$，$\delta=+5\text{℃}$，$r=0.5\%$；第二组 $x_0=100\text{℃}$，$x=105\text{℃}$，$\delta=+5\text{℃}$，$r=5\%$。由此可见两组的绝对误差虽然均为 $+5\text{℃}$，但第一组的相对误差小得多，显然第一组检测比第二组精确。但在评价仪表质量时，利用相对误差作为衡量标准也很不便。因为使用仪表时，一般不应检测过小的量（如靠近检测范围下限的量），而多用在检测接近上限的量如 2/3 量程处。例如对一只满量程为 100mA 的电流表，在测量零电流时，由于机械摩擦使表针的显示偏离零位而得到 0.2mA 的读数，若按上述相对误差的算法，那么该点的相对误差即为无穷大，似乎这个仪表是完全不能使用的了但在工作人员

看来，出现这样的测量误差是很容易理解的。故用下面的引用误差概念评价仪表质量更为方便。

3）引用误差。仪表指示值的绝对误差 $\delta$ 与仪表量程 $L$ 的比值，称为仪表示值的引用误差。引用误差 $q$ 常以百分比表示

$$q = \frac{\delta}{L} \times 100\% \tag{21-3}$$

比较式（21-3）和式（21-2）可知：在 $q$ 的表达式中由量程 $L$ 代替了真值 $x_0$，其分子仍然为绝对误差 $\delta$。当监测值和仪表检测范围的各个示值，或在刻度标尺的不同位置时，示值的绝对误差 $\delta$ 值也是不同的，因此引用误差仍与仪表的具体示值 $x$ 有关。

4）引用误差最大值（或最大引用误差）。在规定的工作条件下，当被检测参数平稳地增加或减小时，在仪表全量程取得的各示值的引用误差（绝对值）最大者，或者各示值的绝对误差（绝对值）的最大者与量程比值的百分数，称为仪表的最大引用误差，符号为 $q_{max}$。

$$q_{max} = \frac{|\delta|_{max}}{L} \times 100\% = \frac{|x - x_0|_{max}}{L} \times 100\% \tag{21-4}$$

最大引用误差是仪表基本误差的主要形式，常称作仪表的基本误差。它是仪表的主要质量指标，反映了仪表的检测精确度。

例如，某温度计的刻度由 $-50 \sim +150℃$，即其量程为 $200℃$，若在这个量程内，最大测量误差不超过 $3℃$，则其最大引用误差为

$$q_{max} = \frac{3}{200} \times 100\% = 1.5\%$$

基本误差是指仪表在正常工作条件下的最大引用误差。若仪表不在规定的正常条件下工作，例如因周围温度、电源电压等偏高或偏低而引起的额外误差，称作附加误差。仪表精确度等级是根据其基本误差确定的。

（3）仪表精度等级

1）允许引用误差，简称允许误差，符号为 $Q$。它说明了仪表在出厂时规定的引用误差允许值。也就是说，仪表在出厂检验时，各示值的最大引用误差不能超过其允许值，记为：

$$q_{max} \leqslant Q \tag{21-5}$$

注意 $q_{max}$、$Q$ 均是以百分数表示，一般取误差绝对值进行比较。

2）精度等级。工业仪表常以允许引用误差作为判断精度等级的尺度。仪表工业规定，去掉允许引用误差的"%"（百分号）的数字，称为仪表的精确度（精度），符号为 $G$。工业仪表常见的精度等级见表 21-1。例如，上述温度计的允许引用误差 $Q = 1.5\%$，则精确度为 1.5 级。

工业仪表常见精度等级          表 21-1

| 精度等级 $G$ | 0.1 | 0.2 | 0.5 | 1.0 | 1.5 | 2.0 | 2.5 | 5.0 |
|---|---|---|---|---|---|---|---|---|
| 允许引用误差 $|Q|$ | 0.1% | 0.2% | 0.5% | 1.0% | 1.5% | 2.0% | 2.5% | 5.0% |

注意精度等级说明了允许引用误差值的大小，它并不意味着仪表在实际测量中出现的误差。如果认为 1.0 级仪表所提供的测量结果一定包含着 ±1% 的误差那就错了。只能说在规定的条件下使用时它的绝对误差的最大值范围不超过量程的 ±1%。

显然仪表精度等级的数字越小，仪表的精度越高。例如 0.5 级的仪表精度优于 1.0 级仪表而劣于 0.2 级仪表。

（4）仪表灵敏度与分辨率

灵敏度表示测量仪表对被测参数变化的敏感程度，常以在被测参数改变时，经过足够时间仪表指示值达到稳定状态后，仪表输出（如指示装置的直线位移或角位移）与引起此输出的被测参数变化量（输入）之比表示，即

$$S = \frac{\Delta y}{\Delta x}$$

式中　　$S$——灵敏度；

　　　　$\Delta y$——仪表指示装置的直线位移或角位移量；

　　　　$\Delta x$——被测参数的变化值。

灵敏度是输入与输出特性曲线的斜率。如果系统的输出和输入之间呈线性关系，则灵敏度是一个常数。否则它将随输入量的大小而变化。一般希望灵敏度 $S$ 在整个测量范围内保持为常数，这样可得均匀刻度的标尺，方便读数。

仪表灵敏度高，仪表示值读数的精度可以提高，但仪表的灵敏度应与仪表的精度等级相适应，前者应略高于后者。过高的灵敏度提高不了检测的精度，反而会带来读数的不稳定。

分辨率是指仪表能够精确检测出被测量参数的最小变化的能力，即能感受并发生动作的输入量最小值。

（5）变差

仪表处在正常工作条件时，在测量参数值逐渐增大（称作上行）和逐渐减小（称作下行）时，对于仪表的同一示值，两次测量值的差值绝对值，即上行读数与下行读数差值的绝对值，称为变差（或回差）。变差反映了仪表检测所得上升曲线和下降曲线出现的不重合现象。

如果仪表的变差除以量程的结果在允许误差范围以内，则此仪表合格。仪表的变差越小，其输出的重复性和稳定性越好。

引起变差的原因可能是仪表中某些元件有能量吸收，例如弹性变形的滞后现象，磁性元件的磁滞现象；或者由于仪表内传动机构的摩擦、间隙等造成。在设计和制造仪表时，必须尽量减小变差的数值。

（6）漂移

一定工作条件下，保持输入信号不变时，输出信号随时间或温度的缓慢变化称作漂移。随时间的漂移称为时漂，随环境温度的漂移称为温漂。例如弹性元件的时效，电子元件的老化，放大电路的温漂，热电偶热电极的污染等均为漂移。漂移是仪表工作稳定性的重要指标。

（7）有效度

衡量仪表可靠性的综合指标之一是有效度，它定义为

有效度＝平均无故障工作时间/（平均无故障工作时间＋平均修复时间）

使用上希望平均无故障工作时间尽可能长，平均修复时间尽可能短，也就是说有效度越大越好。有效度数值越接近 1，仪表工作越可靠。

（8）响应时间

仪表的响应时间是指仪表输入阶跃变化时，仪表输出从一种稳态到另一种稳态值（有些情况下取 90%）所需的时间。这是因为仪表的传感器响应输入量的变化需要时间，仪表各个环节信号的放大、传输和变换均需有一定的时间。

（9）采样频率

监视分析和报告数值的速率为采样频率。采样频率根据对象特性和扰动情况决定，可能从数秒（如压力计）到超过 1h（如色谱仪）。一些仪表可以设置为不同的采样频率。频繁的采样可能导致较高的运行成本、较短的电池寿命、增加的数据存储需求或者通信需求。

### 21.1.3 仪表选择和布置

为满足相同的功能要求，有不同结构、原理、材料、形状和尺寸的仪表可供选择，这些仪表各有优缺点。因此在选择中需从仪表的供电需求（电网、太阳能电池、蓄电池）、材料需求（药剂、磨损组件）、测量范围、精度、安装条件、最适环境条件（湿度和温度）、可靠性、生命周期成本等方面综合考虑。

长距离输水时，除应检测输水起端、分流点、末端的流量、压力外，还应增加管线中间段检测点。

泵站应检测吸水井水位及水泵进、出水压力和电机工况，并应有检测水泵出水流量的措施；真空启动时应检测真空装置的真空度。

配水管网应检测特征点的流量、压力；可视具体情况监测余氯、pH、浊度等相关水质参数。管网内设有加压泵站、调蓄泵站或高位水池等设施时，还应检测水位、进出水压力和流量等参数。

机电设备应检测工作与事故状态下的运行参数。

为可靠监测给水管网运行特征，需要不同仪表之间的相互配合。1 只仪表可能报告了略微高于噪声水平的信号，但容易被忽视。可是如果多个位置多只仪表相互配合，潜在事件的监测将更加有力且便于快速响应。

优化选择配水系统内仪表设置数量，理论上应执行成本效益分析。如果每一仪表的生命周期效益超出了它的生命周期成本，则建议的仪表是合理的。仪表生命周期成本包含了仪表的安装和运行费用，取决于特定位置需求。随着仪表数量的增加，可能具有规模经济性，或者单位成本出现升高或降低。当额外仪表安装在较不便利的位置时，单位成本增加，因为服务和/或数据通信成本较高。

仪表安装位置通常采用经验和优化算法相结合的方式确定。经验方法用于确定管网中关键位置点的布置，例如供水分界线、大用户或重要用户位置、净水厂出水干管、加压泵站前后位置等。管网内一般仪表的安装位置应根据城市规模、人口密度及管网特点，采用优化算法确定，例如敏感性分析法、模糊聚类法等。

## 21.2 过程参数检测仪表

过程参数检测仪表包括各种水质（或特性）在线检测仪表（如水温、浊度、pH、电导率、溶解氧等的在线测量装置）和给水系统工作参数的在线检测仪表（如压力、液位、流量等监测仪表），测试值允许操作人员有效维护给水水量、水压和水质。

### 21.2.1 流量测定

流量是给水系统中最重要的测试参数之一。每日的运行决策和给水系统的长期规划，均是根据流量仪表的测试。流量的计量有助于用户计费、计算投药量、检查水泵效率、监视漏水、控制输配水量等。管道测流是指测定管段中的流向、流速和流量。管道中的低流量可能表明管道中阀门关闭或受限；高的流量会引起大的摩擦损失，甚至损坏管件。

给水管网中流量计常设置在泵站出水管、供水管网主要分支点、分区管网进水点和联络管上。

测流孔设立在直线管段上，距离分支管、弯管、阀门应有一定距离，有些城市规定测流孔前后直线管段长度为30~50倍管径值。测流孔应选择在便于施测的地段，并砌筑在井室内。

按照管材、口径不同，测流孔的形成方式亦不同。对于铸铁管、混凝土管，可安装管鞍、旋塞；对于中、小口径的铸铁管，也可以钻孔攻丝的方式不停水开孔；对于钢管，用焊接短管节后安装旋塞的方法解决。

（1）差压流量计

在管道中放入一定的节流元件，如孔板、喷嘴、靶、转子等，使流体流过这些阻挡体时，流动状态发生变化。差压流量计就是根据流体在节流元件前后形成的压差测定流量的仪表（见图21-6）。它具有多种形式，例如孔板流量计、喷嘴流量计和文丘里流量计。差压流量计在流量测试领域有很长的使用历史，其优点是已标准化、结构简单牢固、易于加工制造、价格低廉、通用性强。差压流量计在使用中必须保证节流元件前后有足够的长直管段，一般要求前面有7~10倍直径，后面有3~5倍直径的直管段。差压流量计在较好的情况下测量精度为±0.5%~1%；由于雷诺数及流体温度、黏度、密度等的变化，以及孔板边缘的腐蚀磨损，精度常低于±2%。

（2）测速流量计

测速类型或流线类型流量计包括电磁、涡轮、叶轮、多通道、比例、超声波流量计等。该类流量计通过测试流速，再乘以管道断面积，得出流量。毕托管流量计是一种根据水流动压和静压差确定流速的流量计。

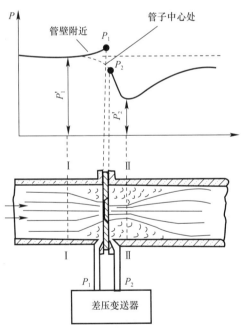

图 21-6 差压流量计原理图

（3）转子流量计

在小流量的测量中，例如流量只有几升/小时~几百升/小时的场合，转子流量计是使用最广的一种流量计（见图21-7）。在转子流量计中，当流体自下而上流动时，转子受到流体的作用力而上升，流体流量愈大，转子上升愈高。根据转子的平衡位置高低，直接从管壁上的流量刻度标尺读出流量数值，或用电感发送器将转子位置转换成电信号，供记录或自动调节用。

（4）涡街流量计

涡街流量计利用流体振荡的原理进行流量测量。当流体流过非流线型阻挡体时会产生稳定的漩涡列，漩涡的产生频率与流体流速有着确定的对应关系，测量频率的变化，就可以得知流体的流速继而求得流量。

### 21.2.2 压力检测

压力是供水系统运行的重要参考指标。给水管网中的常规低压说明存在设计缺陷或系统运行问题。反常低压说明管网可能存在爆管、关闭的阀门或水池水位过低等问题。压力传感器也用于确定水泵的吸水和出水压力。此外供水管网内的流量和压力具有相关性，当管线的流量增加时，管网末端的压力将降低。

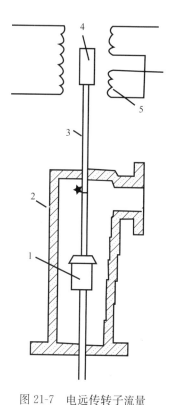

图 21-7　电远传转子流量
计原理图
1-转子；2-锥形管；
3-连动杆；4-铁心；5-差动线圈

1. 管道压力测点的布设

在测定管网水压时首先应挑选有代表性的测压点。在同一时间测读水压值，便于分析管网输、配水状况。测压点应布局均匀，使每一测压点能代表附近区域的水压情况。测压点一般设立在输配水干管的交叉点附近、大型用水户的分支点附近、净水厂、加压泵站，以及分区管网联络点、地势上的高点和低点、管网末端等处。当测压、测流同时进行时，测压孔和测流孔可合并设立。应记录管道和压力计的标高，以获得管道中的正确压力值。例如当压力计高于管道时，管道压力水头应为测试表压加上压力计和管道之间的标高差。

在平原地区的城市，一般每 5～10km² 设置 1 个测压点为宜；给水范围较小的城市、丘陵、山区城市可以适当增加管网测压点的设置数量，放宽到每 3～5km² 设置 1 个测压点；有特殊需要或经济技术条件容许，亦可适当增加管网测压点的分布密度。例如截至2015 年年底绍兴市供水范围内压力监测点分布密度为 4 个/10km²。另外，管网测压点的设置密度与调度功能有关，随着调度功能需求的增加，测压点的设置位置和数量均需要按实际情况调整。

测压时可将压力表安装在消火栓或给水嘴上，定时记录水压；自动记录压力仪可以得出 24h 的水压变化曲线。根据测定的水压资料，按 0.5～1.0m 的水压差，可在管网平面图上绘出等水压线。有等水压线水头减去地面标高，得出各点的自由水压，即可绘出等自由水压线，据此可了解管网内是否存在低水压区。

2. 管道测压仪表

管道压力测定的常用仪表是压力计。压力计能指示瞬时压力值。若装配上计时、纸盘、记录笔等装置，成为自动记录的压力仪，它就可以计测 24h 的水压变化曲线。

弹性式压力计以弹性元件受压力作用而产生的弹性变形为测量基础。它们的测量范围宽、结构简单、价格便宜、使用方便，是工业上应用最广泛的压力计。常用的几种弹性元件如图 21-8 所示。

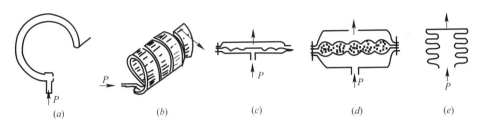

图 21-8　弹性元件示意图
(a) 单圈弹簧管；(b) 多圈弹簧管；(c) 弹性膜片；(d) 膜盒；(e) 波纹管

1) 弹簧管。单圈弹簧管 [图 21-8 (a)] 是弯成圆弧形的金属管，截面做成扁圆形或椭圆形。由于它由法国人波登发明，所以常叫作波登管。当固定的一端通过压力 P 后，弧形弯管产生伸缩变形，它的自由端就会产生位移，位移量较小。为了增加自由端的位移量以提高灵敏度，可以采用多圈弹簧管 [图 21-8 (b)]。

2) 弹性膜片。它是由金属或非金属弹性材料做成的膜片 [图 21-8 (c)]，在压力作用下能产生变形；有时也可以由两块金属膜片沿周口对焊起来，成为一个薄盒子，称为膜盒 [图 21-8 (d)]。

3) 波纹管。它是一个周围为波纹状的薄壁金属筒体 [图 21-8 (e)]，在引入被测压力 P 时，其自由端产生伸缩变形，且位移可以较大。

膜片、膜盒、波纹管多用于微压、低压或负压的测量；单圈弹簧管和多圈弹簧管可用以作为高、中、低压及负压的测量。

3. 平均服务压力值

平均服务压力值的计算有助于防止供水管网压力过高而造成能耗浪费、增加成本。大城市、中小城市、县、镇应合理选出有代表性的部分或全部供水管网测压点考核，力求供水管网压力均衡。

平均服务压力值是指部分或全部供水管网服务压力的平均值，计算公式为：

$$P_p = \frac{\sum_{a=1}^{n} P_a + \sum_{b=1}^{n} P_b + \cdots + \sum_{N=1}^{n} P_N}{N \times n} \tag{21-6}$$

式中　　$P_p$——平均服务压力；

$\sum P_x$——$x$ 测压点（$x=a$，$b$，$\cdots$，$N$）检测压力值之和；

$n$——每个测压点的检测次数；

$N$——总监测点数。

### 21.2.3　液位传感器

液位传感器用于测试水井水面标高、水池和水塔水深，以及储药池中的液位。液位检测仪表有浮子式、静压式、电容式、超声波式等多种。

（1）浮子式液位计

浮子式液位计是一种恒浮力式液位计（见图 21-9）。作为检测元件的浮子漂浮在液面上，浮子随着液面的变化而上下移动，求所受浮力的大小保持一定，检测浮子所在位置可知液面高低。浮子的形状常见有圆盘形、圆柱形、球形等，其结构要根据使用条件和使用要求设计。

（2）超声波液位计

回波反射式超声波液位计的工作原理，就是利用发射的超声波脉冲将由被测液体的表面反射，测量从发射超声波到接收回波所需的时间，求出从探头到分界面的距离，进而测得液位。根据超声波传播介质的不同，超声波液位计可以分为液介式和气介式。图 21-10 所示为一种液介式超声波液位计检测原理图。

超声波液位计的组成主要有超声换能器和电子装置。超声换能器由压电材料制成，它完成电能和超声能的可逆转换，超声换能器可以采用接、收分开的双探头方式，也可以只用一个自发自收的单探头。电子装置用于产生电信号激励超声换能器发射超声波，并接收和处理经超声换能器转换的电信号。

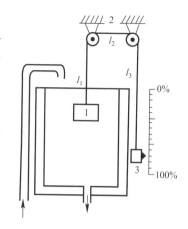

图 21-9　浮子重锤液位计
1-浮子；2-滑轮；3-平衡重锤

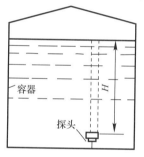

图 21-10　超声波液位
检测原理

超声波在介质中的传播速度易受介质的温度、成分等变化的影响，是影响液位测量的主要因素，需要进行补偿，通常可在超声环能器附近安装温度传感器，自动补偿声速因温度变化对液位测量的影响。还可使用校正器，定期校正声速。

超声波液位计无机械可动部件，安装维修方便，可以实现非接触测量，环境适应性较强。

（3）吹气式液位计

吹气式液位计原理如图 21-11 所示。将一根吹气管插入至被测液体的最低位（液面零位），使吹气管通入一定量的气体（空气或惰性气体），使吹气管中的压力与管口处液柱静压力相等。用压力计测量吹气管上端压力，就可测得液位。

由于吹气式液位计将压力检测点移至顶部，其使用维修均很方便。它适用于地下储罐、深井等场合。

用压力计或差压计检测液位时，液位的测量精度取决于测压仪表的精度，以及液体的温度对其密度的影响。

### 21.2.4　温度传感器

供水系统中，温度传感器用于测试水泵轴承、开关、电机、建筑物的发热情况，以及水温状况。供水系统常用温度传感器有热电偶和热敏电阻。

（1）热电偶测温

热电偶的测温原理基于热电效应。将两种不同的导体或半导体连成闭合回路，当两个接点处的温度不同时，回路中将产生热电势，这种现象称为热电效应，又称塞贝克效应。

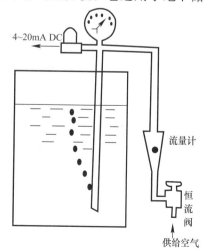

图 21-11　吹气式液位计

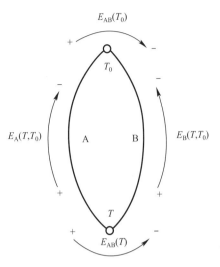

图 21-12 热电效应原理

如图 21-12 所示，在由两种不同导体 A、B 组成的闭合回路中，电子密度高的导体称正电极，电子密度低的导体称负电极，T 端称测量端或热端，$T_0$ 端称参比端或冷端。测温时，两电极焊在一起形成测量端，置于被测温度处。而参比端一般要保持恒定温度，并与测量仪表相连。

热电偶是温度测量中普遍应用的测温器件，它的特点是测温范围宽，性能稳定，有足够的测量精度；结构简单，动态响应好；输出为电信号，可以远传，便于集中检测和自动控制。表 21-2 列出了几种常用的标准型热电偶的材料及主要特性。

（2）热敏电阻

热敏电阻元件一般是由镍、钴、锰、铜、铁、铅多种氧化物按一定比例混合后，经研磨、成型、烧结成坚固致密的整体，再焊上引线制成的；可做成珠状、杆状、片状等各种形状，尺寸可做得很小。例如，可做成直径只有十分之几毫米的小珠粒，因而热惯性极小，可测量微小物体或某一局部点上的温度。

热敏电阻的优点是电阻温度系数大，为金属电阻的十几倍，故灵敏度高；体积小，热响应快。缺点是每一品种的测温范围较窄，使用温度一般为 $-50 \sim +300℃$。

几种常见的标准型热电偶的材料及主要特性
表 21-2

| 热电偶 | 热电偶丝材料 | 测温范围（℃） | 平均灵敏度（$\mu$V/℃） | 特点 |
|---|---|---|---|---|
| 铂铑 30-铂铑 6 | 正极铂 70%，铑 30% 负极铂 94%，铑 6% | 0～1800 | 10 | 价格贵，稳定，精度高，可在氧化性环境中使用 |
| 铂铑 10-铂 | 正极铂 90%，铑 10% 负极铂 100% | 0～1600 | 10 | 同上，热点特性的线性度比以上好 |
| 镍铬-镍硅 | 正极镍 89%，铬 10% 负极镍 94%，硅 3% | 0～1300 | 40 | 线性好，价廉，可在氧化及中性环境中使用 |
| 镍铬-康铜 | 正极同上，负极康铜（铜 60%，镍 40%） | -200～900 | 80 | 灵敏度高，价廉，可在氧化及弱还原环境中使用 |
| 铜-康铜 | 正极铜，负极康铜（铜 60%，镍 40%） | -200～400 | 50 | 最便宜，但铜易氧化，常用于 150℃以下温度测量 |

### 21.2.5 水质连续监视

水质连续监视给出了水质在输配水过程中实际变化的信息，连续监视原理如图 21-13 所示。检测点 1 将记录净水厂或供水主干管位置处的初始水质。后面的检测点将记录检测点 1 下游的水质情况。可以记录的参数很有限，因为它们必须利用较简单的仪表测试。可以在线监视的参数有 pH、电导率、余氯、溶解氧、浊度、温度、色度和压力，而不能在线监视铁离子浓度和生物特性参数。

使用的监视设备是集成型的，需放置在安全、方便的位置（监视装置如图 21-14 所示）。

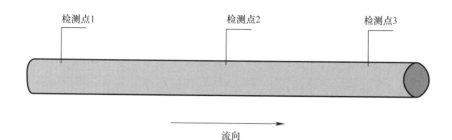

检测点1    检测点2    检测点3

流向

图 21-13　连续监视原理

图 21-14　水质监视装置

（1）在线浊度检测

基于散射光测定的各类浊度仪是当前浊度仪的主要形式。散射光测定法的原理是：来自光源的光束投射到试样水中，由于水中存在悬浮物而产生散射，散射光的强度与悬浮颗粒的数量和体积（反映浊度情况）成正比，因而可以依据测定散射光强度而知浊度。按照测定散射光和入射光的角度不同，可以分为90°散射光式、前散射方式和后散射方式。散射光法适合于低浊度的测定，检测感度可以达到0.02NTU。

在较高浊度水平可采用表面散射光测定法。此方法是把试样水溢流，往溢流面照射斜光，在上方测定散射光的强度来求出浊度。

（2）pH检测

pH的测量常用电极电位法。电极电位法的原理是用两个电极插在被测量溶液中，其中一个电极为指示电极（如玻璃pH电极），它的输出电位随被测溶液中的氢离子活度变化而变化；另一个电极为参比电极（例如氯化银电极），其电位是固定不变的。两个电极在溶液中构成一个原电池，该电池所产生的电动势与溶液的pH有关。只要准确测量两个电极间的电动势，就可以测得溶液的pH。

pH电极按照内部填充液类型，有液体电极、凝胶电极、固体电极、氢离子敏场效应晶体管电极等。

（3）氯离子在线检测

氯离子的在线检测常采用氯离子选择电极法。氯离子选择电极方法是根据能斯特方程，在水样和离子强度调节剂与氯离子选择电极接触后，氯离子选择电极与参比电极产生电动势，该电动势随着水样中氯离子浓度的变化而变化，由浓度和电位的标准曲线计算出氯离子的浓度。

　　（4）颗粒计数检测

　　光阻式在线颗粒计数仪的测量原理是：颗粒随水流从一个直径 $750\mu m$ 的通道中穿过，激光发射器发出一束光照射到流过的水中；一旦有颗粒经过流通池，检测器就会得到响应信息。激光源发出的平行光束照射到水中的粒子上，流过的颗粒在检测器上留下一条影子，检测器通过计算电压的变化程度，换算出颗粒的粒径并计算出粒子个数。

　　颗粒计数方式以浊度检测水体颗粒物为基础，克服了浊度只能反映水中悬浮颗粒的光学性质，不能定性定量说明悬浮颗粒的物理性质的缺陷，直接检测出了水中各粒径颗粒物的多少和浓度。颗粒计数仪是比浊度仪更为灵敏、精确和直接的颗粒物测试仪表。

## 21.3　控制系统

### 21.3.1　控制系统构成

　　控制系统包含三个部分：信号调节器、执行器和受控元件。信号调节器接受来自控制器的压力、电力或电子信号，这些信号被调节和放大，用于启动激发器。信号调节器包括二极管、启动器和定位器。执行器通常为电机、液压气缸或齿轮，可产生旋转或线性运动。受控元件为改变系统中流态的设备，例如水泵和阀门。

　　1. 调节器的调节规律

　　调节器的作用是把测量值和给定值比较，根据偏差大小，按一定的调节规律产生输出信号，推动执行器，自动调节生产过程。要掌握调节的特性，首先应弄清楚具有什么样的调节规律，即调节器的输出量与输入量之间（偏差信号）具有什么样的函数关系。

　　调节器中最简单的是两位式调节器，其输出仅根据偏差信号的正负，取 0 或 100% 两种输出状态中的一种。这种调节器的输出只有通、断两种状态，调节过程必然是一种不断上下变化的振荡过程。

　　要使调节过程平稳准确，必须使用输出值能连续变化的调节器，通过采用比例、微分、积分等算法提高调节质量。

　　比例调节器中，输出 $y(t)$ 随输入信号 $x(t)$ 成比例变化，若以 $G(s)$ 表示调节器的传递函数，则有

$$G(s) = \frac{Y(s)}{X(s)} = K_c \tag{21-7}$$

式中　　$Y(s)$ 和 $X(s)$ ——分别为调节器的输出、输入信号的拉普拉斯变换式；

　　　　　　$K_c$ ——调节器比例增益常数。

　　在自动调节系统中使用比例调节时，只要被调量偏离其给定值，调节器便会产生与偏差成正比的输出信号，通过执行器使偏差减小。这种按比例动作的调节器对干扰有及时而有力的抑制作用，在生产上有一定的应用。但它的缺点是存在静态误差，一旦被调量不存在偏差，调节器的输出就为零。即调节作用是以偏差的存在作为前提条件的，使用这种调节器时，不可能做到无静差调节。

　　要消除静差，有效的办法是采用对偏差信号具有积分作用的调节器，它的传递函数为

$$G(s) = \frac{Y(s)}{X(s)} = \frac{1}{T_i s} \tag{21-8}$$

积分调节器的优点是，只要被调量存在偏差，其输出的调节作用将随时间不断加强，直到偏差为零。在被测量的偏差消除以后，由于积分规律的特点，输出将停留在新的位置而不恢复原位，因而能保持静差为零。

但是单纯的积分调节的动作过于迟缓，因而在改善静态准确度的同时，往往使调节的动态品质变坏，过渡过程时间延长，甚至造成系统不稳定。因此在实际生产中，总是同时使用上面的两种调节规律，把比例（Proportional）作用的及时性与积分（Integral）作用消除静差的优点结合起来，组成"比例＋积分"作用的调节器，简称为 PI 调节器，其传递函数可表示为

$$G(s) = \frac{Y(s)}{X(s)} = K_c\left(1 + \frac{1}{T_i s}\right) \tag{21-9}$$

除了使用上述调节规律外，还常使用微分调节规律。单纯的微分（Derivative）调节器的传递函数为：

$$G(s) = \frac{Y(s)}{X(s)} = T_d s \tag{21-10}$$

从物理概念上看，微分调节器能在偏差信号出现或变化的瞬间，立即根据变化的趋势，产生调节作用，使偏差尽快消除于萌芽状态。但是单纯的微分调节器对静态偏差毫无抑制能力，因此不能单独使用，总是和比例或比例积分调节规律结合，组成"比例＋微分"作用的调节器（简称 PD 调节器），或"比例＋积分＋微分"作用的调节器（简称 PID 调节器）。

PID 调节器的传递函数是

$$G(s) = \frac{Y(s)}{X(s)} = K_c\left(1 + \frac{1}{T_i s} + T_d s\right) \tag{21-11}$$

在 PID 三作用调节器中，微分作用用于加快系统的动作速度，减小超调，克服振荡。积分作用用以消除静差。PID 调节器是目前自动控制中普遍使用的基本调节器。

2. 执行器

执行器在系统中的作用是根据调节器的命令，直接控制能量或物料等被调介质的输送量，达到调节温度、压力、流量等工艺参数的目的。由于执行器代替了人的操作，人们常形象地称之为实现自动化的"手脚"。

从结构来说，执行器一般由执行机构和调节机构两部分组成。执行机构是执行器的推动部分，它按照调节器所给信号的大小，产生推力或位移；调节机构是执行器的调节部分，最常见的是调节阀，它受执行机构的操纵，改变阀芯与阀座间的流通面积，调节工艺介质的流量。

根据执行机构使用的能源种类，执行器可分为气动、电动、液动三种。其中气动执行器具有结构简单、工作可靠、价格便宜、维护方便、防火防爆等优点，在自动控制中获得普遍应用。电动执行器的优点是能源取用方便，信号传输速度快和传输距离远；缺点是结构复杂、推力小、价格贵，适用于防爆要求不高及缺乏气源的场所。液动执行器的特点是推力最大，目前使用不多。

## 21.3.2 控制类型

控制设备可以是完全独立的仪表或者可以是对仪表信号的直接响应。控制类型可分为直接人工、远程人工、半自动化和自动化控制。

（1）直接人工控制

直接人工控制系统中，为了开启或关闭设备，改变运行条件，操作人员直接操作开关或控制杆。利用圆盘操作阀门为常见的人工控制方式。电力设备需要利用控制杆操作。人工控制具有初始成本低、没有必要维护的附属设备等优点；但设备运行可能耗时、费力，对操作人员具有安全隐患。

（2）远程人工控制

远程人工控制中，为了运行设备，操作人员仍需要转动开关或按下按钮。可是操作人员在控制过程中可能远离设备，通过激发控制开关，为继电器、电磁管或电机增加能量，进而激发设备。电动阀门操作器和电机启动器是远程人工控制设备的例子。

（3）半自动控制

半自动控制在人工或远程人工控制中，结合了自动控制功能。例如电路制动器在超载时可能自动断开，然后需要人工重置。

（4）自动控制

自动控制系统中，响应于仪表和传感器的信号，自动开启和关闭设备，或者调整设备的运行状态。操作人员在正常条件下没有接触控制。

### 21.3.3 自动控制系统结构

自动控制系统从信息传送的特点或系统的结构特点来看，可分为反馈控制、前馈控制，以及同时具有反馈和前馈的复合控制系统。

（1）反馈控制

反馈控制如图 21-15 所示，其作用原理是：需要控制的是受控对象的被控量，测量的是被控量和给定值，并计算两者的偏差，偏差信号经放大后送入执行元件，去操控受控对象，使被控量按预定的规律变化，例如消除偏差。只要被控量偏离了给定值，系统均能自动纠正。

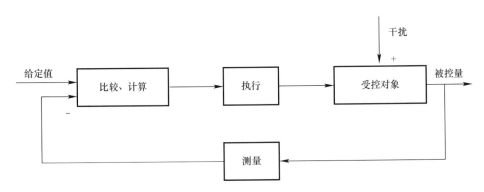

图 21-15　反馈控制示意图

把取出的输出量回送到输入端，并与输入信号比较产生偏差的过程，称为反馈。该系统中，有被控量的反馈构成一个闭合回路，所以反馈控制系统又称为闭环控制系统；因该控制过程仅对偏差作出反应，也称作被动控制系统。

反馈控制的优点是控制精度高、抗干扰能力强，缺点是使用的元件多，线路复杂，系统分析和设计较烦琐。

（2）前馈控制

前馈控制是以扰动作为依据的控制，它没有被控量的反馈，不构成闭合回路，也称为开环控制系统（见图21-16）。前馈控制原理是：需要控制的是受控对象的被控量，测量的是干扰信号，利用干扰信号产生控制作用，以减小或抵消干扰对被控量的影响。

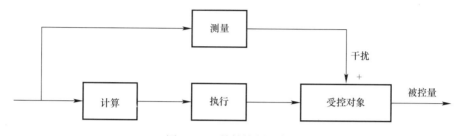

图 21-16　前馈控制示意图

前馈控制方式简单，但控制精度低，抗干扰能力较差。

（3）复合控制

复合控制是前馈控制与反馈控制的组合，对主要扰动适当补偿，按偏差控制，以期达到更好的控制效果（见图21-17）。

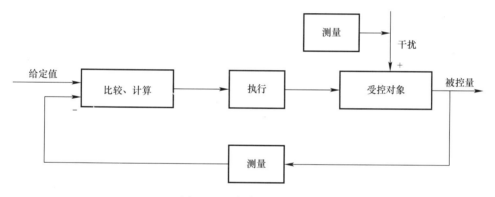

图 21-17　复合控制示意图

## 21.4　数据采集与监控系统

数据采集与监控（SCADA）系统又称计算机四遥，即遥测、遥控、遥信和遥调技术，是集计算机与网络技术、通信技术及测量技术于一体的系统，可实现远距离现场数据采集、监控、传输和分布式管理。SCADA系统的应用不限于配水系统，也不限于给水工程，可用在任何需要监视或者进行过程控制的地方。

SCADA系统可提供给水管网模型构建和校验信息，例如水池水位、水泵启停状态、水泵转速、阀门开关状态等。

（1）SCADA系统结构

供水SCADA系统结构随城市供水特点、城市规模、企业经济技术条件等情况的不同而有所区别。一般而言，SCADA系统主要包括中心控制室（总站）、远程终端RTU、系统通信网络和企业内部网。图21-18为配水系统中SCADA系统的示意图。

1）远程终端（RTU）设备。远程终端（RTU）设备主要包括两个部分：一是远程数据采集设备，主要有压力、流量、水质监测设备，以及其他设备状态传感器；二是远程控制设备，主要有变频器、自动阀门、自动切换开关、水质控制设备等。

2）系统通信网络。系统通信主要是指 RTU 与中心控制室之间的通信。目前 SCADA 系统的通信方式分有线和无线两种。有线网络有双绞线、同轴电缆和光纤，其特点是传送抗干扰性强、可靠性高、稳定性好，但成本高、维护困难以及灵活性差。无线通信网络有微波、红外线、激光等，其特点是灵活经济，随着智能设备的开发和利用，无线通信传输方式将成为主要的和有效的数据传输控制方式。

3）中心控制室。调度中心主控台是系统的控制中心，用通信方式与各终端组成一对多点网络，互为热备份的工业计算机可完成数据通信，通过集线器完成与服务器的数据传输。中心控制室的主要功能包括扫描远程终端设备、处理数据、传输操作人员指令、维护历史数据库（例如阀门位置、流量和压力）等。监视器可通过图形用户界面访问 SCADA 数据库中的数据，通过报表方式显示测控信息，历史数据和趋势数据。应用高清晰度的图形实时显示与监视，报告报警记录和信息。

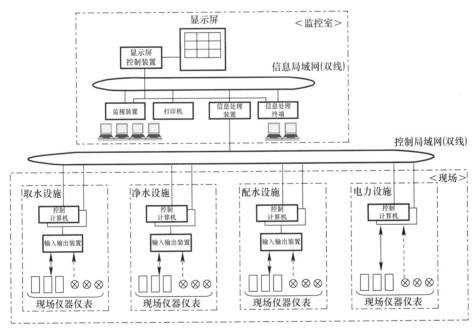

图 21-18　集散控制系统构成示意图

（2）数据分析和报告

虽然在线仪表可以提供连续的信息流，但是需要以某种规定的频率分析、报告和存储数据。例如，24h 内每 15min 测试 6 个水质参数的单个在线多数据传感器，将产生 4032 条数据信息。因此及时管理和理解这些监测数据，是 SCADA 系统必不可少的。没有解释软件的协助，它很快会成为繁重的任务。自动数据分析软件不仅能够从在线检测仪表获取数据，也应该能够：①自动执行趋势性分析，将实时数据与历史数据比较，具有定义和表征异常的能力；②允许用户定义和向可编程触发器阀处警报信息（通过手机、寻呼机、微信或电子邮件方式）。

486

（3）SCADA 系统的设计原则

建立的供水 SCADA 监控调度系统应具有开放性好、可靠性高、适应性强等特点。为保证供水 SCADA 系统的稳定性、可靠性、先进性、经济性和实用性，一般遵循下列总体设计原则：

1）采用标准化、通用化和系列化的计算机硬件产品。

2）采用符合国际标准或产业标准的成熟可靠的软件产品。软件要具有良好的模块化以及标准的互联接口，便于组成各种规模的系统及产品和技术的更新换代。

3）采用智能化自控设备，保证实时数据传递的快速、准确、有效、完整。

# 第 22 章　信息管理系统

城市给水管网具有隐蔽（埋设在地下）、复杂（种类多，纵横交错、密如蛛网）、动态（城市建设不断扩大、新管线不断增加、旧管线不断更换或废弃）、信息量大等特点。给水管网信息系统的建设是实现给水管网客观评价、科学规划、维护、调度运行以及高效资产管理的必然要求。

## 22.1　地理信息系统基础

地理信息系统（Geographic Information System，GIS）是集计算机图形和数据库于一体，储存和处理空间信息的技术，它将地理位置和相关属性有机结合起来，能够根据实际需要准确真实、图文并茂地输出信息给用户，用以满足城市、企业管理、居民生活对空间信息的要求，并借助其独特的空间分析功能和可视化表达，进行各种辅助决策。GIS 的这些特点使之成为与传统方法迥然不同的解决问题的先进手段。

可以将 GIS 的表达想象成一组重叠在一起的透明体（图层），图层中任何一点都会出现在其他图层的相同位置处，如图 22-1 所示。实际 GIS 图形用户界面（GUI）中可由用户改变各图层的显示次序。

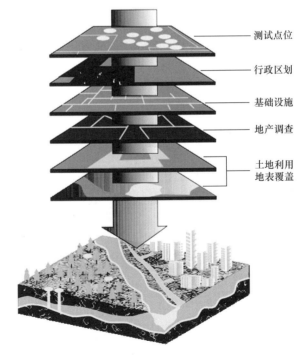

图 22-1　地理信息系统概念布局图

GIS内要素（地图中的对象）不是简单的点、线和多边形，它们具有相关的属性（关于要素的信息）。配水系统中，例如管道、水池和水泵，均是具有属性的GIS要素。

通过选择需要显示的图层、图层显示次序和符号化（符号的尺寸、形状和颜色），用户可以控制结果地图的外观。图22-2说明了包含了街道、地块、建筑和给水管线的居住区GIS地图。

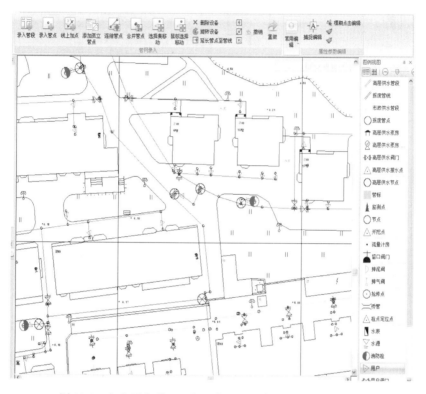

图22-2　包含了街道、地块、建筑物和给水管线的GIS地图

除了制作地图，GIS可用于分析如下问题：位置（利用邻接关系或叠加分析）、状况、时空变化模式（趋势）、情景分析等。

### 22.1.1　数据管理

给水系统用户服务、工作管理、巡查和维护、检漏和抢修、水质测试、营业抄收、水力模拟等，是否具有共同特征，答案就是地理信息。即所有这些活动均需要结合地理位置的信息，例如地块编号、地址或设施编号。

目前数据管理具有两种方式：集中式或分布式数据管理。大型机提供了集中式数据管理，PC机提供了分布式数据管理。大型机环境中，所有应用程序和数据存储在中央服务器内。为了开发和维护，它的硬件和软件都很昂贵。与大型机相比，PC机环境内为特殊目的的应用程序和数据库较廉价；数据和应用程序可驻留在不同网络化的PC机中。分布式管理较经济，但可能会出现数据孤岛。

集中式和分布式也分别称作数据为核心和应用为核心的数据管理方法（见图22-3）。应用为核心的方法，对于每一应用程序单独维护数据。例如模型数据在一个数据库中存储和维护，而GIS数据存储在另一独立的数据库中。以数据为核心的方法中，采用数据管理集线器，应用程序例如 GIS 和模型，通过呼叫获取和传回数据；这种管理系统中，空间数据可能在集中式数据库中维护。

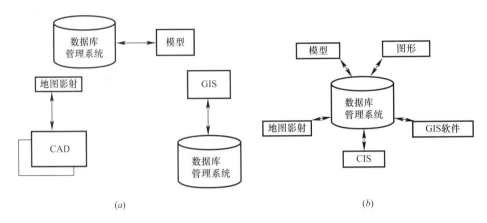

图 22-3 应用为核心和数据为核心的数据管理方法
(a) 以应用为核心；(b) 以数据为核心

### 22.1.2 地理数据表示

具有三种方式处理多数地理数据：栅格、向量和 TIN（见图 22-4）。

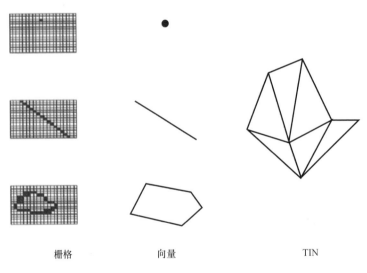

栅格　　　　　　向量　　　　　　　　TIN

图 22-4 地理数据表示

（1）栅格——它将数据存储为离散的网格，每一属性的单一数值与每一网格关联。每一网格具有属性数值和位置坐标。因为数据存储在矩阵中，每一网格需要的坐标没有明确存储。

（2）向量——将离散要素存储为点、线或多边形。点在物理上为二维或三维坐标位置点。可用两个端点表示直线段，或用一系列相连直线段表示曲线。多边形通过封闭的线段集作为边界，形成一个具有面积属性的区域。

（3）三角不规则网络（TIN）——将空间划分为一组连续（没有重叠的）三角面。三角面来自不规则空间取样点、中断线和多边形要素，每一取样点具有坐标（$x$，$y$）和属性相对应。其他位置处的坐标利用 TIN 内插方法确定。TIN 认为是向量模型的一种特殊情况，它是基于几何公理：三点定义一个平面。

用于水力模拟的多数数据为向量数据（见图 22-5）。例如连接节点为点数据，管道为直线数据，节点服务面积为多边形据。模拟人员也利用栅格和 TIN 数据，例如对于任务提供了背景图像或提取地面标高数据。

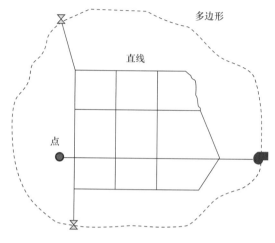

图 22-5  利用向量数据表示的压力分布图

## 22.2  建立企业 GIS

GIS 通常在四种水平下执行：①项目——支持单个项目目标；②部门——支持部门的需求；③企业——部门之间的数据共享；④机构之间——与外部机构沟通和共享数据。

考虑到项目上构建 GIS 的目标比较单一，通常是在部门或企业层面构建 GIS。企业 GIS 的一个例子如图 22-6 所示。

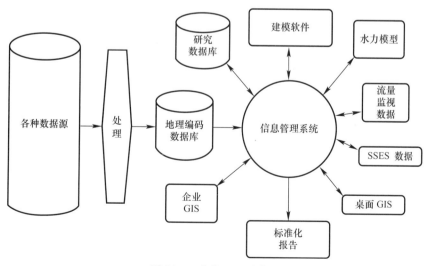

图 22-6  企业 GIS 示意图

#### 22.2.1 考虑的关键点

企业 GIS 将在多个部门之间集成地理数据并服务于整个企业，作为企业信息的集成平台，利用地图或应用程序访问其他信息系统。建立企业 GIS 中，应考虑的关键因素有：

1）充分利用现有计算机硬件和软件，创建 GIS 并不意味着要放弃原有的系统。这些系统例如客户信息系统（CIS）、维护管理系统（MMS）和监视控制和数据获取（SCA-DA）系统。

2）GIS 开发应能够支持水力模型对高水平数据质量、精度和细节的需求。

3）GIS 开发需要企业个部门的配合。与技术相比，GIS 开发在"人员需求"方面更具有挑战性。

4）企业 GIS 开发需要强有力的组织，便于各部门之间的沟通。

5）GIS 项目的最大工作内容通常体现在数据开发中，需要将纸质地图转换为电子地图；数据库组织应考虑所有工程图纸、资产数据库和水力模型需求。

#### 22.2.2 需求分析

需求分析是创建任何信息系统的实质性内容，通常需要详细调查并与所有潜在 GIS 用户沟通完成。需求评估可分为以下三个部分：

1）用户需求评估——考虑系统使用用户、应用角色、GIS 完成功能、用户熟练程度、用户位置、用户使用频率等。

2）数据源评估——确定存在哪些数据源，包括它们的存储格式（电子形式还是纸质形式）、地理范围、空间坐标（$x$，$y$，$z$）和属性精度、更新频率和最后更新日期。

3）系统设计评估——确定现有服务器、工作站和计算机网络的类型、位置和特性，包括操作系统平台、当前应用程序及其使用水平。

通过需求分析，将 GIS 与以下效益和优势相集成：提高运行和管理效率，提高生产效率，较好地共享数据，快速访问高质量的及时信息，支持当前和将来的需求等。

#### 22.2.3 设计

GIS 开发过程的第二阶段为设计，可能包括以下任务：应用程序设计、数据库设计、数据开发计划、系统设计和执行计划与进度安排。

（1）应用程序设计

评价了各部门的责任和工作流程后，将 GIS 与企业相关应用程序连接的可能性变得明显。这些任务形成了 GIS 应用的基础。

GIS 应具有针对如下系统的接口：水文模拟模型、用户服务和维护管理系统、用户信息系统、实验室信息系统、SCADA 系统、文档管理系统等。

利用和集成这些系统接口，希望 GIS 用于：设施地图映射（GIS 数据维护）、服务征询跟踪/工作管理、资产管理、任务分派/车辆路线、现场数据收集/检查、需水量预测/人口统计数据、呼叫/报警响应、新建管线连接、用户投诉管理等。

（2）数据库设计

为供水企业开发的 GIS 数据库，应描述图层和单个要素的属性。包括数据库的建立和维护功能、数据更新功能和数据库运行管理功能，并设定用户分级管理的权限。

（3）数据开发计划

数据开发中，首先必须将土地利用基础图层作为空间参考，它可以从测绘部门获得。

其次是将纸质图纸、CAD 图纸转换为 GIS 数据。必要情况下，需要利用全球定位系统（GPS）设备，现场收集阀门井、消火栓、泵站等的位置数据。

### 22.2.4 试验研究

GIS 设计完成后，下一阶段通常是执行试验研究，包括的活动如下：

1）根据数据开发计划，创建试验数据库。

2）根据应用程序设计，形成高优先性应用程序的原型。

3）为关键人员提供核心软件培训。

4）在与终端用户和管理人员的几次试验审查会议中，测试应用程序和数据。

5）形成最终的数据库设计、数据开发计划和系统设计文档。

### 22.2.5 生产

生产阶段的任务包括：

1）完成整个服务范围内数据转换过程中使用的质量保证/质量控制（QA/QC）软件和技术。

2）根据数据开发计划，执行整个服务范围内的数据转换。

3）购置必要的硬件和软件。

4）完成应用程序开发。

5）编制终端用户使用说明和系统维护文档。

6）开始用户培训和高优先性应用的展示（例如设施地图映射）。

### 22.2.6 展示

GIS 开发最后阶段是展示，任务包括：

1）安装运行硬件和软件。

2）为用户提供 GIS 软件应用课程培训和系统维护培训。

3）执行满足可接受性准则的测试。

4）展示最终系统。

## 22.3 基于 GIS 的模型构建

构建给水管道模型并随时维护，可能是水力模拟项目中最耗时、昂贵和易于出错的步骤之一。在 GIS 与模型广泛集成之前，构建给水管道模型是一个专业性活动。工程技术人员创建模型输入文件，通过收集、组合和数字化数据，它们来自各种硬拷贝的源头文档，例如给水管网系统平面图、竣工图、地形图和管网普查数据。如果 CAD 数据可用，可以结合水力模拟软件的应用目的，提取模拟需要的要素。过程是通过手工完成的，其间需要对细节的工程判断。一旦建立、校验和运行了模型，就可以生成需要的输出结果。

当水力模型与 GIS 集成时，可以获得以下效益：①节约模型构建时间；②集成不同土地利用、人口统计和监视数据，将 GIS 分析工具用于更精确预测将来系统负荷；③基于地图的质量控制，可视化模型输入；④结合丰富的 GIS 图层，基于地图显示和分析模型输出；⑤跟踪和检查模型的变化。

模型/GIS 集成进展经历了三个阶段，即交互、接口和集成。

管网模型与 GIS 交互中，两个系统之间没有直接的联系，它们独立运行。信息从一个系统提取，存储在中间文件（通常为文本文件或电子表格），随后通过另一个系统访问。在空间数据库到模型的数据交互中，存储在 GIS 中的信息用于产生一个完整的或者部分数据集，用作模型的输入。在另一个方向上，模拟的输出用作 GIS 的输入，以显示模型应用的结果。

接口涉及空间数据和管网模型之间的直接连接，为了交换信息。正如在交互中的情况，两个系统仍旧独立运行，但是它们能直接利用接口联系，不需要中间文件。接口为两个系统为了相互兼容而建立的协议和结构。

真正的集成将两个系统作为一个实体，无缝连接工作。这样的集成中，管网模型能在 GIS 环境中运行，或者空间数据库作为模型的一部分。

## 22.4 信息管理平台

### 22.4.1 平台概况

信息管理系统是一个由人、计算机组成的，能进行信息收集、传送、存储、加工、维护和使用的系统。信息管理系统能实测企业的各种运行情况；利用过去的数据预测未来；从企业全局出发辅助企业进行决策；利用信息控制企业的行为；帮助企业实现其规划目标。

信息管理是供水企业很重要的活动。给水管网信息管理平台是基于供水企业数字信息化系统构建成的综合分析和智能管控平台，它以物联网、管网模拟、大数据分析技术为基础，感知管网运行状况、整合各类管网运行信息，实现管网运行状态分析预测、优化性能、节约水量、处置响应和控制调度，保障供水安全与服务质量。

（1）管网基础数据和运行工况数据库

具有集中统一规划的数据库是信息管理系统成熟的重要标志，它象征着信息管理系统是经过周密的设计建立的，标志着信息已集中成为资源，为各种用户所共享。数据库有自己功能完善的数据库管理系统，管理着数据的组织、数据的输入、数据的存取权限和存取，使数据为多种用途服务。

给水管网数据仓库是在管网数据库（GIS 系统）基础上，整合调度 SCADA、分区计量、水力模型等数字化管理系统构造形成的。

（2）管网智能监控平台

依托管网数据仓库和物联感知的管网流量、压力、水质等运行参数实时信息，建立数据分析引擎，分析历史数据，实时预警、捕获管网运行异常事件；利用压力、水量、水质变化趋势和水力模拟结果，锁定异常区域；通过管网安全决策系统，提供优化事故处理方案。

（3）计算机化供水管理模式

通过建立给水管网信息管理平台，优化生产流程，协同多部门的审批和监管，对管网运行—监测—评估—报警—处置—考核全流程动态管理。

### 22.4.2 平台内容

#### 1. 优化物联监测网和数据库

在现有管网监测点布设的基础上，提升监测数据的时效性和准确性，为运行调度和爆管辅助定位提供有力支撑。建设泵站监控系统，实现视频、泵机等运行参数远程监测与控制。

2. 建立报警子系统

通过对历史数据的统计分析与挖掘，检索单个监测点以及各分区的压力、流量、水质的正常变化规律，建立报警标准。通过将管网实施运行监测数据与标准比较，及时发现并报警，例如大量泄漏、爆管下水压突降、水质异常问题。

3. 建立智能调度决策子系统

（1）抢修应急处置子系统：基于报警系统，结合给水管网水力模型、管网GIS系统和大数据分析技术，建立异常工况判定模型，实现爆管事件的快速定位。确认爆管位置后，自动寻找相关的调控阀门，关闭阀门，避免由爆管引起大范围的水质异常、水量漏失和服务压力下降。

（2）水质异常应急处置子系统：在管网水力模型基础上，分析管网水龄和余氯浓度。若发现异常情况，推断污染源的可能位置，确定污染可能影响范围，及时提出应急处置方案。

（3）调度方案评估子系统：通过对阀门调节历史数据和SCADA数据的统计分析，形成不同阀门调节下管网压力、流量、水质等工况分析报表，制定不同阀门优化调度方案。

（4）管网资产评估子系统：以GIS数据为基础，整合管网运行水压、水量、水质、管道漏损点和隐患点数据，建立给水管网评估模型，定期评估管网并采取针对性改造措施，主动控制管网风险。

（5）业务流程子系统：规范化企业调度管理、巡检、检漏、抢修、作业审批、GIS数据更新、模型维护等管网业务流程，实现企业业务的电子化控制，提升管理水平。

（6）图档管理子系统：进行管道和附件的图档管理，包括各种显示、编辑、查询、统计、输出功能等。

## 22.4.3 平台架构

给水管网信息管理平台整体架构如图22-7所示。数据采集部分包括通过实时数据流引擎，采集物联网数据；另外通过业务扩展接口，接收业务系统数据。数据处理部分通过计算服务集群，完成数据存储、数据分析和数据挖掘。数据展示部分通过前端服务集群，进行功能显示。

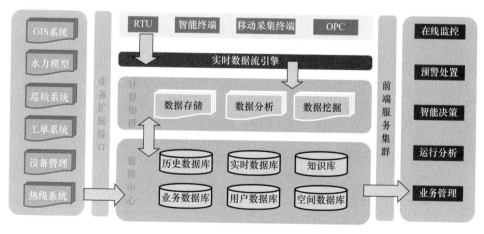

图 22-7 系统架构图

### 22.4.4 功能应用

**1. 在线监控**

监控给水管网运行压力、流量、水质，水泵和阀门启闭实时信息，对监测点数据归类、汇总、分析，了解供水管网运行情况。

（1）实时监测与报警

显示各个监测点、监测区域的实时监测值，结合监测值的报警限值进行报警提醒；分类型、分区域进行数据浏览，及时发现异常点。

（2）分区流量监控

以区域为单位，对区域内的总流量及分表流量进行实时在线监控。分析总表与各分表的变化量、变化趋势，了解区域管网水量漏失情况（见图 22-8）。

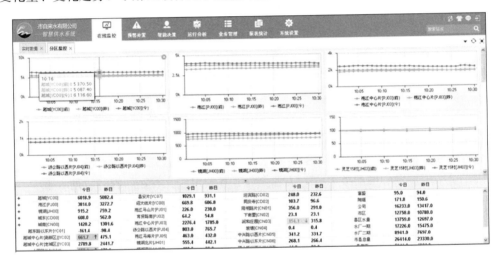

图 22-8　分区监控界面

（3）站点分布图

在地图上显示各个监测点及其监测信息。

（4）水量分布图

在地图上显示各分区的流量信息。

**2. 报警处置**

根据采集参数的类型及其管理目的，包括压力报警、流量报警、水质报警、回流报警、站点离线等，反映管网运行中可能出现的异常问题。报警方式分弹出框报警（见图 22-9）、短信报警等，以随时接收管网报警信息。

相关人员在报警情况处理后，将发生故障点的详细情况记录在信息平台内。

**3. 智能决策**

利用管网监测点的压力、流量等监测数据，结合各种管网事件的相关原理、分析方法、管网水力水质模型等，推断管网可能发生的问题及相

图 22-9　弹出框报警界面

关信息（如爆管位置）。

（1）爆管辅助定位（见图 22-10）

例如利用最近 5min 的压力差作为判断依据，将压差最大的三点连接起来，形成封闭区域，一旦监测到数据异常时，缩小爆管的排查范围。

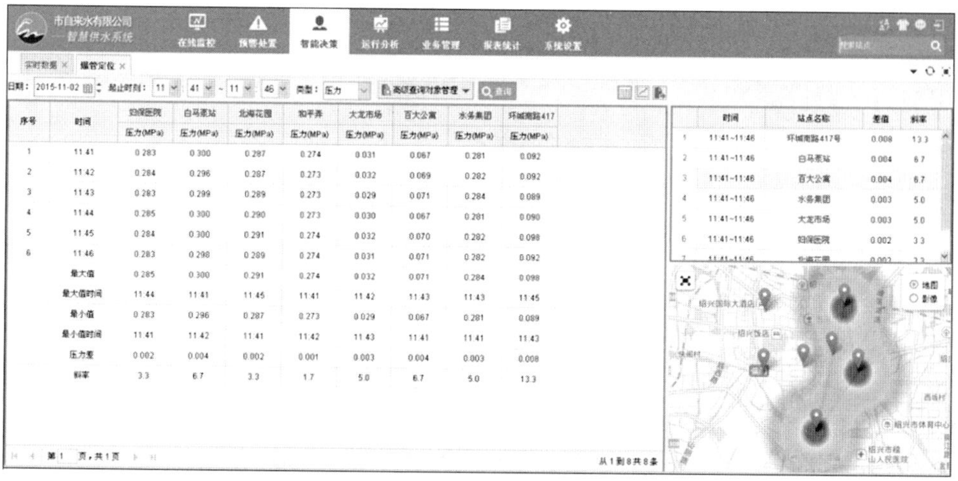

图 22-10　爆管辅助定位界面

（2）应急预案

根据历史事故案例分析，制定各类事故应急处置预案。在确认事故发生位置后，可按处置预案实施应急处理。

4. 运行分析

（1）最小流量

监视最小流量，分析最小流量发生的时间是否处于用水量较低的时段、夜间最小流量占平均流量的比例，判断监控点所在区域是否存在漏损点（见图 22-11）。

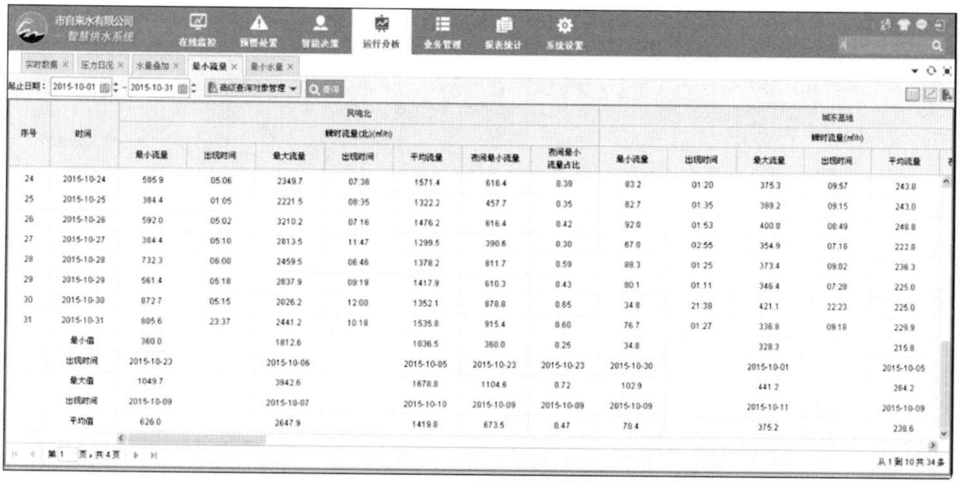

图 22-11　最小流量分析

（2）水量预测

根据历史数据的变化规律，结合天气、温度等情况，预测未来一段时间内的水量变化趋势。

（3）管网水龄

将管网容积除以日用水量，估算管网平均水龄（见图22-12）。

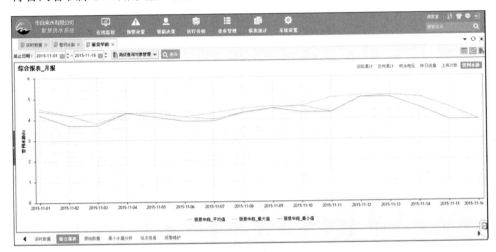

图22-12　管网水龄变化曲线

5. 业务管理

业务管理通常包括调度管理、水质管理、管线管理、设备管理、工单管理等模块。

（1）停水作业

管理管网停水事件，跟踪停水事件的执行过程。

（2）水质异常事件

记录水质异常事件发生原因、影响及相应处理方案（见图22-13）。

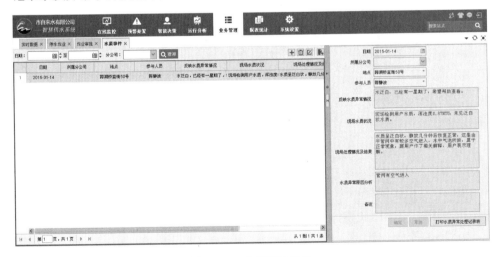

图22-13　水质事件报告

（3）调度日志

以电子日志形式，记录每日管网运行情况，存在问题及建议措施。

（4）设备管理

通过添加、删除、修改设备信息（见图 22-14）。

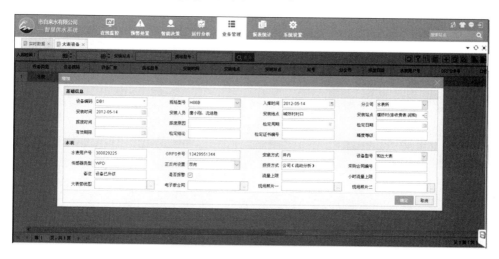

图 22-14　大表设备管理

（5）工单管理

平台中的工单管理可用于记录与跟踪各类维修任务的处理情况。维修中心受到工单指令后，根据维修人员的 GPS 坐标，派发维修工单到最近的维修人员移动综合信息平台上。维修人员收到维修工单指令后，在平台上点击确认接单，到达维修现场后拍照上报。维修结束后再次对现场拍照，上报结单，并通过文字或语言方式解释故障发生原因及维修结果。

6. 报表统计

统计研究的内容式数量数据间表面的规律，应用统计可以把数据分为相关的和较不相关的组，常包括事件评价统计、应急案件统计、人员响应考核统计等（见图 22-15）。

| | 所属分区 | 所属站点 | 合格范围 | 应测次数 | 实测次数 | 无故障率 | 合格次数 | 合格率 | 平均值 | 最高值 | 最高值发生时间 | 最低值 | 最低值发生时间 |
|---|---|---|---|---|---|---|---|---|---|---|---|---|---|
| | | | | | | | 2015-10-01~2015-10-24 00:00-23:59 | | | | | | |
| 1 | 越东路东 | 凤鸣北 | 0.14~0.45 | 576 | 571 | 99.13% | 571 | 100.00% | 0.329 | 0.374 | 2015-10-11 10:00 | 0.279 | 2015-10-16 01:00 |
| 2 | 越东路东 | 凤鸣南 | 0.14~0.45 | 576 | 571 | 99.13% | 571 | 100.00% | 0.334 | 0.383 | 2015-10-11 10:00 | 0.279 | 2015-10-16 01:00 |
| 3 | 越东路东 | 平大大道入口 | 0.14~0.45 | 576 | 570 | 98.96% | 570 | 100.00% | 0.422 | 0.443 | 2015-10-03 03:00 | 0.406 | 2015-10-11 08:00 |
| 4 | 越东路东 | 平大大道北口 | 0.14~0.45 | 576 | 570 | 98.96% | 570 | 100.00% | 0.337 | 0.384 | 2015-10-08 10:00 | 0.278 | 2015-10-23 04:00 |
| 5 | 越东路东 | 云东路 | 0.14~0.45 | 576 | 570 | 98.96% | 570 | 100.00% | 0.305 | 0.342 | 2015-10-16 00:00 | 0.262 | 2015-10-16 01:00 |
| 6 | 高新区 | 城东基地 | 0.14~0.45 | 576 | 571 | 99.13% | 571 | 100.00% | 0.307 | 0.338 | 2015-10-11 10:00 | 0.265 | 2015-10-16 01:00 |
| 7 | 高新区 | 绍欣印染 | 0.14~0.45 | 576 | 570 | 98.96% | 570 | 100.00% | 0.308 | 0.349 | 2015-10-11 10:00 | 0.259 | 2015-10-20 02:00 |
| 8 | 高新区 | 数埋新村 | 0.14~0.45 | 576 | 484 | 84.03% | 484 | 100.00% | 0.306 | 0.345 | 2015-10-11 10:00 | 0.259 | 2015-10-16 01:00 |
| 9 | 高新区 | 城东泵站 | 0.14~0.45 | 576 | 431 | 74.83% | 431 | 100.00% | 0.281 | 0.305 | 2015-10-16 14:00 | 0.255 | 2015-10-16 01:00 |
| 10 | 老城区 | 和平养 | 0.14~0.45 | 576 | 566 | 98.26% | 566 | 100.00% | 0.275 | 0.294 | 2015-10-16 14:00 | 0.242 | 2015-10-16 01:00 |
| 11 | 老城区 | 妇保医院 | 0.14~0.45 | 576 | 570 | 98.96% | 570 | 100.00% | 0.285 | 0.303 | 2015-10-09 11:00 | 0.244 | 2015-10-10 10:00 |
| 12 | 老城区 | 北海花园 | 0.14~0.45 | 576 | 570 | 98.96% | 570 | 100.00% | 0.293 | 0.318 | 2015-10-21 05:00 | 0.268 | 2015-10-16 01:00 |

图 22-15　压力合格率报表

7. 平台权限管理

平台权限管理一般包括用户配置、站点配置、系统配置等的访问权限设置（见图 22-16），限定不同部门对数据及业务流程的不同需求。

图 22-16 权限管理

# 第23章 维护和修复

## 23.1 给水管网性能

与其他基础设施相比，给水管网系统是极其可靠的。取决于建设材料、位置和环境条件，给水系统组件的"预计使用寿命"理论上是已知的，例如管道为35~50年，消火栓为40~60年，阀门为35~40年，蓄水池为30~60年；水泵为10~15年。尽管这些是典型的预计使用寿命数值，但没有出现过一次破裂和渗漏的管道且运行时间超过100年的情况，并不罕见。很多水泵在常规维护情况下，运行就可超过40年。

良好的维护和修复能够延长给水管网组件的使用寿命。给水管网性能常从结构性能、水力性能和水质性能三方面论述。

（1）结构性能

给水管网作为工程设施，其目的是将充足水量、稳定水压和安全水质供应到用户。给水管网服务为维护内部供水和外部环境之间的屏障，具有抵抗管道内应力和外部应力的能力。内部应力包括压力变化、水锤效应、内腐蚀等，外部应力包括土壤应力、外部荷载、光照、外腐蚀等。给水管网为各种组件的组合，包括管道、管件、水泵、蓄水池、阀门、消火栓、水表、回流防止器等。为保持给水管网的良好服务功能，应避免出现如下情况：

1）关键组件的损失。由于给水管网组件材料与周围环境之间的化学作用，随着时间推移，将会出现穿洞、渗漏等破坏或故障。

2）正常磨损。多数运动组件会随着时间磨损。配水系统中运动组件较少，因此磨损问题并不显著。水泵是最有可能面临磨损问题的组件。根据水泵的类型，常规性维护可以最大化使用寿命，维持较高的效率。控制阀门中的运动部分也需要例行维护。

3）不良制作和安装。即使合理设计的项目，也可能出现不良的制作和安装。例如不良的基础以及回填方式都是管道破裂的常见原因，水池的腐蚀也会因不良内衬而加速，没有正确安装的水泵会很快损坏。

（2）水力性能

给水管网从水力性能看，具有精致的输送结构，其中由水泵为水流增加能量，然后在管网中流动，控制阀允许调节水的压力和流量、流向，蓄水设施用于平衡蓄水量的波动，此外系统还提供消防水量和应急能力。由于给水管网的可靠供水依赖于各组件之间的相互配合，这样就存在某些水力特性参数显著变化时，会降低系统的服务水平。

系统水力性能损失的结果包括压力较低情况下，外部污染地下水侵入管道；水力能力降低时引起颗粒物质沉淀；水龄增长引起余氯的下降等。

配水设施有时会由于高于设计时的负荷而出现故障。尽管建设安装时管道的设计负荷是合适的，但实际运行中可能会因过大的压力负荷而破裂。任何组件（如水泵、管道）都会随着需水量的增加而显得能力不足。

（3）水质性能

给水管网的水质性能通过微生物指标、毒理指标、感官性状和一般化学指标、放射性指标描述。给水管网的水质污染可能由于管道破裂或混接而带来外部污染物，或者由于消毒剂衰减、内部腐蚀和结垢、微生物生长等引起内部污染。

系统水质性能损失的结果包括水中物质引起的健康问题，水的色度、浊度、嗅和味的感官问题，腐蚀影响等。

许多配水系统组件由金属制成，并与电解质溶液接触，这样就会产生腐蚀。金属管道和水池是明显的例子，腐蚀问题会影响混凝土结构中的预应力钢筋、阀门上的螺钉。腐蚀也是其他问题的原因：它导致金属损失，组件能力减弱直至最后丧失功能；加速管道中的沉积，引起输送能力和承压能力的减弱；出现水质问题等。

与新系统建设相比，相关的维护和修复工作具有一定的难度，包括在现有管路上工作，考虑现有用户的不间断供水问题；现有街道下管线错综复杂，界面交通拥挤，如何解决与其他地下设施之间的冲突路面施工组织问题，考虑养护和修复的技术经济效益分析等。

## 23.2 管网巡检与检测

### 23.2.1 巡检

供水管网的巡检宜采用周期性分区巡检的方式。巡检人员进行管网巡检时，宜采用步行或自行车。巡检周期应根据管道现状、重要程度及周边环境等确定。当爆管频率高或出现影响管道安全运行等情况时，可缩短巡检周期或实施 24h 监测。

巡检应包括以下内容：

1）检查管道沿线有无明漏、冰冻或地面塌陷现象；

2）检查井盖、标志装置、阴极保护桩等管网附件是否有缺损现象；

3）检查各类阀门、消火栓及设施井等有无损坏和堆压的情况；

4）检查明敷管、架空管的支座、吊环等是否完好；

5）检查管道周围环境变化情况和影响管网及其附属设施安全的活动；

6）检查管道上是否有违章用水的现象。

巡检设备包括 GPS 定位功能的巡检手机、交通设备、钩子、喷漆与临时管标。通过巡检手机与巡检系统软件和其他配套设备，由巡检工完成巡检工作。当发现沿供水管线的隐患点、施工点时应及时拍照、记录，通过巡检系统反馈到公司，以便及时汇报和处理。

### 23.2.2 管道检测

管道检测常采用闭路电视检测、目测、试压检测、取样检测等方法。

闭路电视检测宜不带水作业。当现场条件无法满足时，应采取降低水位措施，使管道内水位高度满足测量设备要求。

目测包括原有管道表面的检查及管内目测两方面。管内目测应根据现场情况，对管道内部环境进行安全性鉴定后，检测人员方可进入管道。进入管内目测的管道直径宜大于800mm。当管道坡度较大时，应采取安全措施后再进行管内目测。管内目测的人员进入管道内部之前应穿戴防护装备，携带照明灯具和通信设备。在管道检查过程中，管内人员应随时与地面人员保持通信联系。

试压检测具体方法可根据实际需要，参考如下方法：①先对管道注水加压到试验压力，之后停止注水稳定一段时间，并同步观测压力降随时间的变化情况。②对管道注水加压到试验压力，之后不间断补水使试验压力恒定，维持这种状态一定时间，并同步记录补水量，通过补水量间接反映管道在恒定试验压力下的渗水速率。由于待检测的管段不是新建管道，其承压能力较新建管道已经下降，因而试压检测的试验压力不宜过大，避免因试验压力过大造成对管道结构的破坏。

当要求详细了解管道状况时，可选取有代表性的若干点位，开挖截取部分管段，取样检测。

## 23.3　管道数据管理

### 23.3.1　给水管网技术资料管理

城市给水管网技术档案是在管网规划、设计、施工、运转、维修和改造等技术活动中形成的技术文献，它具有科学管理、科学研究、接续和借鉴、重复利用和技术转让、技术传递及历史利用等多项功能。它由设计、竣工、管网现状三部分内容组成，其日常管理工作包括建档、整理、鉴定、保管、统计、利用等六个环节。

建档是档案工作的起点，城市给水管网的运行可靠性已成为城市发展的一个制约因素，因此它的设计、施工与验收情况，必须要有完整的图纸档案。并且在历次变更后，档案应及时反映它的现状，使它能方便地为给水事业服务，为城市建设服务。这是给水管网技术档案的管理目的，也是城市给水管网实现安全运行和现代化管理的基础。

管网技术资料的内容包括以下几部分：

（1）设计资料

设计资料是施工标准又是验收的依据，竣工后则是查询的依据。内容有设计任务书、输配水总体规划、管道设计图、管网水力计算图、建筑物大样图等。

（2）施工前资料

在管网施工时，按照住房和城乡建设部颁布的《市政工程施工技术资料管理规定》及各地关于建设工程竣工资料归档的有关要求，市政给水管道应该按标准及时整理归档，包括以下内容：开工令，监理规划，监理实施细则，监理工程师通知，质量监督机构的质检计划书，质检机构的其他通知及文件，原材料、成品、半成品的出厂合格证证明书、工序检查记录，测量复核记录，回填土压实度实验报告，水压试验记录，工程竣工验收书，监理单位工作总结。

（3）竣工资料

竣工资料应包括管网的竣工报告，管道纵断面图上标明管顶竣工高程，管道平面图上标明节点竣工坐标及大样，节点与附近其他设施的距离。竣工情况说明，包括：完工日期，施工单位及负责人，材料规格、型号、数量及来源，槽沟土质及地下水情况，同其他管沟、建筑物交叉时的局部处理情况，工程事故处理说明及存在隐患的说明。各管段水压试验记录，隐蔽工程验收记录，全部管线竣工验收记录。工程预、决算说明以及设计图纸修改凭证等。

（4）管网现状图

管网现状图是说明管网实际情况的图纸，反映了随时间推移，管道的渐增变化，是竣工修改后的管网图。

1）管网现状图的内容

① 总图。包括输水管道的所有管线，管道材质，管径、位置、阀门、节点位置及主要用户接管位置。用总图来了解管网总的情况并据此运行和维修。其比例为1∶2000～1∶10000。总图常规更新时间为一年一次或半年一次，或者在系统改扩建项目完成后更新。

② 方块现状图。应详细地标明支管与干管的管径、材质、坡度、方位、节点坐标、位置及控制尺寸，埋设时间、水表位置及口径。其比例是1∶500，它是现状资料的详图，通常按照地块地形图编号。

③ 用户进水管卡片。卡片上应有附图，标明进水管位置、管径、水表现状、检修记录等。要有统一编号，专职统一管理，经常检查，及时增补。

④ 阀门和消火栓卡片。要对所有的消火栓和阀门进行编号，分别建立卡片。闸阀节点应包括口径、类型、型号、制造厂家、旋转方向、扣数、启闭端头尺寸及深度、阀节点管件组合图、阀井尺寸、平面位置及控制尺寸图、启闭效果、更换维修记录等。排气阀节点应包括口径、型号、制造厂家、节点管件组合图、阀井尺寸、平面位置及控制尺寸图、控制管段长度、运行效果、更换维修记录等。泄水阀节点应包括口径、型号、制造厂家、旋转方向、扣数、启闭端头尺寸及深度、阀节点管件组合图、阀井尺寸，平面位置及控制尺寸图、启闭效果、排水方式、排水控制管段长度、更换维修记录等。消火栓节点应包括口径、类型、型号、节点管件组合图、阀井尺寸、平面位置及控制尺寸图、接软管口规格方式及数量、更换维修记录等。

2）管网现状图的整理

要完全掌握管网的现状，必须将随时间推移所发生的变化、增减及时标明到综合现状图上。现状图主要标明管道材质、直径、位置、安装日期和主要用水户支管的直径、位置，供管道规划设计用。标注管道材质、直径、位置的现状图，可供规划、行政主管部门作为参考的详图。

在建立符合现状的技术档案的同时，还要建立节点及用户进水管情况卡片，并附详图。资料专职人员每月要对用户卡片进行校对修改。对事故情况和分析记录，管道变化，阀门、消火栓的增减等，均应整理存档。

为适应快速发展的城市建设需要，现在逐步开始采用给水管网图形与信息的计算机存储管理，以代替传统的手工方式。

### 23.3.2 管网故障信息收集

管道故障信息的收集过程可分为两个阶段，且应相应填写两种记录：一次性登记卡片及登记永久性台账。

一次性登记卡片由检修队在每个故障的现场填写。卡片中应描述下列情况：

1）故障日期（年、月、日）；

2）何处发生故障（管段号或作为管段边界的检查井号）；

3）何时获得发生故障的信息（时、分）；

4）检修队何时（时、分）到达现场并隔断检修管道（当无须隔断管段进行检修时，应说明修理开始与结束时间）；

5）何时（时、分）检修队完成检修、冲洗、试验及重新使该管段投入使用；

6）检修管段的管材、直径与长度；

7）损坏性质（裂缝、破裂、小孔、管壁折断、接头破坏及其数量、装于管段上的管件极阀件的损坏）；

8）损坏管段的草图；

9）由观测或所推测的损坏原因（或管壁锈蚀、交通荷载作用、接头填料脱出、接头的填料质量不合要求等）。

同上述情况相对应，由管网运行服务部门的检修队填写管网管段的损坏永久性台账或登记簿。永久性台账的典型登记卡片具有下列形式：永久性台账内容应按年月次序记录包括前述修理登记卡片中的所有基本情况（见图23-1）。其中最好做些检修队所不必的补充说明，例如管段的运行日期等，此外应不仅标出管段隔断（启闭）及修理始末时刻，还应标出相应时间的长短。

填写在一次性登记卡片及台账上各次故障（损坏）的情况，经过足够长的观察期限后可作为确定给水管线可靠性数值指标的资料。

给水管网故障登记卡No_____

| 1.日期 | 2.故障地点 | 3. 管段性质 |
|---|---|---|
| 年_____<br>月_____<br>日_____ | 管段号No_____<br>或地点_____<br>检查井号No_____ | 管材_____  长度_____<br>直径_____  埋深_____<br>接头类型_____ |
| 4.故障及修理时间<br>　A.获得故障信息的时间_____时，分<br>　B.检修队抵达及开始检修的时间（断水、不断水）<br>　_____时，分<br>　C.结束检修与开启管段的时间_____时，分 | | 5. 管段草图 |
| 6.故障原因（目睹或推想）_____<br>_____ | | 7.检修工作的性质 |
| 8.补充说明（必要的） | | |

签字_____

图 23-1　给水管网故障登记卡

## 23.4　输水能力维护

设计良好的配水系统，各个组件应该具有足够的输送能力。然而多年运行后，需水量发生了变化，系统组件的物理性能也发生了变化。例如，由于服务人口的急剧增加或者由于管道结节而使管道输送能力难以满足使用要求。

### 23.4.1　水压问题的诊断

配水系统是由各种各样组件构成的极其复杂系统，组件的安装年代也大不相同，因此难以直接确定水压问题的原因。

（1）压力测试

给水系统一般以设计年限内的用水量，满足未来发展的需求为依据。在发展过程中，实际需水量可能会超过系统设计采用的数值。问题之一为需水高峰阶段水压显著下降。这时需要诊断问题的根源，它可能与一个或者两个组件有关，如管道尺寸不足或者水泵能力不足。一旦确定了原因，就可利用消防流量测试方式确定管道的输送能力。

（2）水力模拟

水力模型是诊断系统问题并聚焦单个组件的有效工具。模型使用前，应利用压力问题出现区的消防流量测试和管道粗糙度测试数据进行校准。如果模型在那些部位得不到校准，系统可能没有按照模拟情况运作。这种情况可能因为阀门处于关闭或者半关闭状态。一旦模型校准成功，就可以分析模型中的低压问题，通常考虑水泵和管道的输水能力是否不足、管道中的水垢是否造成了输送能力损失，需水量是否超过了系统设计值等。根据分析结果，模拟各种解决方案，以寻找具有最大性价比的方案，包括调整压力区的边界、安装水泵、调整 PRV 设置等。

### 23.4.2 水压问题的校正

1. 截断阀门操作

截断阀门是为了系统维护、修理或者改善冲洗效果，隔离系统某一部分而使用的阀门。截断阀门（通常是闸阀）应当在压力分区边界完全关闭，而在系统的其他位置完全打开。环状系统中确认阀门的关闭或半关闭较困难。由于平常情况下，系统内流速较低，水可以在没有严重压力损失的情况下从其他管路输送至用户。然而在用水高峰期间（特别在消防期间），关闭或者半关闭阀门可能对管道的输水能力具有很大影响。

保证阀门正确设置的最好方法是参照阀门操作程序。该程序中的阀门周期性运行（通常在每年）目标包括：保证阀门在恰当的位置、防止阀门生锈以及利用阀门对员工培训等。如果在操作期间发现阀门破裂，将对其例行维护而不是紧急维护。

2. 高程和压力分区调整

压力分区是在规划时就确定下来的，为了使区域内所有用户的用水压力处于合理的范围。其中偶然也会有高程很大的用户（需要更高的压力）或者高程很低的用户（导致压力过剩）。因此要周期性（通常在总体规划研究时）检查压力分区，确保用户都能得到完美的服务。必须小心调整压力分区的边界，以免消防流量受到影响、产生死水端、出现水质问题等。

3. 输水能力

老的系统特别是那些没有内衬的铸铁管道，当管道中出现结节（结节为管壁上氧化铁的沉积，如图 23-2 所示）时，将极大减小管道的过水面积，丧失一定程度的输水能力；也可能由于絮状物、氧化锰或者碳酸钙水垢的沉积而丧失其输水能力。

管网水力模型中，当海曾—威廉公式的粗糙系数 $C$ 值小于 100 时，表明输水能力具有极大损失。一旦发现 $C$ 值很低，就要确认其根源。通常在管道修理期间能够观测管道结节情况。如果观

图 23-2 供水管道结节

察不到，通常要切开管道，然后取出一段管道样本进行观察。

可以根据特定场地，利用管道清洗调整 $C$ 值，例如一些管道 $C$ 值低于 50 时可进行冲洗。通常，在具有管道结节的旧铸铁管中，如果采用光滑的水泥砂浆内衬，$C$ 值也可以恢复到 $100 \sim 120$，最终的 $C$ 值要看管道复原后的光滑程度及其尺寸状况。

4. 其他原因

配水系统的输水能力问题通常认为是个别管道或者一组管道的问题。然而系统不仅仅是由管道构成，其他组件（如水泵和减压阀）也可能导致水压和输送能力问题。

某些低压问题是由于直径过小、管道太长，需要把它们加大，而在系统边界安装高位水池以提高用水高峰时的压力，可能较为经济。这样水泵仅仅需要满足最高日平均用水时的需求就可以了。如果压力较高区的附近出现低压问题，那么在两个分区间安装减压阀可能较为经济，这只减压阀仅在低压区的压力下降很大时才打开。如果压力问题是水泵的叶轮尺寸不够，可以换成较大的叶轮（假设水泵的电机负荷可以承受）。如果一台水泵的能力不够，需要寻找一个提高其能力的方案，以满足需求。

## 23.5 管道清洗

地下管道的破坏，绝大多数是由于使用时间长，管道发生腐蚀引起的，也有由于外力作用而引起的。地下受损管道通过管道的清洗、内防护技术，可以有效防范管道的进一步恶化、改善旧管道的过流能力、延长管道使用寿命。

给水管网清洗包括打开适当的消火栓或者泄水装置，去除沉积物，消除低氯量，解决口感、气味、浊度等感官问题，并从管道上去除生物膜，改善供水水质。清洗可以是整个供水系统施工、运行和维护的一个环节，也可以是对用户水质投诉的回应措施。清洗过程应记录用水总量，作为评价未计量用水的依据。

### 23.5.1 水力冲洗

水力冲洗方法有常规冲洗法、单向冲洗法、高压水射流、气水冲洗法等。水力冲洗方法不涉及机械牵引，也无须开挖作业坑。

（1）常规冲洗法

常规冲洗法又称点冲洗，是指打开设在局部管网内的消火栓放水，在冲洗流出水的水质达到预定标准后停止冲洗（见图 23-3）。评价冲洗效果的标准通常为余氯、色度、浊度等之中的任意一项或几项。为了与单向冲洗区分，通常认为常规冲洗时不涉及阀门操作。

常规冲洗法的优点有：操作方便，预先准备工作量少；能有效解决管网局部出现的水质问题。不足之处有：不涉及阀门操作，冲洗时消火栓排放的水量通常来自多条管道，管道内的流速较低，难以达到最高冲洗效果；不能保证管网冲洗水的完全排放，在冲洗开始或冲洗期间水中浊度可能升高，用户投诉可能增加；冲洗产生的水质改善维持时间较短等。常规冲洗法适合于管网末梢死水区的冲洗。

（2）单向冲洗法

单向冲洗法是对常规冲洗法的改进，它通过控制管网内的流向，使水达到足够流速，形成对管壁的冲刷（见图 23-4）。单向冲洗法通过关闭相关阀门，隔离管网的一部分或一个环路，按照从净水厂或水源到临近管网、从大口径管道到小口径管道、从清洁区域到未清洁区域的原则逐步开启消火栓，使待冲洗区域的管道内水流呈单向流动且流速加大。单向冲洗时水流速度要求大于或等于1.5m/s，从而能有效去除管壁上的生物膜、锈蚀产物等。如果为了去除松软沉积物、恢复余氯浓度、减少水体色度和浊度，较低流速也可达到冲洗效果。

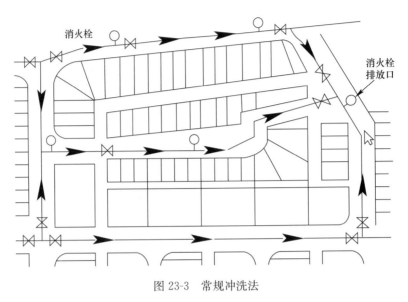

图 23-3　常规冲洗法

单向冲洗的主要优点有：冲洗时可以同步进行管网其他维护工作，如检查消火栓是否可用，阀门是否关闭等；增加水流速度，有效去除水中的颗粒物；与常规冲洗相比，可节约用水量；冲洗可避免水的再次污染，不会引起管网其他区域的水质波动。

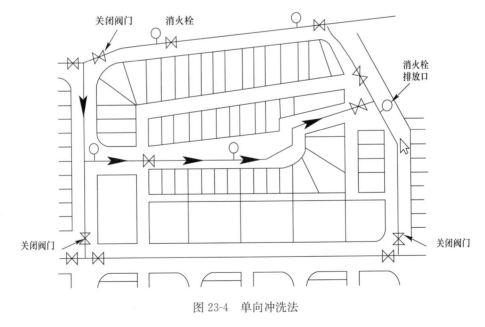

图 23-4　单向冲洗法

单向冲洗操作前，需要了解冲洗区域内水泵、阀门、消火栓及其他设施的控制方式，排水位置等。冲洗操作一般在凌晨1：00～5：00之间，以减少对居民用水影响；同时该时段用水量较少，水压较高。

（3）高压水射流

此法利用管道上的消火栓口、阀门等处，放入喷头，利用 5～30MPa 的高压水，靠喷头向后射水产生向前的反作用推动。这种方法使用的喷头直径很小，喷射出的水流除垢效果距离喷头越近越好。管内结垢脱落、打碎，随水流排掉，适用于空管冲洗。给水管网清洗中，高压水射流一次性冲洗管段最大长度约为 400m。这种冲洗方式工作效率高，适用范围广，清洗干净彻底。

采用高压水射流清洗时，高压水射流设备应由专业人员操作，并应合理控制清洗操作压力和流量，水流压力不得对管壁造成损坏。

（4）气水冲洗法

气水冲洗法通过压缩空气制备、空气流量控制，向管道内注入空气，并配备有必要的流量、压力监控设备（见图 23-5）。水与空气混合压入管内，随着开启放水点（消火栓或泄水阀），使管道紊流加剧，瞬时气泡破裂，压力比水流高数倍，水气流对垢层进行疲劳破坏，比高压水射流的除垢效果更高。气水冲洗对管内断面没有要求，各类规格的管道均可使用，耗水量少，一次冲洗距离长；但只能去除松软结垢，施工技术难度大。

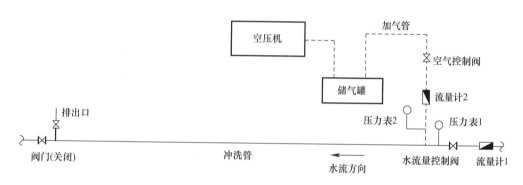

图 23-5　气水冲洗系统示意图

### 23.5.2　其他清洗方法

1. 化学清洗除垢工艺

把一定浓度（10％～20％）的硫酸、盐酸或食用醋，灌进待除垢的管道，经浸泡一段时间后，锈垢脱落，用水加压冲洗、排净。化学方法除垢需投加药液，清洗成本高；需考虑冲洗液的后续处理，以免污染环境。该方法多数结合清管器作为补充清洗，适用于较小口径管道的局部清洗。

2. 喷砂法

当管道内径小于或等于 150mm 时，可采取喷砂除锈工艺进行清洗作业。磨料应选用无毒、干净的石英砂，压缩空气应经过油水分离器除油。当使用喷砂除锈工艺时，应在管道末端安装收集装置。除锈结束后应向管内送入高压旋转气体，排净管内的杂质和水渍。

3. 机械式刮管器工艺

它主要用来去除坚硬的结垢。对于较小口径水管内的结垢刮除，是由切削环、刮管环和钢丝刷等组成，用钢丝绳在管内来回拖动，先用切削环在结垢上刻划深痕，然后用刮管环刮下结垢，最后用钢丝刷刷净（见图 23-6）。

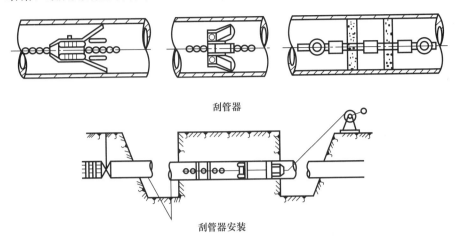

刮管器

刮管器安装

图 23-6　刮管器及其安装

口径 500～1200mm 的管道可用锤击式电动刮管机。它是用电动机带动链轮旋转，用链轮上的榔头锤击管壁，达到清除管道内壁结垢的一种机器。它通过地面控制台操纵，能在地下管道内自动行走，进行刮管。刮管工作速度为 1.3～1.5m/min，每次刮管长度 150m 左右。这种刮管机主要由注油密封电机、齿轮减速装置、刮盘、链条榔头及行走动力机构四个部分组成。

刮管法的优点是工作条件较好，刮管速度快。缺点是刮管器和管壁的摩擦力很大，往返拖动费力，且管线不易刮净。

机械刮管的施工长度，一般每次可刮管 100～150m，对于较长距离的管道要分成若干个清洗段，分别断开，逐段实施，从而增加人工开挖工程量和施工停水时间。机械刮管涂衬每进行一个工作段，需要断管、刮管、涂衬、水泥砂浆养护、冲管等多道工序，一般要 5～7d 才能完成。

4. 弹性清管器清洗工艺

它利用发泡聚氨酯材料制成有一定弹性的炮弹形物体，形成弹性清管器，它的直径略大于管内径，长度略小于 2 倍直径，通过发射装置将清管器压入管内，利用有一定压力的水流推动清管器向出口移动，通过接收装置取出（见图 23-7）。在清管器移动过程中，由于它与管壁的摩擦力把锈垢刮擦下来，另外压力水从清管器与管壁之间的缝隙通过时产生的高速度，把刮擦下来的锈垢冲刷到清管器的前方，从出口流出。通过依次放入不同直径、不同结构的清管器，逐步把管内的锈垢刮擦掉，达到清洗的目的。开始可以放入直径略小的软清管器，然后放入的清管器直径加大，清管器外壁可以较硬，甚至带有钢刷或硬合金头的结构，以便刮掉较硬的结垢。

弹性清管方法适用于 DN100 以上的各种口径管道除垢工作，一次清管长度可由几十米到几千米，只要管径不变，可通过任何角度的弯管和阀门（除蝶阀外）进行长距离清管。清管时施工停水时间短，一般 100m 的管道，只用一天就可以清洗干净，并可恢复供水。

清管器

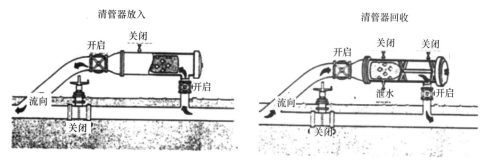

图 23-7　弹性清管器

## 23.6　涂衬

给水管道补作内衬的目的有三个：保证输水水质，避免管道再次结垢；减少输水摩阻，恢复原输水能力；可堵塞轻微的穿孔，减少管道漏水。如果经过清洗，只是去除水垢和一些软的沉积物，可能没有必要重换内衬。但是金属管道表面清洗后，管道结节还会发生，可能出现红水问题。这样有必要通过管道涂衬或者通过改变水质（如调整 pH，加入腐蚀抑制剂）最小化腐蚀。水泥砂浆或者环氧树脂，不会显著增加内径，是给水管道常用的内衬材料。

水泥砂浆内衬靠自身的结合力和管壁承托，结构牢靠，其粗糙系数比金属管小，除了对管壁起物理性能保障外，也能起到防腐的化学性能；水泥与金属管壁接触，局部将具有较高的 pH。一般在水管内壁涂水泥砂浆厚度为 3～5mm，或聚合物改性水泥砂浆 1.5～2mm。

环氧树脂具有耐磨性、柔软性、紧密性，使用环氧树脂和硬化剂混合后的反应型树脂，可以形成快速、强劲、耐久的涂膜。环氧树脂一次喷涂的厚度为 0.5～1mm，便可满足防腐要求。使用速硬性环氧树脂涂衬后，经过 2h 的养护，清洗排水后便可使管道投入运行。

三种基本类型的涂衬方法分别为喷涂法、挂膜法和翻衬法。

（1）喷涂法是通过机械离心喷涂、人工喷涂、高压气体喷涂等方法，将水泥砂浆、环氧树脂等内衬浆液喷涂到管道内壁，形成内衬层的管道修复方法。喷涂法适用于管径为 75～4500mm、管线长度为 150m 左右的管道修复。

（2）挂膜法是把新的薄壁管道拉进清洗过的管道，在新旧管道之间的环形间隙灌浆，予以固结，形成一种管中管结构。这种方法可用于旧管中无障碍、管道无明显变形的场合，其缺点是损失了一定的过水断面。

（3）翻衬法使用浸透热固性树脂的软管做内衬材料（见图 23-8）。将浸有树脂的软管翻转并用夹具固定在待修复管道的入口处 [图 23-8（a）]。然后利用水或气压使软衬管浸有树脂的内里转到外面，并与旧管的内壁粘结 [图 23-8（b）]。一旦软衬管到达终点，向管内注入热水或蒸汽，使树脂固化，形成一层紧贴旧管内壁、具有防腐防渗功能的坚硬内衬 [图 23-8（c）]。固化前饱和树脂管的柔性和内部压力可使其充填裂隙、跨过间隙、绕过弯曲段。置入后，浸有树脂的软衬管形成内径比旧管道稍小的新管，但和原管的形状一致。使用这种技术可修复铸铁管、钢管、混凝土管、水泥管、石棉管等多种管材的地下管道，尤其适用于交通拥挤、地面设施集中、采用常规开挖地面的方法无法修复和更新的管道。

所需设备为一辆带吊车的卡车（车上装有树脂软管），一辆装有加热锅炉的挂车，一辆运输车和一只大水箱，由 7~8 人操作。采用该技术一天可更新管道 400m，通常不需要封头、断水。即使是管口脱节或管壁出现穿孔的旧管道，也能采用该技术修复。

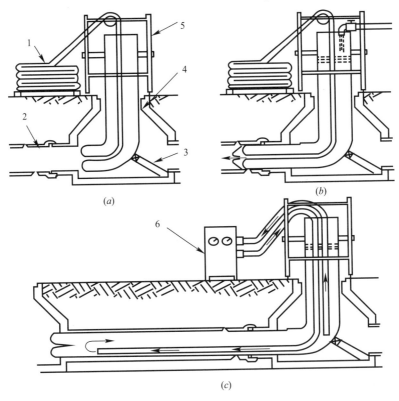

图 23-8　管道翻衬法示意图

1-浸渍树脂的软管；2-原有管道；3-反转弯头；4-工作坑；5-支架；6-锅炉和泵

## 23.7　管道更换技术

管道更换技术按是否开挖分开挖铺管与非开挖铺管；按管线位置分另行安排规划位置与原管位置；按换管口径分口径改大与口径不变。

（1）开挖方式铺管

这是最常用的换管方法，并以另按规划的新位置铺设较大口径的新管为主要方式。若由于种种原因必须在原管位置更换新管，则应首先铺设临时管道，解决沿线用户的用水。

（2）非开挖方式铺管

非开挖方式也称作原位更换法，指以待更换的旧管道为导向，在将其切碎或压碎的过程中，将新管道拉入或顶入的换管技术。在城市的某些道路上由于交通拥挤、路线管线密布、路面构造坚固，加之存在花草树木及其他设施，开挖铺管方式的费用昂贵，因此出现了多种非开挖铺管的方法。根据破坏旧管和植入新管的方式，将原位更换方法分为爆管法、吃管法等。

1）爆管法

爆管法又称破碎法或胀管法，是使用爆管工具从进口坑进入旧管管口，在动力作用下挤碎旧管，用扩孔器将旧管碎片挤入周围土层，同时牵引等口径或更大口径的新管及时取代旧管的位置，达到去旧换新目的。

爆管施工法一般分为三个步骤：准备工作、爆管更换和清洗。准备工作包括开挖两个工作坑、暴露所有的接头和焊接 PE 管。两个工作坑之间的长度一般是以保证能在一天内恢复管道正常运行为准，通常为 70～100m，支管、消火栓、阀门等处需要局部开挖。在现场将 PE 管焊接成所要求的长度，并进行压力试验和消毒。

爆管施工的速度取决于各种因素，包括地层条件，一般为 18～40m/h。在有些地层和更换长管道时，还要使用润滑液以减少摩擦力。新管拉入并与分支管道连接好后，便可进行回填工作坑和地表的复原工作。对于埋深较浅的管线，碎管设备的振动可能会对地面造成影响。爆管施工法适用于原有管线为易碎管材，如灰口铸铁管等，且管道老化严重的情况。

按照爆管工具的不同，可分为气动爆管法、液动爆管法和切割爆管法（见图 23-9）。

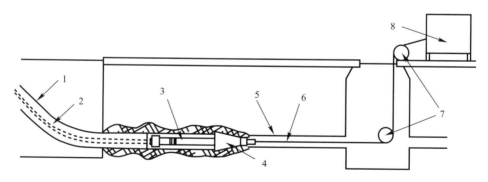

图 23-9　气动爆管示意图

1-内衬管道；2-供气管；3-气动锤；4-膨胀头；
5-原有管道；6-钢丝绳；7-滑轮；8-液压牵拉设备

2）吃管法

吃管法是使用特殊的隧道掘进机，以旧管为导向，将旧管连同周围的土层一起切削破碎，形成相同直径或更大直径的孔，同时将新管顶入，完成管线的更换。

## 23.8 混接控制

### 23.8.1 定义

**1. 混接**

混接是指饮用水系统与非饮用水系统之间的任何连接。城市给水系统除了供应居民饮用水外，还必须供应其他用途的用水，因此管道混接是必然存在的。

混接几乎可以出现在任何类型供水设施中，包括家庭、工厂、餐馆、医院、实验室、码头、车站等。这些供水设施从给水管网取水，用于冷却、加热、清洗、稀释或者作为产品的原料。

**2. 回流**

回流是指非饮用水，以及其他液体、气体或固体通过管道混接，进入饮用水系统的现象。回流条件下污染物可能会以背压回流和虹吸回流方式进入饮用水系统。

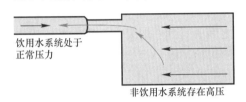

饮用水系统处于
正常压力

非饮用水系统存在高压

图 23-10 背压回流

背压回流是因混接处下游压力变化，出现大于上游压力而引起的回流（见图 23-10）。背压回流可能由非饮用水系统的水泵或其他类型产压设备（例如锅炉、加热器等使水温升高而增压）造成较高压力，使非饮用水回流到饮用水系统。背压回流可认为是由外因引起而产生的被动回流。

例如在码头向轮船补给饮用水，同时轮船的高压消防用水在用海水提升补给。如果出现消防管线与饮用水管线的混接，轮船的水量可能回流到码头上的给水管线中（见图 23-11）。

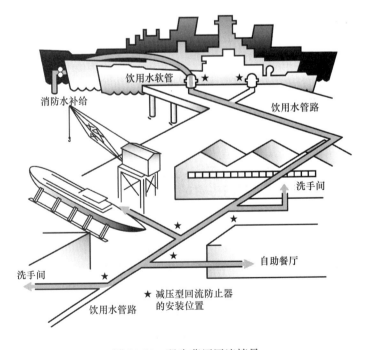

饮用水软管

消防水补给

饮用水管路

洗手间

自助餐厅

洗手间

★ 减压型回流防止器
的安装位置

饮用水管路

图 23-11 码头背压回流情景

虹吸回流是因混接处上游压力变化，出现负压或低压而引起的回流（见图 23-12）。典型情况有：管道泵运行时引起水泵上游管道的压力下降，导致与该管道相连的其他管线流向逆转；某区域的用水量激增，致使该区域水压显著下降，进而由高压管线回流到该区域；给水管线爆管事故导致流向逆转，等等（见图 23-13）。虹吸回流可认为是由内因引起而产生的回流。

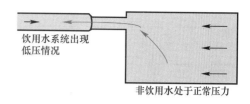

饮用水系统出现低压情况

非饮用水处于正常压力

图 23-12　虹吸回流

### 23.8.2　回流污染危险等级

给水管道混接和回流可以出现在任何尺寸规模条件下，带来的后果包括少量用户对供水水质的不满，出现水媒疾病甚至出现死亡危险。因回流造成污染的可能危害程度，一般分有毒污染、有害污染和轻度污染三级。

1）有毒污染是可能危及生命或导致重症疾病、损害人体或生物健康的污染，包括任何允许污水、药剂、杀虫剂或其他有毒物质回流进入饮用水系统。该类污染通常对于旅馆、餐厅、医院、细菌或化学实验室等是极其危险的。

2）有害污染是由于公共饮用水系统受到严重影响，但并未对人体健康造成严重危害。例如，供水系统受到污染，将需要中断供水，彻底清洗；这时的危害在于水量供应暂停，影响用户水量需求。

3）轻度污染可能导致恶心、厌烦或感官刺激，或者给水系统的轻微损坏。例如受到糖浆、啤酒、苏打汽水或者类似物质污染的水，尽管出现令人讨厌的异嗅异味，但不会造成危害。

阀门关闭

图 23-13　管线修理期间可能出现的虹吸回流

### 23.8.3　回流控制方法和设施

混接情况下总是存在回流的潜在危险，为防止饮用水受到污染，通常采取两种方式之一控制混接：完全断开、分离饮用水管道与非饮用水管道，两种管道喷涂上不同颜色并贴上警示说明，便于识别；如果断开行不通时，应在混接点安装防护设施。

防回流污染措施和防回流污染装置大致有六种，即空气隔断、减压型倒流防止器、双止回阀倒流防止器、压力型真空破坏器、大气型真空破坏器和软管接头真空破坏器，可分别用于不同的回流和污染危险等级场合。防回流污染装置的选型可按表 23-1 确定。

防回流污染装置选型　　　　　　　　　　　　　　　　　　　　表 23-1

| 应用条件 | 防回流污染装置 | | | | |
|---|---|---|---|---|---|
| | 减压型倒流防止器 | 双止回阀倒流防止器 | 压力型真空破坏器 | 大气型真空破坏器 | 软管接头真空破坏器 |
| 连续压力流 | √ | √ | √ | × | × |
| 防虹吸回流 | √ | √ | √ | √ | √ |

| 应用条件 | 防回流污染装置 | | | | |
|---|---|---|---|---|---|
| | 减压型倒流防止器 | 双止回阀倒流防止器 | 压力型真空破坏器 | 大气型真空破坏器 | 软管接头真空破坏器 |
| 防背压回流 | √ | √ | × | × | × |
| 有毒污染 | √ | × | √ | √ | √ |
| 有害污染 | √ | √ | √ | √ | √ |
| 轻度污染 | √ | √ | √ | √ | √ |

注："√"表示可选用，"×"表示不可选用。

消防给水系统的防回流污染规定为：①当室内、外消防给水系统从市政给水管网供水且有第二水源，无消防水池、消防水泵等供水设施，消防给水管网内不添加防冻剂等化学品时，在消防给水管网终端应设置减压型回流防止器；②当室内、外消防给水系统从市政给水管网供水，有第二水源且为天然水源（水塘、河流、水井、湖泊等）或消防水池；或消防给水管内添加防冻剂等化学品时，应在从市政给水管网接出的消防给水系统终端设置减压型回流防止器；③当天然水源可能遭受有毒污染时，应在消防水池进水管出水口部位设置空气隔断，防止回流污染。

（1）空气隔断

空气隔断是在饮用水系统和污染源之间进行的一种物理隔离，是指用水点后、受水点前的水力通路因空气介入而中断的无阻碍空间距离（见图 23-14）。饮用水系统出水口和污

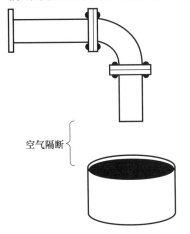

染水源最大水位之间的无阻碍间隙，其最小距离应不小于饮用水系统出水口内径的 2.5 倍，且不应小于 25mm。

空气隔断被认为是最安全、最简单的防回流方法。然而，空气隔断会带来一些水头损失，因此仅可用于管路中断，当下游管道需要从水源获得压力时不能采用该方法。

空气中含有大量细菌、粉尘和空气受污染的场所，不应采取空气隔断作为防回流污染措施。

（2）回流防止器

回流防止器又称防污隔断阀，包括减压型回流防止器和双止回阀回流防止器。这两种装置用于防止背压回流和虹吸回流。它们都是由两个独立工作、关闭紧密、弹性固定、设有测试端口的止回阀串联组成。两个止回阀通常将弹簧作为内部流向控制组件（见图 23-15）。两者的区别是，

图 23-14　空气隔断示意图

减压型装置在两个止回阀之间还包括一个水力控制排水阀，其安装位置低于第一个阀门。

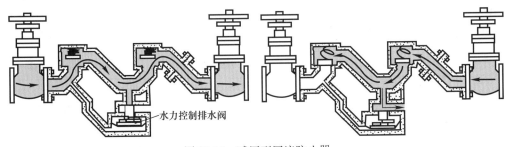

图 23-15　减压型回流防止器

减压型回流防止器的安装地点，环境应清洁，且应有足够的安装和维修空间。减压型回流防止器宜明装，室外安装时宜设置在地面上（见图23-16）。减压型回流防止器应设置在单向流动的水平管道上，阀盖朝上，排水口朝下。阀体上标示的方向应与水流方向一致。减压型回流防止器应采用有足够强度的支撑和固定装置。不应将阀体重量传递给两端管道，也不应将外部荷载作用在减压型回流防止器阀体上。减压型回流防止器的排水应采用间接排水方式，不应与排水管线直接连接。减压型回流防止器排水阀的排水能力应有测试数据。排水器出口离地面高度不应小于300mm，不应被水淹没，安装地点有排水设施。减压型回流防止器可用于高危环境里（潜在有毒有害污染环境）。

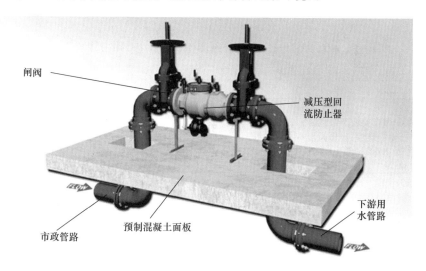

图 23-16　减压型回流防止器安装

双止回阀回流防止器是一种防止管道中压力水逆向流动的两个独立止回阀串联装置（见图23-17），可用于有害污染的支管源头和连接压力流，但不可用于有毒污染的防回流控制，适宜场所包括：住宅入户支管、实验室化验水嘴、物料容器进水管、消毒灭菌设备进水管、牛奶设备、锅炉进水管等。

供水企业准许的回流防止装置是一种大型用户为防止交叉连接的典型需求。回流防止器的明显特征是在打开通水之前，它们需要相当大的压降。因此，尤其在低流量时，与服务线路的管道摩擦损失和通过水表的局部损失相比，通过装置的水头损失变得更为显著。

在寒冷地区安装回流防止器，应具有防冰冻措施。内部水流的冰冻可能会损坏装置。

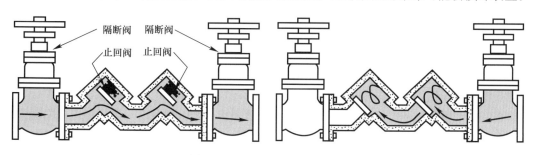

图 23-17　双止回阀回流防止器

（3）真空破坏器

真空破坏器是一种能自动消除给水管道内真空，有效防止虹吸回流的装置，分为压力型、大气型和软管接头型（见表23-2）。

真空破坏器 表23-2

| 类型 | 压力型真空破坏器 | 大气型真空破坏器 | 软管接头真空破坏器 |
|---|---|---|---|
| 定义 | 给水管道内压力降至某一设定压力时先行断流，继后产生真空时导入大气防止虹吸回流的真空破坏器 | 给水管内压力小于大气压时导入大气的真空破坏器 | 专用于连接软管的真空破坏器 |
| 适用条件 | 可用于连续液体的压力管道 | 可用于非长期充水或充水时间每天累计不超过12h的配水支管 | 可用于有可能被软管接驳的水嘴或洒水拴等终端控制阀件处，非长期充水或充水时间每天累计不超过12h的配水支管 |
| 规格 | $DN20\sim DN50$ | $DN10\sim DN50$ | $DN20$，$PN1.0MPa$ |
| 安装要求 | 垂直安装于配水支管的最高点，其位置应高出最高用水点或最高溢流水位300mm以上 | 安装在终端控制阀的下游，垂直安装于配水支管的最高点，并高出下游最高溢流水位150mm以上 | 紧贴安装于终端控制阀件出口端，其位置应高出地面150mm以上 |

注：1. 压力型和大气型真空破坏器不得安装在水表后面，不得安装在通风柜或通风罩内；
　　2. 设置压力型真空破坏器的场所应有排水和接纳水体的措施；
　　3. 当水温高于80℃时，应采用热水用真空破坏器；
　　4. 安装真空破坏器前应彻底冲洗管路；
　　5. 严寒和寒冷地区，当设置在非供暖房间或室外时，应采取保温防冻措施。

## 23.9　水源切换与管道并网

### 23.9.1　水源切换

当新的水源或新建净水厂启用时，部分或全部供水管网需要切换到新水源或新净水厂的来水，即水源切换。部分管网水量切换到新的水源时，管网内的新水将与原有来水混合。多数情况下水源切换对管网水质不会有太大影响，但当新的来水水质与原管网水质差异较大（如利用地表水源取代地下水源）、部分管网内水流流速和流向显著变化时，可能打破管道系统内原有的化学稳定性和生物稳定性，数日甚至数月内引起管网内的水质问题；感官上出现色度、浊度、嗅和味的变化，影响用户正常用水。

因此无论水源切换是否会引起水质问题，在技术和管理上均受到自来水公司的重视。在引入新水源之前应做好充分的预案，必要时采取纠正措施。例如通过实验室化学和微生物分析，调查潜在问题，识别水质风险；通过管网建模，确定不同来水混合发生的位置，识别管网内水质敏感区；新旧水源逐步混合勾兑；通知可能受影响用户，做好水质变差的应对措施；以及管网及时冲洗、调节泵站和阀门、进行水质稳定处理等。

当新增水源、水量变化或其他原因引起管网水质出现较大变化时，应根据需要临时增加管网水质监测点、检测项目和检测频率；根据检测数据分析，查明原因，采取处理措施。

### 23.9.2　管道并网

并网是指新建或改建供水管道接入城镇供水管网的工程活动。这些活动可分为并网前管理、并网连接、并网运行等。

（1）并网前管理

管道并网前应进行清除渣物、冲洗和消毒，经水质检验合格后，方可允许并网通水投入运行。管道并网前施工单位影响供水单位提交并网需要的相关工程图纸资料。

（2）并网连接

管网施工单位应在冲洗消毒水质检验合格后 72h 内并网，并网时应排放管道内的存水。管道并网连接前，管道上的各种阀门设备应由施工范围操作和管理；管道连接后，连接点的阀门和原有运行管道上的阀门等应由供水单位负责操作和管理。管道并网连接时宜采用不停水施工方法，需要停水施工的，应在停水前 24h 通知停水区域的用户做好储水工作，停水宜在用水低谷时进行。输配水干管并网过程中应加强泵站和阀门的操作管理，防止水锤的危害。管道并网运行后，原有管道需废除时，不应留存滞水管段。停用或无法拆除的管道，应在竣工图上标注其位置、起止端和属性。管道施工单位应在管道通水后 60d 内向供水单位提交竣工资料。

（3）并网运行

管道并网运行后，管道及其阀门等附属设施应由供水单位统一管理，并负责日常的操作和运行维护。

接入城镇供水管网的大用户应在核定的流量范围内用水，并符合下列要求：①对时变化系数较大且超出核定流量范围的大用户应加装控流装置，使其用水量控制在核定流量范围内；②对直接向水池、游泳池等进水的大用户，在采取控流措施的同时，进水前应制定进水计划并征得供水单位同意。

二次供水设施接入城镇供水管网时，为避免对城镇供水管网水量和水压产生影响，在节能的基础上宜采用蓄水型增压设施。

# 第 24 章  漏 损 控 制

## 24.1  引 言

供水系统作为城市公用设施的一部分，对于保障城市的经济稳定发展以及人民生活水平的提高，具有举足轻重的地位。但由于受施工不良、管路老化、水压异常等因素的影响，造成大量漏水损失。供水漏损量成为管网的无效供水，增加了供水部门取水、净化和输配水的成本，同时加大了净水和输配水的能耗、药耗。供水设施的漏水、爆管和溢流也常常造成积水、淹没道路等次生灾害。漏水、爆管事件时大面积道路开挖，给社会和居民生活带来不便，加大了供水部门的责任。多数漏水和蓄水设施的溢流可能进入排水系统，加大了污水输送和处理负担。管道漏水部位也是污染物侵入的理想场所，导致供水水质不良。

因此，控制供水管网漏损具有重要的社会、经济和环境意义。这些包括：改善供水系统运行效率、降低运行成本、节约能耗药耗、减少供水水质污染、有效利用现有设施、延长使用寿命、增强供水设施抗干旱和缺水的能力、增强供水企业竞争力，改善供水部门的社会形象等。

国际上近年在管网漏损管理中主要进展包括：

(1) 1993 年，为了分析和预测年真实漏损情况，分析夜间流量的构成，提出了背景和爆管估计（BABE）概念。认为背景漏损是采用各种检漏设备难以检测到的、配水管网所有组件中小流量漏水的集合。爆管漏水进一步分为明漏和暗漏（见图 24-1）。明漏是被居民、检漏部门发现并可以直接修理的漏水。暗漏是还未被发现，可用检漏设备检测到的漏水，它也是具有事故隐患的长期连续漏水。

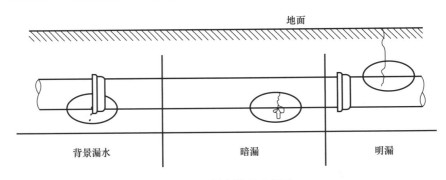

图 24-1  漏水类型示意图

(2) 1994 年，为了分析和预测不同压力、漏水速率和耗水量之间的关系，提出了固定和变化面积出流（FAVAD）概念。管道漏水量认为与供水压强呈幂函数关系，幂指数的取值从表示固定面积孔口出流的 0.5 到变面积孔口的 1.5。

（3）1999 年，提出真实漏损的运行管理"最佳"性能指标，包括不可避免（技术最小）真实漏损的公式及其关键参数的选用。

（4）2000 年，提出国际实用性水量平衡和性能指标。

（5）2002 年，将 95％的置信水平引入到水量平衡计算中。

（6）2005 年，引入世界银行研究所分级系统，使供水企业能够快速确认真实漏损管理中的缺陷，并提出优先采取的控制措施。

（7）2006 年，提出执行水量漏损降低的策略和步骤，即：①利用国际实用性水量平衡估计漏损量；②分析漏水量数据，计算运行管理最佳性能指标；③根据最佳性能指标，对需要采用的检漏技术进行优先性排序，并形成漏损控制策略；④执行漏损控制策略，在执行过程中不断学习和改进。

## 24.2 漏水事故原因分析

漏水的发生通常分为两种方式：

1）真实漏损：由于管道破裂、接口脱落、管件损坏以及蓄水池溢流等原因，未经任何使用就从给水管网中漏损掉的水，称作真实漏损。

2）表观漏损：由于用户水表计量误差、数据收集和分析中产生的误差，以及非法用水（未安置水表、安置水表并不使用、消火栓取水等情况），给供水公司和用户带来经济影响的部分水量，称作表观漏损。

### 24.2.1 真实漏损的原因

导致城市供水管网漏损的原因很多，不同地区、不同管材的管网漏损会有不同的主要诱导因素，即使同一处漏水或爆管，也有可能是几方面共同作用的结果。

（1）设计方面的原因

给水管网设计一般仅对主干管道进行水力计算，且多采用简化的计算方法，致使管网和水泵的设计参数与实际运行不符。

（2）管材质量原因

管道材质低劣、耐压性差是管道爆裂的内在因素。根据经验，相同条件下各种管道易裂可能性由大到小排列为：普通铸铁管＞石棉水泥管＞球墨铸铁管＞钢筋混凝土管＞钢管。据文献调查说明：发生漏水的管道，95％的钢管漏水是腐蚀穿孔，75％的铸铁管漏水发生在接口附近。由于历史原因，一个时期内管材因需求量过大，可能存在以次充好的情况。

一些新型管材因管配件系列不全，在管段压力和温度大幅度变化的情况下，管段各部分机械性能不一致，也可能发生漏水。高压供水区选择了工作压力较低的管材，容易引起漏损。

（3）施工质量方面的问题

1）管道基础不好。由于管沟沟底不平或不结实，管道不均匀沉降，接头损坏，导致漏损。

2）接口质量差。灰口铸铁管全线刚性连接，构成残缺管道结构，致使管道处于不稳定的动态工作条件，因而极易发生破裂、漏水；钢管的焊接处有夹渣、气孔、焊缝宽度不均，易发生漏水；混凝土承插口，接口环形纵向间隙控制不严，造成密封胶不到位或压紧的现象，使胶圈受力不均引起滑脱，造成漏水。法兰连接不规范，法兰同管道不垂直，两法兰片不平行，垫圈太薄或位置不正，拧紧螺丝时未按对角线法则操作或少上螺栓等，导致法兰受力不均而引起水量外渗或漏流。由于管道的伸缩性，在弯头附近的接口很容易漏损。老式含铅或者无铅接口经常会随时间变脆，进而破裂。支墩后座土壤松动，引起支墩位移较大，接口松动。

3）管道防腐不好。没有按照防腐层要求操作，或者内外防腐层破坏处没有做好特殊处理。当管道内壁遇到软水或 pH 偏低的水，可能造成腐蚀，使管壁减薄，强度降低形成爆管隐患。

4）覆土不均。回填土时未分层夯实或两侧填土的密度不同，使管道侧向受力，增加了管道爆裂漏水的机会。

（4）温度变化的影响

温差较大的地方，温度是造成给水管道频繁发生破损的主要原因之一。在温度不断变化的条件下工作，夏季敷设的管道甚至是在超过环境温度的情况下连接在一起，管道的温度变形伸长达到最大值，在这种情况下工作的管道，常年受到收缩拉应力的影响。例如一条 5m 长的铸铁管在敷设时温度为 26℃，冬季最低温度为 1℃ 时，两种温度之间变形达 1.50mm，变形应力为 $3.6kg/mm^2$。

在冬季易发生管网漏损，主要由于温变应力和冰冻荷载两个方面引起的。由于管内的水温和管外的土壤温度随季节变化，因而在管壁上产生相应的轴向应力，使管道本身也随温度的变化而发生应变伸缩。2016 年我国南方地区发生的寒潮，曾造成大量水管、水表破裂。

（5）管网管理存在的问题

供水管网经过长时间的运行，因水中氧化铁、细菌、碳酸盐沉积，使内壁形成锈瘤和积物，降低了供水能力，改变了管道的阻力系数。由于用地功能的变化，用水量也相应改变，使管网的实际运行状态与设计参数不符，出现供水事故而漏水。

虽然许多城市安装了实时监测系统，采集供水泵站出口和管网节点的压力监测值，调度者根据压力变化，凭经验发出指令确定泵的运行，并没有涉及水力模型、数学规划等优化技术，只是人工代替机器劳动，使得动态需水量与实际供水量脱节，增加了漏损的可能。

管网中由于水泵开启或停止，用户用水量的瞬时改变而产生的水锤压力，可使管道发生大的变形甚至破裂。由于管道摩阻或气蚀的影响，实际产生的水锤压强值可能比计算的水锤压强值高出许多，这种巨大的压强若遇多波源水锤波，发生共振水锤，则水锤压强将比单波源水锤增加数倍，其后果更为严重。

随着城市建设的发展，给水管网的规模也在不断地扩大，给水管网的复杂性也随之增加，在满足用户用水需求的前提下，给水管网的供水压力亦不断提高。其中局部区域水压明显高于用户需求水压，相应管道的漏损频率也会随之上升。

（6）环境因素

1）交通——重车通行、荷重增加，引起管线破裂或断裂。

2）土壤类型——土壤含水量的变化，引起下陷或位移；土壤的腐蚀性、可检漏性，均会影响到漏损。

　　3）环境破坏——土壤受污水侵蚀，造成管线穿孔、破洞。

　　4）外物侵入——如树根侵入或破坏管体。

　　（7）灾害因素

　　1）其他工程造成挖损：包括管道附近的施工、矿区开采等。

　　2）天灾引起地层滑动，造成管道破裂，如地震、台风、暴雨、滑坡塌方等。

### 24.2.2　表观漏损的原因

　　1. 计量误差

　　供水量的数据主要来自出厂水总表，计量的准确程度直接关系产销差率的计算。读数误差一般与以下因素相关：

　　1）随时间的磨损；

　　2）水质影响；

　　3）环境条件，例如极端寒冷或炎热天气；

　　4）不正确安装；

　　5）缺少例行测试和维护；

　　6）不正确修理，等等。

　　水表也存在一定问题，例如一些企业设置水表是根据设计规模选用的，后来企业的更换、规模的扩大和压缩，水表口径都没有及时调整，这样大水表走小流量，计量偏小；反过来，若水表超负荷运行，水表部件极易磨损，计量偏慢，甚至不计量。

　　管网水质不良，也会明显影响水表的精度。一种是水中挟带的固体杂质颗粒，如砂粒、麻丝、锈垢等容易堵塞滤水网和叶轮盒进水孔；二是水中所含的某些无机或有机物质，如铁盐等，容易在滤水网、叶轮盒的孔壁上结成水垢。两种情况都会使滤水网、叶轮盒进水孔的孔径变小，导致流速加快、计量偏移。

　　2. 统计误差

　　用水数据统计中总是存在漏抄、错抄和估抄现象，例如：

　　1）收费数据调整过程中，用户用水数据修订；

　　2）一些用户有意无意从收费记录中消除或者不计量；

　　3）未支付用户，或者未记录用水；

　　4）数据分析和支付中的人为误差；

　　5）政策的薄弱，造成支付和统计中的漏洞；

　　6）水表计量和支付系统没有及时衔接；

　　7）房屋所有权的变化，用户的变更；

　　8）评价、降低和预防漏损的技术和管理理念薄弱。

　　3. 非法用水

　　长期以来，由于一些特殊的历史原因以及包括供水企业职工自身的问题，用户私自乱接供水管道、水表倒装、无表用水或者用户有意破坏水表口径，滤网、叶轮堵卡异物等行为导致大量用水未计量或计量不准确。也可能存在营销人员玩忽职守、以水谋私等现象。特别在靠近施工场地处，水可以在消火栓处轻易盗取。

## 24.3 分区计量管理

### 24.3.1 基本理论

管网规模越大，采用主动检漏耗费的人力和时间成本越高，发现和解决未注册用水等水量损失的难度也越大。因此规模较大的供水管网应采用分区计量管理。

分区计量管理将给水管网划分为逐级嵌套的多级分区，形成涵盖出厂计量、各级分区计量、用户计量的管网流量计量传递体系。通过监测和分析各分区的流量变化规律，评价管网漏损并及时作出反馈，将管网漏损监测、控制工作及其管理责任分解到各分区，实现供水网格化、精细化管理。

分区划分应综合考虑行政区划、自然条件、管网运行特征、供水管理需求等多方面因素，尽量降低对管网正常运行的干扰。其中自然条件包括河道、铁路、湖泊等物理边界，地形地势等；管网运行特征包括净水厂分布及其供水范围、压力分布、用户用水特征等；供水管理需求包括营销管理、二次供水管理、老旧管网改造等。

分区级别应根据供水单位的管理层级及范围确定。分区级别越多，管网管理越精细，成本也越高。一般情况下，最高一级分区宜为各供水营业或管网分公司管理区域，中间级分区宜为营业管理内分区，一级和中间级分区为区域计量区，最低一级分区宜为独立计量区（DMA）。独立计量区一般以住宅小区、工业园区或自然村等区域为单元建立，用户数一般不超过5000户，进水口数量不宜超过2个，DMA内的大用户和二次供水设施应装表计量。

管网分区计量管理示意图如图24-2所示。该管网采用了三级分区计量管理模式，包含2个一级分区，5个二级分区，若干个三级分区（DMA）。

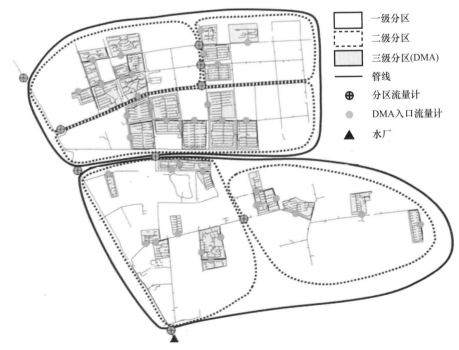

图 24-2　管网分区计量管理示意图

分区计量管理项目设计包括分区边界划定、监测设备选型、工程施工设计、管理平台设计等。

（1）分区边界划定

分区边界宜以安装流量计量设备为主、以关闭阀门为辅的方式划定。对于采取关闭阀门形成分区边界的区域，应加密设置水质、水压监测点、管网冲洗点和排气阀等，保障管网水质和水压安全。

（2）监测设备选择

流量计量设备应具备双向计量功能，设备量程、准确度应与管道设计流量匹配，应具备可靠的数据远传功能，并应附带接地、抗干扰和防雷击等装置。

（3）工程施工设计

工程施工设计内容包括流量计量，阀门，水质、水压监测，数据采集与传输设备的型号和规格、井室布置等。分区计量管理工程施工设计常与旧城改造、老旧小区改造、棚户区改造、二次供水设施改造结合。

（4）管理平台设计

分区计量管理平台一般应基于管网 GIS 系统设计，应具备用户数量、用水量、分区进（出）水量、夜间最小流量、水压、水质等数据的存储、统计分析及决策支持功能。分区计量管理平台应加强与调度、收费、表务、二次供水设施管理等其他管网管理系统的数据融合，促进管网运行管理与收费管理的结合。分区计量管理平台应增强数据保密性，保障数据安全可靠，抵御网络攻击。

管网实施分区管理时，由于区域边界处的管线撤除或阀门关闭，可能会对管网水质产生不利影响。因此在建设和封闭运行过程中应及时监测管网水质变化，采取措施保障水质安全。

### 24.3.2 绍兴供水管网分区计量实践

绍兴市自来水公司从 2002 年开始，按照行政区划将公司供水区域划分为越城、袍江、城东、城南、镜湖五个供水营业分公司，每个公司通过安装流量计实行营业管理定量考核。

此后逐步采取了供水片区面积细分与减小；增设支线考核表；对住宅小区总考核表安装远传设备，实现远传监控；对一些薄弱管线增设流量监测点，辅助判断漏损状况等措施，提高了水量监控与漏损分析的针对性。

截至 2015 年，供水区域内共设置 5 个一级计量大区、30 个二级计量片区、1095 个小区总考核表和 15500 个单元考核表，形成了以"公司、分公司、片区、支线、户表"为计量节点的点、线、面三者互联互通的五层级分区计量管理体系。

绍兴市供水管网分区计量管理成效体现在以下四个方面：①突发性管网事件预警：通过分区计量系统，及时发现并处置水量异常事件，有效减少了水量损失和对社会的负面影响；②考核表分析：通过区域内考核表分析，及时发现分区内水表异常情况，便于开展管道检漏和表务管理工作；③夜间最小水量评估：利用春节假期时段评估各分区夜间最小流量，得出相对准确的最小水量数据；④管网漏点隐患提示：通过分区计量最小水量分析平台，集合考核表水量分析，提高了漏点发现和隐患消除的及时性。

绍兴市自来水公司 2001～2015 年区域化管理与分区计量工作发展历程及成效见表 24-1。

区域化管理与分区计量发展历程及成效 表 24-1

| 年份 | 主要做法 | 成效 |
|---|---|---|
| 2001 | 小舜江工程建成通水，原来有西郭、南门水厂双向供水改为宋六陵水厂单向重力流供水 | 1. 供水面积：未分区管理；<br>2. 突发事件发生响应时间：大于 1h；<br>3. 突发事件感知水量：大于 300m³/h |
| 2002 | 小舜江供水区域进一步增大，供水范围包括至绍兴市区、袍江经济开发区、皋埠镇、马山镇、东湖镇 | |
| 2003 | | |
| 2004 | | |
| 2005 | 东浦镇于 2005 年 8 月底接通小舜江水，实现全市同网供水，正式形成五个区域营业所的区域化管理体系 | 1. 供水面积：大于 1 个/50km²；<br>2. 大用户水量远传占比：小于 30%；<br>3. 突发事件发生响应时间：大于 10min；<br>4. 突发事件感知水量：大于 200m³/h；<br>5. 主动发现突发性事件次数：小于 10 次；<br>6. 主动发现趋势性事件次数：大于 10 次 |
| 2006 | | |
| 2007 | | |
| 2008 | | |
| 2009 | | |
| 2010 | 对城南区域东江桥、八木服装、树人小学、豫才中学四处试点安装管网漏损监测流量计 | 1. 片区供水面积：小于 1 个/50km²；<br>2. 大用户水量远传占比：大于 30%；<br>3. 突发事件发生响应时间：大于 5min；<br>4. 突发事件感知水量：200m³/h；<br>5. 主动发现突发性事件次数：大于 10 次；<br>6. 主动发现趋势性事件次数：大于 20 次 |
| 2011 | 对袍江区域三江路口、启圣路、三圆闸三处试点安装管网漏损监测流量计 | |
| 2012 | 开始建立分区计量管理应用系统，通过 24h 曲线对各计量片区水量进行实时监控，并对区域内突发性事件进行直观判断，有效提高分区计量使用率 | |
| 2013 | 与上海肯特厂家进行项目合作关系，对老城区（越城分公司）开展网格化分区计量建设；组织实施越城分区计量建设，分阶段在解放北路、泗水桥、涂山路等主干管上增设流量计 8 只，全区域细化建立六个计量分区，整个公司区域形成 21 个计量片区，全年累计及时发现 18 起水量异常事件 | |
| 2014 | 全面深化分区计量工作。组织对越城、袍江、城南开展分区再优化工作，形成建立 28 个计量片区供水格局，全年累计发现水量异常事件 33 起，同时通过夜间最小流量分析，安排临时检漏 66 次，检出漏点 22 处 | 1. 片区供水面积：小于 1 个/20km²；<br>2. 大用户水量远传占比：大于 50%；<br>3. 突发事件发生响应时间：小于 5min；<br>4. 突发事件感知水量：50m³/h；<br>5. 主动发现突发性事件次数：大于 20 次；<br>6. 主动发现趋势性事件次数：大于 50 次 |
| 2015 | 全年新增流量计 13 只，包括越城 31 省道北复线、公铁立交桥、渡江桥等，袍江越英路、越兴路 400，越兴路洋江路口等，城南玉山大桥、丰山路口等，镜湖 31 省道群贤路等，实现 30 个计量片区，分区计量系统基本建成 | |

## 24.4 漏水探测技术

供水管网漏损探测是指运用适当的仪器设备和技术方法，通过研究漏水声波特征、管道供水压力或流量变化、管道周围介质物性条件变化以及管道破损状况等，确定地下供水管道漏水点的过程。

城镇供水管网漏水探测应遵循以下原则：①应充分应用已有的管线和供水状况可靠的信息资料；②选用的探测方法应经济、有效；③复杂条件下宜采用多种方法综合探测；④

应避免或减少对日常供水、交通等的影响。

城镇供水管网漏水探测的工作程序包括探测准备、探测作业、成果检验和成果报告。探测准备包括资料收集、现场踏勘、探测方法试验和技术设计书编制。漏水探测作业应按照技术设计书要求组织实施、正确履行探测工作程序，即使采集、处理、分析、整理探测数据。成果检验包括开挖验证、计算漏水点定位误差和定位准确率等。供水管网漏水探测作业和成果检验完成后，应编写供水管网漏水探测成果报告。

### 24.4.1 直接观察法

最基本的漏水定位方法是直接观察。直接观察法就是沿着某一路线行走，查看地面是否有冒水现象，消火栓、阀门、水表等附件是否有漏水，注意地面凹陷、路面润湿、冬季积雪先融、管线上方草木茂盛、排水检查井壁大量渗水或沟渠清水长流等情况，以判定是否存在漏水点。图24-3说明了消火栓处的漏水情况。直接观察法以发现明漏为主，难以判断暗漏情况。

图 24-3 消火栓处的漏水

### 24.4.2 流量法

流量法是借助流量测量设备，通过检测供水管道流量变化推断漏水异常区域的方法。流量法分区域装表法和区域测流法。

（1）区域装表法

单管进水的区域应在区域进水管段安装计量水表。多管进水的区域在主要进水管段安装计量水表，其余与本区域连接管道的阀门均应严密关闭。

安装在进水管上的计量水表应符合下列规定：①能连续记录累计量；②满足区域内用水高峰时的最大流量计量；③小流量时有较高计量精度。

探测时应在同一时间段读抄该区域全部用户水表和主要进水管水表，并分别计算其流量总和。当两者之差小于5%时，可不再进行漏水探测；当超过5%时，可判断为有漏水异常，并应采用其他方法探测漏水点。

（2）区域测流法

区域内无屋顶水箱、蓄水设备或夜间用水较少区域的供水管网漏水探测，宜采用区域测流法（见图 24-4）。每个探测区域宜符合下列条件之一：①区域内管道长度为 2～3km；
②区域内居民为 2000～5000 户。

采用区域测流法宜选在夜间 0：00～4：00 期间进行探测，这时用户用水量较低，因此也称为夜间最小流量法。探测时测流区域应保留一条管径不小于 50mm 的管道进水，并应关闭其他所有进入探测区域管道上的阀门，在进水管道上安装可连续测量的流量仪表（见图 24-5）。

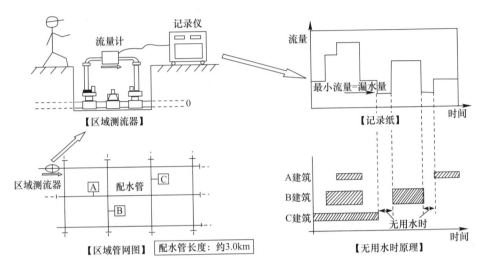

图 24-4　区域测流法原理图

大量实践证明，在测流区域内夜间测得单位管长最小流量大于 $1.0m^3/(km \cdot h)$ 时，或者在夜间流量占平均日流量很大比例且没有明显夜间用户用水时，可认为该探测区域存在漏水异常。为寻找漏水管段，可采用关闭区域内部某些管段的阀门，对比阀门关闭前后的流量；若关阀后流量仪表的单位流量明显减少，则表明该管段存在漏水，可再用听音法或其他方法，探测漏水点位置。

### 24.4.3　压力法

压力法是借助压力测试设备，通过检测供水管道供水压力变化，推断漏水异常区域的方法。

该方法中，根据供水管道条件布设压力测试点并编号。压力测试点宜布设在消火栓上，或利用已有的压力测试点。通过测量每一压力测试点处的大气压或高程，结合供水管道输水和用水条件计算探测管段的理论压力坡降，绘制理论压力坡降曲线。

在压力测试点上安装压力计量仪表时，应排尽仪表前的管内空气，并应保证压力计量仪表与管道连接处不漏水。压力法使用的压力仪表计量精度应优于 1.5 级。

采用压力法探测时，应避开用水高峰时段，选择管道供水压力相对稳定的时段观测并记录各测试点管道供水压力值。然后将各测试点实测的管道供水压力值换算为绝对压力值或换算成同一基准高程的可比压力值，并绘制该管段的实测压力坡降曲线。

对比管段实测压力坡降曲线和理论压力坡降曲线的差异，判断是否发生漏水。当某测试点的实测压力值突变，且压力低于理论压力值时，可判定该测试点附近为漏水异常区域。

### 24.4.4 噪声法

噪声法是借助相应的仪器设备，通过检测、记录供水管网漏水声音，并统计分析其强度和频率，推断漏水异常管段的方法。

噪声法可采用固定和移动两种设置方式。当用于长期性的漏水监测与预警时，噪声记录仪宜采用固定设置方式；当用于供水管网漏水点预定位时，宜采用移动设置方式。

噪声法漏水探测系统常由多只噪声记录仪和一台远程手控接收器（巡视仪）构成（见图24-5）。

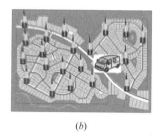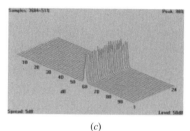

(a)　　　　　　　　　　(b)　　　　　　　　　　(c)

图24-5　噪声法漏水探测仪

(a) 记录仪和巡视仪；(b) 仪器布置示意图；(c) 漏水噪声解析图像

噪声记录仪的要求为：灵敏度不低于1dB；能够记录两种以上噪声参数；性能稳定，测定结果重复性好；防水性能符合IP8标准。

噪声记录仪常布设在阀门井中的供水管道、阀门、水表、消火栓等管件的金属部分。这些位置应满足能够记录到探测区域内管道漏水噪声的要求，检测点不应有持续的干扰噪声。由于噪声记录仪采用压电式加速度传感器，应在管道布设点上保持竖直状态，并应保证噪声记录仪、磁铁底座与管道金属部分的良好接触。

直管道上噪声记录仪的最大布设间距推荐值见表24-2，实施中应参照仪器厂家提供的标准。此外，噪声记录仪的布设间距要求如下：①应随管径的增大而减小；②应随水压的降低而减小；③应随接头、三通等管件的增多而减小；④当用于漏点探测预定位时，还应根据阀栓密度进行加密测量，相应减小噪声记录仪的布设间距。

直管段上噪声记录仪的最大布设间距推荐值　　　　　表24-2

| 管材 | 最大布设间距（m） |
| --- | --- |
| 钢 | 200 |
| 灰口铸铁 | 150 |
| 混凝土 | 100 |
| 球墨铸铁 | 80 |
| 塑料 | 60 |

噪声记录仪的记录时间常在凌晨2：00～4：00，时钟应在探测前设置为同一时刻。当按预设时间自动开启噪声记录仪时，可同时记录管道各处的噪声信号。有些噪声记录仪在听到预置限之外的噪声时可发出警报。

布设噪声记录仪的区域使用远程手控接收器（巡视仪）进行巡视，从噪声记录仪中下载数据，传输到计算机的专业分析软件中。通常配置移动车辆在需要探测的区域进行巡回和自动接收、解码和分析来自噪声记录仪的数据。对于符合漏水异常判定标准的噪声记录数据，可认为该噪声记录仪附近有漏水异常。

### 24.4.5　听音法

听音法是借助听音仪器设备，通过识别供水管道漏水声音，推断漏水异常点的方法。听音设备包括听音杆和电子听漏仪。根据探测条件，听音法分为阀栓听音法、地面听音法或钻孔听音法。经实践总结，听音法的适用条件为：①管道供水压力不应小于0.15MPa；②环境噪声不宜大于30dB。

1. 听音设备

（1）听音杆

听音杆（也称听音棒、听漏棒）分两种：一种为原始噪声听音杆（或称机械式听音杆），有木质结构和金属结构两种；另一种为电子听音杆，采用电子集成电路对漏水噪声方法和滤波，进而识别出漏水声和过水声（水在管道内流动的声音）。听音杆是漏电定位的主要设备，在专业检漏队伍中几乎人持一支。

1）机械式听音杆

机械式听音杆由金属杆和耳机组成，通过捕捉管路中的漏水声，发现和确定漏水点（见图24-6）。机械式听音杆使用方法简单，携带方便、成本低廉、轻便灵活；但其易受人耳听力影响，不同人的听漏效果差异较大。

图 24-6　机械式听音杆

2）电子听音杆

电子听音杆通过电子放大线路，可将捕捉到的异常声音放大，让使用者更容易判断漏水情况（见图24-7）。

图 24-7　电子听音杆

（2）电子听漏仪

电子听漏仪由主机、拾音器和耳机组成，其工作原理是：拾音器（传感器）拾取地面的声音并转换成电信号后输入主机，主机对电信号放大、滤波等处理，最后由耳机输出声音到人耳（见图24-8）。

2. 漏水声音及干扰

漏水声音随管道材料、漏孔、水压等而异，并随传播路径和传播距离而变。表24-3说明了漏水声音的传播特性。

通常情况下，路面结构标准越高，检漏效果越好。因为高标准路面结构紧凑，传声快、失真小；反之则差。所以沥青路面上检漏容易，其次是石块路面，再次是泥土路，最差是煤屑路。因为煤屑经过燃烧成多孔隙的煤渣，形成的空穴吸收了漏水声波，所以极难听到漏水声。

管材结构不同，传声效果各异。一般情况下钢管传声范围广，漏水声易捕捉；但因其传声好带来的副作用是听测时，到处皆像有漏，漏点确

图24-8　电子听漏仪

定难度大。铸铁管传声性能较差，主要是接口填料多为非金属物；但其漏水点发生较集中，一旦检出漏点，差错可能性小。非金属管材传声性能差，检漏时需要步步检听，才有可能检出漏点。有文献指出：钢管传声范围一般可达60m，铸铁管可达10～20m，非金属管往往仅在本管节中传声。

漏水声音的传播特性　　　　　　　　　　　　　　　　　　　　　　表24-3

| 条件 | 传播距离 | | 备注 |
| --- | --- | --- | --- |
| | 远 | 近 | |
| 管道直径 | 小 | 大 | 直径越大，越难引起管道的振动 |
| 管道材料 | 铸铁、钢管 | PVC、PE、混凝土 | 非金属管道与金属管道相比，振动幅度较小 |
| 接口类型 | 焊接接口 | 橡胶法兰接口 | 橡胶会缓减漏水声音 |
| 漏水量 | 大 | 小 | 较小漏水量引起的漏水声音较小 |
| 水压 | 高 | 低 | 较低水压引起较小的漏水声音 |
| 埋设深度 | 浅 | 深 | 埋设越深，漏水声音衰减越快 |
| 土壤密度 | 致密 | 疏松 | 土壤越疏松，漏水声音衰减越快 |

地下管道漏水声很微弱，一旦受外界噪声干扰，极易造成漏听误听（见表24-4）。一般噪声声源有电机、鼓风机、冷冻机、排气机、卷扬机及高压变电器等发出的噪声。此类噪声与漏水声的频率极为相似，经过地面传播后几乎可达到以假乱真的地步。另外，电话、电缆、煤气等地下设施漏损时发出的声音与漏水声雷同，往往造成检漏错觉。所以检漏一定要具备扎实的基本功，同时也应熟知水管周围的外部环境。

各种类似漏水的声音　　　　　　　　　　　　　　　　　　　　　　表24-4

| 疑似声音 | 特征 |
| --- | --- |
| 用水声音 | 用水时，有水嘴产生的声音 |
| 污水流动声音 | 当污水流入检查井时，声音类似漏水声音，并伴有轻微的回音 |
| 风声 | 4～6m风速（可有人体感知的）接近漏水声音；较强的风速可掩盖掉漏水声音 |
| 汽车行驶声音 | 轮胎与地面的摩擦声音；60m之外距离听到的声音类似于漏水声音 |
| 城市噪声 | 风力引起建筑物振动，以及由建筑物内部产生的噪声 |
| 变压器声音 | 变压器励磁引起的振动 |
| 电动机噪声 | 空调、自动售货机等电机的旋转噪声 |

除了以上所述外界干扰声外，由于管网结构本身的需要，管道内有弯头、梯口等处，因受阻或冲力加大或减小会发出一定的声响，听到这些声音不可当作漏水。比较简便的方法是多听一些时间，因为这些声音较为稳定，且传播不远，只要多听一些时间，范围扩大一些即可排除，不致造成误听。

3. 阀栓听音法

阀栓听音法是指检漏人员利用听音杆或电子听漏仪直接接触裸露管道或阀门、消火栓、水表等附属物，根据听测到的管道漏水声，判断漏水管段，缩小确定漏水点范围的方法（见图24-9）。阀栓听音法的特点是所听到的声音音质纯真、无杂声、易分辨且强度变化明显，可以准确区分用水声、过水声和漏水声。

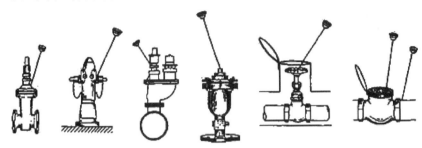

图24-9　常见阀栓听音位置

通常情况下，如果检漏人员在阀栓听音时未发现漏水异常，则基本上说明附近管道没有漏水。但有些大口径管道（$DN \geq 500$）和非金属管，由于声音衰减快、传播距离短，仅靠阀栓听音很难判断有无漏水。

当采用阀栓听音法探测时，应首先观察裸露地下管道或附属设施是否有明漏。发现漏点时，应准确记录相关信息。记录的信息包括阀栓类型，明漏点位置、漏水部位，管道材质和规格，估计漏水量等。

4. 地面听音法

地面听音法是检测人员利用听音杆或电子听漏仪，紧密接触地面寻找漏水声的方法（见图24-10）。其特点是检测速度快，通常在水泥路面及管道埋设深度不大时检漏效果好。当采用地面听音法探测时，地下供水管道埋深不宜大于2.0m。地面听音法在绿化带、泥土路条件下探测效果不佳。

地面听音法可用于供水管网漏水普查和漏水异常点的精确定位。

当采用地面听音法进行漏水普查时，应沿供水管道走向，在管道上方逐步听测。金属管道的测点间距不宜大于2.0m，非金属管道的测点间距不宜大于1.0m。漏水异常点附近应加密测点，加密测点间距不宜大于0.2m。

当采用地面听音法精确定位漏水点或探测管径大于300mm的非金属管道时，宜沿管道走向呈"S"形推进听测，但偏离管道中心线的最大距离不应超过管径的1/2。

5. 钻孔听音法

钻孔听音法可用于供水管道漏水异常点的精确定位。在供水管道漏水普查发现漏水异常后，在管线正上方用冲击钻钻孔，然后利用听音杆直接接触管体听音。为防止钻孔时损坏其他管线，钻孔前应准确掌握漏水异常点附近其他管线的资料。当采用钻孔听音法探测时，每个漏点异常处的钻孔数量不宜少于2个，两钻孔间距不宜大于50cm。

图 24-10　地面听音法

### 24.4.6　相关分析法

相关分析法指借助相关仪，通过对同一管段上不同测点接收到的漏水声音的相关分析，推断漏水异常点的方法。

相关仪由一台主机（由无线电接收机、微处理器等组成）、两台无线电发射机（带前置放大器）和两个振动传感器组成，具备滤波、频率分析、声速测量等功能（见图 24-11）。相关仪振动传感器频率响应范围宜为 $0\sim5000\mathrm{Hz}$，电压灵敏度应大于 $100\mathrm{mV/(m \cdot s)}$。

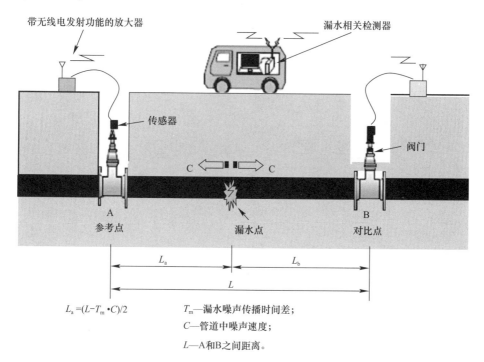

$L_\mathrm{a} = (L - T_\mathrm{m} \cdot C)/2$　　　$T_\mathrm{m}$—漏水噪声传播时间差；

$C$—管道中噪声速度；

$L$—A 和 B 之间距离。

图 24-11　相关分析法

漏水探测中，将振动传感器置于管壁或管道相连的部位。当出现漏水时，漏水声沿管道向水流上游和下游方向传播，两个振动传感器可捕捉到漏水声信号，该信号通过发射机传给相关仪主机。相关仪主机根据接收信号的不同时间计算漏水点位置，并以图形及数据形式给出测试结果。

当采用相关分析法探测直径不大于 300mm 的管道时，相邻两个传感器最大布设间距宜符合表 24-2 的规定。布设间距应随管径的增大而减小、随水压的增减而增减。

当采用相关分析法探测时，应根据管道材质、管径设置相应的滤波器频率范围。金属管道设置的最低频率不宜小于 200Hz；非金属管道设置的最高频率不宜大于 1000Hz。

### 24.4.7 管道内窥法

管道内窥法是通过闭路电视摄像系统（CCTV）等查视供水管道内部缺陷，推断漏水异常点的方法。

（1）闭路电视摄像系统

闭路电视摄像系统（CCTV）在应用中的要求有：①摄像机感光灵敏度不应大于 3lx；②摄像机分辨率不应小于 30 万像素，或水平分辨率不应小于 450TVL；③图像变形应控制在 ±5% 范围内；④控制时管道应停止运行，且排水不会淹没摄像头。

当采用推杆式探测仪探测时，两相邻出入口（井）的间距不宜大于 150m；管径和管道弯曲度不得影响探测仪的行进。

当采用爬行器式探测仪探测时，两相邻出入口（井）的距离不宜大于 500m；管径、管道弯曲度和坡度不得影响探测仪爬行器在管道内的行进。

（2）智能球

智能球（SmartBall）是国外开发的一种管道漏水检测技术，适用于管径大于 DN150 的压力管道（见图 24-12）。智能球是由厚填料（泡沫）包裹的铝制球，填料起保护传感器、减弱背景噪声的作用。智能球在管内随水流流经漏水点时，收集并记录声波信号，同时记录压力、温度、速度等信息。

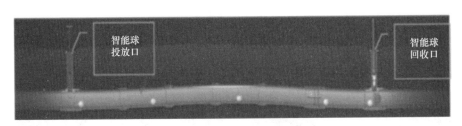

图 24-12 智能球工作原理示意图

（3）萨哈拉管线检漏系统

萨哈拉（Sahara）管线检漏系统是一种大口径管线实时在线监测系统（见图 24-13）。萨哈拉系统的头部安装有水听器，可检测漏水声音。该系统可以利用水流推动减速伞，牵引传感器和电缆在管道中行进，传感器检测的信息通过电缆传到地面终端。

### 24.4.8 其他方法

1. 探地雷达法

探地雷达法是通过探地雷达（GPR）对漏点周围形成的浸湿区域或脱空区域的探测，推断漏水异常点的方法。

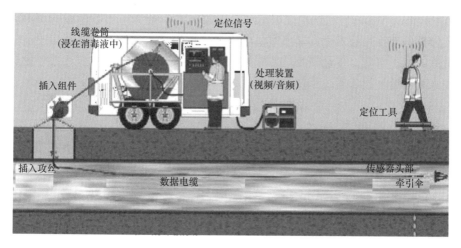

图 24-13 萨哈拉管线检漏系统

2．地表温度测量法

地表温度测量法借助测温设备，通过检测地面或浅孔中供水管道漏水引起的温度变化，推断漏水异常点的方法。

3．气体示踪法

气体示踪法是在供水管道内施放无毒、无色、无味的非污染、水溶性和密度低于空气的气体示踪介质，借助相应仪器设备于地面检测泄漏的示踪介质浓度，推断漏水异常点的方法。如果测试管段存在漏水，则示踪气体将通过漏水孔部逸出，因密度比空气小，将会从地下冒出。常用气体为氢气或氦气。

4．水质判别法

通常地面积水或湿润包括自来水、雨水、地下水和污水。为了确定是否为自来水，也可以根据水质判断，常用的指标有余氯浓度、电导率和pH。各种类型水的水质状况见表24-5。

地面存水的种类和性质　　　　　　　　　　表 24-5

| 水的种类 | 电导率（μS/cm） | pH | 余氯浓度（mg/L） |
|---|---|---|---|
| 自来水 | 100～300 | 6.7～7.5 | 0.1 以上 |
| 雨水 | 40～90 | 6.0 以下 | 无 |
| 地下水 | 300～1000 | 6.4～7.5 | 无 |
| 污水 | 500 以上 | 7.0 以上 | 无 |

# 24.5　给水管网漏损评定标准

### 24.5.1　国际水协会水量平衡和供水服务性能指标

1．水量平衡概念

2000 年国际水协会（IWA）公布了蓝页——供水系统的漏损：标准术语和推荐的性能测试。该文总结了水量漏损工作组的结论，尤其注重于评价输配水系统中真实漏损（漏水和溢流）运行性能标准术语和优先的性能指标。其中最为关注未计费水量（或产销差水量，Non-Revenue Water）和供水设施漏水量指数（Infrastructure Leakage Index，ILI）。

　　漏损分析的前提是技术上并非所有供应水量到达用户，财务上并非到达用户的供水量均被计量或收取了水费。平衡模型的水量输入输出要素如图 24-14 所示。其中免费水量包括消防用水、管道冲洗、管道末端放水等。

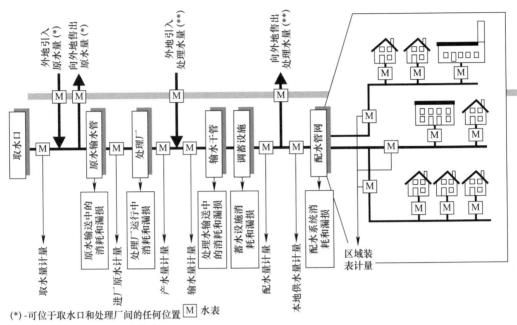

(*)-可位于取水口和处理厂间的任何位置　M 水表
(**)-可位于处理厂之后的任何位置

图 24-14　供水平衡模型水量输入输出示意图

　　供水平衡模型（见表 24-6）建立在供水统计数据基础之上，分析一般以一年为周期。分析步骤如下。

国际水协会供水平衡模型（数据为算例计算结果，单位：万 m³/a）　　表 24-6

| A | B | C | D | E | F | G |
|---|---|---|---|---|---|---|
| 本地取水量 (4489.5) | 系统供水总量 (7044.5) | 向外地售出水量 (1022) | 有效供水量 (5304) | 收费水量 (5238) | 向外地售出水量 (1022) | 售水量 (5238) |
| | | | | | 计量售水量 (4007) | |
| | | 本地系统供水量 (6022.5) | | | 未计量售水量 (209) | |
| | | | | 免费供水量 (66) | 计量免费水量 (28) | |
| | | | | | 未计量免费水量 (38) | |
| 外地引水量 (2555) | | | 系统漏损水量 (1740.5) | 表观损失 (652.9) | 非法用水量 (200) | 未计费水量 (1806.5) |
| | | | | | 用水计量和数据不准确性 (452.9) | |
| | | | | 真实漏水 (1087.6) | 原水输水管和处理厂漏损 | |
| | | | | | 配水干管漏损 | |
| | | | | | 蓄水设施漏损和溢流 | |
| | | | | | 进户管漏损 | |

步骤1：确定系统供水总量：包括本地取水量和外地引水量（栏A），其和为系统供水总量（栏B）；

步骤2：确定向外售出水量、计量售水量和未计量售水量（栏F），三者之和为收费水量（栏E），或称作售水量（栏G）；

步骤3：系统供水总量减去售水量，得到未计费水量或称产销差水量（栏G）；

步骤4：确定计量免费水量和未计量免费水量（栏F），总和为免费供水量（栏E）；

步骤5：收费水量和免费供水量之和为有效供水量（栏D）；

步骤6：系统供水总量与有效供水量之差为系统漏损水量（栏D）；

步骤7：通过现场测试，可估计非法用水和计量（或数据处理）不准确性（栏F），其和为表观损失（栏E）；

步骤8：系统漏损量减去表观损失，得到真实漏水（栏E）；

步骤9：通过夜间最小流量分析、爆管频率/流量/历时计算、模拟等方式校验真实漏水量。

2. 性能指标

国际水协会于2000年7月出版了《供水服务的性能指标》一书（2016年出版了第三版），已成为供水企业的重要参考文献。国际水协会的供水服务性能指标包含了水资源、人力资源、设施结构性能、运行状况、服务质量和财务状况等方面的指标。针对这些指标，在组织管理层次上又将其分为以下三个级别：

1级指标（L1）：表达供水效率和效益的总体管理状况；

2级指标（L2）：表达较为深入的管理信息；

3级指标（L3）：表达管理水平上最为详细的信息。

在国际水协会供水服务性能指标系统中，与漏损和未计费水量相关的指标包括无效供水率、系统漏损率、表观损失率、真实漏水率、供水设施漏水指数、未计费用水率和未计费用水成本比等。它们所属的指标类型、级别、计量单位、定义见表24-7。

与漏水和未计费水量相关的供水服务性能指标  表24-7

| 指标 | 类型 | 级别 | 计量单位 | 定义 | 备注 |
|---|---|---|---|---|---|
| 无效供水率 | 水资源指标 | L1 | % | [真实漏水量/（本地取水量＋外地引入水量）]×100 | 该指标说明了水资源的使用效率，不能作为衡量输配水系统管理效率的指标 |
| 漏损率 | 运行指标 | L1 | $m^3$（接户头·a） | 漏损水量/接户头数 | 如果接户头密度<20/km干管（例如输水管），该指标将表示为$m^3$/km干管/年 |
| 表观漏损率 | 运行指标 | L3 | $m^3$（接户头·a） | 表观损失量/接户头数 | 如果接户头密度<20/km干管（例如输水管），该指标将表示为$m^3$/km干管/年 |
| 真实漏损率 | 运行指标 | L1 | L（接户头·d）（系统处于有压状态） | 真实漏水量×1000/（接户头数×365×$T$/100） | 对于间歇性供水管网，$T$为一年内系统处于有压状态百分比时间；对于不间断供水管网，$T=100$。如果接户头密度<20/km干管（例如输水管），该指标将表示为L/km干管/d |

| 指标 | 类型 | 级别 | 计量单位 | 定义 | 备注 |
|---|---|---|---|---|---|
| 供水设施漏水指数 | 运行指标 | L3 | — | 真实漏水量/不可避免真实漏水量 | 用于衡量供水企业的漏损控制水平；在良好漏损控制管理下，该指标应接近于1；在不良管理条件下，其值较大 |
| 未计费用水率 | 财务指标 | L1 | % | 未计费用水量/系统供水量×100 | |
| 未计费用水成本比 | 财务指标 | L3 | % | 未计费用水成本/年运行成本×100 | 未计费用水成本是免费用水、表观漏损和真实漏损成本之和 |

表 24-7 中的供水设施漏水指数考虑了系统不可避免真实漏损量，它指在当前技术水平及条件下，无论采取什么技术手段都很难避免的漏失水量。它主要来自管网附属机械设施的滴漏、不易发现的少量漏水和维修过程中的漏水等。因为在分析供水系统漏损情况时，从经济角度来看并非漏损值越低越好。漏损较大时，只需较少的检漏和维修费用就能降低较多的漏损水量；但当漏损值很低，尤其较大漏水点较少时，需要较多的人力和资金才能找到漏水点，经济效益较低，甚至出现得不偿失的情况，因此应允许有不可避免的漏水量。

国际水协会综合了世界上 20 多个国家的实测数据，得出了综合考虑供水系统干管长度、系统平均压力、进户管的数量以及进户管平均长度等因素的不可避免真实漏水量（UARL）计算方法：

$$UARL = (A \times Lm/Nc + B + C \times Lp/Nc) \times P \qquad (24-1)$$

式中　　$UARL$——不可避免年真实漏水量，L/d；

　　$A$，$B$ 和 $C$——由经验确定的参数，分别为 18，0.80 和 25；

　　　　$Lm$——干管长度，km；

　　　　$Nc$——接户头数；

　　　　$Lp$——进户管长度，km；

　　　　$P$——平均压力，m。

供水设施漏损指数（ILI）是当前年真实漏水量（CARL）与不可避免年真实漏水量（UARL）的无量纲比值。

$$ILI = \frac{CARL}{UARL} \qquad (24-2)$$

国际水协会统计了澳大利亚、荷兰、英国、巴西、日本、马耳他、巴勒斯坦等 20 个国家 27 个不同管理程度的规模供水管网运行数据，发现其中 12 个供水管网 $ILI \leqslant 2.0$，表明其漏损管理控制水平优良；11 个供水管网 $ILI$ 值为 2.0～8.0，说明其漏损管理控制良好；仅有 4 个供水管网的 $ILI \geqslant 8.0$，即其漏损管理控制有较大提升空间，27 个供水管网的 $ILI$ 平均值为 4.38（见图 24-15）。

3. IWA 方法的特点

（1）IWA 方法作为一种标准的国际"最适合"方法和术语被结构化。

（2）IWA 将漏水和溢流作为"正当耗水"的一部分。

（3）包括了"不可避免真实漏水"计算方法。

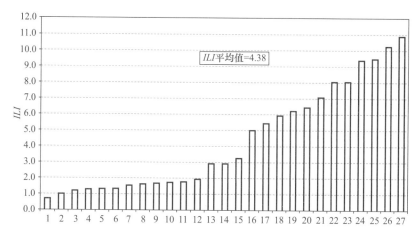

图 24-15 国际范围内 27 家供水企业 *ILI* 值比较

（4）IWA 方法克服了最常使用的性能指标（系统输入容积百分比和单位公里干管漏损）的缺陷。

（5）IWA 不采用"不明水（UFW）"，而采用"未计费水量（NRW）"，因为没有国际上公认的 UFW 定义，以及水量审计的所有组成部分均可以利用 IWA 方法"计量"。

（6）采用标准国际方法，可以将各种供水机构与国际 20 个国家 27 个系统的国际数据集中比较。

（7）将国际水协会供水平衡模型和供水服务性能指标结合，可以从水资源利用、运行管理和财务方面更好地表达供水系统的漏损问题。计算结果便于在各供水企业之间，以及本企业历年供水情况之间比较。

（8）水量构成的合理分类，便于寻找供水系统漏损控制的原因。例如表观漏损的进一步分析，可以判断其主要原因来自非法用水，还是来自水表计量误差、数据传输或者数据分析误差；对真实漏损的进一步分析，可以判断在漏损控制中需要采用压力优化技术、加大检漏频率，还是需要采用改善系统的修复和替换技术。

### 24.5.2 我国《城镇供水管网漏损控制及评定标准》

我国于 2002 年出台了《城市供水管网漏损控制及评定标准》CJJ 92—2002，于 2016 年经修订，更名为《城镇供水管网漏损控制及评定标准》CJJ 92—2016，规定如下。

1. 水量平衡表及术语

水量平衡表为供水单位分析漏损水量的重要工具。供水单位应根据表 24-8 的水量平衡表确定各类水量，并且应每年分析一次漏损水量。表 24-8 是以国际水协会推荐的水量平衡表（表 24-6）为基础，进行了适当修正：①重新定义了漏失水量的构成要素；②取消了表观漏损的表达。

水量平衡表 表 24-8

| 自产供水量 | 供水总量 | 注册用户用水量 | 计费用水量 | 计费计量用水量 |
| --- | --- | --- | --- | --- |
| | | | | 计费未计量用水量 |
| | | | 免费用水量 | 免费计量用水量 |
| | | | | 免费未计量用水量 |

| 自产供水量 | 供水总量 | 漏损水量 | 漏失水量 | 明漏水量 |
|---|---|---|---|---|
| | | | | 暗漏水量 |
| | | | | 背景漏失水量 |
| | | | | 水箱、水池的渗漏和溢流水量 |
| 外购供水量 | | | 计量损失水量 | 居民用户总分表差损失水量 |
| | | | | 非居民用户表具误差损失水量 |
| | | | 其他损失水量 | 未注册用户用水和用户拒查等管理因素导致的损失水量 |

（1）供水总量：进入供水管网中的全部水量之和，包括自产供水量和外购供水量。

（2）注册用水量：在供水单位登记注册用户的计费用水量和免费用水量。

（3）计费用水量：在供水单位注册的计费用户用水量。

（4）免费用水量：按规定减免收费的注册用户用水量和用于管网维护和冲洗等的水量。

（5）漏损水量：供水总量和注册用户用水量之间的差值。由漏失水量、计量损失水量和其他损失水量组成。

（6）漏失水量：各种类型的管线漏点、管网中水箱及水池等渗漏和溢流造成实际漏掉的水量。

（7）明漏水量：水溢出地面或可见管网漏点的漏失水量。

（8）暗漏水量：在地面以下检测到的管网漏点漏失水量。

（9）背景漏失水量：现有技术手段和措施未能检测到的管网漏点漏失水量。

（10）计量损失水量：计量表具性能限制或计量方式改变导致计量误差的损失水量。

（11）其他损失水量：未注册用户用水和用户拒查等管理因素导致的损失水量。

2. 评定指标计算

（1）漏损率：指管网漏损水量与供水总量之比，即产销差率，通常用百分数表示。

$$R_{WL} = \frac{Q_s - Q_a}{Q_s} \times 100\% \tag{24-3}$$

式中　$R_{WL}$——漏损率，%；

　　　$Q_s$——供水总量，万 $m^3$；

　　　$Q_a$——注册用水用水量，万 $m^3$。

（2）漏失率：指管网漏失水量与供水总量之比，即真实漏水率，通常用百分数表示。

$$R_{RL} = (Q_{r1} + Q_{r2} + Q_{r3} + Q_{r4})/Q_s \times 100\% \tag{24-4}$$

式中　$R_{RL}$——漏失率，%；

　　　$Q_{r1}$——明漏水量，万 $m^3$；

　　　$Q_{r2}$——暗漏水量，万 $m^3$；

　　　$Q_{r3}$——背景漏失水量，万 $m^3$；

　　　$Q_{r4}$——水箱、水池渗漏和溢流水量，万 $m^3$。

3. 评定标准

（1）城镇供水管网基本漏损率分为两级，一级为10%，二级为12%，并应根据居民抄表到户水量、单位供水量管长、年平均出厂压力和最大冻土深度进行修正。

（2）城镇供水管网漏失率不应大于修正后漏损率评定标准的 70%。

（3）漏损率评定标准的修正应符合下列规定：

1）居民抄表到户水量的修正值应按式（24-5）计算。

$$R_1 = 0.08r \times 100\% \tag{24-5}$$

式中　$R_1$——居民抄表到户水量的修正值，%；

　　　　$r$——居民抄表到户水量占总供水量比例。

2）单位供水量管长的修正值应按式（24-6）计算。

$$R_2 = 0.99(A - 0.0693) \times 100\% \tag{24-6}$$

$$A = \frac{L}{Q_s} \tag{24-7}$$

式中　$R_2$——单位供水量管长的修正值，%；

　　　　$A$——单位供水量管长，km/万 m³；

　　　　$L$——DN75（含）以上管道长度，km。

当 $R_2$ 值大于 3% 时，应取 3%；当 $R_2$ 值小于 $-3\%$ 时，应取 $-3\%$。

3）年平均出厂压力大于 0.35MPa 且小于或等于 0.55MPa 时，修正值 $R_3 = 0.5\%$；年平均出厂压力大于 0.55MPa 且小于或等于 0.75MPa 时，修正值 $R_3 = 1\%$；年平均出厂压力大于 0.75MPa 时，修正值 $R_3 = 2\%$。

4）最大冻土深度大于 1.4m 时，修正值 $R_4 = 1\%$。

（4）修正后的漏损率评定标准应按式（24-8）计算。

$$R_n = R_0 + R_1 + R_2 + R_3 + R_4 \tag{24-8}$$

式中　$R_n$——修正后的漏损率评定标准，%；

　　　　$R_0$——基本漏损率，%；

　　　　$R_3$——年平均出厂压力的修正值，%；

　　　　$R_4$——最大冻土深度的修正值，%。

【例 24-1】　我国江苏省某城乡一体化供水城市 2016 年的水量平衡表见表 24-9。以下进行评定指标计算和修正。

2016 年某市水量平衡表

表 24-9

| 项目 | 水量（万 m³/a） | 百分比（%） |
|---|---|---|
| 供水总量 | 10092.82 | 100.00 |
| 注册用户用水量 | 8412.32 | 83.35 |
| 计费水量 | 8309.16 | 82.33 |
| 计费计量水量 | 8178.89 | 81.04 |
| 计费未计量水量 | 130.27 | 1.29 |
| 免费水量 | 103.16 | 1.02 |
| 免费计量水量 | 55.16 | 0.55 |
| 免费未计量水量 | 48.01 | 0.48 |
| 漏损水量 | 1680.50 | 16.65 |
| 漏失水量 | 1390.38 | 13.78 |
| 计量损失水量 | 286.40 | 2.84 |
| 其他损失水量 | 3.72 | 0.04 |

**【解】** （1）漏损率计算

已知供水量为 10092.82 万 $m^3$，注册用户用水量为 8412.32 万 $m^3$，由式（24-3）计算漏损率为：

$$R_{WL} = \frac{10092.82 - 8412.32}{10092.82} \times 100\% = 16.65\%$$

该漏损率计算值远大于城镇供水管网基本漏损率（一级为 10%，二级为 12%）。

（2）漏损率评定标准修正

1）以计费计量水量 8178.89 万 $m^3$ 中，65% 为居民抄表到户水量，则由式（24-5），计算居民抄表到户水量修正值为：

$$R_1 = 0.08 \times \left(8178.89 \times \frac{0.65}{10092.82}\right) \times 100\% = 4.2\%$$

2）该市 DN75（含）以上管道长度 3338km，由式（24-7），单位管长供水量为：

$$A = \frac{3338}{10092.82} = 0.33 \text{km}/ 万 \ m^3$$

由式（24-6），单位供水量管长修正值为：

$$R_2 = 0.99(0.33 - 0.0693) \times 100\% = 25.8\%$$

因 25.8% 大于 3%，$R_2$ 值应取 3%。

3）该市有两座水厂，出厂压力均在 0.32～0.35MPa 之间，小于 0.35MPa，因此年平均出厂压力修正值 $R_3$ 取 0。

4）该市最大冻土深度在 0.1m 左右，小于 1.4m，因此最大冻土深度修正值 $R_4$ 取 0。

取基本漏损率 $R_0 = 10\%$，由式（24-8），修正后的漏损率评定标准为：

$$R_n = 10\% + 4.2\% + 3\% + 0 + 0 = 17.2\%$$

可以看出该市漏损率 16.65% 小于修正后的评定标准要求 17/2%，可认为该市漏损水量控制在评定标准要求以内。

（3）漏失率计算

由式（24-4），漏失率计算为：

$$R_{RL} = \frac{1390.38}{10092.82} \times 100\% = 13.77\%$$

修正后漏损率评定标准的 70% 为：17.2% × 70% = 12.04%

可以看出 13.77% > 12.04%，说明该市漏失率较高，应采取措施降低漏失率。

## 24.6 系统改善策略

供水漏损是不能完全避免的，但是可以通过各种系统改善措施和管理措施，使供水漏损控制在经济允许范围内。

### 24.6.1 真实漏损处理

真实漏损的改善策略包括漏水管理，压力调控，系统维护、更新和修复，以及减少修漏响应时间等（见图 24-16）。

1. 漏水管理

供水单位应自建检漏队伍或委托专业检漏单位，按有关规定进行漏水检测。供水单位应建立管网漏点监测管理制度，确定检漏方式、检测周期和考核机制。城市道路下的管道检漏，应以主动检漏法为主，被动检漏法为辅。宜以音听法为主，其他方法为辅。其中对阀门性能良好的居住区管网，可采取区域检漏法；单管进水的居住区可用区域装表法。漏点检测周期不应超过 12 个月。供水单位应详细记录明漏、暗漏的原始信息，包括漏水原因、破损面积、事故点运行压力等，并进行漏失水量分析和统计。

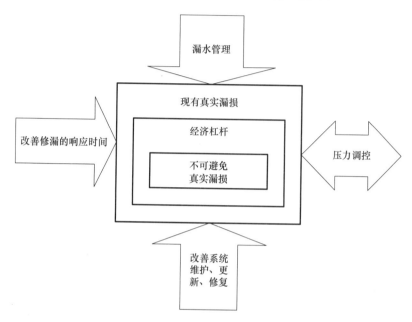

图 24-16　真实漏损主动管理程序的四个组成部分

给水管网检漏过程中应注意安全。如果遇到多年未开启的井盖，要点明火验证。一定要证明井中无毒气，无蛇、鼠以后，方可下井操作。市区内检漏市应注意交通安全，应放置警示牌，穿上警示背心。对某些漏点需要打地钎核实时，应查明地下是否埋有电缆、燃气管道等。

2. 压力调控

由于管网漏失量以及部分用户用水量（直接由市政供水管网提供压力的非容器式设备）与供水管网压力具有正相关关系，合理的压力调控是降低管网漏失水量的重要手段（见图 24-17）。在满足供水服务压力标准的前提下，供水单位应根据净水厂分布、管网特点和管理要求，通过压力调控管网漏失。

地势平坦的城市，可通过调节各净水厂二泵房的供水压力，使整个供水管网压力维持在经济合理水平，从全局上实现管网压力管理。压力分布差异较大的供水管网，宜采用分区调度、区域控压、独立计量区控压和局部调控等手段，使区域内管网压力达到合理水平。

供水距离较远的管网，宜通过设置管网中途增压泵站，采取逐级增压输送的方法降低出厂水入网压力。

考虑到用户对水压降低存在适应过程，压力控制宜采取逐步调减的方式，可根据需要选择恒压控制、按时段控制、按流量控制和按最不利点压力控制等方式。

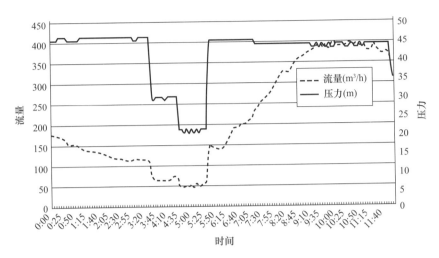

图 24-17　水压降低会引起漏损量减少

分区调度和区域控压时，宜采取设置远程控制电动阀门等应急保障措施。

实施压力调控时，边界阀门的关闭通常会导致管线中水流方向或流速的较大变化，可能引起管网内水的浊度升高，因此应监测分析管网水质，发现问题应及时采取相应处理措施，保障管网水质安全。

3. 管网修复和更新改造

（1）修理漏水管道

以下步骤用于修理漏水管道（见图 24-18）。

图 24-18　管道修理的一些步骤

（a）形成安全工作区域；（b）开挖漏水点；（c）孔洞排水；（d）利用卡箍修理漏水点

1）根据漏水探测情况，定位漏水点。

2）关闭漏水点附近的阀门，隔离漏水管段。

3）采取警示灯、告示牌、路障和交通分流等，形成安全工作区域［见图24-18（a）］。

4）开挖故障管段，同时保证工人的安全并防止管道的进一步受损［见图24-18（b）］。

5）处理管道周围的污泥，采用水泵排除沟槽中的积水［见图24-18（c）］。

6）根据现场管材类别、管道受损程度、部位、破损原因和施工作业条件，采取不同的处理方法（见表24-10）。

① 封堵小型漏水点。a. 直管段漏水处理，将表面清理干净停水补焊。b. 法兰盘处漏水处理，更换橡皮垫圈，按法兰孔数配齐螺栓，注意在上螺栓时要对称紧固。如果是因基础不良而导致的，则应对管道加设支墩。c. 承插口局部漏水，应将泄露处两侧宽30mm，深50mm的封口填料剔除，注意不要动不漏水的部位。用水冲洗干净后，再重新打油麻，捣实后再用青铅或石棉水泥封口。d. 接口渗水、窜水、砂眼喷水、管壁破裂等渗漏情况，采用快速抢修进行紧急带压堵塞［见图24-18（d）］。

② 较严重的漏水点，切割受损管道，利用合适接口，安装新的管段。

③ 管道整体状况不良时，替换整个长度上的管道。

7）所有情况下，应清洗和消毒新的管段，去除修理过程中进入管道内的任何固体。

8）缓慢开启修理前关闭的一个阀门，打开相邻的消火栓，排除管道内的空气。

9）开启所有修理前关闭的阀门，使管段返回正常状态。

10）利用现有排水口、消火栓冲洗管段。

11）使管段处于有压运行状态，检查修理情况。

12）沟槽回填。

13）恢复和清理工作区域。

14）完成管道修理报告，分析故障原因。

供水管网抢修方法 表 24-10

| 方法 | 定义 | 适用范围 | 处理工艺 |
|---|---|---|---|
| 管箍法 | 在管壁外部用管箍件修复管道漏水处的方法 | 用于管道接口脱开、断裂和孔洞的修复 | 包括管箍选择、管箍安装和止水处理 |
| 焊接法 | 用电焊焊接（补）管道的修复方法 | 用于钢质管道焊缝开裂、腐蚀穿孔的修复 | 包括预处理、焊接和防腐处理 |
| 粘结法 | 用粘结材料修复泄漏处的方法 | 用于管道裂缝、孔洞的修复 | 包括胶粘剂选择、粘堵和加固处理 |
| 更换管段法 | 用新管段替换原已破损管道的修复方法 | 用于整段管道破损或其他修复困难的管道修复 | 包括原管道加固、破损管道拆除、新管段基础处理、新管段敷设和连接处理 |

（2）更新改造

供水管网的年度更新率（年管网改造长度除以当年给水管网总长度）不宜小于2%。供水单位应根据管网漏失评估、水质及供水安全保障等情况，制定管网更新改造的中长期规划和年度计划。

管网改造应因地制宜，可采取开挖取管和非开挖修复技术相结合的方式。

新铺设管道的材质应按照接口安全可靠性高、破损概率小、内部阻力系数低和全寿命周期成本低的原则选择。

4. 修漏响应时间

除了非本企业的障碍外，漏水修复时间应符合下列规定：

1）明漏自报漏之时起、暗漏自检漏人员正式转单报修之时起，90％以上的漏水次数应在24h内修复（节假日不能顺延）。

2）突发性爆管、折断事故应在报漏之时起，4h内止水并开始抢修。

【例24-2】 考虑大约有350000户居民的城市。系统中仅仅60％的供水被有效使用，其余作为损失。为了缓解该问题，执行了供水管网的修复和改善程序。

试求：（1）如果供水管网修复和改善程序可降低耗水损失2％，计算1年内可节约的总水量。设单位人口需水量为350m³/年。

（2）如果总供水量相同，请将节水量换算为可以服务的人口数。

【解】（1）当前水量损失＝40％的用水量。

耗水损失降低2％，为：

$$2\% \times 350000 \text{人} \times 350\text{m}^3/(\text{人} \cdot \text{年}) \times 0.40 = 980000\text{m}^3/\text{年}$$

（2）该节水水量可供应的人口数为

$$\frac{980000\text{m}^3/\text{年}}{350\text{m}^3/(\text{人} \cdot \text{年})} = 2800 \text{人}$$

### 24.6.2 表观漏损处理

表观漏损可从降低水表误差，减少人为误差，降低数据处理误差和防止偷水等方面进行（见图24-19）。《中华人民共和国城市供水条例》规定，禁止滥用或者转供公共供水。

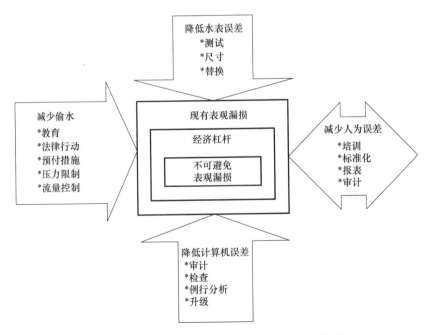

图24-19 表观漏损主动管理程序的四个组成部分

（1）水量计量规定

1）供水单位应建立用户注册等级制度，对所有用户进行注册登记管理，应动态维护用户信息。

2）供水单位应制定计量器具管理办法、抄表质量和数据质量控制管理措施。

3）消防用水、水池（箱）清洗、应急供水、管网维护和冲洗用水宜进行计量。

4）城市供水范围内自产供水量，外购供水量，注册用户用水量中的居民家庭用水、公共服务用水、生产运营用水以及向相邻区域管网输出的水量等，应进行计量。

5）水量计量方式的选择和计量器具的选配、维护、检定及更换工作，应符合行业标准要求。

6）计量仪表的性能及安装应符合国家标准要求。

（2）计量损失控制

1）供水单位应建立计量管理考核体系，逐步建立大用户水量远程监测和分析系统，减少人工查表导致的水量损失。

2）计量表具的类型和口径应根据计量需求和用户用水特性选配与调整，降低水表的计量误差。

3）计量表具应安装在易于维护和抄表的位置，户用水表宜安装在户外。

4）表具口径在 DN40 以上且用水量较大或流量变化幅度较大的用户水表，其量程比不宜小于 200。表具口径在 DN40（含）以下的用户水表，其量程比不应小于 80，其中非居民用户的水表量程比不宜小于 100。

5）供水单位应每年对居民总分表差损失水量和非居民用户表具误差损失水量进行测试评定。居民用户总分表差损失水量的总表样本量宜大于 10 只；非居民用户水表表具误差损失水量测试的样本量根据水表口径确定，每种口径不宜少于 5 只。

（3）其他损失控制

1）供水单位应采取措施，加强对未注册用水行为的管理，减少未注册用户的用水量。

2）供水单位应采取措施，减少管理因素导致的水量损失。

### 24.6.3 漏损控制措施优先性排序

2005 年，世界银行研究所（WBI）提出了可用于发达国家和发展中国家的 *ILI* 分级系统。当计算出特定系统供水设施漏水指数（*ILI*）后，可以分配到级别 A 到 D，每一级别包含了真实漏水管理性能的描述，同时认为发展中国家级别宽度应为发达国家的 2 倍（见表 24-11）。一旦确定了等级，就可根据表 24-12 判断可能的行动优先级，指导需要采取的漏损控制措施。

**世界银行研究所 *ILI* 分级系统**　　　　　　　　　　　表 24-11

| 发展中国家 *ILI* 范围 | 发达国家 *ILI* 范围 | 级别 | 发达和发展中国家真实漏损管理性能类别的描述 |
| --- | --- | --- | --- |
| <4 | <2 | A | 除非在缺水情况下，进一步降低漏损是不经济的，需进行详细分析，以确定经济有效的改进 |
| 4～8 | 2～4 | B | 具有显著改善的潜力；应考虑压力管理、更好的主动漏水控制，以及更好的管网维护 |
| 8～16 | 4～8 | C | 漏水记录不良；如果水量丰富且便宜，可以忍受；应分析漏水的水平和特性，并强化减漏工作 |
| ≥16 | ≥8 | D | 资源利用效率极低；减漏计划迫切，应具有高优先性 |

| WBI 建议 | A | B | C | D |
|---|---|---|---|---|
| 调查压力管理选项 | 是 | 是 | 是 | |
| 调查修理的速度和质量 | 是 | 是 | 是 | |
| 检查经济干预频率 | 是 | 是 | | |
| 引入/改善主动漏水控制 | | 是 | 是 | |
| 评价经济漏水水平 | 是 | 是 | | |
| 审查爆管频率 | | 是 | 是 | |
| 审核资产管理政策 | | 是 | 是 | 是 |
| 处理人力、培训和通讯缺陷 | | | 是 | |
| 达到下一最低级别的 5 年计划 | | | 是 | 是 |
| 所有行动的基本人员审查 | | | | 是 |

WBI 分级的建议行动优先性　　　　　　　　　　　　表 24-12

**【例 24-3】** 发展中国家某城镇供水干管长度为 300km，系统平均压力为 26m，接户管有 12000 个，供水干管到进户水表之间（进户管）平均长度为 3m。经水量平衡分析，该城镇的年真实漏水量为 200 万 $m^3/a$。试评价该城镇供水设施漏损水平和应建议的干预措施。

**【解】** （1）由式（24-1），计算不可避免年真实漏损量

$$UARL = (A \times Lm/Nc + B + C \times Lp/Nc) \times P$$
$$= (18 \times 300/12000 + 0.80 + 25 \times 3/1000) \times 26$$
$$= (0.45 + 0.80 + 0.075) \times 26$$
$$= 34.45 L/d$$

（2）计算当前年真实漏损量

$$CARL = 真实漏水量 \times 1000/(接户头数 \times 365)$$
$$= 2000000 \times 1000/(12000 \times 365)$$
$$= 456.6 L/d$$

（3）由式（24-2），计算供水设施漏损指数

$$ILI = CARL/UARL = 456.6/34.45 = 13.25$$

（4）该城镇处于发展中国家，由表 24-11 可以看出，该城镇处于 C 级，意味着漏损管理很差。

（5）由表 24-12，确定漏水管理的优先措施包括：执行压力管理，改善修漏速度和质量，采取主动控漏措施，确定和修理高爆管频率管道，改善资产管理实践，加强人员培训，指定达到 B 级（$ILI$ 小于 8）的 5 年行动计划，等等。

## 24.7　爆管类型

供水行业中"漏水"和"爆管"具有不同的意义，但没有标准的定义。一般渗漏（leak）包括结构性故障和水量损失，它发生在不恰当的密封接口、有缺陷的服务龙头和腐蚀造成的孔洞上。爆管（Breaks 或 Bursts）意味着给水管道的结构性故障，它会导致管道的碎裂或者完全断裂。爆管通常会产生实质性的压力损失，引起破裂点流量的急剧变化，可分为明漏和暗漏，常作为漏水的特殊形式讨论。美国生命线工程协会认为，爆管指管道因断裂而完全丧失供水能力，漏损管段则仍具有一定的输水能力。漏水和爆管的一般特征

见表 24-13。

漏水和爆管的一般特征

表 24-13

| 漏水 | 爆管 |
| --- | --- |
| 尽可能按计划修理 | 需要紧急修理 |
| 必要时需要特殊的检测方式 | 检测明显（例如，地表出水、管道输水压力过低） |
| 修理时一般不干扰供水设施的运行 | 修理时需要关闭某些供水设施 |
| 常出现在管道接口和小区用户服务线路上 | 常出现在管道接口位置 |

（1）环向破裂。环向破裂由管道的弯曲应力引起（见图 24-20）。弯曲应力通常是土壤运动、热收缩或第三方干预的结果。环向破裂是小口径铸铁管道常见的故障模式。随着管道口径的增大，该故障出现的几率降低。

（2）纵向破裂。纵向破裂在大口径管道中较为常见（见图 24-21）。出现纵向破裂的原因有内部水压和外部覆土形成的环向应力，外部荷载变化或热变化。它由最初的小型破裂沿管长发展而成。一些情况中，当管道两侧同时出现纵向破裂时，可使管道完全裂为两半。

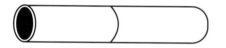

图 24-20 环向破裂

图 24-21 纵向破裂

（3）承口破裂。承口破裂在小口径铸铁管中较为常见（见图 24-22）。承口破裂的主要原因是接口密封具有与管道不同的热膨胀系数，在温度变化时引起。

（4）腐蚀坑和管壁穿孔。其主要因素是管道的腐蚀。腐蚀坑减小了管壁厚度和承压能力（见图 24-23（a））。当管壁变薄至某一点时，内部水压将腐蚀坑冲成孔洞（见图 24-23（b））。管壁穿孔尺寸取决于管道腐蚀情况和管壁上的压力分布。

图 24-22 承口破裂

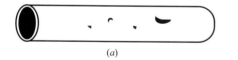

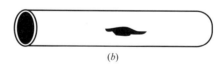

(a)
(b)

图 24-23 腐蚀坑和管壁穿孔

（5）承口切面。通常在地基沉降或弯管处，由于承口面受力不均，引起承口切面（见图 24-24）。

（6）螺旋破裂。该类故障中沿管道长度以螺旋形式破裂（见图 24-25）。

图 24-24 承口切面

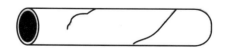

图 24-25 螺旋破裂

# 第25章 供水系统安全与可靠性

## 25.1 供水系统安全

《中华人民共和国安全生产法》规定，生产经营单位的主要负责人对本单位安全生产工作负有下列职责：①建立、健全本单位安全生产责任制；②组织制定本单位安全生产规章制度和操作规程；③保证本单位安全生产投入的有效实施；④督促、检查本单位的安全生产工作，及时消除生产安全事故隐患；⑤组织制定并实施本单位的生产安全应急救援预案；⑥及时、如实报告生产安全事故。

依据《中华人民共和国安全生产法》及相关的法律、法规，关注供水安全是供水企业的重要责任。

### 25.1.1 供水系统脆弱性

供水系统容易受到自然的、有目的性或者事故性事件的伤害。这些类型事件的例子如下：

1）自然灾害：洪水、地震、火灾、恶劣气候（干旱、台风、冰冻等），地表水和地下水污染等；

2）蓄意性事件：恐怖或者犯罪型污染，故意破坏；

3）事故性事件：进入水源的事故性污染物排放，不同水质系统的交叉连接，泵站水锤，爆管等。

由于供水系统在空间上的变化多样性（见图25-1），它们的内在脆弱性将会削弱系统的能力，即以可接受的水质和水压，为用户提供充分的水量。水输送至用户的过程中具有多个薄弱环节，包括：①原水水源（地表水或者地下水）；②原水管渠；③原水蓄水设施；④处理设施；⑤配水管网系统；⑥泵站和阀门；⑦净水蓄水设施等。安全供水上，这些系统元素均提出了挑战，包括：

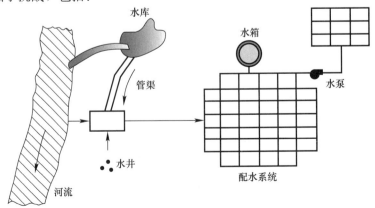

图 25-1 供水系统的主要薄弱环节

1) 物理破坏。造成不能以可接受压力输送充分的水流到所有用户。

2) 输送过程中水的污染。由于化学或者生物指标超标，供水系统不能够安全使用或者引起不可接受的水质。

3) 安全供水能力降低了用户信任度。

**25.1.2 水安全计划**

世界卫生组织《饮用水水质指南》中，将能够持续保证供水水质安全、保护公共健康的有效方法，即从水源至用户的所有环节进行风险评估和风险管理的综合性方法，称作"水安全计划"。制定水安全计划的主要步骤如图25-2所示，其中三个主要组成部分依据健康目标制定并接受饮用水供应监督。这三个主要组成部分是：

1) 系统评价，将饮用水供应链（从水源到用户）作为整体，确定供水质量能够满足用户要求，也包括新系统设计的评价。

2) 确定饮用水系统的控制措施，确保满足健康目标。每一项控制措施应规定合适的监视方法，保证及时发现监视性能的任何偏差。

3) 管理计划，说明常规运行或意外情况时采取的措施，供水系统的评价（包括升级和改善）、监测、信息交流计划和支撑方案都应归档。

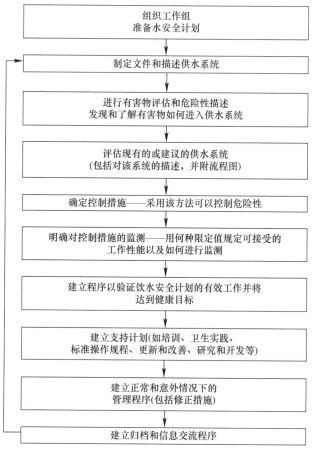

图 25-2　制定水安全计划主要步骤

（1）组建工作组

组建由多学科专业人员组成的工作组是保证水安全计划开发的先决条件。这一步包括邀请供水企业的管理人员、工程技术人员（运行、维护、设计和基建投资）、水质控制人员和消费者代表，共同了解供水系统。工作组的重要任务是决定水安全计划如何实施，运用特定的方法评估风险性及得出相应的结论。组建工作组的主要活动包括确保高级管理人员的参与，保证财政及资源的支持；确定需要的专门技术及合适的团队规模；任命能够推动项目实施的人员担任工作组领导。

（2）描述供水系统

为了支持后续的风险评估，需要对供水系统进行详细描述。系统描述包括提供充足的信息，确定系统的薄弱环节、危害事件种类及控制措施。系统描述中应包含下列内容：

1）相关的水质标准；

2）原水蓄水工艺，发生事故时的备用水源；

3）源水水质随气候、季节或其他条件的变化；

4）水源保护区范围内的土地使用情况；

5）与水处理相关的信息，包括处理工艺，加入水中的药剂及材料；

6）配水管网、蓄水池和水箱信息；

7）确定用户及用途；

8）现有记录文件的完整性。

（3）确定危害事件并评估风险

该过程包括：①确定与供水每一步骤相关并影响供水安全的所有潜在微生物、物理和化学危害；②确定所有导致供水受到污染和危害，以及中断危害及危害事件的可能性；③确认并在供水流程图中标注每一点的风险。通常危害定义为能对公共健康造成伤害的物理、微生物或化学物质。危害事件定义为供水中将危害带入或不能够去除危害的事件。例如暴雨（危害事件）可能加剧病原体（危害）进入水源的概率。

（4）确定与确认控制措施，风险再评估及风险排序

控制措施是能够用于防止或消除危害，将危害降低到可接受水平的行动或活动。确认危害和评估风险时，水安全计划工作组应记录现有的和潜在的控制措施，考虑现有措施的有效性。根据不同类型的控制措施，重新评价风险发生的可能性及其后果。如果控制措施达到减小风险的目的，则认为该措施是有效的。控制措施的实例包括短期措施（如限制取水量、关闭个别水源地、员工再培训），中长期措施（如水源地保护措施、加强混凝和过滤措施、管网更新改造投资等）。

（5）开发、实施和维护改进/升级计划

如果目前没有采取控制措施，或者现有控制措施难以有效控制风险，那么就需要开发改进/升级计划。改进/升级计划可以包括短期、中期或长期的项目，因此需要根据系统评估，进行详细的分析和优化。

（6）控制措施监控的详细说明

控制措施和改进/升级计划的实施，需要具有监控机制，考核控制和改进/升级效果，关注采取措施后可能给系统带来的新风险。运行监控包括对控制措施的详细说明和

确认。为表明控制措施持续地发挥作用，需要建立新的程序。这些活动都应记录在管理程序中。详细说明控制措施的监控时，需要包括运行目标未能达成时应采取的纠正措施。

（7）确认水安全计划的有效性

为确保水安全计划正常发挥作用，需要确认和审计水安全计划的程序。该程序包含的内容包括：监测是否遵从了水安全计划，对安全计划执行的内部和外部审计，以及用户的满意度。需要提供证据证明全面的系统设计和运行，能够满足以健康为基本目标的水安全要求。如果不能够提供相关证据，需要修改和实施水安全的改进/升级计划。

（8）支撑和管理程序

清晰的管理程序记录了系统在正常条件下所采取的措施（即标准运行程序），以及在"事故"状况（应急运行）所采取的行动，它是水安全计划不可分割的一部分。这样的程序在必要的时候，例如实施改进/升级计划和处理不可预见事故时，应进行更新。正常及事故/紧急条件下的管理程序强调的内容包括：应急行动、运行监控、供水企业的责任、应急供水预案、紧急情况下协调措施的责任、必要时检查和修改记录的项目等。

### 25.1.3 突发事件下的应急供水技术措施

应急供水是当城市发生突发性事件，给水系统无法满足城市正常用水需求，需要采取减量、减压、间歇供水或使用应急水源和备用水源的供水方式。突发事件下应急供水技术措施提出的依据，包括以下几个方面：

1）应急需水量分析。应急供水状态下，原有供需平衡被打破，应遵循"先生活、后生产"的原则，对居民生活用水、其他非生产用水采用降低标准供应，同时限制或暂停用水大户及高耗水行业的用水。

2）供水系统状态评估。及时了解突发事故造成的供水系统破坏状况，进行状态评估，为应急措施提供科学依据。评估对象包括水源与取水构筑物、应急处理设施以及管网，评估内容包括受损原因、影响范围、受损程度及修复时间等。

3）分步实施应急措施。供水系统的破坏不能一时恢复，相应的应急措施也应循序渐进，在时间跨度上分成应急供水（维持人的基本生存需要）、短期供水（突发事故后2~6周时间）和长期恢复性供水。

针对供水系统的特点，突发事件的应急技术措施包括以下几个方面：

（1）建立应急水源

在遭受水源污染事件时，单水源供水模式易产生供水危机。为解决短期日常生活用水，为受污染水体修复赢取时间，各供水系统应寻找自己的第二甚至第三水源以有效应对单水源下水源突发污染事件。多水源组合方式可有以下几种：

1）地下水比较丰富地区，采用地表水和地下水组合方式，形成互备水源；

2）城市较为集中地区，如长三角地区，通过区域供水调度的方式，使各城市水源互为备用；

3）以上条件均不满足的地区，也可考虑修建一定蓄水设施（水库等），不仅可以提供一个多水源的供水系统，同时又可以有效调节丰水期与枯水期水量平衡；

4）针对城市地下水位持续下降的情况，可考虑通过将雨水或其他符合标准的水回渗入地下，这不仅可改善城市地下水状况、修复生态，同时在突发事件情况下作为第二水源，可有效缓解供水压力。

（2）净水应急技术储备

针对我国供水系统突发事件特点和应对突发性水源污染事故城市供水的经验，可以由以下五类技术组成城市供水应急处理技术体系：

1）应对可吸附污染物的活性炭吸附技术。采用大比表面积的粉末活性炭、颗粒活性炭等吸附剂，将水中的污染物转移到吸附剂表面，从水中去除。

2）应对金属和非金属污染物的化学沉淀技术。投加药剂（包括调整 pH），在适合的条件下使污染物形成化学沉淀，借助混凝剂形成的矾花加速沉淀。

3）应对还原性污染物的化学氧化技术。投加氯、高锰酸盐、二氧化氯、臭氧等氧化剂，将水中的还原性污染物氧化去除，可用于硫化物、氰化物和部分有机污染物。

4）应对微生物污染的强化消毒技术。增加前置预消毒延长消毒接触时间，加大主消毒的消毒剂量，强化对颗粒物、有机物、氨氮的处理效果，提高出厂水和管网剩余消毒剂浓度等措施，在发生微生物污染和传染病暴发的情况下确保供水安全。

5）应对藻类暴发引起水质恶化的综合应急处理技术。通过针对不同的藻类代谢产物和腐败产物采取相应的应急处理技术，强化除藻处理措施，保障以湖泊、水库为水源的净水厂在高藻期的供水安全。

（3）突发事故下临时供水

供水系统受损严重，无法及时修复供水的情况下，为保证基本饮用水供应，需要临时供水。我国几次供水突发事件中桶装水和瓶装水都发挥了很大的作用，及时有效地解决了临时饮用水问题。小型水处理设施在应急供水中也占据着重要位置，应加强用于应急处理的小型水处理设施研制，提高工作效率和处理效果。各城市应根据其供水规模建立相应的饮用水储备机制和应急饮用水调配路径，在发生突发事件时可以临时解决饮用水问题，缓解恐慌心理。

制定突发事故情况下的供水标准，为突发事件下供水应急处理提供依据。紧急情况下水质标准不一定满足常规的供水水质标准，通常以保证短期内不会对人体造成伤害为原则。同时针对具体的突发事件，对常规水质标准之外的污染物也需要有相应规定。

（4）建立区域供水应急响应系统

水的自然循环处于一个区域环境中，在突发事件下应突破简单的行政区划，建立区域性的供水应急措施，保证区域内各供水单位之间建立畅通的通信机制和有效的互助方案。区域性应急供水技术主要包括以下几个方面：

1）区域内发生突发事故危急供水安全时，在较短时间内应急预案得到响应；

2）及时组成应急指挥部及专家组，迅速赶往事故地开展工作；

3）保障突发事故下应急供水，保障短时间内（3～5d）饮用水供应，如及时组织调配桶装水或瓶装水供应；

4）加强区域协作，迅速开展事故调查，控制事态发展，及时向社会公开事故进展状况，稳定民心；

5）建立责任追究制度，明确各行政区及部门职责，将职责具体到领导和个人。

## 25.2 可靠性

可靠性用于表示系统的时间质量特性。系统性能可以是期望的或者非期望的。非期望条件称作故障。系统输出的均值和标准偏差，可用于评价系统性能，但这是不充分的。图25-3说明了定义系统故障的严重性和频率中，均值和标准偏差的脆弱性。图25-3（$a$）和图25-3（$b$）的图形，相对轴 $x$ 是对称的，因此它们的均值和标准偏差相同。图25-3（$a$）中具有两次故障事件，但是另一图中不存在。再者不可能说明，系统中均值的增加或者降低影响了系统的性能。对于故障概率和系统性能的评价，使用均值和标准偏差指标中具有缺陷；因此使用了可靠性。

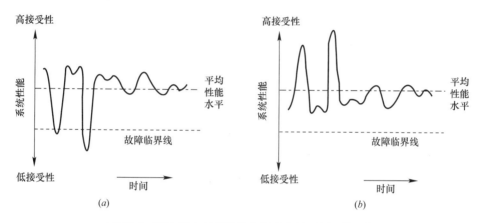

图 25-3　两个具有相同均值和标准差的不同函数比较

### 25.2.1　可靠性指标

一般地说，产品的可靠性可采用多种指标表示。因为可靠性是个综合特性，体现了产品的耐久性、无故障性、维修性、可用性和经济性，可分别用各种定量指标表示，形成指标体系。具体采用什么样的指标，取决于分析目的，应根据产品的复杂程度和使用特点而定。一般对于可以修理的复杂系统、机器设备，常用可靠度、平均无故障工作时间（MTBF）、平均修复时间（$MTTR$）、有效寿命、可用度和经济性指标。对于不能或者不予修理的产品，例如损耗件、元器件等，常用可靠度、可靠寿命、故障率、平均寿命（MTTF）。材料则采用性能均值和均方偏差等特性作为指标。

（1）可靠度

可靠度是"产品在规定条件下和规定时间内完成规定功能的概率"。可靠度是时间 $t$ 的函数，故也称为可靠度函数，记作 $R(t)$。通常表示为：

$$R(t) = P(T > t) \tag{25-1}$$

式中　$t$——规定的时间；

　　　$T$——表示产品寿命。

根据可靠度的定义可知，$R(t)$ 描述了产品在（0，$t$]时段内的完好概率，且 $R(0)=1$，$R(+\infty)=0$。

假如 $t=0$ 时有 $N_0$ 件产品开始工作，而到 $t$ 时刻有 $N_f(t)$ 件产品故障，仍有 $N_s(t)=$

$N_0 - N_f(t)$ 件产品继续工作，则 $R(t)$ 的估计值为

$$R(t) = \frac{到时刻\ t\ 仍在正常工作的产品数}{试验的产品总数} = \frac{N_0 - N_f(t)}{N_0} \tag{25-2}$$

（2）故障概率密度 $f(t)$ 和累积故障概率密度 $F(t)$

累积故障概率是寿命的分布函数，也称为不可靠度，记作 $F(t)$。它是产品在规定条件下和规定时间内故障的概率，通常表示为

$$F(t) = P(T \leqslant t) \tag{25-3}$$

或

$$F(t) = 1 - R(t) \tag{25-4}$$

因此 $F(0) = 0$，$F(+\infty) = 1$。

故障概率密度是累积故障概率对时间 $t$ 的导数，记作 $f(t)$。它是产品在包含 $t$ 的时间单位内发生故障的概率，可用下式表示

$$f(t) = \lim_{\Delta t \to 0} \left[ \frac{1}{N_0} \frac{N_s(t) - N_s(t + \Delta t)}{\Delta t} \right] = -\frac{1}{N_0} \frac{\mathrm{d}}{\mathrm{d}t} N_s(t)$$

式中 $N_s(t) = N_0 R(t)$，故

$$f(t) = -\frac{\mathrm{d}}{\mathrm{d}t} R(t) = \frac{\mathrm{d}}{\mathrm{d}t} F(t) = F'(t)$$

或

$$F(t) = \int_0^t f(x) \mathrm{d}x \tag{25-5}$$

式中 $N_s(t)$ 为到 $t$ 时刻完好产品量。

（3）故障率 $\lambda(t)$

故障率（瞬时故障率）是"工作到 $t$ 时刻尚未出现故障的产品，在该时刻 $t$ 后的单位时间内发生故障的概率"，也称为故障率函数或风险函数，记为 $\lambda(t)$。于是，在 $t$ 时刻完好的产品在 $(t, t+\Delta t)$ 时间内故障的概率为 $P(t < T \leqslant t + \Delta t \mid T > t)$，在 $\Delta t$ 时间内的平均故障率为：

$$\lambda(t) = \lim_{\Delta t \to 0} \left[ \frac{1}{N_s(t)} \frac{N_s(t) - N_s(t + \Delta t)}{\Delta t} \right]$$

$$= -\frac{1}{N_s(t)} \frac{\mathrm{d}}{\mathrm{d}t} N_s(t) = \frac{N_0 f(t)}{N_s(t)} = \frac{f(t)}{[N_s(t)/N_0]} \tag{25-6}$$

或

$$\lambda(t) = \frac{f(t)}{R(t)} = -\frac{1}{R(t)} \frac{\mathrm{d}}{\mathrm{d}t} R(t) = -\frac{\mathrm{d}}{\mathrm{d}t} \ln R(t) \tag{25-7}$$

注意：$f(t)$ 是在时段 $\Delta t$ 内故障元件与初始子样之比，再除以时段 $\Delta t$；$\lambda(t)$ 是在时段 $\Delta t$ 内故障元件与 $\Delta t$ 之前完好的元件之比，再除以时段 $\Delta t$。所以 $f(t)$ 是对元件发生故障总速度的度量，$\lambda(t)$ 是对故障瞬时速度的度量。

【例 25-1】 表 25-1 为某产品 10 万件在 18 年内的故障数据，试计算这批产品 1 年、2 年……的故障率。

【解】 例中时间单位为年，$\Delta t = 1$ 年。如当 $t = 5$ 年时，$\lambda(5) = \dfrac{\Delta N_f(5)}{[N_0 - N_f(5)]\Delta t} =$

$3.12\% /a$，例中的故障率 $\lambda(t)$ 曲线如图 25-4 所示。

| t（年） | $N_f(t) \times 1000$（件） | $\Delta N_f(t) \times 1000$（件） | $\lambda(t)$（%/年） |
|---|---|---|---|
| 0 | | 0 | 0 |
| 1 | 0 | 1 | 1.00 |
| 2 | 1 | 1 | 1.01 |
| 3 | 2 | 1 | 1.02 |
| 4 | 3 | 1 | 1.03 |
| 5 | 4 | 3 | 3.12 |
| 6 | 7 | 6 | 6.45 |
| 7 | 13 | 10 | 11.49 |
| 8 | 23 | 14 | 18.18 |
| 9 | 37 | 15 | 23.81 |
| 10 | 52 | 16 | 33.33 |
| 11 | 68 | 14 | 43.75 |
| 12 | 82 | 8 | 44.44 |
| 13 | 90 | 4 | 40.00 |
| 14 | 94 | 3 | 50.00 |
| 15 | 97 | 1 | 33.33 |
| 16 | 98 | 1 | 50.00 |
| 17 | 99 | 1 | 100.00 |
| 18 | 100 | / | / |

某产品 18 年内的故障数据 表 25-1

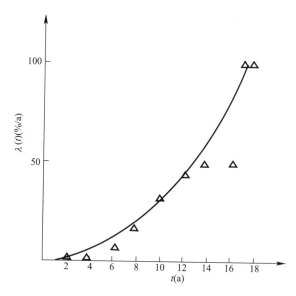

图 25-4　例 25-1 的故障率曲线

## 25.2.2　组件维修性特征量

维修性是指在规定条件下使用的可维修产品，在规定时间内按规定程序和方法进行维修时，保持或恢复到能完成规定功能的能力。规定的条件是指维修三要素：产品维修的难易程度（可维修性）；维修人员的技术水平；维修设施和组织管理水平（备用件、工具等的准备情况）。

如果把产品从开始出现故障到修理完毕所经历的时间，即把故障诊断、维修准备及维修实施时间之和称为产品的维修时间，记为 $Y$（显然它是一个随机变量）。把产品维修时间 Y 所服从的分布称为维修分布，记为 $G(t)$。

$$G(t) = P(Y \leqslant t) \tag{25-8}$$

如果 Y 是连续性随机变量，其维修密度函数

$$g(t) = G'(t) \tag{25-9}$$

与产品的故障分布一样，维修时间的分布可通过对大量维修数据的处理分析得到。同样，产品的维修性亦可采用维修度、平均修复时间、修复率指标加以衡量。

(1) 维修度

维修度（Maintainability）是指在规定条件下产品发生故障后，规定时间 $(0, t)$ 内完成修复的概率，记为 $M(t)$。

$$M(t) = P(Y \leqslant t) = G(t) \tag{25-10}$$

维修度是时间（维修时间 $t$）的函数，故又称为维修度函数 $M(t)$。它表示当 $t=0$ 时，处于故障或完全故障状态的全部产品在 $t$ 时刻前，经修复后有百分之多少恢复到正常功能的累积概率。

(2) 修复率

修复率指修理时间已达到某一时刻但尚未修复的产品，在该时刻后单位时间内完成修理的概率，可表示为

$$\mu(t) = \frac{1}{1-M(t)} \frac{\mathrm{d}M(t)}{\mathrm{d}t} = \frac{m(t)}{1-M(t)} \tag{25-11}$$

式中 $m(t)$——维修时间的概率密度函数，即

$$m(t) = \frac{\mathrm{d}M(t)}{\mathrm{d}t} \tag{25-12}$$

若 $M(t) = 1 - e^{-\mu t}$，则修复率为常数 $\mu$。

(3) 平均修复时间 MTTR

平均修复时间是指可修复产品的平均修理时间，其估计值为修复时间总和与修复次数之比，记作 $MTTR$（Mean Time To Repair）。

$$MTTR = E(Y) = \int_0^{+\infty} t \mathrm{d}M(t) \tag{25-13}$$

$MTTR$ 说明了执行维护操作需要消耗的时间，用于评价系统的修理时间，它也是一个系统可维护性的计量方式。不同类型的可维护性措施可以根据修理密度函数推导。

给水系统运行管理的实践中，尚未积累足够和可用于分析管道实际恢复时间的资料，而现有的资料也不够可靠。苏联建筑法规（СНиПп-31-34）规定了排除给水管线故障的标准期限，见表25-2。

不同埋深下排除管道故障所需的时间（h） 表25-2

| 管道直径（mm） | 埋深≤2m | 埋深>2m |
| --- | --- | --- |
| <400 | 8 | 12 |
| 400~1000 | 12 | 18 |
| >1000 | 18 | 24 |

$MTTR$ 也是不可修理性系统平均生命期的合理计量方式。对于一个可修理的系统，故障—修理周期的更好表达指标是平均无故障间隔时间（$MTBF$），它是 $MTTF$（平均无

故障工作时间，见本书第 25.3.6 节）和 $MTTR$ 之和：即

$$MTBF = MTTF + MTTR \tag{25-14}$$

### 25.2.3　可用性和不可用性

可靠性和寿命有关，但并不是笼统地要求长寿命，而是强调在规定的时间内能否充分发挥其功能，即产品的可用性。可用性＝可用时间/（可用时间＋因故障维修等不可用时间）$\times100\%$。提高可用性可以从两个方面入手，或是保证产品在规定的时间内不出故障，少出故障，或是出了故障能迅速修复，目的都是使设备不可用的时间降到最低程度，为此需提高产品的无故障性或维修性。尤其是给水管网组件，大多是可维修产品，从保证可用性的成本角度考虑，对于某些部件要花费很高成本提高寿命和可靠性，不如采用维修性设计，改进维修策略等措施等为有效。

可用性的系统在其服务期内可以经历修理与故障的循环。因此，对于一个可修理系统，给定时刻 $t$ 系统的运行条件概率不同于不可修理的系统。可用性 $A(t)$ 常用于可修理系统，说明系统在任意已知时刻 $t$ 运行条件的概率。

可用性的补集是不可用性 $U(t)$，它是对于给定时刻零的运行条件，系统在时刻 $t$ 出现故障状态的概率。换言之，已知它在时刻零的运行状况，系统不能够在时段（0，$t$）中期望服务的不可用性的时间百分比。可用性、不可用性，以及不可靠性满足以下关系式：

$$A(t) + U(t) = 1.0 \tag{25-15}$$

$$0 \leqslant U(t) \leqslant F(t) < 1 \tag{25-16}$$

对于不可修理的系统，不可用性等于不可靠性：即，$U(t) = F(t)$。

系统的可用性或者不可用性的计算，需要完整的故障和修理过程统计。描述过程的基本元素是故障密度函数 $f(t)$ 和修理密度函数 $g(t)$。假设一个具有定常故障速率 $\lambda$ 以及一个定常修理速率 $\eta$ 的系统。可用性和不可用性分别为

$$A(t) = \frac{\eta}{\lambda + \eta} + \frac{\lambda}{\lambda + \eta}e^{-(\lambda+\eta)t} \tag{25-17}$$

$$U(t) = \frac{\lambda}{\lambda + \eta}\left[1 - e^{-(\lambda+\eta)t}\right] \tag{25-18}$$

当时间达到无限（$t \rightarrow \infty$）时，系统达到它的固定条件。然后，固定的可用和不可用性分别为

$$A(\infty) = \frac{\eta}{\lambda + \eta} = \frac{1/\lambda}{1/\lambda + 1/\eta} = \frac{MTTF}{MTTF + MTTR} \tag{25-19}$$

$$U(\infty) = \frac{\lambda}{\lambda + \eta} = \frac{1/\eta}{1/\lambda + 1/\eta} = \frac{MTTR}{MTTF + MTTR} \tag{25-20}$$

## 25.3　常用概率分布

可靠性分析中，需要应用故障记录数据的统计分析，常用的概率分布有二项分布、泊松分布、指数分布、正态分布、威布尔分布等。

### 25.3.1　二项分布

二项分布满足以下基本假定：

1）实验次数 $n$ 是一定的；

2）每次试验的结果只有两种，成功或失败，成功的概率为 $p$，失败的概率为 $q$，$p+q=1$；

3）每次试验的成功概率和失败概率相同，即 $p$ 和 $q$ 是常数；

4）所有试验是独立的。

在 $n$ 次试验中，$r$ 次成功和（$n-r$）次失败的概率 $P_r$ 可用下述二项分布表示，

$$P_r = \binom{n}{r} p^r (1-p)^{n-r} = \frac{n!}{(n-r)!r!} p^r (1-p)^{n-r} \qquad (25-21)$$

亦可写为

$$B(r;n,p) = \binom{n}{r} p^r (1-p)^{n-r} \qquad (25-22)$$

若随机变量 $X$ 服从二项分布，那么期望值 $E(X)$ 及方差 $Var(x)$ 分别为

$$E(X) = np \qquad (25-23)$$
$$Var(x) = \sigma^2 = npq \qquad (25-24)$$

式中 $\sigma$ 为标准差：

$$\sigma = \sqrt{npq}$$

若一个系统含有 $n$ 个相同的元件，至少有 $r$ 个元件完好称系统完好，那么系统完好的概率为

$$P(系统完好) = R = \sum_{k=r}^{n} \binom{n}{r} p^k (1-p)^{n-k} \qquad (25-25)$$

式中 $p$ 为一个元件完好的概率，称 $r<n$ 的系统为冗余系统。

【例 25-2】 某泵站有三台机组，容量分别为 100L/s、150L/s 和 200L/s，故障概率分别为 0.01，0.02 和 0.03。该泵站的负荷为 250L/s。求该泵站丧失负荷的概率。

【解】 机组可靠性数据见表 25-3。用二项分布计算的结果见表 25-4。

【例 25-2】机组参数    表 25-3

| 机组号 | 容量（L/s） | 故障概率 $q$ |
| --- | --- | --- |
| 1 | 100 | 0.01 |
| 2 | 150 | 0.02 |
| 3 | 200 | 0.03 |

【例 25-2】计算表    表 25-4

| 机组 | | | 可用容量（L/s） | 停运容量（L/s） | 计算过程 | 概率 | 丧失负荷（L/s） |
| --- | --- | --- | --- | --- | --- | --- | --- |
| 1 | 2 | 3 | | | | | |
| G | G | G | 450 | 0 | 0.99×0.98×0.97 | 0.941094 | 0 |
| B | G | G | 350 | 100 | 0.01×0.98×0.97 | 0.009506 | 0 |
| G | B | G | 300 | 150 | 0.99×0.02×0.97 | 0.019206 | 0 |
| G | G | B | 250 | 200 | 0.99×0.98×0.03 | 0.029106 | 0 |
| B | B | G | 200 | 250 | 0.01×0.02×0.97 | 0.000194 | 50 |
| B | G | B | 150 | 300 | 0.01×0.98×0.03 | 0.000294 | 100 |
| G | B | B | 100 | 350 | 0.99×0.02×0.03 | 0.000594 | 150 |
| B | B | B | 0 | 450 | 0.01×0.02×0.03 | 0.000006 | 250 |

注：1. G——工作状态；

2. B——不工作状态

当负荷为 250L/s 时，期望负荷损失为

$$E(\text{负荷损失}) = 50 \times 0.000194 + 100 \times 0.000294 + 150 \times 0.000594$$
$$+ 250 \times 0.000006 = 0.1297\text{L/s}$$

当负荷为 200L/s 时，期望负荷损失为

$$E(\text{负荷损失}) = 50 \times 0.000294 + 100 \times 0.000594 + 200 \times 0.000006$$
$$= 0.0753\text{L/s}$$

**【例 25-3】**   一座泵站有三台水泵，如果不多于一台水泵故障，泵站便能安全运行。试验表明，每一千次启闭发生一次水泵故障。求泵站安全运行的概率。

**【解】**   $P$（安全运行）$= P$（没有水泵故障）$+ P$（一台水泵故障）

$$= \binom{3}{0}(0.001)^0(0.999)^3 + \binom{3}{1}(0.001)^1(0.999)^2$$
$$= 0.99700 + 0.00299 = 0.99999$$
$$P(\text{不安全运行}) = 1 - 0.99999 = 0.00001$$

### 25.3.2   泊松分布

假定单位时间内平均发生率为 $\lambda$，求时段 $(0, t)$ 中发生 $x$ 次的概率 $P_x(t)$。现在关心的只是发生的次数，而不是像二项分布那样，同时关心不发生的次数。

设时段 $dt$ 足够小，该时段内发生一次以上事件的概率为零，$\lambda$ 为平均发生率，那么 $\lambda dt$ 表示在时段 $(t, t+dt)$ 发生一次事件的概率。

$P_x(t+dt)$ 表示在时段 $(0, t+dt)$ 中发生 $x$ 次事件的概率，即

$$P_x(t+dt) = P_x(t) + P_{x-1}(t) + P_{x-2}(t) + \cdots + P_0(t) \tag{25-26}$$

$P_x(t)$ 表示在时段 $(t, t+dt)$ 中发生 $x$ 次事件的概率；

$P_{x-1}(t)$ 表示在时段 $(t, t+dt)$ 中发生 $x-1$ 次事件的概率；

$P_{x-2}(t)$ 表示在时段 $(t, t+dt)$ 中发生 $x-2$ 次事件的概率；

$P_0(t)$ 表示在时段 $(t, t+dt)$ 中发生零次事件的概率。

因为在时段 $dt$ 中，发生一次以上的概率为零，故式（25-26）可表达为

$$P_x(t+dt) = P_x(t)(1-\lambda dt) + P_{x-1}(t)\lambda dt$$
$$= P_x(t) - \lambda dt[P_x(t) - P_{x-1}(t)] \tag{25-27}$$

令 $x=0$，表示在时段 $(0, t)$ 发生零次，可得

$$P_0(t+dt) = P_0(t)[1-\lambda dt] \tag{25-28}$$

即

$$\frac{1}{dt}[P_0(t+dt) - P_0(t)] = -\lambda P_0(t)$$

取极值 $dt \to 0$，可得

$$\frac{d}{dt}P_0(t) + \lambda P_0(t) = 0 \tag{25-29}$$

一般解为 $P_0(t) = k\exp(-\lambda t)$

因为 $t=0$ 时不发生，$P_0(0)=1$，故 $k=1$，可得

$$P_0(t) = \exp(-\lambda t) \tag{25-30}$$

该式表示发生零次事件的概率。如果事件是指故障，那么式（25-30）就是可靠性表达式。

若在 $(0, t)$ 期间发生一次故障，令 $x=1$，可得

$$P_1(t+dt) = P_1(t) - \lambda dt [P_1(t) - P_0(t)] \tag{25-31}$$

即 $$\frac{1}{dt}[P_1(t+dt) - P_1(t)] = \lambda[P_0(t) - P_1(t)] = \lambda[e^{-\lambda t} - P_1(t)]$$

令 $dt \to 0$，上式可写成

$$\frac{d}{dt}P_1(t) + \lambda P_1(t) = \lambda e^{-\lambda t} \tag{25-32}$$

它的解为 $$P_1(t) = ke^{-\lambda t} + \lambda te^{-\lambda t}$$

当 $t=0$ 时，$P_1(t)=0$，故 $k=0$，由此得

$$P_1(t) = \lambda te^{-\lambda t} \tag{25-33}$$

若令 $x=2,3\cdots\cdots$，可得

$$P_x(t) = \frac{(\lambda t)^x e^{-\lambda t}}{x!} \tag{25-34}$$

对于泊松分布，数学期望和方差分别为

$$E(x) = \lambda t \tag{25-35}$$

$$Var(x) = \lambda t \tag{25-36}$$

$$\sigma = \sqrt{\lambda t} \tag{25-37}$$

泊松分布的应用范围比较广，服从泊松分布的随机变量主要用来描述某段时间内某个特定事件发生的次数。给水管网可靠性研究中，管网中管段发生爆管的概率很小，其发生故障次数的分布规律可充分接近于泊松分布。

**【例 25-4】** 某供水管网系统的平均故障率是每三个月一次，求一年发生 5 次以上故障的概率。

**【解】** $\lambda = 4a^{-1}$

$P_6(1) = 1 - P_0(1) - P_1(1) - P_2(1) - P_3(1) - P_4(1) - P_5(1)$

$\quad = 1 - e^{-4} - 4e^{-4} - 4^2e^{-4}/2! - 4^3e^{-4}/3! - 4^4e^{-4}/4! - 4^5e^{-4}/5!$

$\quad = 1 - 0.01832 - 0.07326 - 0.14653 - 0.19537 - 0.19537 - 0.15629$

$\quad = 1 - 0.78514 = 0.21486$

一年内发生 5 次以上的概率为 0.21486。

从【例 25-4】也可以看出，一年内不会出现管网故障的概率为 0.01832，一年内出现四次故障的概率为 0.19537。

### 25.3.3 指数分布

对指数分布有

$$R(t) = e^{-\lambda t} \tag{25-38}$$

$$F(t) = 1 - e^{-\lambda t} \tag{25-39}$$

$$f(t) = \lambda e^{-\lambda t} \tag{25-40}$$

$$\lambda(t) = \lambda \tag{25-41}$$

式中 $\lambda$ 为故障率，表示单位时间里发生故障的次数。

在时段 $(0, T)$ 内不发生及发生故障的概率分别为

$$R(t) = e^{-\lambda T} \tag{25-42}$$

$$F(t) = 1 - e^{-\lambda T} \tag{25-43}$$

下面研究时段（$T$，$T+t$）的情况。

事件 A 表示在 $t$ 时发生故障，事件 B 表示在时段（$0$，$T$）期间不发生故障。$A \bigcap B$ 表示 $T$ 以前完好，在（$T$，$T+t$）发生故障。

$$P(A \bigcap B) = \int_{T}^{T+t} \lambda e^{-\lambda \xi} \mathrm{d}\xi = \left(\frac{\lambda e^{-\lambda \xi}}{-\lambda}\right)_{T}^{T+t} = e^{-\lambda T} - e^{-\lambda(T+t)} \quad (25-44)$$

$$P(B) = \int_{T}^{\infty} \lambda e^{-\lambda \xi} \mathrm{d}\xi = e^{-\lambda T} \quad (25-45)$$

定义 $F_c(t)$ 为 $T$ 以前完好且在 $t$ 时故障的概率为后验概率

$$F_c(t) = P(A \mid B) = \frac{P(A \bigcap B)}{P(B)} \quad (25-46)$$

$$F_c(t) = \frac{e^{-\lambda T} - e^{-\lambda(T+t)}}{e^{-\lambda T}} = 1 - e^{-\lambda t} \quad (25-47)$$

这表明，$F_c(t)$ 与运行过的时间 $T$ 无关，它只与时间 $t$ 有关。换言之，无论元件运行多长时间，它们在下一段时间 $t$ 发生故障的概率相同。它也可以理解为元件的质量不因使用时间的延长而下降。

元件的先验故障概率，即在（$0$，$t$）间故障的概率为

$$F(t) = 1 - e^{-\lambda t} \quad (25-48)$$

对于指数分布，先验与后验概率是相等的，即

$$F(t) = F_c(t) = 1 - e^{-\lambda t} \quad (25-49)$$

也就是说，故障概率只与未来的时间有关，而与历史无关，即它是无记忆性的。

对指数分布，数学期望和方差分别为

$$\mu = \frac{1}{\lambda}, \quad \sigma = \frac{1}{\lambda} \quad (25-50)$$

指数分布与泊松过程之间的关系为：如果事件的发生根据泊松过程，则事件的首先时间 $T_1$ 服从指数分布。若 $T_1 > t$，就意味着在时间 $t$ 内事件未发生，因此根据式（25-30）有

$$P(T_1 > t) = P_0(t) = \exp(-\lambda t)$$

在寿命分布的各种类型中，由于指数分布是一种单参数分布类型并且具有广泛的适用性，因而在工程实际中得到了广泛的使用。一般说来，指数分布适用于具有恒定故障率的产品及无余度复杂系统、在耗损故障前进行定时维修的产品。由随机高应力导致故障的产品以及使用寿命期内出现故障则视为弱耗损性的产品。

【例 25-5】 某装置的寿命服从指数分布，均值为 500h，求该装置至少可靠运行 600h 的概率；若有三台同样装置，在前 400h 里至少一台装置故障的概率。

【解】 由题意知，$\lambda = \frac{1}{500} h^{-1}$

$$R(t) = e^{-\lambda t}$$

于是
$$R(t > 600) = e^{-\frac{600}{500}} = 0.3012$$

如果有三台同样的装置，在前 400h 里至少一台装置故障的概率为

$$P_1 = 1 - (e^{-\lambda t})^3 = 1 - (e^{-\frac{400}{500}})^3 = 0.90928$$

### 25.3.4　正态分布

正态分布（normal distribution）又称高斯分布（Gaussian distribution），是一种双参数分

布。它的密度函数 $f(t)$ 和分布函数 $F(t)$，可靠函数 $R(t)$，故障率函数 $\lambda(t)$ 分别为

$$f(t) = \frac{1}{\sigma\sqrt{2\pi}} \exp\left[-\frac{(t-\mu)^2}{2\sigma^2}\right] \qquad -\infty < t < +\infty \qquad (25\text{-}51)$$

$$F(t) = \frac{1}{\sigma\sqrt{2\pi}} \int_{-\infty}^{t} \exp\left\{-\frac{(\xi-\mu)^2}{2\sigma^2}\right\} \mathrm{d}\xi \qquad (25\text{-}52)$$

$$R(t) = 1 - F(t) \qquad (25\text{-}53)$$

$$\lambda(t) = \frac{f(t)}{R(t)} \qquad (25\text{-}54)$$

典型的 $f(t)$ 及 $F(t)$ 曲线如图 25-5 所示。$\sigma$ 越大，$f(x)$ 曲线越平坦；$\sigma$ 越小，$f(x)$ 曲线越尖。$\mu$ 的变化使 $f(t)$ 曲线沿 $t$ 轴位移。

定义变量 $z = \dfrac{t-\mu}{\sigma}$，那么正态分布的密度和分布函数分别为

$$f(z) = \frac{1}{\sqrt{2\pi}} \exp\left(-\frac{z^2}{2}\right) \qquad (25\text{-}55)$$

$$F(z) = \frac{1}{\sqrt{2\pi}} \int_{-\infty}^{(t-\mu)/\sigma} \exp\left(-\frac{z^2}{2}\right) \mathrm{d}z \qquad (25\text{-}56)$$

式（25-55）和式（25-56）称为标准正态分布，随机变量 $z$ 的均值是零，标准差是 1。

设随机变量 $x$ 服从参数为 $\mu$，$\sigma$ 的正态分布，那么根据密度函数的性质可得

$$P(\mu-\sigma \leqslant x \leqslant \mu+\sigma) = 0.6826$$
$$P(\mu-2\sigma \leqslant x \leqslant \mu+2\sigma) = 0.9544$$

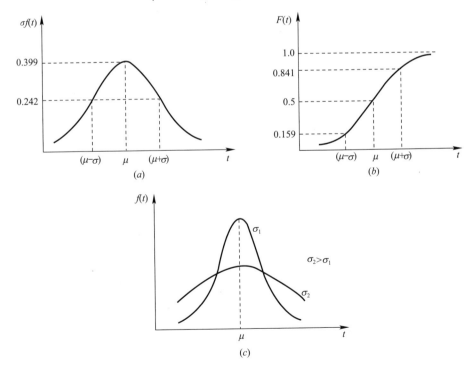

图 25-5 正态分布

(a) 密度函数 $\sigma f(t)$；(b) 分布函数；(c) $\sigma$ 对 $f(t)$ 的影响

$$P(\mu - 3\sigma \leqslant x \leqslant \mu + 3\sigma) = 0.9972$$

随机变量落在 $\pm 3\sigma$ 间的概率很高，达 99.72%。

换言之，随机变量落在 $\pm 3\sigma$ 之外的概率只有 0.28%。一般来说，随机变量的取值在 $\pm 3\sigma$ 以上就不考虑了。

【例 25-6】 某管道安装公司从当地供应商购买管道。以往经验表明，该供应商提供的次品率为 2%。现购买 200 条管道，问至少有 6 条管道是次品的概率是多少？

【解】 管道好的概率 $p = 0.98$

$$次品的概率：q = 0.02$$

当 $n = 200$ 时，期望次品数为 $200 \times 0.02 = 4$

$$标准差 \sigma = \sqrt{200 \times 0.98 \times 0.02} = 1.980$$

因管道是大量的，假定用正态分布近似二项分布，取 $\mu = 4$，$\sigma = 1.980$，可得 $z = \dfrac{6-4}{1.980} = 1.010$。

从标准正态概率表可知

$$\int_{1.010}^{\infty} f(z)\mathrm{d}z = 0.5 - 0.3438 = 0.1562$$

即至少 6 条次品的概率是 0.1562。

2 条及以上次品的概率计算如下：

$$z_1 = \frac{2-4}{1.980} = -1.010$$

$$\int_{-1.010}^{0} f(z)\mathrm{d}z = \int_{0}^{1.010} f(z)\mathrm{d}z = 0.3438$$

由此得 2 条及以上次品的概率为 $0.5 + 0.3438 = 0.8438$。

### 25.3.5 威布尔分布

威布尔（Weibull）分布一般是双参数分布。调整尺度参数 $\alpha$ 和形状参数 $\beta$，可得到很多分布曲线形状，以满足试验数据。可靠性工程中威布尔分布被广泛采用。

故障率函数为

$$\lambda(t) = \frac{\beta t^{\beta-1}}{\alpha^{\beta}} \tag{25-57}$$

式中 $\alpha > 0, \beta > 0, t \geqslant 0$，对应的密度、可靠、故障函数分别为

$$f(t) = \frac{\beta t^{\beta-1}}{\alpha^{\beta}} \exp\left[-\left(\frac{t}{\alpha}\right)^{\beta}\right] \tag{25-58}$$

$$R(t) = \exp\left[-\left(\frac{t}{\alpha}\right)^{\beta}\right] \tag{25-59}$$

$$F(t) = 1 - \exp\left[-\left(\frac{t}{\alpha}\right)^{\beta}\right] \tag{25-60}$$

图形参见图 25-6。

当 $\beta = 1$ 时，威布尔分布简化为指数分布，即

$$\lambda(t) = \frac{1}{\alpha} \tag{25-61}$$

$$f(t) = \left(\frac{1}{\alpha}\right) \exp\left(-\frac{t}{\alpha}\right) \tag{25-62}$$

当 $\beta=2$ 时，威布尔分布简化为瑞利分布（Rayleigh distribution），即

$$\lambda(t) = \left(\frac{2}{\alpha^2}\right)t \tag{25-63}$$

$$f(t) = \left(\frac{2}{\alpha^2}\right)t\exp\left[-\left(\frac{t}{\alpha}\right)^2\right] \tag{25-64}$$

当 $\beta<1$ 时，故障率呈下降趋势；$\beta=1$ 时，故障率为常数；$\beta>1$ 时，故障率呈上升趋势。威布尔分布的均值 $\mu$ 可根据定义，即

$$\mu = E(t) = \int_0^\infty tf(t)\mathrm{d}t \tag{25-65}$$

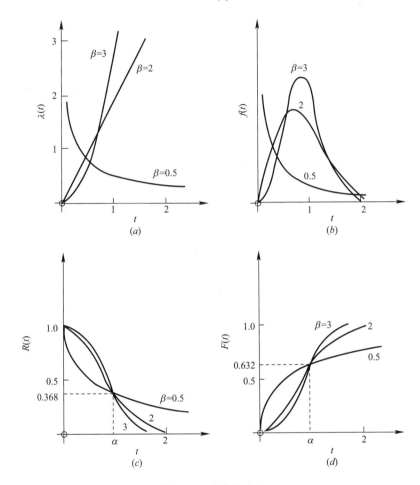

图 25-6 威布尔分布

(a) 故障率函数；(b) 故障密度函数 $f(t)$；(c) 可靠函数；(d) 故障函数

经运算后，可得

$$\mu = \alpha\Gamma\left(1+\frac{1}{\beta}\right) \tag{25-66}$$

式中 $\Gamma$ 是 gamma 函数，

$$\Gamma(x) = \int_0^\infty t^{x-1}e^{-t}\mathrm{d}t, \qquad x>0 \tag{25-67}$$

对于 $x$ 和 $n$，可用以下规则

$$\Gamma(x) = (x-1)! \tag{25-68}$$

$$\Gamma(x+1) = x\Gamma(x) \tag{25-69}$$

$$\Gamma(n+1) = n!, \qquad n = 0,1,2,\cdots \tag{25-70}$$

$$\Gamma(n) = \frac{1}{n}\Gamma(n+1), \qquad n > 0 \tag{25-71}$$

威布尔分布的方差为

$$Var[t] = \sigma^2 = \int_0^\infty t^2 f(t)\mathrm{d}t - \mu^2 \tag{25-72}$$

$$\sigma^2 = \alpha^2\left[\Gamma\left(1+\frac{2}{\beta}\right) - \Gamma^2\left(1+\frac{1}{\beta}\right)\right] \tag{25-73}$$

可用威布尔分布表示故障率曲线

$$\lambda(t) = kt^{\beta-1} \tag{25-74}$$

当 $\beta > 1$ 时，$\lambda(t)$ 呈上升趋势，即损耗故障期区域。当 $\beta < 1$ 时，$\lambda(t)$ 呈下降趋势，及早期故障期区域。当 $\beta = 1$ 时，$\lambda(t) = \lambda$，即偶然故障期区域。此时

$$R(t) = \exp(-\lambda t) \tag{25-75}$$

$$F(t) = 1 - \exp(-\lambda t) \tag{25-76}$$

$$f(t) = \lambda\exp(-\lambda t) \tag{25-77}$$

这表明，故障率为常数时，寿命服从指数分布。对于寿命服从指数分布的元件，若元件在时刻 $t$ 以前正常工作，则在 $(t, t+\Delta t)$ 期间故障概率是一样的：

$$
\begin{aligned}
P[T > s+t \mid T > s] &= \frac{P[(T > s+t) \cap (T > s)]}{P[T > s]} \\
&= \frac{P[T > s+t]}{P[T > s]} = \frac{e^{-(s+t)}}{e^{-s}} = e^{-t} = P[T > t]
\end{aligned}
\tag{25-78}
$$

式（25-78）表明，若一个元件的寿命服从指数分布，那么元件在 $s$ 以前可靠工作的条件下，在 $s+t$ 期间仍然正常工作的概率等于元件在时刻 $t$ 正常工作的概率。与过去的工作时间 $s$ 无关，这种特点称无记忆性，只有指数分布具有这种特点。

### 25.3.6 平均故障出现时间

平均故障出现时间或称平均无故障工作时间（mean time to failure，MTTF），它是故障出现时间的期望值，即

$$MTTF = \int_0^\infty t f(t)\mathrm{d}t \tag{25-79}$$

因为

$$R(t) = 1 - F(t)$$

$$\frac{\mathrm{d}R(t)}{\mathrm{d}t} = -f(t)$$

所以

$$MTTF = -\int_0^t t\frac{\mathrm{d}}{\mathrm{d}t}R(t)\mathrm{d}t = -\left[tR(t)\Big|_0^\infty - \int_0^\infty R(t)\mathrm{d}t\right] \tag{25-80}$$

假定 $t = 0$ 时元件是完好的。即 $t = 0$ 时，$R(0) = 1$，$\lim\limits_{t \to 0} tR(t) = 0$，则

$$R(t) = \exp\left[-\int_0^t \lambda(\xi)\mathrm{d}\xi\right] \tag{25-81}$$

且

$$\lim_{x \to \infty} xe^{-x} = 0 \tag{25-82}$$

所以
$$\lim_{t \to \infty} tR(t) = 0 \tag{25-83}$$

故
$$MTTF = \int_0^\infty R(t) \mathrm{d}t \tag{25-84}$$

若 $R(t) = e^{-\lambda t}$，则

$$MTTF = \int_0^\infty e^{-\lambda t} \mathrm{d}t = \frac{1}{\lambda} \tag{25-85}$$

一些故障密度函数的 $MTTF$ 见表 25-5。

一些故障密度函数的平均故障时间　　　　　　表 25-5

| 分布 | 概率分布函数 $f(t)$ | 可靠性 $R(t)$ | 故障率 $\lambda(t)$ | $MTTF$ |
|---|---|---|---|---|
| 正态 | $\dfrac{1}{\sqrt{2\pi}\sigma_T} \exp\left[ -\dfrac{1}{2} \left( \dfrac{t-\mu_T}{\sigma_T} \right)^2 \right]$ | $\phi\left( \dfrac{t-\mu_T}{\sigma_T} \right)$ | $\dfrac{f(t)}{\phi\left( \dfrac{t-\mu_T}{\sigma_T} \right)}$ | $\mu_T$ |
| 对数 | $\dfrac{1}{\sqrt{2\pi}\sigma_{\ln T} t} \exp\left[ -\dfrac{1}{2} \left( \dfrac{\ln(t)-\mu_{\ln T}}{\sigma_{\ln T}} \right)^2 \right]$ | $\phi\left( \dfrac{\ln(t)-\mu_{\ln T}}{\sigma_{\ln T}} \right)$ | $\dfrac{f(t)}{\sigma\left( \dfrac{\ln(t)-\mu_{\ln T}}{\sigma_{\ln T}} \right)}$ | $\exp\left( \mu_{\ln T} + \dfrac{\sigma_{\ln T}^2}{2} \right)$ |
| 指数 | $\beta e^{-\beta t}$ | $e^{-\beta t}$ | $\beta$ | $\dfrac{1}{\beta}$ |
| 瑞利 | $\dfrac{t}{\beta^2} \exp\left[ -\dfrac{1}{2} \left( \dfrac{t}{\beta} \right)^2 \right], \beta > 0$ | $\exp\left[ -\dfrac{1}{2} \left( \dfrac{t}{\beta} \right)^2 \right]$ | $\dfrac{t}{\beta^2}$ | $1.253\beta$ |
| 伽马 | $\dfrac{\beta}{\Gamma(\alpha)} (\beta t)^{\alpha-1} e^{-\beta t}$ | $\int_t^\infty f(\tau) \mathrm{d}\tau$ | $\dfrac{f(t)}{p_s(t)}$ | $\dfrac{\alpha}{\beta}$ |
| Gumbel | $e^{\pm y - e^{\pm y}}; y = \dfrac{t-t_0}{\beta}$ | $1 - e^{e^{\pm y}}$ | $\dfrac{f(t)}{p_s(t)}$ | $x_0 \pm 0.577\beta$ |
| 威布尔 | $\dfrac{\alpha}{\beta} \left( \dfrac{t-t_0}{\beta} \right)^{\alpha-1} e^{-\left( \frac{t-t_0}{\beta} \right)^a}$ | $e^{\left( \frac{t-t_0}{\beta} \right)^a}$ | $\dfrac{\alpha(t-t_0)^{\alpha-1}}{\beta^\alpha}$ | $t_0 + \beta\Gamma\left( 1 + \dfrac{1}{\alpha} \right)$ |
| 均匀 | $\dfrac{1}{b-a}$ | $\dfrac{b-t}{b-a}$ | $\dfrac{t}{b-a}$ | $\dfrac{a+b}{2}$ |

**【例 25-7】** 一组元件的故障密度函数为 $f(t) = 0.25 - \left( \dfrac{0.25}{8} \right)t$，$t$ 为年。

求 $F(t)$，$R(t)$，$\lambda(t)$，MTTF。

**【解】** $F(t) = \displaystyle\int_0^t f(\xi)\mathrm{d}\xi = 0.25t - \left( \dfrac{0.25}{16} \right)t^2$

$$R(t) = 1 - 0.25t + \left( \dfrac{0.25}{16} \right)t^2$$

$$\lambda(t) = \frac{f(t)}{R(t)} = \frac{2 - 0.25t}{8 - 2t + 0.125t^2}$$

令 $R(t) = 0$，即

$$1 - 0.25t + \left( \dfrac{0.25}{16} \right)t^2 = 0$$

解得 $t = 8$。

这表明，$t = 8$ 年时，元件残存概率为零，即 8 年后元件全部失效。

$$MTTF = \int_0^\infty R(t)\mathrm{d}t = \int_0^\infty \left[1 - 0.25t + \left(\frac{0.25}{16}\right)t^2\right]\mathrm{d}t$$

$$= \left[t - \frac{0.25}{2}t^2 + \frac{0.25t^3}{48}\right]_0^8 = 2.667 \text{ 年}$$

## 25.4 简单系统

多数系统包含了许多子系统。系统的可靠性取决于组件是怎样相互连接。典型的可靠性模型分为有储备与无储备两种,有储备可靠性模型按储备单元是否与工作单元同时工作而分为工作储备模型与非工作储备模型。典型的可靠性模型分类如图 25-7 所示。

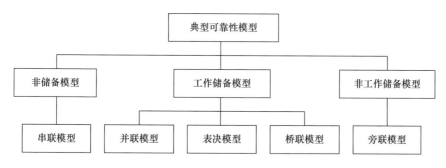

图 25-7　可靠性模型分类

### 25.4.1　给水管网组件可靠性

给水管网中管道、阀门、水泵、水池等组件的可靠性可表示为

$$R = \left[1 - \frac{POF \cdot POS \cdot ND}{OD}\right] \times 100\% \tag{25-86}$$

式中　　$R$——组件可靠性,%;

　　　　$POF$——单位时间故障率;

　　　　$POS$——故障时段,时间单位;

　　　　$ND$——难以满足的需水量,$\mathrm{m^3}$/时间单位;

　　　　$OD$——应满足的总需水量,$\mathrm{m^3}$/时间单位。

例如环路中一条管段出现故障,由于相邻节点需水量可由其他管段供应,则该管段可靠性可能为 100%。再如某条管道出现故障后,可能引起系统内 20% 的需水量得不到满足,故障概率为每年 1 次,故障时段为 2d,则该管道的可靠性为

$$R = \left[1 - \frac{\frac{1}{365} \times 2 \times 0.2OD}{OD}\right] \times 100\% = 99.8904\%$$

泵站在出现故障时,可能影响到整个管网的需水量。如果泵站每 5 年出现 1 次故障,持续时间为 1 日,则泵站可靠性为

$$R = \left[1 - \frac{\frac{1}{365 \times 5} \times 1 \times OD}{OD}\right] \times 100\% = 99.9452\%$$

### 25.4.2　串联系统

串联系统(series system)是指系统中任何一个元件的故障均构成系统故障的这样一

种系统。换句话说，必须全部元件完好，系统才算完好。

这种系统最简单的例子如下：

1）由 $n$ 段串联连接的管段组成的输水管道（图 25-8（$a$）），任一管段的故障都将导致供水的完全中断。

2）装备有 $n$ 台并联水泵的泵站，水泵共同供给的总水量 $Q$。任何一台水泵停止工作（图 25-8（$b$）），都将使泵站供给用水对象的水量降至不允许的程度。

3）三条并联的输水管道系统，为使系统正常工作，所有输水管道必须同时工作。

串联模型的可靠性框图如图 25-9 所示。

记 $x_i$ 为一个事件，表示组件 $i$ 工作，$\overline{x_i}$ 为一个事件，表示组件 $i$ 故障；$S$ 为一个事件，表示系统工作，$\overline{S}$ 为一个事件，表示系统故障。由 $n$ 个独立组件构成的串联系统有如下关系：

$$S = x_1 \bigcap x_2 \bigcap x_3 \bigcap \cdots \bigcap x_n \tag{25-87}$$

$$\overline{S} = \overline{x_1} \bigcup \overline{x_2} \bigcup \overline{x_3} \bigcup \cdots \bigcup \overline{x_n} \tag{25-88}$$

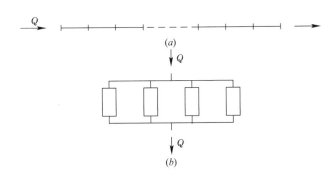

图 25-8　串联与并联

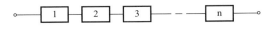

图 25-9　串联模型可靠性框图

因为组件是相互独立的，所以系统可靠工作概率 $P(S)$ 为

$$P(S) = P(x_1 \bigcap x_2 \bigcap \cdots \bigcap x_n) = P(x_1)P(x_2)\cdots P(x_n) \tag{25-89}$$

$P(S)$ 又叫系统的可靠度，记为 $R_s$；$P(x_i)$ 称组件的可靠度，记为 $R_i$。

若 $P(x_i) = R_i(t)$，则系统可靠度 $R_s(t)$ 为

$$R_s(t) = \prod_{i=1}^{n} R_i(t) \tag{25-90}$$

这表明，在串联系统中，系统的可靠度是组件可靠度的乘积。因为 $R_i(t) < 1$，所以 $R_s(t)$ 也必然小于 1，而且 $R_s(t) < R_i(t)$，即串联系统的可靠度比任一组件的可靠度要小。

若组件 $i$ 的寿命服从指数分布，故障率函数为 $h_i(t)$，那么，系统的故障率函数 $h_s(t)$ 为

$$h_s(t) = \sum_{i=1}^{n} h_i(t) \tag{25-91}$$

式（25-91）可证明如下：

对式（25-90）两边取对数后得

$$\ln R_s(t) = \ln \prod_{i=1}^{n} R_i(t) = \sum_{i=1}^{n} \ln R_i(t)$$

又由于故障率 $h(t)$ 可表达为

$$h(t) = -\frac{\mathrm{d}}{\mathrm{d}t} \ln R(t)$$

所以

$$h_s(t) = -\frac{\mathrm{d}}{\mathrm{d}t} \ln R_s(t) = -\frac{\mathrm{d}}{\mathrm{d}t} \Big[ \sum_{i=1}^{n} \ln R_i(t) \Big] = \sum_{i=1}^{n} \Big[ -\frac{\mathrm{d}}{\mathrm{d}t} \ln R_i(t) \Big] = \sum_{i=1}^{n} h_i(t)$$

如果寿命服从指数分布，故障率为常数，即 $h_i(t) = \lambda_i$，则式（25-91）变为

$$\lambda_s = \sum_{i=1}^{n} \lambda_i \tag{25-92}$$

即系统的故障率等于组件故障率之和。

系统的平均无故障工作时间 $MTTF_s$ 为

$$MTTF_s = \int_0^{\infty} R_s(t) \mathrm{d}t = \int_0^{\infty} \prod_{i=1}^{n} R_i(t) \mathrm{d}t \tag{25-93}$$

若 $R_i(t) = \exp\Big[ -\int_0^t h_i(t) \mathrm{d}t \Big]$，那么

$$R_s(t) = \prod_{i=1}^{n} \Big\{ \exp\Big[ -\int_0^t h_i(t) \mathrm{d}t \Big] \Big\}$$
$$= \exp\Big[ -\int_0^t \sum_{i=1}^{n} h_i(t) \mathrm{d}t \Big] = \exp\Big[ -\int_0^t h_s(t) \mathrm{d}t \Big] \tag{25-94}$$

所以

$$MTTF_s = \int_0^{\infty} \exp\Big[ -\int_0^t h_s(t) \mathrm{d}t \Big] \mathrm{d}t \tag{25-95}$$

如果给出第 $i$ 个组件寿命 $T$ 的概率函数 $f_i(t)$，则 $x_i$ 的分布函数 $F_i(t)$ 为

$$F_i(t) = \int_0^t f_i(t) \mathrm{d}t \tag{25-96}$$

$$R_s(t) = \prod_{i=1}^{n} R_i(t) = \prod_{i=1}^{n} \big[ 1 - F_i(t) \big] = \prod_{i=1}^{n} \Big[ 1 - \int_0^t f_i(t) \mathrm{d}t \Big] \tag{25-97}$$

系统的平均无故障工作时间 $MTTF_s$ 为

$$MTTF_s = \int_0^{\infty} R_s(t) \mathrm{d}t = \int_0^{\infty} \prod_{i=1}^{n} \Big[ 1 - \int_0^t f_i(t) \mathrm{d}t \Big] \mathrm{d}t \tag{25-98}$$

【例 25-8】 如果串联系统由 $n$ 个可靠性 $R_i$ 相等的组件构成，试分别求出 $n=1$，5，10，15，20，25，30，50 时系统的可靠度 $R_s$。假定 $R_i$ 取六个典型数据：1，0.99，0.98，0.97，0.96，0.95。

【解】 $R_s = \prod_{i=1}^{n} R_i$，不同的 $n$ 值（1，5，10，15，20，25，30，50）对应的系统可靠度 $R_s$ 表述为 $R_i, R_i^5, R_i^{10}, R_i^{15}, R_i^{20}, R_i^{25}, R_i^{30}, R_i^{50}$。

当 $R_i$ 取给定典型数据时，算出对应不同 $n$ 值时的 $R_s$，其结果见表 25-6。系统可靠度 $R_s$ 与元件可靠度 $R_i$ 的关系曲线，如图 25-10 所示。

串联系统的可靠度是组件可靠度的乘积，这种结构称为链式结构或称最弱环结构。从图 25-10 可看出，系统的可靠性比单个组件的可靠性低。随着组件数的增加，系统的可靠

度降低越显著。串联系统的组件遭受同样的冲击时，最弱的组件将首先出现故障，并导致系统故障。如果第 $i$ 个组件是最弱的，那么系统比该组件还要弱。

**不同 $n$ 值对应的系统可靠度 $R_s$** 表 25-6

| $R_s$ | 1 | 0.990 | 0.980 | 0.970 | 0.960 | 0.950 |
|---|---|---|---|---|---|---|
| $R_s^1$ $\quad n=1$ | 1 | 0.990 | 0.980 | 0.970 | 0.960 | 0.950 |
| $R_s^5$ $\quad n=5$ | 1 | 0.951 | 0.904 | 0.850 | 0.815 | 0.774 |
| $R_s^{10}$ $\quad n=10$ | 1 | 0.904 | 0.817 | 0.737 | 0.665 | 0.599 |
| $R_s^{15}$ $\quad n=15$ | 1 | 0.860 | 0.739 | 0.633 | 0.542 | 0.483 |
| $R_s^{20}$ $\quad n=20$ | 1 | 0.818 | 0.668 | 0.544 | 0.442 | 0.358 |
| $R_s^{25}$ $\quad n=25$ | 1 | 0.778 | 0.603 | 0.467 | 0.360 | 0.278 |
| $R_s^{30}$ $\quad n=30$ | 1 | 0.740 | 0.545 | 0.401 | 0.294 | 0.215 |
| $R_s^{50}$ $\quad n=50$ | 1 | 0.605 | 0.364 | 0.218 | 0.130 | 0.077 |

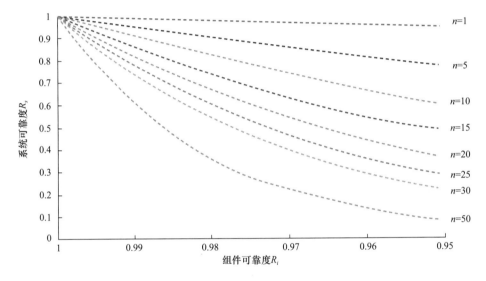

图 25-10 串联系统 $R_s = f(R_i)$

**【例 25-9】** 如果一串联系统由 $n$ 个 $MTTF$ 相同的组件组成，试分别求出当 $n=1$，2，3，4，5，10 时系统的 $MTTF_s$。假定组件的 $MTTF_i$ 取三个典型数据：500h，1000h，1500h。

**【解】** 设 $\lambda_i$ 为常数，$R_i = e^{-\lambda_i t}$

$$MTTF_i = \frac{1}{\lambda_i}$$

故系统的可靠性函数 $R_s(t)$ 为

$$R_s(t) = \prod_{i=1}^{n} R_i(t) = \exp\left[-\sum_{i=1}^{n} \lambda_i t\right] = \exp\left(-\sum_{i=1}^{n} \frac{t}{MTTF_i}\right) \tag{25-99}$$

系统的平均无故障工作时间

$$MTTF_s = \int_0^\infty R_s(t)\mathrm{d}t = \int_0^\infty \exp\left(-\sum_{i=1}^{\infty} \frac{1}{MTTF_i} t \mathrm{d}t\right) = \frac{1}{\sum_{i=1}^{n} \frac{1}{MTTF_i}} = \frac{1}{\sum_{i=1}^{n} \lambda_i} \tag{25-100}$$

根据式（25-100）可算出 $n$（1，2，3，4，5）变化时相应的 $MTTF_s$（$MTTF$，$MTTF/2$，$MTTF/3$，$MTTF/4$，$MTTF/5$）。

当 $MTTF$ 取值为 500h，1000h，1500h，可算出对应不同的 $MTTF_s$ 值，结果列于表 25-7，相应的图形示于图 25-11。

不同 $n$ 值下的串联系统 $MTTF_s$ 计算值（h）　　表 25-7

| $MTTF_s$ | 500 | 1000 | 1500 |
|---|---|---|---|
| $MTTF_s^1 (n=1)$ | 500 | 1000 | 1500 |
| $MTTF_s^2 (n=2)$ | 250 | 500 | 750 |
| $MTTF_s^3 (n=3)$ | 166.6 | 333 | 500 |
| $MTTF_s^4 (n=4)$ | 125 | 250 | 375 |
| $MTTF_s^5 (n=5)$ | 100 | 200 | 300 |

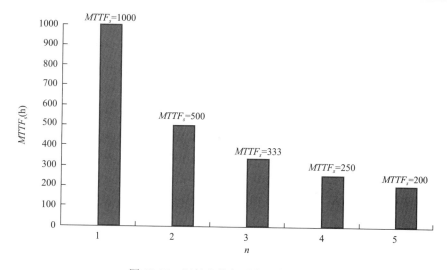

图 25-11　组件个数与平均寿命的关系

图 25-11 表明，对于串联系统，在组件平均寿命已知条件下，系统的平均寿命将随着组件数的增加而急剧下降。

如果三个组件的寿命分别为 $MTTF_1=1500\text{h}$，$MTTF_2=1000\text{h}$，$MTTF_3=500\text{h}$，则由这三组件串联的系统寿命 $MTTF_s$ 为

$$MTTF_s = \cfrac{1}{\cfrac{1}{MTTF_1}+\cfrac{1}{MTTF_2}+\cfrac{1}{MTTF_3}} = \cfrac{1}{\cfrac{1}{1500}+\cfrac{1}{1000}+\cfrac{1}{500}} = 272.72\text{h}$$

这说明，串联系统的寿命也基本是由最弱组件的寿命决定，而且比最弱组件的寿命还要短。因此，要延长整个系统的寿命，首先要延长最弱组件的寿命。

如果由 $n$ 个寿命相同的组件构成串联系统，那么系统的寿命也将缩短。组件越多，寿命缩短越显著。因此从延长系统寿命的观点看，串联过多的组件是不利的。

显而易见，组件的串联系统是不可靠的，因为在这个系统中根本没有利用保证可靠性的基本原则——储备。然而，这种系统所需的基建投资较低。在给水系统中，只有当同时采用特殊措施保证系统可靠性时，才允许使用这种串联连接。

从设计方面考虑，为提高串联系统的可靠性，可从以下三方面考虑：

1）尽可能减少串联单元个数；

2）提高单元可靠性，降低其故障率 $\lambda_i(t)$；

3）缩短工作时间 $t$。

【例 25-10】 考虑串联的两台不同水泵，为了提升需要的水量，两者均必须运行。水泵的恒定故障率分别为 $\lambda_1 = 0.0003$ 故障/h，$\lambda_2 = 0.0002$ 故障/h。对于 2000h 的运行时间，由式（25-99），系统可靠性为

$$R_s(t) = e^{-(0.0003+0.0002)(2000)} = 0.90484$$

由式（25-100），$MTTF$ 为

$$MTTF = \frac{1}{0.0003 + 0.0002} = 2000\text{h}$$

### 25.4.3 并联系统

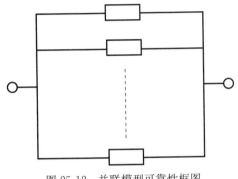

图 25-12　并联模型可靠性框图

并联系统（parallel system）是指所有组件出现故障才构成系统故障的系统。或者说，组件中的任意一个工作，系统便算工作。并联模型可靠性框图如图 25-12 所示。

有储备系统的例子是有三条并联输水管组成的系统，其中一条输水管就可供整个系统的要求流量 $Q$（图 25-13（$a$）），其余两条管线为储备的；装有三台水泵的泵站，为使系统具备正常功能，只需一台水泵工作（图 25-13（$b$））。

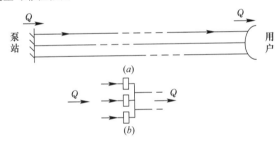

图 25-13　有储备系统表示

由 $n$ 个独立的组件组成并联系统，有如下关系：

$$S = x_1 \bigcup x_2 \bigcup \cdots \bigcup x_n \tag{25-101}$$
$$\overline{S} = \overline{x}_1 \bigcap \overline{x}_2 \bigcap \cdots \bigcap \overline{x}_n \tag{25-102}$$

系统失效概率，即不可靠度为

$$P(\overline{S}) = P(\overline{x}_1 \bigcap \overline{x}_2 \bigcap \cdots \bigcap \overline{x}_n) \tag{25-103}$$

因为组件独立，所以

$$P(\overline{S}) = P(\overline{x}_1)P(\overline{x}_2)\cdots P(\overline{x}_n) = \prod_{i=1}^{n} q_i \tag{25-104}$$

式中 $q_i = P(\overline{x}_i)$ 为组件故障概率，因为 $P(S) + P(\overline{S}) = 1$，又可得

$$P(S) = 1 - P(\overline{S}) = 1 - \prod_{i=1}^{n} q_i = 1 - \prod_{i=1}^{n} [1 - R_i(t)] \tag{25-105}$$

所以，$R_s(t) = 1 - \prod_{i=1}^{n} [1 - R_i(t)]$。

系统的平均寿命为

$$MTTF_s = \int_0^\infty R_s(t)\,\mathrm{d}t = \int_0^\infty \left\{1 - \prod_{i=1}^n \left[1 - R_i(t)\right]\right\}\mathrm{d}t \tag{25-106}$$

由于 $F(t) = \int_0^t f(t)\,\mathrm{d}t$，所以

$$R_s(t) = 1 - \prod_{i=1}^n F_i(t) = 1 - \prod_{i=1}^n \int_0^t f_i(t)\,\mathrm{d}t \tag{25-107}$$

$$MTTF_s = \int_0^\infty \left[1 - \prod_{i=1}^n \int_0^t f_i(t)\,\mathrm{d}t\mathrm{d}t\right] \tag{25-108}$$

如果组件 $x_i$ 的故障率 $h_i(t)$ 已知，则

$$R_i(t) = 1 - \prod_{i=1}^n \left[1 - \exp\left(-\int_0^t h_i(t)\,\mathrm{d}t\right)\right] \tag{25-109}$$

系统的平均寿命为

$$MTTF_s = \int_0^\infty \left\{1 - \prod_{i=1}^n \left[1 - \exp\left(-\int_0^t h_i(t)\,\mathrm{d}t\right)\right]\right\}\mathrm{d}t \tag{25-110}$$

如果 $h_i(t) = $ 常数，$R_i(t) = e^{-\lambda_i t}$，则

$$R_s(t) = 1 - \prod_{i=1}^n \left[1 - e^{-\lambda_i t}\right]$$

$$= \sum_{i=1}^n e^{-\lambda_i t} - \sum_{1 \leqslant i \leqslant j \leqslant n} e^{-(\lambda_i + \lambda_j)t} + \cdots + (-1)^{n-1} e^{-(\lambda_1 + \lambda_2 + \cdots + \lambda_n)t} \tag{25-111}$$

$$MTTF_s = \int_0^\infty \left[1 - \prod_{i=1}^n (1 - e^{-\lambda_i t})\right]$$

$$= \sum_{i=1}^n \frac{1}{\lambda_i} - \sum_{1 \leqslant i < j \leqslant n} \frac{1}{\lambda_i + \lambda_j} + \cdots + (-1)^{n-1} \frac{1}{\lambda_1 + \lambda_2 + \cdots + \lambda_n} \tag{25-112}$$

【例 25-11】 如果一个系统由 $n$ 个等可靠性的组件并联组成，试分别求 $n=1$，2，3，4，5，6，10 时系统的可靠度 $R_s$。假定组件 $i$ 的失效概率 $q_i$ 分别为 0.01，0.05，0.1，0.2，0.3，0.4，0.5，0.6，0.8。

【解】 系统可靠度 $R_s = 1 - \prod_{i=1}^n q_i = 1 - q_i^n$，当 $q_i$ 取不同典型数值时，相应的系统可靠度即可算出。对应不同的 $q_i$ 值，元件个数 $n$ 与系统可靠度 $R_s$ 的关系见表 25-8。

**并联系统的可靠性 $R_s = f(n)$**　　　　　　　　　　　　表 25-8

| 系统可靠度 $R_s$ | 组件故障率 | | | | | | | | |
|---|---|---|---|---|---|---|---|---|---|
| | 0.01 | 0.05 | 0.1 | 0.2 | 0.3 | 0.4 | 0.5 | 0.6 | 0.8 |
| 1 | 0.99 | 0.95 | 0.9 | 0.8 | 0.7 | 0.6 | 0.5 | 0.4 | 0.2 |
| 2 | 0.9999 | 0.9975 | 0.99 | 0.96 | 0.91 | 0.84 | 0.75 | 0.64 | 0.36 |
| 3 | 0.999999 | 0.999875 | 0.999 | 0.992 | 0.973 | 0.936 | 0.875 | 0.784 | 0.488 |
| 4 | 1 | 0.999994 | 0.9999 | 0.9984 | 0.9919 | 0.9744 | 0.9375 | 0.8704 | 0.5904 |
| 5 | 1 | 1 | 0.99999 | 0.99968 | 0.99757 | 0.98976 | 0.96875 | 0.92224 | 0.67232 |
| 6 | 1 | 1 | 0.999999 | 0.999936 | 0.999271 | 0.995904 | 0.984375 | 0.953344 | 0.737856 |
| 10 | 1 | 1 | 1 | 1 | 0.999994 | 0.999895 | 0.999023 | 0.993953 | 0.892626 |

从表 25-8 中可以看出并联组件的数目对提高系统可靠性的影响。当组件可靠性高时（即故障率低），例如 $q_i=0.01$，组件个数由 1 提高到 2 时，$R_s$ 由 0.99 提高到 0.9999；当组件 $q_i=0.1$ 时，$n$ 由 1 提高到 2 时，$R_s$ 由 0.9 提高到 0.99。也就是说，可靠性高的组件并联，系统可靠性提高得快，可靠性低的组件并联，系统可靠性提高缓慢。

**【例 25-12】** 由 $n$ 个等可靠性组件构成的并联系统，求系统的可靠性 $R_s$ 即平均无故障工作时间 $MTTF_s$。

**【解】** 设每个组件的故障率 $h_i(t)=\lambda_i=\lambda$，则

$$R_i(t)=e^{-\lambda_i t}=e^{-\lambda t}$$

系统的可靠函数 $R_s(t)$ 为

$$R_s(t)=1-\prod_{i=1}^{n}(1-e^{-\lambda_i t})=1-(1-e^{-\lambda t})^n$$

$$MTTF_s=\int_0^\infty R_s(t)\mathrm{d}t=\int_0^\infty\left[1-(1-e^{-\lambda t})^n\right]\mathrm{d}t$$

令 $1-e^{-\lambda t}=z,\mathrm{d}z=\lambda e^{-\lambda t}\mathrm{d}t$，则

$$MTTF_s=\int_0^1\frac{1-z^n}{\lambda e^{-\lambda t}}\mathrm{d}z=\frac{1}{\lambda}\int_0^1\frac{1-z^n}{1-z}\mathrm{d}z=\frac{1}{\lambda}\int_0^1(1+z+\cdots+z^{n-1})\mathrm{d}z$$

$$=\frac{1}{\lambda}\left(1+\frac{1}{2}+\frac{1}{3}+\cdots+\frac{1}{n}\right)=\frac{1}{\lambda}\sum_{i=1}^{n}\frac{1}{i}=MTTF\sum_{i=1}^{n}\frac{1}{i}$$

其中 $MTTF$ 为元件的寿命，用小时表示。

如果 $MTTF$ 取不同的典型数据，相应的系统平均无故障工作时间见表 25-9。

不同 MTTF 和 n 取值下并联系统的 MTTF<sub>s</sub> 计算值（h）　　　　表 25-9

| $MTTF$ | | 500 | 1000 | 1500 | 2000 | 3000 |
|---|---|---|---|---|---|---|
| $MTTF_s$ | $n=1$ | 500 | 1000 | 1500 | 2000 | 3000 |
| | $n=2$ | 750 | 1500 | 2250 | 3000 | 4500 |
| | $n=3$ | 916.6 | 1833 | 2750 | 3666 | 5499 |
| | $n=4$ | 1041.5 | 2083 | 3124.5 | 4166 | 6249 |
| | $n=5$ | 1141.6 | 2283 | 3424.5 | 4566 | 6849 |
| | $n=7$ | 1296.3 | 2592 | 3888 | 5184 | 7776 |
| | $n=10$ | 1464 | 2928 | 4392 | 5856 | 8784 |

通常若组件平均无故障工作时间较短，那么并联后系统寿命延长与组件增多的关系不显著。换句话说，平均无故障工作时间短的组件组成的并联系统对改善系统的平均无故障工作时间提高不显著，而平均无故障工作时间长的组件组成的并联系统，其 $MTTF$ 则增加得多。

组件的并联组合中，系统的可靠性高于其任何组件的可靠度，而系统故障的概率也小于其任何组件故障的概率。

**【例 25-13】** 讨论两个等可靠度的独立组件组成的并联系统可靠性。

**【解】** 设 $R_s(t)=e^{-\lambda_i t}=e^{-\lambda t}$，根据式（25-105），由两个组件组成的并联系统可靠度为

$$R_s(t)=1-(1-e^{-\lambda t})^2=2e^{-\lambda t}-e^{-2\lambda t}$$

可求出故障率函数为

$$\lambda_s(t) = -\frac{\mathrm{d}}{\mathrm{d}t}\ln R_s(t) = -\frac{\mathrm{d}}{\mathrm{d}t}\ln(2e^{-\lambda t} - e^{-2\lambda t}) = \frac{2\lambda(1 - e^{-\lambda t})}{2 - e^{-\lambda t}}$$

这表明当组件的故障是常数时，并联系统的故障率并不是常数，而是时间的函数。但因为

$$\lim_{t \to \infty}\lambda_s(t) = \lambda$$

所以当时间很长时，并联系统的故障率仍可看作为常数。

**【例 25-14】** 考虑两台相同的水泵，运行在一个冗余配置中，以便每台水泵可能故障，高峰流量仍旧可以输送。两台水泵具有故障速率为 $\lambda = 0.0005$，两台水泵在 $t = 0$ 时开始运行。任务时间 $t = 1000\text{h}$ 的系统可靠性为

$$\begin{aligned}
R_s(t) &= 1 - (1 - e^{-\lambda_1 t})(1 - e^{-\lambda_2 t}) \\
&= 2e^{-\lambda t} - e^{-2\lambda t} \\
&= 2e^{-(0.005)(1000)} - e^{-2(0.0005)(1000)} \\
&= 1.2131 - 0.3679 \\
&= 0.8452
\end{aligned}$$

$MTTF$ 为

$$MTTF = \frac{1}{\lambda}\left(\frac{1}{1} + \frac{1}{2}\right) = \frac{3}{2}\frac{1}{\lambda} = 1.5\left(\frac{1}{0.0005}\right) = 3000\text{h}$$

比较上述由 $n$ 个组件组成的并联系统及串联系统，可以看出下列几点：

1) 并联系统的 $MTTF$ 大于串联系统的 $MTTF$。

2) 一般 $0 < R_i(t) < 1, i = 1, 2 \cdots\cdots n$，那么对任意的 $j$ 存在以下关系：

$$1 - \prod_{i=1}^{n}[1 - R_i(t)] > R_j(t) > \prod_{i=1}^{n}R_i(t) \tag{25-113}$$

换句话说，并联系统的可靠度比其中任一组件的可靠度高，而串联系统中每一组件的可靠度比系统的可靠度高。因此，提高系统可靠性的一种方法是对一个组件添加并联组件，这在设计中称为冗余（redundancy）。在并联结构中，虽然系统只需一个组件运行，但实际上其他组件都处于运行状态，这种冗余方式称为工作冗余（active redundancy）。如果组件处于运行状态，其他组件处于备用状态，则称储备冗余（standby redundancy）。

同时应指出，并联组件个数增加，虽然每个组件故障的概率没有变化，但系统中组件的故障概率增加，而这时整个系统完全故障（例如供水完全破坏的概率）却降低。这种现象称为储备的冲突。

因此一系列以串联形式的构筑物或者活动，取决于最差的线路。与并联的设施数字相比，这样一种串联系统的设计应具有较高的标准。例如，并联的水源数量，作为可选方式或者相互同时馈送，减少了由于缺水的损坏，如果一个或者多个系统出现故障。因此，一种不同的，即较低的安全因子，或者较低的设计标准，可能在后者环境中是可容忍的。

**【例 25-15】** 图 25-14 所示的系统，包含了五个组件，其中组件 2，3 和 5 为并联的。计算 $t = 0.1$ 时的系统可靠性，假设 $R_1(t) = R_4(t) = e^{-2t}$，$R_2^i(t) = R_3^j(t) = R_5^i(t) = e^{-t}$ $(1 \leqslant i \leqslant 2, 1 \leqslant j \leqslant 3)$。

**【解】** 首先并联组件的可靠性计算为，

$$R_2(t) = 1 - (1 - R_2^1(t))(1 - R_2^2(t))$$

$$R_3(t) = 1 - \prod_{i=1}^{3}(1 - R_3^i(t))$$

$$R_5(t) = 1 - (1 - R_5^1(t))(1 - R_5^2(t))$$

系统的可靠性函数估计为

$$R(t) = R_1(t)\left[1 - \prod_{i=1}^{2}(1 - R_2^i(t))\right]\left[1 - \prod_{i=1}^{3}(1 - R_3^i(t))\right]R_4(t)\left[1 - \prod_{i=1}^{2}(1 - R_5^i(t))\right]$$

$t=0.1$ 时，

$$R_1(0.1) = R_4(0.1) = e^{-0.2} = 0.8187$$

$$R_2^i(0.1) = R_3^i(0.1) = R_5^i(0.1) = e^{-0.1} = 0.9048$$

于是，

$$R_1(0.1) = R_5(0.1) = 1 - (1 - 0.9048)^2 = 0.9909$$

$$R_3(0.1) = 1 - (1 - 0.9048)^3 = 0.9991$$

因此

$$R(0.1) = 0.8187^2(0.9909)^2(0.9991) = 0.6575 = 65.75\%$$

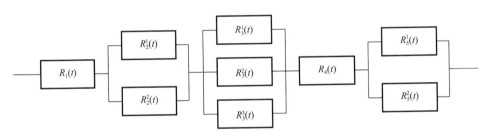

图 25-14　系统中的组合连接

### 25.4.4　r/n（G）模型

$n$ 个单元及一个表决器组成的表决系统，当表决器正常时，正常的单元数不小于 $r$（$1 \leqslant r \leqslant n$），系统就不会故障，这样的系统称为 r/n（G）表决系统，它是工作储备模型的一种形式。

r/n(G) 系统的可靠性框图如图 25-15 所示。

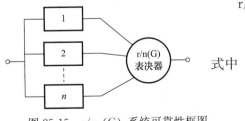

图 25-15　r/n（G）系统可靠性框图

r/n（G）系统的数学模型：

$$R_s(t) = R_m\sum_{i=r}^{n}C_n^r R(t)^i(1 - R(t))^{n-i} \quad (25\text{-}114)$$

式中　$R_s(t)$ ——系统的可靠度；

　　　$R(t)$ ——系统组成单元（各单元相同）的可靠度；

　　　$R_m$——表决器的可靠度。

当各单元的可靠性是时间的函数，且寿命服从故障率为 $\lambda$ 的指数分布时，r/n（G）系统的可靠度为：

$$R_s(t) = R_m\sum_{i=r}^{n}C_n^r e^{-\lambda it}(1 - e^{-\lambda t})^{n-i} \quad (25\text{-}115)$$

当表决器的可靠度为1时，系统的致命故障间的任务时间 $MTTF$ 为：

$$MTTF = \int_0^\infty R_s(t)\mathrm{d}t = \sum_{i=r}^n \frac{1}{i\lambda} \qquad (25\text{-}116)$$

在 r/n（G）系统中，当 $n$ 为奇数（令其为 $2k+1$），且系统的正常单元数大于或等于 $k+1$ 时系统才正常，这样的系统称为多数表决系统。多数表决系统是 r/n（G）系统的一种特例。对于恒定故障速率，可靠性表示为

$$R_{k/n}(t) = \sum_{i=k}^n \binom{n}{i}(e^{-\lambda t})^i (1-e^{-\lambda t})^{n-i} \qquad (25\text{-}117)$$

2/3（G）表决系统可靠性框图如图 25-16 所示。

当表决器可靠度为1，组成单元的故障率均为常值 $\lambda$ 时，其数学模型为：

$$R_s(t) = 3e^{-2\lambda t} - 2e^{-3\lambda t} \qquad (25\text{-}118)$$
$$MTTF = 5/6\lambda \qquad (25\text{-}119)$$

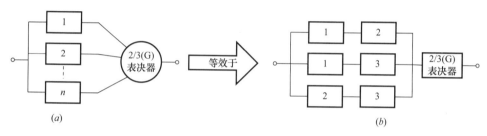

图 25-16　2/3（G）系统可靠性框图

当表决器的可靠度为1时：

$r=1$，1/n（G）即为并联系统，

$$R_s(t) = 1 - (1 - R(t))^n \qquad (25\text{-}120)$$

$r=n$，n/n（G）即为串联系统

$$R_s(t) = R(t)^n \qquad (25\text{-}121)$$

r/n（G）系统的 $MTTF$ 比并联系统小，比串联系统大。

**【例 25-16】**　考虑具有三台水泵的提升系统，一台作为备用，所有具有恒定故障速率 $\lambda=0.0005$ 次故障/h。系统可靠性，对于 $t=1000$h，$n=3$，$k=2$，为

$$R_{2/3}(t) = 3e^{(-2)(0.0005)(1000)} - 2e^{-(3)(0.0005)(1000)}$$
$$= 1.1036 - 0.4463$$
$$= 0.6573$$

试考虑由两个天然水源供水的给水系统。假定由于实现系统的正常功能需要其中任一个水源完成。则保证正常给水，有两种可能状态：

1）同时利用两个水源；

2）两个水源中的一个可以利用，另一个不能利用（存在两种组合情况）。

假设两个水源的保证率分别为 $F_1$ 和 $F_2$，由此可得水源系统可靠性的特征值：对于状态 1）为 $F_1F_2$；同理，对于状态 2）为 $F_1(1-F_2)+F_2(1-F_1)=F_1+F_2-2(F_1F_2)$。

于是水源的可靠性—给水对象的保证率为

$$F = F_1F_2 + (F_1 + F_2) - 2F_1F_2$$

$$= (F_1 + F_2) - F_1 F_2$$

如果取 $F_1 = 0.92$，$F_2 = 0.85$，则 $F = 0.988$，系统故障概率为 $D = 1 - F = 0.012$。

### 25.4.5 非工作储备模型（旁联模型）

组成系统的 $n$ 个单元只有一个单元工作，当工作单元发生故障时，通过转换装置转接到另一个单元继续工作，直到所有单元都发生故障时，系统才发生故障，这样的系统称为非工作储备系统，又称旁联系统。

非工作储备系统的可靠性框图如图 25-17 所示，其可靠性数学模型为：

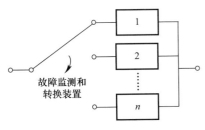

图 25-17　非工作储备系统可靠性框图

（1）假设转换装置可靠度为 1，则系统 $MTTF_s$ 等于各单元 $MTTF_i$ 之和：

$$MTTF_s = \sum_{i=1}^{n} MTTF_i \qquad (25\text{-}122)$$

式中　　$MTTF_s$——系统的致命故障间任务时间；

　　　　$MTTF_i$——单位的致命故障间任务时间；

　　　　$n$——组成系统的单元数。

当系统各单元的寿命服从指数分布时：

$$MTTF_s = \sum_{i=1}^{n} 1/\lambda_i \qquad (25\text{-}123)$$

式中　　$MTTF_s$——系统的致命故障间任务时间；

　　　　$\lambda_i$——单元的故障率；

　　　　$n$——组成系统的单元数。

当系统的各单元都相同时：

$$MTTF_s = n/\lambda \qquad (25\text{-}124)$$

$$R_s(t) = e^{-\lambda t} \left[ 1 + \lambda t + \frac{(\lambda t)^2}{2!} + \cdots + \frac{(\lambda t)^{n-1}}{(n-1)!} \right]$$

$$= \sum_{i=1}^{n} \frac{(\lambda t)^{i-1} e^{-\lambda t}}{(i-1)!} \qquad (25\text{-}125)$$

对于常用的两个不同单元组成的非工作储备系统（$n=2$，$\lambda_1 \neq \lambda_2$）：

$$R_s(t) = \frac{\lambda_2}{\lambda_2 - \lambda_1} e^{-\lambda_1 t} + \frac{\lambda_1}{\lambda_1 - \lambda_2} e^{-\lambda_2 t} \qquad (25\text{-}126)$$

$$MTTF_s = \frac{1}{\lambda_1} + \frac{1}{\lambda_2} \qquad (25\text{-}127)$$

【例 25-17】 假设指数故障分布，考虑两台一致水泵，一台运行，而另一台备用，具有已知的故障率 $\lambda = 0.0005$ 次故障/h。备用装置在 $t=0$ 时刻良好。对于 $t=1000\text{h}$ 的系统可靠性为

$$R_{st}(t) = (1 + \lambda t) e^{-\lambda t}$$
$$= (1 + 0.0005 \times 1000) e^{-(0.0005)(1000)}$$
$$= 0.9098$$

（2）假设转换装置的可靠度为常数 $R_D$，两个单元相同且寿命服从故障率为 $\lambda$ 的指数分布，系统的可靠度为：

$$R_s(t) = e^{-\lambda t} (1 + R_D \lambda t) \qquad (25\text{-}128)$$

对于两个不同单元，其故障率分别为 $\lambda_1$，$\lambda_2$：

$$R_s(t) = e^{-\lambda_1 t} + R_D \frac{\lambda_1}{\lambda_1 - \lambda_2}(e^{-\lambda_2 t} - e^{-\lambda_1 t}) \tag{25-129}$$

$$MTTF_s = \frac{1}{\lambda_1} + R_D \frac{1}{\lambda_2} \tag{25-130}$$

非工作储备的优点是能大大提高系统的可靠度，其缺点是：①由于增加了故障监测与转换装置而加大了系统的复杂度；②要求故障监测与转换装置的可靠度非常高，否则储备带来的好处会被严重削弱。

## 25.5 供水管网系统结构可靠性分析

串并联系统的可靠性通常是直接的。多数实际情况中，例如配水系统，具有非串并联配置，可靠性的估计更为困难。对于系统可靠性评价，已经开发了多种技术。以下讨论状态枚举方法（事件—空间方法）和路径枚举方法。

### 25.5.1 状态枚举方法

该方法列出了系统的所有可能相互排斥的状态。一种状态通过列出系统中成功和故障元素定义。对于具有 $n$ 个元素或者组件的系统，通常具有 $2^n$ 种状态，因此具有 10 个组件的系统，将具有 1024 种状态。确定系统成功运行的状态之后，确定工作状态出现的概率；加和所有成功状态概率，给出系统的可靠性。

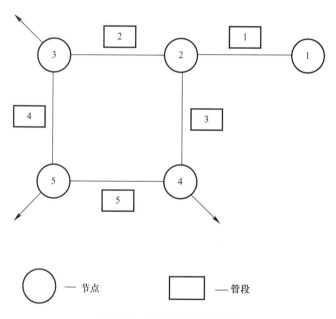

图 25-18　简单示例配水管网

【例 25-18】　考虑简单配水管网，包含了五条管道和一个环，如图 25-18 所示。节点 1 是水源节点，节点 3，4 和 5 为需水量节点。管网内五条管段均可能出现故障。给定时段内，每一管段具有的故障概率为 4%，由于爆管或者其他原因，需要从服务中去除。系统可靠性定义为水可以从水源节点到达所有三个需水量节点的概率。假设每一管道可服务状态是独立的。

利用状态枚举方法，对于系统可靠性评价，可以构造相关的事故树，描述系统中组件状态的所有可能组合。由于每条管道具有两种可能状态，即故障（$F$）或非故障（$N$），如果完全展开，树将具有 $2^5 = 32$ 个分支。可是，如果明白每一管道组件在管网连通性中的作用，所有可能状态的消耗性枚举不是必要的。

例如，参考图 25-19，意识到当管道 1 故障时，所有需水量节点不能够接受水，说明系统的故障，不用考虑剩余管段状态。因此，不必构建超出该点的事故树分支。在这种方式下，利用事故树构建的一些判断，通常可以形成较小的树。可是，对于复杂系统，这是不容易的。

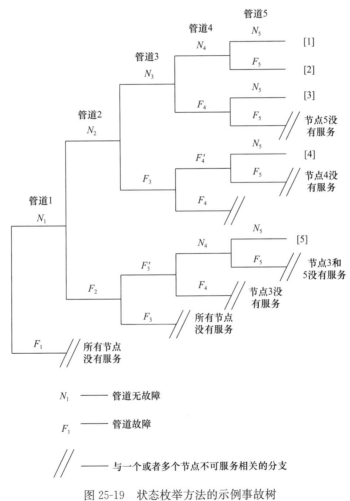

$N_1$ —— 管道无故障

$F_1$ —— 管道故障

$/\!\!/$ —— 与一个或者多个节点不可服务相关的分支

图 25-19　状态枚举方法的示例事故树

系统可靠性通过加和与所有非故障分支相关的概率获得。本例中，考虑 $p(B_i)$ 表示了事故树的分支 $B_i$ 提供了完全服务到所有用户的概率，与每一分支相关的概率带来满足输水到所有用户，被计算，归因于单条管道可服务性的独立性，即

$$p(B_1) = p(F_1')p(F_2')p(F_3')p(F_4')p(F_5')$$
$$= (0.96)(0.96)(0.96)(0.96)(0.96) = 0.815$$
$$p(B_2) = p(F_1')p(F_2')p(F_3')p(F_4')p(F_5)$$

$$= (0.96)(0.96)(0.96)(0.96)(0.04) = 0.034$$

$$p(B_3) = p(F'_1)p(F'_2)p(F'_3)p(F_4)p(F'_5)$$

$$= (0.96)(0.96)(0.96)(0.04)(0.96) = 0.034$$

$$p(B_4) = p(F'_1)p(F'_2)p(F'_3)p(F'_4)p(F_5)$$

$$= (0.96)(0.96)(0.96)(0.96)(0.04) = 0.034$$

$$p(B_5) = p(F'_1)p(F'_2)p(F'_3)p(F'_4)p(F_5)$$

$$= (0.96)(0.96)(0.96)(0.96)(0.04) = 0.034$$

因此，系统的可靠性，它是以上与系统操作状态相关的所有概率之和，等于 0.951。

### 25.5.2 路径枚举方法

对于系统可靠性评价，路径枚举方法是很有价值的工具。路集分析和割集分析是两种常用的方法，其中前者利用最小路径概念，后者使用最小割集概念。

#### 1. 路集方法

路径是元素（组件）的集合，当在指明方向上形成输入和输出之间的连接。最小路径沿着路径上，没有节点在路径中的出现超过一次。第 $i$ 条最小路径将表示为 $T_i$，$i = 1, \cdots, m$，假设任何路径是可运行的，系统性能适当执行，那么系统可靠性为

$$R = P\left[\bigcup_{i=1}^{m} T_i\right] \tag{25-131}$$

式中 $P[\ ]$ 表示至少 $m$ 路径中之一将运行的概率；$\bigcup$ 表示了并集。

**【例 25-19】** 参考前面的例子，简单配水管网如图 25-18 所示。最小路集（或者路径），根据前面给出的系统可靠性定义，对于示例管网为

$$T_1 = \{N_1 \bigcap N_2 \bigcap N_4 \bigcap N_5\}$$

$$T_2 = \{N_1 \bigcap N_3 \bigcap N_5 \bigcap N_4\}$$

$$T_3 = \{N_1 \bigcap N_2 \bigcap N_3 \bigcap N_4\}$$

$$T_2 = \{N_1 \bigcap N_2 \bigcap N_3 \bigcap N_5\}$$

式中　　$T_i$——第 $i$ 最小路集；

$N_k$——管网中管段 $k$ 无故障。

图 25-20 说明四个最小路集。系统可靠性，根据式（25-131），为

$$R_s = P(T_1 \bigcup T_2 \bigcup T_3 \bigcup T_4)$$

$$= P(T_1) + P(T_2) + P(T_3) + P(T_4)$$

$$- [P(T_1 \bigcap T_2) + P(T_1 \bigcap T_3) + P(T_1 \bigcap T_4)$$

$$+ P(T_2 \bigcap T_3) + P(T_2 \bigcap T_4) + P(T_3 \bigcap T_4)]$$

$$+ [P(T_1 \bigcap T_2 \bigcap T_3) + P(T_1 \bigcap T_2 \bigcap T_4) + P(T_1 \bigcap T_3 \bigcap T_4)$$

$$+ P(T_2 \bigcap T_3 \bigcap T_4)] - P(T_1 \bigcap T_2 \bigcap T_3 \bigcap T_4)$$

由于管网中所有管道故障事件独立，所有最小路集（或者路径）故障事件独立。这样的环境中，多个独立事件联合发生的概率简化为单个事件概率的乘积。也就是，

$$P(T_1) = P(N_1) \cdot P(N_2) \cdot P(N_4) \cdot P(N_5) = (0.96)^4 = 0.84935$$

类似的，

$$P(T_2) = P(T_3) = P(T_4) = 0.84935$$

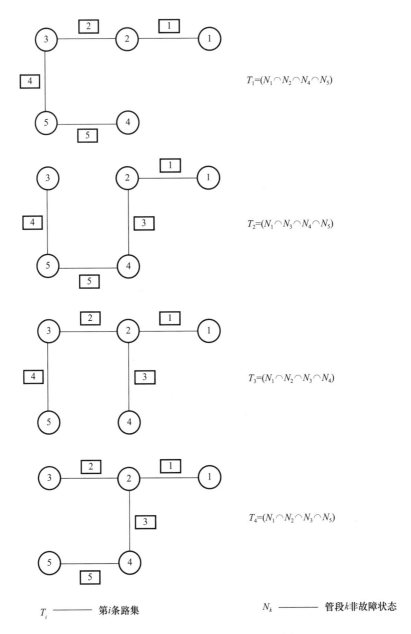

$$T_1 = (N_1 \cap N_2 \cap N_4 \cap N_5)$$

$$T_2 = (N_1 \cap N_3 \cap N_4 \cap N_5)$$

$$T_3 = (N_1 \cap N_2 \cap N_3 \cap N_4)$$

$$T_4 = (N_1 \cap N_2 \cap N_3 \cap N_5)$$

$T_i$ ———— 第 $i$ 条路集    $N_k$ ———— 管段 $k$ 非故障状态

图 25-20  示例管网的四个最小路集

注意该例中，多于两个最小路集的交集，为所有五种管道方案无故障状态的相互连接，即，$N_1 \cap N_2 \cap N_3 \cap N_4 \cap N_5$。系统可靠性简化为

$$R_s = P(T_1) + P(T_2) + P(T_3) + P(T_4)$$
$$- 3P(N_1 \cap N_2 \cap N_3 \cap N_4 \cap N_5)$$
$$= 4(0.84935) - 3(0.96)^5$$
$$= 0.951$$

## 2. 割集方法

割集定义为一组元素，在忽略系统中其他元素的条件下，出现故障时，将引起系统

584

故障。最小割集是一个，其中没有合适的元素子集，其单独故障将造成系统故障。换句话说，最小割集是这样，如果任何组件从集合中删除，剩余元素不再是割集。最小割集表示为 $C_i$，$i=1,\cdots,m$ 和 $\overline{C}_i$ 表示 $C_i$ 的补集，即，割集 $C_i$ 的所有元素故障。系统可靠性为

$$R_i = 1 - P\left[\bigcup_{i=1}^{m} C_i\right] = P\left[\bigcap_{i=1}^{m} \overline{C}_i\right] \tag{25-132}$$

通常割集方法是评价系统可靠性的有力工具，主要原因为割集直接相关于系统故障模式，因此确定了系统可能出现故障的明确和离散方式。配水系统中，割集将为一系列系统组件，包括管段、水泵、蓄水设施等，联合故障时将破坏特定用户的服务。

**【例 25-20】** 再次参考原来简单配水管网例子。现在可以利用最小割集方法估计系统可靠性。根据所定义的系统可靠性，示例管网的最小割集为

$$C_1 = \{F_1\} \qquad C_2 = \{F_2 \cap F_3\}$$
$$C_3 = \{F_2 \cap F_4\} \quad C_4 = \{F_3 \cap F_5\}$$
$$C_5 = \{F_4 \cap F_5\} \quad C_6 = \{F_2 \cap F_5\}$$
$$C_7 = \{F_3 \cap F_4\}$$

式中　　$C_i$——第 $i$ 割集；

$F_k$——管段 $k$ 的故障状态。

示例管网以上七个割集如图 25-21 所示。

系统不可靠性 $\overline{R}_s$ 为割集的并集所出现的概率，即

$$\overline{R}_s = P\left[\bigcup_{i=1}^{7} C_i\right]$$

系统可靠性可以从 1 中减去 $\overline{R}_s$ 获得。可是，通常对于寻找大量事件并集的概率，即使它们是独立的，计算将很繁琐。在这种环境中，较容易计算的是，通过式（25-132），计算系统可靠性，为

$$R_s = 1 - P\left[\bigcup_{i=1}^{7} C_i\right] = P\left[\bigcap_{i=1}^{7} \overline{C}_i\right]$$

式中上线"—"表示事件的补集。由于所有割集独立，它们的所有补集也独立。大量独立事件相互交叉的概率，正如前面所述，为

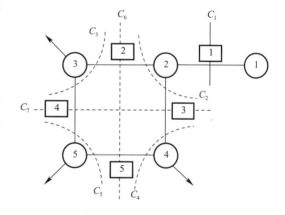

$C_i$——第 $i$ 条割线

图 25-21　示例配水管网的割集

$$R_s = \prod_{i=1}^{7} P(\overline{C}_i)$$

式中

$$P(\overline{C}_1) = 1 - 0.04 = 0.96, \quad P(\overline{C}_2) = P(\overline{C}_3) = \cdots = P(\overline{C}_7) = 1 - 0.04^2 = 0.9984$$

因此，示例管网的系统可靠性为

$$R_s = (0.96)(0.9984)^6 = 0.951$$

## 25.6 管段隔离与阀门设置

当给水管网发生电源故障、爆管事故、缺水及污染物入侵等紧急情况时，应采取的措施包括：①迅速绘制事故地点附近的管网及附属设施图；②立即定位应急停水管段和影响用户清单；③部分管段停水条件下管网工况的模拟计算，评估系统的供水能力；④给出最优阀门关闭方案，将事故点隔离，以便抢修。总之，在紧急情况情况下，为了将故障影响范围尽可能地缩小，需要在管网内设置足够多的阀门。

对于简单管网，可从管网图中判断阀门设置是否充分。但当管网比较复杂时，就难以判断阀门的充分性，有可能在管道故障时出现阀门的误操作。为此，美国 Walski 提出一种阀门设置状况分析图，图中阀门用连线表示，输配水管段及其相连三通、四通等用节点表示。以下是 3 个关于管段隔离与阀门设置的例子。

【例 25-21】 图 25-22（a）是常规管网图，其中管段用数字编号，阀门用字母编号。图 25-22（b）是在图 25-22（a）的基础上绘制的阀门设置状况分析图。由图 25-22（b）可以看出，隔离管段 1 需要成功操作 6 个阀门（分别为 a、b、c、d、e 和 f）。如果每个阀门能够成功操作的概率为 90%，则成功隔离管段 1 的概率将为 $(90\%)^6 = 53\%$。

【例 25-22】 图 25-23（a）和图 25-23（b）表示了四通处，由管段 1 分别向管段 2、3、4 供水的情况。可以看出，当管段 3 出现故障时，将影响管段 2 和管段 4 的供水。而如果阀门设置如图 25-23（c）和图 25-23（d）所示的方式，则当管段 3 出现故障时，将不会影响管段 2 和管段 4 的供水。

【例 25-23】 图 25-24 表示输水干管向两侧环网供水的情况，输水干管为编号为 1、2 和 3 的管段。从图 25-24 中可以看出，当管段 2 出现故障时，将影响管段 4、7、9 和 10 的供水，因此应在管段 2 与管段 1、4、7 和 9 的三通衔接处，设置更多的阀门。同理管段 4 出现故障时，也将影响到管段 5、6 和 8 的供水，也需要在与管段 5、6 和 8 的连接处设置更多的阀门。

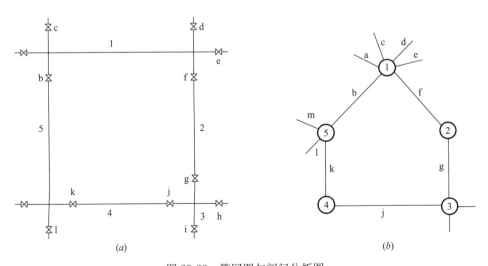

图 25-22　管网图与阀门分析图

（a）典型环网中的管段和阀门布置；（b）阀门设置状况分析图

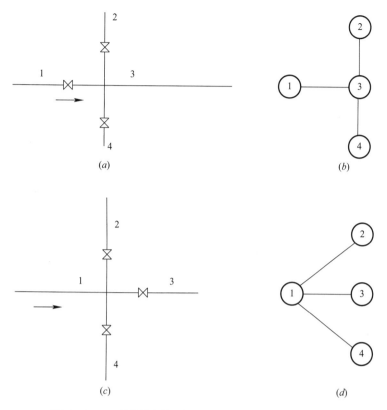

图 25-23　四通处的阀门设置（图中箭头表示水流方向）

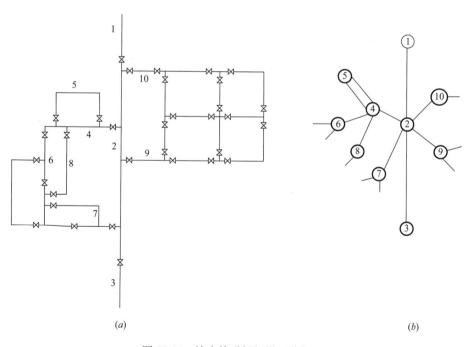

图 25-24　输水管道阀门设置分析
（a）管段布置图；（b）阀门设置状况分析图

## 25.7 管段重要性与管网布局分析

给水管网包含两种基本布置形式：树状网和环状网。通常认为树状网的供水可靠性较差；管网中任一管段损坏时，该管段以后的所有管线就会断水，得不到服务。而环状管网中，管线连接成环；直观上认为任意管段损坏时，水还可从另外管线供应用户，可以缩小断水区域，从而增加供水可靠性。事实上如果引入给水管网冗余，即备选路径配水能力的概念，将会发现当利用连通管将树状管网形成环状管网时，如果供水压力不是很充分，很可能出现仅具有连通性冗余（即从水源到某一节点具有不同的连通路径），而没有提高能力冗余（管段的过水能力）。

给水管网设计计算中，除按设计年限内最高日最高时的用水量决定管道直径和水泵尺寸外，还应进行事故工况校核。即按最不利管段损坏而断水检修的条件，核算事故时的流量（最高日最高时用水量的70%）和水压是否满足要求。当靠近水源处具有两条以上不同方向的管道时，最不利管段的选择通常根据主观经验确定。

城市供水安全管理中，常常按照供水事故影响用水程度和紧急程度进行分级。例如某市将供水事故分为四级，其中Ⅰ级特别重大事故，供水范围内有三分之二用户无供水；Ⅱ级重大事故，供水范围内二分之一无供水；Ⅲ级较大事故，供水范围内三分之一用户无供水；Ⅳ级为一般事故，局部地区用户无供水。这时需要考虑管网内管道处于什么样的状况，才能出现不同程度的供水分级情况。

以上给水管网规划、设计和运行管理中遇到的问题，即在管段出现故障下，判断能否满足用户用水需求，以及满足用户的供水比例有多少。是否能够满足用户用水需求，可采用给水管网水力模型分析计算；而判断管道发生故障后所引起的供水服务降低程度，需要引入管段重要性的概念。管段重要性（$LI_i$）可定义为当管段 $i$ 出现故障时，难以提供的需水量（$F_i$）占总需水量（$D$）的比例，即

$$LI_i = \frac{D - F_i}{D} \times 100\% \tag{25-133}$$

管段重要性可以作为管段在整个管网中关键程度的相对性衡量：$LI$ 数值较高的管段断开时，它对管网供水的影响较大；$LI$ 数值较低的管段断开时，对管网供水的影响较小。

针对管段重要性判断的实际需求，从构造不同给水管网布局方案出发，结合水力计算和管段重要性评价，探讨管网布局的规律和特点。管网图中，若干管段顺序连接时称为管线，起点与终点重合的管线构成环。在一个环中，不包含其他环时，称为基环。

### 25.7.1 构建基本管网案例

示例给水管网编号中 J 表示节点，L 表示管段。该管网基本布局为树状网，含有11条管段、11个连接节点、1个水源节点。图 25-25 中的虚线将在后续各种环状网布局方案中作为连通管段引入。图中节点地面标高和需水量见表 25-10，所有节点需要的最低服务水头为 $p_{req} = 20\text{m}$。假设所有管段（含连通管段）长度均为 400m，管段水头损失采用海曾—威廉公式计算，所有管道的粗糙系数 $C$ 值取 100。各管段直径见表 25-11。水源（节点 R1）的总水头为 $H_1 = 80\text{m}$。

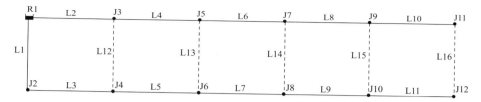

图 25-25　给水管网示意图

**节点地面标高和需水量**　　　　　　　　　　　　　表 25-10

| | 节点编号 | | | | | | | | | | | |
|---|---|---|---|---|---|---|---|---|---|---|---|---|
| | R1 | J2 | J3 | J4 | J5 | J6 | J7 | J8 | J9 | J10 | J11 | J12 |
| 标高（m） | 40 | 40 | 42 | 42 | 44 | 44 | 46 | 46 | 48 | 48 | 50 | 50 |
| 需水量（L/s） | — | 21 | 8 | 12 | 13 | 17 | 21 | 13 | 12 | 8 | 8 | 17 |

**管道直径**　　　　　　　　　　　　　　　　　　表 25-11

| | 管段编号 | | | | | | | | | | |
|---|---|---|---|---|---|---|---|---|---|---|---|
| | L1 | L2 | L3 | L4 | L5 | L6 | L7 | L8 | L9 | L10 | L11 |
| 直径（mm） | 350 | 400 | 300 | 300 | 350 | 300 | 300 | 250 | 250 | 250 | 250 |

管段重要性采用式（25-133）计算；假设当不满足节点最低服务水头时，该节点供水量为零。分析中采用 EPANETH 软件执行水力计算，它是由美国环境保护署开发的，可以执行有压管网水力和水质特性延时模拟的计算机程序；为求解给定时间点管网水力状态的流量连续性和水头损失方程组，所使用的方法称作梯度方法或混合节点—环方法。

### 25.7.2　给水管网布局分析

给水管网布局分析将分五种情况讨论：①单环路管网情况；②多环路管网情况；③增加贮水池供水压力情况；④改变连同管道直径情况；⑤管网中添加另一水源情况。

（1）单环路管网

树状管网中不同位置添加连通管道，形成了各种单环路管网。本组分 6 种方案讨论：方案 a，不含环路的管网，即树状网；方案 b，添加连通管段 L12，管网 250mm；方案 c，添加连通管段 L13，管径 200mm；方案 d，添加连通管段 L14，管径 200mm；方案 e，添加连通管段 L15，管径 200mm；方案 f，添加连通管段 L16，管径 200mm。

经计算，各方案的管段重要性见表 25-12 和图 25-26。因方案 a 的水力计算结果满足各节点需水量和水压要求，因此当方案 b～方案 f 中去除各连通管段，不影响管网的供水能力，因此按照管段重要性定义，这些连通管段的管段重要性均为零，因此各种方案讨论图表中未列出。

**单环路管网各方案的管段重要性（%）**　　　　　　　表 25-12

| | L1 | L2 | L3 | L4 | L5 | L6 | L7 | L8 | L9 | L10 | L11 |
|---|---|---|---|---|---|---|---|---|---|---|---|---|
| 方案 a | 58.7 | 41.3 | 44.7 | 36.0 | 36.7 | 27.3 | 25.3 | 13.3 | 16.7 | 5.3 | 11.3 |
| 方案 b | 11.3 | 46.0 | 0 | 36.0 | 36.7 | 27.3 | 25.3 | 13.3 | 16.7 | 5.3 | 11.3 |
| 方案 c | 64.0 | 66.7 | 44.7 | 52.7 | 36.7 | 27.3 | 25.3 | 13.3 | 16.7 | 5.3 | 11.3 |
| 方案 d | 86.0 | 66.7 | 58.0 | 61.3 | 42.0 | 44.0 | 16.7 | 13.3 | 16.7 | 5.3 | 11.3 |
| 方案 e | 86.0 | 66.7 | 58.0 | 61.3 | 50.0 | 44.0 | 30.7 | 24.7 | 11.3 | 5.3 | 11.3 |
| 方案 f | 86.0 | 66.7 | 58.0 | 61.3 | 50.0 | 44.0 | 30.7 | 24.7 | 11.3 | 0 | 0 |

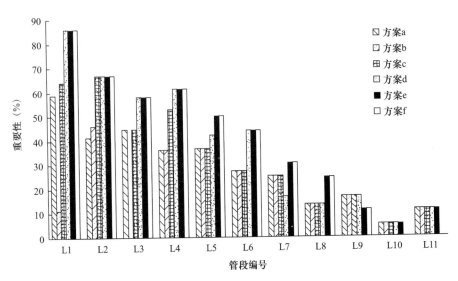

图 25-26　单环路管网各方案的管段重要性

由表 25-12 和图 25-26 可以看出：①树状管网方案 a 中，服务用水量多的管段与服务用水量少的管段相比，管段重要性要高；②方案 a 添加连通管段 L12 后，形成方案 b，成环部分管段重要性发生显著变化，原 L1 管段重要性由 58.7% 降至 11.3%；L2 管段重要性由 41.3% 增至 46.0%，L3 管段重要性由 44.7% 降至零；③方案 b、方案 c 和方案 d 相比，不同位置添加连通管段时，随着环路内管段数的增多，成环各管段的重要性增加；④方案 e 与方案 d 相比，成环管段 L7 和 L8 的管段重要性增加，但 L9 的管段重要性降低；⑤方案 f 与方案 e 相比，除成环管段 L10 和 L11 的重要性降低为零外，其余管段的重要性数值相同。

（2）多环路管网

树状管网的基础上添加更多的连通管道，形成了含多个基环的管网。本组给水管网布局分析分以下五种方案讨论：方案 g，添加连通管段 L12（管径 250mm）和 L13（200mm）；方案 h，添加连通管段 L15（200mm）和 L16（200mm）；方案 i，添加连通管段 L12、L13 和 L14（200mm）；方案 j，添加连通管段 L14（200mm）、L15 和 L16；方案 k，添加连通管段 L12～L16，共含 5 个基环。

经计算，各方案的管段重要性列于表 25-13。图 25-27 结合方案 a、b、g、i、k 进行图示比较，这几种方案的特点是从无环、单环到多环，环中所含管段依次增加。图 25-28 结合方案 a、f、h、j、k 进行图示比较，这几种方案同样是从无环、单环到多环；与图 25-27 不同的是，随着基环的增加，环内所含管段数保持不变。

多环路管网各方案的管段重要性（%）　　　　　　　　　　　　　　表 25-13

|  | L1 | L2 | L3 | L4 | L5 | L6 | L7 | L8 | L9 | L10 | L11 |
|---|---|---|---|---|---|---|---|---|---|---|---|
| 方案 g | 0 | 44.0 | 0 | 27.3 | 25.3 | 27.3 | 25.3 | 13.3 | 16.7 | 5.3 | 11.3 |
| 方案 h | 86.0 | 66.7 | 58.0 | 61.3 | 50.0 | 44.0 | 22.0 | 16.7 | 0 | 0 | 0 |
| 方案 i | 0 | 30.0 | 0 | 5.3 | 11.3 | 13.3 | 11.3 | 13.3 | 16.7 | 5.3 | 11.3 |
| 方案 j | 86.0 | 66.7 | 50.0 | 61.3 | 30.0 | 44.0 | 0 | 0 | 0 | 0 | 0 |
| 方案 k | 0 | 30.0 | 0 | 0 | 0 | 0 | 0 | 0 | 0 | 0 | 0 |

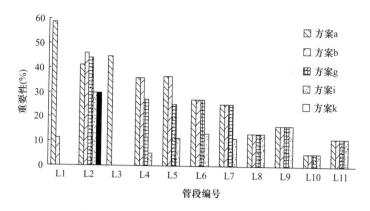

图 25-27 方案 a、b、g、i、k 管段重要性

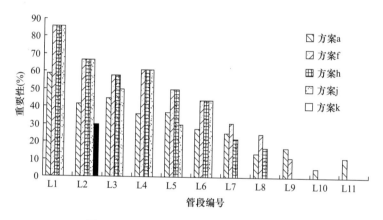

图 25-28 方案 a、f、h、j、k 管段重要性

由图 25-27 可以看出，随着方案 a、b、g、i 和 k 中基环数的增加，环内所含管段的重要性依次降低。由图 25-28 可以看出，方案 f、h、j、k 中成环管段数未变；但随着基环数量的增加，可知：靠近添加连通管段处的管段重要性降低，而远离连通管段处的管段重要性受环数增加的影响较小，该特性可称作连通管段的局部效应，即管段数量较少（总管长较小）的基环内部某条管段断开，对整个管网供水影响较小；管段重要性为零的情况依次增多。

（3）管网供水总压力增大情况

本组方案将探讨管段重要性对管网供水压力增大后的敏感性。选取管网布局方案 a1、d1、f1 和 k1，分别对应于方案 a、d、f 和 k；水源（节点 R1）的总水头由原来的 $H_1=80\text{m}$ 提高到 $H_1=90\text{m}$。经计算后，各方案的管段重要向见表 25-14。

管网供水压力增加后的管段重要性（%）　　　　　　　　　　表 25-14

|  | L1 | L2 | L3 | L4 | L5 | L6 | L7 | L8 | L9 | L10 | L11 |
|---|---|---|---|---|---|---|---|---|---|---|---|
| 方案 a1 | 58.7 | 41.3 | 44.7 | 36.0 | 36.7 | 27.3 | 25.3 | 13.3 | 16.7 | 5.3 | 11.3 |
| 方案 d1 | 58.7 | 41.3 | 36.7 | 27.3 | 11.3 | 0 | 0 | 13.3 | 16.7 | 5.3 | 11.3 |
| 方案 f1 | 72.0 | 58.0 | 50.0 | 52.7 | 42.0 | 38.7 | 0 | 0 | 0 | 0 | 0 |
| 方案 k1 | 0 | 0 | 0 | 0 | 0 | 0 | 0 | 0 | 0 | 0 | 0 |

结合表 25-12、表 25-13 和表 25-14，可以看出：①方案 a1 与方案 a 相比，因为树状管网内各节点需水量未变，且在 $H_1=80$m 条件下就可以满足供水管网水力需求，供水管网总压力升高后同样可以满足需求，且各管段流量不变，因此相应的管段重要性未发生变化；②环状管网方案 d1、f1、k1 分别与方案 d、f、k 比较，随着供水压力的变化，环内各管段存在流量重新分配的问题，因此成环部分管段重要性发生了变化；随着供水压力的提高，具有多个方向来水的节点需水量在一条管段断开时，更加有机会得到满足，因此成环部分管段重要性降低，管网总体供水可靠性提高。

（4）连通管段直径变化情况

本组管网布局方案用于探讨管段重要性指标对连通管段直径变化的敏感性。选取方案 c2、d2、e2 和 f2，分别对应于方案 c、d、e 和 f；各方案中所有连通管段（L13～L16）的直径改为 100mm。经计算后，各方案的管段重要性见表 25-15。

**连通管段直径为 100mm 时的管段重要性（%）** 表 25-15

|  | L1 | L2 | L3 | L4 | L5 | L6 | L7 | L8 | L9 | L10 | L11 |
|---|---|---|---|---|---|---|---|---|---|---|---|
| 方案 c2 | 64.0 | 66.7 | 44.7 | 52.7 | 36.7 | 27.3 | 25.3 | 13.3 | 16.7 | 5.3 | 11.3 |
| 方案 d2 | 86.0 | 66.7 | 58.0 | 61.3 | 42.0 | 44.0 | 25.3 | 13.3 | 16.7 | 5.3 | 11.3 |
| 方案 e2 | 86.0 | 66.7 | 58.0 | 61.3 | 50.0 | 44.0 | 30.7 | 24.7 | 16.7 | 5.3 | 11.3 |
| 方案 f2 | 86.0 | 66.7 | 58.0 | 61.3 | 50.0 | 44.0 | 30.7 | 24.7 | 16.7 | 5.3 | 11.3 |

结合表 25-12 和表 25-15，将方案 c2、d2、e2、f2 分别与方案 c、d、e、f 比较，可以看出当连通管段直径由大变小后，与连通管段相邻的部分管段重要性增大，而其他管段重要性数值受到影响较小；同样可以看作连通管段的局部效应，即因为连通管段长度较短，在各种流量下引起的水头损失在整个管网中所占比重较小。

（5）添加新水源

在节点 J12 处新增一处水源，供水水位 $H_{12}=85$m，选取方案 a3、f3 和 k3，分别对应于方案 a、f 和 k，考察管段重要性变化情况。经计算后，各方案的管段重要性见表 25-16。

**双水源供水情况下各方案的管段重要性（%）** 表 25-16

|  | L1 | L2 | L3 | L4 | L5 | L6 | L7 | L8 | L9 | L10 | L11 |
|---|---|---|---|---|---|---|---|---|---|---|---|
| 方案 a3 | 0 | 41.3 | 0 | 36.0 | 0 | 27.3 | 0 | 13.3 | 0 | 5.3 | 0 |
| 方案 f3 | 0 | 0 | 0 | 0 | 0 | 0 | 0 | 0 | 0 | 0 | 0 |
| 方案 k3 | 0 | 0 | 0 | 0 | 0 | 0 | 0 | 0 | 0 | 0 | 0 |

结合表 25-12、表 25-13 和表 25-16，可以看出：尽管方案 a3 和方案 a 的管网布局为树状管网，节点 J2、J4、J6、J8、J10 和 J12 满足双向、双水源供水，与这些节点相连的单条管段断开，仍可满足节点需水量，因此 L1、L3、L5、L7、L9、L11 的管段重要性均降至零。但对于单向供水的节点 J3、J5、J7、J9 和 J11，当与其相连管段断开后，需水量满足情况与方案 a 相同，因此 L2、L4、L6、L8、L10 的管段重要性不变。因此可以得出，当树状管网由单水源改为多水源供水时，能够通过多向、多水源供水的节点，与其相连的管段重要性降低；而单向供水的节点，与其相连的管段重要性没有受到影响。

方案 f3 和方案 k3 中各管段的重要性均为零。说明当环状管网由单水源改为多水源供水时，由于管网内环路影响，节点通过双水源供水的可能性提高，与节点相连的管段重要性降低。

### 25.7.3 讨论和小结

管段重要性作为管段在整个管网中关键程度的相对性衡量，在给水管网规划、设计和运行管理中具有重要作用，便于及时判断并关注重要性高的关键管段。

树状管网从水源到每一需水节点仅存在一条输水路径，不存在连通性冗余和能力冗余，当某管段出现故障后，其下游需水节点均受到影响，因此具有高供水能力要求的上游管段重要性要比具有低供水能力要求的下游管段重要性高。

通过添加连通管，树状管网形成环状管网后，随即出现连通性冗余，但能力冗余取决于整体布局：①当添加连通管道成环后，连通管段所在基环内的各管段重要性受到影响，但重要性数值升高或者降低需进一步确定；②环状管网基环数目依次增多时，即存在连通管段的局部效应；在所添加连通管道附近的管段重要性受到影响，但远离小环部分的管段重要性未受影响；③随着供水压力的升高，成环部分各管段重要性下降，管网的能力冗余提高；④当连通管道的管径由大变小时，连通管段同样存在局部效应，即与连通管道相邻的管段重要性受到影响（由小变大），其余管段重要性受到的影响较小。

当管网由单水源改为多水源供水时，管网中管段的重要性显著降低，管网供水可靠性明显提高。①对于枝状管网，具有多方向、多水源供水的节点，与其相连的管段重要性降低；而单向供水的节点，与其相连的管段重要性没有受到影响；②对于环状管网，由于管网内环路影响，节点通过双向供水的可能性提高，与节点相连的管段重要性降低。

基于以上分析，提出以下建议：①给水管网的正常功能需要从结构、水力和水质三方面分析，因此管段重要性评价不仅仅体现对水力特性的衡量，也应探讨并体现结构和水质方面的特性；②给水管网水力分析采用了基于需水量的模型，即管网分析中通常认为用户需水量是与管网供水压力无关的；事实上，当管网压力低于特定临界水平时，仍可能具有一定的水量输送到用户，因此如果采用基于压力的管网模型，计算结果可能更具有现实意义；③真实给水管网的拓扑结构、供水模式等方面更加复杂，因此需要利用更多的管网实例进行分析，便于提出更具有指导意义的管段重要性理论。

# 附录 A

## A1　最小二乘法

### A1.1　最小二乘法原理

设 $y$ 是变量 $x_1$，$x_2$，$\cdots$，$x_p$ 的函数，含有 $m$ 个参数 $b_1$，$b_2$，$\cdots$，$b_m$，即

$$y = f(x_1, x_2, \cdots, x_p; b_1, b_2, \cdots, b_m) \tag{A1-1}$$

今对 $y$ 和 $x_1$，$x_2$，$\cdots$，$x_p$ 作 $N$ 次观测得（$x_{1i}$，$x_{2i}$，$\cdots$，$x_{pi}$；$y_i$）（$i = 1$, 2, $\cdots$, $N$）。于是 $y$ 的理论值 $\hat{y}_i = f$（$x_{1i}$，$x_{2i}$，$\cdots$，$x_{pi}$；$b_1$，$b_2$，$\cdots$，$b_m$）与观测值 $y_i$ 的绝对误差为

$$|y_i - \hat{y}_i| \qquad (i = 1, 2, \cdots, N)$$

所谓最小二乘法，就是要求上面 $N$ 个误差在平方和最小的意义下，使得函数 $y = f(x_1, x_2, \cdots, x_p; b_1, b_2, \cdots, b_m)$ 与观测值 $y_1$，$y_2$，$\cdots$，$y_N$ 最佳拟合，也就是参数 $b_1$，$b_2$，$\cdots$，$b_m$ 应使残差平方和

$$Q = \sum_{i=1}^{N} [y_i - f(x_{1i}, x_{2i}, \cdots, x_{pi}; b_1, b_2, \cdots, b_m)]^2 = 最小值$$

由微分学的求极值方法可知，$b_1$，$b_2$，$\cdots$，$b_m$ 应满足下列方程组

$$\frac{\partial Q}{\partial b_j} = 0 \qquad (j = 1, 2, \cdots, m)$$

### A1.2　线性最小二乘法

如果变量间存在线性关系，则可用直线

$$\hat{y} = a + bx$$

拟合 $y$ 和 $x$ 之间的关系。由最小二乘法，$a$，$b$ 应使

$$Q = \sum_{i=1}^{N} (y_i - \hat{y}_i)^2 = \sum_{i=1}^{N} [y_i - (a + bx_i)]^2 = 最小值$$

为此，令 $Q$ 分别对 $a$ 和 $b$ 的两个一阶偏导数等于零，即

$$\begin{cases} \dfrac{\partial Q}{\partial a} = -2 \sum_{i=1}^{N} (y_i - a - bx_i) = 0 \\ \dfrac{\partial Q}{\partial b} = -2 \sum_{i=1}^{N} [(y_i - a - bx_i)x_i] = 0 \end{cases}$$

变形得

$$\begin{cases} Na + b\sum_{i=1}^{N} x_i = \sum_{i=1}^{N} y_i \\ a\sum_{i=1}^{N} x_i + b\sum_{i=1}^{N} x_i^2 = \sum_{i=1}^{N} x_i y_i \end{cases} \tag{A1-2}$$

记

$$\overline{x} = \frac{1}{N}\sum_{i=1}^{N} x_i, \overline{y} = \frac{1}{N}\sum_{i=1}^{N} y_i, \overline{x^2} = \frac{1}{N}\sum_{i=1}^{N} x_i^2, \overline{xy} = \frac{1}{N}\sum_{i=1}^{N} x_i y_i$$

并将上面方程组（附 A1-2）中每个方程的两边同除以 $N$，得

$$\begin{cases} a + b\overline{x} = \overline{y} \\ a\overline{x} + b\,\overline{x^2} = \overline{xy} \end{cases}$$

解此方程组得

$$b = \frac{\overline{xy} - \overline{x}\,\overline{y}}{\overline{x^2} - \overline{x}^2}$$

或

$$b = \frac{N\sum_{i=1}^{N} x_i y_i - \left(\sum_{i=1}^{N} x_i\right)\left(\sum_{i=1}^{N} y_i\right)}{N\sum_{i=1}^{N} x_i^2 - \left(\sum_{i=1}^{N} x_i\right)^2} \tag{A1-3}$$

及

$$a = \overline{y} - b\overline{x} \tag{A1-4}$$

### A1.3　可化成线性形式的曲线

某些曲线函数可作适当的变量替换，然后形成线性函数形式，可经线性最小二乘法拟合后，将变量还原为原来的形式。例如：

(1) $y = ax^b\,(a>0)$

设 $X=\lg x$，$Y=\lg Y$，则 $Y=\lg a + bX$

(2) $y = a + b\lg x$

设 $X=\lg x$，$Y=y$，则 $Y=a+bX$

(3) $y = ae^{bx}\,(a>0)$

设 $X=x$，$Y=\ln y$，则 $Y=\ln a + bX$

(4) $y = ae^{\frac{b}{x}}\ (a>0)$

设 $X=\dfrac{1}{x}$，$Y=\ln y$，则 $Y=\ln a + bX$

(5) $y = \dfrac{1}{ax+b}(a>0)$

设 $X=x$，$Y=\dfrac{1}{y}$，则 $Y=b+aX$

(6) $y = \dfrac{1}{a+be^{-x}}(a>0)$

设 $X=e^{-x}$，$Y=\dfrac{1}{y}$，则 $Y=a+bx$

### A1.4　非线性最小二乘法

若式（A1-1）中 $y$ 是已知非线性函数，则将自变量 $x_1$，$x_2$，$\cdots$，$x_p$ 的第 $i$ 次观测值代入函数，得：

$$y = f(x_{1i}, x_{2i}, \cdots, x_{pi}; b_1, b_2, \cdots, b_m) = f(\mathbf{x}_i, \mathbf{b})$$

因 $x_{1i}, x_{2i}, \cdots, x_{pi}$ 是已知数，故 $f(\mathbf{x}_i, \mathbf{b})$ 是 $b_1, b_2, \cdots, b_m$ 的函数。先给 $\mathbf{b}$ 一个初始值 $\mathbf{b}^{(0)} = (b_1^{(0)}, b_2^{(0)}, \cdots, b_m^{(0)})$，将 $f(\mathbf{x}_i, \mathbf{b})$ 在 $\mathbf{b}^{(0)}$ 处按泰勒级数展开，并略去二次及二次以上的项，得：

$$f(\mathbf{x}_i, \mathbf{b}) \approx f(\mathbf{x}_i, \mathbf{b}^{(0)}) + \left.\frac{\partial f(\mathbf{x}_i, \mathbf{b})}{\partial b_1}\right|_{\mathbf{b}=\mathbf{b}^{(0)}}(b_1 - b_1^{(0)}) + \left.\frac{\partial f(\mathbf{x}_i, \mathbf{b})}{\partial b_2}\right|_{\mathbf{b}=\mathbf{b}^{(0)}}(b_2 - b_2^{(0)}) + \cdots$$

$$+ \left.\frac{\partial f(\mathbf{x}_i, \mathbf{b})}{\partial b_m}\right|_{\mathbf{b}=\mathbf{b}^{(0)}}(b_m - b_m^{(0)}) \tag{A1-5}$$

这是关于 $b_1,b_2,\cdots,b_m$ 的线性函数，式（A1-5）中除 $b_1,b_2,\cdots,b_m$ 之外皆为已知数，对此用最小二乘法原则，令：

$$Q=\sum_{i=1}^{N}\left\{y_i-\left[f(\mathbf{x}_i,\mathbf{b}^{(0)})+\sum_{j=1}^{m}\frac{\partial f(\mathbf{x}_i,\mathbf{b})}{\partial b_j}\bigg|_{\mathbf{b}=\mathbf{b}^{(0)}}(b_j-b_j^{(0)})\right]\right\}^2$$
$$+d\sum_{j=1}^{m}(b_j-b_j^{(0)})^2$$

其中 $d\geqslant0$ 称为阻尼因子。

欲使 $Q$ 值达到最小，令 $Q$ 分别对 $b_1$，$b_2$，$\cdots$，$b_m$ 的一阶偏导数等于零，于是得方程组：

$$0=\frac{\partial Q}{\partial b_j}=2\sum_{i=1}^{N}\left\{y_i-\left[f(\mathbf{x}_i,\mathbf{b}^{(0)})+\sum_{j=1}^{m}\frac{\partial f(\mathbf{x}_i,\mathbf{b})}{\partial b_j}\bigg|_{\mathbf{b}=\mathbf{b}^{(0)}}(b_j-b_j^{(0)})\right]\right\}\cdot$$
$$\left(-\frac{\partial f(\mathbf{x}_i,\mathbf{b})}{\partial b_j}\bigg|_{\mathbf{b}=\mathbf{b}^{(0)}}\right)+2d(b_j-b_j^{(0)})\qquad j=1,2,\cdots,m$$

可化为以下形式

$$\begin{cases}(a_{11}+d)(b_1-b_1^{(0)})+a_{12}(b_2-b_2^{(0)})+\cdots+a_{1m}(b_m-b_m^{(0)})=a_{1y}\\ a_{21}(b_1-b_1^{(0)})+(a_{22}+d)(b_2-b_2^{(0)})+\cdots+a_{2m}(b_m-b_m^{(0)})=a_{2y}\\ \qquad\qquad\qquad\vdots\qquad\vdots\\ a_{m1}(b_1-b_1^{(0)})+a_{m2}(b_2-b_2^{(0)})+\cdots+(a_{mn}+d)(b_m-b_m^{(0)})=a_{my}\end{cases}\tag{A1-6}$$

其中，

$$\begin{cases}a_{jk}=\sum_{i=1}^{N}\dfrac{\partial f(\mathbf{x}_i,\mathbf{b})}{\partial b_j}\bigg|_{\mathbf{b}=\mathbf{b}^{(0)}}\cdot\dfrac{\partial f(\mathbf{x}_i,\mathbf{b})}{\partial b_k}\bigg|_{\mathbf{b}=\mathbf{b}^{(0)}}=a_{kj}\\ a_{jy}=\sum_{i=1}^{N}\left[y_i-f(\mathbf{x}_i,\mathbf{b}^{(0)})\right]\cdot\dfrac{\partial f(\mathbf{x}_i,\mathbf{b})}{\partial b_j}\bigg|_{\mathbf{b}=\mathbf{b}^{(0)}}\end{cases}$$
$$j=1,2,\cdots,m;k=1,2,\cdots,m\tag{A1-7}$$

从而可解得：

$$\begin{bmatrix}b_1-b_1^{(0)}\\b_2-b_2^{(0)}\\\vdots\\b_m-b_m^{(0)}\end{bmatrix}=\begin{bmatrix}a_{11}+d&a_{12}&\cdots&a_{1m}\\a_{21}&a_{22}+d&\cdots&a_{2m}\\\vdots&\vdots&\ddots&\vdots\\a_{m1}&a_{m2}&\cdots&a_{mn}+d\end{bmatrix}^{-1}\begin{bmatrix}a_{1y}\\a_{2y}\\\vdots\\a_{my}\end{bmatrix}\tag{A1-8}$$

即

$$\mathbf{b}=\begin{bmatrix}b_1\\b_2\\\vdots\\b_m\end{bmatrix}=\begin{bmatrix}b_1^{(0)}\\b_2^{(0)}\\\vdots\\b_m^{(0)}\end{bmatrix}+\begin{bmatrix}a_{11}+d&a_{12}&\cdots&a_{1m}\\a_{21}&a_{22}+d&\cdots&a_{2m}\\\vdots&\vdots&\ddots&\vdots\\a_{m1}&a_{m2}&\cdots&a_{mn}+d\end{bmatrix}^{-1}\begin{bmatrix}a_{1y}\\a_{2y}\\\vdots\\a_{my}\end{bmatrix}\tag{A1-9}$$

虽然，此解与代入的初始值 $b_1^{(0)},b_2^{(0)},\cdots,b_m^{(0)}$ 和 $d$ 有关。若解得各 $b_i$ 与 $b_i^{(0)}$ 之差的绝对值皆很小，则认为估计成功。如果 $(b_i-b_i^{(0)})$ 较大，则将上一步算得的 $b_i$ 作为新的 $b_i^{(0)}$ 代入式（A1-7），重复上述计算过程，解出新的 $b_i$；如此反复迭代，直至 $b_i$ 与 $b_i^{(0)}$ 之差可以忽略为止。为减少迭代次数，$d$ 选择的准则是看残差平方和是否下降，如果没有下降，则更新 $d$ 值，重复计算，即在迭代过程中需不断调整 $d$ 的取值。

## A2  求解非线性方程组的牛顿—拉夫森方法

用牛顿—拉夫森方法求解非线性方程组

$$f_i(x_1,x_2,\cdots,x_n)=0,i=1,2,\cdots,n$$

对较好的迭代初值，它是二阶收敛的。

记 $\mathbf{x}=(x_1,x_2,\cdots,x_n)^T$，对 $f_i(\mathbf{x})$，i=1，2，…，n，在 $\mathbf{x}^{(0)}$ 的邻域作泰勒展开，略去二次和二次以上的项，得

$$f_i(\mathbf{x}+\delta\mathbf{x})\approx f_i(\mathbf{x}^{(0)})+\sum_{j=1}^{n}\frac{\partial f_i}{\partial x_j}\delta x_j$$

记 $\alpha\equiv[a_{ij}]_{n\times n}$，$\boldsymbol{\beta}\equiv(\beta_1,\beta_2,\cdots,\beta_n)^T$，其中

$$a_{ij}\equiv\frac{\partial f_i}{\partial x_j},\beta_i\equiv-f_i$$

若 $\det\alpha\neq0$，则得迭代公式

$$\mathbf{x}_i^{\text{new}}=\mathbf{x}_i^{\text{old}}+\delta\mathbf{x}_i,i=1,2,\cdots,n$$

其中 $(\delta x_1,\delta x_2,\cdots,\delta x_n)^T\equiv\delta\mathbf{x}_i$ 为线性方程 $\alpha\cdot\delta\mathbf{x}=\boldsymbol{\beta}$ 的解。综上所述，计算步骤如下：

（1）给定根 $\mathbf{x}$ 的初始近似 $\mathbf{x}^{(0)}$（靠近 $\mathbf{x}$），允许误差 $\varepsilon_1$，$\varepsilon_2$，并假定已得到第 $k$ 次近似 $\mathbf{x}^{(k)}$。

（2）计算

$$\alpha_{ij}^{(k)}=\partial f_i(\mathbf{x}^{(k)})/\partial x_j,\qquad i,j=1,2,\cdots,n$$
$$\beta_i^{(k)}=-f_i(\mathbf{x}^{(k)}),\qquad i=1,2,\cdots,n$$

得 $\alpha^{(k)}=[\alpha_{ij}^{(k)}]_{n\times n}$ 及 $\boldsymbol{\beta}^{(k)}=(\beta_1^{(k)},\beta_1^{(k)},\cdots,\beta_n^{(k)})^T$。

（3）求 $S1=|f_1(\mathbf{x}^{(k)})|+|f_2(\mathbf{x}^{(k)})|+\cdots+|f_n(\mathbf{x}^{(k)})|$。若 $S1<\varepsilon_1$，则计算结束，$\mathbf{x}^{(k)}$ 作为满足精度要求的近似解；否则，执行（4）。

（4）求线性代数方程组

$$\alpha^{(k)}\cdot\delta\mathbf{x}^{(k)}=\boldsymbol{\beta}^{(k)}$$

得 $\delta\mathbf{x}^{(k)}=(\delta x_1^{(k)},\delta x_2^{(k)},\cdots,\delta x_n^{(k)})^T$。

（5）计算 $\mathbf{x}^{(k+1)}=\mathbf{x}^{(k)}+\delta\mathbf{x}^{(k)}$ 及

$$S2=|\delta x_1^{(k)}|+|\delta x_2^{(k)}|+\cdots+|\delta x_n^{(k)}|$$

若 $S2<\varepsilon_2$，则计算结束，$\mathbf{x}^{(k+1)}$ 作为满足精度要求的近似解；否则 $k\leqslant k+1$，转向（2）继续计算，直到满足精度要求或已达到给定的迭代次数为止。

## A3  非线性规划基本概念

非线性规划是 20 世纪 50 年代初形成的一门新兴学科，它是运筹学领域中较活跃的一个分支，在经济、管理、计划以及军事、生产过程自动化等方面都有着很重要的应用。

### A3.1  非线性规划

线性规划是讨论在线性约束下求线性目标函数的最小（或最大）的问题，即

$$(\text{P})\begin{cases}\min f(x_1,x_2,\cdots,x_n)\\g_i(x_1,x_2,\cdots,x_n)\geqslant0;i=1,2,\cdots,m\end{cases}\qquad(A3\text{-}1)$$

其中
$$f(x_1, x_2, \cdots, x_n) = \sum_{i=1}^{n} c_i x_i$$

$$g_i(x_1, x_2, \cdots, x_n) = \sum_{j=1}^{n} a_{ij} x_j - b_j \qquad i = 1, 2, \cdots, m$$

非线性规划问题是指目标函数 $f(x_1, x_2, \cdots, x_n)$ 及约束函数 $g_i(x_1, x_2, \cdots, x_n)$，$i = 1$，$2, \cdots, m$ 中至少有一个是非线性的函数。式（A3-1）称为非线性规划的标准型。

如果记：
$$\mathbf{x} = \begin{bmatrix} x_1 \\ x_2 \\ \vdots \\ x_n \end{bmatrix}, \qquad \mathbf{g(x)} = \begin{bmatrix} g_1(\boldsymbol{x}) \\ g_2(\boldsymbol{x}) \\ \vdots \\ g_m(\boldsymbol{x}) \end{bmatrix}$$

则标准型（A3-1）又可以表示为
$$\begin{cases} \min f(\mathbf{x}) \\ \mathbf{g(x)} \geqslant 0 \end{cases}$$

满足约束条件 $\mathbf{g(x)} \geqslant 0$ 的 $\mathbf{x}$ 称为可行解，可行解集合记作
$$S = \{\mathbf{x} \mid \mathbf{g(x)} \geqslant 0\}$$

此时非线性规划问题又可以表示成：$\min\limits_{\mathbf{x} \in S} f(\mathbf{x})$

并称其为有约束的非线性规划问题。

当 $S = E_n$ 时（$E_n$ 为 $n$ 维欧式空间），称 $\min\limits f(\mathbf{x})$ 为无约束的非线性规划问题。

如果是求目标函数 $f(\boldsymbol{x})$ 在可行集 $S$ 上的最大值，即求 $\max\limits_{\mathbf{x} \in S} f(\mathbf{x})$，则可等价地化为求 $\min\limits_{\mathbf{x} \in S} [-f(\mathbf{x})]$。

若存在 $\mathbf{x} \in S$，对任意 $\overline{\mathbf{x}} \in S$，都有 $f(\mathbf{x}) \geqslant f(\overline{\mathbf{x}})$，则称 $\overline{\mathbf{x}}$ 为非线性规划问题（A3-1）的一个全局最优解。

## A3.2　凸规划

（1）凸集

设 $S$ 是 $E_n$ 中的点的集合，若对于任意两点 $x \in S$，$y \in S$，以及实数 $\lambda \in [0.1]$，都有：
$$\lambda x + (1-\lambda) y \in S$$

则称 $S$ 为凸集。凸集从几何意义上来看，就是非空集合 $S$ 中的任意两点的连线都属于该集合 $S$。

（2）凸函数

设 $f(x)$ 是定义在非空凸集 $X \subseteq E_n$ 上的实值函数，如果对任意 $x \in X$，$y \in X$ 以及 $\lambda \in [0.1]$，恒有
$$f(\lambda x + (1-\lambda)y) \leqslant \lambda f(x) + (1-\lambda) f(y)$$

则称 $f(x)$ 是 $X$ 上的凸函数。

如果对任意 $x \in X$，$y \in X$ 以及 $\lambda \in [0.1]$，恒有
$$f(\lambda x + (1-\lambda)y) < \lambda f(x) + (1-\lambda) f(y)$$

则称 $f(x)$ 是 $X$ 上的严格凸函数。

上述定义的几何意义是对任意 $x$ 与 $y$，过点 $(x, f(x))$，$(y, f(y))$ 的线段总在曲线 $t = f(x)$ 之上，也即割线在曲线的上面。同样，也可以用"割线在曲线之下"定义凸

函数。

（3）凸规划

设 $f(x)$ 是 S 上的凸函数，$g_i(x)$，$i=1$，2，$\cdots$，$m$ 为凹函数，则称规划问题（P）为凸规划。

可以证明凸规划有如下性质：

1）可行解集合 $R=\{x \mid g_i(x) \geqslant 0,\ i=1, 2, \cdots, m\}$ 为凸集；

2）水平集 $\{x \mid f(x) \leqslant 常数\}$ 为凸集；

3）若 $f(x)$ 为严格凸函数，则问题（P）的最优解是唯一的。

# A4　动态规划

## A4.1　动态规划的一些基本概念

1951 年美国数学家别尔曼（R. Bellman）等人根据一类所谓多阶段决策问题的特性，提出了解决这一类问题的"最优化原理"，并研究了许多实际问题，从而创造了最优化的一个分支—动态规划。

如图 A4-1 所示，其中小圆圈称为点，两点间的连线称为弧，弧上的数字称为弧长。现在求一条从起点 A 到终点 E 的连通弧，使其总弧长最短，称这类问题为最短路问题。

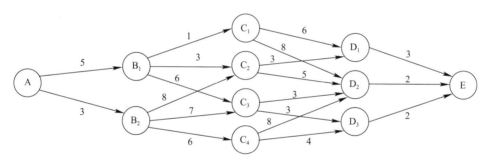

图 A4-1　最短路问题

动态规划法是求解最短路问题的方法之一。以下结合最短路问题，说明动态规划中的一些基本概念或常用术语。

1. 多阶段决策问题

如果一个问题的过程可以分为若干个互相联系的阶段，而每个阶段都需要做出决策（采取的决定或措施），当每个阶段的决策都确定之后，整个问题也就确定了，那么这个问题就叫做一个多阶段决策问题。动态规划就是解决这类问题的一种重要数学方法。

当然，阶段数可能是有限的，也可能是无限的。不管哪种情形都可能是确定的，也可能是随机的；即或是有限的，预先可能知道（定期问题），也可能不知道（不定期问题）。总之，一个问题是不是多阶段决策问题一般不是明显的，而是需要判别的。这种判别提出了明显的之外，通常也没有一般规律可循，只能靠经验和技巧。

2. 阶段变量

对于多阶段决策问题，自然应当把它恰当地分成若干个互相联系的阶段，并把描写阶段数的变量叫做阶段变量。阶段变量的表示法不尽相同，把阶段按过程的行进次序排列起来，并用 $k$（$k=1$，$2$，$\cdots$）表示，分别称为第1阶段，第2阶段，……。

如果阶段变量是确定的、有限的，而且在决策前就知道其数值，则称为定期问题。如果阶段变量虽然是定期的、有限的，但在决策前并不知道它的数值，则称为不定期问题。

3. 状态变量

对于多阶段决策问题，把每一阶段的起始"位置"叫做状态，它既是该阶段的某一起点，又是前一阶段的某一终点。例如，在最短路问题中，第2阶段的状态有两个：$B_1$ 和 $B_2$，它当然也是第1阶段的两个终点。应当注意，不同的问题其状态的含义是不同的。

描述过程状态的变量叫做状态变量。它可以用一个数、一组数或一个向量描述。通常用 $x_k$ 表示第 $k$ 阶段的某一状态。由于每一阶段一般都有若干个状态，所以用 $X_k = \{x_k^1, x_k^1, \cdots, x_k^m\}$ 表示第 $k$ 阶段所有状态构成的状态集合。最短路问题中，各阶段的状态集合分别为 $X_1 = \{A\}$，$X_2 = \{B_1，B_2\}$，$X_3 = \{C_1，C_2，C_3，C_4\}$，$X_4 = \{D_1，D_2，D_3\}$，$X_5 = \{E\}$。

应该指出，这里所说的状态和常识中的状态不尽相同，一般要满足：

1）要能描述问题的变化过程。

2）给定某一阶段的状态，以后各阶段的行进要不受以前各阶段状态的影响。这个性质称为无后效性。

3）要能直接或间接地算出来。

4. 决策变量

所谓一个决策就是将过程由一个状态变到另一个状态的决定或选择。描述决策的变量称作决策变量。和状态变量一样，它可以用一个数，一组数或一个向量描述。通常用 $u_k(x_k)$ 表示从第 $k$ 阶段的状态 $x_k$ 处所采取的决策。在第 $k$ 阶段从 $x_k$ 出发的允许决策集合用 $D_k(x_k)$ 表示，显然有 $u_k(x_k) \in D_k(x_k)$。例如，在最短路问题中，$D_2(B_1) = \{C_1，C_2\}$，而 $u_2(B_1) = C_1$ 或 $C_2$ 都是允许决策。

5. 策略

当每一阶段的决策都确定以后，由初始状态 $x_1$ 出发到终段的状态 $x_n$（假设是 $n$ 阶段问题），每段的决策 $u_k(x_k)$（$k=1$，$2$，$\cdots$，$n$）构成的决策序列就称为一个整体策略，简称策略，记作 $p_{1,n}(x_1)$，即

$$p_{1,n}(x_1) = \{u_1(x_1), u_2(x_2), \cdots, u_n(x_n)\}$$

而

$$p_{k,n}(x_k) = \{u_k(x_k), \cdots, u_n(x_n)\}$$
$$p_{1,k}(x_1) = \{u_1(x_1), \cdots, u_k(x_k)\}$$

则分别称为一个后部 $k$ 段子策略和前部 $k$ 段子策略，统称为 $k$ 段子策略。

对每个多阶段决策问题，显然都有很多允许的策略可选。用 $P_{1,n}(x_1)$ 及 $P_{1,k}(x_1)$，$P_{k,n}(x_k)$ 分别表示整体策略集合及前部、后部 $k$ 段子策略集合。显然有

$$p_{1,n}(x_1) \in P_{1,n}(x_1)$$
$$p_{1,k}(x_1) \in P_{1,k}(x_1)$$
$$p_{k,n}(x_k) \in P_{k,n}(x_k)$$

如果一个策略使得多阶段决策问题达到所要求的最优，则称次策略是最优策略。

6. 状态转移方程

把过程由一个状态变到另一状态的变化叫做状态转移，显然它既与状态有关，又与决

策相关。

如果第 $k$ 段的状态 $x_k$ 和决策 $u_k$ 都确定以后，第 $k+1$ 段的状态就随之确定，那么就把这个对应关系记作

$$x_{k+1} = T_k(x_k, u_k) \tag{A4-1}$$

并称由状态 $x_k$ 到 $x_{k+1}$ 的顺序状态转移方程。

如果第 $k$ 段的状态 $x_k$ 和第 $k-1$ 段的决策 $u_{k-1}$ 都确定以后，第 $k-1$ 段的状态 $x_{k-1}$ 就随之确定，则把这个对应关系记作

$$x_{k-1} = T_{k-1}(x_k, u_{k-1}) \tag{A4-2}$$

并称由状态 $x_k$ 到 $x_{k-1}$ 的逆序状态转移方程。

顺序状态转移方程由 $x_k$ 和 $u_k$ 去决定 $x_{k+1}$，而逆序状态转移则是由 $x_k$ 和 $u_{k-1}$ 去确定 $x_{k-1}$。把上述这两种状态转移方程统称为状态转移方程。

对一个多阶段决策问题，如果其状态转移方程是完全确定的，则称它为确定型问题，否则称为随机型问题。

7. 指标函数

对每个多阶段决策问题，自然都存在很多策略，而对每个策略都会对应一种"效果"。不同的问题，效果的含义当然会不一样的，诸如大小、多少、快慢、长短、高低等。就是同一问题，不同的策略，其效果也会不一样。把衡量问题效果优劣的数量指标叫做指标函数。当然，不同的问题，指标的含义也是不同的。例如在最短路问题中，指标就是弧长。

由于策略分前部和后部子策略，所以指标函数也分前部和后部两种情形。

用 $F_{k,n}(x_k, p_{k,n})$ 表示从第 $k$ 阶段的状态 $x_k$ 出发，采用策略 $p_{k,n}$ 到达终点 $x_{n+1}$（假设是 $n$ 阶段决策问题）过程的后部指标函数。显然有

$$F_{k,n}(x_p, p_{k,n}) = F_{k,n}(x_k, u_k; x_{k+1}, u_{k+1}; \cdots; x_{n+1})$$

此外，它还应满足递推关系

$$F_{k,n}(x_p, p_{k,n}) = \Phi[x_k, u_k; F_{k+1,n}(x_{k+1}, u_{k+1}; \cdots; x_{n+1})] \tag{A4-3}$$

式中 $\Phi$ 对 $F_{k+1}, n$ 是严格单调的。

如果上述过程采用的是最优策略 $p_{k,n}^*$，那么相应的后部指标函数记作 $f_{k,n}(x_k, p_{k,n}^*)$，并称为后部最优指标函数，简称最优函数，简记为 $f_k(x_k)$。$f_k(x_k)$ 与 $F_{k,n}(x_k, p_{k,n})$ 之间具有下述关系：

$$f_k(x_k) = F_{k,n}(x_k, p_{k,n}^*) = \mathop{\mathrm{opt}}\limits_{p_{k,n} \in P_{k,n}} F_{k,n}(x_k, p_{k,n}) \tag{A4-4}$$

这里 opt 是 Optimization 的缩写，表示最优，通常去 max 或 min。当 $k=1$ 时，$f_1(x_1)$ 就是从初始状态 $x_1$ 出发到过程结束时的整体最优函数。

类似地可以考虑前部指标函数 $F_{1,k}(x_1, p_{1,k})$ 和前部最优指标函数 $f_{1,k}(x_1, p_{1,k}^*)$，并同样简记为 $f_k(x_k)$，且

$$f_k(x_k) = F_{1,k}(x_1, p_{1,k}^*) = \mathop{\mathrm{opt}}\limits_{p_{1,k} \in P_{1,k}} F_{1,k}(x_1, p_{1,k}) \tag{A4-5}$$

这时由于 $f_k(x_k)$ 表示从起点到状态 $x_k$ 过程的前部最优指标函数，因此 $f_{n+1}(x_{n+1})$ 为整体最优函数。

式（A4-4）和式（A4-5）给出了两种不同计算最优指标函数的方法。

最后再考虑一种所谓阶段指标。用 $d(x_k, x_{k+1})$ 表示状态 $x_k$ 和状态 $x_{k+1}$ 间对应的指

标，并称为阶段指标。它可能是由状态 $x_k$ 出发，采取决策 $u_k$ 到达状态 $x_{k+1} = T_k(x_k, u_k)$ 的效益指标，这时把 $d(x_k, x_{k+1})$ 写成 $d(x_k, u_k)$；也可能是由状态 $x_{k+1}$ 出发，采取决策 $u_k$ 去确定状态 $x_k = T_k(x_{k+1}, u_k)$ 的效益指标，这时把 $d(x_k, x_{k+1})$ 写成 $d(u_k, x_{k+1})$。

指标函数通常取下列形式：

（1）指标函数为阶段指标和形式，即

$$F_{k,n} = \sum_{j=k}^{n} d(x_j, u_j)$$

或

$$F_{1,k} = \sum_{j=1}^{k} d(u_{j-1}, x_j)$$

它显然满足递推关系式（A4-3），而且

$$F_{k,n} = d(x_k, u_k) + F_{k+1,n} \tag{A4-6}$$

$$F_{1,k} = d(u_{k-1}, x_k) + F_{1,k-1} \tag{A4-7}$$

（2）指标函数为阶段指标积的形式，即

$$F_{k,n} = \prod_{j=k}^{n} d(x_j, u_j)$$

或

$$F_{1,k} = \prod_{j=1}^{k} d(u_{j-1}, x_j)$$

它显然满足递推关系式（A4-3），而且

$$F_{k,n} = d(x_k, u_k) F_{k+1,n} \tag{A4-8}$$

$$F_{1,k} = d(u_{k-1}, x_k) F_{1,k-1} \tag{A4-9}$$

### A4.2　最优化原理与动态规划方程

1. 最优化原理

我们知道，最短路线问题具有这样的特点：如果最短路线经过第 $k$ 段的状态 $x_k$，那么从 $x_k$ 出发到达终点的这条路线，对于从 $x_k$ 出发到达终点的所有路线来说，也是最短路线。实际上具有这样特点的问题很多，别尔曼正是研究了这样一类所谓多阶段决策问题，发现它们都有这一共同特点，于是提出了解决这类问题的最优化原理。

最优化原理：对于多阶段决策问题，作为整个过程的最优策略必然具有这样的性质：无论过去的状态和决策如何，就前面决策形成的状态而言，余下的诸决策必然构成一个最优子策略。

用动态规划求解多阶段决策问题的基本思想是：利用最优化原理，建立动态规划方程，即建立动态规划的数学模型，最后再设法求其数值解。建立的模型的基本步骤是：

1）将问题的过程恰当地分成若干个阶段，一般可按问题所处的时间或空间划分，并确定阶段变量。对 $n$ 阶段问题来说，$k=1, 2, \cdots, n$。

2）正确选取状态变量 $x_k$，它当然要满足无后效性等三个条件。

3）确定决策变量 $u_k(x_k)$ 即每个阶段的允许决策集合 $D_k(x_k)$。

4）写出状态转移方程

$$x_{k+1} = T_k(x_k, u_k)$$

或

$$x_k = T_k(x_{k+1}, u_k)$$

5）根据题意，列出指标函数 $F_{k,n}$ 或 $F_{1,k}$，最优函数 $f_k(x_k)$ 以及阶段指标 $d(x_k,$

$x_{k+1}$）。

6）明确指标函数 $F_{k,n}$ 或 $F_{1,k}$ 与阶段指标 $d(x_k, x_{k+1})$ 之间的关系以及边界条件。一般说来，当 $F_{k,n}$ 或 $F_{1,k}$ 是诸 $d(x_k, x_{k+1})$ 之和形式时，$f_{n+1}(x_{n+1})=0$ 或 $f_1(x_1)=0$；而当 $F_{k,n}$ 或 $F_{1,k}$ 是诸 $d(x_k, x_{k+1})$ 之积形式时，$f_{n+1}(x_{n+1})=1$ 或 $f_1(x_1)=1$。

当上述步骤都完成以后，根据最优化原理，便可写出动态规划方程，即动态规划模型。根据式（A4-4）和式（A4-5），动态规划方程分为逆序和顺序两大类。

2. 逆序动态规划方程

考虑后部指标函数 $F_{k,n}$ 及最优函数 $f_k(x_k)$。

当 $F_{k,n} = \sum_{j=k}^{n} d(x_j, u_j)$ 时，由式（A4-4）及式（A4-6）得

$$
\begin{aligned}
f_k(x_k) &= \operatorname*{opt}_{p_{k,n} \in P_{k,n}} F_{k,n}(x_k, p_{k,n}) \\
&= \operatorname*{opt}_{(u_k, p_{k+1,n}) \in P_{k,n}} \{ d(x_k, u_k) + F_{k+1,n}(x_{k+1}, p_{k+1,n}) \} \\
&= \operatorname*{opt}_{u_k \in D_k} \left\{ d(x_k, u_k) + \operatorname*{opt}_{p_{k+1,n} \in P_{k+1,n}} F_{k+1,n}(x_{k+1}, p_{k+1,n}) \right\} \\
&= \operatorname*{opt}_{u_k \in D_k} \{ d(x_k, u_k) + f_{k+1}(x_{k+1}) \}
\end{aligned}
$$

于是得

$$
\begin{cases}
f_k(x_k) = \operatorname*{opt}_{u_k \in D_k} \{ d(x_k, u_k) + f_{k+1}(x_{k+1}) \} \\
f_{n+1}(x_{n+1}) = 0, \qquad k = n, n-1, \cdots, 2, 1
\end{cases}
\tag{A4-10}
$$

当 $F_{k,n} = \prod_{j=k}^{n} d(x_j, u_j)$ 时，类似可得

$$
\begin{cases}
f_k(x_k) = \operatorname*{opt}_{u_k \in D_k} \{ d(x_k, u_k) \cdot f_{k+1}(x_{k+1}) \} \\
f_{n+1}(x_{n+1}) = 1, \qquad k = n, n-1, \cdots, 2, 1
\end{cases}
\tag{A4-11}
$$

利用递推公式〔式（A4-10）或式（A4-11）〕便可求出最优函数 $f_1(x_1)$。由于这里的寻优方向与过程的行进方向刚好相反，所以称式（A4-10）和式（A4-11）为逆序动态规划方程，又把这种方法称为逆序法。

3. 顺序动态规划方程

现在考虑前部指标函数 $F_{1,k}$ 及最优函数 $f_k(x_k)$。

当 $F_{1,k} = \sum_{j=1}^{k} d(u_{j-1}, x_j)$ 时，由式（A4-5）及式（A4-7）得

$$
\begin{aligned}
f_k(x_k) &= \operatorname*{opt}_{p_{i,k} \in P_{1,k}} F_{1,k}(x_1, p_{1,k}) \\
&= \operatorname*{opt}_{(u_{k-1}, p_{,k-1}) \in P_{1,k}} \left\{ d(u_{k-1}, x_k) + F_{1,k-1}(x_1, p_{1,k-1}) \right\} \\
&= \operatorname*{opt}_{u_{k-1} \in D_{k-1}} \left\{ d(u_{k-1}, x_k) + \operatorname*{opt}_{p_{1,k-1} \in P_{1,k-1}} F_{1,k-1}(x_1, p_{1,k-1}) \right\} \\
&= \operatorname*{opt}_{u_{k-1} \in D_{k-1}} \left\{ d(u_{k-1}, x_k) + f_{k-1}(x_{k-1}) \right\}
\end{aligned}
$$

于是得

$$\begin{cases} f_k(x_k) = \operatorname*{opt}_{u_{k-1} \in D_{k-1}} \{d(u_{k-1}, x_k) + f_{k+1}(x_{k+1})\} \\ f_1(x_1) = 0, \qquad k = 2, 3, \cdots, n+1 \end{cases} \tag{A4-12}$$

当 $F_{1,k} = \prod\limits_{j=1}^{k} d(u_{j-1}, x_j)$ 时，类似可得

$$\begin{cases} f_k(x_k) = \operatorname*{opt}_{u_{k-1} \in D_{k-1}} \{d(u_{k-1}, x_k) \cdot f_{k+1}(x_{k+1})\} \\ f_1(x_1) = 1, \qquad k = 2, 3, \cdots, n+1 \end{cases} \tag{A4-13}$$

利用式（A4-12）或式（A4-13）求出的最优函数 $f_{n+1}(x_n+1)$ 的寻优方向与过程的行进方向相同，因此把式（A4-12）和式（A4-13）称为顺序动态规划方程，又把这种方法称为顺序法。

4. 几点注意

（1）动态规划主要是解决多阶段决策问题。很多表面看并不是多阶段的问题，只要恰当地分段就可变成一个多阶段问题，从而可用动态规划求解。其中的关键是分段和正确选择变量和指标函数。

（2）建立动态规划方程时，首先要确定是用逆序法还是顺序法。由于这两种方法的边界条件不同，因此在选择方法时，要根据边界条件难易确定。

（3）前面指出的是动态规划建模的理想步骤。很多问题由于情况差异，不可能也不必死套上述步骤，关键是灵活运用最优化原理。

# 参 考 文 献

[1] Mays，L. W. Water distribution systems handbook [M]. New York：McGraw-Hill，2000.

[2] Haestad methods，Walski，T. M.，Chase，D. V. et al. Advanced water distribution modeling and management [M]. Waterbury：Haestad Press，2003.

[3] 严煦世，刘遂庆. 给水排水管网系统 [M]. 3 版. 北京：中国建筑工业出版社，2014.

[4] 赵洪宾. 给水管网系统理论与分析 [M]. 北京：中国建筑工业出版社，2003

[5] 严煦世，范瑾初. 给水工程 [M]. 4 版. 北京：中国建筑工业出版社，1999.

[6] USEPA. Water distribution system analysis：field studies，modeling and management：A reference guide for utilities [R]. Cincinnati，2005.

[7] 袁志彬. 提高我国城市供水水质的关键问题研究 [D]. 北京：清华大学，2003.

[8] USEPA. Water quality in small community distribution systems a reference guide for operators [R]. Cincinnati：EPA/600/R-08/039，2008.

[9] 魏德洙，魏亚东，李兆年等. 工程流体力学（水力学，下册） [M]. 北京：高等教育出版社，1991.

[10] 中国城镇供水协会. 城市供水行业 2010 年技术进步发展规划及 2020 年远景目标 [M]. 北京：中国建筑工业出版社，2005.

[11] 赵洪宾，李欣，赵明. 给水管道卫生学 [M]. 北京：中国建筑工业出版社，2008.

[12] 水利部人事劳动教育司. 水利概论 [M]. 南京：河海大学出版社，2002.

[13] 中村玄正. 入门 上水道 [M]，三订版. 东京：工学图书株式会社，2001.

[14] 上海市建设和交通委员会. GB 50013—2018 室外给水设计规范 [S]. 北京：中国计划出版社，2018.

[15] 中华人民共和国公安部. GB 50016—2006 建筑设计防火规范 [S]. 北京：中国计划出版社，2006.

[16] 中华人民共和国卫生部. GB 5749—2006 生活饮用水卫生标准 [S]. 北京：中国标准出版社，2007.

[17] Mays，L. W. Urban water supply handbook [M].，New York：McGraw-Hill，2002.

[18] 上海市政工程设计院. 第 3 册 城市给水 [M]. 给水排水设计手册 2 版. 北京：中国建筑工业出版社，1986.

[19] Karney，B. W.，and McInnis，D. M. Transient analysis of water distribution systems [J]. ASCE Journal of the American Water Works Association，1990，82（7）：62-70.

[20] ［美］Rossman，L. A. EPANETH2（EPANET2 中文版）用户手册 [M]. 李树平译. 上海：同济大学环境科学与工程学院，2011.

[21] 姜乃昌. 水泵及水泵站 [M]. 4 版. 北京：中国建筑工业出版社，1998.

[22] 洪倩. 安全供水与健康 [J]. 中国农村卫生事业管理，2003，23（1）：60.

[23] 邵益生. 中国城市水可持续管理的战略对策 [R]. 21 世纪中国城市水管理国际研讨会（中华人民共和国建设部），1999.

[24] 中国大百科全书总编委员会《土木工程》编辑委员会. 中国大百科全书（土木工程）[M]. 北京：

中国大百科全书出版社，1987.

[25] 聂梅生. 中国水工业科技与产业 [M]. 北京：中国建筑工业出版社，2000.

[26] 郑在洲，何成达. 城市水务管理 [M]. 北京：中国水利水电出版社，2003.

[27] 陈远飞. 人体内的水 [J]. 生物学通报，1991，(2)：22-23.

[28] 中国城镇供水协会. 城市供水统计年鉴 [R]. 2001.

[29] 中国建设信息水工业. 城市供水行业发展及面临的机遇和挑战. www. jsbwater. com，2009-8-26.

[30] 中国城镇供水排水协会（中国水协）. 中国供水 60 年——国庆特别专题. http：// www. chinacity-water. org/rdzt/jishuzhuanti/60years/index. shtml，2010 年 1 月 13 日访问.

[31] 丹东通博流体设备有限公司. LWG 涡轮流量计. http：// www. ddtop. com. cn/product. asp? class ＝42&product＝38. 2010 年 2 月 1 日访问.

[32] 洪觉民. 新世纪的我国供水现代化目标探讨 [J]. 中国给水排水，2002，18 (1)：23-25.

[33] 李德威. 浅谈城市供水调度管理现代化 [J]. 现代节能，1995，(5)：17-20.

[34] Gorden, S. F. The water utility of 2050 [J]. Journal AWWA，2000，92 (1)：40-42.

[35] 何寿平. 21 世纪给水技术展望 [N]. 中国建设报，2002 年 2 月 22 日.

[36] 刘遂庆，李树平，陶涛等. 宁波城市供水现代化技术路线研究 [J]. 宁波供水，2004，(1)：1-4.

[37] 刘遂庆，王荣和. 给水管网计算机技术的应用与发展 [C]. 中国给水五十年回顾（给水委员会编），北京：中国建筑工业出版社，1999.

[38] 张智，张勤，郭士权等. 给水排水工程专业毕业设计指南 [M]. 北京：中国水利水电出版社，2000.

[39] 张自杰，林荣忱，金儒霖. 排水工程（下册）[M]. 4 版. 北京：中国建筑工业出版社，2000.

[40] 茂庭竹生. 上下水道工学 [M]. 東京：コロナ社，2007.

[41] 中华人民共和国住房和城乡建设部. GB 50282—2016 城市给水工程规划规范 [S]. 北京：中国计划出版社，2016.

[42] 信昆仑. 给水管网微观模型优化调度应用研究 [D]. 上海：同济大学，2003.

[43] 兰宏娟. 城市用水量预测模式及其应用的研究 [D]. 哈尔滨：哈尔滨工业大学，2001.

[44] 汪荣鑫. 数理统计 [M]. 西安：西安交通大学出版社，1986.

[45] [美] 鲍曼，波朗特，黑尼曼. 城市水需求管理与规划 [M]. 刘俊良，高永主译. 北京：化学工业出版社，2005.

[46] 建设部城市建设研究院. CJ/T 3070—1999 城市用水分类标准 [S]. 北京：中国标准出版社，1999.

[47] 中华人民共和国城市供水条例（1994 年 7 月 19 日中华人民共和国国务院令第 158 号发布）.

[48] 张晓元，李长城. 有压管道的流量计算 [J]. 节水灌溉，2003 年第 5 期：16-17.

[49] 刘鹤年. 流体力学 [M]. 北京：中国建筑工业出版社，2001.

[50] 伍悦滨，曲世琳，张维佳等. 给水管网中阀门阻力实验研究 [J]. 哈尔滨工业大学学报，2003，35 (11)：1311-1313.

[51] 曲世琳，伍悦滨，赵洪宾. 阀门在给水管网系统中流量调节特性的研究 [J]. 流体机械，2003，31 (11)：16-18.

[52] 中国市政工程中南设计研究院. 第 8 册 电气与自控 [M] // 给水排水设计手册 2 版. 北京：中国建筑工业出版社，2002.

[53] 黄儒林. 插入式流量计在给排水管道上的应用 [J]. 中国计量，2007 (11)：83.

[54] 王绍伟. 供水管网流量监测点的优化布置 [D]. 上海：同济大学，2010.

[55] 李树平，刘遂庆. 城市排水管渠系统 [M]. 2 版. 北京：中国建筑工业出版社，2016.

[56] Boulos, P. F., Lansey, K. E., and Karney, B. Comprehensive water distribution systems anal-

ysis handbook for engineers and planners [M]. 2$^{nd}$ edition. MWH Soft, Inc., 2006.

[57] Templeman, A. Discussion of "Optimization of looped water distribution systems, by Quindry et al." [J]. ASCE Journal of environmental engineering, 1982, 108 (3): 599-596.

[58] Walters G., and Lohbeck, T. Optimal layout of tree networks using genetic algorithms [J]. Engineering optimization, 1993, 22 (1): 27-48.

[59] Alperovits, E., and Shamir, U. Design of optimal water distribution systems [J]. Water resources research, 1977, 13 (6): 885-900.

[60] Morgon, D. and Goulter, I. Optimal urban water distribution design [J]. Water resources research, 1985, 21 (5): 642-652.

[61] Fujiwara, O. and Khang, D. A two-phase decomposition method for optimal design of looped water distribution networks [J]. Water resources research, 1990, 26 (4): 539-549.

[62] Eiger, G., Shamir, U., and Bent Tal, A. Optimal design of water distribution networks [J]. Water resources research, 1994, 30 (9): 2673-2646.

[63] Loganathan, G., Greene, J., and Ahn, T. Design heuristic for globally minimum cost water distribution systems [J]. ASCE Journal of water resources planning and management, 1995, 121 (2): 182-192.

[64] 朱瑞敏, 秦守印, 李建华等. 以S泵气蚀实例剖析气蚀余量及气蚀 [J]. 冶金动力, 1998, (5): 51-53.

[65] 全国化工设备设计技术中心站机泵技术委员会. 工业泵选用手册 [M]. 北京: 化学工业出版社, 1998.

[66] 柯葵, 朱立明, 李嵘. 水力学 [M]. 上海: 同济大学出版社, 2000.

[67] 中华人民共和国水利部. GB/T 50265—2010 泵站设计规范 [S]. 北京: 中国计划出版社, 2010.

[68] 沙鲁生. 水泵与水泵站 [M]. 北京: 中国水利水电出版社, 1993.

[69] Mays, L. W. Hydraulic design handbook [M]. New York: McGraw-Hill, 1999.

[70] 蔡亦钢. 流体传输管道动力学 [M]. 杭州: 浙江大学出版社, 1990.

[71] [美] Gary Z. 沃特斯. 管线中不稳定流的现代分析和控制 [M]. 董启贤译. 北京: 石油工业出版社, 1987.

[72] 金锥, 姜乃昌, 汪兴华. 停泵水锤及其防护 [M]. 北京: 中国建筑工业出版社, 1993.

[73] 陈凌. 城市供水管网瞬变流态模拟及应用研究 [D]. 上海: 同济大学, 2007.

[74] Zloczower, N. Control of transient induced contaminant leakage and infiltration by implementation of air valves [C]. Collection systems 2009, 164-192.

[75] 伍悦滨. 给水管网瞬变流正反问题分析及应用 [R]. 上海: 同济大学, 2004.

[76] 沈坤新. 进口平行闸阀与楔式闸阀的比较 [J]. 通用机械, 2002, 创刊号: 40-42.

[77] 日本水道协会. 水道施设设计指针 (M). 2012版. 东京: 日本水道协会, 2012.

[78] 石油管材专业标准化技术委员. SY/T 5037—2018 普通流体输送管道用埋弧焊钢管 [S]. 北京: 石油工业出版社, 2018.

[79] 冶金工业信息标准研究院. GB/T 13295—2008 水及燃气管道用球墨铸铁管、管件和附件 [S]. 北京: 中国建筑工业出版社, 2008.

[80] 中华人民共和国建设部. GB 50332—2002 给水排水工程管道结构设计规范 [S]. 北京: 中国建筑工业出版社, 2003.

[81] 全国水泥制品标准化技术委员会. GB/T 19685—2005 预应力钢筒混凝土管 [S]. 北京: 中国标准出版社, 2005.

[82] 全国塑料制品标准化技术委员会. GB/T 13663—2000 给水用聚乙烯 (PE) 管材 [S]. 北京: 中

国标准出版社，2001.

[83] 中华人民共和国住房和城乡建设部. CJJ 101—2016 埋地塑料给水管道工程技术规程 [S]. 北京：中国建筑工业出版社，2016.

[84] 中国泵阀品牌网. 给排水阀门的检验和实践. http://www.chinabfpp.com/news/view/3917/. 2011 年 5 月 19 日访问.

[85] 岳进才. 压力管道技术 [M]. 北京：中国石化出版社，2006.

[86] 全国塑料制品标准化技术委员会 GB/T10002. 1-2006 给水用聚氯乙烯（PVC-U）管材 [S]. 北京：中国标准出版社，2006.

[87] 何维华. 供水管网的探索（何维华论文集）[G]. 上海晟华电脑彩印有限公司，2007.

[88] 中华人民共和国国家卫生与计划生育委员会. GB 4806. 6—2016 食品安全国家标准 食品接触用塑料树脂 [S]. 北京：中国标准出版社，2016.

[89] 全国纤维增强塑料标准化技术委员会. GB/T 21238—2016 玻璃纤维增强塑料夹砂管 [S]. 北京：中国标准出版社，2016.

[90] 胡津康，杨念慈. 压力管道元件制造许可技术指南 [M]. 北京：中国标准出版社，2008.

[91] 张延蕙，王光杰. 给排水阀门行业标准（CJ）及其重点要求 [J]. 给水排水动态，2011，（4）：38-39.

[92] American Water Works Association. AWWA Manual M31：Distribution system requirements for fire protection [M]. Third Edition. American Water Works Association，1999.

[93] 许阳，祝建平. 杭州管网水质实时监测系统 [J]. 给水排水，2002，28（2）：91-93.

[94] 徐洪福，赵洪宾，尤作亮等. 配水系统的水质模型研究概况 [J]. 中国给水排水，2002，18（3）：33-36.

[95] 林辉，刘建平. 饮水氯化消毒及其副产物的研究进展及展望 [J]. 中国公共卫生，2001，17（11）：1042-1043.

[96] AWWA and EES，Inc. 2002. Effects of water age on distribution system water quality. http://www.epa.gov/safewater/tcr/pdf/waterage.pdf. Accessed May 4，2006.

[97] USEPA. Causes of total coliform-positive occurrences in distribution systems [R]. Office of Ground Water and Drinking Water，Total coliform rule white paper. United States Environmental Protection Agency，Washington，DC. 2006.

[98] 建设部给水排水产品标准化技术委员会. CJ/T 206—2005 城市供水水质标准 [S]. 北京：中国建筑工业出版社，2005.

[99] Singley，J. E.，Beaudet，B. A.，and Markey，P. H. Corrosion manual for internal corrosion of water distribution systems [R]. EPA-57019-84-001，U. S. Environmental Protection Agency，Office of Drinking Water，Washington，DC. 1984.

[100] 美国自来水厂协会. 水质与水处理 公共供水技术手册 [M]. 5 版. 刘文君，施周主译. 北京：中国建筑工业出版社，2008.

[101] Payment，P.，and Robertson，W. The microbiology of piped distribution systems and public health. In：Ainsworth，R. （Ed.）Safe piped water：managing microbial water quality in piped distribution systems [M]. London UK，IWA Publishing：1-18，2004.

[102] Levi，Y. Minimizing potential for changes in microbial quality of treated water. In：Ainsworth，R. （Ed.）Safe piped water：managing microbial water quality in piped distribution systems [M]. London UK，IWA Publishing：19-35，2004.

[103] Evins，C. Small animals in drinking-water distribution systems. In：Ainsworth，R. （Ed.）Safe piped water：managing microbial water quality in piped distribution systems [M]. London UK，

IWA Publishing：100-120，2004.

[104]　范瑾初，金兆丰. 水质工程［M］. 北京：中国建筑工业出版社，2009.

[105]　秦钰慧，凌波，张晓健. 饮用水卫生与处理技术［M］. 北京：化学工业出版社，2002.

[106]　闻德荪，魏亚东，李兆年等. 工程流体力学（水力学，上册）［M］. 北京：高等教育出版社，1990.

[107]　李欣，袁一星，宋学峰等. 水环境信息学［M］. 哈尔滨：哈尔滨工业大学出版社，2004.

[108]　Rossman，L. A. EPANET user's manual［M］. Environmental Protection Agency Risk Reduction Engineering Laboratory，Cincinnati. 2000.

[109]　上海市建设和管理委员会. GB 50015—2003 建筑给水排水设计规范［S］. 2009 年版. 北京：中国计划出版社，2010.

[110]　Samsi. U. M. GIS application in water，wastewater，stormwater systems［M］. CRC Press. 2005.

[111]　龚健雅，杜道生，李清泉等. 当代地理信息技术［M］. 北京：科学出版社，2004.

[112]　American Water Works Association Engineering Computer Applications Committee. Calibration guidelines for water distribution system modeling［M］. http：// www. awwa. org/unitdocs/592/calibrate. pdf. 1999.

[113]　田一梅，王阳，迟海燕. 城市供水管网氯的优化配置. 城市饮用水安全保障技术研讨会论文集［C］，建设部科学技术司，2004 年 8 月.

[114]　吴雪琴，吴银川. 饮用水水质污染事故原因分析与监督管理对策［J］. 中国厂矿医学，2000，13（3）：229-230.

[115]　Chambers，K.，Creasey，J.，and Forbes，L. Design and operation of distribution networks. Safe piped water：Managing microbial water quality in piped distribution systems (Ainsworth，R. editor)［M］. IWA Publishing. London，UK. 38-68. 2004.

[116]　Vitanage，D.，Pamminger，F.，and Vourtsanis，T. Maintenance and survey of distribution systems. Safe piped water：managing microbial water quality in piped distribution system (World Health Organization)［M］. IWA Publishing，London，UK. 69-85. 2004.

[117]　刘佩璋. 浅谈给水管道工程的冲洗与消毒［J］. 山西建筑，2003，29（6）：159-160.

[118]　冯伟民. 浅析新装给水管道的冲洗、消毒［J］. 广东科技，2008，（12）：176-177.

[119]　中华人民共和国住房和城乡建设部. GB50268-2008 给水排水管道施工及验收规范［S］. 北京：中国建筑工业出版社，2008.

[120]　郝建英. 关于给水管道冲洗消毒的几个问题［J］. 大同职业技术学院学报. 2003，17（3）：79-80.

[121]　中国工程建设标准化协会建筑与市政工程产品应用分会. CECS 184：2005 给水系统防回流污染技术规程［S］. 北京：中国计划出版社，2005.

[122]　住房和城乡建设部给水排水产品标准化技术委员会. CJ/T 160—2010 双止回阀倒流防止器［S］. 北京：中国标准出版社，2010.

[123]　住房和城乡建设部给水排水产品标准化技术委员会. GB/T 25178—2010 减压型倒流防止器［S］. 北京：中国标准出版社，2010.

[124]　中国工程建设标准化协会建筑给水排水专业委员会. CECS 274：2010 真空破坏器应用技术规程［S］. 北京：中国计划出版社，2010.

[125]　USEPA. Distribution system indicators of drinking water quality. Office of Ground Water and Drinking Water. Total coliform rule issue paper［R］. Washington DC. http：// www. epa. gov/safewater/disinfection/tcr/pdfs/issuepaper_tcr_indicators. pdf，accessed date July 15，2008.

[126]　全国安全生产标准化技术委员会. GB 11984—2008 氯气安全规程［S］. 北京：中国标准出版社，

2009.

[127] 全国化学标准化技术委员会. GB 5138—2006 工业用液氯 [S]. 北京：中国标准出版社，2006.

[128] 全国化学标准化技术委员会氯碱分会. GB 19106—2003 次氯酸钠溶液 [S]. 北京：中国标准出版社，2003.

[129] 全国危险化学品管理标准化技术委员会. GB 19107—2003 次氯酸钠溶液包装要求 [S]. 北京：中国标准出版社，2003.

[130] 全国化学标准化技术委员会. GB/T 10666—2008 次氯酸钙（漂粉精）[S]. 北京：中国标准出版社，2008.

[131] 全国危险化学品管理标准化技术委员会. GB 19109—2003 次氯酸钙包装要求 [S]. 北京：中国标准出版社，2013.

[132] American Water Works Association. ANSI/AWWA C651-92 AWWA standard for disinfecting water mains [S]. Denver, Colo. 1992.

[133] 曹增万，冯竟瑜，舒茂松. 爆管的对策 [M] //汪光焘. 城市供水行业 2000 年技术进步发展规划. 北京：中国建筑工业出版社，1993.

[134] 郑世裕，徐一为. 管道的刮管与涂衬 [M] //汪光焘. 城市供水行业 2000 年技术进步发展规划. 北京：中国建筑工业出版社，1993.

[135] 白迪祺，王志纯. 加强出厂水计量工作 [M] //汪光焘. 城市供水行业 2000 年技术进步发展规划. 北京：中国建筑工业出版社，1993.

[136] 周克明，董宪，傅馨惠. 加强检漏工作 [M] //汪光焘. 城市供水行业 2000 年技术进步发展规划. 北京：中国建筑工业出版社，1993.

[137] 赖新元. 城市地下管线施工新技术与质量检验评定标准实施手册 [M]. 北京：地震出版社，2002.

[138] 三味工作室. MapInfo 6. 0 应用开发指南 [M]. 北京：人民邮电出版社，2001.

[139] Kleiner, Y.；Adams, B. J.；Rogers, J. S. Water distribution network renewal planning [J]. Journal of Computing in Civil Engineering，2001，15（1）：15-26.

[140] American Water Works Association（AWWA）. Distribution system inventory, integrity and water quality [R]. Prepared for the Environmental Protection Agency. Available from：http：// www. epa. gov/safewater/disinfection/tcr/pdfs/issuepaper_tcr_ds-inventory. pdf/. 2007.

[141] 何芳，李树平，陈宇辉等. 供水管网水力模型的维护 [J]. 给水排水，2007，33（1）：94-97.

[142] Kirmeyer, G. J., W. Richards, and C. D. Smith. An assessment of water distribution systems and associated research needs [R]. Denver, CO：AWWA Research Foundation：Distribution Systems. 1994.

[143] （苏）H. H. 阿布拉莫夫. 给水系统可靠性 [M]. 董辅祥，刘灿生译. 北京：中国建筑工业出版社，1990.

[144] 马力辉，崔建国. 城市供水管网漏损探讨 [J]. 山西建筑，2003，29（2）：90-91.

[145] 中华人民共和国城镇建设行业标准. CJ 266—2008 饮用水冷水水表安全规则 [S]. 北京：中国建筑工业出版社，2008.

[146] 雷林源. 城市地下管线探测与测漏 [M]. 北京：冶金工业出版社，2003.

[147] 耿为民. 给水管网漏损控制及其关键技术研究 [D]. 上海：同济大学，2004.

[148] 中国城镇供水协会. 城市供水统计年鉴 [R]. 2006.

[149] 建设部城市建设研究院. CJJ 92—2002 城市供水管网漏损控制及评定标准 [S]. 北京：中国建筑工业出版社，2002.

[150] Lambert, A. O., and Hirner, W. H. Losses from water supply system：standard terminology

610

and performance measure [R]. IWA the Blue Pages, 2000.

[151] Alegre, H. Performance indicators as a management support tool. Urban water supply handbook (Mays, L. W. edit) [M]. McGraw-Hill, 9. 1-9. 73. 2002.

[152] 杨丰华. 产销差供水（NRW）控制 30 问. 中国水网: http://www.h2o-china.com/Report/guanwang/index.asp（2006 年 4 月 8 日）.

[153] Makar, J. M., and Chagnan, N. Inspecting systems for leaks, pits and corrosion [J]. Journal of American Water Works Association, 1999, 91 (7): 36-46.

[154] American Water Works Association. Water audits and loss control programs (Third edition) [M]. M36 Publication, Denver, CO, USA. 2009.

[155] 李树平. 供水管网漏损控制理论研究进展 [J]. 给水排水, 2011, 37 (1): 162-165.

[156] Thronton, J. Water loss control manual [M]. McGraw-Hill Professional. 2002.

[157] Fantozzi, M., Lalonde, A., Lambert, A. et al. Some international experiences in promoting the recent advances in practical leakage management [J]. Water practice & technology, 2006, 1 (2): 20-30.

[158] 中国城镇供水排水协会. CJJ/T 244—2016 城镇给水管道非开挖修复更新工程技术规程 [S]. 北京: 中国建筑工业出版社, 2016.

[159] Rizzo, A, Vermersch, M. Apparent losses: the way forward [J], Water 21, August, 2007.

[160] McKenzie, R., and Seago, C. Assessment of real losses in potable water distribution systems: some recent developments [J]. Water science and technology: water supply, 2005, 5 (1): 33-40.

[161] 余蔚茗, 李树平. 基于水量平衡的管道漏损分析 [J]. 给水排水, 2008, 34 (4): 116～119.

[162] 中华人民共和国公安部. GB 50974—2014 消防给水及消火栓系统技术规范 [S]. 北京: 中国计划出版社, 2014.

[163] Liemberger, R., Brothers, K., Lambert, A. et al. Water loss performance indicators [C]. IWA international specialized conference "Water Loss 2007", Bucharest, September, 2007.

[164] 何芳. 供水管网爆管分析方法与预防技术研究 [D]. 上海: 同济大学, 2005.

[165] 余蓉蓉, 蔡志章. 地下金属管道的腐蚀与防护 [M]. 北京: 石油工业出版社, 1998.

[166] United States Environmental Protection Agency (USEPA). White paper on improvement of structural integrity monitoring for drinking water mains [R]. EPA/600/R-05/038. Cincinnati, OH, USA. 2005.

[167] 川北和德, 饭屿宣雄, 北泽弘美等. 上水道工学 [M]. 东京: 森北出版, 2005.

[168] 中华人民共和国城镇建设行业标准.《城镇供水水量计量仪表的配备和管理通则》CJ/J3019-1993 [S]. 1993.

[169] 全国流量计量技术委员会液体流量分技术委员会. JJG 162—2009 冷水水表 [S]. 北京: 中国标准出版社, 2009.

[170] 全国工业过程测量控制和自动化标准化技术委员会. GB/T 778. 1—2007/ISO 4064—1: 2005 封闭满管道中水流量的测量 饮用冷水水表和热水水表 第 1 部分: 规范 [S]. 北京: 中国标准出版社, 2008.

[171] 全国工业过程测量控制和自动化标准化技术委员会. GB/T 778. 2—2007/ISO 4064—2: 2005 封闭满管道中水流量的测量 饮用冷水水表和热水水表 第 2 部分: 安装要求 [S]. 北京: 中国标准出版社, 2008.

[172] 全国工业过程测量控制和自动化标准化技术委员会. GB/T 778. 3—2007/ISO 4064—3: 2005 封闭满管道中水流量的测量 饮用冷水水表和热水水表 第 3 部分: 试验方法和试验设备 [S]. 北京: 中国标准出版社, 2008.

[173] Hasan，J.，States，S.，and Deininger，R. Safeguarding the security of public water supplies using early warning systems：a brief review [J]. Journal of contemporary water research and education. 2004，129：27-33.

[174] 中华人民共和国安全生产法，2002.

[175] 刘卫红，李振声，白俊松. 突发性环境污染事故应急监测质量管理的研究. 见：中国环境科学学会学术年会优秀论文集 [C]. 2006.

[176] 刘先品，李树平，王绍伟. 突发事故下应急供水分析 [J]. 四川环境. 2009，28（3）：109-113.

[177] WHO. Guidelines for drinking water quality [M]. 4th ed. Geneva，World Health Organization. 2011.

[178] Bertram，J.，Corrales，L.，Davison，A.，et al. 水安全计划手册：供水企业分布实施的风险管理 [M]. 世界卫生组织，日内瓦，2009.

[179] 李树平，周巍巍，侯玉栋，黄璐. 基于管段重要性的给水管网布局分析 [J]. 同济大学学报（自然科学版）. 2013，41（3）：433-436.

[180] Martínez-Rodríguez，J. B.，Montalvo，I.，Izquierdo，J.，et al. Reliability and tolerance comparison in water supply networks [J]. Water resource management，2011，25（5）：1437-1448.

[181] 陈卫，张金松. 城市水系统运营与管理 [M]. 北京：中国建筑工业出版社，2005.

[182] 任基成，费杰. 城市供水管网系统二次污染及防治 [M]. 北京：中国建筑工业出版社，2006.

[183] 全国阀门标准化技术委员会. GB/T 21465—2008 阀门 术语 [S]. 北京：中国标准出版社，2008.

[184] American Lifeline Alliance. Seismic guidelines for water pipelines [R]. http：// www. wmerican-lifelinesalliance. arg. Accessed date，July，13，2012.

[185] Lansey，K. E.，and Mays，L. W. Optimization model for water distribution system design [J]. Journal of hydraulic engineering，1989，115（10）：1401-1418.

[186] Karamouz，M.，Moridi，A.，and Nazif，S. Urban water engineering and management [M]. Taylor & Francis Group. 2010.

[187] （英）萨维奇，班亚德. 给水管网系统 [M]. 刘书明，王荣合，吴雪译. 北京：高等教育出版社，2014.

[188] Swamee，P. L.，and Sharma，A. K. Design of water supply pipe networks [M]. Hoboken：John Wiley & Sons，Inc.，2008.

[189] National Research Council. Drinking water distribution systems：assessing and reducing ricks [M]. Washington，D. C.：the National Academies Press. 2006.

[190] 中华人民共和国住房和城乡建设部. CJJ/T 226—2014 城镇供水管网抢修技术规程 [S]. 北京：中国建筑工业出版社，2014.

[191] Larock，B. E.，Jeppson，R. W.，and Watters，G. Z. Hydraulics of pipeline systems [M]. Boca Raton：CRC Press，2000.

[192] American Water Works Association Research Foundation，DVGW-Technologiezentrum Wasser. Internal corrosion of water distribution systems [M]. 2nd ed. Denver：American Water Works Association. 1996.

[193] van Zyl，JE. Introduction to operation and maintenance of water distribution systems [M]. Edition 1. Water Research Commission. 2014.

[194] TU Delft OpenCourseWare. https：// ocw. tudelft. nl/ courses/ pumping-stations-and- transport-pipelines/. 2018-10-18 访问.

[195] Smeets，P. W. M. H.，Medema，G. J.，and van Jijk，J. C. The Dutch secret：how to pro-

vide safe drinking water without chlorine in the Netherlands [J]. Drinking water engineering and science, 2009, (2): 1-14.

[196] European Union. EU reference document good practices on leakage management WFD CIS WG PoM: case study document [R]. European Union. 2015.

[197] European Union. EU reference document good practices on leakage management WFD CIS WG PoM: main report [R]. European Union. 2015.

[198] (美) 梅特卡夫和埃迪公司, 乔巴诺格劳斯, 伯顿, 等. 废水工程: 处理及回用 [M]. 第 4 版. 秦裕珩等译. 北京: 化学工业出版社, 2004.

[199] Dickens, W. J., and Bensted, I. H. London water ring main [J]. Proceedings Institution Civil Engineers, 1988, 84 (3): 445-474.

[200] 中华人民共和国住房和城乡建设部. 《2016 年城市建设统计年鉴》, http://www.mohurd.gov. cn/xytj/tjzljsxytjgb/, 2018-12-6.

[201] 住房和城乡建设部, 国家发展和改革委员会. 全国城镇供水设施改造与建设 "十二五" 规划及 2020 年远景目标 [M]. 2012 年 5 月.

[202] Marsalek, J., Jiménez-Cisneros, P. -A. Malmquist, B. E., et al. Urban water cycle processes and interactions [R]. IHP-VI Technical Documents in Hydrology, No. 78 UNESCO, Paris, 2006.

[203] 李树平, 周巍巍, 张馨予等. 苏州市供水管网联合应急调度平台的构建 [J]. 中国给水排水, 2013, 29 (16): 78-81.

[204] 张正德, 张珏靓, 李树平等. 城乡一体化供水特点与实践 [J]. 给水排水, 2018, 44 (12): 17-20.

[205] 李树平. 城市水系统 [M]. 上海: 同济大学出版社, 2015.

[206] 中华人民共和国城市规划法 (1990 年 4 月 1 日起施行).

[207] 戴慎志. 城市基础设施工程规划手册 [M]. 北京: 中国建筑工业出版社, 2000.

[208] 熊家晴. 给水排水工程规划 [M]. 北京: 中国建筑工业出版社, 2009.

[209] 日本水道协会. 水道维持管理指针 [M]. 东京: 日本水道协会, 2006.

[210] Tokyo Metropolitan Waterworks Bureau. Leakage prevention guidebook. http://www.waterprofessionals.metro.tokyo.jp/pdf/leagake_prevention_guidebook_2012.pdf. 2013 年 10 月 10 日访问.

[211] 东京市水道局. 施设整备的基本构想. http://www.waterworks.metro.tokyo.jp/water/jigyo/step21/05.html. 2013 年 9 月 10 日访问.

[212] Ashida, H., Morohoshi, H., and Oyama, T. Applying network flow optimization techniques for measuring the robustness of water supply network system in Tokyo [C]. The sixth international symposium on operations research and its application (ISORA' 06), Xinjiang, China, August 8-12. 2006.

[213] Jones, B. Underpassing of Angel underground by London ring main extension tunnel [J]. International Journal of geoengineering case histories, 2011, 2 (2): 105-125.

[214] Keane, M. A., and Kerslake, J. C. The London water ring main: an optimal water supply system [J]. Water and environment journal, 1988, 2 (3): 253-267.

[215] Farrow, J. P., Claye, P. M., and Warren, R. B. Design of the Thames water ring main [J]. Water and environmental management journal, 1996, 10 (1): 1-9.

[216] Went, R. P. F., Ricketts, A. D., and McDonald, H. The Thames water ring main: mechanical and electrical installation [J]. Water and environmental management journal, 1996, 10 (1): 10-16.

[217] 李树平. 伦敦供水环线与管网布局分析与启示 [J]. 给水排水, 2014, 40 (4): 116-119.

[218] 李树平. 日本给水管网布局理论与启示 [J]. 中国给水排水, 2014, 30 (22): 46-49.

[219] Brdys，M. A.，and Ulanicki，B. Operational control of water system：structure，algorithms，and application [M]. Prentice Hall International (UK) Ltd. 1994.

[220] (美)汉密尔顿. 时间序列分析 [M]. 刘明志译. 北京：中国社会科学出版社，1999.

[221] 王国栋. 广州市需水量预测研究 [D]. 上海：同济大学，2007.

[222] 易丹辉. 统计预测：方法与应用 [M]. 2版. 北京：中国人民大学出版社，2014.

[223] (美)格雷特，李洪成. 时间序列预测实践教程 [M]. 北京：清华大学出版社，2012.

[224] 王立柱. 时间序列模型及预测 [M]. 北京：科学出版社，2018.

[225] 刘思峰. 预测方法与技术 [M]. 2版. 北京：高等教育出版社，2015.

[226] 王园园. 小城镇用水量预测和供水管网信息技术研究 [D]. 上海：同济大学，2010.

[227] 邓聚龙. 灰色系统基本方法 [M]. 武汉：华中理工大学出版社，1987.

[228] 赵子威. 供水系统全局优化调度技术研究 [D]. 上海：同济大学，2015.

[229] 周艳春. 城市供水系统优化调度技术研究 [D]. 上海：同济大学，2016.

[230] 白云，王圃，李川. 时间序列特性驱动的城市供水量预测方法及应用研究 [M]. 北京：经济科学出版社，2018.

[231] CDM Smith. 2016 Water master plan：Honolulu Board of Water Supply. https：//www. boardof-watersupply. com/bws/media/files/water-master-plan-final-2016-10. pdf. 2019年6月7日访问.

[232] 尹学康，韩德宏. 城市需水量预测 [M]. 北京：中国建筑工业出版社，2005.

[233] 中国城镇供水协会. 城市供水统计年鉴（2018年）[G].

[234] 陈卓如，金朝铭，王洪杰等. 工程流体力学 [M]. 第2版. 北京：高等教育出版社，2004.

[235] Swamee，P. K.，and Jain，A. K. Explicit equations for pipe flow problems [J]. J. Hydraul. Eng. Div. 1976，102 (5)，657 – 664.

[236] 百度百科. 渴乌. https：//baike. baidu. com/item/渴乌/8963816? fr＝aladdin. 2019-3-23访问.

[237] (唐)杜佑. 通典 [M]. 北京：中华书局出版社，1982.

[238] (宋)曾公亮，丁度. 武经总要 [M]. 长沙：湖南科学技术出版社，2017.

[239] Williams，G. S.，and Hazen，A. Hydraulic tables [M]. John Willey & Sons. 1905.

[240] 李树平. 排水管渠系统模拟与计算 [M]. 北京：中国建筑工业出版社，2018.

[241] Uni-Bell PVC Pipe Association. Handbook of PVC pipe design and construction. New York：Industrial Press,. 2013.

[242] 孔珑. 工程流体力学 [M]. 2版. 北京：中国电力出版社，1992.

[243] American Water Works Association. M51 Air valves：air release，air/vacuum，and combination [M]. Second Edition. American Water Works Association，Denver，USA. 2016.

[244] 中华人民共和国国家标准. GB 3216-1989 离心泵、混流泵、轴流泵和漩涡泵实验方法 [S]. 1989.

[245] 姜乃昌，陈锦章. 水泵与水泵站 [M]. 2版. 北京：中国建筑工业出版社，1986.

[246] 中华人民共和国国家标准. 《离心泵名词术语》GB7021-1986 [S]. 1986.

[247] 崔福义，彭永臻. 给水排水工程仪表与控制 [M]. 北京：中国建筑工业出版社，1999.

[248] 全国能源基础与管理标准化技术委员会. GB 18613—2012 中小型三相异步电动机能效限定制及能效等级 [S]. 北京：中国标准出版社，2012.

[249] 陈盛达. 城乡统筹供水加压站节能技术研究 D]. 上海：同济大学，2017.

[250] 何光渝，雷群. Delphi常用数值算法集 [M]. 北京：科学出版社，2001.

[251] 全国阀门标准化技术委员会. GB/T 12244—2006减压阀：一般要求 [S]. 北京：中国标准出版社，2006.

[252] 李树平，黄廷林，刘遂庆. 用麦夸尔特法推求给水管道造价公式参数 [J]. 西安建筑科技大学学

报，2000，32（1）：16-19.

[253] 《数学手册》编写组. 数学手册［M］. 北京：人民教育出版社，1979.

[254] 郭功佺. 给水排水工程概预算与经济评价手册［M］. 北京：中国建筑工业出版社，1993.

[255] 杨钦，严煦世. 给水工程（上册）［M］. 2版. 北京：中国建筑工业出版社，1986.

[256] 吴庄. 给水排水工程基本建设概预算［M］. 上海：同济大学出版社，1991.

[257] 傅国伟. 给水排水系统优化导论［J］. 中国给水排水，1987，3（4）：45-50.

[258] 蒋金山，何春雄，潘少华. 最优化计算方法［M］. 广州：华南理工大学出版社，2007.

[259] 李树平. 进化算法在排水管道系统优化设计中的应用研究［D］. 上海：同济大学，2000.

[260] 刘建永. 运筹学算法与编程实践：Delphi实现［M］. 北京：清华大学出版社，2004.

[261] Smet, J., and Christine, van W. Small community water supplies：technology, people and partnership［R］. Delft, the Netherland, IRC International Water and Sanitation Centre. 2003.

[262] 中国工程建设标准化协会城市给水排水专业委员会. CECS 193：2005 城镇供水长距离输水管（渠）道工程技术规程［S］. 北京：中国计划出版社，2006.

[263] 王灿，陈吉宁，陈吕军. 给水工业的特性及其可持续发展［J］. 中国人口、资源与环境，2001，11（4）：110-113.

[264] （美）乔杜里. 实用水力瞬变过程［M］. 第3版. 程永光等译. 北京：中国水利水电出版社，2015.

[265] 全国消防标准化技术委员会消防器具配件分技术委员会. GB 4452—2011 室外消火栓［S］. 北京：中国标准出版社，2012.

[266] van Zyl, J. E. Introduction to integrated water meter management［M］. Water Research Commission, Gezina, South Africa. 2011.

[267] Arregui, F., Cabrera, J. E., and Cobacho, R. Integrated water meter management［M］. London：IWA Publishing，2006.

[268] American Water Works Association. Water transmission and distribution［M］. second edition. Denver：American Water Works Association，1996.

[269] 郑达谦. 给水排水工程施工［M］. 3版. 北京：中国建筑工业出版社，1998.

[270] 张金和. 图解给排水管道安装［M］. 北京：中国电力出版社，2006.

[271] 刘灿生. 市政管道工程施工手册［M］. 北京：中国建筑工业出版社，2010.

[272] 中华人民共和国住房和城乡建设部. GB 50268—2008 给水排水管道工程施工及验收规范［S］. 北京：中国建筑工业出版社，2008.

[273] 徐鼎文，常志续. 给水排水工程施工［M］. 新1版. 北京：中国建筑工业出版社，1993.

[274] Bhagwan, J. Compendium of best practices in water infrastructure asset management［R］. Global Water Research Coalition，2009.

[275] 世界卫生组织. 饮用水水质准则. 上海市供水调度监测中心，上海交通大学译. 上海：上海交通大学出版社，2014.

[276] 张洪利，赵成曦，容小惠. 用户反映的常见水质问题的分析［J］. 城镇供水，2007，（3）：43-44.

[277] 高乃云，楚文海，严敏等. 饮用水消毒副产物形成与控制研究［M］. 北京：中国建筑工业出版社，2011.

[278] 广州市水务局. CJJ/T 271—2017 城镇供水水质在线监测技术标准［S］. 北京：中国建筑工业出版社，2017.

[279] American Water Works Association，Letterman，R. D. Water quality and treatment：a handbook of community water supplies［M］. McGraw-Hill Inc. 1999.

[280] （美）科瑞谭登等. 水处理原理与设计：水处理技术及其集成与管道的腐蚀［M］. 3版. 刘百仓

等译. 上海：华东理工大学出版社，2016.

[281] （美）肯特米尔鲍尔. 管道风险管理手册 ［M］. 杨嘉瑜译. 北京：中国石化出版社，2004.

[282] Muhlbauer, W. K. Pipeline risk management manual：a tested and proven system to prevent loss and assess risk ［M］. Gulf Professional Publishing. 2004.

[283] （美）泰顿. 供水漏损控制手册 ［M］. 周律，周玉文，邢丽贞译. 北京：清华大学出版社，2009.

[284] Thornton, J., Sturm, R., and Kunkel, G. Water loss control ［M］. 2$^{nd}$ Edition. McGraw-Hill Inc. 2008.

[285] 林玉珍，杨德钧. 腐蚀和腐蚀控制原理 ［M］. 2 版. 北京：中国石化出版社，2014.

[286] 刘道新. 材料的腐蚀与防护 ［M］. 西安：西北工业大学出版社，2005.

[287] 曲久辉等. 饮用水安全保障技术原理 ［M］. 北京：科学出版社，2007.

[288] 付军. 含氯胺水输配过程中管材对水质的影响研究 ［M］. 北京：中国环境出版社，2016.

[289] 陆德源. 医学微生物学 ［M］. 北京：人民卫生出版社，2001.

[290] （美）AECOM 集团梅特卡夫和埃迪公司. 水回用：问题、技术与实践 ［M］. 文湘华等译. 北京：清华大学出版社，2011.

[291] Monroe, D. Looking for chinks in the armor of bacterial biofilms ［J］. PLos Biology, 2010, 5 (11)：2458-2461.

[292] 顾夏声，胡洪营，文湘华等. 水处理微生物学 ［M］. 北京：中国建筑工业出版社，2018.

[293] 刘永军. 水处理微生物学基础与技术应用 ［M］. 北京：中国建筑工业出版社，2010.

[294] Price, R. K., and Vojinovic, Z. Urban hydroinformatics：Data, models and decision support for integrated urban water management ［M］. London：IWA Publishing，. 2011.

[295] 杨志文. 青岛打破 117 年供水记录 独家揭秘水务人员的工作日常. http：// www. dailyqd. com/ news/2016-08/17/content_346495. htm，2019 年 11 月 22 日访问.

[296] 崔福义，彭永臻，南军等. 给排水工程仪表与控制 ［M］. 3 版. 北京：中国建筑工业出版社，2017.

[297] 施仁，刘文江，郑辑光等. 自动化仪表与过程控制 ［M］. 6 版. 北京：电子工业出版社，2018.

[298] 王一鸣. 检测技术与自动化仪表 ［M］. 北京：中国农业出版社，1995.

[299] 张毅，张宝芬，曹丽等. 自动检测技术与仪表控制系统 ［M］. 北京：化学工业出版社，2004.

[300] 薛华成. 管理信息系统 ［M］. 2 版. 北京：清华大学出版社，1993.

[301] 陈国扬，陶涛，沈建鑫. 供水管网漏损控制 ［M］. 北京：中国建筑工业出版社，2017.

[302] Shamsi, U. M. GIS applications for water, wastewater, and stormwater systems ［M］. Boca Raton：CRC Press. 2005.

[303] 龚健雅，杜道生，李清泉等. 当地地理信息技术 ［M］. 北京：科学出版社，2004.

[304] 中国城镇供水排水协会. 城镇供水设施建设与改造技术指南实施细则（试行）［M］. 北京：中国建筑工业出版社，2013.

[305] Ainsworth, R. Safe piped water：managing microbial water quality in piped distribution systems. London：IWA Publishing，2004.

[306] 中华人民共和国住房和城乡建设部给水排水产品标准技术委员会. CJJ 207—2013 城镇供水管网运行、维护及安全技术规程 ［S］. 北京：中国建筑工业出版社，2013.

[307] United States Environmental Protection Agency. Cross-connection control manual (EPA 816-R-03-002) ［R］. 2003.

[308] EPA (U. S. Environmental Protection Agency). The clean water and drinking-water infrastructure gap analysis ［R］. Office of Water (4606M). EPA-816-R-02-020 September. 2002.

[309] ASCE (American Society of Civil Engineering). Failure to act：the economic impact of current investment trends in water & wastewater treatment infrastructure. https：www. asce. org/uploadedFiles/Issues_ and _ Advocacy/Our _ Initiatives/Infrastructure/Content _ Pieces/failure-to-act-water-wastewater-report. pdf，accessed date 2019-6-14.

[310] U. S. Army Corps of Engineers，Engineering Research and Development Center (ERDC). Guidelines for pipe bursting. https：// www. latech. edu/documents/2018/05/bursting. pdf/，accessed date 2019-6-14.

[311] 汪光焘，肖绍雍，宋仁元等. 城市供水行业 2000 年技术进步发展规划 [M]. 北京：中国建筑工业出版社，1993.

[312] 范鹏. 供水管网水质控制措施研究 [D]. 上海：同济大学，2011.

[313] 東京都水道局. 東京の漏水防止（平成 30 年度版）[R]. 2018.

[314] 豪迈公司网址. https：// www. hwmglobal. com/，访问日期，2020-01-20.

[315] Mergelas，B.，and Henrich，G.. Leak locating method for precommissioned transmission pipelines：North American case studies. Proc. Leakage 2005 conference [C]. Halifax，Canada. 2005.

[316] Misiunas，D. Failure monitoring and asset condition assessment in water supply systems [D]. Lund University，Sweden. 2005.

[317] 住房城乡建设部. 城镇供水管网分区计量管理工作指南—供水管网漏损管理体系构建（试行）[R]. 2017 年 10 月.

[318] 中华人民共和国住房和城乡建设. CJJ 92—2016 城镇供水管网漏损控制及评定标准 [S]. 北京：中国建筑工业出版社，2016.

[319] 中华人民共和国住房和城乡建设部. CJJ 159—2011 城镇供水管网漏水探测技术规程 [S]. 北京：中国建筑工业出版社，2011.

[320] 赛莱默公司网址. https：// www. xylem. com/. 访问日期，2020-01-22.

[321] 東京都水道局. 東京の水道. https：// www. waterworks. metro. tokyo. jp/files/items/18994/File/suido_h31-23. pdf. 访问日期，2020-11-18.

[322] 石油工程建设施工专业标准化委员会. SY/T 0321—2016 钢制管道水泥砂浆衬里技术标准 [S]. 北京：石油工业出版社，2016.